表面覆盖层标准应用手册

下卷

全国金属与非金属覆盖层标准化技术委员会 编

机械工业出版社

《表面覆盖层标准应用手册》分上、下两卷出版。上卷内容包括表面覆盖层通用规范与试验方法、电镀、化学镀与电刷镀、转化膜、防锈共五篇，下卷内容包括涂装、热喷涂、热浸镀及锌基涂层、搪瓷、气相沉积、其他表面技术共六篇。本手册对表面覆盖层领域现行的基础技术标准，从技术发展、标准制（修）订历程、与国际标准的对标及转化情况、标准主要内容与特点等方面进行了说明，提出了标准应用的关键问题和主要事项。本手册按专业技术分类，以技术特性分章，每项标准自成一节，每节中基本包括概论、标准主要特点与应用说明、标准内容三部分。本手册由全国金属与非金属覆盖层标准化技术委员会编写，内容全面、实用，权威性强，是贯彻实施表面覆盖层标准的必备参考书。

本手册可供表面工程技术人员及工人、标准化管理人员阅读使用，也可供相关专业的在校师生参考。

图书在版编目（CIP）数据

表面覆盖层标准应用手册. 下卷／全国金属与非金属覆盖层标准化技术委员会编. —北京：机械工业出版社，2024.6
ISBN 978-7-111-75377-3

Ⅰ.①表⋯　Ⅱ.①全⋯　Ⅲ.①金属覆层-标准-手册　Ⅳ.①TG174.44-65

中国国家版本馆 CIP 数据核字（2024）第 056607 号

机械工业出版社（北京市百万庄大街22号　邮政编码100037）
策划编辑：陈保华　　责任编辑：陈保华　王春雨
责任校对：潘　蕊　张爱妮　张　征　李小宝
封面设计：马精明　　责任印制：邓　博
北京盛通印刷股份有限公司印刷
2024年6月第1版第1次印刷
184mm×260mm・61.5 印张・2 插页・1530 千字
标准书号：ISBN 978-7-111-75377-3
定价：279.00 元

电话服务	网络服务
客服电话：010-88361066	机 工 官 网：www.cmpbook.com
010-88379833	机 工 官 博：weibo.com/cmp1952
010-68326294	金 书 网：www.golden-book.com
封底无防伪标均为盗版	机工教育服务网：www.cmpedu.com

表面覆盖层标准应用手册编委会

主 任：潘 邻

委 员（以汉语拼音为序）：

  陈同舟 段海涛 姜新华 罗永秀 毛祖国

  夏敬忠 肖祥定 叶佳意 易　娟 张德忠

前　言

　　构成各种机械与结构的单元是零件或构件，任何材料的优劣都可从零件或构件的使用寿命上体现出来，特别是直接参与工作的零件或构件表面的使用寿命。对大部分结构材料而言，它们的性能基本上都与表面状态有关。据统计，机械产品中 80% 以上的零件的报废是由于表面失效造成的，而真正因材料整体强度不足产生断裂或变形的零件失效所占的比例很小。对另外一些产品，虽然不涉及表面寿命指标，但其使用性能只能通过表面体系呈现，如装饰层、反射层、表面化学和电学性能等。因此，提高材料的表面耐磨性、耐蚀性、抗疲劳性、表面强度以及表面功能性，是延长零件或构件使用寿命、合理配置性能、保证系统稳定性的关键。同时，通过表面处理，可以大量节约资源和能源，充分发挥材料的潜力，减少优质材料消耗，降低生产成本。要达到上述目的，必须通过表面工程技术才能实现。因此，表面工程技术得到人们的极大关注，发展迅速，对各类零件或构件的性能贡献度越来越高。

　　表面工程是经表面预处理后，通过表面涂覆、表面改性或多种技术手段复合处理，改变固体金属或非金属表面的形态、化学成分、组织结构和应力状态，以获得所需要表面性能的系统工程。它是产品制造的重要技术环节，也是当前研究工作非常活跃、应用领域极为广泛的制造技术。表面覆盖层技术作为表面工程中内涵深刻、外延广泛的系列技术，具备传统技术与高新技术相互交叉、融合渗透的鲜明特点，其技术发展源远流长而又不断扩展，从传统的表面装饰、单一表面防护，发展成为多材质、多功能、多实施手段复合的先进制造技术，广泛应用于国民经济的各个领域，成为装备制造、航空航天、电子工程、医疗器械等许多高新技术密集型产业不可或缺的关键技术。同时，表面覆盖层技术也是改变材料表面状态与性能、提高产品质量、延长零件或构件使用寿命、实现产品功能、减少制造过程中的资源消耗和废弃物排放的重要手段，是促进高新技术发展、实现资源循环利用的最直接途径。

　　表面覆盖层标准化工作是表面工程行业一项重要的基础性技术工作，是表面工程质量管理体系的重要环节，它对促进表面工程技术进步、保证产品质量和安全、提高产品效益和开展国际交流合作有着重要的作用。表面覆盖层技术应用领域非常广泛，从产品与工程设计、制造、实际生产、施工，到性能检测与质量评价，都需要标准作为根本指南。在表面工程领域，除了 1999 年由全国金属与非金属覆盖层标准化技术委员会秘书处组织编写了一部《覆盖层标准应用手册》（中国标准出版社出版）之后，再无新的同类书籍出版发行。二十多年来，原有的标准大部分已重新修订，又有一批新技术出现并形成技术标准。这种状况对表面覆盖层标准贯彻实施带来了许多困难，一是很难收集到标准的最新版本和配套齐全的成套标准，无法及时、全面掌握标准化动态，影响标准使用效果；二是由于参与标准制（修）订工作的单位和人员有限，使得标准应用时各类人员对标准的理解不够深入、不够准确，不利于标准的正确贯彻。为使表面覆盖层标准在技术开发、工业生产和合作交流中发挥更大作用，指导技术人员准确掌握与深入理解表面覆盖层标准的技术内容，并在相关工作中正确实施，我们组织编写了这套《表面覆盖层标准应用手册》。

　　《表面覆盖层标准应用手册》按专业技术分类，以技术特性分章，每项标准自成一节，共计十一篇，分别为：表面覆盖层通用规范与试验方法、电镀、化学镀与电刷镀、转化膜、防锈、涂装、热喷涂、热浸镀及锌基涂层、搪瓷、气相沉积以及其他表面技术，分上、下两卷出版。书中收集了表面覆盖层领域现行的国家标准和行业标准，各节中除了列出标准内容外，还概述了该标准涉及技术的背景及发展现状、标准技术的特性、标准的制（修）订及版本情况、标准的基本内容及作用、标准建立及应用的意义、与国际标准的对标及转化情况，详细介绍了标准适用范围、基本结构与特点、重要技术方法与参数的选取原则和依据、标准应用中需要特别注意或重视的条款等，为标准的理解和应用提供帮助。

《表面覆盖层标准应用手册 下卷》包括涂装、热喷涂、热浸镀及锌基涂层、搪瓷、气相沉积及其他表面技术等内容，包含国家标准80项、行业标准33项，另有两个附录。各篇的编写人员为：第一篇，肖祥定、钟萍、刘兰轩、李冬冬、汪洋、苏会、孙俊、冯增辉、秦卫华；第二篇，陈同舟、高名传；第三篇，吴勇、王胜民；第四篇，叶佳意、王贺兰、王立坤、张欣、程轶斐、龚苗、张国琇；第五篇，段海涛、涂杰松、贾丹、陈辉、詹胜鹏、杨田；第六篇，姜新华、段海涛、黄业荣、余静、易娟、苏会、刘传烨、夏敬忠；附录，潘邻、易娟。本卷由潘邻、易娟统稿，潘邻主审。

本手册的编撰工作得到了全国金属与非金属覆盖层标准化技术委员会及其分技术委员会、特种表面保护材料及应用技术国家重点实验室、中国机械总院集团武汉材料保护研究所有限公司等机构和单位的大力支持，在此一并表示感谢！编撰本手册时，还参考了《覆盖层标准应用手册》（全国金属与非金属覆盖层标准化技术委员会编著，中国标准出版社，1999）部分内容，也对该书的参编人员表示感谢！

在本手册编撰过程中，虽然各参编人员尽责尽力，但由于主客观原因，难免存在遗漏、错误和不周之处，恳请读者批评指正。

全国金属与非金属覆盖层标准化技术委员会秘书处

目 录

前言

第一篇 涂 装

第一章 术语与通用技术 ………………………………………………………………………… 1
第一节 涂装技术术语 ……………………………………………………………………… 1
第二节 钢铁工件涂装前磷化处理技术条件 …………………………………………… 14
第三节 多功能钢铁表面处理液通用技术条件 ………………………………………… 19
第四节 涂装前处理准备 酸洗 …………………………………………………………… 27

第二章 涂料涂覆 ………………………………………………………………………… 32
第一节 钢结构防护涂装通用技术条件 ………………………………………………… 32
第二节 熔融结合环氧粉末涂料的防腐蚀涂装 ………………………………………… 55
第三节 无溶剂环氧液体涂料的防腐蚀涂装 …………………………………………… 64
第四节 阴极电泳涂装通用技术规范 …………………………………………………… 76
第五节 塑料涂装通用技术条件 ………………………………………………………… 96
第六节 机械设备抗高温氧化涂层 技术条件 ………………………………………… 103
第七节 球墨铸铁管 沥青涂层 …………………………………………………………… 108

第三章 涂装设备 ………………………………………………………………………… 112
第一节 涂装设备通用技术条件 第1部分：钣金件 ………………………………… 112
第二节 涂装设备通用技术条件 第2部分：焊接件 ………………………………… 119
第三节 涂装设备通用技术条件 第3部分：涂层 …………………………………… 130
第四节 涂装设备通用技术条件 第4部分：安装 …………………………………… 133
第五节 喷漆室 ……………………………………………………………………………… 138
第六节 漩流光饰机 ………………………………………………………………………… 145
第七节 涂装供漆系统技术条件 ………………………………………………………… 149
第八节 静电喷涂装备技术条件 ………………………………………………………… 158
第九节 静电粉末涂装设备 ……………………………………………………………… 165
第十节 阴极电泳涂膜制备实验装置技术条件 ………………………………………… 175
第十一节 高压无气喷涂典型工艺 ……………………………………………………… 178

第四章 涂装作业安全 ……………………………………………………………………… 181
第一节 涂装作业安全规程 安全管理通则 …………………………………………… 181
第二节 涂装作业安全规程 术语 ……………………………………………………… 203
第三节 涂装作业安全规程 涂漆前处理工艺安全及其通风净化 ………………… 209
第四节 涂装作业安全规程 涂漆工艺安全及其通风净化 ………………………… 220
第五节 涂装作业安全规程 喷漆室安全技术规定 ………………………………… 233

第六节	涂装作业安全规程　涂层烘干室安全技术规定	244
第七节	涂装作业安全规程　静电喷漆工艺安全	253
第八节	涂装作业安全规程　静电喷枪及其辅助装置安全技术条件	264
第九节	涂装作业安全规程　粉末静电喷涂工艺安全	269
第十节	涂装作业安全规程　浸涂工艺安全	278
第十一节	涂装作业安全规程　有机废气净化装置安全技术规定	288

第二篇　热喷涂

第五章　术语与通用规范 … 294
- 第一节　热喷涂　术语、分类 … 294
- 第二节　热喷涂　金属零部件表面的预处理 … 305
- 第三节　热喷涂涂层命名方法 … 311

第六章　热喷涂涂层材料 … 314
- 第一节　热喷涂　火焰和电弧喷涂用线材、棒材和芯材　分类和供货技术条件 … 314
- 第二节　热喷涂　粉末　成分和供货技术条件 … 328

第七章　热喷涂（焊）涂层 … 343
- 第一节　热喷涂　热喷涂结构的质量要求　第1部分：选择和使用指南 … 343
- 第二节　热喷涂　热喷涂结构的质量要求　第2部分：全面的质量要求 … 348
- 第三节　热喷涂　热喷涂结构的质量要求　第3部分：标准的质量要求 … 355
- 第四节　热喷涂　热喷涂结构的质量要求　第4部分：基本的质量要求 … 362
- 第五节　热喷涂　金属和其他无机覆盖层　锌、铝及其合金 … 366
- 第六节　热喷涂　低压等离子喷涂　镍-钴-铬-铝-钇-钽合金涂层 … 376
- 第七节　热喷涂　自熔合金喷涂与重熔 … 383
- 第八节　热喷涂　抗高温腐蚀和氧化的保护涂层 … 389
- 第九节　热喷涂　热喷涂零件　技术供应条件 … 394
- 第十节　热喷涂　工程零件热喷涂涂层的应用步骤 … 398
- 第十一节　热喷涂　纳米氧化锆粉末及涂层制备工艺技术条件 … 406
- 第十二节　线材喷涂碳钢及不锈钢 … 413
- 第十三节　热喷涂陶瓷涂层技术条件 … 419
- 第十四节　火焰喷涂钼涂层检验方法 … 429
- 第十五节　带钢连续热镀锌沉没辊及稳定辊热喷涂层　技术条件 … 433
- 第十六节　带钢连续退火炉辊热喷涂涂层　技术条件 … 440
- 第十七节　锅炉炉管电弧喷涂技术规范 … 445

第八章　热喷涂（焊）设备 … 451
- 第一节　热喷涂　热喷涂设备的验收检查 … 451
- 第二节　热喷涂设备　分类及型号编制方法 … 464
- 第三节　等离子喷焊枪技术条件 … 475
- 第四节　等离子喷焊电源 … 479

第九章　热喷涂涂层试验与检测 … 486
- 第一节　热喷涂　抗拉结合强度的测定 … 486

第二节	热喷涂涂层厚度的无损测量方法	490
第三节	热喷涂热障 ZrO_2 涂层晶粒尺寸的测定　谢乐公式法	493
第四节	热喷涂　热喷涂涂层的表征和试验	501

第十章　热喷涂操作安全与人员培训　515

第一节	金属和其他无机覆盖层　热喷涂　操作安全	515
第二节	热喷涂　热喷涂操作人员考核要求	532

第三篇　热浸镀及锌基涂层

第十一章　锌覆盖层　钢铁结构防腐蚀的指南和建议　548

第一节	锌覆盖层　钢铁结构防腐蚀的指南和建议　第1部分：设计与防腐蚀的基本原则	548
第二节	锌覆盖层　钢铁结构防腐蚀的指南和建议　第2部分：热浸镀锌	565
第三节	锌覆盖层　钢铁结构防腐蚀的指南和建议　第3部分：粉末渗锌	577

第十二章　热浸镀　585

第一节	金属覆盖层　钢铁制件热浸镀锌层　技术要求及试验方法	585
第二节	金属覆盖层　黑色金属材料热镀锌层　单位面积质量称量法	596
第三节	金属覆盖层　钢铁制品热浸镀铝　技术条件	598

第十三章　锌基涂层　619

第一节	钢铁制件粉末渗锌	619
第二节	机械镀锌层　技术规范和试验方法	623
第三节	锌铬涂层　技术条件	635

第四篇　搪　瓷

第十四章　术语与技术条件　643

第一节	搪瓷名词术语	643
第二节	用于空气-烟气、烟气-烟气再生式热交换器的搪瓷换热元件	661
第三节	书写板钢板搪瓷	679
第四节	钢板搪瓷、铝搪瓷和铸铁搪瓷的样板制备	684
第五节	储水式热水器搪瓷制件	689
第六节	搪瓷卫生洁具　浴缸	700
第七节	用于存储水以及处理市政、工农业污水、污泥的螺栓连接的搪瓷钢板储罐设计规范	712

第十五章　搪瓷层性能试验与检验　733

第一节	搪瓷耐碱性能测试方法	733
第二节	搪瓷耐化学侵蚀的测定　第1部分：室温下耐酸侵蚀的测定	739
第三节	搪瓷耐化学侵蚀的测定　第2部分：耐沸腾酸、沸腾中性液体及其蒸气化学侵蚀的测定	745
第四节	搪瓷耐化学侵蚀的测定　第3部分：用六角形容器进行耐碱溶液侵蚀的测定	756

| 第五节 | 搪瓷耐化学侵蚀的测定 第4部分：用圆柱形容器进行耐碱溶液侵蚀的测定 | 764 |

第六节 搪瓷耐化学侵蚀的测定 第5部分：在封闭系统中耐化学侵蚀的测定 …… 772
第七节 搪瓷耐热性测试方法 …… 781
第八节 搪瓷炊具 耐温急变性测定方法 …… 784
第九节 搪瓷光泽测试方法 …… 788
第十节 铝搪瓷 在电解液作用下铝上瓷层密着性的测定（剥落试验） …… 792
第十一节 搪玻璃层抗划伤性能的测定 …… 795
第十二节 热交换器用钢板搪瓷边缘覆盖率的测定 …… 799
第十三节 搪瓷制品和瓷釉 流动性的测试 熔流试验 …… 803
第十四节 搪瓷制品和瓷釉 缺陷检测及定位的低电压试验 …… 807
第十五节 搪瓷制品和瓷釉 自洁性能的试验方法 …… 810
第十六节 搪瓷制品和瓷釉 涂搪制品瓷层的试验方法选择指南 …… 813

第五篇 气相沉积

第十六章 术语与技术条件 …… 823
第一节 离子镀术语 …… 823
第二节 物理气相沉积 TiN 薄膜技术条件 …… 827
第三节 金属覆盖层 物理气相沉积铝涂层 技术规范与检测方法 …… 846
第四节 液晶显示器用氧化铟锡透明导电玻璃 …… 857

第十七章 气相沉积层性能试验与检验 …… 866
第一节 离子镀 仿金氮化钛的颜色 …… 866
第二节 氮化钛涂层 金相检验方法 …… 870
第三节 离子镀硬膜厚度试验方法 球磨法 …… 874
第四节 气相沉积薄膜与基体附着力的划痕试验法 …… 876

第六篇 其他表面技术

第一节 金属和其他无机覆盖层 为减少氢脆危险的钢铁预处理 …… 881
第二节 金属和其他无机覆盖层 为减少氢脆危险的涂覆后钢铁的处理 …… 884
第三节 金属和其他无机覆盖层 不锈钢部件平整和钝化的电抛光法 …… 888
第四节 表面处理溶液 金属元素含量的测定 电感耦合等离子体原子发射光谱法 …… 893
第五节 摩擦学术语 …… 904
第六节 湿式（非金属类）摩擦材料 …… 939
第七节 金属覆盖层产品钎焊性的标准试验方法 …… 946
第八节 汽车用精密钢管表面处理技术要求 …… 950

附录 …… 957
附录 A 表面覆盖层标准体系及标准化机构介绍 …… 957
附录 B 表面覆盖层相关标准目录 …… 960

第一篇 涂 装

第一章 术语与通用技术

第一节 涂装技术术语

一、概论

涂装是在经准备的材料或其结构表面涂覆薄的具有装饰、保护作用涂层的技术。涂装技术可大致分为新件涂装和旧件维护涂装两大类。与金属件或金属组件保护或装饰的其他方法相比，涂装具有下列优点：

1）涂装设备及其安装简便，操作简单，所需控制少，涂装过程所需材料和劳动力成本较低。

2）配制有机涂料的颜料和漆料广泛而易获得，能满足涂层颜色、光泽或表面织构的多种要求。

3）已开发出能抗御大多数腐蚀条件的涂料，许多有机涂层可在多种腐蚀环境中使用，如能同时抗御海洋大气和酸雾的综合作用。

4）传统涂膜具有良好的介电性，使之能抑制异类金属间的原电池腐蚀；也有能提供接地感应的导电或静电的特殊颜料的涂料。

5）符合环境保护要求规定的涂料不断出现，水性涂料的应用日益广泛。

涂料主要有有机涂料和水性涂料两大类，涂装是实现涂料性能的必需步骤。

有机涂料是指有机基涂料，大多数有机涂料都以成膜剂或漆基为主。这些成膜剂或漆基溶解或弥散于溶剂或水中而形成成膜液，这些成膜液形成漆料，将颜料弥散于漆料中，赋予干涂膜以颜色、不透明度等性能。为了得到特殊性能的膜，还可添加其他成分，如导电剂、增塑剂和防滑剂等。现有的各种成膜剂或漆基主要有清油、清漆、合成树脂、聚合物，具体如纤维素、乙烯基、环氧和聚酯等，其主要性能取决于漆料。

由于涂料产品品种很多，如磁漆、清油、水基涂料、电泳涂料、自泳涂料、高固体分涂料和粉末涂料等，各行各业的使用者与生产者都按自己的习惯分类、称呼各种涂料，造成长期以来涂料的分类不统一，给学习、使用与科研带来不便。为了推行涂料的标准化，原石油化学工业部综合各种分类方式，制定了统一的方法，并于 1975 年 10 月发布了 HG 2-89—1975《涂料产品分类命名》。该标准规定以油漆漆基中主要成膜物质为基础，若成膜物质为混合树脂，则按在漆膜中起主要作用的一种树脂为基础。该标准将成膜物质分为十七类，规定的涂料命名原则为：涂料命名=颜色或颜料名称+成膜物质名称+基本名称。

为了避免有机溶剂对环境的影响，水性涂料得到高度关注并快速发展。水性涂料也称水性漆,凡是用水作溶剂或者作分散介质的涂料,都可称为水性涂料。依据涂料中黏合剂类别,水性涂料被分为天然物质或矿物质(如硅酸钾)的天然水性涂料和人工合成树脂(如丙烯酸树脂)的石油化工水性涂料两大类。水性涂料包括水溶性涂料、水稀释性涂料、水分散性涂料(乳胶涂料)三种。水溶性涂料是以水溶性合成树脂为主要成膜物质,水为稀释剂,加入适量的颜料、填料及辅助材料等,经研磨而成的一种涂料;水稀释性涂料是指后乳化乳液(使溶剂型树脂溶在有机溶剂中,然后在乳化剂的帮助下靠强烈的机械搅拌使树脂分散在水中形成乳液,称为后乳化乳液)为成膜物质配制的涂料,制成的涂料在施工中可用水来稀释;水分散性涂料主要是指以合成树脂乳液为成膜物质配制的涂料。

将涂料在经准备的表面上涂覆成连续的具有防护装饰及功能性涂膜或涂层的技术称为涂装技术。涂料、涂覆、涂层及其应用构成了涂装技术的成套系统。涂装一般是根据工件服役条件、工件基体材料、涂层的性能要求、成本、环境等多种因素,选择适当的表面准备、涂料涂覆以及涂膜后处理等组成涂装体系。其中,还需考虑选择适当的涂料组成涂层体系,如单层涂层,多层涂层,多层涂层的底层、中间层和面层的组合等。树脂是构成涂料的重要组成部分,可分溶剂类和水剂类。大多数树脂的配比可适应各种涂覆方法,如传统空气喷涂、无空气喷涂、静电喷涂、辊涂、浸涂和流涂等;有些树脂配比只适用于特殊涂覆技术,如粉末涂料或电泳涂料。因此,为了选择经济合理而又符合涂覆产品要求的涂装体系,必须了解涂料的一般性能,了解组成涂料的树脂的特性、各树脂的相容性。

涂装是防大气腐蚀最普遍采用的手段,它防止或减少了大部分钢铁及其制件的锈蚀,而后发展到防止或减少有色金属的腐蚀、非金属的破坏或降级,同时还有许多具有各种功能的涂装。因此,涂装技术是表面工程或覆盖层技术领域中应用较早的成熟技术,却又是不断拓展发展中的技术,所以形成了较多的标准,尤其表现于涂料及其原材料,但是新领域,特别针对新涂料的涂覆方法标准却很少,甚至还未标准化,更难找到相应的标准。《涂装技术术语》是涂装技术最为基础的标准。

首版 GB/T 8264《涂装技术术语》制定于 1987 年,由于我国涂装行业规模日益扩大,原来标准中术语的不完整性和滞后性逐渐显现出来。随着科学技术的发展,技术交流越来越广泛,涂装技术也得到不断更新和发展,新的工艺、材料和装备不断涌现。为适应涂装行业技术交流和生产管理,全国金属与非金属覆盖层标准化技术委员会成立了 GB/T 8264《涂装技术术语》修订小组,就有关涂装技术术语进行研究,对不合适的定义和术语进行修改和补充。GB/T 8264—2008《涂装技术术语》于 2008 年 12 月 15 日发布,2009 年 10 月 1 日实施。

二、标准主要特点与应用说明

为了达到国际通行的技术要求,并考虑我国实际情况,根据 GB/T 1.1—2000《标准化工作导则 第一部分:标准的结构和编写规则》,GB/T 8264—2008 相对于 GB/T 8264—1987,进行了结构性修改。同时,为适应市场发展,修改了一般技术术语部分,增加了"长效涂装""复合涂装"等术语;删除了原标准第 5 章中"不粘尘干"术语;增加了"硅烷处理""鲜映性""缩孔""盐雾试验"等术语。新的涂装技术术语标准能保证涂装技术在一个通用平台上对等交流。

该标准规范了常用涂装技术术语。其中一般术语 9 条;表面预处理列出了 35 条术语,包括常用的物理、机械和化学预处理方法，采用的介质，以及一些极常用参数的上位词；涂装方法列出了61条术语，包括常用的涂装方法、典型操作、涂装器具和涂装参数等极常用的上位词语；干燥与固化部分列出了19条术语；最后列出了有关涂膜，涂层，涂层系统，涂层物理、机械和化学性能，涂膜缺陷，以及一些相关试验与检验方法等术语66条。整个技术术语概括了涂装技术的基本内涵，涉及基本定义、涂装条件、操作过程、质量检测与评价的基本词汇。

三、标准内容（GB/T 8264—2008）

涂装技术术语

1 范围

本标准规定了涂装技术常用术语及其定义或说明。

2 一般术语

2.1 基体材料 basis materials

需要涂覆或保护的成形构件的主体材料，又叫底材。若此材料为金属，则叫金属基体。若为非金属材料，则叫非金属基体。

2.2 基底 substrate

需要涂覆的基体材料的表面，此表面或有涂覆层或无涂覆层。

2.3 涂料 coating

涂于工件表面能形成具有腐蚀保护、装饰或特殊性能（如标识、绝缘、耐磨等）的连续固态涂膜的一类液态或固态材料的总称。

2.4 涂装 painting

将涂料涂覆于基底表面形成具有防护、装饰或特定功能涂层的过程，又叫涂料施工。

2.5 车间涂装 shop painting

在车间内进行的涂装，工件表面处理比较充分，可使涂层与基底结合得更加牢固，提高防腐效果。

2.6 长效防腐涂装 long term anti-corraston paintings（heavy duty painting）

以长期保护基底为目的而进行的涂装，又称为重防腐蚀涂装。

2.7 复合涂装 composite painting

通常为获得长效防腐效果，在工件表面热喷涂锌、铝及其合金等金属防护涂层，再通过涂覆有机涂层完成封闭的涂装。

2.8 重复涂装 repainting

指在一层涂膜上再涂上一层涂膜的工艺，为了提高防腐效果，一般采用多次重复涂装，以增加涂层厚度。

2.9 重新涂装 refinishing repainting

指完全除去旧的涂层，再进行新的涂装的工艺方法。特别是涂层日久老化，防腐能力差，应将旧层去掉，再重新涂装。

3 表面预处理

3.1 表面预处理　surface pretreatment

在涂装前，除去工件表面附着物、生成的氧化物以及提高表面粗糙度，提高工件表面与涂层的附着力或赋予表面以一定的耐蚀性的过程，又叫前处理。

3.2 机械预处理　mechanical pretreatment

在涂装前，使用手工工具，动力工具或喷丸、抛丸、喷粒等方法，除去工件表面附着物或氧化物的过程。

3.3 化学预处理　chemical pretreatment

在涂装前，使用化学方法除去工件表面附着物或氧化物并形成转化膜的过程。

3.4 电化学预处理　electrochemical pretreatment

在涂装前，使用电化学方法除去工件表面附着物或氧化物并形成转化膜的过程。

3.5 脱脂　degreasing

用清洗剂除去基底表面油污的过程。

3.6 化学脱脂　chemical degreasing

利用化学方法除去基底表面油污的过程。

3.7 电化学脱脂　electrochemical degreasing

利用电化学方法除去基底表面油污的过程。

3.8 浸泡脱脂　soak degreasing

将工件浸入清洗剂中（不加外电流）除去工件表面油污的过程。

3.9 喷淋脱脂　spray degreasing

将脱脂剂喷淋于工件上除去油污的过程。

3.10 超声波脱脂　ultrasonic degreasing

在清洗液中借助于超声振动加速除去工件表面油污的过程。

3.11 除锈　derusting

除去金属工件表面锈蚀产物的过程。

3.12 修整　trim

除去工件上毛刺、结瘤、焊渣、锐边、尖角等，使之适于涂装的过程。

3.13 酸洗　pickling

用酸液洗去工件表面锈蚀物和轧皮的过程。

3.14 火焰清理　flame cleaning

短暂地用还原性火焰喷烧金属构件，接着用动力钢丝刷进行除去工件表面附着物的过程。

3.15 手工工具清理　hand tool cleaning

利用手工工具除去工件表面附着物和氧化物的过程。

3.16 动力工具清理　power tool cleaning

利用动力工具除去工件表面附着物和氧化物的过程。

3.17 喷射处理　blasting

利用高速磨料流的冲击作用清理和粗化工件表面的过程。

3.18 干喷射处理　dry blasting

利用高速干磨料流的冲击作用清理和粗化工件表面的过程。

3.19 湿喷射处理　wet blasting

利用磨料与水的混合物的高速流的冲击作用清理和粗化表面的过程。

3.20 喷砂　sand blasting

利用高速砂流的冲击作用清理和粗化基底表面的过程。

3.21 喷丸　shot blasting

利用高速丸流的冲击作用清理和强化工件表面的过程。

3.22 锈蚀等级　rusting grade

金属表面锈蚀程度的分级。

3.23 除锈等级　derusting grade

金属表面锈蚀物除去程度的分级。

3.24 磨料　abrasive

用作喷射处理介质的天然或合成固体材料。

3.25 棱角砂　grit

喷射清理用的呈现棱角或不规则形状的粒子的一种磨料。

3.26 丸粒　shot

喷射处理用的呈球状的一种磨料。

3.27 除旧漆　depainting

去除旧的损坏的涂膜,以准备重新涂装的过程。

3.28 表面调整　surface conditioning

把工件表面转化为能在以后的工序中得到成功处理的适当状态的过程。

3.29 转化处理　conversion treatment

工件表面产生一种由基体金属化合物组成的膜的化学或电化学过程。

3.30 磷化　phosphating

利用含磷酸或含磷酸盐的溶液在基体金属表面形成一种不溶性磷酸盐膜的过程。

3.31 铬酸盐钝化　chromating

利用六价铬或三价铬化合物的酸液在基体金属表面形成铬酸盐转化膜的过程。

3.32 钝化　passivating

利用化学或电化学方法使基体金属表面产生钝态的过程。

3.33 多合一处理　integral treatment

除油、除锈或除油、除锈和磷化一道进行的过程。

3.34 暂时保护　temporary protection

经过表面预处理的工件表面,在未涂装规定的涂层之前,实施的可方便去除的、临时性的保护涂装或措施。

3.35 硅烷处理　silane treatment

基体材料表面经过水溶性硅烷偶联剂处理形成一层硅烷膜的过程。

4 涂装方法

4.1 手工刷涂 manual brushing
利用漆刷蘸涂料进行涂装的方法。

4.2 空气喷涂 air spraying
利用压缩空气将涂料雾化并射向工件表面进行涂装的方法。

4.3 高压无气喷涂 airless spraying
利用动力使涂料增压，迅速膨胀而达到雾化和涂装的方法。

4.4 加热喷涂 hot spraying
利用加热使涂料的黏度降低，以达到喷涂所需要的黏度而进行涂装的方法。

4.5 静电喷涂 electrostatic coating
利用电晕放电原理使雾化涂料在高压直流电场作用下荷负电，并吸附于荷正电基底表面放电的涂装方法。

4.6 粉末静电喷涂 electrostatic powder spraying
利用电晕放电原理使雾化的粉末涂料在高压电场的作用下荷负电，并吸附于荷正电基底表面放电的涂装方法。

4.7 火焰喷涂 flame spraying
将涂料粉末通过火焰喷嘴的高温区熔融或半熔融喷射到预热基底表面进行涂装的方法。

4.8 自动喷涂 automatic-spraying
利用电器或机械原理（机械手或机器人）程序控制进行的一种喷涂方法。

4.9 电泳涂装 electro-coating
利用外加电场使悬浮于电泳液中的颜料和树脂等微粒定向迁移，并沉积于电极之一的基底表面的涂装方法。

4.10 阳极电泳涂装 anode electro-coating
利用外加电场使悬浮于电泳液中的颜料和树脂等微粒定向迁移，并沉积于阳极基底表面的涂装方法。

4.11 阴极电泳涂装 cathode electro-coating
利用外加电场使悬浮于电泳液中的颜料和树脂等微粒定向迁移，并沉积于阴极基底表面的涂装方法。

4.12 自泳涂装 autophoresis coating
利用化学反应使涂料自动沉积在基底表面的涂装方法。

4.13 浸涂 dipping
将工件浸没于涂料中，取出，除去过量涂料的涂装方法。

4.14 淋涂 flow painting
将涂料喷淋或流淌过工件表面的涂装方法。

4.15 搓涂 tompoming
利用蘸涂料的纱团反复划圈进行擦涂的方法，又叫揩涂法或擦涂法。

4.16 幕帘涂装 curtain painting
使工件连续通过不断下流的涂料液幕的涂装方法。

4.17 辊涂　roller painting
利用蘸涂料的辊子在工件表面滚动的涂装方法。

4.18 滚筒涂装　barrel enamelling
将工件装于盛有烘漆的锥形滚筒中，使滚筒转动到所有涂件都涂上后，让滚筒在受热中继续转动到涂膜干燥的涂装方法。

4.19 离心涂装　centifugal enamelling
将工件装于锥形筛网状套中，浸于涂料槽，提起滴干后，高速转动筛套甩去工件上过量涂料的涂装方法。

4.20 流化床涂装　fluidized bed painting
将粉末涂料置于装有多孔隔板的圆筒或长方形容器中，压缩空气从底部通过隔板，将隔板上的涂料粒子悬浮翻腾成液体沸腾状的涂装方法，又叫沸腾床涂装。

4.21 静电流化床涂装　fluidized bed electrostatic painting
利用静电作用的流化床涂装法。

4.22 粉末电泳涂装　powder electro-deposition
将一定粒度的粉末涂料分散于含有电泳树脂的水溶液中，在直流电场的作用下，通过电泳树脂的载体作用将粉末涂料一起沉积于基底表面的电泳涂装法。

4.23 热熔敷涂装　hot melt painting
先将工件预热到超过粉末涂料熔点，再喷涂的涂装方法。

4.24 卷材涂装　coil painting
工件成卷状进入涂装过程，开卷后完成前处理涂装和固化，最后又成卷材的涂装方法。

4.25 机器人涂装　robot painting
利用机器人或机械手取代人工进行的自动涂装。

4.26 换色　colour changing
喷涂过程中从喷涂一种颜色的涂料变换为喷涂另一种颜色涂料的过程。

4.27 涂底漆　priming
施涂底漆的过程。

4.28 刮腻子　puttying
刮填腻子的过程。

4.29 打磨　grinding
利用砂布、砂纸风动工具等使涂膜平整的过程。

4.30 涂面漆　topcoating
在底层或中间层上涂面层的过程。

4.31 罩光　glazing
在面层上涂一道或几道清漆增加或改善涂面光泽的过程。

4.32 调漆　paint mixing
涂装前将涂料原液调配到符合施工要求的黏度或颜色的过程。

4.33 遮蔽　masking
用适当方法和材料将不需要涂装的邻接部位进行遮盖的过程。

4.34 湿碰湿 wet on wet
在前一道未干燥固化的涂层上涂覆后一道涂层，并最后一起干燥固化的涂装方法。

4.35 除余漆 detearing
除去工件上过量漆液的过程，例如，滴干、甩干、静电除滴。

4.36 晾干 flash off
使湿涂层大部分易挥发溶剂挥发，以便再涂或进行烘烤的过程。

4.37 晾干时间 flash off time
湿碰湿的时间间隔，或烘烤前挥发去大部分溶剂的时间。

4.38 修补 repair
局部涂覆填料或涂料，以修正表面缺陷部位或损坏的旧涂膜的过程。

4.39 抛光 polishing
将涂膜推擦光亮化的过程。

4.40 擦净 tacring
在喷涂面漆前用黏性擦布擦去工件表面异物的过程。

4.41 泳透力 throwing power
在一定条件下，电泳涂料在工件背离电极的部位（内面、凹面、缝隙等）沉积涂层的能力。

4.42 涂覆间隙 interval between coating
在前一道涂层上再涂覆的时间间隔。

4.43 施工黏度 applicable viscosity
适合于某一施工方法的涂料黏度。

4.44 稀释比 thinner ratio
将涂料原液调配成某一施工黏度所需的涂料原液与稀释剂的比例。

4.45 阴阳极比 cathode/anode ratio
电泳涂装中阴极与阳极的面积之比。

4.46 喷涂量 quantity for spray
单位时间内喷涂的涂料的体积或重量。

4.47 电泳条件 deposition conditions
电泳涂装中沉积符合规定要求的涂层所用的电压、电流和时间等工艺条件的总称。

4.48 涂装环境 painting enviroment
涂装温度、湿度、采光、空气清洁度，防火防爆等环境条件的总称。

4.49 涂布率 spreading rate
单位体积的涂料可涂覆的面积。

4.50 喷漆室 spray booth
进行喷漆操作时能防止漆雾飞散或能捕集漆雾的封闭或半封闭装置。

4.51 喷枪 spray gun
将涂料雾化和喷射到基底表面的一种工具。

4.52 卷材涂装机 coil coater
涂覆卷材的装置。

4.53 漆刷 painting brush
蘸涂料进行涂装用的刷子。

4.54 刮刀 spatula
刮涂腻子的工具。

4.55 挂具 rack
涂装过程中悬吊工件的吊架。

4.56 汇流排 busbar
联结整流器（或直流电机）与电泳槽之间的导电铜排或铝排。

4.57 供粉器 powder feeder
输送并控制喷涂用粉末涂料的装置。

4.58 超滤系统 ultrafiltration system
超滤装置与电泳槽及后冲洗设备组成的封闭循环冲洗系统。

4.59 阴极罩 cathode cell
在阳极电泳涂装中用于控制电泳液 pH 和除去杂质离子的不透过颜料和树脂的吊挂阴极的罩子。此罩子由半透膜材料制成。

4.60 阳极罩 anode cell
在阴极电泳涂装中用于控制电泳液 pH 和除去杂质离子的不透过颜料和树脂的吊挂阳极的罩子。此罩子由半透膜材料制成。

4.61 飞漆 overspray
喷涂时未附着基底表面的飞散的漆雾。

5 干燥与固化

5.1 固化 curing
由于热作用化学作用或光的作用产生的从涂料形成所要求性能的连续涂层的缩合、聚合或自氧化过程。

5.2 干燥 drying
涂层从液态向固态变化的过程。

5.3 表干 surface dry
涂层从液态变到表面形成薄而软的不黏滞膜的过程。

5.4 触干 dry touch
涂层从液态变到表面在手指轻压时不出现压痕或不感到黏滞的状态。

5.5 实干 hard dry
涂层从液态变到表面受压时也不黏滞，以及可进行刷涂的状态。

5.6 干燥时间 drying time
在一定条件下，一定厚度的涂层从液态达到规定干燥状态的时间。

5.7 烘干 stoving
加热使湿涂层发生干燥固化的过程。

5.8 自干 air drying
湿涂层暴露于常温空气中，自然发生干燥固化的过程。

5.9 红外干燥　infra-red drying

利用红外辐射源干燥和固化湿涂层的过程。

5.10 对流干燥　convection drying

利用热空气进行对流干燥和固化湿涂层的过程。

5.11 混合干燥　combination drying

利用对流-热辐射等组合作用干燥和固化湿涂层的过程。

5.12 氧化干燥　oxidation drying

湿涂层与空气中的氧发生氧化聚合进行干燥和固化的过程。

5.13 热聚合干燥　hot polymerization drying

湿涂层树脂加热聚合进行干燥和固化的过程，也叫热固化。

5.14 催化聚合干燥　catalyisis polymerization drying

利用催化剂使用使湿涂层的树脂聚合进行干燥和固化的过程，也叫催化固化。

5.15 电子束固化　electron beam curing

利用电子束辐射使湿涂层产生活性游离基引发聚合进行干燥固化的过程，也叫电子束聚合干燥。

5.16 光固化　photo-curing

利用一定波长的光照射引起聚合使湿涂层进行干燥和固化的过程，也叫光聚合干燥。

5.17 电磁感应干燥　electromagnetic induction drying

利用工频或高频电流在导线电路内部造成快速脉动磁场，使置于磁场内的工件表面产生感应电流的加速烘干湿涂层的过程。

5.18 紫外固化　ultra-violet curing

利用紫外线干燥和固化湿涂层的过程。

5.19 过烘烤　overbaking

涂膜烘烤过度而出现脆性、烧焦等的不良现象。

6 涂膜

6.1 涂层　coat

一道涂覆所得到的连续膜层。

6.2 涂膜　film

涂覆一道或多道涂层所形成的连续膜层。

6.3 涂层系统　coat system

由同种或异种涂层组成的防护系统。

6.4 底层　priming coat

涂层系统中处于中间层或面层之下的涂层，或直接涂于基底表面的涂层。

6.5 中间层　intermediate coat

涂层系统中处于底层和面层之间的涂层。

6.6 面层　topcoat

涂层系统中处于中间层和底层上的涂层。

6.7 罩光层　finish coat

用于增加或改善涂层表面光泽的清漆层。

6.8　装饰涂层　decorative coat
主要用于装饰的一类涂层。

6.9　防蚀涂层　anti-corrosive coat
主要用于防止基底腐蚀的一类涂层。

6.10　功能涂层　functional coat
主要具有特定功能的一类涂层。

6.11　涂层外观　appearance of coat
在可见光下，矫正视力的肉眼可观测到的涂膜的表面状态。

6.12　光泽　gloss
涂膜表面反射光线能力为特征的一种光学性质。

6.13　附着力　adhesion
涂层与基底间结合力的总和。

6.14　涂膜硬度　hardness of film
涂膜抵抗机械压入塑性形变、划痕或磨削作用的能力。

6.15　干膜厚度　thickness of dry film
涂膜完全干燥后的厚度。

6.16　湿膜厚度　thickness of wet film
涂料施涂后，涂膜尚未表干涂膜的厚度。

6.17　耐蚀性　anti-corrosion
涂膜保护基体耐受环境腐蚀作用的能力，是评价涂膜防腐性能的关键指标。

6.18　耐久性　durability
涂膜长期抵抗所处环境的破坏作用而保持其特性的能力。

6.19　耐光性　light fastness
涂膜抵抗光作用保持其原有光泽和色泽的能力。

6.20　防锈性　anti-rusting
涂膜防止基体金属及其合金材料或制件锈蚀的能力。

6.21　耐压痕性　print resistance
涂膜抵抗外力使其表面压陷的能力。

6.22　柔韧性　flexibility
涂膜适应其基体变形的能力。

6.23　防霉性　mildew（fungus）resistance
涂膜防止霉菌在其表面上生长的能力。

6.24　耐片状剥落性　flaking resistance
涂膜抵抗从工件表面片状剥落的能力。

6.25　耐丝状腐蚀性　filiform corrosion resistance
涂膜抵抗丝状腐蚀的能力。

6.26　耐开裂性　cracking resistance
涂膜抵抗受外界因素影响导致涂膜开裂的能力。

6.27 耐粉化性　chalking resistance
　　涂膜抵抗其表面产生白垩状粉末的能力。

6.28 耐擦伤性　scratch resistance
　　涂膜抵抗各种磨粒作用和压力作用导致涂膜损伤的能力。

6.29 耐磨性　wear resistance
　　涂膜抵抗磨损作用下导致涂膜失效的能力。

6.30 防污性　anti-fouling
　　涂膜表面防止有害生物生长和附着的能力。

6.31 耐溶剂性　solvent resistance
　　抵抗溶剂渗透和溶解作用导致涂膜脱落和其他损伤的能力。

6.32 耐油性　oil resistance
　　抵抗油类渗透作用导致涂膜脱落和其他损伤的能力。

6.33 耐水性　water resistance
　　抵抗水渗透作用导致涂膜发白、失光、起泡、脱落或基底锈蚀的能力。

6.34 耐化学性　chemical resistance
　　抵抗酸、碱、盐类物质渗透和溶解作用导致涂膜丧失对基底保护的能力。

6.35 耐崩裂性　chipping resistance
　　涂膜抵抗冲击作用引起涂膜局部碎落的能力。

6.36 耐候性　weathering resistance
　　在阳光、雨、露、风、霜等气候环境中导致的涂膜老化（失光、变色、粉化、龟裂、长霉、脱落及基底腐蚀）的能力。

6.37 耐湿热性　humidity resistance
　　涂膜在特定湿热环境作用下保护基体不产生锈蚀的能力。

6.38 耐老化性　ageing resistance
　　涂膜抵抗环境因素导致老化的能力。

6.39 耐热性　heat resistance
　　在热作用下涂膜抵抗变色、粉化、脱落等的能力。

6.40 冲洗性　washability
　　涂膜抵抗除污冲洗引起破坏的能力。

6.41 耐冲击性　impact resistance
　　涂膜在冲击作用下保持涂膜完好无损的能力。

6.42 打磨性　grindability
　　涂膜表面用砂纸、砂布等打磨材料打磨平滑的性能。

6.43 鲜映性　distinctness of image
　　涂膜的平滑性和光泽的依存性质，用数字化等级表示。

6.44 缩孔　craters
　　涂膜表面产生小凹坑（直径1mm～4mm）的现象，又叫麻坑。

6.45 收缩　cissing
　　湿涂膜局部缩回导致漏涂区域或涂层减薄的现象。

6.46 刷痕 brush mark
刷涂层干燥后出现的条状隆起痕迹。

6.47 起泡 blistering
涂膜脱起成拱状或泡的现象。

6.48 渗色 bleeding
涂膜间颜色的迁移所致漆膜变色的现象。

6.49 浮色 bloading
涂膜中的可溶性有色物质从涂膜中扩散出来的现象。

6.50 蠕流 creeping
湿涂膜流展超过了原涂覆区的现象。

6.51 回黏 after tack
干涂膜又复出现黏滞状态的现象。

6.52 发白 blushing
一般由潮气、起霜所致有机涂膜的变白或失泽现象。

6.53 桔皮 orange peel
涂膜上出现的类似桔皮的皱纹表层。

6.54 边痕 edge tracking
涂膜上出现的沿辊涂机辊边轨迹的残痕。

6.55 泛黄 yellowing
涂层,尤其白色涂层或清漆层在老化过程中颜色变黄的现象。

6.56 起皱 wrinkling
在干燥过程中涂膜通常由于表干过快所引起的折起现象。

6.57 针孔 pin holes
在涂覆和干燥过程中涂膜中产生小孔的现象。

6.58 起皮 peeling
涂膜自发脱离的现象。

6.59 流挂 drop fomation
在涂覆和固化期涂膜出现的下边缘较厚的现象。

6.60 老化 weathering
涂膜受大气环境作用发生的变化。

6.61 颗粒 seed
涂膜中小块异状物。

6.62 遮盖力 hiding power
涂膜遮盖底层色泽的能力。

6.63 大气曝晒试验 atmospheric expose test
试件暴露于大气条件下进行的旨在研究其在不同环境中腐蚀及污染程度与状态的试验。

6.64 加速老化试验 accelerated weathering test
模拟并强化自然户外气候对试件的破坏作用的一种实验室试验,又叫人工老化试验,即试件暴露于人工产生的自然气候成分中进行的实验室试验。

6.65 湿热试验 humidity cabinet test

试件在恒温恒湿箱中进行的检查其耐湿热性能的试验,又叫潮湿箱试验。

6.66 盐雾试验 salt spray test

试件在盐雾箱中进行的检查其耐一定比例氯化钠盐雾性能的试验,盐雾试验分为中性盐雾试验、乙酸盐雾试验和铜加速盐雾试验。

第二节 钢铁工件涂装前磷化处理技术条件

一、概论

磷化是把金属表面清洗干净后,通过浸渍、喷淋、刷涂、喷-浸结合等工艺,让基体与磷化工作液进行接触,发生化学或电化学反应,在金属表面形成磷化膜的过程。磷化膜可用于金属防锈、涂装前涂层打底、减摩润滑、冷塑性加工、电绝缘等,但磷化膜的最大用途是作为增强基体耐蚀性和提高涂层附着力的涂装打底层。

磷化膜能提高钢铁类金属的防护性能,但如果不加后处理,磷化膜的防护性能是有限的。因此,通常金属表面经磷化处理后,还应根据实际使用情况进行钝化处理,涂油、涂漆或涂覆其他涂层以满足防腐蚀的要求。

耐蚀涂层的作用是防止基体金属在其使用环境中发生腐蚀。涂层制品的使用寿命,主要由涂层本身的耐久性和涂层与工件表面的附着性能决定。磷化膜用作涂层的打底层可提高漆膜的附着性能,提高漆膜的耐潮湿和耐浸水性能,可基本上阻止可能发生的腐蚀扩散。金属表面的金属或非金属覆盖膜层(统称覆膜)损坏之后,便会暴露出基体金属。由于基体金属的导电性和覆膜与基体之间的毛细作用,在覆膜损坏的地方构成微电池,基体便从这里开始腐蚀并向四面八方扩散出去。覆膜与基体之间的毛细管吸引电解液至覆膜之下,由此产生膜下腐蚀,导致覆膜起泡。金属表面磷化后,腐蚀过程便会被限制在覆膜损坏的地方,这是因为金属基体的其余部分被非导体的磷化膜所绝缘。磷化膜还与基体金属牢固地黏结在一起,可以防止电解液向水平方向扩散,从而抑制了膜下腐蚀。

涂装预处理中最基本的问题是磷化膜必须与底漆有良好的配套性,而磷化膜本身的防锈性是次要的,其防锈性只是提供一个工序间的防锈作用。磷化体系与工艺的选定主要由工件材质、油锈程度、几何形状、磷化与涂层的时间间隔、磷化与涂层的配套性、底涂品种等条件决定。

漆前磷化工艺可分为结晶磷化和无定型磷化两类。结晶磷化生成重金属磷酸盐结晶的磷化膜,通常为锌、锌-钙或锌-锰系磷化;无定型磷化以碱金属磷酸盐为主组成磷化液,生成含有氧化铁和磷酸铁的无定型磷化膜。磷酸锌膜和磷酸铁膜各有其特点,磷酸锌膜可涂覆更厚的涂膜,使寿命更长(结晶态,吸附能力更高),但磷酸铁膜更为经济(处理工序最少,设备投资少)。

随着涂装前处理技术的不断进步,以及人们对绿色、环保、节能行为更为重视,以氧化锆为主要成膜物质的无磷转化新技术的应用日益普遍。该技术具有不含磷和重金属、节能环保、低渣、低排放、可多金属共线、综合管理费用低等优点,在增强耐蚀性和提高附着力方面性能优异,作为涂装前涂层打底层性能与磷化相当,正逐步替代传统磷化技术应用于基材表面前处理。近几年来，无磷转化技术在汽车行业和家电行业正在加速应用普及，替代磷化趋势愈加明显，一些产品逐步完成磷化转化薄膜的切换。磷化技术自身也在不断改进和更新，朝着无镍、低温、减渣、多金属共线方向发展，以期实现低成本（低耗材、低能耗），高质量（磷化膜均匀致密、膜薄且耐蚀性及装饰性能好），环境友好（低毒、无污染）的目标。

磷化处理在国内外都已实现标准化。首版 GB/T 6807《钢铁工件涂装前磷化处理技术条件》制定于 1986 年，2001 年进行了修订，修订时，删除了原标准中的"2.8.2""3.3.2"和与之相关的"附录 D 点滴法（参考件）"。GB/T 6807—2001《钢铁工件涂装前磷化处理技术条件》于 2001 年 12 月 17 日发布，2002 年 6 月 1 日实施。

二、标准主要特点与应用说明

该标准规定了钢铁工件涂装前的磷化膜分类、技术要求、检验方法及验收规则，适用于钢铁工件涂装前磷化处理。

该标准对磷化膜进行了分类，根据膜重及用途分成次轻量级、轻量级、次重量级和重量级四种膜。

磷化前的钢铁基体加工状态和表面质量对磷化膜质量有很大的影响，因此，该标准对工件的加工质量和前处理后工件表面状态提出了要求和规定。该标准还对磷化处理相关施工方法和工序、磷化液体系选择和工艺、设备提出了要求。

为了提高膜的性能，特别是其耐蚀性，应在磷化工序完成后进行后处理，其中包括磷化后涂漆等。该标准对磷化后水洗、钝化和涂漆等的操作及其操作参数的选择和控制提出了要求。

该标准对磷化膜的质量（外观、膜重、膜的耐蚀性）及其相应的测试与检验做出规定，特别是磷化膜的外观检查及合格与不合格外观质量的判断、磷化膜自身的耐蚀性，以及磷化膜与涂膜组合膜的耐蚀性做了详细规定。

该标准中附录 A 介绍了工件磷化后外观抽检应符合 GB/T 2828《计数抽样检查程序》中的相关规定。关于磷化膜的外观检测可参考 GB/T 11376—2020《金属及其他无机覆盖层　金属的磷化膜》和该标准。

不同体系的磷化膜的厚度不同，可以采用化学溶解法、磁感应和 X 射线法测量膜层厚度，但是，一般不直接以膜的厚度表示，而是以磷化试样单位面积膜重来表示磷化膜厚度。该标准中磷化膜膜重按 GB/T 9792《金属材料上的转化膜　单位面积上膜层质量的测定　重量法》的规定测定。附录 B 给出了磷化膜厚度和膜重的换算关系，以供参考。

三、标准内容（GB/T 6807—2001）

钢铁工件涂装前磷化处理技术条件

1　范围

本标准规定了钢铁工件涂装前的磷化膜分类、技术要求、检验方法及验收规则。

本标准适用于钢铁工件涂装前的磷化处理。经处理所形成的磷化膜用作涂装底层，以增强涂膜与钢铁基体的附着力及耐蚀性，提高钢铁工件的涂装质量。

2 引用标准

下列标准所包含的条文,通过在本标准中引用而构成为本标准的条文。本标准出版时,所示版本均为有效。所有标准都会被修订,使用本标准的各方应探讨使用下列标准最新版本的可能性。

GB/T 1765—1979 测定耐湿热、耐盐雾、耐候性(人工加速)的漆膜制备法
GB/T 1771—1991 色漆和清漆 耐中性盐雾的测定(eqv ISO 7253:1984)
GB/T 2828—1987 逐批检查计数抽样程序及抽样表(适用于连续批的检查)
GB/T 9286—1998 色漆和清漆 漆膜的划格试验(eqv ISO 2409:1992)
GB/T 9792—1988 金属材料上的转化膜 单位面积上膜层质量的测定 重量法(eqv ISO 3892:1980)
HG/T 2594—1994 各色氨基烘干磁漆

3 磷化膜分类

磷化膜按其膜重及用途的分类见表1。

表1 磷化膜分类

分类	膜重/(g/m^2)	膜的组成	用途
次轻量级	0.2~1.0	主要由磷酸铁、磷酸钙或其他金属的磷酸盐所组成	用作较大形变钢铁工件的涂装底层或耐蚀性要求较低的涂装底层
轻量级	1.1~4.5	主要由磷酸锌和(或)其他金属的磷酸盐所组成	用作涂装底层
次重量级	4.6~7.5	主要由磷酸锌和(或)其他金属的磷酸盐所组成	可用作基本不发生形变钢铁工件的涂装底层
重量级	>7.5	主要由磷酸锌、磷酸锰和(或)其他金属的磷酸盐组成	不宜作涂装底层

4 技术要求

4.1 待处理工件的要求

4.1.1 无特别规定时,工件的机械加工、成形、焊接和打孔应在处理前完成。

4.1.2 工件的表面质量应符合相应技术文件的规定。

4.2 工件的热处理

特殊用途的工件,应在磷化处理前消除应力及磷化处理后消除氢脆。

4.3 前处理

4.3.1 工件表面的油污、锈及氧化皮可用一种或几种方法清理。

4.3.2 脱脂后的工件,不应有油脂、乳浊液等污物,其表面应能被水完全润湿。

4.3.3 酸洗后的工件,不应有目视可见的氧化物、锈及过腐蚀现象。

4.3.4 喷抛丸清理后的工件,不应有漏喷、磨料黏附、锈蚀及油污,其表面应露出金属本色。

4.4 磷化处理

4.4.1 磷化处理的主要施工方法可采用浸渍法、喷淋法或浸喷组合的方法进行。

4.4.2 对于轻度油污或锈蚀的工件，一般应采用脱脂、除锈、磷化和钝化分步处理，特殊情况下可采用脱脂、除锈、磷化和钝化多合一处理。

4.4.3 磷化处理可以在以锌、锰、锌钙、碱金属、其他金属或氨的磷酸二氢盐为主要成分的溶液中进行。

4.4.4 磷化槽液的配制、调整及管理应按相应的工艺规范进行。

4.4.5 所有接触磷化液的设备（管道、喷头、泵、槽体等）应耐磷酸盐腐蚀，应不影响磷化液性能及损害磷化膜质量。

4.4.6 工件表面生成的磷化膜应符合4.6、4.7、4.8及4.9的技术要求。

4.5　后处理

4.5.1 为了提高磷化膜的耐蚀性，水洗后的磷化工件可以在适当的钝化液中进行钝化，但不得影响涂层附着力。

4.5.2 磷化或钝化后的工件，一般应进行水洗，为了提高工件表面的清洗质量，最好采用脱离子水做最终水洗。

4.5.3 最终水洗后的工件，根据后面涂装需要，可选择干燥后涂装，或不干燥直接涂装。

4.5.4 为了防止工件表面被污染或返锈，干燥后应尽快地涂装。磷化与涂装间隔一般不超过16h，对特殊的加工工序及特殊的工件可适当延长间隔时间，但此期间内的工件表面不得被污染或返锈。

4.6　磷化膜外观

4.6.1 磷化后工件的颜色应为浅灰色到灰黑色或彩色，膜层应结晶致密、连续和均匀。

4.6.2 磷化后的工件具有下列情况或其中之一时，均为允许缺陷：

4.6.2.1 轻微的水迹、钝化痕迹、擦白及挂灰现象；

4.6.2.2 由于局部热处理、焊接以及表面加工状态的不同而造成颜色和结晶不均匀；

4.6.2.3 在焊缝处无磷化膜。

4.6.3 磷化后的工件具有下列情况之一时，均为不允许缺陷：

4.6.3.1 疏松的磷化膜层；

4.6.3.2 有锈蚀或绿斑；

4.6.3.3 局部无磷化膜（焊缝处除外）；

4.6.3.4 表面严重挂灰。

4.7　磷化膜重

测定磷化膜重按 GB/T 9792 的规定，磷化膜重应符合表1所列数值。磷化膜厚度与膜重的换算关系参考附录B（提示的附录）。

4.8　磷化膜耐蚀性

按5.3检验磷化膜耐蚀性，经1h，基体金属不应出现锈蚀（棱边、孔、角及焊缝处除外）。

4.9　涂膜耐蚀性

按5.4检验涂膜耐蚀性，锌系、锰系、锌钙系磷化膜的涂装试样经24h耐中性盐雾试验后，铁系磷化膜的涂装试样经8h耐中性盐雾试验后，除划痕部位处，涂膜应无起泡、脱落及锈蚀等现象。

注：划痕部位系指划痕任何一侧的附近宽度0.5mm范围内。

5 检验方法
5.1 外观检验
在天然光或混合照明条件下，用目视检查。天然光照度要求不小于100lx，采光系数最低值为2%；混合照明的光照度要求不小于500lx。
5.2 磷化膜重测定法
按GB/T 9792规定的方法测定膜重。
5.3 磷化膜耐蚀性检验
磷化试样（已降至室温）立即浸入3%（质量分数）的氯化钠（NaCl）水溶液中，在15℃~25℃下，保持规定的时间，取出试样，洗净、吹干，目视检查磷化表面是否出现锈蚀。
5.4 涂膜耐蚀性检验
5.4.1 经4.3、4.4及4.5处理的磷化试样，按GB/T 1765—1979制备方法3中的规定，制备厚度为$25\mu m \sim 35\mu m$符合HG/T 2594—1994的白色氨基烘干磁漆涂膜试样，待试。

5.4.2 制备后的涂膜试样，按GB/T 9286推荐的切割刀具将涂膜划成长12cm的交叉对角线（划痕深至钢铁基体，对角线不贯穿对角，对角线端点与对角成等距离），取试样三片，划痕面朝上，然后将涂膜试样置于符合GB/T 1771的盐雾试验箱中，按其规定的试验条件连续试验。

5.4.3 检查时，取出试样，用自来水冲净试样表面上所沉积的盐分，冷风快速吹干（或毛巾、滤纸吸干），目视检查试样表面。

6 验收规则
6.1 工件磷化后的质量检验包括磷化膜外观、磷化膜重、磷化膜耐蚀性及涂膜耐蚀性检验。由于数量、尺寸及形状等原因不能对整个磷化工件检验时，应按下列方法之一制作试样：

6.1.1 从实际工件切取一部分；

6.1.2 用与工件相同的材质制备尺寸为70mm×150mm的试样与工件同时进行处理。

6.2 外观检验按下列规定：

6.2.1 大工件和重要工件应100%进行检验并逐一验收；

6.2.2 一般工件（包括小工件）可按GB/T 2828抽样检验验收，检验规则见附录A（标准的附录）。

6.3 测定磷化膜重时，若受试的三个平行试样的平均值不合格，则再取三个试样进行复验，若其平均值仍不合格，则该批产品为不合格。

6.4 磷化膜耐蚀性检验时，应从每批工件中抽取三件试样进行检验，只要其中有一件不合格，则再取双倍试样进行复验。复验结果只要仍有一件不合格，则采用6.6条的规定进行检验并以其结果为准。

6.5 对磷化膜重量及涂膜耐蚀性的抽验，应在下列情况之一时进行：

6.5.1 新设计投产的产品；

6.5.2 企业规定的周期检验；

6.5.3 设备、工艺或槽液配方改变；

6.5.4 其他认为必要时的检验。

6.6 检验涂膜耐蚀性时，在受试的三个试样中，只要其中有一个试样不合格，则再取双倍试样复验。复验结果只要仍有一个试样不合格，则该批产品为不合格。

附 录 A
（标准的附录）
磷化膜外观检验规则

本规则适用于一般工件磷化后的外观检验。

A.1 磷化膜的外观检验应符合 GB/T 2828 的有关规定。

A.2 缺陷分类：磷化膜的外观缺陷分为轻缺陷及重缺陷。4.6.2 款中的允许缺陷属于轻缺陷，而 4.6.3 款中的不允许缺陷属于重缺陷。

A.3 外观检查时，一般根据磷化膜的外观颜色及膜重进行验收。以有无重缺陷来判断合格或不合格，轻缺陷一般不用于判断合格或不合格。

A.4 逐批检查采用一次抽样方案，初次检查为正常检查，其缺陷类型、合格质量水平及检查水平见表 A.1。

表 A.1 缺陷类型、合格质量水平及检查水平

缺陷类型	重缺陷
检查项目	第 4.6.3.1、4.6.3.2、4.6.3.3 及 4.6.3.4 项
合格质量水平（AQL）	0.25
检查水平	Ⅱ

A.5 放宽检查、加严检查及暂停检查按 GB/T 2828—1981 中 3.2.4.2 转移规则的规定。

附 录 B
（提示的附录）
磷化膜厚度和膜重的换算关系

磷化膜厚度（μm）和膜重（g/m^2）换算关系见表 B.1。

表 B.1 磷化膜厚度与膜重换算关系

厚度/μm	膜重/（g/m^2）
1	1~2
3	3~6
5	5~15

注：1. 次轻量级磷化膜重与厚度之比约为 1。
　　2. 轻量级磷化膜重与厚度之比为 1~2。
　　3. 磷化膜重与厚度之比一般在 1~3 之间。

第三节　多功能钢铁表面处理液通用技术条件

一、概论

涂覆前进行磷化处理是获得高质量涂装层的重要条件。要获得合乎规定要求的转化膜，

除了对基体材料本身做出规定和要求外,还必须对其表面质量做出规定。在表面质量中,除加工状态(如毛刺、焊渣、表面粗糙度等)之外,表面污染物(如油、脂、锈、氧化皮,以及可能对转化膜的成膜过程和转化膜的质量有各种负面影响的外来物等)对成膜和膜层质量具有决定性的不利影响。这些污染物和污染程度与基体的经历有密切的关系,如加工、贮存、搬运等情况。经深度机械加工的和经一般机械加工的,经热加工的和不经热加工的,经温度、湿度等受控储存的和在温度、湿度偏高或波动大的条件下储存的,经受控条件搬运的和具备暂时保护条件搬运的,以及进入转化处理车间的和进入存放工序的等都会产生差异很大的污染物。前者污染程度轻,后者污染程度高;后者污染物甚至发生了进一步不利于转化处理的变化(如油膜老化、碳质化、薄氧化膜变成了厚的氧化皮),前者则可能污染程度轻微,表面污染物未发生明显的物理和化学变化。不同程度的污染要求不同的表面准备方法,选择和控制不同的处理参数。

为在不同的条件下实现简化的转化处理,近几十年来,国内外一直在研究期望实现除油、除锈、钝化、磷化一步法处理。在这种处理剂配方中,一般以表面活性剂类物质起除油作用,以较高的游离酸起除锈作用,以磷酸二氢盐类物质起磷化成膜作用,以亚硝酸盐、铬酐、重铬酸盐或钼酸盐起钝化作用,处理液中含有四个功能或其中含磷化功能的三个功能,便是"四合一"或"三合一"磷化处理液。

采用"三合一"或"四合一"磷化工艺可大大简化磷化工序,减少设备和作业面积,缩短工时,提高劳动生产率,降低成本,尤其是对于大型机器和管道可进行刷涂,使用方便。"三合一"或"四合一"磷化已取得了不同程度的应用,遗憾的是,迄今为止,其处理质量远不如几个工序单独进行的处理效果。一般来说,"四合一"或"三合一"磷化适于污染程度不严重的制件、处理要求不高的制件涂装前的打底层、服役或应用条件不十分严酷的制件。

尽管如此,考虑到国外的发展和国内的市场,为保证这方面的产品质量和技术的发展,我国于1990年制定了GB/T 12612《多功能钢铁表面处理液通用技术条件》,2005年进行了修订,修订时,修改和删除了原标准中部分内容,重点是增加了"7.1 出厂检验"。GB/T 12612—2005《多功能钢铁表面处理液通用技术条件》于2005年6月23日发布,2006年12月1日实施。

二、标准主要特点与应用说明

该标准规定了多功能钢铁表面处理液的分类、技术要求、检验方法和规则。该处理液以磷酸和磷酸盐为主要成分并添加助剂组成,适用于集除油、除锈、磷化、钝化四功能或其中含磷化功能的三个功能为一体的表面综合处理的处理液产品,包括浓缩液和工作液。

该标准按功能将处理液分为"三合一"和"四合一"处理液,按除锈能力将其分为可除重锈和一般氧化皮的处理液、可除浮锈和轻中锈的处理液,按处理液的使用温度将其分为常温和中温处理液,按出厂状态将其分为工作液、浓缩液。

对多功能处理液产品的质量,该标准规定了最终产品的外观(必须符合一般溶液的条件),从安全、健康和环保考虑,须无刺激性异味,对理化性能(pH值、总酸度、游离酸度和密度)和使用性能(除锈能力、除油能力、磷化膜表观质量、磷化膜面密度、磷化膜耐蚀性、漆膜配套性能和贮存性能,其中,详细介绍了磷化膜外观上的允许缺陷和不允许缺陷）提出了技术要求和检验方法。这些都是一般化工产品必备的基本技术条件，也是生产和使用多功能处理液时所必须掌握了解的。

磷化过程中，磷化工作液的游离酸度和总酸度要严格控制，以确保磷化工作液中各组分化学平衡，促使磷化反应正常进行。附录 A 规定了多功能钢铁表面处理液的游离酸度和总酸度的测定和计算方法，以及测定时用到的标准液和试剂的配置方法。

不同体系的磷化膜的厚度不同，可以采用化学溶解法或磁感应和 X 射线法测量膜层厚度，但是，一般不直接以膜的厚度表示，而是以磷化试样单位面积膜重来表示磷化膜厚度。附录 B 规定了磷化膜面密度测定方法，钢铁表面生成的磷化膜面密度的测定方法符合 GB/T 9792《金属材料上的转化膜 单位面积膜质量的测定 重量法》中的规定。附录 B 还介绍了退膜液、试验方法和计算方法。测量结果的不确定度取决于总表面积测量和试件称量的准确度，即取决于在充足的总表面积上进行测量的可能性，而该总表面积相对于其上的膜层质量而言是足够大的，在最佳条件下，该测量方法的不确定度为 5%。测定磷化膜面密度时，为保证数据的准确性，取三个平行测定试样的平均值即为测定结果。

附录 C 针对一般工件的锈蚀状况给出了锈蚀程度测定方法和评定标准。

其他内容与一般技术标准相当。

三、标准内容（GB/T 12612—2005）

多功能钢铁表面处理液通用技术条件

1 范围

本标准规定了以磷酸和磷酸盐为主要成分添加其他助剂组成的多功能钢铁表面处理液（以下简称处理液）的分类、技术要求、检验方法及检验规则。

本标准适用于钢铁工件一般涂装前表面综合处理的处理液产品，包括浓缩液和工作液。

2 规范性引用文件

下列文件中的条款通过本标准的引用而成为本标准的条款。凡是注日期的引用文件，其随后所有的修改单（不包括勘误的内容）或修订版均不适用于本标准，然而，鼓励根据本标准达成协议的各方研究是否可使用这些文件的最新版本。凡是不注日期的引用文件，其最新版本适用于本标准。

GB/T 601 化学试剂 标准溶液配制方法

GB/T 1720 漆膜附着力测定法

GB/T 1727 漆膜一般制备法

GB/T 1771 漆膜耐盐雾测定法（eqv ISO 7253）

GB/T 6463—2005 金属和其他无机覆盖层 厚度测量方法评述（ISO 3882：2003，IDT）

GB/T 6807—2001 钢铁工件涂装前磷化处理技术条件

3 术语和定义

3.1 多功能

除油、除锈、磷化、钝化四个功能或其中含磷化功能的三个功能。

3.2 工作液

实际使用时的液体。

3.3 处理液
对钢铁表面具有磷化处理功能的液体。

4 分类
4.1 按功能分
除油、除锈、磷化、钝化四功能处理液，或称四合一处理液；

除油、除锈、磷化三功能处理液，或称除油、除锈、磷化三合一处理液；

除油、磷化、钝化三功能处理液，或称除油、磷化、钝化三合一处理液；

除锈、磷化、钝化三功能处理液，或称除锈、磷化、钝化三合一处理液。

4.2 处理液按除锈能力分
可除重锈和一般氧化皮的处理液；

可除浮锈、轻锈和中锈的处理液。

4.3 处理液按使用温度分
常温处理（使用温度15℃~35℃）；

中温处理（使用温度45℃~65℃）。

注：少数情况下，使用温度也有在35℃~45℃之间或65℃以上使用的处理液，一般称之为低温处理液或高温处理液。

4.4 处理液按出厂状态分
工作液；

浓缩液。

5 技术要求
5.1 外观要求
处理液应为均匀的透明液体，无明显沉淀物和絮状物，无强刺激性气味。

5.2 理化性能
处理液理化性能主要技术指标为：pH值、总酸度（点）、游离酸度（点）和密度。各类处理液均应明确规定主要技术指标，出厂产品应符合该指标的要求。

5.3 使用性能
5.3.1 除锈能力
经目测，试片表面无锈蚀物即可，或由供需双方商定指标，原始锈蚀状况的评定参照附录C。

5.3.2 除油能力
经处理后的试片，水洗后目视5s水膜应连续、不破裂。

5.3.3 磷化膜表观质量
5.3.3.1 处理后的工件表面应形成均匀灰色、黑色或彩虹色磷化膜。

5.3.3.2 处理后的工件具有下列情况或其中之一时，均为允许缺陷：
a) 轻微水迹、擦白及轻微挂灰现象；
b) 由于局部热处理、焊接以及加工状态的不同而造成颜色和结晶不均匀；
c) 焊缝处无磷化膜；
d) 除去锈蚀处与整体色泽不一致。

5.3.3.3 处理后的工件表面有下列情况之一时，为不允许缺陷：

a）表面有残留油膜；

b）疏松的磷化膜层；

c）锈蚀未除净，或重新出现锈蚀或绿斑；

d）局部无磷化膜（焊缝处除外）；

e）表面出现手指轻抹可抹掉的挂灰。

5.3.4 磷化膜面密度

处理后的试片磷化膜面密度一般应为 $0.2g/m^2$ ~ $4.5g/m^2$；作为涂装打底用时，不应大于 $7.5g/m^2$。

5.3.5 磷化膜耐蚀性

经处理干燥后的试片，存放在相对湿度不大于 70%、无腐蚀气体的室温条件下，防锈期不应少于 7d。

5.3.6 漆膜配套性能

5.3.6.1 漆膜耐蚀性

按 6.3.7 中规定的方法检验，经 8h 耐盐雾试验后（见 GB/T 1771），除划痕部位任何一侧 0.5mm 内，漆膜应无起泡、脱落、锈蚀等现象。

5.3.6.2 漆膜附着力

按 GB/T 1720 中规定的划圈法检验，附着力不应低于 2 级。

5.4 贮存性能

产品在环境温度为 -30℃ ~ 40℃ 包装良好的存放条件下，自生产之日起有效期为一年。超过贮存期，应按本标准规定逐项进行检验，合格品仍可使用。

6 检验方法

6.1 处理液外观检查

在自然光或混合照明条件下，用目视检查有无沉淀或絮状物。天然光照度要求不小于 100lx，采光系数最低值为 2%；混合照明的光照度要求不小于 500lx。

6.2 处理液理化性能测定

6.2.1 pH 值

用精密 pH 试纸或 pH 计测定。

6.2.2 总酸度和游离酸度测定

按附录 A 进行。

6.2.3 密度

在 20℃±1℃ 条件下，用密度计测定。

6.3 处理液使用性能测定方法

6.3.1 试片制备

6.3.1.1 锈蚀试片

选用 50mm×100mm×1mm 不同锈蚀状且与工件材质相同的试片，试片锈蚀状况的评定参照附录 C。

6.3.1.2 涂油锈蚀试片

选用 6.3.1.1 规定的锈蚀试片，浸涂 30 号机油（室温下挂油量约为 $1.2mg/cm^2$）。

6.3.1.3 涂漆试片

选用50mm×100mm×1mm且与工件材质相同的试片，按6.3.2方法处理并干燥后，喷涂一层厚度为$25\mu m \sim 35\mu m$的A04-9白色氨基烘漆，室温干燥30min；然后在设定温度为102℃～107℃的鼓风烘干箱中恒温2h后，于室温放置24h，进行漆膜配套性能试验。

6.3.2 试片在处理液中的处理方法

将按6.3.1.2制备的涂油锈蚀试片放入盛有工作液的1000mL烧杯中，按不同处理温度要求，浸泡10min～20min，其中摆动3min～6min，取出后自然干燥。

6.3.3 除油能力检验方法

按6.3.2处理的试片，不经自然干燥，立即用水冲洗并在自然光或混合光照明条件下，目视检查其水膜的连续性。

6.3.4 除锈能力检验方法

处理后的试片，目视检查表面有无残留锈蚀物，并参见附录C评定其表面状况。

6.3.5 磷化膜面密度

按6.3.2处理的试片，按附录B测定磷化膜面密度。

6.3.6 磷化膜耐蚀性检验方法

按6.3.2处理干燥后的试片，存放在相对湿度不大于70%、无腐蚀性气体的室温条件下，防锈期不应少于7d。

6.3.7 漆膜耐蚀性检验

按6.3.1.3制备的涂漆试片用18号缝纫机针，将漆膜划成长120mm的交叉对角线，划痕深到试片基体。取样三片，按GB/T 1771的要求，将划痕面朝上置于盐雾试验箱中，按规定的试验条件连续试验。检查时用自来水冲洗试样表面沉积盐分，冷风吹干（或毛巾、滤纸吸干）后，目视检查试片表面状况。

7 检验规则

7.1 出厂检验

7.1.1 出厂产品由质量检验部门按本标准进行检验。生产厂应保证所有出厂的产品符合本标准的要求。

7.1.2 出厂检验项目包括：外观、理化性能和使用性能中的5.3.3、5.3.5、5.3.6的要求。

7.1.3 由供需双方协议增加的检验项目，应列入出厂检验内容。

7.1.4 每批出厂的产品都应附有产品质量合格证。内容包括：生产厂名称、地址、产品名称、产品净重、批号或生产日期、贮存条件和期限、本标准编号。

7.1.5 每批出厂的产品都应附有产品说明书，内容包括：生产厂名称、地址、产品名称、本标准编号、产品技术指标、使用方法、注意事项。

7.1.6 使用单位有权按本标准的规定，对所收到的产品进行验收。

7.2 抽样方法

按每批生产处理液产品的0.1%～1%抽取试样，分别置于洁净的容器中，待检。若检验不合格时，应加倍取样；检验再不合格时不能出厂。

8 标志、包装、运输、贮存

8.1 标志

出厂产品必须在包装上标出生产厂名称、产品名称、产品型号、生产日期和生产批号、合格证、检测报告。
8.2　包装
处理液应采用塑料或其他耐酸容器包装。
8.3　贮存运输
本产品不可与食用物品、日用百货和碱类物质共贮混运。

附　录　A
（规范性附录）
总酸度、游离酸度测定方法

本法采用酸碱滴定法，取样10mL，用0.1mol/L氢氧化钠标准溶液滴定，所消耗的毫升数即为总酸度值用点数表示。

A.1　试剂

氢氧化钠标准液：0.1mol/L标准溶液（按GB/T 601配制和标定）；

酚酞指示剂：按1体积酚酞溶于99体积无水乙醇（无水乙醇为分析级）的比例，配制体积分数约为1%的酚酞指示剂；

甲基橙指示剂：按1g甲基橙溶于1000mL去离子水中的比例，配制质量分数为0.1%的甲基橙指示剂；

溴酚蓝指示剂：先配制1000mL体积分数为20%的乙醇（无水乙醇、分析级）去离子水溶液，然后，按1g溴酚蓝溶于1000mL乙醇溶液中的比例，配制质量分数约0.1%的溴酚蓝指示剂。

A.2　试验方法

A.2.1　游离酸度的测定

用移液管吸取10mL试液于250mL的锥形瓶中，加50mL去离子水，加2滴~3滴甲基橙指示剂（或溴酚蓝指示剂），用氢氧化钠标准液滴定至溶液呈橙色（或用溴酚蓝指示剂显示，滴定至由黄变为蓝紫色）即为终点，记下消耗氢氧化钠标准溶液毫升数A。

A.2.2　总酸度的测定

用移液管吸取10mL试液于250mL的锥形瓶中，加50mL去离子水，加2滴~3滴酚酞指示剂，用氢氧化钠标准液滴定至溶液呈粉红色，即为终点，记下消耗氢氧化钠标准溶液毫升数B。

A.3　计算方法

游离酸度（点）、总酸度（点）按下列公式计算：

$$游离酸度 = \frac{10Ac}{0.1V} \tag{A.1}$$

$$总酸度 = \frac{10Bc}{0.1V} \tag{A.2}$$

式中　A、B——滴定时耗去氢氧化钠标准溶液毫升数（mL）；
　　　　c——氢氧化钠标准溶液实际浓度值（mol/L）；
　　　　V——取样毫升数（mL）。

附 录 B
（规范性附录）
磷化膜面密度测定法

本法适用于钢铁表面生成的磷化膜单位面积上膜层质量测定。

B.1 仪器
分析天平：感量为 0.1mg；
加热设备：用于控制退膜液的温度。

B.2 试样
膜面密度小于 $1g/m^2$ 时，试样的总面积不应小于 $400cm^2$；膜面密度为 $1g/m^2 \sim 10g/m^2$ 时，试样总面积不应小于 $200cm^2$。

B.3 退膜液
取 50g 三氧化铬（CrO_3），溶于去离子水中，配制成 1000mL 溶液。

B.4 试验方法
将处理后干燥的试片用感量为 0.1mg 的分析天平称量（m_1）。然后将试片浸在退膜液中，温度维持在（75±5）℃，浸泡 15min 后，立即用清水冲洗，再用去离子水洗净。干燥称重，直至衡量（m_2）。

B.5 计算
磷化膜单位面积膜层质量按下列公式计算：

$$m_A = \frac{m_1 - m_2}{A} \times 10 \quad (B.1)$$

式中　m_A——磷化膜面密度（g/m^2）；
　　　m_1——磷化后试样质量（mg）；
　　　m_2——退膜后试样质量（mg）；
　　　A——试样总的面积（cm^2）。

取三个平行测定试样的平均值为测定结果。

附 录 C
（资料性附录）
钢铁表面锈蚀状况评定

本法适用于一般工件锈蚀状况的评定。

C.1 锈蚀深度的测定
采用 GB/T 6463 中 5.3 轮廓仪法测定。

C.2 锈蚀程度的测定
采用锈蚀评定板法测定，该评定板由 50mm×50mm×2mm 无色透明板制成，正中有 40mm×40mm 的方框，框内有 4mm×4mm 正方形格子 100 个。测定时把锈蚀评定板与被测试片重叠，目视检查 100 个方格内有锈蚀的方格数目，用百分数表示，即为锈蚀程度。

C.3 表面状态
目视观察试样的表面锈层颜色和状态。

C.4 锈蚀状况的评定

评定时以锈蚀深度为主，辅以锈蚀程度和表面状态综合评定，如表 C.1 所示。

表 C.1 锈蚀状况评定表

项目	锈蚀状态		
	浮锈、轻锈	中锈	重锈
锈蚀深度/μm	<30	30~80	>80
锈蚀程度(%)	1~10	11~50	51~100
表面状态	橙黄色或淡红色	表面粗糙，呈红褐色	呈暗褐色，锈层凸起呈片状

第四节　涂装前处理准备　酸洗

一、概论

钢铁件在与大气长期接触或进行热处理时，其表面将形成锈蚀物或氧化皮。在进行磷化或氧化锆处理之前，必须彻底去除这些锈蚀物及氧化皮，因为锈蚀物及氧化皮会使工件与处理液之间形成中间层，阻碍后处理反应的顺利进行，进而导致涂膜附着力不高及各种涂膜或涂层缺陷。

清除锈蚀物和氧化皮的方法较多，如物理方法（手工或机械打磨、喷砂、抛丸、火焰或电火花加工），化学方法（酸洗法、碱性法及"二合一"除油且清除锈蚀物和氧化皮法），电化学法（阴极、阳极、阴阳极联合法）及超声波法。其中化学法中的酸洗处理是最常用的方法之一。

酸洗法具有广泛的适用性，适用于锻件，铸件，板、带、丝材及各种制件。酸洗是用酸溶液与这些金属氧化物或氢氧化物发生化学反应，使其溶解在酸溶液中。一般常用的酸为无机酸（如硫酸、盐酸、硝酸、磷酸、氢氟酸等），需要时也可用有机酸（如乙酸、柠檬酸、草酸、酒石酸、甲酸等）。所用酸的种类、浓度和温度的调节范围广，具体情况取决于酸洗时间（批量操作或连续操作），以及所要除去的氧化物的厚度、成分和物理特性。

酸洗液主要靠测定酸洗液中的酸浓度和溶解积累的金属（主要是铁）浓度变化的化学分析来维护。为了避免过腐蚀（过酸洗）引起的麻点，降低酸耗，减少氢脆危险，应在酸洗液中添加缓蚀剂；为抑制酸雾的产生，除锈时要添加酸雾抑制剂；为了加快除锈速度，提高对锈层和氧化皮的剥离能力，应加入渗透剂；为了延长除锈液使用寿命，应加入络合剂络合除锈液中积累的金属离子。部分抑雾剂兼具有缓释效果，部分渗透剂兼具有抑雾效果。

为了规范涂装前酸洗操作，我国于 1993 年制定了 JB/T 6978《涂装前处理准备　酸洗》，2016 年进行了修订。修订时，补充了酸洗的技术要求，增加了酸洗废水处置的规定。JB/T 6978—2016《涂装前处理准备　酸洗》于 2016 年 4 月 5 日发布，2016 年 9 月 1 日实施。

二、标准主要特点与应用说明

该标准规定在酸洗前应预先除去不能与酸起反应的各种污物，并进行检验。预先用手动或机械方法除去会拖长酸洗时间的重锈、厚氧化皮或有机涂层。因工件表面油渍直接影响除锈速度，除锈应在除油的基础上进行，酸洗前用碱进行预清洗，以除去在酸洗过程中钢铁件表面不与酸发生反应的油垢、润滑脂、加工液等污染物。

该标准规定应在由一定纯度的盐酸、硫酸、磷酸或其混合酸配制的酸洗液中添加缓蚀剂，以防止过腐蚀和氢脆，添加酸雾抑制剂以减少酸的消耗并改善工作环境。该标准对酸洗及酸洗件尽量滴去酸洗液，工件在适当温度下充分清洗，并尽快进行后续加工（磷化、氧化锆处理）及涂装，防止再污染等提出了相应要求。

酸洗采用强酸、强碱（预清洗）存在环保和安全问题，该标准规定酸洗工艺安全规程按 GB 7692—2012《涂装作业安全规程 涂漆前处理工艺安全及其通风净化》执行，并对酸洗后废液的处置方法给出建议。

该标准从不同酸洗液中的溶解铁离子的含量对酸洗液的维护提出了相应的规定。

该标准中附录 A 列举了酸洗液成分及其工作范围、所用缓蚀剂种类及使用量。

三、标准内容（JB/T 6978—2016）

涂装前处理准备 酸洗

1 范围

本标准规定了钢铁件涂装前，用于除锈酸洗的技术要求，以及酸洗后表面状况以及酸洗废液安全处置等技术要求。

本标准适用于钢铁件涂装前处理，如磷化、锆转化膜的除锈准备工艺。

热镀锌及锌基涂层的酸洗除锈可参照本标准执行。

本标准不适用于抗拉强度大于或等于 1000MPa 的钢铁制件。空腔结构的钢铁制件使用本标准应考虑沥出酸洗液的技术要求条件。

2 规范性引用文件

下列文件对于本文件的应用是必不可少的。凡是注日期的引用文件，仅注日期的版本适用于本文件。凡是不注日期的引用文件，其最新版本（包括所有的修改单）适用于本文件。

GB/T 6807 钢铁工件涂装前磷化处理技术条件

GB 7692—2012 涂装作业安全规程 涂漆前处理工艺安全及其通风净化

GB/T 8264 涂装技术术语

GB 8978—1996 污水综合排放标准

JB/T 12854 金属表面氧化锆转化处理技术条件

ISO 27831-1 金属和其他无机覆盖层 金属表面清洗和准备 第 1 部分：钢铁金属及其合金（Metallic and other inorganic coatings—Cleaning and preparation of metal surfaces—Part 1: Ferrous metals and alloys）

ISO 27831-2 金属和其他无机覆盖层 金属表面清洗和准备 第 2 部分：有色金属及其合金（Metallic and other inorganic coatings—Cleaning and preparation of metal surfaces—Part 2: Non-ferrous metals and alloys）

3 术语和定义

GB/T 8264 界定的术语和定义适用于本文件。

4 一般要求

4.1 概述

残留在工件表面的油污、锈蚀、氧化皮等会严重影响涂层的附着力、干燥性能、装饰性能和耐蚀性，彻底去除这些异物是良好涂装的必要条件。

除锈可采用机械除锈法和酸洗除锈法。可根据生产率原则和钢铁制件要求以及环保要求，选择除锈方法。

在酸洗除锈中，一般使用无机酸如盐酸、硫酸及磷酸等，并常用适量酸洗缓蚀剂（参见附录A）以减少金属基体的过度溶解。特殊钢或非铁金属则常用混合酸或草酸、铬酸、柠檬酸等（见 ISO 27831-1 和 ISO 27831-2）。

4.2 适用基料、形状及表面状态

酸洗除锈法一般适用于抗拉强度要求小于1000MPa的钢铁金属材料（见 ISO 27831-1）。例如，高强紧固件的除锈应以喷丸处理为最佳而不适用酸洗的方法处理。

酸洗过程一般是浸泡式处理，空腔结构的钢铁制件，应选择可以完全沥出腔内酸洗液的悬挂方式，才能适用酸洗除锈。

4.3 酸洗前准备——除油

一般情况下，用有机溶剂、碱性脱脂剂或表面活性剂等除去待酸洗钢铁件表面附着的油垢、润滑脂、加工液等污物，并通过观察除油面能否出现连续水膜来检测表面除油是否干净。

若钢铁工件表面的氧化皮厚重，应用手动或机械的方法予以清除，以缩短酸洗时间。

4.4 涂装前处理工艺的基本流程

涂装前处理工艺的基本工艺如下：

　　脱脂除油→水洗→酸洗→水洗→中和→水洗→表调→磷化→水洗→干燥→涂装

或

　　脱脂除油→水洗→酸洗→水洗→中和→水洗→氧化锆处理→水洗→干燥→涂装

相对而言，工件表面上的油渍比锈的危害性大，有油的工件也直接影响除锈速度，所以除锈应在除油的基础上进行。

对于油渍较少的工件也可以将除油与除锈两个基本工序合二为一。在一个槽中同时完成除油除锈工序，可缩短生产线，降低设备和厂房投资费用，但处理质量不如分槽好，该工艺对要求不高的场合可采用。

4.5 酸洗后处理

酸洗后应尽快中和水洗，并进行磷化处理、氧化锆处理或其他过渡处理。

注：一些过渡处理对工件表面残余的酸或碱敏感，工艺设计应咨询过渡处理材料的供应商。

5 酸洗

5.1 酸洗液由一定浓度的酸配制而成，一般采用盐酸、硫酸、磷酸或其混合酸。为防止过腐蚀和减轻氢脆危害，酸洗液中应加入缓蚀剂。为防止酸雾，酸洗液中可加入酸雾抑制剂，其用法、用量要符合其产品使用说明规定。

5.2 酸洗浓度、工作温度、酸洗时间由钢铁表面状况而定，酸洗液成分及其工作范围、所用缓蚀剂种类、使用量参见附录A。

6 酸洗后处理

6.1 为减少带入冲洗槽的酸量,钢铁件从酸洗槽中取出后,可在酸洗槽上方短暂停留,以滴去钢铁件上残存的大部分酸液。

6.2 经酸洗后的钢铁件需用洁净水在常温至80℃的温度下进行充分清洗。为保证酸洗后钢铁件的表面状况,水洗后的钢铁件还须马上按涂装要求进行中和、磷化或氧化锆转化或其他钝化处理。磷化按GB/T 6807进行,氧化锆转化按JB/T 12854进行。

6.3 经酸洗后处理的钢铁件,不宜长时间贮存,以防止再次氧化腐蚀。

7 酸洗槽液的管理

7.1 应定期检查酸洗槽液的变化情况,其铁离子含量不得超过表1的规定。

表1 酸洗槽液中铁离子含量

酸液种类	铁离子含量(质量分数,%)
硫酸	6
盐酸	10
其他	6

7.2 为保证酸洗后钢铁件的清洗质量,应保证清洗槽中酸和盐的累积总量不得超过0.2%(质量分数)。

8 酸洗后的表面状况

如供需双方无其他协定,经酸洗后的钢铁件表面状况参见表2的规定。

表2 钢铁件酸洗后的表面状况

酸液种类	表面状况
盐酸	表面应呈均匀银色,基本无黑色挂灰现象
硫酸	表面应呈均匀淡灰色,基本无黑色挂灰现象
磷酸	表面应呈均匀浅灰色,基本无黑色挂灰现象

注:以上表面状态为一般情况,有些工件由于后处理的需求,可能对酸洗表面有特殊要求,因此,需要相关方在试验基础上协调酸洗表面状态和后处理工序衔接。

9 涂装酸洗工艺安全及环境要求

涂装前处理酸洗工艺安全规程按GB 7692—2012的规定执行。

10 酸洗后废液的处置建议

10.1 酸洗废液分质分流就地处理排放

酸洗液达到饱和浓度后,失去除锈功能。为提高废水处理效能,废水不应与其他类型废水混合处理。废酸液应单独排入处理专门废酸的处理池中,通过化学沉淀法过滤处理。处理后的废水应达到或严于GB 8978—1996规定的污染物指标要求,才能排放。

注1:化学沉淀处理的设计单位应具有国家环保部门审核的污水处理设计单位资质,并承担工程验收责任。

注2:工厂所在地另有排放政策的,还应符合所在地的规定。

10.2 酸洗废液分类存储、专业回收

废酸液通过有专业资质的企业回收加工,重新合成氯化铁或聚合氯化铁等可再生制剂。这需要加工企业与废酸回收企业协商废液安全的分流贮存模式。

10.3 其他废酸处理模式

生产企业采用的其他经过验证的废酸液安全处理方式,如活性污泥吸附、生物处理等方式,应由环保部门审核通过后,方可使用。

附 录 A
(资料性附录)
酸洗液成分及其工作范围、所用缓蚀剂种类、使用量

A.1 盐酸(质量分数37%)

浓度:20%~40%(质量分数);

温度:常温~40℃;

时间:不少于10min(以除锈完全为原则);

缓蚀剂:六次甲基四胺及其他适用于盐酸溶液的缓蚀剂,用量不超过酸用量的0.05%~0.5%(质量分数)。

A.2 硫酸(质量分数98%)

浓度:10%~30%(质量分数);

温度:50℃~75℃;

时间:不小于3min(以除锈完全为原则);

缓蚀剂:硫脲或硫脲衍生物等缓蚀剂,用量不超过酸用量的0.05%~0.5%(质量分数)。

A.3 磷酸(质量分数85%)

浓度:10%~30%(质量分数);

温度:常温~60℃;

时间:5min~20min(以除锈完全为原则);

缓蚀剂:硫脲或六次甲基四胺等缓蚀剂,用量不超过酸用量的0.05%~0.5%(质量分数)。

A.4 盐酸-硫酸(混合酸液)

浓度:盐酸(质量分数37%)5%~40%(质量分数);
　　　硫酸(质量分数98%)5%~20%(质量分数);

温度:常温~40℃;

时间:不少于2min(以除锈完全为原则);

缓蚀剂:硫脲或硫脲衍生物等缓蚀剂,用量不超过酸用量的0.05%~0.5%(质量分数)。

A.5 磷酸-柠檬酸(混合酸液)

浓度:磷酸(质量分数85%)5%~30%(质量分数);
　　　柠檬酸(质量分数98%)1%~10%(质量分数);

温度:常温~60℃;

时间:不少于5min(以除锈完全为原则);

缓蚀剂:硫脲或硫脲衍生物等缓蚀剂,用量不超过酸用量的0.05%~0.5%(质量分数)。

第二章 涂料涂覆

第一节 钢结构防护涂装通用技术条件

一、概论

桥梁、隧道、公路、铁路、水坝、港口、码头、机场等工程建设用钢结构设施及电力、重大机械设备大量使用钢结构材料。钢材作为金属结构材料，在使用过程中受环境因素的影响，不仅会产生化学腐蚀，还可能产生电化学腐蚀。有资料显示，因腐蚀造成的经济损失可达到当年 GDP 的 3.55%，其中，钢结构的腐蚀损失占有很大的比重。对钢结构表面进行防护涂装处理，可有效防止或减缓材料的腐蚀过程。

防护涂装对钢结构的保护作用主要体现在以下两个方面：

1）屏蔽作用。用于钢结构防护的涂料大多数为高分子或其他一些特殊的液体材料，通过一定的涂装方法将其涂覆在钢材表面，经过干燥或固化形成涂膜，从而防止外界的腐蚀性介质接触涂膜下的金属表面，避免了金属的腐蚀，起到保护作用。

2）缓蚀作用。有些钢结构防护涂料中除含有成膜物质之外，还根据需要加入各种颜料。如加入碱性颜料时，当水分或酸性物质通过涂膜进行渗透，碱性颜料便与这些物质发生中和反应，使涂膜和金属界面保持微碱性，促使金属钝化，从而显示出防腐蚀作用。有的颜料还能与成膜物中的脂肪酸反应生成金属皂类物质，起到缓蚀剂作用。如加入可溶性颜料（铬酸锌等铬酸类盐），这些颜料与水分接触，便有铬酸根离子析出，以其强氧化作用使金属表面钝化，也能达到防护效果。

钢结构的防护涂装是钢结构使用前的一般工序，其工艺质量控制成为影响钢结构使用效能的重要因素。为规范钢结构防护涂装工艺，提升防护涂装质量，为钢结构防护设计、施工及监督作业提出符合我国国情的钢结构防护涂装体系及施工要求的通用技术条件，2008 年，全国金属与非金属覆盖层标准化技术委员会组织相关单位专家成立了由专业技术人员、标准化专职人员组成的标准编制组，通过收集大量应用和监测数据，进行充分的数据整理分析，完成一些必要的试验验证，并参考国内外相关工艺规范，起草了符合我国建设需要的标准草案。此后，经过反复征求意见和多次修改，制定了《钢结构防护涂装通用技术条件》国家标准。GB/T 28699—2012《钢结构防护涂装通用技术条件》于 2012 年 9 月 3 日发布，2013 年 3 月 1 日实施。

二、标准主要特点与应用说明

该标准是根据国家标准化政策和目前我国钢结构防护涂装工艺质量控制的现状而制定的适合国情、可操作性强的基础工艺标准。其编制原则为尽可能与现有的国家标准、行业标准协调一致，适应我国表面处理技术发展的需要，突出重点，保持先进性和适用性，覆盖面广，简明可行。

该标准确定了钢结构防护涂装的适用范围，提出了适用于普通保护和长效保护用涂层体系，明确了涂层体系的基本要求及基体前处理等级要求，规范了涂层检验的试验方法，规定了相关验收和交工准则和安全要求。该标准中附录A~附录H分别给出了钢结构防护典型涂层体系，钢结构用热喷涂防护涂层技术要求和试验方法，钢结构用车间底漆技术要求和试验方法，钢结构用防锈底漆技术要求和试验方法，钢结构防护涂层用封闭漆、中间漆技术要求和试验方法，钢结构用耐候性面漆技术要求和试验方法，钢结构在水和土壤环境下用防护涂料技术要求和试验方法，钢结构用功能性涂料技术要求和试验方法，便于工程施工工艺的设计、施工与监督。

三、标准内容（GB/T 28699—2012）

钢结构防护涂装通用技术条件

1 范围

本标准规定了钢结构防护涂装的涂层体系技术要求、检验方法、检测及验收规则及典型的涂层体系，规定了涂装作业的安全、卫生和环境保护的要求。

本标准适用于钢结构及钢结构附属件的防护涂装。

2 规范性引用文件

下列文件对于本文件的应用是必不可少的。凡是注日期的引用文件，仅注日期的版本适用于本文件。凡是不注日期的引用文件，其最新版本（包括所有的修改单）适用于本文件。

GB/T 1730　色漆和清漆　摆杆阻尼试验

GB/T 1732　漆膜耐冲击测定法

GB/T 1740　漆膜耐湿热测定法

GB/T 1766　色漆和清漆　涂层老化的评级方法

GB/T 1768　色漆和清漆　耐磨性的测定　旋转橡胶砂轮法

GB/T 1771　色漆和清漆　耐中性盐雾性能的测定

GB/T 4956　磁性基体上非磁性覆盖层　覆盖层厚度测量　磁性法

GB/T 5210　色漆和清漆　拉开法附着力试验

GB 6514—2008　涂装作业安全规程　涂漆工艺安全及其通风净化

GB/T 6742　色漆和清漆　弯曲试验（圆柱轴）

GB 7692—1999　涂漆作业安全规程　涂漆前处理工艺安全及其通风净化

GB/T 8264　涂装技术术语

GB/T 8923—1988　涂装前钢材表面锈蚀等级和除锈等级

GB/T 9271　色漆和清漆　标准试板

GB/T 9274　色漆和清漆　耐液体介质的测定

GB/T 9286　色漆和清漆　漆膜的划格试验

GB/T 9753　色清和清漆　杯突试验

GB/T 9793　金属和其他无机覆盖层　热喷涂锌、铝及其合金

GB 11375—1999　金属和其他无机覆盖层　热喷涂　操作安全

GB/T 12608　热喷涂　火焰和电弧喷涂用线材、棒材和芯材　分类和供货技术条件

GB/T 13288.2 涂覆涂料前钢材表面处理喷射清理后的钢材表面粗糙度特性 第2部分：磨料喷射清理后钢材表面粗糙度等级的测定方法 比较样块法

GB/T 13452.2—2008 色漆和清漆 漆膜厚度的测定

GB/T 14522 机械工业产品用塑料、涂料、橡胶材料人工气候老化试验方法 荧光紫外灯

GB/T 17850.1 涂覆涂料前钢材表面处理 喷射清理用非金属磨料的技术要求 导则和分类

GB/T 18570.3 涂覆涂料前钢材表面处理 表面清洁度的评定试验 第3部分：涂覆涂料前钢材表面的灰尘评定（压敏黏带法）

GB/T 18570.6 涂覆涂料前钢材表面处理 表面清洁度的评定试验 第6部分：可溶性杂质的取样 Bresle法

GB/T 18570.9 涂覆涂料前钢材表面处理 表面清洁度的评定试验 第9部分：水溶性盐的现场电导率测定法

GB/T 18593 熔融结合环氧粉末涂料的防腐蚀涂装

GB/T 18838.1 涂覆涂料前钢材表面处理 喷射清理用金属磨料的技术要求 导则和分类

GB/T 18839.2 涂覆涂料前钢材表面处理 表面处理方法 磨料喷射清理

3 术语和定义

GB/T 8264所界定的术语和定义及下列术语和定义适用于本文件。

3.1 涂层体系 coating system
具有防护和装饰功能的金属涂层或涂料涂层构成的多层涂层。

3.2 变形附着试验 deformation adhesion
涂层经划格后，在划格的区域内再进行杯突试验。

3.3 循环腐蚀试验 cycle corrosion test
在紫外（UV）/凝露（CON）/盐雾（NSS）/干燥的环境条件下按一定顺序进行一个周期的循环暴露试验。

3.4 内防护涂层体系 inside anti-corrosion coatings
在不受紫外线照射区域内使用的多层涂层。

3.5 外防护涂层体系 outside anti-corrosion coatings
在紫外线照射区域内使用的多层涂层。

3.6 维修涂装 repairing coating
钢结构在装配或使用过程中，防护涂层局部破坏或劣化现象时，对局部破坏区域进行表面预处理、修复涂装的过程。

3.7 翻新涂装 renovation coating
在规定使用年限后或出现大部分涂层劣化现象时，重新设计涂装要求，对整个钢结构件经过表面预处理，再进行完全涂装的过程。

4 涂层体系选择

4.1 概述
钢结构防护涂装所选用的涂层体系受钢结构件的使用环境、涂装防护期限、涂装工艺条

件决定。本标准对不同的腐蚀环境、防护期、涂装材料类型进行分类,为如何选择钢结构防护涂层体系提供指导(参见 ISO 12944-1)。

4.2 腐蚀环境分类

使用条件下的腐蚀环境是涂装设计方案和涂层体系选择的一个至关重要的因素。腐蚀环境的分类按 ISO 12944-2 的规定分为大气腐蚀环境、水下和土壤环境。每类腐蚀环境及相应的典型环境实例说明见表1、表2。

表1 大气腐蚀种类与典型环境实例

腐蚀种类	单位表面的质量/厚度损耗(第一年暴露后)				温和气候中典型环境的实例(仅供参考)	
	低碳钢		锌		外部	内部
	质量损耗/(g/m^2)	厚度损耗/μm	质量损耗/(g/m^2)	厚度损耗/μm		
C1 很低	≤10	≤1.3	≤0.7	≤0.1	—	洁净大气的供暖建筑,如办公室、商店、学校、酒店等
C2 低	>10~200	>1.3~25	>0.7~5	>0.1~0.7	低污染的大气,大部分农村地区	有可能发生大气凝结的无供暖建筑,如仓库、体育馆等
C3 中等	>200~400	>25~50	>5~15	>0.7~2.1	城市和工业大气,中等 SO_2 污染,低盐分的海岸区	高湿和某些空气污染的生产场所,如食品厂、酿酒厂、奶制品厂等
C4 高	>400~650	>50~80	>15~30	>2.1~4.2	中度盐分工业区和海岸区	化工厂、游泳池、沿海的造船厂
C5-I 很高(工业)	>650~1500	>80~200	>30~60	>4.2~8.4	高湿度和腐蚀气氛环境的工业区	持续有露水凝结和高污染的建筑或地区
C5-M 很高(海洋)	>650~1500	>80~200	>30~60	>4.2~8.4	高盐分的海岸和近海的地区	持续有露水凝结和高污染的建筑或地区

注:评估腐蚀种类时还要考虑到平均湿润时间、SO_2 年平均浓度、氯化物年平均沉降量等这些环境因素的综合作用。

表2 水和土壤的腐蚀环境分类

分类	环境	环境和结构实例
Im1	淡水	河流上安装的设施,水力发电厂
Im2	海水或盐水	海港区的钢结构,如水闸、锁具、防波堤、码头;海面上结构
Im3	土壤	埋地的储罐、钢桩和钢管

4.3 涂层体系的防护期分类

涂层体系的防护期分类包括下列部分:

——普通型,防护期一般为 8 年~15 年;

——长效型,防护期一般为15年以上。

涂层体系防护期是设计初始涂装到制定第一次维修计划时的技术参考(参见ISO 12944-1)。

4.4 防护涂料类型

防护涂料类型包括在自然环境条件下能够干燥或固化的涂料产品,不包括以下部分:

——一次涂覆干膜厚度超过2mm的涂料;

——贮罐衬里;

——用于表面化学处理的产品(如:磷化液)。

4.5 防护涂层体系分类

4.5.1 涂装防护体系按结构分类:

——热喷涂金属涂层体系:

a) 金属热喷涂涂层+封闭涂层+面漆涂层;

b) 金属热喷涂涂层+封闭涂层+中间漆涂层+面漆涂层。

——涂料涂层体系:

a) 防腐蚀底漆+面漆;

b) 防腐蚀底漆+中间漆+面漆。

钢结构预涂制件的粉末涂层见GB/T 18593。

4.5.2 防护涂层体系按使用环境分为:

——大气腐蚀环境下防护涂层体系;

——水和土壤环境下防护涂层体系;

——特殊环境下防护涂层体系。

对应环境下典型涂层体系见附录A。

5 防护涂装技术要求

5.1 防护涂层材料质量要求

5.1.1 热喷涂铝涂层用铝丝材质中铝的质量分数≥99.5%,应符合GB/T 12608中铝丝的质量要求。

5.1.2 热喷涂锌涂层用锌丝材质中锌的质量分数≥99.99%,应符合GB/T 12608中锌丝的质量要求。

5.1.3 热喷涂铝镁合金涂层用合金丝材质中镁的质量分数为5%,应符合GB/T 12608中铝镁合金丝材的质量要求。

5.1.4 热喷涂锌铝合金涂层用合金丝材质中铝的质量分数为14%~16%,余量为锌,应符合GB/T 12608中锌铝合金丝材的质量要求。

5.1.5 涂层体系所用车间底漆、防锈底漆、中间漆、面漆及功能性涂料应符合涂装设计的技术要求,或参照附录C至附录H中技术要求。

5.2 钢结构件预处理前的基本状态

5.2.1 钢结构表面的毛刺、焊渣、飞溅物和疏松的氧化皮等应清除,锐边应打磨成圆角。

5.2.2 钢结构表面应无可见的油污和污垢。少许油污可采用有机溶剂处理;面积较大的油污,采用表面活性剂或碱液等专用清洁剂清洗,然后采用清洁淡水(热水或冷水)洗净,并干燥处理。

5.2.3 被酸、碱、盐浸染的钢结构表面，采用清洁淡水洗净，并干燥处理。

5.2.4 钢结构表面带有车间底漆的一般予以清除。若车间底漆完好，经供需双方商定需要保留的，应按6.6.1对涂层附着力进行检测。涂层附着力的检测结果应符合5.5.3.2要求。检测结果不符合要求的，应全部清除。

5.2.5 防护涂装设计要求维修涂装或翻新涂装时，应按涂装设计要求进行预处理。或参考下列情况，钢结构涂层基本完好的双组分固化成膜的涂层，保留使用前应进行打毛、粗化，涂层接口处应留有坡口，清除残留污染物后，再进行涂装。对于钢结构表面涂层已劣化，其中起泡等级≥3（S3）级（参见ISO 4628-2）、锈蚀等级≥3（Ri3）级（参见ISO 4628-3）、开裂等级≥4（S4）级（参见ISO 4628-4）、剥落等级≥4（S4）级（参见ISO 4628-5）的，除非另有商定，应全部按5.3规定的喷（抛）射处理方法除去劣化涂层。

注：一些钢结构件非主要表面，因技术上不可能使用磨料喷射处理时，可采用动力工具或手工工具进行处理，除去疏松成片的浮锈，清除污染物后，再进行涂装。底涂可选用低表面处理涂料，但是不可使用低表面处理涂料代替除锈。

5.3 钢结构件表面喷（抛）射预处理要求

5.3.1 喷（抛）射预处理工作环境

钢结构件表面预处理应采用磨料喷（抛）射处理，喷（抛）射处理的工作环境应符合以下要求：

a) 工作环境的空气相对湿度不大于85%或钢结构基体金属表面温度不低于露点以上3℃，方可进行喷（抛）射处理。

b) 可采用遮盖、供暖或输入净化干燥的空气等措施改善不良气候条件，以满足对工作环境的要求。

5.3.2 喷（抛）射磨料的选择

喷（抛）射磨料的选择应符合下列要求：

a) 喷（抛）射处理使用磨料的类型、粒度、硬度等因素将影响钢结构表面清洁度和表面粗糙度级别，选用磨料应符合GB/T 18839.2的规定，并且不应含有腐蚀性成分和影响涂层附着力的污染物。

b) 喷（抛）射处理用金属磨料种类应符合GB/T 18838.1的规定，磨料粒度选择范围宜在0.5mm~1.5mm之间。

c) 喷（抛）射处理用非金属磨料种类应符合GB/T 17850.1的规定，磨料的粒度选择范围宜在0.5mm~1.8mm之间。

5.3.3 钢结构表面喷（抛）射处理后的除锈等级要求

钢结构表面喷（抛）射处理后的除锈等级要求如下：

a) 热喷涂锌、铝及其合金涂层时，钢结构基材表面除锈应达到GB/T 8923—1988规定的Sa3级。

b) 涂装无机富锌防腐底漆涂层时，钢结构基材表面除锈应达到或超过GB/T 8923—1988规定的Sa2.5级。

c) 涂装其他类防腐涂料涂层时，钢结构基材表面除锈应达到或超过GB/T 8923—1988规定的Sa2级。无法喷（抛）射处理的表面，采用手动机械除锈，应达到GB/T

8923—1988 规定的 St3 级。

5.3.4 钢结构表面喷（抛）射预处理后的粗糙度要求

钢结构表面喷（抛）射预处理后的粗糙度要求如下：

a) 热喷涂锌、铝及其合金涂层时，钢结构基材表面粗糙度（Rz）按 GB/T 13288.2 规定进行评级，表面粗糙度应达到 $60\mu m \sim 100\mu m$。

b) 涂装无机富锌防腐底漆涂层时，钢结构基材表面粗糙度（Rz）按 GB/T 13288.2 规定进行评级，表面粗糙度应达到 $40\mu m \sim 80\mu m$。

c) 涂装厚浆型防腐底漆和玻璃磷片类防腐底漆涂层时，钢结构基材表面粗糙度（Rz）按 GB/T 13288.2 规定进行评级，表面粗糙度应达到 $60\mu m \sim 100\mu m$。

d) 涂装其他类防腐底漆涂层时，钢结构基材表面粗糙度（Rz）按 GB/T 13288.2 规定进行评级，一般情况下，表面粗糙度应达到 $25\mu m \sim 60\mu m$。特殊要求的防腐底漆涂层，表面粗糙度应符合防腐底漆技术要求规定。

5.3.5 钢结构表面喷（抛）射预处理后的表面状态要求

5.3.5.1 喷（抛）射处理后，钢结构基材表面可溶性氯化物残留量，在大气环境下使用时应不大于 $7\mu g/cm^2$，在液体介质浸润的区域使用时不大于 $5\mu g/cm^2$。检测方法按 6.4 的规定进行。

5.3.5.2 喷（抛）射处理后，钢结构基材表面磨料等残留物，使用真空吸尘器吸尘或无油、无水的压缩空气吹净清理。钢结构基材表面灰尘清洁度要求按 GB/T 18570.3（压敏黏带法）的规定评级，清洁度应不大于 3 级。

5.3.5.3 喷（抛）射处理后应在规定时间内进行涂装作业。在涂装前，钢结构表面出现返锈现象时，应重新喷（抛）射处理。

5.4 涂装施工要求

5.4.1 热喷涂金属涂层涂装

5.4.1.1 典型的热喷涂金属涂层体系结构如下：

a) 金属涂层+封闭涂层+面漆涂层；

b) 金属涂层+封闭涂层+中间漆涂层+面漆涂层。

5.4.1.2 热喷涂金属涂层的种类、涂层厚度应符合防护设计要求（见附录 B 和 GB/T 9793）。金属复合涂层体系中涂料要求可参照附录 A 中涂层体系配套要求。在严酷环境或重要部位使用的钢结构，涂装设计要求高于本规定的，应按设计要求执行。

5.4.1.3 待喷涂的钢结构表面状态应符合 5.3 的基本要求。除锈等级和表面粗糙度应符合 5.3.3 和 5.3.4 的规定。

5.4.1.4 热喷涂施工及施工环境要求应符合 GB/T 9793 的规定。

5.4.1.5 在潮湿或 C3 类以上大气环境条件下实施热喷涂金属涂层时，应在 4h 内完成热喷涂金属涂层；在施工环境相对湿度不大于 60% 条件下，最长不超过 10h 完成热喷涂金属涂层涂装。

5.4.1.6 热喷涂金属涂层施工完毕后，应在金属涂层吸潮前尽快完成涂料封闭或防腐蚀底漆涂装。后续涂料涂装可参见 5.4.2 的规定。

5.4.1.7 因安装需要在工地现场焊接的，钢结构焊缝两侧预留区域内，应先涂装不影响焊接性能的车间防锈底漆。安装后，应对焊接预留区域和因机械碰撞等原因造成局部损伤部位,按5.3的规定进行表面喷(抛)射处理;条件不具备时,可采用动力工具进行表面处理,达到St3等级。再涂装环氧富锌防腐蚀底漆替代热喷涂金属涂层。

5.4.2 涂料涂层涂装

5.4.2.1 典型的涂料涂层体系结构如下:

a) 防腐蚀底漆+面漆;

b) 防腐蚀底漆+中间漆+面漆。

5.4.2.2 涂料品种的选用与使用环境应相适应,涂层厚度和涂覆道数应符合防护涂装设计使用年限要求或附录A中涂层体系配套要求。

5.4.2.3 涂层体系中涂层之间应具有良好的相容性,所用涂料一般宜由同一涂料供应商提供。不同供应商的涂料配套使用时,应进行配套性试涂试验,检验涂层体系的附着性,其附着力应符合5.5.3.2的规定或涂装设计要求,方可使用。

5.4.2.4 涂装选用的涂料,供应商应提供产品合格证、第三方检验报告和产品使用指导说明书。

5.4.2.5 待涂装的钢结构表面除锈等级和表面粗糙度应符合5.3.3和5.3.4的规定或涂装设计要求。在潮湿或C3类以上大气环境条件下实施的涂料涂装,应在6h内完成底漆涂装;在施工环境相对湿度不大于60%条件下,最长不超过12h完成底漆涂装。

5.4.2.6 涂料涂装环境应符合下列要求:

a) 涂装施工环境温度5℃~38℃(钢结构表面温度至少要高于露点3℃),空气相对湿度小于85%。

b) 涂装环境温度低于5℃时,应采用低温下固化的涂料产品。

c) 在有雨、雾、雪、风沙和较大的灰尘时,禁止户外涂装。

5.4.2.7 涂料调配和涂覆过程如下:

a) 搅拌:涂料调配前后应采用动力搅拌装置,充分搅拌均匀。

b) 配制:双组分或多组分涂料应严格按涂料供应商提供的产品使用指导说明书规定的比例进行配制。

c) 熟化:混合搅拌均匀后的涂料应按涂料产品使用指导说明书规定的时间熟化,涂装中调配的涂料超过产品使用说明书规定的适用期的,不可再使用。

d) 涂装方法:应根据涂料的物理性能、施工条件和被涂结构的形状选择涂装方法。大面积涂装应选用高压无气喷涂或空气喷涂;焊缝和边角部位应采用往返刷涂方式进行涂装,最后一道面漆宜整体喷涂。

e) 每道涂装间隔时间:涂层体系中每道涂层的涂覆间隔时间段应按涂料供应商的产品使用指导说明书的规定执行。如超过其说明书规定的最长涂覆间隔时间,则应将前道涂层打毛处理后再进行涂装,以保证涂层间的附着力。

注:多层涂装时应保持每道涂层面的清洁。

5.5 涂覆后涂层质量要求

5.5.1 涂层外观

5.5.1.1 金属热喷涂涂层表面应均匀一致,没有金属熔融粗颗粒、起皮、鼓泡、裂纹、剥落及其他影响防护性能的缺陷,允许很轻微的结疤。

5.5.1.2 钢结构表面涂料涂装不应误涂、漏涂,涂层表面应平整、均匀一致,涂层无明显流挂、皱纹、起泡、针孔、裂纹和返锈现象。装饰效果要求不高的防护涂层,允许轻微桔皮和局部轻微流挂。

5.5.2 涂层厚度

5.5.2.1 热喷涂金属涂层厚度为涂层多点厚度的平均值,厚度设计及测量方法见GB/T 9793。

5.5.2.2 涂料涂装施工中应随时检查涂料湿膜厚度以保证干膜厚度满足涂装设计要求,涂料湿膜厚度与设计中干膜厚度和已知涂料体积固含量的关系:

$$湿膜厚度 = \frac{干膜厚度 \times 100\%}{体积固含量}$$

5.5.2.3 涂料涂层厚度值按7.1.2规则测量。厚度值应符合涂装设计要求或附录A规定的厚度值。或相关方协商,规定测量面上90%以上的涂层厚度值应达到涂装设计或附录A规定的厚度。没有达到规定的厚度值部分,其最小局部厚度应不低于涂装设计或附录A规定厚度的90%。但是,这样的最小局部厚度值应符合防护涂装设计的要求。

5.5.2.4 涂层体系总厚度达不到设计要求时,可增涂面漆,但应避免为满足最小厚度值而引起涂层过厚的涂层缺陷。

5.5.2.5 当对涂层厚度无要求时,外防护涂料涂层厚度应不低于125μm,内防护涂料涂层厚度应不低于100μm。

5.5.3 涂层附着力

5.5.3.1 金属涂层

热喷涂涂层附着力按GB/T 9793规定进行划格试验时,金属涂层应不产生剥离。

热喷涂涂层附着力按6.6.1规定进行拉开法检测时,单位为MPa。要求如下:

a) 热喷涂铝涂层附着力≥9.0MPa;
b) 热喷涂锌涂层附着力≥6.0MPa;
c) 热喷涂锌铝合金涂层附着力≥6.0MPa。

5.5.3.2 涂料涂层

涂料附着力按6.6.1拉开法或6.6.2划格法的规定检测。拉开法检测附着力的单位为MPa,划格法检测附着力的单位为级。涂料涂层附着力要求如下:

a) 无机硅酸锌车间底漆涂层附着力≥3.0MPa;
b) 无机富锌底漆涂层附着力≥3.0MPa;
c) 环氧富锌(铁红、磷酸锌)底漆涂层附着力≥7.0MPa或≤1级;
d) 防火涂料配套体系涂层附着力≥2.0MPa或≤2级;
e) 配套体系涂层(新建涂装)附着力≥6.0MPa或≤2级;
f) 配套体系涂层(维修涂装)附着力≥4.0MPa或≤2级;
g) 配套体系涂层(翻新涂装)附着力≥6.0MPa或≤2级。

注:拉开法检测值与划格法检测值,两者之间没有必然联系。拉开法为首选采用,当被涂覆钢结构表面未经喷(抛)射处理时,涂层附着力检测值推荐采用划格法。

6 检验方法

6.1 表面清洁度等级评定
按 GB/T 8923—1988 的规定进行。

6.2 表面粗糙度评定
表面粗糙度采用比较样块法，按 GB/T 13288.2 的规定进行。

6.3 表面灰尘清洁度测定
按 GB/T 18570.3 的规定进行。

6.4 表面可溶性氯化物测定
按 GB/T 18570.6 或 GB/T 18570.9 的规定进行。

注：钢结构基材未受氯离子环境污染的，可免除检测。

6.5 涂层厚度测定
6.5.1 涂料涂层湿膜厚度按 GB/T 13452.2—2008 方法 6 规定进行。
6.5.2 涂料涂层干膜厚度按 GB/T 13452.2—2008 方法 5 规定进行。
6.5.3 热喷涂涂层厚度按 GB/T 4956 的规定的方法进行。

6.6 涂层附着力测定
6.6.1 拉开法按 GB/T 5210 的规定进行。

注：推荐采用符合 GB/T 5210 要求的便携式涂层拉力仪测试。

6.6.2 热喷涂涂层划格法按 GB/T 9793 的规定进行。涂料涂层划格法按 GB/T 9286 的规定进行。

6.6.3 变形附着试验按 GB/T 9286 的规定进行 1mm 间隔纵、横切割 6 条或 11 条正方形小格，再按 GB/T 9753 的规定在正方形小格区域进行杯突试验。

6.7 涂层硬度测定
按 GB/T 1730 的规定进行。

6.8 涂层弯曲性测定
按 GB/T 6742 的规定进行。

6.9 涂层冲击强度测定
按 GB/T 1732 的规定进行。

6.10 涂层耐磨性测定
按 GB/T 1768 的规定进行。

6.11 涂层耐化学液体介质试验
按 GB/T 9274 的规定进行。

6.12 涂层耐湿热性试验
按 GB/T 1740 的规定进行。

6.13 涂层耐盐雾性试验
按 GB/T 1771 的规定进行。

6.14 涂层耐人工加速老化试验
按 GB/T 14522 的规定进行。试验结果按 GB/T 1766 的规定进行评级。

6.15 涂层耐循环腐蚀试验
在紫外（UV）/冷凝（CON）/盐雾（NSS）/干燥的环境条件下按表 1 的顺序进行循环暴

露试验。试验结果按循环一周（168h）试验，具体试验条件、时间见表3。

表3 耐循环腐蚀试验周期表

第一天	第二天	第三天	第四天	第五天	第六天	第七天
紫外/冷凝（UV/CON）试验			盐雾（NSS）试验			低温（−20℃±2℃）试验

注：第一天至第三天按 GB/T 14522 的规定进行 UV/CON 试验。第四天至第六天按 GB/T 1771 的规定进行 NSS 试验。第七天放置在低温箱内进行低温试验。

6.16 涂料性能的测定

各类涂料的黏度、细度、不挥发物、不挥发物中锌含量、可溶物中氯含量、干燥时间的技术要求和试验方法参见附录 C 至附录 H。

7 检测规则

7.1 现场涂装、涂层检测规则

7.1.1 现场表面预处理喷（抛）射粗糙度测点的选择

在检测区域每 $10m^2$ 内至少均匀地选择 3 个测点，其平均值为评定结果。

7.1.2 现场涂层厚度基准面的选择

涂层厚度检测基准面的确定，在平整的钢结构表面上，每 $10m^2$ 至少应有 3 个基准面，基准面为 $10cm^2$ 平面，基准面内取 3 处测点的算术平均值，每基准面相距 50cm。结构复杂、面积较小的钢结构表面，应每 $1m^2$ 设定一个基准面进行测量。

注：测量涂层局部厚度时，应注意基准面分布的均匀性。

7.1.3 现场涂层附着力测点的选择

涂层附着力检测点的确定。在平整钢结构表面上，单件涂装面积大于 $10m^2$ 的取 3 个检测点；单件涂装面积小于 $10m^2$ 或结构复杂的，检验方式、抽件数和检测点由业主或监管与施工方协商确定。

注：附着力试验属于破坏性试验。因此检测点的位置和数量应严格控制。各方应探讨有效的检测方式。附着力测试完毕后，应制定检测点的维修涂装计划或尽快用面层涂料涂覆破坏的测试点至少两道。

7.2 实验室抽检涂料取样及验收规则

7.2.1 涂料抽检的取样

7.2.1.1 抽检的产品应包装完好、标志完整清晰。

7.2.1.2 抽检样品标志与产品标志信息（名称、型号、批号、组分、配比）无误。

7.2.1.3 抽检样品用容器应为无油、无水、无污染物的洁净器皿。

7.2.1.4 抽检样品均匀一致，取样应在搅拌均匀后进行。

7.2.2 抽检涂料的检验程序

涂料产品进场后，涂料抽检样品检测项目为资料性附录中必检项目的，检测结果合格后，才能使用；检测结果其中有一项指标不合格时，允许对不合格要求的项目重新抽样、复检一次，复检结果仍不符合要求，则该批次产品检验不合格。

7.2.3 涂料的检验报告要求

涂料产品进场后，涂料抽检样品检测项目因检测周期较长的，可由供应商提供国家认可的检测机构出具型式检验或例行检测产品合格的检测报告，经监管方和施工方认可后，方可使用。

7.3 实验室涂料涂层质量检测试验方法

7.3.1 抽检样品应由具有防护涂装检测专业资质的检验机构进行检测。

7.3.2 实验室进行涂层性能试验应采用标准试板，除非另有要求，标准板应按 GB/T 9271 规定制备。

7.3.3 实验室涂层性能检测时的涂层厚度要求：

a) 涂层的机械物理性能（弯曲性、冲击强度、附着力等）试验，单一品种涂层干膜厚度要求 $30\mu m \pm 5\mu m$。如有特殊要求，可以注明按照协商的厚度检测，但试验报告中应注明厚度值。

b) 涂层的耐蚀性（耐化学液体介质性、耐湿热性、耐盐雾性、耐人工加速老化性等）试验，涂层干膜厚度要求如下：

底漆（单一品种漆膜）二道共 $70\mu m \pm 5\mu m$；

中间漆（单一品种漆膜）二道共 $80\mu m \pm 5\mu m$；

面漆（单一品种漆膜）二道共 $70\mu m \pm 5\mu m$；

厚浆漆（单一品种漆膜）一道 $70\mu m \pm 5\mu m$；

配套涂层体系（二道底漆、二道面漆）不大于 $150\mu m$；

循环腐蚀试验，除非另有要求，涂层干膜厚度不大于 $150\mu m$。

如有特殊要求，可以注明按照协商的厚度检测，但试验报告中应注明厚度值。

8 涂装施工安全、卫生和环境保护的基本要求

8.1 喷（抛）射除锈、动力工具除锈和清除旧涂层等涂装前处理作业安全及通风净化，应按 GB 7692—1999 规定进行。

8.2 涂装作业中涂料及辅料贮存、涂料调配、涂装施工、涂层干燥等劳动安全、卫生及其通风净化，应按 GB 6514—2008 规定进行。

8.3 热喷涂涂装设备的安全操作及操作人员的安全和通风净化，应按 GB 11375—1999 的规定进行。

8.4 涂装施工现场应符合清洁化生产要求。所有的废弃物及时收集并无害化处理。施工中的粉尘、有机挥发物排放量应符合国家有关法律法规要求。

9 交工验收文件规范

9.1 防护涂装设计文件

涂装设计文件应包括本标准涂装技术要求和检验规则要求。防护涂装工程质量验收应符合防护涂装设计规定。

9.2 防护涂装工程质量验收

防护涂装工程质量验收时，施工单位应提供以下验收资料：

a) 防护涂装设计文件或设计变更文件；

b) 涂装材料出厂合格证或产品出厂检验报告；

c) 涂装材料进场见证抽样复检报告；

d) 涂装材料进场验收记录；

e) 钢结构表面预处理检测记录；

f) 涂装施工和涂层质量检测记录；

g) 涂装施工过程中对重大技术问题和其他涂装质量问题处理的记录；

h）修补和返工的记录。

附 录 A
（资料性附录）
钢结构防护典型涂层体系

A.1 涂层体系说明

本附录中涂层体系为一般性推荐体系，涂层体系中干膜厚度为涂装工艺中最低要求，根据环境腐蚀强度，在制定涂装设计方案时，按照所拥有的技术经验适当增加涂覆道数、增加涂层厚度以提高涂层体系的防护期。

A.2 钢结构在 C2~C5 大气腐蚀环境下典型涂层配套体系

A.2.1 钢结构内防护（普通型）涂层配套体系见表 A.1。

表 A.1 大气腐蚀环境下钢结构内防护（普通型）涂层配套体系

序号	腐蚀类型	涂层	涂料品种	涂覆道数/最低干膜厚度
T01	C2、C3、C4	底涂层	环氧（铁红或磷酸锌或云母氧化铁）底漆	2 道/70μm
		面涂层	环氧（厚浆）面漆	1~2 道/100μm
T02	C2、C3、C4	底涂层	聚氨酯（铁红）防腐底漆	2 道/70μm
		面涂层	聚氨酯面漆	2 道/80μm
T03	C5-I C5-M	底涂层	（无机或有机）富锌底漆	1 道/60μm
		面涂层	环氧（厚浆）面漆	1~2 道/100μm

A.2.2 钢结构内防护（长效型）涂层配套体系见表 A.2。

表 A.2 大气腐蚀环境下钢结构内防护（长效型）涂层配套体系

序号	腐蚀类型	涂层	涂料品种	涂覆道数/最低干膜厚度
T04	C2、C3、C4	底涂层	环氧铁红底漆或环氧磷酸锌底漆	2 道/100μm
		中间涂层	环氧（云铁或厚浆）中间漆	1 道/100μm
		面涂层	环氧（厚浆）面漆或聚氨酯面漆	2~3 道/120μm
T05	C5-I C5-M	底涂层	（无机或有机）富锌底漆	1~2 道/80μm
		中间涂层	环氧（云铁或厚浆）中间漆	1 道/100μm
		面涂层	环氧（厚浆）面漆	1~2 道/120μm

A.2.3 钢结构外防护（普通型）涂层配套体系见表 A.3。

A.2.4 钢结构外防护（长效型）涂层配套体系见表 A.4。

A.2.5 在水和土壤腐蚀环境下防护（普通型）涂层配套体系见表 A.5。

A.2.6 在水和土壤腐蚀环境下防护（长效型）涂层配套体系见表 A.6。

表 A.3 大气腐蚀环境下钢结构外防护（普通型）涂层配套体系

序号	腐蚀类型	涂层	涂料品种	涂覆道数/最低干膜厚度
T06	C2、C3	底涂层	聚氨酯防腐底漆	2 道/80μm
		面涂层	丙烯酸脂肪族聚氨酯面漆	2 道/80μm
T07	C3、C4	底涂层	环氧铁红底漆或环氧磷酸锌底漆	2 道/80μm
		中间涂层	环氧（云铁或厚浆）中间漆	1 道/80μm
		面涂层	丙烯酸面漆或丙烯酸脂肪族聚氨酯面漆	2 道/80μm
T08	C5-I C5-M	底涂层	（无机或有机）富锌底漆	1~2 道/70μm
		中间涂层	环氧（云铁或厚浆）中间漆	1 道/80μm
		面涂层	丙烯酸面漆或丙烯酸脂肪族聚氨酯面漆	2 道/80μm

表 A.4 大气腐蚀环境下钢结构外防护（长效型）涂层配套体系

序号	腐蚀类型	涂层	涂料品种	涂覆道数/最低干膜厚度
T09	C2、C3、C4	底涂层	环氧富锌底漆	2 道/100μm
		中间涂层	环氧（云铁或厚浆）中间漆	1~2 道/120μm
		面涂层	丙烯酸脂肪族聚氨酯面漆或氟碳面漆或聚硅氧烷面漆	2 道/80μm
T10	C5-I C5-M	底涂层	无机富锌底漆	1 道/70μm
		封闭涂层	环氧封闭漆	1 道/25μm
		中间涂层	环氧（云铁或厚浆）中间漆	1~2 道/120μm
		面漆层	丙烯酸脂肪族聚氨酯面漆或氟碳面漆或聚硅氧烷面漆	2 道/80μm
T11	C5-I C5-M	底涂层	热喷涂锌或铝及其合金涂层	1 道/120μm
		封闭涂层	环氧封闭漆或环氧聚氨酯封闭漆	1~2 道/不要求
		中间涂层	环氧（云铁或厚浆）中间漆	1 道/60μm~80μm
		面漆层	丙烯酸脂肪族聚氨酯面漆或氟碳面漆或聚硅氧烷面漆	2 道/80μm

表 A.5 在水和土壤腐蚀环境下防护（普通型）涂层配套体系

序号	腐蚀类型	涂层	涂料品种	涂覆道数/最低干膜厚度
T12	Im1、Im2	底涂层	环氧富锌底漆	1 道/60μm
		面涂层	环氧、脂肪族或芳香族聚氨酯（单或双组分）	3~5 道/540μm
T13	Im1、Im2	底涂层	环氧其他类型防锈颜料的底漆	1 道/80μm
		面漆层	环氧、脂肪族或芳香族聚氨酯（单或双组分）	2~4 道/380μm
T14	Im1、Im2、Im3	底面合一涂层	环氧、脂肪族或芳香族聚氨酯（单或双组分）的其他类型防锈颜料的底漆	1~3 道/600μm

（续）

序号	腐蚀类型	涂层	涂料品种	涂覆道数/最低干膜厚度
T15	Im1、Im2、Im3	底涂层	环氧沥青防腐蚀底漆	2道/120μm
		面涂层	（厚浆型）环氧沥青面漆	2道/200μm

表 A.6 在水和土壤腐蚀环境下防护（长效型）涂层配套体系

序号	腐蚀类型	涂层	涂料品种	涂覆道数/最低干膜厚度
T16	Im1、Im2	底涂层	环氧富锌底漆	1道/60μm
		面涂层	环氧、聚氨酯聚合物面漆	3~5道/540μm
T17	Im1、Im2	底涂层	环氧（硅酸乙酯）富锌底漆	1道/60μm
		面漆层	环氧、环氧玻璃鳞片漆	3道/450μm
T18	Im1、Im2、Im3	底涂层	含防锈颜料环氧类底漆	1道/80μm
		面涂层	环氧玻璃鳞片漆	3道/800μm
T19	Im1、Im2、Im3	底涂层	沥青（环氧、不饱和聚酯）玻璃鳞片底漆	1道/400μm
		面涂层	沥青（环氧、不饱和聚酯）玻璃鳞片面漆	1道/400μm

A.2.7 在水和土壤腐蚀环境下，钢结构热喷涂金属涂层的防护（长效型）涂层配套体系见表 A.7。

表 A.7 钢结构热喷涂金属涂层的防护（长效型）涂层配套体系

序号	腐蚀类型	涂层	涂料品种	涂覆道数/最低干膜厚度
T20	Im1、Im2	封闭层	环氧、脂肪族或芳香族聚氨酯（单或双组分）	1道/不要求
		后道涂层	环氧、脂肪族或芳香族聚氨酯（单或双组分）	2道/80μm~150μm
T21	Im1、Im2、Im3	封闭层	环氧漆基类型	1道/不要求
		后道涂层	环氧、环氧聚酯类	3道/320μm

注：涂层体系的预期防护期与热喷涂金属涂层的种类、厚度、附着力有关，见附录 B。

A.2.8 钢结构防火涂层配套体系见表 A.8。

表 A.8 钢结构防火涂层配套体系

序号	环境	涂层	涂料品种	涂覆道数/最低干膜厚度
T22	室内	底涂层	环氧防腐底漆	1道/60μm
		防火涂层	防火涂料（超薄型或薄型）	根据防火时限确定
		面涂层	丙烯酸面漆或氯化橡胶面漆	1道/40μm
T23	室外	底涂层	环氧富锌涂料	1道/80μm
		中涂层	环氧（云铁或厚浆）漆	1道/80μm
		防火涂层	防火涂料（超薄型或薄型）	根据防火时限确定
		面涂层	丙烯酸聚氨酯面漆	1道/40μm

A.2.9 钢结构耐高温（200℃以下）耐液态腐蚀介质防护涂层配套体系见表 A.9。

表 A.9 钢结构耐高温（200℃以下）耐液态腐蚀介质防护涂层配套体系

序号	涂层	涂料品种	涂覆道数/最低干膜厚度
T24	底涂层	漆酚钛防腐底漆	2 道/80μm
	面涂层	漆酚钛防腐面漆	3 道/120μm
T25	底涂层	无机钛酸锌底漆	1 道/40μm
	中涂层	漆酚钛防腐中间漆	1 道/40μm
	面涂层	漆酚钛防腐面漆	3 道/120μm

注：使用本表体系时，供应商应提出该类产品的使用说明书，包括使用环境、防护使用期、适用范围等基本信息。

A.2.10 钢结构耐高温（200℃~600℃）C4 类以下大气腐蚀环境下防护涂层配套体系见表 A.10。

表 A.10 钢结构耐高温（200℃~600℃）C4 类以下大气腐蚀环境下防护涂层配套体系

序号	环境温度	涂层	涂料品种	涂覆道数/最低干膜厚度
T26	≤250℃	底涂层	有机硅环氧底漆或环氧酚醛底漆	1 道/60μm
		面涂层	有机硅环氧面漆或环氧酚醛面漆	1~2 道/80μm
T27	≤400℃	底涂层	无机硅酸锌底漆	1 道/40μm
		面涂层	有机硅铝粉漆	1~2 道/60μm
T28	≤600℃	底涂层	无机硅酸锌底漆	1 道/40μm
		面涂层	硅酮铝粉漆	2 道/60μm
T29		底涂层	有机硅高温底漆	2 道/70μm
		面涂层	有机硅高温面漆	2 道/60μm

注：使用本表体系时，供应商应提出该类产品的使用说明书，包括使用环境、防护使用期、适用范围等基本信息。

A.2.11 钢结构翻新涂装内防护涂层体系或原设计涂层体系见表 A.11。

表 A.11 钢结构翻新涂装内防护涂层体系或原设计涂层体系

序号	涂层	涂料品种	涂覆道数/最低干膜厚度
T30	底涂层	低表面处理环氧防腐底漆或无溶剂环氧防锈底漆	1 道/60μm
	面涂层	环氧（厚浆）面漆	1~2 道/100μm
T31	底涂层	湿固化聚氨酯底漆	1 道/75μm
	面涂层	聚氨酯云母面漆或环氧（厚浆）面漆	2 道/100μm

A.2.12 钢结构维修涂层体系。

涂装完工后的涂层因意外造成局部破坏，进行维修涂装时，应按原涂层体系涂装。底涂层为金属涂层时，受施工条件限制，不能恢复原金属涂层的，推荐环氧富锌底漆打底，再按原涂层体系涂装。或经相关方协商确定方案。

附 录 B
（资料性附录）
钢结构用热喷涂防护涂层技术要求和试验方法

B.1 分类

热喷涂涂层分类（见 GB/T 9793）包括：热喷涂锌涂层、热喷涂铝涂层、热喷涂铝镁合金涂层、热喷涂锌铝合金涂层。

B.2 技术要求

B.2.1 不同的使用环境推荐的最小涂层厚度见表 B.1。

表 B.1 不同的使用环境推荐的最小涂层厚度

环境	环境分类按 ISO 12944-2	最小涂层厚度/μm							
		Zn		Al		AlMg5		ZnAl15	
		未涂装	涂装	未涂装	涂装	未涂装	涂装	未涂装	涂装
盐水	Im2	N.R.①	100	200	150	250②	200②	N.R.①	100
淡水	Im3	200	100	200	150	150	100	150	100
城市环境	C2 和 C3	100	50	150	100	150	100	100	50
工业环境	C4 和 C5-1	N.R.①	100	200	100	200	100	150	100
海洋大气	C5-M	150	100	200	100	250②	200②	150	100
干燥室内环境	C1	50	50	100	100	100	100	50	50

① N.R.=不推荐。
② 近海环境中应用。

B.2.2 热喷涂层实验室检测技术要求见表 B.2。

表 B.2 热喷涂层实验室检测技术要求

项目	技术要求			
	Zn	Al	AlMg5	ZnAl15
附着力/MPa	≥6.0	≥9.0	≥9.0	≥6.0
耐盐雾性/h	72h 无红锈出现			

B.3 试验方法

B.3.1 厚度测量按 GB/T 9793 的规定进行。

B.3.2 附着力测定按 GB/T 5210 的规定进行，试样基材应喷射处理。

B.3.3 耐盐雾性按 GB/T 10125 的规定进行。

附 录 C
（资料性附录）
钢结构用车间底漆技术要求和试验方法

C.1 类型

车间底漆分为含锌粉底漆和不含锌粉底漆两种。

C.2 钢结构用车间底漆技术要求（见表 C.1）

表 C.1 钢结构用车间底漆技术要求

项目	技术指标	
	含锌车间底漆	不含锌车间底漆
在容器中状态	搅拌后无粗颗粒、呈现均匀状态	
表干时间/min	≤5	
不挥发物的质量分数(%)	≥40	≥35
不挥发物中锌的质量分数(%)	≥30	—
变形附着试验(压陷深度)/mm	≥5	≥7
耐盐雾性/h	48h 无红锈出现	48h 无起泡、无生锈
焊接与切割试验	合格	

注：焊接与切割试验，是型式试验项目。

C.3 试验方法

C.3.1 试样制备按 GB/T 9271 的规定进行，涂层干膜厚度：含锌粉车间底漆 $(20\pm5)\mu m$，不含锌粉车间底漆 $(25\pm5)\mu m$，底材不喷（抛）射处理。

C.3.2 表干时间测定按 GB/T 1728 的规定进行。

C.3.3 不挥发物测定按 GB/T 1725 的规定进行试验。

C.3.4 不挥发物中锌含量测定按 HG/T 3668 的规定进行。

C.3.5 变形附着试验按 6.6.3 的规定进行。

C.3.6 耐盐雾性试验按 GB/T 1771 的规定进行。

附 录 D
（资料性附录）
钢结构用防锈底漆技术要求和试验方法

D.1 类型

D.1.1 无机富锌底漆：由硅酸乙酯溶液、改性树脂制成的锌粉浆和助剂等组成的双组分或多组分涂料。高含量锌粉对钢结构基材起阴极保护作用，并具有一定的耐高温腐蚀性能。

D.1.2 环氧富锌底漆：由环氧树脂为基料配以固化剂、超细锌粉、助剂而成。高含量锌粉对钢结构基材起阴极保护作用，环氧树脂基料与钢结构基材具有良好的附着性。

D.1.3 环氧铁红（或磷酸锌）底漆：由环氧树脂、磷酸锌或氧化铁红等防锈颜料及固化剂等组成的双组分环氧防锈底漆。对钢结构基材起缓蚀作用。

D.2 钢结构用防锈底漆技术要求（见表 D.1）

表 D.1 钢结构用防锈底漆技术要求

项目	技术指标		
	无机富锌底漆	环氧富锌底漆	环氧铁红(或磷酸锌)底漆
在容器中状态	基料搅拌均匀无结块，锌粉呈现粉末状、无硬块		
不挥发物的质量分数(%)	≥80	≥75	≥65
不挥发物中锌的质量分数(%)	≥80	≥75	—

（续）

项目		技术指标		
		无机富锌底漆	环氧富锌底漆	环氧铁红（或磷酸锌）底漆
黏度（ISO-6号杯）/s		≥6	≥30	≥40
干燥时间/h	表干	≤0.5	≤2	≤2
	实干	≤2	≤24	≤24
弯曲性/mm		—	≤2	≤2
冲击强度/cm		—	50	50
附着力（拉开法）/MPa		≥3	≥3	≥4
耐盐雾性/h		≥500h 试样无红锈、无起泡		≥500h 无起泡、无生锈
耐盐雾性（划痕法）/h		≥120h 试样划痕处无腐蚀扩展		≥120h 扩蚀宽度≤2mm

D.3　试验方法

D.3.1　不挥发物测定按 GB/T 1725 规定进行试验。

D.3.2　不挥发物中锌含量测定按 HG/T 3668 的规定进行。

D.3.3　黏度测定按 GB/T 6753.4 的规定进行。

D.3.4　干燥时间测定按 GB/T 1728 的规定中甲法进行。

D.3.5　弯曲性测定按 GB/T 6742 的规定进行。

D.3.6　冲击强度测定按 GB/T 1732 的规定进行。

D.3.7　附着力测定按 GB/T 5210 的规定进行，无机富锌底漆试样基材采用喷（抛）射处理厚度为≥2mm 冷轧板，其他底漆试样基材采用未喷射（抛）射处理厚度为 2mm 冷轧板。

D.3.8　耐盐雾性试验按 GB/T 1771 的规定进行，采取 500h 盐雾试验，涂层无划痕；采取 120h 盐雾试验，涂层切割一道或二道平行试板长边的划痕。

附　录　E
（资料性附录）
钢结构防护涂层用封闭漆、中间漆技术要求和试验方法

E.1　分类

E.1.1　环氧封闭漆：由环氧树脂、助剂、固化剂等组成的双组分常温固化漆。作用于封闭热喷涂金属涂层和无机富锌涂层疏松孔隙，防止有色金属氧化产生，并提高涂层的附着性。

E.1.2　环氧云铁中间漆：由环氧树脂及固化剂，云母氧化铁颜料、防锈颜料、助剂和溶剂等组成的双组分涂料。作用于底漆与面漆之间，由于云铁的片状结构，延缓介质的渗透，同时具有一定的表面粗糙度，可提高面漆涂层的附着性。

E.1.3　环氧厚浆漆（耐磨）：由环氧树脂、颜料、填料、固化剂和溶剂等组成的双组分厚浆型涂料。作为中间漆或内腐蚀面漆使用，可产生较高的膜厚，提高涂层体系耐蚀性。

E.2　钢结构防护涂层用封闭漆、中间漆技术要求（见表 E.1）

E.3　试验方法

E.3.1　不挥发物测定按 GB/T 1725 的规定进行试验。

E.3.2　黏度测定按 GB/T 6753.4 的规定进行。

表 E.1 钢结构防护涂层用封闭漆、中间漆技术要求

项目		技术指标		
		环氧封闭漆	环氧云铁中间漆	环氧厚浆漆(耐磨)
在容器中状态		基料搅拌均匀、无结块		
不挥发物的质量分数(%)		50~60	≥70	≥75
黏度(ISO-4号杯)/s		≤45	—	—
干燥时间/h	表干	≤2	≤2	≤3
	实干	≤24	≤24	≤24
弯曲性/mm		≤2	≤2	≤2
冲击强度/cm		50	50	≥40
附着力(拉开法)/MPa		≥3	≥4	≥3
耐磨性(1kg/1000r)/g		—	—	≤0.05

E.3.3 干燥时间测定按 GB/T 1728 的规定进行。

E.3.4 弯曲性测定按 GB/T 6742 的规定进行。

E.3.5 冲击强度测定按 GB/T 1732 的规定进行。

E.3.6 附着力测定按 GB/T 5210 的规定进行,试板基材采用未喷(抛)射处理厚度为 2mm 冷轧板。

E.3.7 耐磨性试验按 GB/T 1768 的规定进行。

附 录 F
（资料性附录）
钢结构用耐候性面漆技术要求和试验方法

F.1 分类

F.1.1 丙烯酸聚氨酯面漆：由羟基丙烯树脂和脂肪族异氰酸酯、颜料、助剂及溶剂等组成的双组分涂料。

F.1.2 氟碳面漆：由氟聚合物和脂肪族异氰酸酯树脂、颜料、填料、助剂及溶剂等组成的双组分涂料。

F.1.3 （环氧/丙烯酸）聚硅氧烷面漆：由无机-有机聚合物、颜料、填料、助剂及溶剂等组成的双组分涂料。

F.2 钢结构用耐候性面漆技术要求（见表 F.1）

表 F.1 钢结构用耐候性面漆技术要求

项目	技术指标		
	丙烯酸聚氨酯面漆	氟碳面漆	聚硅氧烷面漆
不挥发物的质量分数(%)	≥60	≥55	≥70
可溶物中氟的质量分数(%)	—	≥18	—
黏度(ISO-6号杯)/s	≥40	≥30	≥50
细度/μm	≤30	≤30	≤30

(续)

项目		技术指标		
		丙烯酸聚氨酯面漆	氟碳面漆	聚硅氧烷面漆
干燥时间/h	表干	≤1	≤1	≤3
	实干	≤24	≤24	≤24
弯曲性/mm		≤2	≤2	≤2
冲击强度/cm		50	50	50
附着力（拉开法）/MPa		≥4	≥4	≥5
硬度		≥0.5	≥0.5	≥0.6
耐碱性（5%NaOH）/h		120 无异常		
耐酸性（5%H_2SO_4）/h		120 无异常		
耐人工加速老化（500h）		无起泡、无开裂 色差≤1.5 失光率≤10%	无起泡、无开裂 色差≤1.0 失光率≤2%	无起泡、无开裂 色差≤1.0 失光率≤2%
循环腐蚀试验（4周期）		无起泡、无开裂 色差≤1.0 失光率≤5%	无起泡、无开裂 色差≤0.5 失光率≤1%	无起泡、无开裂 色差≤0.5 失光率≤1%
耐磨性（1kg/1000r）/g		≤0.05	≤0.04	≤0.03

注：耐人工加速老化（500h），除非另有商定，为必检项目。

F.3 试验方法

F.3.1 不挥发物测定按GB/T 1725的规定进行。

F.3.2 可溶物中氟含量测定按HG/T 3792的规定进行。

F.3.3 黏度测定按GB/T 6753.4的规定进行。

F.3.4 细度测定按GB/T 6753.1的规定进行。

F.3.5 干燥时间测定按GB/T 1728的规定进行。

F.3.6 硬度测定按GB/T 1730的规定进行。

F.3.7 弯曲性测定按GB/T 6742的规定进行。

F.3.8 冲击强度测定按GB/T 1732的规定进行。

F.3.9 附着力测定按GB/T 5210的规定进行，试样基材采用未喷（抛）射处理厚度为2mm冷轧板。

F.3.10 耐酸、碱性试验按GB/T 9274的规定进行。

F.3.11 耐人工加速老化性试验按GB/T 14522的规定进行。试验条件：UV＝60℃×4h、CON＝50℃×4h 光源 UVA-340型荧光紫外灯管。涂层老化按GB/T 1766评价。

F.3.12 循环腐蚀试验按本标准6.13的规定进行。涂层老化按GB/T 1766评价。

F.3.13 耐磨性试验按GB/T 1768的规定进行。

附 录 G
（资料性附录）
钢结构在水和土壤环境下用防护涂料技术要求和试验方法

G.1 分类

G.1.1 环氧（聚氨酯）沥青防腐涂料：由环氧（聚氨酯）树脂、煤焦油沥青、防锈颜料、助剂、固化剂等组成的双组分涂料。此类涂料具有较好的耐水性和附着性。

G.1.2 聚氨酯环氧改性防腐涂料：由环氧树脂、聚氨酯、颜料及助剂等组成的双组分涂料。此类涂料兼有环氧与聚氨酯两者优点，具有耐水、耐碱、透水性低、附着力强和耐磨性优良的特点。

G.1.3 不饱和聚酯（环氧、聚氨酯）玻璃磷片涂料：由不饱和聚酯（环氧、聚氨酯）玻璃磷片、颜料及助剂等组成的双组分涂料。此类涂料具有优异的抗渗透性和良好的耐磨性和耐低温变性。

G.2 钢结构在水和土壤环境下用防护涂料技术要求（见表G.1）

表 G.1 钢结构在水和土壤环境下用防护涂料技术要求

项目		技术指标		
		环氧（聚氨酯）沥青防腐涂料	聚氨酯环氧改性防腐涂料	不饱和聚酯（环氧、聚氨酯）玻璃磷片涂料
在容器中状态		基料搅拌均匀、无结块		
不挥发物的质量分数（%）		≥65	≥65	≥80
黏度（ISO-6号杯）/s		≥65	≥60	—
硬度		≥0.4	≥0.6	—
干燥时间/h	表干	≤3	≤2	≤3
	实干	≤24	≤24	≤24
弯曲性/mm		≤2	≤2	—
冲击强度/cm		50	50	—
附着力（拉开法）/MPa		≥3	≥4	≥3
耐湿热性/h		≥120h 涂层无异常	≥240h 涂层无异常	≥240h 涂层无异常
耐盐雾性/h		≥240h 涂层无异常	≥240h 涂层无异常	≥240h 涂层无异常
耐酸性（5%H_2SO_4）/h		≥168h 涂层无异常	≥240h 涂层无异常	≥240h 涂层无异常
耐碱性（5%NaOH）/h		≥168h 涂层无异常	≥240h 涂层无异常	≥240h 涂层无异常
冷热交替试验（-20℃×3h与80℃×3h）		5次，涂层无异常	涂层无异常	涂层无异常

G.3 试验方法

G.3.1 不挥发物测定按 GB/T 1725 的规定进行。

G.3.2 黏度测定按 GB/T 6753.4 的规定进行。

G.3.3 硬度测定按 GB/T 1730 的规定进行。

G.3.4 干燥时间测定按 GB/T 1728 的规定进行。

G.3.5 弯曲性测定按 GB/T 6742 的规定进行。

G.3.6 冲击强度测定按 GB/T 1732 的规定进行。

G.3.7 附着力测定按 GB/T 5210 的规定进行，试验基材采用未喷（抛）射处理厚度为 2mm 冷轧板。

G.3.8 耐湿热性试验按 GB/T 1740 的规定进行。涂层无起泡、无起皱、无锈蚀现象，则认为"涂层无异常"。

G.3.9 耐盐雾性试验按 GB/T 1771 的规定进行。涂层无起泡、无起皱、无锈蚀现象，则认为"涂层无异常"。

G.3.10 耐酸性试验按 GB/T 9274 的规定进行。涂层试样板如果 3 块中有 2 块或 2 块以上，经目测涂层无起泡、起皱、生锈现象，则认为是"浸酸中涂层无异常"。

G.3.11 耐碱性试验按 GB/T 9274 的规定进行，涂层试验样板如果 3 块中有 2 块或 2 块以上，经目测涂层无起泡、起皱、溶出现象，则认为是"浸于碱中涂层无异常"。

G.3.12 冷热交替试验，试板涂层干膜厚度为 $70\mu m \pm 5\mu m$，将试验样板置于 $-20℃$ 恒温箱中 3h，取出后室内（$23℃\pm2℃$）放置 30min，再置于 $80℃$ 恒温箱中 3h，重复 5 次循环操作。取出置放 24h，3 块试验板中 2 块以上涂层无可见起泡、开裂、剥落现象，试验后的涂层附着力不降低，则认定涂层无异常。

附 录 H
（资料性附录）
钢结构用功能性涂料技术要求和试验方法

H.1 分类

H.1.1 耐液态介质漆酚钛防腐蚀漆：由天然生漆中提取的漆酚与有机钛合成的漆酚钛树脂、耐蚀微粒颜填料、助剂、溶剂及固化剂组成双组分涂料。具有优良的耐沸水性，良好的耐热态环境中酸、碱、盐类等液态介质腐蚀性能。

H.1.2 C4 类以下大气环境下使用的钢结构耐高温漆：以无机硅酸盐或由高分子硅聚合物添加耐高温铝粉或耐高温颜料所组成的单组分或双组分高温防护漆。

H.1.3 湿固化涂料：主要涂料为单组分聚氨酯涂料，对低温和高湿环境下能固化成膜，维修或翻修涂装施工中对钢结构有限的表面预处理及旧涂层有良好的容忍性。

H.1.4 低表面处理涂料（无溶剂环氧带锈防锈涂料）：用于部分翻修涂装工程，用于工作条件很难进行彻底除锈的钢结构表面牢固锈面的防锈涂料，涂料对锈层具有足够的渗透力和反应性。

H.2 钢结构用功能性涂料技术要求（见表 H.1）

表 H.1 钢结构用功能性涂料技术要求

项目		技术指标			
		漆酚钛防腐蚀漆	高温漆	湿固化涂料	低表面处理涂料
不挥发物的质量分数(%)		≥50	—	≥65	≥60
黏度(ISO-4 号杯)/s		≥50	≥30	≥80	—
干燥时间/h	表干	≤2	≤2	≤2	≤3
	实干	≤24	≤24	≤24	≤24
硬度		≥0.5	—	≥0.4	—
冲击强度/cm		50	≥40	50	50
弯曲性/mm		≤2	—	≤2	≤2
附着力(拉开法)/MPa		≥3	≥3	≥3	≥3
耐盐雾性（划痕法,120h）		划痕扩蚀宽度 ≤2mm	—	划痕扩蚀宽度 ≤2mm	划痕扩蚀宽度 ≤2mm

(续)

项目	技术指标			
	漆酚钛防腐蚀漆	高温漆	湿固化涂料	低表面处理涂料
耐湿热性 （划痕法，8h）	—	—	划痕扩蚀宽度 ≤2mm	划痕扩蚀宽度 ≤2mm
耐酸性 （30%H_2SO_4,100℃×72h）	不起泡、不开裂、 不脱落	—	—	—
耐碱性 （30%NaOH,100℃×72h）	不起泡、不开裂、 不脱落	—	—	—
热振试验(5次)	—	合格	—	—

H.3 试验方法

H.3.1 不挥发物测定按 GB/T 1725 的规定进行。

H.3.2 黏度测定按 GB/T 6753.4 的规定进行。

H.3.3 干燥时间测定按 GB/T 1728 的规定进行。

H.3.4 硬度测定按 GB/T 1730 的规定进行。

H.3.5 冲击强度测定按 GB/T 1732 的规定进行。

H.3.6 弯曲性测定按 GB/T 6742 的规定进行。

H.3.7 附着力测定按 GB/T 5210 的规定进行，试样基材采用未喷（抛）射处理厚度为 2mm 冷轧板。

H.3.8 耐盐雾性试验按 GB/T 1771 的规定进行。

H.3.9 耐湿热性试验按 GB/T 1740 的规定进行。

H.3.10 耐酸、碱性按 GB/T 9274 的规定进行，除非另有规定，试样制备按 GB/T 9274 规定的钢棒，涂层干膜厚度为 200μm±5μm，在装有回流装置的玻璃容器中沸腾介质环境下进行。

H.3.11 热振试验按 GB/T 1735 规定进行，将涂层试板放置于已调节到按产品规定使用温度的高温炉内，保温 1h。然后取出，浸入常温下 1000mL 盛水容器中，往返 5 次操作，检查试样无起层、皱皮、鼓泡、开裂现象，则认为涂层热振试验合格。

第二节 熔融结合环氧粉末涂料的防腐蚀涂装

一、概论

熔融结合环氧粉末涂料指含有环氧树脂的热固性粉末涂料。熔融结合环氧粉末涂料涂层与基体界面结合力强，涂层致密度高，其抗化学腐蚀性、抗水性、抗阴极剥离性、柔韧性等性能良好，耐蚀性优异。熔融结合环氧粉末涂料涂层已广泛应用于石油、化工、煤矿、电力、能源等行业中重腐蚀的管道和管件等防腐蚀保护，如输送酸、碱、盐、油的输送管道，储罐、泵类、阀门、液压支柱等各种设备的耐蚀耐磨防护涂层。

熔融结合环氧粉末涂料是由环氧树脂、固化剂、颜料、填料、助剂等组成，经混合机机械混合、挤出机熔融混合、磨机粉碎后制备得到的热固性粉末状涂料。环氧树脂作为成膜物质的基体树脂，决定了涂料的基本特性；固化剂在涂装过程中与环氧树脂反应生成交联结构，进一步提高涂层的性能；颜料主要起着色作用；填料在降低涂料成本的同时，还具有一定的功能性作用；功能性助剂主要包括具有脱气功能的脱气剂、抗静电作用的抗静电剂、抗划伤作用的抗划伤剂、防止表面出现缺陷的流平剂等。

熔融结合环氧粉末涂料涂装的含义是利用热量将粉末涂料熔融黏附到金属基体上，使粉末与被加热的物体接触时，产生熔融结合、流动、胶化和固化过程，形成一层黏附力强的连续防腐蚀涂层。为了达到涂装的良好效果，涂装工艺按下列步骤进行：

（1）表面处理　目前主要采用喷砂处理，清理工件表面的锈层，达到表面清洁度 Sa2.5 级。这是涂装成败的关键因素之一。

（2）工件预热　涂装前工件应经预热处理，预热温度一般依据产品的具体要求进行控制，它与工件的大小、形状和涂层厚度有关。

（3）熔融结合喷涂　工件从预热炉中取出后放入喷房内进行喷涂。管道的外涂装主要用静电枪，也可用摩擦枪，内喷涂用摩擦枪。供粉器的喷粉条件（风压、流量、时间和喷粉方式）与被涂件的大小、形状和涂层厚度直接有关，根据情况可随时调整。

（4）涂层固化处理　固化过程是树脂交联形成网络结构的过程，这种三维网络结构是涂层性能的具体保证。涂层固化具体温度取决于粉末涂料的型号和固化炉的条件，固化温度的控制直接与涂层质量有关。

（5）涂层质量检查　在实际喷涂后，应对涂层质量进行检测，主要检测外观、涂层厚度和针孔。每个涂装件都应进行检测，检测结果要求达到无漏点。但在生产过程中，微小缺陷不可避免，在适当范围内的缺陷允许修补。

为规范钢铁等金属材料熔融结合环氧粉末涂料防腐蚀涂装技术，我国于 2001 年制定了 GB/T 18593—2001《熔融结合环氧粉末涂料的防腐蚀涂装》。随着熔融结合环氧粉末涂料技术提升和应用范围扩展，为保证产品质量的可靠性和技术的发展，2010 年对该标准进行了修订。GB/T 18593—2010《熔融结合环氧粉末涂料的防腐蚀涂装》于 2010 年 8 月 9 日发布，2010 年 12 月 31 日实施。

二、标准主要特点与应用说明

相对于 GB/T 18593—2001，GB/T 18593—2010 增加了 3.5"结构件"的定义；环氧粉末涂料技术指标表 1 中增加了"固化时间"和"磁性物含量"两项；密度测试标准由附录 A 改为 GB/T 4472，挥发分和胶化时间测试标准分别由 GB/T 16592 和 GB/T 16995 改为 GB/T 6554；表 2 中第 2 类涂层的最小厚度由 130μm 改为 150μm；在涂层的物理性能指标中，增加了修补层一栏，取消了第 1.3 类涂层常温抗冲击性指标，增加了表 3 第 3 类涂层 -30℃抗冲击性指标，表 3 涂层的耐磨性测试标准由 SY/T 0315 改为 GB/T 1768，增加了第 1 类涂层的黏结强度值，将第 3 类涂层的黏结强度值进行了修正，第 2 类涂层增加了"电气强度""体积电阻率""氯离子渗透"选择性指标，第 1.3 类涂层的断面孔隙率和界面孔隙率指标由 1~4 级修正为 1~3 级，增加了第 1.2.3 类涂层的"蒸馏水吸水率（60℃，15 天）"的测试内容，删除了附录 A 中"蒸馏水"介质的测试内容；增加了第 1 类涂层的"工艺性试验"和"型式检验"条款（见 7.1 和 10.4 及表 4）；增补了"成品的标识、装运和储存"

"涂敷生产的安全、卫生和环境保护""交工文件"三章。

该标准规定了钢铁等金属材料进行熔融结合环氧粉末涂料防腐蚀涂装的材料、工艺规范、涂层性能要求及试验方法。由于熔融结合环氧粉末涂料防腐蚀涂装的工艺特点，该标准不适用于装饰性涂装。

该标准根据熔融结合环氧粉末涂层使用的结构部件差异及使用的环境不同，将涂层分为埋地和输运管道、钢筋、重腐蚀环境管道和结构件3类。

该标准分别对基材、环氧粉末涂料和修补剂的技术指标及试验方法提出了具体要求。

该标准对熔融结合环氧粉末涂料防腐蚀涂装提出了详细工艺规范，具体地阐述了钢铁基材的表面处理、预热、涂敷、涂层固化、涂层的检测与修补等工艺的要点。

该标准对熔融结合环氧粉末涂层的厚度及物理性能指标及试验方法提出了具体要求，对熔融结合环氧粉末涂层的检验规则做了明确规定。

该标准对涂层及修补涂层的耐化学腐蚀介质的试验条件在附录A中做了明确规定。

三、标准内容（GB/T 18593—2010）

熔融结合环氧粉末涂料的防腐蚀涂装

1 范围

本标准规定了钢铁等金属材料进行熔融结合环氧粉末涂料防腐蚀涂装的材料、工艺规范、涂层性能要求及试验方法。

本标准不适用于装饰性涂装。

2 规范性引用文件

下列文件中的条款通过本标准的引用而成为本标准的条款。凡是注日期的引用文件，其随后所有的修改单（不包括勘误的内容）或修订版均不适用于本标准，然而，鼓励根据本标准达成协议的各方研究是否可使用这些文件的最新版本。凡是不注日期的引用文件，其最新版本适用于本标准。

GB/T 1034　塑料　吸水性的测定（GB/T 1034—2008，ISO 62：2008，IDT）

GB/T 1408.1　绝缘材料电气强度试验方法　第1部分：工频下试验（GB/T 1408.1—2006，IEC 60243-1：1988，IDT）

GB/T 1410　固体绝缘材料体积电阻率和表面电阻率试验方法（GB/T 1410—2006，IEC 60093：1980，IDT）

GB/T 1768　色漆和清漆　耐磨性的测定　旋转橡胶砂轮法（GB/T 1768—2006，ISO 7784：1997，IDT）

GB/T 1771　色漆和清漆　耐中性盐雾性能的测定（GB/T 1771—2007，ISO 7253：1996，IDT）

GB/T 4472　化工产品密度、相对密度测定通则

GB 5749　生活饮用水卫生标准

GB/T 6329　胶黏剂对接接头拉伸强度的测定（GB/T 6329—1996，eqv ISO 6922：1987）

GB/T 6554　电气绝缘用树脂基反应复合物　第2部分：试验方法　电气用涂敷粉末方

法（GB/T 6554—2003，IEC 60455-2-2：1984，MOD）

GB 7692　涂装作业安全规程　涂漆前处理工艺安全及其通风净化

GB/T 8923　涂装前钢材表面锈蚀等级和除锈等级（GB/T 8923—1988，eqv ISO 8501-1：1988）

GB 9686　食品容器内壁聚酰胺环氧树脂涂料卫生标准

GB 50152　混凝土结构试验方法标准

GBJ 87　工业企业噪声控制设计规范

GBZ 1　工业企业设计卫生标准

ISO 14654：1999　加固混凝土中环氧涂层钢材

JB/T 6570　普通磨料　磁性物含量测定方法

JG/T 3042—1997　环氧树脂涂层钢筋

SY/T 0315—2005　钢质管道熔结环氧粉末外涂层技术标准

3　术语和定义

下列术语和定义适用于本标准。

3.1　熔融结合环氧粉末涂料　fusion bonded epoxy coating powders

以环氧树脂为主要成膜材料的热固性熔融结合粉末涂料，亦称"熔结环氧粉末涂料"，本标准中简称"环氧粉末涂料"。

3.2　熔融结合环氧粉末涂层　fusion bonded epoxy coatings（layers）

环氧粉末涂料经熔融结合涂装工艺固化后形成的成膜物，亦称"熔结环氧涂层"，本标准中简称"涂层"。

3.3　涂层钢筋　fusion bonded epoxy painted steel bars

经环氧粉末涂料涂装的钢筋。

3.4　工艺管道及管件　processing pipes and fittings

根据生产工艺要求而设计的管道，如直管、弯管、三通管、变径管、波纹管等各种形状的管道。

3.5　结构件　structures

各种形状的罐、槽、架、板、棒、线等设备、工件或组合构件。

4　需方应提供的技术资料及要求

4.1　本国家标准号。

4.2　待涂装基体材料牌号、规格和表面状态。

4.3　选定涂层的类别（第1、2或3类）。

4.4　选定涂层的厚度和涂层结构。

4.5　涂层产品应用环境或介质条件。

4.6　抽样和检验。

5　涂层分类

5.1　第1类涂层

5.1.1　埋地管道、水下管道及钢桩外壁防腐蚀涂层。

5.1.2　输运石油、天然气、淡水、海水或污水的管道内壁防腐蚀涂层。

5.2 第2类涂层
钢筋防腐蚀涂层。
5.3 第3类涂层
5.3.1 重腐蚀环境中工作的工艺管道内外壁防护涂层。
5.3.2 重腐蚀环境中工作的结构件内外壁防护涂层。
6 材料
6.1 基材
6.1.1 每批待涂装的钢铁基材应有符合国家标准或用户要求的有关材质、制造和规格的证明文件。
6.1.2 对每批待涂装的钢铁基材应逐件（批）进行结构外观和尺寸的检查，剔除不符合制造标准或未达到合同要求的部件。
6.2 环氧粉末涂料
6.2.1 每批环氧粉末涂料产品的标签应标明：生产厂名、产品名称和型号、批号、重量、生产日期，储存条件、储存期限。
6.2.2 环氧粉末涂料应具备生产厂家的产品说明书、出厂检验合格证、质量证明书和检测报告有关技术文件。
6.2.3 环氧粉末涂料应该是含环氧树脂的热固性粉料。
6.2.4 涂装厂或车间应按照涂料生产厂家规定的条件储存环氧粉末涂料。
6.2.5 环氧粉末涂料性能应符合表1的技术指标，方可使用。
6.3 修补剂
修补剂应为以环氧树脂或改性环氧树脂为基料的双组分涂料或其他与原涂层相容且性能相当的材料。

表1 环氧粉末涂料技术指标

序号	试验项目	技术指标	测试标准
1	外观	色泽均匀，不结块	目测
2	密度[①]/(g/cm^3)	1.3～1.6	GB/T 4472
3	挥发分（%）	≤0.6	GB/T 6554
4	粒度分布（%）	粒径（>150μm）≤3 粒径（>250μm）≤0.2	GB/T 6554
5	胶化时间/s	厂家提供值±20%	GB/T 6554
6	固化时间/min	厂家提供值±20%	SY/T 0315
7	磁性物含量（%）	≤0.0020	JB/T 6570

① 对特殊用途的环氧粉末涂料的密度值控制在厂商提供值±20%以内。

7 工艺规范
7.1 工艺适用性试验
涂敷生产前，应按拟定的生产工艺涂覆试验管段，并进行防腐涂层的检测，检测项目及性能指标应满足表4中的规定。
7.2 钢铁基材的表面处理
7.2.1 涂敷前应先将待涂装件表面棱角打磨成R≥2mm的圆角，其焊缝部位应无尖角、缺肉、气孔、裂纹、缝隙和焊渣；清除待涂装件表面容易引起针孔和涂层厚度不匀的疵点和缺陷。

7.2.2 铸铁待涂装件，应预先经升温烘烤，充分去除铸件上微小缝隙和缺陷中残留的水分及其他挥发物。

7.2.3 涂敷前，应用适当的方法将待涂装件表面的灰尘、油、脂及其他污染物清理干净。

7.2.4 按 GB/T 8923，对待涂装件表面进行喷砂或抛丸除锈，使之达到 Sa2.5 级以上标准，锚纹深度应在 40μm～100μm 范围内。

7.2.5 再次对待涂装件进行目视检查，将所发现的疵点和缺陷消除。

7.2.6 用净化压缩空气或金属刷除去因上述过程残存在基材表面的残留物。

7.2.7 净化后的钢筋表面应按照 JG/T 3042—1997 中附录 A 的要求进行检验，洁净度不应低于95%，方可进行第2类涂层的涂装。

7.2.8 待涂装件不需要涂装部位应覆盖保护。

7.2.9 待涂装件表面处理后，应在 8h 内进行涂敷，涂敷前待涂装件表面不得出现肉眼可见的锈迹，否则应重新进行表面处理。

7.3 预热

7.3.1 待涂装件可以不同方式预热，如采用加热炉或感应圈加热等。

7.3.2 预热温度根据各粉末涂料生产厂家推荐的温度确定，但不得超过275℃。预热时若因温度过高或时间过长，而致涂装件表面出现深蓝或深褐色过氧化现象，应重新进行表面处理。

7.4 涂敷

7.4.1 可采用静电喷涂法、摩擦静电喷涂法、流化床法、静电流化床法等方式进行涂敷，保证涂层达到应有的厚度和均匀度。

7.4.2 应使用无油空气压缩机，并配以空气干燥器，使供粉用的压缩空气预先除去油和水。

7.5 涂层的固化

7.5.1 无特殊需要时，第1、2类涂层的固化是利用预热基体的余热完成的，不另行加热固化。

7.5.2 第3类涂层在涂敷后还应再加热固化，具体的固化温度和时间按环氧粉末涂料生产厂推荐的条件进行。

8 熔结环氧涂层的修补

8.1 第1类涂层局部出现少数针孔（1个/m²～2个/m²）或面积小于 $25cm^2$ 的不合格部位，允许进行局部修补；第2类涂层缺陷面积不超过 0.3m 长钢筋表面积的1%时，允许修补；第3类涂层局部出现针孔时，应将有针孔的涂层除去，按第7章涂装工艺进行复涂。

8.2 修补或复涂前，应清除所有油污、铁锈、杂质，剥去疏松涂层，并将该区域打磨成粗糙面，修补层与周围完好涂层结合部位应打磨成羽翼状，再把表面清理干净。

8.3 涂层修补采用合适的修补剂，修补层的物理性能应符合表3中的指标。修补区涂层厚度不得低于设计的厚度，与原涂层搭接的宽度不应小于 10mm。

9 熔结环氧涂层的性能要求和试验方法

9.1 涂层的厚度

涂层的厚度应符合工程设计的规定，设计无规定时，可根据涂层使用条件，按表2的规定选用。

表 2　涂层的厚度　　　　　　　　　　　　（单位：μm）

涂层类型	涂层级别	参考厚度
第 1 类	普通级	≥300
	加强级	≥400
	特强级	≥800
第 2 类		150~300
第 3 类	普通级	≥300
	加强级	≥600
	特强级	≥1000

注：对涂层厚度的要求，不包括由于涂层缺陷或破损面做修补的区域。在严酷条件下，第二类涂层厚度可增加至 400μm。

9.2　涂层的物理性能

9.2.1　涂装施工前，应在实验室内进行涂层性能测试，其物理性能应符合表 3 的要求，试件制备的规定见 9.2.2。

9.2.2　实验室涂装件的制备应符合下列规定：

9.2.2.1　试件基板应为低碳钢或与待涂装件相同的基材。

9.2.2.2　试件表面应进行喷射处理，其除锈质量按 GB/T 8923 的规定，应达到 Sa2.5 级，锚纹深度应在 40μm~100μm。

9.2.2.3　试件预热和涂层固化的温度应按照环氧粉末生产厂的推荐值选定。

9.2.2.4　试件涂层的厚度，对于第 1 类和第 3 类涂层应为 350μm±50μm；对于第 2 类涂层应为 250μm±50μm。

9.2.2.5　对实验室涂装件进行的测试应符合表 3 的规定。

9.2.2.6　涂装试件固化后应在 23℃±5℃ 或室温下放置 24h 后，才可按照各试验方法中的操作步骤进行性能测试。

9.3　涂层的耐化学腐蚀性能

9.3.1　各类涂层的耐化学腐蚀性能测试方法按 GB/T 6554 进行。要求在指定介质中一定温度和时间内不发生剥落、开裂、软化、粉化、变质等现象。其指定介质和条件列于附录 A 或按供需双方合同的规定。

表 3　涂层的物理性能指标

序号	试验项目	性能指标				标准测试方法
		第 1 类	第 2 类	第 3 类	修补层	
1	外观	色泽均匀、无气泡、无裂纹				目测
2	抗冲击性(24℃±2℃)/J	—	>9	—	—	JG/T 3042
	抗冲击性(-30℃)/J	≥1.5	—	≥3	≥1.5	SY/T 0315
3	抗弯曲性(3°)/级	无裂纹 (0℃或-30℃)	—	无裂纹 (常温)[①]	—	SY/T 0315
	抗弯曲性(24℃±2℃)	—	无裂纹	—	—	JG/T 3042

(续)

序号	试验项目	性能指标				标准测试方法
		第1类	第2类	第3类	修补层	
4	耐磨性(Cs10轮,1kg,1000r)/mg	≤100	≤100	≤100	≤100	GB/T 1768
5	附着力(75℃,48h)/级	1~3	—	1~2	1~3	SY/T 0315
6	黏结强度/MPa	≥50	—	≥60	≥30	GB/T 6329
7	黏结强度(涂层钢筋与混凝土之间)	—	≥裸钢筋与混凝土之间黏结强度的80%	—	—	GB 50152
8	阴极剥离(65℃,24h或48h)/mm	≤7	—	≤6.5	≤7	SY/T 0315
	阴极剥离/mm	—	≤8	—	—	JG/T 3042
9	电气强度/(MV/m)	≥30	≥30[2]	≥30	≥30	GB/T 1408.1
10	体积电阻率/Ω·m	≥1×10^{13}	≥1×10^{13}[2]	≥1×10^{13}	≥1×10^{13}	GB/T 1410
11	断面孔隙率/级	1~3	—	1~2	1~3	SY/T 0315
12	界面孔隙率/级	1~3	—	1~2	1~3	SY/T 0315
13	蒸馏水吸水率(60℃,15天)(%)	≤3.0	—	≤2.0	≤3.0	GB/T 1034
14	氯化物渗透性/(mol/L)	—	1×10^{-4}	—	—	JG/T 3042

① 第3类涂层常温抗弯曲性为选择性指标,采用SY/T 0315规定的测试方法,但测定前试样应在常温放置24h,而不应放入低温冷冻箱。
② 选择性指标(24℃±2℃)。

10 检验规则

10.1 涂层外观用目测,逐件(批)检查,要求表面平整,色泽均匀,无气泡、裂纹、缩孔,允许有轻度的橘皮状花纹。

10.2 涂层的厚度采用涂层测厚仪测量。

10.2.1 第1类涂层:沿管长随机取3个位置,在每个位置绕圆周方向测量均匀分布的4点涂层厚度;测量结果应符合9.1的规定。

10.2.2 第2类涂层:应在钢筋相对两侧测量厚度,每个厚度记录值为3个相邻肋间厚度值的平均值,沿整根钢筋至少应取间隔大致均匀的5个点测定,除去钢筋首尾两端各100mm长度表面的涂层外,应有不少于90%的厚度记录值在150μm~300μm范围内,且不得有低于130μm的厚度记录值。

10.2.3 第3类涂层:厚度检测每平方米内不少于25个点,测量结果应符合9.1的规定。

10.3 漏点(微孔)检查,采用电火花检漏仪进行,检测时涂层表面温度应低于100℃。

10.3.1 第1类涂层检测电压为5V/μm,平均每平方米表面漏点数不应超过1个,超过时,按第8章规定进行修补或剔除。

10.3.2 第2类涂层用67.5V,80000Ω湿海绵直流绝缘检漏仪检测,每米长度上的微孔数平均不应超过3个。

10.3.3 第3类涂层检测电压为5V/μm,出现漏点时按第8章规定进行修补或重涂。

10.4 第1类涂层在生产过程中或出厂前应进行型式检验,截取一个长度约为500mm的管段或同等生产工艺条件下的实验管段，检验项目及性能指标应满足表4中的各项规定，方可出厂。

表4 第1类涂层的型式检验项目及验收指标

序号	试验项目	验收指标	试验方法
1	24h耐阴极剥离	≤11.5mm	SY/T 0315—2005 附录C
2	断面孔隙率/级	1~4	SY/T 0315—2005 附录D
3	界面孔隙率/级	1~4	SY/T 0315—2005 附录D
4	24h附着力/级	1~4	SY/T 0315—2005 附录G
5	抗2.5°弯曲（订货规定的最低试验温度±3℃）	无裂纹	SY/T 0315—2005 附录E
6	抗1.5J冲击（-30℃）	无漏点	SY/T 0315—2005 附录F

10.5 第2类涂层，按照ISO 14654：1999标准规定环氧涂层钢筋可采用前加工和后加工两种工艺，环氧涂层相应为非弯曲和可弯曲涂层。非弯曲性涂层应执行抗弯曲性之外的其他性能要求。对于可弯曲性涂层出厂前应抽样进行抗弯曲试验，符合表4规定方可出厂。

10.6 第3类涂层出厂前应抽样进行表4所列的各项检验，符合表4规定方可出厂。

10.7 当本标准应用于接触食品的管道或结构件的涂装时，涂层还应符合GB 9686的规定。

10.8 当本标准应用于接触饮用水的管道或结构件的涂装时，涂层还应符合GB 5749的规定。

11 成品的标识、装运和储存

11.1 标识

经质量检验合格的环氧粉末涂层产品应在明显位置做出标识，标识应包括涂装厂名称、涂层名称和规格、执行标准、生产日期、检验员编号等内容。

11.2 装运

11.2.1 成品运输时应轻吊轻运，避免损伤基材及涂层，尤其要防止吊具碰撞，损伤涂层。

11.2.2 在操作过程中，若遇涂层被损坏，应做漏点检测，然后应按照第8章的要求进行处理。

11.3 储存

11.3.1 成品堆放时，应采用必要防护措施，防止涂层受到破损。

11.3.2 成品室外堆放时间不宜超过6个月，超过6个月应采用不透明遮盖物覆盖。

12 涂敷生产的安全、卫生和环境保护

12.1 防腐蚀工厂应建立健康、安全和环境管理体系。

12.2 涂敷生产的安全、环境保护应符合GB 7692的要求。

12.3 除锈、喷涂过程中各种设备产生的噪声，应符合GBJ 87的有关规定。

12.4 除锈、喷涂车间空气中粉尘浓度不得超过GBZ 1中的有关规定。

12.5 除锈、喷涂过程中，所有机械设施的运动部位应设有防护罩等安全保护措施。

12.6 喷涂区域的电气设备应符合国家有关爆炸危险场所电气设备的安全规定，电气设备应整体防爆，操作部分应设触电保护器。

13 交工文件

13.1 环氧粉末涂料和涂层质量检验报告。

13.2 防腐产品出厂合格证。

13.3 修补记录。

13.4 合同要求的其他有关技术资料。

附 录 A

（规范性附录）

涂层耐化学腐蚀试验指定的介质和条件

涂层的耐化学腐蚀试验根据所涂装产品相应按表 A.1、表 A.2 或表 A.3 规定的介质和条件进行。修补涂层的耐化学腐蚀试验也按表 A.1、表 A.2 或表 A.3 进行。

表 A.1 第 1 类涂层试验指定的介质和条件

介质	质量分数(%)	pH 值	温度/℃	时间/d
蒸馏水	—	—	20±3	90
稀盐酸	—	2.5～3.0	20±3	90
氯化钠溶液	10	—	20±3	90
氢氧化钠溶液	5	—	20±3	90
10%氯化钠加稀硫酸	—	2.5～3.0	20±3	90
等质量碳酸镁和碳酸钙溶液	饱和	—	20±3	90

表 A.2 第 2 类涂层试验指定的介质和条件

介质	质量分数(%)	温度/℃	时间/d
蒸馏水	—	24±2	45
氯化钙溶液	33	24±2	45
氢氧化钠溶液	12	24±2	45
氢氧化钙溶液	饱和	24±2	45

注：第 2 类涂层还须进行抗氯离子渗透性试验（JG 3042）和耐 800h 中性盐雾性能试验（GB/T 1771）。

表 A.3 第 3 类涂层试验指定的介质和条件

介质	质量分数(%)	温度/℃	时间/d
蒸馏水	—	60±3	45
氯化钠溶液	3.5	60±3	45
氢氧化钠溶液	30	60±3	45
盐酸	20	30±3	45
硫酸	10	60±3	45

第三节 无溶剂环氧液体涂料的防腐蚀涂装

一、概论

环氧类防腐蚀涂料具有耐蚀性强、附着力强、硬度高、耐磨、耐盐雾腐蚀、耐酸碱腐蚀、光泽度高、固化收缩率小、丰满度高等优点，广泛用作工业重防腐漆、防锈底漆、地坪漆、油罐漆、饮用水箱漆等。传统的溶剂型涂料约含50%（质量分数）的有机溶剂，在涂料的制造、施工、干燥、固化成膜过程中，向大气中散发出大量的挥发性有机化合物（VOC），对生态环境构成严重的污染和威胁，且经济效益低。无溶剂环氧涂料是采用低黏度环氧树脂、颜填料、助剂等经高速分散和研磨而制成的漆料，以低黏度改性胺作为固化剂而组成的双组分反应固化型防腐蚀涂料，与溶剂型环氧涂料产品的最大区别在于涂料制造及施工过程中无须采用挥发性有机溶剂作为分散介质，具有优异的环保性能和安全性能。

为规范无溶剂环氧液体涂料的防腐蚀涂装技术，我国于2015年制定了GB/T 31361—2015《无溶剂环氧液体涂料的防腐蚀涂装》，这是我国首次制定该技术标准。GB/T 31361—2015《无溶剂环氧液体涂料的防腐蚀涂装》于2015年2月4日发布，2015年7月1日实施。

二、标准主要特点与应用说明

该标准规定了用于金属材料和混凝土材料防腐蚀无溶剂环氧液体涂料的涂层分类、材料要求、涂装工艺规范、试验方法、检测规则、成品标志等要求。无溶剂环氧液体涂料以环氧树脂或改性环氧树脂为主要成膜材料的双组分液体涂料，分为甲、乙两组分，甲组分由树脂基料及添加剂制成，乙组分由固化剂及添加剂制成。该涂料适用于金属材料和混凝土材料无溶剂环氧液体涂料防腐蚀涂装，也适用于其他与之相容的涂层材料及基材防腐蚀涂装，不适用于装饰涂层和功能涂层。

该标准根据无溶剂环氧涂层使用的结构部件差异及服役环境分为第1、2、3类涂层。对于无溶剂环氧液体涂料的质量，该标准规定了最终涂料产品的外观、固体含量、密度、表干时间、实干时间、细度等技术要求和测试方法；对于涂装工艺规范，规定了表面处理、涂覆、固化等技术要求；对于涂层的理化性能，规定了最终涂层的外观、抗冲击强度、附着力、阴极剥离、抗弯曲性能、黏结强度、耐磨性、硬度、电气击穿强度、体积电阻率、耐中性盐雾、吸水率、氯化物渗透性、耐化学介质性等技术要求和测试方法。这些都是涂料及涂层的基本技术条件，也是生产和使用无溶剂环氧液体涂料时必须掌握了解的内容。

该标准中的附录给出了固体含量、黏结强度、吸水率、耐化学腐蚀试验的测定方法和评定标准。其他内容与一般涂料标准相当。

三、标准内容（GB/T 31361—2015）

无溶剂环氧液体涂料的防腐蚀涂装

1 范围

本标准规定了用于金属材料和混凝土材料防腐蚀无溶剂环氧液体涂料的涂层分类、材料要求、涂装工艺规范、试验方法、检测规则、成品标志等要求。

本标准适用于金属材料和混凝土材料无溶剂环氧液体涂料防腐蚀涂装，也适用于其他与之相容的涂层材料及基材防腐蚀涂装。

本标准不适用于装饰涂层和功能涂层。

2 规范性引用文件

下列文件对于本文件的应用是必不可少的。凡是注日期的引用文件，仅注日期的版本适用于本文件。凡是不注日期的引用文件，其最新版本（包括所有的修改单）适用于本文件。

GB/T 1031 产品几何技术规范（GPS） 表面结构 轮廓法 表面粗糙度参数及其数值

GB/T 1408.1 绝缘材料电气强度试验方法 第1部分：工频下试验

GB/T 1410 固体绝缘材料体积电阻率和表面电阻率试验方法

GB/T 1724 涂料细度测定法

GB/T 1728 漆膜、腻子膜干燥时间测定法

GB/T 1768 色漆和清漆 耐磨性的测定 旋转橡胶砂轮法

GB/T 1771 色漆和清漆 耐中性盐雾性能的测定

GB/T 3186 色漆、清漆和色漆与清漆用原材料 取样

GB 3836.1 爆炸性环境 第1部分：设备 通用要求

GB/T 4472 化工产品密度、相对密度的测定

GB 6514 涂装作业安全规程 涂漆工艺安全及其通风净化

GB/T 6739 色漆和清漆 铅笔法测定漆膜硬度

GB 7692 涂装作业安全规程 涂装前处理工艺安全及其通风净化

GB/T 8264 涂装技术术语

GB/T 8923.1 涂覆涂料前钢材表面处理 表面清洁度的目视评定 第1部分：未涂覆过的钢材表面和全面清除原有涂层后的钢材表面的锈蚀等级和处理等级

GB/T 9274 色漆和清漆 耐液体介质的测定

GB/T 13452.2 色漆和清漆 漆膜厚度的测定

GB/T 18570.3 涂覆涂料前钢材表面处理 表面清洁度的评定试验 第3部分：涂覆涂料前钢材表面的灰尘评定（压敏黏带法）

GB/T 25826 钢筋混凝土用环氧涂层钢筋

GB/T 50087 工业企业噪声控制设计规范

GBZ 1 工业企业设计卫生标准

SY/T 0063 管道防腐层检漏试验方法

SY/T 0315 钢质管道熔结环氧粉末外涂层技术规范

3 术语和定义

GB/T 8264 界定的以及下列术语和定义适用于本文件。

3.1 固体含量 solid content

取一定质量的涂料，在烘箱中烘出所有挥发成分，将烘干称得的质量除以未烘干时的质量，所得到的质量百分数。

3.2 无溶剂环氧液体涂料 solvent-free liquid epoxy coating

以环氧树脂或改性环氧树脂为主要成膜材料的双组分液体涂料，分为甲、乙两组分，甲组分由树脂基料及添加剂制成，乙组分由固化剂及添加剂制成。混合后涂料的固体含量在95%以上，出厂和储存时，两者分别封装。

注：本标准中简称"环氧液体涂料"。

3.3 无溶剂环氧液体涂层 solvent-free liquid epoxy coating（layer）

无溶剂环氧液体涂料的甲、乙两组分经规定的涂装工艺混合、固化后形成的固体涂膜。

注：本标准中简称"环氧涂层"。

3.4 结构件 structures

各种形状的筒、槽、梁、板、棒、线等设备、工件或组合构件。

3.5 漏点 holiday

涂层上存在的肉眼看不到的不连续缺陷。

3.6 涂覆 painting

将环氧液体涂料通过机器或手工方式涂于基材的表面上并形成防腐涂层的过程。

3.7 内聚破坏 cohesive failure

粘接破坏时涂层仍黏附在基材的界面上，在涂层内部发生断裂的现象。

4 需方应提供的技术资料及要求

需方应根据合同或工程等要求至少提供如下的资料：

a) 需方对本标准的认同；
b) 基材牌号、规格和表面状态；
c) 选定环氧涂层的类别；
d) 选定环氧涂层的防腐等级；
e) 环氧涂层产品应用温度和介质条件；
f) 抽样和检验规则。

5 涂层分类

5.1 第1类涂层

土壤、大气、油、气、水等腐蚀环境中的管道和结构件的防腐涂层。

5.2 第2类涂层

混凝土中的防腐涂层。

5.3 第3类涂层

酸、碱、盐等重腐蚀介质中服役的管道和结构件的防腐涂层。

6 材料要求

6.1 基材

6.1.1 每批基材应有符合国家标准或用户要求的有关材质、制造工艺和规格的证明文件。

6.1.2 对每批基材应逐件（批）进行结构外观和尺寸的检查，剔除不符合制造标准或未达到合同要求的部件。

6.2 环氧液体涂料

6.2.1 每批环氧液体涂料产品应将甲、乙组分各自严密包装，标签应标明：产品名称和型号、批号、组分、生产厂商、重量、生产日期、储存条件、储存期限和执行标准等。

6.2.2 生产厂商应提供产品说明书、出厂检验合格证、质量证明书和检测报告等有关技术文件。

6.2.3 环氧液体涂料的产品说明书应明确规定各组分的配比（质量或体积）、涂装工艺、储存条件和注意事项。

6.2.4 涂装厂应按照涂料的产品说明书规定的条件储存和使用液体涂料。

6.2.5 环氧液体涂料检验应按 GB/T 3186 的规定取样,并按表 1 和表 3 规定或设计要求的测试项目进行检验,检验结果应符合规定或设计的技术指标要求,方可使用。若有不合格项,应加倍取样重新检验,如仍有不合格项,则该批涂料为不合格,不得使用。

表 1 环氧液体涂料性能指标

序号	测试项目	技术指标	测试方法
1	外观	各色黏稠液体	目测
2	固体含量(%)	≥95	附录 A
3	密度[①]/(g/cm³)	1.1~1.8	GB/T 4472
4	表干时间(23℃)/h	≤4	GB/T 1728
5	实干时间(23℃)/h	≤24	GB/T 1728
6	细度/μm	≤100	GB/T 1724

① 对特殊用途环氧液体涂料的密度值可满足涂装厂的要求。

7 涂装工艺规范

7.1 金属基材的表面处理

7.1.1 涂覆前应先将基材表面棱角打磨成 $R \geqslant 2mm$ 的圆角,其焊缝部位应无尖角、凹陷、气孔、裂纹、缝隙和焊渣;清除基材表面容易引起针孔和涂层厚度不匀的疵点和缺陷。

7.1.2 铸件基材应预先采用适当工艺如加热方法,去除铸件上微小缝隙和缺陷中残留的水分及其他挥发物。

7.1.3 涂装前,应用适当的方法将基材表面的灰尘、油脂及其他污染物清理干净。

7.1.4 应按 GB/T 8923.1 的规定,对基材表面进行喷砂或抛丸处理,除锈质量达到 Sa2½ 级及以上,表面粗糙度应达到 GB/T 1031 中规定的 $Rz30\mu m \sim 100\mu m$ 范围内。

7.1.5 用净化压缩空气或金属刷除去因上述过程残存在基材表面的残留物,灰尘度不应超过 GB/T 18570.3 规定的 2 级。

7.1.6 对待涂装基材不需要涂装部位应覆盖保护。

7.1.7 基材表面处理后,应在 8h 内进行涂覆。

7.2 混凝土基材的表面处理

7.2.1 采用高压淡水、喷砂或手工打磨等方式将混凝土表面的浮灰、浮浆、夹渣、海生物以及疏松部位清理干净。

7.2.2 受油脂污染的混凝土区域,用热碱、清洗剂或相容性溶剂清理,并用淡水清洗至中性。

7.2.3 混凝土基材的表面缺陷如孔洞、蜂窝、裂缝和模板搭接处应采用无溶剂环氧腻子或聚合物修补砂浆进行修补。

7.2.4 表面处理完成的混凝土基面应在一周内尽快进行底漆封闭。

7.3 涂覆

7.3.1 涂覆时环境湿度不得超过 85%,不得在雨、雪、雾及风沙等气候条件下露天作业,基材表面的温度不宜超过 60℃,并应高于露点 3℃ 以上,涂装前基材表面不得出现肉眼可见的锈迹或污染,否则应重新进行表面处理。

7.3.2 环氧液体涂料涂覆施工时应按照环氧液体涂料供应商提供的产品说明书要求进行配比。

7.3.3 涂覆过程中,环氧液体涂料不应加入稀释剂。

7.3.4 正式涂覆前,应通过工艺试验或小区试验确定涂装工艺参数和工艺规程。

7.3.5 可采用高压无气喷涂、手工刷涂等涂覆方法进行,在涂覆过程中,涂膜厚度应采用湿膜厚度仪进行监测,涂层应平整,无流挂、无划痕和无气泡。

7.3.6 重复涂装时,涂覆间隔及涂装工艺应按照涂料生产商推荐的方法进行处理。

7.4 固化

7.4.1 环氧涂层的固化应按涂料生产供应商推荐的固化方法及时间执行。

7.4.2 环境温度过低或有特殊需要时,可适当提高固化温度,但应在实干后,温度不宜超过140℃。

8 环氧涂层的性能要求和试验方法

8.1 环氧涂层的厚度

环氧涂层的厚度应符合工程设计的规定,一般由需方提出,需方和设计无规定时,可根据环氧涂层使用条件,按表2推荐的厚度选用。

表2 环氧涂层的参考厚度

涂层类型	涂层级别	参考最小厚度/μm
第1类	普通级	200
	加强级	300
	特加强级	450
第2类	普通级	250
	加强级	500
	特加强级	800
第3类	普通级	300
	加强级	600
	特加强级	1000

注:1. 第1类、第2类和第3类涂层厚度设计分别参照 SY/T 0457—2010、JT/T 695—2007 和 GB/T 18593—2010 制定。
　　2. 涂层厚度不包含涂层缺陷或破损而做修补的区域以及装饰性、功能性涂层的厚度。

8.2 环氧涂层的物理性能

8.2.1 涂装施工前,应在实验室进行涂层物理性能测试。

8.2.2 实验室试件基材应为低碳钢,试验表面应按照7.1规定处理。

8.2.3 试件涂装的厚度应为 350μm±50μm。

对实验室涂装件测试方法和涂层技术指标列于表3,涂装施工前每批环氧液体涂料都应进行测定。根据涂装件的特点,测试项目可由供需双方协商选测。

表3 环氧涂层性能指标

序号	测试项目	技术指标	测试方法
1	外观	表面平整,无气泡,无裂纹	目测
2	抗冲击强度(−30℃)/J	≥1.5	SY/T 0315

(续)

序号	测试项目		技术指标	测试方法
3	附着力(75℃,7d)/级		1~2	SY/T 0315
4	阴极剥离(65℃,-1.5V,48h)/mm		≤6	SY/T 0315
5	抗弯曲性(23℃)		1.5°PD,无剥离,无损伤	SY/T 0315
6	黏结强度/MPa		≥25	附录B
7	耐磨性(Cs-10,1kg,1000r)/mg		≤100	GB/T 1768
8	硬度/H		≥2	GB/T 6739
9	电气击穿强度/(MV/m)		≥30	GB/T 1408.1
10	体积电阻率/Ω·m		≥$1×10^{13}$	GB/T 1410
11	耐中性盐雾(1000h)/级		≤1	GB/T 1771
12	吸水率(60℃,15d)(%)	蒸馏水	≤3	附录C
12		3.5%(质量分数)氯化钠溶液	≤2	附录C
13	氯化物渗透性(23℃,45d)/(mol/L)		≤$1×10^{-4}$	GB/T 25826

8.3 环氧涂层的耐化学腐蚀性能

环氧涂层的耐化学腐蚀性能测试方法应按GB/T 9274规定进行。在指定介质中测试温度和时间内不发生剥落、起泡、开裂、粉化、分层和锈蚀等现象。其试验介质和条件列于附录D或按供需双方的约定。

9 检测规则

9.1 外观检测

目测,逐件(批)检查,要求表面整体平整,色泽均匀,无气泡、无裂纹和无缩孔,允许有轻度的橘纹。

9.2 厚度检测

9.2.1 通则

应在涂层完全固化后测量,采用GB/T 13452.2检测。

9.2.2 第1类涂层

宜采用磁性或涡流等无损型涂层测厚仪检测,结构件按照每个单元随机检测不宜少于12个测点;管道按照沿管长随机取3个位置,在每个位置沿圆周均匀分布方向上测定4个测点。各个测点的算术平均值应不小于表2第1类涂层的参考厚度,并且85%以上的测点厚度应不小于参考厚度,最小测点应不小于表2的参考厚度的85%。

9.2.3 第2类涂层

宜采用超声波等无损型涂层测厚仪检测,按照每个单元随机检测不宜少于9个测点,各个测点的算术平均值应不小于表2第2类涂层的参考厚度,且80%以上的测点厚度应不小于表2的参考厚度,最小测点应不小于表2的参考厚度的80%。

9.2.4 第3类涂层

宜采用磁性或涡流等无损型涂层测厚仪检测,按照每个单元随机检测不宜少于25个测点,每个测点应不小于表2第3类涂层参考厚度。

9.3 漏点检测
9.3.1 通则
应在涂层完全固化后测量，采用 SY/T 0063 检测。
9.3.2 第 1 类涂层
逐件检测，平均每平方米表面漏点数不应超过 1 个，超过时，按规定进行修补或重新涂装。
9.3.3 第 2 类涂层
逐件检测，平均每平方米表面漏点数不应超过 2 个，超过时，按规定进行修补。
9.3.4 第 3 类涂层
逐件检测，以无漏点为合格，否则应进行修补或重新涂装。

涂装件出厂时，应按照表 3 中经供需双方选定项目进行性能检测，符合表 3 中的规定方可出厂。

10 环氧涂层的修补、重新涂装和检测
10.1 修补
10.1.1 修补前，应先对防腐层的缺陷部位进行清理，将所有油污、铁锈和杂质等污染物和疏松涂层清除干净，并将该区域打磨成粗糙面，修补层与周围完好涂层结合部位应打磨成羽翼状，再把表面清理干净。

10.1.2 涂层修补应与原用的环氧涂料一致，可采用喷涂或手工刷涂等方法进行，修补区域涂层厚度不应低于表 2 的参考厚度，与原涂层搭接的宽度不应小于 10mm。

10.2 重新涂装
10.2.1 出厂前涂层质量不合格的缺陷涂层应进行重新涂装。

10.2.2 重新涂装时应将原涂层清除干净，然后按 7.1 重新进行表面预处理，并重新涂装。

10.3 检测
修补和重新涂装的工件应按第 9 章的规定再次进行质量检测，并应达到相关要求。

11 成品的标志、装运和储存
11.1 标志
经质量检验合格的环氧涂层产品应在明显位置做出标志，标志应包括涂装厂名称、产品名称、防腐等级、检验员编号、生产日期和执行标准等内容。

11.2 装运
11.2.1 成品运输时应轻吊轻运，避免损伤基材及环氧涂层，尤其要防止吊具碰撞，损伤环氧涂层。

11.2.2 在操作过程中，环氧涂层被损坏，应做漏点检测，然后进行修补或剔除。

11.3 储存
11.3.1 成品堆放时，应采用必要防护措施，防止环氧涂层受到损伤。

11.3.2 成品室外堆放时间不宜超过 6 个月，超过时应采用不透明遮盖物覆盖。

12 涂装生产的安全、卫生和环境保护
12.1 施工组织设计应建立 HSE（健康、安全和环境）和 ISO 14001 环境管理体系。

12.2 涂装厂的安全、卫生和环境保护应符合 GB 7692、GB 6514、GBZ 1 和 GB/T 50087 等有关规定的要求。

12.3 除锈和涂装过程中,所有机械设施的运动部位应设有防护设施等安全保护措施。

12.4 涂装区域的电气设备应符合 GB 3836.1 的安全规定,电器设备应整体防爆和安全接地,操作部分应设触电保护器。

13 交工文件

交工文件应至少包含下述内容:
a) 环氧液体涂料和环氧涂层质量检验报告;
b) 防腐产品出厂合格证;
c) 涂层厚度、漏点和修补记录;
d) 需方要求的其他有关技术资料。

附 录 A
(规范性附录)
固体含量试验方法

A.1 仪器设备

本试验所需的设备和仪器:
a) 玻璃表面皿:直径 80mm~100mm;
b) 玻璃烧杯:50mL;
c) 玻璃干燥器:内放变色硅胶或无水氯化钙;
d) 天平:精度为 0.01g;
e) 电热鼓风恒温干燥箱:室温至 150℃,精度为±2℃;
f) 温度计:0℃~150℃,精度为 1℃。

A.2 试样制备的要求

每组试样至少 3 个。

A.3 试样步骤

A.3.1 先将干净洁净的表面皿放入 105℃烘箱中,放置 30min,取出放置于干燥器中冷却至室温,称量表面皿(m),精确至 0.01g。

A.3.2 在烧杯中按产品说明书提供的比例加入环氧涂料的甲、乙组分,并充分混合均匀试样。

A.3.3 将 1.5g~2.5g 试样置于已称量的表面皿中,用天平快速称量(m_1),精确至 0.01g,并使试样均匀地流布于表面皿的底部,然后将表面皿置于干燥器中,在 23℃±2℃环境下恒温至少 24h,放回干燥箱中,在 120℃环境下放置 1h,取出冷却至室温称量,再次放入干燥箱,放置 30min 后再称量(m_2),直至前后两次称量的质量差不大于 0.01g 为止。

按式(A.1)计算固体含量:

$$X = [(m_2-m)/(m_1-m)] \times 100\% \tag{A.1}$$

式中 X——固体含量(%);
m_2——加热后试样和容器质量(g);
m——表面皿容器质量(g);
m_1——试样和容器质量(g)。

A.4 试验结果

取 3 次平行试验的算术平均值作为涂料的固体含量。

附 录 B
（规范性附录）
黏结强度性能试验方法

B.1 设备和仪器

本试验所需的设备和仪器：

a）万能试验机或拉力试验机：测量误差≤1%；
b）夹具；
c）夹持器。

B.2 试件制备

B.2.1 试棒的规格和数量

本试验测试所需的试棒数量和尺寸：

a）试棒个数不应少于 10 个；
b）试棒直径为 15mm、25mm 或 30mm，长度为 50mm，尺寸的误差范围均为±0.1mm，参见图 B.1。

B.2.2 胶接和定位试件

按照环氧液体涂料的产品说明书的要求进行试棒胶接，试件胶接完后应使用定位夹具，适宜的定位夹具如图 B.2 所示，使试件准确定位，胶接接头应使用最少的涂料，试棒表面均匀涂有涂料，并使接头周围略有富余涂料，并按产品说明书的要求进行固化。

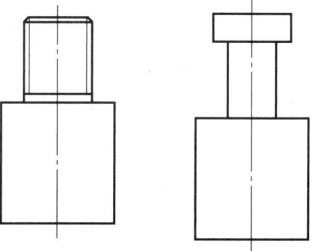

图 B.1 试棒尺寸示例图

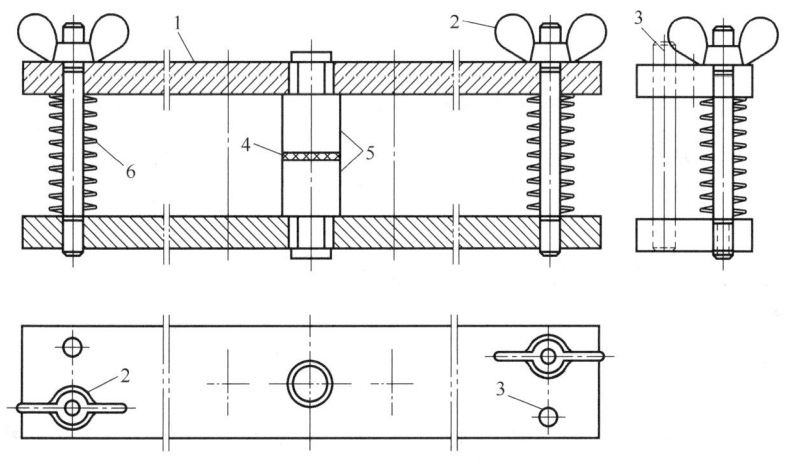

图 B.2 试件定位夹具示例图

1—钢板 2—加固旋钮 3—定心销 4—黏结涂层 5—试件 6—弹簧

B.3 试验步骤

B.3.1 把测试试件对称地固定在拉力试验机夹持器上，适宜的夹持器如图 B.3 所示，启动拉力试验机,以不超过 1MPa/s 的恒载荷加载方式拉伸试样,试样应在 90s 内破坏。

B.3.2 记录破坏时的最大拉力值作为试件的破坏载荷,破坏载荷应在拉力试验机量程的 10%~90% 范围内。凡试件出现涂层气孔、轴心偏离或单个试棒断面的拉开面积小于 75%,可认为试件制作缺陷,但破坏载荷达到了产品标准规定的最低值,试验数据有效。

按式(B.1)计算黏结强度:

$$\sigma = F/A \quad (B.1)$$

式中 σ——黏结强度(MPa);
F——破坏载荷(N);
A——试棒的有效黏结面积(mm^2)。

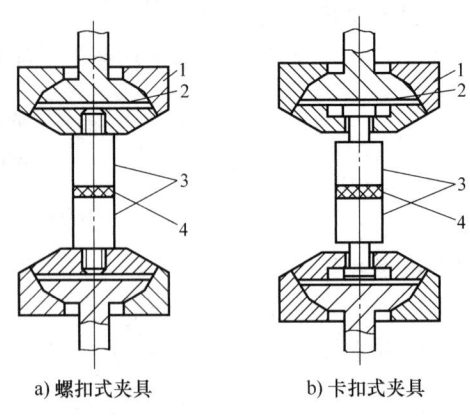

图 B.3 试件夹持器示例图
1—支柱 2—球节 3—试件 4—涂层

B.3.3 记录每个试件的破坏类型:
a) 涂层本体的内聚破坏;
b) 涂层与试棒在界面处的黏附破坏;
c) 涂层在试棒界面处剥离面积的百分比。

B.4 试验结果

以 5 个有效试验数据的算术平均值取整数表示涂层在试件上的黏结强度。

附 录 C
（规范性附录）
涂层吸水率试验方法

C.1 仪器设备

本试验所需的设备和仪器:
a) 电热鼓风恒温干燥箱:室温至 150℃,精度为 ±2℃;
b) 天平:精度为 0.1mg;
c) 恒温水浴:精度为 ±2℃;
d) 玻璃容器:1000mL;
e) 玻璃干燥器:内放变色硅胶或无水氯化钙;
f) 化学试剂:分析纯。

C.2 溶液制备

C.2.1 蒸馏水:电导率不超过 20μS/cm。

C.2.2 3.5%（质量分数）氯化钠溶液的配制:在 23℃±2℃下,将 35g 氯化钠溶解于 968mL 蒸馏水。

C.2.3 配制好的化学试液倒入清洁的玻璃容器内,在容器外壁上标记好试液名称、浓度等。

C.3 试样制备

C.3.1 按照环氧液体涂料的产品说明书的规定要求进行试样制作,并按涂料规定的工艺条件进行固化,固化后的涂层取出冷却,切割样品尺寸为:长度60mm±2mm,宽度60mm±2mm,厚度1mm±0.1mm。

C.3.2 试样表面应平整、光滑、清洁,试样表面若有污染,应用乙醇试剂擦拭。

C.4 检测步骤

C.4.1 将试样放入50℃干燥箱内干燥至少24h,然后在玻璃干燥器内冷却至室温,称量每个样品,精确至0.1mg(m_0)。重复本步骤至试样质量变化在±0.2mg内。

C.4.2 采用静态浸泡法,每组试验用平行试样3个,将试样放入试液瓶中,样片用绳做好标记,并完全浸泡在试液里。

C.4.3 将试液瓶浸泡在恒温水浴中,在设定的试验温度下恒温浸泡到要求的试验时间。

C.4.4 按浸泡时间将试样从试液中取出,在23℃±2℃下先用自来水冲洗干净,然后用蒸馏水冲洗,再用滤纸迅速擦去试样表面所有的水,再次称量每个试样(m_1),精确至0.1mg。试样从溶液中取出到称量完毕应在1min内完成。

C.4.5 观察浸泡后的样片外观,有无变色、起泡、失光和卷曲等现象,并做好外观记录。

C.5 计算

按式(C.1)计算涂层吸水率:

$$C = [(m_1 - m_0)/m_0] \times 100\% \qquad (C.1)$$

式中 C——涂层吸水率;

m_1——浸泡后试样的质量(mg);

m_0——浸泡前试样的质量(mg)。

C.6 试验结果

取3次平行试验的算术平均值作为吸水率。

附 录 D
（规范性附录）
耐化学腐蚀试验指定的介质和条件

第1类和第2类涂层试验指定的介质和条件见表D.1,第3类涂层试验指定的介质和条件见表D.2。

表D.1 第1类和第2类涂层试验指定的介质和条件

介质	质量分数(%)	pH值	温度/℃	时间/d
硫酸溶液	10	—	45±2	45
氯化钠溶液	3.5	—	45±2	45
氢氧化钠溶液	10	—	45±2	45
10%(质量分数)氯化钠加稀硫酸	—	2.5~3.0	45±2	45
等质量碳酸镁和碳酸钙溶液	饱和	—	45±2	45

表 D.2　第 3 类涂层试验指定的介质和条件

介质	质量分数(%)	温度/℃	时间/d
氯化钠溶液	3.5	60±2	45
氢氧化钠溶液	30	60±2	45
硫酸	10	60±2	45

第四节　阴极电泳涂装通用技术规范

一、概论

1. 阴极电泳涂装

电泳涂装（electro-coating）是利用外加电场，使悬浮于电泳液中的颜料和树脂等微粒定向迁移并沉积于作为电极之一的基底表面的涂装方法。电泳涂装发明于 20 世纪 30 年代末，但开发这一技术并获得工业应用是在 1963 年以后，其基本原理为带电荷的涂料粒子与它所带电荷相反的电极相吸。电泳涂装采用直流电源，当金属工件浸于电泳漆液中并通电后，阳离子涂料粒子向阴极工件移动，阴离子涂料粒子向阳极工件移动，继而沉积在工件上，在工件表面形成均匀、连续的涂膜。当涂膜达到一定厚度（涂膜电阻大到一定程度），工件表面形成绝缘层，"异极相吸"停止，电泳涂装过程结束。电泳涂装是对水性涂料最具实际意义的施工工艺，具有水溶性、无毒、易于自动化控制等特点。

2. 电泳涂装的分类及工艺特点

电泳涂装根据电极特性可分为两种类型：

（1）阳极电沉积　阳极电泳涂装的金属工件为阳极，吸引漆液中带负电荷的涂料粒子。电沉积时，少量的金属离子（阳极氧化）迁移到涂膜表面，对涂膜的性能造成影响。阳极电泳涂料主要用于对耐蚀性要求较低的工件，是经济型涂料。

（2）阴极电沉积　阴极电泳涂装的金属工件为阴极，工件吸引漆液中带正电荷的涂料粒子。由于涂料沉积区域为阴极而非阳极，进入涂膜的金属离子大大减少，从而提高了涂膜性能，使之具有优异的耐蚀性，是目前普遍采用的电泳涂装技术。

阴极电泳涂装根据其用途分为三类：

1) 以提高耐蚀性为主要目的的阴极电泳底层涂装，如用于汽车、冰箱、洗衣机等壳体和部分相关零件。

2) 既有耐蚀性要求又有一定的耐候性能要求的阴极电泳底面合一涂层涂装，如用于汽车车架、车轮等相关零件。

3) 以装饰性为主要目的的阴极电泳涂装，用于装饰性镀层保护和装饰性金属保护，如装饰五金产品、家用电器、建材、金属眼镜架、手表等。

阴极电泳表面处理工艺具有涂层丰满、均匀、平整、光滑的优点，电泳涂膜的硬度、附着力、耐蚀性、冲击性能、渗透性能明显优于其他涂装工艺的特点，主要表现为：

1) 采用水溶性涂料，以水为溶解介质，节省了大量有机溶剂，大大降低了大气污染和环境危害，安全卫生，同时避免了火灾的隐患。

2）涂装效率高，涂料损失小，涂料的利用率可达 90%～95%。

3）涂膜厚度均匀，附着力强，涂装质量好，工件各个部位（如内层、凹陷、焊缝等处）都能获得均匀、平滑的涂膜，解决了其他涂装方法对复杂形状工件的涂装难题。

4）生产率高，施工可实现自动化连续生产，大大提高劳动效率。

同时，阴极电泳处理在设备和工艺方面也存在一定的局限：

1）电泳涂装设备复杂，投资费用高，耗电量大，其烘干固化要求的温度较高，涂料、涂装的管理复杂，施工条件严格，并须进行废水处理。

2）只能采用水溶性涂料，在涂装过程中不能改变颜色，涂料贮存过久稳定性不易控制。

3）电泳设备科技含量较高，操作较复杂，适用于颜色固定的生产。

3. 阴极电泳涂装技术标准

阴极电泳涂装技术是一种优异的、技术含量较高的防护和装饰兼备的涂装技术，广泛应用于汽车和其他机械产品的防腐蚀和装饰方面。阴极电泳涂装技术的评价、涂层质量检测和检验规则直接影响产品的耐蚀性、外观装饰性和其他特殊功能，进一步影响到产品的使用价值。为规范阴极电泳涂装技术，全国金属与非金属覆盖层标准化技术委员会组织相关单位专家编制了 JB/T 10242—2001《阴极电泳涂装通用技术规范》，并于 2001 年发布实施。该标准偏重于汽车行业使用的以防腐蚀型底漆为主的阴极电泳涂装通用技术，经 10 多年后，阴极电泳涂装从材料及工艺等都已有很大的发展，使用范围也更加广泛。为适应技术发展和新的应用需求，扩大标准的适用性与覆盖面，2013 年对标准进行了修订。JB/T 10242—2013《阴极电泳涂装通用技术规范》于 2013 年 7 月 1 日发布，2014 年 3 月 1 日实施。

二、标准主要特点与应用说明

该标准规定了阴极电泳的术语、阴极电泳涂装的分类和选择、阴极电泳涂装的施工及管理、阴极电泳涂装对设备的要求、安全与环保等。

该标准适用于金属工件的阴极电泳涂装。

该标准中的附录 A～附录 I，规定了阴极电泳涂料性能测定的基本方法，包括：电压/膜厚测定、再溶解率测定、电泳涂料破坏电压测定、电泳涂料泳透力测定、加热减量测定、L 效果测定、环境温度下电泳槽液稳定性的测定、锐边缘防锈性测定、电泳涂膜干燥性的测定；附录 J～附录 L，分别提出了典型阴极电泳的施工及管理工艺、典型阴极电泳涂装对设备的基本要求、阴极电泳涂膜缺陷原因分析及对策措施。

该标准是在 JB/T 10242—2001《阴极电泳涂装通用技术规范》的基础上修订的。修订时参阅了大量资料，不仅扩充了该技术发展过程中的新成果，而且对相关数据进行了充分的分析和必要的试验验证，做到了尽可能与现有的国家标准、行业标准协调一致，适应我国阴极电泳发展的需要，重点突出，保持标准的先进性和适用性，可操作性强。

具体而言，该标准对原标准引用文件的进行了核实与更新，同时，增加了抗石击试验、MEQ 试验标准等内容。定义部分修正了原标准中 MEQ 值的定义，增加了术语凝胶（Gel）分率概念。阴极电泳涂料的选择部分修正了铅含量指标符合先进国家水平，修正了相关列表中的部分技术参数，增加了 Gel 分率检测项目，严格控制了金属锐边的防锈性能试验及要求。阴极电泳涂装的施工及管理部分删除了具体工艺参数要求，提出了原则性技术要求，原具体工艺参数经修改后列入资料性附录，供参考。阴极电泳涂装对设备的要求部分删除了具体工艺参数要求，提出了原则性技术要求，原具体工艺参数经修改后列入资料性附录，供参考。安全与环保部分修改了废气处理要求，技术上明确了废气的产生及处理规则。对原附录 A 阴极电泳涂料性能测定方法进行了修改和分解，分别列出了 9 个试验附录。原附录 B 部分重新修订了"涂膜抗石击试验"，直接引用国际标准。对原附录 C 阴极电泳涂膜缺陷原因分析及对策措施，修改了部分技术要求。

三、标准内容（JB/T 10242—2013）

阴极电泳涂装通用技术规范

1 范围

本标准规定了阴极电泳的术语和定义、阴极电泳涂装的分类和选择、阴极电泳涂装的施工及管理、阴极电泳涂装对设备的要求、安全与环保等。

本标准适用于金属工件的阴极电泳涂装。

2 规范性引用文件

下列文件对于本文件的应用是必不可少的。凡是注日期的引用文件，仅注日期的版本适用于本文件。凡是不注日期的引用文件，其最新版本（包括所有的修改单）适用于本部分。

GB/T 1724　涂料细度测定法

GB/T 1725　色漆、清漆和塑料　不挥发物含量的测定

GB/T 1731　漆膜柔韧性测定法

GB/T 1732　漆膜耐冲击性测定

GB/T 1733　漆膜耐水性测定法

GB/T 1747.2　色漆和清漆　颜料含量的测定　第 2 部分：灰化法

GB/T 1771　色漆和清漆　耐中性盐雾性能的测定

GB/T 1865　色漆和清漆　人工气候老化及人工辐射曝露　滤过的氙弧辐射

GB/T 6739　色漆和清漆　铅笔法测定漆膜硬度

GB/T 6750　色漆和清漆　密度的测定　比重瓶法

GB/T 6753.3　涂料贮存稳定性试验方法

GB 7691—2003　涂装作业安全规程　安全管理通则

GB 7692—1999　涂装作业安全规程　涂漆前处理工艺安全及其通风净化

GB/T 8264　涂装技术术语

GB 8978—1996　污水综合排放标准

GB/T 9274　色漆和清漆　耐液体介质的测定

GB/T 9286　色漆和清漆　漆膜的划格试验

GB/T 9751.1　色漆和清漆　用旋转黏度计测定黏度　第 1 部分：以高剪切速率操作的锥板黏度计

GB/T 9754　色漆和清漆　不含金属颜料的色漆漆膜的 20°、60°和 85°镜面光泽的测定

GB/T 13452.1　色漆和清漆　总铅含量的测定　火焰原子吸收光谱法

GB/T 13452.2　色漆和清漆　漆膜厚度的测定

GB 16297—1996 大气污染物综合排放标准
HG/T 3335 电泳漆电导率测定法
HG/T 3337 电泳漆库仑效率测定法
ISO 15880 色漆、清漆和漆基—水性涂料和漆基 MEQ（毫克当量）值的测定（Paint, varnishes and binders—Determination of MEQ value of water-based coating materials and binders）
ISO 20567-1 色漆和清漆 涂层的耐石片划性的测定 第 1 部分：多冲击试验（Paints and varnishes—Determination of stone-chip resistance of coating—Part 1：Multi-impact testing）

3 术语和定义

GB/T 8264 界定的以及下列术语和定义适用于本文件。

3.1 L 效果 L-effect
电泳涂料在水平表面上和垂直表面上涂装的效果。

3.2 MEQ 值 neutralizer MEQ
固体分为 100g 的电泳涂料消耗中和剂的毫摩尔数。

3.3 再溶解率 redissolving
电泳湿膜在电泳槽液中再次溶解的能力。以规定时间内被溶解的膜厚占总膜厚的百分数表示。

3.4 加热减量 loss on heating
经 105℃~120℃挥发去水分和溶剂的电泳涂膜进一步升温到烘干温度达到实干的过程中，热分解出低分子化合物导致涂膜的失重。

3.5 凝胶（Gel）分率 gel fraction
经过固化后的电泳涂膜，浸入规定的混合溶剂中一定时间后，取出烘干，电泳涂膜的质量与浸入溶剂前的电泳涂膜的质量比。

4 阴极电泳涂装的分类

阴极电泳涂装根据其用途分为三类：
a) 以提高耐蚀性为主要目的的阴极电泳底层涂装，如用于汽车、冰箱、洗衣机等壳体和部分相关零件。
b) 既有耐蚀性要求又有一定的耐候性能要求的阴极电泳底面合一涂层涂装，如用于汽车车架、车轮等相关零件。
c) 以装饰性为主要目的的阴极电泳涂装，用于装饰性镀层保护和装饰性金属保护，如装饰五金产品、家用电器、建材、金属眼镜架、手表等。

5 阴极电泳涂料的技术要求

5.1 涂料的选择原则

5.1.1 根据被涂产品的要求（见第 4 章）确定电泳涂料的类别。

5.1.2 应对选出的电泳涂料进行各项性能对比试验，须了解电泳槽液各项技术要求的稳定性、施工工艺参数范围、电泳涂膜的质量的控制因素（见附录 J、附录 K、附录 L）。

5.1.3 阴极电泳底层涂料应进行与磷化膜，或中涂层涂料，或车底涂料，或密封胶等相关涂层的配套性试验。装饰性电泳涂料应进行与被涂物表面经常接触的物质的适应性试验。

5.2 阴极电泳涂装技术要求

5.2.1 阴极电泳涂料基本技术要求（见表 1）。

表1 阴极电泳涂料基本技术要求

序号	项目	技术指标		检验方法
1	外观	搅拌后溶液均匀、无沉淀或结块		目测
2	固体分(%)	色浆	乳液	GB/T 1725
		40~60	30~40	
3	铅(Pb)含量/(mg/kg)	≤90		GB/T 13452.1
4	黏度/MPa·s	项目为产品的特性要求,应符合供应商的产品技术要求		GB/T 9751
5	密度/(g/cm^3)			GB/T 6750
6	细度/μm			GB/T 1724
7	储藏稳定性			GB/T 6753.3

5.2.2 工作液技术要求（见表2）。

表2 工作液技术要求

序号	项目		技术指标			试验方法
			底涂层	底面合一涂层	装饰性涂层	
1	固体分(%)					GB/T 1725
2	pH 值					pH 计
3	电导率/(μS/cm)		项目为产品的特性要求,应符合供应商的产品技术要求			HG/T 3335
4	灰分(%)					GB/T 1747.2
5	MEQ 值					ISO 15880
6	溶剂(乙二醇醚类)含量(%)		≤1.5(乙二醇甲醚、乙二醇乙醚总量≤0.001)			气相色谱法
7	库仑效率/(mg/C)		≥25			HG/T 3337
8	电压/膜厚/(V/μm)		测定 ED 曲线,选择最佳电压膜厚值			附录 A
9	再溶解率(%)		≤10			附录 B
10	破坏电压/V		高出最高施工电压 30V			附录 C
11	泳透力/cm(%)	伏特盒	≥18	≥16	≥14	附录 D
		钢管	≥85	≥75	≥60	
12	加热减量(%)		≤15			附录 E
13	L 效果		水平面与垂直面涂膜平整、光滑、无异常;外观、膜厚无明显差别			附录 F
14	环境温度下的槽液稳定性		涂装电压升高≤40V			附录 G
15	Gel 分率(%)		>90;涂膜无起泡、剥落、发黏、明显变色、失光			附录 I

5.2.3 涂膜的性能（见表3）。

表3 涂膜的性能

序号	项目	技术指标			试验方法
		底涂层	底面合一涂层	装饰性涂层	
1	涂膜膜厚	厚度及均匀性符合设计要求			GB/T 13452.2
2	涂膜外观	平整、光滑		光滑	目测

（续）

序号	项目	技术指标			试验方法
		底涂层	底面合一涂层	装饰性涂层	
3	光泽（60°镜面光泽）（%）	不要求	≥80		GB/T 9754
4	硬度	≥H	≥2H		GB/T 6739
5	耐冲击/cm	50			GB/T 1732
6	柔韧性/mm	1			GB/T 1731
7	耐水性（40℃×500h）	涂膜无起泡、无开裂、无锈点			GB/T 1733
8	耐酸性（0.05mol/H₂SO₄×8h）	涂膜无起泡、无开裂、无锈点			GB/T 9274
9	耐碱性（0.1mol/NaOH×8h）	涂膜无起泡、无开裂、无锈点			GB/T 9274
10	划格试验（1mm）/级	0			GB/T 9286
11	锐边缘防锈性	5枚刀片的锈点平均数小于100			附录H
12	耐盐雾性能/h	≥800	≥500	≥300	GB/T 1771
13	抗石击性	受影响区域≤10.7%			ISO 20567-1
14	耐老化性	—	300h 2级	600h 1级	GB/T 1865

6 阴极电泳涂装的施工及管理

6.1 阴极电泳涂装典型工艺流程

→ 电泳涂装 → 0次UF淋洗 → 多级UF水洗 → 新鲜UF水喷洗 → 多级纯水洗
→ 新鲜纯水喷洗 → 沥水 → 烘干 → 检验

注：对于装饰性涂装根据实际情况酌情采用。

6.2 阴极电泳涂装前对工件的要求

阴极电泳涂装前应符合下列要求：

a) 工件表面无油、无锈、无铁粉、无磷化残渣等异物附着；
b) 前处理转化膜均匀、致密、无异常，符合相应的技术要求；
c) 工件的滴水电导率≤30μS/cm。

6.3 阴极电泳涂装工序控制

阴极电泳涂装工序控制包括各工序的管理条件和控制范围，典型要求参见J.1。

6.4 阴极电泳涂装线的维护及管理

阴极电泳涂装线的维护及管理包括设备点检和涂装线的目视管理，典型的要求参见J.2。

6.5 产品涂膜检查

产品涂膜检查应根据被涂物的要求而定，典型要求参见J.3。

7 阴极电泳涂装对设备的基本要求

阴极电泳涂装设备一般由电泳槽、备用槽、槽液循环过滤系统、超滤（UF）装置、阳极槽液循环系统、调温系统、直流电源及供电系统、涂料补给装置、电泳后清洗装置、电泳涂装室（防尘罩）、电气控制柜等专用装置（系统）组成。阴极电泳涂装设备典型要求参见附录K。

8 安全与环保

8.1 电源接地：工件通电应使用单独接电轨道。

8.2 电泳槽的阳极系统要保证良好的导电，以防电击。

8.3 阴极电泳系统的废水处理，阴极电泳涂料制造商应提供废水的成分和排量，以保证涂装车间废水处理场集中统一处理，处理后应符合 GB 8978—1996 的规定。

8.4 阴极电泳烘干系统排出的废气应进行处理，涂料制造商应提供废气的成分和排量，根据数据在烘道上设置相应的催化燃烧废气处理装置或直接燃烧装置。处理后的排放应符合 GB 16297—1996 的规定。

8.5 阴极电泳涂装的整流系统应单独设置在围护的设施内，并有专人管理。

8.6 阴极电泳涂装的工艺安全和劳动卫生应符合 GB 7692—1999、GB 7691—2003 的规定。

附 录 A
（规范性附录）
阴极电泳涂料性能测定方法——电压/膜厚测定

A.1 原理

通过改变电压进行电泳涂装，测定膜厚，做电压/膜厚关系曲线，求得最佳膜厚的对应电压。

A.2 试验仪器、材料

电压/膜厚测定仪器、材料要求如下：

a）电泳涂装装置一套（包括电泳槽、整流器、干燥箱等，下同）：
　　——电泳槽：材质为 PVC 塑料，内壁尺寸为 120mm×200mm×350mm。
　　——极板：材质为耐酸不锈钢板，尺寸为被涂覆的阴极面积的 1/4～1/2。
　　——整流器：0V～450V，0A～20A 可调。

b）试板为生产线上产品相同材质的磷化板，规格为 70mm×150mm×0.8mm。

A.3 操作步骤

电压/膜厚测定操作步骤如下：

a）事先选择几点电压；

b）在选择的电压下，按待测电泳涂料规定的工艺参数进行电泳涂装、干燥；

c）干燥后测定各试板的膜厚，做如下电压/膜厚关系曲线（见图 A.1）。

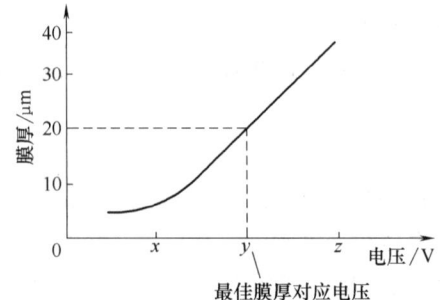

图 A.1　电压/膜厚关系曲线

注：测定电压/膜厚时，会因涂料温度、涂料的搅拌速度、阳极和阴极面积比的差异，产生数据的差异。要根据待测涂料的要求规定上述参数。所得试验室电泳电压与生产线实际施工电压相比低 20V～40V。

A.4 结果评价

从所得电压/膜厚关系曲线中求得最佳膜厚的对应电压。如图 A.1 所示，膜厚 20μm 电压为 y 点。

附　录　B
（规范性附录）
阴极电泳涂料性能测定方法——再溶解率测定

B.1 原理

试板在规定的条件下电泳涂装后，将湿涂膜的下半部按规定时间在电泳槽液中浸渍后取出，烘干后测定上下部涂膜的膜厚，进行下部与上部膜厚的比较，求出再溶解率（%）。

B.2 试验仪器、材料

再溶解率测定仪器及材料：

a）电泳涂装装置一套；
b）涂层测厚仪（0μm～50μm 的测量范围）；
c）试板为生产线上产品相同材质的磷化板，规格为 70mm×150mm×0.8mm。

B.3 操作步骤

再溶解率测定操作步骤如下：

a）试板在待测电泳槽液中按规定的条件进行电泳涂装，水洗后，立即将涂膜的下半部浸渍在搅拌的电泳槽液中；
b）10min 后，取出试板清洗后按待测电泳涂料规定的条件烘干；
c）试板的上部和下部按 GB/T 13452.2 分别测定涂膜厚度；
d）以上操作重复三次，取平均值。

B.4 计算

按式（B.1）进行计算：

$$A = \frac{B-C}{B} \times 100\% \tag{B.1}$$

式中　A——再溶解率；
　　　B——上部的膜厚（μm）；
　　　C——下部的膜厚（μm）。

附　录　C
（规范性附录）
阴极电泳涂料性能测定方法——电泳涂料破坏电压测定

C.1 原理

用待测涂料进行电泳涂装，电压以 10V 的间隔逐渐升高，以求得涂膜破坏时的电压，亦称击穿电压。

C.2 试验仪器、材料

电泳涂料破坏电压测定仪器及材料：

a）电泳涂装设备及恒温装置一套；
b）试板为生产线上产品相同材质的磷化板，规格为 70mm×150mm×0.8mm。

C.3 操作步骤

按待测电泳涂料规定的电压进行电泳涂装。电压以正常电泳电压以上以每 10V 间隔升高，直到涂膜破坏。伴随涂膜破坏，会发生槽液通过电流及温度急剧上升，因此要求使用恒温装置。槽液温度控制在 28℃±1℃。

试验重复两次。除电压外，其他涂装条件应相同。

当出现涂膜破坏时，试验应重复两次以上，两次之间应搅拌 10min 以上。

C.4 结果评价

以最低的一次破坏电压作为该电泳涂料的"破坏电压"。浸没线 5mm 以内的涂膜不作为评价对象。

附 录 D
（规范性附录）
阴极电泳涂料性能测定方法——电泳涂料泳透力的测定

D.1 原理

本方法通过测定阴极电泳涂料的泳透力，间接反映阴极电泳涂料对具有内腔结构工件的涂装能力。本方法包含两个试验方法。

方法一用于选择电泳涂料时采用；方法二比较方便、快捷，用于电泳漆进厂的材料检验。

D.2 试验方法

方法一：伏特盒法

1. 试验仪器、材料

伏特盒法试验仪器及材料：

a) 测试板：磷化钢板，规格为 （300mm～350mm）×105mm×0.75mm；
b) 隔条：材质为 PVC 塑料，规格为 （300mm～350mm）×4mm×10mm；
c) 防水胶带：宽度为 20mm 和 38mm 两种；
d) 可调速电动搅拌机，也可采用合适的磁力搅拌器。

2. 操作步骤

伏特盒法操作步骤如下：

a) 泳透力盒（伏特盒）的制作（试验装置见图 D.1）。

  用宽 20mm 胶带将测试板的两条长边粘好，然后在两块测试板间放两根隔条，隔条沿测试板的长边边缘放置，使两块测试板间距为 4mm。用宽 38mm 胶带将测试板长边及其隔条一起固定，形成上下空、两边用胶带封闭的泳透力盒。

b) 将泳透力盒放入已熟化好的工作液（温度调整到产品规定的范围，放入的高度为 300mm 中，使其底端离槽底 60mm±5mm，与极板距离为 155mm±2mm。可以在测试板 24cm 高度处做好记号，浸入工作液后使液面正好在记号处。

c) 极板接电源正极，伏特盒接电源负极，将搅拌头放置在极板和伏特盒之间，开动搅拌（注意调节转速，工作液不能波动过大影响到外板漆膜高度）。将电压在 15s 内升至规定电压，电泳 3min 后断开电源。

d) 取出泳透力盒，撕去固定测试板两边的胶带，取出隔条。

e) 将测试板用去离子水冲洗，然后按该电泳漆规定的干燥条件烘干测试板。

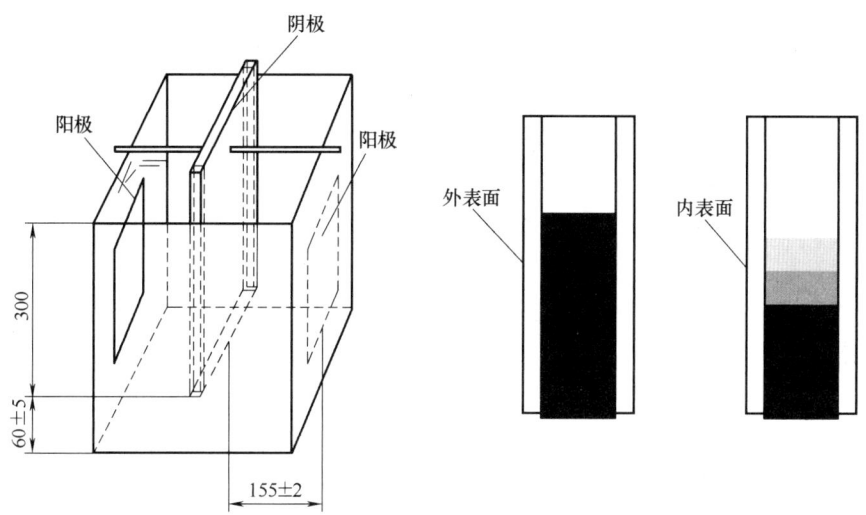

图 D.1 伏特盒法泳透力测定装置示意图

3. 结果表示

从上向下测量每一块测试板内表面涂膜长度,平均长度以 cm 计算,其数值即是电泳漆的直观泳透力值。

方法二:钢管法

1. 试验仪器、材料

钢管法试验仪器及材料:

a)泳透力试验装置一套,其中电泳槽规格及阳极板安装如图 D.2 所示。

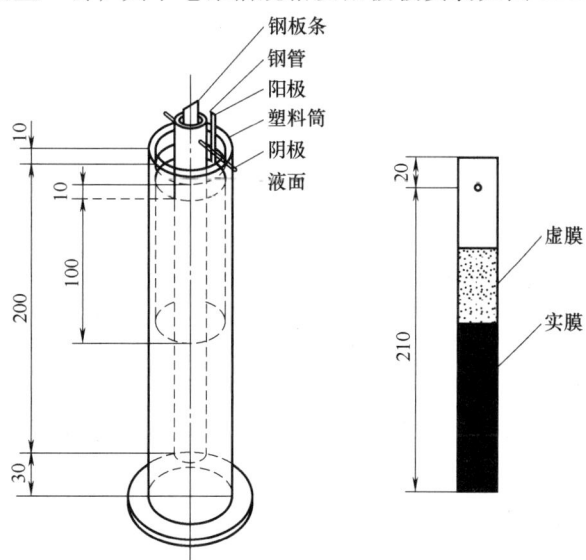

图 D.2 钢管法泳透力测定装置示意图

b)钢管:高 220mm,外径 25mm,内径 20mm,在钢管上端 10mm 处钻两个 φ2mm～φ3mm 的对称孔。

c)钢板条:长 230mm,宽 15mm,厚 1mm,在离长端一端 20mm 居中处钻一个 φ2mm～

φ3mm 的孔。

d) 电泳槽：高 240mm，内径 54mm 的塑料或玻璃筒形槽。

e) 阴极电泳涂装电极：

阳极：长 185mm，高 100mm 的薄不锈钢片或纯铜片。将此不锈钢片围成 φ54mm 的圆筒，沿电泳槽距电泳槽沿以下 20mm 处放置，并引出电极导线。

阴极：钢板条插入钢管中再穿上一根 φ2mm 的黄铜棒作为工件，是电泳涂装的阴极。

f) 电泳直流电源：0V~450V；电流 0A~20A。

2. 操作步骤

钢管法操作步骤如下：

a) 将熟化好的电泳工作液倒入电泳漆泳透力测定装置即上述电泳槽中，保持电泳槽液温度在该电泳漆技术条件规定的范围内；

b) 用指定溶剂将钢管和钢板条擦拭干净，装置成阴极，置于电泳槽的中心处，使钢管下端浸入漆液深度为 200mm；

c) 将直流电源的正负极与电泳槽的两极的导线连接好；

d) 采用软起动方式在 15s 内把电压从零升到规定电压，电泳 3min 后断开电源；

e) 从钢管中取出钢板条，用水冲净浮漆，分别测量钢板条上实漆膜和虚膜的长度，并测量钢管外壁的电泳漆膜的长度；

f) 重复上述操作。

3. 结果计算

a) 泳透力按式（D.1）进行计算：

$$X = \frac{B + A/2}{H} \times 100\% \tag{D.1}$$

式中 X——泳透率；

B——电泳漆膜实膜长度（mm）；

A——电泳漆膜虚膜长度（mm）；

H——钢管外壁电泳漆膜长度（mm）。

b) 取两次测定的算术平均值作为结果的数据。

附 录 E
（规范性附录）
阴极电泳涂料性能测定方法——加热减量测定

E.1 原理

电泳涂膜经 105℃ 或 120℃ 除去水分和溶剂，然后进一步升温到烘干温度，使涂膜达到实干，测出涂膜的质量，然后计算出加热减量。

E.2 试验仪器、材料

加热减量测定仪器及材料：

a) 精密天平（精确度 0.1mg）；

b) 试板为生产线上产品相同材质的磷化板；规格为 70mm×150mm×0.8mm；

c) 电热鼓风干燥箱（控制误差±1℃）。

E.3 操作步骤

加热减量测定操作步骤如下：

a) 用天平准确称量试板三块，分别记录质量 W_0；
b) 进行电泳涂装达到标准膜厚，水洗后充分静止沥水；
c) 沥水后的电泳板以 120℃烘烤 1h 或 105℃烘烤 3h，在干燥器中冷却后，准确称量 W_1；
d) 试板继续按涂料要求的烘干温度烘烤 20min，取出放在干燥器中冷却后，准确称量，分别记录质量 W_2。

E.4 计算

按式（E.1）分别计算出加热减量，取平均值：

$$加热减量 = \frac{W_1 - W_2}{W_1 - W_0} \times 100\% \tag{E.1}$$

式中　W_0——电泳前试板质量（g）；
　　　W_1——120℃或105℃烘烤后试板质量（g）；
　　　W_2——涂膜固化后试板质量（g）。

附　录　F
（规范性附录）
阴极电泳涂料性能测定方法——L 效果测定

F.1 原理

用电泳涂装 L 形试板的方法，检查被涂物水平面和垂直面涂膜质量，衡量涂料的泳涂膜效果。

F.2 试验仪器、材料

L 效果测定仪器及材料：

a) 电泳涂装装置一套；
b) 试板为生产线上产品相同材质的磷化板；规格为 70mm×150mm×0.8mm；按图 F.1 沿长边下端 60mm 处折成直角，并按规定的磷化工艺进行处理。

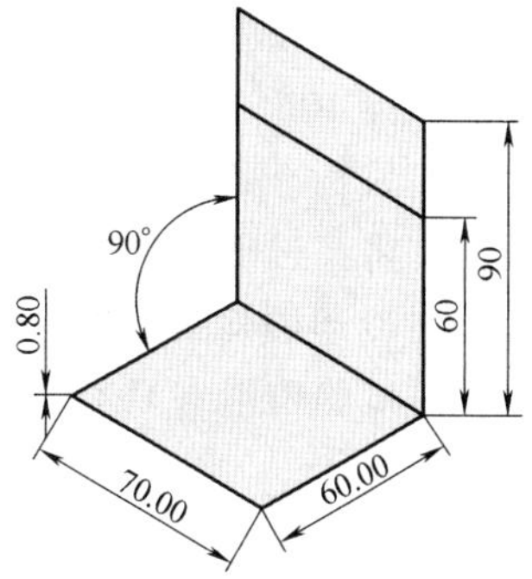

F.3 操作步骤

L 效果测定操作步骤如下：

a) 将试板的水平部分朝向电极一侧，垂直部分距离电极 150mm，垂直部分上端露出液面 30mm；
b) 电压设定在膜厚为 20μm±2μm 处，通电 3min；
c) 按涂料要求进行涂装、干燥。

试板烘干时将水平部分朝下放置。

图 F.1　L 效果测定试板

F.4 结果评价

测定垂直部分和水平面部分的膜厚，并记录厚度；与表 F.1 中的 L 效果 5 个级别的标准样板进行比较,判定等级并记录。

表 F.1 涂膜外观评价标准

等级	评价标准
非常好	水平面与垂直面的外观、膜厚、光泽无差别
优良	水平面与垂直面的外观、膜厚、光泽无明显差别
一般	水平面有个别颗粒,膜厚差别不大,无失光等涂膜缺陷
不好	水平面有颗粒,膜厚差别大,有失光等涂膜缺陷
非常恶劣	水平面有密集颗粒,有失光、缩孔等涂膜缺陷

附 录 G
(规范性附录)
阴极电泳涂料性能测定方法——环境温度下电泳槽液稳定性的测定

G.1 原理

通过制备相同膜厚涂膜所需电压变化,以此来评价槽液的稳定性。

G.2 试验仪器、材料

电泳槽液稳定性的测定仪器及材料:

a) 电泳涂装装置一套(电泳槽尺寸为 120mm×200mm×350mm);
b) 电热鼓风干燥箱;
c) pH 计;
d) 电导仪;
e) 测厚仪;
f) 温度计;
g) 试板为生产线上产品相同材质的磷化板:规格为 70mm×150mm×0.8mm。

G.3 操作步骤

电泳槽液稳定性的测定操作步骤如下:

a) 取使用状态下的电泳槽液放在电泳涂装装置的电泳槽中,在环境温度 23℃±5℃ 下搅拌 10h~12h;
b) 按标准测试方法测定槽液的温度、pH 值、电导、固体分;
c) 将经过磷化的标准试板,按电泳涂料的最佳工艺参数进行电泳涂装,并烘干;
d) 冷却后检测试板的外观与膜厚;
e) 试验槽液在环境温度 23℃±5℃ 下持续敞口搅拌四周,每周重复一次 b)~d) 的操作;
f) 试验中,允许根据固体分补充槽液和去离子水,不能补充溶剂。

G.4 结果评价

按下列评判标准之一进行评价:

a) 在槽液温度、固体分相同的情况下,涂装同一膜厚的涂膜所需电压与试验初期相比,电压升高应≤40V。
同时涂膜外观和槽液电导应在该品种涂料的许可范围内。

b) 当上述试验完成后可根据溶剂含量检测后补加溶剂和调整 pH 值到工艺参数范围，测试结果电压、膜厚、外观应与试验初期一致。

附 录 H
（规范性附录）
阴极电泳涂料性能测定方法——锐边缘防锈性测定

H.1 原理

本方法适用于涂膜对金属工件在加工成形过程中形成的锐边的防锈能力的测定。

H.2 试验仪器、材料

锐边缘防锈性测定仪器及材料：
a) 盐雾试验箱；
b) 涂层测厚仪（非破坏性测量的测厚仪）；
c) 裁纸刀片（06Cr19Ni10 不锈钢）。

H.3 操作步骤

锐边缘防锈性测定操作步骤如下：
a) 按照供需双方认可的裁纸刀片和磷化处理剂将刀片进行磷化处理。
b) 将刀片悬挂浸入电泳槽液中，极间距为 150mm，将刀片刀刃正对极板固定。以软起动方式在 30s 内从 0V 升到规定的电压，电泳 2.5min。
c) 试验刀片为 5 枚。
d) 电泳涂装后的刀片用水洗净，按涂料规定的条件烘干。
e) 涂膜厚度应为 $20\mu m \pm 2\mu m$。
f) 将烘干后的刀片固定在刀片架上，保持刀刃向上，刀片间距 10mm 以上。
g) 根据供需双方商定的试验时间（或 168h）按 GB/T 1771 的规定进行盐雾试验。
h) 168h 后，取出用水冲洗干净。

H.4 结果评价

试验结果按下列方法评价：
a) 用 4 倍的放大镜观察刀片刀刃的锈蚀、起泡个数，刀片两端 5mm 不作为评价对象；
b) 5 枚刀片的锈点平均数小于 100 为合格。

附 录 I
（规范性附录）
阴极电泳涂料性能测定方法——电泳涂膜干燥性的测定

I.1 擦拭法

I.1.1 擦拭法试验仪器、材料

擦拭法涂膜干燥性的测定仪器及材料：
a) 脱脂棉球；
b) 甲基异丁基酮；
c) 镊子。

I.1.2 操作步骤

工件在电泳涂装后,烘干并冷却至常温。用镊子夹起脱脂棉球浸渍甲基异丁基酮,在该工件表面上进行擦拭,施加压力约9.8N,往复擦拭距离5cm为1次,共10次。检查脱脂棉球有否粘色,被擦拭表面干燥后与未擦拭表面比较有否失光。

I.1.3 结果评价

用肉眼在自然光线下观察被测试板或零件漆膜表面失光、变色情况及脱脂棉球上污染程度,并对照表I.1所列状态判定漆膜的干燥等级,与涂装产品的标准规定确定涂膜的干燥性能合格与否。

表I.1 擦拭法干燥性等级评价

干燥性等级	判定
5	漆膜无失光变色现象,脱脂棉球无污染
4	漆膜略有失光,脱脂棉球轻微污染
3	漆膜严重失光,脱脂棉球污染
2	漆膜严重失光软化,脱脂棉球显著污染
1	漆膜脱落,脱脂棉球严重污染

一般以脱脂棉球未粘色、被擦拭表面无失光的5级为合格,4级为基本合格,低于4级为不合格。

I.2 Gel分率法

I.2.1 概述

Gel分率,指经过固化后的电泳涂膜,浸入规定的混合溶剂中一定时间后,电泳涂膜的质量与浸入溶剂前的电泳涂膜的质量比。

I.2.2 试验仪器、材料

Gel分率法测定仪器及材料:

a) 分析天平,感量0.1mg;

b) 磷化钢板;

c) 电热鼓风干燥箱,精度为±2℃;

d) 混合溶剂,甲醇与丙酮体积比为1:1(化学纯)。

I.2.3 操作步骤

将磷化钢板在120℃±2℃条件下烘15min冷却后称量(m_1),按规定条件进行电泳涂装。

将样板在产品规定的固化条件下烘干,冷却后称量(m_2),然后将样板完全浸入混合溶液中24h,取出样板用滤纸擦干,漆膜应无起泡、剥落、发黏、明显变色、明显失光等现象。将样板在120℃±2℃条件下烘1h,冷却后称量(m_3)。

I.2.4 计算

Gel分率计算按式(I.1):

$$\text{Gel 分率} = \frac{m_3 - m_1}{m_2 - m_1} \times 100\% \tag{I.1}$$

式中 m_3——样板浸泡溶剂后在120℃±2℃条件下烘1h后的质量(g);

m_1——磷化样板的质量(g);

m_2——样板在固化条件下烘干后的质量(g)。

结果取两次平行测定的算术平均值,平行测定的相对偏差应不大于3%。

附 录 J
(资料性附录)
典型阴极电泳的施工及管理工艺

J.1 典型阴极电泳涂装工序控制（见表 J.1）

表 J.1 典型阴极电泳涂装工序控制

工序	管理条件	控制范围
电泳	槽液温度/℃	涂料品种规定的范围内
	每段电压/V	涂料品种规定的范围内
	每段电流值(max)/A	涂料品种规定的范围内
	电泳时间(工件全浸没的时间)/min	底层涂料涂装:2~3 装饰性涂料涂装:视实际情况而定
	主槽与副槽液面差/cm	<5
	阳极液电导率/(μS/cm) 阳极液状态	300~5000 无混浊
	循环泵压力压差/MPa	设备设计要求
超滤 (UF)	UF 滤液透过量/(L/min)	设计规定指标范围内一般 1.20L/m²(按涂装线单位时间通过最大面积计算)
	膜件压差/MPa	设备要求的范围内 0.13~0.15
	温度/℃	<30
	UF 过滤器压差/MPa	根据设备要求调整
	UF 泵压力/MPa	0.28~3.00
0 次水洗	流量/(L/min)	出槽1min内喷雾清洗,(1.0~1.2)L/m² 能够均匀地喷淋到整个工件表面
UF 水洗	多级 UF 水洗喷淋压力/MPa 过滤器压差/MPa	0.10±0.02 根据设备要求
	新鲜 UF 水洗喷淋压力/MPa 过滤器压差/MPa UF 滤液供给量/(L/m²)	0.12±0.05 根据设备要求 根据涂装面积定,一般 1.00~1.20
纯水洗	多级纯水洗出槽喷淋压力/MPa 过滤器压差/MPa pH	0.12±0.05 根据设备要求 6.00~7.00
	新鲜纯水洗喷淋压力/MPa	0.1±0.02
	新鲜纯水供给量/(L/m²)	根据产量定,一般 1.00~1.20
沥水	自然滴干	
烘干	分段设定温度/℃	涂料品种要求的设定值
	清扫频率	根据实际情况

J.2 阴极电泳涂装线的维护及管理

J.2.1 每天应按照设备的运转要求进行设备点检（具体要求根据设备情况而定）。

J.2.2 每天应对电泳涂装线进行目视检查（见表J.2）。

表 J.2 电泳涂装线的目视管理

序号	检查项目	异常状态	原因	检查频次
1	电泳槽液面的流动	液面流动速度慢,泡沫难消除	1) 循环泵入口堵塞 2) 滤芯堵塞 3) 槽底喷嘴堵塞	2次/d
2	UF水洗线的发泡状态	泡沫溢出水洗线	1) 喷嘴水压过高 2) 水洗槽的液面过高	2次/d
3	UF液的混浊度	滤液颜色混浊	UF管发生了破损	2次/d
		在流量计上附着有白色结晶	在滤液中有碳酸铅	
4	阳极液的混浊度	阳极液颜色混浊	隔膜破损	2次/d
		隔膜电极内或液槽内浮有白色藻类	阳极液中有细菌	
5	涂膜状态	缩孔	1) 在涂装前或涂装后,附着有油或杂质 2) 在涂装中附着了气泡 3) 硅酮污染	随时
		有颗粒	1) 在涂装前或涂装后粘有灰尘 2) 在涂装前粘有化学物质残渣 3) 粘有涂料中的凝聚物	
		发生二次流挂	1) 水洗水涂料浓度太高 2) 水洗效果不良	
		产生杂质	1) 化学处理后水洗不良 2) 附着有从传送链、吊具上落下的污染物 3) 烘房内污染	
6	干燥后的涂膜颜色	有光泽,微发白	干燥不完全	2次/d
		光泽过低,发黄	烘烤过度	

J.3 产品涂膜检查（见表J.3）

表 J.3 产品涂膜检查项目

检测项目	控制指标	检测方法	检查频次
涂膜外观	平整、光滑、完整、无异常	目测	随时
涂膜膜厚	控制指标根据被涂工件的要求而定	GB/T 13452.2	2次/d
随线样板划格试验	0级	GB/T 9286	2次/d
干燥性	优于4级	附录J,擦拭法	2次/d

附 录 K
（资料性附录）
典型阴极电泳涂装对设备的基本要求

阴极电泳涂装对设备的基本要求（见表 K.1）。

表 K.1 阴极电泳涂装对设备的基本要求

系统		具体要求
电泳槽	结构	根据工件的具体情况和输送方式考虑设计,槽内壁要求绝缘可靠,绝缘层干燥状态下,击穿电压≥20kV
	槽液循环	泵的型式:低速双机械密封(UF滤液液封) 涂料循环搅拌次数:(4~6)次/h 喷嘴:最好是喷射型增效喷嘴 循环方式及流速:槽底流动方向向工件入口处,流速>0.4m/s,槽液面流动方向与工件运动方向一致,表面流动速度>0.2m/s
	过滤方式	过滤器型式:芯式过滤器或袋式过滤器 过滤精度:25μm~50μm
电极		1)隔膜构造:保护框要作成防止颜料沉淀的结构 2)电极材质:隔膜电极→耐酸不锈钢板或棒,推荐型号为022Cr17Ni12Mo2 3)隔膜材质:与电泳涂料配套的离子交换隔膜 4)阳极液流量:6L/(m²·min)(m²为阳极面积) 5)阳极液电导值:300μS/cm~5000μS/cm
UF		1)型号:电泳涂料相配套的各种UF设备及UF膜 2)要设计UF膜反洗装置 3)超滤系统UF滤液透过量:根据产量、工件形状、槽液浓度、对UF水的要求等条件来计算,降至70%时应清洗UF装置 4)超滤液中含固体分及外观:≤0.5%固体分的黄色透明液体
通电条件		1)通电方式:复杂工件最好是全浸式两段通电 2)整流器:波动率:5%以内 3)极比:阳极/阴极为1/6~1/4 4)极间距离:最低20cm 5)备用电源:可保证电泳涂料循环搅拌,超滤系统和纯水装置正常运行
UF水洗		1)回收段数:4段(喷淋→浸洗→喷淋→沥水),简单工件可简化3段 2)防止泡沫:槽/喷淋室一体化 喷淋压力的控制0.10MPa~0.12MPa 3)防止颗粒:精密过滤精度为25μm~50μm
后水洗		1)pH调整:为防止涂料凝集,水洗水的pH值控制在pH=6~7 2)固体分管理:水洗水的固体分控制在0.1%以下
烘干炉		1)加热方式:最好是升温段辐射加循环风加热桥型炉 2)加热时间:升温≤10min,保温≤20min(根据生产量考虑设计) 3)加热温度:根据所用的电泳涂料要求达到的工件温度

(续)

系统	具体要求
输送系统	1) 输送链、接电悬链都要安装便于清理和足够大的集油盘 2) 输送方式:可选用间歇式和连续通过式两种
加料系统	1) 非中和型双组分低黏度涂料,经搅拌后直接入槽(颜料浆要在原桶内搅拌均匀,再稀释后加入辅助槽) 2) 中和型单组分高黏度涂料先与槽液混合成30%~40%固体分的漆液,搅拌均匀后再加入辅助槽中
其他	1) 磷化过的工件必须全湿或全干状态进入电泳槽 2) 磷化与电泳之间的储存链、转移链及传送链应设封闭通道,以防止空气中灰尘和油的污染 3) 电泳系统必须使用不含硅的特殊润滑剂和不引发缩孔的化学品

附 录 L
(资料性附录)
阴极电泳涂膜缺陷原因分析及对策措施

电泳涂膜常见缺陷的主要原因及对策措施见表L.1。

表L.1 阴极电泳涂膜缺陷原因分析及对策措施

缺陷	现象	主要原因	对策措施
缩孔凹陷	涂膜上有轻微的凹陷,可见到底材或没有露出底材,部分凹陷处有颗粒	1) 被涂物脱脂不充分 2) 吹风用压缩空气污染 3) 槽液涂料有油、灰尘、异物混入 4) 涂膜流平性不好	1) 加强脱脂 2) 加强压缩空气过滤 3) 避免异物混入 4) 改善涂膜热流动性
针孔	在涂膜上有针穴样尖锐凹陷,露出底材	1) 被涂物的表面有锈或处理不良 2) 涂料的质量劣化 3) 混入杂离子	1) 改善前处理 2) 调整涂料,改善质量 3) 排放超滤液
颗粒	涂膜表面上或涂膜中有异物现象	1) 混入异物,落下垃圾 2) 颜料分散不好 3) 附着凝聚物	1) 清理吊具等 2) 调整涂料 3) 加强前处理水洗
颗粒	前处理带入的钠离子在涂膜中异常析出,鼓包	钠离子附着在前处理表面上,此处电流集中引起颗粒	加强前处理水洗
颗粒	镀锌层的打磨面上有尖锐颗粒	镀锌钢板面打磨出现凹凸不平状态,涂料在析出时引起尖锐颗粒	避免打磨镀锌板
桔皮	涂膜表面形成像桔皮一样连续的麻脸状态	涂膜流平性不好	调整槽液涂料
水滴痕迹	涂膜有水滴残迹,严重时,形成起泡状态	1) 水洗水污染,水洗不充分 2) 沥水不充分,挂具上滴水	1) 更新水洗水,加强水洗 2) 充分沥水,消除挂具滴水

(续)

缺陷	现象	主要原因	对策措施
涂料痕迹	涂膜表面的涂料残迹	1) 水洗水污染,水洗不充分:电泳后,至水洗的时间过长 2) 0次水洗喷雾氛围温度高,从缝隙部分流下涂料,UF液固体分高	1) 更新水洗水,加强水洗 2) 加强0次水洗
处理斑点	表面处理不均匀的状态,在涂膜表面上原原本本地出现,其光泽、施工性不好	1) 结晶粒子不同 2) 生成磷化膜不完全 3) 脱脂至水洗时间太长,水蒸发留下碱斑	1) 调整前处理 2) 保证磷化质量 3) 工序间加喷湿装置
白斑黑斑	涂膜的一部分有白或黑的斑点(也叫"发花""顽癣")	多在表面处理异常的情况下,特别是带电入槽时容易产生 湿膜的电阻大时容易产生	调整槽液,降低电流密度
色斑	颜色不均一,涂膜颜色有斑点	1) 涂料质量劣化 2) 颜料分散不好 3) 电泳后,至水洗时间过长	1) 调整槽液涂料 2) 调整槽液涂料 3) 调整工艺设备
杂质	前处理液的浓缩物或水洗不良部分(污点),电泳出现凹面	前处理水洗不充分,从输送链上落下污物(前处理-电泳之间),最终水洗水的水质不好	加强前处理最终水洗,清理接油盘。防止污物从输送链上落下
斑马纹	在带电入槽时,膜厚不均一,形成段状的涂膜,严重时,针孔形成线状	1) 湿膜的电阻大 2) 入槽处电流密度高 3) 烘烤时涂料流动性小 4) 输送链停止或脉动时入槽处液面有气泡	1) 调整涂料,降低灰分 2) 调整入槽处阳极分布 3) 改善涂料热流动性保证设备正常运转 4) 提高槽液面流速
再溶解	电泳涂膜在槽中或水洗中,一部分溶解,在涂膜上形成层次差别,存在没有光泽的情况	1) 由于输送链停止等情况,析出膜在槽液中停止时发生 2) 水洗水的水压高时 3) 水洗水的pH值及溶剂含量异常时	1) 保证设备正常运转 2) 降低水洗压力 3) 调整水洗水pH值及溶剂量
异常附着	有油、异种金属的情况下,部分涂膜异常析出,呈泡泡糖状	1) 有油附着,焊缝处磷化药品未洗干净 2) 异种金属 3) 被涂物与电极距离过近,电压过高 4) 槽内搅拌不均匀,很弱	1) 加强水洗 2) 加强脱脂 3) 调整阳极分布 4) 加强槽内搅拌
起皱	涂膜的一部分或全部产生凹凸不平状,平滑性不好	涂膜较厚的部分比较容易生成皱纹	调整阳极分布,避免膜厚不均

(续)

缺陷	现象	主要原因	对策措施
黑污渍	涂膜的一部分呈黑污渍状态,黑污渍部分多诱发表面粗糙	表面处理不均匀;污物附着;磷化膜致密,电流析出慢的情况下,铁、锌离子在涂膜中溶出黑的污迹	调整前处理
水洗剥离	水洗时,涂膜的一部分发生剥离	1)前处理的钙离子浓度高,前处理板面附着杂质,涂膜析出迟,有金属溶出 2)水洗压力高	1)调整前处理 2)降低水洗压力
泳透力低	复杂工件内部漆膜薄甚至不上漆	1)槽液及供漆泳透力低 2)施工电压偏低 3)精液固体分低 4)槽液循环不正常	1)提高供应漆的泳透力要求 2)调整施工电压 3)提高精液固体分 4)调整搅拌状态
涂膜太薄	涂膜厚度达不到标准要求	1)电压偏低 2)导电不良 3)槽液温度低 4)槽液固体分低 5)助溶剂含量低	1)提高电压 2)检查挂具及接电系统 3)调整温度至工艺范围 4)补加涂料 5)补加助溶剂

第五节　塑料涂装通用技术条件

一、概论

随着我国市场经济的快速发展,塑料产品的应用日趋广泛,已渗透到国民经济的各个领域,其中轿车的塑料零件已经超过了汽车总体积的1/3,家电产品塑料使用更加普遍。尽管塑料具有众多优点,但是仍不能满足目前社会发展对材料的要求,塑料在强度、耐老化性、抗冲击性及耐磨性等方面存在不足,需要进行二次加工。在塑料表面采用涂装形成覆盖层,可改善塑料产品的表面性能,提高防护性能、装饰性能和特殊的功能性能,从而提高塑料制品的价值。

与其他金属材料相比,塑料制品具有耐热变形温度低、对溶剂敏感等特点。因此,用于塑料制品的涂料也应具备以下性质:涂料对塑料底材必须有良好的结合力,且不能过分溶蚀塑料表面;涂料应具备一定的硬度和韧性,以克服制品的日常磨损;施工方便,常温自干,干燥速率要适宜;可掩盖塑料制品成型过程中所产生的小缺陷,在其表面形成性能各异、色彩鲜艳、丰满光亮、耐候性强的涂膜。同样,与之配套的塑料涂装工艺也具有一些独有的特点。

但是,塑料件涂装起步较晚,种类繁多,一直没有可供遵循的通用规范性文件,不利于塑料行业表面处理技术的健康发展。及时制定相应的通用技术规范,并逐步完成塑料涂装工艺、检测技术、控制技术和环境保护等技术标准，将有力推动塑料表面处理行业走上技术进步、生产发展和生态友好的健康发展的道路。2010年，全国金属与非金属覆盖层标准化技术委员会组织相关单位专家成立《塑料涂装 通用技术条件》标准起草工作组。工作组查阅了国内外相关标准和文献，收集了我国塑料件涂装应用技术资料，经过反复讨论修改形成标准征求意见稿，广泛征求意见，最终形成行业标准。JB/T 11617—2013《塑料涂装通用技术条件》于2013年12月31日发布，2014年7月1日实施。

二、标准主要特点与应用说明

1. 标准的适用范围

对汽车塑料部件、塑料玩具、塑料运动器件和头盔、家电塑料外壳及部件等塑料制品外表进行表面处理可弥补塑料制品的加工缺陷，提高其装饰性、耐候性和耐磨性等性能。涂料涂装是一种经济有效的表面处理办法。

并不是所有塑料产品都适合使用涂料涂装，有些塑料由于本身特性原因，可能致使涂料无法附着在其表面上。塑料部件一般都是通过注射或挤出等方式成型，塑料件不同的加工方式形成塑料表面不同的表面状态，对涂装质量有较大的影响。塑料件装饰性涂装的质量不仅取决于涂料的品质，还取决于塑料件加工工艺和塑料涂层涂装工艺。

对涂层使用环境有特殊要求的，还应增加对特殊环境下进行试验的规定。

2. 标准的主要内容

该标准规定了塑料涂层的分类及应用范围、塑料涂装的施工及涂层要求和检验方法，适用于普通塑料和工程塑料零部件、塑料玩具上的装饰性涂料涂装。该标准规定了需方需提供的信息，还对热塑性丙烯酸类、热固性丙烯酸类、丙烯酸聚氨酯类、醇酸类和水性丙烯酸塑料涂层的固化条件、适用范围等做了介绍。此外，该标准详细定义了塑料涂装的相关内容，包括塑料基体、塑料前处理、涂装、固化等环节，并对涂装质量检测做了说明，特别是规定了涂层的耐醇性能和耐橡皮擦摩擦性能的检测方法。

该标准根据我国塑料件涂装生产要求和国家相关政策，以及欧盟的Rohs指令等一系列环保要求，提出了相应的技术内容，并对技术要求进行必要的试验和验证。该标准的主要内容包括塑料分类、塑料涂层分类、塑料涂层使用环境分类、塑料涂装标准工艺、塑料涂装质量验收要求、塑料涂装卫生及环境要求等。

该标准由我国自主制定，没有采用国际标准和国外标准。该标准提出的工艺要求和技术指标达到了国外同类产品的技术水平。

三、标准内容（JB/T 11617—2013）

塑料涂装通用技术条件

1 范围

本标准规定了塑料涂层的分类及应用范围、塑料涂装的施工及涂层要求和检验方法。

本标准适用于普通塑料和工程塑料零部件、塑料玩具上的装饰性涂料涂装。

2 规范性引用文件

下列文件对于本文件的应用是必不可少的。凡是注日期的引用文件，仅注日期的版本适用于本文件。凡是不注日期的引用文件,其最新版本适用于本文件。

  GB/T 1732 漆膜耐冲击性测定法
  GB/T 1865 色漆和清漆 人工气候老化及人工辐射暴露(滤过的氙弧辐射)
  GB/T 6739 色漆和清漆 铅笔法测定漆膜硬度
  GB/T 8264 涂装技术术语
  GB/T 9286 色漆和清漆 漆膜的划格试验
  GB/T 9754 色漆和清漆 不含金属颜料的色漆漆膜之20°、60°和85°镜面光泽的测定
  GB/T 12609 电沉积金属覆盖层和相关精饰 计数检验抽样程序
  GB/T 13452.2 色漆和清漆 漆膜厚度的测定
  GBT 21526 结构胶黏剂 粘接前金属和塑料表面处理导则
  JB/T 10413 喷漆室

3 术语和定义

GB/T 8264界定的以及下列术语和定义适用于本文件。

3.1 塑料涂层 plastic coating

塑料基材上使用的有机涂层。

3.2 塑料溶蚀 plastic dissolving

涂层形成过程中,由于溶剂使塑料表面溶胀,待溶剂挥发后,涂层与塑料表面形成互混层,从而提高涂层在塑料表面的附着力。

4 需方需提供的信息

按本标准订购塑料涂装产品时,需方应在合同或订购合约中书面提出下列资料或工程图:

  a) 本标准编号。
  b) 塑料牌号。
  c) 塑料件加工方式,因注塑加工导致的表面可接受的缺陷程度的限定(见7.1)。
  d) 塑料件允许的烘烤温度和时间。
  e) 塑料工件的外观要求,如色彩、光泽(高光、亚光、缎面、橘纹等);或者,需方提供或认可一件表明精饰要求的样品,按照7.2的规定供对比使用。
  f) 工件上可接受的夹具触点位置。
  g) 标明工件尺寸公差要求,孔或槽的要求或涂层厚度设计要求。
  h) 涂层检测所需的仪器设备。
  i) 抽样方法和验收要求。

5 塑料涂层

5.1 概述

塑料涂装的目的是提高塑料表面性能,如耐候性、耐溶剂性、耐磨性等;提高装饰性,如调节制品的色彩和光泽;弥补树脂成型过程中产生的花斑、划痕等缺陷;获得塑料本身无法得到的金属感、木纹模样或其他状态;通过涂装使塑料与其他材料拼用时,取得外观色泽的统一。某些情况下还能提供特殊的性能,如导电性、滞燃性、电磁屏蔽等。

5.2 塑料涂层的主要品种及应用范围

塑料本身具有溶蚀、低软化点和表面能等特点。溶剂的作用会使得一些塑料表面产生塑

料溶蚀；一些塑料过低的软化点会使塑料制品容易变形不适宜使用烘烤型干燥的涂层；还有些塑料制品表面的低表面能特性使得涂层不易附着在塑料制品上。常见的主要塑料涂层及对应的应用范围见表1。

表1 常见的主要塑料涂层及对应的应用范围

涂层	固化条件	适用范围	应用举例（适宜的塑料品种）
热塑性丙烯酸类	常温固化	普通塑料制品	用于PP、PS、PVC塑料等
		工程塑料零部件	用于ABS、PBT、PS塑料等，如电视机、电扇部件等
热固性丙烯酸类	加热固化	普通塑料制品	PVC等，用于容器、家用品等
		工程塑料零部件	PF、PC、PMMA、ABS塑料等，用于汽车内饰部件
		塑料配件	PC、酚醛树脂等
丙烯酸聚氨酯类	常温固化、或低温固化	工程塑料零部件	硬质PVC、PS/PPO混合材料、PC、ABS/PC、PC/PBT、聚酰胺塑料PA等，用于涂饰汽车的内外塑料部件、摩托车和头盔等
		普通塑料制品	ABS、PS、PP/PE等塑料或泡沫塑料
醇酸类	常温固化		ABS、HIPS等塑料用于家电外壳等
水性丙烯酸	加热固化	普通塑料制品	PVC、PC等
		工程塑料零部件	PVC、PPMA等用于汽车、飞机内部的塑件的涂装

6 塑料涂装

6.1 塑料基体

塑料件应是可涂装的（见5.2），并且，当用正确方法涂装（见附录C）时，可以确认塑料上的有机涂层能满足本标准要求或设计要求。

6.2 塑料前处理

6.2.1 塑料表面预处理

塑料表面应按GB/T 21526的要求采用物理或化学的方法进行工件表面除油去污、平整、清洗、干燥等处理。若出现加工内应力，还应进行退火、除静电及除尘处理。

6.2.2 退火

塑料成型时若有内应力形成，涂装前塑料件应采用退火处理，消除应力。即把塑料成型件加热到软化点以下，并保温一定时间。

注：由于采用此种工艺可能需要大量的设备投资，也可推荐采用整面处理的技术，即配置能够消除塑件内应力的溶液在室温下对塑件表面进行15min～20min的浸泡处理。

6.2.3 除油

塑料件成型时表面常沾有油污、手汗和脱模剂，它会使涂料附着力变差，涂层产生龟裂、起泡和脱落等缺陷。涂装前应进行除油处理。

6.2.4 除静电及除尘

塑料制品是绝缘体，表面易产生静电并吸附空气中的细小灰尘而附着于表面。静电吸附的灰尘用一般吹气法除去十分困难，推荐采用高压离子化空气流进行除电除尘。

6.3 涂装

6.3.1 喷漆室要求

喷漆室应符合JB/T 10413的要求，喷涂时防止漆雾飞散到车间内污染环境；未喷涂到工件上的漆雾和溶剂蒸气应能迅速排出，排出的漆雾应能最大限度地捕集和回收；操作者应处在喷射区之外和新鲜空气流动的地方。

6.3.2 塑料涂层厚度控制

根据塑料件涂层厚度设计［见第4章g）］要求，可以通过增加喷涂道数完成设计涂层厚度的喷涂。每道喷涂后固化时间、涂装间隔及工作环境要求应符合涂料说明书的要求。

6.4 固化

涂完后应按涂料使用说明书规定的固化条件固化，涂层固化条件是连续化涂装生产应考虑的主要因素。

7 要求

7.1 基体要求

注塑的表面缺陷如冷料头、顶出迹印、飞边、注塑口痕、分模线、色斑和其他缺陷，可能对塑料制品上涂层的外观和性能产生不利影响。因此，涂装加工方无须对这些塑料加工导致的涂层缺陷负责。或者，涂装技术要求应包含产生于成型过程中表面缺陷可接受程度的适当限制条款［见第4章c）］。

7.2 外观

涂层装饰面表面，不应有明显可见的涂层缺陷，如起泡、麻点、粗糙、开裂、漏涂、污物或变色。对于在主要表面上产生的不可避免的夹具痕，其位置应由需方规定。外观和色泽与认可的样品对比应是一致的［见第4章e）］。

7.3 涂层厚度

涂层厚度应按GB/T 13452.2的规定测量，涂层厚度符合涂层设计要求［见本标准第4章g）］，主要表面上最小厚度不得低于涂层设计要求，非主要表面厚度由需方确定或加工方与需方协商。

7.4 涂层附着试验——划格法试验

涂层附着应按GB/T 9286规定的划格方法进行试验，并检验划格后涂层的脱落现象。

7.5 涂层镜面光泽试验

涂层镜面光泽按GB/T 9754的规定试验。

7.6 涂层耐醇性能

塑料涂层应进行耐醇性试验，检查色牢度，试验方法见附录A。

7.7 涂层耐橡皮擦摩擦性能

塑料涂层应进行耐橡皮擦摩擦试验，以检验涂层结合强度，见附录B。

7.8 涂层耐老化试验

涂层耐老化性能按GB/T 1865的规定试验。

7.9 涂层冲击强度试验

涂层耐冲击强度按GB/T 1732的规定试验。

7.10 涂层硬度试验

涂层硬度按GB/T 6739的规定试验。

8 抽样

应按照GB/T 12609规定的程序选择抽样方法。应由需方规定验收要求（见本标准第4章）。

9 试验报告

试验报告应包含以下信息：

a) 本标准的编号；
b) 本标准要求所规定的试验方法（见第7章）；
c) 需方特别提出的要求及试验方法；
d) 每个试片试验的位置；
e) 使用的样品数量；
f) 操作人员和实验室的名字；
g) 试验进行的日期。

附 录 A
（规范性附录）
塑料涂装涂膜耐醇性能测试方法

A.1 原理

采用浸泡的乙醇棉毛衫碎布和橡皮擦在4.9N的负荷下擦拭待测涂膜表面，涂膜被擦拭而露底的次数记作涂膜的耐摩擦性能。

A.2 试验材料、仪器

试验所用材料和仪器：

a) 材料：95%乙醇，棉毛衫碎布，512N带砂橡皮擦；
b) 仪器：耐磨试验仪，涂膜测厚仪，500g砝码。

A.3 操作步骤

在20℃±1℃的温度和40%～50%的湿度状态下，耐醇摩擦测试时用棉毛衫碎布浸泡于乙醇液中，用手取起泡过棉毛衫碎布包住砝码，在漆膜上按0.5次/s的速度均匀摩擦，直至脱漆见底，计摩擦次数。

试验重复两次，计平均值。

A.4 结果评价

根据涂膜露底时所经受的摩擦次数评价涂膜的耐摩擦性能。

附 录 B
（规范性附录）
塑料涂装耐橡皮擦摩擦性能测试方法

耐橡皮擦测试时用512N带砂橡皮擦在4.9N的负荷下，按0.5次/s的速度均匀摩擦漆膜，直至脱漆见底，计摩擦次数。

试验重复两次，计平均值。

附 录 C
（资料性附录）
推荐塑料涂装方法

推荐塑料涂装方法见表C.1。

表 C.1 推荐塑料涂装方法

涂装方法	方法描述	适用制品
刷涂	利用漆刷蘸涂料进行涂装	户外广告牌涂装,玩具局部涂饰
手工浸涂	将工件浸没于涂料中,取出,除去过量涂料	小件制品,对装饰性要求不高的制品
自动浸涂	工件在悬链上,靠悬链的驱动自动沉入漆槽中涂漆	小件、批量制品,对装饰性要求不高的制品
空气喷涂	利用压缩空气将涂料雾化并射向工件表面进行涂装	适用于家用电器,汽车部件
自动喷涂	利用电器或机械原理(机械手或机器人)程序控制进行	适用于定型批量产品,如电视机壳
静电喷涂	利用电晕放电原理使雾化的粉末涂料高压电场作用下荷负电并吸附于荷正电基底表面放电	适用于车辆部件和家用电器
幕涂	使工件从连续不断下流的漆液幕帘下通过而涂漆	适用于板材和连续薄膜涂装
辊涂	利用蘸涂料的辊子在工件表面滚动	适用于批量板材涂装
文字印刷	利用移印和转印	适用家用电器、标牌、刻度印刷
丝网印刷	利用丝网印刷文字、图案	适用于蓄电池壳、啤酒、可乐、汽水等食品箱印刷

附 录 D
(资料性附录)
塑料涂装涂膜缺陷原因分析及解决办法

塑料涂装涂膜常见缺陷的主要原因及解决办法见表 D.1。

表 D.1 塑料涂装涂膜常见缺陷的主要原因及解决办法

缺陷现象	主要原因	参考解决办法
漆膜脱落	稀释剂挥发速度过快 喷涂黏度过大 涂膜太厚	降低稀释剂挥发速度 降低黏度 降低喷出量,减少膜的厚度
缩孔:涂膜表面产生小凹坑(直径 1mm~4mm)	基材表面有油污 水和油混入压缩空气 涂装环境污染 涂料的抗缩孔性差	加强脱脂 加强压缩空气过滤,及时清理空气罐、过滤器和管道,避免异物混入,确保涂料清洁度
针孔:在涂覆和固化过程中涂膜中产生小孔 气泡:涂膜凸起成拱状或泡	烘干前的晾干时间太短 烘干升温太快 施工黏度太高 涂膜太厚 溶剂选用不当	调整稀释剂,使其提高对涂料的溶解性和对基材的润湿性 增加室温下停置时间 降低一次涂漆膜厚
色斑:色彩不均、光泽不匀	膜厚不均 涂料黏度、稀释剂不合适 过快的加热干燥 湿度不符合要求	调整吐漆量、稀释率及喷枪的运行速度

(续)

缺陷现象	主要原因	参考解决办法
颗粒:涂膜表面或涂膜中有异物现象	颜料分散不好 涂装环境不净 附着凝聚物 涂料未过滤彻底	涂料品质 确保涂装室清洁 涂料按工艺要求过滤
流挂:在涂覆和固化期涂膜出现下边缘较厚的现象	喷枪运行速度过慢 一道喷涂过厚 涂料黏度太低 溶剂挥发太慢	调整喷枪运行速度、更换喷枪 控制喷涂膜厚 适当提高涂料的黏度 选择合适的溶剂和固化剂
泛白:涂膜有一部分发白	喷涂环境湿度太高 稀释剂溶解力差	在稀释剂中添加高沸点溶剂 提高喷涂现场温度,降低湿度 将被涂工件加温,缩短常温放置时间 降低涂膜厚度 提高稀释剂溶解力
龟裂	基材成形时存在应力不均 溶剂溶解力过强	调整基材成形条件 进行退火,减少内应力 使用不易溶蚀基材的稀释剂 降低漆膜厚度
漆膜硬度不足	干燥不充分 漆膜过厚 稀释剂不配套	调整干燥温度 降低膜厚 更换能提高溶解力、挥发快的稀释剂

第六节　机械设备抗高温氧化涂层　技术条件

一、概论

机械设备抗高温氧化涂层广泛用于航空航天、高温环境下使用的反应釜,船舶烟囱及机动车辆排气管道,化工企业使用的钢铁烟囱、高温管道、石油裂解装置、高温炉及高温反应设备等各种高温设施和仪器的表面热防护。

机械设备抗高温氧化涂层一般指能够在相应高温下使用,漆膜保持完整,不发生开裂、起皮、脱落等现象的功能性涂层。机械设备抗高温氧化涂层可以防止金属在高温下热氧化腐蚀,确保设备长期使用。机械设备抗高温氧化涂层的制备成本相对较低,施工较为方便,耐高温性能优异,受到企业青睐,逐渐成为最常用的热防护方式。

随着机械设备抗高温氧化涂层在高温机械设备中的广泛应用,需要相关标准来保证涂层的质量和可靠性,为此,全国金属与非金属覆盖层标准化技术委员会组织相关单位专家成立《机械设备抗高温氧化涂层　技术条件》标准起草工作组。工作组查阅了国内外相关标准和文献,收集了我国机械设备抗高温氧化涂层应用方面的技术资料,经过反复讨论修改形成标准征求意见稿,广泛征求意见,最终形成行业标准。JB/T 10458—2004《机械设备抗高温氧化涂层　技术条件》于2004年6月17日发布,2004年11月1日实施。

二、标准主要特点与应用说明

该标准规定了在80℃~400℃温度范围内，钢铁基体表面抗高温氧化腐蚀的保护性有机或有机无机复合涂层的涂装要求和检验方法。

该标准适用于机械设备钢铁表面抗高温氧化保护涂层，不适用于在使用温度下基体产生变形的制品。

该标准所指的机械设备抗高温氧化涂层为在规定的温度区间、规定的期限内保护钢铁制品表面不受高温氧化腐蚀的有机涂层或有机无机复合涂层。根据使用条件的不同，按照设备使用温度最高值和正常使用温度值域划分为A、B、C、D四个温区，特别强调某些经常出现短期高温的部位，应按其最高工作温度划定工作温区（如汽车、摩托车等机动车辆排气管道连接处）。

该标准对机械设备抗高温氧化涂层的涂装工艺（涂装前处理、涂装）做了相应的说明，对机械设备抗高温氧化涂层的理化性能要求及检测方法也做了相应的说明。

该标准附录A和附录B分别对不同温区的机械设备抗高温氧化涂层的冷热交替试验和耐热性的试验条件及技术要求进行了规定。

三、标准内容（JB/T 10458—2004）

机械设备抗高温氧化涂层　技术条件

1　范围

本标准规定了在80℃~400℃温度范围内，钢铁基体表面抗高温氧化腐蚀的保护性有机涂层或有机无机复合涂层的涂装要求和检验方法。

本标准适用于机械设备钢铁表面抗高温氧化保护涂层。本标准不适用于在使用温度下基体产生变形的制品。

2　规范性引用文件

下列文件中的条款通过本标准的引用而成为本标准的条款。凡是注日期的引用文件，其随后所有的修改（不包括勘误的内容）或修订版均不适用于本标准，然而，鼓励根据本标准达成协议的各方研究是否可使用这些文件的最新版本。凡是不注日期的引用文件，其最新版本适用于本标准。

GB/T 1727　漆膜一般制备法

GB/T 1732　漆膜耐冲击性测定法（GB/T 1732—1993，neq ГОСТ 4765：1973）

GB/T 1735　漆膜耐热性测定法

GB/T 1764　漆膜厚度测定法

GB/T 1765　测定耐湿热、耐盐雾、耐候性（人工加速）的漆膜制备法

GB/T 1771　色漆和清漆　耐中性盐雾性能的测定（GB/T 1771—1991，eqv ISO 7253：1984）

GB/T 5210　涂层附着力的测定法　拉开法（GB/T 5210—1985，neq ISO 4624：1978）

GB/T 8264　涂装技术术语

GB/T 8923　涂装前钢材表面锈蚀等级和除锈等级（GB/T 8923—1988，eqv ISO 8501-1：1988）

GB/T 9286　色漆和清漆　漆膜的划格试验（GB/T 9286—1998，eqv ISO 2409：1992）

3　术语和定义

GB/T 8264中确立的以及下列术语和定义适用于本标准。

3.1　耐高温氧化涂层　anti-oxidizing coatings at high temperature

在规定的温区、规定的期限内保护钢铁制品表面不受高温氧化腐蚀的有机涂层或有机无机复合涂层。

3.2　温区　temperature range

设备或工作单元长期工作的温度高低值域。

3.3　高温氧化腐蚀　high-temperature oxidation corrosion

在某一温区下，长期工作导致钢铁表面氧化而产生的腐蚀。

4　温区的划分

根据使用条件的不同，按照设备使用温度最高值和正常使用温度值域划分为以下温区，低值为正常使用温度值：

A温区：>80℃～120℃；

B温区：>120℃～200℃；

C温区：>200℃～400℃；

D温区：>400℃～700℃。

注：某些经常出现短期高温的部位，如机动车辆排气管道连接处，应按其最高工作温度划定工作温区。

5　基体前处理及涂装

5.1　基体前处理

待涂装的钢铁基体表面应平整，应尽可能减少基体表面外观缺陷（如坑点、凹陷、焊渣和深度机械划痕）。高温氧化保护涂层的涂装不宜使用填平腻子。因此，必要时，制品在制造时应进行表面平整的机加工处理。

5.2　涂装前处理

基体在涂装前应按GB/T 8923的规定，采用喷砂处理，处理等级应达到Sa2.5级。不能采用喷砂处理的工件，可使用手工打磨处理，处理等级应达到St2级。处理后的表面不得有氧化层、锈蚀点、油污、附着尘埃。

注：手工打磨处理的工件，可能降低耐高温涂层的使用性能。

5.3　涂装

涂装的全过程应在干燥环境下进行。涂料制造商应提供详细涂装工艺说明。包括：

a）前处理完成到进行第一道涂漆的时间间隔；

b）每道涂漆的时间间隔；

c）每道涂漆的涂覆量或干膜厚度；

d）完成全部涂装的时间；

e）涂层完全干燥到投入使用的时间；

f）其他必要的要求。

6　耐高温涂层检验方法

6.1　目视检查，工件耐高温涂层表面应平整，并记录涂层色泽和表面外观缺陷。

6.2 按 GB/T 1764 测量工件上涂层干膜厚度。

6.3 制备涂层试样（见 GB/T 1727），或直接从工件上选取测试点，单层涂层按 GB/T 9286 的要求进行附着力试验，也可根据需要采用 GB/T 5210 规定要求进行试验。复合涂层应采用 GB/T 5210 要求进行附着力试验。

6.4 制备涂层试样（见 GB/T 1727），按 GB/T 1732 要求进行涂层耐冲击试验。

6.5 涂层耐中性盐雾性能测定，按 GB/T 1765 制备试样，或直接从工件上截取试样，测量涂层厚度（见 GB/T 1764）。按 GB/T 1771 要求进行中性盐雾试验。在规定的盐雾试验周期内，试样距边缘 5mm 以内应无锈点、起泡、开裂。

注：盐雾试验周期由需方确定。

6.6 涂层耐热性试验按附录 B 要求进行。

6.7 涂层冷热交替试验按附录 A 要求进行。

注：本条用于检验耐高温涂层高温使用过程中的结合强度。

6.8 耐 5% 硫酸溶液浸泡试验。

按质量取 5 份 98% 浓硫酸，95 份蒸馏水。在搅拌条件下，将浓硫酸缓慢加入蒸馏水中，配制成 5% 硫酸溶液。在室温下，将按第 5 章要求全封闭涂装的试样或工件，悬挂在试验槽内，半浸泡在 5% 硫酸溶液中。在规定的周期内，涂层应无起泡、脱落或腐蚀点。

注1：浸泡周期由需方确定。需方不能确定时，供方应提供一个周期数。

注2：非 SO_2 烟气环境下使用的涂层，不要求本项试验。

注3：浓硫酸属强氧化腐蚀试剂。操作者应有必要的安全知识和严格防护措施。

6.9 其他：

由于涂层性能检测的需要，直接在工件上测量或截取试样而破坏的涂层，均应按设计要求，重新进行修补处理。

本标准范围以外使用的设备，需要进行其他检验的项目，由供需双方协商决定。

附 录 A
（规范性附录）
冷热交替试验要求

A.1 试样的制备

冷轧薄板：50mm×120mm×2mm，四块；

按第 5 章要求涂装。制备的四块试样，其中三块供试验，一块保存在干燥器皿内供比较。

A.2 试验设备

鼓风恒温烘箱一台，应能提供至 300℃ 的温度，适用于 A 温区和 B 温区（见第 4 章）试验；

高温炉一台，应能提供至 400℃ 的温度，适用于 C 温区（见第 4 章）试验。

A.3 试验

使烘箱或高温炉达到规定温度，并恒定 30min。将三块试样同时放入炉内保持 1h，然后取出在室温下放置 1h，为一个试验周期；反复进行。

试验温度为温区的上限值，也可由供需双方商定。试验周期数应达到表 A.1 规定的周期数，或由供需双方商定。

进行试验的三块试样，与保存的试样目测比较，检查涂层变色程度，变色程度应在产品允许的范围内（见表 B.1）。三片试样上的涂层均不应有脱落、起皮、鼓泡、开裂现象，方可判定为通过冷热交替试验。

A.4 涂层冷热交替试验要求

按使用条件下制备的试样或工件涂层截取的试样，冷热交替试验按表 A.1 规定的各温区冷热交替试验周期数试验。

表 A.1 各温区冷热交替试验周期数

温区	试验温度/℃	试验周期数
A	室温~120	300
B	室温~200	300
C	室温~400	100
D	室温~700	—

附 录 B
（规范性附录）
耐热性要求

B.1 高温变色

按 GB/T 1727 和第 5 章要求制备试片。按 GB/T 1735 要求进行耐热性试验。在一定温度下，经过 100h 试验，变色范围推荐值见表 B.1。

表 B.1 各温区涂层试验后允许色差

温区	试验温度/℃	实验时间/h	变色程度
A	120	100	允许轻微黄变
B	200	100	普通色漆允许中度黄变、金属铝粉漆允许轻微黄变
C	400	100	金属铝粉漆允许中度黄变
D	700	—	—

B.2 涂层耐热保护要求

按 GB/T 1735 要求进行耐热性试验，在规定温度、时间和连续进行的条件下试验，结果不低于表 B.2 规定的要求。

表 B.2 耐热试验后涂层要求

使用温区	试验温度/℃	试验时间/h	涂层要求
A	120	600	无粉化、起泡、脱落、漏底
B	200	300	无粉化、起泡、脱落、漏底
C	400	100	无起泡、脱落、漏底
D	700	—	—

第七节　球墨铸铁管　沥青涂层

一、概论

球墨铸铁管具有较高的抗内外压性能、较好的耐蚀性和耐磨性，施工方便，接口密封性好，管网运行安全系数大等特点，因而得到普遍关注。国内离心球墨铸铁管的发展速度很快，特别是在城市建设中，球墨铸铁管广泛应用于城建输水、输气等工程上，基本上取代了其他管材作为首选材料，已经在国内外各大城市供水（气）管道和管网改造中发挥越来越大的作用。对于输送燃气的管道，在其内外部刷上一层沥青涂层是有效提升球墨铸铁管道的耐蚀性的有效方法。

球墨铸铁管沥青涂层采用喷涂、滚涂或刷涂等涂覆方法将沥青涂料涂覆于球墨铸铁管的内外表面，用以保护其表面免于腐蚀，这一技术已在国外先进工业国家和国际标准化组织实现标准化，制定了相应的标准。为适应沥青涂层在球墨铸铁管防腐蚀中广泛应用的形势，需要相关标准来保证涂层的质量和可靠性，为沥青涂层在球墨铸铁防腐蚀的应用中提供技术保障。为此，全国金属与非金属覆盖层标准化技术委员会组织相关单位专家制定了 GB/T 17459—1998《球墨铸铁管　沥青涂层》。GB/T 17459—1998《球墨铸铁管　沥青涂层》等效采用德国标准 DIN 37604 part4：1983《球墨铸铁管　沥青涂层》，于 1998 年 8 月 12 日发布，1999 年 7 月 1 日实施。

二、标准主要特点与应用说明

该标准规定了球墨铸铁管壁涂装的平均厚度为 0.07mm 沥青涂层的要求及测试方法。沥青涂层是指采用喷涂、滚涂或刷涂等方法在球磨铸铁管内外壁上形成的沥青覆盖层，这种沥青涂层主要适于用作球墨铸铁管壁涂装锌涂层后的面涂层，也可以用作球墨铸铁管壁涂装水泥砂浆涂层后的面涂层。

为了明确沥青涂层的概念，该标准定义所述沥青指含对涂层的耐蚀性无有害影响填料的沥青熔体；为了保障沥青涂层的质量，该标准规定了沥青涂层涂装前涂管表面应无锈、无渣、无尘、无油、无脂、无雾的具体要求；为了保证涂层的安全卫生，该标准规定与饮用水接触的涂层材料应符合国家公共卫生规范的要求；为了保证涂层涂装的安全性，该标准对沥青涂层材料的闪点提出了要求；为了保障沥青涂层的质量，该标准对沥青涂料的相应物理性能参数提出了具体要求，规定了涂料、涂层的性能试验与检验方法；针对涂覆件的特殊性，该标准特别提出涂层不应表现垂弛趋向，涂层厚度必须取 10 次测量的平均值作为最终结果。

三、标准内容（GB/T 17459—1998）

球墨铸铁管　沥青涂层

1　范围

本标准规定了球墨铸铁管壁涂装的平均厚度为 0.07mm 沥青涂层的要求及测试方法，球墨铸铁管符合 GB/T 13295 或 GB/T 13294，用于地下管道。

注：根据 GB/T 17457—1998《球墨铸铁管 水泥砂浆离心法衬层 一般要求》，球墨铸铁管的水泥砂浆衬层如用于输送特殊腐蚀性液体时，允许在水泥砂浆衬层上增加涂层。

2 引用标准

下列标准所包含的条文，通过在本标准中引用而构成为本标准的条文。本标准出版时，所示版本均为有效。所有标准都会被修订，使用本标准的各方应探讨使用下列标准最新版本的可能性。

GB/T 1725—1979　涂料固体含量测定法
GB/T 1728—1979　漆膜、腻子膜干燥时间测定法
GB/T 1747—1979　涂料灰分测定法
GB/T 2294—1997　焦化固体类产品软化点测定方法
GB/T 4509—1984　石油沥青针入度测定法
GB/T 5208—1985　涂料闪点测定法　快速平衡法（neq ISO 3679：1983）
GB/T 13294—1991　球墨铸铁管件（neq ISO 2531：1986）
GB/T 13295—1991　离心铸造球墨铸铁管（neq ISO 2531：1986）
QJ 990.3—1986　涂层试验方法　涂层厚度检验方法

3 定义

本标准所述沥青指含填料的沥青熔体。

4 表示方法

球墨铸铁管的沥青涂层表示为：沥青涂层 GB/T 17459。

5 要求

5.1 对待涂管表面要求

待涂管表面应无锈、无渣、无尘、无油、无脂、无雾。

5.2 对基本材料的要求

5.2.1 卫生要求

与饮用水接触的涂层材料应符合国家公共卫生规范的要求。

5.2.2 涂层材料

涂层材料应满足表1所列要求。

表 1

性质	沥青涂料要求	测试依据条文
挥发余物的软化点（环或球）	≥100℃	6.3.1
挥发余物在25℃的针入度，以 0.1mm 计	≤10	6.3.2
闪点	≥21℃	6.3.3
表面干燥时间	≤2h	6.3.4
固体分	≤65%（质量分数）	6.3.5
灰分	40%～50%（质量分数）	6.3.6

5.2.3 填料

5.2.3.1 概述

所使用的填料须对涂层的耐蚀性无有害影响。其测试方法见 6.1。

5.2.3.2 细度

填料的选择须确保涂层材料能采用无气喷涂。其测试方法见6.3.7。

5.3 最终涂层要求

5.3.1 涂层厚度

10次测试平均值不小于0.07mm，任何点的值不小于0.05mm。其测试方法见6.4.2。

5.3.2 垂弛度试验

涂层不应看到垂弛趋势。其测试方法见6.4.3。

6 测试

6.1 测试要求

所有测试应由制造商和公认的测试机构执行。需要时，应按5.2所列的涂层材料要求进行验证（例如由材料供应者提供证明）。

管子制造者应保证球墨铸铁管的表面符合5.1的要求并保证涂膜厚度符合5.3.1的要求。

填料应符合5.2.3的要求。填料是否符合该要求，应由材料供应者提供证明。

在大批生产前，应用无气喷涂试喷，以证实填料的颗粒细度满足要求，如5.2.3.2所述；并证明可实现5.3.2所列要求。

6.2 测试报告

测试报告中应包括如下内容：

——所依据的标准；

——采用的测试仪器或设备；

——测试项目及获得的测试数据及相关因素；

——测试者签署及盖章；

——其他需列入测试报告的内容。

6.3 涂层材料测试

6.3.1 软化点测试

挥发余物的软化点应按GB/T 2294测定。

挥发余物生成于测试固体分含量的过程中。

6.3.2 针入度测试

挥发余物的针入度应按GB/T 4509测定。

挥发余物生成于按GB/T 1725测试固体分含量过程中。

6.3.3 闪点测试

闪点应按GB/T 5208测定。

6.3.4 表面干燥时间测试

按GB/T 1728测试所需的表面干燥时间。

6.3.5 固体分含量测试

固体分含量应按GB/T 1725测定。

6.3.6 灰分含量测试

灰分含量应按GB/T 1747测定。如果填料含碳酸盐，应在点火后与碳酸铵一起低温加热来减少碳酸盐。

6.3.7 细度测试

为弄清填料的细度是否满足要求,应使涂层材料在不加稀料的条件下,于20℃进行无气喷涂试验。

6.4 最终涂层测试

6.4.1 涂层表面应平整光滑,无气泡、针眼等明显外观缺陷。

6.4.2 推荐使用无损厚度测试装置(见 QJ 990.3),测量涂层的厚度和均匀性。

6.4.3 垂弛度测试,应使用银青铜标记点标在尺寸为 DN 100mm×200mm 的具有固化涂层的一段管子上,作为试件的这段管子应取自连续产品管。用钻有小孔的模板围绕试验管的整个圆周,通过模板上的小孔进行标记。从距试验管边缘 10mm 处开始,以垂直和水平间距均为 50mm 进行标记。模板用 0.05mm~0.1mm 厚的铜片制成,所钻小孔的孔径为 2mm,孔按所要求的间距排列。模板除去,标记点干燥后,试验管应垂直放置在强制吹风干燥炉内,承受 100℃ 温度达 24h,随后冷却到室温。再用模板可测得标记点的任何垂弛。

7 标记

除非另有协议,如果管子唯一遵循本标准进行涂覆,则应在管子上标示至少包含下述内容的、永久的、容易见到的标记:

——涂层的制造者和(或)注册商标;

——GB/T 17459 沥青涂层。

只有在工厂按本标准测试的前提下,才允许按照 GB/T 17459 进行标记。

第三章 涂装设备

第一节 涂装设备通用技术条件 第1部分：钣金件

一、概论

涂装是表面制造工艺中的一个重要环节。防锈、防蚀、美观，以及改善材料本身的使用缺陷是涂装的主要任务，涂装质量也是产品全面质量的重要方面。涂装产品表面质量不仅反映了产品防护、装饰性能，而且也是构成产品价值的重要因素，而涂装设备则是整个涂装过程中至关重要的部分。随着制造技术的不断进步，我国涂装技术与设备经历了由手工到机械设备，再到自动生产线的发展过程。

我国涂装设备产业的真正起步，源于20世纪50年代从苏联的技术引进。从20世纪60年代开始，由于轻工业的发展，首先在自行车制造行业出现了自动化生产的涂装流水线，这期间我国涂装产业的主要任务还是以防腐蚀为主。随着我国经济的发展与国际涂装技术的进步，通过技术引进和与国外技术的交流，我国涂装技术水平迅速提升。在涂装自动化生产方面，静电喷涂和电泳涂漆技术的推广应用，粉末喷涂技术的研制及推广，特别是家电行业、日用五金、钢制家具、铝材构件、电器产品、汽车工业等领域的蓬勃发展，促进涂装设备出现了明显的进步与长足的发展。

涂装工艺流程一般为：前处理、打磨→涂装→流平→干燥或固化→三废处理。涂装设备就是完成这些涂装工艺过程所使用的机械设备。涂装设备主要分为涂装前表面预处理设备、涂漆设备、涂膜干燥和固化设备、机械化输送设备、无尘恒温恒湿供风设备及其他附属设备，这些一般具有以下特点：

1）涂装过程离不开各类溶剂，涂装设备很多部件应耐溶剂腐蚀。
2）涂料是易燃易爆物品，设备的关键部位应做阻燃防爆处理。
3）涂装工艺要求较为精细，设备精度要求较高。
4）设备负载低，很少有重型设备。
5）涂装设备运行速度普遍较慢。
6）涂装设备比较容易实现流水线生产，可节省人力资源。

为了适应环保要求，涂装技术正向着降低能耗、提高生产率、减少环境污染、提高涂层装饰性能，以及涂装设备的自动化、系列化和通用化方向发展。

JB/T 10394《涂装设备通用技术条件》系列标准是根据我国涂装设备的实际和发展方向，总结多年的研制、生产和使用的实践经验，参照国内相关行业标准，并在吸收国外先进经验的基础上制定的。该系列标准共四部分，分别为钣金件、焊接件、涂层和安装。

钣金是一种针对金属薄板（通常在6mm以下）的综合冷加工工艺，包括剪、冲/切/复合、折、焊接、铆接、拼接、成形（如汽车车身）等。其显著的特征就是同一零件厚度一致。通过钣金工艺加工出的产品叫作钣金件。不同行业所指的钣金件一般不同，多用于组配时的称呼。

钣金件具有质量小、强度高、成本低、大规模量产性能好等特点，在机械设备、电子电器、通信、汽车、医疗器械等领域得到了广泛应用。钣金件的设计是产品开发过程中重要的一环，机械工程师必须熟练掌握钣金件的设计技巧，使其满足产品的功能和外观等要求。

为规范涂装设备的钣金件加工工艺，全国金属与非金属覆盖层标准化技术委员会组织相关单位专家制定了钣金件的通用技术条件行业标准。JB/T 10394.1—2002《涂装设备通用技术条件 第1部分：钣金件》为首次制定，于2002年12月27日发布，2003年4月1日实施。

二、标准主要特点与应用说明

该标准规定了材料厚度不大于4mm的涂装设备钣金件的技术要求、检验规则、标志、包装、运输及贮存要求，适用于涂装设备钣金件的制作和验收。

关于涂装设备钣金件的术语和定义，该标准规定了壁板、保温壁板、剪切长度和剪切厚度的制作方法、用途、特点和要求等。

关于涂装设备钣金件技术要求，该标准规定了钣金件制作的一般要求（包括制作图样、原材料来源、表面粗糙度、外观及表面状态、未注公差尺寸的极限偏差、几何公差等的一般技术要求），钣金件制作过程中的下料、边角冲裁与冲孔、板材折弯、装配焊接的制作方法和技术参数要求，特殊钣金件（如风管、壁板、保温壁板等）的制作方法和技术参数要求，机械设备钣金件的检验规则、标志、包装、运输及贮存技术要求。这些都是一般设备零部件生产必备的基本技术要求，是生产和使用涂装设备时必须满足的。

该标准属于一项技术标准，其他内容与一般技术标准相当。

三、标准内容（JB/T 10394.1—2002）

涂装设备通用技术条件 第1部分：钣金件

1 范围

本部分规定了材料厚度不大于4mm的涂装设备钣金件的技术要求、检验规则、标志、包装、运输及贮存要求。

本部分适用于涂装设备钣金件的制作和验收。

2 规范性引用文件

下列文件中的条款通过JB/T 10394的本部分的引用而成为本部分的条款。凡是注日期的引用文件，其随后所有的修改单（不包括勘误的内容）或修订版均不适用于本部分，然而，鼓励根据本部分达成协议的各方研究是否可使用这些文件的最新版本。凡是不注日期的引用文件，其最新版本适用于本部分。

GB/T 3375 焊接术语

GB/T 8264 涂装技术术语

GB/T 13915—1992 冲压件角度公差

GB 50243—1997 通风与空调工程施工及验收规范

JB/T 4381—1999 冲压剪切下料 未注公差尺寸的极限偏差

3 术语和定义

GB/T 3375 和 GB/T 8264 确立的以及下列术语和定义适用于 JB/T 10394 的本部分。

3.1 壁板

以单张金属薄板为原材料,采用剪切下料、冲裁边角、折弯和拼缝焊接等工艺方法制作的零件。

壁板常用来装配喷漆室、流平室、通道等围护室体,以及门洞板、前处理和电冰喷淋隧道等。

3.2 保温壁板

以单张金属薄板为主要原材料,辅以型材进行加强,内部填充保温材料且具有保温性能,并带有插接口的板状零件。

保温壁板用来装配烘房等加热设备。

3.3 剪切长度

剪切机刀刃切断板材的长度。

3.4 剪切宽度

剪切机刀刃切断边到对边的距离。

4 技术要求

4.1 一般要求

4.1.1 涂装设备钣金件的制作应符合设计图样、工艺文件和本部分的规定。

4.1.2 用于制造钣金件的原材料应符合相应的标准和技术条件,并具有出厂合格证。

4.1.3 用于制造钣金件的原材料应符合图样的要求,材料代用应经设计方、供需方商定。

4.1.4 钣金件应采用整体材料制作,对于个别超长的板件,在不影响外观质量时可以拼接,其拼接方法应经设计方、供需方商定。

4.1.5 表面粗糙度 Ra 等于或大于 $12.5\mu m$ 的断面,用剪切、冲裁、钻孔方法制造时,其表面粗糙度不做检查。

图样上未注明表面粗糙度要求时,均按 Ra 最大允许值等于或大于 $12.5\mu m$ 制造。

4.1.6 外观及表面状态:

4.1.6.1 钣金件不允许有裂纹、裂口、分层和锈蚀。

4.1.6.2 钣金件表面允许有轻微的划痕和擦伤及原材料技术条件所允许的残留缺陷或平缓均匀的工具痕迹。当材料厚度小于2mm时,其深度不得超过材料公称厚度的10%;材料厚度等于或大于2mm时,其深度不得超过0.2mm。但在零件的同一表面上,深度达到上述限定值1/2以上的伤痕,其总长度不得超过该表面的最大线性尺寸。

4.1.6.3 钣金件应去毛刺,材料厚度大于0.5mm的边缘要去锐边。

4.1.7 未注公差尺寸的极限偏差:

4.1.7.1 图样上未注公差要求,且本部分未做规定的线性尺寸,其极限偏差按表1的规定。

表1 未注公差要求的线性尺寸极限偏差 (单位:mm)

基本尺寸	≤400	>400~1000	>1000~2000	>2000~4000	>4000~8000
极限偏差	±0.8	±1.2	±2	±3	±4

4.1.7.2 板件弯曲角度(包括未注明的直角和等多边形的角度)(见图1)的极限偏差按表2。

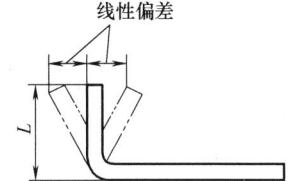 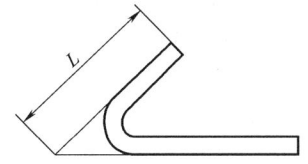 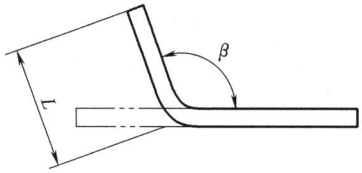

图 1　零件弯边角度

表 2　板材弯曲角度的极限偏差

角度短边 L/mm		≤10	>10~25	>25~63	>63~160	>160~400	>400
直角弯曲极限偏差	角度	±1°30′	±1°	±45′	±30′	±15′	±10′
	线性偏差[①]/mm	±2.6	±1.8	±1.3	±0.9	±0.5	±0.3
非直角弯曲极限偏差	角度	±2°	±1°30′	±1°	±45′	±30′	±15′

① 每100mm长的线性偏差，线性偏差的意义见图1。

4.1.7.3　图样上未注明，且本部分未做规定的孔径及孔中心位置（见图2）的极限偏差按表3。

表 3　孔径及孔中心位置的极限偏差　　　　　　　　　（单位：mm）

项目	孔径 ϕ 偏差		孔的中心距 L 偏差			中心线偏差 T		
孔径	≤ϕ30	>ϕ30	≤ϕ8	>ϕ8~ϕ12	>ϕ12	≤ϕ8	>ϕ8~ϕ12	>ϕ12
极限偏差	0 +0.5	0 +1.0	±0.5	±1.0	±1.5	±0.5	±1.0	±1.5

4.1.7.4　钣金件上用于装配的螺栓连接孔，其任意两孔间中心距的极限偏差为±0.5mm。

4.1.8　未注的几何公差：

4.1.8.1　图样上未注明几何公差，且本部分未做规定的部位，按各要素相应的注出或未注线性尺寸公差或角度公差来控制。

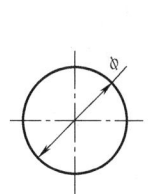 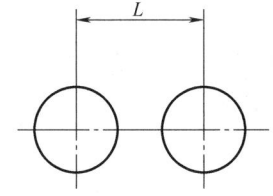 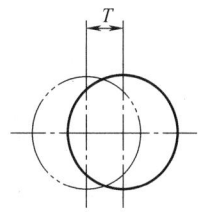

图 2　孔径及孔中心位置偏离示意图

4.1.8.2　板弯型材零件的平面度、直线度公差值，每米长范围内为1mm，全长范围内不超过3mm。

4.1.8.3　承受载荷的钣金件，直线度及平面度的公差值，每米长范围内为1mm。

4.1.8.4　室体壁板、顶板、门洞板和隧道壁板等壁板类零件以及对工作性能一般无影响，但可能影响拼装和产品外观质量的其他钣金件，其表面的平面度公差值，每米长范围内为1.5mm。

4.1.8.5 对水流、气流分配以及工作性能等有影响的钣金件,如淌水板、水幕板和均流板等,其工作表面的平面度公差值,每米长范围内为1.2mm,全长范围内不超过3mm。

4.1.8.6 拼装在设备内部的钣金件,如水流沟槽、集水沟等一般不影响工作性能和产品外观,其表面的平面度公差值,每米长范围内为1.5mm。

4.1.8.7 作为安装和拼装基准时,钣金件的直线度和平面度公差值,每米长范围内为1mm。

4.2 下料

4.2.1 板材的下料应采用剪切,型材的下料应采用砂轮切割或锯切,并清理毛刺。

4.2.2 下料后的钢板应进行校平,要求钢板每米范围内的平面度公差为1.5mm。

4.2.3 下料后的型材应校直,直线度公差为每米长度范围内1.5mm。

4.2.4 剪切、冲裁制造的零件,厚度≤0.5mm时,允许不去毛刺。

4.2.5 剪切、冲裁的断面允许有自然形成的斜角,检查尺寸时外形按最大尺寸测量,内孔按最小尺寸测量。

4.2.6 剪切板材时,图样上未注明的剪切宽度的极限偏差、剪切直线度的公差和剪切垂直度的公差按JB/T 4381—1999中表1、表2、表3规定。制作壁板件的按A级,其他按B级。尺寸大于3150mm的剪切宽度的极限偏差和对角线之差按表4。

表4 尺寸大于3150mm的剪切宽度的极限偏差和对角线之差　　（单位:mm）

剪切宽度	>3150~6000	>6000
极限偏差	±2.0	±3.0
对角线之差	3	4

4.3 边角冲裁与冲孔

4.3.1 成批的展开料上的边角和装配用的螺栓连接圆孔或长孔,应使用冲裁模在压力机床上进行,见图3。

4.3.2 边角的冲裁角度公差值按GB/T 13915—1992中表1选取。选用单向偏差时,可取AT2级;选用双向偏差时,可取AT4级。

4.3.3 边角和孔冲裁以后,料件应平整,不允许有裂纹、剥层、断裂,但允许有自然形成的圆角、压痕和下塌。

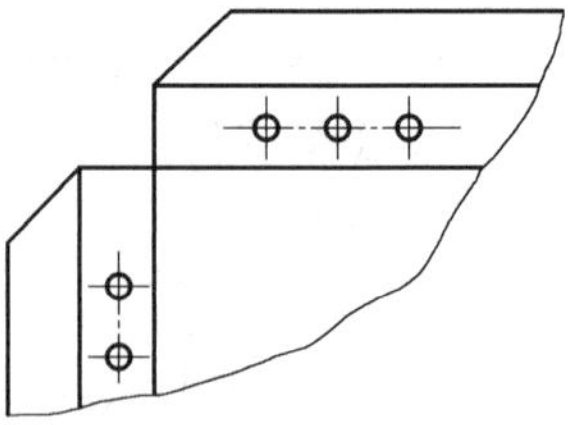

图3 边角与螺栓连接孔

4.4 板材折弯

4.4.1 所有的板材在折弯成形前必须矫直、整平、无挠曲、无氧化皮。

4.4.2 对于轧制的板材、带材、宽扁钢材等,宜在垂直于轧制方向进行弯曲,但软料可与零件弯曲线平行。

零件需在不同方向弯曲时,宜使零件的弯曲线与板料纤维方向的夹角等于45°。

当零件的结构形状或尺寸无法满足上述夹角要求时,可选取较大的弯曲半径。

4.4.3 板材折弯时,图样上未注明的内弯曲半径,可按下模的V形开口尺寸选择。成形后不做检查。

4.4.4 零件在弯曲的变形区域内,允许有自然延伸与压缩,可不做修磨,不做检查,见图4。

4.5 装配焊接

4.5.1 钣金件中板件折弯后拼缝的焊接和钣金件中成形板材与其他型材的装配焊接,其焊接方法应按如下规定:

4.5.1.1 厚度≤2mm 的板材之间焊接,应采用惰性气体保护焊。

4.5.1.2 不锈钢与不锈钢及不锈钢与碳钢之间的焊接,应采用氩弧焊。

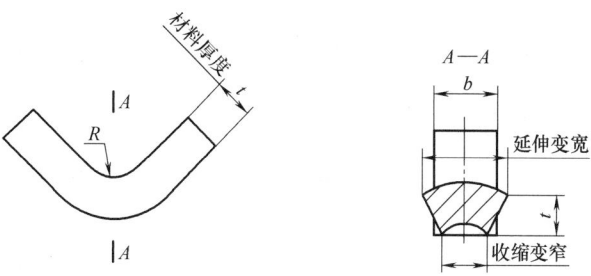

图 4 弯曲变形区域内的自然延伸与压缩

4.5.2 装配焊接中,板与板对接时,两板面应平齐,间隙应符合图样及有关规定;板与型钢焊接时,可采用搭接,为控制变形宜采用间断焊。

4.5.3 板厚≤2mm 的镀锌钢板的焊接,宜采用折边后焊接,见图5。

图 5 镀锌钢板间的焊接

4.5.4 焊接所用焊条、焊丝、焊剂和保护气体等焊接材料,应与被焊接材料匹配。并均应符合国家有关标准。

4.5.5 焊缝应宽度一致,焊波均匀。不得有裂纹、烧穿等缺陷。焊接后零件的变形应予矫正。

4.5.6 焊接后,焊缝及焊接区必须彻底清理,不应有焊渣及飞溅物等。

4.5.6.1 不锈钢焊缝应进行表面处理。处理的焊缝表面和热影响区不得变色和生锈。

4.5.6.2 镀锌板焊缝表面和热影响区应涂防蚀底漆。

4.6 对特殊钣金件的要求

4.6.1 风管

4.6.1.1 风管和法兰制作尺寸的极限偏差按以下规定:当风管外径或外边长小于或等于300mm 时,其极限偏差为-1mm~0mm;当大于 300mm 时为-2mm~0mm。法兰内径或内边尺寸的极限偏差为+1mm~+3mm,平面度的允许误差为 2mm。矩形法兰两对角线之差不应大于 3mm(见 GB 50243—1997 中的 3.1.8)。

4.6.1.2 风管制作时,板材的拼接可以采用咬接或焊接。当碳钢风管的板厚小于或等于1.2mm 时,宜采用咬接;大于 1.2mm 时,宜采用焊接。

4.6.1.3 风管和法兰的连接,管壁厚度小于 1.5mm 时,可采用翻边铆接,铆接应牢固;管壁厚度等于或大于 1.5mm 时,可采用满焊或翻边间断焊。

4.6.1.4 风管无法兰的连接方法和要求按 GB 50243—1997 中的 3.1.10 和 3.1.11 的规定。

4.6.1.5 风管的强度及严密性要求应符合设计规定与风管系统的要求。

风管系统的密封要求及其单位面积允许漏风量应符合 GB 50243—1997 中 3.1.13、

3.1.14 和 3.1.15 的规定。

4.6.1.6 咬接风管的拼接咬口形式、使用范围和要求按 GB 50243—1997 中的 3.1.6 的规定。

4.6.1.7 焊接风管：

4.6.1.7.1 焊接风管的板材拼接，宜按图 6 拼焊。

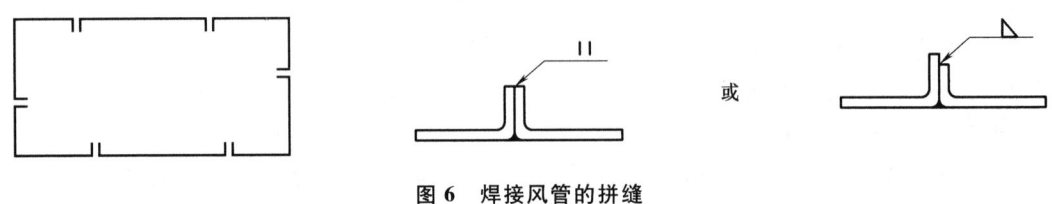

图 6　焊接风管的拼缝

4.6.1.7.2 应选用大幅面的板材制作风管，减少纵向拼缝，且不得有横向拼接缝。

4.6.1.7.3 拼缝的弯边应宽度一致、平整，两折边紧密相贴，采用连续密封焊接，焊缝应做外观检查，焊波应均匀一致，不得有夹渣、气孔、裂缝等缺陷。板材的变形应予矫正。

4.6.1.7.4 风管的焊接应根据所用材料选用不同方法。不锈钢板材，宜采用氩弧焊或电弧焊焊接，不得采用气焊；碳钢板材宜采用惰性气体保护焊。

4.6.2　壁板

4.6.2.1 壁板的外表面的外观应平整、光洁。材料原有的光泽（不锈钢制件）和镀锌膜层（镀锌板制件）不能破坏。其外观和表面状态不应低于 4.1.6.1 的规定。

4.6.2.2 具有装配要求的壁板，其未注公差要求的长、宽各边边长的极限偏差为 -1.5mm，其对角线之差不大于 2mm。

4.6.2.3 壁板表面的平面度公差值按下述规定：

4.6.2.3.1 采用螺栓对接装配的壁板，其壁板表面的平面度公差值，每米长范围内为 1mm。

4.6.2.3.2 采用焊接装配的壁板，其壁板表面的平面度公差值，每米范围内为 3mm。

4.6.2.4 多张壁板（包括螺栓对接壁板和焊接壁板）在车间拼装成部件（通常 3 块~4 块壁板），其未注公差要求的长、宽各边边长的极限偏差、对角线之差仍按 4.6.2.2 的规定。

4.6.2.5 壁板弯边四周的拼缝，可按需要进行满焊或局部焊。焊接后修磨时，四周不准倒圆，应修磨两侧成直角，见图 7。

4.6.2.6 用于前处理和电泳后冲洗喷淋隧道的，由多张单壁板焊接装配的部件，其拼接焊缝应采用密封焊，并做渗漏试验。

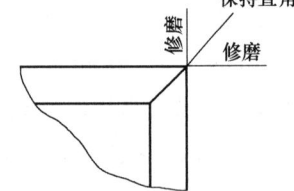

图 7　折边焊接后的修磨

4.6.3　保温壁板

4.6.3.1 保温壁板的外表面质量按 4.6.2.1 的规定。

4.6.3.2 保温壁板的各边边长的未注公差尺寸的极限偏差按表 1 的规定。

4.6.3.3 保温壁板外表面的平面度公差值，每米长范围内为 1.2mm。

4.6.3.4 保温壁板外表面的对角线之差不大于 2mm，上下顶面的对角线之差不大于 1mm。

4.6.3.5 保温壁板内保温材料的铺设应填充严实均匀。当保温层总厚度大于或等于 80mm

时应分层错缝敷设，错缝距离应大于 100mm。

5 检验规则

5.1 涂装设备钣金件由制造厂质量检验部门按图样、有关技术文件及本部分进行检验。

5.2 钣金件应进行首件检验、巡回检验和验收检验。

5.3 钣金件原则上进行一般检验。一般检验包括：

 a）外观检验：外观检验是依靠手摸、目测等方法对钣金件的外观及表面质量进行检验。

 b）精度检验：精度检验采用工具、夹具、量具对钣金件的尺寸、几何公差进行检验。

5.4 当图样和其他技术文件上有特殊要求（力学性能、无损检测、渗漏等）时，均应由对口专业部门进行检验，并在检验合格后开具合格证。

6 标志、包装、运输及贮存

6.1 标志

钣金件应有标识，可按需要在适当部位粘贴标记和挂标签。标识应注明制造令号、图号、件号、数量及规格尺寸等。

6.2 包装

6.2.1 应根据钣金件的特点、储运条件和装卸条件采用不同的包装形式和保护方法。包装应牢固，并确保被包装件不致变形而影响钣金件的质量。

6.2.2 自包装之日起，在正常储运条件下应保证至少半年内不致因包装不善而引起钣金件锈蚀、长霉、损坏、降低精度和丢失等。

6.2.3 钣金件经检验合格，并做好防护和其他有关处理后方可进行包装。

6.2.4 对于表面质量要求高的壁板和保温壁板宜采用按尺寸大体分类，制作相应的固定运输支架，壁板中间加垫防护材料的包装形式。

6.3 运输及贮存

6.3.1 钣金件在装卸运输时，应采取措施，保证表面不受碰撞和挤压变形，不被锈蚀和污染。

6.3.2 钣金件入库后应摆放合理、整齐有序，防止变形和划伤。

第二节 涂装设备通用技术条件 第 2 部分：焊接件

一、概论

焊接件是经焊接工艺加工制作的工件或产品。焊接是将零件的连接处加热熔化，或者加热加压熔化（用或不用填充材料），使连接处熔合为一体的制造工艺，属于不可拆连接。焊接作为重要的连接技术，已发展为制造业中的一项重要的加工方法，广泛应用于航空、航天、冶金、石油、汽车制造及国防等国民经济的各个领域。未来的焊接工艺，一方面要研制新的焊接方法、焊接设备和焊接材料，另一方面要提高焊接机械化和自动化水平，以进一步提高焊接安全可靠性和焊接件的质量。

涂装设备由大量的零部件组成，其中相当多的部分需采用焊接工艺进行连接。为规范涂装设备的焊接加工工艺，全国金属与非金属覆盖层标准化技术委员会组织相关单位专家制定了焊接件的通用技术条件行业标准。JB/T 10394.2—2002《涂装设备通用技术条件 第 2 部分：焊接件》为首次制定，于 2002 年 12 月 27 日发布，2003 年 4 月 1 日实施。

二、标准主要特点与应用说明

该标准规定了涂装设备焊接件的技术要求、检验方法、标志、包装、运输及贮存要求，适用于涂装设备中采用手工或自动电弧焊、气体保护焊和气焊的碳素钢、普通低合金结构钢、耐热钢和不锈钢制焊接件，不适用于压力容器。

关于涂装设备焊接件的术语和定义，该标准规定采用 GB/T 3375《焊接术语》确立的术语和定义；关于涂装设备焊接件的技术要求，该标准规定了一般要求、焊接件的母材、下料、钢材的矫正及边缘加工、钢材的成形弯曲、焊接材料、焊接、焊缝、检验、标志、包装、运输及贮存技术要求。这些都是一般设备零部件生产必备的基本技术要求，是生产和使用涂装设备时必须满足的。

该标准属于一项技术标准，其他内容与一般技术标准相当。

三、标准内容（JB/T 10394.2—2002）

涂装设备通用技术条件 第 2 部分：焊接件

1 范围

本部分规定了涂装设备焊接件的技术要求、检验方法、标志、包装、运输及贮存。

本标准适用于涂装设备中采用手工或自动电弧焊、气体保护焊和气焊的碳素钢、普通低合金结构钢、耐热钢和不锈钢制焊接件。

本标准不适用于压力容器。

2 规范性引用文件

下列文件中的条款通过 JB/T 10394 的本部分的引用而成为本部分的条款。凡是注日期的引用文件，其随后所有的修改单（不包括勘误的内容）或修订版均不适用于本部分，然而，鼓励根据本部分达成协议的各方研究是否可使用这些文件的最新版本。凡是不注日期的引用文件，其最新版本适用于本部分。

　　GB/T 324—1988　焊缝符号表示法（eqv ISO 2553：1984）

　　GB/T 983—1995　不锈钢焊条（neq ANSI/AWS A5.4：1992）

　　GB/T 985—1988　气焊、手工电弧焊及气体保护焊焊缝坡口的基本型式与尺寸

　　GB/T 3375　焊接术语

　　GB/T 5117—1995　碳钢焊条（neq ANSI/AWS A5.1：1991）

　　GB 50205—1995　钢结构工程施工及验收规范

　　GB 50236—1998　现场设备、工业管道焊接工程施工及验收规范

　　JB/T 5000.3—1998　重型机械通用技术条件　焊接件

3 术语和定义

GB/T 3375 确立的术语及定义适用于 JB/T 10394 的本部分。

4 一般要求

4.1 焊接件的制作应符合设计图样、工艺文件和本部分的规定。

4.2 在涂装设备工程施工中，除执行本部分外，尚应符合国家现行的有关标准、规范的规定。

4.3 从事涂装设备所涉及焊接作业的焊工，应经过考试并取得资格证后方可从事焊接工作。资格证应注明施焊条件及有效期限。焊工停焊时间超过6个月，应重新考核。

5 焊接件的母材

5.1 用于焊接件的母材（钢板、型钢和钢管等）的钢号、规格及尺寸应符合设计图样的要求。

5.2 母材的质量：

5.2.1 涂装设备焊接件中所采用的母材应具有质量合格证书。当对钢材的质量有疑问时，应按国家现行有关标准的规定进行抽样检验。

5.2.2 材料允差应符合国家现行有关标准的规定。

5.3 母材的代用：

当材料来源受到限制时，在不影响设备性能和使用要求的前提下，允许材料代用，代用材料应经设计方和供需方商定。

6 下料

6.1 下料前准备：

料件外形尺寸如平整度、长、宽、对角线等应符合设计要求。当设计无要求时，应符合国家现行有关标准的规定。

6.2 板材的下料宜采用机械剪切，型材的下料宜采用砂轮切割或锯切，其端部剪切斜度不得大于2.0mm，并应清除毛刺。

6.3 碳钢管下料宜采用管道割刀切割，大直径钢管（DN大于或等于80mm）也可采用砂轮切割或等离子切割机切割。

6.4 不锈钢管宜采用管道割刀切割或等离子法切割；用砂轮切割或修磨时，应采用专用砂轮片。

6.5 切割表面与钢材表面垂直度误差应不大于钢材厚度的10%，且不得大于2mm。

6.6 下料后的钢板应进行矫平，要求每平方米的钢板的平面度误差不大于1.5mm。

6.7 下料后的槽钢、工字钢、角钢和圆钢等型材矫直后的直线度误差每米不大于1.5mm。

6.8 钢管下料端面与轴线的垂直度公差为管子直径的1%，且不得超过2mm。

6.9 切割面应平整，不得有裂纹。毛刺、凸凹、缩口、熔渣、氧化铁、铁屑等应予以清除。下料后的料件表面无划伤、磨损、锈蚀等。

6.10 下料后料件尺寸偏差应符合表1的规定。

表1 料件尺寸偏差

尺寸范围/m	<0.5	0.5~2	2~4	>4
尺寸偏差/mm	±0.8	±1.2	±2.0	±3.0

7 钢材的矫正及边缘加工

7.1 划线前，变形超过表2规定的各种钢材，均须矫正以达到要求的公差。

表2 钢材矫正后的几何公差　　　　　　　　　　（单位：mm）

项目		公差Δ	图例
钢板的局部平面度	厚度δ≤14mm	1.5	
	厚度δ>14mm	1	
型钢弯曲度		(1.5/1000)L	
角钢肢的垂直度		b/100 且不大于1.5	
工字钢、H型钢、槽钢翼缘对腹板的垂直度		b/100 且不大于2	
工字钢、H型钢、槽钢的歪扭		不大于3.0	

7.2 冷矫正和冷弯曲一般用辊式矫正机或压力机来进行，用于次要结构的钢材可放在平台上用平锤矫正。

7.3 矫正后的钢材表面，不应有明显的凹凸面或损伤，表面质量应符合 GB 50205—1995 的规定。

7.4 气割或机械剪切的零件需要进行边缘加工时，其刨削量不应小于2.0mm。

7.5 焊缝坡口尺寸应按工艺要求确定，常用的坡口形式及尺寸见 GB/T 985—1988。

8 钢材的成形弯曲

8.1 当弯曲半径大于下列数值时，可对钢材进行冷弯。

　　钢板：$R \geq 25\delta$　　　　　　　　R——弯曲半径；δ——钢板厚度。
　　工字钢：$R \geq 25H$ 或 $R \geq 25B$　　H——工字钢高度；B——工字钢腿宽。
　　槽钢：$R \geq 25H$ 或 $R \geq 45B$　　H——槽钢高；B——槽钢腿宽。
　　角钢：$R \geq 45B$　　　　　　　　B——角钢肢宽（对不等边角钢随弯曲方向而定）。

8.2 当弯曲半径小于8.1规定的数值时，应对钢材进行热弯，钢材应加热到900℃～1100℃，弯曲完成时温度不得低于700℃，对普通低合金钢应注意缓冷、保温。

8.3 弯曲成形的筒体尺寸应符合表3的规定。

表3 弯曲成形的筒体尺寸公差　　　　　（单位：mm）

外径 DN	公差		
	ΔDN	筒体壁厚的圆度 A—B	弯角 C
≤1000	±5	8	3
>1000~1500	±7	11	4
>1500~2000	±9	14	4
>2000~2500	±11	17	5
>2500~3000	±13	20	5
>3000	±15	23	6

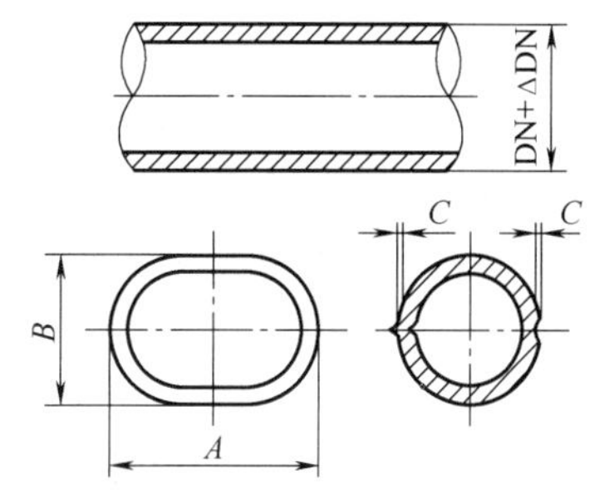

8.4 筒体与筒体或筒体与端盖之间及筒体合缝边的错动 e 不得大于筒壁厚度的10%，且不超过2mm，见图1。

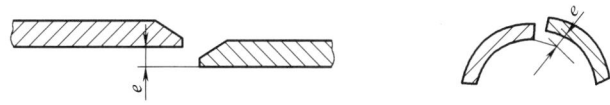

图1 筒体合缝边的错动 e

8.5 对管子进行弯曲成形时，应装砂热弯，加热温度在800℃~1000℃，弯曲过程中温度不得低于700℃；若进行冷弯，则应在专用的弯管机上操作。

8.6 管子的弯曲半径 R 必须大于管子外径 d 的3倍，见图2。

8.7 管子的弯曲半径允差、圆度允差及允许的波纹深度应符合 JB/T 5000.3—1998 的规定。

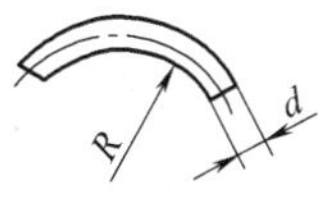

图2 管子外径及其弯曲半径

9 焊接材料

9.1 涂装设备所用焊接材料的质量和规格应符合现行国家标准的要求。

9.2 焊接材料选用：

9.2.1 焊接材料必须附有焊接材料制造厂的质量证明书或质量复检报告。

9.2.2 焊接材料的选用应根据母材的化学成分、力学性能、焊接接头的抗裂性、焊前预热、焊后热处理以及使用条件等综合考虑。

9.2.2.1 同种钢材焊接时，焊接材料的选用，一般应符合下列要求：

a) 应保证焊缝的力学性能和化学成分与母材相当；
b) 工艺性能良好。

9.2.2.2 异种钢材焊接时，焊接材料的选用宜符合下列要求：

a) 牌号不同的结构钢焊接时，选用的焊条、焊丝应与力学性能较高的母材相匹配；
b) 碳素结构钢和低合金结构钢焊接时，选用的焊条、焊丝应与低合金结构钢相匹配；
c) 碳素钢或低合金结构钢与不锈钢焊接时，选用的焊条、焊丝应与不锈钢相匹配；
d) 两侧均为非奥氏体不锈钢时，可根据合金含量较低一侧或介于两者之间的钢材选用；

e）其中一侧为奥氏体不锈钢时，可选用镍含量较该不锈钢高的焊条（焊丝）。

9.2.3 碳钢焊条的选用应符合 GB/T 5117—1995 的规定，不锈钢焊条的选用应符合 GB/T 983—1995 的规定。

9.2.4 前处理中的槽体、电泳中的槽体、喷漆室的积水槽及贮液槽等要求不漏的碳钢构件，可根据焊接方法和焊机的性能选用 E4301、E4303、E5001、E5003、E5015 型焊条。若采用氩弧焊，宜采用 TIG-J50 型焊丝。

9.2.5 对于一般低碳钢构件，如各类平台、走道、梯子及其他小型焊接件等，可采用 E5014 型焊条。

9.2.6 对于要求焊缝整齐光滑的一般低碳钢构件，如用槽钢对焊的立柱、大型槽体钢板的对接，管道对接和与法兰的焊接，可采用 E5014、E4320 焊条。

9.2.7 不锈钢和碳钢之间的间断焊、密封焊可采用 E1-19-23-13-16 型不锈钢焊条；若采用氩弧焊，宜采用 H0Cr25NiB 焊丝。

9.2.8 不锈钢之间的间断焊、密封焊可采用 E0-19-10Nb-16 型不锈钢焊条；若采用氩弧焊，宜采用 H0Cr18Ni9Ti 焊丝。

9.2.9 镀锌板之间的焊接可采用钎接焊，以硅青铜焊丝（一般为 $\phi1.2mm$）进行熔化极氩弧焊来完成；渗铝板之间的焊接可采用钎接焊，以铝青铜焊丝（一般为 $\phi1.2mm$）进行熔化极氩弧焊来完成。

10 焊接

10.1 焊前准备

10.1.1 焊前应仔细检查材料的外形尺寸和表面质量，镀层应无划伤、碰伤，外表面应无锈蚀且色泽正常。

10.1.2 焊前应将坡口表面及坡口边缘内外侧不小于 10mm 范围内的油漆、垢锈、毛刺及镀锌层等清除干净。

10.1.3 不锈钢坡口两侧各 100mm 范围内宜涂上白垩粉或防飞溅涂剂，以防焊接飞溅物沾污焊件表面。

10.1.4 焊条、焊丝、焊剂等焊接材料在使用前应按出厂说明书的规定烘干，并在使用过程中保持干燥，焊条药皮应无脱落和显著裂纹。焊丝使用前应清除表面油污锈蚀等。

10.2 焊接前预热

低含碳量钢结构件，可在任何温度下进行焊接。但为了避免焊接过程产生裂纹及脆性断裂，厚度较大的焊接件，必须根据工艺要求，进行焊前预热和缓冷。具体要求见表4。

表 4 常用钢材焊前预热

钢号	厚度/mm	焊前预热/℃
Q215～Q235	—	不预热
09Mn2、09Mn2Si、09MnV、12Mn	—	不预热
16Mn	≤25	不预热
16MnRE、09MnNb	>25	≥100

10.3 焊接

10.3.1 对厚度大于或等于 3mm 的碳钢构件（如平台、骨架）可采用手工电弧焊，对厚度

3mm 以下的板件宜采用惰性气体保护焊。

10.3.2 不应在焊缝以外的母材上引弧。

10.3.3 槽体、室体焊接：

a) 槽体的焊缝应采用双面焊；

b) 接管与槽体的焊接接头应采用双面焊；

c) 厚度小于3mm的板材拼接见图3；厚度大于或等于3mm板材拼接必须开坡口，其坡口形式见图4；多张板材拼接时，不允许存在"十"字焊缝，焊缝应错位布置，叉开距离应大于100mm；

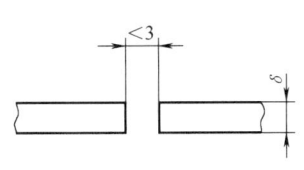

图3 板材的拼接

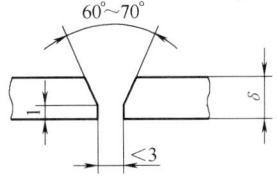

图4 板材拼接的坡口形式

d) 对于多层焊接，底层焊缝必须采用惰性气体保护焊，中、顶层可采用电焊；

e) 前处理装置和电泳装置的喷洗段室体壁板折边后内侧满焊、外侧断续焊；为避免满焊后壁板变形，单独的壁板焊接前宜采用预变形。

10.3.4 钢管焊接和钢管与法兰焊接：

a) 宜优先采用电焊。气焊仅适用于外径小于或等于32mm，壁厚小于或等于3.5mm的管道焊接，焊接时管内防止穿堂风；

b) 薄壁不锈钢管道的焊接应采用惰性气体保护焊；厚壁不锈钢管道的焊接可采用惰性气体保护焊打底，电弧焊盖面的联合焊接方法。

10.3.5 风管的焊接：

a) 前处理装置和喷漆室的排气风管法兰连接处采用连续焊以免漏水；

b) 烘干炉用风管应采用气体保护焊，所有焊缝应用连续密封焊；

c) 不锈钢风管宜采用氩弧焊；

d) 风管与角钢法兰的连接，当管壁厚度大于1.5mm时，可采用翻边点焊或沿风管的周边将法兰满焊。

10.3.6 钢结构焊接：

a) 施焊前，应检查焊体部位的组装和表面清理的质量，如不符合要求，应修整合格后方能施焊。焊接连接组装允许偏差值见表5。

b) 定位焊，焊缝高度不宜超过设计焊缝厚度的2/3，焊缝长度宜大于25mm，间距宜为500mm～600mm，并应填满弧坑。如发现焊缝上有气孔或裂纹，应清除干净后重焊。

c) T型接头角焊缝和对接接头的平焊缝，其两端必须配置引弧板和引出板，其材质和坡口型式应与被焊工件相同。手工焊引弧板和引出板长度，应大于或等于50mm，宽度应大于或等于50mm；焊缝引出长度应大于或等于25mm。自动焊引弧板和引出板长度，应大于或等于150mm，宽度应大于或等于80mm；焊缝引出长度应大于或等于80mm。

d) 在组装的构件上施焊，应严格按焊接工艺规定的参数以及焊接顺序进行，以控制焊后构件变形。采用多层焊时,应将前一焊缝表面清理干净后再继续施焊。

10.3.7 异种金属之间焊接:

a) 不锈钢钢板厚度小于 4mm 时,在不锈钢和普通钢板之间,必须固定有不锈钢的中间垫板(厚度为 2mm~3mm),普通钢板在焊接前其焊接表面必须要涂有特定的焊接助剂;

b) 不锈钢钢板厚度大于或等于 4mm 时,可不要中间垫板,钢板在焊接前要涂以特定的焊接助剂。

表 5 焊接连接组装允许偏差

项目		允许偏差	连接示意图
对接间隙 b		±1.0mm	
边缘高差 e	$4\text{mm}<\delta\leqslant 8\text{mm}$	+1.0mm	
	$\delta>8\text{mm}$	+2.0mm	
坡口	坡口角度 α	±5°	
	钝边 p	±1.0mm	
搭接	长度 L	±5.0mm	
	间隙 b	+1.0mm	
顶接间隙 b		+1.0mm	

10.3.8 用槽钢、工字钢等型材制造的结构件尽量采用整体制作；对于超长件或为充分利用材料，经需方同意，允许拼接，其拼接形式见图5。

10.3.9 涂装设备的焊接要求还须符合 GB 50236—1998 的有关规定。

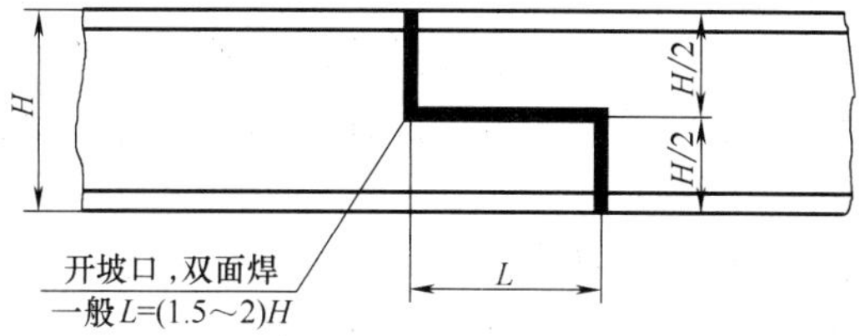

图 5 型材的拼接形式

11 焊缝

11.1 焊缝的基本符号见 GB/T 324—1988，焊缝的尺寸应符合 GB/T 985—1988。

11.2 在焊接构件施工图中凡未注明钢板对接的焊缝、槽钢对接的焊缝、型钢拼接的焊缝，均为 I 型焊缝，双面连续焊接。对板厚大于 3mm 的对接接头，要求开坡口，以防止焊不透，坡口尺寸见 GB/T 985—1988。

11.3 钢板与钢板之间的搭接（垂直和水平搭接）、槽体钢板与加强筋板或型钢的焊接、型钢和型钢的拼接及钢管和法兰的焊接均应采用角焊缝，双面连续焊接。

11.4 对接焊缝的加强高应不大于 4mm；角焊缝的焊脚高度，在图样未规定时，取等于施焊件中较薄者之厚度。

11.5 在焊接构件施工图中凡管道对接未注明的焊缝，均应为 V 型焊缝、单面焊接、连续焊缝。

11.6 平台、走道的花纹钢板与其他骨架的连接，在不影响美观的条件下，可采用角焊缝，单面断续焊接，焊缝长 50mm，焊缝间距 100mm。

11.7 由型钢组成的前处理及电泳设备的槽罩骨架、喷漆室室体的骨架、烘干室的骨架、其他室体的骨架以及各类通风平台的骨架，全部应采用角焊缝，双面连续焊接。

11.8 各类抽风罩、通风管的钢板和钢板之间，应采用 I 型焊缝，单面连续焊接；钢板和法兰之间采用角焊缝，单面连续焊接。

11.9 不锈钢壁板与骨架焊接时可采用塞焊，为 1mm~3mm 的板，孔径 ϕ5mm~ϕ8mm，孔距 100mm~200mm。

11.10 槽体钢板与加强筋板或型钢的焊接，应采用角焊缝、双面断续焊缝，焊缝长 50mm，焊缝之间距 100mm~150mm；室体壁板与加强筋板或型钢的焊接，应采用角焊缝、双面断续焊缝，焊缝长 50mm，焊缝之间距 150mm~200mm。

11.11 前处理装置、电泳室体壁板折边后内侧应为惰性气体保护焊连续焊缝；外侧为断续焊缝，焊缝长 30mm，焊缝间距 300mm。

12 检验

12.1 焊缝的质量评定：

12.1.1 焊后必须对焊缝进行外观检查，检查前应将焊渣、飞溅物清理干净。

12.1.2 焊缝表面及热影响区不得有裂纹；焊缝表面焊波均匀，不应有夹渣、焊瘤、气孔、咬边等缺陷。

12.1.3 焊缝的宽度应基本一致，要求平直无明显毛刺。

12.1.4 外观检查应在无损探伤、强度试验及致密性试验之前进行。

12.1.5 焊缝表面质量和内部质量的评定参照 GB 50236—1998 的有关规定进行。

12.1.6 焊缝的宽度以每边超过坡口边缘 2mm 为准。角焊缝的焊脚高应符合设计规定，其外形应平缓过渡，表面不得有明显的裂纹、气孔、夹渣等缺陷，咬边深度不得大于 0.5mm。

12.1.7 对于槽体要求衬里的焊缝要打磨光滑，无毛刺和明显的不平。

12.1.8 进行无损检测的焊缝，其不合格部位必须返修，返修后仍须按原规定方法进行无损检测。

12.2 焊接结构件的未注尺寸与几何公差：

12.2.1 焊接结构件的几何公差：

焊接件的直线度、平面度和平行度公差应符合表 6 的规定。

表 6 焊接件的直线度、平面度和平行度公差　　　　　（单位：mm）

精度等级	公称尺寸（平面上的最大边长）									
	>30~120	>120~400	>400~1000	>1000~2000	>2000~4000	>4000~8000	>8000~12000	>12000~16000	>16000~20000	>20000
E	0.3	0.5	0.8	1.2	2.0	3.0	4.0	5.0	6.0	7.0
F	0.5	1.0	1.5	2.0	3.0	4.0	5.0	6.0	7.0	8.0
G	1.0	1.5	3.0	4.5	6.0	8.0	10	12	14	16
H	1.5	3.0	5.5	9.0	11	16	20	22	25	25

12.2.2 未注公差的长度的极限偏差见表 7。适用于焊接零件和焊接组件的长度尺寸，如外部、内部尺寸、台阶尺寸，宽度和中心距尺寸等。

表 7 未注公差的长度的极限偏差　　　　　（单位：mm）

精度等级	公称尺寸（平面上的最大边长）									
	>30~120	>120~400	>400~1000	>1000~2000	>2000~4000	>4000~8000	>8000~12000	>12000~16000	>16000~20000	>20000
A	±1.0	±1.0	±1.5	±2.0	±2.5	±3.0	±5.0	±7.0	±9.0	±11.0
B	±1.5	±1.5	±2	±2.5	±3.0	±4.0	±6.0	±8.0	±10.0	±13.0
C	±3.0	±4.0	±6.0	±8.0	±11.0	±14.0	±18.0	±21.0	±24.0	±27.0
D	±4.0	±7.0	±9.0	±12.0	±16.0	±21.0	±27.0	±32.0	±36.0	±40.0

12.2.3 未注公差的角度的极限偏差按表 8。公称尺寸以短边度量，其长度从图样标明的基准点算起，见图 6。如在图样上不标注角度，而只标注长度尺寸，则允许偏差以 mm/m 计。一般选 B 级，可不标注，选用其他精度等级均应在图样上标注。

表 8 未注公差的角度的极限偏差

精度等级	公称尺寸（短边长度）/mm					
	≤315	>315~1000	>1000	≤315	>315~1000	>1000
	极限偏差			极限偏差/(mm/m)		
A	±20′	±15′	±10′	±6.0	±4.5	±3.0
B	±45′	±30′	±20′	±13.0	±9.0	±6.0
C	±1°	±45′	±30′	±18.0	±13.0	±9.0
D	±1°30′	±1°15′	±1°	±26.0	±22.0	±18.0

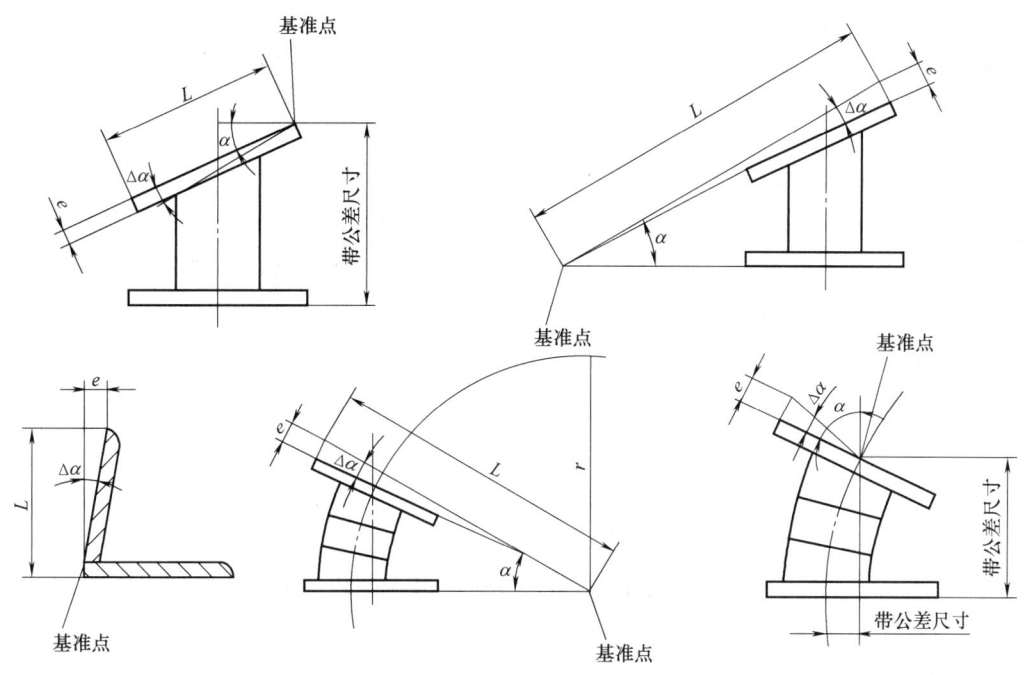

图 6　角度的公称尺寸及其基准点

12.2.4　焊接结构件的尺寸、角度及几何公差精度等级选用见表9。

表 9　焊接结构件的尺寸、角度及几何公差精度等级

精度等级		应用范围
长度尺寸、角度	几何公差	
A	E	尺寸精度要求高,重要的焊接件
B	F	比较重要结构,焊接和矫直产生的热变形小,成批生产
C	G	结构复杂,如箱形结构,焊接和矫直产生的热变形大
D	H	允许偏差大的结构件

12.3　密封性检查:

12.3.1　实施密封性检查之前不得在焊缝处涂以防锈油和防锈漆。

12.3.2　密封性检查可采用如下方法:

a)　槽体的密封性检验可采用灌水并持续24h检查,进行密封性检验时,焊缝区应无涂层。

b)　采用煤油渗漏试验。

c)　采用渗透剂和着色剂进行密封性检验。

12.3.3　不锈钢焊接件必须在焊接24h后进行密封性检查,检查前先清理焊缝并进行表面处理。

12.4　涂装设备焊接件的检验还须符合 GB 50236—1998 的有关规定。

13 标志、包装、运输及贮存

13.1 标志

涂装设备的焊接件应有标志。可按需要在适当部位粘贴标记或挂标签。标志应注明制造令号、图号、件号、数量等。涂装设备的标志要具备可追溯性。

13.2 包装

13.2.1 产品包装应根据产品的特点及储运条件采用不同的包装形式和保护方法，以确保被包装件不致变形而影响原有质量。

13.2.2 自包装之日起，在正常储运条件下应保证至少半年内不致因包装不善而引起产品锈蚀、长霉、损坏、降低精度和丢失等。

13.2.3 产品经检验合格，并做好防护后方可进行包装。

13.3 运输及贮存

13.3.1 产品在装卸运输时，应保证不发生碰撞、锈蚀和污染。

13.3.2 产品入库后应摆放合理、整齐有序，防止变形和划伤。

第三节 涂装设备通用技术条件 第3部分：涂层

一、概论

涂层是涂料一次施涂所得到的固态连续膜，是为了防护、绝缘、装饰等目的，涂布于金属、织物、塑料等基体上的塑料薄层。涂料可以为气态、液态、固态等多种形式，通常根据需要喷涂的基体材质决定涂料的种类和状态。随着涂料涂装技术发展，涂料品种日益增多，质量和性能不断提高，且具有施工方便、成本低廉、附加价值高等优点，在农业、国防、科研、建筑、机械、电子电器、食品包装等各行业得到了广泛应用。

涂装设备中存在大量由普通钢材制成的零部件，使用过程中可能出现锈蚀等问题，必须进行适当的表面涂覆处理。为规范涂装设备构件的涂层加工工艺，全国金属与非金属覆盖层标准化技术委员会组织相关单位专家制定了涂装设备涂层的通用技术条件行业标准。JB/T 10394.3—2002《涂装设备通用技术条件 第3部分：涂层》为首次制定，于2002年12月27日发布，2003年4月1日实施。

二、标准主要特点与应用说明

该标准规定了涂装设备涂层的技术要求、涂层质量、检验项目及检验方法，适用于各种涂装设备及零部件的涂层。

关于涂装设备涂层的术语和定义，该标准规定采用GB/T 5206.1《色漆和清漆 词汇 第一部分 通用术语》、GB/T 8264《涂装技术术语》和GB/T 11372《防锈术语》确立的术语和定义；关于涂装设备涂层的技术要求，该标准规定了设备中如无特殊要求一般可不涂装的制件、涂装前制件表面处理、清理后的表面临时防锈/防尘、涂装要求、涂料、涂装施工、颜色、环境、安全、卫生等的技术要求，还规定了涂层的检验项目和检验方法的相关要求。这些都是一般设备零部件生产必备的基本技术要求，是生产和使用涂装设备时必须满足的。

该标准属于一项技术标准，其他内容与一般技术标准相当。

三、标准内容（JB/T 10394.3—2002）

涂装设备通用技术条件　第3部分：涂层

1　范围

本部分规定了涂装设备涂层的技术要求、涂层质量、检验项目及检验方法。

本部分适用于各种涂装设备及其零部件的涂层。

2　规范性引用文件

下列文件中的条款通过 JB/T 10394 的本部分的引用而成为本部分的条款。凡是注日期的引用文件，其随后所有的修改单（不包括勘误的内容）或修订版均不适用于本部分，然而，鼓励根据本部分达成协议的各方研究是否可使用这些文件的最新版本。凡是不注日期的引用文件，其最新版本适用于本部分。

GB/T 1720　漆膜附着力测定法

GB/T 5206.1　色漆和清漆　词汇　第一部分通用术语

GB/T 6514　涂装作业安全规程　涂漆工艺安全及其通风净化

GB/T 6807　钢铁工件涂漆前磷化处理技术条件

GB/T 7691　涂装作业安全规程　劳动安全和劳动卫生管理

GB/T 8264　涂装技术术语

GB/T 8923　涂装前钢材表面锈蚀等级和除锈等级

GB/T 11372　防锈术语

3　术语和定义

GB 5206.1、GB/T 8264 和 GB 11372 确立的术语和定义适用于 JB/T 10394 的本部分。

4　技术要求

4.1　设备中如无特殊要求一般可不涂装的制件

　　a）不锈钢、塑料、橡胶和玻璃等材料的制件；

　　b）镀锌板（表面无损伤）的制件；

　　c）已涂装的外购件和外协件，若涂膜被破坏则须补涂。

4.2　涂装前制件表面处理

4.2.1　用于腐蚀性较强的环境下的钢铁制件表面及长期受潮或在潮湿环境下作业的钢铁制件（如电泳槽等）表面除锈等级必须达到 Sa2½ 级（见 GB/T 8923）。

4.2.2　用于轻度腐蚀的环境下的钢铁制件表面除锈等级必须达到 Sa2 级（见 GB/T 8923）。

4.2.3　涂装设备中碳钢制件暴露在大气中的外表面应进行除锈处理，除锈等级应达到 St2 级的要求（见 GB/T 8923）。

4.2.4　经手工打磨的制件表面，不应残存浮锈、氧化皮、型砂、焊渣、油污等。

4.2.5　经酸洗处理的制件，其表面应无氧化皮、锈迹、脏物、油污、酸碱液等。

4.2.6　有色金属制件表面涂装前应进行相应前处理。

4.2.7　磷化处理的钢制件应符合 GB/T 6807 的要求。

4.3　清理后的表面临时防锈/防尘

已经清理过的表面若暂时不能进行涂装时，应对其进行防护处理。可采用黏性纸、黏性箔片、可剥涂料以及可洗去的防护性物质进行保护。

4.4 涂装要求

4.4.1 对金属表面进行喷砂喷丸除锈等前处理后与涂漆的间隔时间一般不得大于 4h，涂漆前的表面不应有锈蚀或污染。

4.4.2 所有需涂装的部位至少应涂底层和面层。

4.4.3 组装后将被遮盖或无法再涂装的部位（如液槽底部、加强筋的里表面，箱形结构的内表面等），应预先涂装。

4.4.4 所有需要在现场焊接的零部件应留出 50mm 的无涂层边缘。

4.4.5 铆接件相互接触的表面，在连接前应涂装。

4.4.6 涂件表面如有斑痕、凸凹缺陷，须用腻子刮平，腻子层不得脱落。

4.5 涂料

4.5.1 涂料品种应根据工件材质、涂层要求、使用环境、施工条件、经济性决定。涂料中不应含硅酮。

4.5.2 所用涂料必须有质量合格证明。

4.5.3 凡标牌不清，品质不明，包装破损的涂料应经检验鉴定合格后方可使用。不符合产品质量要求或超过产品储存期的涂料不可使用。

4.5.4 所用涂料使用前应进行相应的质量检验。

4.6 涂装施工

4.6.1 涂装施工前涂料的调配应按产品说明书的规定进行，调配好的涂料应在规定的时间内使用。

4.6.2 液体涂料在使用前应充分搅拌均匀，并用筛过滤。

4.6.3 涂料涂装前，应检查制件表面处理质量，不符合要求的不能进行涂装。

4.6.4 分次涂装的涂层，应按涂料产品说明书规定的涂装间隔时间进行。若超过规定的时间间隙，应对前道涂层表面做必要的打毛处理。

4.6.5 涂层总厚度应满足设计要求；设计中无明确规定，应满足表 1 的要求。

表 1 涂层厚度　　　　　　　　　　　　　　（单位：μm）

涂层性质	涂层总厚度
一般装饰性	60～100
保护性涂层	100～180
防腐性涂层	180～250

4.6.6 在安装、调整或移动过程中，如将原涂层破坏，应彻底清除损坏处的油、泥、灰尘等污物，再用相同的涂料补涂。

4.6.7 两色面漆相交处，交线应清晰、平整。

4.6.8 涂层未干前，应妥善保护，防止弄脏和损伤并避免大风吹和太阳直晒。

4.6.9 电泳槽的内表面应采用聚丙烯（PP）、聚氯乙烯（PVC）或玻璃钢等绝缘材料，其性能应满足电泳工艺要求。

4.7 颜色

4.7.1 设备外部表面的颜色由用户及生产厂家协商确定。

4.7.2 栏杆扶手均应涂以黄颜色。
4.7.3 指示器上表示极限位置的刻度、保险装置的手柄开关的颜色应为红色。
4.7.4 设备上的各种管路外表面颜色按表 2 选用。

表 2 管路外表面颜色

管路的种类	面漆的颜色	管路的种类	面漆的颜色
油管	棕色	煤气管	蓝色
水管	淡绿色	电线管	灰色
蒸气管	铝色	酸或碱管	紫色
压缩空气管	浅蓝色	热水管	红色
纯水管	白色	排风管	银灰

4.7.5 管道上应涂上表示介质流动方向的箭头。介质可能有两个方向流动时，应标出两头相反的箭头。箭头一般涂成白色或黄色，底色若为浅色则涂成深色箭头。

4.8 环境、安全、卫生
4.8.1 涂装施工应在清洁、干燥、空气流通、光线充足的地方进行。环境温度应保持在 10℃～35℃。相对湿度不大于 75%。施工用具必须清洁，喷涂用压缩空气应保持清洁干燥。
4.8.2 涂装施工安全应符合 GB 6514 的要求。涂装施工卫生应符合 GB 7691 的要求。

5 检验项目及方法
5.1 制件表面清理检查使用目视法，应符合 4.2 要求。
5.2 制件涂层总厚度使用测厚仪测量，结果应符合表 1 要求。
5.3 制件涂层附着力，使用附着力测定仪，按照 GB/T 1720 规定进行测定，结果应符合产品要求。
5.4 制件涂层外观质量检验按产品要求执行。

第四节 涂装设备通用技术条件 第 4 部分：安装

一、概论

工件每经一次装夹后所完成的那部分工序称为安装，也就是按照一定的方法、规格把机械或器材（多指成套的）固定为一定装置的过程。

涂装设备由大量的零部件及配套设备组成，设备安装质量的高低决定了成套系统使用效果和涂层的质量。为规范涂装设备的安装，全国金属与非金属覆盖层标准化技术委员会组织相关单位专家制定了涂装设备安装的通用技术条件行业标准。JB/T 10394.4—2002《涂装设备通用技术条件 第 4 部分：安装》为首次制定，于 2002 年 12 月 27 日发布，2003 年 4 月 1 日实施。

二、标准主要特点与应用说明

该标准规定了涂装设备及主要配套设备的安装通用技术要求，适用于涂装设备的钣金件、焊接件、管道及主要配套件的安装与验收。

关于涂装设备及主要配套设备安装的术语和定义,该标准规定采用 GB/T 8264《涂装技术术语》确立的术语和定义;关于涂装设备安装前的技术要求,该标准规定了一般要求、安装前的施工准备的要求;关于涂装设备的安装与验收的技术要求,该标准规定了一般要求,风机、泵的安装及验收,管道的安装施工及验收,设备和管道的保温及验收,输送设备的安装及验收,通风及空调系统的安装及验收,以及涂装设备的试运转及调试的要求。这些都是一般设备零部件生产必备的基本技术要求,是生产和使用涂装设备时必须满足的。

该标准属于一项技术标准,其他内容与一般技术标准相当。

三、标准内容（JB/T 10394.4—2002）

涂装设备通用技术条件　第 4 部分：安装

1　范围

本部分规定了涂装设备及主要配套设备的安装通用技术要求。

本部分适用于涂装设备的钣金件、焊接件、管道及主要配套件的安装及验收。

2　规范性引用文件

下列文件中的条款通过 JB/T 10394 的本部分的引用而成为本部分的条款。凡是注日期的引用文件,其随后所有的修改单（不包括勘误的内容）或修订版均不适用于本部分,然而,鼓励根据本部分达成协议的各方研究是否可使用这些文件的最新版本。凡是不注日期的引用文件,其最新版本适用于本部分。

GB/T 8264　涂装技术术语

GB/T 12777　金属波纹管膨胀节通用技术条件

GB/T 16749　压力容器波形膨胀节

GB 50205　钢结构工程施工质量验收规范

GB 50231　机械设备安装工程施工及验收通用规范

GB 50235　工业金属管道工程施工及验收规范

GB 50236　现场设备、工业管道工程施工及验收规范

GB 50243　通风与空调工程施工质量验收规范

GB 50249　通风与空调工程及验收规范

GB 50270　连续输送设备安装工程施工及验收规范

GB 50275　压缩机、风机、泵安装工程施工及验收规范

JGJ 82　钢结构高强度螺栓连接的设计、施工及验收规程

JB/T 10394.2　涂装设备通用技术条件　第 2 部分：焊接件

3　术语和定义

GB/T 8264 确立的术语及定义适用于本部分。

4　一般要求

4.1　涂装设备及主要配套设备的安装应符合施工图设计的要求,并应符合本部分的规定。当需要修改设计时,应取得原设计单位同意,并应签署设计变更文件。

4.2　安装所用的主要的或用于重要部位的材料,应符合设计和国家现行有关标准的规定,并有合格证明。

4.3 安装所用的所有非金属材料（设备的密封材料、润滑材料、涂层及保温材料等）中不应含有硅酮。

4.4 安装所用的各种计量和检测器具应符合国家现行计量法规的规定，其精度等级不应低于被检对象的精度等级。

4.5 安装中的隐蔽工程，应在工程隐蔽前进行检验，并做出记录，合格后方可继续安装。

4.6 涂装设备的安装，应根据工艺要求和施工组织设计进行；并应实行工序检验。工程验收时，应以工序检验记录为依据。

4.7 与涂装设备配套的压力容器、压力管道、消防设施和起重设备的安装应按劳动部有关规定和规程执行。

5 安装前的施工准备

5.1 安装工程施工前，应具备相关的设计和设备的技术文件，并应编制施工组织设计或施工方案。

5.2 安装现场的水、电、气、照明、消防设施应符合施工要求，有条件的应划分出设备、材料临时堆放场地。

5.3 大型设备搬运前，应对运输道路进行实地考察，并应根据车间（厂房）基础承载能力确定搬运工具及搬运路线。必要时，在厂房设计时考虑增设吊装设备。

5.4 需使用大型起重设备（如汽车吊）时，应了解作业场地基础承载能力，对于回填土地面应采取加强措施，防止起重设备作业时发生倾倒。

5.5 利用安装好的钢结构作为起吊、搬运设备的承力点时，应对结构的承载力进行核算；必要时应征得该钢结构设计单位的同意。

5.6 采用螺栓连接的大型钢结构构件，在发送安装工地前应进行整体或单元体预拼装。安装时应根据预拼装简图或构件编号进行施工。

5.7 对于整体制作的易变形的单元体构件（如烘房、隧道等），吊装、搬运前应采取临时加固措施。

5.8 涂装设备的配套件供应计划应根据安装进度计划编制，并设专人负责组织配套件的开箱、验收、登记、保管、发放及相关技术文件的整理。

5.9 涂装设备及主要配套设备的安装基础、放线及地脚螺栓的位置、几何尺寸和质量要求应符合 GB 50205 和 GB 50231 中的有关规定。

6 涂装设备的安装与验收

6.1 一般要求

6.1.1 设备上定位基准的点、线或面对安装基准的允许偏差为：

标高：±5mm；

平面位置：±5mm；

中心线位移：5mm。

6.1.2 钢结构件拼装前，应清除飞边、毛刺、焊接飞溅物。钢构件的连接接头，应经检查合格后方可坚固或焊接。

6.1.3 安装使用的临时螺栓和冲钉，在每个节点上穿入的数量，应根据安装过程所承受的荷载计算确定，并应符合下列规定：

6.1.3.1 不应少于安装孔总数的 1/3。

6.1.3.2 临时螺栓不应少于2个。

6.1.3.3 冲钉不宜多于临时螺栓的30%。

6.1.3.4 扩钻后的A、B级螺栓孔不得使用冲钉。

6.1.4 永久性的普通螺栓连接应符合下列规定：

6.1.4.1 每个螺栓一端不得垫2个以上的垫圈，并不得采用大螺母代替垫圈。螺栓拧紧后，外露螺纹不应少于2个螺距。

6.1.4.2 螺栓孔不得采用气割扩孔。

6.1.5 安装焊缝的质量应符合设计要求和JB/T 10394.2的有关规定。

6.1.6 安装定位焊缝应符合JB/T 10394.2的规定。当承受荷载时，焊点数量、厚度和长度应由计算确定。

6.1.7 焊接和高强度螺栓并用的连接，当设计无特殊要求时，应按先栓后焊的顺序施工。

6.1.8 采用高强度螺栓连接的设计与施工应符合JGJ 82的规定。

6.1.9 高强度螺栓拧紧采用的扭矩扳手和检查采用的扭矩扳手，在每班作业前后，均应进行矫正，其扭矩误差应分别为使用扭矩的±5%和±3%。

6.1.10 壁板表面不得有明显可见的划痕、锤击碰撞凹坑、密集腐蚀斑点、焊疤和飞溅物等。

6.1.11 各设备的主要零部件安装允许偏差如下：

6.1.11.1 设备主体的立柱、横梁的垂直度、直线度公差为1mm/1000mm且全长不大于5mm。

6.1.11.2 平台的主梁与次梁表面标高允许偏差为±2mm。

6.1.11.3 栏杆的直线度公差为1mm/1000mm且全长不大于15mm；垂直度公差为$H/1000mm$，H为栏杆高度。

6.1.11.4 栏杆的立柱间距允许偏差为±10mm。

6.1.11.5 直梯的垂直度公差为$H/1000mm$，H为梯子高度。

6.1.11.6 壁板类构件（隧道、喷漆室、通道、烘房等壁板钣金件）拼装的平面度、垂直度公差见表1。

表1 壁板类构件拼装的平面度、垂直度公差　　　　（单位：mm）

	平面度公差	垂直度公差
焊接式	3/1000,全长≤10	2/1000,全长≤6
插接与螺栓连接	2/1000,全长≤5	1/1000,全长≤5

6.1.11.7 喷漆室的淌水板、水帘板的平面度公差为1.2mm/1000mm且全长任意6m测量范围内不大于3mm。

6.2 风机、泵的安装及验收

风机、泵的安装及验收应符合GB 50275中的有关规定。

6.3 风管及部件安装

6.3.1 风管安装的水平度、垂直度公差：

水平度公差：3mm/1000mm且全长≤20mm。

垂直度公差：2mm/1000mm且全长≤20mm。

6.3.2 金属波形膨胀节的设计、制造与安装应符合 GB/T 12777 和 GB/T 16749 中的有关规定。

6.3.3 不得利用膨胀节的补偿量弥补风管安装误差。

6.3.4 分段制造、采用对接角钢法兰螺栓连接的高温风管，安装后应将内圈接合缝焊接密封，也可焊接角钢法兰外圈，但必须将全部螺栓连接面焊接密封。

6.3.5 风管及部件安装的其他技术要求应符合 GB 50249 中的有关规定。

6.4 管道的安装施工及验收

管道的安装及验收应符合 GB 50235 和 GB 50236 中的有关规定。

6.5 设备和管道的保温及验收

6.5.1 用样品对照检查保温材料的容量、质量。

6.5.2 保温材料的运输、存放不得受潮、淋雨。

6.5.3 保温工程应在设备和管道外观检查、检漏或试压合格及防腐处理后进行。

6.5.4 保温钉与绝热面应接合牢固。

6.5.5 保温钉的数量：底面不应少于 16 个/m^2，侧面不应少于 10 个/m^2，顶面不应少于 6 个/m^2，首行保温钉距保温材料边沿的距离应小于 120mm。

6.5.6 保温材料纵向接缝不宜设在风管或设备底面。

6.5.7 多层保温结构应进行层间检查，检查层间紧密程度及与保温面的紧密程度，并做检查记录，层间的纵横向接缝应错开。

6.5.8 保温层的厚度及表面平整度公差应符合表 2 要求。

6.5.9 带有防潮层保温材料的拼缝应采用黏胶带封严，黏胶带的宽度不应小于 50mm。

6.5.10 金属保护壳应紧贴保温层，不得有脱壳、褶皱、强行接口。接口搭接应顺水，并有凸筋加强，搭接尺寸为 20mm～25mm。采用自攻螺丝紧固时，螺钉间距应匀均，并不得刺破防潮层。

表 2 保温层的厚度及表面平整度公差

序号	项目	公差	检验方法
1	表面平整度	涂抹 10mm 金属护壳 5mm	用 3m 长靠尺和楔形塞尺检查
2	厚度	预制材料+5% 缠裹材料+8% 填充品+10%	用钢针刺入保温层和用尺检查

6.5.11 用水泥、砂浆等材料作保护层，配料应正确，内设金属网应紧箍保护层，搭接不应小于 30mm。

6.5.12 硬质或半硬质保温管壳之间的缝隙，用于保温的不应大于 5mm，用于保冷的不应大于 2mm，并用粘接材料勾缝填满，纵缝应错开，外层的水平接缝应设在侧下方。

6.5.13 硬质或半硬质管壳应用金属丝或耐腐蚀织带捆扎，其间距为 300mm～350mm，且每节至少捆扎两道。

6.5.14 卷材作防潮层时，可用螺旋形缠绕的方式牢固粘贴在保温层上。卷材的搭接宽度宜为 30mm～50mm。

6.5.15 油毡纸作防潮层时,可用包卷方式包扎,搭接宽度宜为 50mm~60mm。

6.6 输送设备的安装及验收

输送设备的安装及验收应符合 GB 50270 的有关规定。

6.7 通风及空调系统的安装及验收

通风设备及空调系统的安装及试验应符合 GB 50243 的有关规定。

7 涂装设备的试运转及调试

7.1 涂装设备的测定和调试应按下列程序和项目进行:

a) 设备单机运转;

b) 系统联动试运转;

c) 无生产负荷系统联合试运转的测定和调整;

d) 带生产负荷的综合效能试验的测定和调整。

7.2 测定所使用的仪器性能应稳定可靠,精度应高于被测定对象的级别,并应符合国家有关计量法规及检定规程的规定。

7.3 涂装设备的测定和调试应符合设计文件要求,并符合现行国家标准的规定。

7.3.1 通风与空调系统应符合 GB 50243 中的有关规定。

7.3.2 压缩机、风机、泵应符合 GB 50275 中的有关规定。

7.3.3 输送设备应符合 GB 50270 中的有关规定。

第五节 喷 漆 室

一、概论

喷漆室是专供喷涂液态涂料、结构及装备最复杂的涂装室,其基本作用是抽风排掉喷涂过程中所产生的漆雾、溶剂等。

喷漆室的主要的功能:

1) 按照所用涂料的喷涂工艺及涂层外观质量要求,创造最佳的涂装条件与工作环境,如能提供净化无尘的空气、良好的照明,喷涂区域温度、湿度始终保持在工艺要求的范围内等。

2) 及时快速地排除喷涂过程中产生的漆雾及溶剂,防止其污染工作环境与被涂物,确保安全生产,并能最大限度捕集漆雾,不使其排到室外,满足环保要求。

喷漆室分类有多种方式,可按照供风方式、排风方式、用途、漆雾捕集方式等进行分类。按照供风方式,分为无供风型喷漆室和供风型喷漆室;按照排风方式,分为侧排风式喷漆室和下排风式喷漆室;按照用途,分为底漆喷漆室、中涂喷漆室和面漆喷漆室、喷涂 PVC 室等;按照漆雾捕集方式,分为干式喷漆室与湿式喷漆室。

干式喷漆室是借助折流板、过滤层捕捉漆雾。原有的干式喷漆室的漆雾收集装置捕集漆雾的容量小,需要经常停产更换,一般适用于小批量的喷涂作业。随着涂料涂装技术进步,干式漆雾捕集装置的结构不断改进,收集漆雾的容量不断增大,并可不停产更换,已经应用于大批量流水线生产。湿式喷漆室是借助于加有油漆凝聚剂的循环水清洗喷漆室的排风,捕集漆雾。湿式喷漆室有文丘里式结构、水旋式结构、旋涡式结构、喷淋式结构、水帘式或水幕式结构等。湿式喷漆室适用于产量大的流水线生产。

目前已开发多种干式喷漆室，并成功批量应用于汽车等喷漆生产线，其漆雾捕集装置主要有三种：

1）备有机械漆雾捕集干式纸盒装置，它是由滤材机械组成的箱式分离模块。

2）以石灰粉为粘漆雾滤料的干式分离技术，分离过程完全自动化。

3）采用静电除尘原理的静电漆雾捕集装置，是用阴极电栅使漆雾荷电，沉积在接地的分离板和风道壁上，并采用含分离剂水溶液润湿分离板，将沉积的涂料洗下，收集在下部槽中。

随着喷漆室应用循环风技术，干式喷漆室对温度湿度调节更加节能，有逐步取代湿式喷漆室的趋势。

喷漆室系统一般包含喷漆室本体、通风系统、漆雾捕集去除系统、照明系统、控制系统、湿式喷漆室循环水系统等。由于喷漆室用途不同，其形状、大小、结构有较大差异，同时，各生产厂家设计、制造的喷漆室都有自己的专有技术，各喷漆室差异较大。

为规范喷涂室的设计、制造、安装、调试及使用与维护，全国金属与非金属覆盖层标准化技术委员会组织相关单位专家制定了喷涂室行业标准。JB/T 10413—2005《喷漆室》为首次制定，于 2005 年 3 月 19 日发布，2005 年 9 月 1 日实施。

二、标准主要特点与应用说明

该标准规定了喷漆室的组成、分类与型号、技术要求、试验与检验、标志、包装、运输与贮存、安装、使用与维护，提出了喷漆室各系统的主要技术要求。该标准适用于喷漆室的设计、制造、安装、调试、使用和维护。

该标准按照漆雾捕集方式，将喷漆室分为干式喷漆室与湿式喷漆室，并对喷漆室室体、漆雾去除装置、通风系统、照明装置、控制系统及湿式喷漆室水（油）循环系统等部分的技术要求进行了详细说明。同时，对喷漆室控制风速试验与检验、漆雾去除率试验与检验、喷漆室内尘埃的许可程度试验与检验，以及喷漆室内的照度试验与检验方法进行了明确的规定。

该标准规定了喷漆室各系统主要技术指标，但在实际应用中，喷漆室设计者或使用方可根据所需要喷涂产品的要求、所采用涂料的技术指标、国家与行业及当地的环境保护政策法规、企业智能制造的配套需求等进行补充规定。

三、标准内容（JB/T 10413—2005）

喷 漆 室

1 范围

本标准规定了喷漆室的组成、分类与型号、技术要求、试验与检验、标志、包装、运输与贮存、安装、使用与维护。

本标准适用于喷漆室的设计、制造、安装、调试、使用和维护。

2 规范性引用文件

下列文件中的条款通过本标准的引用而成为本标准的条款。凡是注日期的引用文件，其随后所有的修改单（不包括勘误的内容）或修订版均不适用于本标准，然而，鼓励根据本标准达成协议的各方研究是否可使用这些文件的最新版本。凡是不注日期的引用文件，其最新版本适用于本标准。

　　GB 2893　安全色（GB 2893—2001，neq ISO 3864：1984）
　　GB 2894　安全标志（GB 2894—1996，neq ISO 3864：1984）
　　GB 6514—1995　涂装作业安全规程　涂漆工艺安全及通风净化（neq NFPA 33：1989）
　　GB/T 8264—1987　涂装技术术语
　　GB 8978　污水综合排放标准
　　GB/T 13384　机电产品包装通用技术条件
　　GB/T 14441—1993　涂装作业安全规程　术语
　　GB 14444—1993　涂装作业安全规程　喷漆室安全技术规定
　　GB 16297　大气污染物综合排放标准
　　JB/T 10394.3—2002　涂装设备通用技术条件　第3部分：涂层

3　术语和定义

　　GB/T 8264 和 GB/T 14441 中确立的以及下列术语和定义适用于本标准。

3.1　漆雾去除装置　removing equipment of paint mist

　　喷漆室中用于对过喷漆雾进行截留的装置，一般可分为干式漆雾去除装置和湿式漆雾去除装置。

3.2　湿式喷漆室　wet-type spray booth

　　以水（油）作为过喷漆雾去除介质的喷漆室。

3.3　干式喷漆室　dry-type spray booth

　　以干式材料作为过喷漆雾去除介质的喷漆室。

4　组成、分类与型号

4.1　组成

　　喷漆室主要由室体、漆雾去除装置、通风系统、照明装置、控制系统及湿式喷漆室水（油）循环系统等部分组成。

4.2　分类

4.2.1　喷漆室可分为干式喷漆室和湿式喷漆室，其分类和代号见表1。

表1　喷漆室分类和代号

类别	型式	特性和适用范围	代号
干式	折流板型	采用折流板捕集漆雾,捕集效率不高,适用于小批量涂装	GZ
	过滤网型	采用过滤网捕集漆雾,捕集效率较高,适用于小批量涂装	GG
	折流板与过滤网型	采用折流板、过滤网捕集漆雾,捕集效率高,适用于小批量涂装	GY
湿式	水(油)幕型	在喷漆操作者对面设置均匀的水(油)幕,含漆雾废气喷到对面的水(油)幕并在通过水(油)幕下与水(油)槽液面的狭缝时形成文丘里效应而捕集漆雾,捕集效率较高,适用于小批量涂装	SM
	水(油)幕喷洗型	具有水(油)幕型结构,在水(油)幕后设置喷洗装置进行二次捕集,捕集效率高,适用于较大批量涂装	SP

(续)

类别	型式		特性和适用范围	代号
湿式	上送风下抽风型	喷射水洗型	上送风下抽风,室内气流均匀,工作环境好,捕集效率高。通过式适用于大批量涂装,非通过式适用于大型工件的批量涂装	SS
		旋风动力型		SD
		文丘里型		SW

4.2.2 推荐的规格尺寸:

喷漆室的长、宽、高尺寸宜在下列系列中优先选用:900mm、1200mm、1500mm、1800mm、2100mm、2400mm、2700mm、3000mm、3300mm、3600mm、3900mm、4200mm、4500mm、4800mm、5100mm、5400mm、5700mm、6000mm、6300mm、6600mm……(模数为300mm)。

4.3 型号

4.3.1 喷漆室型号规定如下:

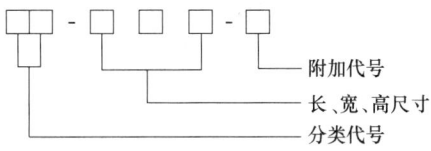

附加代号用阿拉伯数字1、2、3……表示,由制造厂确定,并在产品使用说明书中详细说明。无附加代号时,用0表示。

4.3.2 示例:

喷漆室类型为湿式上送风下抽风的旋风动力型,长为6000mm,宽为4500mm,高为4800mm,其型号为:

喷漆室 SD-6000×4500×4800-0

5 技术要求

5.1 总体要求

5.1.1 喷漆室的控制风速应符合 GB 14444—1993 中 4.1 的规定。控制风速还应分布均匀,控制风速断面内各点风速偏差值不应大于其规定值的20%。

5.1.2 喷漆室在正常运行条件下,涂装作业场所空气中有害物质最高容许浓度应符合 GB 6514—1995 中表2的规定。

5.1.3 喷漆室在正常运行条件下,其各个部位(如门洞、操作口、风管等)应无漆雾外逸。

5.1.4 喷漆室的废气排放应符合 GB 16297 的有关规定。

5.1.5 湿式喷漆室的排放废水经处理后应符合 GB 8978 的有关规定。

5.1.6 喷漆室宜采用耐腐蚀材料制作,采用普通碳钢等非耐腐蚀材料制作的各制件应进行处理,其中隐蔽部分可涂覆防护涂层,其他部分应涂覆防护装饰性涂层,喷漆室的室体内表面应采用光反射率高的涂层。涂漆前应进行相应的前处理,涂层应符合 JB/T 10394.3 的有关规定。

5.1.7 喷漆室室体及其相关联的漆雾去除装置、送排风管道均应采用不燃性材料制造。

5.1.8 喷漆室所有金属制件均应可靠接地。静电喷漆室应设置专用静电接地体,接地电阻不应大于100Ω。

5.1.9 大型喷漆室宜设置可燃气体浓度监测报警器，报警浓度应调整在所监测气体爆炸下限的25%。

5.1.10 喷漆室内部及其排风系统的电动机、电器和电气装置均应符合相应的防爆安全管理规定。

5.1.11 喷漆室各噪声源应采取减振、消声措施，使喷漆室操作位置的噪声不大于85dB（A）。

5.1.12 喷漆室应由具有专业设计、制造资格的单位进行设计、制造。

5.1.13 喷漆室交付使用前应由使用单位会同设计、制造单位及有关劳动、安全等相关部门对其各项技术指标进行检验，检验合格且资料齐备后方可进行验收。

5.2 室体

5.2.1 室体的内部尺寸应根据工件大小确定，并满足作业人员或自动喷漆设备能够对工件任何待喷部位喷漆。工件顶部到室体内顶部的距离应大于1m。

5.2.2 室体各拼接处应无缝隙，室体内表面应平滑、连续而无棱角。

5.2.3 室体的门窗玻璃应不易碎，并采取防震措施。

5.3 漆雾去除装置

5.3.1 干式喷漆室的漆雾去除率应≥90%，湿式喷漆室的漆雾去除率应≥95%。

5.3.2 湿式漆雾去除装置应设置气水（油）分离器，气水（油）分离器宜设置检修门。

5.4 通风系统

5.4.1 通风系统应使得喷漆室的控制风速符合5.1.1的规定。

5.4.2 通风系统应符合GB 14444—1993中4.6的规定。

5.4.3 喷漆室的送风系统的送风温度和湿度应符合所选用涂料的施工工艺要求。冬季送风温度不宜低于12℃。送风系统的加热器不应布置在室体内。

5.4.4 喷漆室的送风系统应设置除尘装置，使得喷漆室内尘埃的许可程度符合表2的要求。

表2 喷漆室内尘埃的许可程度

喷漆室作业类别	作业示例	粒径/μm	粒子数/（个/cm^3）
一般涂装	建筑、防腐蚀涂装等	≤20	≤600
装饰性涂装	公共汽车、重型车辆等	≤10	≤300
高级装饰性涂装	轻型、小型乘用车等	≤5	≤100

5.5 照明装置

5.5.1 照明装置应使得喷漆室内的照度符合表3的要求。

表3 喷漆室内的照度

喷漆室作业类别	作业示例	照度/lx
一般涂装	防腐蚀涂装等	≥300
装饰性涂装	公共汽车、重型车辆等	≥500
高级装饰性涂装	轻型、小型乘用车等	≥800

5.5.2 如无特殊要求，照明装置宜选用天然日光色光源。

5.6 湿式喷漆室水（油）循环系统

5.6.1 水（油）循环系统的总供水（油）量应满足漆雾去除装置充分捕捉漆雾的要求。

5.6.2 循环系统捕集的废漆应定期清理，处理废漆不应造成二次污染。

5.7 控制系统

5.7.1 喷漆区内各用电和用气设备的控制宜采用就近集中控制方式，不宜采用分散控制方式；并不应设置与喷漆作业无关的电器装置。

5.7.2 通风系统、自动喷涂系统和消防报警系统三者之间应互相联锁控制。

5.7.3 湿式喷漆室的通风系统宜与水（油）循环系统联锁控制。

6 试验与检验

喷漆室应由生产厂家进行喷漆室控制风速试验与检验、漆雾去除率试验与检验、喷漆室内尘埃的许可程度试验与检验，以及喷漆室内的照度试验与检验，并提供检验合格证书。

6.1 喷漆室控制风速试验与检验

6.1.1 试验设备：风速仪（误差≤±5%）。

6.1.2 试验方法：

a) 将喷漆室调至正常运行状态；

b) 分别测出喷漆室控制风速断面内距各边沿 100mm～200mm 处的四角及中心点的风速；

c) 上述五点处风速的算术平均值即为喷漆室控制风速。

6.1.3 喷漆室控制风速试验结果应符合 5.1.1 的规定。

6.2 漆雾去除率试验与检验

6.2.1 试验设备及材料：

a) 称量设备（称量为洁净过滤袋质量的 2 倍，感量 5g）；

b) 洁净过滤袋（过滤面积为喷漆室排风系统出口面积的 5 倍～10 倍，孔隙≤5um，初阻力≤40Pa）三只；

c) 涂料 5kg～10kg（或由供需双方另行确定）。

6.2.2 试验方法：

a) 称量洁净过滤袋和涂料质量。

b) 将洁净过滤袋安装在喷漆室排风系统中的适当位置处（具体位置由供需双方协商确定）。

c) 将喷漆室调至正常运行状态。

d) 在距漆雾去除装置 1m 处，对准其进风口喷涂，喷涂速率根据喷漆室大小选取。

e) 关闭喷漆室，取下过滤袋。

f) 将过滤袋干燥后称量。

g) 计算喷漆室漆雾去除效率：

$$\eta = \left(1 - \frac{W_1}{W_2}\right) \times 100\%$$

式中 η——漆雾去除率；

W_1——被过滤袋截留的漆雾的固体分质量（g）；

W_2——试验用涂料的固体分质量（g）。

h) 上述试验重复做三次,取其算术平均值即为喷漆室的漆雾去除效率。

6.2.3 喷漆室的漆雾去除率试验结果应符合5.3.1的规定。

　　注:对于特大型喷漆室,采用上述试验方法确有困难时,可采用准确可靠的实验室试验数据代替。

6.3 喷漆室内尘埃的许可程度试验与检验

6.3.1 试验设备:尘埃粒子计数器(误差≤±5%)。

6.3.2 试验方法:

　　a) 将喷漆室调至正常运行状态;

　　b) 室内测定人员不应超过三名,测定时人员应静止不动或微动;

　　c) 喷漆室内面积≤50m² 时,在喷漆室内工作断面上布置五个采样点,喷漆室内面积每增加20m² 增加三个采样点,各采样点应在喷漆室内均匀分布;

　　d) 采样口应对着气流方向,采样速度应接近室内气流速度,采样管长度宜≤1.5m;

　　e) 每次采样量应≥0.3L,每点采样次数不应少于三次;

　　f) 读取每点符合表2规定粒径的尘埃粒子数;

　　g) 上述采样结果的算术平均值即为喷漆室内的尘埃粒子数。

6.3.3 喷漆室内尘埃粒子数的试验结果应符合表2的规定。

6.4 喷漆室内照度试验与检测

6.4.1 试验设备:照度计(误差≤±5%)。

6.4.2 试验方法:

　　a) 测点的确定:以喷漆室内工作中心点为起始点,沿其上下、左右、前后以0.5m~1m间距连续划网格,形成空间网架,网架各节点即为测点;

　　b) 测量各节点的照度,并记录;

　　c) 各节点照度的算术平均值即为喷漆室内照度。

6.4.3 喷漆室内照度的试验结果应符合表3的规定。

7 标志

7.1 在喷漆室的醒目位置应设置符合GB 2893和GB 2894要求的安全色及安全标志。

7.2 喷漆室的室体的明显处应设置耐久标志。标志应包括如下内容:

　　a) 制造厂名;

　　b) 产品名称和型号;

　　c) 主要技术参数,如喷漆室工作尺寸、额定最低通风量、安装功率、耗水量等;

　　d) 制造日期和出厂编号。

8 包装、运输与贮存

8.1 包装

8.1.1 喷漆室的包装应符合GB/T 13384的有关规定。

8.1.2 喷漆室应具备下述随机技术文件。

　　a) 产品使用说明书(含设备安装图、系统图、电气原理图、易损件清单和安全要求等)及操作手册;

　　b) 产品合格证;

　　c) 随机备件、随机工具清单;

　　d) 装箱单。

8.2 运输

在装卸、运输过程中，应防止强烈振动、倒置和雨淋。

8.3 贮存

应贮存于干燥、通风良好的室内，其周围应无腐蚀性气体。

9 安装、使用与维护

9.1 安装

喷漆室的安装应符合其设计图样的要求，并应符合本标准的规定。

9.2 使用和维护

应按照产品说明书和操作手册的要求进行使用和定期维护。

第六节 漩流光饰机

一、概论

光饰也称光整，是一项对工件表面进行抛光、去除毛刺等杂物的精整加工工艺。其基本原理是将一定比例的工件、磨料和添加剂放在光饰机的容器中，依靠容器的周期性振动，使工件和磨料运动并相互磨削而达到加工工件表面，使其具有光泽的目的。

光饰机分为振动式、离心式（又有卧式和立式之分）、漩流式（又有旋轴式和强力叉轴式之分）和磁性研磨等形式。

振动光饰机是利用惯性激振器（振动电动机）产生的振动偏差，使机器在三维方向运动，从而使工件与磨料沿同一方向运转，互相摩擦，达到处理表面的效果。该型光饰机主要用于金属材料和非金属材料制成的各种机械零件和铸件的去毛刺、去锈、倒角、倒圆并增加光亮度，特别适用于大批量中小型零件、较大的盘型零件和长板类零件等。经光整后的零件不仅保持原有的几何精度，而且处理后零件的表面粗糙度值比处理前降低1级以上。

离心光饰机采用行星传动方式，利用离心运动的原理，提高了抛光研磨效率。该型光饰机用途除与振动光饰机相同外，主要区别在于更适用于小型异型零件的光饰加工，在原基础上能降低表面粗糙度值1级~2级，还可改善表面性能，延长疲劳寿命。

漩流光饰机采用涡流流动原理，使工件与磨料达到快速充分的摩擦，光整效率更好，可提高工效15倍~30倍，主要适合较大轴类零件，如汽车曲轴、飞机部件等较大型工件的光饰。此类设备体积较大，不适于小零件加工。

磁性研磨光饰机是借助磁场作用，将磁力传导至不锈钢磨针，使工件做高频率旋转运动，快速去除工件毛刺、污垢，对工件内孔、死角、细小夹缝起到较好的抛光、研磨、去除毛刺作用，主要用于精密零件的表面加工。加工后的表面光亮如境，表面粗糙度 Ra 可达 $0.1\mu m$，棱边倒圆 Ra 最小可达 $0.01\mu m$。

光饰工艺在我国的应用已有数十年历史，主要用于金属材料和非金属材料制成的各种零件的去毛刺、去锈、倒圆和光亮抛光，特别适用于腔形复杂零件的光整加工。例如，缝纫机零件就是较早使用漩流式光饰机进行抛光的零件之一，也是近年来轴承行业兴起的一种新工艺，在光饰过程中加入具有清洗、防锈及光亮作用的研磨液，使光饰后的表面更为光滑、明亮。以光饰代替传统抛光的"光亮工程"在提高表面质量方面起到了积极的作用。

漩流光饰的工件适用面较广，设备维护较为简便，是光饰机中应用比较广泛的一种。现有的漩流光饰机主要结构由电磁调速电动机、减速器、固定容器桶、回转盘构成，其中固定盘的翻转由限位装置进行锁定。容器桶与回转盘中心轴成一体，在电动机带动下顺时针方向旋转，使桶内的磨料与工件均匀混合在一起并随回转轴转动而转动，形成离心力。因桶内壁的聚氨酯胶层呈波浪形，当工件与内壁的聚氨酯胶层相互碰撞时，磨料、工件在碰撞的同时又不停地翻动，从而完成微切削过程，最终达到光饰的目的。

为规范漩流光饰机技术指标，便于供需双方的制造与使用，全国金属与非金属覆盖层标准化技术委员会组织相关单位专家制定了漩流光饰机行业标准。JB/T 11399—2013《漩流光饰机》为首次制定，于2013年12月31日发布，2014年7月1日实施。

二、标准主要特点与应用说明

该标准规定了漩流光饰机的产品型号、基本参数、技术要求、试验方法、检验规则、标志、包装、运输和贮存，适用于对最大几何尺寸小于150 mm的金属零部件的抛光、去毛刺处理。

关于漩流光饰机的技术要求，该标准规定了光饰机的零部件加工、焊接、装配的标准要求，对设备壳体外观、内衬层、噪声、密闭性提出了技术要求和检验标准；从电气安全角度考虑，该标准规定了电气强度、绝缘强度、接地、漏电保护的技术要求。这些都是一般设备生产必备的基本技术要求，是生产和使用漩流光饰机时必须满足的。

该标准其他内容与一般产品标准相当。值得注意的是，漩流式光饰机的滚筒由固定筒壁和回转底盘构成，加工过程中回转底盘以一定转速旋转，使工件与加工介质的混合物产生螺旋状的涡流运动，并使其产生强烈的滚磨作用，达到均匀地去除工件毛刺、倒角和抛光的目的，故其生产时加工量大，效率高，能耗低，寿命长，噪声低，污染少，质量高。但与振动光饰机相比，主要的不同点是漩流光饰机处理时间较短，效率虽高，但上光效果没有振动光饰机的好；另外，因其转速较快，所以适用于不怕碰撞工件的光整光饰。

三、标准内容（JB/T 11399—2013）

漩流光饰机

1 范围

本标准规定了漩流光饰机的产品型号、基本参数、技术要求、试验方法、检验规则、标志、包装、运输和贮存。其工作环境温度为-20℃~40℃，被光饰工件的温度为-20℃~50℃。

本标准适用于对最大几何尺寸小于150mm的金属零部件的抛光、去毛刺处理。

2 规范性引用文件

下列文件对于本文件的应用是必不可少的。凡是注日期的引用文件，仅注日期的版本适用于本文件。凡是不注日期的引用文件，其最新版本（包括所有的修改单）适用于本文件。

GB/T 1031 产品几何技术规范（GPS） 表面结构 轮廓法 表面粗糙度参数及其数值

GB/T 1219 指示表

GB/T 1692 硫化橡胶 绝缘电阻率的测定

GB/T 1804—2000　一般公差　未注公差的线性和角度尺寸的公差
GB/T 5048　防潮包装
GB 5226.1—2008　机械电气安全　机械电气设备　第1部分：通用技术条件
GB/T 6388　运输包装收发货标志
GB/T 8264　涂装技术术语
GB/T 13306　标牌
GB 13955—2005　剩余电流动作保护装置安装和运行
GB 14050—2008　系统接地的型式及安全技术要求
GB/T 16769　金属切削机床　噪声声压级测量方法
JB/T 5000.3　重型机械通用技术条件　第3部分：焊接件
JB/T 5000.9　重型机械通用技术条件　第9部分：切削加工件
JB/T 5000.10　重型机械通过技术条件　第10部分：装配

3　术语和定义

GB/T 8264界定的以及下列术语和定义适用于本文件。

3.1　光饰　polishing

也称光整，指对工件表面抛光、去毛刺的工艺。

3.2　漩流光饰机　whirlpool polisher

转盘的内表面结构采用波浪形结构，将工件与磨料按一定比例混合填入转筒内。转盘转动使磨料和工件在运动中通过波浪颠覆摩擦，依靠工件和磨料的相对运动和摩擦达到对工件表面进行抛光、去毛刺等处理的光饰设备。

4　型号

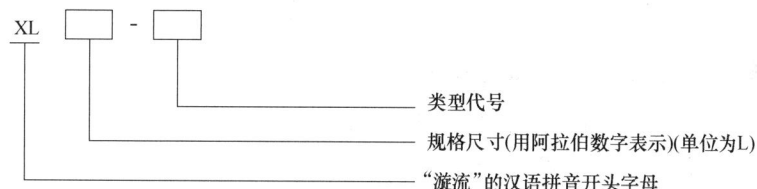

标记示例：

120L工作筒的A型漩流光饰机标记为：

JB/T 11399　XL 120-A

5　技术要求

5.1　一般要求

5.1.1　光饰机零部件机械加工除图样要求外，其他按照JB/T 5000.9的规定执行。

5.1.2　焊接按照JB/T 5000.3的规定执行。

5.1.3　铆焊件对未注公差的尺寸，按照GB/T 1804规定的C级控制。

5.1.4　机械装配按照JB/T 5000.10的规定执行。

5.1.5　光饰机设备壳体外观的涂层应均匀平整，表面光洁，色调一致（见6.1.3）。

5.1.6　光饰机容器应设内衬层。内衬层应牢固贴于容器内壁，表面平整，不得有夹渣气孔等表面缺陷（见6.1.3）。

5.1.7　光饰机固定筒与转盘之间间隙应不大于0.5mm。

5.1.8 光饰机运转时，距离设备 1m 以外任何一点的噪声小于 75dB（A）。

5.1.9 光饰机制造完毕后应进行装水试验，密封处及阀门应无泄漏（见 6.1.5）。

5.1.10 光整完成后的零部件，按 6.2 抽样检查；处理后的零件表面粗糙度值（见 GB/T 1031）比处理前降低 1 级以上。

5.2 电气安全要求

5.2.1 电气强度

按照 GB 5226.1—2008 的规定执行。光饰机电气设备绝缘性能应在给定电压为 1500V，频率 50Hz，持续 1min 电气强度试验而不发生击穿或闪络现象。

5.2.2 绝缘电阻

绝缘电阻不小于 5MΩ。

5.2.3 接地

光饰机应按照 GB 14050—2008 的规定设置接地装置，并应有醒目的接地标志。

5.2.4 漏电保护

光饰机应按照 GB 13955—2005 的规定设置漏电保护装置。

6 设备检验方法

6.1 设备检验

6.1.1 机加工尺寸公差及机械装配尺寸，根据精度要求，按照 GB/T 1219 的规定测量。

6.1.2 铆焊组对未注公差按 GB/T 1804—2000 规定的 C 级检测。

6.1.3 外观，采用目测方法。

6.1.4 噪声检验按照 GB/T 16769 的规定测定。

6.1.5 采用装水试验目测检验密封性。持续时间保持 24h 以上。装水量为容积的 30%～50%。

6.2 光整后的零部件的抽样检查及试验方法

光整后随机抽取 100 个工件，按照 5.1.10 要求进行检测。有 3%～5% 的工件质量不达标，应加倍抽检。超过 5% 的工件质量不达标，则判定设备光整效率不合要求。

光整完成后的零部件表面粗糙度值采用标准表面粗糙度检测仪测定。

6.3 电气安全检测

6.3.1 电气强度

采用耐电压试验装置检验。

6.3.2 绝缘

按照 GB/T 1692 的规定检测。绝缘电阻不小于 5MΩ。

6.3.3 接地

查验接地是否牢固。

6.3.4 漏电

按照 GB 13955—2005 的规定检测。

7 出厂检验

每台设备经检验合格后方可出厂，出厂时应附有证明产品质量合格的文件。检验项目按照 5.1～5.2 要求进行。

8 标志、包装、运输和贮存

8.1 光饰机应在明显位置上固定产品标牌,标牌应符合 GB/T 13306 的规定。标牌内容如下:
  a) 产品的名称;
  b) 产品的型号;
  c) 产品的主要性能参数;
  d) 出厂日期及编号;
  e) 制造厂名称。

8.2 设备的包装、加固、防雨、防潮要求应符合 GB/T 5048 的规定。包装标志应符合 GB/T 6388 的规定。

8.3 光饰机发运时应随机附带包含下列文件:
  a) 产品合格证书;
  b) 产品使用说明书;
  c) 装箱单。

8.4 使用说明书包含下列内容:
  a) 光饰机外观图;
  b) 基本参数;
  c) 工作原理及结构;
  d) 电气原理图;
  e) 安装与调整;
  f) 操作使用与保养;
  g) 易损件明细。

8.5 光饰机应存放在通风防雨良好的仓库内,且不得有腐蚀介质存在,以免锈蚀损坏。

第七节 涂装供漆系统技术条件

一、概论

涂装质量的稳定与否,与涂料的稳定性密切相关。涂料内含有一定比例的固体颗粒,如颜料和金属粉等,它们在调好的涂料中呈现均匀悬浮状态,是获得高品质喷涂表面的关键。然而一旦涂料静止下来,这些固体颗粒就有产生沉淀与聚集的可能,导致喷涂的涂料不能达到正常的外观与性能,对于金属漆与珠光漆尤其明显。批量生产的生产线,为保证每个工位涂料一致性,应使用涂料循环系统,它是保证涂装质量与节省涂料的主要方法。

涂装供漆系统是由多个材料供应管组成,用于保持控制涂料的工艺要求,并将涂料以一定的压力、流量、流速输送到工位的一种管路网络。它包括中央供漆设备(泵、搅拌元件、涂料处理元件、空气处理元件、油漆桶、控制部分),喷站出口元件和管路系统。

涂料的长距离输送,会遇到沉淀与剪切,影响涂料的质量。实验表明,大多数溶剂型漆以不低于 $0.3m/s$、水性漆以 $0.1m/s \sim 0.3m/s$ 的速度流动时就可避免沉淀现象的出现,所以供漆系统的设计首先要保证合适的流速。过高的流速、过多的涂料处理元件、不光滑的管路及不合适的连接也是涂料循环系统中产生剪切与沉淀的主要原因。因此,设计供漆系统须根据涂料的种类、黏度、循环管路长度、喷站数、漆消耗量等因素进行，并以此来设计循环方式。常用的涂料循环方式有主管循环、两线循环、三线循环。

为规范涂装供漆系统技术指标，便于供需双方的制造与使用，全国金属与非金属覆盖层标准化技术委员会组织相关单位专家于2005年首次制定了JB/T 10536—2005《涂装供漆系统 技术条件》；为适应涂装技术的发展，满足标准应用过程中提出的新要求，2013年对JB/T 10536—2005进行了修订。JB/T 10536—2013《涂装供漆系统技术条件》于2013年12月31日发布，2014年7月1日实施。

二、标准主要特点与应用说明

与JB/T 10536—2005相比，JB/T 10536—2013的主要技术变化有：对引用标准进行了更新；增加对水性漆的流速要求；增加了枪站出口组件的球阀、全包球阀的配置；增加了节能电源动力泵优先采用；增加了安全、环境和卫生中有机溶剂气体检测和废液排放要求。

该标准规定了涂装液态涂料的供漆系统的技术要求，适用于涂装工厂或涂装车间的供漆系统及其部件。凡涂装供漆系统及其部件的产品图样、技术文件或订货合同中无特殊要求时，应符合标准规定。

该标准对涂料循环的三种方式进行了详细说明。主管循环是一种最简单的循环系统，它是靠一组尺寸相同的管子和供漆、用漆器件连接在一起，组成一条环形的管路，漆液在管中进行循环。在主管循环系统中，喷站的支管路不参加循环，所以又称"死端循环系统"。主管循环中的每个喷站都设有一个涂料调压器，用于调节提供给喷枪的压力和流量，设计主管循环输送漆液时应尽量减少不循环支管的长度。

两线循环系统是依靠两组尺寸渐变的管道来平衡整个管道内的液流，两线系统中的支管也参与循环，即所谓"循环到枪系统"。通过管道尺寸的改变，调节流经每个喷站的漆液的压力和流量。两线循环系统不需要使用枪站的涂料调压器来控制每个喷站的漆液压力和流量，整个系统中只使用一个背压调节器来调整系统的压力，另在枪下用调压器或节流阀来控制喷枪的压力和流量。

三线循环系统由一根高压循环的供漆管和一根低压渐变的回流管组成，三线系统中每个喷站都包含一个涂料调压器，三线系统中的支管参与循环，也是"循环到枪系统"。三线循环中的喷站涂料调压器与高压循环管及低压回流管末端的背压调节器相配合，控制每个喷站的支流回流量。三线系统中提供给喷枪的压力和流量是通过枪下安装的调压器或节流阀来控制的。实际应用中应根据涂料的类型、投资规模、产品要求等多方面考虑选择。

该标准对循环系统压力、流量、流速、材料等提出了明确要求，对涂料循环系统组成及各部分技术要求进行了较详细说明。涂料循环系统包括中央供漆系统、枪站出口组件、管道及控制系统，该标准对各部分设备及元器件的要求都进行了规定。

该标准对设备的安装要求、清洗要求、测试要求、使用维护要求等都进行了规定。实际应用时，根据所用的涂装材料、工艺及生产要求，选择适合的系统形式、系统元器件与管路。系统选用不当，将会造成涂料性能衰减、色差产生、涂料沉淀，甚至管路堵塞。安装工艺不当同样无法保证整个循环系统的性能要求。因此，完善合理的系统设计与正确的安装工艺才能确保系统正常运行。

该标准对供漆系统各部分主要的技术要求进行了规定，在实际应用中根据所需要喷涂产品质量的要求、所用最新喷涂设备对涂料的要求、所采用涂料特性的要求、涂料温度控制要求、企业智能制造的要求等进行补充规定。

三、标准内容（JB/T 10536—2013）

涂装供漆系统技术条件

1 范围

本标准规定了涂装液态涂料的供漆系统的技术要求。

本标准适用于涂装工厂或涂装车间的供漆系统及其部件的产品图样，技术文件或订货合同中的技术要求。如有特殊要求，技术文件中应予以说明。

2 规范性引用文件

下列文件对于本文件的应用是必不可少的。凡是注日期的引用文件，仅注日期的版本适用于本文件。凡是不注日期的引用文件，其最新版本（包括所有的修改单）适用于本部分。

GB/T 2351—2005　液压气动系统用硬管外径和软管内径

GB/T 3766　液压系统通用技术条件

GB 6514—2008　涂装作业安全规程　涂漆工艺安全及其通风净化

GB 7691—2003　涂装作业安全规程　安全管理通则

GB/T 8264　涂装技术术语

JB/T 966—2005　用于流体传动和一般用途的金属管接头　O形圈平面密封接头

3 术语和定义

GB/T 8264 界定的以及下列术语和定义适用于本文件。

3.1 喷具　painting tools

涂装施工中的喷具、旋杯、旋碟等涂漆工具。

3.2 涂料循环系统　coatings circular system

用压力泵将漆液以一定的压力和流量输送到喷站，并能控制漆液性质的管道网络。

4 技术要求

4.1 概述

涂装供漆系统应能向喷具提供连续均匀、压力稳定、流量可调的液流。供漆系统应符合相关防火、防爆、防静电规定和 GB/T 3766 的规定。

4.2 供漆方式

常见的供漆系统输送方式有：

a) 虹吸式：供漆通常是将盛漆容器置于喷具下方，依靠容器上方虹吸管中的液体或气体快速通过时产生的负压形成虹吸作用而将容器内的漆液吸出，从而实现向喷具供漆。

b) 重力式：供漆是将盛漆的容器置于喷具上方，依靠漆液所受到的重力向低位的喷具供漆。

c) 压力式：供漆是依靠压缩空气或压力泵将漆液加压后输送到喷具。压力式供漆能提供漆液以较高的压力和较大的流量，可以实现高黏度材料的远距离输送及中大规模的集中输送。循环供漆系统是压力式集中供漆系统中最重要的一种涂装供漆系统。

4.3 供漆压力

按照供漆压力划分,供漆系统可分为:

a) 常压:供漆系统压力≤0.1MPa,如虹吸式、重力式供漆及某些特定要求下的压力供漆。

b) 低压:0.1MPa<供漆系统压力≤1.6MPa,常见于淋涂、辊涂及中小型空气喷涂的压力式供漆系统。

c) 中压:1.6MPa<供漆系统压力≤10MPa,常见于中到大型空气喷涂的集中供漆系统及空气辅助式喷涂的供漆系统。

d) 高压:供漆系统压力>10MPa,常见于高黏度材料或无气喷涂的集中供漆系统。

4.4 供漆系统的技术要求

4.4.1 供漆系统内的所有元件的额定压力不低于其所在系统部位的最高工作压力。

4.4.2 硬管和软管的尺寸应符合GB/T 2351—2005的规定。

4.4.3 所有金属管接头应符合JB/T 966—2005的规定。

4.5 涂料循环系统

4.5.1 涂料循环系统的概述

涂料循环系统是压力式集中输漆系统的一种。采用该系统依靠漆液循环流动的方式解决中、大规模喷漆时长距离输送过程中出现的沉淀问题。

对于静止状态下有沉淀倾向的漆液,在供漆系统同时向三个以上喷具提供材料或日耗漆量超过60L时,需要使用涂料循环系统。

4.5.2 涂料循环系统的循环方式

常用的涂料循环系统的循环方式有:

a) 主管循环:是一种最简单的循环系统,它是靠一组尺寸相同的管子和供漆、用漆器件连接在一起,组成一条环形的管路,漆液在管中进行循环。在主管循环系统中,喷站的支管路不参加循环,所以又称"死端循环系统"。主管循环中的每个喷站都设有一个涂料调压器,用于调节提供给喷枪的压力和流量,设计主管循环输送漆液时应尽量减少不循环支管的长度。

b) 两线循环:依靠两组尺寸渐变的管道来平衡整个管道内的液流。两线系统中的支管也参与循环,即所谓"循环到枪系统"。通过管道尺寸的改变调节流经每个喷站的漆液的压力和流量,两线循环系统不需要使用枪站的涂料调压器来控制每个喷站的漆液压力和流量,整个系统中只使用一个背压调节器来调整系统的压力,另在枪下用调压器或节流阀来控制喷枪的压力和流量。

c) 三线循环:由一根高压循环的供漆管和一根低压渐变的回流管组成,三线系统中每个喷站都包含一个涂料调压器,三线系统中的支管参与循环,也是"循环到枪系统"。三线循环中的喷站涂料调压器与高压循环管及低压回流管末端的背压调节器相配合,控制每个喷站的支流回流量。三线系统中提供给喷枪的压力和流量是通过枪下安装的枪下调压器或节流阀来控制的。

4.6 涂料循环系统的基本要求

4.6.1 压力要求

涂料循环系统的设计应满足工艺对漆液压力的要求,在工艺无特殊要求的情况下,按照表1的要求。

表1 涂料循环系统压力要求

位置	压力/MPa
自动喷站换色阀处	>0.5
手动喷枪前或快换接头处	>0.5
喷涂时所有喷站处	>0.2

4.6.2 流量要求

涂料循环系统的设计应满足工艺对漆液流量的要求，在工艺无特殊要求的情况下，按照表2的要求。

表2 涂料循环系统流量要求

位置	流量/(mL/min)
手动喷站供给喷具	>750
自动喷站供给喷具	>1000
每个旋杯的流量	>350

4.6.3 流速要求

漆液材料供应商应提出对流速的要求，在工艺无特殊要求的情况下，按照表3的要求。

表3 涂料循环系统流速要求

位置	流速/(m/s)
主管道内	0.3~0.7
喷涂时回流管中	溶剂型漆,0.15~0.35 水性漆,0.1~0.5

4.6.4 材料要求

涂料循环系统中的所有设备及材料不允许使用任何含有硅、石棉和油脂成分的材料。接触涂料的部分要选用耐溶剂的材料。

4.7 涂料循环系统的组成

4.7.1 涂料循环系统的组成

涂料循环系统包括中央供漆系统、枪站出口组件、管道及控制系统。

4.7.2 中央供漆系统组成

中央供漆系统由循环泵、漆罐及搅拌器、稳压器、过滤器、背压阀等漆液处理元件组成，其技术要求应符合以下规定：

a) 循环泵：循环泵应能满足工艺要求的流量、压力和化学匹配性。主循环泵可以使用离心泵、柱塞泵或隔膜泵，驱动方式可以是空气驱动、液压油驱动或电力驱动。对于水性漆，循环泵需使用06Cr19Ni10及以上耐腐蚀性能的不锈钢制作且其所有与漆接触的零、部件表面必须经过电解抛光及钝化处理。

b) 漆罐：漆罐整体应使用不锈钢材料，其耐蚀级别不低于022Cr19Ni10。漆罐采用碟形封头、锥形封头或倾斜的罐底，罐底应配备接口以便于与管道连接，罐上所有的焊缝都应光滑且无凹凸。罐内壁所有的划痕都应抛光处理。

漆罐应安装搅拌器，溶剂和固化剂罐可以不安装搅拌器。

漆罐上应有带铰链的平盖，盖上应有用于安装搅拌器、液位计的开口，必须保证盖与罐之间的密封。

对于水性漆，漆罐的顶部应设计成圆弧形，漆罐内部不设扰流板。水性漆加料宜采用液位差式、罐底开口加料或回流方式。应禁止人工用桶倒料补充漆液。一般情况下，水性漆漆罐的容积不应大于1000L。

c) 搅拌器：漆罐上可使用气动或电动搅拌器，与漆罐之间应采用法兰式的安装形式，搅拌器的转速、桨叶尺寸、形状及杆长应与漆液材料及漆罐的尺寸相配合。搅拌器的速度能够在零至最大速度间进行调整，桨叶的设计应能防止罐内材料形成漩涡，以及将空气混入漆液。

对于水性漆，搅拌器对漆液的剪切力不得破坏漆液性能。

d) 稳压器：稳压器应安装在泵的出口处，减小漆液压力和流量的脉动。当泵的脉动值小于±0.05MPa时，可以不安装稳压器。

e) 过滤器：在泵的出口处需安装过滤器，过滤器可以是滤芯式或滤袋式。对于柱塞泵，过滤器安装在稳压器之后。过滤器的设置应易于维修及更换滤芯（袋），过滤器下端要有排泄阀，进出口要分别有截止阀和防脉动的压力表，过滤器内的密封圈应是聚四氟乙烯包覆的材料。滤芯或滤袋的过滤精度根据漆液供应商提供的数据确定。

f) 背压调节器：涂料循环系统中的每条回流管上都要安装带有压力表的背压调节器。对于水性涂料，需要使用低剪切力的调节器。

g) 软管：软管应选用具有不沾性的和耐溶剂的软管。

h) 液位计：监控漆罐内的液位，必须使用液位计。液位计可使用浮球式、空气式或电子式液位计。

4.7.3 枪站出口组件

枪站出口组件包括下列漆液出口的球阀和涂料调压器：

a) 球阀：所有球阀均应使用06Cr19Ni10以上级别的不锈钢，对于水性漆，必须使用022Cr19Ni10不锈钢。10mm及以下的球阀为两片式球阀，12.5mm以上规格的球阀为三片式球阀。球阀内部的球座、密封均须使用聚四氟乙烯材料。所有球阀均须经过无油处理。为保证阀体内不存料，最好采用全包球阀。

b) 涂料调压器：对于主管循环系统和三线循环系统，枪站出口要安装涂料调压器。涂料调压器可以将枪站出口的涂料压力调整到所需要的稳定数值，从而满足喷涂或循环的需要。在使用水性涂料的三线循环系统中，应使用低剪切力调压器。

4.7.4 循环管路

4.7.4.1 一般要求

管路应尽可能设计为恒流系统。不允许将循环管路作为支撑、护栏等用途或在管路上添加载荷。

4.7.4.2 钢管

特殊要求或特殊应用时，漆液输送钢管应使用06Cr19Ni10及以上耐蚀性的不锈钢。钢管应使用无缝的或是经过内部抛光的工业用焊接管，耐压等级需满足设计要求。钢管内表面应经过酸洗钝化或抛光处理，在进入现场前需要进行除油处理和预清洗，运输过程中应用管塞将管道两端密封以防灰尘进入。

输送水性漆时，所用钢管材质的耐蚀性不低于022Cr19Ni9钢的耐蚀性。

4.7.4.3 钢管连接

输漆用钢管的连接可以采用卫生行业专用不锈钢接头、卡套接头、焊接等形式，应尽量避免使用可能产生段差的螺纹连接，但喷站与漆液主管之间不允许焊接以便于拆卸和维修。主管中接头间隔应不超过12m。

管接头所使用材料的耐蚀能力不应低于钢管所使用材料。所有接头在安装前均须经过除油处理。输漆钢管的焊接必须使用全自动轨道焊机。焊接方法为不填丝的钨极气体保护焊。焊接前必须对焊口进行擦拭及清理，用于擦拭的材料必须保证不会在擦拭后残留在工件上。焊接时必须在焊缝正反两面均使用惰性气体进行焊道保护。

4.7.4.4 管道的安装与施工

管道安装时应使安装压力减至最小。管道之间的距离应保证不影响管道接头的拆装及维修。

管道支撑件不应损坏管件。水平管道支撑件最大间距的推荐值见表4。

表4 支撑件最大间距

管子外径 D/mm	支撑件最大间距 L/m
$D \leqslant 10$	1.5
$10 < D \leqslant 25$	2
$25 < D \leqslant 50$	2.5
$D > 50$	3

主循环管道不允许使用90°弯头，弯曲的管道半径应不小于6倍钢管外径。管道弯曲时应采取措施控制管道减薄及减径，管道直径变形不得超过管道直径的50%。采用通过式管道清理器进行清洗的管道，管道直径变形不得超过0.5mm。

钢管切断时必须保证断口的垂直度，切断后的管端必须修整以保证断口处没有飞边及尺寸的变化，管道安装前应采用压缩空气吹和专用清洗剂擦拭等方法来清除残留在管中的杂质如切屑等。擦拭管道的材料应保证不残留在管道内。

4.7.4.5 管道的保温

当供漆使用漆液温度控制系统时，需要对管道保温。

应对每条管道进行单独保温，保温材料应使用难燃的材料。其厚度应根据环境温度及温控精度确定但不得小于12.5mm。

4.7.4.6 标记

在管道安装完成后，在调漆间、喷房两侧和调漆间外的管道外面易于观察处要有明显的关于系统编号、漆液流动方向等标记。对于保温的管道，标记应在保温材料之外。

4.7.5 漆液温度控制系统

一般涂料温度应保持在20℃~30℃，温控精度应根据漆液材料的性能确定。水性涂料、高固分涂料及无气喷涂时的涂料温度可达到50℃~60℃。

4.8 涂料循环系统的清洗与检测

4.8.1 一般规定

涂料循环系统安装完成后，必须经过空气吹扫、气密试验、压力试验及清洗，经检查合格后方能投入使用。
4.8.2 空气吹扫
空气吹扫应使用干燥、无油的压缩空气,吹扫的压力不得超过设计压力,流速不应小于20m/s。

空气吹扫过程中,当目测排气无烟尘时,应在排气口设置贴白布或涂白漆的木制靶板检验,以5min内靶板无铁锈、尘土、水分及油滴等其他杂质为合格。

吹洗前,应对不允许吹洗的设备及管道与充许吹洗的管道隔离;管道中的调节阀、仪表、重要阀门应进行拆卸或保护;应检查管道支、吊架的牢固程度,必要时加以固定。吹洗顺序应按主管、支管一次进行,吹洗出的脏物不得进入已清理的管道。

4.8.3 气密试验
循环系统的气密试验应使用无油的压缩空气,气密试验的压力为0.5MPa。进行气密试验时应用发泡剂检查所有接头和焊缝,无泄漏者为合格。

4.8.4 压力试验
4.8.4.1 试验介质
循环系统的压力试验应使用氮气作为试验介质,试验压力为设计压力的1.5倍。当现场不能满足试验条件时,经使用单位同意,可以使用漆液材料供应单位推荐的溶剂作为试验介质。

4.8.4.2 试验方法
试验时应逐步缓慢升压,当压力升至试验压力的50%时,如无异状或泄漏,继续按试验压力的10%逐级升压,每级稳压3min,直至试验压力。稳压10min后将压力降至设计压力,再稳压时间应根据查漏时间调整,但不低于30min,以发泡剂检验不泄漏者为合格。

4.8.4.3 清洗与调试
漆液材料的供应单位应提供清洗的材料、方法和合格标准,设备供应商负责操作设备配合清洗。清洗的结果必须通过残渣检查、油点测试并得到漆液材料供应商的认可。

循环系统在正式投入使用前必须对各个喷站的流量和压力进行检测(主管循环除外),并根据实测结果对系统参数进行调整。所有的测量和检查都应在不喷涂的条件下进行。

4.9 涂料循环系统的使用与管理
4.9.1 系统运行
涂料循环系统一旦运行,应保持连续工作。停止循环超过2h的系统,重新开始使用前必须经过至少1h的循环;对于主管循环系统,在每天开始使用前,要按照不循环管道内的漆液存量的2倍进行排放后才能喷涂工件。

4.9.2 日常维护与定期检查
涂料循环系统在使用过程中,应定期进行喷站及系统压力或流量的检测以保证系统的正常运行。当系统参数的变化超过定值的20%后,应对整个系统进行重新调试。

每日进行检查的项目包括:泵的工作频率,背压调节器的设定值,所有阀门状态,柱塞泵的喉部密封液是否需要更换或添加。

每周检查的项目包括柱塞泵的喉部密封、喷站的压力。

4.9.3 动力源
涂料循环系统的动力源(电源、压缩空气或空压机、液压源)须能提供设备用动力,并优先采用节能的电源，以保证系统在放假、维修等特殊时期的连续运行。

4.10 自动换色系统

4.10.1 自动换色装置

自动换色装置多为多个阀的集成块。利用堆积成块的多个阀形成多个换色数。

4.10.2 自动换色装置的要求

4.10.2.1 尽量缩短换色时清洗管道的长度

尽量将自动换色装置在喷漆装置的附近换色，管道越短，清洗时间越短，所费清洗溶剂也少。

4.10.2.2 专设清洗阀

专设清洗阀能减少喷射阻力。增加清洗液流速并将清洗废液引到回收废液容器中，减少废液排放的污染，提高清洗质量。

4.10.2.3 使用喷具流量调节器

通过使用喷具流量调节器，使枪的针阀呈全开状态清洗。换色清洗时首先加上预定的压缩空气（0.3MPa~0.4MPa），再全部打开喷具调节器的涂料回路，减少清洗时的阻力。

4.10.2.4 使用管道清理器

清洗时，只通过稀释剂难以将管道清洗干净，一般要交替开关稀释剂阀和压缩空气阀，以提高清洗效率。软管清洗器可形成稀释剂和空气的混合态去清洗软管，这样还可减少稀释剂的使用量。

4.10.2.5 使用聚四氟乙烯管道

涂料管道内表面应尽量使用摩擦系数小的材料，特别是从自动换色装置到喷具的管道，使用聚四氟乙烯为材料。

4.10.2.6 涂料接口应注意的问题

涂料接口应尽量采用台阶高差小和死角少的结构。

4.10.2.7 使用挤压空气阀

为了不浪费涂料，使用压缩空气将残余涂料挤出。由此换色时的涂料损耗可降低到最小限度，而且可缩短清洗时间。

4.10.3 常用换色系统

常用的换色系统有：

a) 多固定色全配置法：用于换色数少或换色多且换色频繁的情况，根据所需换色数的多少决定自动换色装置。

b) 双色循环配置法：双色配置法，使用2个循环型自动换色装置，对涂色数多，但每天的换色次数不多的大批量1次涂色的情况是行之有效的方法。可进行A阀→B阀的切换，然后用备用阀换色备用。

c) 固定色和自动换色装置组合配置法：固定的1个~2个颜色用固定色自动换色装置，其余的颜色使用双色循环配置的方法配置。

4.10.4 换色系统的维护

涂料要经过充分的过滤，减少动阀和薄极之间异物堵塞。

针型封口和填料磨损后会发生涂料泄漏，应尽快更换。

5 安全、环境和卫生

5.1 涂装供漆系统应在清洁、干燥、空气流通的地方安装。环境温度应保持在10℃~35℃，相对湿度不大于75%。

5.2 应有严格的防火、防爆和防毒措施，以保证安全。

5.3 涂装供漆系统安装场所的安全应符合 GB 6514—2008 的要求。

涂装供漆系统安装场所的卫生应符合 GB 7691—2003 的要求。

5.4 意外处理：

当发生火灾和其他事故，应立即停止输漆泵，停止压送涂料。在配漆室，喷漆室内应装备有火灾报警和自动停止输漆泵的联锁装置。对可燃溶剂管线通过的重要区域，应装备有机溶剂气体检测报警装置。

5.5 采用电动泵为动力源时，优先选择脉动小的电动泵，以满足供漆系统的供漆技术参数。

5.6 喷涂作业前，排放的不循环管道中的漆液，以及换色清洗的溶剂，应排放至专用废漆液和溶剂回流系统，禁止未经回收处理直接排放。

6 检验项目及方法

6.1 主要设计参数的检测：

对系统的主压力、主流量、管流速、主配置进行检测，各项参数应符合系统设计要求。

6.2 系统的结构和关键部位的检验：

对系统的布置、管道连接、管道固定、主要元件的安装进行检查，检查连接是否牢固。

6.3 系统试漏：

全压试漏，检查是否有渗漏和振动情况。

6.4 系统试运行：

对系统全压试运行。检验系统供漆状况，按合同约定的全负荷状态下检验喷具出漆效果。

6.5 查安全隐患和防备措施。

6.6 查易损件品种、数量。

第八节　静电喷涂装备技术条件

一、概论

传统的喷涂方法是空气雾化喷涂。涂料一般保存于压力容器中，采用压缩空气雾化涂料。因空气雾化过程中产生大量的飞漆，喷涂时，不仅需要喷枪靠近工件进行喷涂，而且会因飞溅损失20%~40%的涂料，同时还必须对操作者进行特殊的劳动保护。为解决传统喷涂方法所带来的问题，发展了高压无气喷涂和静电喷涂等新技术。

静电喷涂的工作原理是利用高压静电电晕电场原理，喷枪头上的金属导流杯接上高压负极，被涂工件接地形成正极，在喷枪和工件之间形成较强的静电场。当运载气体（压缩空气）将涂料从供粉桶经输送管送到喷枪的导流杯时，由于导流杯接上高压负极产生电晕放电，其周围产生密集的电荷，粉末带上负电荷。在静电场力和压缩空气的作用下，涂料均匀地吸附在工件上，经加热，粉末熔融固化成均匀、平整、光滑的涂膜。

静电喷涂具有许多突出的优点：可获得较厚的涂层，一次涂装涂层厚度可达 $40\mu m \sim 80\mu m$（有的可超过 $100\mu m$）；可采用无溶剂涂料，降低环境污染，改善劳动卫生条件；生产率高，适用于自动流水线涂装；粉末利用率高，可回收使用；因电场作用，所有暴露的导电表面（包括工件的边缘和反面）都可均匀涂覆，也适用于畸形件的喷涂；适用涂料范围广，除热固性材料外，许多热塑性材料也可采用。但是，静电喷涂设备制造成本较高，易受风的干扰，涂料配比严格。

静电喷涂技术已在工业涂装中得到广泛应用，静电喷涂装备也得到很大发展。20 世纪 50 年代，电喷枪静电涂装法开发成功；20 世纪 80 年代，高速旋杯式静电喷枪和往复式静电喷涂机成为静电喷涂的主流设备。与手工空气枪相比，旋杯式静电涂装的涂料利用率高，涂料雾化细，涂装装饰效果好，质量稳定，能耗低，生产率高，喷涂自动化程度高，目前已得到普遍应用。

随着涂料涂装技术进步，在复杂工件的产品喷涂时，往复式静电喷涂机逐步被更加柔性灵活的静电喷涂机器人所取代，而机器人配空气喷枪或配静电喷枪也逐步被机器人配静电旋杯所代替，进一步提高了产品质量与涂料利用率，降低了碳排放。在实际应用中，根据喷涂产品的不同，可以结合喷涂机器人配静电旋杯、机器人配空气喷枪、机器人配静电喷枪、人工静电喷枪等进行组合应用。

溶剂型涂料因其挥发性有机物（VOC）含量高，对环境影响大，逐步被水性涂料取代。在对水性涂料的静电喷涂时，因为水性涂料的导电性，所以传统的水性喷涂荷电方式多为外部荷电。外部荷电旋杯与直接荷电旋杯相比，涂料利用率有所下降，且外部电极易污染。近年来，已有既使用于溶剂型涂料，又适用于水性涂料的旋杯系统开发成功，水性涂料可直接荷电进行涂装，进一步提高涂料利用率。

为规范静电喷涂设备制造与使用，全国金属与非金属覆盖层标准化技术委员会组织相关单位专家制定了静电喷涂装备技术条件行业标准。JB/T 7504—1994《静电喷涂装备技术条件》为首次制定，于 1994 年 10 月 25 日发布，1995 年 10 月 1 日实施。

二、标准主要特点与应用说明

该标准规定了静电喷枪及其相关设备型号和技术要求、实验、安装和安全使用，列举了直流高压输出额定值及涂料的最高喷出量等级。该标准适用于各种喷涂易燃物的静电喷枪及其相关设备，也适用于喷涂易燃物时可能产生易爆气体的其他类似装备。

该标准规定的静电喷涂装备是使用压缩空气作为涂料辅助雾化动力，或辅以自接加压涂料膨胀雾化，还有使用机械旋转的离心力作为涂料辅助雾化动力。该标准规定了不同涂料供给方式下不同喷涂面积大小、涂料的喷出量、空气消耗量与喷涂雾幅。

该标准从涂料喷出量、空气消耗量、喷涂雾幅及"环抱作用"等方面对静电喷涂设备的性能提出了要求，规定了电气、机械、喷嘴、旋杯或旋盘、供漆设备等相关喷涂设备的技术指标，对使用环境、使用、安装、保养维修及试验与检验等进行了特别说明。

该标准明确了静电喷涂装备各系统主要的技术要求，在实际应用中可根据所需喷涂产品、所采用涂料、国家与行业及当地的环境保护的最新要求，以及企业智能制造的发展等进行补充。在此基础上，具体的喷涂参数，应根据实际喷涂工件设计喷涂仿形轨迹，结合产品喷涂质量要求、涂料特性、喷涂流量、喷涂雾幅、电压、旋杯转速等参数进行试验设计，找到最佳喷涂参数。

三、标准内容（JB/T 7504—1994）

静电喷涂装备技术条件

1 主题内容与适用范围

本标准规定了静电喷枪和其相关设备的型号、技术要求、试验、安装和安全使用。

本标准适用于各种喷涂易燃物的静电喷枪及其相关设备，也适用于喷涂易燃物时可能产生易爆气体的其他类似装备。

2 引用标准

GB 14773—1993　涂装作业安全规程　静电喷枪及其辅助装置安全技术条件

JB 5832—1991　涂装用高压静电发生器

3 术语

3.1 涂料喷出量

单位时间内由喷枪喷嘴喷出的指定黏度的涂料的容积。

3.2 雾幅

喷出涂料雾在指定距离的法面上的几何形状的大小。

3.3 静电压

指喷枪喷嘴处输出直流电压的平均值。

3.4 环抱作用

指涂料微粒沿高压静电场内电力线运动时对工件背面的环绕作用。

3.5 空气消耗量

指静电喷涂装备工作时单位时间的空气耗量。

3.6 雾幅方位

指喷出涂料雾立体的中轴方位。

3.7 当量口径

以圆孔喷嘴孔尺寸描述涂料喷出量相当的异形孔喷嘴。

4 型号及型谱

4.1 型号

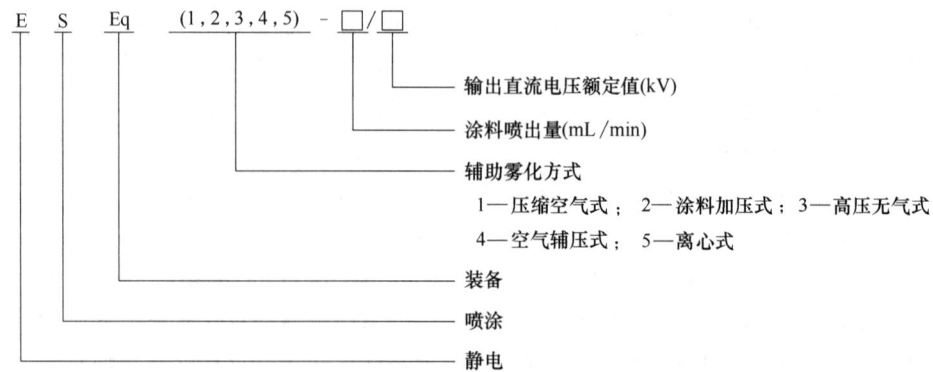

注：ESEq 为静电喷涂装备各英语单词的第一个字母。其中，E＝Electrostatic；S＝Spray，Eq＝Equipment。

4.2 型谱
4.2.1 直流高压输出额定值等级
静电喷涂装备的直流高压输出额定值应在下列数值中选取（单位：kV）
60，80，100，120，140
4.2.2 最大涂料喷出量等级
静电喷涂装备的最大涂料喷出量应在下列数值中选取（单位：mL/min）
50，100，200，400，800，1000，1500

例：ESEq3-1000/80 为高压无气静电喷涂设备，喷料喷出量1000mL/min；输出直流电压额定值80kV。

5 性能
5.1 涂料喷出量、空气消耗量和喷涂雾幅：
本标准规定的静电喷涂装备是使用压缩空气作涂料辅助雾化动力，或辅以直接加压涂料膨胀雾化。还有利用机械旋转的离心力作涂料辅助雾化动力。

喷出涂料雾立体形状应可调，雾幅方位正确不得偏移，雾幅分布应正常，应没有影响膜厚及膜外观的粗大涂料粒子。

静电喷涂装备的喷嘴（旋盘或旋杯）尺寸、涂料喷出量、空气消耗量和喷涂雾幅大小如表1、表2所示。

表1

涂料供给方式	被涂面积大小	漆雾形状	喷嘴当量口径/mm	空气消耗量/(L/min)	涂料喷出量/(mL/min)	雾幅尺寸/mm
空气压送式	小	椭圆，圆	0.8～1.8	160～300	45～130	60～150
	大	椭圆，圆	1.3～3.0	280～560	120～270	150～260
泵压送式	小	椭圆，圆	0.8～1.2	270～340	150～240	150～180
	大	椭圆	1.0～2.0	500～720	250～700	200～340
高压无气式	大	椭圆	1.5～3.0		500～1500	400～680
空气辅压式	大、小	椭圆，圆	0.4～2.0	160～300	400～1500	300～700

表2

类别	转速/(r/min)	最大涂料喷出量/(mL/min)	盘(或杯)径/mm	空气消耗量/(L/min)
旋盘	10000～30000	200～900	φ135～φ250	40
旋杯	20000～70000	400～900	φ50～φ100	40

5.2
喷涂时应有良好的"环抱作用"，对直径40mm圆柱形工件进行试喷，工件干膜厚度为20μm左右时，应保证工件正背面干膜厚度误差不大于5μm。

6 技术要求
6.1 电气
6.1.1 静电喷枪上除了设计成带高压的部分外，所有非带电部分应设计、装配使它们相互保持通路，应可靠地接于高压发生器供电端的地线上。

6.1.2 高压静电发生器在技术及性能上应完全符合标准 JB 5832 的要求。

6.1.3 所有电缆应牢固连在枪上，除设备带有接地安全电路外，电缆应包括接地的金属屏蔽物。

6.1.4 静电喷枪的控制系统应包含过压、过流控制、短路限流控制，确保使用安全和操作者人身安全。

6.2 机械

6.2.1 枪柄的总表面积至少应有 $20cm^2$，枪柄应是金属或最大电阻率为 $10\Omega \cdot m$ 的材料，表面应与地端连接。

6.2.2 喷枪操纵扳机应设计在"关"位，放开扳机后 0.5s 内应能切断高压电源和输送喷涂材料管道。

对多路输出的高压供给，放开扳机可成功将每一个高压端切断，否则不能使用。

6.2.3 机械旋转辅助雾化头的驱动有电动机和气马达两种，气马达转速高，雾化效果好，安全可靠，推荐使用气马达。

6.3 喷嘴、旋杯和旋盘

6.3.1 无论什么形式、结构的喷嘴，旋杯或旋盘应保证涂料喷出量、喷涂雾幅的大小与形状、位置稳定，雾化效果好。

6.3.2 喷嘴、旋杯或旋盘应采用耐磨材料制作。

6.3.3 喷嘴当量口径应符合表3。

表 3 （单位：mm）

涂料供给方式	被涂物大小	漆雾形状	喷嘴当量口径								
空气压送式	小	椭圆、圆	—	—	0.8	1.0	1.2	1.3	1.5	1.6	1.8
	大	椭圆、圆				1.3	1.5	1.6	1.8	2.0	—	3.0
泵压送式	小	椭圆、圆			0.8	1.0	1.2				
	大	椭圆、圆				1.0	1.2	1.3	1.5	1.6	1.8	2.0
高压无气式	大	椭圆				1.5	—	1.8	2.0	2.5	3.0
空气辅压式	小	圆形	0.4	0.6	—	1.0					
	大	椭圆、圆			0.8	1.0				2.0	2.5

6.3.4 机械旋转辅助雾化头分旋杯和旋盘两种，其直径应符合表4。

表 4 （单位：mm）

| 旋杯直径 | φ50 | φ55 | φ60 | φ75 | φ100 | — | — | — | — | — |
| 旋盘直径 | — | — | — | — | — | φ135 | φ150 | φ200 | φ250 | φ300 |

6.4 供漆设备

6.4.1 供漆设备可采用多种形式：涂料桶、压力桶、压力泵、高压无气泵等。

6.4.2 供漆设备应保证输漆量大小稳定、均匀。

6.4.3 供漆设备一般应有搅拌功能。

6.4.4 用于水性漆的供漆设备应对地有足够的绝缘电阻。

7 使用环境

(1) 温度：-10℃~+40℃；
(2) 相对湿度：≤85%［空气温度为(20±5)℃时］；
(3) 海拔不超过：1000m；
(4) 电源电压：AC 220（1±10%）V（特殊订货例外）；
(5) 电源频率：50Hz（特殊订货例外）；
(6) 发生器接地电阻：≤4Ω；
(7) 运行地点无导电爆炸尘埃，无腐蚀金属和破坏绝缘的气体或液体，无剧烈振动与冲击。

8 标志、包装、运输及储存

8.1 标志

静电喷涂装备及相关装置的明显处应设置耐久标志。

标志应包括以下内容：

a) 制造厂名或注册商标；
b) 产品名称型号；
c) 电源电压、频率；
d) 输出额定电压、电流；
e) 防护型式及等级；
f) 制造日期及编号。

8.2 包装

8.2.1 静电喷枪及相关设备应包装良好；其易损、易变形部位应置于固定缓冲材料中。

8.2.2 枪及设备应采用防潮湿性能较好的材料包装并有防雨淋措施。

8.2.3 包装箱明显处应标有"↑"和"➉"的清晰标志并在其标志上方写有"向上"和"防止雨淋"字样。

8.3 运输及储存

8.3.1 在装卸、运输过程中，应防止强烈振动及倒置，淋雨。

8.3.2 应储存于干燥、通风良好的室内，其周围应无腐蚀性气体或液体。

9 使用及使用说明书

使用说明书应由设备的制造单位提供，说明书的语种应符合顾客要求。使用说明书内容应包括设备的使用、安装、维护和安全注意事项等。

9.1 使用

9.1.1 静电喷涂装备应由受过岗位技术培训并取得操作合格证的操作者使用。

9.1.2 操作场所应在显著位置上，用操作者理解的语言设立警告标牌，标牌上应注明各种操作过程中的安全问题。

9.1.3 操作者使用的鞋和手套应具备抗静电功能（其电阻推荐值不大于$10^5\Omega$）。

9.2 安装

9.2.1 地板

操作场所的地板应抗静电，地板上不允许积累任何残余物。

9.2.2 操作场所

操作场所周围结构的表面对地电阻应小于1MΩ，工件通道的开口不得被人们用作过道。

9.2.3 排风

操作场所应强制换气、保证将易爆气体及时排出，同时换入清洁的新鲜空气。

应保证排风系统停止时不得开启静电喷涂装备，有条件的地方应将排风系统与静电喷涂设备联锁。

9.3 保养和维修

关于喷枪清洗和维修应包括在使用说明书内，至少应有如下警告：

9.3.1 在喷漆场地开始清洗喷枪或执行其他工作之前必须关掉电源，并事先对地短路，消除喷涂设备内电蓄能。

9.3.2 金属容器才可用于装清洗液，容器应可靠接地。

9.3.3 使用清洗溶剂的闪点应尽可能高，最好高于室温。

9.3.4 静电喷涂装备应按制造单位的说明按期维修保养。

10 试验和检验

静电喷涂装备须由生产厂家经过静电发生器试验与检验、安装试验与检验、喷涂性能试验与检验。

10.1 静电发生器试验与检验按 JB/T 5832—1991 进行。

其项目有：

a）绝缘试验；

b）负载试验；

c）短路电流试验；

d）过流保护试验；

e）空载电压试验；

f）空载冲击试验；

g）负载运行试验；

h）温升试验；

i）安全试验；

j）一般试验。

10.2 安全试验与检验按 GB 14773—1993 进行，其主要内容包括：

a）冲击试验；

b）跌落试验；

c）点火试验；

d）高压电缆拉力试验；

e）高压绝缘试验；

f）压力试验。

10.3 喷涂性能试验与检验：静电喷涂装备整体须按本标准第5章进行性能试验和检验。性能试验与检验包括涂料喷出量、空气消耗量、喷涂雾幅、漆膜厚度、环抱作用等。

10.4 静电喷涂装备安装时使用的抗静电手套和抗静电地板须经相应试验。

第九节　静电粉末涂装设备

一、概论

粉末涂料是百分之百的固体分涂料，没有空气污染，无污水沉淀问题，作为绿色低碳产品日益受到市场的重视与青睐。粉末涂料的产品质量，不仅取决于原材料的质量，还取决于粉末涂料涂装设备和工艺条件的控制。粉末涂装方法主要有：火焰喷涂法、流化床浸涂法、静电流化床浸涂法、静电喷涂法和粉末电泳法等，其中粉末静电喷涂具有环保、安全、涂料利用率高、涂装弊病少、涂层性能优良等优点，是目前粉末涂装中发展最快的一种重要施工工艺。

粉末静电喷涂工艺原理是在接地的金属工件和喷枪电极之间施加高压直流电，在压缩空气作用下，粉末涂料由喷枪喷出分散至空气中，粉末粒子与喷枪电极电晕放电形成电场而产生电离的空气粒子相碰撞，形成带电粉末粒子，吸附在接地的金属工件表面。由于粉末涂料的体积电阻较高，被吸附在工件上的粉末粒子释放电荷速度较慢，从而带电粉末粒子不断地吸附在工件表面，直到绝缘破坏不再增加膜层厚度。然后，经过高温烘烤流平固化，形成均匀的膜层。

粉末静电涂装设备主要包括高压发生器、喷枪、供粉系统、喷粉室、固化装置、回收装置、输送系统、辅助系统等。

1) 高压发生器是粉末静电喷涂的关键。它使带电粉末粒子与工件之间形成电位差，在高电压作用下使粉末吸附在工件上而形成漆膜。其中电压直接影响粉末附着量，电压过高容易造成粉末反弹和边缘麻点，电压过低则上粉率低。

2) 喷枪是粉末静电喷涂的主要设备。它利用电压对带有负电荷的粉末粒子进行雾化和扩散，并使其附着在正极工件上。上粉率主要由枪头与工件的距离、角度、喷嘴型号、上粉速率等决定。要根据不同工件来选择不同喷嘴，以达到雾化均匀的效果。

3) 供粉系统由空压泵、供粉桶和管道组成。供粉桶中的新粉在空气压力下通过管道输送入喷枪，气压直接影响出粉量，进而影响涂层厚度。均匀稳定的出粉量是保证涂层均匀性的有力保障。

4) 喷粉室是保证涂装质量的关键设备。喷粉室内必须保持气流平衡，照明充足。采用真空吸尘器对其进行清理，保持喷粉室内粉尘含量，使其低于爆炸极限。

5) 固化装置采用燃油加热器，与循环风机配合，保持温度均匀，促使喷涂后的工件在相应的温度下均匀固化。

6) 回收装置一般采用大旋风二级回收系统，喷枪喷出后没有吸附到工件的部分粉末被离心风机产生的气流带到大旋风分离器中，较大的粉末颗粒被分离出来，落入收集箱中，这些粉末经振动筛过滤后回收到供粉桶中循环使用。

7) 输送系统一般采用悬挂式输送链将工件直接送到喷粉室，喷涂完成后直接送到固化炉内，根据不同的要求调节链速，以保证固化时间及喷涂质量。

8) 辅助系统有空气压缩机和油水分离器。空气压缩机是产生压缩空气的唯一设施，为了使涂料均匀雾化，保证涂层优良，还须配备油水分离器，从而满足输出压缩空气非常洁净的要求。

静电粉末涂装的工艺参数是粉末涂层质量的重要的影响因素,静电粉末涂装的工艺参数主要通过静电粉末涂装设备的各部组成来调节。为规范静电粉末涂装设备技术指标,便于供需双方的制造与使用,全国金属与非金属覆盖层标准化技术委员会组织相关单位专家制定了《静电粉末涂装设备》行业标准。JB/T 10240—2001《静电粉末涂装设备》为首次制定,于2001年5月23日发布,2001年10月1日实施。

二、标准主要特点与应用说明

该标准对静电粉末涂装设备的组成进行了分类,同时对各组成进行了定义,为粉末涂装技术和粉末涂装设备的进步和发展提供了技术支撑和标准规范。

静电粉末涂层的质量主要依靠对静电粉末涂装设备的各个组成部分的调节,从而达到最佳涂装工艺参数的匹配来保证的。该标准突出的特点是对静电粉末涂装设备的主要组成部分提出了具体的技术要求,对静电粉末涂装设备的设计、制造,喷粉区的安全、环保,制作材料的选取及静电粉末涂装设备涂装的粉末涂层的基本性能做出了总体规定。对静电喷粉室、静电喷粉枪及高压静电发生器、供粉、筛粉装置、回收装置、控制系统的使用条件和技术参数提出具体要求,为客户选用静电粉末涂装设备提供了基础标准参考,同时为促进静电粉末涂装设备的技术提升和推广应用提供了标准支撑。

该标准对静电粉末涂装设备主要组成部分的技术参数的检测内容,提出了相应的方法及执行标准,为使用客户提供了检验设备是否满足设备工艺和涂装工艺参数的执行标准,为保证粉末涂装涂层质量提供了基础技术依据。

三、标准内容(JB/T 10240—2001)

静电粉末涂装设备

1 范围

本标准规定了静电粉末涂装设备的组成与分类、技术要求、试验与检验、标志、包装运输与贮存、安装使用与维护。

本标准适用于静电粉末涂装设备的设计、制造、安装、调试、使用和维护。

2 引用标准

下列标准所包含的条文,通过在本标准中引用而构成为本标准的条文。本标准出版时,所示版本均为有效。所有标准都会被修订,使用本标准的各方应探讨使用下列标准最新版本的可能性。

GB 191—1990 包装储运图示标志

GB 2893—1982 安全色

GB 2894—1995 安全标志

GB/T 6388—1986 运输包装收发货标志

GB/T 6739—1996 涂膜硬度铅笔测定法

GB/T 6807—1986 钢铁工件涂漆前磷化处理技术条件

GB 7691—1987 涂装作业安全规程 劳动安全和劳动卫生管理

GB/T 8264—1987　涂装技术术语
GB/T 9286—1998　色漆和清漆　漆膜的划格试验（eqy ISO 2409：1992）
GB/T 13384—1992　机电产品包装通用技术条件
GB 14773—1993　涂装作业安全规程　静电喷枪及其辅助装置安全技术条件
GB 15607—1995　涂装作业安全规程　粉末静电喷涂工艺安全
GB 16297—1996　大气污染物综合排放标准
JB/T 5832—1991　涂装用高压静电发生器

3 定义

本标准采用 GB/T 8264 定义及下列定义。

3.1 静电喷粉室　booth for electrostatic powder spraying

封闭或半封闭的、不易积聚粉末的、具有良好机械通风不外逸粉末的并能有效地将未涂着粉末导入回收装置的专门用于粉末静电喷涂的室体或围护结构。

3.2 静电喷粉枪　electrostatic spraying powder gun

利用静电原理工作并具有防护措施的喷涂粉末涂料的喷枪。

3.3 供粉装置　powder feeder

能连续均匀地供给喷涂用粉末涂料的装置。

3.4 筛粉装置　screening equipment of powder

过筛粉末（含回收粉末）除去杂质和不合格粉末，以满足喷涂粉末粒度要求的装置。

3.5 回收装置　recovery equipment of powder

专门用于收集未涂着粉末，将其从粉气混合物（含尘气体）中分离出来，并使排放空气符合排放标准的装置。

3.6 喷粉区　powder area

由于粉末喷涂作业而存在危险性、易燃易爆性悬浮状粉末或积聚粉末的区域。

3.7 干扰气流　irregular flow

影响控制风速的一切气流，如工件和操作人员移动时产生的气流、车间穿堂风和门窗隙缝形成的气流等。

3.8 一次上粉率　powder absorption efficiency at first time

静电喷粉枪喷涂一定尺寸的工件达到规定的涂层厚度时，工件上涂着粉末量与实际粉末喷出量之比（以质量百分数表示）。

3.9 粉末喷出量　powder spraying quantity

单位时间内由喷枪喷嘴喷出的粉末涂料的质量。

3.10 喷涂圆直径　spraying circle diameter

喷枪喷出分散粉末涂料在指定距离的垂直面上的喷涂图形的有效直径。当喷涂图形为椭圆时，喷涂圆直径指的是椭圆长轴的有效长度。

3.11 环抱作用　encircle action

指涂料微粒沿高压静电场内电力线运动时对工件背面的环绕作用。

3.12 粉末回收率　powder recycle efficiency

粉末回收装置进出口气体中粉末的平均减少量与其进口气体中平均粉末量之比（以质量百分数表示）。

4 组成与分类

静电粉末涂装设备主要由下列部分组成。

4.1 静电喷粉室

根据材质形式可分为：金属材质和非金属材质静电喷粉室。

根据作业形式可分为：间歇式和连续式静电喷粉室。

根据排风形式可分为：侧面排风式、底部排风式和底侧联合排风式静电喷粉室。

4.2 静电喷粉枪及高压静电发生器

根据操作形式可分为：自动和手动静电喷粉枪。

根据结构形式可分为：内置式高压静电发生器和外置式高压静电发生器静电喷粉枪。

4.3 供粉、筛粉装置

供粉装置一般采用文丘里抽吸形式，筛粉装置一般有振动式和旋转式等形式。

4.4 回收装置

一般采用单级或二级回收，由下列一至二种形式配合组成，即旋风、滤芯、烧结板和布袋等形式。

4.5 控制系统

一般可分为手动控制系统和自动控制系统。

5 技术要求

5.1 总体要求

5.1.1 静电粉末涂装设备的设计、制造与出厂应符合 GB 7691—1987 中 4.1 和 4.2 的规定。

5.1.2 喷粉区内安全卫生、防火防爆和噪声等应符合 GB 15607—1995 中第 4 章的有关规定。

5.1.3 喷粉区内所有设备（含工件、悬链）接地应符合 GB 15607—1995 中 4.10 的规定。

5.1.4 喷粉区内各设备和管线的布置应整齐、美观，并应符合使用、维护和安全的要求。

5.1.5 在喷粉换色频繁的使用场合，静电粉末涂装设备的平均换色时间不宜大于 45min。

5.1.6 静电喷粉室、回收装置和管道之间的连接应密封良好，无粉末外溢。

5.1.7 静电喷粉室、供粉装置和筛粉装置应采用非燃或阻燃材料制作；回收装置壳体应采用导电材料制作。

5.1.8 静电喷粉室、供粉装置、筛粉装置和回收装置等如采用普通钢铁制作，所采用的普通钢铁工件组装前应按 GB/T 6807 的要求进行磷化处理，并涂覆防护装饰性涂层，涂层附着力应达到 GB/T 9286 规定的 1 级~2 级（划格法），涂层硬度应不低于 GB/T 6739 规定的 2H（铅笔硬度），涂层厚度应不小于 50μm。

5.2 使用条件

环境温度：0℃~40℃；

相对湿度：≤85%；

海拔：≤1000m；

电源电压：单相交流 220V±22V；

三相交流 380V±38V；

电源频率：50Hz；

压缩空气：压力≥0.6MPa；

含水量≤1.3g/m³；

含油量≤0.01mg/m³；

喷粉室附近干扰气流横向速度：≤0.3m/s；

进入喷粉室工件表面温度：≤50℃。

运行地点无腐蚀金属和破坏绝缘的气体或液体，无剧烈振动和冲击。

5.3 静电喷粉室

5.3.1 静电喷粉室的安全卫生指标应符合 GB 15607—1995 中 4.3.3 中 a、b 和 c 的规定。

5.3.2 静电喷粉室开口面风速应为 0.5m/s~0.6m/s，其排风量的确定应符合 GB 15607—1995 中 6.1 和 6.2 的规定。

5.3.3 静电喷粉室内的照明应符合 GB 15607—1995 中 4.7 的规定。

5.3.4 静电喷粉室各拼接处应无缝隙，内壁应光滑平整无死角易清理，不易积聚粉末，并能使全部或大部分未涂着粉末有组织地导入回收装置。

5.3.5 静电喷粉室不宜与回收装置组合成不可拆卸的、难于清理粉末的一体式结构形式。

5.3.6 静电喷粉室内气流应分布合理，空气能携带粉末及时流向回收装置，避免产生紊流。

5.3.7 在满足工件进出和操作工位的前提下，应尽量减少静电喷粉室的开口尺寸。

5.3.8 在正常工作条件下，静电喷粉室各开口处应无粉末外溢。

5.3.9 静电喷粉室应采取相应措施（如悬链底部高于喷粉室顶部等措施）防止悬链和一次吊具处粉末积聚。

5.3.10 静电喷粉室内喷枪电极至工件和喷粉室室壁的距离宜分别不小于 150mm 和 250mm。

5.4 静电喷粉枪及高压静电发生器

5.4.1 静电喷粉枪及其辅助装置的安全要求应符合 GB 14773—1993 中第 4、5 和 6 章的规定。

5.4.2 静电喷粉枪用高压静电发生器的技术要求应符合 JB/T 5832—1991 中第 5 章的规定。

5.4.3 静电喷粉枪的最大粉末喷出量不应小于 300g/min，并且应可调。

5.4.4 静电喷粉枪的喷涂圆直径：有效直径不应小于 300mm。

5.4.5 静电喷粉枪的环抱作用：有效直径不应小于 100mm。

5.4.6 静电喷粉枪的一次上粉率不应小于 60%。

5.4.7 自动静电喷粉枪间的安装间距不宜小于 350mm。

5.4.8 静电喷粉枪应拆装方便易于清理。

5.4.9 静电喷粉枪应具有良好的充电效果，雾化性能好，出粉均匀，并在使用时不打火。

5.5 供粉、筛粉装置

5.5.1 供粉、筛粉装置的安全要求应符合 GB 15607—1995 中 4.8 和 4.9 的规定。

5.5.2 供粉、筛粉装置应采用密封良好不外逸粉末、不易积聚粉末而易清理的结构形式。

5.5.3 供粉装置应能连续、均匀、稳定地供粉，其供粉量应能在一定范围内可调。

5.5.4 筛粉装置应能满足喷涂粉末粒度要求。

5.5.5 供粉管内壁应光滑不易积聚粉末和堵塞。

5.5.6 供粉管、空气管等软管应采用阻燃材料制作，其耐压要求不应小于其最大工作压力的 1.5 倍。

5.6 回收装置

5.6.1 回收装置的安全要求应符合 GB 15607—1995 中 4.8、4.9 和 6.4.1 的规定。

5.6.2 回收装置废气排放应符合 GB 16297 中的有关规定，如循环使用还应符合 GB 15607—1995 中 6.6 的规定。

5.6.3 回收装置所采用的过滤材料（如滤芯等）应选择不易产生静电、堵塞和吸潮的材料。

5.6.4 回收装置应采用有效的清粉和输粉装置。

5.6.5 如需用排风管道，应采用法兰连接的圆形管道敷设，管道内壁应光滑，管道内风速应不低于 8m/s，同时应有良好接地，防止粉末积聚和产生静电。

5.6.6 回收装置处理风量能力应满足与其连接的静电喷粉室排风量的要求。

5.6.7 回收装置的风机轴承应设置防止粉末侵入的防护装置；如风机噪声大于 80dB（A），应设置风机隔声室。

5.6.8 粉末回收率应不小于 95%。

5.7 控制系统

5.7.1 喷粉区内各用电和用气设备的控制宜采用就近集中控制方式，不宜采用分散控制方式，并不应设置与喷粉作业无关的电器装置。

5.7.2 自动静电喷粉室内应安装火灾报警装置，宜安装自动灭火装置。

5.7.3 当工件大小相差较大或工件输送间隙较大时，自动静电粉末涂装设备宜采用工件识别系统，以实现喷枪自动间歇停喷。

5.7.4 自动静电喷粉枪应与回收装置的风机实现电气联锁保护，当回收装置的风机发生故障时喷枪能自动停喷。

5.7.5 自动静电喷粉枪宜与工件输送装置（如悬链等）实现电气联锁保护，当工件输送装置发生故障时喷枪能自动停喷。

5.7.6 自动静电粉末涂装设备的回收装置宜配备风量监测器，当风量低于安全值时，自动静电喷粉枪能自动停喷。

6 试验与检验

静电粉末涂装设备须由生产厂家经过静电喷粉室开口面风速试验与检验（见 6.1）、静电喷粉枪及其辅助装置安全试验与检验（见 6.2）、静电喷粉枪用高压静电发生器试验与检验（见 6.3）、静电喷粉枪喷涂性能试验与检验（见 6.4）和粉末回收率试验与检验（见 6.5）。其中 6.1 和 6.5 应在设备安装完毕后试验与检验，其他（6.2、6.3 和 6.4）可在出厂时试验与检验，在设备安装使用前提供检验合格证书。

6.1 静电喷粉室开口面风速试验与检验

6.1.1 试验设备：手持式风速仪（误差不超过±5%）一台。

6.1.2 试验条件按 5.2 的要求。

6.1.3 试验方法：

a) 开启回收装置，调至正常工作状态；

b) 分别测出静电喷粉室开口平面距各边沿 50mm 处的四角及中心点的风速；

c) 取上述五点处风速的算术平均值即为静电喷粉室开口面风速。

6.1.4 静电喷粉室开口面风速试验结果应符合 5.3.2 的规定。

6.2 静电喷粉枪及其辅助装置安全试验与检验

6.2.1 静电喷粉枪及其辅助装置安全试验与检验按 GB 14773—1993 中第 7 章进行。其项目有：

    a）直观检查；

    b）冲击试验；

    c）跌落试验；

    d）高压电缆拉力试验；

    e）压力试验；

    f）高电压绝缘试验；

    g）短路试验；

    h）温度试验；

    i）点火试验；

    j）防护能力。

6.2.2 静电喷粉枪及其辅助装置安全试验结果应符合 5.4.1 的要求。

6.3 静电喷粉枪用高压静电发生器试验与检验

6.3.1 静电喷粉枪用高压静电发生器试验除外观检验外按 JB/T 5832—1991 中第 6 章进行试验。其项目有：

    a）绝缘试验；

    b）负载试验；

    c）短路试验；

    d）过流保护试验；

    e）空载试验；

    f）空载冲击试验；

    g）负载运行试验；

    h）温升试验；

    i）安全试验。

6.3.2 静电喷粉枪用高压静电发生器试验结果应符合 5.4.2 的要求。

6.4 静电喷粉枪喷涂性能试验与检验

6.4.1 最大粉末喷出量试验与检验

6.4.1.1 试验设备：

    a）称量设备（称量 1000g，感量 1g）一台；

    b）洁净涤纶布袋三只；

    c）秒表一只；

    d）环氧树脂粉末涂料（粒度 180 目，电阻率 $10^{12}\Omega \cdot cm \sim 10^{13}\Omega \cdot cm$）5kg。

6.4.1.2 试验条件按 5.2 的要求。

6.4.1.3 试验方法：

    a）将喷枪粉末喷出量调至最大工作状态；

    b）将称量后的洁净涤纶布袋与喷枪口扎紧，布袋与喷枪成一直线，喷粉 1min；

    c）将喷粉后的布袋称量，减去洁净布袋的质量，重复做三次取平均值，即为喷枪最大粉末喷出量。

6.4.1.4 喷枪最大粉末喷出量试验结果应符合5.4.3的规定。

6.4.2 喷枪喷涂圆直径试验与检验

6.4.2.1 试验设备：

a) 钢卷尺（2m）一只；

b) Q235磷化钢板（700mm×700mm×2mm）三件；

c) 秒表一只；

d) 磁性测厚仪（精确度2μm）一台；

e) 环氧树脂粉末涂料（粒度180目，电阻率$10^{12}\Omega \cdot cm \sim 10^{13}\Omega \cdot cm$）5kg。

6.4.2.2 试验条件按5.2的要求。

6.4.2.3 试验方法：

a) 固定钢板与静电喷粉枪，设定钢板中心点，喷枪垂直对准钢板中心点并保持喷枪喷嘴与钢板间距为150mm，钢板接地；

b) 喷枪采用喷涂圆直径最大的喷嘴，以150g/min~200g/min的粉末喷出量喷涂30s；

c) 待钢板上粉末固化后，通过钢板中心点划一直线（如喷涂图形为椭圆形，则通过钢板中心点沿椭圆长轴划一直线），沿线测出其涂层厚度相当于钢板中心点涂层厚度20%的两点，测量两点间的距离并记录；

d) 按上述方法重复试验三次，取三次数据的算术平均值即为喷枪喷涂圆直径。

6.4.2.4 喷枪喷涂圆直径试验结果应符合5.4.4的规定。

6.4.3 喷枪环抱作用试验与检验

6.4.3.1 试验设备：

a) 钢卷尺（2m）一只；

b) Q235磷化钢管（壁厚3mm~5mm，长250mm），在$\phi 100mm \sim \phi 200mm$范围内取不同直径的钢管若干件；

c) 秒表一只；

d) 磁性测厚仪（精确度2μm）一台；

e) 环氧树脂粉末涂料（粒度180目，电阻率$10^{12}\Omega \cdot cm \sim 10^{13}\Omega \cdot cm$）5kg。

6.4.3.2 试验条件：

环境温度25℃~30℃；

相对湿度60%~70%；

工件接地电阻≤100Ω。

6.4.3.3 试验方法：

a) 固定钢管与静电喷粉枪，喷枪喷嘴与钢管间距为150mm，钢管接地，以150g/min~200g/min的粉末喷出量对钢管中部做定向喷涂，时间30s；

b) 待钢管上粉末固化后，在其中间的截面上，离喷枪最近点设为A，离喷枪最远点设为B，在A、B（含A、B点）间的半圆上测量任何一点的涂层厚度；

c) 如A、B（含A、B点）间任何一点的涂层厚度小于A点涂层厚度的20%，则应减小钢管直径再行试验至不小于A点涂层厚度的20%；测量钢管的直径，即为喷枪环抱作用的有效直径。

6.4.3.4 静电喷粉枪的环抱作用试验结果应符合5.4.5的规定。

6.4.4 喷枪一次上粉率试验与检验

6.4.4.1 试验设备：

a) Q235磷化钢板（700mm×700mm×2mm）若干件；
b) 磁性测厚仪（精确度2μm）一台；
c) 环氧树脂粉末涂料（粒度180目，电阻率$10^{12}\Omega \cdot cm \sim 10^{13}\Omega \cdot cm$）5kg；
d) 称量设备（称量50kg，感量5g）一台。

6.4.4.2 试验条件：

环境温度25℃~30℃；
相对湿度60%~70%；
工件接地电阻≤100Ω。

6.4.4.3 试验方法：

a) 分别称量装好粉末的供粉桶和未涂粉末钢板的质量，并记录；
b) 固定钢板并接地，喷枪垂直对准钢板并保持喷枪喷嘴与钢板间距为200mm；
c) 以150g/min~200g/min的粉末喷出量单面均匀喷涂钢板，确保各点涂层均匀；
d) 小心取下喷涂后钢板，称量并记录，计算出钢板上涂着粉末质量；
e) 称量喷涂后供粉桶质量，并记录，计算出供粉桶内粉末消耗量；
f) 待钢板上粉末固化后，分别测量出距钢板各边沿50mm处的四角及中心点的涂层厚度，计算出钢板算术平均涂层厚度；
g) 钢板算术平均涂层厚度应为70μm±5μm，如不符合应重新按上述方法试验；
h) 按式（1）计算：

$$\phi = (Z_1/Z_2) \times 100\% \tag{1}$$

式中 ϕ——一次上粉率；

Z_1——钢板上涂着粉末质量（g）；

Z_2——供粉桶内粉末消耗量（g）。

6.4.4.4 静电喷粉枪的一次上粉率试验结果应符合5.4.6的规定。

6.5 粉末回收率试验与检验

6.5.1 试验设备：

a) 称量设备（称量5kg，感量5g）一台；
b) 洁净涤纶布袋一只；
c) 环氧树脂粉末涂料（粒度180目，电阻率$10^{12}\Omega \cdot cm \sim 10^{13}\Omega \cdot cm$）5kg。

6.5.2 试验条件按5.2的要求。

6.5.3 试验方法：

a) 将称量后的洁净涤纶布袋与回收装置的出口连接，开启回收装置，在喷枪喷嘴距回收装置吸入口300mm处，以50g/min左右的粉末喷出量向回收装置吸入口喷粉；
b) 粉末喷完后停机并称量布袋质量，计算出布袋中粉末质量；
c) 按式（2）计算：

$$\eta = (1 - W_1/W_2) \times 100\% \tag{2}$$

式中 η——粉末回收率；
  W_1——布袋中粉末质量（kg）；
  W_2——喷涂粉末质量（kg），W_2 = 5kg。

6.5.4 粉末回收率试验结果应符合 5.6.8 的规定。

7 标志

7.1 在喷粉区的醒目位置应设置符合 GB 2893 和 GB 2894 要求的安全色及安全标志。

7.2 静电粉末涂装设备所包括的各主要组成设备的明显处应设置耐久标志。标志应包括如下内容：

  a）制造厂名和商标；
  b）产品名称和型号；
  c）主要技术参数，如额定最低排风量、安装功率等；
  d）制造日期和出厂编号。

7.3 静电喷粉枪的标志还应符合 GB 14773—1993 中 9.2 的有关规定。

8 包装、运输与贮存

8.1 包装

8.1.1 静电粉末涂装设备的包装应符合 GB/T 13384 的有关规定。

8.1.2 包装箱明显处应有"产品标志"和"收发货标志"，并标有"向上""小心轻放"和"怕湿"等符合 GB 191 规定的清晰标志；"收发货标志"应符合 GB/T 6388 的有关规定。

8.1.3 静电粉末涂装设备应具备下述随机技术文件，应包装好放入包装箱内，并防潮：

  a）产品使用说明书（含设备安装图、系统图、电气原理图、易损件清单和安全要求等）及操作手册；
  b）产品合格证；
  c）随机备件、随机工具清单；
  d）装箱单。

8.1.4 产品各部分应固定牢靠，并应有必要的内包装，不致在运输过程中互相碰撞造成损坏。

8.2 运输

在装卸、运输过程中，应防止强烈振动、倒置和雨淋。

8.3 贮存

应贮存于干燥、通风良好的室内，其周围应无腐蚀性气体或液体。

9 安装、使用与维护

9.1 安装

9.1.1 喷粉区地面应符合 GB 15607—1995 中 4.6 的规定。

9.1.2 喷粉区场所应符合 GB 15607—1995 中 4.4 和 4.13 的规定。

9.1.3 安装时应检查各个配套部件是否齐全，附件是否完整；各部分安装后应连接牢固紧密，没有松动。

9.2 使用与维护

9.2.1 应按照 GB 7691—1987 中第 8、9 和 10 章和本标准的规定，遵守该设备安全操作和维护规程。

9.2.2 静电粉末涂装设备使用与维护还应符合 GB 15607—1995 中第 8 章的规定。

第十节　阴极电泳涂膜制备实验装置技术条件

一、概论

阴极电泳涂装是 20 世纪 70 年代迅速发展起来并形成工业化应用的一种新型涂装方法。它是将具有导电性的被涂物浸渍在浓度较低、水为分散介质的电泳涂料槽中，涂料槽作为阴极，槽中设置与其相对应的阳极，两极间通直流电流，并在被涂物上析出涂膜的涂装方法。阴极电泳涂装是代表涂料涂装发展的高端技术，被表面处理行业认为是发展最快、更新最快的一类技术方法，目前广泛应用于汽车、家电、五金、摩托车、汽车配件等行业。从 20 世纪 90 年代开始，阴极电泳涂装在国内迅速发展，但都以国外引进技术为主，大工业生产的技术条件基本一致。然而，各个国家、地区和企业在进行阴极电泳涂装实验时，所采取的仪器规格和工艺条件的差别较大，而国内外对阴极电泳涂装实验装置和技术条件没有统一的标准和规范，造成涂装厂家难以辨别涂装材料的品质。因此，及时制定阴极电泳涂膜制备实验装置的技术标准，将有力推动阴极电泳涂装技术的发展。

2011 年，全国金属与非金属覆盖层标准化技术委员会组织相关单位专家成立标准起草工作组，工作组查阅了国内外相关标准和文献，并收集了我国阴极电泳涂装应用技术资料，经过充分讨论，反复修改完成了标准征求意见稿。在充分征求意见和讨论的基础上，2013 年完成了标准送审稿和报批稿。JB/T 12273—2015《阴极电泳涂膜制备实验装置技术条件》为首次制定，没有采用国际标准，制定过程中未查到同类国内、国外标准，也未测试国外的样机。该标准于 2015 年 10 月 10 日发布，2016 年 3 月 1 日实施。

二、标准主要特点与应用说明

该标准是根据国家标准化政策和目前我国阴极电泳涂装实验条件的现状制定的，是适合目前我国国情、可操作性较强的技术标准，突出了标准的先进性和适用性。

该标准根据我国阴极电泳涂膜制备要求，提出了技术内容，并对技术要求进行必要的试验和验证。其主要内容包括实验装置的组成、实验装置的技术要求、标志、包装、运输及储存、安装、使用及维护。

该标准的制定与应用，推动了阴极电泳涂装技术走向技术进步和生态友好的发展道路。

三、标准内容（JB/T 12273—2015）

阴极电泳涂膜制备实验装置技术条件

1　范围

本标准规定了阴极电泳涂膜制备实验装置（以下简称装置）的术语和定义、组成、技术要求、标志、包装、运输、贮存、安装、使用及维护。

本标准适用于实验室阴极电泳湿涂膜的制备。

2 规范性引用文件

下列文件对于本文件的应用是必不可少的。凡是注日期的引用文件，仅注日期的版本适用于本文件。凡是不注日期的引用文件，其最新版本（包括所有的修改单）适用于本文件。

GB/T 191　包装储运图示标志
GB 1727　漆膜一般制备法
GB/T 1765　测定耐湿热、耐盐雾、耐候性（人工加速）的漆膜制备法
GB 6388　运输包装收发货标志
GB 7691　涂装作业安全规程　安全管理通则
GB/T 8264　涂装技术术语
GB/T 9278　涂料试样状态调节和试验的温湿度
GB/T 13306　标牌
GB/T 13384　机电产品包装通用技术条件
GB/T 20878　不锈钢和耐热钢　牌号及化学成分
JB/T 10242　阴极电泳涂装通用技术规范

3 术语和定义

GB/T 8264、JB/T 10242界定的以及下列术语和定义适用于本文件。

3.1 极距　space between the electrodes

阳极（电极）和阴极（被涂物）工作面之间的垂直距离。

3.2 槽液流速　rate of circulation

单位时间内，槽体内电泳涂料在剪切力作用下经过的距离。

4 组成

4.1 槽体

分为主槽和辅槽。主槽用于完成电泳涂膜的制备作业，辅槽用于涂料、纯水及助剂的补充，以及槽体中泡沫的消除。

4.2 循环系统

循环系统是指使涂料在槽体内持续流动以保证涂膜均匀和防止涂料沉淀的系统。
常见的循环系统有机械搅拌系统、磁力搅拌系统和泵送系统。

4.3 温控系统

温控系统是指将电泳槽液温度控制在一定范围内的系统，其由冷却系统和加热系统组成。

4.4 供电系统

供电系统是指为装置提供外加电场的系统，其由阳极和直流电源组成。

5 技术要求

5.1 总体要求

装置的设计、制造与出厂应符合GB 7691的规定。
装置各部件和管线的布置应整齐、美观，符合使用、维护和安全的要求。

5.2 使用条件

使用条件要求如下：
a) 环境温度：0℃~40℃；

b) 相对湿度：≤85%；
c) 环境条件：空气横向流速≤0.3m/s；室内无腐蚀与影响绝缘的气体和液体。

5.3 槽体的容积和材质
槽体的容积和材质要求如下：
a) 槽体容积：6L~8L；
b) 槽体材质：槽内壁要求绝缘可靠，击穿电压≥20kV。

5.4 槽液流速控制要求
装置应能控制槽液流速≥10cm/s。

5.5 槽液温度控制要求
装置在未进行涂装时，应能将电泳槽液温度控制在20℃~25℃。装置在制备涂膜时，应能将电泳槽液温度控制在20℃~35℃，温度控制的相对误差不应大于0.5℃。

5.6 供电系统要求

5.6.1 直流电源
直流电源要求如下：
a) 电压：0V~400V 可调；
b) 电流：0A~3.0A 可调；
c) 稳压精度：≤1%；
d) 稳流精度：≤1%。

5.6.2 阳极
阳极要求如下：
a) 材质：符合GB/T 20878规定的牌号为316的不锈钢板；
b) 尺寸：制备涂膜面积的1/4~1/2；
c) 极距：(15±2) cm。

5.6.3 阴极
符合GB 1727或GB/T 1765规定的试板。

6 标志
装置应在明显位置固定符合GB/T 13306规定的产品标牌。标牌内容包括：
a) 装置名称；
b) 装置型号；
c) 装置主要性能参数；
d) 出厂日期及编号；
e) 制造商名称以及商标。

7 包装、运输和贮存

7.1 包装
装置的包装应符合GB/T 13384的规定，包装箱明显处应有"产品标志""收发货标志""向上""怕湿""小心轻放"等符合GB/T 191规定的标志，"收发货标志"应符合GB 6388的规定。

7.2 运输
装置在装卸、运输过程中应防止剧烈振动、倒置和雨淋。

7.3 贮存

装置应贮存在干燥、通风良好的室内,贮存环境应无腐蚀性气体和液体。

8 安装、使用及维护

8.1 装置在安装时,应检查各个组成部件是否完整,安装和使用环境应符合 GB/T 9278 的规定。

8.2 装置的使用和维护应符合 GB 7691 的规定,遵守装置安全操作和维护规程。

第十一节 高压无气喷涂典型工艺

一、概论

高压无气喷涂,是指利用高压柱塞泵不断向密封的涂料管道内输送涂料,从而在密封空间内达到一定的高压,然后释放连接于涂料管末端的喷枪扳机,使高压涂料流强制通过极为细小的喷嘴,涂料离开喷嘴一旦接触空气,便立即剧烈膨胀,雾化为极细的扇形气流,喷向被涂物表面。高压无气喷涂不仅适用于普通涂料,还适用于喷涂高黏度涂料。

与传统的刷涂、滚涂、有气喷涂等施工方式相比,高压无气喷涂工艺的优点明显:漆膜质量好,效率高,附着力好,涂料利用率高,使用简单,环保节能。高压无气喷涂涂料不含空气,很好地解决了传统方法施工不能达到的间隙、拐角和凹凸不平的死角部位问题,同时,也能很好地满足黏度较大的防腐蚀涂料大面积、快速涂装的要求。相对而言,无气喷涂的不足之处在于它出漆量较大且雾化颗料较粗,故涂层厚度不易控制,进行精细喷涂时不如空气喷涂细致;因压力极高,要求涂料必须充分筛过,以防止堵塞喷嘴。

根据涂料的特点来选取高压喷涂设备及相应的喷涂工艺参数,是充分发挥高压无气喷涂工艺的优势,获得高质量涂层的保障。制定《高压无气喷涂典型工艺》标准,可以较好地为该技术的应用提供参考依据。

JB/Z 350—1989《高压无气喷涂典型工艺》于 1989 年首次制定,1999 年进行修订。修订时,对原标准做了编辑性修改,标准编号调整为 JB/T 9188—1999,主要内容没有变化。JB/T 9188—1999《高压无气喷涂典型工艺》于 1999 年 6 月 28 日发布,2000 年 1 月 1 日实施。

二、标准主要特点与应用说明

该标准规定了高压无气喷涂设备的分类、设备的选择、操作时设备的主要参数控制,以及涂层的外观要求。该标准主要适用于大面积、厚涂层的工业产品涂装,如重型机械、工程机械、高压开关、汽车、拖拉机等适合于采用高压无气喷涂工艺的产品涂装。

该标准针对高压无气喷涂的特殊情况,定义了相关的术语。高压无气喷涂采用的设备有别于一般喷涂,所以标准就其主要设备提出了要求,用表列出了设备的分类及设备的技术参数。该标准根据喷涂设备的设备流量、设备最高压力、设备可喷涂料最高黏度等参数,将喷涂设备分成了 4 类。对于如何选取喷涂设备,建议对于几何形状复杂、被涂工件较小、涂料的施工黏度较低等情况,应选用第 1 类设备;对于表面积较大的工件,应选用第 2 类或第 2 类设备;对于施工黏度较高的涂料,应选用第 3 类设备;对于厚浆型高黏度的涂料或特种涂料,应选用第4类设备。

高压无气喷涂工艺体系同样包括表面准备、涂层体系和涂覆等。该标准对高压无气喷涂的特点做出了相应的规定和要求,并就典型喷涂工艺从涂漆前表面处理、涂料与设备选择、喷枪操作、施工注意事项进行了说明。

该标准列举了几种依据涂料特点选取设备的方法和相应的主要工艺参数的典型工艺。在实际应用中,应根据现场使用的涂料特点及喷涂工件的结构特点做相应的调整。随着涂料技术的不断进步与设备技术的不断提升,在实际应用中也应根据涂料和喷涂设备的新特点选取设备种类和喷涂工艺参数。

三、标准内容(JB/T 9188—1999)

高压无气喷涂典型工艺

1 范围

本标准规定了高压无气喷涂设备的分类、设备的选择、操作时设备的主要参数控制,以及涂层的外观要求。

本标准主要适用于大面积、厚涂层的工业产品涂装,如重型机械、工程机械,高压开关,汽车、拖拉机等机械行业的产品涂装。

2 术语

2.1 高压无气喷涂

在无空气情况下,高压无气喷涂设备中的涂料可被加压至0.6MPa~3.6MPa,通过一个特制的硬质合金喷嘴,用以涂覆各种厚度的底漆和面漆。

2.2 流量

是指高压无气喷涂设备每分钟所喷出的涂料量。

2.3 喷涂带

在喷涂施工中,喷枪沿着工件表面移动,工件上被涂上一定面积的涂料,一般呈带状。

3 主要设备

3.1 高压无气喷涂设备

高压无气喷涂设备按其工作参数分类(见表1)。

表1 高压无气喷涂设备分类表

类别	设备流量/(L/min)	设备可喷涂料最高黏度/s	设备最高压力/MPa
1	<2	<40	2.2
2	2~5	<60	2.5
3	5.5~9	<100	3.2
4	>10	≥100	3.6

注:涂料的黏度测定按GB/T 1723—1993《漆料黏度测定方法》进行。

3.2 空气压缩机

空气压缩机按气动式高压无气喷涂设备的要求配套。

4 涂漆前的表面处理

4.1 对表面有油污的工件必须进行完善的脱脂处理,脱脂后的工件不允许有再污染。

4.2 工件表面的锈或氧化皮可采用有效的化学方法或机械方法去除。

4.2.1 经酸洗除锈后的工件表面不允许有残存酸液及过腐蚀现象。

4.2.2 经机械除锈后的工件表面必须用干燥的压缩空气仔细清除表面锈尘。

4.3 经化学处理的工件表面转化膜必须均匀、完整。

5 喷涂工艺

5.1 设备和涂料的选择

5.1.1 根据涂料的施工黏度及被涂工件的大小选用高压无气喷涂设备（以下简称设备）。

  a) 对于几何形状复杂、被涂工件较小、涂料的施工黏度较低等情况，应选用第 1 类设备。

  b) 对于表面积较大的工件应选用第 2 类或第 3 类设备。

  c) 对于施工黏度较高的涂料应选用第 3 类设备。

  d) 对于厚浆型高黏度的涂料或特种涂料应选用第 4 类设备。

5.1.2 根据各类设备的使用说明书进行操作准备工作。

5.1.3 喷嘴应根据喷涂要求及各设备生产厂所列出的喷嘴系列选用。

5.1.4 根据所使用的设备调整涂料的施工黏度。

5.2 喷涂操作

5.2.1 喷枪与工件之间的距离控制在 250mm～400mm 之间。

5.2.2 喷枪尽量垂直于工件表面。

5.2.3 喷枪移动速度为 0.3m/s～1.5m/s。

5.2.4 相邻喷涂带上应有 1/3 的宽度是重叠的，厚度尽可能均匀。

5.2.5 从喷涂泵到喷枪之间的连接管长度一般不宜超过 50m。

6 施工注意事项

6.1 施工环境应尽量保持干净，对于喷涂毒性较大的涂料操作时应采取防护措施。

6.2 设备使用完毕或停置间隔 4h 以上时，必须将设备认真清洗干净。

6.3 严禁将喷枪对着人，以免发生事故。

6.4 定期检查高压管路，防止高压泄漏。

6.5 在施工过程中设备必须良好接地，防止由于静电作用发生事故。

7 涂层的外观要求

7.1 涂层表面应色泽均匀、平整、光滑、无流挂，不产生明显桔纹，不允许存在各类污物及斑痕等。

7.2 特殊涂层的外观应符合用户与厂方协商的要求。

第四章　涂装作业安全

第一节　涂装作业安全规程　安全管理通则

一、概论

1. 涂装作业安全隐患

涂装是各种涂料施工工艺及其方法的总称。涂装作业是指涂覆的全部作业过程，主要包括：涂料的准备，即涂料及有关产品的厂内储存、运输、调配、加热、制备等；工件表面的准备，指涂料涂覆前清除工件表面的油脂、尘垢、氧化物、旧漆，以及进行转化膜处理等前处理作业；涂料施涂于工件的作业；涂层的干燥、固化作业；涂层的打磨、抛光等后处理作业；涂装作业的安全管理。

涂装也是目前装备、机械、家具、建筑等表面工程领域中应用最为广泛的防护技术之一。随着工业技术的不断发展，我国涂装市场的规模逐年扩大，应用领域也不断拓宽，但由于涂装生产过程中不可避免会使用溶剂、助剂、有机树脂、粉料等危险物料，加之部分涂装设备本身安全度不高，工艺过程还可能涉及高压、高温、供电等复杂条件，使得涂装作业引起的生态污染、火灾事故、机械伤害、职业危害等问题日趋严重。常见隐患类型主要有以下几个方面：

（1）火灾、爆炸隐患　涂料涂装过程中，所使用的油漆及其稀释剂均属于危险化学品。其组成中的二甲苯、丁醇、环己酮、2-丁酮等有机溶剂，具有闪点低、易挥发等特性，在受限空间中容易达到爆炸极限，遇明火或静电，极易引起火灾、爆炸等事故；同时涂料中可燃性粉尘的存在，也容易在储存、作业场所引发火灾或爆炸。

（2）职业健康隐患　涂料涂装作业过程使用的有机溶剂及其蒸气具有一定的毒性，属于刺激性、麻醉性的低毒物质，吸入其蒸气或接触皮肤，可对人体造成伤害。如果工作人员作业时，未配备必要的防护用品或不会正确使用防护用品，都可能导致人员中毒和窒息事故的发生。此外，在涂覆前处理、涂层打磨过程中形成大量粉尘，粉尘在空气中弥漫、扩散，严重威胁工作人员身体健康。局部接触或吸入粉尘，会对皮肤、角膜、黏膜等产生局部刺激作用，并产生一系列病变，长期吸入高浓度粉尘可引起肺部弥漫性、进行性纤维化为主的全身疾病，职业卫生问题较为突出。最近几年来，职业危害向多样化发展，过去不常见的职业危害屡屡发生，如放射性夜光涂料肝损伤、电泳涂料致周围神经炎、甲苯二异氰酸致职业性哮喘等。

（3）机械伤害隐患　涂装作业过程中，大批量待涂工件使用地轨车、悬挂链、地面链、积放式输送链、积放式升降机等机械设备实现机械化传送，工件传送过程机械设备转动部位如防护措施不到位、防护存在缺陷、缺少安全警示标志、联锁系统不配套，以及在事故及检修等特殊情况下，均存在机械伤害的可能。

（4）触电伤害隐患　涂装作业过程中使用的机械设备、电气设备、手持电动工具、照明线路及照明器具等均存在直接接触电击及间接接触电击的可能。此外，在检修作业过程中，如未能对高压电缆进行放电或者验电而贸然进行检修作业，也有被电击的危险；再如在对电气设备或线路的检修作业过程中没有对正在检修的电气设备或线路挂临时接地线，可能因联系不到位，会因突然送电而造成正在电气设备上检修的作业人员发生电击事故。

除上述危险有害因素外，物体打击、高处坠落、灼烫等事故在涂装作业过程时有发生，应引起人们高度重视。

2. 涂装作业安全标准化

面对我国涂装作业安全的严峻形势，有效的解决措施就是积极制定高适应性涂装作业安全标准并贯彻落实。我国的涂装作业安全标准编制工作始于20世纪80年代初，是我国最早起步的职业安全标准化工作之一。结合我国国情及技术发展现状，围绕涂料及辅料安全、涂装工艺安全、涂装设备安全、职业健康安全等几个方面，经过多年发展形成了一个相对完善、系统的标准体系，明确了涂装作业各方面的安全技术要求。该项工作主要由全国安全生产标准化技术委员会涂装作业分技术委员会（SAC/TC 288/SC6，原全国涂装作业安全标准化技术委员会）组织完成。

截至目前，涂装作业安全系列现行的国家标准共有11项：GB 6514—2008《涂装作业安全规程 涂漆工艺安全及其通风净化》、GB 7691—2003《涂装作业安全规程 安全管理通则》、GB 7692—2012《涂装作业安全规程 涂漆前处理工艺安全及其通风净化》、GB 12367—2006《涂装作业安全规程 静电喷漆工艺安全》、GB/T 14441—2008《涂装作业安全规程 术语》、GB 14443—2007《涂装作业安全规程 涂层烘干室安全技术规定》、GB 14444—2006《涂装作业安全规程 喷漆室安全技术规定》、GB 14773—2007《涂装作业安全规程 静电喷枪及其辅助装置安全技术条件》、GB 15607—2008《涂装作业安全规程 粉末静电喷涂工艺安全》、GB 17750—2012《涂装作业安全规程 浸涂工艺安全》和 GB 20101—2006《涂装作业安全规程 有机废气净化装置安全技术规定》。在这些标准制定、修订过程中，参考吸收了大量先进工业国家相关标准的有关技术规范，并针对性地结合我国国情及技术发展现状，引用消防、电气、工业卫生、危险化学品管理、环境保护、职业安全、检验方法等相关国家和行业标准近百项，对涂装作业所涉及的生产环节进行了定性或定量的技术要求，为企业涂装作业安全生产提供了很好的技术指导。

GB 7691—2003《涂装作业安全规程 安全管理通则》是《涂装作业安全规程》标准体系中的通用标准，与标准体系中的其他标准相协调配套。该标准于2003年3月13日发布，2003年10月1日实施。

二、标准主要特点与应用说明

GB 7691—2003《涂装作业安全规程 安全管理通则》是对GB 7691—1987《涂装作业安全规程 劳动安全和劳动卫生管理》的首次修订。该修订是根据我国已批准的国际劳工组织的《1990年化学品公约》进行的。其中涂料及有关化学品部分等效采用了该条约，同时还保留了GB 7691—1987中经实践证明适合我国国情又不妨碍国际通用的一些内容。另外，根据《中华人民共和国劳动法》等有关法规，对部分条文做了必要的修改。重要技术改变如下：

1）编写调整。主要根据涂装技术要素，在标准编写上做了大的调整。

2）更改标准名称。为适应"劳动安全"名词术语的变更，标准名称做了相应更改。

3）扩大标准覆盖范围。将原规定可参照执行该标准的塑料制品、皮革、漆布、印铁喷涂有机溶剂（不包括黏合剂）的作业，改为执行该标准。

4）强化限制淘汰措施。进一步限制严重危害涂装作业人员安全健康的涂料及有关化学品与涂装工艺。

5）加强涂料及有关化学品安全管理。修订涂料及有关化学品安全标签和安全技术说明书，增补对其运输、储存、销售（包括进出口）、技术交流与展览的安全规定。根据我国国情，增加了检查混入有机溶剂中苯含量的要求。

6）补充了涂装工艺与设备安全要求。增补了进出口涂装工艺技术（技术软件）、技术交流与展览、来料加工、涂装加工产品出厂的安全要求。进一步明确具有重要防护功能的涂装设备器械（特种涂装设备）实行安全认证和进口审查，深化设备维护操作内容。

7）深化涂装作业场所安全要求。增补了租赁或使用标准厂房从事涂装作业要求，特别提出不应使用有机溶剂清洗地面的要求。

8）进一步明确雇主安全责任。按照国际劳工组织的雇主安全责任国际通用规定，对雇主安全责任做了必要增删。

9）按相关卫生标准规定，将干喷砂作业的含游离二氧化硅含量由70%改为80%。

10）为便于理解与贯彻标准，增加了标准的附录及提示的附录。

该标准为强制性标准，也是涂装作业安全规程系列标准的通用性标准，规定了涂装（涂覆、涂布，下同）作业使用的涂料及有关化学品、涂装工艺、涂装设备器械、作业场所和涂装施工的安全管理基本原则。该标准适用于使用涂料及有关化学品（包括有机溶剂）在金属或非金属表面的涂装作业，包括露天涂装作业，建筑物、构筑物内外涂饰作业，塑料制品、纺织品、皮革制品、漆布等非金属的涂覆、涂布、印染、上光等有机溶剂作业；也适用于涂料及有关化学品、涂装工艺、涂装设备器械、涂装厂房（涂装作业场所）的科研、设计、生产、制造、运输、施工安装、经营（包括经营活动的技术交流、商品展览）与管理。

该标准应用时，除严格遵守相关规定外，还应结合企业实际情况，细化相关技术要求，完善管理制度，形成切实可行、行之有效且适合于本企业的作业规范，确保涂装作业的安全性。

三、标准内容（GB 7691—2003）

涂装作业安全规程　安全管理通则

1　范围

本标准规定了涂装（涂覆、涂布，下同）作业使用的涂料及有关化学品、涂装工艺、涂装设备器械、作业场所和涂装施工的安全管理基本原则。

本标准适用于使用涂料及有关化学品（包括有机溶剂）在金属或非金属表面的涂装作业，包括露天涂装作业，建筑物、构筑物内外涂饰作业，塑料制品、纺织品、皮革制品、漆布等非金属的涂覆、涂布、印染、上光等有机溶剂作业。也适用于涂料及有关化学品、涂装工艺、涂装设备器械、涂装厂房（涂装作业场所）的科研、设计、生产、制造、运输、施工安装、经营（包括经营活动的技术交流、商品展览）与管理。

其他有机溶剂作业亦可参照执行本标准。

2 引用标准

下列标准所包含的条文，通过在本标准中引用而构成为本标准的条文。本标准出版时，所示版本均为有效。所有标准都会被修改，使用本标准的各方应探讨使用下列标准最新版本的可能性。

GB/T 4064—1983　电气设备安全设计导则

GB 5083—1999　生产设备安全卫生设计总则

GB 5817—1986　生产性粉尘作业危害程度分级

GB 6514—1995　涂装作业安全规程　涂漆工艺安全及其通风净化

GB 7692—1999　涂装作业安全规程　涂漆前处理工艺安全及其通风净化

GB/T 11651—1989　劳动防护用品选用规则

GB/T 12331—1990　有毒作业分级

GB 12942—1991　涂装作业安全规程　有限空间作业安全技术要求

GB/T 13491—1992　涂料产品包装通则

GB/T 13641—1992　劳动护肤剂通用技术条件

GB 13690—1992　常用危险化学品的分类及标志

GB/T 13861—1992　生产过程危险和有害因素分类与代码

GB/T 14441—1993　涂装作业安全规程　术语

GB 15258—1999　化学品安全标签编写规定

GB 15630—1995　消防安全标志设置要求

GB 16179—1996　安全标志使用导则

GB 16483—2000　化学品安全技术说明书　编写规定

GBJ 140—1990　建筑灭火器配置设计规范

CB 3381—1991　船舶涂装作业安全规程

特种作业人员安全技术考核管理规则劳动部，1985

3 定义

本标准采用下列定义。

3.1 含苯涂料　benzene-containing coating

苯含量超过1%（体积分数）的涂料（见 GB/T 14441—1993 的 4.3）。

3.2 含铅涂料　lead-containing coating

固体分（不挥发物）中铅含量超过0.5%（质量分数）（铅化合物以金属铅计）的涂料（见 GB/T 14441—1993 的 4.4）。

3.3 含苯溶剂　benzene-containing solvent

苯含量超过1%（体积分数）的有机溶剂。

3.4 含苯稀释剂　benzene-containing thinner

苯含量超过1%（体积分数）的稀释剂。

3.5 溶剂型涂料　solvent based coating

完全以有机物为溶剂的涂料（见 GB/T 14441—1993 的 4.2）。

3.6 有机溶剂化学品 organic solvent chemicals

有机溶剂的化合物及其混合物。

3.7 涂料及有关化学品 coating and relevant chemicals

涂装施工使用的涂料与配合涂料施工使用的稀释剂、脱漆剂、金属清洗液等化学品。

3.8 涂装作业场所整体安全 whole safety for painting location

涂装作业场所的各种生产设施和作业环境符合相应的安全卫生规定，且相互协调配套，形成统一的总体安全（见 GB/T 14441—1993 的 2.4）。

3.9 有限空间 confined spaces

仅有 1~2 个人孔，进出口受到限制的密闭、狭窄、通风不良的分隔间，或深度大于 1.2m 的封闭或敞口的只允许单人进出的通风不良空间。

同义词：密闭空间（见 GB/T 14441—1993 的 2.5）。

4 限制淘汰的涂料及有关化学品与涂装工艺

4.1 限制与淘汰的涂料及有关化学品

4.1.1 严禁使用含铅白的涂料。

4.1.2 禁止使用以下涂料及有关化学品。

4.1.2.1 禁用涂料及有关化学品：

a) 含苯涂料（包括重质苯、石油苯、溶剂苯和纯苯）；
b) 含苯稀释剂（包括重质苯、石油苯、溶剂苯和纯苯）；
c) 含苯溶剂（包括脱漆剂、金属清洗液等）（包括重质苯、石油苯、溶剂苯和纯苯）；
d) 含汞、砷、铅、镉、锑的车间底漆。

4.1.2.2 因涂装有特殊工艺要求不得不选用时，应遵守下列规定：

a) 向当地安全主管部门申请报告并得到批准，报告内容应包括安全评价和防护措施；
b) 对作业场所空气中有毒物质进行跟踪检测，每月至少检测一次；
c) 及时评价工人接触有害化学品的情况，进行健康监护。

4.1.3 限制使用以下涂料和有关化学品。

4.1.3.1 限用涂料和有关化学品：

a) 含红丹涂料；
b) 含二氯乙烷清洗液；
c) 含铬酸盐的车间底漆或前处理液。

4.1.3.2 如必须选用时，应遵守下列规定：

a) 向当地安全主管部门报告备案，报告内容应包括防护措施；
b) 对作业场所空气中有毒物质进行跟踪检测，每季度至少检测一次；
c) 及时评价工人接触有害化学品的情况，进行健康监护。

4.2 限制淘汰的涂装工艺

4.2.1 严禁用苯（包括重质苯、石油苯、溶剂苯和纯苯）脱漆或清洗。

4.2.2 禁止使用以下涂装工艺：

a) 游离二氧化硅含量80%以上的石英砂干喷砂除锈（下称干喷砂除锈）；
b) 火焰法除旧漆；
c) 大面积使用汽油、甲苯、二甲苯除油、除旧漆；

d) 喷涂含红丹涂料。

涂装有特殊工艺要求不得不选用时,应遵守下列规定:

a) 严禁在 4.2.4 的特定环境选用;
b) 按 4.1.2.2 的规定进行报告备案、跟踪检测、健康监护。

4.2.3 限制使用二氯乙烷除油清洗。

如必须选用时,应遵守下列规定:

a) 严禁在 4.2.4 的特定环境使用;
b) 按 4.1.3.2 的规定进行报告备案、跟踪检测、健康监护。

4.2.4 特定环境严禁选用的涂装工艺:

a) 敞开式或有限空间内干喷砂除锈;
b) 可燃结构厂房、易燃易爆场所、有限空间、居民住宅区、公共集聚场所采用火焰法除旧漆;
c) 无有效通风作业场所使用甲苯、二甲苯、汽油大面积除油或除旧漆,喷涂含苯涂料(包括含苯稀释剂)和含苯有机溶剂,二氯乙烷除油清洗。

5 涂料及有关化学品

5.1 研制新型涂料及有关化学品应遵守下列规定:

a) 同时分析研究使用时可能产生的有毒有害因素以及采取的防护措施建议;
b) 同时鉴定安全技术性能,提出安全技术评价,做出是否符合国家安全标准的鉴定结论;
c) 转让科研成果,同时提供安全技术资料及防护措施建议。

5.2 生产涂料及有关化学品应遵守下列规定:

a) 从涂料配方和工艺操作方面,尽量减少有机溶剂用量、有害游离单体和重金属含量;
b) 生产中使用甲苯、二甲苯有机溶剂时,应对其混入的苯(包括重质苯、石油苯、溶剂苯和纯苯)进行检验,其混入苯的数量不得超过涂料及有关化学品的 1%(体积分数);
c) 按 GB 13690 进行危险性鉴定和标识,并按有关规定进行危险化学品登记注册;
d) 按 GB 15258 编写"化学品安全标签"(以下称安全标签),并按规定挂贴;
e) 按 GB 16483 编写"化学品安全技术说明书"(以下称安全技术说明书);
f) 涂料产品包装符合 GB/T 13491 规定。

安全技术说明书应有以下内容:

a) 含苯涂料、含铅涂料、含苯稀释剂、含苯溶剂、含二氯乙烷金属清洗液以及禁止与限制用作车间底漆的含汞、砷、铅、镉、锑和铬酸盐涂料,在"安全技术说明书"中应做重要提示,特别强调是禁止或限制使用的涂料及有关化学品;
b) 主要成分包括主要成膜物质、主要有机溶剂、基本颜料、有害的填料和固化剂,涂层热加工或打磨作业时可能产生有害烟雾、粉尘等有害物质;
c) 比重、闪点与有关的爆炸下限;
d) 有害游离单体物质和影响安全、卫生、环境保护的其他有害物质;
e) 固化时间和挥发性;

f）贮存条件；

g）简要安全卫生防护事项。

5.3 经营涂料及有关化学品应遵守下列规定：

a）化学品应有标识；

b）危险化学品应有安全标签和安全技术说明书；

c）禁止销售不符合标准的产品；

d）严禁经营本标准中严禁使用的涂料及有关化学品；

e）销售本标准中禁止或限制使用的涂料及有关化学品，要认真检查安全技术说明书的重要提示，如遗漏应补做重要提示，并应向每个客户提供安全技术说明书；

f）进口涂料及有关化学品应有符合本标准的中文安全技术说明书，加贴中文安全标签；本标准中禁止与限制使用的涂料及有关化学品，应在安全技术说明书中做重要提示；应按"1990年化学品建议书"规定，向外方索取其所在国或多国企业在其他国家遵守的使用化学品的标准和程序的资料，并向客户充分介绍；

g）出口本标准中禁止与限制使用的涂料及有关化学品，应向外方说明禁止或限制使用的事项及原因，安全技术说明书中应有重要提示。

5.4 主办涂料及有关化学品技术交流与展览时，应遵守下列规定：

a）同时介绍安全技术性能和安全技术评价，交流本标准中限制使用的涂料及有关化学品应做重要提示；

b）涂料及有关化学品的包装样品应有标识，危险化学品应有安全标签，产品介绍应有安全技术说明书及"1990年化学品建议书"规定的资料；

c）展出本标准中限制使用的涂料及有关化学品时，展出位置应有明显的重要提示。

5.5 托运涂料及有关化学品应包装完整，挂贴安全标签，并按运输单位要求提供安全技术说明书。

5.6 运输涂料及有关化学品，除应遵守有关运输安全规定外，交货时如发现包装破损、容器变形或泄漏、安全标签脱落或破损，应查明原因，采取措施，并重新补贴安全标签。

5.7 使用涂料及有关化学品的单位，应遵守下列规定：

a）购进时应检查安全技术说明书，核对包装上的安全标签，安全标签脱落或损坏，应经检查确认后补贴；

b）需要进行分装时，分装后的容器应加贴安全标签；

c）空容器未净化处理前，不得出售、转让或废弃；

d）不再需要使用的涂料及有关化学品要及时清理，并按环境保护部门规定妥善处置。

e）安全卫生资料应向职工公开。

5.8 使用涂料及有关化学品的职工，有下列权利和义务：

a）有权获得安全标签、安全技术说明书和涂装作业可能导致危及安全与危害健康的资料，并有权获得安全技术培训；

b）遵守安全生产规章制度，及时报告可能造成危害和无法处理的情况。

6 涂装设备器械

6.1 研制涂装设备器械应遵守下列规定：

a）设备器械应具备基本安全功能，符合 GB/T 4064、GB 5083 的通用安全要求和涂装

安全国家标准的专业安全要求;

b) 进行产品鉴定时,应同时进行产品安全评价;

c) 转让科研成果,应同时提供安全技术资料及操作维护安全注意事项的建议。

6.2 涂装设备器械的安全评价应包括以下内容:

a) 可能产生的火灾爆炸和人身伤害因素与程度;

b) 可能产生的职业危害因素与程度;

c) 基本安全功能的完整与可靠程度;

d) 自动联锁控制和信号、报警装置种类与可靠程度;

e) 操作维护安全注意事项。

6.3 设计涂装设备应遵守下列规定:

a) 设计单位具备法人资格;

b) 设计单位具有必需的相关专业技术人员,并经过涂装安全技术培训取得安全资格认可;

c) 设备设计应符合 GB/T 4064、GB 5083 的通用安全要求和涂装安全国家标准的专业安全要求;

d) 自用设备自行设计,应委托具有安全资格的设计单位和人员进行审核认可。

6.4 制造涂装设备器械应遵守下列规定:

a) 制造单位具备法人资格;

b) 制造单位具有必需的厂房、场地和设备;

c) 制造单位具有必需的专业技术人员和专业技术工人;

d) 设备制造具有运行可靠的质量保证体系。

6.5 涂装作业中使用的容易发生火灾爆炸、伤亡事故和职业危害,特别是对他人和周围设施的安全有重大危害,具有较大危险性的涂装设备器械(下称特种涂装设备),应具备重要的安全防护功能。

6.5.1 特种涂装设备制造,实行生产许可证制度。

6.5.2 特种涂装设备实行国家认可的检验机构的强制检验制度。

6.5.3 特种涂装设备应有安全检验合格证书、安全标记。

6.5.4 自行制造特种涂装设备,应申请国家认可的检验机构检验,取得安全检验合格证书。

6.5.5 技术改造后的特种涂装设备,应申请国家认可的检验机构重新检验,取得安全检验合格证书。

6.6 经营涂装设备应遵守以下规定。

6.6.1 涂装设备器械应具有以下技术资料:

a) 完整的产品铭牌(名称、型号、主要参数、制造厂名称与地址、制造时间);

b) 使用说明书(包括安全说明)。

6.6.2 特种涂装设备应具有以下技术资料:

a) 6.6.1a)规定的产品铭牌(还应包括生产许可证编号);

b) 安全认证标记;

c) 安全检验合格证书;

d) 使用说明书(包括安全说明)。

6.6.3 特种涂装设备进口应遵守下列规定：
 a) 外商在我国销售特种涂装设备，应向国家认可的机构申报6.6.2a)、b)、d)规定的技术资料和制造厂所在国、多国企业在其他国家的安全认证和遵守的有关安全标准和程序的资料，经审查合格取得安全审查合格证书；
 b) 销售特种涂装设备器械，应向客户提供6.6.2规定的技术资料、制造厂所在国或多国企业在其他国家的安全认证、应遵守的有关安全标准和程序的资料以及安全审查合格证书；
 c) 企业直接在国外订购的特种涂装设备，应向国家认可的安全检验机构申报设备制造厂所在国、多国企业在其他国家的安全认证和遵守的安全标准和程序的资料，经审查或检验合格取得安全审查或检验合格证书。

6.6.4 特种涂装设备出口应遵守6.6.2规定，并向外方提供遵照执行的有关安全标准和程序的资料。

6.7 主办涂装设备器械技术交流和展览应遵守下列规定：
 a) 同时介绍安全技术性能和安全技术评价；
 b) 提供特种涂装设备制造厂所在国、多国企业在其他国家的安全认证和遵守的安全标准和程序的资料。

6.8 安装调试涂装设备应遵守下列规定：
 a) 应按相关《设备安装工程施工及验收规范》和涂装安全国家标准进行安装调试；
 b) 应按本章规定检查所有技术资料并存入设备档案，如有遗漏应及时向有关方索取补齐。

6.9 涂装设备中符合《压力容器安全技术监察规程》的压力容器（压力罐式供料装置、油水分离器等），其设计、制造、安装、使用和维护应遵守该规程的规定。

6.10 涂装设备配套的防爆电气设备，按原国家技术监督局、原劳动部等11个部门颁发的《关于对实施安全认证的电工产品进行强制性监督管理的通知》进行强制监督管理。涂装作业场所使用的防爆电气设备，应具有以下产品标记：
 a) 国家安全认证标志；
 b) 国家检验单位签发的"防爆合格证"标记；
 c) 产品铭牌（包括防爆类型、级别、组别），铭牌内容不全的由使用单位向销售单位索取补充资料。

6.11 涂装设备配套的燃油燃气装置应遵守有关的安全规定。

7 涂装工艺

7.1 研究涂装新工艺应遵守5.1规定。

7.2 设计涂装工艺应遵守下列规定：
 a) 设计单位应具备工业勘测设计资格；
 b) 设计（包括工艺、非标准设备及相关的暖通、电气、环保等）专业技术人员，应经涂装安全技术培训取得安全资格认可。

7.3 具有法人资格的非工业勘测设计等其他单位从事涂装工艺设计，应经国家安全主管部门委托的机构审查，并取得安全认可资格。

7.4 引进涂装工艺技术应遵守下列规定：

a) 禁止引进限制与淘汰的涂装工艺技术；

b) 同时引进相关的所在国有关安全标准及程序的资料。

7.5 出口涂装工艺技术应遵守下列规定：

a) 同时提供我国涂装安全标准和相关国家标准与程序的资料；

b) 外方需要我国规定限制使用的涂装工艺技术时，应向外方做重要提示，并提供限制使用的事项及原因等技术资料。

7.6 主办涂装工艺技术交流和展览时，应遵守下列规定：

a) 不得交流或展出严禁、禁止使用的涂装工艺；

b) 交流或展出限制使用的涂装工艺，应做重要提示；

c) 同时提供安全评价等安全技术资料。

7.7 编制涂装工艺文件应遵守以下规定。

7.7.1 产品涂装工艺标准中应有以下内容：

a) 工艺过程的主要有害、危险因素；

b) 防护措施。

7.7.2 企业生产的产品有涂装要求时，应编制涂装工艺文件，制定相应的防护措施，并应有以下内容：

a) 工艺过程的有害、危险因素，有毒有害物质名称、数量和最高容许浓度；

b) 防护措施；

c) 故障情况下的应急措施；

d) 安全技术操作要求；

e) 不得不选用禁止或限制使用的涂装工艺论证资料。

7.7.3 审查涂装工艺文件应有以下审查结论：

a) 防护措施是否能够满足涂装工艺安全要求；

b) 涂装工艺是否符合国家安全标准；

c) 不得不选用禁止或限制使用的涂装工艺必要性。

7.8 企业改变涂装工艺时，应同时修改涂装工艺文件（包括安全技术内容）。以下情况，应按 7.7.2、7.7.3 重新编制和审查有关安全技术内容：

a) 改变部分涂装工艺；

b) 改用另外类型涂料及有关化学品；

c) 改造部分涂装设备，同时还应遵守第 6 章规定。

7.9 来料加工进行涂装作业时，应按 7.7 编制涂装工艺文件，并制定相应的防护措施。

7.9.1 来料加工方应提供以下技术资料：

a) 加工的原材料或半成品材质；

b) 提供涂料及有关化学品的安全标签和安全技术说明书；

c) 指定涂装工艺时，同时提供有关的安全技术资料；

d) 外商所在国或多国企业在其他国家加工产品时，遵守的有关原材料、涂料及有关化学品、涂装工艺的有关安全标准和程序的资料。

7.9.2 承接来料加工方应检查 7.9.1 提供的技术资料完整性和可靠性，并遵守下列规定：

a) 不得采用严禁使用的涂装工艺；

b) 不得不采用禁止或限制使用的涂装工艺时，应制定有效防护措施，并报当地安全主管部门审查批准，方准进行加工。

7.10 涂装加工的产品出厂时，应完成全部涂装工艺程序，涂层必须实干。

8 基本建设和技术改造

8.1 新建、扩建、改建涂装工程建设项目时，应遵守原劳动部颁发的《关于生产性建设工程项目职业安全卫生监察的暂行规定》。

8.1.1 设计单位应按规定编写《劳动安全卫生专篇》，《劳动安全卫生专篇》应对涂装作业场所整体安全做出评估，并应有以下资料：

a) 涂装作业场所火灾危险区域划分平面图，爆炸性气体环境、粉尘环境危险区域划分平面、立面图；
b) 选用限制使用的涂料及有关化学品、涂装工艺的特殊工艺原因。

8.1.2 涂装工程建设项目进行安全技术审查，应遵守下列规定。

8.1.2.1 审查前应具有以下技术文件：

a) 《劳动安全卫生专篇》；
b) 建筑平面图；
c) 区域图；
d) 厂区总平面布置图；
e) 工艺布置图与设备明细表。

8.1.2.2 审查时应对以下项目重点审查：

a) 涂装工程建设项目设计单位与设计人员安全资格；
b) 技术文件的完整准确性；
c) 涂装工艺路线布置的合理性，选用涂料及有关化学品、涂装工艺、涂装设备器械是否有违犯国家法规和标准的问题；
d) 涂装作业场所整体安全可靠程度。

8.1.3 涂装工程建设项目竣工验收，应遵守原劳动部颁发的《建筑项目（工程）职业安全卫生设施和技术措施验收办法》，并应有以下技术文件：

a) 涂装工程建设项目设计单位与设计人员、涂装设备设计与制造单位安全资格证明文件；
b) 涂料及有关化学品安全技术资料，特种涂装设备安全检验合格证书，防爆电气设备的安全认证、防爆合格证书等技术文件；
c) 通风系统参数测定值，防爆电气设备防爆参数测定值，接地电阻测定值，极度危险区域易燃易爆气体、粉尘浓度测定值，涂装作业场所有害因素测定值；
d) 自动联锁控制和信号、报警装置整定值；
e) 采用新型涂料及有关化学品或涂装工艺的安全技术鉴定资料。

8.1.4 重大涂装工程建设项目应有劳动安全卫生预评价报告。

8.2 技术改造涂装工程建设项目，应遵守8.1规定。

8.2.1 技术改造应遵守下列原则：

a) 提高生产能力和技术水平，应同时提高安全技术水平；
b) 改造厂房、工艺、设备等，应同时改造安全防护措施。

8.2.2 技术改造方案（或设计方案）有下列之一情况，设计单位在《劳动安全卫生专篇》中应有专门说明。
 a）工艺过程增加新的或加剧原有的危险、有害因素和程度；
 b）降低涂装作业场所整体安全水平。

8.2.3 小型涂装技术改造项目（规模较小，内容简单，下称小型项目）技术改造方案（设计方案），应包括以下内容：
 a）同时提高安全技术水平采取的工艺等主要技术措施；
 b）同时进行技术改造的安全防护措施；
 c）对整体安全影响的分析说明。

8.3 引进涂装工程建设项目，应遵守 8.1 规定。

8.3.1 引进项目应符合下列规定：
 a）不得引进限制使用的涂装工艺技术和设备；
 b）安全技术水平不得低于涂装安全国家标准规定。

8.3.2 引进项目可行性研究报告应有以下内容：
 a）安全技术水平评估；
 b）引进项目所在国或多国企业在其他国家遵守的安全法规、标准的安全技术水平评估；
 c）与我国现行安全卫生标准对比分析结论。

8.3.3 引进项目竣工验收，应有以下技术文件资料：
 a）进口涂料及有关化学品的安全技术资料，包括其出口国或多国企业在其他国家遵守的有关安全标准和程序的资料；
 b）进口涂装设备器械的安全技术资料，包括其出口国或多国企业在其他国家遵守的有关安全标准和程序的资料，国家认可机构审查合格发给的安全审查合格证书或安全检验机构的安全检验合格证书；
 c）引进的涂装工艺安全技术资料，包括引进国有关安全标准和程序的资料。

9 涂装施工

9.1 特大工件、设备需要临时在厂房原地进行涂装作业时，应遵守下列规定：
 a）按 GB 6514、GB 7692 规定，划出临时涂装作业场所；
 b）按 GB 6514 规定，划出涂漆区、火灾危险区、电气防爆区，并严格进行管理；
 c）审定涂装作业场所有机溶剂最高容许浓度，采取必需的局部排风措施；
 d）按 GB 16179、GB 15630 规定，设置安全标志；
 e）按 GBJ 140 配置必要的消防器具；
 f）制定动火条件。火灾危险区进行热加工作业，应经过批准；
 g）及时清理废物、废料、漆垢及现场杂物。

9.2 桥梁、大型构件或储罐、船舶、机车车辆、建筑物或构筑物、道路护栏等外部涂装露天作业时，应遵守下列规定：
 a）参照 GB 6514、GB 7692 规定，制定专门的防护措施；
 b）参照 GB 6514、GB 7692 规定，划出临时涂装作业场所；
 c）按 GB 16179、GB 15630 规定，设置安全标志；

d) 参照 GBJ 140 配置必要的消防器具;
e) 建立施工现场安全统一指挥制度;
f) 涂漆、有机溶剂除油期间,严禁热加工作业;
g) 积聚有机溶剂蒸气的低凹、死角区域,应设置局部排风装置。

9.2.1 船舶涂装作业应遵守 CB 3381 规定。

9.2.2 机车车辆涂装作业可参照执行 CB 3381 规定。

9.3 立体交叉涂装施工作业除了应遵守 9.2 规定外,还应遵守下列规定:
a) 划定的临时涂装作业场所应当包括立体涂装施工作业的上方和下方形成的空间区域;
b) 涂漆作业结束,及时清理施工现场,撤出涂装设备器械和涂料及有关化学品,清除沾污涂料及有机溶剂废弃物,方准进行下道施工作业。

9.4 建筑物室内涂装作业应遵守下列规定:
a) 施工单位选用的涂料及有关化学品应符合保护居民健康的规定,并应向客户提供有关安全卫生资料;
b) 涂覆作业及涂层干燥固化期间,禁止可能产生明火的作业;
c) 涂覆作业及涂层干燥固化期间,应全面通风换气;
d) 严禁使用非防爆灯具烘烤涂层;
e) 操作人员应正确使用劳动防护用品。

9.5 防腐工程应遵守以下规定。

9.5.1 上部敞口护围结构防腐工程应遵守下列规定:
a) 涂覆作业和涂层干燥固化期间,采用局部机械通风,将可燃气体浓度控制在爆炸下限 10% 以下;
b) 间隔时间重新施工,应先进行机械通风,确认可燃气体浓度在爆炸下限 10% 以下时,方准继续施工;
c) 涂覆作业和涂层干燥固化期间,禁止可能产生明火的作业;
d) 涂装作业场所有害气体浓度达不到卫生标准时,企业应给操作人员免费提供适用合格的防护用具。

9.5.2 地下室、半地下室防腐工程应遵守第 10 章的规定。

9.6 严禁使用有机溶剂清洗地面和墙壁。

10 有限空间涂装作业

有限空间涂装作业管理,除应遵守本标准的规定外,还应遵守 GB 12942 规定。

11 涂装设备安装施工

11.1 涂装设备安装单位应按原劳动部《关于对建筑企业实行安全资格认证的通知》取得安全资格。

11.2 涂装设备联动负荷试车时,应参照 GB 6514、GB 7692 制定安全措施。

11.3 涂装厂房续建涂装工程应采取必要的隔离设施,并制定专门防护措施。

12 明火作业

12.1 涂装作业场所进行热加工作业应办理动火批准手续。

12.2 涂装作业场所进行热加工作业应遵守下列规定:
a) 清理作业现场易燃易爆物;

    b) 检查消除作业现场及其附近地坑、地沟等低凹地区残存的易燃易爆气体；
    c) 动火使用的氧气瓶、乙炔瓶、电焊机等放置在安全距离以外；
    d) 使用防爆型电气设备；
    e) 使用不产生火花的工具或机具；
    f) 参照 GBJ 140 配置必需的消防器材；
    g) 实现现场安全监护。

13 设备检查维护与检修

13.1 涂装设备器械运行维护检修应遵守以下规定。

13.1.1 涂装设备器械应建档管理，认真记录，定时检查，专人维护，计划检修。

13.1.2 涂装设备操作人员应按设备技术与维护要求，做好日常运行维护检查工作。日常运行维护检查包括以下主要内容：
    a) 通风系统运行是否正常；
    b) 设备外部是否有外力损伤或变形；
    c) 设备表面温度是否超过规定最高温度；
    d) 设备、管路连接是否松动；
    e) 自动联锁控制和信号、报警装置是否完整；
    f) 防爆电气设备及防爆照明灯具是否完整与运行正常；
    g) 清除漆垢、粉尘及现场杂物。

13.1.3 涂装设备专职维护人员除检查维护 13.1.2 项目外，还应包括以下主要项目：
    a) 全面检查通风系统；
    b) 全面检查防爆电气设备；
    c) 检查检测接地可靠性；
    d) 检查电气线路完好状况；
    e) 检查自动联锁控制和信号、报警装置运行状况；
    f) 检查设备运行记录中的问题，及时处理或及时上报。

13.1.4 企业应根据作业环境、设备状态、生产负荷、机械磨损等实际情况，明确规定检查、检修周期及其项目。

13.2 防爆电气设备运行维护检修应遵守以下规定。

13.2.1 防爆电气设备实行日常运行维护检查、专业维护检查、安全技术检查制度，企业应明确规定检查周期、项目及其要求。

13.2.2 防爆电气设备运行维护应遵守下列规定：
    a) 按制造厂规定的技术条件运行；
    b) 设备保护、闭锁、监视、指示等装置不得任意拆除；
    c) 爆炸危险场所维护检查设备，严禁解除保护、联锁和信号装置；
    d) 严禁带电对接电线；
    e) 新设备安装前宜解体检查，符合规定后方可投入运行。

13.2.3 防爆电气设备检修应遵守下列规定：
    a) 禁止在爆炸危险场所带电检修设备和线路（本安型线路除外）；
    b) 防爆电气设备检修应按现行国家技术规定进行，检修时不得对外壳结构、主要零部件使用的材质和尺寸进行修改更换；必须修改更换时，应保证设备原有安全性能，并取得检验单位同意；

c) 防爆电气设备大、中修后，检修人员应填写检修记录，并须经防爆检验专业人员进行检验，签发合格证后方可交付使用。

13.2.4 防爆电气设备实行小修、中修、大修制度，企业应明确规定检修周期、项目及其检验标准。

13.3 通风净化设备运行维护检修应遵守以下规定。

13.3.1 通风净化设备应指定专人维护，计划检修，建档管理。

13.3.2 通风净化设备实行日常运行维护检查、专业维护检查、安全技术检查制度，企业应明确规定检查周期、项目及其要求。

13.3.3 通风净化（包括喷漆室、喷粉室）设备应进行日常运行维护检查，每班应清理一次沉积漆垢、积留粉尘。发现以下情况，应及时上报、及时处理。

a) 通风设备外形、叶轮变形；

b) 通风设备连接件松动。

13.3.4 爆炸危险场所检查维护通风净化设备，严禁解除联锁和信号装置。

13.3.5 涂装作业时，禁止拆卸维护通风净化设备。

13.3.6 通风净化设备实行小修、中修、大修制度，企业应明确规定检修周期、项目和检验要求。

14 安全标志

14.1 涂装作业场所（包括临时设置的涂装作业场所）应按 GB 16179、GB 15630 规定设置安全标志。

14.2 以下情况应设"禁止标志"：

a) 涂装作业场所入口、临时设置的涂装作业场所周边、露天涂装作业防火区内：选用"禁止烟火"标志；

b) 涂装作业场所动火时，选用"禁放易燃品"标志；

c) 可能产生静电（如静电喷漆、静电喷粉、使用有机溶剂作业等）会导致火灾爆炸危险场所：选用"禁止穿化纤服"标志；

d) 可能产生火灾爆炸危险的使用有机溶剂等作业场所：选用"禁止穿带钉鞋"标志。

14.3 以下情况应设"警告标志"：

a) 涂装作业场所：选用"注意安全"标志；

b) 涂料及有机溶剂化学品储存区域：选用"当心火灾"标志；

c) 可能产生触电危险的电器设备：选用"当心触电"标志；

d) 使用酸碱作业场所：选用"当心腐蚀"标志。

14.4 以下情况应设"指令标志"：

a) 涂装作业场所：选用"必须穿防护服"标志；

b) 粉尘作业场所：选用"必须戴防尘口罩"标志；

c) 有限空间作业场所：选用"必须戴防毒口罩"标志；

d) 酸碱作业场所：选用"必须戴防护手套""必须穿防护靴"标志。

14.5 手动火灾报警按钮和固定灭火系统的手动启动器等装置附近，选用"消防手动启动器"标志。

14.6 安全标志的规格与设置位置、高度、观察角度等应符合 GB 16179、GB 15630 的规定。

15 安全规章制度

15.1 企业应根据涂装安全国家标准、设计部门编制的《劳动安全卫生专篇》,结合实际制定、修改和检查、监督涂装安全规章制度的贯彻执行。

15.2 涂装安全规章制度应包括以下主要内容:
 a) 岗位责任;
 b) 工艺安全管理;
 c) 设备操作维护;
 d) 安全技术操作;
 e) 防火防爆管理;
 f) 有害因素检测管理;
 g) 涂装作业场所管理;
 h) 个人卫生与防护管理;
 i) 外来人员出入管理。

16 安全技术教育培训

16.1 涂装工程设计、设备设计人员应经安全技术专门培训,取得安全资格认可。专门培训应包括以下内容:
 a) 涂料及有关化学品火灾爆炸危险特性;
 b) 涂料及有关化学品对人体(包括妇女婴儿,生殖系统)急慢性健康影响;
 c) 涂装安全标准;
 d) 国家关于基本建设"三同时"、化学品管理、涂装安全管理法规。

16.2 涂装生产管理、工艺技术人员应经安全技术专门培训,取得安全合格证书,持证上岗。专门培训应包括以下内容:
 a) 涂装工艺过程危险有害因素,作业环境质量指标,有害因素对人体健康影响;
 b) 涂料及有关化学品危险特性和对人体健康影响;
 c) 安全防护措施,改善作业环境的途径和措施;
 d) 国家关于安全生产管理法规。

16.3 涂装作业人员按原劳动部颁发的《特种作业人员安全技术培训考核管理规定》,应进行安全技术培训;其培训、考核和发证、复审、工作变迁执行《特种作业人员安全技术考核管理规则》规定。涂装作业人员应持证上岗。

16.3.1 涂装作业操作人员安全技术培训应包括以下内容:
 a) 涂装作业安全技术规程;
 b) 工艺过程危险有害因素,安全防护措施,故障情况下应急措施;
 c) 接触的有害因素对人体健康影响,个人防护知识,中毒急救措施;
 d) 使用的涂料及有关化学品危险特性,防止火灾措施,灭火器材使用方法;
 e) 劳动防护用品、安全用具性能及使用方法。

16.3.2 涂装作业电气设备专职维护人员,除按特种作业人员安全技术培训考核大纲培训外,还应补充以下专门培训内容:

a) 涂装作业火灾爆炸危险特性;
b) 涂装作业电气防爆规定。

16.3.3 涂装作业通风净化设备专职维护人员,除按 16.3.1 培训外,还应补充以下专门培训内容:
a) 通风系统测定与调整;
b) 净化系统测定与调整。

16.4 企业进行安全技术教育时,应向职工提供以下资料:
a) 使用的化学品特性和有害成分;
b) 化学品标识和标签包含的资料;
c) 危险化学品安全技术说明书;
d) 职工接触有害化学品检测记录等应当公开的资料。

16.5 未经专业安全技术培训并取得安全资格的人员,不得从事涂装工程、涂装设备设计或涂装作业管理、操作、维护和检修工作。

16.6 以下情况应进行安全技术再培训:
a) 颁布新的或修订涂装安全国家标准;
b) 进行涂装技术改造;
c) 改变涂装工艺;
d) 增加新的涂装设备。

16.7 对外来参观人员应进行安全须知教育。

17 定期检验检测

17.1 企业在用特种涂装设备(包括配套的通风净化设备)时,各地安全检测机构应实行定期检测、检验制度,检验周期最长不得超过 3 年,检验项目应根据涂装安全标准确定,但应包括以下内容:
a) 通风净化系统参数;
b) 防爆电气设备防爆结构参数;
c) 接地电阻;
d) 自动联锁控制和信号、报警装置整定值。

17.2 涂装作业场所应按 GB/T 12331、GB 5817 规定,每年进行一次有毒作业、粉尘危害分级检测,并应遵守下列规定:
a) 新建、扩建、改建和技术改造、引进涂装工程项目,试生产时应进行有毒作业、粉尘危害分级检测,凡有Ⅲ、Ⅳ级危害的,不允许正式投产;
b) 每年分级定期检测出的Ⅲ、Ⅳ级危害,应制定专门治理措施,Ⅳ级危害应在 1 年内消除,Ⅲ级危害应在 2 年内消除。

17.3 企业应建立定期检测制度,并遵守下列规定。

17.3.1 按附录 A(标准的附录)定期检测涂装作业有毒、有害因素。

17.3.2 按下列规定进行安全检测:
a) 有限空间作业应测氧,有限空间作业使用有机溶剂化学品,应按有关规定测爆;
b) 发生急性中毒事故时,应及时对可能造成中毒的毒物进行分析和检测。

17.3.3 以下情况应进行有毒有害因素检测和通风系统效能测定:

a）新建、扩建、改建和技术改造、引进涂装工程项目竣工验收；
b）采用新的涂料及有关化学品或涂装工艺；
c）调整通风系统。

17.4 检测资料应记入检测档案，每年应至少进行一次全面分析，评价工人接触有毒有害因素的情况，进行健康监护，研究改进措施。检测记录至少保存10年期限，并应提供有关部门检查和工人及工会组织使用。

18 健康管理

18.1 新参加涂装作业人员应进行就业前健康检查。查出职业禁忌者，不准安排从事涂装作业。

18.2 涂装作业人员应按下列规定进行职业性健康检查。发现职业病患者，应按卫生部等4个部门颁发的《职业病范围和职业病患者处理办法的规定》及时上报：
a）从事粉尘作业人员，每3~5年进行一次；
b）从事有机溶剂化学品作业人员，每年进行一次；
c）从事酸碱作业人员，每2年进行一次；
d）从事噪声作业人员，噪声强度在85dB（A）以上者，每2年进行一次。

18.3 职业病患者应按下列规定进行复查：
a）尘肺患者，一般每年复查一次。诊断0+号者，每年复查一次；
b）职业中毒患者，每年复查一次。

18.4 解除涂装作业人员劳动合同时，应进行职业性健康检查。发现职业病患者，不得解除劳动合同。

19 劳动防护用品

19.1 企业应向涂装作业人员免费提供劳动防护用品，并遵守下列规定：
a）劳动防护用品应符合国家标准；
b）特种劳动防护用品应是经国家或省级劳动防护用品（产品）质量监督检验机构检验合格产品。

19.2 企业应根据安全生产和防止职业危害的需要，作业人员接触的能量（物质）的主要危险特性或特殊劳动条件的作业类别，按GB/T 11651发给涂装作业人员适宜的劳动防护用品。并应遵守下列规定：
a）有机溶剂作业场所应提供防静电服和防静电鞋；
b）酸碱作业场所应提供防酸（碱）服和耐酸（碱）鞋；
c）有限空间涂装作业场所提供供应空气的呼吸保护器。

19.3 涂装作业使用的劳动防护用品应由企业集中保管与洗涤。

19.4 企业应定期或不定期检查涂装作业劳动防护用品，使用或保管贮存期内遭到损坏或超过有效使用期，经检验未达到原规定的有效防护功能最低指标，应按照GB/T 11651规定的程序判废。判废后的劳动防护用品禁止继续发放或使用。

19.5 涂装作业使用的劳动防护用品禁止穿出厂外。

19.6 禁止用含苯有机溶剂洗手。企业宜向涂装作业人员免费供给专用清洗剂。

19.7 企业宜按GB/T 13641规定，选用不同类型的皮肤保护剂，免费供给涂装作业人员使用。

20 生产辅助设施

20.1 涂装作业场所应设置更衣室,便服与防护服可以同室但须分柜分别存放。

20.2 涂装酸碱作业场所应设置事故应急冲洗供水设施,并保证作业时间不间断供水。

20.3 涂装作业场所应设置淋浴室和盥洗室。

21 妇女与未成年人特殊保护

21.1 对从事涂装作业的妇女,企业应遵守国务院发布的《女职工劳动保护规定》、原劳动部颁发的《女职工禁忌劳动范围的规定》,实行特殊保护。

21.2 分配妇女(不包括生产管理人员、工艺技术人员)从事涂装作业时,应遵守下列规定:

  a) 禁止妇女从事有限空间涂装作业;

  b) 禁止妇女从事禁止或限制使用的涂料及有关化学品、涂装工艺的涂装作业;

  c) 禁止已婚待孕妇女从事有毒危害分级中Ⅲ、Ⅳ级涂装作业;

  d) 禁止怀孕妇女和乳母从事有毒物质浓度超过国家卫生标准的涂装作业。

21.3 禁止未成年人从事涂装作业。

22 承包与租赁

22.1 企业发包涂装作业应遵守以下规定。

22.1.1 发包方提供涂装工艺、涂料及有关化学品,并应遵守下列规定:

  a) 不得提供严禁或禁止使用的涂装工艺、涂料及有关化学品;

  b) 应向承包方提供涂装工艺、涂料及有关化学品的安全技术资料。

22.1.2 发包方指定涂装工艺、涂料及有关化学品时,应执行第4章规定。

22.1.3 承包方提供劳务,参加发包方涂装作业,发包方应将劳务人员纳入企业安全管理范围。

22.1.4 承包方使用发包方厂房、涂装设备,发包方应遵守下列规定:

  a) 执行22.1.1规定;

  b) 对承包方进行安全技术指导和检测;

  c) 对承包方涂装作业场所进行安全监督检查。

22.2 租赁房屋从事涂装作业应遵守以下规定。

22.2.1 不准出租GB 6514禁止设置涂装作业的建筑物。

22.2.2 承租方从事涂装作业应遵守下列规定。

  a) 租赁的房屋应符合GB 6514、GB 7692关于涂装作业场所规定;

  b) 按新建项目申请消防、安全、卫生等主管部门审查批准;

  c) 对房屋进行改造时,应征得房屋产权人同意,并遵守b)的规定。

22.3 租赁或租借标准厂房从事涂装作业应遵守22.2的规定。

附 录 A
(标准的附录)
劳动卫生检测基本要求

A.1 根据涂装工艺选定检测的有害物质,应包括以下项目:

  a) 苯、甲苯、二甲苯;

  b) 涂料及有关化学品的主要成分或所使用的主要有机溶剂;

c) 铅（烟、尘）、铬（尘）；
d) 氧化锌（烟雾）；
e) 甲苯二异氰酸酯；
f) 粉尘；
g) 其他严重危害作业人员的有害物质（如有机锡化合物）。

A.2 定期检测的时间应遵守下列规定：
a) 有毒物质中的铅、苯达到国家卫生标准的，每6~12个月测定一次；未达到的，每3~6个月测定一次。其他有毒物质，每年至少测定一次。
b) 粉尘每年至少测定一次。
c) 噪声、局部振动每年至少测定一次。
d) 高温作业按各地规定执行。

A.3 检测时机的选择应遵守下列规定：
a) 连续性均衡生产的，可选择作业任何时间；
b) 非均衡生产的，应选作业饱和时间。

A.4 检测方法按国家标准执行。尚未颁布国家标准的，按卫生部颁发的《卫生防疫工作规范》执行。

附 录 B
（提示的附录）
涂装作业场所劳动防护用品

按 GB/T 11651 并结合涂装作业实际，表 B.1 列出了涂装作业场所常用的劳动防护用品。

表 B.1 涂装作业场所常用的劳动防护用品

序号	品种	用途	使用范围	防护用品国家标准、行业标准
1	防静电服	防止积聚静电	喷漆作业	GB 12014 防静电工作服
2	防静电鞋	防止积聚静电	喷漆作业	GB/T 4385 防静电鞋、导电鞋 技术条件
3	防毒口罩	防止吸入一般性毒气	涂漆作业	GB 2890 过滤式防毒面具通用技术条件
4	清洗剂	利于清除漆垢	涂漆作业	
5	皮肤保护剂	防止皮肤刺激、吸收毒物与有害化学品伤害	涂漆作业	GB/T 13641 劳动护肤剂通用技术条件
6	防酸(碱)服	防中、轻度酸碱伤害	化学除锈作业	防酸工作服
7	耐酸(碱)鞋	防中、轻度地面酸碱伤害	化学除锈作业	耐酸碱皮鞋
8	耐酸(碱)手套	防中、轻度酸碱伤害	化学除锈作业	LD 34.2 耐酸(碱)手套
9	有机玻璃面罩	防酸碱液灼伤面部	配制酸碱液作业	GB/T 14866 眼面护具通用技术条件
10	披肩帽	防粉尘污秽	喷砂、二次除锈作业	
11	防护眼罩	防酸碱液灼伤、金属或粉尘伤害眼睛	配制酸碱液作业、二次除锈作业	GB/T 14866 眼面护具通用技术条件

（续）

序号	品种	用途	使用范围	防护用品国家标准、行业标准
12	滤膜防尘口罩	防止吸入一般性、中浓度粉尘	喷砂等作业	GB 2626 自吸过滤式防尘口罩通用技术条件
13	防尘口罩	防止吸入一般性、低浓度粉尘	除锈、打磨、喷砂作业	LD 29 防尘口罩
14	供给空气的呼吸保护器	防止吸入较高浓度粉尘	喷砂作业、有限空间涂装作业	GB 6220 长管面具
15	安全帽	防止物体打击头部	立体交叉作业	GB 2811 安全帽
16	护耳器	防噪声伤害	二次除锈、喷砂作业	护耳器—耳塞 护耳器—耳罩
17	安全带	防止坠落伤害	2m以上高处作业	GB 6095 安全带
18	救生衣（圈）	防止落水淹溺，便于抢救	水上作业	
19	水上作业服	防止落水淹溺，便于抢救	水上作业	
20	防滑鞋	防止滑倒伤害	水上作业、高处作业	GB 12623 防护鞋通用技术条件
21	棉布工作服	（防静电）	喷涂作业、有机溶剂除油作业	GB/T 13661 一般防护服
22	一般工作服		涂装作业	GB/T 13661 一般防护服
23	护发帽	防污秽	涂装作业	
24	防护手套	防污秽	涂装作业	GB 12624 劳动防护手套通用技术条件
25	防寒服	防冻伤	北方地区冬季露天涂装施工作业	GB/T 13459 劳动防护服防寒保暖要求

注：1. 喷漆作业发放防静电服有困难的，允许用棉布工作服代替。
2. 穿着防静电鞋时，不应同时穿绝缘的毛料厚袜及绝缘的鞋垫。穿用过程中，一般不超过200h应进行一次电阻测试。
3. 选用防毒口罩时，根据涂装作业场所的毒物种类、浓度，可参照GB 2890《过滤式防毒面具通用技术条件》、GB/T 6223《自吸过滤式防微粒口罩》选用，过滤式防毒面具不能用于有限空间涂装作业。
4. 根据涂装作业场所酸污染程度，选用透气型、不透气型等不同类型的防酸工作服。
5. 根据化学除锈作业场所酸碱污染程度和作业环境，参照相关标准选用不同类型的耐酸（碱）鞋，前述耐酸（碱）鞋不适用于浓酸、浓碱作业场所。
6. 根据配制酸碱数量及作业条件，防化学液飞溅，可选用防护面罩，亦可选用防化学液眼镜。
7. 按粉尘浓度选用不同类别的防尘口罩，粉尘中含有毒物质时应选用防毒口罩。
8. 按粉尘浓度、毒物浓度选用供给空气的呼吸器，高浓度时防护效果下降，不可选用自给式空气呼吸器（GB 16556）。
9. 声级大于90dB以上的强噪声作业环境，可考虑按频率与作业条件选用不同种类、不同类型的护耳器。
10. 根据水上作业条件及防护需要，可选用不同类型的水上作业服、救生衣、救生圈。
11. 化纤工作服不适用于喷漆作业、有机溶剂除油作业、接触酸碱的作业。涂装作业场所推荐使用防毒物渗透工作服和手套。

附 录 C
（提示的附录）
涂装作业危险有害因素

根据我国历年来涂装作业伤亡事故、火灾爆炸事故、职业中毒与职业病的实际情况，参考国外资料，除加工工业通常的危险和有害因素外，编制了以下涂装作业过程专业的危险有害因素。

C.1 危险因素

C.1.1 火灾。

火灾发生必须具备氧气、可燃物质、着火源三个条件。

C.1.1.1 可燃物质：
a) 有机溶剂在存放、清洗、稀释、加热、涂覆、流平、干燥固化及排风挥发、蒸发的易燃易爆物质；
b) 污染有机溶剂涂料的废布、纱头、棉球、防护服等；
c) 沉积漆垢与漆尘的涂装设备内部表面、排风设施的内部空间、建筑物内墙与顶棚表面、作业现场地面。

C.1.1.2 着火源：
a) 明火（火焰、火星、灼热）；涂装作业场所内部或外部带入的烟火，焊接火花，烘干设备过热表面，灯具破裂时的明火，加热的钢板，照明灯具的灼热表面，设备、工件、管道、散热器、电器等过高温度的表面；
b) 摩擦冲击：工件、钢铁工具、容器相互碰撞，带钉鞋或鞋底夹有外露金属件与地坪撞击等；
c) 电器火花：电路开启与切断、断路、过载、行灯破裂，线路电位差引起的熔融金属，保险丝熔断，外露灼热丝等；
d) 静电放电：静电喷漆枪与工件间距离过近，使用、储存、输送有机溶剂的设备、容器、管道静电积累或容器、管道破裂，倾倒有机溶剂等；
e) 雷电；
f) 化学能：自燃（如亚麻籽油、漆垢、沾染涂料的纤维堆积蓄热），物质混合剧烈放热反应（如聚酯漆与引发剂），加热涂料时添加有机溶剂，铝粉受潮产生氢气放热自燃；
g) 日光聚集。

C.1.1.3 增加燃烧危险性因素：
a) 有限空间富氧状态；
b) 火灾时继续通风；
c) 盛装涂料的压力容器、管道破裂与容器倾覆后液体流淌和扩散；
d) 比空气重的有机溶剂蒸气积聚的低凹地方（如地沟、地坑等）；
e) 气温高。

C.1.2 爆炸。

有限空间及通风不良处所，易燃气体及粉尘积聚达到爆炸极限，遇到着火源瞬间燃烧爆炸。

C.1.3 电泳、静电喷涂和电热干燥设备所致触电。
C.1.4 有限空间缺氧窒息。
C.1.5 酸、碱溅落灼伤、烫伤。

C.2 有害因素

C.2.1 生产性粉尘。

通过呼吸道进入人体，可造成尘肺等呼吸道疾病等。

   a）硅尘：喷砂作业；
   b）氧化铁尘：喷丸、抛丸及机械、手工干式打磨、磨光等作业；
   c）有机粉尘：喷涂粉末涂料及打腻子、磨光、除旧漆等作业。

C.2.2 生产性有毒粉尘和气溶胶。

通过呼吸道、消化道及皮肤侵入人体。有的可刺激黏膜（上呼吸道），有的引起过敏反应或皮炎，有的造成急、慢性中毒，有的可以或可能致癌、致畸、致突变，有的可危害男性生殖功能等。

   a）有机溶剂：涂漆及有机溶剂除油等作业，不适当地用有机溶剂清洗皮肤或服装；
   b）漆雾：喷漆作业；
   c）有毒物质（铅、铬等）粉尘、烟雾：喷涂、打磨、热加工等作业；
   d）酸、碱蒸气：化学除锈作业。

C.2.3 有害物理性因素：

   a）噪声、振动：通风机、喷丸机、抛丸机、空压机和电机等设备运转，喷砂、机械打磨等作业；
   b）高温、辐射热：烘干作业；
   c）有害辐射线、微波：光固化、红外线干燥，静电喷涂等作业，涂料中的放射性物质。

C.3 危险和有害因素信息处理

作业过程中危险和有害因素信息处理时，危险和有害因素分类与代码应遵守 GB/T 13861 规定。

第二节 涂装作业安全规程 术语

一、概论

涂装是在经准备的材料或其结构表面涂覆具有装饰、保护作用的涂层的工艺过程，也是防止大气腐蚀最普遍采用的手段。除此之外，涂装还可以赋予构件表面特殊的功能性（如减摩耐磨、导电、耐热、防火、智能化等）和装饰性能。涂料涂装历史悠久，并随着现代科学技术的进步而快速发展，但相关标准的制定工作相对滞后，尤其是涂装安全标准更是如此。涂装属于特种作业行业，其工作环境存在许多危险因素，涂装作业安全尤为重要。

首版 GB/T 14441《涂装作业安全规程 术语》制定于 1993 年，由于我国涂装行业规模日益扩大，原标准中术语的不完整性和滞后性逐渐显现出来。随着科学技术的发展，技术交流越来越广泛，涂装技术也得到不断更新和发展，新的工艺、材料和装备不断涌现。为适应涂装作业安全的新要求和达到国际通行的技术要求，并考虑我国实际情况，2008 年对原标准中不合适的定义和术语进行了修改和补充。

GB/T 14441—2008《涂装作业安全规程 术语》于2008年12月15日发布,2009年10月1日实施。

二、标准主要特点与应用说明

相对于GB/T 14441—1993,GB/T 14441—2008增加了"规范性引用文件"章节,该标准的修订引用了GB/T 15236《职业安全卫生 术语》中有关安全方面的术语及GB/T 8264《涂装技术 术语》中有关涂装的专业术语;在第3、4、5、6、7、8章增加了新的术语;对第3、4、5、6、7、8章中原有的术语及新增加的术语的排列顺序、结构做了调整;将原标准中大标题"涂层烘干作业"改为"涂层烘干";将术语"静电喷枪"改为"静电喷漆(粉)枪",并对"静电喷枪"的定义进行了补充完善。其中,基本术语增加了涂装、涂装工程、热工作业等术语,涂装前处理增加了表面前处理、涂装前处理工艺、脱脂、酸洗、表调、磷化、钝化、前处理区、前处理作业场所等术语,涂料涂覆增加了手工刷涂、空气喷涂、高压无气喷涂、滚筒涂装、浸渍、电泳涂装、静电喷涂、静电喷漆、静电喷粉、喷粉区、流平区、过喷、静电喷漆室等术语,涂层烘干增加了间歇式烘干室、连续式烘干室、直接燃烧加热、间接燃烧加热、空气循环系统等术语。

该标准规定了涂装作业安全的通用术语,适用于涂装作业及相关的生产、管理、设计、科研、教学、出版等。

该标准为《涂装作业安全规程》系列标准之一,规定了涂装作业安全中的通用术语,并对相关术语和定义进行说明或限定。该标准首先规定了涂装作业安全规程中涉及的基本术语,随后按照常用涂装作业流程分别规定了涂料及其调配、涂装前处理、涂料涂覆、涂层烘干等环节中的术语,最后规定了贯穿整个涂装作业流程的通风净化相关术语。

该标准8.3有效通风中所述涂装作业场所空气中有害物质浓度低于国家卫生标准规定的最高容许浓度,可参考GBZ 2.1—2019《工作场所有害因素职业接触限值 第1部分:化学有害因素》中规定的二甲苯、环己酮等化学有害因素限值,以及GBZ 2.2—2007《工作场所有害因素职业接触限值 第2部分:物理因素》中规定的噪声等物理因素限值,或参考其他适用的法律法规及标准规范。

该标准8.4安全通风中所述涂装作业通风区域内,在任何工作状态下任何部位易燃易爆及其他有害气体浓度均达到国家防爆标准规定的安全浓度,可参考GB 6514—2008《涂装作业安全规程 涂漆工艺安全及其通风净化》的5.1.2涂漆作业场所卫生中对作业场所空气中有毒物质容许浓度的规定,或参考其他适用的法律法规及标准规范。

三、标准内容(GB/T 14441—2008)

涂装作业安全规程 术语

1 范围

本标准规定了涂装作业安全的通用术语。

本标准适用于涂装作业,以及与此有关的生产、管理、设计、科研、教学、出版等。

2 规范性引用文件

下列文件中的条款通过本标准的引用而成为本标准的条款。凡是注日期的引用文件，其随后所有的修改单（不包括勘误的内容）或修订版均不适用于本标准，然而，鼓励根据本标准达成协议的各方研究是否可使用这些文件的最新版本。凡是不注日期的引用文件，其最新版本适用于本标准。

GB/T 8264　涂装技术术语

GB/T 15236　职业安全卫生术语

3 基本术语

GB/T 15236、GB/T 8264 确立的以及下列术语和定义适用于本标准。

3.1 涂装　painting

将涂料涂覆于物体表面，形成具有防护、装饰或特定功能涂层的工艺过程。

3.2 涂装工程　painting engineering

为实现涂料在金属或非金属表面的涂覆进行作业所涉及的工程系统。

3.3 涂装作业　painting operations

在涂装全过程中作业人员进行的生产活动的总称。

3.4 涂装作业场所　painting location

进行涂装作业的场地和特定的周围空间。

3.5 涂装作业安全规程　safety code for painting

为消除、限制或预防涂装作业中存在的各种危险和有害因素而制定的系列职业安全卫生标准。

3.6 涂装作业场所整体安全　whole safety for painting location

涂装作业场所的各种生产设施和作业环境，符合相应的安全卫生规定，且相互协调配套，形成统一的总体安全。

3.7 有限空间　confined spaces

仅有 1 个～2 个人孔，进出口受到限制的密闭、狭窄，通风不良的分隔间，或深度大于 1.2m 的只允许单人进出的通风不良空间。

同义词：密闭空间。

3.8 热工作业　hot work

焊接、气割及能产生明火、火花或灼热工艺的作业。

4 涂料及其调配

4.1 有机涂料　organic coating

主要成膜物质由有机物组成的涂料。

4.2 溶剂型涂料　solvent based coating

用有机物作为溶剂的涂料。

4.3 含苯涂料　benzene-containing coating

苯含量超过 1%（体积分数）的涂料。

4.4 含铅涂料　lead-containing coating

固体分（不挥发物）中铅含量超过 0.5%（质量分数，铅化合物以金属铅计）的涂料。

4.5 高固体分涂料　high-solid coating

固体分（不挥发物）含量超过60%（体积分数）的涂料。

4.6 无溶剂涂料　solvent-free coating

不含挥发性有机溶剂的涂料。

4.7 水性涂料　water-bome coating

完全或主要以水为介质的涂料。

4.8 粉末涂料　powder coating

不含溶剂的粉末状涂料。

4.9 无苯稀释剂　no-benzene thinner

苯含量不超过1%（体积分数）的稀释剂。

4.10 调漆室　mixing chamber

符合安全卫生规定的专用于调配涂料的房间。

5 涂装前处理

5.1 表面前处理　surface pretreatment

在涂料涂覆前，除去基底表面附着物或生成的异物，以提高基底表面与涂层的附着力或赋予表面以一定耐蚀性的过程。

同义词：表面预处理。

5.2 涂装前处理工艺　pretreatment process of painting

涂装作业中涂料施工前的整个工艺过程。一般包括手工处理、机械处理、化学处理。

5.3 脱漆剂　paint remover

能使旧漆膜溶解溶胀并从底材表面上脱去的液体或膏状物等。

5.4 金属清洗液　cleaner for metal

能清除金属底材表面上油、污等的液体。

5.5 化学处理液　chemical pretreatment solution

通过化学方法除去底材表面异物或形成转化膜的液体。

5.6 喷（抛）丸室　cabinet for shot blasting

能阻止弹丸飞出，并设置防止粉尘外逸的通风除尘净化系统，专用于喷（抛）丸作业的密闭的和有封隔装置的室体或围护结构体。

5.7 喷（吹）砂室　cabinet for sand blasting

能阻止砂子飞出，并设置防止粉尘外逸的通风除尘净化系统，专用于喷（吹）砂作业的密闭的和有封隔装置的室体或围护结构体。

5.8 脱脂　degreasing

除去基体表面油污的过程。

5.9 酸洗　picking

用酸液洗去基底表面锈蚀物和轧皮的过程。

5.10 表调　surface conditioning

把表面转化为能在以后的工序中得到适当状态的过程。

同义词：表面调整。

5.11 磷化 phosphating
利用含磷酸或含磷酸盐的溶液在基底金属表面形成一种不溶性磷酸盐膜的过程。

5.12 钝化 passivating
使基底金属表面产生钝化膜的过程。

5.13 前处理区 pretreatment area
由于前处理作业面存在危险量的易燃和可燃性蒸气、各类化学物质的雾、粉尘或积聚可燃性、腐蚀性残存物的区域。

5.14 前处理作业场所 location of pretreatment operation
为前处理作业专门设置的场地和特定的周围空间。

6 涂料涂覆

6.1 手工刷涂 manual brushing
利用漆刷蘸涂料进行涂覆的方法。

6.2 空气喷涂 air spraying
利用压缩空气将涂料雾化并射向基底表面进行涂覆的方法。

6.3 高压无气喷涂 high-pressure airless spraying
利用动力使涂料增压，然后迅速失压膨胀而雾化，达到涂覆目的的方法。

6.4 滚筒涂装 barrel enamelling
将工件装于盛有烘漆的锥形滚筒中，使滚筒转动到所有涂件都涂上后，让滚筒在受热中继续转动到涂膜干燥的涂装方法。

6.5 浸涂 dipping
将工件浸没于涂料中，取出，除去过量涂料的涂漆方法。

6.6 电泳涂装 electro-coating
利用外加电场使悬浮于电泳液中的颜料和树脂等微粒定向迁移并沉积于电极之一的基底表面的涂装方法。

6.7 静电喷涂 electrostatic spraying
使雾化涂料在高压直流电场作用下荷电，并吸附于基底表面放电的涂装方法。

6.8 静电喷漆 electrostatic spray painting
使雾化的溶剂型涂料在高压电场的作用下荷电或极化而吸附于基底表面的涂装方法。

6.9 静电喷粉 electrostatic powder spraying
使雾化的粉末涂料在高压电场的作用下荷电或极化而吸附于基底表面的涂装方法。
同义词：粉末静电喷涂。

6.10 涂漆区 painting area
由于涂漆作业而存在危险量的易燃和可燃性蒸气、漆雾、粉尘或积聚可燃性残存物的区域。

6.11 喷粉区 powder area
由于粉末喷涂作业而存在危险量、易燃易爆性悬浮状粉末或积聚粉末的区域。

6.12 流平区 flash-off area
喷漆作业后的一个开放或封闭区域，在该区域内使漆膜均匀流平并释放出溶剂蒸气。

6.13 喷漆室　spray booth

一个完全封闭或半封闭的，设有良好机械通风和照明设备的，专用于喷涂涂料的室体或围护结构体。室内气流组织能防止漆雾、溶剂蒸气向外逸散，并使其集中安全引入排风系统。喷漆室包括静电喷漆室和非静电喷漆室，有干式喷漆室和湿式喷漆室。

6.14 漆雾　paint mists

弥散在空间的雾状涂料。

6.15 过喷　overspray

喷涂过程中未附着于工件上的涂料。

6.16 漆雾去除率　removing rate of paint mists

喷漆室漆雾去除装置进出口气体中减少的平均漆雾量与进口平均漆雾量之比（以质量分数表示）。

6.17 漆渣　paint slag

未附着于工件表面的涂料残存物。

6.18 喷粉室　powder spray booth

完全封闭或半封闭的，设有良好机械通风和照明设备的，专用于喷涂粉末涂料的室体或围护结构体。室内气流组织能防止粉尘向外逸散，并使其集中安全引入回收、净化系统。

6.19 粉末回收率　recovery rate of powder

喷粉室粉末回收装置进出口气体中减少的平均粉末量与进口平均粉末量之比（以质量分数表示）。

6.20 静电喷漆室　booth for electrostatic spray painting

一个完全封闭或半封闭的、具有良好机械通风和照明设备的、专门用于静电喷漆的房间或围护结构体。室内气流组织能防止漆雾、溶剂蒸气向外逸散并使其集中安全引入排风系统。

6.21 静电喷漆（粉）枪　electrostatic spray paint（powder）gun

利用静电原理工作，并具有防护措施的喷涂液态、粉末涂料的喷枪，包括枪式、转盘式、旋杯式等。

6.22 自动喷涂机　automatic spraying equipment

能按既定的控制程序完成喷涂作业的自动化机械装置。

7　涂层烘干

7.1 涂层烘干室　paint drying oven

用加热方式使涂层进行干燥、固化的操作间。

7.2 间歇式烘干室　batch process oven

间歇地装入工件并周期地进行干燥、固化作业的烘干室。

7.3 连续式烘干室　continuous process oven

均衡地装入工件并连续地进行干燥、固化作业的烘干室。

7.4 直接燃烧加热　direct-fired

烘干室加热系统的燃烧产物进入其工作空间，并直接地接触和加热工件。

7.5 间接燃烧加热　indirect-fired

烘干室加热系统的燃烧产物与其工作空间气密地隔开，并间接地加热工件。

7.6 空气循环系统　air recirculation system

有组织地将烘干室工作空间的空气抽出并送回的整套装置，用以满足工件对流加热的要求和避免室内空气中可燃物集聚。

8 通风净化

8.1 涂装废气　waste gas of painting

涂装作业过程中产生的含有有害和易燃易爆物质的气体。包含有机废气和无机废气。

8.2 有机废气　exhaust organic gas

涂装作业过程中产生的含有有机化合物的气体。

8.3 有效通风　effective ventilation

涂装作业场所空气中有害物质浓度低于国家卫生标准规定的最高容许浓度的通风措施。

8.4 安全通风　safety ventilation

涂装作业通风区域内,在任何工作状态下任何部位易燃易爆及其他有害气体浓度均达到国家防爆标准规定的安全浓度的通风措施。

8.5 净化装置　purification equipment

除去有机废气的装置。主要包括净化设备,辅助设备,过滤器,温度、浓度、压力、报警等检测仪器,阻火防爆及安全联锁等器件。

8.6 有机废气净化　exhaust organic gas cleaning

8.6.1 燃烧净化　incineration cleaning

用燃烧方法使涂装废气中有害物质变成无害物质达到净化的方法。

8.6.2 直接燃烧净化　direct incineration cleaning

在燃烧装置中涂装废气直接作为燃料进行燃烧达到净化的方法。

8.6.3 热力燃烧净化　thermal incineration cleaning

借助外加燃料使涂装废气进行燃烧达到净化的方法。

8.6.4 催化燃烧净化　catalytic incineration cleaning

借助催化剂使涂装废气进行燃烧达到净化的方法。

8.6.5 冷凝净化　condensation cleaning

将涂装废气中有害物质的蒸气冷凝成液体,并加以收集利用达到净化的方法。

8.6.6 吸收净化　absorption cleaning

采用适当的液体吸收剂,气液相充分接触过程中,进行物理或化学吸收涂装废气中有害物质达到净化的方法。

8.6.7 吸附净化　adsorption cleaning

用固体吸附剂吸附涂装废气中有害物质达到净化的方法。

8.7 涂装废气净化率　cleaning rate of waste gas of painting

涂装废气各种净化装置进出口气体中平均减少的有害物质总量与进口有害物质总量之比(以质量分数表示)。

第三节　涂装作业安全规程　涂漆前处理工艺安全及其通风净化

一、概论

1. 涂装前处理

涂装前处理是指涂装作业中涂料施工前的整个工艺过程,包括工件的除锈、除油、化学预处理、除尘和除旧漆等工序。涂装前处理可分为喷、抛丸及风动工具砂磨等机械式前处理，酸洗、中和、表调、磷化、钝化、阳极氧化、硅烷化等化学前处理，有机溶剂处理等。涂装前处理工艺方法的选择和前处理质量的高低直接影响涂层与基材的附着力，是涂装作业的基础工序，也是保证涂装质量的前提。基材表面的氧化皮和腐蚀物等异物，若不去除干净，会造成膜下腐蚀，漆膜易出现剥落、起泡等不良现象。实践证明，由前处理不到位引起的质量问题，约占涂层问题的 50% 以上。因此，有效的前处理工艺不仅能去除异物，还可增加涂层与基材的结合力，提高涂料的润湿性，实现涂层的防护作用。

2. 涂装前处理的危险性分析

涂装前处理工艺的危险因素主要来源于前处理作业过程中涉及的原材料、场所设备及工艺参数。涂装前处理中除油和除旧漆多采用有机溶剂，如二甲苯、丙酮、氯代烃类等，不仅对人体健康和环境危害较大，还具有易挥发、闪点低等易燃易爆特质，给前处理作业带来严重的安全隐患。另外，化学法除锈工艺多采用硫酸、盐酸、硝酸、磷酸等酸性溶液，不仅溶液本身存在化学灼伤、腐蚀的风险，前处理过程中还有可能产生酸雾，进一步加大了对人体健康的危害，且酸液及其产生的酸雾对环境的污染性也较大，必须经治理净化后才可排放。而机械法除锈工艺则存在粉尘、噪声等危害，在进行机动工具除锈或喷、抛丸除锈时，会有大量粉尘逸散，当其超过粉尘浓度限值时，则会造成职业伤害和环境危害，因此须进行有效的净化通风。除此之外，酸雾排放及有机溶剂的挥发，也需要机械通风，而通风系统所配备的风机和风管又会产生噪声，影响职业健康。

3. 涂装作业安全标准化

GB 7692—2012《涂装作业安全规程 涂漆前处理工艺安全及其通风净化》是对 GB 7692—1999 的首次修订。

GB 7692—2012 于 2012 年 7 月 31 日发布，2013 年 3 月 1 日实施。

二、标准主要特点与应用说明

GB 7692—2012 与 GB 7692—1999 相比，主要变化如下：

1）增减、更新了引用的国家标准。
2）完善了原标准中"涂漆前处理工艺"的定义。
3）删除原标准中"有限空间"的定义、表1的内容。
4）将原标准中 5.2.8、5.2.9 进行了合并。
5）删除了原标准中第 9 章钢材预处理流水线中 9.4、9.5、9.6，并对保留内容进行了编辑性修改。
6）增加了"操作人员应佩戴护目眼镜，相互间保持足够的安全距离"的条款。
7）对原标准中表 3 中喷丸室室体容积的取值范围表示做了完善。
8）对原标准中的部分条文进行了修改和整合。
9）对整个标准的结构进行了调整。

该标准除 6.2.3、6.2.5、6.3.3、6.3.4、6.3.5 外，其他全部技术内容为强制性的。

该标准规定了涂漆前处理工艺及其通风净化的通用安全技术要求，适用于涂漆前处理工艺及其通风净化系统的设计、安装、验收及使用。其中，涂装前处理工艺包括除油、机械前处理、化学前处理、钢材预处理、除旧漆和有限空间内的涂漆前处理，通风净化包括化学前处理、机械前处理、有机溶剂蒸发排出、钢材预处理等工序的通风净化。

该标准限定了涂漆前处理区的范围,规定了7项涂漆前处理工艺安全技术要求,6项涂漆前处理通风净化技术要求,还列出了抛丸室排风量和压缩空气射流所及缝隙处带尘气体外流速度的计算方法。

该标准应用时,除严格遵守相关技术要求外,还应结合实际生产情况,进一步完善优化工序流程,明确细化工艺参数,确保工艺的安全性、稳定性。

三、标准内容(GB 7692—2012)

涂装作业安全规程 涂漆前处理工艺安全及其通风净化

1 范围

本标准规定了涂漆前处理工艺及其通风净化的通用安全技术要求。

本标准适用于涂漆前处理工艺及其通风净化系统的设计、安装、验收及使用。

2 规范性引用文件

下列文件对于本文件的应用是必不可少的。凡是注日期的引用文件,仅注日期的版本适用于本文件。凡是不注日期的引用文件,其最新版本(包括所有的修改单)适用于本文件。

GB/T 2493 砂轮的回转试验方法

GB 2494 普通磨具 安全规则

GB 2894 安全标志及其使用导则

GB/T 3608 高处作业分级

GB/T 3805 特低电压(ELV)限值

GB 3883.1 手持式电动工具的安全 第一部分:通用要求

GB 4053.3 固定式钢梯及平台安全要求 第3部分:工业防护栏杆及钢平台

GB 6514—2008 涂装作业安全规程 涂漆工艺安全及其通风净化

GB 8978 污水综合排放标准

GB/T 11651 个体防护装备选用规范

GB 12942 涂装作业安全规程 有限空间作业安全技术要求

GB/T 14441—2008 涂装作业安全规程 术语

GB 14443 涂装作业安全规程 涂层烘干室安全技术规定

GB 14444 涂装作业安全规程 喷漆室安全技术规定

GB 16297 大气污染物综合排放标准

GB 20101 涂装作业安全规程 有机废气净化装置安全技术规定

GB 50016 建筑设计防火规范

GB 50058 爆炸和火灾危险环境电力装置设计规范

GB 50140 建筑灭火器配置设计规范

JB/T 7992 普通磨具 外观、尺寸和形位公差 试验方法

3 术语和定义

GB/T 14441—2008 界定的以及下列术语和定义适用于本文件。

3.1 涂漆前处理工艺　pretreatment process of painting

涂装作业中涂料施工前的整个工艺过程，包括工件的除锈、除油、化学预处理、除尘和除旧漆等工序。可分喷、抛丸及风动工具砂磨等的机械前处理，脱脂、酸洗、中和、表调、磷化、钝化、阳极氧化、硅烷化、清洗等工序的化学前处理及有机溶剂处理。

3.2 前处理作业场所　location of pretreatment operation

为前处理作业专门设置的场地和特定的周围空间。

3.3 前处理区　pretreatment area

由于前处理作业而存在危险量的易燃和可燃性蒸气、各类化学物质的雾、粉尘或积聚可燃性、腐蚀性残存物的区域。

4 涂漆前处理区范围

4.1 涂漆前处理区一般应包括以下范围：
  a) 机械喷、抛丸室体内部及与其相连的弹丸收集、提升、除尘系统；
  b) 化学前处理各工艺槽、流水线上联合清洗机封闭的内部空间及相连的排风系统；
  c) 有机溶剂清洗槽、高压清洗、超声波清洗槽、气相清洗装置、静电除尘装置及相连的排风系统。

4.2 除 4.1 外，涂漆前处理作业尚存在有危险量的易燃、可燃性蒸气、腐蚀性液体和气体等的区域，也应划入涂漆前处理区范围。

5 涂漆前处理工艺安全

5.1 一般要求

5.1.1 涂漆前处理作业应在前处理作业场所或在划定的前处理区内进行。

5.1.2 除特大型构件外，一般不应在露天设置涂漆前处理作业场所，如须设置应符合本标准的规定。

5.1.3 涂漆前处理作业场所，应设置在厂区全年最小频率风向的上风向，并应与生产过程相关的机加工、冲焊、装配等工序相分隔。

5.1.4 涂漆前处理作业场所，应布置在单层或多层建筑物的靠近外墙一侧。

5.1.5 用有机溶剂除油、除旧漆的前处理作业场所，分别属于甲，乙类火灾危险性生产区域。作业场所的防火，均应符合 GB 50016 的有关规定。

5.1.6 用有机溶剂除油、除旧漆的作业场所应有良好的通风，严禁吸烟和引入火种，作业过程中不应有电瓶车、汽车和金属轮推车进入。作业人员应穿着防静电的工作服和防静电的工作鞋。

5.1.7 化学前处理的作业场所，地坪应采用耐腐蚀材料敷设，且应平整、防滑、易于清扫、不渗水积水。废水应排向废水处理系统。对采用浸渍式酸洗工艺的，其建筑物的内墙、立柱、屋架及屋面应采取有效的防腐蚀措施。

5.1.8 与高压喷射清洗装置配套的泵、配件及管路系统和喷丸除锈（或除旧漆）装置的筒体及橡胶软管，应按国家有关规定做耐压性能试验和密封性能试验。

5.1.9 涂漆前处理作业用的手持照明灯具，应符合 GB/T 3805 的有关规定。

5.1.10 涂漆前处理作业场所的夏季空气温度，应按车间内外温差计算。其室内外温差的限值应符合 GB 6514—2008 中 5.1.2.2 的规定；冬季根据生产需要和机械排风状况在封闭的手工作业区域相应采取局部采暖，以保持作业区环境温度不低于 12℃。

5.1.11 涂漆前处理作业场所，空气中有害物质的最高容许浓度应符合 GB 6514—2008 中 5.1.2.1 的规定。

5.1.12 机械法除锈或清除旧漆应设置独立的排风系统和除尘装置，作业人员呼吸区域空气中总含尘量应小于 8mg/m³。

5.1.13 涂漆前处理作业场所卫生特征级别为 2 级。

5.1.14 涂漆前处理作业场所应设置不断水的事故应急冲洗用水设备。

5.1.15 机械前处理除锈应限制使用干喷砂，应用喷丸和抛丸等工艺。

5.1.16 涂漆前处理作业中不应使用苯。大面积除油和清除旧漆作业中不应使用甲苯、二甲苯和汽油等有毒和低闪点物质。

5.1.17 涂漆前处理车间（工段）的化学药品存放量不应超过两个工作班制的消耗用量。药品储存柜应靠近使用点。

5.1.18 涂漆前处理作业人员应按 GB/T 11651 的规定佩戴个人防护用品，当进行人工喷丸操作时应穿戴封闭型橡胶防护服和供氧面具。

5.1.19 化学前处理作业中产生的浸洗水、喷淋水、各类化学废液的排放应符合 GB 8978 的有关规定。

5.1.20 涂漆前处理作业中产生的各类废弃物应妥善处理。

5.1.21 涂漆前处理工艺过程中所用的风机、水泵、电动机等噪声源部件及风管、水管应采取减振、隔声、消声、吸声等措施。涂漆前处理场所噪声应符合 GB 6514—2008 中 5.1.2.6.2 的有关规定。

5.1.22 用有机溶剂作业的涂漆前处理区内一般不应设置电气设备。如必须设置时，应符合 GB 50058 的有关规定。

5.1.23 采用有机溶剂作业的前处理区，区域内爆炸性气体环境划分为 1 区危险区域。其通向露天的门、窗以外，水平距离 3m、垂直距离 1m 以内的空间划为 2 区。

5.1.24 用有机溶剂清洗并有良好通风的封闭或半封闭的涂漆前处理工艺装置内为 1 区。其开敞面以外，水平距离 3m、垂直距离 1m 以内的空间划为 2 区。

5.1.25 用有机溶剂除油、除旧漆工作位置周围 15m 内，用风动工具除锈作业位置周围 5m 内，均不应堆放易燃、易爆物料。

5.1.26 使用有机溶剂的前处理作业场所不应使用火炉、电炉、燃气和燃油炉及其他明火加热设备。

5.1.27 使用有机溶剂的前处理作业场所入口处应有禁止烟火的安全标志，按 GB 50140 的有关规定设置消防器材，并定期检查，保持其有效状态。

5.2 有机溶剂、气相除油

5.2.1 用可燃性有机溶剂除油时，应先卸下产品或部件上的蓄电池或其他电源装置，其作业场所应设有警示标牌，并配置可燃气体浓度测量仪，定期检测。

5.2.2 气相除油清洗应在半封闭槽内进行，应有严格的防止清洗液蒸气逸出的措施；槽体内壁衬里材料应用不锈钢、陶瓷、阻燃型不饱和聚酯树脂纤维增强塑料及其他合适的材料。

5.2.3 气相除油清洗装置应具有清洗液的温度和液位的自动监控，以及冷凝器冷却水的供水监测装置。其中测温仪的分度值应不大于 0.5℃。

5.3 机械前处理

5.3.1 机械除锈应优先选用抛丸和喷丸，实现工艺过程密闭化，改善劳动条件。

5.3.2 手工除锈用的钢刷、铲刀和铁锤等工具，作业前应检查可靠性。相邻操作人员的间距应大于1m。

5.3.3 凡离地2m及以上进行手工除锈的作业，应按GB/T 3608的要求执行。

5.3.4 除锈用手持式电动打磨工具应符合GB 3883.1的有关规定。

5.3.5 除锈用风动打磨或电动打磨工具，应按照所选用的磨片材料、钢丝抛轮限制其线速度。作业前应进行空载试转，检验电动工具的可靠性，作业过程应经常检查磨具的材质损耗，超过限度不应使用。并符合GB 2494的有关规定。操作人员应佩戴护目眼镜，相互间保持足够的安全距离。

5.3.6 砂轮、磨片、钢丝抛轮的回转强度检查应按GB/T 2493和JB/T 7992的有关规定执行。

5.3.7 直径60mm以上的风动打磨机应设置防护罩，其开口夹角应不大于150°。

5.3.8 喷丸除锈作业应在密闭的喷丸室内进行。喷丸室的通风除尘净化系统应与喷丸的压缩空气源联锁，只有当通风除尘净化系统正常运行后，气源才能启动。作业人员一般应在室外操作，当不得不进入喷丸室内操作时，应穿戴封闭型橡胶防护服和供氧面具。作业人员呼吸区空气中粉尘浓度应符合5.1.12的规定。

5.3.9 喷丸室围护结构应在非对流区域设置由不易碎材料制作的观察窗，供室外操作人员进行安全监护。喷丸室应同时设置室内外都能控制启动和停止的控制开关，并设置相应的声光信号器件。

5.3.10 喷丸室内壁应设置耐磨材料制作的护板。与其配套的喷射软管应耐磨、防静电。

5.3.11 喷丸室应设置固定或移动吸口的丸、粒回收装置。

5.3.12 丸、粒回收装置地坑上应设置防滑盖板，地坑高度应保证人员出入安全，地坑入口处设活动盖板、护栏、坑内设固定扶梯、照明装置、通气口等。

5.3.13 当采用升降装置或脚手架进行喷丸除锈时，操作人员站立的踏板应为格栅或钢板网，四周应设置高度为1.2m的安全栏杆。

5.3.14 抛丸除锈应在封闭的抛丸室内进行。对大型工件可采用通过式抛丸室进行除锈，抛丸室进出口两端应设置隔离区段，在此段中采用多层橡胶帘或其他软性遮挡结构封隔。

5.3.15 抛丸室的围护结构、内部耐磨挡板设置、丸粒回收装置、集丸地坑，应符合5.3.9～5.3.12的有关规定。

5.3.16 抛丸室配置的通风除尘净化系统应与抛丸作业设备联锁。前者先启动运行，再开始抛丸作业；当抛丸作业终止，通风系统须继续运行2min～3min后，作业人员才准进入抛丸室工作。

5.3.17 抛丸室在工作状态时人员不应靠近。在通过式抛丸室进出口端10m处，应按GB 2894的有关规定设置安全标志。抛丸室应设检修开关，严禁在抛丸作业进行中打开抛丸室的密闭门进入操作。

5.3.18 采用高压水清洗除锈应符合5.4.11～5.4.13的规定。

5.4 化学前处理

5.4.1 采用敞开式全浸型脱脂、酸洗、中和、表调、磷化、钝化、清洗等化学前处理的作业场所，应布置于单独建筑物内，若与其他非涂装车间合用一个建筑物，应将此作业场所布置在建筑物的靠外墙一侧。车间墙面和地坪应采用防腐蚀材料，照明和其他电气设施应采用防潮型。

5.4.2 敞开式全浸型化学前处理应配置专用的输送设备，作业人员不应直接用手搬运工件。若采用桥式和梁式起重机，其驾驶室应设在化学槽的另一侧。

5.4.3 大型全浸型化学槽的槽口应高出地坪面0.8m。当槽体埋入地面时，应在槽体四周按GB 4053.3的有关规定设置防护栏杆，并按GB 2894的规定设置安全标志。

5.4.4 全浸型有挥发性化学液和加热要求的化学槽，应设置局部有组织排风系统，加热方式应符合安全要求。

5.4.5 各化学槽配制槽液时应先注入水，后注入化学液，对挥发性较强的化学槽配制后应施覆盖层或挥发性气雾抑制剂。

5.4.6 各类化学原液和添加剂的容器应加盖严封，并有醒目标签。

5.4.7 采用氢氟酸作业场所，应设置具有明显标记的事故喷淋装置和洗眼用具。

5.4.8 采用全喷淋型的各化学前处理设备应为全封闭或半封闭式，工件出入口应设置防喷淋液飞溅的屏幕室，该室用门洞或挡帘隔开，并设置独立的排风系统。

5.4.9 喷淋用泵应与排风装置联锁，待风机运行正常后泵再启动；喷淋过程结束，排风装置须继续运行2min~3min；当排风装置发生故障，喷淋操作应能立即停止。

5.4.10 所有与腐蚀性化学液接触的前处理槽体、加热系统、循环搅拌系统、喷淋系统、加料系统、排风系统及泵等均应具有耐蚀性。

5.4.11 采用高压喷射清洗装置应配置压力控制和联锁装置，并应与驱动高压水泵的电动机联锁。

5.4.12 长臂高压喷枪应配置自锁安全机构，喷射间歇应将喷枪自锁。

5.4.13 高压水泵短期停用时，应清洗保养，重新使用前应检查高压水泵系统密封性能，并做耐压试验。

5.4.14 化学前处理作业场所应有防止外溢处理液流出作业区的措施。

5.5 钢材预处理

5.5.1 钢材预处理流水线主要由预热、抛丸清理、喷涂预处理底漆、烘干及输送辊道组成。各组成部分均应符合国家有关规定，并设置机械排风系统。

5.5.2 钢材预处理流水线中抛丸清理系统应符合5.3.14~5.3.17的规定。

5.5.3 钢材预处理流水线中喷涂系统、烘干系统以及底漆的储存安全应符合GB 14444、GB 14443和GB 6514—2008中的有关规定。

5.6 清除旧漆

5.6.1 清除旧漆应采用机械方法、碱液、水基清洗液、有机溶剂或脱漆剂清除，不应使用火焰法直接清除旧漆。如采用火焰法，应在密闭的专用设备内进行，并配备安全环保装置。

5.6.2 手持电动工具、喷丸、湿式喷砂、真空喷砂、抛丸等机械清除旧漆方法，其安全技术要求应符合5.3的规定。

5.6.3 用有机溶剂或脱漆剂清除旧漆，不应使用易发火的钢制工具敲铲。高处作业的安全要求应符合5.3.3的规定。

5.6.4 地面溅留的脱漆剂残液不应用木屑和化纤织物揩擦，应穿戴防腐手套用棉纱头、抹布等揩擦。废纱头、抹布等应集中回收处理。

5.6.5 用脱漆剂和有机溶剂清除旧漆时,操作人员应按照 GB/T 11651 要求配戴有效防护手套、防毒口罩和防护眼镜。

5.7 有限空间内的涂漆前处理

5.7.1 有限空间内的涂漆前处理是指对有限空间本身或设在有限空间内的固定设备进行涂漆前处理作业。除此以外,有限空间内不应作为涂漆前处理作业场所。

5.7.2 有限空间作业的安全技术要求应符合 GB 12942 的有关规定。

5.7.3 在有限空间内进行除旧漆作业的亦应符合 5.7.1~5.7.2 的规定。

6 涂漆前处理通风净化

6.1 一般要求

6.1.1 为防止酸碱雾、溶剂蒸气、粉尘等有害物质在室内逸散,涂漆前处理应首先采用有利于局部排风的工艺和设备。当无法采用局部排风或采用局部排风后仍达不到 5.1.11 的规定时,应采用或增加全面通风。

6.1.2 涂漆前处理作业中的处理液和脱漆剂的配制应在封闭装置或配制间内进行,并应设置机械排风。

6.1.3 有实体墙分隔的建筑物内,在固定工位上对大工件进行除油或除旧漆时,应设置局部排风并同时辅以全面排风;当操作工位不固定时,则可采用移动式局部排风或全面排风。

6.1.4 排风系统排出的污染物,当影响周边地区的大气质量时,应采取净化处理、回收或综合利用措施,符合 GB 16297 的规定后再向大气排放。

6.2 化学前处理

6.2.1 在工艺操作许可时,槽宽大于 1.5m 的涂漆前处理作业槽应设置盖板减少敞开面。

6.2.2 在工艺操作许可时,酸性处理槽应添加有效的酸雾抑制剂。

6.2.3 涂漆前处理作业中各种酸性或碱性处理槽应设置局部排风系统。在采用机械化化学前处理生产线时,排风罩宜采用隧道密闭式。在采用手工操作时,排风罩宜采用侧吸式。槽宽小于或等于 0.7m 时,宜采用单侧排风;槽宽为 0.7m~1.5m 时,宜采用双侧或周边排风;槽宽大于 1.5m 时,单面操作的处理槽宜采用吹吸式槽边排风罩。

6.2.4 槽边侧吸罩应采用条缝式,且各种处理槽的液面控制风速应按表 1 取值。

表 1 各种处理槽的液面控制风速

处理槽名称		主要组分	处理温度/℃	液面控制风速/(m/s)
硫酸酸蚀处理槽		硫酸,15%~25%	50~60	≥0.35
盐酸酸蚀处理槽		盐酸,10%~20%	25~40	≥0.35
混合酸酸蚀处理槽		硫酸、盐酸等	30~40	≥0.35
磷化处理槽	高温	磷酸、磷酸二氢锌、硝酸钠、硝酸锌、亚硝酸钠、氧化锌等	55~65	≥0.35
	中温		45~55	≥0.30
	常温		<45	≥0.30
除油处理槽	碱液	氢氧化钠、碳酸钠、磷酸三钠等	50~80	≥0.35
	清洗剂	金属清洗剂、表面活性剂等	30~50	≥0.30
铬酸钝化处理槽		铬酐,0.1g/L~0.5g/L	40~70	≥0.40

6.2.5 由酸蚀处理槽排出的酸雾或由钝化处理槽排出的铬酸雾应设净化装置，净化装置宜分别采用药液吸收式及网格过滤式净化回收器。

6.2.6 采用喷淋法脱脂、磷化和钝化处理的装置应为密闭式或半密闭式，且应设置局部排风装置。工件进出口门洞处风速应不小于0.5m/s。

6.3 机械前处理

6.3.1 手工除锈或电动工具除锈集中作业的场所，除在工位设置局部排风外，还应辅以全面排风。大件手工除锈或电动工具除锈应在实体墙分隔的建筑物内进行，并设置全面排风。当不能达到5.1.11的规定时，作业人员还应按照GB/T 11651要求配戴个体防护用品。

6.3.2 抛丸清理室室体内的气流流向应使产生的粉尘能迅速有效地排除。从门洞，观察窗及缝隙散逸的粉尘，应保证作业场所的粉尘浓度符合5.1.12的规定。

6.3.3 抛丸清理室室体排风量，当每个抛丸器抛丸量不大于140kg/min时，应按抛丸器数计算。第一个抛丸器为3500m³/h，以后每个抛丸器为2500m³/h。对于连续式抛丸清理室需附加30%的漏风量，间歇式附加10%~15%。当每个抛丸器的抛丸量大于140kg/min时，宜按式（A.1）计算。

6.3.4 喷丸室室体的排风量应符合下列要求，并应与保证门洞及缝隙处带尘气流不外流所求得的风量互相校核，取其大值。

a) 作业人员在喷丸室外操作时，喷丸室的排风量应按室体容积断面风速（与气流垂直）为0.12m/s~0.30m/s计算，见表2。

表2 按喷丸室室体容积确定的断面风速

喷丸室室体容积 V/m^3	断面风速/(m/s)
$V \leq 8$	0.30~0.25
$8 < V \leq 20$	0.25~0.20
$20 < V \leq 100$	0.20~0.15
$V > 100$	0.15~0.12

b) 作业人员在喷丸室内操作时，喷丸室的排风量应以喷嘴直径和数量确定，见表3。

表3 按喷嘴直径确定的排风量

喷嘴直径/mm	7	8	9	10	12	14	16
排风量/(m³/h)	5000	5500	6000	7000	10000	13500	18000

注：1. 喷嘴直径系指磨损后允许使用的最大直径。
　　2. 排风量为单个喷嘴的排风量。

c) 压缩空气射流所及缝隙处带尘气流外流的速度宜参照附录B计算。

6.3.5 喷、抛丸结合的除锈设备，宜采用下吸、上进风的气流组织方式。其排风量应比附录A计算所得的风量增大50%~80%，并须按喷丸条件进行核算。

6.4 有机溶剂蒸气排出及其净化处理

6.4.1 在除油或除旧漆作业过程中，空气中同时散发醇类，酯类等多种有机溶剂蒸气时，全面通风换气量应按各种有机溶剂蒸气分别稀释至最高允许浓度所需空气量的总和计算。除上述有害物质的气体及蒸气外，其他有害物质同时散发在空气中时，通风量应按需要空气量最大的物质计算。

6.4.2 有机溶剂除油清洗槽及其挥发段应采用半密闭罩，且其长度应大于除油清洗槽，半密闭罩罩面风速应不小于 0.4m/s。

6.4.3 刷涂除锈磷化膏、带锈涂料或磷化底漆的工作台架应设置通风柜，侧吸式或底吸式局部排风系统，使被涂工件上散逸的有机溶剂蒸气集中排出。

6.5 钢材预处理通风及其净化处理

6.5.1 钢材预处理生产线上机械除锈作业时的通风净化应符合6.3的要求。

6.5.2 采用刷涂工艺涂刷预处理底漆，应在作业场所设置机械排风，其排风量应按使作业人员呼吸带的有机溶剂蒸气浓度符合5.1.11的规定计算。

6.5.3 钢材预处理生产线上喷漆装置、烘干装置排出的漆雾和有机溶剂蒸气应符合6.1.4的要求。漆雾和有机溶剂蒸气净化装置的安全应符合GB 20101的规定。

6.6 通风系统

6.6.1 管线布置

6.6.1.1 化学前处理作业场所的风管应明设，有冷凝水析出的风管应按1%坡度敷设，并在最低点设泄水管，接向排水沟。

6.6.1.2 输送含有机溶剂蒸气的风管，应采用不燃材料制作，不应穿过防火墙，如必须穿过，应在穿墙处设防火阀。穿过防火墙两侧各2m范围的风管，其保温材料应采用不燃材料。风管穿过处的空隙应用不燃材料填塞。

6.6.1.3 输送含有机溶剂蒸气的风管，其正压段不应通过其他房间。

6.6.1.4 管壁温度大于或等于80℃的管道与输送易燃易爆气体、蒸气、粉尘的管道之间的水平距离应不小于1m；当互为上下布置时，表面温度较高者或危险性混合物比重较小者应布置在上面。

6.6.1.5 管壁温度大于或等于80℃的管道与输送易燃易爆气体、蒸气、粉尘的管道同沟敷设时应采取保温隔热措施。

6.6.2 进风口布置

6.6.2.1 机械送风系统进风口处室外空气的有害物含量，不应超过车间空气中有害物质最高容许浓度的30%。

6.6.2.2 应设在室外空气清洁和无火花坠入的地点，并安装铁丝网和百叶格。

6.6.2.3 应设在排风口常年最小频率风向的下风向，且应低于排风口2m。

6.6.2.4 进风口底边距室外地坪应不低于2m，当其设在绿化地带时，可不低于1m。

6.6.2.5 进、排风口如必须设在屋面以上同一高度时，其水平距离应不小于10m。

6.6.2.6 进风口应避免设在有害物质排出的天窗口附近。

6.6.3 通风管道的计算

6.6.3.1 风管内风速应按下列数值选用：

a）输送酸碱气体和有机溶剂蒸气的水平干管风速为8m/s～12m/s，垂直支管为4m/s～8m/s；

b）输送含尘空气的水平支管风速为16m/s～18m/s，垂直支管为14m/s～16m/s。

6.6.3.2 系统漏风量应按下列系统风量的百分率附加：

a）对一般送、排风系统，应取10%；

b) 对除尘净化系统，应取 10%～15%。

6.6.3.3 系统压力损失应按下列系统压力的百分率附加：

a) 对一般送、排风系统，应取 10%～15%；

b) 对除尘净化系统，应取 15%～20%。

附 录 A
（资料性附录）
抛丸室排风量计算

A.1 抛丸室室体排风量按式（A.1）计算：

$$L = a_1 a_2 \sqrt{VN} \tag{A.1}$$

式中 L——抛丸室室体排风量（m^3/min）；

a_1——不同型式抛丸室系数；

a_2——不同清理对象系数；

V——室体容积（m^3）；

N——抛丸器总功率（kW）。

A.2 抛丸室型式系数 a_1 和清理对象系数 a_2 按照表 A.1 和表 A.2 选取。

表 A.1 抛丸室型式系数 a_1

抛丸室型式	系数 a_1
台车式、转台式	2.5～3.5
通过式	3.5～5.0
吊挂式	3.0～4.0
滚筒式、履带式	5.5～7.0

表 A.2 清理对象系数 a_2

清理对象	系数 a_2
去氧化皮	1.0
去粘砂	1.2

附 录 B
（资料性附录）
压缩空气射流所及缝隙处带尘气体外流速度计算

压缩空气射流从缝隙处外流的速度 v_f，按式（B.1）计算：

$$v_f = \frac{2q_0}{X\sqrt{A_0}} \tag{B.1}$$

式中 v_f——从缝隙处外流的速度（m/s）；

q_0——喷嘴耗气量（m^3/s）；

X——喷嘴至缝隙的距离（m）；

A_0——喷嘴截面积（m^2）。

第四节　涂装作业安全规程　涂漆工艺安全及其通风净化

一、概论

1. 涂漆工艺

涂漆工艺主要包括涂装作业中涂料涂覆的整个工艺过程，包括涂料的调配、工件的输送、各种方式的涂覆、干燥固化、打磨和刮腻子等工序。按照涂覆方式的不同，涂漆工艺可分为空气喷涂、无气喷涂、静电喷涂、电泳、浸涂、淋涂、滚涂与刷涂、刮涂等。

（1）空气喷涂　利用压缩空气的气流，流过喷枪喷嘴孔形成负压，负压使漆料从吸管吸入，经喷嘴喷出形成漆雾，漆雾喷射到基材表面上形成均匀的漆膜。

（2）无气喷涂　采用高压柱塞泵将油漆加压，形成高压力的油漆，喷出枪口后形成雾化气流涂覆于基材表面。该工艺方法适用于高固分或者高黏度的涂料施工。

（3）静电喷涂　利用电晕放电原理使雾化涂料在高压直流电场作用下荷负电，并吸附于荷正电基底表面放电的涂装方法。

（4）电泳　利用外加电场使悬浮于电泳液中的颜料和树脂等微粒定向迁移，并沉积于电极之一的基底表面。该工艺方法具有水溶性、无毒、易于自动化控制等特点，在汽车、建材、五金、家电等行业得到了广泛的应用。

（5）浸涂　将被涂物浸没于漆液中，待被涂表面完全浸润后移出漆液，自然或人为地将表面多余漆液去除、回流，经干燥后形成涂膜。

（6）淋涂　根据油漆黏度特性和流体力学原理，利用隔膜泵产生的压力形成瀑布式漆幕，被涂物以恰当的速度从漆幕中穿过，随后干燥固化成膜。

（7）滚涂与刷涂　通过滚筒或专用毛刷将涂料滚刷在被涂物上。滚涂与刷涂不适用于干燥速度太快、流平性差、固体含量高的涂料。

（8）刮涂　采用刮刀进行手工涂装，以制得厚涂膜的一种涂装方法。视刮刀材质和形状的不同，刮涂可分别用于填孔、补平、塞缝、抹平等作业，适用于各种厚浆涂料和腻子。

2. 涂漆工艺中的 VOCs

根据世界卫生组织（WHO）的定义，挥发性有机物（volatile organic compounds，简称 VOCs）是指在常温下，沸点为 50℃~260℃的各种有机化合物。在我国，VOCs 为常温下饱和蒸气压大于 70Pa、常压下沸点在 260℃以下的有机化合物，或在 20℃条件下，蒸气压大于或者等于 10Pa 且具有挥发性的有机化合物。它是一类成分比较复杂的有机污染物总称，包含非甲烷烃类、多环芳烃及卤代烃等物质。留存于空气中的 VOCs 主要是其他类别大气氧化剂及臭氧等的前体物，其中诸多化合物都有刺激性及毒性等，对人体会有较大的伤害，而且 VOCs 也是光化学污染和雾霾的重要前体物。

在众多涂漆工艺中，喷涂工艺应用最为广泛，其产生的 VOCs 污染也更为严重，其中涂料雾化、扩散及固化过程是产生 VOCs 的主要环节。影响涂装过程 VOCs 排放的主要因素有：

1）VOCs 的产生和选用的涂料有较大的关系。涂装施工中释放的 VOCs，实际上是由涂料自身及各类有机溶剂产生的，所以涂装期间形成的 VOCs 和涂料、有机溶剂内的有机物成分基本一致。因此，高 VOCs 排放的传统溶剂型涂料逐步被更加环保的高固体分涂料、水性涂料、无溶剂涂料等代替。

2）表面涂装期间产生的 VOCs 和采取的工艺有关。在众多处理方式中，喷涂产生的 VOCs 污染更加严重，不同的喷涂工艺中 VOCs 排放也有差异。例如，常规的无气喷涂、空气喷涂等工艺的 VOCs 排放相对较高，而通过在涂料与基材之间施加电场引导的静电喷涂技术，可有效减少漆雾的扩散，提高喷涂效率，VOCs 排放相对较低。另外，空气喷涂和无气喷涂结合的辅气喷涂，也能有效提高喷涂效率，从而降低多余漆雾扩散导致的 VOCs 排放。

3）VOCs 污染程度和车间密闭程度、有机废气的最终治理举措有较大联系。其中，作业车间密闭程度关系到废气收集效果。当前部分涂装车间的结构为完全开放或半密闭，这样会导致喷涂工艺关联的设施工具布局比较分散，降低废气收集的效率。

3. 涂漆工艺安全技术标准

我国对涂漆过程的工艺安全非常重视，从 20 世纪 80 年代起就开始制定相关的标准，先后出台了 GB 6514—1986《涂装作业安全规定涂漆工艺安全》、GB 6515—1986《涂装作业安全规程涂漆艺通风净化》等国家标准。1995 年，又参照采用美国国家防火协会标准 NFPA 33—1989《使用易燃和可燃材料的喷涂应用标准》，并在 GB 6514—1986 和 GB 6515—1986 基础上进行修订，对原标准在结构编排上做了大的调整，合并为一项标准，以 GB 6514—1995《涂装作业安全规程 涂漆工艺安全及其通风净化》代替原两项国家标准。

2008 年，非等效采用美国防火协会标准 NFPA33—2007《易燃和可燃材料喷涂作业标准》对 GB 6514—1995 进行修订。GB 6514—2008《涂装作业安全规程 涂漆工艺安全及其通风净化》于 2008 年 12 月 11 日发布，2009 年 10 月 1 日实施。

二、标准主要特点与应用说明

修订时，为达到国际通行的技术要求，并考虑我国实际情况，GB 6514—2008 相对于 GB 6514—1995《涂装作业安全规程 涂漆工艺安全及其通风净化》，其内容进行了调整。同时，增加、更新了引用的国家标准；引用 GB 50016—2006 中有关条文和表作为涂漆作业场所火灾危险性分类的依据；补充了表 2"涂漆作业场所空气中有毒物质容许浓度"的内容，增加了时间加权平均容许浓度和短时间接触容许浓度两项；将原标准中"空气喷涂"和"无气喷涂"两章合并为 5.2"空气及无气喷涂"；将原标准中"静电喷涂"和"粉末静电喷涂"两章合并为 5.3"静电喷涂"；补充了电泳涂漆工艺安全要求；将原标准中的部分内容调整为 5.9"生产管理及设备检修"；删除原标准中活性炭吸附净化、催化燃烧净化、热力燃烧净化、液体吸收等章节内容，对有机废气的净化要求提出符合 GB 20101 的有关规定；对其他章节的内容也做了整合与完善。

该标准除适用范围、引用文献和术语定义外的内容均为强制性要求。

该标准规定了涂漆工艺及其通风净化的通用安全技术要求，适用于涂漆工艺及其通风净化系统的设计、安装、验收及使用。其中，涂漆工艺安全不仅对涂漆作业场所安全、涂漆作业场所卫生、电气设备防火防爆、涂料储存、调配及运输等提出了要求，还对不同涂漆工艺［包括空气及无气喷涂、静电喷涂、静电喷粉、电泳涂漆、浸涂、淋（流）涂、滚涂、手工涂漆、手工刮磨腻子等］提出了具体要求。另外，还限定了有限空间的涂装作业、干燥固化、生产管理及设备检修的安全规范。涂漆工艺通风净化包括局部排风、设备通风、全面通风、通风管道、废气净化等多个方面。该标准限定了涂漆区的范围，规定了 9 项涂漆工艺安全技术要求,7项涂漆工艺通风净化技术要求。

该标准应用时,除严格遵守相关技术要求外,还应结合实际生产情况,进一步完善优化工序流程,明确细化工艺参数,确保工艺的安全性、稳定性。

三、标准内容(GB 6514—2008)

涂装作业安全规程 涂漆工艺安全及其通风净化

1 范围

本标准规定了涂漆工艺及其通风净化的安全卫生技术要求。

本标准适用于涂漆工艺及其通风净化系统的设计、安装及使用。桥梁、建筑物、大型储罐、船舶等大型构件的室外涂漆工艺的通风净化亦可参照使用。

2 规范性引用文件

下列文件中的条款通过本标准的引用而成为本标准的条款。凡是注日期的引用文件,其随后所有的修改单(不包括勘误的内容)或修订版均不适用于本标准,然而,鼓励根据本标准达成协议的各方研究是否可使用这些文件的最新版本。凡是不注日期的引用文件,其最新版本适用于本标准。

GB 7691 涂装作业安全规程 安全管理通则

GB 8978 污水综合排放标准

GB 12367 涂装作业安全规程 静电喷漆工艺安全

GB12942 涂装作业安全规程 有限空间作业安全技术要求

GB/T 14441 涂装作业安全规程 术语

GB 14443—2007 涂装作业安全规程 涂层烘干室安全技术规定

GB 14444—2006 涂装作业安全规程 喷漆室安全技术规定

GB 14773 涂装作业安全规程 静电喷枪及其辅助装置安全技术条件

GB 15607—2008 涂装作业安全规程 粉末静电喷涂工艺安全

GB 16297 大气污染物综合排放标准

GB 17750 涂装作业安全规程 浸涂工艺安全

GB 20101 涂装作业安全规程 有机废气净化装置安全技术规定

GB 50016—2006 建筑设计防火规范

GB 50057—2000 建筑物防雷设计规范

GB 50058 爆炸和火灾危险环境电力装置设计规范

GB 50140 建筑灭火器配置设计规范

3 术语和定义

GB/T 14441确立的以及下列术语和定义适用于本标准。

3.1 涂漆工艺 painting process

涂装作业中涂料涂覆的整个工艺过程。包括涂料的调配、工件的输送、各种方法的涂覆、干燥或固化、打磨和刮腻子等工序。

3.2 涂漆作业场所 location of painting operations

为涂漆作业专门设登的场地和特定的周围空间。

4 涂漆区范围

4.1 涂漆区一般应包括以下范围：

　　a) 喷漆室（喷粉室）内部及与其相连接的排风系统内部；

　　b) 涂漆流水线上相对封闭的内部空间；

　　c) 涂料直接涂、刷到的其他作业场所。

4.2 除4.1外，涂漆作业其他尚存在有危险量的易燃、可燃性蒸气、漆雾、粉尘等区域，亦应划入涂漆区范围。

5 涂漆工艺安全

5.1 一般要求

5.1.1 涂漆作业场所安全

5.1.1.1 涂漆作业应在涂漆作业场所，或在划定的涂漆区进行。涂漆作业场所应符合 GB 7691 的有关规定。

5.1.1.2 在文化教育、医疗等公共建筑物和居住建筑物内不应设置涂漆作业场所。对以上建筑物进行装修需涂漆者除外。

5.1.1.3 除桥梁等大型构件外，一般不应在露天设置涂漆作业场所，如需要设置应符合本标准的规定。

5.1.1.4 涂漆作业场所的出入口设置应符合 GB 50016—2006 中 3.7 的要求，其出入口至少应有两个，其中一个出口应直接通向安全区域。

5.1.1.5 涂漆作业场所的门应向外开，其内部的通道宽度应不小于 1.2m。

5.1.1.6 涂漆作业场所的厂房一般采用单层建筑或独立厂房。如布置在多层建筑物内，宜布置在建筑物上层。如布置在多跨厂房内，宜布置在外边跨或同跨的顶端。

5.1.1.7 生产厂房的火灾危险性分类按照 GB 50016—2006 中 3.1.1 规定执行。涂漆作业场所火灾危险性分类见表1。

表1　涂漆作业场所火灾危险性分类

生产类别	火灾危险性特征	
	项别	使用或产生下列物质的生产
甲	1	闪点低于28℃的液体
	2	爆炸下限小于10%的气体
	3	常温下能自行分解或在空气中氧化即能导致迅速自燃或爆炸的物质
	4	常温下受到水或空气中水蒸气的作用，能产生可燃气体并引起燃烧或爆炸的物质
	5	遇酸、受热、撞击、摩擦、催化以及遇有机物或硫黄等易燃的无机物，极易引起燃烧或爆炸的强氧化剂
	6	受撞击、摩擦或与氧化剂、有机物接触时能引起燃烧或爆炸的物质
	7	在密闭设备内操作温度等于或大于物质本身自燃点的生产
乙	1	闪点等于或大于28℃，但低于60℃的液体
	2	爆炸下限等于或大于10%的气体
	3	不属于甲类的氧化剂
	4	不属于甲类的易燃危险固体
	5	助燃气体
	6	能与空气形成爆炸性混合物的浮游状态的粉尘、纤维、丙类液体雾滴

（续）

生产类别	火灾危险性特征	
	项别	使用或产生下列物质的生产
丙	1	闪点等于或大于60℃的液体
	2	可燃固体
丁	1	对不燃烧物质进行加工，并在高温或熔化状态下经常产生强辐射热、火花或火焰的生产
	2	利用气体、液体、固体作为燃料或将气体、液体进行燃烧作其他用的各种生产
	3	常温下使用或加工难燃烧物质的生产
戊	1	常温下使用或加工不燃烧物质的生产

5.1.1.8 同一座厂房或厂房的任一防火分区内有不同火灾危险性生产时，该厂房或防火分区内的火灾危险性分类应按火灾危险性较大的部分确定。当符合下述条件之一时，可按火灾危险性较小的部分确定：

1) 火灾危险性较大的生产部分占本层或本防火分区面积的比例小于5%或丁、戊类厂房内的油漆工段小于10%，且发生火灾事故时不足以蔓延到其他部位或火灾危险性较大的生产部分采取了有效的防火措施；

2) 丁、戊类厂房的油漆工段，当采用封闭喷漆工艺时，封闭喷漆空间内保持负压、且油漆工段设置可燃气体浓度报警系统或自动抑爆系统时，且油漆工段占其所在防火分区面积的比例不大于20%时。

5.1.1.9 涂漆作业场所的耐火等级、防火间距、防爆和安全疏散措施应根据表1确定的生产火灾危险性类别，按 GB 50016—2006 的有关规定执行。

5.1.2 涂漆作业场所卫生

5.1.2.1 涂漆作业场所空气中有害物质最高允许浓度、时间加权平均浓度和短时间接触容许浓度不应超过表2的规定。涂漆作业场所空气中有毒物质容许浓度见表2。

表2 涂漆作业场所空气中有毒物质容许浓度

序号	中文名	英文名	化学文摘号（CAS No.）	职业接触限值（OELs）/（mg/m³）			备注
				最高容许浓度 MAC	时间加权平均容许浓度 PC-TWA	短时间接触容许浓度 PC-STEL	
1	乙醚	ethyl ether	60-29-7	—	300	500	—
2	二甲苯（全部异构体）	xylene(all isomers)	1330-20-7;95-47-6;108-38-3	—	50	100	—
3	二硫化碳	carbon disulfide	75-15-0	—	5	10	皮
4	多次甲基多苯基多异氰酸酯	polymetyhlene polyphenyl isocyanate(PMPPI)	57029-46-6	—	0.3	0.5	—
5	三氧化铬、铬酸盐、重铬酸盐（按 Cr 计）	chromium trioxide、chromate、dichromate,as Cr	7440-47-3(Cr)	—	0.05	—	G1
6	丙酮	acetone	67-64-1	—	300	450	—
7	甲苯	toluene	108-88-3	—	50	100	皮

（续）

序号	中文名	英文名	化学文摘号（CAS No.）	职业接触限值（OELs）/（mg/m³）			备注
				最高容许浓度 MAC	时间加权平均容许浓度 PC-TWA	短时间接触容许浓度 PC-STEL	
8	1,3-丁二烯	1,3-butadiene	106-99-0	—	5	—	—
9	吡啶	pyridine	110-86-1	—	4	—	—
10	汞-金属汞(蒸气)	mercury metal(vapor)	7439-97-6	—	0.02	0.04	皮
11	汞-有机汞化合物（按Hg计）	mercury organic compounds, as Hg		—	0.01	0.03	皮
12	环氧氯丙烷	epichlorohydrin	106-89-8	—	1	2	皮, G2A
13	苯胺	aniline	62-53-3	—	3	—	皮
14	环己酮	cyclohexanone	108-94-1	—	50	—	皮
15	环己烷	cyclohexane	110-82-7	—	250	—	—
16	苯	benzene	71-43-2	—	6	10	皮, G1
17	苯乙烯	styrene	100-42-5	—	50	100	皮, G2B
18	氧化锌	zinc oxide	1314-13-2	—	3	5	—
19	铅及其无机化合物（按Pb计）	lead and norganic compounds, as Pb	7439-92-1 (Pb)				G2B(铅), G2A(铅的无机化合物)
20	铅尘	lead dust		—	0.05	—	
21	铅烟	lead fume			0.03		
22	氯苯	chlorobenzene	108-90-7	—	50	—	—
23	三氯乙烯	trichloroethylene	79-01-6	—	30		G2A
24	丙烯腈	acrylonitrile	107-13-1	—	1	2	皮, G2B
25	乙酸乙酯	ethyl acetate	141-78-6	—	200	300	—
26	乙酸丁酯	butyl acetate	123-86-4	—	200	300	—
27	丙醇	propyl alcohol	71-23-8	—	200	300	—
28	丁醇	butyl alcohol	71-36-3	—	100	—	—
29	四氯化碳	carbon tetrachloride	56-23-5	—	15	25	皮, G2B
30	松节油	turpentine	8006-64-2	—	300	—	—
31	其他粉尘	particles not otherwise regulated		总尘8			此处"其他粉尘"指游离SiO_2低于10%的粉尘

注：1. 表中最高容许浓度（MAC）是指工作地点、在一个工作日内、任何时间有毒化学物质均不应超过的浓度；时间加权平均容许浓度（PC-TWA）是指以时间为权数规定的8h工作日、40h工作周的平均容许接触浓度；短时间接触容许浓度（PC-STEL）是指在遵守PC-TWA前提下容许短时间（15min）接触的浓度。

2. 工作地点系指作业人员操作、观察和管理生产过程而经常或定时停留的地点，如生产操作在作业场所许多不同地点进行。则整个场所均算为工作地点。

3. 有"（皮）"标记者为除经呼吸道吸收外，尚易经皮肤吸收的有毒物质。

4. 化学物质的致癌性标识按国际癌症组织（IARC）分级，作为参考性资料：
G1 确认人类致癌物（carcinogenic to humans）；
G2A 可能人类致癌物（probably carcinogenic to humans）；
G2B 可疑人类致癌物（possibly carcinogenic to humans）。

5. 未列入表2的有毒物质容许浓度，应符合相应的国家卫生标准的规定。

5.1.2.2 涂漆作业场所作业人员工作地点的夏季空气温度,应遵照下列规定。

1) 涂漆作业场所作业人员工作地点的夏季空气温度,应按车间内外温差计算。其室内外温差的限度,应根据实际出现的本地区夏季通风室外计算温度确定,不应超过表3的规定。

表3 工作地点与室外温差限值

夏季通风室外计算温度/℃	22及以下	23	24	25	26	27	28	29~32	33及以上
工作地点与室外温差/℃	10	9	8	7	6	5	4	3	2

2) 当作业地点气温≥37℃时,应采取局部降温和综合防暑措施,并应减少接触时间。
3) 涂漆作业场所应设有工间休息室,休息室内气温不应高于作业地点气温。

5.1.2.3 涂漆作业场所作业人员工作地点的冬季采暖空气温度,应符合表4规定。

表4 工作地点的冬季采暖空气温度

劳动强度(分级)	采暖温度/℃
Ⅰ(轻)	18~21
Ⅱ(中)	16~18
Ⅲ(重)	14~18
Ⅳ(过重)	12~14

5.1.2.4 涂漆作业场所的生产辅助用室,冬季采暖室温不应低于表5中的规定。

表5 冬季辅助用室的温度

辅助用室名称	气温/℃
厕所、盥洗室	12
食堂	18
办公室、休息室	18~20
技术资料室	20~22
存衣室	18
淋浴室	25~27
更衣室	25

5.1.2.5 涂漆作业场所卫生特征级别的确定见表6。

表6 涂漆作业场所卫生特征级别

涂漆作业方式	卫生特征级别
空气喷涂、无空气喷涂作业	2级
含铅、铬颜料的涂漆作业	2级
有限空间内的涂漆作业	2级
其他方式的涂漆作业	3级

5.1.2.6 涂漆作业场所噪声。

5.1.2.6.1 涂漆工艺过程所用的风机、水泵、电机等各个噪声源部件及其风管、水管应采取消声和隔振措施。

5.1.2.6.2 涂漆作业场所操作人员每天连续接触噪声8h，噪声声级卫生限值为85dB（A）。对于操作人员每天接触噪声不足8h的场合，可根据实际接触噪声的时间，按接触时间减半，噪声声级卫生限值增加3dB（A）的原则，确定其噪声声级限值，见表7。但最高限值不得超过115dB（A）。

表7 工作地点噪声声级的卫生限值

日接触噪声时间/h	卫生限值/dB(A)
8	85
4	88
2	91
1	94
1/2	97
1/4	100
1/8	103

注：最高不得超过115dB（A）。

5.1.3 电气设备防火防爆

5.1.3.1 涂漆作业场所的电气设备应安全、可靠。涂漆区内一般不设置电气设备，如必须设置时，应符合 GB 50058 的规定。

5.1.3.2 涂漆区内爆炸性气体环境划为1区危险区域，其通向露天的门、窗以外，水平距离3m，垂直距离1m以内的空间区域划为2区。

5.1.3.3 封闭或半封闭涂漆工艺装置内部为1区危险区域，其开敞面以外，水平距离3m，垂直距离1m以内的空间区域划分2区。

5.1.3.4 与涂漆区相邻车间之间的隔墙应为不燃烧体的实体墙。隔墙上的门亦应是不燃烧体。

5.1.3.5 用有门的隔墙与涂漆区隔开的相邻场所爆炸性气体环境危险区域的划分见表8。

5.1.3.6 涂漆区内爆炸性粉尘环境划为11危险区域。

表8 与涂漆区相邻场所的爆炸性气体环境危险区域划分

涂漆区	用有门隔墙隔开的相邻场所		附注
	一道有门隔墙	两道有门隔墙（通过走廊或套间）	
1区	门外水平距离7.5m以内为2区	非爆炸危险区域	两道隔墙门框间距离不应小于2m

5.1.4 涂料的储存、调配及输送

5.1.4.1 涂料的储存

5.1.4.1.1 涂料及辅料入库时，应有完整、准确、清晰的产品包装标志、检验合格证和说明书。

5.1.4.1.2 涂漆作业场所允许存放一定量的涂料及辅料，但不应超过一个班的用量。存放涂料的中间仓库应靠外墙布置，并应采用耐火墙和耐火极限不低于1.5h的不燃烧体楼板与其他部分隔开。

5.1.4.2 涂料的调配

5.1.4.2.1 调配涂料一般应在调漆室内进行。调漆室应符合 5.1.3.1、6.1.1 和 6.1.4 的规定。

5.1.4.2.2 调漆室应为不燃烧、不发火的地面；室内通风换气次数 15 次/h~25 次/h；照明及各类电气设备应为防爆型；调漆室应安装可燃气体浓度报警装置及配置消防器材。

5.1.4.2.3 使用溶剂型涂料量较少时（一般少于 20kg），允许在涂漆区现场配制，但调配人员应严格遵守安全操作规程。

5.1.4.3 涂料的输送及处理

5.1.4.3.1 输送涂料、溶剂、稀释剂的管道应保持完好，严禁滴漏。

5.1.4.3.2 无集中供料系统时，工作结束后应将剩余的涂料及辅料送回调漆室或倒入密闭容器中。

5.1.4.3.3 不能继续使用的涂料和辅料及其容器，应放到有明显标志的指定的废物堆放处，按当地有关固体危险废弃物处理规定集中妥善处理。

5.1.4.3.4 废弃的液体涂料和辅料严禁倒入下水道。

5.2 空气及无气喷涂

5.2.1 空气及无气喷涂应在喷漆室内进行。

5.2.2 喷漆室的安全技术要求应符合 GB 14444—2006 的规定。

5.2.3 喷漆室的作业场所，与相邻其他非涂漆作业场所之间，宜用不燃烧体隔墙隔开。

5.2.4 无气喷涂装置中的各个部件均应按高压管件规定进行耐压试验和气密性试验，配套的高压软管除经上述试验合格外，管线布置时，其最小曲率半径宜不小于软管直径的 2.5 倍。

5.2.5 无气喷涂的喷枪应配置自锁安全装置，喷涂间歇时应能将喷枪自锁。

5.2.6 压缩空气驱动型无气喷涂装置的进气端应设置限压安全装置，并配置超压安全报警装置。

5.3 静电喷涂

5.3.1 静电喷涂

5.3.1.1 静电喷漆应在静电喷漆室内进行。

5.3.1.2 静电喷漆室的安全技术要求应符合 GB 14444—2006 和 GB 12367 的有关规定。

5.3.1.3 静电喷漆室的出入口宜设置防火门，并应装有闭门器。

5.3.1.4 静电喷漆室的门宜与静电发生器的电源有门开即断电的联锁装置。

5.3.1.5 静电喷漆枪与供漆装置的安全技术要求应符合 GB 14773 的规定。

5.3.1.6 供漆管道周围 800mm 空间内，应悬挂安全标志，不应设置其他导体和电缆。

5.3.2 静电喷粉

5.3.2.1 粉末静电喷涂工艺安全应符合 GB 15607—2008 的有关规定。

5.3.2.2 粉末静电喷涂应在设有机械通风和粉末回收装置的喷粉室内进行，操作者应在室外操作。

5.3.2.3 喷粉室室体的金属构架与工件应可靠接地。

5.3.3 高压静电发生器

5.3.3.1 所有高压静电发生器应有控制保护系统，使工作系统发生故障或出现过载时自动切断电源。

5.3.3.2 所有高压静电发生器的高压输出与高压电缆联结端,应设置限流安全装置,高压电缆的屏蔽线应牢固地接入专用地线上。

5.3.3.3 喷漆用高压静电发生器的电源插座应为防爆专用结构,插座中的接地端与专用地线连接,不应用零线代替地线。

5.3.3.4 喷粉用高压静电发生器宜配置具有恒场强的自动控制系统,在已整定的工作条件下,如喷枪与工件间距在许可范围内变化,则其电流值宜不超过整定值的10%。

5.3.3.5 喷粉用高压静电发生器和连接电缆与粉末喷枪配套后,当电压调到最大值时,对地短路应无火花产生。

5.4 电泳涂漆

5.4.1 电泳槽宜设置间壁设施和通风排气装置。并应装有防止人员发生触电事故的安全或防护联锁装置。

5.4.2 电泳涂漆的整流系统应单独设置在围护设施内。

5.4.3 电泳涂漆需排放的废水应经过净化处理,净化后的废水应符合 GB 8978 的规定。

5.4.4 电泳设备需采取接地措施,且电泳涂装设备的安全接地电阻不应大于10Ω。

5.4.5 电泳槽应做绝缘处理,保证干燥状态下耐压 20kV。

5.4.6 两段电压间连接铜排应保证平整,防止拉弧现象产生。

5.5 浸涂、淋(流)涂、滚涂

5.5.1 浸涂工艺安全应符合 GB 17750 的规定。

5.5.2 淋涂、滚涂作业流水线一般应设间壁防护设施。

5.5.3 淋涂、滚涂作业流水线的设计和运行应保证安全操作。

5.5.4 淋涂、滚涂作业场所宜安装火灾报警装置和自动灭火器。

5.5.5 工件滴落漆液的地方应设置漆液收集装置,并应设有局部排风装置。

5.5.6 浸漆槽、淋涂、滚涂装置应设置通风排气装置。淋涂的通风排气装置与供漆泵自动联锁。

5.5.7 浸漆槽与烘干室共用厂房时,其间距不应小于 7.5m。水性涂料的浸漆槽除外。

5.5.8 大型浸漆槽、淋漆装置应在室外设地下贮槽,不工作时应将漆液放入贮槽,发生火警时应能迅速将漆液排入贮槽。水性涂料除外。

5.6 手工涂漆、手工刮磨腻子

5.6.1 手工涂漆及手工刮磨腻子等操作应符合 GB 7691 的有关规定。

5.6.2 手工涂漆作业场所应设置通风装置,并划定涂漆区。

5.6.3 手工刷涂大型固定设备时,应设置局部排风装置。

5.6.4 手工刷涂、滚涂、揩涂时,操作者应戴防溶剂手套和口罩。

5.6.5 干式打磨时,应设置通风除尘装置。操作者应戴防尘口罩。

5.6.6 清洗涂漆工具的溶剂宜用毒性小、挥发性低的溶剂。

5.7 有限空间的涂漆作业

5.7.1 有限空间作业的安全技术要求应符合 GB 12942 的规定。

5.7.2 有限空间内的涂漆作业是指对有限空间本身或设在有限空间内的固定设备、设施等进行装修。除此以外,有限空间内不应作为涂漆作业场所。

5.7.3 在有限空间内进行脱漆作业者，它应符合本章的规定。

5.7.4 有限空间只有一个出入口时，宜增开一个工艺口。

5.8 干燥、固化

5.8.1 涂漆设备不宜交替地用于涂料的干燥、固化。下列情况可以除外。

5.8.1.1 涂漆设备兼用于涂料的空气自然干燥、固化，则其自然干燥、固化的空气温度不应高于周围环境温度，且通风系统应符合6.1.4的规定。

5.8.1.2 喷烘两用设备，在符合下述规定时，可以交替用于涂料的干燥、固化：

　　a) 涂漆区内表面（特别是地面），保持无可燃性残存物；

　　b) 应设置温度安全保护装置，其设定温度超过93℃时，应自动关闭加热装置；

　　c) 涂漆区内的固定式辐射加热装置上，不应溅落漆雾；

　　d) 涂漆装置、干燥装置和通风系统应设置联锁装置。且当加热装置运行时或涂漆区内有便携式辐射加热器时，涂漆装置不应运行。涂漆或干燥装置运行时，通风系统应始终在运行，且应符合6.1.3和6.1.4的规定；

　　e) 其他易燃物质不应带入涂漆区；

　　f) 喷烘两用设备的安全技术要求除符合GB 14443—2007的规定外，还应符合GB 14444—2006的规定。

5.8.2 干燥时使用明火或可能产生火花的加热系统，不应安装在涂漆区内。在配备了按下述要求设计的联锁通风系统时，可靠近涂漆区安装。

　　a) 在加热系统启动之前，干燥所在空间必须彻底地通风；

　　b) 在任何可能出现火源处应符合6.1.4的规定；

　　c) 通风装置失灵时，能自动关闭加热系统。

5.8.3 涂漆作业的流平段应设置局部排风装置。

5.8.4 进入烘干室的工件不应有余漆滴落。

5.8.5 自然干燥的涂漆工件应放在有良好通风的场所内。如在室内，应为专用室；如在空外，周围5m内不得有明火或火花。

5.8.6 烘干室的安全技术要求应符合GB 14443—2007的规定。

5.9 生产管理及设备检修

5.9.1 加热涂料等易燃物质时，应使用热水、蒸汽等介质间接加热。

5.9.2 沾有涂料等易燃物质的棉纱、抹布等物应放入带盖的金属箱（桶）内，当班清除处理，严禁乱抛。

5.9.3 涂漆区入口处及其他禁止明火和生产火花的场所，应有禁止烟火的安全标志。

5.9.4 涂漆设备、贮存容器、通风管道和物料输送系统等在停产检修时，如需采用电焊、气焊、喷灯等明火作业，应严格执行动火安全制度，遵守安全操作规程。施工现场应有专人监管并配备灭火设施。

5.9.5 涂漆区应按GB 50140的规定设置消防器材，并定期检查，保持有效状态。

6 涂漆工艺通风净化

6.1 一般要求

6.1.1 为防止气体、烟、尘等有害物质在室内逸散，或当涂漆工艺和设备不固定或大面积涂漆作业放散面广，应首先采用局部排风。当不可能采用局部排风或采用局部排风仍达不到

5.1.2.1规定时，应采用全面通风换气。

6.1.2 排风系统排出的含有害气体、烟尘等污染物，应按GB 20101的有关规定进行净化处理，净化后的气体排放应符合GB 16297及所在地区的总量排放标准的要求。

6.1.3 涂漆作业开始时应先开风机，后启动喷涂设备。作业结束时，应先关闭喷涂设备，后关风机。当通风系统停止运转或失灵时，应立即切断电源，关闭喷涂设备，并向操作人员发出信号。

6.1.4 在通风净化设备和系统中，易燃易爆的气体，蒸气的浓度不应超过其爆炸下限浓度的25%。粉尘浓度不应超过其爆炸下限浓度的50%。

6.2 局部排风

6.2.1 涂漆作业的局部排风系统，应设置漆雾净化或粉尘回收的装置。

6.2.2 局部排风的排风罩，应符合下述要求：
a）排风罩应设置在污染源处；
b）排风罩罩口吸风方向应使有害物质不流经操作者的呼吸带；
c）排风罩的形式、大小和位置应根据排出污染物的挥发性，密度以及涂漆的作业方法而定。

6.2.3 散发有害物质的工艺设备和工艺过程应加以密闭，当无法采用密闭或半密闭的装置时，应根据生产条件和通风效果分别采用侧吸式、伞形式、吹吸式排风罩或槽边排风罩。

6.3 设备通风

6.3.1 喷漆室通风

6.3.1.1 喷漆室应设有机械通风和漆雾净化装置。

6.3.1.2 喷漆室的通风应符合GB 14444—2006第8章的规定。

6.3.2 喷粉室通风

6.3.2.1 喷粉室应设有机械通风和粉末回收装置。

6.3.2.2 粉末净化回收装置的出粉口，应采取防止粉尘飞扬的措施，以保证作业环境空气中粉尘最高容许浓度符合5.1.2.1规定。

6.3.2.3 喷粉室的通风应符合GB 15607—2008第6章的规定。

6.3.2.4 喷粉室粉末净化回收装置的废气排放应符合GB 16297的规定。

6.3.3 烘干室通风

烘干室通风应符合GB 14443—2007中4.3的规定。

6.4 全面通风

6.4.1 数种溶剂（芳烃类、醇类、乙酸酯类等）的蒸气同时挥发于空气中时，全面通风换气量应按各种气体分别稀释至最高容许浓度所需要的空气量的总和计算。

6.4.2 散入涂漆作业场所的有害气体量，在没有工艺设计资料或不可能用计算方法求得时，全面通风所需的换气量可根据类似车间的实测资料或经验数据，按房间的换气次数确定。

6.4.3 全面通风系统排出有害气体时，其吸风口应设在有害物质浓度最大的区域。全面通风系统气流组织的流向应避免使有害物质流经操作者的呼吸带。

6.5 送风系统

6.5.1 设有局部排风或全面排风的涂漆作业场所，应进行自然补风；当自然补风不能使涂漆作业场所空气中有害物质符合5.1.2.1规定或涂漆作业环境温度不符合5.1.2.2、5.1.2.3

时，应设置机械送风系统。

6.5.2 机械送风系统送入车间空气中的有害物质的含量，不应超过表2规定的时间加权平均容许浓度的30%。

6.5.3 机械送风系统进风口的位置，应符合下列要求：
   a) 应设在室外空气清洁的地点；
   b) 应设在排风口常年最小频率风向的下风侧，且宜低于排风口2m；
   c) 进风口的底部距室外地坪，不宜低于2m；
   d) 进风口和排风口，如设在屋面以上的同一高度时，其水平距离应不小于管径的10倍，并不应小于10m。

6.5.4 机械送风系统送入的新鲜空气，应送至操作者经常停留的工作地点。

6.6 通风管道

6.6.1 涂漆作业场所通风系统的进风口和排风口应设防护网，并应直接通到室外不可能有火花坠落的地方。排风管上应设有防火阀，并应设置防雨、防风措施。

6.6.2 排风管的防雷措施，应符合GB 50057的规定。

6.6.3 涂漆工艺用的通风管道应单独设置。

6.6.4 需进行调节风量的通风系统，应在管道内气流较稳定的截面处设置风量测定孔。

6.6.5 为观察高温排风系统风管内的空气温度，应在风管上设置温度测定孔和温度计。

6.6.6 通风装置和风管应采取有效措施，防止污染物沉积，并应定期清理。

6.6.7 通风净化设备和管道所输送的空气温度有较显著的提高或降低时，或者可能冻结时，应采取隔热、保温或防冻措施。

6.6.8 直径300mm以下的排风管，敷设长度每隔3m左右应设置检查孔，但大管径风管上检查孔之间的距离可加大。检查孔宜设在管道拐弯处。

6.6.9 输送高温气体的风管，当其外表温度为80℃~200℃时，其与建筑物的易燃结构和设备的距离应不小于0.5m，距耐火结构和设备的距离应不小于0.25m。

6.6.10 管壁温度高于80℃的排风管与输送易燃易爆气体、蒸气、粉尘的管道之间的水平距离应不小于1m。输送热气体的风管应铺设在输送较低温度的气体的风管上面。输送80℃以上气体或易燃易爆气体的管道应用不燃烧体制成。

6.6.11 电线、煤气管、热力管道和输送液态燃料的管道不应装在通风管的管壁或穿过风管。

6.6.12 当风管穿过易燃材料的屋顶或墙壁时，在风管穿过处应敷以耐火材料或使风管四周脱空。

6.6.13 通风管道不宜穿过防火墙，如必须穿墙，应在穿过处设防火网。穿过防火墙两侧各2m范围内的风管及其保温材料应采用非燃烧体。风管穿过的空隙应用非燃烧体填塞。

6.6.14 用于过滤有爆炸危险粉尘的干式除尘器和过滤器，应布置在系统的负压段上。

6.6.15 排出有爆炸危险的气体和蒸气混合物的局部排风系统，其正压段风管不应通过其他房间。

6.6.16 确定通风机风量时，应附加风管和设备的漏风量。一般送排风系统附加5%~10%，除尘系统附加10%~15%。

6.6.17 确定通风机风压时，应同时考虑压力损失附加值。一般送排风系统附加10%~

15%，除尘系统附加 15%～20%。

6.7 废气净化

6.7.1 涂装作业有机废气净化装置的安全技术要求应符合 GB 20101 的有关规定。

6.7.2 废气净化装置排放的有害气体应符合 GB 16297 的规定。

第五节　涂装作业安全规程　喷漆室安全技术规定

一、概论

1. 喷漆室

喷漆室是完全封闭或半封闭、设有良好机械通风和照明设备、专用于喷涂涂料的室体或围护结构体。喷漆室内气流组织能防止漆雾、溶剂蒸气向外逸散，并使漆雾、溶剂蒸气集中安全引入排风系统。

2. 喷漆室发展及趋势

早期的喷漆室结构简单，仅在喷涂作业室的一侧安装排气装置（排风扇），没有漆雾分离装置，能起到排出喷涂过程中所产生的过喷漆雾的作用，减轻工作环境的污染，可认为这是喷漆室的雏形。1910 年出现了具有干式漆雾分离装置的干式喷漆室，1956 年出现了水旋式喷漆室，1963 年出现了水帘柜喷漆室，1963 年出现了一次性的漆雾分离器——文丘里漆雾分离纸，1971 年出现了文丘里喷漆室。20 世纪 80 年代，开始使用玻璃纤维毡黏附捕集漆雾，2005 年出现了石灰式干式喷漆室，2010 年出现了静电式的干式喷漆室，2013 年出现了漆雾捕集箱式干式喷漆室，也称为纸箱式干式喷漆室。

喷漆室的发展趋向于结构更简单，方便维护，投入更低；漆雾处理效率更高；设备更稳定，不间断运行周期更长；废水、废气、固废等废弃物更少；综合运行成本更低。

3. 喷漆室安全技术标准

随着市场竞争的日益加剧，国内喷涂业生产规模不断扩大，能有效阻止漆雾、溶剂蒸气向外逸散并进行集中收集处理的喷漆室也不断增加，然而喷漆室存在引火源、空气与可燃物三个起火条件，作业过程存在严重的火灾爆炸隐患，其预防与监管成了安全生产领域的重大挑战。为规范喷漆室的设计、制造、安装、检验、使用、维修和监督管理过程，降低事故发生的可能性，全国安全生产标准化技术委员会涂装作业分技术委员会组织相关单位专家制定了首版 GB 14444—1993《涂装作业安全规程　喷漆室安全技术规定》。该标准于 1993 年发布，1994 年 1 月实施。

为适应喷漆室的发展形势，2006 年对 GB 14444—1993 进行了修订。修订时，保留了已经实践证明适合我国国情又与国外先进标准相适应的内容，同时参考了美国消防协会标准 NFPA 33—2000《易燃和可燃材料的喷涂应用标准》。

GB 14444—2006《涂装作业安全规程　喷漆室安全技术规定》于 2006 年 1 月 23 日发布，2006 年 9 月 1 日实施。

二、标准主要特点与应用说明

GB 14444—2006 与 GB 14444—1993 相比，主要做了如下修订：为了更加明确和保持前后一致，增加了新的定义；新增"电气设备和点火源"一章，详细规定了2区爆炸危险区域的空间距离；新增喷漆室的排风量须同时保证达到所喷溶剂燃烧极限下限值（lower flammable limit，即LFL）25%的规定，并列出计算该风量的公式、有关溶剂LFL值表和计算示例；新增"喷烘两用喷漆室"和"流平区"的安全技术要求；将原标准"喷漆室的地坪应采用不产生火花的材料备制，或辅覆不产生火花的材料"改为"应用不燃、难燃材料或组件建造"；明确"铝材不能用作喷漆室或喷漆房的结构支撑件、室体、排风管道"；新增7.2输送机开口、7.3有动力车辆的移动、7.4照明玻璃屏条目。

该标准全部内容为强制性，规定了各类喷漆室的通用安全技术要求，适用于使用易燃或可燃涂料喷漆室的设计、制造、安装、检验、使用、维修和监督管理，水性涂料的喷漆室可参照执行。

该标准参考 GB 6514—1995《涂装作业安全规程　涂漆工艺安全及其通风净化》、GB 50058《爆炸和火灾危险环境电力装置设计规范》等相关标准，具体从术语及定义、喷漆区范围、基本要求、电气设备和点火源、结构和材质、通风、喷烘两用喷漆室、流平区、防噪声、防静电、操作安全与卫生、维护、安全监察共15个方面进行了规定。该标准还列出了喷漆室、开口涂料容器、灯具的电气爆炸危险区域和要求一项规范性附录，以及常用溶剂的燃烧极限下限值一项资料性附录。

喷漆室使用中除引火源危险控制外，通风控制降低可燃物、易燃物浓度也是安全防护的关键，建议实际应用中，根据该标准中通风控制要求，建立对应的联锁控制系统，以有效实现通风和净化要求。

三、标准内容（GB 14444—2006）

涂装作业安全规程　喷漆室安全技术规定

1　范围

本标准规定了涂漆工艺中各类喷漆室的通用安全技术要求。

本标准适用于使用易燃或可燃涂料喷漆室的设计、制造、安装、检验、使用、维修和监督管理。使用水性涂料的喷漆室可参照执行。

2　规范性引用文件

下列文件中的条款通过本标准的引用而构成为本标准的条款。凡是注日期的引用文件，其随后所有的修改单（不包括勘误的内容）或修订版均不适用于本标准，然而，鼓励根据本标准达成协议的各方研究是否可使用这些文件的最新版本。凡是不注日期的引用文件，其最新版本适用于本标准。

GB 4385　防静电鞋、导电鞋　技术要求（GB 4385—1995, neq ISO 8782-1：1989）

GB 6514—1995　涂装作业安全规程　涂漆工艺安全及其通风净化

GB 7231　工业管路的基本识别色、识别符号和安全标识（GB 7231—1987, neq ISO 508-1：1966）

GB 7691—2003　涂装作业安全规程　安全管理通则

GB 8978—1996　污水综合排放标准

GB 12367　涂装作业安全规程　静电喷漆工艺安全

GB 14443　涂装作业安全规程　涂层烘干室安全技术规定
GB 16297　大气污染物综合排放标准
GB17888.1　机械安全　进入机器和工业设备的固定设施　第1部分：进入两级平面之间的固定设施的选择（GB 17888.1—1999，eqv ISO/DIS 14122-1：1996）
GB 17888.2　机械安全　进入机器和工业设备的固定设施　第2部分：工作平台和通道（GB 17888.2—1999，eqv ISO/DIS 14122-2：1996）
GB 17888.3　机械安全　进入机器和工业设备的固定设施　第3部分：楼梯、阶梯和护栏（GB 17888.3—1999，eqv ISO/DIS 14122-3：1996）
GB 17888.4　机械安全　进入机器和工业设备的固定设施　第4部分：固定式直梯（GB 17888.4—1999，eqv ISO/DIS 14122-4：1996）
GB 50058　爆炸和火灾危险环境电力装置设计规范
GBJ 87　工业企业噪声控制设计规范
GBJ 140　建筑灭火器配置设计规范

3　术语和定义

按 GB/T 14441—1993 中规定的术语以及下列术语和定义适用于本标准。

3.1　喷漆室　spray booth

一个完全封闭或半封闭的、具有良好机械通风和照明设备的、专门用于喷涂涂料的房间或围护结构体。室内气流组织能防止漆雾、溶剂蒸气向外逸散，并使其集中安全引入排风系统。

3.2　喷漆房　spray room

专用于进行喷漆作业的带强制通风的全封闭建筑物。整个喷漆房是喷漆区的一部分。
喷漆房不同于喷漆室。

3.3　喷漆区　painting area

由于喷漆作业而存在危险量的易燃和可燃性蒸气、漆雾、粉尘或积聚可燃性残存物的区域。

3.4　流平区　flash-off area

喷漆作业后的一个开放或封闭区域，在该区域内使漆膜均匀并释放出溶剂蒸气。

3.5　控制风速　control speed of flow

在操作人员呼吸带高度上与主气流垂直的断面平均风速。

3.6　干扰气流　irregular flow

影响控制风速的一切气流。

3.7　过喷　overspray

喷涂过程中漆雾未喷涂在工件上的现象。

3.8　干式喷漆室　spray booth，dry type

应用碰撞、纤维过滤或静电作用等机理，除去排风气流中过喷物的喷漆室。

3.9　湿式喷漆室　spray booth，wet type

应用水或其他液体介质洗涤作用，除去排风气流中过喷物的喷漆室。

4　喷漆区范围

4.1　喷漆区应包括以下范围：

a）喷漆室或喷漆房内部及与其相连接的排风系统内部；

b）喷漆流水线上封闭的内部空间；

c）涂料直接喷到的其他地方。

4.2 除4.1外，喷漆作业尚存在有危险量的易燃、可燃性蒸气、漆雾等的区域，如与喷漆室相连的流平室及地沟、地坑等低洼区，应划入喷漆区范围。

5 基本要求

5.1 喷漆作业应限于在本标准定义的喷漆室、喷漆房或喷漆区内进行。

5.2 喷漆室的设置应符合 GB 6514—1995 中对喷漆作业场所要求的规定。

5.3 喷漆室应设置安全通风装置和去除漆雾装置。

5.4 喷漆作业人员工作时，工作场所空气中有毒物质容许浓度应符合 GB 6514—1995 中 5.2.1 的规定。

5.5 喷漆室排入大气中的有机溶剂蒸气，应达到 GB 16297 的有关规定。

5.6 大型喷漆室除应配置排风系统外，还应配置送风系统，冬季送风温度不应低于12℃。

5.7 静电喷漆室的安全应符合 GB 6514—1995 和 GB 12367 中对静电喷漆室的要求。

5.8 喷漆室所在建筑物应按 GBJ 140 的规定配置灭火器材。

5.9 在连续喷漆作业中的大型喷漆室、流平室、供调漆室应设自动灭火系统。

5.10 大型喷漆室宜设置多点可燃气体检测报警仪，其报警浓度下限值应调整在所监测的可燃气体浓度爆炸极限下限的25%。

6 电气设备和点火源

6.1 概述

6.1.1 喷漆区为1区爆炸危险区域（见 GB 50058）。

6.1.2 喷漆区内不应设置电气设备，如工艺有特殊要求时，应符合 GB 50058 和本章的规定。

6.1.3 静电喷漆器具应符合 GB 12367 的有关要求。

6.1.4 喷烘两用喷漆室应符合第9章的要求。

6.1.5 喷漆区和爆炸危险区域2区（见 GB 50058）内不应设置有引起明火、火花的设备和外表超过喷涂涂料自燃点温度的设备。

6.1.6 产生火花或炙热金属颗粒的设备，设置在2区内时，应是全封闭型或防爆型的。

6.2 喷漆区的电气设施

喷漆区的电气接线和设备应符合爆炸危险场所1区的规定。

6.3 喷漆区附近的电气设施

喷漆区附近的电气接线和设备应按照 6.3.1 至 6.3.4 的规定分类。

6.3.1 喷漆作业在顶部封闭、但侧面或前部开口的喷漆室或喷漆房进行，任何位于喷漆室或喷漆房外但位于附录A图A.1和图A.2规定区域的电气接线和设备应符合2区爆炸危险区域的规定。

附录A图A.1和图A.2表示的2区爆炸危险区域应从喷漆室或喷漆房的开口侧面或前部边缘以下规定延伸：

1）如排风系统与喷漆设备联锁，则2区爆炸危险区域应在喷漆室或喷漆房的开口侧面或前部水平延伸1.5m，垂直延伸1m，见附录A图A.1。

2) 如排风系统不与喷漆设备联锁，则2区爆炸危险区域应在喷漆室或喷漆房的开口侧面或前部水平延伸3m，垂直延伸1m，见附录A图A.2。

此处，联锁是指只有排风系统运行且能达到设计要求的功能，喷漆设备才能运行，如排风系统停止运行则喷漆作业自动停止。

6.3.2 如喷漆作业在顶部开放式喷漆室内进行，则位于喷漆室顶部上方1m空间范围内的任何电气接线和设备应符合2区爆炸危险要求。此外，位于该喷漆室任何方向上的开口处1m范围内的任何电气接线和设备应符合2区爆炸危险要求。

6.3.3 如喷漆作业限制在封闭的喷漆室或喷漆房内进行，则位于任何开口处1m内的任何电气接线和设备皮符合2区爆炸危险要求，见附录A图A.3。

6.3.4 如果喷漆设备、喷枪清洁器、涂料容器置于有通风的区域且使可燃溶剂蒸气低于燃烧极限下限值（LFL）的25%时，任何开口容器和设备的1m范围内均为1区爆炸危险区。1区以外0.6m的范围内为2区。此外，开口容器和设备的地坪周边水平方向3m，高度0.5m范围内为2区，见附录A图A.4。

6.4 灯具

6.4.1 装在喷漆区的墙或天花板上，但在任何划定爆炸危险区域外部并用符合7.4要求的玻璃屏将其分割开的灯具，可采用常规型照明灯具。维修灯具应在喷漆区外部进行，见附录A图A.5。

6.4.2 装在喷漆区的墙或天花板上，在任何划定2区以内的应符合该区的防爆要求，并用符合7.4要求的玻璃屏隔开的灯具，见附录A图A.5。维修灯具应在喷漆区外部进行。

6.4.3 正在进行喷涂作业的喷漆区不应使用任何便携灯。如喷漆区内无法用固定灯具照明的区域，在使用便携灯具时应符合1区的要求。

7 结构和材质

7.1 室体

7.1.1 喷漆房的墙体、天花板、地坪，喷漆室的室体及与其相连的送风、排风管道应用不燃、难燃材料或组件建造。

7.1.2 室体内表面应平滑、连续而无棱角。

7.1.3 铝材不应用作喷漆室或喷漆房的结构支撑件、室体、排风管道。

7.2 输送机开口

输送机将工件送入、出口的门洞应尽可能小，能满足输送即可。

7.3 有动力车辆的移动

有动力车辆应在喷涂作业停止且通风系统仍然工作时，才能出入喷漆区并应符合9.7的规定。

7.4 照明玻璃屏

照明灯具屏或观察玻璃屏应采用安全型的：如经热处理的玻璃、夹有金属丝的玻璃、双层夹膜玻璃制成并应密封以使溶剂蒸气、过喷物、残余物限制在喷漆区内。灯具的玻璃屏应与灯具为一体，玻璃屏表面温度不应大于90℃。

7.5 作业人员出入口

大型喷漆室的内部高度不低于2m。室内任何操作位置至作业人员出口应畅通无阻，须设置一个或多个安全门，其宽度应不小于0.9m，门应向外开，保证人员安全撤离。

7.6 配套部件

7.6.1 干式漆雾去除装置、导流板、分布板、撞击板、均应采用不燃或难燃材料制备，并应方便取出，经常清理。

7.6.2 大型喷漆室送风系统所配置的加热器，无论何种类型，均不得布置在室体内。

7.6.3 喷漆室内所有金属制件（送排风管道和输送可燃液体的管道），应具有可靠的电气接地。

7.7 漆渣的处理

7.7.1 湿式以水为介质的喷漆室应设置气水分离器和集水池，气水分离器宜设置检修门，集水池宜设置稳定水位装置。

7.7.2 集水池内宜加入漆雾凝聚剂，并设置漆渣排口。

7.7.3 喷漆室污水排放应符合 GB 8978—1996 第 4 章的规定。

8 通风

8.1 安全通风。

喷漆室应设置安全通风系统。

经过喷漆室的排风量应保证所喷溶剂浓度低于燃烧极限下限值（LFL）的 25%。

下面为计算该排风量方法的示例。

a) 喷涂作业中常用溶剂的燃烧极限下限值见附录 B 表 B.1。表中给出每升溶剂的蒸气体积及空气体积的燃烧极限下限值体积分数。

b) 要确定将 1L 溶剂的蒸气稀释至其溶剂燃烧极限下限值（LFL）的 25% 所需的空气量（m^3）可用式（1）计算。

$$V_2 = \frac{4(100-LFL)V_1}{LFL} \tag{1}$$

式中 V_2——每升溶剂需要的稀释空气量（m^3）；

LFL——溶剂的燃烧极限下限值；

V_1——每升溶剂蒸气体积（m^3）。

c) 列举用甲苯作溶剂时：

1) 甲苯的 LFL 从附录 B 表 B.1 查得体积分数为 1.4%。
2) 每升甲苯的蒸气体积从表中查得为 0.227（m^3）。
3) 由式（1）可得需要的稀释量（V_2）为 63.95m^3。
4) 要将其转换为每分钟的立方米数，只要将每升溶剂需要稀释的空气量乘以每分钟蒸发的溶剂升数。

8.2 控制风速。

喷漆室除了应满足安全通风外，任何形式的湿式或干式喷漆室其控制风速均应按表 1 规定采用。

表 1 喷漆室的控制风速

操作条件 （工件完全在室内）	干扰气流/(m/s)	类型	控制风速/(m/s)	
			设计值	范围
静电喷漆或自动无空气喷漆(室内无人)	忽略不计	大型喷漆室	0.25	0.25~0.38
		中小型喷漆室	0.50	0.38~0.67

(续)

操作条件 (工件完全在室内)	干扰气流/(m/s)	类型	控制风速/(m/s)	
			设计值	范围
手动喷漆	≤0.25	大型喷漆室	0.50	0.38~0.67
		中小型喷漆室	0.75	0.67~0.89
手动喷漆	≤0.50	大型喷漆室	0.75	0.67~0.89
		中小型喷漆室	1.00	0.77~1.30

注：大型喷漆室一般为完全封闭的围护结构体，作业人员在室体内操作，同时设置机械送排风系统；中小型喷漆室一般为半封闭的围护结构体，作业人员面对敞开口在室体外操作，仅设排风系统。

8.3 大型喷漆室送风系统采用静压室控制气流分布时，静压室应有足够的强度、刚度，同时其维护、清理应方便。

8.4 喷漆室应采用独立的排风系统。

8.5 手动喷漆室排出的空气不宜进入喷漆室再循环使用。自动喷漆室和流平室允许部分排出的空气循环使用，但其安全应符合8.1和8.2的规定。

8.6 喷漆室的排风管道和送风管道的设计、安装、使用应符合GB 6514—1995第二篇涂漆工艺通风净化的规定。

9 喷烘两用喷漆室

9.1 喷烘两用喷漆室通风系统应使排出气流中各溶剂蒸气的浓度低于其燃烧极限下限值的25%。

9.2 喷烘两用喷漆室内表面应经常清理，以尽量减少可燃物的沉积。

9.3 应设置温度限制开关，当烘干温度超过设定温度时，自动切断烘干设备的加热源。

9.4 喷漆设备、烘干设备和通风系统应有连锁装置。当烘干设备处于运行或带电状态时，喷漆设备应自锁或整体移出。

9.5 烘干设备运行前应移走喷漆室内所有的易燃和可燃液体。

9.6 有动力车辆进入喷烘两用喷漆室前应卸下除少量用作动力燃油外的所有易燃物。

9.7 喷烘两用喷漆室应符合GB 14443和GB 6514—1995中5.2.1的有关规定。

10 流平区

10.1 封闭式流平室的电气性能分类应符合6.3.3的规定。

10.2 开放式的流平区或封闭式的流平室应按照8.1的要求进行通风。

10.3 高于环境温度的加热流平室，应符合GB 14443的规定。

11 防噪声

11.1 与喷漆室配套的风机、泵、电动机、阀件等部件的噪声级应符合GBJ 87的规定。

11.2 喷漆室的各噪声源部件及其风管、水管应采取减振、隔振、消声和隔声措施，使其噪声级对操作位置的影响符合表2的规定。

表2 操作位置噪声声级的卫生限值

日接触噪声时间/h	卫生限值/dB(A)
8	85
4	88

(续)

日接触噪声时间/h	卫生限值/dB(A)
2	91
1	94
1/2	97
1/4	100
1/8	103

注：卫生限值最高不得超过115dB(A)。

12 防静电

12.1 喷漆室或喷漆房的所有导电部件、排气管、喷漆设备、被喷涂的工件、供漆容器及输漆管路均应可靠接地，设置专用的静电接地体，其接地电阻应小于100Ω；带电体的带电区对地的总泄漏电阻值应小于$1\times10^6\Omega$。

12.2 采用手工静电喷漆设备的喷漆室地面应铺设导电面层，其电阻值应小于$1\times10^6\Omega$。

13 操作安全与卫生

13.1 操作空间

喷漆室的操作位置所占空间应保证作业人员有充分的活动余地，并应考虑作业人员的操作空间。

13.2 操作人员

喷漆作业人员应接受喷漆作业专业及安全技术培训后方可上岗。

13.3 操作安全

13.3.1 静电喷漆时，作业人员应穿导电鞋，并符合 GB 4385 的规定。

13.3.2 与喷漆室配套的风机、泵、电动机、过滤器等部件易发生故障处，宜配置有声响或声光组合的报警装置，并与喷漆操作动力源连锁。

13.3.3 配套的气管、水管、涂料管和电线管外观颜色应符合 GB 7231 的规定。

13.4 高处作业

当喷漆室内操作和维修工作位置在室内地坪 2m 以上时，应配置供站立的平台和扶梯，以及防坠落的栏杆、安全网、防护板，并应符合 GB 17888.1~GB 17888.4 的规定。

13.5 作业卫生

13.5.1 喷漆作业中使用的劳动防护用品应符合 GB 7691 的有关规定。

13.5.2 喷漆作业中所用溶剂或稀释剂不得当作皮肤清洁剂使用。

14 维护

14.1 为方便喷漆区的清洁打扫，宜用不燃或难燃覆盖物以及可剥离涂料和膜覆盖。喷漆室、排气管内残留物沉积过度，应停止喷涂作业。

14.2 喷漆室内各类可燃残留物应及时清理，放入带盖的金属桶内，妥善处理。

14.3 维修喷漆室并需动明火时，应彻底清除室体内和排风管道内的可燃残留物，并配置足够的灭火器材。

15 安全监察

15.1 设计

喷漆室应按照持有专业设计资质的单位提供的设计图样制造，符合 GB 7691—2003 第 4

章的规定。

15.2 验收

15.2.1 喷漆室出厂应具有符合本标准的技术文件、产品铭牌、使用说明书和检验合格证。

15.2.2 喷漆室交付使用前，应由使用单位会同设计单位（或选用单位）和制造单位，在各项设计性能指标检验和性能检测资料齐全后，进行竣工验收。

15.3 检查

喷漆室应每年至少进行一次通风系统效能技术测定和电气安全技术测定，并将测定结果记入档案。

附 录 A
（规范性附录）
喷漆室、开口涂料容器、灯具的电气爆炸危险区域和要求

见图 A.1~图 A.5。

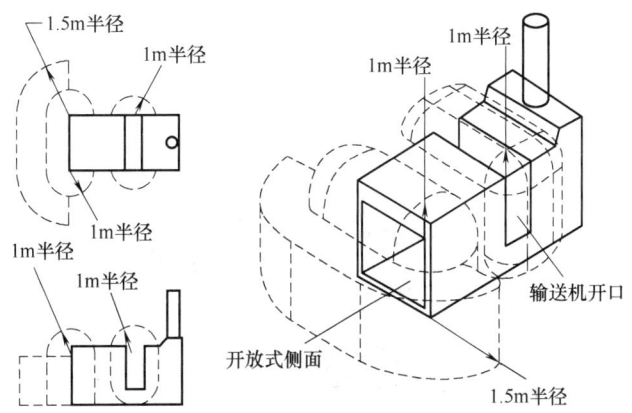

图 A.1 排风系统与喷漆设备连锁的侧面或前面开放式喷漆室或喷漆房附近的 2 区爆炸危险区域

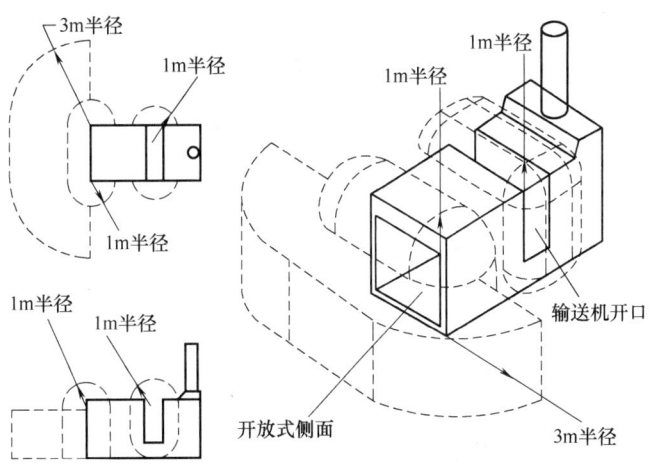

图 A.2 排风系统不与喷漆设备连锁的侧面或前面开放式喷漆室或喷漆房附近的 2 区爆炸危险区域

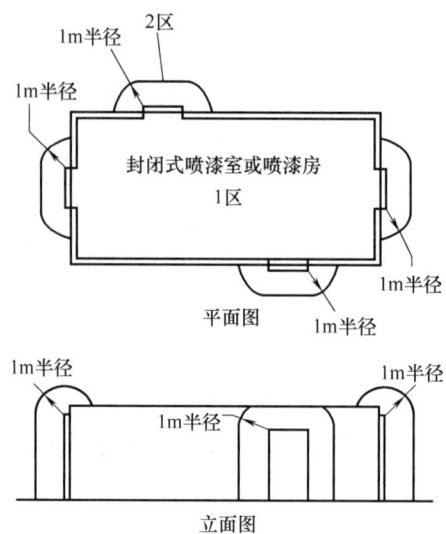

图 A.3 封闭式喷漆室或喷漆房附近的 2 区爆炸危险区域

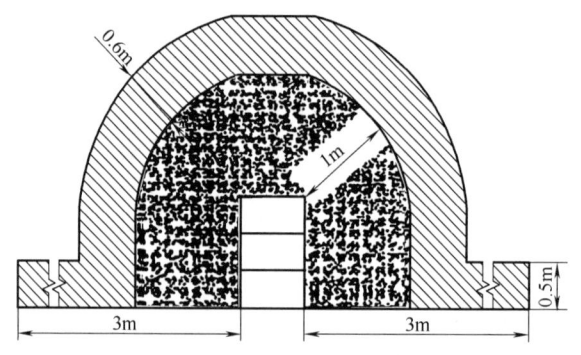

图 A.4 开口涂料容器周围的电气区域分类

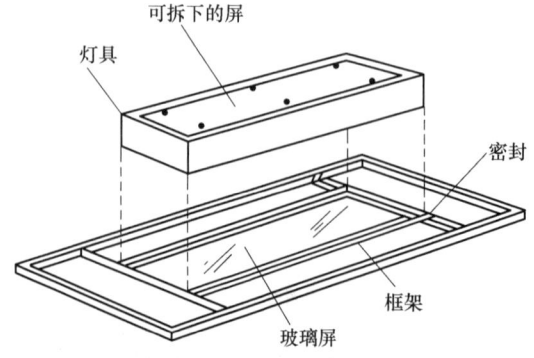

图 A.5 安装在喷漆区外部并在喷漆区外部进行维修的灯具示例

附 录 B
（资料性附录）
常用溶剂的燃烧极限下限值

见表 B.1。

表 B.1 常用溶剂的燃烧极限下限值

溶剂名称	21℃时每升液体的蒸气体积 /m³	21℃时空气体积的燃烧极限下限值（体积分数,%）
丙酮	0.329	2.6
异乙酸戊酯	0.162	1.0[①]
正戊醇	0.221	1.2
异戊醇	0.221	1.2
苯	0.275	1.4[①]
正乙酸丁酯	0.186	1.7
丁醇	0.263	1.4
丁氧基乙醇	0.186	1.1
2-乙氧基乙醇	0.251	1.8
2-乙氧基乙醇乙酸酯	0.174	1.7
环己酮	0.233	1.1[①]
1,1-二氯乙烯	0.317	5.6
1,2-二氯乙烯	0.317	9.7
乙酸乙酯	0.245	2.5
乙醇	0.413	4.3
乳酸乙酯	0.209	1.5[①]
乙酸甲酯	0.299	3.1
甲醇	0.230	7.3
2-甲氧基乙醇	0.305	2.5
甲基乙基甲酮	0.269	1.8
甲基丙基甲酮	0.227	1.5
石脑油（VM&P）（35.8℃石脑油）	0.168	0.9
石脑油（47.2℃闪点）	0.174	1.1
正乙酸丙酯	0.203	2.0
异乙酸丙酯	0.209	1.8
正丙醇	0.335	2.1
异丙醇	0.329	2.0
甲苯	0.227	1.4
松节油	0.230	0.8
邻二甲苯	0.272	1.0

① 100℃时的值。

第六节　涂装作业安全规程　涂层烘干室安全技术规定

一、概论

涂层是涂料一次施涂所得到的固态连续膜,是为了防护、绝缘、装饰等目的,涂布于金属、织物、塑料等基体上的薄覆层。涂料可以为气态、液态、固态存在,通常根据需要喷涂的基材决定涂料的种类和状态。涂料在进行施涂以后必须让其去溶剂干燥以达到附着于被施涂物体,而烘干是其中的一种常用的方法,烘干室就是对涂层进行干燥的工作间。

涂层烘干室的形式分为箱体式和隧道式,其加热方式既可通过燃气、燃油实现,也可采用电加热。但不管采用何种方式,由于涂料涂装及其烘干材料和环境的特殊性,均存在很大的安全风险,包括燃烧爆炸危险、电气类危险、烫伤危险和职业健康危险。因此,涂层烘干过程必须严格按照规范进行。

随着市场竞争的日益加剧,国内喷涂业生产规模不断扩大,通过加热方式使涂层进行干燥、固化的涂层烘干室也不断增加,然而涂层烘干室存在引火源、空气与可燃物三个起火条件,作业过程存在着严重的火灾爆炸隐患,其预防与监管成了安全生产领域的重大挑战。为规范涂层烘干室的设计、制造、安装、检验、使用、维修和监督管理过程,降低事故发生的可能,全国安全生产标准化技术委员会涂装作业分技术委员会组织相关单位专家制定了首版GB 14443—1993《涂装作业安全规程　涂层烘干室安全技术规定》国家标准,规定了涂层烘干室的设计、制造、安装、检验、使用和维修的基本安全技术要求,该标准于1993年发布,1994年1月实施。

为适应涂层烘干室新的发展形势,2007年又对GB 14443—1993进行了修订。修订时,保留了已经实践证明适合我国国情又与国外先进标准相适应的内容,同时参考了美国消防协会标准NFPA86—2003《烘箱与熔炉》中有关烘干室的内容。

GB 14443—2007《涂装作业安全规程　涂层烘干室安全技术规定》于2007年6月26日发布,2008年2月1日实施。

二、标准主要特点与应用说明

GB 14443—2007与GB 14443—1993相比,主要做了如下修订:在结构编排上做了一些调整,原标准共12章,现调整为9章;将原第4、9章内容并入了第5章防火、防爆;原第5、8章并入了第4章;在第4章增加了4.1设施与附属设备一节,对其他内容进行了重新编排,并增加了新的内容;原第7、12章并入了第9章,并增加了新的内容;对烘干室安全通风和空气循环系统定义进行了重新表述。

该标准为强制性标准。

该标准规定了涂层烘干室的设计、制造、安装、检验、使用和维修的基本安全技术要求,适用于各类基材涂层的干燥、固化用烘干室。

该标准参考GB 6514—1995《涂装作业安全规程　涂漆工艺安全及其通风净化》、GB 50058《爆炸和火灾危险环境电力装置设计规范》等相关标准,具体从术语及定义、结构要求、防火、防爆、设计、安装、检验、安全运行及检修共9个方面进行了规定。标准中还列明了溶剂型涂料涂层烘干室新鲜空气量计算和烘干室铭牌中应注明的安全技术项目两项规范性附录以及溶剂蒸气特性表一项资料性附录。

涂层烘干室使用过程中除引火源危险控制外，通风控制降低可燃物、易燃物浓度也是安全防护的关键，建议实际应用中，根据该标准中通风控制要求，建立对应的连锁控制系统，以有效实现通风和净化要求。

三、标准内容（GB 14443—2007）

涂装作业安全规程　涂层烘干室安全技术规定

1 范围

本标准规定了涂层烘干室的设计、制造、安装、检验、使用和维修的基本安全技术要求。

本标准适用于各类基材涂层的干燥、固化用烘干室。

2 规范性引用文件

下列文件中的条款通过本标准的引用而成为本标准的条款。凡是注日期的引用文件，其随后所有的修改单（不包括勘误的内容）或修订版均不适用于本标准，然而，鼓励根据本标准达成协议的各方研究是否可使用这些文件的最新版本。凡是不注日期的引用文件，其最新版本适用于本标准。

GB/T 4942.1　旋转电机整体结构的防护等级（IP 代码）分级（GB/T 4942.1—2006 eqv IEC 60034-5：2000）

　　GB 6514—1995　涂装作业安全规程　涂漆工艺安全及其通风净化

　　GB 7691—2003　涂装作业安全规程　安全管理通则

　　GB/T 14441—1993　涂装作业安全规程　术语

　　GB 14444　涂装作业安全规程　喷漆室安全技术规定

　　GB 16297　大气污染物综合排放标准

　　GB 20101　涂装作业安全规程　有机废气净化装置安全技术规定

　　GB 50058　爆炸和火灾危险环境电力装置设计规范

　　GB 50140　建筑灭火器配置设计规范

　　GBJ 87　工业企业噪声控制设计规范

3 术语和定义

GB/T 14441—1993 确立的以及下列术语和定义适用于本标准。

3.1 引燃温度　ignition temperature

按照标准试验方法引燃爆炸性混合物的最低温度。

3.2 烘干室安全通风　safety ventilation of drying oven

烘干室内控制可燃气体（或粉末）浓度的专用通风，用以保证烘干室内任何部位在任何工作状态下可燃气体（或粉末）的浓度都低于爆炸下限。安全通风包括：供给适量的新鲜空气；组织合理的空气循环气流，将浓度过高的废气净化或排至适当区域等。

3.3 直接燃烧加热　direct-fired

烘干室加热系统的燃烧产物进入其工作空间，并直接接触和加热工件。

3.4 间接燃烧加热 indirect-fired

烘干室加热系统的燃烧产物与其工作空间气密地隔开，并间接加热工件。

3.5 空气循环系统 air re-circulation system

有组织地将烘干室工作空间的空气抽出并送回的整套装置，用以满足热风对流加热的要求，并组织安全通风，避免室内空气中可燃物集聚。

3.6 间歇式烘干室 batch process oven

间歇地装入工件并周期地进行干燥、固化作业的烘干室。

3.7 连续式烘干室 continuous process oven

连续地装入工件并连续地进行干燥、固化作业的烘干室。

4 结构要求

4.1 设施与附属设备

4.1.1 烘干室室体

4.1.1.1 烘干室室体及其保温层均应使用不燃材料制造并保证结构强度。

4.1.1.2 烘干室及循环风管应有良好保温层，外壁表面温度不应高于室温15℃。

4.1.1.3 烘干室与燃烧装置之间的连接管道应使用不燃材料隔热，外壁表面温度不应超过70℃。

4.1.2 风机

4.1.2.1 烘干室通风系统所用风机宜选用低噪声产品。

4.1.2.2 空气循环及排气系统中所用风机，当用于溶剂型涂料烘干时，应采用防止火花产生的可靠技术。

4.1.3 电气设备

4.1.3.1 烘干室的电气设备应符合 GB 50058 的规定。

4.1.3.2 烘干室应设置静电接地，其接地电阻值小于100Ω。

4.1.3.3 装有电器设备的烘干室，其金属外壳应有保护接地，接地电阻值小于10Ω。金属外壳的各部件之间，应保持良好的电气连接。

4.1.3.4 烘干室内部电气导线应有耐高温绝缘层。

4.1.3.5 烘干室外部电气接线端应有防护罩。

4.1.3.6 烘干室使用的电动机、电控箱及电气元件，如设置在第5章中规定的爆炸危险区内，则应按 GB 50058 规定选型，达到整体防爆要求；如设置在非爆炸危险区内，其防护等级应不低于表1要求。

表1 非爆炸危险区内电动机防护等级

烘干室用途	防护等级（按 GB/T 4942.1）
烘干溶剂型涂料涂层	IP 44
烘干粉末涂料涂层	IP 54

4.2 加热系统

4.2.1 加热器表面温度

4.2.1.1 连续式烘干室，未采用可燃气体浓度报警仪进行直接监测爆炸危险浓度的情况下，其加热器表面温度应低于工件涂层溶剂引燃温度。

4.2.1.2 间歇式烘干室，当设置不同的安全装置时，其加热器表面温度应分别符合以下要求：
- a) 未设置 4.4.1.2 规定的安全通风监测装置时，加热器表面温度不应超过工件涂层溶剂引燃温度（℃）的 80%；
- b) 设置 4.4.1.2 规定的安全通风监测装置时，加热器表面温度应低于工件涂层溶剂引燃温度；
- c) 设置 4.4.1.2 规定的安全通风监测装置外，在安全通风系统中排气使用专用排气风机并与加热系统联锁的情况下，加热器表面温度允许超过工件涂层溶剂的引燃温度。

4.2.2 加热器设置

4.2.2.1 烘干室内宜使用有足够机械强度的加热器，如使用易碎加热元件，内部应有防护装置，防止因机械损伤引起的火灾及触电事故。

4.2.2.2 加热器不应设置在被加热工件的正下方。

4.2.3 电加热系统

电加热器与金属支架间应有良好的电气绝缘，其常温绝缘电阻不应小于 1MΩ。

4.2.4 燃油及燃气加热系统

4.2.4.1 烘干室宜选用间接燃烧加热系统。不得不使用直接燃烧加热系统时，应符合 4.2.4.2 的规定。

4.2.4.2 使用燃烧加热系统的烘干室，应设置符合安全要求的空气循环系统。

4.2.4.3 燃烧装置使用自动点火系统，则应安装窥视窗和火焰监测器，并使燃烧器熄火时能自动切断该燃烧器的燃料供给。

4.2.4.4 燃烧装置的燃料供给系统应设置紧急切断阀。

4.3 通风系统

4.3.1 空气循环系统

4.3.1.1 烘干室根据工艺需要设置空气循环系统，其气流布置应同时满足使室内的可燃气体不产生积聚的要求。

4.3.1.2 采用直接燃烧加热的烘干室，其空气循环系统的体积流量应不少于加热系统燃烧产物体积流量的 10 倍。

4.3.2 安全通风

4.3.2.1 烘干室的安全通风系统应使用有组织气流通风，以保证烘干室内挥发性溶剂或悬浮粉末的浓度低于爆炸下限。

4.3.2.2 烘干室内可燃气体最高体积浓度不应超过其爆炸下限值的 25%。空气中粉末最大含量不应超过爆炸下限值的 50%。

各种类型及工作温度的烘干室，应按表 2 选取烘干室内可燃气体或空气粉末混合气体爆炸下限计算值。

表 2 烘干室内可燃气体或空气粉末混合气体爆炸下限计算值

烘干室类型	烘干温度低于 120℃	烘干温度不低于 120℃
	可燃气体或空气粉末混合气体爆炸下限计算值	
间歇式	取室温时爆炸下限值	取室温时爆炸下限值的 1/1.4
连续式	取室温时爆炸下限值	取室温时爆炸下限值

4.3.2.3 溶剂型涂料涂层烘干室可按附录 A 的计算方法确定安全通风所需的新鲜空气量。溶剂蒸气特性数据由供应商提供，也可参考附录 C 的数据。

4.3.2.4 当确定安全通风所需的新鲜空气量时，应用带入烘干室内溶剂量的实测值。当有经验数据时，也可用估算法确定带入烘干室的溶剂量。

4.3.2.5 涂层烘干室宜设置排气装置，烘干室内排气口位置应设在可燃气体浓度最高的区域。

4.3.2.6 每台烘干室宜单独设置废气排放总管，不宜兼作燃烧设备排烟管或与其他设备共用排放管道。

4.3.2.7 多区的烘干室，允许设一个废气排放总管，但烘干室在各种工作状态下，各支管的排气量不应低于设计值。

4.3.2.8 排气管道上装设余热回收换热器时，应采取措施防止凝结物堵塞废气排气系统。

4.3.2.9 排气管道和检修口应保持良好的气密性。

4.3.3 废气处理

4.3.3.1 烘干室排出的废气应符合 GB 16297 中最高允许排放浓度和排放限值的规定。

4.3.3.2 烘干室废气净化系统的安全要求，应符合 GB 6514 和 GB 20101 中的有关规定。

4.4 控制

4.4.1 控制与联锁

4.4.1.1 烘干室应设置温度自动控制及超温报警装置。

4.4.1.2 需设置安全通风监测装置的烘干室，优先使用可燃气体浓度报警仪，直接监测爆炸危险浓度；也可使用设备的故障监测装置，间接地进行监测。每种情况均应与加热系统联锁。

4.4.1.3 可燃气体浓度报警装置的报警浓度及联锁浓度，应设定在可燃气体爆炸下限的 50% 以内。这种情况下，烘干室内可燃气体浓度允许高于爆炸下限的 25%。

4.4.1.4 控制系统的联锁应保证，开机时先启动循环风机及排气风机，再启动加热系统及工件输送系统，排气时间按 9.3 计算；停机时先关闭加热系统和工件输送系统，再停止风机运行，风机运行时间符合 9.4 的要求。

4.4.2 调节阀

4.4.2.1 烘干室内使用空气流量调节阀时，在系统的正常调节范围内，应使安全通风系统能达到所需的风量。

4.4.2.2 烘干室的安全通风系统使用调节阀时，应设置阀门最小安全开度的限位装置。

4.5 噪声控制

4.5.1 烘干室的附属设备宜采用低噪声产品。

4.5.2 设备的整体设计应使工人操作区噪声符合 GBJ 87 的规定。

4.6 其他

4.6.1 人工装挂工件的大型间歇式烘干室，应设置内部可开启的安全门或室内发讯机构，防止误将工作人员关在室内。

4.6.2 距地面 2m 以上的操作及维修平台，周围应安装防护栏杆。

4.6.3 喷漆室不宜兼作烘干室。对于不得不交替进行喷漆及烘干作业的喷烘两用房，应保证达到下列各项要求：

a) 设备内部残留的漆渣能随时清理干净；
b) 加热器、电气设备及导线不接触漆雾；
c) 烘干工作温度低于80℃；
d) 通风和加热系统分别符合4.3.2.2和4.2.1.2a）的规定；
e) 符合GB 6514和GB 14444中的相关安全要求。

5 防火、防爆

5.1 防火

5.1.1 烘干易燃材料（如纸、布及塑料等）涂装件时，烘干室应采用预防工件着火的可靠技术，并配备可靠的灭火装置。

5.1.2 大型烘干室的排气管道上应设防火阀，当烘干室内发生火灾时，应能自动关闭阀门，同时使循环风机和排气风机自动停止工作。

5.1.3 严禁烘干室周围存放易燃、易爆物品。

5.1.4 烘干室附近应按照GB 50140设置扑救火灾的消防器材。

5.2 爆炸危险区

5.2.1 为提供机电设备和电气控制系统防爆设计依据，烘干室内部及周围环境，按5.2.2~5.2.4规定确定爆炸危险区域的类别、等级和范围。

5.2.2 烘干室内工件涂层在干燥、固化过程中释放易燃、可燃蒸气或出现可燃性气体时，其工作空间应为爆炸危险区的1区，符合第4章的结构要求时为2区。

5.2.3 符合5.2.2规定的烘干室，其装料门的水平和垂直方向3m范围内，应为爆炸危险区，该区的类别和等级与烘干室工作空间相同。

5.2.4 烘干室周围的地坑与爆炸危险区连通时，其爆炸危险区的划分应按GB 50058中有关规定确定。

5.3 泄压设施

5.3.1 间歇式烘干室宜设置泄压装置。

5.3.2 每立方米烘干室工作容积宜设置$0.05m^2$~$0.22m^2$的泄压面积。

5.3.3 泄压装置移动部分的单位面积质量不宜大于$12.5kg/m^2$。

5.3.4 结构强度较低的大型烘干室可利用设备上的开口、侧门及靠自重封严的轻型保温顶作为泄压面积。

6 设计

6.1 涂层烘干室的设计应符合GB 7691—2003的6.3要求。

6.2 设计文件应包括如下安全数据：

烘干室工作容积　　　　　　　　m^3
加热功率（电、煤气、燃油）　　kW、m^3/h、kg/h
最高容许温度　　　　　　　　　℃
烘干室装载量（连续式）　　　　kg/h
　　　　　　（间歇式）　　　　$kg/次$
溶剂名称
最大溶剂量（连续式）　　　　　kg/h
　　　　　（间歇式）　　　　　$kg/次$
新鲜空气量（20℃）　　　　　　m^3/h

7 安装

7.1 靠近涂漆区安装烘干室时,应按 GB 6514—1995 的 23.2 要求设置车间通风系统。

7.2 当烘干室排气管道必须穿过有可燃材料组成的墙壁或屋面时,管道应用不燃材料绝热。

7.3 排气管道的设置应便于清理其中的可燃沉积物。

7.4 离地面2m以内的高温物体(超过70℃)应加防护措施,以免烫伤工作人员。

7.5 可燃气体浓度取样管道的内壁温度不得低于被检测气体的凝结温度。

7.6 烘干室泄压装置的泄压面不应朝向工人操作区域设置。

7.7 烘干室四周和顶部应留有安装、检测和维修的活动空间。

8 检验

8.1 烘干室出厂(需要现场组装的大型烘干室,在检测、验收完毕)时应附有安全检验合格证明和使用说明书,使用说明书中应注明有关安全技术内容。

8.2 烘干室上应有注明安全技术数据的铭牌,以便核查设备安全性能,其内容详见附录B。

8.3 烘干室交付使用前,应进行设备安全性能检测。

8.4 安全性能检测内容为:
    a) 铭牌规定的新鲜空气量;
    b) 4.2.3 及 4.1.3.2 规定的绝缘电阻及接地电阻;
    c) 4.5 规定的噪声控制要求;
    d) 浓度报警器(或控制器)、温度控制器及火焰监测器等仪表的校验;
    e) 其他应检测的项目。

9 安全运行及检修

9.1 烘干室运行前,应制订安全操作规程,并悬挂在设备附近醒目位置。

9.2 烘干室操作人员,应经过专业安全技术培训,熟悉操作规程,经考核合格,才能上岗操作。

9.3 烘干室启动前应启动预通风操作程序,预通风排气体积不应少于烘干室容积的4倍。预通风结束后,才允许启动加热器。

9.4 烘干室电加热器关闭 5min~10min 后,方可关闭循环风机或排气风机。

9.5 烘干室的设备因故障自动切断热源后,应对其进行认真的系统检查,在确认故障已经排除时,方可重新启动运行。

9.6 烘干室内部应保持清洁,随时清除室内的漆渣和定期清除排气管内沉积物,以避免可燃物自燃引起火灾。

9.7 烘干室的存在事故危险的部位应设置安全标志或涂有安全色。

9.8 烘干室的用户应根据设计单位及制造厂提供的技术文件,定期进行安全检查。安全检查的内容至少包括:
    a) 装载量及溶剂是否符合设备技术文件要求;
    b) 安全装置(如控制及报警系统、泄压装置等)的有效性检查;
    c) 其他应检查的项目。

9.9 烘干室通风系统、加热系统、电气与控制系统的安全性能检测,每年至少进行一次。用户应核对检测结果是否符合安全要求,并将检测结果记入档案。

9.10 烘干室的用户应根据设备制造厂提供的使用说明书制订设备维护制度,并定期检修。

附 录 A
（规范性附录）
溶剂型涂料涂层烘干室新鲜空气量计算

A.1 间歇式烘干室
A.1.1 用经验数据确定新鲜空气量
烘干室新鲜空气量可按式（A.1）计算：

$$Q_b = \frac{4G}{t_0 a} \tag{A.1}$$

式中 Q_b——烘干室安全通风所需的新鲜空气量（20℃时）（m³/h）；
　　G——一次装载带入烘干室内的溶剂质量（g/次）；
　　a——溶剂蒸气的爆炸下限计算值（见4.3.2.2）（g/m³）；
　　t_0——以最大挥发率计算的溶剂蒸发时间（经验值，烘干金属薄壁工件，推荐 $t_0 = 0.11$）（h）；
　　4——保证溶剂蒸气浓度低于爆炸下限值的25%的安全系数。

A.1.2 用溶剂挥发率的实测数据确定新鲜空气量
A.1.2.1 已知溶剂峰值蒸发率时，可按式（A.2）计算：

$$Q_{bt} = \frac{4R_p \times 60}{a} \tag{A.2}$$

式中 Q_{bt}——烘干室安全通风所需的新鲜空气量（20℃时）（m³/h）；
　　a——溶剂蒸气的爆炸下限计算值（见4.3.2.2）（g/m³）；
　　R_p——峰值溶剂蒸发率（g/min）；
　　4——保证溶剂蒸气浓度低于爆炸下限值的25%的安全系数。

A.1.2.2 已知溶剂每小时的最大蒸发量时，可按式（A.3）计算：

$$Q_{bt} = \frac{10R_1}{a} \tag{A.3}$$

式中 Q_{bt}——烘干室安全通风所需的新鲜空气量（20℃时）（m³/h）；
　　a——溶剂蒸气的爆炸下限计算值（见4.3.2.2）（g/m³）；
　　R_1——烘干过程中溶剂每小时的最大蒸发量（g/h）；当烘干周期小于1h，则 R_1 为间歇装载的1h平均蒸发量，例如：烘干周期为40min，40min周期中溶剂蒸发量为 R_{40}（g），则 $R_1 = R_{40} \times 60/40$（g/h）；
　　10——经验系数。

A.2 连续式烘干室
新鲜空气量可按式（A.4）计算：

$$Q_c = \frac{4G}{a} \tag{A.4}$$

式中 Q_c——烘干室安全通风所需的新鲜空气量（20℃时）（m³/h）；
　　G——每小时带入烘干室内的溶剂质量（g）；

a——溶剂蒸气的爆炸下限计算值（见4.3.2.2）（g/m^3）；

4——保证溶剂蒸气浓度低于爆炸下限值的25%的安全系数。

附 录 B
（规范性附录）
烘干室铭牌中应注明的安全技术项目

适用溶剂＿＿＿＿＿＿＿＿＿＿＿＿＿＿

最大允许溶剂量（间歇式）＿＿＿＿＿＿＿＿kg/次

（连续式）＿＿＿＿＿＿＿＿kg/h

最高工作温度＿＿＿＿＿＿＿＿＿＿＿＿＿＿＿℃

额定排气量（＿＿＿＿＿℃时）＿＿＿＿＿＿m^3/h

设计单位名称：＿＿＿＿＿＿＿＿＿＿＿＿＿＿＿

制造厂名：＿＿＿＿＿＿＿＿＿＿＿＿＿＿＿＿＿

制造年月：＿＿＿＿＿＿＿＿＿＿＿＿＿＿＿＿＿

注1：本附录规定应注明的项目仅为核查设备的安全性能时使用。附录B不作为产品铭牌的规定格式。

注2：额定排气量（＿＿＿＿＿℃时）是指在上述适用溶剂范围及最大允许溶剂量条件下，排气温度为＿＿＿＿＿℃时，排气系统的体积流量（m^3/h）规定值。当排气温度不符合上述数值时，排气的体积流量应做温度修正。

附 录 C
（资料性附录）
溶剂蒸气特性表

溶剂蒸气特性表见表C.1。

表C.1 溶剂蒸气特性表

溶剂名称	相对分子质量	引燃温度组别	闪点/℃	引燃温度/℃	爆炸极限(%) 下限	爆炸极限(%) 上限	蒸气相对密度（空气=1）
苯	78	T_1	-11.1	555	1.2	8.0	2.7
甲苯	92	T_1	4.4	535	1.2	7.0	3.18
二甲苯	106	T_1	30	465	1.0	7.6	3.36
萘溶剂	128	T_1	80	540	0.9	5.9	4.42
乙酸乙酯	88	T_1	-4.4	460	2.1	11.5	3.04
乙酸丁酯	116	T_2	22	370	1.2	7.6	4.01
乙酸正戊酯	130	T_2	25	375	1.0	7.5	4.99
丙酮	58	T_1	-19	537	2.5	13.0	2.00
甲乙酮	72	T_1	-6.1	505	1.8	11.5	2.48
环己酮	98	T_2	33.8	420	1.3	9.4	3.38
乙醇	46	T_2	11.1	422	3.5	19.0	1.59
丙醇	60	T_2	15	405	2.1	13.5	2.07
丁醇	74	T_2	29	340	1.4	10.0	2.55

(续)

溶剂名称	相对分子质量	引燃温度组别	闪点/℃	引燃温度/℃	爆炸极限(%) 下限	爆炸极限(%) 上限	蒸气相对密度(空气=1)
乙酸溶纤剂*	132	T_2	52	379	1.7	13.0	4.7
二氯乙烷	99	T_2	13.3	412	6.2	16.0	3.4
氯苯*	113	T_1	29	593	1.3	9.6	3.9
汽油	混合	T_3	-42.8	280	1.4	7.6	3.4
煤油*	混合	T_3	38~72	210	0.7	5.0	—
石油醚*	混合	T_3	<-18	288	1.1	5.9	2.50
甲基纤维剂*	76	T_3	39	285	1.8	14.0	2.6
乙基纤维剂(乙二醇乙醚)*	90	T_3	41	238	2.6	15.7	3.1
丁基纤维剂(乙二醇丁醚)*	118	T_3	64	244	1.1 (93℃)	12.7 (135℃)	4.1
松节油*	136	T_3	35	253	0.8	—	4.7
樟脑油*	152	T_1	66	466	0.6	3.5	5.2

注：1. 表中数据取自1987年颁发的《中华人民共和国爆炸危险场所电气安全规程（试行）》，带"*"号项目数据取自 NFPA 86—2003 附录A。

2. 爆炸极限的容积值（%）换算成20℃时的单位体积空气中溶剂含量（g/m³）时，按下式计算：

$$a = 极限值 \times 蒸气相对密度 \times 1.2 \times 1000$$

式中　　　　a——以单位体积空气中含有溶剂质量表示的爆炸极限值（g/m³）；

极限值——爆炸极限值（%），如爆炸下限为1%，则该值为0.01；

蒸气相对密度（空气=1）——蒸气与空气的密度比值；

1.2——20℃时单位体积空气质量（kg/m³）；

1000——千克换算为克的换算系数。

第七节　涂装作业安全规程　静电喷漆工艺安全

一、概论

1. 静电喷漆

静电喷漆是指利用电晕放电原理使雾化的溶剂型和水性涂料在高压直流电场作用下荷负电，并吸附于荷正电基底表面放电的喷漆方法。静电喷漆设备由喷枪、喷杯及静电喷漆高压电源等组成。静电喷漆是利用静电吸引的原理，以接地的被涂物作为正极，油料雾化器（即喷杯或喷盘）接高压电作为负极，实现涂装的过程。

2. 静电喷漆的分类及特点

静电喷漆的类型可分为纯静电雾化和有附加能的静电雾化两大类。

（1）纯静电雾化方式　纯静电雾化以旋杯式静电喷枪为代表。旋转式喷枪结构简单，不易阻塞，容易清洗；由于它属于机械离心式电雾化，对于涂料和溶剂的导电性要求低（但仍需一定的导电性）；有效面积大，吸附效率高，对涂层均匀性大为改善；雾化后涂料细致，表面平整、光滑。这种方式对于形状简单的工件较为适合。

纯静电雾化的缺点是喷出的涂层有中心孔，涂层不均匀或凹坑部位喷涂不上，对于形状较复杂的工件喷涂较困难；由于各种颜料的带电本领特性不同，所以喷涂多种颜料配成的涂料时会出现颜色不均匀的现象。

（2）有附加能的静电雾化方式　按附加能的种类不同，有附加能的静电雾化又分为空气雾化法和液压雾化法两类。旋风式喷枪和手提式静电喷枪都属于空气雾化，它们是借助于压缩空气和静电力的作用使涂料雾化，所以能够喷涂形状较复杂或面积较大的物体。旋风式喷枪上的三个蛇形嘴可以调节，变更涂层直径较为方便，能减少甚至消除涂层中心孔现象，容易得到比较均匀的涂层。但由于空气雾化过程中溶剂易挥发，使涂膜易出现橘皮等弊端，所以对于溶液的要求非常高，比如要求低黏度而固体成分含量高，遮盖力好，溶剂挥发速度慢，流动性能好等。另外，由于空气雾化时压力流动将带电的漆粒冲出了静电吸引力范围，这些溶粒就不能涂覆在工件上，因而增加了涂料的流失。

液压雾化是高压无气喷涂加上静电喷涂设备的组合。它是借助于压力将漆液加压到较高的压力范围，然后从喷嘴小孔喷出，受到高压的涂料喷到大气中便立即剧烈膨胀雾化。

液压雾化与空气雾化方式相比，雾化状态比较好，喷出量大，涂装效率高，而对涂料的要求与空气雾化相似。

与常规的空气和高压无气喷涂相比，静电喷漆具有下列特点：

1）施工环境和劳动条件好。应用较多的固定式静电喷涂设备通常都是与悬式传送装置配套组成连续喷涂流水生产线的。在这种情况下，操作者的工作仅限于对喷涂工件的准备和装卸，以及对设备的调控等，与涂料直接接触的机会和体力劳动强度都大为减少。而且在高压静电场中喷涂时，漆雾的扩散也远不及气压喷涂或无气喷涂时那样多，这便使得喷涂环境的污染得到明显的改善。

2）涂料利用率高。在高压静电场喷漆时，带有负电荷的涂料微粒，沿电力线方向被涂饰到工件表面上，基本上没有涂料射流反弹和漆雾飞散现象，漆雾损失很小，涂料利用率可达到85%以上。

3）涂膜质量好。在严格遵守正确的操作规程实行静电喷漆时，由于高压静电场的作用，涂料微粒分散度高，在射流中分布也较均匀，因而在被涂工件表面形成的涂膜也较平整、均匀，涂膜的光泽、附着力均较高。

4）喷涂效率高。生产实践表明，在静电喷漆连续流水生产线上，传送带的运行速度可达24m/min，远远超过其他的喷漆流水线。对于那些不可能采用淋涂、辊涂的框架结构的木制件如桌、椅、框等，静电喷漆的综合经济效益尤为明显。

静电喷漆的缺点主要是火灾危险性大，特别是当喷距不当或操作失误而引起火花放电时，均易酿成火灾。因此，必须有可靠的防火、防爆设施，严格遵守安全操作规程。此外，对于形状复杂或轮廓凹凸较深的表面，静电喷漆难以获得均匀的涂层。

3. 静电喷漆作业安全标准

静电喷漆过程中涉及许多易燃、易爆材料，同时还有电场等环境，存在较大的火灾风险。为规范涂装作业过程，防止灾害发生，我国非等效采用美国消防协会标准NFPA33—2000《易燃和可燃材料喷涂作业标准》，制定了GB 12367—2006《涂装作业安全规程　静电喷漆工艺安全》。该标准代替GB 12367—1990《涂装作业安全规程　静电喷漆工艺安全》。

GB 12367—2006《涂装作业安全规程 静电喷漆工艺安全》于 2006 年 1 月 23 日发布，2006 年 9 月 1 日实施。

二、标准主要特点与应用说明

1. 标准的主要特点和适用范围

GB 12367—2006 与 GB 12367—1990 相比主要变化如下：

1）进一步明确和完善了"静电喷漆""静电雾化器"和"静电喷漆室"的术语定义。
2）对静电喷漆区的电气设备及点火源安全使用做出了规定。
3）将原标准中静电喷漆室采用一般照明时的最低照度值改为照度标准值，并提高了其数值。
4）增加了采用通过玻璃等透明材料的隔板照明时应符合的要求。
5）明确了静电喷漆作业中使用自动设备和机器人设备的使用安全要求。
6）对静电喷漆作业中的防火提出了新要求，并做出了规定。
7）增加了对电气设备外露导电部分及装置外可导电部分做等电位连结，并应可靠接地要求，进一步明确了静电接地的要求。
8）增加了在静电喷漆区应设置防止静电火花放电安全距离的警告标志的要求。
9）明确了静电喷漆区中被喷漆的工件应支撑在输送装置或挂在吊具上并可靠接地，接地电阻应小于 $1\times10^6\Omega$。
10）增加了废弃物和废渣处理方法的要求。
11）深化了在静电喷漆区进行操作和维修的内容，并增加了作业人员操作注意事项和资料性附录的内容。
12）进一步完善了培训考核内容。

该标准为强制性标准，规定了静电喷漆工艺及其装备、涂料贮存和输送、操作和维修等的安全要求。该标准适用于使用可燃或易燃涂料的静电喷漆工艺及其装备的设计、制造、使用和监督管理，使用其他易燃易爆材料或水性涂料的静电喷涂工艺可参照执行。

2. 标准的应用说明

该标准规定了静电喷漆区的 9 项要求、静电喷漆时通风与净化的 5 项要求、自动静电喷漆设备的 11 项要求、手动喷漆设备的 5 项要求、涂料贮存和输送的 4 项要求、操作和维修的 11 项要求，以及培训考核的 3 项要求。

该标准应用时，除严格遵守相关规定外，还应结合具体实际，确保静电喷漆的工艺安全。

静电喷漆区应采用防爆灯具或隔板照明，不应设置与喷漆无关的电气设备；在进行静电喷漆作业时，严禁在静电喷漆区中使用携带式灯具和其他移动式用电设备；静电喷漆室应安装可燃气体浓度和火灾报警装置（防爆型探测器），该装置应与自动停止供料、切断电源装置和自动灭火装置等相联锁；与静电喷漆室相关联的通风管道内应安装自动防火调节阀，并应保持阀的有效工作状态；静电喷漆区所在建筑物应按要求配置灭火器材；使用可燃或易燃涂料时，自动静电喷漆设备宜安装火焰检测装置加以保护，着火时火焰检测装置能在 0.5s 内对火焰做出反应并完成相关工作；静电喷漆区中对电气设备体外露导电部分及装置外可导电部分做等电位连接，并应可靠接地；每组专设的静电接地体的接地电阻值应小于 100Ω，静电导体与大地间的总泄漏电阻应小于 $1\times10^6\Omega$；在工作场所使用静电导体制作的操作工具应可靠接地；在静电喷漆区的醒目位置应按规定设置安全标志；静电喷漆室应安装机械通风装置；在静电喷漆时，应保持机械通风装置始终处于工作状态，通风装置未启动前，喷漆设备不应工作；喷漆工作停止后，通风装置应继续运行 5min～10min；使用自动静电喷漆设备时，该设备的操作控制应与通风装置有联锁保护；工件喷漆后的流平或干燥区域应通风良好；在静电喷漆过程中产生的废水，应采取净化处理措施，使之符合要求。

三、标准内容（GB 12367—2006）

涂装作业安全规程　静电喷漆工艺安全

1　范围

本标准规定了静电喷漆工艺及其装备、涂料贮存和输送、操作和维修等的安全要求。

本标准适用于使用可燃或易燃涂料的静电喷漆工艺及其装备的设计、制造、使用和监督管理。使用其他易燃易爆材料或水性涂料的静电喷涂工艺可参照执行。

2　规范性引用文件

下列文件中的条款通过本标准的引用而成为本标准的条款。凡是注日期的引用文件，其随后所有的修改单（不包括勘误的内容）或修订版均不适用于本标准，然而，鼓励根据本标准达成协议的各方研究是否可使用这些文件的最新版本。凡是不注日期的引用文件，其最新版本适用于本标准。

GB 3836.15—2000　爆炸性气体环境用电气设备　第15部分：危险场所电气安装（煤矿除外）（eqv IEC 60079-14：1996）

GB 4385　防静电鞋、导电鞋　技术要求（GB 4385—1995 neq ISO 8782-1：1989）

GB 6514—1995　涂装作业安全规程　涂漆工艺安全及其通风净化

GB 7691—2003　涂装作业安全规程　安全管理通则

GB 8978　污水综合排放标准

GB 12158　防止静电事故通用导则

GB/T 14441—1993　涂装作业安全规程　术语

GB 50058　爆炸和火灾危险环境电力装置设计规范

GBJ 140　建筑灭火器配置设计规范

3　术语和定义

按 GB/T 14441—1993 中规定的术语以及下列术语和定义适用于本标准。

3.1　静电喷漆　electrostatic spray painting

在高压电场的作用下利用电晕放电原理使喷出的溶剂型涂料滴荷负电荷，通过进一步雾化，进而吸附于荷正电荷接地的被涂物，放电后附着在被涂物上的喷漆方法。

3.2　静电喷漆区　working area for electrostatic spray painting

进行静电喷漆作业的涂漆区。

3.3　静电雾化器　electrostatic atomizing head

借助离心力或压缩空气和静电斥力能使涂料荷静电荷并充分雾化，具有高压静电保护措施的气动、电动、液压、超声波或其他形式的器械，如静电喷枪、旋杯、抛盘、雾仓等。

3.4 静电喷漆室 booth for electrostatic spray painting

一个完全封闭或半封闭的、具有良好机械通风和照明设备的、专门用于静电喷漆的房间或围护结构体。室内气流组织能防止漆雾、溶剂蒸气向外逸散并使其集中安全引入排风系统。

4 静电喷漆区

4.1 范围

由于静电喷漆作业而存在危险量的易燃和可燃性蒸气、漆雾、粉尘或积聚可燃性残存物的区域。该区域可能是封闭的，也可能是不封闭的。

静电喷漆区一般应包括以下范围：
a) 静电喷漆室内部及排风管道内部，涂料可以被直接喷到的其他地方；
b) 静电喷漆流水线上封闭的内部空间；
c) 经有关部门确定的静电喷漆工艺所在的其他作业区域。

4.2 电气设备及点火源

4.2.1 静电喷漆区为1区爆炸危险区域；与静电喷漆区相邻场所应按 GB 6514—1995 的规定划定2区爆炸危险区域。

4.2.2 爆炸危险区域1区和2区的电气设备和接线应按 GB 50058 规定的要求。

4.2.3 爆炸危险区域1区和2区内不应设置有引起明火、火花的设备或生产，也不应有外表超过喷涂涂料自燃点温度的设备。

4.2.4 产生火花或炙热金属颗粒的设备应是全封闭型或防爆型的，才能设置在2区内。

4.3 照明

4.3.1 静电喷漆室采用一般照明时，照度标准值应符合表1所列数值。

表1 静电喷漆室采用一般照明时的照度标准值

漆膜要求	举例	照度/lx
精密（高级装饰性涂装）	中、高级轿车车身涂漆和面漆、漆膜检查等	>800
较精密（装饰性涂装）	普通贴花、车辆喷漆等	>500~800
普通（一般涂装和自动静电涂装）	喷底漆等	300~500

4.3.2 静电喷漆区应采用防爆灯具或隔板照明。

当采用通过玻璃等透明材料的隔板照明时，应符合以下要求：
a) 用固定式灯具作光源；
b) 用隔板将装设灯具的区域与静电喷漆区隔开，其安装缝隙应采取可靠的密封措施；
c) 隔板应是难燃的和不易破损的安全型材料；
d) 隔板上的沉积物不应影响规定的照度；
e) 隔板采用玻璃屏时，其表面温度不应大于90℃。

4.4 移动式电气设备

4.4.1 静电喷漆区内不应设置与喷漆无关的电气设备。在进行静电喷漆作业时，严禁在静电喷漆区中使用携带式灯具和其他移动式用电设备。

4.4.2 进行清理或维修时所用的用电设备，应遵照 GB 3836.15—2000 中 9.3 和 GB 50058 规定的要求。

4.4.3 允许在静电喷漆区内使用供自动设备和机器人设备用的电力拖线,允许将电力拖线接到电路的固定部件上,但拖线应符合下列条件:
   a) 应经企业生产技术负责人的审查批准;
   b) 应有可靠的接地线;
   c) 用可靠的机械夹子支撑,支撑方式应便于更换拖线且不应在端子盒内的电线接头上形成张力;
   d) 在拖线进入接线盒、配件盒或机壳时应有防爆密封;
   e) 应符合国家有关爆炸危险场所用电设备的规定。

4.5 静电喷漆设备

静电喷漆设备应遵照 GB 3836.15—2000 中 9.3 和 GB 50058 规定的要求,并应在符合本标准第 6 章和第 7 章要求时,才能在静电喷漆区安装和使用。

4.6 防火

4.6.1 静电喷漆区的防火要求应按 GB 6514—1995 中 5.4 和第 8 章的规定执行。

4.6.2 静电喷漆室应安装(防爆型探测器)可燃气体浓度和火灾报警装置,该装置应与自动停止供料、切断电源装置和自动灭火装置等相联锁。

4.6.3 与静电喷漆室相关联的通风管道内应安装自动防火调节阀,并应保持阀的有效工作状态。

4.6.4 静电喷漆区所在建筑物应按 GBJ 140 规定的要求配置灭火器材。

4.6.5 使用可燃或易燃涂料自动静电喷漆设备宜安装火焰检测装置加以保护,着火时火焰检测装置能在 0.5s 内对火焰做出反应并完成下列工作:
   a) 开启静电喷漆区附近的就地报警器以及自动静电喷漆设备可能设置的报警系统;
   b) 关闭供料系统;
   c) 终止一切喷涂作业;
   d) 停止一切出入静电喷漆区的传送设备;
   e) 切断静电喷漆区内高压器件的电源并使系统放电;
   f) 开启灭火系统。

4.7 静电接地

4.7.1 静电喷漆区中对电气设备体外露导电部分及装置外可导电部分做等电位连接,并应可靠接地。每组专设的静电接地体的接地电阻值应小于 100Ω,静电导体与大地间的总泄漏电阻应小于 $1\times10^6\Omega$。

4.7.2 在工作场所使用静电导体制作的操作工具应可靠接地。

4.7.3 静电防护措施的其他要求应按 GB 12158 规定的要求。

4.8 安全标志

在静电喷漆区的醒目位置应遵照 GB 7691—2003 中第 14 章的规定设置安全标志。

4.9 其他要求

对静电喷漆区的其他要求应遵照 GB 6514—1995 的 5.1 中有关涂漆作业场所的规定。

5 通风与净化

5.1 静电喷漆室应安装机械通风装置。静电喷漆室的通风净化应遵照 GB 6514—1995 中第二篇,即涂漆工艺通风净化的要求。

5.2 在静电喷漆时，应保持机械通风装置始终处于工作状态。通风装置未启动前，喷漆设备不应工作。喷漆工作停止后，通风装置应继续运行 5min~10min。

5.3 使用自动静电喷漆设备时，该设备的操作控制应与通风装置有联锁保护。

5.4 工件喷漆后的流平或干燥区域应通风良好。

5.5 在静电喷漆过程中产生的废水，应采取净化处理措施，使之符合 GB 8978 规定的要求。

6 自动静电喷漆设备

6.1 允许采用的设备

静电雾化器是应用机械夹持固定的静电喷漆设备，该设备及消除静电设备均应遵照 GB 7691—2003 中第 6 章的要求，并应具有进厂验收合格证。

6.2 电气和控制设备

6.2.1 静电喷漆区允许安装高压栅、电极、静电雾化器及连接电缆。

6.2.2 变压器、高压电源、控制装置和其他电气部件（如插头等）应安装在静电喷漆区以外。

6.2.3 电气设备和点火源应遵照 GB 6514—1995 中 5.4 的规定。

6.3 高压静电发生器

高压静电发生器的要求应遵照 GB 6514—1995 中 8.3 的规定执行。

6.4 电极和静电雾化器

6.4.1 电极和静电雾化器或机器人上的电极和静电雾化器应牢固地安装在底座、支架或运动装置上，并应有可靠的对地绝缘，其对地电阻应大于 $1\times10^{10}\Omega$。

6.4.2 当固定元件为细金属丝时，该金属丝应随时绷紧，不应采用打结、扭转以至硬化了的金属丝。

6.5 高压电缆

6.5.1 高压电缆应采用铠装电缆或穿管保护，防止机械损伤或暴露在腐蚀性介质中。

6.5.2 高压电缆应按 GB 6514—1995 中 8.4.5 的规定要求。

6.6 安全距离

6.6.1 被喷漆的工件或待喷漆材料与电极、静电雾化器或带电导体之间应保持的安全距离，至少为该电压下的火花放电最大距离的两倍。在静电喷漆区应设置规定此安全距离的警告标志。

6.6.2 当被喷漆的工件或待喷漆材料与电极、静电雾化器或带电导体之间的距离小于 6.6.1 中所规定的数值时，高压器件应能自动快速放电，不应形成火花放电。

6.7 工件的支撑和吊挂

被喷漆的工件应支撑在输送装置或挂在吊具上并可靠接地，接地电阻值应小于 $1\times10^{6}\Omega$。工件与吊具的接触区域应尽可能制成尖刺形或刀刃形。生产中应定期检测接地电阻值和定期清理吊具上的积漆，保证接地电阻值应小于 $1\times10^{6}\Omega$。工件的支撑或悬挂点宜设置在不受喷涂或不易积聚涂料的位置。

6.8 自动控制装置

静电喷漆设备应设有的自动控制装置在下述情况下应能迅速切断高压电源和关闭供漆系统：

a）静电喷漆室内易燃易爆气体浓度超标；

b) 机械通风装置发生故障；
c) 静电喷漆设备发生故障停机；
d) 高压系统中任何位置发生火花放电；
e) 动力电源断电；
f) 安全距离小于6.6.1所规定的数值。

6.9 接地

除因工艺要求专门设置在高压电场中的不接地装置以外，在静电喷漆区内的电气设备体外露导电部分及装置外可导电部分均应可靠接地。本要求也适用于静电喷漆区内的涂料容器、洗涤用金属容器、安全围栏和其他导电物体或设备。设备上应安装醒目的接地标志。

6.10 隔离

静电喷漆设备周围应有单独的或与之相结合的安全防护设施，如隔离小室、围栏和栅栏等。

6.11 绝缘体

一切绝缘体都应保持清洁和干燥。

7 手工静电喷漆设备

7.1 允许采用的设备

静电雾化器是手持或手控的静电喷漆设备，手持或手控的静电喷漆设备及消除静电设备均应遵照GB 7691—2003中第6章的要求，并应具有进厂验收合格证。

7.2 高压电路

高压电路应设计成安全型的。喷枪的荷静电裸露元件应只能通过操作开关通电，同时该操作开关也应与喷涂用漆的供料相联锁。

7.3 电气和控制设备

除喷枪及其与电源的连线外，其余电气和控制设备的要求应符合6.2的要求。

7.4 接地

a) 应采用金属导线将喷枪的手柄接地。作业人员在正常操作位置时应紧握该接地手柄，其接触电阻应小于$1\times 10^6\Omega$；
b) 未穿导电鞋的人员不应进入正在喷漆的区域，严禁接触正在作业的人员；
c) 对接地的其他要求应符合6.9的要求。

7.5 其他要求

对手工静电喷漆设备的其他要求应符合6.3、6.5、6.6、6.7、6.8、6.11的要求。

8 涂料贮存和输送

8.1 贮存量

静电喷漆区允许存放一定量的涂料，但不应超过一个作业班的用量。

8.2 容器

a) 向静电雾化器供料的容器，应采用金属材料制作，并应保证不泄漏、不外溢；
b) 自流式供料容器的容积，不应超过一个作业班所需涂料的贮量；
c) 容器应可靠接地，其接地电阻值应小于100Ω。

8.3 防静电

a) 将可燃或易燃涂料从一个金属容器倒入另一个金属容器前，应将两个金属容器有效地连接和接地；

b) 当用管路输送涂料时，除将管路接地和跨接外，还应控制涂料流速，其流速不宜大于 1m/s。

8.4 压力罐式供料装置

压力罐式供料装置涉及的压力容器和压力容器压力管道应遵照《特种设备安全监察条例》的规定。

9 操作和维修

9.1 在静电喷漆区进行操作和维修，应遵照 GB 7691—2003 中第 13、15、17 章和本标准的规定，制定本企业的静电喷漆工艺安全操作和维修规程。

9.2 作业人员应采取的个人防护措施：

a) 作业人员应穿导电鞋，并应符合 GB 4385 规定的要求，穿着时应及时清除鞋底的污物；

b) 手工静电喷漆时，所戴手套必须开洞或不戴手套，以使手直接接触喷枪手柄的金属处，保证操作者接地；

c) 作业人员应穿防静电工作服，不得穿用丝绸、合成纤维等易于产生和积聚静电荷的材料制成的内衣；

d) 不应在静电喷漆区穿脱衣服、帽子或类似物；

e) 作业人员不应佩带孤立的金属物体。

9.3 作业人员操作注意事项：

a) 喷漆时不应将喷枪对人，不应将手放置在喷嘴上；

b) 喷漆前检查涂料是否有泄漏，如有涂料泄漏则不应进行喷漆作业；

c) 作业人员喷漆作业时，如果感觉到电击，则应立即停止喷漆作业；

d) 在喷漆作业中如果需要暂停作业时，应关闭静电电源开关，喷枪应卸压，并确保电极不接地；

e) 在喷漆作业中，不应使用绝缘物体碰触工件、电极或静电雾化器。

9.4 静电雾化器的日常维护：

a) 企业应根据实际使用情况，规定静电雾化器的电阻、电源电阻及静电雾化器电阻棒电阻的检测周期；

b) 按规定进行检测，确认电阻是否完好和密封件是否泄漏，发现问题应及时处理和更换部件，并做好原始记录。

9.5 喷漆完毕时的停机操作：

a) 停止喷漆时，应先关闭输漆开关，然后关闭高压电流等其他开关；

b) 待漆雾消除后，用放电棒对静电雾化器、输漆管路等喷漆装置进行放电处理。

9.6 静电喷漆区的清洁：

a) 静电喷漆室地面应是导电的，为便于清洁宜使用导电性覆盖物；

b) 应保持静电喷漆区清洁，静电喷漆室内外及管道等处的积漆应及时清除。

9.7 清洗溶剂的闪点：

a) 清洗静电雾化器用溶剂的闪点不应低于 23℃，且应超过作业区环境温度；

b) 清洗喷漆系统用溶剂的闪点不应低于 38℃。

9.8 清洗操作注意事项：
   a) 应用金属容器盛装清洗溶剂，容器应可靠接地；
   b) 清洗静电雾化器时，严禁接通高压电；
   c) 应在机械通风良好的区域清洗；
   d) 每次使用的清洗溶剂的数量应严格限制，每次清洗溶剂使用的数量应保证其作业场所有害物质浓度符合 GB 6514—1995 中 5.2.1 的规定。盛放清洗溶剂的容器灌装量不应超过该容器容积的 80%。

9.9 废物的处理：
   a) 清理静电喷漆室和喷漆设备时产生的废弃物和废渣，应进行妥善处理。一般宜按地区和行业统一建立废弃物和废渣的处理，可将废弃物和废渣进行分类焚烧；
   b) 沾有涂料或溶剂的棉纱、抹布等物不应乱抛，应放入带盖的金属箱（桶）内并进行"标识"，当班清除和进行妥善处理；
   c) 清除和处理情况应有记录。

9.10 涂料的补充。

9.10.1 向置于绝缘支撑上的涂料容器补充涂料之前，应做到：
   a) 关闭高压静电发生器；
   b) 用放电棒放电；
   c) 将涂料容器接地。
   符合上述要求后，方可将盛放在接地容器中的涂料补充到接地后的涂料容器内。

9.10.2 当涂料容器处于接地状态时，应将盛放涂料的容器可靠接地后方可补充涂料。

9.11 维修：
   a) 维修前应停止静电喷漆作业，机械通风装置继续运行，使易燃易爆气体浓度低于国家防爆标准规定的浓度，并将可燃物撤离现场；
   b) 当维修操作有明火作业时，应执行动火安全制度，遵守安全操作规程；
   c) 维修作业场所有害物质浓度应符合 GB 6514—1995 中 5.2.1 的规定；
   d) 生产和维修中所使用的静电测量仪器仪表可参照附录 A 中表 A.1，表中给出了对不同测量对象的常用静电测量仪器仪表。

10 培训考核

10.1 培训

   a) 所有静电喷漆作业人员都应采用定岗、定职、定责进行管理，接受安全作业、维修、个人防护、意外情况处理、防火灭火、涂料贮存与管理及使用等方面的技术培训；
   b) 所有静电喷漆作业人员每年至少应进行一次再培训，并将培训日期、内容等记录在案备查。

10.2 考核

所有接受培训人员应经考核合格后方能上岗操作。

10.3 其他要求

对作业人员的其他要求，应遵照 GB 7691—2003 中第 16 章的规定执行。

附 录 A
(资料性附录)
常用静电测量仪器仪表

常用静电测量仪器仪表见表 A.1。

表 A.1 常用静电测量仪器仪表

测量对象	仪器仪表名称	工作原理	测量范围	准确度(%)	适用场所	特点	备注
电压	静电电压表	利用静电作用力使张丝偏转	数十伏至十万伏(但同一台仪器的范围小)	0.5~2.5	实验室、现场	仪器与被测对象接触,宜测取导体上电位,工频交流也可用	受空气湿度及测量系统电容等影响,会产生一定误差
	静电电压表	利用静电感应,经过直流放大指示读数	数十伏至数万伏		实验室、现场	体积较小,非接触式测量	
	静电电压表	利用静电感应,先经转动机构变成交流信号,然后放大指示读数	数十伏至数万伏	0.5~1.5	实验室、现场	体积较小,非接触式测量	
	集电式静电电压表	利用放射性元素电离空气,改变空气绝缘电阻	数十伏至数万伏		实验室、现场	非接触式测量	
电阻	接地电阻测量仪		0~10/100/1000Ω		实验室、现场	测各种装置的接地电阻值	可测量低电阻导体的电阻值
高绝缘电阻	振动电容式超高阻计等	用振动电容器将直流微弱信号变成交流信号后放大并指示读数	$10^5 \sim 10^{17}\ \Omega$	1.5~5.0	实验室、现场	适宜于固体介质高绝缘测量	
	超高阻测量仪	根据欧姆定律,被测电阻(R_x)等于施加电压(V)除以通过的电流(I)	$10^4 \sim 10^{18}\ \Omega$	0.5~1.5	实验室、现场	适宜于固体介质的绝缘电阻测量	电流测量范围 2×10^{-4} A~1×10^{-16} A
微电流	复射式检流计等	利用磁场对载流线圈的作用力矩使张丝偏转	$<1.5\times10^{-9}$ A	0.5	实验室		可测量 10^{-16} A 的微电流
电容	万能电桥	电桥原理	数个皮法到数十微法		实验室、现场	携带式	仪表种类较多
电荷	法拉第筒(或法拉第笼)	测取法拉第筒的电容及电位,从而计算电荷	较宽		实验室	设备容易筹备	按 $Q=CV$ 计算

(续)

测量对象	仪器仪表名称	工作原理	测量范围	准确度（%）	适用场所	特点	备注
电荷	电荷量表	采用大规模集成电路、高输入阻抗远放和高性能静电容器等元器件，直接显示出电荷量值	±(0.001μC~2μC)	0.5	实验室、现场	以数字直接显示电荷量值，读数准确，精度高，分辨率高，线性好	

第八节　涂装作业安全规程　静电喷枪及其辅助装置安全技术条件

一、概论

1. 静电喷涂的特点及作业安全的重要性

静电涂装是一种利用电荷和电场将雾化的涂料粒子吸引到目标体（喷涂对象）上的涂装工艺。在常用的静电系统中，目标体接地为阳极，喷枪或喷盘为负高压，两者之间形成一个高压静电场。当电场强度足够高时，枪口附近的空气产生电晕放电，使空气发生电离，涂料粒子通过枪口带上电荷，成为带电粒子。当带电粒子通过电晕放电区时，进一步与离子化的空气结合而再次荷电，并在高压静电场的作用下，向极性相反的目标体运动，沉积于目标体表面。也有少数静电系统是将电荷转移到目标体上并将涂料接地，或将正负电荷转移到涂料和目标体上。静电涂装设备的基本组成部分包括：喷枪或雾化器、雾化的涂料粒子（以一种喷涂形状从喷枪中射出）、位于或靠近涂料流的电离针和喷涂的目标体。

与常规的空气和高压无气喷涂相比，静电涂装具有下列优点：

1）大幅度提高涂料利用率。一般空气喷涂涂料的利用率仅为30%~60%，若工件为多孔网状结构，涂料利用率低至30%。采用静电涂装，涂料粒子受电场作用力被吸附于工件表面，显著减少飞散及回弹，涂料利用率比空气喷涂提高1倍~2倍。

2）提高涂装效率。静电涂装适用于大批量生产，可实现多支喷枪同时喷涂，易于实现自动化流水作业，涂装效率比空气喷涂提高1倍~3倍，圆盘式静电涂装效率更高。

3）提高涂装质量。带电涂料粒子受电场作用于工件上放电沉积，并将依据电力线的分布产生环抱效应，通过对喷枪的配置及喷涂参数的调节，可以获得均匀、平整、光滑、丰满的涂层，达到装饰性好的目的。

4）显著改善涂装作业环境。静电涂装产生的分散漆雾少，并在喷漆室中进行，有利于环境治理与劳动条件改善。

静电涂装作为一种先进的涂装工艺具有许多共知的明显优点。但同时必须注意到，其主要设备静电喷枪及其高压发生器等辅助装置带来的危险因素，尤其是作业环境中充满了易燃、易爆的溶剂、漆雾或粉末与空气的混合气体，带有一定的危险性。

2. 静电喷涂作业安全标准

为了消除各种危险因素，保证作业安全，必须从设备的设计、制造入手，首先保证所使用的静电喷枪等本身的安全性。自20世纪80年代静电涂装起步开始，许多国家的标准部门和有关专业协会都制定了静电喷枪标准，作为喷枪制造厂家和认证检验部门检验静电喷枪的依据，以保证其具有较高的安全性和先进性。英国制定了 BS 6742-1：1987《使用易燃材料的静电涂装设备　第 1 部分：手持式喷枪及其辅助装置技术条件》（等同于欧洲标准 EN 50050：1986），澳大利亚制定了 AS 2268：1979《用于爆炸性环境的静电喷漆枪和喷粉枪标准》，美国工厂协作研究协会（FMRC）制定了《静电涂装设备标准》。德国于 1977 年制定了 DIN 57745-1：1977《静电手动喷涂装置一般规定》，并于 1983 年进行了补充，形成 DIN 57745-2：1983《静电手动喷涂装置在危险区应用的附加规定》。相比其他标准，德国标准内容更细、更具体，涉及静电喷枪结构、制造等安全方面的特殊要求。

此时，国内工业化进程发展迅猛，国内生产静电喷枪的厂家逐渐增多，但就产品的安全技术水平而言，大多数产品比较落后或是安全措施不全，给静电涂装作业带来了事故隐患。为促进静电喷涂这一新技术在我国进一步普及和推广，提高国产静电喷涂设备的质量和安全性，全国安全生产标准化技术委员会涂装作业分技术委员会组织相关单位专家制定了首版 GB 14773—1993《涂装作业安全规程　静电喷枪及其辅助装置安全技术条件》，并于 1993 年发布，1994 年 7 月实施。为适应涂装技术的发展形势，2007 年对 GB 14773—1993 进行了修订，标准号为 GB 14773—2007。

GB 14773—2007《涂装作业安全规程　静电喷枪及其辅助装置安全技术条件》于 2007 年 6 月 27 日发布，2008 年 2 月 1 日实施。

二、标准主要特点与应用说明

GB 14773—2007 与 GB 14773—1993 相比，在章条结构编排上无大的变化，内容上主要采用欧洲标准 EN 50050：2001《用于潜在爆炸性气氛的电气装置——手持式静电喷涂装置》，并结合国内情况进行修改。与原标准相比，主要做了如下修订：

1）6.7 中对静电喷粉枪的安全点火能量进行了修改。

2）7.4.2、7.4.3 中对抽样产品数量及重复试验次数进行了修改。

3）7.7 中对高电压绝缘试验的试验压力值进行了修改。

4）7.10.2、7.10.3 中对静电喷漆（喷粉）枪点火试验气体用标准气体种类和技术参数进行了修订。

5）7.10.4 中对静电喷枪点火试验电压输入值进行了修改。

6）7.10.6 中改为用两个不同直径的接地金属球进行试验。

7）7.10.7 中新增加一句"每次都更换新鲜的试验气体，或者试验气体连续地通过容器，则试验为一次持续 20min"。

该标准为强制性标准，规定了在静电喷漆区和静电喷粉区使用的手持式或自动式静电喷枪及其辅助装置的安全技术条件，适用于静电喷枪及其辅助装置产品的设计、制造、试验、检测、使用和维护全过程。其中，静电喷枪包含了喷涂液态和粉末涂料的静电喷枪，涵盖了枪式、转盘式、旋杯式等形式，但不包括本质安全型静电喷枪。辅助装置指高压发生器、高低压电缆、驱动电动机、隔离变压器等控制静电喷枪工作电压和电流及雾化涂料所必需的设备。该标准规定了机械结构安全要求 8 条、电气安全要求 7 条，并列出了包括高电压绝缘试验、短路试验、静电喷枪点火试验、温度试验等试验方法 10 条，最后对检测和产品标记也进行了规定。

该标准应用时，除严格遵守相关规定外，还应结合具体实际，细化结构参数与试验流程，确保安全性。

三、标准内容（GB 14773—2007）

涂装作业安全规程　静电喷枪及其辅助装置安全技术条件

1　范围

本标准规定了在静电喷漆区和静电喷粉区使用的手持式或自动式静电喷枪及其辅助装置的安全技术条件。

本标准适用于各种手持式或自动式静电喷枪及其辅助装置的设计、制造、试验、检测、使用和维护。

本标准不适用于本质安全型静电喷枪。

2　规范性引用文件

下列文件中的条款通过本标准的引用而成为本标准的条款。凡是注日期的引用文件，其随后所有的修改单（不包括勘误的内容）或修订版均不适用于本标准，然而，鼓励根据本标准达成协议的各方研究是否可使用这些文件的最新版本。凡是不注日期的引用文件，其最新版本适用于本标准。

GB 3836.1—2000　爆炸性气体环境用电气设备　第1部分：通用要求（eqv IEC 60079-0：1998）

GB 4208　外壳防护等级（IP代码）（GB 4208—1993 eqv IEC 529：1989）

GB/T 14441—1993　涂装作业安全规程　术语

3　术语和定义

GB/T 14441—1993确立的以及下列术语和定义适用于本标准。

3.1　静电喷漆（粉）枪　electrostatic spray paint（powder）gun

喷涂液态、粉末涂料的静电喷枪，包括枪式、转盘式、旋杯式等。

3.2　辅助装置　associated apparatus

供给并控制静电喷枪工作电压和电流及雾化涂料所必需的辅助装置。通常指：高压发生器、高低压电缆、驱动电动机、隔离变压器等。

4　一般防护要求

4.1　静电喷枪及其辅助装置应符合GB 3836.1所规定的一种或几种防护类型的要求。

4.2　静电喷枪及其辅助装置的外壳应符合GB 4208中所规定的"IP54"防护等级要求。

5　机械结构安全要求

5.1　手持式静电喷枪及其辅助装置的壳体结构强度和刚度。

5.1.1　喷枪的各类部件应能承受7.3所规定的冲击试验要求。

5.1.2　喷枪应能承受7.4所规定的跌落试验要求。

5.2　静电喷枪及其辅助装置的塑料部件应具有防止喷涂作业所用涂料溶剂侵蚀的性能，制造厂应给予说明。

5.3　手持式静电喷枪的手柄应由金属或具有电阻率不大于10Ω·m的材料制成，其总面积应不小于20cm^2。

5.4 高压电缆的连接应牢固可靠,接头处应采取应力减缓措施。

5.5 高压电缆应有足够的强度,应能承受 7.5 所规定的拉力试验要求。

5.6 高压电缆的屏蔽层外应有耐磨损的绝缘护套保护。

5.7 静电喷枪及其辅助装置通常设计在 0℃~40℃ 环境温度范围内使用,否则制造厂应在铭牌上标明使用温度范围。

5.8 静电喷枪及其辅助装置中,承受气体或液体压力的部件应能承受 7.6 所规定的耐压试验要求。

6 电气安全要求

6.1 高压电缆应有有效的接地屏蔽层,可利用该屏蔽层将喷枪的金属部件与高压发生器接地端子可靠连接。

6.2 静电喷枪及其辅助装置上不应带电的金属部件,应与高压发生器接地端子可靠连接。

6.3 高压发生器应与静电喷枪的机械或电气开关装置联锁。手持式静电喷枪的扳机应在弹簧作用下处于"关"的位置,"开启"位置不应设置锁定机构。

6.4 静电喷枪及其辅助装置应能承受 7.7 所规定的绝缘试验要求。

6.5 静电喷枪及其辅助装置中所用的高压限流器件应予以有效的绝缘和防护,以避免带高压电极触地 5min 的冲击影响。

6.6 制造厂应在铭牌上标注静电喷枪及其辅助装置在极限工作状况下的最大温升值。

6.7 在涂装作业区内,静电喷枪无论是在运行或不运行状态,其放电时产生的点火能量均应为安全点火能量,静电喷漆枪应小于 0.24mJ,静电喷粉枪应小于 2mJ。应承受 7.10 所规定的点火试验要求。

7 试验方法

7.1 一般检查

7.1.1 检查静电喷枪及其辅助装置所有连接部位的准确性和牢固性。

7.1.2 按 5.3 要求检查电阻率和面积。

7.1.3 按 5.4、5.6 要求检查高压电缆的外层防护及其接头处应力减缓措施。

7.1.4 按 6.3 要求检查高压发生器与喷枪联锁机构。

7.2 防护能力验证

按 GB 3836.1 和 GB 4208 要求,验证静电喷枪及其辅助装置的防护能力。

7.3 冲击试验

7.3.1 按表 1 规定,由检定者根据部件易损情况选定两个以上试点进行冲击试验。

表 1 静电喷枪各类部件的冲击高度要求

部件类别	冲击高度(重锤质量 1kg)/m	
	受机械损伤的危险程度高	受机械损伤的危险程度低
1)带防护的透明部件(试验时去掉防护)	0.2	0.1
2)不带防护的透明部件 3)防护器、防护机壳、电缆引入件 4)塑料外壳 5)轻质金属或铸造金属外壳	0.4	0.2
6)第 5 项之外的其他材料制成的壁厚小于 1mm 的外壳	0.7	0.4

7.3.2 被试验的静电喷枪应稳定地置放在混凝土地面上的硬木块之上。

7.3.3 采用质量为1kg的重锤进行冲击试验，重锤头部为直径25mm的淬火钢半球。

7.3.4 静电喷枪经冲击试验后即使出现损坏也应符合7.10点火试验要求。

7.4 跌落试验

7.4.1 静电喷枪应从1.25m高处跌落至混凝土地面上。

7.4.2 对完全装配好的抽样产品进行跌落试验。

7.4.3 静电喷枪以正常工作状态自由跌落，并至少重复4次。

7.4.4 静电喷枪经跌落试验后即使出现损坏也应符合7.10点火试验要求。

7.5 高压电缆拉力试验

7.5.1 对连接至静电喷枪的任何高压电缆施加150N拉力，持续时间1min。

7.5.2 对完全装配好的抽样产品进行拉力试验。试验期间，限位器间的电缆不应出现明显移位。

7.6 压力试验

7.6.1 对静电喷枪及其辅助装置中所有承受气体或液体压力的部件，施加最大标称工作压力1.5倍值的压力进行试验，持续时间为5min。

7.6.2 试验中，被试部件不应出现渗漏或损坏。

7.7 高电压绝缘试验

静电喷枪及其辅助装置的高电位部分都应按其最高工作电压的1.2倍值进行绝缘试验，应不出现电击穿及表面闪络现象。

7.8 短路试验

将静电喷枪的高压电极触地持续5min，静电喷枪及其辅助装置中所用的任何限流器件都不应损坏。

7.9 温度试验

7.9.1 在正常作业及设计规定允许的超负荷条件下使用时，测得的设备外表最大温升值不应超过制造厂标注的温升值。

7.9.2 测量表面温度时，应尽可能减少环境对温度参数的干扰。

7.10 静电喷枪点火试验

7.10.1 本试验应在20℃±5℃的环境温度下进行，并注意采取有效的防火、防爆措施。

7.10.2 静电喷漆枪点火试验所用的爆炸性气体的点火能量为0.24mJ。符合要求的气体为丙烷与空气混合气体，丙烷的体积分数为5.25%±0.25%，丙烷的纯度为99%。

7.10.3 静电喷粉枪点火试验所用的爆炸性气体的点火能量为2mJ。符合要求的气体为甲烷与空气混合气体，甲烷的体积分数为12.0%±0.1%，甲烷的纯度为99%。

7.10.4 试验时应将静电喷枪配用的高压电源调整到最大输出高压值，但输入电压不应超过其标称输入电压的1.1倍。

7.10.5 试验在由非导体材料制成的充满试验气体的透明试验容器内进行。试验前应先用已确定的能量对试验用的混合气体进行引燃校验，以证实其确为标准着火浓度。

7.10.6 将直径为10mm和25mm的接地金属球反复地移向喷枪及电缆中可能发生最易燃放电的部分。如果试验气体未被点燃，则认为喷枪通过本试验。

7.10.7 试验以5min为一周期，连续重复4次。每次都更换新鲜的试验气体，或者试验气体连续地通过容器,则试验为一次持续 20min。

7.10.8 考虑静电喷枪剩余电荷的点火能量,可在上述试验完毕后,切断电源,随即重复一次上述试验。

8 检测

8.1 向有资质的检测部门参照具体产品标准规定的检测周期及抽样产品的封样、送样办法进行送检。

8.2 由有资质的检测部门根据本标准对制造厂按规定送交的抽样产品进行检测检验,以验证其是否符合本标准的要求,并填发检测报告。

8.3 制造厂应自行负责验证所生产的产品完全与提交检测部门检测并通过认证的样品相符。

8.4 如产品有可能影响安全性能的更改时,应重新进行有关安全性能的检测认证。

9 标志

9.1 静电喷枪及其辅助装置都应在明显的位置上设置清晰、耐久的安全标志铭牌。

9.2 静电喷枪上应依序标志下列内容:

a) 制造厂厂名或注册商标;
b) 产品型号及编号;
c) 防护型式标志及外壳防护等级标志;
d) 最大温升值;
e) 本标准号。

第九节 涂装作业安全规程 粉末静电喷涂工艺安全

一、概论

1. 粉末静电喷涂的工艺特点

粉末静电喷涂是在一定电场强度的电晕放电及空气动力的作用下,使粉末涂料粒子负载电荷或极化而吸附于工件表面的涂装方法。该方法能耗低,原材料回收利用率高,不含挥发性有机化合物成分,可实现半自动化或自动化作业,被广泛应用于家电、汽车等领域。

粉末静电喷涂工艺一般包括前处理、静电喷涂与固化。静电喷涂是该工艺的核心,通常在固定的静电粉末喷涂系统中进行。静电粉末喷涂系统的主体是静电喷涂设备,主要由供粉装置、喷涂控制系统、喷枪、喷粉室、气源、粉末回收装置组成;固化是将喷涂后的工件经过高温,使粉末熔融、流平、固化到工件表面上,一般在烘干房中进行。由于粉末静电喷涂属于高能量喷涂方法,同时存在引火源、空气与可燃粉末三个条件,在工艺实施过程中,存在火灾爆炸安全隐患。

2. 粉末静电喷涂安全风险因素

(1) 喷涂粉末的化学特性 目前国内的粉末涂料主要有两大类,即热塑性粉末涂料和热固性粉末涂料。热塑性粉末涂料由热塑性树脂、颜料、填料、增塑剂和稳定剂等成分组成,包括聚乙烯、聚丙烯、聚酯、聚氯乙烯、氯化聚醚和聚酰胺等;热固性粉末涂料由热固性树脂、固化剂、颜料、填料和助剂等组成,包括环氧树脂类、聚酯类和丙烯酸酯类等。这些涂料属于甲类或乙类危险化学品,风险较大。

化学物质的燃爆风险一般用最小点火能（MIE）的高低来衡量，它是指能够引起粉尘云燃烧爆炸的最小火花能量。目前，主要的涂料粉末最小点火能在 50mJ~92mJ 之间，属于典型的可燃粉末。根据《我国工贸行业重点可燃性粉尘目录（2015 版）》，静电粉末涂料的最小点火能量可达 3.5 mJ，具有极高的火灾爆炸可能性。此外，部分粉体还具有毒性，为发生事故后的避难与救援增加了难度，直接提升了事故风险性。因此，粉末涂料不但具有可燃性、可爆炸性，而且威力大，造成的后果十分严重。

（2）静电喷涂工艺过程危险因素　GB 50058—2014《爆炸危险环境电力装置设计规范》中指出，符合如下两个条件将产生火灾爆炸：第一是存在爆炸性粉尘混合物，其浓度在爆炸极限内；第二是存在足以点燃爆炸性粉尘混合物的火花、电弧、高温、静电放电或能量辐射。

粉末静电喷涂工艺是利用静电能使粉末做定向运动，从而附着于物体表面，达到喷涂的效果。在整个喷涂过程中，可能形成可燃性混合物粉尘云。喷涂作业时，聚合物粉末可能散发到车间内，与空气混合，当达到爆炸极限时，就满足上述火灾爆炸的第一个条件。在喷涂过程中，当涂料从喷枪中急速喷出，由于激烈的摩擦和涂料迅速脱离喷枪，会产生大量静电。这些电荷如果无从释放或释放不及时，会很快蓄积，当达到一定能量时，会引燃空气中的涂料粉尘，从而发生火灾危险。另外，喷粉室内的电气设施也可能因为摩擦、碰撞等产生静电火花，这就满足了火灾爆炸的第二个条件。因此，无论是从可燃物方面，还是从点火能方面，粉末喷涂工艺均存在严重的火灾爆炸安全隐患。

3. 粉末静电喷涂作业安全标准

随着市场竞争的日益加剧，国内喷涂业生产规模不断扩大，粉末静电喷涂具有不用溶剂、污染小、节省能源和资源、减轻劳动强度和涂膜机械化程度高等诸多特点，越来越多的企业使用该工艺。然而，粉末静电喷涂属于高能量喷涂方法，同时存在引火源、空气与可燃粉末三个条件，存在严重的火灾爆炸隐患，且粉末喷涂事故具有破坏力大、突发性强、对人损害大等特点，其预防与监管成了安全生产领域的重大挑战。为规范粉末静电喷涂工艺的实施，降低喷涂作业中事故发生的可能，全国安全生产标准化技术委员会涂装作业分技术委员会组织相关单位专家，于 1995 年制定了首版 GB 15607—1995《涂装作业安全规程　粉末静电喷涂工艺安全》国家标准，对粉末静电喷涂工艺及其设备的设计、安装、操作、维修和管理方面的安全卫生要求进行了规定。为适应粉末静电涂装技术的发展形势，2008 年又对 GB 15607—1995 进行了修订，保留了已经实践证明适合我国国情又与国外先进标准相适应的内容，同时参考了美国防火协会标准 NFPA33《易燃和可燃材料喷涂作业标准》（2007 版）中有关粉末静电喷涂的内容。

GB 15607—2008《涂装作业安全规程　粉末静电喷涂工艺安全》于 2008 年 12 月 11 日发布，2009 年 10 月 1 日实施。

二、标准主要特点与应用说明

GB 15607—2008 与 GB 15607—1995 相比，主要做了如下修订：

1) 3 中增加了新的术语"可燃粉末"。

2) 4.1 中对喷粉区的范围进行了更清晰的确定，明确了排风管内部、空气循环过滤器及其维护结构内部可能产生具有爆炸性悬浮状粉尘或堆积状粉尘的区域。

3）4.3.3对喷粉室出口排风管中悬浮粉末浓度的要求进行了调整，明确了有抑爆设备条件下，该要求允许超过最小爆炸浓度的50%。

4）4.4.3中增加了喷粉室的布置位置。

5）增加了4.4.5喷粉室不兼作喷漆室的要求。

6）5.1.1中增加了喷粉室制造材料的要求。

7）6.4.3中增加了对采用自动喷涂时回收系统阻力自动检测的要求。

8）6.4.4中修改了对粉末回收、过滤设备设置泄压装置的要求。

9）6.4.7中增加了对风机制造方面的要求。

该标准为强制性标准，规定了粉末静电喷涂工艺设计及其设备的设计、安装、操作、维修和管理方面的安全卫生要求，适用于粉末静电喷涂工艺设计及其设备的设计、安装、使用、维修和管理，也适用于粉末静电喷涂工程的验收。静电流化床法、流化床法及其他流化涂装法也可参照该标准执行。

该标准从喷粉区工艺安全、喷粉设备及其辅助装置、通风与净化、粉末涂料的贮存和输送，以及操作和维护四个方面进行了具体规定，其中喷粉区工艺安全要求12条，涉及喷粉区范围、防火防爆等级、设计、场所、地面、照明、设备、电器线路、静电接地、安全标志、环境湿度和噪声等内容；喷粉设备及其辅助装置要求涵盖了喷粉室及其相连管道、烘干室和回收、供粉、筛粉、风机等其他设备，共14条要求；通风与净化安全要求7条；粉末涂料的贮存和输送要求7条；操作与维护要求14条。该标准还列出了静电喷粉室排放量计算方法和例行检查清理一览表两项资料性附录。

静电粉末喷涂工艺中除引火源危险控制外，通风控制降低粉尘浓度也是安全防护的关键，建议实际应用中，根据该标准中通风控制要求，建立对应的联锁控制系统，以有效实现通风和净化要求。

三、标准内容（GB 15607—2008）

涂装作业安全规程　粉末静电喷涂工艺安全

1　范围

本标准规定了粉末静电喷涂工艺设计及其设备的设计、安装、操作、维修和管理方面的安全卫生要求。

本标准适用于粉末静电喷涂工艺设计及其设备的设计、安装、使用、维修和管理，也适用于粉末静电喷涂工程的验收。静电流化床法、流化床法及其他流化涂装法也可参照执行。

2　规范性引用文件

下列文件中的条款通过本标准的引用而成为本标准的条款。凡是注日期的引用文件，其随后所有的修改单（不包括勘误的内容）或修订版均不适用于本标准，然而，鼓励根据本标准达成协议的各方研究是否使用这些文件的最新版本。凡是不注日期的引用文件，其最新版本适用于本标准。

GB 2893　安全色（GB 2893—2001，ISO 3864：1984，NEQ）

GB 2894　安全标志及其使用导则（GB 2894—1996，ISO 3864：1984，NEQ）

GB 5083　生产设备安全卫生设计总则

GB 6514　涂装作业安全规程　涂漆工艺安全及其通风净化
GB 7691　涂装作业安全规程　安全管理通则
GB 12158　防止静电事故通用导则
GB 12367—2006　涂装作业安全规程　静电喷漆工艺安全
GB/T 14441　涂装作业安全规程　术语
GB 14443　涂装作业安全规程　涂层烘干室安全技术规定
GB 14773　涂装作业安全规程　静电喷枪及其辅助装置安全技术条件
GB 50058　爆炸和火灾危险环境电力装置设计规范
GB 50140　建筑灭火器配置设计规范

3　术语和定义

GB/T 14441确立的以及下列术语和定义适用于本标准。

3.1　粉末静电喷涂　electrostatic powder spraying

由于一定电场强度的电晕放电及空气动力作用,使粉末涂料粒子荷电或极化而吸附于工件表面的涂装方法。

同义词:静电喷粉。

3.2　静电喷粉室　booth for electrostatic powder spraying

一个封闭或半封闭的、不易积聚粉末的、具有良好机械通风不外逸粉末并设有回收装置的专门用于粉末静电喷涂的室体或围护结构。

3.3　供粉装置　powder feeder

能连续均匀地供给喷涂用粉末涂料的装置。

3.4　粉末回收装置　recovery equipment of powder

专门收集未涂着粉末,并具有粉-气分离功能的装置。

3.5　粉末净化装置　equipment of cleansing powder

用于捕集粉末回收装置难以捕获的微细粉末,并使排放气体符合排放标准的装置。

3.6　喷粉区　powder area

由于粉末喷涂作业而存在一定量的悬浮或积聚可燃粉末的区域。

3.7　可燃粉末　combustible powder

任何能够被点燃的细微而分散的固体涂料。

4　喷粉区工艺安全

4.1　喷粉区范围

喷粉区范围一般应包括:
a) 喷粉室、供粉装置(包括循环供粉装置的粉料输送装置、粉料仓及其卸料装置)、回收装置、风机、净化装置及与其相连的粉末输送管道;
b) 喷粉室开口处向外水平3m及垂直1m方向内区域;
c) 在喷涂现场存放或堆积有粉末涂料的场所;
d) 排风管内部、空气循环过滤器及其维护结构内部以及其他有可能产生具有爆炸性悬浮状粉尘或堆积状粉尘的区域。

4.2　喷粉区防火防爆等级

4.2.1　喷粉区火灾危险区域划为22区。

4.2.2 喷粉区按爆炸性粉尘环境危险区域划为 11 区。符合 GB 50058 规定者可划为非爆炸危险区域。

4.3 设计

4.3.1 粉末静电喷涂工艺设计、粉末静电喷涂设备与器械的研制、设计与制造应符合 GB 7691 的规定。

4.3.2 喷粉室安全卫生指标应符合以下规定：

a) 除喷枪出口等局部区域外，喷粉室内悬浮粉末平均浓度（即喷粉室出口排风管内浓度）应低于该粉末最低爆炸浓度值一半，未知其最低爆炸浓度（MEC）者，其最高浓度不允许超过 $15g/m^3$。系统中若有抑爆设备，则喷粉室出口排风管中悬浮粉末的浓度允许超过最小爆炸浓度的 50%。

b) 静电喷粉枪及其辅助装置的使用应符合 GB 14773 的要求。

c) 工作场所空气中总尘容许浓度为 $8mg/m^3$。

d) 喷粉室开口面风速宜为 0.3m/s～0.6m/s。

4.4 场所

4.4.1 粉末静电喷涂作业与喷漆作业不宜设置在同一作业区内。若设置在同一作业区内，其爆炸危险区域和火灾危险区域应按喷漆区划分。

4.4.2 喷粉作业区宜布置在单层厂房内；如布置在多层厂房内，宜布置在建筑物顶层，如布置在多跨厂房内，宜布置在边跨，并符合 GB 6514 的有关规定。

4.4.3 喷粉作业应在符合第 5 章规定的喷粉室内进行。

4.4.4 喷粉室应布置在不产生干扰气流的方位上，并应避免与产生或散逸水蒸气、酸雾，以及其他具有黏附性、腐蚀性、易燃、易爆等介质的装置布置在一起，并应与产生以上介质的区域隔离布置。

4.4.5 喷粉室不应兼作喷漆室。

4.5 防火、防爆

4.5.1 进入喷粉室的工件，其表面温度应比其所用粉末引燃温度低 28℃。

4.5.2 喷粉区内应遵循以下规定：

a) 不允许存在发火源、明火和产生火花的设备及器具；

b) 禁止撞击或摩擦产生火花；

c) 应选用不会引燃粉末或粉气混合物的取暖设备；

d) 防火按 GB 50140 配置灭火器，但不宜使用易使粉末涂料飞扬或污染的灭火器。

4.5.3 在自动喷粉室内，应安装可靠的报警装置和自动灭火系统。在发生火灾时，能自动切断供气系统和电源。

4.6 地面

喷粉区地面应采用不燃或难燃的防静电材料铺设。地面应平整光滑无缝隙、凹槽，便于清扫积粉。

4.7 照明

喷粉区应采用防尘型冷光源灯具照明，其照度应符合 GB 12367—2006 中 4.3.1 的规定。当采用透明材料作隔板照明时，应符合以下要求：

a) 采用固定式灯具作光源；

b) 用隔板将灯具与喷粉区隔开,其安装密封应能保证粉尘不会进入灯具;
c) 隔板应选用不易破损的,不燃或难燃材料;
d) 隔板上的沉积物厚度不允许影响规定的照度;
e) 隔板的表面温度不超过93℃。

4.8 设备

所有设备应满足工艺安全要求,设备的选用应符合 CB 5083 的要求以及第 5 章规定。

4.8.1 喷粉区内电气设备应采用防爆、防尘型电气设备,其选型应符合表1的规定。

表1 电气设备防爆结构的选型

编号	电气设备	防爆结构	爆炸危险场所 11 区		
			正压	IP65	IP54
1	电动机	鼠笼式			√
		带电刷	√		√
2	电器和仪表	固定安装		√	
3		移动式		√	
4		携带式		√	

注:符号√表示适用。

4.8.2 喷粉区内,接触粉体的设备表面温度不得高于粉末的软化点温度,电气设备表面温升应符合 GB 50058 的规定。

4.9 电气线路

进入喷粉区内的电气线路应符合 GB 50058 的规定。

4.10 静电接地

喷粉区内所有导体都应可靠接地,每组专设的静电接电体接地电阻应小于100Ω,带电体的带电区对大地总泄漏电阻一般应小于$1\times10^{6}\Omega$,特殊情况下可放宽至$1\times10^{9}\Omega$。挂具与工件的接触区域应采用尖刺或刀刃状,确保工件接地电阻不大于$1\times10^{6}\Omega$。也可采用静电消除器,消除工件的积聚电荷。

4.11 安全色与安全标志

在喷粉区的醒目位置应设置符合 GB 2893 和 GB 2894 要求的安全色与安全标志。

4.12 相对湿度与噪声

喷粉区应保持一定的相对湿度,自动连续喷涂的喷粉区空气相对湿度宜为40%~70%。作业区环境噪声应按照 GB 6514 的规定执行。

5 喷粉设备及其辅助装置

5.1 喷粉室及其相连管道

5.1.1 喷粉室应采用不燃材料制造。铝材不允许作为支撑构件,也不允许用作喷粉室及其连接管道。喷粉室的显示和观察面板及喷粉室连接管道允许用难燃材料制造。

5.1.2 喷粉室室体及通风管道内壁应光滑无凹凸缘;应保持喷粉室及其系统内不积聚粉末,并能使未涂着粉末有组织地导入回收装置。

5.1.3 刚性回收装置和基本封闭的喷粉室应有足够的空间容积,并设置泄压装置。

5.1.4 喷粉室内的静电喷涂器(枪)之电极与工件、室壁、导流板、挂具以及运载装置等间距宜不小于 250mm。工件之间也应有足够大的距离，不得相互撞击。

5.1.5 自动化生产的流水作业在喷粉室与回收装置之间应采取联锁控制，一旦有火情时，能迅速自动切断连接通道。

5.1.6 自动喷粉室内应安装火灾报警装置，该装置应与关闭压缩空气、切断电源，以及启动自动灭火器、停止工件输送的控制装置进行联锁。

5.1.7 自动喷涂的回收风机与喷枪应采用电器联锁保护。

5.2 烘干（固化）室

5.2.1 烘干室包括烘箱、烘房及烘道，其设计、安装、使用的安全要求应符合 GB 14443 的规定。

5.2.2 进入烘干室的工件应避免撞击、振动、强气流冲刷。

5.2.3 烘干室内工件上每公斤粉末应送入 $10m^3$ 的新鲜空气，其可燃性气体允许浓度不应超过其爆炸极限的 25%，空气中粉末含量应符合 4.3.2a）的规定。

5.2.4 烘干（固化）室的结构应便于清理积粉。

5.3 其他设备

5.3.1 回收、供粉、筛粉等设备均应符合 4.8、4.9、4.10 的规定，其中回收装置应符合 6.4 的规定。

5.3.2 供粉、筛粉装置应采用不燃或难燃材料制作，并应设计成不外逸粉末、不易积聚粉末而易清理的结构形式。

5.3.3 风机的轴承和其他运载设备的部件应设置防止粉尘侵入的防护装置。

6 通风与净化

6.1 通风净化应符合 GB 6514 的有关规定。

6.2 应按 4.3.2 的规定从安全与卫生两方面计算和核算喷粉室的排风量，为确保有足够排风量，应遵循以下原则进行计算：

a) 开口面积应包括所有自动与手动操作口、工件进出口、悬链出入口、其他工艺安装孔；

b) 喷室内粉末最大悬浮量应包括所有自动、手动枪的最大出粉量，但应考虑到沉积到工件上减少的粉量和空喷时未沉积到工件上的粉量，以及供粉器返回喷室的悬浮粉量；

c) 风机排风量应附加 10%～15% 系统漏风量；

d) 排风量计算方法见附录 A。

6.3 喷粉室的铭牌上应标明额定最低排风量。

6.4 回收系统

6.4.1 回收系统一级旋风分离应按吸入式将风机布置在旋风分离器出口，风机叶片宜选用铝合金材料制作，严禁使用塑料风机，如风机后串联二级袋式除尘器，而且为自动喷涂，则风机应选防爆型。其电动机选型应符合 4.8.1 的规定。

6.4.2 回收装置应选用导电材料制作。袋滤器应选择防静电滤料。

6.4.3 过滤式回收装置应采用有效的清粉装置，不宜采用易积聚粉末的折叠式结构。自动喷涂时，应能自动检测系统阻力，当过滤器无气流通过或气流量减少到某设定值时，能停止作业。

6.4.4 与喷粉室相连的粉末回收装置以及高效过滤器应设置能将爆炸压力引向安全位置的

泄压装置。

6.4.5 风机应定期校核排风量，如果排风量下降过大，应停止作业进行检修。

6.4.6 连续自动喷粉作业的回收系统应配备风量监测器，当风量低于安全值时，喷粉装置能自动停止喷粉。

6.4.7 排风机转动部件应为不发火材料，风机内部件不应产生相互摩擦、碰撞，并同时留有足够的间隙防止火花产生。转轴不允许因偏重或安装而改变同心度。

6.5 通风管道应保持一定风速，同时应有良好接地，防止粉末和静电积聚。

6.6 喷粉作业如循环使用排放废气时，应遵守以下规定：
   a) 回流到作业区的空气含尘量不能超过 $3mg/m^3$；
   b) 不允许产生粉尘沉积；
   c) 回流气体不含有易燃易爆气体；
   d) 监测排出气体中粉尘浓度。

6.7 含粉尘的排风管道应采用法兰连接的圆形管道敷设。

7 粉末涂料的贮存和输送

7.1 在喷粉区内只允许存放当班所需的粉末涂料量，不应存放过多的粉末涂料。

7.2 用粉量较大的连续自动喷涂，粉末应贮存在较大的密闭筒仓（容器）内，并应采取以下防护措施：
   a) 筒仓（容器）应用围护栏杆围成安全隔离带，隔离带内严禁一切火种和热源进入；
   b) 筒仓（容器）材料应使用导电材料制作并有效地接地；
   c) 卸料应防止粉末飞扬，若用旋转阀卸料，应防止粉末发黏、焦结；
   d) 筒仓（容器）与喷粉区需设置防止燃烧或爆炸传递的装置。

7.3 不应使用易产生静电积聚的材料包装粉末涂料，不应一次性连续大量投料和强烈抖动。

7.4 不应将粉末涂料置于烘道、取暖设备等易触及热源的场所。

7.5 粉末涂料不应与溶剂型涂料及稀释剂存放在一起。

7.6 粉末涂料应用圆型管道输送，不应用其他异型管道输送。输送粉末涂料的管道宜采用防静电材料制作并有效接地，不宜用非金属材料管道作长距离输送。

7.7 输送粉末管道管径不应过小，并具有足够大的弯曲半径。管道、阀门、管件应采用不易堵塞的结构，管道内壁光滑不宜设置网格等妨碍输送的物体，并防止有外界杂物混入。

8 操作与维护

8.1 喷粉操作应在排风机启动后至少 3min，方可开启高压静电发生器和喷粉装置。在停止作业时，应先停高压静电发生器和喷粉装置，3min 后再关闭风机。

8.2 以下设备或部件及其规定指标应作定期检查并做记录。检查其是否正常及符合有关规定：
   a) 风机、回收装置及其风量、作业区粉末浓度、喷粉室内粉末浓度、喷粉室开口断面风速、粉尘排放浓度；
   b) 风机轴承及其他运转部件是否黏附或焦结粉末，粉管及设备是否堵塞；
   c) 高压静电发生器、喷枪接地、烘干（固化）室是否正常；
   d) 设备器具检查和积粉清理周期见附录 B。

8.3 当出现喷粉室开口断面风速低于最小设计风速、风机故障、回收供粉系统堵塞、高压系统故障、漏粉跑粉等非正常状态时，应停止作业，待故障排除后方可继续作业。

8.4 喷粉室日常积粉清理和清粉换色时应注意呼吸系统的防护并对所用器具采取接地等防静电措施。积粉清理宜采用负压吸入方式，不应采用吹扫的清理方式。

8.5 应及时清除作业区地面、设备、管道、墙壁上沉积的粉末，以防止形成悬浮状粉气混合物。

8.6 挂具上涂层应经常清理，以确保工件接地要求。

8.7 及时清理烘干固化室加热元件表面积粉，以防止粉末裂解气化导致的燃烧。

8.8 当自动喷粉系统处于运行状态时，除补喷工位持枪者手臂外，人体各部分均不应进入喷室。

8.9 不应在设备运行高压未切断时进行设备维修。

8.10 在回收、净化装置的卸料口及卸料过程中，应有防止粉尘飞逸的措施。

8.11 作业运行中应注意观察，挂具及工件不得有卡死、摇摆、碰撞和偏位滑落现象。

8.12 操作人员应穿戴防静电工作服、鞋、帽，不应戴手套及金属饰物。

8.13 操作人员应按 GB 7691 要求进行岗前培训。

8.14 操作人员应定期进行身体检查。有职业禁忌证的人，不应从事喷粉作业。

附　录　A
（资料性附录）
静电喷粉室排风量（抽风量）计算方法

静电喷粉室排风量通常是为了喷粉作业时的安全与操作工人的健康设定的，分别用安全与卫生两种方法计算然后取其大值。

A.1 以安全角度计，见式（A.1）。

$$Q_1 = \frac{Gn(1-K)K_1K_2}{0.5c} \times 60 \quad\quad\quad (A.1)$$

式中　Q_1——按安全方式计算的最小排风量（m^3/h）；

　　　G——单支喷枪最大出粉量（g/min）；

　　　n——同时喷涂的喷枪数；

　　　K——粉末上粉率，一般取 0.4~0.8；

　　　K_1——工件不连续进入（工件间有空隙）积粉系数 1.2~1.6；

　　　K_2——粉末在喷室内悬浮系数，一般为 0.5~0.7；

　　　c——粉末爆炸最低浓度（g/m^3）。

A.2 以防止粉尘外逸计，见式（A.2）。

$$Q_2 = 3600(A_1+A_2+A_3)V \quad\quad\quad (A.2)$$

式中　Q_2——按卫生要求计最小排风量（m^3/h）；

　　　A_1——操作面开口面积（m^2）；

　　　A_2——工件进出口面积（m^2）；

　　　A_3——工艺及其他孔洞面积（m^2）；

　　　V——开口处断面风速（m/s），一般取 0.3m/s~0.6m/s。

附 录 B
（资料性附录）
例行检查清理一览表

例行检查清理一览表见表 B.1。

表 B.1 例行检查清理一览表

序号	部位名称或指标	内容	周期/d
1	风机轴承及其他运转部件	粉尘黏附或焦结	1
2	风机抽风量	检查	7
3	喷粉室及作业区粉末浓度	检查	7
4	喷粉室开口处断面风速	检查	7
5	回收废气排放浓度	检查	30
6	喷粉室内积粉	清理	当班~1
7	挂具涂层	检查清理	随时
8	过滤式回收装置及净化器	检查清理	3~7
9	旋风式回收装置及湿法净化器	检查	7~10
10	高压静电发生器、接地、烘干（固化）室	检查	7
11	作业区地面	清理	当班
12	设备、管道外壁	清理	3~7
13	墙壁及天花板	清理	3~7
14	粉管及输粉设备	检查堵塞漏粉	随时
15	回收排风与喷粉室联锁	检查	7

第十节 涂装作业安全规程 浸涂工艺安全

一、概论

1. 浸涂工艺的特点

浸涂是油漆涂覆工艺中的一种传统方法。浸涂操作是将被涂工件全部浸没在漆液中，待各部位都沾上漆液后，将工件提起离开漆液，自然或强制地将多余的漆液滴回到漆槽内，然后经干燥形成涂膜。浸涂工艺具有所需设备简单、操作简便、生产率高、涂料损失小、容易实现机械化作业、较适用于形状复杂的工件涂布等特点，但也存在工艺过程中溶剂挥发损失大、易产生液挂等问题。目前常用的浸涂方法，不仅包括原始的手工浸涂，还包括批量工位传动浸涂、回转浸涂、离心浸涂、真空浸涂等机械化程度较高的新型浸涂工艺。其中，离心浸涂法适用于不规则的小型零件的整体涂装，浸漆后的工件在离心滚桶中经短时间高速回转，去除余漆后干燥；真空浸涂适用于电器线圈、电极、木材、多孔铸件、防腐蚀用的各种非金属材料等，一般由浸漆槽、真空泵、空气压缩机、导管、控制仪表等组成。

2. 适合浸涂的涂料特点

浸涂工艺通常适用于稳定性好、不胶化、不变质、颜料不沉淀、不结皮的涂料品种，主要有烘烤型涂料和自干型涂料。常用的涂料有氨基醇酸涂料、环氧酯涂料等。双组分涂料混合后存在适用期，密度较大的涂料易产生沉淀，快干型涂料干燥快、流平差、溶剂挥发快、存在安全隐患问题，均不适合浸涂工艺。

3. 浸涂工艺的主要设备

采用浸涂工艺的自动线，通常包括浸涂槽、去余漆装置、搅拌装置、加热冷却装置、防火及通风排风装置和输送悬挂装置等设备。其中浸漆槽和去余漆接滴装置是关键设备。

浸涂槽是浸涂工艺的主要设备，按工作方式可分为间歇式和连续式两种。间歇式浸涂槽主要用于小批量生产，槽体较小，一般为矩形或柱形槽体，工件的起吊采用人工或起重机的方式。连续式浸涂槽主要用于大批量生产，槽体较大，一般为船形槽体，工件的运输主要通过悬链完成。

常用的搅拌装置可分为泵式搅拌装置和机械搅拌装置。泵式搅拌装置主要用于连续式浸涂槽，由泵、溢流槽、过滤网组成。泵吸入溢流槽中的涂料，并通过浸涂槽底部的管道排入到浸涂槽中，然后浸涂槽表面的涂料连同其中的泡沫溢流到溢流槽中，同时通过溢流槽中的滤网将其中的杂质过滤干净。

调温装置包括加热装置和冷却装置。常用加热装置有盘管式、外套式和电加热式等几种。盘管式加热装置位于槽内底部或两侧，以热水或蒸汽作热源。该装置升温速度较快，但易出现局部过热，同时由于盘管位于槽内易造成施工不便。外套式加热装置是在槽体外部增加一夹层，夹层内以热水作热源，热水与槽内涂料温差较低，不易出现局部过热，同时由于接触面积大，升温速度较快。电加热式加热装置由于存在漏电危险，现已较少使用。冷却装置以外套式居多，夹层内通冷却水即可。

4. 浸涂工艺安全标准

浸涂工艺简单，对设备要求相对较低，但由于作业过程中浸涂槽处于敞口和搅拌状态，现场易产生大量挥发的有机溶剂，存在较大的火灾和爆炸风险。为促进浸涂作业中的安全，全国安全生产标准化技术委员会涂装作业分技术委员会组织相关单位专家，于1999年制定了首版 GB 17750—1999《涂装作业安全规程　浸涂工艺安全》，对涂装作业中浸涂工艺的安全卫生要求进行了规定。为适应机械化程度更高的新型浸涂工艺的发展形势，2012 年对 GB 17750—1999 进行了修订，对章节进行了较大的调整和重新编排，内容上参照美国消防协会标准 NFPA 34《易燃和可燃材料喷涂作业标准》（2007 版），结合国内情况进行了修改。

GB 17750—2012《涂装作业安全规程　浸涂工艺安全》于 2012 年 7 月 31 日发布，2013 年 3 月 1 日实施。

二、标准主要特点与应用说明

GB 17750—2012 与 GB 17750—1999 相比，内容上主要做了如下修订：

1）增加更新了引用的国家标准。

2）在"术语和定义"中补充增加了"3.3 真空浸涂"。

3）在内容上进行补充调整，如在"5 浸涂设备"一章中，增加了"5.4 真空浸漆烘干设备""5.5 电磁线浸漆设备"内容。

4）在段落文字上进行了整合，如把原标准中内容相近的 5.1.2 调整到 6.5，把 5.3 调整到 9.2，将 5.2 和 5.4 合并为 5.1.2。

5）补充增加了5.3.1，即"输送链下部应设安全防护装置，防止润滑液滴落污染槽液，并防止悬链与轨道摩擦产生的火花而引发火灾"。

6）将原标准中"6.1 一般要求"中的6.1.1和6.1.2修改合并为6.1，将6.1.3和6.1.4修改合并为6.2，并重新编排。

7）删除原标准中"11 培训"一章，修改原标准"10 操作和维修"一章为"10 操作、维修和培训"。

该标准为强制性标准，规定了涂装作业中浸涂工艺的浸涂区及其作业场所，浸涂设备，电气设备的防火防爆，通风，涂料的贮存、使用和输送，消防，操作、维修和培训的要求。该标准适用于使用易燃或可燃液态涂料的浸涂工艺及其设备设计、制造、安装、验收和使用，水性涂料浸涂的通风及滚涂、淋涂、幕涂等工艺也可参照使用（不包括粉末涂料流化床浸涂）。

该标准主要对浸涂区及其作业场所，浸涂设备，电气设备的防火防爆，通风，涂料的贮存、使用和输送，消防，操作、维修和培训7个方面进行了规定。其中，浸涂区规定有3个区域，作业场所规定有5条；浸涂设备中涵盖了浸涂槽及其配套装置、转移槽、输送链系统、真空浸漆烘干设备和电磁线浸漆设备5大设备的具体要求；电气设备的防火防爆相关规定有7条；通风要求规定有10条；涂料的贮存、使用和输送规定有5条，其中还有槽液管理的详细要求6条，输送涂料的管路系统及附属装置的详细要求5条；消防相关要求有6条，操作、维修和培训要求共8条。另外，该标准还在附录中提供了浸涂作业爆炸危险区域划分图。

三、标准内容（GB 17750—2012）

涂装作业安全规程 浸涂工艺安全

1 范围

本标准规定了涂装作业中浸涂工艺的浸涂区及其作业场所，浸涂设备，电气设备的防火防爆，通风，涂料的贮存、使用和输送，消防，操作、维修和培训的要求。

本标准适用于使用易燃或可燃液态涂料的浸涂工艺及其设备设计、制造、安装、验收和使用。水性涂料浸涂的通风及滚涂、淋涂、幕涂等工艺也可参照使用。

2 规范性引用文件

下列文件对于本文件的应用是必不可少的。凡是注日期的引用文件，仅注日期的版本适用于本文件。凡是不注日期的引用文件，其最新版本（包括所有的修改单）适用于本文件。

GB 150（所有部分） 压力容器

GB 6514—2008 涂装作业安全规程 涂漆工艺安全及其通风净化

GB 7691 涂装作业安全规程 安全管理通则

GB/T 14441 涂装作业安全规程 术语

GB 14443—2007 涂装作业安全规程 涂层烘干室安全技术规定

GB 14444 涂装作业安全规程 喷漆室安全技术规定

GB 16297 大气污染物综合排放标准

GB 50016 建筑设计防火规范

GB 50058　爆炸和火灾危险环境电力装置设计规范

3　术语和定义
GB/T 14441 界定的以及下列术语和定义适用于本文件。

3.1　浸涂　dipping
将工件浸于涂料中，并除去过量涂料的工艺方法。

3.2　浸涂槽　dip tank
盛有涂料能用于浸涂工件并具备安全防护功能的槽体。

3.3　真空浸涂　vacuum dipping
将工件置于密闭、耐压、并抽真空的容器中，注入浸涂液并加压，能彻底浸透工件的工艺方法。

3.4　浸涂区　dipping area
实施浸涂作业的涂漆区。

3.5　浸涂蒸气源　dipping vapor source
浸涂及沥漆工位敞露的漆液以及在浸涂工件 0.3m 范围内，仍能测出漆液有机溶剂蒸气浓度超过其爆炸下限浓度 25% 的地方。

4　浸涂区及其作业场所

4.1　浸涂区范围
存在浸涂挥发气源以及有机溶剂挥发气源的区域。浸涂区一般应包括以下范围：
a）浸涂区内部及其相连接的排风系统内部；
b）浸涂流水线上封闭的内部空间；
c）经有关部门确定的浸涂工艺所在的其他作业区域。

4.2　浸涂作业场所
4.2.1　浸涂作业场所的火灾危险性分类按 GB 6514—2008 中表 1 执行。
4.2.2　浸涂作业场所应采用防火间距、防火墙、防火隔板或经安全认可的其他方法把浸涂区与其他工位、材料等隔开，并应符合 GB 50016 的有关规定。
4.2.3　浸涂作业场所不应设在低于周围场地的低洼处。
4.2.4　浸涂作业场所的通道及出入口应畅通无阻，并应符合 GB 50016 的有关规定。
4.2.5　浸涂作业场所的卫生及噪声应符合 GB 6514—2008 中 5.1.2 的有关规定。

5　浸涂设备

5.1　浸涂槽

5.1.1　槽体
浸涂槽应由钢、钢筋混凝土或其他不燃烧体材料构成，并应有坚固的支承。槽体容积若超过 $2m^3$ 或液体表面积超过 $1m^2$ 时，结构材料的耐火极限应不低于 1h。

5.1.2　槽口
浸涂槽槽口应高于所在地面至少 150mm，而槽液的液位距槽口应不小于 150mm。当浸涂槽槽口高于所在地面少于 500mm 时，其四周应设安全栏杆。

5.1.3　溢流管
5.1.3.1　浸涂槽容积超过 $0.6m^3$ 或槽液表面积超过 $1m^2$，槽体应设置泄放多余涂料的溢流管。

5.1.3.2 溢流管直径应根据槽液表面积、管子长度、倾斜度而定。溢流管的处理能力应能满足多余槽液的排放。溢流管直径应不小于75mm。

5.1.3.3 溢流管与排放管的连接应易于检修和清理。

5.1.3.4 溢流管安装位置应保证在液面距槽口不小于150mm的槽体上。

5.1.4 槽体底部的排放装置

5.1.4.1 浸涂槽容积超过$2m^3$应设置底部排放装置和转移槽。当发生火灾时,应能迅速安全地把槽液转移到转移槽中。

5.1.4.2 槽液排放操作可以是手动,也可以是自动。对于手动操作,操作工位应设在既方便、又安全的位置。当不能靠重力流动排放时,应设置自动转移泵。对于配有自动关闭盖板的浸涂槽,可不设底部排放装置。

5.1.4.3 底部排放管应能在5min之内排空槽液。管径应不小于表1所示的尺寸。

表1 排放管道的最小尺寸

浸槽容积 V/L	排放管管径/mm
$1900 < V \leqslant 2850$	75
$2850 < V \leqslant 3800$	100
$3800 < V \leqslant 9500$	125
$9500 < V \leqslant 15000$	150
$V > 15000$	200

5.1.5 槽液温度控制

5.1.5.1 当槽液需要间接加热时,浸涂槽应根据工艺要求设置温度控制装置,以防止槽液过热、蒸气积聚和可能的自燃。

5.1.5.2 槽液温度和浸涂工件表面温度应不超过其沸点温度或55℃中的任一项。

5.1.5.3 温控器应能控制极限高温。当温度超过所设定的温度时,输送链、加热器应停止工作。

5.1.5.4 当槽液液面超过或低于安全液面时,加热系统应自动关闭。

5.2 转移槽

5.2.1 转移槽的容积应大于浸涂槽容积,并应与浸涂槽相连通。不工作时浸涂槽中的涂料应排到转移槽。

5.2.2 转移槽应装备转移泵,以便将转移槽的涂料再送回浸涂槽中。

5.2.3 转移槽应设在车间范围以外的地下、半地下室建筑内,并应符合GB 50016的有关规定。

5.3 输送链系统

5.3.1 输送链下部应设安全防护装置,防止润滑液滴落污染槽液,并防止悬链与轨道摩擦产生的火花而引发火灾。

5.3.2 当发生火灾时,应立即停止输送链运行。

5.3.3 当浸涂区内有机溶剂蒸气浓度超过其爆炸下限的25%时,输送链应停止运行。

5.4 真空浸漆烘干设备

5.4.1 真空浸漆烘干设备的设计、制造、检验和验收应符合GB 150(所有部分)的有关规定。

5.4.2 真空浸漆烘干设备应配有-0.1MPa 安全防爆装置（安全膜），在真空不超设计压力时方可正常工作。

5.4.3 真空浸漆烘干设备在下列情况下应对其工作真空、漏气率、工作压力等进行检验：

a）新产品鉴定时；

b）正常情况下每年一次；

c）停产三个月以上，恢复生产时。

5.4.4 真空浸漆烘干设备在使用时，应详细阅读该设备相关说明书，严格按照操作说明开启设备（先后开启序号阀、风机、加热器、真空泵、输漆泵等），在相关仪表指示正常后，方可投入生产。

5.4.5 每班工作结束时，要打开真空浸涂烘干设备底阀，放空油漆混合物洗净后关闭阀门。

5.4.6 真空浸漆烘干设备内部的浸漆缸、油漆过滤器、浸漆架要定期清理。

5.4.7 定期检查真空浸漆烘干设备内部的热风管道是否积有结炭，一旦发现应及时清理。

5.4.8 真空浸漆烘干设备要符合 GB 14444 和 GB 14443—2007 的有关规定。

5.5 电磁线浸漆设备

5.5.1 电磁线浸涂槽应由钢材构成，支承应牢固，且有承受拉力的强度。其底部应设有排放口。

5.5.2 电磁线浸涂槽下方应有一个废漆贮存槽，以防止浸涂槽中的绝缘漆在生产过程中滴漏在设备上和污染地面。

5.5.3 电磁线浸涂槽应有溢流管，溢流管应采用钢制无缝圆锥体，并可以插入浸涂槽底部的排放口内，溢流管顶端距槽口不小于 100mm。

5.5.4 槽液（绝缘漆或涂料）加热方式应采用蒸汽或其他间接加热方式，严禁使用明火或电热管等直接加热。

5.5.5 电磁线浸漆设备的安全运行及检修，应符合 GB 14443—2007 中第 9 章的要求。

5.5.6 电磁线浸漆设备运转时，应有人值守。不应在设备运转状态下进行维修、润滑工作。

5.5.7 电磁线浸漆设备发生故障和火灾危险时，应能自动关闭电源。

6 电气设备的防火防爆

6.1 爆炸危险区域的确定，应符合 GB 50058 中爆炸性气体环境危险区域划分的规定，详见附录 A。电气设备及其布线应符合 GB 50058 的有关规定。

6.2 外表面温度超过浸涂涂料自燃点的设备均不能安放在浸涂区或爆炸性气体环境危险区域 2 区内。产生火花或产生灼热金属颗粒的设备应是全封闭型的或防爆型的，才能设置在浸涂区或爆炸性气体环境 2 区内。

6.3 电气设备及其布线位于靠近敞口浸涂槽时，应符合 6.3.1、6.3.2 的要求，详见图 A.1 和图 A.2。

6.3.1 电气设备及其布线位于距浸涂挥发气源 1.5m 之内以及布置在水平方向距浸涂挥发气源 7.6m 以内的池、坑或低于地平面的通道中，应符合爆炸性气体环境危险区域 1 区的要求。如果池、坑或通道延伸至浸涂挥发气源 7.6m 以外，则应放置挥发气源挡板或将延伸部分的整个长度都划为 1 区。

6.3.2 电气设备的布线和所用的设备位于 6.3.1 所述的 1 区外围 3m 范围之内以及在水平方向上延伸 6m 和在地面上方 1m 所构成的空间，应符合爆炸性气体环境危险区域 2 区的要求。

当浸涂挥发气源表面积不超过 $0.5m^2$，浸涂槽容积不超过20L以及在操作或不操作期间挥发气体浓度不超过爆炸下限浓度25%时，则电气安装可不遵循本条款。

6.4 有封闭罩壳的浸涂槽的操作区域，应符合6.4.1、6.4.2要求，详见图A.3。

6.4.1 浸涂槽罩壳内部应划为爆炸性气体环境危险区域1区，在该区空间内电气设备及其布线应符合爆炸性气体环境危险区域1区的要求。

6.4.2 对着罩壳开口及延伸至地面的3m空间应划为爆炸性气体环境危险区域2区，在该空间内的电气设备及其布线应符合爆炸性气体环境危险区域2区的要求。

6.5 在涂料库和调漆间的外部，从任何装有涂料或溶剂的敞口容器和设备的各个方向1.5m之内并延伸到地面的空间应划为爆炸性气体环境危险区域1区，1区以外3m范围应划为爆炸性气体环境2区，在此区域内的布线和所用设备应符合该区域的要求，详见图A.4。

6.6 有罩壳的浸涂设备，其照明应采用防爆灯具或隔板照明。灯箱或观察所使用的玻璃板应采用防爆玻璃，灯箱应密封以限制蒸气进入。灯具的维修在罩壳的外面进行。

6.7 为了防止静电积聚而产生火花，所有的工作人员不应穿绝缘鞋或与地面摩擦会产生火花的鞋，所有的导电物体，包括工艺设备、容器、排风管、输送涂料的管路系统等金属件都应良好接地，其接地电阻应符合8.4.6规定。

7 通风

7.1 浸涂作业场所的送风、排风系统应符合本章要求及 GB 6514—2008 的有关规定。

7.2 浸涂区应采用机械通风，使距挥发气源超过1.5m区域的有机溶剂挥发气体浓度不超过其爆炸下限浓度25%。通风系统内有机溶剂挥发气体浓度应不超过其爆炸下限浓度的25%。

7.2.1 浸涂工位应有一个设计合理的罩壳，借助通风把蒸气限制在罩壳内。

7.2.2 当通风系统出现故障时，控制系统应自动停止浸涂工作，并发出声光警报。

7.2.3 在整个浸涂过程中，通风系统应保持正常运行，输送链系统启动前，排风系统提前运行10min，浸涂操作结束后，排风系统应继续运行10min。在自动的无人操作的浸涂工位，控制系统应在确认排风风机正常工作的情况下，浸涂设备才能开始工作。

7.3 浸涂区应补充足量的新鲜空气，以补偿从浸涂区中排出的空气。补充空气的吸入口的位置应保证从浸涂工序排出去的空气不再被循环回来。

7.4 排风管应以最便捷路线到达排放口，但不应横穿防火墙。排风管的排风口应远离新鲜空气吸入口，并且排风口应远离外墙或高出房顶不少于2m。不应将排风口对着7.5m以内的可燃性建筑物，也不应将排风口对着7.5m以内的不燃或难燃建筑物的未加保护的开口处。

7.5 排风管和固定装置应是钢或其他有足够强度的非燃烧体构成。

7.6 排风管的支撑：

7.6.1 设计管路支撑时应考虑承受管路系统本身的和可以预见到的任何残留物的重量。当管路系统内部有喷水保护时，则管路支撑还应考虑能承受可以预见的喷水器累积排放水的重量。载荷不应直接加于或传递给与管路系统相连的设备上。

7.6.2 管路悬挂和支撑应牢固地固定在建筑物上或构件上，以免振动或压在管路系统上。

7.6.3 设计管路悬挂和支撑时应考虑管路膨胀和收缩。

7.6.4 不应把建筑墙、地板、天花板、房顶作为排风管路的组成部分。

7.7 排风管路的横截面可以是圆形、方形或其他合适的形状。必要时排风管应设有检修孔，以便于检查、维修、清扫以及防火设施的使用。

7.8 排风机及驱动装置应采用防爆型风机。

7.9 浸涂过的工件只能在有机溶剂蒸气浓度不超过其爆炸下限浓度25%的通风场合下干燥。

7.10 排风系统排出的废气应符合 GB 16297 的相关规定。

8 涂料的贮存、使用和输送

8.1 在浸涂作业场所内，调漆间应定时通风换气，换气次数不小于10次/h。

8.2 在邻近浸涂区的贮漆间里存放的涂料和溶剂数量应不超过一天的使用量，而且贮漆间应与浸涂区隔开，其耐火极限应不低于2h。

8.3 从贮漆间把涂料输送至浸涂区应采用以下方法：
  a) 通过排布适当的管路；
  b) 用密闭容器或专用的安全移动槽；
  c) 敞口的或易积聚静电和易破碎的容器都不应用于输送或贮存涂料。

8.4 槽液管理：

8.4.1 在停产的时候，浸涂槽中的涂料应排到转移槽。配制涂料及有机溶剂应保存在密闭的容器或可移动的槽罐内。也可以贮存在容积小于 $0.6m^3$ 或液体表面积小于 $1m^2$ 的加盖板的浸槽中。

8.4.2 在使用或处置涂料的地方，应迅速采用安全的方式处理或清理泄漏的液体。

8.4.3 只有在没有明火或其他火源的地方，才能使用可燃涂料及有机溶剂。

8.4.4 可燃涂料及有机溶剂在其原装容器和浸涂槽、容器、可移动槽之间输送时应用以下方法实现：
  a) 用容量不大于19L的容器或安全罐；
  b) 经密封的管道系统；
  c) 可移动槽或容器顶上的抽出装置；
  d) 靠重力输送。

8.4.5 不应用空气对容器加压的方法输送涂料，只有在有控制的情况下，包括用减压装置限压，使之不超过容器的设计压力，才能靠惰性气体加压输送涂料。

8.4.6 只有在连接管、容器或浸涂槽良好接地时，可燃涂料及有机溶剂才能注入金属容器或浸涂槽中。在注入的过程中，用电阻不大于 $1×10^6\Omega$ 的导电体保持金属容器的接地。

8.5 输送涂料的管路系统及其附属装置：

8.5.1 转移涂料所用的设备、管道、管件、泵或仪表应满足耐腐蚀、抗静电、有足够强度的要求。

8.5.2 当从浸涂槽顶部注入涂料时，送漆管的末端距槽底应在150mm之内。送漆管末端应装有一个单向阀以防虹吸。

8.5.3 当用泵灌注涂料时，应有自动保护设施，以防止系统压力超过管路部件的工作压力。

8.5.4 浸涂槽应有液位限位装置，以防止对浸涂槽过量加料。

8.5.5 工作泵应与火灾探测装置或自动灭火系统联锁，以便在着火的情况下，能自动关闭工作泵。

9 消防

9.1 浸涂区应安装消防部门认可的可燃气体报警装置和灭火装置。

9.2 对于槽容积小于 $0.6m^3$ 或液体表面积小于 $1m^2$ 的敞口小型槽应设置槽盖板或专用的灭火装置。盖板应是不燃材料构成,盖住盖板时,与槽体重叠宽度至少应有 25mm;或翻边能扣在槽的周边上。

9.3 对于容积大于 $0.6m^3$ 或液体表面积大于 $1m^2$ 的大型浸涂槽应选择设置下列消防保护系统,以保护浸涂槽、滴漆板、刚浸过漆的工件、罩壳、风管等:

  a) 泡沫灭火系统;
  b) 气体灭火剂系统;
  c) 干式化学灭火系统;
  d) 水喷淋系统。

  在选用泡沫灭火剂时应考虑以下几方面:

  ——工艺特性:如浸涂槽内液面的自由高度;
  ——涂料及其对形成泡沫的影响;
  ——涂料中润湿剂的作用,它可能会阻止泡沫的形成;
  ——其他灭火剂对泡沫层的影响。

9.4 当浸涂槽不工作时,盖板应保持关闭状态。

9.5 对有滴漆板使滴漆返回浸涂槽的情况,应采取特殊的措施,防止来自喷淋器或其他滴落源的水从滴漆板流入浸涂槽。

9.6 在靠近浸涂区最醒目的区域设置安全标志。

10 操作、维修和培训

10.1 在浸涂区内,尤其是滴漆板、滴漆盘,应定期清理,尽量减少可燃剩余物积累。在浸涂区内允许使用便于清理的覆盖层(薄纸、塑料膜等)和可剥性涂层,以便于清理。当残余物在工作区、风管及其排放点或其他邻近区积累太多的时候,所有的浸涂操作应中断,并实施清除,直到除净为止。

10.2 沾有涂料或溶剂的抹布等物品,用完后应放入带盖的金属箱内,当班应按危险废弃物处理规定处理,严禁乱抛。

10.3 定期检查整个浸涂区,包括盖板、溢流管入口、排放出口、底部排放口、泵、阀、电线及电气设备、设备接地、通风系统和灭火设备,发现问题应立即解决。每月至少检查一次。

10.4 清理浸涂设备应在通风设备开启时进行。所用的溶剂闪点应高于38℃或不小于浸涂涂料的闪点。

10.5 操作电磁线浸漆设备人员应经过培训、考核,熟知设备特性和操作规程后,方能上岗。

10.6 浸涂设备停产维修时,若采用电焊、气焊、磨削设备等明火作业,应经企业安全技术部门审查批准,严格执行动火安全制度,遵守安全操作规程。

10.7 所有浸涂作业人员应按照 GB 7691 的培训规程进行专业培训,考核合格后,取得上岗合格证方可上岗操作。

10.8 安全管理与应急预案的培训。

附 录 A
（规范性附录）
浸涂作业爆炸危险区域划分图

浸涂作业爆炸危险区域划分图见图 A.1～图 A.4。

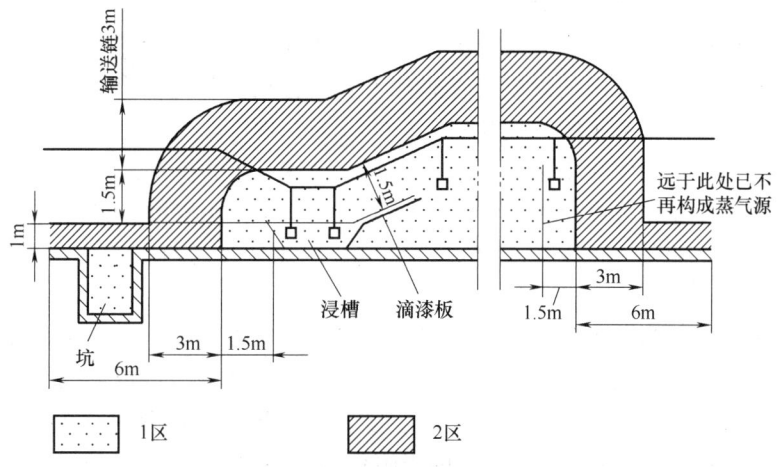

图 A.1　无抑制蒸气或通风的浸涂作业的爆炸危险区域划分图

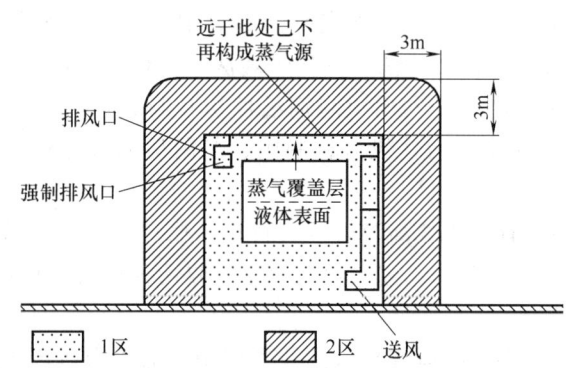

图 A.2　有抑制蒸气和通风的浸涂作业的爆炸危险区域划分图

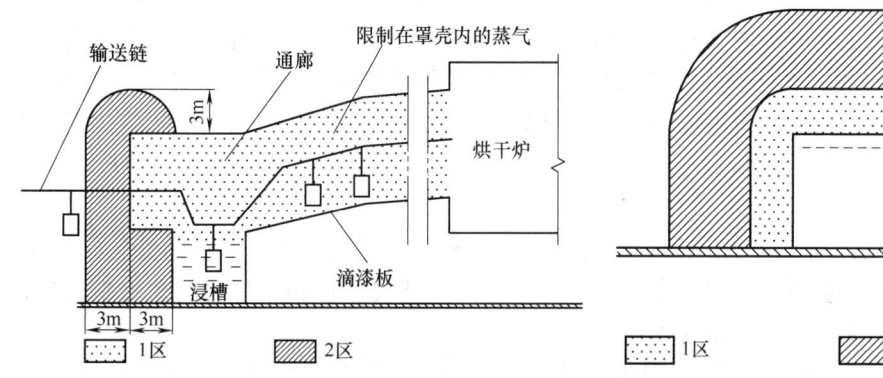

图 A.3　封闭浸涂作业的爆炸危险区域划分图

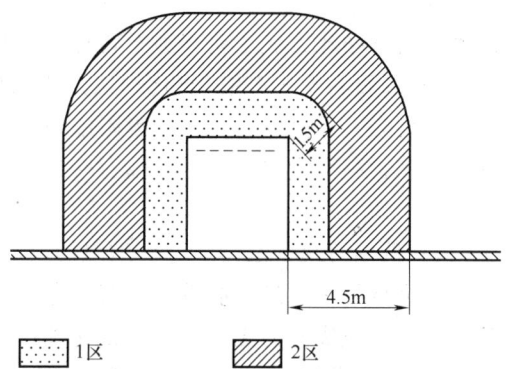

图 A.4　敞开容器的爆炸危险区域划分图

第十一节　涂装作业安全规程　有机废气净化装置安全技术规定

一、概论

1. 有机废气净化装置安全技术

有机废气对环境的危害甚大。人如果长期吸入低浓度的有机废气会危害人的身体健康；有机废气对光化学烟雾、酸雨的形成起着非常重要的作用；另外，有机废气大部分是易燃、易爆物，这给涂装作业带来了很大危险。

随着国家环保规划的深入实施，国家和地方针对各行业的挥发性有机废气均出台了严格的排放标准。涂装行业作为有机废气重要来源之一，在全行业积极、有效地开展有机废气治理工作，不仅关乎企业员工的身心健康，也是完成国家挥发性有机物总量减排任务的必要环节。

净化有机废气是保障工人健康、保护环境和促进生产发展的一项主要技术措施。目前，常用的传统净化方法有吸附法、燃烧法、活性炭吸附-催化燃烧法、吸收法、冷凝回收法等。

1）吸附法是较为典型的传统净化技术手段。它是将有机废气通入装有固体吸附物质（吸附剂）的填充床，利用吸附剂对气体的吸附作用除去有害成分，达到减少、降低空气污染的效果。

2）燃烧法是将有机废气进行氧化燃烧或高温分解，使之无害化，实现废气的净化效果。燃烧法分成直接燃烧法、热燃烧法、催化燃烧法、蓄热式燃烧法等。

3）活性炭吸附-催化燃烧法是利用吸附剂活性炭吸附大风量、低浓度废气中的有机废气，然后以小风量的高温气体对活性炭进行脱附，脱附后的气体送入催化燃烧炉内进行处理，使得废气得到净化。

4）吸收法是运用涂装有机废气高溶解性的特点，通过高沸点和低蒸气压油溶解性吸收净化的净化方式。吸收法主要分为物理吸收与化学吸收两种形式，物理吸收是较为常见的技术手段。

5）冷凝回收法是一种将有机废气导入到冷凝器中，通过有机废气在不同的温度下产生的蒸气分压不同，把有机废气一步一步冷凝转化成为液态的回收方法。

随着有机废气净化要求和技术不断进步，又有一些新的技术手段被开发、应用。近几年出现的新型净化方法主要有沸石转轮+蓄热式氧化炉法、低温等离子法、光催化氧化法等。

1）沸石转轮+蓄热式氧化炉法是沸石转轮吸附同蓄热式焚烧技术的组合工艺。其原理是将有机废气通过沸石转轮的吸附浓缩，使大风量、低浓度有机废气浓缩为小风量、高浓度浓缩气体，高浓度浓缩气再经沸石转轮+蓄热式氧化炉高温燃烧分解为 CO_2 和 H_2O 等无机成分。

2）低温等离子法是通过介质阻挡放电技术产生一种低温等离子体，利用活性粒子对工业废气进行处理，进而激活、裂解工业废气中的各组分，开展分解和氧化的复杂化学反应，从而实现有机废气的无毒化、低毒化处理。

3）光催化氧化法处理有机废气，主要是在光的作用之下产生化学反应，可以将废气中的有害物质转化为无害的化学物质，从而有效地降低有机物废气污染性。

2. 有机废气净化装置安全技术标准化

为促进涂装行业有效地减少涂装作业过程中有机废气的排放，强化监督管控，加强堵源头、控过程，合理应用现代化的工艺手段，规范有机废气净化处理设施，全国安全生产标准化技术委员会涂装作业分技术委员会组织专家制定了 GB 20101—2006《涂装作业安全规程 有机废气净化装置安全技术规定》。该标准为首次制定，非等效采用日本 JIS B 8415：1982《工业用燃烧炉的安全通则》，于 2006 年 1 月 23 日发布，2006 年 9 月 1 日实施。

二、标准主要特点与应用说明

该标准为强制性标准，规定了涂装作业有机废气净化装置的通用安全技术要求，主要包括活性炭吸附、催化燃烧、活性炭吸附-催化燃烧、热力燃烧、液体吸收五类净化装置；还规定各类净化装置主要部件，包括净化设备，辅助设备，过滤器，温度、浓度、压力、报警等检测仪器，阻火防爆及安全联锁等器件。

该标准从有机废气的浓度、排放极限、爆炸极限及操作安全等方面规定了五类净化设备的安全技术通用要求，对有机废气净化装置的安全技术分别做出了具体说明。

该标准对净化设备的安装、维护与检修提出了相关要求，同时对净化装置的设计、制造和出厂也做出了相关规定。

该标准特别规定了安全技术培训，对与净化装置相关的人员做出了具体的安全技术培训规定：净化装置的设计人员应经安全技术培训，取得安全资格认可；净化装置的生产管理、工艺技术人员应经安全技术培训，取得安全合格证书，持证上岗；净化装置的作业人员、电器和设备专职维护人员，应进行本工种专门的安全技术培训，通过考核合格，取得上岗证后，方可上岗作业。

三、标准内容（GB 20101—2006）

涂装作业安全规程　有机废气净化装置安全技术规定

1　范围

本标准规定了涂装作业有机废气净化装置的通用安全技术要求。主要包括活性炭吸附、催化燃烧、活性炭吸附-催化燃烧、热力燃烧、液体吸收五类净化装置。

本标准适用于涂装作业上述五类有机废气净化装置的设计、制造、安装、验收、运行和维护。

2　规范性引用文件

下列文件的条款通过本标准的引用而成为本标准的条款。凡是注日期的引用文件，其随后所有的修改单（不包括勘误的内容）或修订版均不适用于本标准，然而，鼓励根据本标准达成协议的各方研究是否可使用这些文件的最新版本。凡是不注日期的引用文件，其最新版本适用于本标准。

GB 150　钢制压力容器

GB 3836.15　爆炸性气体环境用电气设备　第 15 部分：危险场所电气安装（煤矿除外）（GB 3836.15—2000，eqv IEC 60079-14：1996）

GB 6514—1995　涂装作业安全规程　涂漆工艺安全及其通风净化

GB 7691—2003　涂装作业安全规程　安全管理通则
GB 8978　污水综合排放标准
GB 12158　防止静电事故通用导则
GB 13347　石油气体管道阻火器阻火性能和试验方法
GB/T 14441—1993　涂装作业安全规程　术语
GB 16297　大气污染物综合排放标准
GB 18484　危险废物焚烧污染控制标准
GB 18597　危险废物贮存污染控制标准
GB 18598　危险废物填埋污染控制标准
GB 18599　一般工业固体废物贮存、处置场所污染控制标准
GB 50058　爆炸和火灾危险环境电力装置设计规范
GBJ 87　工业企业噪声控制设计规范
GBJ 140　建筑灭火器配置设计规范

3　术语和定义

GB/T 14441—1993 确立的以及下列术语和定义适用于本标准。

3.1　有机废气　exhaust organic gas

涂装作业中产生的含有机化合物气体。

3.2　净化装置　purification equipment

除去有机废气的装置。主要包括净化设备，辅助设备，过滤器，温度、浓度、压力、报警等检测仪器，阻火防爆及安全联锁等器件。

3.3　活性炭吸附　activated carbon adsorption

以活性炭为吸附剂，如颗粒状、蜂窝状或纤维状活性炭，吸附有机废气。

3.4　催化燃烧　catalytic combustion

在一定温度下，有机废气通过催化剂的催化作用，进行充分氧化（燃烧）反应。

3.5　热力燃烧　flame combustion

利用燃料燃烧产生的热量，将有机废气加热到着火温度，进行充分氧化（燃烧）反应。

3.6　液体吸收　liquid absorption

采用适当的液体吸收剂，在气液相充分接触过程中，进行物理或化学吸收有机废气。

4　通用要求

4.1　涂装作业中产生的有机废气使作业场所空气中有害物质的浓度超过 GB 6514—1995 中 5.2.1 的规定时，应采取通风排毒措施。通风排气装置排出的有害物质浓度超过 GB 16297 中规定的大气污染物排放限值时，应采取净化处理措施。

4.2　净化处理措施应根据涂装工艺条件和污染状况选择采用活性炭吸附、催化燃烧、热力燃烧或液体吸收等净化装置，净化后排入大气的污染物应符合 GB 16297 中大气污染物排放限值的规定。

4.3　净化装置排出的废水应符合 GB 8978 的有关规定。排出的废渣、固体废物，其贮存、填埋、焚烧应分别符合 GB 18597、GB 18598、GB 18484 或 GB 18599 的规定。

4.4　进入净化装置的有机废气的浓度应低于其爆炸极限下限值的 25%。

4.5　净化装置前应设置有机废气直接排空装置。当净化装置一旦发生故障或工作结束时，

应能立即打开直接排空装置，使有机废气直接排空，以防有机气体积聚。

4.6 直接排空装置后、净化装置前，应设置去除悬浮物质、尘土等的过滤器。过滤器应设置压差计，当过滤器的阻力超过设定最大阻力时，或到清理日期时，应立即清理或更换过滤材料。

4.7 在过滤器后、净化装置前，应设置阻火器。阻火器的阻火性能应符合 GB 13347 的规定。

4.8 设置在爆炸性气体环境的净化装置，应按 GB 50058 的规定选用其电器设备及电控装置，其接线应符合 GB 3836.15 中的有关规定。

4.9 净化装置中可能产生静电的管道和一切设备均应可靠接地，设置专用的静电接地体，其接地电阻值不大于 100Ω，静电导体与大地间的总泄漏电阻应小于 $1\times10^6\Omega$，并应符合 GB 12158 的规定。

4.10 净化装置的设备及与其相连接的管道，均应有密封件，紧密不漏气。

4.11 净化装置的隔热、保温层应采用非燃烧体材料制作，保温层外壁温度宜不高于室内温度 15℃。

4.12 净化装置前设置风机正压操作时，风机与电动机均应选用防爆型。通过风机的气体温度应低于风机运行时的规定温度。风机前应设风量调节阀。

4.13 净化装置、辅助装置及风机等应采取减振、隔声措施，运行时的噪声应符合 GBJ 87 的规定。

4.14 净化装置应设置在通风良好的场所，并具有安全疏散通道或空间。

4.15 净化装置设置场所严禁烟火，并应按 GBJ 140 的要求设置灭火器材。

4.16 净化装置设置场所宜设置可燃气体报警器。

4.17 净化装置设置场所应按 GB 7691—2003 第 14 章规定设置安全标志。

5 活性炭吸附净化装置

5.1 用蒸汽脱附的活性炭吸附器和管式冷凝器的设计、制造、使用应符合 GB 150 中的有关规定。

5.2 活性炭吸附器的顶部应设置压力计、安全泄放装置（安全阀或爆破片装置）。安全泄放装置的设计、制造、运行、检验应符合《压力容器安全技术监察规程》第七章安全附件和附件五"安全阀和爆破片的设计计算"的规定。

5.3 活性炭吸附器内应设置自动降温装置。

5.4 活性炭的性能应符合相应有关标准的规定。

5.5 活性炭吸附器气体进出口和吸附器内部应设有多个温度测定点和相应的温度显示调节仪，随时显示各点温度。当温度超过设定最高温度时，立即发出报警信号，并且自动开启降温装置。两个温度测试点之间距离宜不大于 1m，测试点与设备外壁之间距离宜不大于 60cm。

5.6 活性炭吸附器气体进出口应设置气体浓度检测仪，定时检测气体浓度。当出口有机气体浓度超过设定最大值时，应停止吸附，进行脱附。

5.7 活性炭吸附器气体进出口的风管上应设置压差计，以测定经过吸附器的气流阻力（压降），从而确定是否需要更换活性炭。

5.8 用蒸汽脱附时，在冷凝器、气液分离器、贮液槽等设备上应设置安全排气管。

5.9 在用于脱附的蒸汽管道上，应设置蒸汽减压阀和蒸汽流量计、温度计、压力计。

6 催化燃烧净化装置

6.1 催化燃烧装置的内腔及密封材料均应选用不会产生影响催化剂活性的高温分解物的材质。

6.2 预热室应设置温度测定及超温报警自动控制装置,预热温度达到设定值时,停止加热。当预热温度超过设定最高温度时,立即发出报警信号,关闭加热装置,开启直接排空装置。

6.3 预热室的加热装置应与风机联锁。自动控制程序设计时,应符合以下步骤:装置运行开始时,先启动风机2min~3min,将滞留在设备和管道中的有机气体排出,再启动加热装置。运行终止时,先关闭加热装置,风机继续运行,待剩余的有机气体排尽,同时催化剂层温度下降到100℃左右时,再关闭风机,最后关闭电源,开启直接排空装置。

6.4 使用电加热器的加热装置,其电加热管应能耐热、耐腐蚀。

6.5 催化床的工作温度应不超过设定的最高温度。当达到设定最高温度时,立即发出报警信号,并自动采取补充冷风等降温措施,启动直接排空装置。

6.6 催化燃烧装置气体进出口处应设置气体浓度检测仪,定时检测气体浓度。

6.7 催化燃烧装置应设置安全泄放装置,安全泄放装置的设计、制造、安装应符合5.2的规定。

7 活性炭吸附-催化燃烧净化装置

7.1 活性炭吸附-催化燃烧装置应设置可燃气体浓度监测和报警联锁装置。每个设备应设有两个以上气体浓度监测探头,每两个监测点之间距离宜不大于50cm。如其中一个浓度超过4.4规定的危险值时,应能立即发出报警信号,并自动关闭加热电源,开启直接排空装置,启动活性炭吸附器的降温装置。

7.2 用热气体脱附时,脱附后热气体管道上应设置气体浓度监测仪、报警器、温度计、流量计。应使脱附出的气体中有机气体浓度始终低于爆炸极限下限值的25%。

7.3 在净化装置运行时,脱附-催化燃烧系统与吸附系统之间相连风管上的阀门的漏风量应不大于脱附风量的4%。

7.4 活性炭吸附-催化燃烧装置均应符合第5、6章的要求。

8 热力燃烧净化装置

8.1 预热室应设置温度测定及点火报警联锁装置,在预热温度未达到设定值时,不应通入有机废气。当预热温度过低或灭火时,立即发出报警信号,关闭有机废气进气阀门,启动直接排空装置。

8.2 燃烧室进口应设置有机废气浓度测定和报警联锁装置,随时显示进口气体浓度。当气体浓度超过4.4规定的危险值时,立即发出报警信号,启动直接排空装置。

8.3 预热室和燃烧室的气流应能充分混合,温度分布均匀。

8.4 燃烧室燃烧应良好,运行时排气烟道畅通。

8.5 燃烧器在运行时应能长时间维持正常的稳定火焰。

8.6 燃烧器应设置燃烧安全装置。燃烧安全装置应包括燃料输送管紧急切断阀、燃烧监视装置和相应的检测控制仪。

8.7 燃烧器的燃料输送管紧急切断阀应符合以下要求:

    a) 在燃烧器启动后点火不正常或燃烧用空气突然中断时,应能立即自动切断燃料的供给;

b) 在紧急切断阀上不应设置旁通。

c) 紧急切断阀宜设置在靠近燃烧器处。

d) 使用气体燃料的紧急切断阀，应定期进行泄漏试验，试验时周围无明火。

8.8 预热室和燃烧室的室体应选用耐热、耐腐蚀材料制作，确保预热和燃烧时室体强度。

8.9 燃烧器供应燃料的设备及输送管应设置在不易过热或被损坏的安全场所，在运行时应无故障。

8.10 燃烧装置的设计、制造、运行应符合国家有关标准的要求。

8.11 热力燃烧净化装置气体出口处应设置气体浓度检测仪，定时检测气体浓度。

8.12 热力燃烧净化装置应设置安全泄放装置，安全泄放装置的设计安装应符合5.2的规定。

9 液体吸收净化装置

9.1 吸收剂吸收有机废气时，应不产生有爆炸危险的气体混合物。

9.2 吸收剂宜采用无臭、无毒、难燃、化学稳定性好的吸收剂。

9.3 吸收装置气体进出口处应设置气体浓度检测仪，定时检测气体浓度。

9.4 吸收液的冷却、再生和废吸收液的处理装置应与吸收装置同时进行设计，并应保证安全。

9.5 吸收液的输液泵应与风机联锁。运行开始时，应先开输液泵，后开风机。运行结束时，先关风机，后关输液泵。输液泵应为防爆型。

10 安装、维护与检修

10.1 净化装置的安装调试应符合GB 7691—2003中6.8的规定。

10.2 净化装置的维护与检修应符合GB 7691—2003第13章的规定。

10.3 净化装置应按GB 7691—2003第17章的规定定期进行检验检测。

11 设计、制造与出厂

11.1 净化装置的设计、制造，应由具有专业设计、制造资质的单位设计、制造。设计和制造应有完整的技术文件和图样。

11.2 净化装置出厂应有完整的产品铭牌（名称、型号、主要参数、制造厂名、地址、制造时间），产品质量检验合格证、使用说明书（包括安全说明）以及安全检验合格证等技术资料。

12 安全技术培训

12.1 净化装置的设计人员应经安全技术专门培训，取得安全资格认可。

12.2 净化装置生产管理、工艺技术人员，应经安全技术专门培训，取得安全合格证书，持证上岗。

12.3 净化装置的作业人员、电气和设备专职维护人员，应进行本工种专门的安全技术培训，经安全技术理论考核和实际操作技能考核合格，取得上岗证后，方可上岗作业；未经培训，或培训考核不合格者，不得上岗作业。

第二篇 热 喷 涂

第五章 术语与通用规范

第一节 热喷涂 术语、分类

一、概论

1. 热喷涂技术及其发展

热喷涂是一组技术的总称。其原理为将粉状、丝状或棒材的金属、陶瓷、金属陶瓷或聚合物送至喷枪或喷炬并加热到接近或稍高于材料熔点，然后用气流加速这些熔化或近熔化的小液滴射向需涂覆的表面（即涂覆基体），经与表面冲击，这些小液滴铺展为薄的片状粒子而附着于表面，固化时片层相互重叠嵌合形成附着、连续、完整的具有所需性能的涂层。一般需由喷涂装置经多道或多遍喷涂才可得到所要求厚度的喷涂层。

热喷涂技术可喷涂的材料极为广泛，实际上能熔化而不分解的材料都可用作喷涂层材料。这些材料可在基体上形成涂层又不致明显加热被喷涂的基体，因而可在已精加工及热处理的工件上喷涂熔点极高的涂层，而不改变该工件的性能或造成热变形。在大多数情况下，工件表面损伤的涂层经去除后，可再次采用热喷涂技术恢复尺寸。不过，由于该技术属于"直视"技术，对于结构复杂的小件或喷枪不能进入的细长内孔加工有困难。

热喷涂层的粒子与其涂覆基体的结合主要是机械咬合，采用不同材料及工艺方法制备出的热喷涂层性能差异较大。因此，涂层的标准或规范必须写明起始的喷涂层材料（粉末、丝材或棒材）的成分，以及所采用的喷涂技术的种类。

热喷涂层的应用广泛，最重要的是用于提高工件表面的耐磨性和/或耐蚀性，也适用于尺寸修复。其他的功能性涂层，如热障涂层、电导涂层、电阻涂层、电磁屏蔽涂层、强化辐射涂层、阻止辐射涂层等已用于各种工业领域，例如，航天、航空、农机、机动车、采矿、造纸、石油、天然气生产、化学、塑料、生物医学等。

热喷涂技术诞生于1911年，由 M. U. Schoop 发明了火焰喷涂。线材喷涂和爆炸枪喷涂技术于1955年获得专利，等离子喷涂技术于1962年获得专利，高速火焰喷涂于1981年获得专利。其后，这些技术各自得到了迅速推广，从技术、装备、工艺材料各方面推动了整个热喷涂技术领域的迅速发展，至今又发展了新型的冷喷涂技术。相较于其他的表面工程技术，热喷涂技术出现较晚，但发展很快，已成为表面工程技术领域中比较前沿的技术，可喷涂的涂层材料、基体和应用范围都得到空前的拓展。热喷涂技术在发展中不断引入高新技术并采用技术密集型装备，不断与其他表面工程技术相结合，可喷涂材料范围逐步扩大，喷涂设备在功率、速度、效率方面也得到极大的提升，涂层的应用领域不断拓展。目前，它已发展成为涉及冶金、材料、力学、化学化工、电子与微电子、机械、航空与航天等多个学科与领域的交叉技术，并获得广泛的工业应用，不仅在传统的耐磨/防腐涂层方面发挥着重要作用，而且在航空航天、芯片制造等高端制造领域也发挥着越来越重要的作用，发展和应用前景非常广阔。

2. 热喷涂的工艺分类

热喷涂工艺一般按照喷涂材料、操作方法或热源进行分类。根据热喷涂材料类型可以分为：线材喷涂、棒材喷涂、芯材喷涂、粉末喷涂、熔液喷涂等；根据操作方法可以分为：手工喷涂、机械化喷涂、自动化喷涂等；根据热源可以分为：线材火焰喷涂、粉末火焰喷涂、高速火焰喷涂、爆炸喷涂、电弧喷涂、等离子喷涂、激光喷涂等。

3. 热喷涂的工艺流程及主要构件

热喷涂的工艺流程主要包括基材的预处理、涂层的制备与后处理，涉及材料、工艺、设备、检测等方面内容。基材的预处理一般采用喷砂介质或磨料，对其表面进行粗化处理。常用的喷涂材料包括丝材、棒材、粉末材料。涂层结构可以为单一涂层、复合涂层或梯度涂层。喷涂设备的构件包括喷涂枪、喷嘴、送丝机构、送粉器、送粉嘴等。喷涂工艺参数主要包括喷涂距离、喷涂角度、送丝/粉速度等。涂层的性能表征包括抗拉结合强度、硬度、耐蚀性、耐热性、减摩耐磨性、隔热和电绝缘性能等方面。

4. 热喷涂术语、分类的标准

热喷涂技术涉及面广泛，其名词术语应予以确定和统一，以免造成混淆和混乱，以致妨碍热喷涂技术的科学研究和生产应用。

《热喷涂术语、分类》标准是热喷涂成套技术标准的基础。为了规范热喷涂行业发展，促进技术交流，我国于1991年制订了行业标准JB/T 5070—1991《热喷涂常用术语》，明确定义了热喷涂技术的大部分常用术语。该标准的应用极大地推动了我国热喷涂技术的发展。1999年，国际标准化组织首次发布了热喷涂的术语、分类相关标准ISO 14917：1999《热喷涂　术语、分类》，并于2017年进行了修订，目前为第2版，即ISO 14917：2017《热喷涂　术语、分类》。我国于2002年制定了国家标准GB/T 18719—2002《热喷涂　术语、分类》，该标准修改采用ISO 14917：1999《热喷涂　术语、分类》。GB/T 18719—2002《热喷涂　术语、分类》于2002年5月17日发布，2002年12月1日实施。

二、标准主要特点与应用说明

相对于ISO 14917：1999，该标准将ISO 14917：1999英文直译的"室中等离子喷涂"解释定义为"可控气氛等离子喷涂"；在"一般术语"中，按热喷涂材料、涂层、工艺进行了分类和补充，其中，"热喷涂材料"增加了6条术语，"热喷涂涂层"增加了10条术语，"热喷涂工艺"增加了5条术语；术语"喷涂枪"编入第6章"热喷涂设备术语"中；增加了附录A，列出了该标准章条编号与ISO 14917：1999章条编号对应一览表；将ISO 14917：1999中"关键词索引"调整为附录B（本节标准内容部分省略了附录B），并按汉语拼音排序。

该标准规定了热喷涂工艺和常用热喷涂术语的定义。标准共分8章，其中第4章按喷涂材料、喷涂操作方法及热源的种类对热喷涂工艺进行了分类。

热喷涂技术术语种类较多，包括相关科学技术的必要术语，表面准备工艺、材料和设备术语，热喷涂工艺、材料和设备术语，热喷涂层后处理工艺、材料和设备术语等。在标准编制时，对所涉及的术语进行了精选，以便具有针对性和实用性。

该标准第 5 章为一般术语，包括热喷涂材料、涂层、工艺等三部分，涉及词条 46 条，反映了热喷涂方法或技术的概貌；第 6 章为设备术语，涉及词条 7 条，列出了热喷涂设备的主要构成；第 7 章为涂层性能术语，涉及词条 14 条，简单介绍了热喷涂层的主要性能；在第 8 章中，列出来热喷涂工艺导图。

该标准内容涵盖喷涂材料、工艺、设备、涂层性能等方面的术语，可以作为热喷涂行业交流的规范定义。该标准所列只限于热喷涂的一般常用术语，局限于热喷涂技术的发展和术语归集，热喷涂技术发展前沿的术语仍有欠缺，使用者要考虑此情况。

三、标准内容（GB/T 18719—2002）

热喷涂 术语、分类

1 范围

本标准规定了热喷涂工艺和常用热喷涂术语的定义。按喷涂材料、喷涂操作方法以及热源的种类对热喷涂工艺进行了分类。

本标准适用于热喷涂处理过程中所用术语和分类。

2 规范性引用文件

下列文件中的条款通过本标准的引用而成为本标准的条款。凡是注日期的引用文件，其随后所有的修改单（不包括勘误的内容）或修订版均不适用于本标准，然而，鼓励根据本标准达成协议的各方研究是否可使用这些文件的最新版本。凡是不注日期的引用文件，其最新版本适用于本标准。

GB/T 230 金属洛氏硬度试验方法（neq ISO 6508）

GB/T 5030 金属小负荷维氏硬度试验方法（eqv ISO 6507）

GB/T 8642 热喷涂 抗拉结合强度的测定（eqv ISO 14916）

3 术语和定义

3.1 热喷涂 thermal spraying

在喷涂枪内或外将喷涂材料加热到塑性或熔化状态，然后喷射于经预处理的基体表面上，基体保持未熔状态形成涂层的方法。

注 1：液态或塑性膏态材料也可得到喷涂层。

注 2：为获得特殊的涂层性能，可以采用喷涂后热处理、机械处理或封闭处理等方法。

4 工艺种类

4.1 按热喷涂材料类型分类

可分为以下各类：

——线材喷涂 wire spraying；

——棒材喷涂 rod spraying；

——芯材喷涂 cord spraying；

——粉末喷涂 powder spraying；

——熔液喷涂 molten bath spraying。

4.2 按操作方法分类

4.2.1 手工喷涂 manual spraying

喷涂工艺所特有的全部操作均使用手工完成。

4.2.2 机械化喷涂 mechanized spraying
喷涂工艺所特有的全部操作均使用机械完成。

4.2.3 自动化喷涂 automatic spraying
喷涂工艺所特有的全部操作包括所有装卸，例如上、下工件均完全机械化并集成于一个程序系统自动完成。

4.3 按热源分类

4.3.1 熔液喷涂 molten-bath spraying
喷涂材料被加热到熔化状态并被预热的雾化气体（例如压缩空气或其他混合气体）雾化加速并喷到经预处理的基体表面的一种喷涂方法，见图 1。大多数情况下，喷涂材料是在容器内被加热熔化的。

4.3.2 火焰喷涂 flame spraying
喷涂材料在氧-燃气焰中被加热，然后以雾化状喷向经预处理的基体表面的喷涂方法。初始喷涂材料可呈粉末状、棒状、柔性复合丝状或线状。可以只利用氧-燃气射流，也可以同时使用附加的雾化气体（例如压缩空气），将被加热的材料喷向基体。

4.3.2.1 线材火焰喷涂 wire flame spraying
线材火焰喷涂是将要沉积的线状材料不断输送给喷涂枪，利用氧-燃气焰将其加热到熔化状态，并借助于雾化气体（例如压缩空气）喷射到经预处理的基体表面的喷涂方法，见图 2。

使用的主要燃料气体有：乙炔、丙烷、氢气和液化石油气等。

线材火焰喷涂还包括：棒材火焰喷涂、柔性复合丝火焰喷涂等。

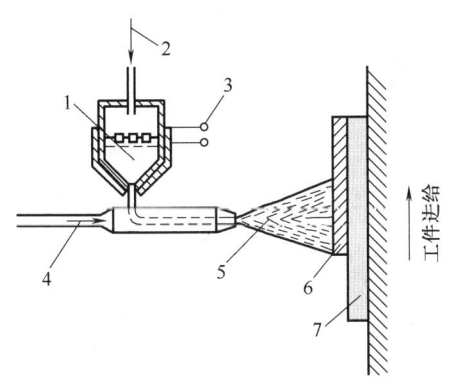
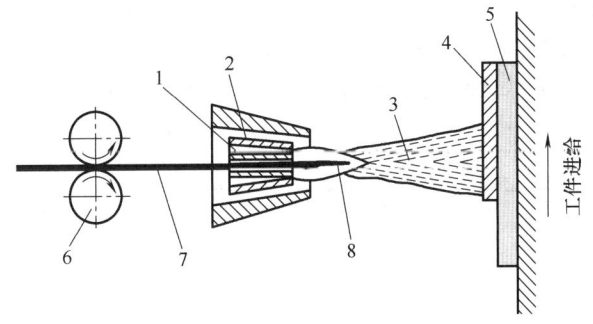

图 1 熔液喷涂
1—熔化金属 2—气体入口 3—电阻加热
4—雾化气体 5—喷雾流 6—喷涂涂层 7—基体

图 2 线材火焰喷涂
1—气体混合物 2—压缩空气 3—喷雾流 4—喷涂涂层
5—基体 6—可调送丝机构 7—喷涂丝 8—熔化丝端

4.3.2.2 粉末火焰喷涂 powder flame spraying
粉末火焰喷涂是将要喷涂的材料以粉末状输送给喷涂枪，在氧-燃气焰中将其加热到塑性或熔化状态，并利用膨胀燃气流喷射于经预处理的基体表面上的喷涂方法；有时可利用附加的气体射流加速粉末粒子。见图 3。

4.3.3 高速火焰喷涂 high velocity flame spraying
高速火焰喷涂时，助燃气体与燃烧气体在燃烧室中连续燃烧，燃烧的火焰在燃烧室内产生高压并通过与燃烧室出口连接的膨胀喷嘴产生高速焰流,喷涂材料送入高速射流中被加热,加速喷射到经预处理的基体表面上形成涂层的方法,见图4。

可使用乙炔、丙烷、丙烯、氢气等燃气,也可使用柴油或煤油等液体燃料。

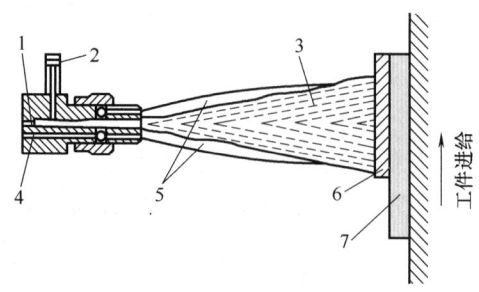

图3 粉末火焰喷涂

1—送粉气体 2—粉末入口 3—喷雾流
4—气体混合物 5—火焰 6—喷涂涂层 7—基体

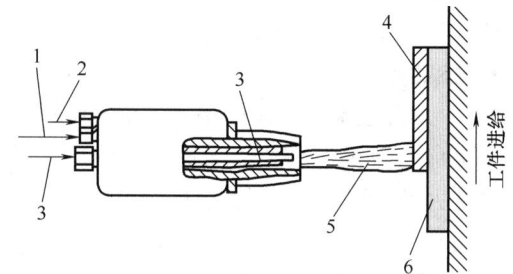

图4 高速火焰喷涂

1—燃料气体 2—氧 3—粉末和送粉气
4—喷涂涂层 5—喷雾流 6—基体
注:吹管喷嘴用或不用水冷却。

4.3.4 爆炸喷涂 detonation spraying

爆炸喷涂是将一定量的粉末注入喷枪的燃爆室中,燃爆室中的气体混合物发生时间间隔可控的爆炸燃烧,所产生的高速热气流将粉末粒子加热到塑性或熔化状态并使粉末粒子获得加速,喷射到经预处理的基体表面上形成涂层的方法,见图5。

爆炸喷涂的喷涂枪由枪管和燃爆室所组成,利用电火花引爆注入的气体产生冲击波加速和加热输入枪管中的粉末粒子,直射到经预处理的基体表面上。每次爆喷后,用氮气冲洗燃爆室和枪管。

4.3.5 电弧喷涂 arc spraying

电弧喷涂是利用两根金属丝之间产生的电弧熔化丝的顶端,两根金属丝的成分可以相同,也可以不相同,经一束或多束气体射流(一般为压缩空气)雾化将已熔化的金属熔滴喷射到经预处理的基体表面上形成涂层的工艺方法,见图6。

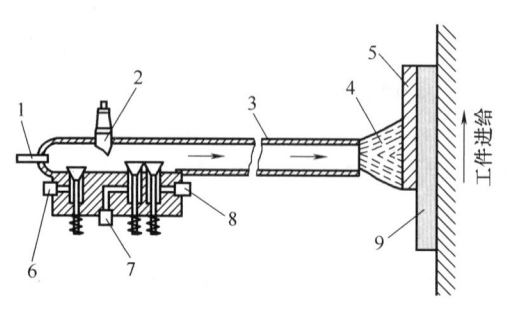

图5 爆炸喷涂

1—粉末入口 2—点火装置 3—枪管 4—喷雾流
5—喷涂涂层 6—氮气 7—乙炔 8—氧 9—基体

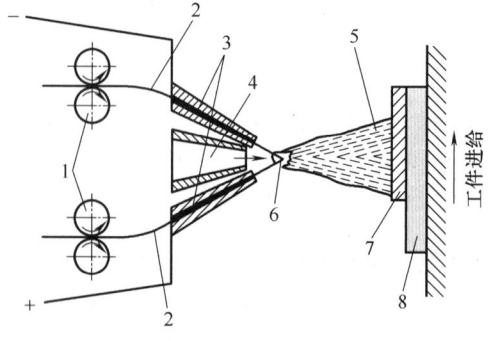

图6 电弧喷涂

1—可调送丝机构 2—喷涂丝 3—接触管
4—雾化气体 5—喷雾流 6—电弧中熔化的丝尖端
7—喷涂涂层 8—基体

4.3.6 等离子喷涂　plasma spraying

4.3.6.1 大气等离子喷涂　plasma spraying in air

大气等离子喷涂简称等离子喷涂，是利用等离子射流将喷涂材料加热到塑性或熔化状态，再将它喷射到经预处理的基体表面形成涂层的方法，见图7。可用送粉气将粉末从喷嘴内（内送粉）或外（外送粉）送入等离子射流中。

利用电极（阴极）和喷嘴（阳极）之间形成的电弧使等离子体形成气体部分或全部电离，产生等离子体，气体热膨胀从喷嘴喷出高速等离子射流。常用的等离子气体有氩气、氢气、氦气、氮气或它们的混合物。

4.3.6.2 可控气氛等离子喷涂　plasma spraying in chambers

在含有特定气体气氛的密封室中完成的等离子喷涂，见图8。

常用的等离子气体有氩气、氦气、氢气、氮气或它们的混合物，利用适当的控制系统操纵喷枪和工件，同时由符合规定条件喷涂室外的送粉器将粉末连续送入喷枪。

真空等离子喷涂是一种特殊方式，密封室中的气压可以降低。在密封室的气压升高的情况下也可进行等离子喷涂。通过控制密封室的气氛向密封室内喷射细小液滴的液化气体，同时对基体和涂层兼有冷却的作用。

4.3.6.3 液稳等离子喷涂　liquid-stbilized plasma spraying

液稳等离子喷涂（见图9）以液体作为等离子体形成介质，例如水、乙醇或甲醇等。在石墨阴极和旋转水冷阳极之间产生电弧；液体以涡旋运动引入室内，以稳定电弧，并产生等离子射流；不断连续再生的液体罩与室壁形成绝缘、绝热，同时起冷却剂的作用；在室内高温的作用下，部分稳定电弧的液体发生蒸发离解产生等离子体；喷涂材料引入喷嘴外的高速等离子射流中，被加热到塑性或熔化状态，并喷射到经预处理的基体表面上形成涂层。

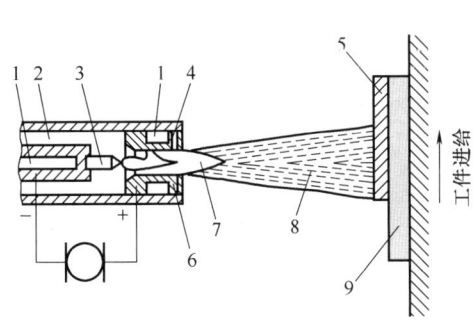

图7　大气等离子喷涂
1—冷却水　2—等离子气体　3—阴极
4—粉末入口　5—喷涂涂层　6—阳极
7—等离子焰　8—喷雾流　9—基体

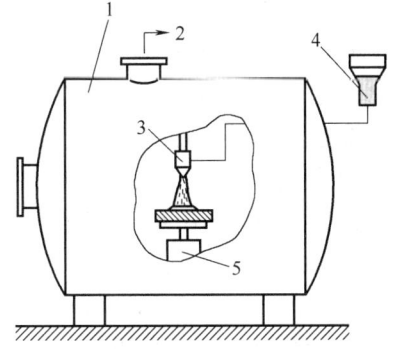

图8　可控气氛等离子喷涂
1—室　2—泵　3—等离子喷枪
4—送粉室　5—工件架

4.3.7 激光喷涂　iaser spraying

激光喷涂是用适当的送粉管将粉末注入激光束中，利用激光束将粉末熔化，并靠送粉气和重力喷到基体表面形成涂层的方法，见图10。喷涂时，可用屏蔽气体保护涂层。

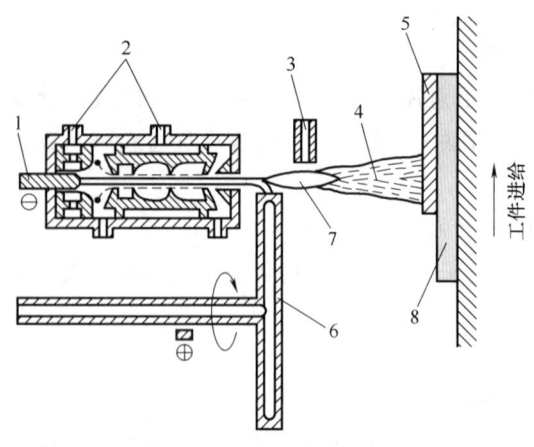 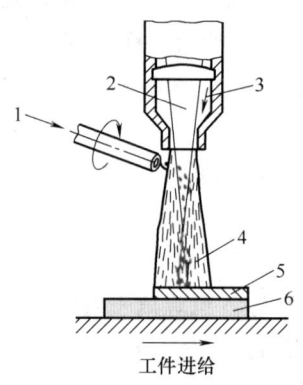

图 9 液稳等离子喷涂
1—阴极 2—液体入口 3—粉末入口
4—喷雾流 5—喷涂涂层 6—阳极
7—等离子 8—基体

图 10 激光喷涂
1—粉末 2—激光束 3—屏蔽气体
4—喷雾流 5—喷涂涂层
6—基体金属

5 一般术语

5.1 热喷涂材料 spray material

热喷涂材料具有不同的初始形态和（或）成分，以适应不同的工艺和应用类型。

5.1.1 喷砂介质或磨料 abrasive

使基体表面粗化和净化所使用的喷砂料。

5.1.2 柔性复合丝 cord

用塑料或金属包覆密实粉末的柔性线材。

5.1.3 包覆丝 wire clad

由一种金属将另一种金属丝包覆起来的线材。

5.1.4 陶瓷棒 ceramic rod

将陶瓷粉末加入黏结剂后，挤压成型，经烧结制成棒状的喷涂材料。

5.1.5 细粉 fine powder

一般指粒度为 $5\mu m \sim 20\mu m$ 的喷涂粉末。

5.1.6 超细粉 superfine powder

极小的微细粉末，粒度通常小于 $5\mu m$。

5.1.7 合金粉末 alloyed powder

由两种或两种以上元素经合金化的金属粉末。

5.1.8 复合粉末 composite powder

两种或两种以上性质不同的材料结合为一体所组成的粉末，有包覆型、团聚型、烧结型等。

5.1.8.1 包覆粉末 cladding powder

由一种材料将另一种粉末颗粒包覆起来的粉末。

5.1.8.2 团聚粉末 agglomerated powder

利用黏结剂将两种或两种以上的粉末黏结为一体而形成的复合粉末。

5.1.8.3 烧结粉末 sinter powder

两种或两种以上的粉末混合经烧结破碎而成的粉末。

5.1.9 混合粉末 mixed powder

两种或两种以上的粉末，经机械混合后而成的粉末。

5.1.10 自熔合金粉末 self-fluxing alloy powder

含有 B 和（或）Si 元素作为助熔剂，当加热到熔点时，合金本身就具有脱氧、造渣、除气和良好的浸润性等性能的合金粉末。

5.1.11 雾化粉末 atomized powder

用熔炼雾化法生产出来的粉末。

5.1.12 陶瓷粉末 ceramic powder

无机非金属粉末材料。

5.1.13 自黏结材料 self-bonding material

喷涂时能与基体表面产生良好黏结，能产生微区冶金结合特性的喷涂材料，如钼、镍包铝复合粉等。

5.1.14 自润滑涂层材料 self-lubrication coating material

含有固体润滑组分的涂层材料。

5.1.15 涂层封孔剂 coat sealer

用以渗入和封闭喷涂层孔隙的材料。

5.1.16 防粘剂 anti-bonding agent

用于防止喷涂层黏结的遮蔽材料。

5.2 热喷涂涂层 thermal sprayed coating

用热喷涂方法在基体表面制备的覆盖层，简称喷涂层或涂层。

5.2.1 基体 substrate

用来沉积热喷涂涂层的物体。

5.2.2 底层 undercoat

为了改善涂层与基体结合性能或其他性能，首先喷涂在基体表面的涂层。又称为黏结底层。

5.2.3 面层 surface coating

表面工作喷涂层。

5.2.4 中间层 interlayer, inter coating

处于面层与底层之间的喷涂层。

5.2.5 复合涂层 composite coating

由两种或两种以上不同材料所组成的喷涂层。

5.2.6 梯度涂层 graduated coating

在厚度方向涂层材料的成分呈逐渐变化的复合涂层。

5.2.7 喷涂态涂层 as-sprayed coating

未进行后处理的喷涂层，又称为原始涂层。

5.2.8 喷熔层 spraying and fusing coating

用喷涂重熔的方法在基体表面制备的涂层。

5.2.9 强化涂层　strengthened coating
增强基体材料抗环境损伤能力的喷涂层，如耐蚀涂层、耐磨涂层、耐磨蚀涂层等。

5.2.10 功能涂层　function coating
使基体材料表面增加某种功能作用的喷涂层，如自润滑涂层、绝缘涂层、导电涂层等。

5.3 热喷涂工艺　thermal spraying processes
热喷涂过程中所使用的处理方法及其参数。

5.3.1 表面预处理　surface preparation
喷涂前对基体待喷涂部位的表面进行净化、粗化等以形成所希望的或规定的表面状态而进行的工作，又称表面制备。

5.3.2 喷涂距离　spray distance
喷嘴端面沿喷涂射流到工件表面间的距离。

5.3.3 喷涂角度　spray angle
喷涂射流中心轴线与工件表面间的夹角。

5.3.4 喷涂速率　spray rate
单位时间内喷枪喷出的涂层材料的质量。

5.3.5 喷涂效率　spray efficiency
喷涂涂层的总质量与所喷涂的喷涂材料的总质量之比。

5.3.6 送丝速度　wire feed speed
喷涂材料为线材时，单位时间内送进喷枪的线材长度，单位为 m/min。

5.3.7 送粉速率　powder feed rate
喷涂材料为粉末时，单位时间内送入焰流粉末的质量，单位为 g/min。

5.3.8 送粉气　carrler gas
输送粉末状喷涂材料的载运气体。

5.3.9 雾化气　atomizing gas
对熔化状喷涂材料雾化并加速的气体。

5.3.10 加速气　propellant gas
用于加速并推进喷涂粒子的气体。

5.3.11 遮蔽　masking
对工件不需喷涂区域采取的保护措施。

5.3.12 喷涂粒子　spray particles
喷枪喷出的塑性或熔化粒子。

5.3.13 未熔粒子　unmelted particles
因加热不足等原因，未能产生变形而夹杂在涂层中的粒子。

5.3.14 喷涂损失　spray losses
喷涂过程因蒸发、烧损，在所要求基体区域之外和反弹回所造成的喷涂材料的总损失，即与热源发生作用但未用于生产涂层的喷涂材料。

5.3.15 热处理　thermal treatment
热喷涂操作之前、之中和（或）之后进行的受控热处理。

5.3.16 喷涂涂层重熔　fusing of sprayed deposits

将喷涂态涂层（见 5.2.11）加热到熔化温度范围以得到均匀的涂层，并使喷涂涂层自身以及与基体之间形成扩散结合的处理。重熔主要用于自熔合金。

5.3.17 喷涂射流　spray stream

喷枪喷出的喷涂粒子流。

6　热喷涂设备术语

6.1 喷涂枪　spray gun

用于将喷涂材料加热到塑性状态或熔化状态，使之加速并喷涂到经预处理的基体表面的装置。

6.2 喷嘴　spray nozzle

喷嘴是带有喷涂射流出孔的喷枪部件。

6.3 辅助喷嘴　supplementary nozzle

辅助喷嘴用于控制喷涂射流的形状和方向，可用于加宽喷涂层，或用于冷却。

6.4 导电嘴（管）　contact tube

导电嘴（管）是电弧喷涂枪喷嘴系统的导电部件（电导线管），丝材通过接触管按所要求的角度沿电触点引向相交点并短路。

6.5 送丝机构　wire feed mechanism

送丝机构是用于控制线状喷涂材料送入的机械操作装置。

6.6 送粉器　powder feeder

送粉器是在喷涂过程中输送粉末状喷涂材料的系统。

6.7 送粉嘴　powder injector

送粉嘴是送给并导引喷涂粉末进入射流的装置，它们可为喷涂枪的组成部分，也可安装在喷涂枪的外部。

7　热喷涂涂层的性能术语

7.1 抗拉结合强度　tensile adhesive strength, R_H

抗拉结合强度 R_H 指涂层与基体之间的结合强度。由抗拉试验所获得的最大载荷 F_m 与试样在断裂表面的横截面积的商计算出。可按 GB/T 8642 测定抗拉结合强度。

7.2 硬度　hardness

确定热喷涂涂层硬度的试验方法优先推荐选用维氏硬度试验方法，见 GB/T 5030。极软涂层应选用 GB/T 230 中规定的洛氏表面硬度试验方法。

7.3 其他性能　other properties

热喷涂层的其他典型性能，例如有：

a) 耐蚀性　corrosion resistance；
b) 耐热性　heat resistance；
c) 减摩性　frictional resistance；
d) 耐磨性　wear resistance；
e) 隔热和电绝缘性　thermal and electrical insulation；
f) 热导率和电导率　thermal and electrical conductivity；
g) 热膨胀性　thermal expansion；

h) 可磨耗性 abradability;
i) 表面粗糙度 surface roughness;
j) 抗热震性 thermal shock resistance;
k) 渗透性 permeability;
l) 孔隙率 porosity。

8 热喷涂工艺导图

按热喷涂所采用的热源进行分类,见图11。

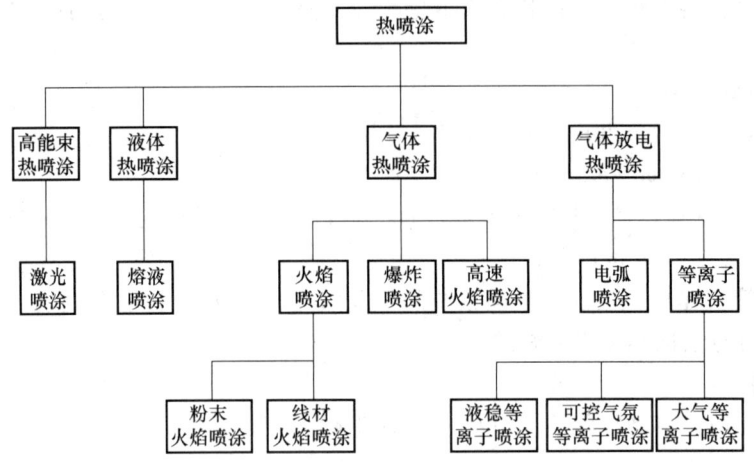

图 11 按热喷涂所采用的热源分类

附 录 A
（资料性附录）
本标准章条编号与 ISO 14917 章条编号对照

表 A.1 给出了本标准章条编号与 ISO 14917:1999 章条编号对照。

表 A.1 本标准章条编号与 ISO 14917:1999 章条编号对照

本标准章条编号	对应的 ISO 14917:1999 章条编号
5.1	5.2
5.1.1~5.1.16	无对应（补充术语）
5.2	5.3、5.13
5.2.1~5.2.10	无对应（补充术语）
5.3	无对应（补充术语）
5.3.1	无对应（补充术语）
5.3.2	5.7
5.3.3	5.8
5.3.4	无对应（补充术语）
5.3.5	5.12

(续)

本标准章条编号	对应的 ISO 14917:1999 章条编号
5.3.6~5.3.7	无对应(补充术语)
5.3.8	5.4
5.3.9	5.5
5.3.10	5.6
5.3.11	5.9
5.3.12	5.10
5.3.13	5.17
5.3.14	5.11
5.3.15	5.14
5.3.16	5.15
5.3.17	5.16
6.1	5.1
6.2~6.7	6.1~6.6
关键词索引(按汉语拼音排列)	关键词索引(按英文字母排列)
附录 A	无对应

注：表中的章条以外的本标准其他章条编号与 ISO 14917:1999 其他章条编号均相同且内容相对应。

第二节 热喷涂 金属零部件表面的预处理

一、概论

1. 表面预处理

表面预处理就是指在热喷涂前对零件表面进行的清洁、粗化、遮蔽等处理。其目的在于获得理想的结合表面，从而提高热喷涂涂层与基体的结合性能。

保证热喷涂涂层具有较高的附着力的关键是对喷涂基体进行适当的准备，应保证基体表面具有所要求的清洁度和表面粗糙度。基体经适当的清洗之后，必须采用喷磨料处理或采用其他一些方法进行粗化，并且，对经表面预处理之后的表面还必须防止搬动或处理过程中受润滑剂、人体汗液或其他污物的再次污染。表面预处理一经完成，应尽快地进行喷涂，以防止表面可能遭遇的重新污染或氧化。

由于热喷涂涂层与基体的结合主要以物理及机械镶嵌结合为主，涂层与基体的结合质量与基体表面的清洁程度和表面粗糙度直接相关，因此，表面预处理就成了整个热喷涂作业中非常重要的一个环节。严格遵守表面制备中所采取的工艺规程，是确保热喷涂涂层获得成功应用的前提。为了获得良好的涂层质量，必须采用正确的表面预处理方法。

进行表面预处理时，可采用刮擦、钢丝刷刷除、机械加工、喷射磨料或利用化学作用除去锈、腐蚀物、油脂或其他润滑剂。从清洁生产的角度，应尽可能少地采用化学清洗技术。在除去氧化皮时，要避免氧化皮嵌入表面。

热喷涂表面准备采用三种粗化表面的方法，即车螺纹粗化、喷磨料粗化、车螺纹后再喷磨料粗化，这些方法各有其适用情况。经粗化的基体要除去残留的粉尘，应避免再污染，因此要尽快地进行喷涂或进行适当的临时表面保护。

2. 表面预处理的方法

（1）表面净化　表面净化是实施热喷涂前基体表面制备的第一步，主要用于除去所有喷涂部位表面的污垢，包括氧化皮、油污、油脂和油漆等。喷涂过程的加热不能除去这些污垢，这些污垢会严重影响涂层与基体的黏结。

（2）表面机械加工　表面机械加工是另外一种表面预处理方法，通常是经车削或磨削完成的。采用车削加工可使涂层与基体之间的结合面积增加30%左右，并且能提高涂层的抗剪切能力。表面经过车削或磨削后，还必须采用喷砂粗化或其他粗化方法进行表面处理，以进一步提高涂层与基体之间的结合强度。在热喷涂技术中，经常采用的表面机械加工方法有下切、开槽和平面布钉或切缝三种。

（3）遮蔽处理　为了避免表面粗化过程中对非粗化表面的影响，以及在喷涂过程中保护非喷涂表面，便于喷涂后对非喷涂表面进行清理（特别是对各种自黏结粉末来讲，在非粗化表面上也能形成涂层且不容易清理掉），在喷砂粗化和喷涂前均须进行遮蔽处理。根据遮蔽保护的目的不同，可将其分为粗化遮蔽保护和喷涂遮蔽保护两种。

在喷涂前对非喷涂表面进行遮蔽处理时，还可采用以下方法完成遮蔽保护：

1）采用保护罩，根据零件特点对非喷涂部位预先做好保护罩，在粗化和喷涂前使用。

2）在非喷涂部位捆扎薄铜皮或薄铁皮。

3）在喷涂表面附近刷涂涂层防粘材料，该法适用于形状复杂或不规则表面。

4）采用木塞、石墨棒或其他耐热非金属材料堵塞喷涂表面的键槽、油孔或螺纹孔。

（4）表面粗化　热喷涂过程中，处于熔融或半熔融状态的加热粒子碰撞到基体表面后，经变形形成薄片，当它们冷却或硬化时，黏附到工件表面。经过粗化处理的表面，有助于涂层的机械结合。最常用的表面粗化方法为喷砂粗化。

3. 热喷涂零件表面预处理的标准

表面预处理是保证热喷涂涂层质量的必要工序，我国非常重视表面预处理的技术要求，于1989年首次制定 GB/T 11373—1989《热喷涂　金属零部件表面预处理通则》，2017年对该标准进行了修订。修订时，在原标准的基础上，补充了表面预处理方法、预处理要求、不喷涂区域的遮蔽要求和预处理对疲劳强度的影响分析等内容。GB/T 11373—2017《热喷涂　金属零部件表面的预处理》于2017年9月29日发布，2018年4月1日实施。

二、标准主要特点与应用说明

该标准规定了热喷涂金属零部件表面预处理的工艺过程，明确了热喷涂金属零部件表面预处理应考虑的重要原则，适用于新件的生产及旧件的修复。

金属零部件的表面预处理是热喷涂前的重要环节。该标准提供了较完整的工艺指南，但针对具体零件的预处理，还应根据其外形、硬度、涂层类型制定切合实际的表面预处理工艺。

该标准规定了新件生产、旧件修复及热喷涂前基体表面准备的一些基本原则，并指出各种粗化方法对基体材料的疲劳强度会产生一定的影响，喷磨料对低强度基体及未淬火工件的疲劳强度影响不大，而对高强度基体或淬火工件会产生不同程度的负面效应。由于基体材料表面缺口处的应力集中，车螺纹、滚花、电拉毛等粗化方法会降低疲劳强度，缩小承载截面，降低承载能力。在使用此标准时应予注意。

为保持表面准备中必要的环境，在不利的气候条件下应采取适当的措施进行防护。

该标准规定在表面准备和喷涂工序之间工件的停留时间应尽可能短，即表面准备后要尽快进行喷涂。一般来讲，在晴天或湿度不高的气候条件下，其停留时间不得超过12h，在雨天、潮湿、盐雾或含硫的气候条件下，其停留时间不得超过2h，否则会受到再度污染。一般规定工作环境温度至少要比气温高5℃，或基体的温度至少比大气露点高3℃。

表面准备方法的选用决定于喷涂层的应用场合、喷涂层材料的种类及基体表面的原始状况。该标准推荐了脱脂净化、喷磨料粗化、下切、车螺纹、滚花和喷涂结合层等表面准备方法及其相关规定和要求，提出了喷涂前预热，以及喷涂磨料处理和热喷涂前的遮蔽和保护的规定或要求。

由于该标准规定了热喷涂表面准备的一般情况，凡进行热喷涂表面准备都应遵从。而在进行具体热喷涂的表面准备时，还应认真分析具体的表面状况、相应的热喷涂涂层材料的种类，以及热喷涂层的具体应用，进行有针对性的、可操作的表面准备。

三、标准内容（GB/T 11373—2017）

热喷涂 金属零部件表面的预处理

1 范围

本标准规定了热喷涂金属零部件表面预处理的工艺过程，明确了热喷涂金属零部件表面预处理应考虑的重要原则。

本标准适用于新件的生产，也适用于旧件的修复。

用于耐腐蚀的热喷涂锌、铝及其合金涂层参见 GB/T 9793。

2 规范性引用文件

下列文件对于本文件的应用是必不可少的。凡是注日期的引用文件，仅注日期的版本适用于本文件。凡是不注日期的引用文件，其最新版本（包括所有的修改单）适用于本文件。

GB/T 8923.1 涂覆涂料前钢材表面处理 表面清洁度的目视评定 第1部分：未涂覆过的钢材表面和全面清除原有涂层后的钢材表面的锈蚀等级和处理等级

GB/T 9793 热喷涂 金属和其他无机覆盖层 锌、铝及其合金

GB/T 13288.1 涂覆涂料前钢材表面处理 喷射清理后的钢材表面粗糙度特性 第1部分：用于评定喷射清理后钢材表面粗糙度的ISO表面粗糙度比较样块的技术要求和定义

GB/T 13288.2 涂覆涂料前钢材表面处理 喷射清理后的钢材表面粗糙度特性 第2部分：磨料喷射清理后钢材表面粗糙度等级的测定方法 比较样块法

GB/T 13288.3 涂覆涂料前钢材表面处理 喷射清理后的钢材表面粗糙度特性 第3部分：ISO表面粗糙度比较样块的校准和表面粗糙度的测定方法 显微镜调焦法

GB/T 13288.4 涂覆涂料前钢材表面处理 喷射清理后的钢材表面粗糙度特性 第4部分：ISO表面粗糙度比较样块的校准和表面粗糙度的测定方法 触针法

GB/T 13288.5 涂覆涂料前钢材表面处理 喷射清理后的钢材表面粗糙度特性 第5部分：表面粗糙度的测定方法 复制带法

GB/T 17850.1 涂覆涂料前钢材表面处理 喷射清理用非金属磨料的技术要求 导则和分类

GB/T 18719 热喷涂 术语、分类

GB/T 18838.1 涂覆涂料前钢材表面处理 喷射清理用金属磨料的技术要求 导则和分类

ISO 11124-2 涂覆涂料前钢材表面处理 喷射清理用金属磨料的技术要求 第2部分：冷硬铸铁砂（Preparation of steel substrates before application of paints and related products—Specifications for metallic blast-cleaning abrasives—Part 2：Chilled-iron grit）

ISO 11126-7 涂覆涂料前钢材表面处理 喷射清理用非金属磨料的技术要求 第7部分：熔融氧化铝（Preparation of steel substrates before application of paints and related products—Specifications for non-metallic blast-cleaning abrasives—Part 7：Fused Aluminium oxide）

ISO 12944-4 涂料和油漆 钢结构防腐蚀涂装系统 第4部分：表面类型和表面准备（Paints and varnishes—Corrosion protection of steel structures by protective paint systems—Part 4：Types of surface and surface preparation）

3 术语和定义

GB/T 18719 界定的术语和定义适用于本文件。

4 原则

工件表面的预处理，对热喷涂涂层的性能，特别对涂层与基体的结合有重要影响。为了得到足够的结合强度，应对金属表面进行严格的清洁处理。

应除去工件表面的焊接飞溅物和残渣，特别注意焊缝及钎焊接头的预处理。应除去氧化物、油脂和类似的污染物。

表面粗糙度应使喷涂层与基体有良好的机械咬合。喷砂是一种获得适当粗糙金属表面的方法，同时喷砂也增大了有效接触面积。

在预处理及喷涂过程中，待喷涂表面应保持干燥。室外喷涂时，应采取适当的措施以满足此要求。

在喷砂后，预处理的表面应尽快喷涂，不应有任何不必要的时间耽误。

注：间隔时间的长短取决于喷涂材料，以及灰尘、水汽和潮湿（温度低于露点，下雨等）对待喷涂表面的影响等因素。

5 表面预处理的方法

5.1 总则

根据喷涂涂层的功能和表面初始状态，可采用不同的表面预处理工艺，但都应采用机械方法除去锈蚀物、灰尘及其他污染物。

5.2 脱脂

在表面处理前必须先彻底除去油脂，应特别注意孔、缝和沟槽等部位的脱脂。

可用加热、浸渍和喷淋等方法脱脂，还可辅以超声波、刷洗或蒸汽喷射等机械方法。可采用水基洗涤液或有机溶剂清洗。使用水基洗涤液时，最好选择具有高含量表面活性剂的弱碱性清洗剂。尽可能使用无磷酸盐清洗剂。由于对环境的有害作用，应避免使用氯氟烃类物质。脱脂后应进行清洗和干燥。

健康、安全及环境方面的问题见5.8。

5.3 喷砂

5.3.1 清洁度

热喷涂表面应采用合适的磨料进行充分的清洁、粗化处理。喷砂过程应持续到要喷涂的区域显示出均匀的金属本色表面，或符合 GB/T 8923.1 标准 Sa3 级要求。

应注意避免由过度喷砂引起的不必要的材料损失。

预处理表面清洁度应达到 Sa3 级，如有更高要求，合同双方可另行商定。

喷砂处理根据磨料的类型和粗细、喷砂的参数（例如：喷砂时间、喷砂距离、喷砂角度、砂粒速度）和喷砂机器的类型而有所不同。此外，磨料的破损率也严重影响表面的喷砂质量。因此，喷砂的操作参数应足以满足表面粗糙度要求。必要时，应根据喷砂试件进行优选。

健康、安全及环境方面的问题见 5.8。

5.3.2 表面粗糙度

表面粗糙度不是热喷涂表面预处理的唯一要求。有关方应协商确定适宜的表面粗糙度参数，并作为轮廓要求的参考。表面粗糙度的评价可采用 GB/T 13288.1 和 GB/T 13288.2 规定的比较样块法测量。或选择 GB/T 13288.3 规定的显微镜调焦法、GB/T 13288.4 规定的触针法、GB/T 13288.5 规定的复制带法其中一种方法进行表面粗糙度测量。评价表面粗糙度时，应注意避免污染已经预处理过的零件表面。

应采取足够的预防措施，除去压缩空气中的油和水分，这些污染物对表面预处理质量和喷涂层的结合强度都有有害的影响。

5.3.3 磨料

5.3.3.1 通则

可根据 GB/T 17850.1、GB/T 18838.1 的规定选择金属和非金属的喷砂磨料，喷砂磨料应清洁、干燥。

循环使用的喷砂磨料应确保以前没有被污染，例如曾用于塑料喷砂、清除涂料、喷砂处理受油或其他污染的表面。

只有有棱角的喷砂磨料才会产生适合喷涂的表面粗糙度，因此，建议目测检查砂粒的颗粒大小和形状。应及时除去细小的灰尘和圆形颗粒。

5.3.3.2 熔融氧化铝和碳化硅

具有高硬度和尖锐外形的熔融氧化铝（见 ISO 11126-7）和碳化硅，适合处理极硬的表面。氧化铝和碳化硅的使用寿命有限，应定期检查评价这些磨料的破碎程度。

用碳化硅喷砂时，应优化喷砂参数（如喷砂压力、喷砂角度、磨料粒度、喷砂距离），减少嵌入的粒子数量。

5.3.3.3 冷硬铸铁砂

冷硬铸铁砂（见 ISO 11124-2）具有破损率低、使用寿命长的特点，常用于喷涂表面的喷砂处理，但其颗粒应保持棱角锐利。有色金属或不锈钢基体用冷硬铸铁砂处理时，有可能增大腐蚀速率。

5.3.3.4 粒度范围

应根据 ISO 12944-4 规定的表面应用要求选择磨料的平均粒度。并根据 ISO 11124-2 和 ISO 11126-7 选择磨料的粒度范围。

5.3.4 喷砂后的清理

喷砂表面残留的砂粒和灰尘的清理对涂层与基体的结合极为重要。清除杂质最好的方法是用真空吸尘清理或用干燥、无油的压缩空气吹扫。对于特定的应用，应采取措施彻底清除残余的砂粒。

5.3.5 喷砂表面的检测

喷砂后表面清洁度和表面粗糙度可以根据 GB/T 13288.2 和 GB/T 13288.4 检测确认。更广泛的要求（见5.3.1、5.3.2 和5.3.4），应由有关各方协商确定。

5.4 车螺纹/开槽

零件经车螺纹或开槽，随后进行喷砂是适合的，尤其在零件的内表面（衬套）上喷涂耐磨层或厚的修复涂层（不大于0.8mm）时是必需的。车螺纹可以减少收缩应力的影响。开槽应避免尖角。车螺纹时不能使用冷却液体或润滑介质。开槽的深度应根据涂层的最终厚度进行调整。

5.5 反极性转移弧清理

在真空等离子喷涂中，可用反极性转移电弧（负极为工件）清除基体上的氧化层，由于真空条件，不会形成新的氧化物，同时对工件进行了预热。

5.6 结合底层

喷涂结合底层时，如某些含铝材料、镍基材料、钼或其他金属材料，能增加或可能增加喷涂层与基体的结合性能。

5.7 其他方法

经有关各方协商，也可采用可满足热喷涂所需的表面清洁度和表面粗糙度要求的其他表面预处理方法。

5.8 健康和安全的预防保护措施

用于表面预处理的设备、材料和磨料，包含了高压喷射和电气操作等特殊工种，有产生粉尘危害及爆炸风险，如果使用不当是危险的。因此应遵守相关喷、焊和粉尘管理的国家健康、安全和环境保护的法规。

6 预热

工件预热的目的：

——防止水分凝结：

工件的温度超过50℃时，可有效地避免大气中水分的凝结。普通火焰喷涂时，通常建议预热温度为70℃~80℃。

——减少涂层收缩引起的拉应力和裂纹：

基体可以预热至喷涂中要达到的温度。最佳预热温度取决于许多参数。在孔和管内表面喷涂时应预热，以避免涂层剥离。

——增加涂层结合强度：

工件预热可以增加喷涂涂层的结合强度。

在任何情况下，都应避免基体表面的氧化或其他污染。

预热可以在喷砂之前或之后进行，这取决于基体材料和工件的尺寸。

7 不喷涂区域的遮蔽

在预处理之前，对工件不需喷涂的区域，如：键槽、导槽、油孔、齿圈等应采用遮蔽保护。自黏结胶带、硬木、橡胶、金属掩蔽物等可用于遮蔽。应采取预防措施，确保遮蔽材料在任何时候都不会污染待喷涂表面。

8 预处理对疲劳强度的影响

一般而言，所有产生沟槽的表面预处理工艺都会降低工件的疲劳强度。应考虑改善预处理所产生的残余应力状态。此外，涂层对喷涂后工件的疲劳强度也有影响。应单独评估预处理对高交变负载零件的影响。必要时，在粗化前进行表面强化处理以补偿残余应力的影响。可能的方法如：喷丸强化和表面滚压应变强化，使基体表面产生压应力和表面强化。

第三节　热喷涂涂层命名方法

一、概论

1. 热喷涂

热喷涂是在喷涂枪内或外将喷涂材料加热到塑性或熔化状态，然后喷射于经预处理的基体表面上，基体保持未熔状态形成涂层的方法。可用于热喷涂的涂层材料广泛，凡能加热熔化为小液滴而不发生分解的材料都可以用作热喷涂涂层材料，例如，各种粉状、丝状或棒材的金属、陶瓷、金属陶瓷、聚合物材料等。如此复杂的涂层材料，给予适当的方法统一其命名十分必要。

热喷涂涂层的要素主要包括四个方面：基体预处理方法、热喷涂工艺方法、涂层材料、涂层后处理方法。热喷涂涂层的命名也是基于这些要素进行的。

2. 热喷涂涂层命名的标准

我国于1990年首次制定了GB/T 12607—1990《热喷涂　涂层设计命名方法》，2003年对该标准进行了修订。修订时，在原标准的基础上，对喷涂工艺方法的种类进行了精简，只列举了GB/T 18719—2002《热喷涂　术语、分类》中列有的热喷涂工艺方法；改变了涂层材料的标记方法，采用有关国家标准的标记方法。GB/T 12607—2003《热喷涂涂层命名方法》于2003年10月29日发布，2004年5月1日实施。

二、标准主要特点与应用说明

该标准规定了热喷涂涂层的命名方法，适用于热喷涂涂层的标记。

该标准为常用的热喷涂工艺编制了代号，不包括冷喷涂工艺。

该标准规定的热喷涂涂层的命名方法由热喷涂代号、基体预处理方法代号、涂层材料标记和涂层后处理方法代号四部分组成，每一部分之间用短横线"-"隔开。

热喷涂缩写代号用TS（thermal spraying）表示。

基体预处理方法用一位阿拉伯数字表示，若基体需采用两种或更多处理方法，则依其处理的先后次序，用"+"号连接阿拉伯数字表示。

热喷涂工艺代号按照GB/T 18719—2002《热喷涂　术语、分类》规定，采用一个或两个有代表性英文单词字首大写字母表示，例如，W表示线材火焰喷涂，PA表示大气等离子喷涂等。

涂层材料按分别按GB/T 19356—2003《热喷涂　粉末　成分和供货技术条件》和GB/T

12608—2003《热喷涂 火焰和电弧喷涂用线材、棒材和芯材 分类和供货技术条件》有关条款的材料变化作为标记。

涂层后处理方法代号用一位阿拉伯数字表示。

该标准还对复合处理或阶梯涂层的标记方法做出了规定。

三、标准内容（GB/T 12607—2003）

热喷涂涂层命名方法

1 范围

本标准规定了热喷涂涂层的命名方法。

本标准适用于热喷涂涂层的标记。

2 规范性引用文件

下列文件中的条款通过本标准的引用而成为本标准的条款。凡是注日期的引用文件，其随后所有的修改单（不包括勘误的内容）或修订版均不适用于本标准，然而，鼓励根据本标准达成协议的各方研究是否可使用这些文件的最新版本。凡是不注日期的引用文件，其最新版本适用于本标准。

GB/T 19356—2003 热喷涂 粉末 成分和供货技术条件（ISO 14232：2000，MOD）

GB/T 12608—2003 热喷涂 火焰和电弧喷涂用线材、棒材和芯材 分类和供货技术条件（ISO 14919：2001，MOD）

GB/T 18719—2002 热喷涂 术语、分类（ISO 14917：1999，MOD）

3 热喷涂涂层的命名方法

3.1 总则

热喷涂涂层的命名由四个部分组成，各个部分之间用短横线"-"隔开。每个部分的含义如下：

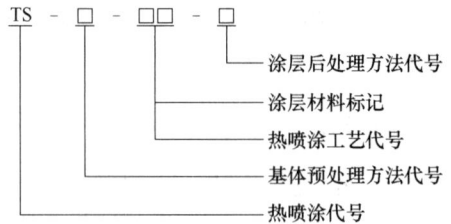

3.2 热喷涂代号

热喷涂代号用热喷涂的英文"thermal spraying"词首的大写字母"TS"表示。

3.3 基体预处理方法代号

基体的预处理方法用阿拉伯数字表示，各预处理方法对应的数字代码见表1。如果采用两种或两种以上的预处理方法，则依预处理的先后次序，分别用表1中对应的阿拉伯数字表示，各数字之间用"+"号连接。

表1 基体表面预处理方法代号

基体预处理方法	清洗净化	喷砂	机械加工	电拉毛	化学侵蚀	预热	其他
代号	1	2	3	4	5	6	7

3.4 热喷涂工艺代号

各类热喷涂工艺的术语见 GB/T 18719—2002《热喷涂　术语、分类》。

热喷涂工艺用 1~2 个英文字母表示，各工艺的英文名与对应的表示代号见表 2。

表 2　热喷涂工艺代号

热喷涂工艺	英文	代号
熔液喷涂	molten-bath spraying	M
线材火焰喷涂	wire flame spraying	W
棒材火焰喷涂	rod flame spraying	R
粉末火焰喷涂	powder flame spraying	P
高速火焰喷涂	high velocity flame spraying	H
爆炸喷涂	detonation spraying	D
电弧喷涂	arc spraying	A
大气等离子喷涂	plasma spraying in air	PA
可控气氛等离子喷涂	plasma spraying in chambers	PC
液稳等离子喷涂	liquid-stabilized plasma spraying	PL
激光喷涂	laser spraying	L

3.5 涂层材料标记

涂层材料的标记方法：

粉末材料用 GB/T 19356—2003 中第 4 章中的材料编号作为标记。

线材、棒材和柔性线材用 GB/T 12608—2003 中第 3.2 中的材料编号作为标记。

3.6 涂层后处理方法代号

涂层后处理方法用阿拉伯数字表示，各后处理方法对应的数字代码见表 3。如果采用两种或两种以上的后处理方法，则依后处理的先后次序，分别用表 3 中对应的阿拉伯数字表示，各数字之间用"+"号连接。

表 3　涂层后处理方法代号

后处理方法	封孔处理	涂装	机械加工	重熔	化学处理	热处理	其他
代号	1	2	3	4	5	6	7

3.7 复合涂层或阶梯涂层的标记方法

对于复合涂层或阶梯涂层，可分别用上述方法标记各层涂层，并按喷涂涂层的先后次序用斜线"/"隔开。

4 热喷涂涂层命名方法示例

示例 1：

采用线材火焰喷涂，基体表面进行喷砂预处理，涂层材料是编号为 3.2 的 $w(Al) \geqslant 99.5\%$ 的铝线材，喷涂后进行涂装处理的热喷涂涂层命名为：TS-2-W3.2-2

示例 2：

采用大气等离子喷涂，基体表面进行喷砂预处理后，先喷涂材料编号为 5.1 的 $w(Ni)=95\%$，$w(Al)=5\%$ 底层粉末材料：然后再喷涂材料编号为 12.3 的 $w(Al_2O_3)=87\%$，$w(TiO_2)=13\%$ 的面层粉末材料；喷涂后进行机械加工的热喷涂涂层命名为：TS-2-PA5.1/PA12.3-3

示例 3：

采用粉末火焰喷涂，基体表面进行机械加工预处理，涂层材料是编号为 2.10 的 NiCrBSi 自熔合金粉末材料，喷涂后进行重熔处理的热喷涂涂层命名为：TS-3-P2.10-4

第六章 热喷涂涂层材料

第一节 热喷涂 火焰和电弧喷涂用线材、棒材和芯材分类和供货技术条件

一、概论

1. 热喷涂涂层材料

凡是能加热到接近或超过其熔点而不发生分解的材料基本上都可用作热喷涂涂层材料，如金属、陶瓷、一些有机物等。通常将热喷涂涂层材料制成丝状（或线状）、粉末状、棒状，还有充填丝等。热喷涂丝状涂层材料主要适用于电弧喷涂和火焰喷涂，它由金属和合金机械加工成形而成。热喷涂陶瓷棒涂层材料也可用于火焰喷涂，但用量比粉末材料少得多，主要原因是烧结棒较短，在喷涂过程中几分钟即可耗尽，继续喷涂时必须送入新棒，由于材料输送存在间断，不推荐用于喷涂大件。目前，常用的粉末热喷涂涂层材料大致分为金属和合金粉末、氧化物陶瓷粉末、硬质合金碳化物粉末和碳化物粉末、聚酰亚胺团聚粉末。近年来，纳米粉末材料也得到广泛应用。

2. 线材、棒材和芯材的热喷涂方法

线材、棒材和芯材主要作为线材火焰喷涂与电弧喷涂的材料使用。

（1）线材火焰喷涂 线材火焰喷涂是将需沉积的线状材料不断输送给喷涂枪，利用氧—燃气焰流将其加热到熔化状态，并借助于雾化气体喷射到经预处理的基体表面的喷涂方法。其原理见第五章第一节标准内容（GB/T 18719—2002）中图2。

（2）电弧喷涂 电弧喷涂是利用两根金属丝之间产生的电弧熔化丝的顶端（两根金属丝的成分可以相同，也可以不相同），经一束或多束气体射流雾化将已熔化的金属熔滴喷射到经预处理的基体表面上形成涂层的工艺方法。其原理见第五章第一节标准内容（GB/T 18719—2002）中图6。

3. 热喷涂线材、棒材、芯材的性能要求

在一定的条件下，热喷涂涂层材料的质量严重地影响热喷涂涂层质量及其稳定性，因此，在热喷涂技术领域，除了表面准备、热喷涂工艺和相应的设备之外，热喷涂涂层材料的质量与性能稳定性十分重要。不同类型的热喷涂涂层材料，有着不同的性能要求。对热喷涂线材，主要进行化学成分、物理性能分析，检验线材直径、均匀性和表面清洁状况，对线材的力学性能通常不做特殊的检测；与热喷涂线材不同，热喷涂棒材长度一般较短，为使材料在送进时不会折断，要求棒材的直线度好；对于热喷涂芯材，要求表面必须光滑，不得有缩颈。

4. 热喷涂线材、棒材、芯材的标准

前已述及热喷涂涂层材料的质量对热喷涂层的重要性，因此，在研究和开发热喷涂涂层

材料的同时,其标准化工作也得到了应有的重视。但过去的热喷涂涂层材料的标准,大多数借用一些通用的金属及合金材料标准,如 GB/T 3197《焊条用铝及铝合金线材》、GB/T 4233《隋性气体保护焊接用不锈钢棒及钢丝》、GB/T 3461《钼粉技术条件》、GB/T 3458《钨粉技术条件》、GB/T 8548《镍基喷涂合金粉末》、GB/T 5315《Ni-B-Bi 系自熔合金粉》、GB/T5316《Ni-Cr-B-Si 系自熔合金粉》、GB/T 8549《Fe-Cr-B-S 系自熔合金粉》、GB/T 4295《碳化钨粉》、GB/T 3989《镍包铝复合粉》、GB/T 3992《镍包铬复合粉》、GB/T 3993《镍包铜复合粉》、GB/T 5774《铝包镍复合粉》、GB/T 3990《镍包氧化铝复合粉》、GB/T 3991《钴包碳化钨复合粉》等,这些标准目前大多数仍可采用,但其中针对热喷涂技术特点所提出的指标较少。

线材、棒材和芯材具有制造简便、成本低的优势,是热喷涂较早使用的材料类型。国际标准化组织于 2001 年首次发布了 ISO 14919：2001《热喷涂 火焰和电弧喷涂用线材和芯材 分类 供货技术条件》,并于 2015 年进行了修订。我国于 2003 年制定了 GB/T 12608—2003《热喷涂 火焰和电弧喷涂用线材和芯材 分类 供货技术条件》。该标准修改采用 ISO 14919：2001《热喷涂 火焰和电弧喷涂用线材和芯材 分类 供货技术条件》。转化时,增加了直径 2.0mm 的芯材,并与 GB/T 19356—2003《热喷涂 粉末 成分和供货技术条件》一起代替 GB/T 12608—1990《热喷涂 涂层材料命名方法》。GB/T 12608—2003《热喷涂 火焰和电弧喷涂用线材、棒材和芯材 分类和供货技术条件》于 2003 年 10 月 29 日发布,2004 年 5 月 1 日实施。

二、标准主要特点与应用说明

该标准规定了用于热喷涂,特别是用于电弧和火焰喷涂的金属和非金属线材(实心及有芯)、棒材、芯材的分类要求。

该标准包括了常用的热喷涂用线材、棒材和芯材的分类和供货条件。随着制造技术的进步,目前也出现了一些新型的材料,其中部分材料的应用较少,如高熔点陶瓷涂层目前大多采用等离子喷涂粉末制备,陶瓷棒料使用更少。

该标准分别按照制造方法、产品结构、材料种类和化学成分对热喷涂材料进行了分类,并重点介绍了锡和锡合金、锌和锌合金、铝和铝合金、铜和铜合金、铁和铁合金、镍和镍合金及陶瓷材料的编号、标记、合金元素含量、其他元素含量和制造方法,并对材料尺寸和公差、性能取样和测试、标记、供货技术要求、产品证书等方面进行了规定。

需要指出的是,即使按一定的规范进行了必要的热喷涂表面准备,选用了适当的喷涂技术,正确选择和严格控制了喷涂参数,但若没有正确选择满足质量规定的热喷涂涂层材料,也难以获得合乎一定规范要求的热喷涂涂层。因此,必须严格控制热喷涂材料的质量,按规定进行必要的试验与检验,测定化学成分和物理参数。对常用的热喷涂粉末材料而言,这些重要参数包括:粒度、化学成分、相成分、形状、内孔隙(与表观密度相关)、松装密度及流动性等。这些试验方法可参见相关标准。

三、标准内容（GB/T 12608—2003）

热喷涂　火焰和电弧喷涂用线材、棒材和芯材　分类和供货技术条件

1　范围

本标准规定了用于热喷涂，特别是用于电弧和火焰喷涂的金属和非金属线材（实心和有芯）、棒材、芯材的分类要求。

2　规范性引用文件

下列文件中的条款通过本标准的引用而成为本标准的条款。凡是注日期的引用文件，其随后所有的修改单（不包括勘误的内容）或修订版均不适用于本标准，然而，鼓励根据本标准达成协议的各方研究是否可使用这些文件的最新版本。凡是不注日期的引用文件，其最新版本适用于本标准。

GB/T 14436—1993　工业产品保证文件　总则

3　分类

3.1　根据制造方法和产品结构分类

热喷涂材料按制造方法和产品结构分类见表1。

表1　按制造方法和产品结构分类

编号	类型	制造方法	结构
1	实心线材/棒材	冶金法制造与成形	成分均匀
2	实心线材/棒材	粉末冶金法制造与成形	成分均匀
3	有芯线材（管状线材）	充填于金属管并于成形时压实	粉末充填于无焊缝金属壳中
4	有芯线材（折叠型线材）	金属壳用粉末充填、黏结并于拉制时压实	粉末充填于金属壳间
5	芯材	粉末、黏结剂与有机材料壳同时挤压成形	粉末充填于塑料壳中
6	陶瓷棒	陶瓷材料挤压烧结成形	陶瓷颗粒黏结而成的棒材

3.2　根据材料种类和化学成分分类

材料的种类见表2，其化学成分见表3~表10。

表2　按材料种类分类

编号	种类	编号	种类
1	锡和锡合金	5	铁和铁合金
2	锌和锌合金	6	镍和镍合金
3	铝和铝合金	7	钼
4	铜和铜合金	8	氧化物陶瓷

3.2.1 锡和锡合金

表3 锡和锡合金

编号	标记	合金元素 (质量分数,%)		其他元素 (质量分数,%)		制造方法
1.1	Sn 99	Sn	≥99.95	总量 Sb Ag Bi Cu Fe Pb Al+Cd+Zn	≤0.05 ≤0.02 ≤0.01 ≤0.002 ≤0.01 ≤0.01 ≤0.02 ≤0.002	1
1.2	SnSbCu 84	Sb Cu Sn	7~8 3~4 余量	Pb As Bi Fe Al Zn 其他: 总量	≤0.35 ≤0.1 ≤0.08 ≤0.1 ≤0.01 ≤0.01 ≤0.2	1

3.2.2 锌和锌合金

表4 锌和锌合金

编号	标记	合金元素 (质量分数,%)		其他元素 (质量分数,%)		制造方法
2.1	Zn 99.99	Zn	≥99.99	总量 Pb Cd Pb+Cd Sn Fe Cu 其他: 总量	≤0.010 ≤0.005 ≤0.005 ≤0.006 ≤0.001 ≤0.003 ≤0.002 ≤0.12	1
2.2	Zn 99	Zn	≥99	总量 Pb Cd Pb+Cd Sn Fe Cu Mo Ti Mg Al 其他: 总量	≤1.0 ≤0.005 ≤0.005 ≤0.006 ≤0.001 ≤0.01 ≤0.7 ≤0.01 ≤0.16 ≤0.01 ≤0.01 ≤0.12	1

(续)

编号	标记	合金元素 (质量分数,%)		其他元素 (质量分数,%)		制造方法
2.3	ZnAl 15	Zn Al	84~86 14~16	总量 Pb Cd Pb+Cd Sn Fe Cu Si	≤0.17 ≤0.005 ≤0.005 ≤0.006 ≤0.001 ≤0.05 ≤0.01 ≤0.12	1

3.2.3 铝和铝合金

表5 铝和铝合金

编号	标记	合金元素 (质量分数,%)		其他元素 (质量分数,%)		制造方法
3.1	Al 99.98	Al	≥99.98	总量 Si Zn Fe Cu Ti 其他: 分别	≤0.02 ≤0.01 ≤0.01 ≤0.006 ≤0.003 ≤0.003 ≤0.003	1
3.2	Al 99.5	Al	≥99.5	总量 Si Fe Ti Cu Zn Mn 其他: 分别	≤0.5 ≤0.3 ≤0.4 ≤0.05 ≤0.05 ≤0.07 ≤0.05 ≤0.03	1
3.3	AlMg 5	Mg Mn Cr Ti Al	4.5~5.5 0~0.5 0~0.3 0.10~0.25 余量	总量 Si Fe Cu Zn 其他: 分别	≤0.9 ≤0.25 ≤0.40 ≤0.05 ≤0.20 ≤0.05	1
3.4	AlZn 5	Zn Al	4.5~5.1 余量	总量 Si Fe Cu Sn 其他: 分别	≤1 ≤0.30 ≤0.40 ≤0.05 ≤0.20 ≤0.05	1

（续）

编号	标记	合金元素 （质量分数,%）		其他元素 （质量分数,%）		制造方法
3.5	AlSi 5	Si Al	4.5~5.5 余量	总量 Si ≤Fe Cu Sn 其他： 分别	≤1 ≤0.30 ≤0.40 ≤0.05 ≤0.20 ≤0.05	1

3.2.4 铜和铜合金

表 6　铜和铜合金

编号	标记	合金元素 （质量分数,%）		其他元素 （质量分数,%）		制造方法
4.1	Cu 99	Cu	≥99.9	其他	≤0.01	1
4.2	CuZn 37	Cu Zn	62.0~64 余量	Al Fe Mn Ni Pb Sb Sn 其他： 总量	≤0.03 ≤0.1 ≤0.1 ≤0.3 ≤0.1 ≤0.01 ≤0.1 ≤0.5	1
4.3	CuZn 39	Cu Sn Si Zn	56~62 0.5~1.5 0.1~0.5 余量	Ni Mn Fe Al Pb 其他： 总量	≤1.5 ≤1.0 ≤0.5 ≤0.01 ≤0.03 ≤0.2	1
4.4	CuSn 6	Sn Cu	5.0~8.0 余量	Fe Al Zn Pb P 其他： 总量	≤0.1 ≤0.01 ≤0.1 ≤0.02 0.01~0.4 ≤0.4	1

(续)

编号	标记	合金元素 (质量分数,%)		其他元素 (质量分数,%)		制造方法
4.5	CuSn 12	Sn Cu	11.0~13.0 余量	Fe Al Zn Pb P 其他: 总量	≤0.1 ≤0.01 ≤0.1 ≤0.02 0.01~0.4 ≤0.4	1
4.6	CuAl 8	Al Cu	7.5~9.5 余量	Mn Ni Fe Si Zn 其他: 总量	≤1.8 ≤0.8 ≤0.5 ≤0.2 ≤0.2 ≤0.5	1
4.7	CuAl 10	Al Fe Mn Cu	9.0~11.0 2.0~4.0 1.5~3.5 余量	Ni Pb Si Zn 其他: 总量	≤1.0 ≤0.05 ≤0.2 ≤0.5 ≤0.3	1

3.2.5 铁和铁合金

表7 铁和铁合金

编号	标记	合金元素 (质量分数,%)		其他元素 (质量分数,%)		制造方法
5.1	10 Mn	C Mn Fe	0.04~0.12 0.42~0.68 余量	Si Cr Cu Ni P S	痕量 ≤0.15 ≤0.20 ≤0.15 ≤0.030 ≤0.030	1
5.2	10 MnSi 4	C Si Mn Fe	0.07~0.14 0.07~0.14 1.3~1.6 余量	Cr Cu Mo Ni P S	≤0.15 ≤0.20 ≤0.15 ≤0.15 ≤0.025 ≤0.025	1

(续)

编号	标记	合金元素 (质量分数,%)		其他元素 (质量分数,%)		制造方法
5.3	80 MnSi	C Si Mn Fe	0.8~0.85 0.15~0.35 0.50~0.70 余量	P S	≤0.035 ≤0.035	1
5.4	150 Cr 4	C Si Mn Cr Fe	1.4~1.6 0.15~0.30 0.50~0.70 1.3~1.5 余量	P S	≤0.035 ≤0.035	1
5.5	110 Cr 3	C Si Mn Cr Fe	0.9~1.2 0.20~0.40 0.20~0.40 0.9~1.1 余量	P S	≤0.030 ≤0.030	1
5.6	110 MnCrTi 5 5	C Si Mn Cr Fe	0.97~1.23 0.12~0.38 1.76~2.27 1.65~1.95 余量	Ti P S	0.13~0.35 ≤0.025 ≤0.025	1
5.7	X 45 Cr 13 a) 有铜镀层 b) 无铜镀层	C Si Mn Cr Fe	0.3~0.50 ≤1.0 ≤1.0 12~14 余量	P S	≤0.045 ≤0.030	1
5.8	X 20 CrMo 13 1	C Si Mn Cr Mo Fe	0.17~0.22 ≤1.0 ≤1.0 12~14 0.9~1.3 余量	Ni P S	≤1.0 ≤0.045 ≤0.030	1
5.9	X 6 CrAl 22 4	C Si Mn Al Cr Fe	≤0.055 ≤0.65 ≤0.45 3.5~5.5 21~23 余量	P S	≤0.040 ≤0.025	1
5.10	X 6 CrNi 19 9	C Si Mn Cr Ni Fe	≤0.06 ≤1.5 ≤2.0 18~20 8.5~10.5 余量	P S	≤0.030 ≤0.020	1

(续)

编号	标记	合金元素 (质量分数,%)		其他元素 (质量分数,%)		制造方法
5.11	X 5 CrNiMo 17 12 2	C Si Mn Cr Mo Ni Fe	≤0.07 ≤1.0 ≤2.0 16.5~18.5 2~2.5 10.5~13.5 余量	P S	≤0.045 ≤0.030	1
5.12	X 12 CrNiMn 18 8 6	C Si Mn Cr Ni Fe	≤0.20 ≤1.0 5.5~8.0 17~20 7.5~9.5 余量	P S	≤0.040 ≤0.025	1
5.13	X 12 Cr Ni 25 20	C Si Mn Cr Ni Fe	≤0.15 ≤1.5 1.5~3.5 24~27 19~22 余量	P S	≤0.025 ≤0.020	1
5.14	X 25 CrCuB 26 3 3	C Cr Mn Si Cu B Fe	≤0.3 ≤26 ≤1 ≤0.3 ≤3 ≤3 余量	其他	≤1	3,4
5.15	X 25 MnAlSi 7 5	C Al Mn Si Fe	≤0.3 4~5 6~8 ≤1.0 余量	其他	≤1	3,4

3.2.6 镍和镍合金

表 8 镍和镍合金

编号	标记	合金元素 (质量分数,%)		其他元素 (质量分数,%)		制造方法
6.1	NiCu 30	Ni Cu Mn Fe	≥62.0 27.0~35.0 1.0~4.0 1.0~2.5	Al C Si S Ti Nb 其他: 总量	≤0.5 ≤0.15 ≤1.0 ≤0.02 ≤1.0 ≤2.5 ≤0.5	1

(续)

编号	标记	合金元素 (质量分数,%)		其他元素 (质量分数,%)		制造方法
6.2	Ni 99	Ni	≥99.2	Cu	≤0.1	1
				C	≤0.25	
				Fe	≤0.4	
				Mg	≤0.15	
				Mn	≤0.3	
				S	≤0.005	
				Si	≤0.2	
6.3	NiCrFe 15 20	Cr	14~19	Cu	≤0.5	1
		Fe	19~25	C	≤0.15	
		Ni	≥59	Mn	≤2.5	
				Si	≤2.0	
6.4	NiCr 20	Cr	18~21	Cu	≤0.5	1
		Ni	余量	C	≤0.25	
				Fe	≤0.5	
				Mn	≤1.2	
				Si	≤0.5	
				S	≤0.015	
6.5	NiAl 5	Al	4.5~5.5	Mn	≤0.3	1,3,4,5
		Ni	余量	Ti	≤0.4	
				Si	≤0.5	
				Fe	≤0.3	
				Cu	≤0.08	
				C	≤0.005	
6.6	NiAl 20	Al	18~22	Fe	≤0.3	3,4[①]
		Ni	余量	Mn	≤0.3	
				Si	≤0.5	
				Cu	≤0.1	
				C	≤0.25	
6.7	NiAlMo 5 5	Al	4.5~5.5	其他	≤1	3,4
		Mo	≤5			
		Ni	余量			
6.8	NiCrAl 20 6	Al	6~7	其他	≤1	3,4
		Cr	18~21			
		Mo	≤5			
		Ni	余量			
6.9	NiFeAlCr 20 14 3	Al	14~15	其他	≤1	3,4
		Cr	3~5			
		Fe	17~23			
		Ni	余量			

① 用实心线材充填。

3.2.7 钼

表 9 钼

编号	标记	合金元素 （质量分数,%）		其他元素 （质量分数,%）		制造方法
7.1	Mo	Mo	≥99.95	其他	≤0.05	2

3.2.8 氧化物陶瓷

表 10 氧化物陶瓷

编号	标记	合金元素 （质量分数,%）		其他元素 （质量分数,%）		制造方法
8.1	ZrO_2/CaO 95/5	ZrO_2 CaO	≥92 5~7	Al_2O_3 SiO_2 Fe_2O_3 TiO_2 Na_2O MgO	≤0.7 ≤0.4 ≤0.04 ≤0.4 ≤0.02 ≤0.07	6
8.2	ZrO_2/CaO 70/30	ZrO_2 CaO	≥68 28~31	Al_2O_3 TiO_2 Na_2O MgO	≤0.7 ≤0.4 ≤0.02 ≤0.07	5
8.3	Cr_2O_3	Cr_2O_3	≥90.0	Al_2O_3 CaO SiO_2 Fe_2O_3 TiO_2 MgO	≤4 ≤0.2 ≤5 ≤0.3 ≤0.3 ≤0.1	5,6
8.4	Al_2O_3	Al_2O_3	≥98	CaO SiO_2 Fe_2O_3 TiO_2 Na_2O MgO	≤0.2 ≤0.8 ≤0.09 ≤0.03 ≤0.06 ≤0.3	5,6

（续）

编号	标记	合金元素 （质量分数,%）		其他元素 （质量分数,%）		制造方法
6.10	NiCrBSi	Cr Fe Si B C Ni	≤9 ≤3 ≤3.2 ≤1.6 ≤0.3 余量	其他	≤1	5

(续)

编号	标记	合金元素 (质量分数,%)		其他元素 (质量分数,%)		制造方法
8.5	Al_2O_3/TiO_2 97/3	Al_2O_3 TiO_2	$\geqslant 94$ $\geqslant 3$	CaO SiO_2 Fe_2O_3 Na_2O MgO Mn_3O_4	$\leqslant 0.2$ $\leqslant 1$ $\leqslant 0.5$ $\leqslant 0.04$ $\leqslant 0.5$ $\leqslant 0.05$	5,6
8.6	Al_2O_3/TiO_2 87/13	Al_2O_3 TiO_2	$85 \sim 87$ $13 \sim 15$	CaO SiO_2 Fe_2O_3 Na_2O MgO	$\leqslant 0.2$ $\leqslant 0.5$ $\leqslant 0.3$ $\leqslant 0.2$ $\leqslant 0.3$	6
8.7	Al_2O_3/TiO_2 60/40	Al_2O_3 TiO_2	$58 \sim 60$ $40 \sim 42$	CaO SiO_2 Fe_2O_3 Na_2O MgO	$\leqslant 0.2$ $\leqslant 0.5$ $\leqslant 0.3$ $\leqslant 0.2$ $\leqslant 0.3$	6
8.8	Al_2O_3/SiO_2 70/30	Al_2O_3 SiO_2	$72 \sim 78$ $22 \sim 28$	CaO SiO_2 Fe_2O_3 Na_2O MgO	$\leqslant 0.2$ $\leqslant 0.5$ $\leqslant 0.3$ $\leqslant 0.2$ $\leqslant 0.3$	5
8.9	Al_2O_3/MgO 70/30	Al_2O_3 MgO	$76 \sim 82$ $18 \sim 24$	CaO SiO_2 Fe_2O_3 Na_2O MgO	$\leqslant 0.2$ $\leqslant 0.5$ $\leqslant 0.3$ $\leqslant 0.2$ $\leqslant 0.3$	5,6

4 尺寸和公差

热喷涂用的线材、棒材和芯材直径的标准尺寸和公差见表11～表13。如有必要，也可经用户与生产厂家或供应商协商，规定更小的公差范围。棒材的直线度必须好，使材料在送进时不会折断。

表11 线材直径

尺寸/mm	公差/mm	尺寸/mm	公差/mm
1.6	+0;-0.05	3.0	+0;-0.07
1.62	+0;-0.05	3.17	+0;-0.07
2.0	+0;-0.06	3.48	+0;-0.07
2.3	+0;-0.06	4.0	+0;-0.07
2.5	+0;-0.06	4.76	+0;-0.07

表12 棒材直径

尺寸/mm	公差/mm	尺寸/mm	公差/mm
4.8	+0.05;-0.2	7.9	+0.05;-0.2
6.3	+0.05;-0.2		

表13 芯材直径

尺寸/mm	公差/mm	尺寸/mm	公差/mm
2.0	±0.05	4.75	±0.1
3.17	±0.1		

5 性能

5.1 力学性能

线材的力学性能应使线材在送进和喷涂中不出现问题。如有必要，应由生产厂家、供应商和用户商定线材的力学性能。

注：热喷涂线材的回火处理应使线材适合于在热喷涂设备上的连续送进。回火不足、太硬的热喷涂线材难以操纵，难以矫直，并引起喷枪的重要零件，如送线轮、导管、导电管或喷嘴过快磨损。另一方面，过软的热喷涂线材（如铝、锡、锌等）可造成送进困难。

5.2 表面性能

热喷涂线材的表面一定要光滑，没有腐蚀产物、毛刺和开裂、缩孔、搭接和鳞片，以及颈缩、焊缝和卷边等缺陷。此外，应除去影响热喷涂材料性能或热喷涂涂层性能的异物。

用于电弧喷涂的马氏体和铁素体钢线材，应镀铜以防止在储存期间腐蚀。镀层应覆盖线材所有表面而无明显缺陷。

编号5.7的合金线材（见表7）有两种：5.7a）为有铜镀层的线材，而5.7b）为有其他适合镀层的线材，在不使喷涂涂层降级的前提下，可在这类热喷涂线材上涂上极少量的润滑剂，使线材能平滑地、低摩擦力地通过热喷涂设备。

注：按第3章表1中的方法制造的有芯线材不能使用任何液体进行润滑或处理。

芯材表面必须光滑，不得有颈缩。棒材表面不得有颈缩和划伤。棒材头部应无扭曲和头对头的翘曲，这会影响棒材的送进。

5.3 可使用性：线材的缠绕

线材应以一整根缠绕在线轴、线盘上，或绕成线卷，或嵌入桶中。应避免扭绞或急剧的弯曲。线材头部应扎牢，防止散开。线材的起端应作标记以便于找到。线轴上线材的最外层距离线轴凸缘的边缘至少应有3mm。任一放松的单圈线材的直径，应不大于线轴外直径的1.2倍，且应不小于线轴的内直径。线材应该没有扭绞。散开后的线卷放在地上应保持平展。线卷散开不影响正常使用。

6 取样和测试

热喷涂材料的任何测试都应在热喷涂材料包装开始时取样进行。

为了评价一种热喷涂材料，可在供应商和用户间安排一次喷涂性能测试。

所有类型的分析方法都适用于测定热喷涂材料的成分，只要在其已证实的测量范围之内。

7 标记

应按下例给出的原则进行标记。

符合表7中编号为5.10的含18%Cr、8%Ni、6%Mn和0.15%C，直径为1.6mm，用冶金法制造和成形（见表1，编号1）的铁合金热喷涂材料标记为：

热喷涂材料 GB/T 12608-5.10-1.6-1

8 供货技术要求

8.1 供货的形式

材料供货的形式为线盘、线卷、线轴或桶装。尺寸见表14。棒材以50根或100根为一束供货。

表14 线轴、筐状线轴、线盘、线卷、桶的尺寸

标记	缩写标记	外直径 d_1/mm	内直径 d_2/mm	孔直径 d_3/mm	外宽度 b/mm
线轴（S）	S 300-180	300±5	180±3	$50^{+2.5}_{0}$	103^{0}_{-3}
线轴（S）	S 300-210	300±5	210±3	$50^{+2.5}_{0}$	103^{0}_{-3}
筐状线轴（BS）	BS 300	300±5	190±3	$50^{+2.5}_{0}$	103^{0}_{-3}
线盘（R）	R 392	392±5	300^{+15}_{0}	—	90^{0}_{-3}
线盘（R）	R 435	435±5	300^{+15}_{0}	—	90^{0}_{-3}
线卷（C）	C(d_1)[1]	500-800	300-550	—	—
桶（D）	②				

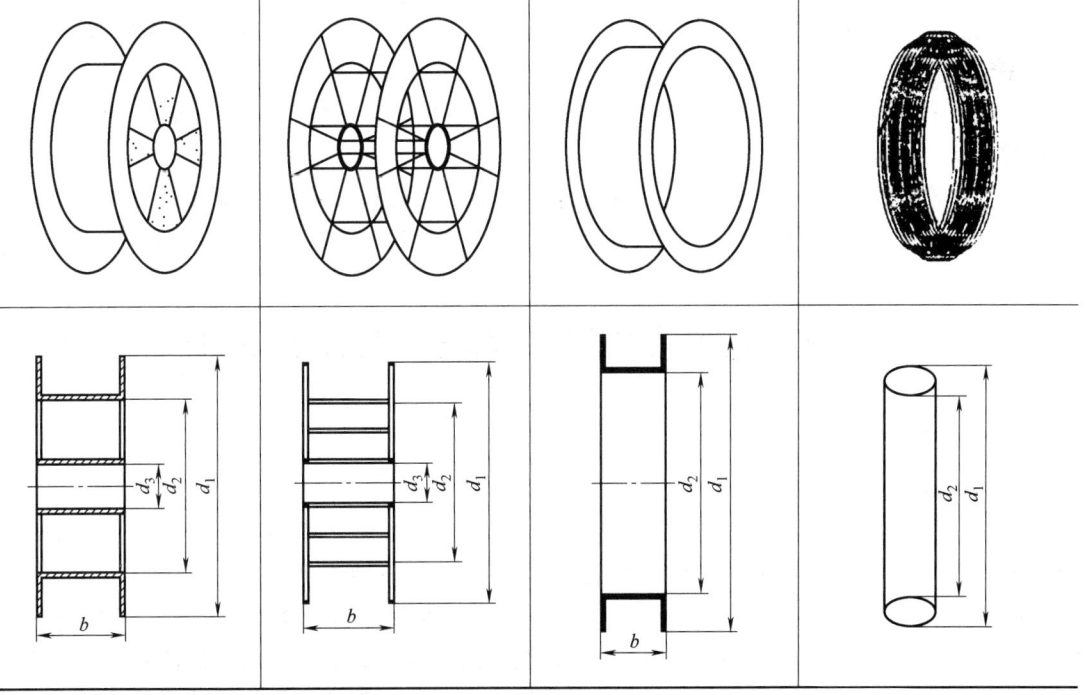

[1] 线卷的缩写标记应含有线卷的外直径 d_1。
② 供应桶装热喷涂线材时，桶的尺寸和重量由用户与供应商协商。

8.2 标识

线轴、筐状线轴、线盘、线卷和桶装的线材,以及每一包装的陶瓷棒都必须有一耐久的标签,以提供下列信息:

——按第 7 章要求制作的标记;
——生产厂家/供应商的名称和商标;
——标号;
——净重;
——线轴和筐状线轴含有上述信息的标签应可靠地贴在线轴的内表面或至少一个凸缘外侧的明显位置上;
——线盘含有上述信息的标签应可靠地贴在线盘的内表面上;
——线卷含有上述信息的标签应可靠地贴在包装的明显位置上;
——桶装材料含有上述信息的标签应可靠地贴在桶顶部的明显位置,而桶的侧面也应有标签;
——陶瓷棒材含有上述信息的标签应可靠地贴在包装外部的明显位置上;
——如果热喷涂材料有外包装,在外包装上也应标明上述信息。

8.3 包装和储存

如果无另外的协议,热喷涂材料应包装供货。包装应足以保护材料不受损伤、污染和腐蚀。陶瓷棒材应包装在耐冲击的管状容器中以防止装运中损坏。

带包装的热喷涂材料应室温下储存于干燥室内。

9 证书

9.1 产品质量保证书

应随热喷涂材料提供一个符合 GB/T 14436—1993 中 4.2 要求的产品质量保证书。

9.2 产品合格证

如果用户和供应商/生产厂家之间有协议,还应提供一个符合 GB/T 14436—1993 中 4 条要求的产品合格证。

根据用户与供应商/生产厂家之间的规定,除了化学分析和机械性能测试结果外,产品合格证上还应标明供应商的产品标记和批号。

第二节 热喷涂 粉末 成分和供货技术条件

一、概论

1. 热喷涂粉末涂层材料

粉末材料是制备热喷涂涂层的一类重要涂层材料形式,难于拉制成线材的、延展性差的金属或合金,多制成粉末使用。热喷涂用粉末材料的主要特性包括:

(1) 粉末形状 热喷涂粉末必须具有良好的流动性,以利于连续、均匀、流畅地送入喷射焰流中。球形粉末的流动性最好,因此,热喷涂粉末最好呈球形或近似球形。

球形粉末的比表面积最小,在热喷射火焰的温度下,其表面受氧化或其他杂质污染的程度比不规则粉末要小,且各向受热均匀,有利于改善涂层的性能。

（2）粉末粒度　粉末粒度直接影响着粉末的输送、粉末的受热性和涂层的致密度。热喷涂用粉末粒度的选择，取决于喷涂热源的温度，以及喷涂材料的熔点、热导率、比热容和密度等材料固有特性，还与颗粒在火焰射流中的飞行速度（即停留时间）有关。一般来说，熔点高、密度大、热导性差的材料，对于同一热源，应选用较细的粉末；反之，则选用较粗的粉末。

（3）粉末粒度分布　粉末粒度分布是指粉末体中不同粒度的粉末所占的比率。若粉末粒度分布较宽，即大颗粒和小颗粒的粒度相差大，在喷射火焰中就会出现细粉末先熔化，粗粉末未熔化或熔融不好，造成喷枪嘴"结珠"堵枪和涂层结构不均匀等缺点。因此，为了获得均匀致密的涂层，应选用粒度分布范围窄的粉末。但考虑成本因素，则要选择粒度分布宽的粉末。显然，合理的粒度分布，应综合权衡。

（4）粉末的松装密度　粉末的松装密度是指粉末松装而不摇震时单位容积粉末的质量，单位为 g/cm^3。松装密度是粉体的一个综合性能，受材料的种类和成分、粉末的形貌、粒度和粒度分布、粉末内气体含量及表面干燥程度等诸多因素的影响。材料的真实密度大、粉末球形好、粒度粗，则松装密度大，喷涂时粉末的沉积速率较高。

（5）粉末的表面质量　粉末材料有着极大的表面积，粉末材料的含氧量要比线材的含氧量高几个数量级，这也是造成涂层气孔率和氧化物夹杂增多的一个重要原因。显然，材料的种类和性质对粉末表面的氧化和吸潮能力有重要影响。镍及镍基合金粉末的抗氧化能力较好，铁基粉末较差。而对氧的亲和力大的活性金属，如铝、钛、钼、锰等，其表面质量的控制对保证质量更为重要。喷涂之前，对粉末进行适当烘烤，是除去表面吸附潮气的有效方法；用氢气还原或真空处理，能有效地减少粉末表面的含氧量。

2. 热喷涂粉末材料的标准

粉末材料是热喷涂材料的一类重要材料，因其成分调整方便、涂层性能好等优点得到了越来越广泛的应用。国际标准化组织于 2001 年首次发布了 ISO 14232：2000《热喷涂　粉末　成分和供货技术条件》，并于 2017 年进行了修订。我国于 2003 年制定了 GB/T 19356—2003《热喷涂　粉末　成分和供货技术条件》。该标准修改采用 ISO 14232：2000《热喷涂　粉末　成分和供货技术条件》，并与 GB/T 12608—2003《热喷涂　火焰和电弧喷涂用线材和芯材　分类　供货技术条件》一起代替 GB/T 12608—1990《热喷涂　涂层材料命名方法》。GB/T 19356—2003《热喷涂　粉末　成分和供货技术条件》于 2003 年 10 月 29 日发布，2004 年 5 月 1 日实施。

二、标准主要特点与应用说明

该标准规定了制备热喷涂涂层常用的粉末的物理、化学性质，规定了喷涂粉末的性质及测定方法；对喷涂粉末进行了分类，规定了分类的总则及各类粉末的化学性质；规定了喷涂粉末的代号、供货条件、粉末标记和证书相关要求。

该标准根据化学成分将热喷涂粉末分为 5 类：

1）纯金属。
2）金属合金和复合材料。
3）碳化物、碳化物同金属、碳化物同金属合金、碳化物同复合材料。
4）氧化物、磷酸盐和其他非碳化物类陶瓷。
5）有机材料。

该分类基本可以涵盖目前应用的热喷涂材料。

该标准还列举了常规的制粉工艺所制备粉末的形貌。近年来新型的等离子旋转电极雾化制粉、射频等离子球化工艺的粉末形貌可以作为后续标准修订的新增内容。

三、标准内容（GB/T 19356—2003）

热喷涂　粉末　成分和供货技术条件

1　范围

本标准规定了生产热喷涂涂层常用的粉末化学成分和物理性质。

2　规范性引用文件

下列文件中的条款通过本标准的引用而成为本标准的条款。凡是注日期的引用文件，其随后所有的修改单（不包括勘误的内容）或修订版均不适用于本标准，然而，鼓励根据本标准达成协议的各方研究是否可使用这些文件的最新版本。凡是不注日期的引用文件，其最新版本适用于本标准。

GB/T 1479　金属粉末松装密度的测定　第一部分：漏斗法（neq ISO 3923-2）

GB/T 1482　金属粉末流动性的测定　标准漏斗法（霍尔流速计）（neq ISO 4490）

GB/T 5314—1985　粉末冶金用粉末的取样方法（neq ISO 3954）

ISO 3310-1：—[1)]　试验筛　要求和试验　第1部分：金属丝布筛

3　热喷涂粉末性质及其测定

3.1　样本和取样

样本和取样应是粒度均匀的混合物，相应的抽取样本和取样的操作方法和设备指南应符合 GB/T 5314。

3.2　化学成分

可采用任何适当的试验方法测定化学成分，例如：原子吸收光谱、火焰发射光谱、X射线荧光分析、化学分析等。

3.3　粒度范围

典型的粒度范围适用于热喷涂送粉装置。

用符合 ISO 3310-1 的粒度测量法测定粒度分布时，细筛分的变化范围不超过2%，粗筛分的变化范围不超过5%。表观粒度取决于测量技术，因此，粒度上下限最大允许公差也取决于测定方法。

测定方法、粒度范围、粒度上下限最大允许公差应由粉末生产厂家与热喷涂涂层生产厂家协定，以保证热喷涂工艺的重现性。

供应的粉末应适合热喷涂工艺，热喷涂工艺可用的典型粒度范围（以 μm 计）举例如下：

——22/5；

——45/22；

——90/45；

——45/5；

---

1)　将出版（ISO 3310-1：1990 的修订）。

——63/16；

——106/32。

3.4 粒度分布

为准确表示粒度范围，必须测定粒度及其分布。优先选用 X 射线吸收法和激光束散射法，因其重现性、快速性和分辨力都比传统筛选法高。

粒度和粒度分布的测定结果取决于所采用的方法，而团聚粉末还受黏结剂溶解度的影响。因此，必须证实被测的粉末适于所选择的方法，粉末检验证书除说明粒度分布测定结果之外，还要说明所用的试验方法。

3.5 制造工艺-颗粒形态

粉末生产工艺应标明，例如熔化法、黏结法、团聚法、雾化法等。

可用扫描电子显微镜和体现显微镜提示颗粒形状和表面形貌，其图像可与生产厂家提供的货样进行对比而确定其相似程度。制造工艺和颗粒形态之间的关系举例见附录 A。

3.6 松装密度

粉末的松装密度应按 GB/T 1479 的规定进行测定，并以 g/cm^3 表示。

3.7 流动性

粉末流动性应按 GB/T 1482 的规定进行测定，并以 $s/50g$ 表示。

3.8 显微结构

可制备粉末颗粒的横截面金相试样来测定其显微结构。由于制样方法是关键的，应由生产厂家和用户协定。

3.9 相的测定

可用 X 射线衍射分析、显微探针或金相及定量图像分析测定多相粉末中相的种类、数量、形状、构造、成分和尺寸。

3.10 概要

针对不同热喷涂工艺和材料，热喷涂粉末各项性质的相对重要性见表1。

表 1 在各种热喷涂工艺和材料中热喷涂粉末各项性质的相对重要性

类型	化学成分	粒度	颗粒形状	松装密度	流动性	显微结构	相成分	熔化范围
粉末种类								
纯金属	+++	+++	++	+	+	-	-	-
金属合金	+++	+++	++	+	+	-	+	++①
碳化物、碳化物同金属、碳化物同金属合金	+++	+++	++	+	+	++	++	-
氧化物、磷酸盐和其他非碳化物类陶瓷	+++	+++	++	+	+	+	+	-
有机材料	+++	+++	+	+	++	-	-	+++②
不同的热喷涂工艺								
等离子喷涂	++	+++	++	-	+	-	++③	-
火焰喷涂	++	+++	+	-	+++	-	-	+++①
高速火焰喷涂	++	+++	+++	++	+	-	++③	+

注：+++表示此性质是强制性的/要求严格的性质；++表示此性质是推荐性的/重要性质；+表示补充细节；-表示不重要。

① 对自熔性合金。
② 有机材料喷涂中，熔化材料的耐氧化性和加热分解性及毒性是重要的。
③ 对喷涂碳化物和氧化物，必须详细规定，例如，ZrO_2-Y_2O_3。

4 粉末分类
4.1 总则
热喷涂粉末按化学成分分类，可分为如下类型：
a) 纯金属（4.2 和表 2）；
b) 金属合金和复合材料（4.3 和表 3~表 11）；
c) 碳化物、碳化物同金属、碳化物同金属合金和复合材料（4.4 和表 12）；
d) 氧化物、磷酸盐和其他非碳化物类陶瓷（4.5 和表 13）；
e) 有机材料（4.6）。

不包括由几种组分混合的粉末。

4.2 纯金属

表 2 纯金属粉末

编号	化学成分（质量分数,%）						
	主要成分	O	C	N	H	Al	Co
1.1	Ti 99	≤0.3	≤0.3	≤0.3	≤0.1	—	—
1.2	Nb 99	≤0.3	≤0.3	≤0.3	≤0.1	—	—
1.3	Ta 99	≤0.3	≤0.3	≤0.3	≤0.1	—	—
1.4	Cr 98.5	≤0.8	≤0.1	≤0.1	—	≤0.5	—
1.5	Mo 99	≤0.3	≤0.15	≤0.1	—	—	—
1.6	W 99	≤0.3	≤0.15	≤0.1	—	—	≤0.3
1.7	Ni 99.3	≤0.5	≤0.1	≤0.1	—	—	—
1.8	Cu 99	—	—	—	—	—	—
1.9	Al 99	≤0.5	—	—	—	—	—
1.10	Si 99	—	—	—	—	—	—

4.3 金属合金和复合材料

表 3 自熔金属合金材料粉末

编号	缩写代号	化学成分（质量分数,%）									
		C	Ni	Co	Cr	Cu	W	Mo	Fe	B	Si	其他
2.1	NiCuBSi 76 20	≤0.05	余量	—	—	19~20	—	—	≤0.5	0.9~1.3	1.8~2.0	≤0.5
2.2	NiBSi 96	≤0.05	余量	—	—	—	—	—	≤0.5	1.0~1.5	2.0~2.5	≤0.5
2.3	NiBSi 94	≤0.1	余量	—	—	—	—	—	≤0.5	1.5~2.0	2.8~3.7	≤0.5
2.4	NiBSi 95	0.1~0.2	余量	—	—	—	—	—	≤2.0	1.2~1.7	2.2~2.8	≤0.5
2.5	NiCrBSi 90 4	0.1~0.2	余量	—	3~5	—	—	—	≤1.0	1.4~1.8	2.8~3.5	≤0.5
2.6	NiCrBSi 86 5	0.15~0.25	余量	—	4~6	—	—	—	3.0~3.5	0.8~1.2	2.8~3.2	≤0.5
2.7	NiCrBSi 88 5	0.15~0.25	余量	—	4~6	—	—	—	1.0~2.0	1.0~1.5	3.5~4.0	≤0.5
2.8	NiCrBSi 83 10	0.15~0.25	余量	—	8~12	—	—	—	1.5~3.5	2.0~2.5	2.3~2.8	≤0.5
2.9	NiCrBSi 85 8	0.15~0.25	余量	—	6~10	—	—	—	1.5~2.0	1.5~2.0	2.6~3.4	≤0.5
2.10	NiCrBSi 84 8	0.25~0.4	余量	—	7~10	—	—	—	1.7~2.5	1.5~2.2	3.2~4.0	≤0.5
2.11	NiCrBSi 88 4	0.3~0.4	余量	—	3.5~4.5	—	—	—	≤2	1.6~2.0	3.0~3.5	≤0.5

(续)

编号	缩写代号	化学成分(质量分数,%)										
		C	Ni	Co	Cr	Cu	W	Mo	Fe	B	Si	其他
2.12	NiCrBSi 80 11	0.35~0.6	余量	—	10~12	—	—	—	2.5~3.5	2.0~2.5	3.5~4.0	≤0.5
2.13	NiCrWBSi 64 11 16	0.5~0.6	余量	—	10~12	—	15.5~16.5	—	3.5~4.0	2.3~2.7	3.0~3.5	≤0.5
2.14	NiCrCuMoBSi 67 17 3 3	0.5~0.7	余量	—	16~17	2.0~3.5	—	2.0~3.0	2.5~3.5	3.4~4.0	4.0~4.5	≤0.5
2.15	NiCrCuMoWBSi 64 17 3 3 3	0.4~0.6	余量	—	16~17	2.0~3.5	2.0~3.0	2.0~3.0	3.0~5.0	3.5~4.0	4.0~4.5	≤0.5
2.16	NiCrBSi 74 15	0.75~1.0	余量	—	16~17	—	—	—	3.5~5.0	2.8~3.5	3.6~4.5	≤0.5
2.17	NiCrBSi 65 25	0.8~1.0	余量	—	24~26	—	—	—	0.2~1.0	3.2~3.6	4.0~4.5	≤0.5
2.18	NiCrBSi 74 14	≤0.05	余量	—	13~15	—	—	—	4.0~5.0	2.75~3.5	4.0~5.0	≤0.5
2.19	NiCrBSi 82 7	≤0.06	余量	—	6.5~8.5	—	—	—	2.5~3.5	2.5~3.5	4.1~4.6	≤0.5
2.20	NiBSi 92	≤0.06	余量	—	—	—	—	—	≤0.5	2.75~3.5	4.3~4.7	≤0.5
2.21	NiCoBSi 71 20	≤0.05	余量	20	—	—	—	—	≤0.5	2.7~3.2	4.0~5.0	≤0.5
2.22	CoCrNiMoBSi 40 18 27 5	≤0.1	26~28	余量	18~19	—	—	4.0~6.0	≤2.0	3.0~3.4	3.0~3.5	≤0.5
2.23	CoCrNiMoBSi 50 18 17 6	0.1~0.3	17~19	余量	18~20	—	—	6.0~8.0	≤2.5	3.0	3.5	≤0.5
2.24	CoCrNiWBSi 53 20 13 7	0.75~1.0	13~16	余量	19~20	—	6~8	—	≤3.0	1.5~1.8	2.4~2.5	≤0.5
2.25	CoCrNiWBSi 52 19 15 9	0.8~1.1	13~16	余量	19~20	—	8~10	—	≤3.0	1.5~1.8	2.4~2.5	≤0.5
2.26	CoCrNiWBSi 47 19 15 13	1.0~1.3	13~16	余量	19~20	—	12.5~13.5	—	≤3.0	1.5~2.0	2.0~2.5	≤0.5
2.27	CoCrNiWBSi 45 19 15 15	1.3~1.6	13~16	余量	19~20	—	14.5~15.5	—	≤3.0	2.8~3.0	2.7~3.5	≤0.5

表 4 Ni-Cr-Fe 金属合金材料粉末

编号	缩写代号	化学成分(质量分数,%)											
		Ni	Cr	Al	W	Co	Mo	Fe	Si	Mn	Ti	C	其他
3.1	NiCr 80 20	余量	18~21	—	—	—	—	≤1	≤1.5	≤2.5	—	0.25	—
3.2	NiCrFe 75 15 8	余量	14~17	—	—	—	—	6~10	—	—	—	0.30	—
3.3	NiCrAl 74 19 5	余量	17~20	3~6	—	—	—	≤1	≤1.5	≤2.5	—	0.25	—
3.4	NiCrNb 70 21 4	余量	20~22	0.3~0.5	—	—	—	2~3	0.4~0.6	0.4~0.6	0.3~0.5	0.1	Nb3~4
3.5	NiCrMoW 54 16 17 5	余量	14~18	—	4~6	—	16~18	≤6	≤1.0	≤0.5	—	0.5	—
3.6	NiCrAlMoFe 73 9 7 6 5	余量	8~10	6~8.8	—	—	4~6	4~6	—	—	—	—	—
3.7	NiCrTiAl 75 20 3 2	余量	18~22	1.5~2.5	—	—	—	—	—	—	2~3	—	—
3.8	NiCrCoAlTi 67 16 9 4 4	余量	15~17	3~4	2~3	8~9	1~3	0.4~0.6	≤0.3	≤0.2	3~4	0.2	—
3.9	NiCoCrAlMoTi 63 15 10 5 3 4	余量	8~12	4~6	—	14~16	2~4	—	—	—	4~5	0.2	—
3.10	NiCoCrAlMoTi 57 17 11 5 6 4	余量	10~12	4~5	—	15~18	5~7	≤0.5	≤0.2	—	3~5	0.03	—
3.11	NiCr 50 50	余量	50~53	—	—	—	—	≤2	≤1	—	—	0.5	—
3.12	NiCrMoNb 64 22 9 3.5	余量	20~23	—	—	—	8~10	1	≤0.25	—	—	0.01	Nb3~4
3.13	NiCrCoMoTiAlW 57 18 12 6 3 2 1	余量	17~19	1.5~2.5	1	11~13①	5~7	—	—	—	2.5~3.5	—	—
3.14	NiCrNbFeAl 66 14 7 8 5 5	余量	11.5~16	2.5~4.5	—	②	—	6~9.5	—	0.4~0.6	0.3~0.5	0.1	Nb 6.5~7.5
3.15	NiCrFeAlMo 68 14 7 5 5	余量	12~16	4~6	—	—	4~6	5~9	—	—	—	—	—
3.16	NiCrAlMoTiO₂ 68 8 7 5 2.5	余量	7~10	5~9	—	—	3~7	1~3	—	—	—	—	TiO₂ 2.5, B2
3.17	FeCrMoAl 65 23 5 5	≤0.5	20~25	4~6	—	—	3~7	余量	—	—	—	0.1~0.5	—

① ISO 14232:2000 (E) 中此项含量为零,应为 11~13,特此更正。
② ISO 14232:2000 (E) 中此项含量为 11~13,应为零,特此更正。

表 5 MCrAlY 金属合金材料粉末

编号	缩写代号	化学成分(质量分数,%)								
		Ni	Cr	Al	Co	Fe	Si	Y	C	其他
4.1	NiCrAlY 66 22 10 1	余量	21~23	9~11	—	—	—	0.8~1.2	—	—
4.2	NiCrAlY 70 23 6	余量	22~24	5~7	—	—	—	0.3~0.5	—	—

（续）

编号	缩写代号	化学成分(质量分数,%)								
		Ni	Cr	Al	Co	Fe	Si	Y	C	其他
4.3	NiCoCrAlY 46 23 17 13	余量	15~19	11.5~13.5	20~26	—	—	0.2~0.7	—	—
4.4	NiCoCrAlY 47 22 17 13	余量	15~19	11.5~13.5	20~24	—	—	0.4~0.8	—	—
4.5	NiCoCrAlYSiHf 47 22 17 13	余量	15~19	11.8~13.2	20~24	—	0.2~0.6	0.4~0.8	—	Hf0.1~0.4
4.6	CoCrAlY 63 23 13	—	22~24	12~14	余量	—	—	0.55~0.75	—	—
4.7	CoNiCrAlY 38 32 21 8	31~33	20~22	7~9	余量	—	—	0.35~0.65	—	—
4.8	CoCrNiAlYTa 52 25 10 7.5	8~12	23~27	5~9	余量	—	—	0.4~0.8	—	Ta4~6
4.9	FeCrAlY 74 20 5	—	18~22	18~22	—	余量	—	0.3~0.7	≤0.02	—

表6 Ni-Al-Fe 金属合金材料粉末

编号	缩写代号	化学成分(质量分数,%)						
		Ni	Al	Mo	Fe	Si	Mn	C
5.1	NiAl 95 5	余量	3~6	—	≤1	≤0.5	—	—
5.2	NiAl 70 30	余量	28~32	—	≤1	≤0.5	≤1	≤0.25
5.3	NiAl 80 20	余量	18~22	—	≤1	≤0.5	≤1	≤0.25
5.4	NiAlMo 90 5 5	余量	3~6	4~6	≤1	≤0.5	—	—
5.5	NiAlMo 89 10 1	余量	8~12	0.5~1.5	≤1	≤0.5	—	—
5.6	FeNiAl 51 38 10	36~40	8~12	—	余量	—	—	—
5.7	FeNiAlMo 54 35 5 5	33~37	3~6	3~7	余量	—	—	—

表7 高合金钢

编号	缩写代号	化学成分(质量分数,%)								
		Ni	Cr	Mo	Fe	Si	Mn	P	S	C	其他
6.1	X42Cr 13	—	11.5~13.5	—	余量	0.3~0.5	0.2~0.4	≤0.03	≤0.03	0.38~0.45	
6.2	X105CrMo 17	—	16~18	0.4~0.8	余量	≤1	≤1	≤0.045	≤0.03	0.95~1.20	
6.3	X2CrNi 18 9	10~12.5	17~20	—	余量	≤1	≤2	≤0.045	≤0.03	≤0.03	
6.4	X5CrNi 18 9	8.5~10	17~20	—	余量	≤1	≤2	≤0.045	≤0.03	≤0.07	
6.5	X2CrNiMo 18 10	11~14	16.5~18.5	2~2.5	余量	≤1	≤2	≤0.045	≤0.03	≤0.03	

（续）

编号	缩写代号	化学成分（质量分数,%）								
		Ni	Cr	Mo	Fe	Si	Mn	P	S	C	其他
6.6	X2CrNiMo 18 12	12.5~15	16.5~18.5	2.5~3	余量	≤1	≤2	≤0.045	≤0.03	≤0.03	
6.7	X5CrNiMo 18 10	9.5~13.5	16.5~20.0	2~2.5	余量	≤1	≤2	≤0.045	≤0.03	≤0.07	
6.8	X5CrNiMo 18 12	11.5~①	16.5~18.5	2.5~3.0	余量	≤1	≤2	≤0.045	≤0.03	≤0.07	
6.9	X10CrNiMo 17 13	12~14	16~18	2~2.5	余量	≤0.7~5	≤2	≤0.045	≤0.03	0.08~0.11	
6.10	X2NiCrMoCu 25 20 5	24~26	19~21	4~5	余量	≤1	≤2	≤0.03	≤0.02	≤0.02	
6.11	X130CrMoWV 5 5 5 4	—	4~5	4~5	余量	—	—	—	—	1.0~1.5	V3.5~4.5, W5~6

① ISO 14232：2000（E）中此栏如此。

表 8 Co-Cr 金属合金和复合材料

编号	缩写代号	化学成分（质量分数,%）								
		Ni	Cr	W	Co	Mo	Cu	Fe	Si	Mn	C	其他
7.1	CoCrW 50 30 12	≤3	29~31	11.5~13.5	余量	—	—	≤3	0.8~1.1	—	2.3~2.5	—
7.2	CoCrW 60 28 4	≤3	27~30	3.5~5	余量	—	—	≤3	0.8~1.1	—	0.9~1.2	—
7.3	CoCrW 53 30 8	≤3	29~31	7.5~9	余量	—	—	≤3	1.0~1.6	—	1.3~1.6	—
7.4	CoCrNiW 50 26 10 7	9.5~11.5	24~27	6.5~8.5	余量	—	—	≤2	≤0.6	≤0.6	≤0.5	—
7.5	CoCrMo 60 27 5	≤3	25~29	—	余量	4.5~6.5	—	≤3	≤2.5	≤1	≤0.3	—
7.6	CoCrNiW 40 25 22 10	20~24	23~27	10~14	余量	—	—	—	—	≤1	1.5~2.0	—
7.7	CoMoCrSi 51 28 17 3	≤1.5	16~19	—	余量	27~30	—	≤1.5	3~4	—	—	—
7.8	CoCrNiNb 50 28 7 6	5.5~7.5	26~30	—	余量	—	—	2.5~4.5	1.4~1.8	≤2	≤0.6	≤0.6	1.8~2.2	Nb4.5~6.5

表 9 Cu-Al 合金和复合材料、Cu-Sn 和 Cu-Ni

编号	缩写代号	化学成分（质量分数,%）							
		Ni	Al	Cu	Fe	Sn	P	其他
8.1	CuAl 10	—	9~11	余量	—	—	—	—
8.2	CuAl 10 Fe	—	9~11	余量	≤1	—	—	—
8.3	CuAl 10 Ni	2~5	9~11	余量	—	—	—	—
8.4	CuSn 8	—	—	余量	—	7.5~9	≤0.4	—
8.5	CuNi 38	35~40	—	余量	—	—	—	—
8.6	CuNi 36In	35~38	—	余量	≤1	—	—	In4~6

表 10 Al 合金

编号	缩写代号	化学成分(质量分数,%)	
		Al	Si
9.1	AlSi88 12	余量	11~13

表 11 镍-石墨复合材料

编号	缩写代号	化学成分(质量分数,%)		
		Ni	Co	石墨
10.4	Ni-Graphite 60/40	59~62	≤0.5	余量
10.5	Ni-Graphite 75/25	74~76	≤0.5	余量
10.6	Ni-Graphite 80/20	79~81	≤0.5	余量
10.7	Ni-Graphite 85/15	84~86	≤0.5	余量

4.4 碳化物、碳化物同金属、碳化物同金属合金和复合材料

表 12 碳化物、碳化物同金属、碳化物同金属合金和复合材料

编号	缩写代号	化学成分(质量分数,%)							
		W	Cr	Ti	Co	Ni	C	Fe	Si
11.1	TiC[①]	—	—	≥79.5	—	—	19~20	—	—
11.2	WC[①]	余量	—	—	—	—	6.0~6.2	—	—
11.3	W_2C/WC[①]	余量	—	—	—	—	3.8~4.3	—	—
11.4	W_2C[①]	余量	—	—	—	—	3.1~3.3	—	—
11.5	Cr_3C_2[②]	—	≥86	—	—	—	≥12.5	≤0.7	≤0.1
11.10	WC/Co 94 6	余量	—	—	5~7	—	≥5.2	—	—
11.11	WC/Co 88 12	余量	—	—	11~13	—	3.6~4.2	—	—
11.12	WC/Co 88 12	余量	—	—	11~13	—	4.8~5.5	—	—
11.13	WC/Co 83 17	余量	—	—	16~18	—	≥4.8	—	—
11.14	WC/Co 80 20	余量	—	—	18~20	—	4.5~5.0	—	—
11.15	W_2C/Co	余量	—	—	18~21	—	2.4~2.6	—	—
11.16	WC/Ni 92 8	余量	—	—	—	6~8	3.5~4.0	—	—
11.17	WC/Ni 88 12	余量	—	—	—	11~13	5.0~5.5	—	—
11.18	WC/Ni 85 15	余量	—	—	—	14~16	3~4	—	—
11.19	WC/Ni 83 17	余量	—	—	—	16~19	4.5~5.5	—	—
11.20	C/Co/Cr 86 10 4	余量	3.5~4.5	—	9~11	—	3.5~4.5	—	—
11.21	WCrC/Ni 93 7	余量	22~28	—	—	6~8	5~7	—	—
11.30	Cr_3C_2/NiCr 75 25	—	余量	—	—	16~19	10~11	—	—
11.31	Cr_3C_2/NiCr 75 25	—	余量	—	—	19~21	9~10	—	—
11.32	Cr_3C_2/NiCr 80 20	—	余量	—	—	14~18	9~11	—	—

① 这些粉末与其他粉末混合。

4.5 氧化物、磷酸盐和非碳化物类陶瓷

表 13 氧化物、磷酸盐和非碳化物类陶瓷粉末

编号	缩写代号	化学成分(质量分数,%)								
		Al_2O_3	TiO_2	Cr_2O_3	ZrO_2	MgO/CeO_2/羟基磷灰石	Y_2O_3	CaO	FeO	SiO_2
12.1	Al_2O_3	≥99.5	—	—	—	—	—	—	≤0.1	≤0.1
12.2	Al_2O_3-TiO_2 97 3	≥96	2.5~3.5	—	—	—	—	—	≤1	≤1
12.3	Al_2O_3-TiO_2 87 13	余量	12~14	—	—	—	—	—	≤0.5	≤1
12.4	Al_2O_3-TiO_2 60 40	余量	37~42	—	—	—	—	—	—	—
12.5	Al_2O_3-MgO 70 30	余量	—	—	—	MgO 28~31	—	—	≤0.5	≤1.5
12.6	Al_2O_3-SiO_2 70 30	余量	—	—	—	—	—	—	≤0.2	22~28
12.7	Al_2O_3-Cr_2O_3 98 2	≥97.5	—	1.5~2.1	—	—	—	—	≤0.1	≤0.3
12.8	Al_2O_3-Cr_2O_3 90 10	余量	—	8~12	—	—	—	—	≤0.1	≤0.2
12.9	Al_2O_3-Cr_2O_3 50 50	余量	—	48~52	—	—	—	—	≤0.1	≤0.2
12.20	Cr_2O_3	—	—	≥99.5	—	—	—	—	≤0.1	≤0.25
12.21	Cr_2O_3	≤1.0	—	≥96	—	—	—	—	≤1	≤1
12.22	Cr_2O_3-TiO_2 97 3	—	≤3	≥96.5	—	—	—	—	≤0.5	—
12.23	Cr_2O_3-TiO_2 45 55	—	53~56	余量	—	—	—	—	≤0.5	≤0.5
12.24	Cr_2O_3-TiO_2 60 40	—	38~42	余量	—	—	—	—	≤0.5	≤0.5
12.25	Cr_2O_3-$SiO_2$$TiO_2$ 92 5 3	—	2~4	余量	—	—	—	—	≤0.5	4~6
12.30	TiO_2	—	≥99	—	—	—	—	—	≤0.5	≤0.5
12.40	ZrO_2-CaO 95 5	≤0.5	—	—	余量	—	—	5~7	—	≤0.4
12.41	ZrO_2-CaO 90 10	≤0.5	—	—	余量	—	—	8~10	—	≤0.4
12.42	ZrO_2-CaO 70 30	≤0.5	—	—	余量	—	—	28~31	—	—
12.43	ZrO_2-MgO 80 20	—	—	—	余量	MgO 18~24	—	1.5	—	≤1.5
12.44	ZrO_2-Y_2O_3 93 7	≤0.2	≤0.3	—	余量	—	6~8	—	≤0.2	≤0.5
12.45	ZrO_2-Y_2O_3 80 20	—	—	—	余量	—	18~21	—	≤0.2	≤0.5
12.46	ZrO_2-SiO_2 65 35	≤0.3	—	—	余量	—	—	—	≤0.3	32~35
12.47	ZrO_2-CeO_2-Y_2O_3 68-25-3	—	—	—	余量	CeO_2 24~26	2~4	—	≤0.2~0.5	0.5~1.5
12.60	Hydroxylapatite	—	—	—	—	≥羟基磷灰石 95[①]	—	—	—	—

① 其他杂质：As≤0.0003；Cd≤0.0005；Hg≤0.0005；Pb≤0.0003；总杂质≤0.1。

4.6 有机材料

一些有机喷涂材料（化学合成物）目前正在评价中。最常用的有机喷涂材料是乙烯-乙烯醇共聚物和聚酯，它们都用于粉末火焰喷涂。

5 代号

符合本标准的喷涂粉末应按下例表示。

示例：含12%Co和大约5%C，粒度范围为45/5（以μm计）的烧结碳化钨-钴合金粉末（编号11.12），表示如下：

喷涂粉末 GB/T 19356-11.12-45/5-烧结

6 供货条件

粉末应干燥，无杂质，应密封于防潮金属、塑料容器中供货。特殊包装，由供需双方商定。

粉末容器应标上"使用前混匀"及"粉末操作须遵守安全规范册中规定的安全规程"等字样。

7 粉末标记

热喷涂粉末的统一标记应足以起到简明而无歧义地描述该喷涂粉末的作用。

8 证书

生产厂家/供方应随热喷涂粉末附上相应的检验证书，以证明其每批产品都符合本标准要求。

此证书除包括经供需双方规定和（或）同意的化学和物理分析项目的检验结果之外，还应包括产品代号和批号。

附 录 A
（资料性附录）
制造工艺与颗粒形态之间关系的说明

制造工艺与颗粒形态之间关系的说明见图 A.1~图 A.7。

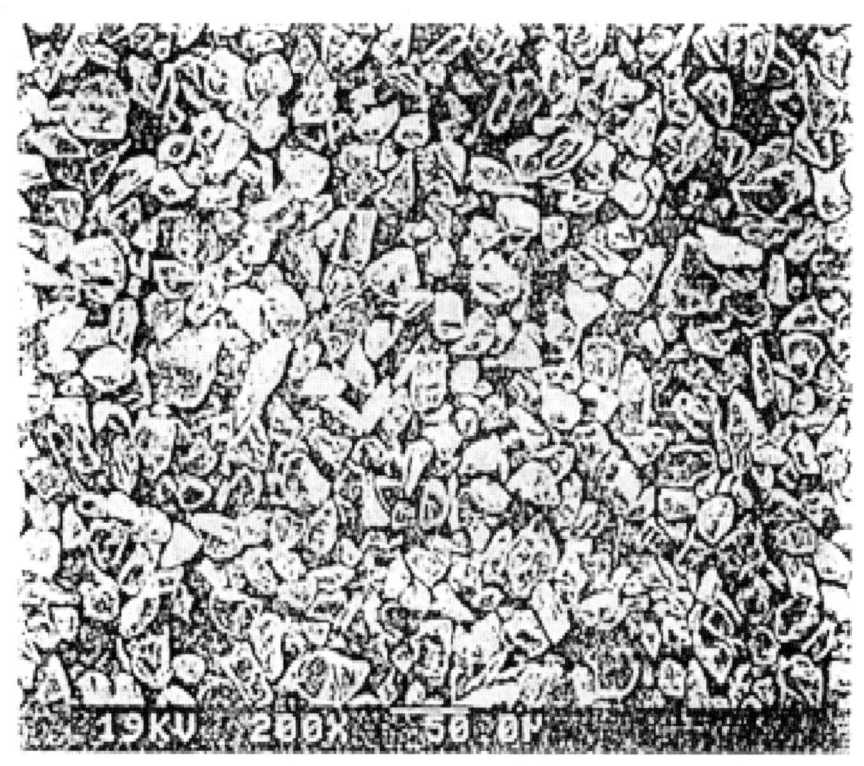

图 A.1 熔化、破碎的 Cr_2O_3；颗粒形状：块状

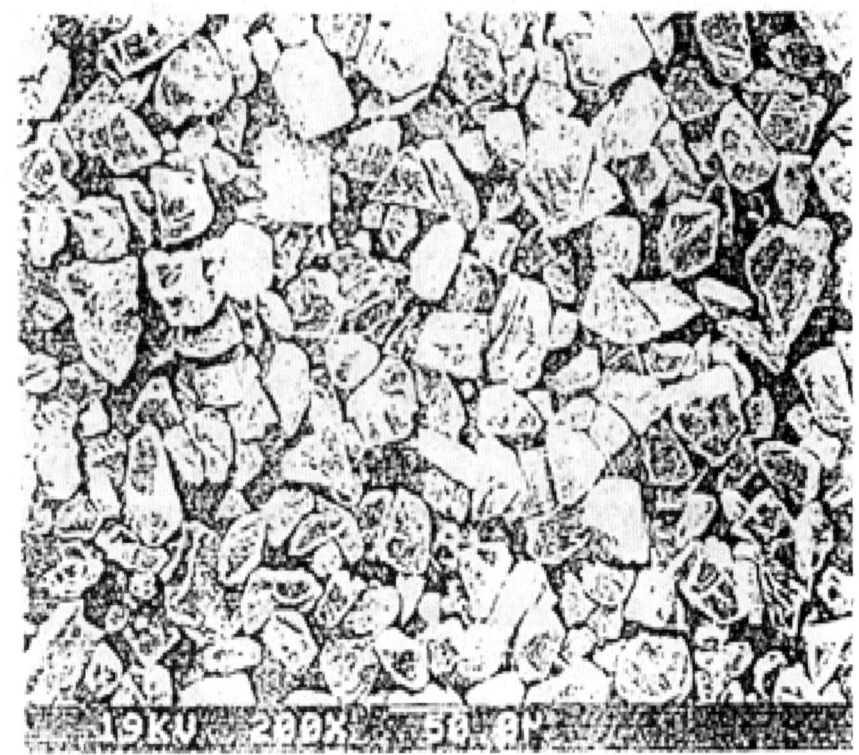

图 A.2 烧结、破碎的 Cr_2O_3；颗粒形状：块状

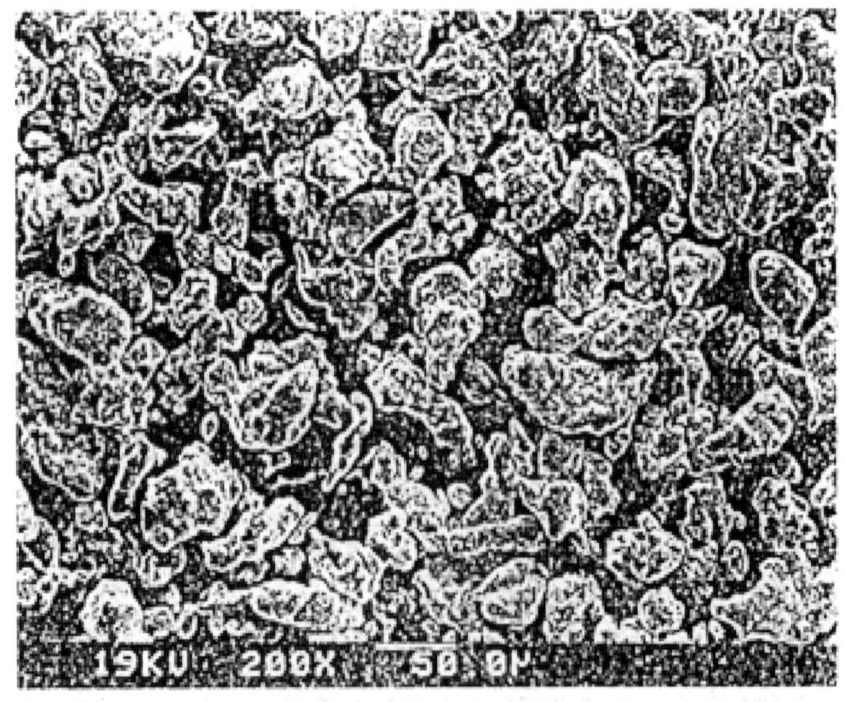

图 A.3 水雾化 Ni-Al；颗粒形状：不规则

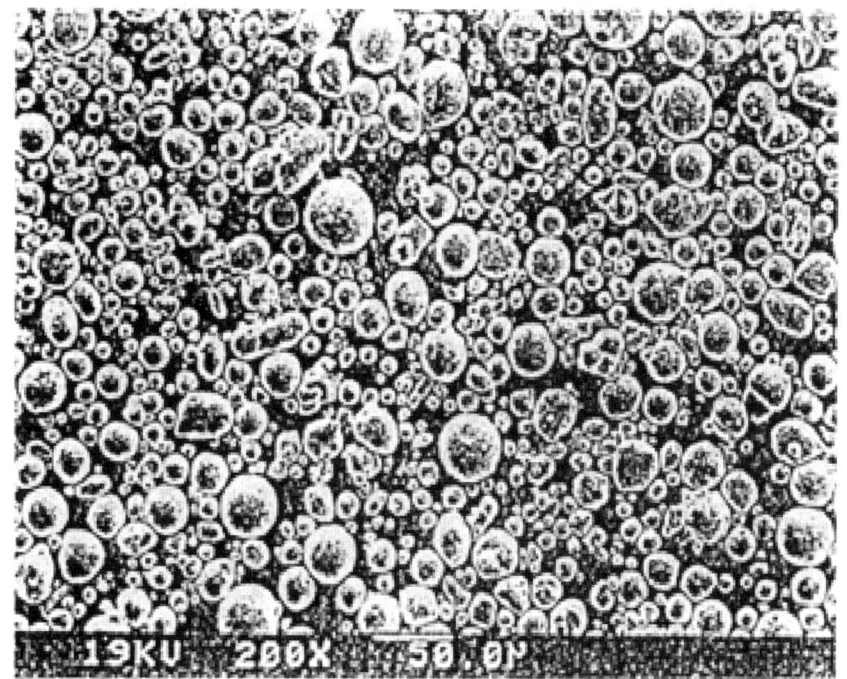

图 A.4 气雾化 Ni-Al；颗粒形状：球状

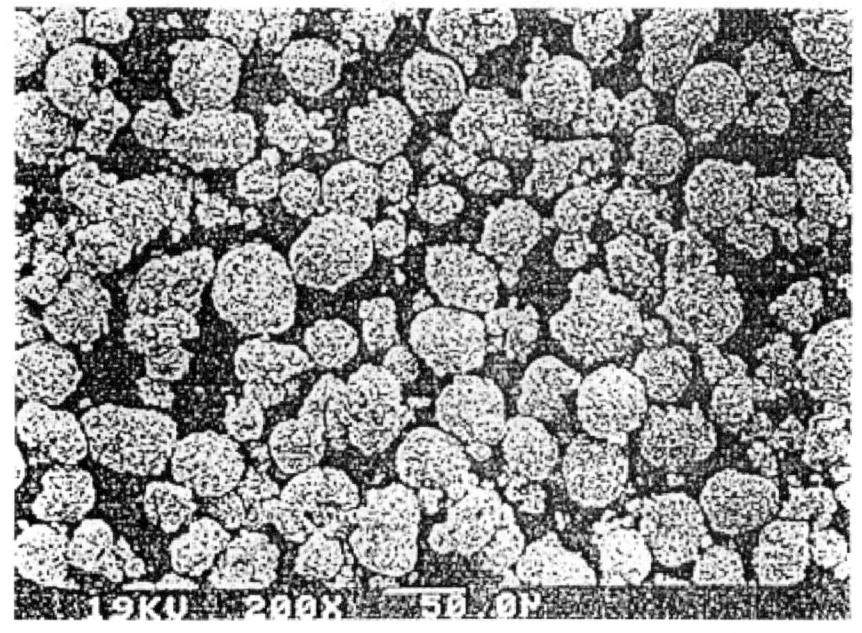

图 A.5 烧结团聚 WC/Co；颗粒形状：球状

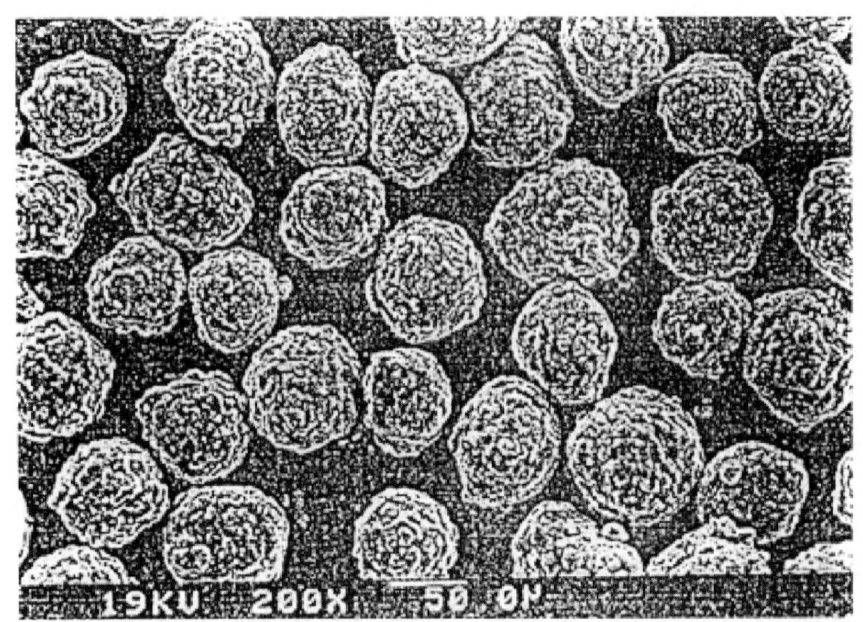

图 A.6　涂覆的多孔 Ni-Al；颗粒形状：取决于芯材；此处为球状

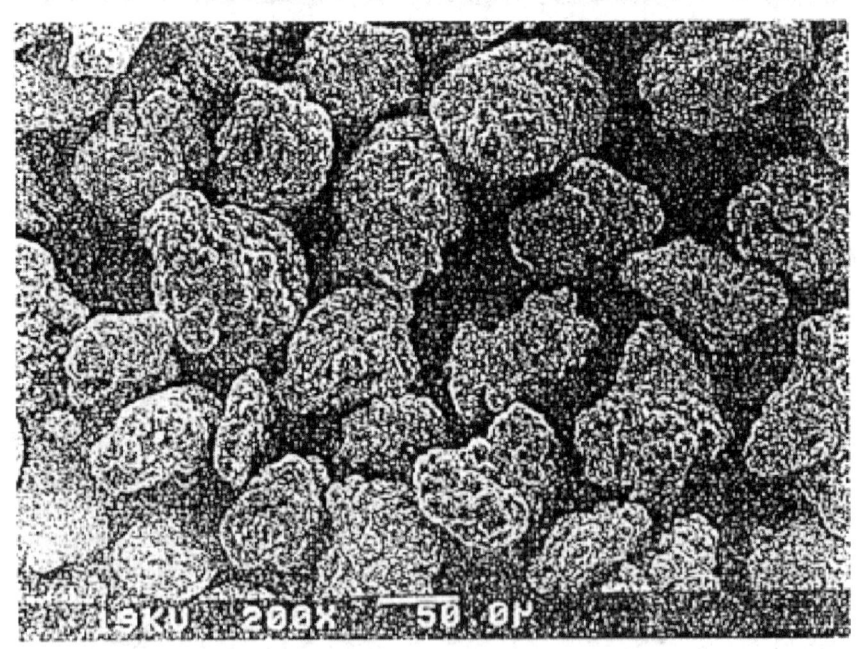

图 A.7　致密涂覆的 Ni 石墨；颗粒形状：取决于芯材；此处为块状

第七章 热喷涂（焊）涂层

第一节 热喷涂 热喷涂结构的质量要求
第1部分：选择和使用指南

一、概论

1. 热喷涂质量要求的重要性

热喷涂技术在应对制造、维护和修理等工业领域的特殊服役环境中变得越来越重要，已广泛地应用于工业产品的生产。例如，它已成为汽车工业、航空工业、机械工业、印刷工业和化学工业中一些要求耐腐蚀、耐磨、高温保护和防化学侵蚀的结构制造不可或缺的工序。因而，热喷涂工艺对生产的成本和制品的完善有很大的影响。为此，采用有效的方法实施热喷涂工艺，在生产的每个环节进行质量管理和保障非常重要。

2. 热喷涂结构的质量要求标准

国际标准化组织于1999年首次发布了热喷涂结构的质量要求标准，并将其分为4个部分，其中第1部分为 ISO 14922-1：1999《热喷涂 热喷涂结构的质量要求 第1部分：选择和使用指南》。该标准于2021年进行了修订，将4个部分合并为一个整体，即 ISO 14922：2021《热喷涂 热喷涂制造的质量要求》。为了推广热喷涂应用，我国于2003年等同采用 ISO 14922-1：1999《热喷涂 热喷涂结构的质量要求 第1部分：选择和使用指南》，制定了 GB/T 19352.1—2003《热喷涂 热喷涂结构的质量要求 第1部分：选择和使用指南》。该标准于2003年10月29日发布，2004年5月1日实施。

二、标准主要特点与应用说明

在有关质量管理体系的 ISO 9000 及 ISO 9000 族标准中，诸如表面保护这样的工艺归于特殊工艺类，因为大多数表面保护工艺不能通过在生产过程中进行无损检测和控制来达到质量标准的要求。质量不能由事后的测试来赋予产品，但应由制造过程的质量保证来产生。即使再先进完善的无损检测举措，也不能在热喷涂涂层涂覆之后，来提高涂层的质量，而仅能就涂层的质量提出报告。

基于上述原则，该标准规定了描述热喷涂质量要求的指南，这些质量要求适用于采用热喷涂工艺涂覆新零件、进行修理或维护的制造商。这些质量要求以可普遍适用于任何类型的热喷涂结构的方式构成。这些指南仅涉及最终的热喷涂结构中受热喷涂和与其相关的工艺（前处理和后处理等）影响的那些质量方面。

该标准规定了达到热喷涂零件质量要求的各种方法，包括在车间内和现场进行的热喷涂零件；还规定了描述制造商生产规定质量的热喷涂构件能力的各种方法。这些指南也可成为任何有利害关系的方面评估制造商的热喷涂质量准备的基础。

该标准的目的是指导编制规章制度或起草合同要求，指导制造厂的管理者制定与热喷涂结构类型有关的质量体系的热喷涂要求。该标准并不孤立地构成为任何制度的、合同的或管理的要求的一部分。

为了正确应用热喷涂涂层，避免生产操作时的严重问题，控制和监督是必不可少的。控制和监督内容包括构件的状态、材料的选择、生产过程和随后的测试过程。

为保证完善的热喷涂生产过程并识别问题产生的根源，制造商的管理中应引入足够的质量管理。

该标准附录中介绍了选择热喷涂质量要求的流程及主要节点。其典型应用包括：
1) 在合同中，规定质量体系中对热喷涂的要求。
2) 对生产者，建立并保持热喷涂的质量要求。
3) 对制定结构规范和其他采用标准的委员会，说明热喷涂的要求。
4) 对有利害关系的各方，如第三方、顾客或制造厂的管理者，评估热喷涂的要求。

该标准是《热喷涂 热喷涂结构的质量要求》系列标准的基础，是后续三个标准如何选用的指南文件。

三、标准内容 （GB/T 19352.1—2003）

热喷涂 热喷涂结构的质量要求 第1部分：选择和使用指南

1 范围

GB/T 19352 的本部分规定了描述热喷涂质量要求的指南，这些质量要求适用于采用热喷涂工艺涂覆新零件、进行修理或维护的制造商。这些质量要求以可普遍适用于任何类型的热喷涂结构的方式构成。这些指南仅涉及最终的热喷涂结构中受热喷涂和与其相关的工艺（前处理和后处理等）影响的那些质量方面。

本部分规定了达到热喷涂零件质量要求的各种方法，包括在车间内和在现场进行的热喷涂零件；还规定了描述制造商生产规定质量的热喷涂构件能力的各种方法。这些指南也可成为任何有利害关系的方面评估制造商的热喷涂质量准备的基础。

本部分的目的是指导编制规章制度或起草合同要求，指导制造厂的管理者制定与热喷涂结构类型有关的质量体系的热喷涂要求。本部分并不孤立地构成为任何制度的、合同的或管理的要求的一部分。

本部分用于下列目的：
a) 提供对 GB/T 19000—1994 族标准中的要求的解释，指导将热喷涂作为质量体系中"特殊工艺"部分来建立和说明；
b) 当质量体系不符合 GB/T 19001—1994 和 GB/T 19002—1994 时，指导建立热喷涂的质量要求和施工细则；
c) 评估上述 a) 和 b) 中热喷涂的质量要求。

本部分的典型应用情况如下：
——在合同中：规定质量体系中对热喷涂的要求；
——对生产者：建立并保持热喷涂的质量要求；
——对制定结构规范和其他采用标准的委员会：说明热喷涂的要求；
——对有利害关系的各方，如第三方、顾客或制造厂的管理者：评估热喷涂的要求。

2 规范性引用文件

下列文件中的条款通过 GB/T 19352 的本部分的引用而成为本部分的条款。凡是注日期的引用文件,其随后所有的修改单(不包括勘误的内容)或修订版均不适用于本部分,然而,鼓励根据本部分达成协议的各方研究是否可使用这些文件的最新版本。凡是不注日期的引用文件,其最新版本适用于本部分。

GB/T 6583—1994　质量管理和质量保证　术语(idt ISO 8402：1994)

GB/T 19000.1—1994　质量管理和质量保证标准　第1部分：选择和使用指南(idt ISO 9000-1：1994)

GB/T 19001—1994　质量体系　设计、开发、生产、安装和服务的质量保证模式(idt ISO 9001：1994)

GB/T 19002—1994　质量体系　生产、安装和服务的质量保证模式(idt ISO 9002：1994)

GB/T 19352.2—2003　热喷涂　热喷涂结构的质量要求　第2部分：全面的质量要求(idt ISO 14922-2：1999)

GB/T 19352.3—2003　热喷涂　热喷涂结构的质量要求　第3部分：标准的质量要求(idt ISO 14922-3：1999)

GB/T 19352.4—2003　热喷涂　热喷涂结构的质量要求　第4部分：基本的质量要求(idt ISO 14922-4：1999)

3 定义

GB/T 19352 的本部分采用以下定义。

3.1 合同(用于热喷涂)

关于热喷涂构件的,或者关于用户定制涂层的协议要求;或者当设计和生产时尚无明确用户的情况下,由制造商提出的为众多用户成批生产的构件的基本要求。

在此两种情况下,都假定合同包括了对所有相关规定要求的参照。

注：一个独立法人在合同中的角色由签订合同的各方和(或)适用的标准所决定。

3.2 特殊工艺

一类工艺,其过程的结果不能通过其随后的检查和其制品的试验来完全验证,其缺陷只有在其制品投入使用后才可能显现出来。因而需要进行连续的监控和(或)经过工艺认证,以保证满足规定的要求(参见 GB/T 19001—1994 中 4.9)。

3.3 生产组织

一种组织,其热喷涂车间和(或)热喷涂现场处于同一技术管理和质量管理之下。

3.4 合格人员(用于热喷涂)

经过教育、训练和(或)有关实践经验取得了相关能力和知识的个人。

3.5 结构(用于热喷涂)

制品、构件或任何其他应用热喷涂的系统的同义语。

3.6 质量管理体系

按 GB/T 6583—1994。

4 热喷涂质量要求的选择

使用 GB/T 19352 的本部分可从下列该标准的其他部分中选择适合所涉及的热喷涂结构

类型的热喷涂质量要求：
——热喷涂结构的质量要求　第 2 部分：全面的质量要求（GB/T 19352.2）；
——热喷涂结构的质量要求　第 3 部分：标准的质量要求（GB/T 19352.3）；
——热喷涂结构的质量要求　第 4 部分：基本的质量要求（GB/T 19352.4）。

表 1 为选择指南。附录 A 和附录 B 给出了进行选择的进一步资料和本标准第 2、3 和 4 部分的要旨。

表 1　热喷涂质量要求的选择

合同的热喷涂要求	质量要求	
	如果要求质量体系符合 GB/T 19001—1994 或 GB/T 19002—1994	如果不要求质量体系符合 GB/T 19001—1994 或 GB/T 19002—1994
全面的质量要求	GB/T 19352.2[①]	GB/T 19352.2
标准的质量要求	GB/T 19352.2[①]	GB/T 19352.3
基本的质量要求	GB/T 19352.2[①]	GB/T 19352.4

① 在 GB/T 19001—1994 和 GB/T 19002—1994 的范围内，GB/T 19352.2 可能是热喷涂构件适用要求的最低限。

5　质量保证体系的要求

控制和测试是避免质量不足的构件在现场使用的手段。建立质量保证体系是批量制造和保证按时完成构件或零件，而不出现难以预料的时间延误、返修和其他补充测量的前提。

建立一个有效的质量保证体系最初是昂贵的，但是，从长远看它是以适当的代价来保证高质量。通常，一个制造商建立一个质量体系，并且承接与其质量保证体系一致的合同和构件。

第 4 章列出了适用的标准，它们是建立和定义热喷涂质量保证体系的基础。

这些标准可成为推进技术进步的有力手段。

附　录　A
（资料性附录）
选择热喷涂质量要求的流程图

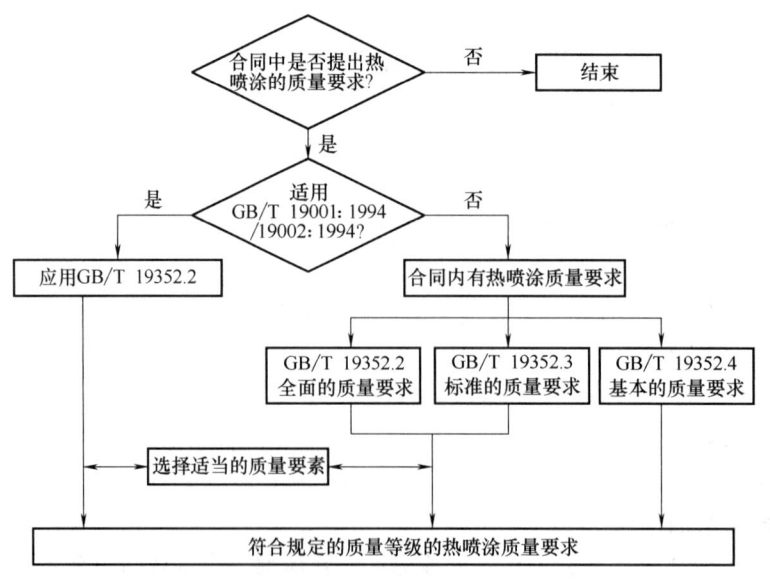

附 录 B
(资料性附录)
GB/T 19352 中第 2、3 和 4 部分关于热喷涂质量要求的简要对比

质量要求	第 2 部分	第 3 部分	第 4 部分
合同评审	●	φ	○
设计评审	●	φ	○
分承包商	●	φ	○
热喷涂人员	●	●	○
热喷涂协调	●	●	○
检查人员	●	●	○
生产设备	●	●	○
设备描述	●	●	—
设备适用性	●	●	—
新设备	●	—	—
设备维护	●	φ	—
健康和环保情况	●	●	●
生产计划	●	○	—
热喷涂程序说明	●	φ	○
工作说明	●	○	—
前处理和后处理	●	●	—
文件依据	●	○	—
消耗材料的批次检查	●	—	—
热喷涂消耗材料的贮存和搬运	●	●	●
基体材料的贮存和搬运	●	●	○
热喷涂之前的检查和试验	●	●	○
热喷涂中的检查和试验	●	●	—
热喷涂之后的检查和试验	●	●	○
检查和试验的状态	●	●	—
不合格与纠正措施	●	●	○
校准	●	●	○
标识和可追溯性	●	●	○
质量报告	●	●	○

注：●表示全面要求；φ表示比第 2 部分低的要求；○表示最低要求；—表示不规定。

第二节　热喷涂　热喷涂结构的质量要求
第 2 部分：全面的质量要求

一、概论

1. 热喷涂结构全面的质量要求

热喷涂涂层的质量取决于喷涂材料、喷涂工艺和喷涂设备，更依赖于实施热喷涂技术的工艺编制和实际操作人员。从质量管理的角度出发，首先应打好质量规定（合同）和涂层结构设计的基础，进而规定并控制热喷涂涂层制备的各个环节，达到热喷涂结构全面的质量要求。

2. 热喷涂结构的质量要求标准

国际标准化组织于 1999 年首次发布了热喷涂结构的质量要求的标准，并将其分为 4 个部分，其中第 2 部分为 ISO 14922-2：1999《热喷涂　热喷涂结构的质量要求　第 2 部分：全面的质量要求》。该标准于 2021 年进行了修订，将 4 个部分合并为一个整体，即 ISO 14922：2021《热喷涂　热喷涂制造的质量要求》。为了推广热喷涂应用，我国于 2003 年等同采用 ISO 14922-2：1999《热喷涂　热喷涂结构的质量要求　第 2 部分：全面的质量要求》，制定了 GB/T 19352.2—2003《热喷涂　热喷涂结构的质量要求　第 2 部分：全面的质量要求》。该标准于 2003 年 10 月 29 日发布，2004 年 5 月 1 日实施。

二、标准主要特点与应用说明

《热喷涂　热喷涂结构的质量要求》系列标准将热喷涂结构的质量要求分为全面的质量要求、标准的质量要求和基本的质量要求三个层次。该标准规定了热喷涂结构的全面质量要求，该要求不依赖于热喷涂结构的类型。该标准不仅对在车间的热喷涂质量提出要求，也对在现场的热喷涂质量要求下了定义。该标准提供了描述制造商生产符合规定要求的热喷涂构件能力的指南，也可作为评估制造商热喷涂能力的基础。

热喷涂结构的全面的质量要求涉及从合同和设计的评审、分承包、热喷涂人员到热喷涂层实际制备、质量检验、包装运输等各个环节，构成一套完整的质量保障体系。该标准对体系各个环节进行了全面的规定和要求。

该标准作为《热喷涂　热喷涂结构的质量要求》系列标准中最全面的质量要求标准，质量要求内容包括：合同评审、设计评审、分承包商、热喷涂人员、热喷涂协调、检查人员、生产设备、设备描述、设备适用性、新设备、设备维护、健康和环保情况、生产计划、热喷涂程序说明、工作说明、前处理和后处理、文件依据、消耗材料的批次检查、热喷涂消耗材料的贮存和搬运、基体材料的贮存和搬运、热喷涂之前的检查和试验、热喷涂中的检查和试验、热喷涂之后的检查和试验、检查和试验的状态、不合格与纠正措施、校准、标识和可追溯性、质量报告。其中，进行合同、设计评审，以及热喷涂之前和热喷涂中的检查容易被忽视，应特别注意。

该标准应用时，应特别注意标准的适用范围，其中规定了一些变通性条件。

如在合同中规定质量要求需符合 GB/T 19001—1994《质量体系　设计、开发、生产、安装和服务的质量保证模式》或 GB/T 19002—1994《质量体系 生产、安装和服务的质量保证模式》，则必须应用全面的质量要求标准。

三、标准内容（GB/T 19352.2—2003）

热喷涂 热喷涂结构的质量要求 第 2 部分：全面的质量要求

1 范围

GB/T 19352 的本部分这样规定质量要求：
——它不依赖于热喷涂结构的类型。
——它不仅对在车间的热喷涂质量要求，也对在现场的热喷涂质量要求下定义。
——它提供描述制造商生产符合规定要求的热喷涂构件能力的指南。
——它也可作为评估制造商热喷涂能力的基础。

当在下列的一个或几个文件中详述制造商按承诺的质量要求生产热喷涂构件的能力时，适用本部分：
——由有关各方签订的合同；
——采用的标准；
——规章的要求。

本部分中的要求可以全部采纳，如果有关构件不能适用，制造商可选择性地删除一部分。在下列情况下，这些要求为热喷涂控制提供一个能变通的框架：

——情况一

当合同要求制造商有一个符合 GB/T 19001—1994 或 GB/T 19002—1994 的质量体系时，明确提供合同中的热喷涂要求。

——情况二

当合同要求制造商有一个不同于 GB/T 19001—1994 或 GB/T 19002—1994 的质量体系时，明确提供合同中的热喷涂要求。

——情况三

当合同要求制造商建立一个质量体系时，明确提供合同中的热喷涂要求。

——情况四

当采用的标准将热喷涂当作其要求的一部分时，明确提供采用的标准中的热喷涂要求；或者在由有关各方签订的合同中明确规定热喷涂要求。在这种情况下本标准的第 3 部分或第 4 部分可能更加适用。

2 规范性引用文件

下列文件中的条款通过 GB/T 19352 的本部分的引用而成为本部分的条款。凡是注日期的引用文件，其随后所有的修改单（不包括勘误的内容）或修订版均不适用于本部分，然而，鼓励根据本部分达成协议的各方研究是否可使用这些文件的最新版本。凡是不注日期的引用文件，其最新版本适用于本部分。

GB/T 6583—1994 质量管理和质量保证 术语（idt ISO 8402：1994）

GB/T 8642—2002 热喷涂 抗拉结合强度的测定（idt ISO 14916：1999）

GB/T 9445—1999 无损检测人员的资格鉴定与认证（idt ISO 9712：1992）

GB/T 12608—2003　热喷涂　火焰和电弧喷涂用线材、棒材和芯材　分类　供货技术条件（idt ISO 14919：2001）

GB/T 18719—2002　热喷涂　术语、分类（idt ISO 14917：1999）

GB/T 19001—1994　质量体系　设计、开发、生产、安装和服务的质量保证模式（idt ISO 9001：1994）

GB/T 19002—1994　质量体系　生产、安装和服务的质量保证模式（idt ISO 9002：1994）

GB/T 19352.1—2003　热喷涂　热喷涂结构的质量要求　第1部分：选择和使用指南（idt ISO 14922-1：1999）

GB/T 19356—2003　热喷涂　粉末　成分和供货技术条件（idt ISO 14232：2000）

ISO 14231：2000　热喷涂　热喷涂设备的检查验收

ISO 14918：1999　热喷涂　热喷涂人员的资格考核

ISO/CD 17833　热喷涂　热喷涂协调　任务和职责

3　定义

本部分采用 GB/T 6583—1994、GB/T 18719—2002 和 GB/T 19352 第1部分的定义。

4　合同和设计的评审

4.1　总则

制造商应该对买方提供的合同要求和设计数据或制造商设计的构件内部数据进行评审。这样可确保在工作开始之前，获得工程进行所必需的资料。制造商应该确认其有能力满足热喷涂合同的所有要求，并落实所有与质量有关活动的完善计划。

制造商进行合同评审以核实合同要求确实处于其履约能力之内，有足够的资源支持达到交货进度，以及合同文本的内容清楚而且无歧义。制造商应确证合同与先前的投标文件之间的任何变化都得到了澄清，以及买方已将可能发生的任何程序的、费用的或工程量的变化通告给自己。

4.2 中的条款是在合同评审时或评审前特别要考虑的。4.3 中的条款通常是设计评审的组成部分；如果制造商不承担设计，这些条款应在合同评审时加以考虑。应确保买方提供了所有的有关资料。

当不存在合同或者合同条款已固定时，制造商在进行其设计评审（4.3）时要考虑 4.2 的要求。

4.2　合同评审

须考虑到的合同要求应包括：

a）采用的标准，以及所有的补充要求；

b）热喷涂、无损检测和热处理的工艺规范；

c）对所采用的热喷涂工艺方法进行的认可；

d）人员的认可；

e）后处理；

f）检查和测试；

g）对材料、热喷涂人员和热喷涂涂层等的选择、标记和（或）可追溯性（见16）；

h）质量控制准备，包括独立检查机构的任何介入；

i) 热喷涂的其他要求，如耗材的粒度、粒度分布、形貌和成分的批次试验；
j) 热喷涂现场的有关环境条件；
k) 分承包；
l) 不合格的处置。

4.3 设计评审
须考虑到的设计要求应包括：
a) 所有涂层的位置、可达性和次序；
b) 涂层表面修饰；
c) 基体材料的技术条件和涂层的性能；
d) 基体表面预处理的细节和尺寸，喷涂层的细节和尺寸；
e) 涂层质量和验收要求；
f) 其他的特殊要求，如喷丸强化、热处理、冷却、遮蔽等的可接受性。

5 分承包
当制造商要采用分承包服务（如检查、无损检测、后处理）时，制造商应向分承包商提供所有有关的技术条件和要求。分承包商应提供制造商可能要求的关于分承包商业绩的文件和记录。

任何分承包商都应在制造商的指令和职责下工作，并应该完全满足本部分的有关要求。制造商应保证分承包商能遵守合同的质量要求。

制造商提供给分承包商的资料应包括合同评审（见4.2）和设计评审（见4.3）的所有有关数据。如果结构设计要进行分承包，则可能要详述附加要求。

6 热喷涂人员

6.1 总则
制造商应安排足够的有资格的人员按规定的要求进行热喷涂生产的计划、实施、监督和检查。

6.2 热喷涂人员鉴定
所有的热喷涂人员都应按ISO 14918：1999通过相应的资格考核得到认可。所有的认可记录应在有效期内。

6.3 热喷涂协调人员
制造商应当配置适当的热喷涂协调人员，以向热喷涂人员提供必需的工作和热喷涂的指导，使工作能顺利实施并受到控制。这些对质量活动负有责任的人员，应当拥有足够的权力来采取必要的行动。应当明确规定这些人员的责任、相互关系、职责范围，见ISO/CD 17833。

7 质量测试人员

7.1 总则
制造商应当配备足够的有资格的人员按照规定的要求对热喷涂生产进行计划和实施、监督和检查、测试和验收。

7.2 无损检测
无损检测人员的资格应当按GB/T 9445—1999得到认可。

8 设备

8.1 制造用设备

必要时应当备有下列设备：
- ——车间，一般为有屋顶的工作场地；
- ——妥善存放基体材料（需涂覆的零件）、耗材和其他热喷涂辅助材料的库房；
- ——用于干燥热喷涂粉末的设备；
- ——处理和加工待热喷涂零件的设备和机械工具（如除油设备、喷砂室）；
- ——喷涂设备，包括送料、调节和控制设备；
- ——运转系统（如转台、旋转机械、机器人系统）；
- ——抽风系统，除尘器，防噪声和辐射设备；
- ——对喷涂前后的零件进行热处理的设备；
- ——冷却设备；
- ——对热喷涂涂层进行后处理的机床、工具和设备（如磨削、车削）；
- ——测试热喷涂涂层和材料的设备和工具；
- ——现场喷涂所应有的适当条件。

8.2 设备的描述

制造商应当保持一张用于热喷涂生产的基本设备清单。清单中应列入主要设备和用于评估车间的最大生产能力和潜在能力的关键参数的细目，如下列内容：
- ——起重机的最大能力；
- ——能喷涂构件的尺寸；
- ——喷砂和喷涂间的容量。

8.3 设备的适用性

设备能力对于有关的用途应是足够的。除非合同中有规定（其要求按 ISO 14231：2000），热喷涂和前处理、后处理设备一般不需要认可。

8.4 新设备

在新设备（或大修后的设备）安装之后（见 9.1），应按 ISO 14231：2000 进行相应的设备试验。试验应证明设备的功能正常。无论何时进行设备试验，都应当按照相应的标准进行。试验的记录应当保留。

8.5 维修

制造商应当有一个设备维修的计划文件。该计划应保证通过检查维护使设备的状态波动控制在相关的热喷涂工艺技术规范规定的范围之内。这类计划可能只涉及那些对保证热喷涂构件质量是不可缺少的设备状态（波动）。

例如如下状态：
- ——机械化的热喷涂设备的导向机构状况；
- ——热喷涂机操作用的安培表、伏特表和流量表的状况；
- ——电缆、软管、接头的状况；
- ——机械化和（或）自动化热喷涂中控制系统的状况；
- ——热电偶和其他测温仪表的状况；
- ——送粉器、送丝机和导管的状况。

有缺陷的设备不应使用。
8.6 健康、安全和环境问题
保护健康、安全和环境所必需的设备必须适用。所有落实健康和安全标准以及防光、热辐射标准的活动都必须得到保证。
9 热喷涂的实施
9.1 生产计划
制造商应制定完善的生产计划并调配8.1中或现场的适用设备。至少应包括：
——构件制造工序的规定，例如单个零件或组件以及随后的最终组装次序；
——构件制造中特殊工艺要求的标记；
——与热喷涂和相关过程有关的适当的工艺规范；
——涂层的制作次序，如果这有意义；
——各个工艺的实施次序和时间；
——检查和测试的规范，包括任何独立检查机构的介入；
——环境条件，如防风和防雨（在现场或车间内喷涂）；
——批次，构件或零件标识的条款。
9.2 热喷涂工艺规范
制造商应当制定热喷涂工艺规范，并且保证在生产中正确实施。其他工序，如前处理或后处理工序，只要按合同的规定进行工艺认可。
9.3 工作说明
制造商可在车间直接用热喷涂工艺规范对热喷涂人员进行工作说明。也可采用示范性的工作说明方法。但这种示范性的工作说明应采用经过认可的热喷涂工艺规范进行，而不必分别认可。
9.4 前处理和后处理
制造商应当全权负责所有前处理和后处理的规范和实施。处理工艺应当与基体材料、涂层结构等相适应。如有必要，应当在处理过程中作工艺记录。记录应证明工艺规范得到了遵守，并且应对实际的处理过程有可追溯性。
9.5 文件依据
制造商应当制定并保持对有关的质量文件，例如热喷涂工艺规范和热喷涂人员证书进行控制的程序。
10 热喷涂耗材
10.1 总则
热喷涂耗材控制中的责任和程序应由制造商规定。
10.2 批次试验
合同明文规定时才对耗材进行批次试验。
10.3 贮存和搬运
制造商应当按照供货方的规定，制定并实施耗材的贮存、搬运和使用程序，防止受潮结块、氧化和损伤等。
11 基体材料的贮存和搬运
贮存中应当不使材料受损。贮存中应当保持标识。

12 与热喷涂相关的检查和试验

12.1 总则

检查和试验应当在生产过程的适当环节进行，以保证与合同的要求相符。应当根据合同和（或）采用的标准、热喷涂的工艺方法以及构件的类型来确定检查和（或）试验的位置和频率（见4.2和4.3）。

制造商可不受限制地进行一些非正式试验。这样的试验不要求报告。

12.2 热喷涂之前的检查和试验

如有必要，在热喷涂开始之前应当进行下列查验：

——热喷涂人员证书的适用性和有效性，见ISO 14918：1999；
——热喷涂工艺规范的适用性；
——基体材料的标识；
——耗材的标识，例如，符合GB/T 19356—2003或GB/T 12608—2003；
——表面预处理，外形和尺寸；
——表面预处理后应尽快进行喷涂；
——安装、夹持和定位；
——热喷涂工艺规范中的任何特殊要求，如预防变形；
——任何生产试验的安排；
——热喷涂工作条件的适应性，包括环境。

12.3 热喷涂之中的检查和试验

如有必要，在热喷涂过程之中，应以适当间隔或连续方式进行下列检查：

——基本的热喷涂参数（如气体流量、喷涂电流、喷涂电压、移动速度）；
——表面温度；
——耗材的正确使用和搬运；
——扭曲/变形的控制；
——任何中间检查，如尺寸检查。

12.4 热喷涂之后的检查和试验

如有必要，热喷涂之后，应根据有关验收标准进行检查：

——目测检查；
——按有关标准进行无损检测；
——按有关标准，如GB/T 8642进行破坏性试验；
——喷涂构件的外貌、形状和尺寸；
——前处理或后处理的结果和记录，如磨削、后续热处理。

12.5 检查和试验的状态

应采用适当的办法标记热喷涂过的构件的检查和试验的状态，例如，用项目标记或流程卡。

13 不合格与纠正措施

应当采取办法以控制不符合规定要求的项目，以防止它们被非有意地使用。当由制造商返修和（或）重喷时，所适用的工艺应在进行这项工作的所有工作点都是有效的。在进行返修或重喷时，各项目应当按原要求重新检查、试验和验收。还应采取措施以保证迅速确认不利于热喷涂构件质量的状态并纠正之。

14 校准

制造商应当负责对检查、测量和试验仪器进行适当的校准。所有用于评估热喷涂构件质量的仪器应当适当受控,并应按规定的期限校准。

15 标识和可追溯性

在整个制造过程中,应当适当保持标识和可追溯性。

如有必要,保证热喷涂运行的标识和可追溯性的文件体系应包括:

——生产计划;

——构件上喷涂位置的记录;

——涂层标记、标签等;

——特殊涂层的可追溯性(用于包括喷涂人员在内的全机械化和自动化喷涂设备);

——喷涂人员和工艺认可;

——无损检测方法和人员;

——喷涂耗材,如类型、批号等;

——基体材料。

16 质量记录

如有必要,符合合同要求的质量记录应当包括:

——合同/设计评审记录;

——材料证书;

——耗材证书;

——热喷涂工艺规范;

——热喷涂工艺认可试验记录;

——热喷涂人员认可证书;

——无损检测人员证书;

——前处理、后处理和工艺规范记录;

——无损检测和破坏性试验的过程和报告;

——尺寸报告;

——返修和重新热喷涂记录。

若无任何其他的规定,质量记录至少应当保存 5 年。

第三节 热喷涂 热喷涂结构的质量要求
第 3 部分:标准的质量要求

一、概论

1. 热喷涂结构标准的质量要求

要获得合乎要求的热喷涂涂层结构,不仅需要保证涂层的质量,还需全面评价实施过程的条件与经济性,对合同和设计的评审、分承包、热喷涂人员、质量测试人员、设备、热喷涂的实施、热喷涂耗材、基体材料的贮存和搬运、与热喷涂相关的检查和试验、不合格与纠正措施、校准、标识和可追溯性、质量记录等方面进行标准的规定和要求。

2. 热喷涂质量要求的标准

国际标准化组织于 1999 年首次发布了热喷涂结构的质量要求的标准，并将其分为 4 个部分，其中第 3 部分为 ISO 14922-3：1999《热喷涂　热喷涂结构的质量要求　第 3 部分：标准的质量要求》。该标准于 2021 年进行了修订，将 4 个部分合并为一个整体，即 ISO 14922：2021《热喷涂　热喷涂制造的质量要求》。为了推广热喷涂应用，我国于 2003 年等同采用 ISO 14922-3：1999《热喷涂　热喷涂结构的质量要求　第 3 部分：标准的质量要求》，制定了 GB/T 19352.3—2003《热喷涂　热喷涂结构的质量要求　第 3 部分：标准的质量要求》。该标准于 2003 年 10 月 29 日发布，2004 年 5 月 1 日实施。

二、标准主要特点与应用说明

《热喷涂　热喷涂结构的质量要求》系列标准将热喷涂结构的质量要求分为全面的质量要求、标准的质量要求和基本的质量要求三个层次。该标准规定了热喷涂结构质量要求中的标准质量要求。对于合同内有热喷涂质量要求，但不需要适用 GB/T 19001—1994《质量体系　设计、开发、生产、安装和服务的质量保证模式》或 GB/T 19002—1994《质量体系　生产、安装和服务的质量保证模式》要求时，可以使用该标准的要求。

该标准作为质量要求系列标准中的第 3 部分，对热喷涂涂层结构的质量要求提出了标准的质量要求。与第 1 部分全面的质量要求相比，该标准在合同评审、设计评审、分承包商、设备维护、热喷涂程序说明六个方面的要求有所降低，在生产计划、工作说明和文件依据三个方面采用了最低要求，并且删除了新设备、消耗材料的批次检查两个方面的规定。

该标准应用时，应特别注意标准的适用范围，其中规定了一些变通性条件。

三、标准内容（GB/T 19352.3—2003）

热喷涂　热喷涂结构的质量要求　第 3 部分：标准的质量要求

1　范围

GB/T 19352 的本部分这样规定质量要求：
——它不依赖于热喷涂结构的类型。
——它不仅对在车间的热喷涂质量要求，也对在现场的热喷涂质量要求下定义。
——它提供描述制造商生产符合规定要求的热喷涂构件能力的指南。
——它也可作为评估制造商热喷涂能力的基础。

当在下列的一个或几个文件中详述制造商按承诺的质量要求生产热喷涂构件的能力时，适用本部分：
——由有关各方签订的合同；
——采用的标准；
——规章的要求。

本部分中的要求可以全部采纳；如果有关构件不能适用，制造商可选择性地删除一部分。在下列情况下，这些要求为热喷涂控制提供一个能变通的框架：
——情况一

当合同要求制造商有一个符合 GB/T 19001—1994 或 GB/T 19002—1994 的质量体系时，

明确提供合同中的热喷涂要求。

——情况二

当合同要求制造商建立一个质量体系时,明确提供合同中的热喷涂要求。

——情况三

当采用的标准将热喷涂当作其要求的一部分时,明确提供采用的标准中的热喷涂要求;或者在由有关各方签订的合同中明确规定热喷涂要求。在这种情况下本标准的第 4 部分可能更加适用。

2 规范性引用文件

下列文件中的条款通过 GB/T 19352 的本部分的引用而成为本部分的条款。凡是注日期的引用文件,其随后所有的修改单(不包括勘误的内容)或修订版均不适用于本部分,然而,鼓励根据本部分达成协议的各方研究是否可使用这些文件的最新版本。凡是不注日期的引用文件,其最新版本适用于本部分。

GB/T 6583—1994 质量管理和质量保证 术语(idt ISO 8402:1994)

GB/T 8642—2002 热喷涂 抗拉结合强度的测定(idt ISO 14916:1999)

GB/T 9445—1999 无损检测人员的资格鉴定与认证(idt ISO 9712:1992)

GB/T 12608—2003 热喷涂 火焰和电弧喷涂用线材、棒材和芯材 分类 供货技术条件(idt ISO 14919:2001)

GB/T 18710—2002 热喷涂 术语、分类(idt ISO 14917:1999)

GB/T 19001—1994 质量体系 设计、开发、生产、安装和服务的质量保证模式(idt ISO 9001:1994)

GB/T 19002—1994 质量体系 生产、安装和服务的质量保证模式(idt ISO 9002:1994)

GB/T 19352.1—2003 热喷涂 热喷涂结构的质量要求 第 1 部分:选择和使用指南(idt ISO 14922-1:1999)

GB/T 19356—2003 热喷涂 粉末 成分和供货技术条件(idt ISO 14232:2000)

ISO 14918:1999 热喷涂 热喷涂人员的资格考核

ISO/CD 17833 热喷涂 热喷涂协调 任务和职责

3 定义

本部分采用 GB/T 6583—1994、GB/T 18719—2002 和本标准第 1 部分的定义。

4 合同和设计的评审

4.1 总则

制造商应该对买方提供的合同要求和设计数据或制造商设计的构件内部数据进行评审。这样可确保在工作开始之前,获得工程进行所必需的资料。制造商应该确认其有能力满足热喷涂合同的所有要求,并落实所有与质量有关的活动。

4.2 中的条款是在合同评审时或评审前特别要考虑的。4.3 中的条款通常是设计评审的组成部分;如果制造商不承担设计,这些条款应在合同评审时加以考虑。应确保买方提供了所有的有关资料。

当不存在合同或者合同条款已固定时,制造商在进行其设计评审(4.3)时要考虑 4.2 的要求。

4.2 合同评审

须考虑到的合同要求应包括：
a) 采用的标准，以及所有的补充要求；
b) 热喷涂、无损检测和热处理的工艺规范；
c) 如合同同意，进行人员认可；
d) 检查和测试；
e) 质量控制准备，包括独立检查机构的任何介入；
f) 标记；
g) 热喷涂现场的有关环境条件；
h) 分承包；
i) 不合格的处置。

4.3 设计评审

须考虑到的设计要求应包括：
a) 所有涂层的位置、可达性和次序；
b) 涂层表面修饰；
c) 基体材料的技术条件和涂层的性能；
d) 基体表面预处理的细节和尺寸，喷涂层的细节和尺寸；
e) 涂层质量和验收要求；
f) 其他的特殊要求，如喷丸强化、热处理、冷却、遮蔽等的可接受性。

5 分承包

当制造商要采用分承包服务（如检查、无损检测、后处理）时，制造商应向分承包商提供所有有关的技术条件和要求。分承包商应提供制造商可能要求的关于分承包商业绩的文件和记录。

任何分承包商应在制造商的指令和职责下工作，并应该完全满足本部分的有关要求。

制造商提供给分承包商的资料应包括合同评审（见 4.2）和设计评审（见 4.3）的所有有关数据。如果结构设计要进行分承包，则可能要详述附加要求。

6 热喷涂人员

6.1 总则

制造商应安排足够的有资格的人员按规定的要求进行热喷涂生产的计划、实施、监督和检查。

6.2 热喷涂人员鉴定

所有的热喷涂人员都应按 ISO 14918：1999 通过相应的资格考核得到认可。所有的认可记录应在有效期内。

6.3 热喷涂协调人员

制造商应当配置适当的热喷涂协调人员，使工作能顺利实施并受到控制。这些对质量活动负有责任的人员，应当拥有足够的权力来采取必要的行动。应当明确规定这些人员的责任、相互关系、职责范围，见 ISO/CD 17833。

7 质量测试人员

7.1 总则

制造商应当配备足够的有资格的人员按照规定的要求对热喷涂生产进行计划和实施、监督和检查、测试和验收。
7.2 无损检测
无损检测人员的资格应当按 GB/T 9445—1999 得到认可。
8 设备
8.1 制造用设备
必要时应当备有下列设备：
——车间，一般为有屋顶的工作场地；
——妥善存放基体材料（需涂覆的零件）、耗材和其他热喷涂辅助材料的库房；
——用于干燥热喷涂粉末的设备；
——处理和加工待热喷涂零件的设备和机械工具（如除油设备、喷砂室）；
——喷涂设备，包括送料、调节和控制设备；
——运转系统（如转台、旋转机械、机器人系统）；
——抽风系统，除尘器，防噪声和辐射设备；
——对喷涂前后的零件进行热处理的设备；
——冷却设备；
——对热喷涂涂层进行后处理的机床、工具和设备（如磨削、车削）；
——测试热喷涂涂层和材料的设备和工具；
——现场喷涂所应有的适当条件。

8.2 设备的描述
制造商应当保持一张用于热喷涂生产的基本设备清单。清单中应列入主要设备和用于评估车间的最大生产能力和潜在能力的关键参数的细目，如下列内容：
——起重机的最大能力；
——能喷涂构件的尺寸；
——喷砂和喷涂间的容量。

8.3 设备的适用性
设备能力对于有关的用途应是足够的。除非合同中有规定，热喷涂和前处理、后处理设备一般不需要认可。

8.4 维修
制造商应当保证设备维修。
例如如下状态：
——机械的热喷涂设备的导向机构状况；
——热喷涂机操作用的安培表、伏特表和流量表的状况；
——电缆、软管、接头的状况；
——机械化和（或）自动化热喷涂中控制系统的状况；
——热电偶和其他测温仪表的状况；
——送粉器、送丝机和导管的状况。

8.5 健康、安全和环境问题
保护健康、安全和环境所必需的设备必须适用。所有落实健康和安全标准以及防光、热辐射标准的活动都必须得到保证。

9 热喷涂的实施
9.1 生产计划
制造商应制定完善的生产计划并调配 8.1 中或现场的适用设备。至少应包括：
——构件制造工序的规定，例如单个零件或组件以及随后的最终组装次序；
——构件制造中特殊工艺要求的标记；
——与热喷涂和相关过程有关的适当的工艺规范；
——检查和测试的规范，包括任何独立检查机构的介入；
——环境条件，如防风和防雨。

9.2 热喷涂工艺规范
制造商应当制定热喷涂工艺规范，并且保证在生产中正确实施。

9.3 工作说明
制造商可在车间直接用热喷涂工艺规范对热喷涂人员进行工作说明，也可采用示范性的工作说明方法。但这种示范性的工作说明应采用经过认可的热喷涂工艺规范进行，而不必分别认可。

9.4 前处理和后处理
制造商应当全权负责所有前处理和后处理的规范和实施。处理工艺应当与基体材料、涂层结构等相适应。如有必要，应当在处理过程中作工艺记录。记录应证明工艺规范得到了遵守，并且应对实际的处理过程有可追溯性。

9.5 文件依据
制造商应当制定并保持对有关的质量文件，例如热喷涂工艺规范和热喷涂人员证书进行控制的程序。

10 热喷涂耗材
10.1 总则
热喷涂耗材控制中的责任和程序应由制造商规定。

10.2 批次试验
合同明文规定时才对耗材进行批次试验。

10.3 贮存和搬运
制造商应当按照供货方的规定，制定并实施耗材的贮存、搬运和使用程序，防止受潮结块、氧化和损伤等。

11 基体材料的贮存和搬运
贮存中应当不使材料受损。贮存中应当保持标识。

12 与热喷涂相关的检查和试验
12.1 总则
检查和试验应当在生产过程的适当环节进行，以保证与合同的要求相符。应当根据合同和（或）采用的标准、热喷涂的工艺方法以及构件的类型来确定检查和（或）试验的位置和频率（见 4.2 和 4.3）。

制造商可不受限制地进行一些非正式试验。这样的试验不要求报告。

12.2 热喷涂之前的检查和试验
如有必要，在热喷涂开始之前应当进行下列查验：

——热喷涂人员证书的适用性和有效性，见 ISO 14918：1999；
——热喷涂工艺规范的适用性；
——基体材料的标识；
——耗材的标识，例如，符合 GB/T 19356—2003 或 GB/T 12608—2003；
——表面预处理，外形和尺寸；
——表面预处理后应尽快进行喷涂；
——安装、夹持和定位；
——热喷涂工艺规范中的任何特殊要求，如预防变形；
——任何生产试验的安排；
——热喷涂工作条件的适应性，包括环境。

12.3 热喷涂之中的检查和试验

如有必要，在热喷涂过程之中，应以适当间隔或连续方式进行下列检查：
——基本的热喷涂参数（如气体流量、喷涂电流、喷涂电压、移动速度）；
——表面温度；
——正确使用和搬运耗材；
——扭曲/变形的控制；
——任何中间检查，如尺寸检查。

12.4 热喷涂之后的检查和试验

如有必要，热喷涂之后，应根据有关验收标准进行检查：
——目测检查；
——无损检测；
——按有关标准，如 GB/T 8642 进行破坏性试验；
——喷涂构件的外形结构和几何尺寸；
——前处理或后处理的结果和记录，如磨削、后续热处理。

12.5 检查和试验的状态

应采用适当的办法标记热喷涂过的构件的检查和试验的状态，例如，用项目标记或流程卡。

13 不合格与纠正措施

应当采取办法以控制不符合规定要求的项目，以防止它们被非有意地使用，当由制造商返修和（或）重喷时，所适用的工艺应在进行这项工作的所有工作点都是有效的。在进行返修或重喷时，各项目应当按原要求重新检查、试验和验收。还应采取措施以保证迅速确认不利于热喷涂构件质量的状态并纠正之。

14 校准

制造商应当负责对检查、测量和试验仪器进行适当的校准。所有用于评估热喷涂构件质量的仪器应当适当受控，并应按规定的期限校准。

15 标识和可追溯性

在整个制造过程中，应当适当保持标识和可追溯性。
如有必要，保证热喷涂运行的标识和可追溯性的文件体系应包括：
——生产计划；

——构件上喷涂位置的记录；
——涂层标记、标签等；
——特殊涂层的可追溯性（用于包括喷涂人员在内的全机械化和自动化喷涂设备）；
——喷涂人员和工艺认可；
——无损检测方法和人员；
——喷涂耗材，如类型、批号等；
——基体材料。

16 质量记录

如有必要，符合合同要求的质量记录应当包括：
——合同/设计评审记录；
——材料证书；
——耗材证书；
——热喷涂工艺规范；
——热喷涂工艺认可试验记录；
——热喷涂人员认可证书；
——无损检测人员证书；
——前处理、后处理和工艺规范记录；
——无损检测和破坏性试验的过程和报告；
——尺寸报告；
——返修和重新热喷涂记录。

若无任何其他的规定，质量记录至少应当保存 5 年。

第四节　热喷涂　热喷涂结构的质量要求 第 4 部分：基本的质量要求

一、概论

1. 热喷涂结构基本的质量要求

要获得合乎要求的热喷涂涂层结构，不仅要保证涂层的质量，还要全面评价实施过程的条件与经济性，对合同和设计的评审、分承包、热喷涂人员、质量测试人员、设备、热喷涂的实施、热喷涂耗材、基体材料的贮存和搬运、与热喷涂相关的检查和试验、不合格与纠正措施、校准、标识和可追溯性、质量记录等方面进行基本的规定和要求。

2. 热喷涂质量要求的标准

国际标准化组织于 1999 年首次发布了热喷涂结构的质量要求的标准，并将其分为 4 个部分，其中第 4 部分为 ISO 14922-4：1999《热喷涂　热喷涂结构的质量要求　第 4 部分：基本的质量要求》。该标准于 2021 年进行了修订，将 4 个部分合并为一个整体，即 ISO 14922：2021《热喷涂　热喷涂制造的质量要求》。为了推广热喷涂应用，我国于 2003 年等同采用 ISO 14922-4：1999《热喷涂　热喷涂结构的质量要求　第 4 部分：基本的质量要求》，制定了 GB/T 19352.4—2003《热喷涂　热喷涂结构的质量要求　第 4 部分：基本的质量要求》。该标准于 2003 年 10 月 29 日发布，2004 年 5 月 1 日实施。

二、标准主要特点与应用说明

《热喷涂 热喷涂结构的质量要求》系列标准将热喷涂结构的质量要求分为全面的质量要求、标准的质量要求和基本的质量要求三个层次。该标准规定了热喷涂结构质量要求中的基本质量要求。对于合同内有热喷涂质量要求，但不需要适用 GB/T 19001—1994《质量体系 设计、开发、生产、安装和服务的质量保证模式》或 GB/T 19002—1994《质量体系 生产、安装和服务的质量保证模式》要求时，可以使用该标准的要求。

该标准作为质量要求系列标准中的第 4 部分，对热喷涂涂层结构的质量要求提出了最基本的要求。与第 1 部分全面的质量要求相比，该标准在合同评审、设计评审、分承包商、热喷涂人员、热喷涂协调、检查人员、生产设备、设备描述、热喷涂程序说明、基体材料的贮存和搬运、热喷涂之前的检查和试验、热喷涂之后的检查和试验、不合格与纠正措施、校准、标识和可追溯性、质量报告等方面均采用了最低的要求，对设备描述、设备适用性、新设备、设备维护、生产计划、工作说明、前处理和后处理、文件依据、消耗材料的批次检查、热喷涂中的检查和试验、检查试验的状态等方面不做规定。

该标准应用时，应特别注意标准的适用范围，其中规定了一些变通性条件。

三、标准内容（GB/T 19352.4—2003）

热喷涂 热喷涂结构的质量要求 第 4 部分：基本的质量要求

1 范围

GB/T 19352 的本部分这样规定质量要求：
——它不依赖于热喷涂结构的类型。
——它不仅对在车间的热喷涂质量要求，也对在现场的热喷涂质量要求下定义。
——它提供描述制造商生产符合规定要求的热喷涂构件能力的指南。
——它也可作为评估制造商热喷涂能力的基础。

当在下列的一个或几个文件中详述制造商按承诺的质量要求生产热喷涂构件的能力时，适用本部分：
——由有关各方签订的合同；
——采用的标准；
——规章的要求。

本部分中的要求可以全部采纳；如果有关构件不能适用，制造商可选择性地删除一部分。在下列情况下，这些要求为热喷涂控制提供一个能变通的框架：

——情况一

当合同要求制造商有一个符合 GB/T 19001—1994 或 GB/T 19002—1994 的质量体系时，明确提供合同中的热喷涂要求。

——情况二

当合同要求制造商建立一个质量体系时，明确提供合同中的热喷涂要求。

——情况三

当采用的标准将热喷涂当作其要求的一部分时，明确提供采用的标准中的热喷涂要求；或者在由有关各方签订的合同中明确规定热喷涂要求。

2　规范性引用文件

下列文件中的条款通过 GB/T 19352 的本部分的引用而成为本部分的条款。凡是注日期的引用文件，其随后所有的修改单（不包括勘误的内容）或修订版均不适用于本部分，然而，鼓励根据本部分达成协议的各方研究是否可使用这些文件的最新版本。凡是不注日期的引用文件，其最新版本适用于本部分。

GB/T 6583—1994　质量管理和质量保证　术语（idt ISO 8402：1994）

GB/T 8642—2002　热喷涂　抗拉结合强度的测定（idt ISO 14916：1999）

GB/T 9445—1999　无损检测人员的资格鉴定与认证（idt ISO 9712：1992）

GB/T 12608—2003　热喷涂　火焰和电弧喷涂用线材、棒材和芯材　分类　供货技术条件（idt ISO 14919：2001）

GB/T 18719—2002　热喷涂　术语、分类（idt ISO 14917：1999）

GB/T 19001—1994　质量体系　设计、开发、生产、安装和服务的质量保证模式（idt ISO 9001：1994）

GB/T 19002—1994　质量体系　生产、安装和服务的质量保证模式（idt ISO 9002：1994）

GB/T 19352.1—2003　热喷涂　热喷涂结构的质量要求　第 1 部分：选择和使用指南（idt ISO 14922-1：1999）

GB/T 19356—2003　热喷涂　粉末　成分和供货技术条件（idt ISO 14232：2000）

3　定义

本部分采用 GB/T 6583—1994、GB/T 18719—2002 和本标准第 1 部分的定义。

4　合同和设计的评审

4.1　总则

制造商应该对买方提供的合同要求和设计数据或制造商设计的构件内部数据进行评审。这样可确保在工作开始之前，获得工程进行所必需的资料。制造商应该确认其有能力满足热喷涂合同的所有要求，并落实所有与质量有关的活动。

4.2　合同评审

须考虑到的合同要求应包括：

a）采用的标准，以及所有的补充要求；

b）检查和测试；

c）最后的测试；

d）热喷涂现场的有关环境条件；

e）分承包；

f）不合格的处置。

4.3　设计评审

须考虑到的设计要求应包括：

a）所有涂层的位置、可达性和次序；

b）涂层表面修饰；

c）基体材料的技术条件和涂层的性能；

d) 基体表面预处理的细节和尺寸，喷涂层的细节和尺寸；

e) 涂层质量和验收要求。

5 分承包

任何分承包商应在制造商的指令和职责下工作，并应该完全满足本部分的有关要求。

6 热喷涂人员

6.1 总则

制造商应安排足够的有资格的人员按规定的要求进行热喷涂生产的计划、实施、监督和检查。

6.2 热喷涂人员鉴定

所有的热喷涂人员都必须接受指导和教育。

6.3 热喷涂协调人员

制造商应当配置人员，使工作顺利实施并受到控制。

7 质量测试人员

7.1 总则

制造商应当配备足够的有资格的人员实施质量测试。

7.2 无损检测

无损检测人员的资格应当按 GB/T 9445—1999 得到认可。

8 设备

8.1 制造用设备

必要时应当备有下列设备：

——车间，一般为有屋顶的工作场地；

——妥善存放基体材料（需涂覆的零件）、耗材和其他热喷涂辅助材料的库房；

——用于干燥热喷涂粉末的设备；

——处理和加工待热喷涂零件的设备和机械工具（如除油设备、喷砂室）；

——喷涂设备，包括送料、调节和控制设备；

——运转系统（如转台、旋转机械、机器人系统）；

——抽风系统，除尘器，防噪声和辐射设备；

——对喷涂前后的零件进行热处理的设备；

——冷却设备；

——对热喷涂涂层进行后处理的机床、工具和设备（如磨削、车削）；

——测试热喷涂涂层和材料的设备和工具。

8.2 健康、安全和环境问题

保护健康、安全和环境所必需的设备必须适用。所有落实健康和安全标准以及防光、热辐射标准的活动都必须得到保证。

9 热喷涂的实施

热喷涂应按适当的喷涂工艺来实施。

10 热喷涂耗材

热喷涂耗材控制中的责任和程序应由制造商规定。

11 基体材料的贮存和搬运

贮存中应当不使材料受损。贮存中应当保持标识。

12 与热喷涂相关的检查和试验

12.1 热喷涂之前的检查和试验

如有必要，在热喷涂开始之前应当进行下列查验：
——热喷涂人员证书的适用性和有效性；
——热喷涂工艺规范的适用性；
——基体材料的标识；
——耗材的标识，例如，符合 GB/T 19356—2003 或 GB/T 12608—2003；
——表面预处理，外形和尺寸；
——安装、夹持和定位；
——热喷涂工艺规范中的任何特殊要求，如预防变形；
——任何生产试验的安排；
——热喷涂工作条件的适应性，包括环境。

12.2 热喷涂之后的检查和试验

如有必要，热喷涂之后，应根据有关验收标准进行检查。

13 不合格与纠正措施

应当采取办法以控制不符合规定要求的项目，以防止它们被非有意地使用。当由制造商返修和（或）重喷时，所适用的工艺应在进行这项工作的所有工作点都是有效的。在进行返修或重喷时，各项目应当按原要求重新检查、试验和验收。还应采取措施以保证迅速确认不利于热喷涂构件质量的状态并纠正之。

14 校准

制造商应当负责对检查、测量和试验仪器进行适当的校准。所有用于评估热喷涂构件质量的仪器应当适当受控，并应按规定的期限校准。

15 标识和可追溯性

在整个制造过程中，应当适当保持标识和可追溯性。

16 质量记录

若无任何其他的规定，质量记录至少应当保存 5 年。

第五节 热喷涂 金属和其他无机覆盖层 锌、铝及其合金

一、概论

1. 热喷涂锌、铝及其合金涂层

金属防护主要有三种方法：第一种方法是将金属与环境隔开，避免环境对金属产生的负面效应，如采用有机涂层、各种镀层（电镀、化学镀等）、热镀层、喷涂层，釉瓷与搪瓷层、包覆或衬覆等；第二种方法是减弱达到金属表面反应剂的侵蚀性，如在涂料中添加缓蚀材料，向反应剂中添加缓蚀剂（如添加到水循环系统中）；第三种方法是采用电化学保护，如阴极保护。热喷涂锌、铝及其合金在一定程度上兼具了多种保护作用。未经封闭的多孔热喷涂

锌、铝及其合金层，由于与环境作用形成的反应产物可充填其原有的孔隙，而将被保护的基体金属与其作用或侵蚀环境隔开，从而起到对基体金属的屏蔽或隔离作用。一般而言，热喷涂层都是先经孔封闭处理之后才被使用的，所以对环境的隔离作用比一般喷涂态涂层高得多。多年来，添加在有机涂料中用于减弱环境或反应剂侵蚀作用的材料多数为铬酸锌成分，其溶解度低，主要用于复合涂层的底层。将此类有机涂料用于热喷涂锌、铝及其合金涂层的封孔，既可以钝化热喷涂锌、铝及其合金涂层表面，又可以提高涂层对潮湿环境适应性。

与常规的阴极保护体系相比，热喷涂锌、铝及其合金层的阴极保护作用限制较少，喷涂层可以在大气环境、地下和水环境中对基体金属提供电化学保护作用。当基体金属因涂层遭遇外界损伤而局部暴露于环境时，邻接的这些喷涂层起着电解保护作用。

构成此类喷涂层的熔化铝粒子包上氧化膜，喷涂态的热喷涂铝层对钢基体稍呈阴极性，但当此喷涂态涂层经受外界作用之后，其电位逆反，该涂层对其基体金属钢铁材料变为呈阳极性。这种逆反在盐水中只要几分钟或几小时，而在大气中则需几个星期。所以，暴露于潮湿气氛中几天的未经封闭的热喷涂铝层表面出现浅红色氧化物斑。不过，这种情形一般比较少见，因为热喷涂层需经封孔处理之后才会使用。有时，不采用有机涂料对热喷涂层进行封孔，而是采用阳极氧化溶液处理喷涂态表面。

对热喷涂锌、铝及其合金层进行封孔处理，可提供防蚀障层，起到阴极保护作用，提高此喷涂层上的有机涂层的附着力，减少喷涂态金属集灰存尘的倾向。利用较薄的涂层加适当的封孔剂可降低金属喷涂层的成本。但并不是每一种有机涂料都适应喷涂层，需慎重选择。

热喷涂锌、铝层是应用最早、技术最为成熟、应用面也最广泛的热喷涂层，其防护效果已被大量试验所证明，其中，最典型的是美国焊接学会热喷涂分会将四千多种试板暴露于八种不同试验场的各种环境条件下经 19 年试验所得的结果。美国焊接学会以 AWS-C2-14-74 （火焰喷涂钢 19 年腐蚀试验报告）公布了在包括海水全浸、海水潮汐半浸、乡村、海岸和工业气氛等环境暴露的试样状况，主要结果如下：

1）0.08mm～0.15mm 厚度的喷铝层，不管封孔还是未封孔都能完全防止海水、严酷海洋和工业气氛中的基体金属的腐蚀。

2）未封孔喷锌层最低限度要有 0.30mm 厚度才能在 19 年间完全防止基体金属的海水腐蚀。在严酷海洋环境和工业气氛中，未封孔锌层需 0.23mm、封孔锌层需 0.08mm～0.15mm 才能在 19 年间起到保护作用。

3）在严酷海洋气氛中，涂一层洗涤底漆加一层或两层铝乙烯涂层可改善外观，而使锌喷涂层的使用寿命至少延长 100%。封孔体系主要改善了喷铝层的外观，经 19 年，这两种涂层体系都保证了基体金属不出现锈蚀。

4）薄的喷铝层的小坑腐蚀和起泡倾向更小，使其性能更好，寿命也更长。乙烯基封闭剂能渗进基体金属，得到更好的使用性能。

5）热喷涂层的受损伤区，例如划伤、擦伤，腐蚀并不继续进行，而发生了原电池保护作用。

6）热喷涂提供的防护作用不受试验中所有的表面准备方法的影响，特别是钢基体上结合层可不为必备条件，大件（特别是厚度超过 0.15mm 的在线大件），建议采用粗磨料进行表面准备。

7）建议采用火焰喷锌处理延长桥梁、公路或街道灯桩、海洋基桩、船壳、贮罐、厂房结构等钢铁件的使用命,防止腐蚀,节省钢件加工用的资源、能源。

2. 热喷涂锌、铝及其合金涂层的标准

热喷涂锌、铝及其合金的标准是热喷涂术领域标准化涉及最早的一类技术,已形成了国际标准、先进工业国家标准、协会或行业标准。随着这类技术的发展与应用,其标准也在不断修订和提高。国际标准化组织于1973年首次发布了ISO 2063:1973《金属涂层 钢铁防腐 喷涂锌与铝》,并分别于1991年、2005年、2017年进行了修订,现行版本为ISO 2063-1:2017和ISO 2063-2:2017。我国于1997年首次制定GB/T 9793—1997《金属和其他无机覆盖层 热喷涂 锌、铝及其合金》,并于2012年等同采用ISO 2063:2005《金属涂层 钢铁防腐 喷涂锌与铝》进行了修订。GB/T 9793—2012《热喷涂 金属和其他无机覆盖层 锌、铝及其合金》于2012年11月5日发布,2013年3月1日实施。

二、标准主要特点与应用说明

该标准适用于对钢铁材料提供防腐蚀保护,而在其表面热喷涂锌、铝及其合金涂层。该标准涉及用于常规防腐蚀保护目的的热喷涂锌、铝及其合金涂层的性能表征和相关试验方法。该标准首先给出了相关定义、分类和与厚度相关联的标记代号,然后涉及表面预处理、涂层应用及厚度、外观和附着力等特性,最后给出了检测这些特征的试验方法。

该标准仅提供了热喷涂锌、铝及其合金常规的工艺流程,在具体应用中应明确涂层的成分及厚度要求,并根据使用工况要求,在预处理、热喷涂、封闭与涂装工序中选择合适的材料及工艺参数。

除喷涂材料之外,锌、铝及其合金涂层的制备工艺过程是决定其质量的重要环节。通过主要指标的检测,来保证喷涂层的性能。锌、铝及其合金涂层的制备工艺流程主要包括:待喷涂工件表预处理,热喷涂锌、铝及其合金,封闭及涂装等;热喷涂层的主要检测指标包括:涂层外观、涂层厚度、涂层附着力。

该标准按喷涂层厚度将涂层分类,并给以相应的代号,即在锌、铝或其合金代号后附涂层厚度作为分类代号。

喷涂前的基体表面预处理是获得合格涂层的关键。表面预处理不仅要除去基体表面的油脂、灰尘、锈斑及可溶盐类等各种污染物,面且还应使表面保持一定的表面粗糙度,因为热喷涂锌、铝及其合金涂层与基体的结合主要是机械结合。为了得到规定要求的表面粗糙度,应选择适当的喷磨料处理介质——磨料种类及其适当粒度,而且喷射用的磨料应清洁、干燥且无油与可溶性盐类;喷射磨料用的压缩空气也应清洁、干燥、无油、无潮气,否则会污染磨料和工件表面。经表面准备后,应检查是否达到规定的清洁度和表面粗糙度,标准中对上述要求一一提出了规定。

热喷涂涂层材料是热喷涂体系的重要组成部分,涂层材料的纯度或其化学成分严重影响所获得的涂层的服役性能,特别是化学性能,因此,该标准对热喷涂用锌、铝及其合金的质量提出了相应的要求。

完成了规定的表面准备,选择适当的热喷涂涂层材料之后,还须选用适当的热喷涂工艺技术,特别是应正确选择和稳定控制相应的喷涂参数,该标准对此都做出了规定。

喷涂态的热喷涂层多孔。为提高其防护性能,必须对热喷涂后的孔隙进行封闭后处理。封闭后处理可通过自然封闭和人工封闭进行,该标准对所要采用的技术和工艺材料提出了相应的要求。

该标准对热喷涂锌、铝及其合金涂层的外观、厚度、附着力及相应的试验方法等提出了要求。在一定条件下，涂层厚度对喷涂层使用寿命起决定性的作用，所以该标准着重对厚度测量部位的确定、需测厚度的次数、应采用的试验方法和基准面尺寸做了明确规定。

热喷涂锌、铝及其合金层属于重要的防护热喷涂层，但该标准未提出或规定适当的耐蚀性要求及相应的试验方法，应用标准时应对此有所了解。

三、标准内容（GB/T 9793—2012）

热喷涂　金属和其他无机覆盖层　锌、铝及其合金

1 范围

本标准适用于对钢铁材料提供防腐蚀保护，而在其表面热喷涂锌、铝及其合金涂层。

本标准涉及用于常规防腐蚀保护目的的热喷涂锌、铝及其合金涂层的性能表征和相关试验方法。

本标准首先给出了相关定义、分类和与厚度相关联的标记代号，然后涉及表面预处理、涂层应用及厚度、外观和附着力等特性，最后给出了检测这些特性的试验方法。

若供需双方协商认可，本标准的条款对其他金属涂层也有效。

2 规范性引用文件

下列文件对于本文件的应用是必不可少的。凡是注日期的引用文件，仅注日期的版本适用于本文件。凡是不注日期的引用文件，其最新版本（包括所有的修改单）适用于本文件。

ISO 1463　金属和氧化物覆盖层　厚度测量　显微镜法（Metallic and oxide coatings—Measurement of coating thickness—Microscopical method）

ISO 2064：1996　金属和其他无机覆盖层　关于厚度测量的定义和一般规则（Metallic and other inorganic coatings—Definitions and conventions concerning the measurement of thickness）

ISO 2178　磁性基体上非磁性覆盖层　覆盖层厚度测量　磁性法（Non-magnetic coatings on magnetic substrates—Measurement of coating thickness—Magnetic method）

ISO 8501-1　涂覆涂料前钢材表面处理。表面清洁度的目视评定　第1部分：未涂覆过的钢材表面和全面清除原有涂层后的钢材表面的锈蚀等级和处理等级（Preparation of steel substrates before application of paints and related products—Visual assessment of surface cleanliness—Part 1：Rust grades and preparation grades of uncoated steel substrates and of steel substrates after overall removal of previous coatings）

ISO 11124-2　应用涂装及其他相关产品前钢材表面预处理　喷砂用金属磨料的技术要求　第2部分：冷硬铸铁砂（Preparation of steel substrates before application of paints and related products—Specifications for metallic blast-cleaning abrasives—Part 2：Chilled-iron grit）

ISO 11126-3　应用涂装及其他相关产品前钢材表面预处理　喷砂用非金属磨料的技术要求　第3部分：铜精炼渣（Preparation of steel substrates before application of paints and related products—Specifications for non-metallic blast-cleaning abrasives—Part 3：Copper refinery slag）

ISO 11126-4　应用涂装及其他相关产品前钢材表面预处理　喷砂用非金属磨料的技术要求　第4部分：煤炉渣（Preparation of steel substrates before application of paints and related products—Specifications for non-metallic blast-cleaning abrasives—Part 4: Coal furnace slag)

ISO 11126-7 应用涂装及其他相关产品前钢材表面预处理 喷砂用非金属磨料技术要求 第7部分：混合氧化铝（Preparation of steel substrates before application of paints and related products—Specifications for non-metallic blast-cleaning abrasives—Part 7: Fused aluminium oxide）

ISO 12944-1 色漆和清漆 防护涂料体系对钢结构的防腐蚀保护 第1部分：综述（Paints and varnishes—Corrosion protection of steel structures by protective paint systems—Part 1: General introduction）

ISO 12944-2 色漆和清漆 防护涂料体系对钢结构的防腐蚀保护 第2部分：环境分类（Paints and varnishes—Corrosion protection of steel structures by protective paint systems—Part 2: Classification of environments）

ISO 12944-3 色漆和清漆 防护涂料体系对钢结构的防腐蚀保护 第3部分：设计要素（Paints and varnishes—Corrosion protection of steel structures by protective paint systems—Part3: Design considerations）

ISO 12944-4 色漆和清漆 防护涂料体系对钢结构的防腐蚀保护 第4部分：表面类型及表面预处理（Paints and varnishes—Corrosion protection of steel structures by protective paint systems—Part 4: Types of surface and surface preparation）

ISO 12944-5：1998 色漆和清漆 防护涂料体系对钢结构的防腐蚀保护 第5部分：防护涂料体系（Paints and varnishes—Corrosion protection of steel structures by protective paint systems—Part 5: Protective paint systems）

ISO 12944-6 色漆和清漆 防护涂料体系对钢结构的防腐蚀保护 第6部分：实验室性能试验方法（Paints and varnishes—Corrosion protection of steel structures by protective paint systems—Part 6: Laboratory performance test methods）

ISO 12944-7 色漆和清漆 防护涂料体系对钢结构的防腐蚀保护 第7部分：涂装作业与监督（Paints and varnishes—Corrosion protection of steel structures by protective paint systems—Part 7: Execution and supervision of paint work）

ISO 12944-8 色漆和清漆 防护涂料体系对钢结构的防腐蚀保护 第8部分：新件和维护涂装的规范要求（Paints and varnishes—Corrosion protection of steel structures by protective paint systems—Part 8: Development of specifications for new work and maintenance）

ISO 14919：2001 热喷涂 火焰和电弧喷涂用线材、棒材和芯材 分类和供货技术条件（Thermal spraying—Wires, rods and cords for flame and arc spraying—Classification—Technical supply conditions）

3 术语和定义

ISO 2064：1996 给出的以及下列术语和定义适用于本文件。

3.1 主要表面 significant surface

按使用和（或）外观要求必须喷涂的表面，包括已喷涂和待喷涂的表面。

3.2 最小局部厚度 minimum local thickness

在一个工件主要表面上所测得各局部厚度中的最小值。

4 拟定技术规范要求的样式

当要求工件按照本标准进行热喷涂时,用户除应提出本标准的标准号外,还应该提出金属喷涂层的主要表面及涂层厚度,并要与表1中所示的代号相一致。

5 分类

本标准推荐的 Zn、Al 及其合金涂层是按其厚度范围进行分类的,涂层的分类列于表1。

表 1 金属涂层的分类

热喷涂材料 (ISO 14919)	最小局部厚度/μm[①]					
	50[②]	100	150	200	250	300[③]
Zn99.99						
Al99.5						
AlMg5						
ZnAl15						

注:本表列出了 Zn、Al 及其合金涂层的一系列合适涂层厚度值,在此范围内可以由供需双方协商一致,指定任意一中间值。涂层标识应由 ISO 14919 中规定的标识加上涂层最小局部厚度值所构成[④]。

① 与 ISO 2064:1996 标准一致。
② 供需双方协商提出涂层厚度时,能获得均匀涂层厚度的热喷涂工艺、涂料或封闭剂的使用及其检测方法应加以特别关注。
③ 即使涂层能达到本标准的要求,经供需双方协商认可,也可选用更大的"最小局部厚度"。如:本表中虚线及虚线以外的部分。
④ 对于合金涂层,以符合 ISO 14919 规定的化学符号后面附加最小局部厚度来表示,如:由 ZnAl15 合金喷涂材料构成的厚 120μm 的涂层,其代号定为 (ISO 14919 ZnAl15) 120,圆括号是识别合金成分所必不可少的。[GB/T 12608—2003 修改采用 ISO 14919:2001。为便于本标准使用,可以按上述规则采用 GB/T 12608 规定的代号代替,如:(ISO 14919 ZnAl15) 120 或 (GB/T 12608 ZnAl15) 120。]

6 涂层制备

6.1 待喷涂工件表面预处理[1)]

用适当的磨料采用喷砂的方式,使工件表面达到充分清洁和粗化的目的,喷砂应连续进行直至工件表面达到 ISO 8501-1 中 Sa3 级所规定要求的金属外观和均匀纹理。

喷涂前,工件表面应干燥、无灰尘、油脂、氧化皮、铁锈及其他污物。

在所有的场合下,都要用参比样片对照检验喷砂处理后工件的表面粗糙度。参比样片的材质应与工件一致,并按供需双方协商的要求制备。

除非另有规定,应采用下述磨料对工件表面进行预处理:

——低磷冷硬铸铁砂,应符合 ISO 11124-2 的要求;
——铜精炼渣,应符合 ISO 11126-3 的要求;
——煤炉渣,应符合 ISO 11126-4 的要求;
——刚玉砂,应符合 ISO 11126-7 的要求。

在某些场合[2)],经双方协商亦可选用其他磨料,但注意一定要能达到足够的清洁度与表面粗糙度,以保证喷涂材料的附着力。

---

1) 该分条款指定了热喷涂锌、铝及其合金前表面预处理最重要的元素,更详细的叙述见 EN 13507。
2) 在我国,干燥硅质磨料(如石英砂)的使用受到法规限制。

磨料颗粒尺寸一般为 0.5mm～1.5mm。

无论采用哪种类型的磨料，磨料都应该清洁、干燥、无污染；用于喷砂处理的压缩空气也应清洁、干燥，以免污染磨料和待喷涂工件表面。

6.2 涂层材料

热喷涂用的锌、铝及其合金材料应符合 ISO 14919 的要求，尤其是：
——Zn99.99，应符合 ISO 14919：2001 中 2.1 的要求；
——ZnAl15，应符合 ISO 14919：2001 中 2.3 的要求；
——Al99.5，应符合 ISO 14919：2001 中 3.2 的要求；
——AlMg5，应符合 ISO 14919：2001 中 3.3 的要求。

6.3 热喷涂

热喷涂应在工件表面喷砂后尽快进行，应保证在喷涂开始时，工件表面仍然保持清洁、干燥和无肉眼可见的氧化。

喷砂后等待喷涂的时间应尽可能短，一般不超过 4h，依当地情况而定。

当待喷涂工件表面处在凝露状态下，不能进行喷涂。为避免涂层起泡，待喷涂工件表面的温度应保持在至少比露点温度高 3℃ 以上。

如果待喷涂表面有变质的迹象，应对有问题的区域重新预处理以达到规定的质量要求（见 6.1）。

6.4 封闭

封闭的目的是减少喷涂层固有的孔隙。

金属涂层暴露在正常环境中会因氧化而使其涂层孔隙自然封闭，但前提条件是，所生成的氧化物、氢氧化物和（或）碱式盐在该环境中不会溶解。

人工封闭是通过金属喷涂层表面化学转化（磷化、活性涂料涂装等）或选用适当的封闭剂来封闭孔隙。无论哪种封闭方法都应在金属涂层开始吸潮前进行。

6.5 涂装

在已经封闭过的金属喷涂层上涂装不但可以增加其美观性还能延长防护体系的寿命。当用于钢结构防腐蚀的时候，防护漆体系的涂装应符合 ISO 12944-5：1998 中表 A.10 的要求。

涂装施工应参照 ISO 12944-1～12944-8。

7 性能要求

7.1 厚度

7.1.1 通则

金属热喷涂层厚度是由其涂层的最小局部厚度来定义的（见 3.2）。

热喷涂层厚度的测量方法以及在整个处理表面确定测量点数量和位置分布应依照 7.1.2 和 7.1.3 进行。

7.1.2 面积为 $1cm^2$ 至 $1m^2$ 之间的涂层

当涂层面积为 $1cm^2$ 至 $1m^2$ 之间时，任何给定点的局部厚度都应当是在大约 $1cm^2$ 区域内 3 次测量结果的算术平均值（见图 1）。

如果工件的几何形状不允许，经双方同意可以在相同条件下同时制备适当的参比样片，用金相法或物理方法来测量。

7.1.3 面积大于 $1m^2$ 的涂层

涂层面积大于 $1m^2$ 时，任何给定点的涂层局部厚度都应当是在约 $1dm^2$ 的基准面上测量。涂层局部厚度应为按图 2 所示分布在 $1dm^2$ 基准面内 10 次测量的算术平均值。

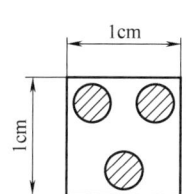

图 1　在 $1cm^2$ 基准面内测量点的分布

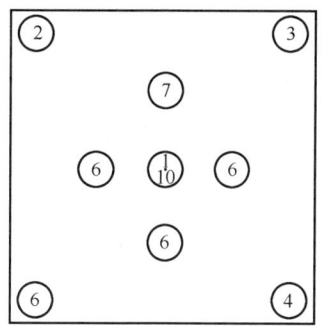

图 2　在 $1dm^2$ 基准面内测量点的分布

7.1.4 厚度测量位置

为了确定涂层的最小局部厚度，应在涂层厚度可能最薄的部位测量涂层的局部厚度。测量的位置和次数，可以由有关各方协商认可，并在协议中规定。建议测量位置应尽量按照有关产品标准中的规定选取。当有关各方没有任何规定时，则测量位置和次数由用户自行斟酌选定。

7.1.5 测量方法

任何场合都可采用磁性法来测量涂层的厚度（见 8.1.2），除非技术文件规定了测量结果的数量，习惯上是取其算术平均值。

当有争议时，可以用横断面显微镜法进行验证（见 8.1.3）。

7.2 外观

涂层外观应均匀一致，无起泡或底材裸露的斑点，没有未附着或附着不牢固的金属熔融颗粒以及影响涂层使用寿命和防腐应用的一切缺陷。

7.3 附着力

按附录 A 试验后，如果没有出现涂层从基体上剥离或金属涂层层间分离，则认为涂层的附着力试验合格。

结合强度大小应按照 A.2 的方法获得。结合强度的最小值应获得供需双方的认可。

8 检测方法

8.1 厚度测量

8.1.1 厚度测量方法的应用范围

8.1.1.1 磁性测量法具有无损、快速以及对待测表面上的任意部位均能直接测量的优点。此外，喷涂在铁基金属上涂层（Zn、Al）的性质及其标准涂层厚度范围值，都有利于该方法获得令人满意的测量精度。因此，对于给定样件，只要按照本标准的规定和供需双方协议，正确校准磁性测厚仪，磁性测量法可以提供有效、准确的验收检查结果。

8.1.1.2 横截面显微镜法可以作为检验金属喷涂层厚度的参考方法，但是，要准确地对金属喷涂层进行显微测量是困难的。因此，这种方法仅在供需双方事先约定后才使用，试验按照 8.1.3 的要求实施。

8.1.2 磁性测量法

按 ISO 2178 规定进行试验。

8.1.3 横断面显微镜测量法

8.1.3.1 原则

按 ISO 1463 规定，对试样涂层进行横断面厚度显微镜测量。

8.1.3.2 说明

为避免涂层从基体和边缘剥离，试样必须采用合适的固定材料，如：用塑料或某种低熔点合金固定。检查面必须用合适的抛光剂仔细抛光。

每个试样应测 10 次，测量点须沿试样的一个边均匀分布，并在边长约 20mm 的横截面上进行测量，取其算术平均值。

8.2 附着力性能试验

按供需双方协议选择结合强度试验方法和整理试验结果。具体方法解释见附录 A。

附　录　A
（资料性附录）
附着力性能试验方法

A.1 划格试验

A.1.1 原理

将涂层切断至基体，使之形成一个具有给定尺寸的方形格子，涂层不应产生剥离。

A.1.2 装置

具有硬质刃口的切割工具如图 A.1 所示。

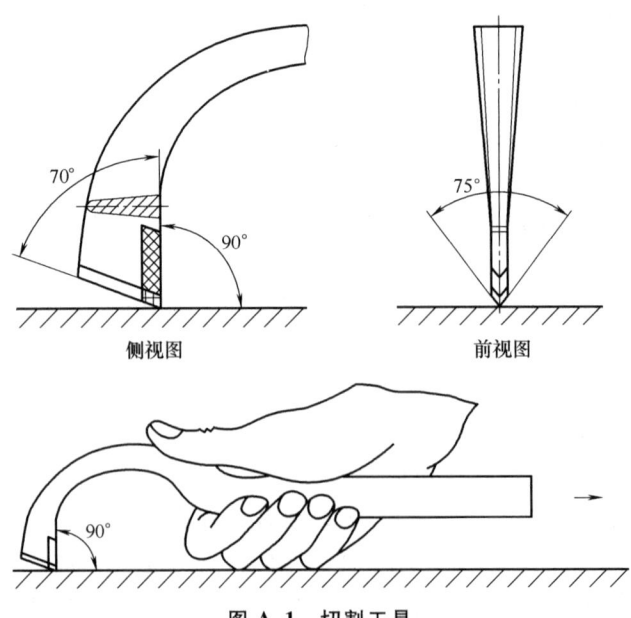

图 A.1　切割工具

A.1.3 操作步骤

使用工具（见 A.1.2）切出表 A.1 中的给定尺寸的格子。

表 A.1 格子尺寸

划格的大约尺寸面积	涂层厚度/μm	划痕间距/mm
15mm×15mm	≤200	3
25mm×25mm	>200	5

划痕深度，要求必须将涂层切断至基体金属。

无论如何，划格后均须采用供需双方协商认可的一种合适黏胶带，借助一个辊子施以 5N 的载荷将黏胶带压紧在划格后的这部分涂层上，然后沿垂直涂层表面的方向快速将黏胶带拉开。

若上述过程无法实施，则划割涂层的方法就必须经过供需双方认定。

A.2 拉伸试验

A.2.1 一般要求

为得到稳定的试验结果，应该采用一种可以保证拉力真正垂直地作用于涂层表面的气压或水压试验机。

涂层基体材料应具备足够的硬度以保证在试验过程中不变形。选择一段平整的涂层试验表面，清除表面所有松散黏附物。

A.2.2 试棒的预处理

采用机械（打磨）或化学方法将试棒（拉伸端）清洁干净，用干净的纸或布浸蘸合适溶剂（如乙醇）清除表面黏附的油脂。试棒端面应打磨或毛化以改善结合性。对于环氧类黏合剂而言，试验端面需要粗糙一些，而对于丙烯酸类黏合剂，试验端面光滑一点效果会更好一些。将新碳化硅砂纸放置在一平硬面上，将试棒的试验面在砂纸上用力滑擦，直至露出钢材特有的本色外观。因滑擦产生的微观沟槽使得试棒的有效表面积比名义表面积增大许多倍，大大增强黏合剂与试件之间的结合力，减少黏合失效。若无裸手触摸等新的污染，一般滑擦后不需要再次去油。

A.2.3 涂层预处理

涂层表面一般不需要额外处理，其内聚力一般可以保证其黏合效果。如果需要可将金属涂层在砂纸上轻轻滑擦以增加试棒与涂层间接触面积；怀疑有污染可用干净试纸或浸蘸有溶剂的湿布除油。

A.2.4 涂黏合剂

采用的黏合剂应保证试棒与涂层间的黏合力比涂层与基体间的结合力更大，而且黏度应较大以防止渗入多孔金属涂层的微孔。或者用蚀洗底漆覆盖涂层以防止黏合剂渗到基体。

在试棒端面涂覆足够的黏合剂，将参差不齐的金属涂层表面覆盖填平。

手持试棒加压到试验表面，持续加压约 0.5min，赶走黏合剂中空气并使其厚度均匀。然后让黏合剂充分固化。

A.2.5 加压前

供需双方如无特殊约定，沿着试棒圆周将多余的及扩散到基体的黏合剂小心切除。切除避免了试棒与涂层的侧面结合，但会生成有损试棒的裂痕，导致抗拉强度减小。

A.2.6 加压

小心地将试棒装上拉伸机以免影响黏结。将指针归零，缓慢而平稳地加载直至中间断开。加载速度不应大于1MPa/s（ISO 4624规定，加载破坏时间<90s，加载速度<1MPa/s）。

A.2.7 评价

对涂层损坏的区域进行评价，判明是涂层附着失效还是黏合剂失效；是整个表面还是部分面积。记录下结果、涂层厚度类型、是否用了蚀洗底漆、哪种黏合剂及拉力试验机、是否环绕试棒下切以及试验员的姓名。

附录 B
（资料性附录）
推荐应用

不同的使用环境推荐的最小涂层厚度见表B.1。

表B.1 不同的使用环境推荐的最小涂层厚度　　　　　（单位：μm）

环境	环境分类 按ISO 12944-2	金属							
		Zn		Al		AlMg5		ZnAl15	
		未涂装	涂装	未涂装	涂装	未涂装	涂装	未涂装	涂装
盐水	Im2	N.R.①	100	200	150	250②	200②	N.R.①	100
淡水	Im3	200	100	200	150	150	100	150	100
城市环境	C2和C3	100	50	150	100	150	100	100	50
工业环境	C4和C5-1	N.R.①	100	200	100	200	100	150	100
海洋大气	C5-M	150	100	200	100	250②	200②	150	100
干燥室内环境	C1	50	50	100	100	100	100	50	50

① N.R.=不推荐。
② 近海环境中应用。

第六节　热喷涂　低压等离子喷涂　镍-钴-铬-铝-钇-钽合金涂层

一、概论

1. 低压等离子喷涂原理及特征

低压等离子喷涂（low pressure plasma spraying，简称LPPS）又称真空等离子喷涂（VPS），是将等离子喷涂工艺在低压保护性气氛中进行操作，从而获得成分不受污染，结合强度高，涂层致密的一种工艺方法。

等离子喷涂技术是20世纪70年代发展起来的一项热喷涂技术，相对于传统的高压氧气燃料喷涂和电弧喷涂技术，等离子喷涂技术显现出更高的效率。低压等离子喷涂技术是20世纪60年代由Steson和Hauk提出的。1973年，美国EPI公司研制了首台低压等离子喷涂设备；20世纪80年代，该公司在等离子喷涂技术、真空技术和自动控制技术基础上成功研制出现代意义上的低压等离子喷涂技术并实现商业化生产和销售。等离子射流中存在固、液两相，获得的是层状结构的涂层。低压等离子喷涂颗粒呈熔融态或半熔融态，使用低压等离子喷涂可以通过控制沉积气氛将喷涂颗粒速度维持在较高水平，以显著阻止粉末的氧化，从而使得涂层和基底之间具备高黏合强度，涂层性能得到提高。

低压等离子喷涂是将等离子喷枪、工件及其运转机械置于低真空或选定的可控气氛的密闭室里,在室外控制喷涂过程,通过真空和过滤系统,保持真空室一定的真空度。与传统的大气等离子喷涂技术相比,低压等离子喷涂可以制备更纯、更致密、结合强度更高的涂层。该技术已用于热障涂层、燃料电池、太阳能、半导体等领域涂层的制备。

2. 高温合金涂层

由于高温合金具有较高的高温强度、良好的抗氧化和抗热腐蚀能力,因此被广泛应用于航空航天高温热端部件的关键材料。在实际服役环境下,高温合金部件在高温下承受着离心力、几何约束、快速加热或冷却引起的温度变化和应力变化等影响,致使部件出现热腐蚀、磨损、氧化等多种失效形式的叠加作用,周而复始就会诱发疲劳损伤、裂纹或剥落等结构性破坏,严重影响部件的服役寿命。然而,这些高温合金部件作为关键部件,在极其复杂的应力条件和恶劣的环境下服役,必须具备较高的工作可靠性,因而必须满足良好的高温力学性能、抗高温氧化性能和环境腐蚀性能,以及在冷热交替情况下的组织结构稳定性要求。因此,为了帮助高温合金能够在极限温度下服役,在其表面上制备耐高温热防护涂层,已成为一个提高高温合金在服役环境中的耐热性能、材料表面物理-化学性能的有效途径。

在高温合金的热防护涂层中,应用最为广泛的涂层之一就是 MCrAlY 涂层(M 代表 Fe、Ni、Co 或这三种元素的组合)。MCrAlY 涂层通常为多相,当合金中 $w(Al) \leq 12\%$ 时,合金的母相为塑性较好的面心立方 Ni 或 Co 的 γ 固溶体,强化相 β-NiAl 或 β-CoAl 弥散分布于固溶体中。MCrAlY 涂层中的 Al 元素能够促进形成保护性 Al_2O_3 膜;Cr 元素可以改善合金的耐热腐蚀性能,也能够促进 Cr_2O_3 膜的形成;而活性元素 Y 则由于能有效地提高合金或涂层表面氧化膜的黏附性,从而能显著改善合金的抗氧化性能。因此,MCrAlY 涂层由于具有较高的硬度、优良的抗高温氧化和耐热腐蚀性能,以及与基体有较强的黏结性,自 20 世纪 70 年代以来,被越来越广泛地应用于航空航天的高温热端部件的抗氧化防护涂层和热障涂层。作为 MCrAlY(M 代表 Ni,Co)系列涂层之一的 NiCoCrAlYTa 六元合金涂层广泛运用在航空发动机叶片材料的高温防护上。

3. 低压等离子喷涂镍-钴-铬-铝-钇-钽(NiCoCrAlYTa)合金涂层的标准

低压等离子喷涂主要用于航空发动机高温叶片表面耐高温涂层的制备,其中 NiCoCrAlYTa 是典型的高温合金涂层。为了提高低压等离子喷涂 NiCoCrAlYTa 涂层的质量,全国金属与非金属覆盖层标准化技术委员会组织相关单位专家制定了 GB/T 18681—2002《热喷涂 低压等离子喷涂 镍-钴-铬-铝-钇-钽合金涂层》。该标准于 2002 年 3 月 10 日发布,2022 年 8 月 1 日实施。

二、标准主要特点与应用说明

该标准规定了低压等离子喷涂镍-钴-铬-铝-钇-钽合金涂层的技术要求及试验方法,适用于航空发动机高温零部件抗高温氧化和热腐蚀的低压等离子喷涂的 NiCoCrAlYTa 涂层,也适用于 MCrAlY(M 代表 Ni、、Co、Ni、Co 等)类低压等离子喷涂涂层。

该标准提供了镍-钴-铬-铝-钇-钽合金涂层的基本制造规范及检验要求,该涂层主要用于高温防护,具体应用还应参考相关的行业标准或企业标准。

应该注意的是,在涡轮发动机叶片进行表面喷砂粗化处理时,为防止工件变形,应采用合适的磨料粒度和喷砂压力。一般采用100号~140号粒度的白刚玉作为喷砂磨料，喷砂空气压力为0.2MPa~0.3MPa。

三、标准内容（GB/T 18681—2002）

热喷涂　低压等离子喷涂　镍-钴-铬-铝-钇-钽合金涂层

1　范围

本标准规定了低压等离子喷涂镍-钴-铬-铝-钇-钽（NiCoCrAlYTa）合金涂层的技术要求及其试验方法。

本标准适用于航空发动机高温零部件抗高温氧化和热腐蚀的低压等离子喷涂的 NiCoCrAlYTa 涂层。

本标准也适用于 MCrAlY（M 代表 Ni、Co、NiCo 等）类低压等离子喷涂涂层。

2　规范性引用文件

下列文件中的条款通过本标准的引用而成为本标准的条款。凡是注日期的引用文件，其随后所有的修改单（不包括勘误的内容）或修订版均不适用于本标准，然而，鼓励根据本标准达成协议的各方研究是否可使用这些文件的最新版本。凡是不注日期的引用文件，其最新版本适用于本标准。

GB/T 6462　金属和氧化物覆盖层　横断面厚度显微镜测量方法（eqv ISO 1463）

GB/T 6524　金属粉末粒度分布的测定——光透法（neq ASTM B430）

GB/T 8642　热喷涂层结合强度的测定

GB/T 9790　金属覆盖层及其他有关覆盖层　维氏和努氏显微硬度试验（neq ISO 4516）

GB/T 13277　一般用压缩空气质量等级

GB/T 16545　金属和合金的腐蚀　腐蚀试样上腐蚀产物的清除（idt ISO 8407）

HB 5258　钢及高温合金的抗氧化性能测定试验方法

3　术语和定义

3.1　低压等离子喷涂　low pressure plasma spraying（LPPS）

在低压隔离室内进行的等离子喷涂。

3.2　转移弧清理　transferred arc cleaning

采用转移型电弧对工件表面进行清理处理，使其清洁和活化，并将工件预热到喷涂所需的温度。

3.3　检验批（简称：批）

为实施抽样检查汇集起来的粉末或工件。

在粉末检验时，指一次购回的总量。

在工件检验时，指一次的交货量。

4　设备

低压等离子喷涂设备应具备以下基本条件：

4.1　真空室压力应可以自动控制，以保证真空室压力的稳定；真空管道应配有粉尘过滤器，以减少粉尘对真空机组和大气环境的污染。

4.2　喷枪操作系统应具备三自由度的操作机；对于形状复杂的工件，如涡轮发动机叶片的喷涂，则必须具备六自由度的机器人。
5 粉末
NiCoCrAlYTa 粉末的化学成分及粒度要求见表 1。对购入的每一批（次）粉末，在喷涂前应进行复验，满足要求的粉末方可用于喷涂，其化学成分可采用 ICP 方法（电感耦合等离子体-原子发射光谱法）确认，粉末的粒度分布按 GB/T 6524 测定。

表 1　NiCoCrAlYTa 粉末成分及粒度

化学成分	Co	Cr	Al	Y	Ta	Ni
质量分数(%)	22~24	19~21	7.5~8.5	0.4~0.8	3.5~5.5	余量
粒度范围/μm	5~44					

6 工件预处理
6.1 喷涂前工件表面状态
待喷涂工件的表面必须无灰尘、油污及氧化皮，其表面粗糙度应与喷涂态涂层表面粗糙度要求相匹配，如有特殊需要须经供需双方协商确定。
6.2 清洁工件
用氯溶剂或其他除油剂浸泡，超声波清洗去油 5min~10min。以零件表面水膜连续，油除净为准，然后用无水乙醇清洗。
6.3 喷砂粗化
6.3.1 对非喷涂区表面进行遮蔽保护。
6.3.2 根据表面粗糙度要求，选择 100 号~140 号粒度的清洁、干燥的白刚玉作喷射磨料。
6.3.3 压缩空气的油、水含量符合 GB/T 13277 规定的第三等级规定。空气压力 0.2MPa~0.3MPa，如有特殊需要须经供需双方协商确定。
6.3.4 喷砂角度为 60°~90°，喷砂距离为 50mm~100mm。
6.3.5 用干净压缩空气吹掉黏附在基体表面的尘埃或磨料。
6.4 工件标记
按照工件编号进行登记。对于厚度及增重要求严格的工件，如涡轮发动机一、二级叶片，应逐一进行称重，并做登记。
6.5 遮蔽及防护
将工件装入喷涂工装中，对非喷涂部位及工装进行遮蔽及防护。

7 转移弧清理
7.1 预真空度
工件装好后，合上真空室，启动真空系统，使真空室内压力≤6.7Pa。
7.2 真空室工作压力
当真空室达到预真空度后，关闭抽气阀门，向真空室内充入氩气，使压力增至 6kPa~10kPa。
7.3 喷枪功率
启动喷枪，并使电弧功率控制在 15kW~30kW，视转移弧电流的大小进行调节。
7.4 转移弧电流
调节转移弧电源，使其电流达到一定的水平，以工件棱角不产生烧损为原则。

7.5 工件预热温度

工件经转移弧清理后,其温度应达到700℃~900℃。

7.6 待喷涂时间

工件经转移弧清理后,应尽快进行喷涂,间隙时间最长不超过15s。

8 喷涂工艺

8.1 真空室工作压力

转移弧清理完毕,应继续向真空室充入氩气,使真空室压力增至8kPa~12kPa。

8.2 喷涂工艺参数

应选用合适的喷涂参数,这些参数包括电弧电流、电弧电压、喷涂距离、喷嘴类型、等离子气压力和流量、送粉速率等。通过金相分析,以涂层中所包含的未熔颗粒数量、微裂纹、孔隙率以及界面处的第二相或夹杂的数量最少时所对应的参数为准。

8.3 工件冷却

工件喷涂后,真空室应继续维持惰性气氛,工件随炉自然冷却。

9 工件拆卸

工件和工装应能很方便地拆开,操作过程中不允许有任何撞击,如发生上述情况,应由技术人员和质量管理人员研究处理。

10 涂层返修

10.1 去除涂层。

10.1.1 去除涂层的槽液:盐酸(化学纯)、水(去离子水)以体积比1:1混合。

10.1.2 槽液温度:50℃(用于未扩散的涂层);

槽液温度:70℃(用于扩散的涂层)。

10.1.3 浸泡时间:1.5h~2.5h。

10.1.4 对非喷涂区的关键部位进行遮蔽保护。

10.1.5 连续搅拌槽液,使温度均匀。

10.2 去除涂层后,对零件进行冲洗、刷洗、干燥。

10.3 重新进行表面处理和喷涂涂层。

按6、7、8章规定进行。

11 涂层后处理

11.1 扩散处理

喷涂后,经初步检验合格的涂层应进行扩散处理。扩散处理条件见表2。其他材料的扩散处理,参照该合金的热处理条件。

表2 扩散处理条件

工件材料牌号	处理温度及时间	真空室压力
DZ22B	1080℃±5℃,4h 和 870℃±5℃,32h	
K417	1080℃±5℃,4h	$1.33×10^{-1}Pa~1.33×10^{-2}Pa$
DD402	1080℃±5℃,4h 和 870℃±5℃,32h	
DD3	1020℃±5℃,2h 和 980℃±5℃,2h	

11.2 后加工

在大多数情况下,由于尺寸要求或者表面粗糙度要求,涂层在喷涂及热处理完成后,需要进行精加工。可通过磨削加工达到所需的尺寸,加工参数见表3;可通过液体喷砂或振动光饰处理使涂层达到所要求的表面粗糙度,液体喷砂工艺见表4;振动光饰处理条件可以根据零件的具体形状和大小,由技术部门参考表4制定。

表3 NiCoCrAlYTa 涂层磨削加工参数

砂轮	零件速度/(m/min)	砂轮速度/(m/s)	润滑剂	表面粗糙度 $Ra/\mu m$
60号 SiC 砂轮	60~150	35	水混合液	0.8

表4 NiCoCrAlYTa 涂层液体喷砂工艺参数

使用磨料	空气压力/MPa	喷砂距离/mm	时间/s
120号刚玉砂	0.4	80~100	25~30

12 涂层技术要求

12.1 外观

喷涂态涂层应具有均匀的外观,涂层上应无裂纹、分层、剥落或起泡,无不当遮蔽。

12.2 厚度

涂层厚度符合设计图要求。

12.3 增重

对于有增重要求的零件,应根据试验结果,由供需双方讨论确定增重范围。由于增重值与涂层的厚度分布有一定的对应关系,所以,增重值也可作为涂层验收的根据。

12.4 结合强度

喷涂态涂层的平均结合强度应大于50MPa。

12.5 杯突试验

在试片上进行,未经扩散处理的涂层应不产生脱层。试验区附近涂层的毛细裂纹或龟裂是允许的。

12.6 金相组织

涂层组织均匀,涂层与基体应结合良好,界面无裂纹、空洞等缺陷。孔隙率<2%,未熔颗粒数量<2%,最大颗粒直径 $\phi_{max}<10\mu m$。经扩散处理后,在涂层/基体界面处应有明显的扩散带。金相组织符合图1所示的典型组织。

12.7 硬度

涂层的显微硬度:喷涂状态为 530HV0.2~580HV0.2,扩散处理后为≥420 HV0.2。

12.8 涂层化学成分

目的是检验所用粉末的正确性,涂层材料的化学成分应与粉末材料的化学成分相吻合。

12.9 抗氧化/腐蚀性能

涂层抗氧化/腐蚀性能应满足设计要求。

13 涂层质量检验方法

13.1 外观检验

可用目察或10倍以下的放大镜对涂层表面进行观

图1 涂层经扩散处理后的
金相组织 400×

察，100%检查。着重检查涂层边缘部分，观察是否存在涂层起皮或漏喷。

13.2 涂层厚度检查

13.2.1 在每批零件喷涂前后各喷涂检验用试片或试件一件。

13.2.2 根据供检验用试片或试件的大小和形状，确定其解剖的部位和方向。

13.2.3 按 GB/T 6462 进行涂层厚度显微镜检查。

13.3 增重测量

对喷涂后的零件进行称重，并与原始重量比较，算出工件的增重，精确到 1mg，100%检查。

13.4 涂层结合强度测量

在每批零件正式喷涂前，按 GB/T 8642 对供检验用试片或试件进行结合强度试验。

13.5 杯突试验方法

在每批零件喷涂前进行。采用 100mm×70mm×1.3mm 试片，试片材料为 GH3030 或 1Cr18Ni9Ti。在试片的一面喷涂涂层，涂层厚度为 50μm～100μm，喷涂面积最小应为 45mm×45mm。试验时，用 ϕ22mm 钢球压头，从无涂层的一面压下，压头压下深度为 5mm。杯突试验后，在变形区域目察或用 10 倍以下放大镜检查涂层。

13.6 金相检查

13.6.1 在每批零件喷涂前后各喷涂检验用试片或试件一件。

13.6.2 根据供检验用试片或试件的大小和形状确定其解剖部位和方向。

13.6.3 夹持（镶嵌）试样，依次用预磨盘和砂纸轻磨，磨削方向与涂层约成 45°，每换一道砂纸将试样旋转 90°。

13.6.4 用涂层侵蚀剂显示涂层显微组织，侵蚀剂组成为：

硝酸：乙酸：水：氢氟酸 = 33：33：33：1（体积比）或

硝酸：盐酸：甘油 = 1：3：5（体积比）

以上所用试剂均为化学纯，水为去离子水。随配随用。

13.6.5 观察涂层组织、界面状态、测量孔隙率、未熔颗粒大小及数量。

13.7 涂层硬度

与金相检查同步进行。按 GB/T 9790 测量。

13.8 涂层化学成分检测

每批零件喷涂完成后，在试件上进行。采用 X 射线荧光光谱法或电子探针分析法或扫描电镜能谱分析法测量，确认所用粉末是否准确。

13.9 涂层的抗氧化性能测试

涂层的抗氧化性能测试按 HB 5258 进行。

13.10 涂层的抗高温燃气腐蚀性能测试

在燃气腐蚀试验器上进行。1h 为一个循环，其中在试验器中加热 55min，炉外压缩空气冷却 5min。

13.10.1 试验温度：900℃±10℃。

13.10.2 燃油流量：0.2L/h。

13.10.3 油气比：1/45。

13.10.4 海水浓度：10^{-3}%，如需要可以增加到 $5×10^{-3}$%。

13.10.5 试验时间：150h，如有需要试验时间可以增加到200h以上。

13.10.6 涂层试验后，按 GB/T 16545 去除试样表面所形成的腐蚀产物，清除腐蚀产物后应保证目察或用10倍放大镜检查不能发现腐蚀产物痕迹为止。检查涂层的失重量、腐蚀前后外观和金相，记录试验结果。

附 录 A

（资料性附录）

参考文献

涂层的抗高温燃气腐蚀性能的试验方法，参考了中国航空工业总公司航空材料研究院企业标准：Q/6S 365—1983　高温燃气腐蚀试验方法。

第七节　热喷涂　自熔合金喷涂与重熔

一、概论

1. 氧-乙炔火焰重熔

氧-乙炔火焰重熔也称氧-乙炔火焰喷焊，是采用氧-乙炔火焰喷涂自熔性合金，随后在火焰的加热下使涂层熔融，在金属基材表面获得熔焊层的热喷涂方法。氧-乙炔火焰重熔，无论是一步法或二步法都包含喷涂和重熔两个过程。

（1）喷涂过程　喷涂过程与氧-乙炔火焰粉末喷涂相同，即合金粉末在氧-乙炔火焰中被加热至熔化或半熔化状态，以一定速度撞击并黏附在金属基材表面的过程。

（2）重熔过程　无论是一步法或二步法，重熔过程都是火焰对涂层加热，使之再次熔融，在金属基材表面重结晶的冶金过程。在重熔过程中，自熔性合金在熔融状态具有强烈的还原脱氧作用和良好的造渣、除气性能。与各种氧化物夹渣反应，生成低熔点的硼硅酸盐熔渣，漂浮在液态金属表面，并排除液态金属中的气体。在液态金属表面覆盖的这一薄层熔渣，能够隔绝空气的影响，避免液态金属的氧化。因此，喷焊层消除了喷涂层中的气孔和氧化物夹渣，经过重结晶过程，使喷涂层非均质的层状结构变成均质的合金组织结构。

在重熔过程中，当合金充分熔化并完全湿润金属基材表面时，就开始了合金与基材之间的扩散互溶过程。在合金与基材界面上形成一条带状互溶区，其熔点和化学成分介于喷焊合金与基材之间，是喷焊层与基材之间的过渡层。这一过渡层的存在使得合金喷焊层与基材之间形成了牢固的冶金结合，大幅度提高了结合强度。

2. 喷涂与重熔设备组成

氧-乙炔火焰重熔的设备组成与氧-乙炔火焰粉末喷涂类似，只需增加重熔枪。辅助设备上要增加加热和缓冷装置，以便在重熔过程中能够有效地控制工件的温度。若采用一步法喷焊，只需要氧气、乙炔供给装置和喷焊枪，因而设备组成简单，移动方便。

3. 自熔性合金粉末

自熔性合金粉末可以分为铁基（Fe）、镍基（Ni）、钴基（Co）合金粉末，其主要特点是含有硼（B）和硅（Si），因而具有自脱氧和造渣性能。硼、硅元素优先与合金粉末中的氧和工件表面氧化物一起熔融生成低熔点的硼硅酸盐等覆盖在熔池表面，防止液态金属过度氧化，从而改善熔体对基体金属的润湿能力，减少熔覆层中的夹杂和含氧量，提高熔覆层的工艺成形性能；合金中还含有较高的铬，因而具有优异的耐蚀性和抗氧化性。自熔性合金对碳钢、不锈钢、合金钢、铸钢等多种基材有较好的适应性，能获得氧化物含量低、气孔率小的熔覆层。但对于含硫钢，由于硫的存在，在交界面处易形成低熔点的脆性物相，使得覆层易于剥落，因此应慎重选用。

4. 自熔合金喷涂与重熔的标准

自熔性合金是一类性能优异的涂层，为了规范行业应用，国际标准化组织于1999年首次发布了ISO 14920：1999《热喷涂　自熔合金喷涂与重熔》，并于2015年进行了修订，目前为第2版：ISO 14920：2015《热喷涂　自熔合金喷涂与重熔》。自熔合金自发明后在我国也得到了大量的应用，我国最早于1997年就制定了相关标准GB/T 16744—1997《热喷涂　自熔合金涂层》。该标准于2002年进行了修订，修订时修改采用ISO 14920：1999《热喷涂　自熔合金喷涂与重熔》。GB/T 16744—2002《热喷涂　自熔合金喷涂与重熔》于2002年4月16日发布，2002年12月1日实施。

二、标准主要特点与应用说明

该标准修订时，将ISO 14920：1999中的"每读数之间相距8mm"删去，因为在10mm×10mm面上，不能按标准要求读出相距8mm的7个读数。

该标准规定了为获得均匀扩散的涂层而采用边喷边熔或先熔再喷的自熔合金热喷涂方法，对涂层的设计要求、材料的选择，以及工艺的实施步骤都提供了参考依据。

在进行自熔性合金涂层设计时，应考虑多方面因素，以确定喷涂重熔的合金涂层是否适合所确定的工程应用。首先，应考虑重熔加热过程对基体的热影响，包括变形、氧化、产生应力，以及力学性能和冶金性能的不可逆变化。需喷涂重熔涂层处理的工件通常要减小设计尺寸，应考虑设计尺寸减小对所要求的力学性能的影响，同时还应考虑所制备的喷涂加重熔涂层可能具有不同的性能。喷涂重熔涂层可能会影响工件的疲劳强度、耐冲击性和其他性能。其次，应考虑合金材料的选择，主要包括涂层的硬度、耐磨性和耐蚀性、机械加工性及适用性的要求。

三、标准内容（GB/T 16744—2002）

热喷涂　自熔合金喷涂与重熔

1　范围

本标准规定了为获得均匀扩散结合的涂层而采用边喷边熔或先喷后熔的自熔合金热喷涂方法。

2　规范性引用文件

下列标准中的条款通过本标准的引用而成为本标准的条款。凡是注日期的引用文件，其随后所有的修改单（不包括勘误的内容）或修订版均不适用于本标准，然而，鼓励根据本标准达成协议的各方研究是否可使用这些文件的最新版本。凡是不注日期的引用文件，其最新版本适用于本标准。

ISO 6508　金属材料　硬度试验　洛氏硬度试验（A、B、C、D、E、F、G、H、K标尺）

ISO 14232：2000　热喷涂　粉末　成分　供货技术条件

3　设计考虑

3.1　原则

设计时应考虑下列各因素，以确定喷涂重熔的合金涂层是否适合所确定的工程应用。

3.2　基体金属

3.2.1　当对涂层进行重熔时，应考虑加热过程对基体的热影响，包括：

——变形；

——氧化；

——产生应力；

——力学性能和（或）冶金性能的不可逆变化。

马氏体钢易产生应力开裂。碳、铝、钛、镁、硫、硫化物、磷和氮含量较高的合金可在涂层中产生孔隙，并可能使基体产生应力开裂倾向。

3.2.2　需喷涂重熔涂层处理的工件通常要减小设计尺寸，应考虑设计尺寸减小对所要求的物理性能的影响，同时还应考虑所制备的喷涂加重熔涂层可能具有不同的物理性能。

3.2.3　喷涂重熔涂层可能会影响工件的疲劳强度、耐冲击性和其他性能。

4　自熔合金选择

4.1　选择

涂层合金的选择将决定最终涂层的性能，例如：

——硬度；

——耐磨性和耐蚀性；

——机械加工性；

——适用性。

4.2　成分

涂层成分将决定最终涂层的性能，应考虑应力在使用中的影响。

经受马氏体相变的基体需要韧性高的涂层合金，应考虑随后热处理的需要。

镍基自熔合金重熔涂层的近似硬度指南见附录A。

4.3　最后机械加工

4.3.1　在选择自熔合金时，应考虑其机械加工性能。

4.3.2　许多自熔合金涂层尤其是高硬度喷涂重熔涂层不能用标准切削刀具加工，只能采用合适的砂轮进行磨削。选择适用的机械加工工具，应征求制造者的意见。

4.3.3　当加热重熔时，对可能受加热影响的其他区域应在完成喷涂工序后再进行最后的机械加工。

5　工件预处理

5.1　准备工作

5.1.1　所有要处理的工件表面都应无油、脂等污染物。应特别注意多孔性工件孔隙中的油和脂可能会在预热或喷涂过程中渗出。

5.1.2　要进行热喷涂的表面上任何原来的表面处理层，例如渗氮层、电镀层或其他防护涂层都应先除去之后才可进行表面预处理。

5.1.3 当把表面机械加工作为工件表面预处理的一部分时,该机械加工表面以及经这样预处理的区域的端部和边缘的轮廓应适合喷涂工艺。

若要求喷涂层的终止处不是工件端部或边缘,应将该处凹切的边缘机械加工成 30°~40° 的角度,并与邻近表面均匀平滑过渡。

在涂层应精加工为方角边缘的部分,相关边缘应比建议的精加工总尺寸大,并在喷涂结束后,机械加工到最后尺寸。

5.2 表面预处理方法

5.2.1 表面应采用标准的棱角砂粒喷砂或其他相应的预处理方法处理。

5.2.2 喷砂操作应只限于要进行喷涂的区域,其邻接区应以最适合具体工件的方法进行遮蔽,采用的遮蔽材料应耐喷砂粒子冲击,并不污染已经预处理的邻近表面。

5.2.3 遮蔽材料应耐喷涂温度,必要时还要耐重熔温度,而且不污染要喷涂的表面。

5.2.4 要求不被外来物污染的孔和其他开口应堵塞起来。建议用钢塞或橡皮塞,塞子的形状和定位要使其不致遮蔽任何要进行预处理的表面。经过喷砂处理之后,应取出塞子,并换之以适当形状的碳棒,以防止涂层材料进入,碳棒要充分突出,以便在后续机械加工中露出其顶部表面。

5.3 清洁度

经过预处理后,要喷涂的表面不得再受污染。应确保经预处理的表面不再受油、脂、水或指印污染,若受到污染,则表面应重新进行预处理。

6 工艺

6.1 边喷边熔

这是采用氧-乙炔火焰喷焊枪的手工工艺。

将适用的自熔合金粉末由粉斗送入气流,通过火焰喷涂于工件上,同时在工件上原位熔化。这是利用火焰连续预热工件、供入并熔化粉末产生涂层的工艺。涂层的性能取决于所选择的自熔合金粉末。

6.1.1 粉末粒度范围

粉末粒度范围由喷焊枪制造厂选择和设计的送粉参数决定。为了避免送粉不畅或堵塞,应按喷焊枪制造厂推荐的粒度范围购置粉末。

6.1.2 涂层厚度

涂层厚度的限制取决于所选择的合金、所要求的涂层质量,以及可接受的残余应力水平。残余应力会随涂层厚度增加而增大,涂层越厚对操作人员的技术要求越高。

6.2 先喷后熔

利用粉末火焰喷涂枪或其他适合的喷涂方法将涂层材料喷涂于工件上,并达到所需厚度,然后对此喷涂层进行重熔。

涂层的重熔是独立操作工序,在喷涂之后应尽快采用以下方法完成:

——利用氧-乙炔火焰进行重熔;
——感应重熔;
——加热炉重熔(真空或惰性气体);
——激光重熔;
——其他加热工艺。

6.2.1 粉末粒度范围

粉末粒度范围由火焰喷涂枪制造厂选择和设计的送粉参数决定。为了避免送粉不畅或堵塞，应按其推荐的粒度范围购置粉末。

6.2.2 涂层厚度

通常涂层厚度限为1.6mm，最好为1mm。喷涂态的涂层可能要加厚25%，以考虑重熔过程中发生的收缩。

6.3 喷涂方法

6.3.1 总则

经过表面预处理之后，应在表面发生任何肉眼可见的劣化之前尽快进行喷涂。

6.3.2 预热

要喷涂的表面应在喷涂前进行预热，预热温度取决于基体成分。进行预热操作时要避免表面污染或局部过热。

6.3.3 喷涂

喷涂应连续进行直到涂层达到足够的厚度，以考虑重熔过程中涂层的收缩。喷涂之后，不应出现涂层从基体上明显起皮或涂层开裂的情况。若发现此类缺陷，应除去涂层，重新进行预处理和喷涂工序。

6.3.4 重熔涂层

应将涂层加热到所选自熔合金熔化温度范围内进行重熔。应充分加热使涂层与基体金属界面达到此温度以确保发生扩散。可利用氧-燃料火焰，例如氧-乙炔火焰、感应加热、激光或加热炉（真空或惰性气体）进行重熔。

加热速度、时间及温度范围是重熔的关键，而且它们将随涂层合金成分、工件的尺寸和复杂程度而变化。应避免在熔化温度范围长时间加热，以防止涂层与基体金属之间的过度扩散、涂层变形和材料烧损。

合适的重熔温度可通过涂层呈现出通常称之为"镜面"的涂层外观变化来指示。喷涂表面的各部分都应呈现这种"镜面"，但用焊枪或感应圈加热时，"镜面"逐渐呈现；加热炉重熔时则同时呈现。重熔过程中发生的局部"热斑"外观是局部丧失附着力的结果，此涂层应予报废。

6.3.5 冷却

重熔之后，为避免不均匀应力产生裂纹和（或）变形，应将工件置于保温材料中或置于可控温度加热炉中延缓冷却。

易发生马氏体相变的基体喷涂重熔后，需采取特殊冷却程序，可能要进行后续热处理，以保持基体金属的设计性能。应采用膨胀系数低，延性高的粉末喷涂这类基体金属。

7 供粉状态和质量要求

7.1 化学成分

采用适当的试验方法确定自熔合金粉末的化学成分。

7.2 粉末粒度范围（见6.2.1）

典型粒度范围（见ISO 14232：2000的3.3）覆盖了适于自熔合金粉末喷涂的各种设备规范。当进行测定时，其粒度分布（PSD）最大可有2%数量的粉末粒度超过上限，它们的最大值可达到最接近上限值的上一号标准筛孔尺寸；同时可有5%数量的粉末粒度低于下限。

7.3 供货状态

粉末应干燥,无杂质。

粉末应盛于密封容器中。特殊包装要与粉末制造厂协商。

应根据相应的安全规定在粉末容器上标明"使用前拌匀"字样,粉末容器上还应明确标出粉末成分、重量和批号。

7.4 证书

制造厂应提供检验合格证以证明其每批产品都符合其说明书的技术要求。

7.5 硬度

7.5.1 通常认为符合规定的硬度范围比自熔合金准确的化学成分更重要。供需双方应通过协议来明确购货技术要求。在可能条件下,应用喷涂于待喷基体金属试样上的试验涂层进行硬度试验;若不可能,则应利用标准硬度试验程序对按特定硬度范围选用的粉末进行试验。

7.5.2 标准硬度试验。

——试验试样:50mm×50mm×(6.0~6.5)mm 的碳钢。

——试验试样制备:

a) 喷涂重熔涂层试样制备按 ISO 6508 进行;

b) 试样边缘应具 2mm 倒角。

粉末样品在所选择批次中应具有代表性。

——喷涂:采用喷涂枪的标准工艺规范,喷涂 1.0mm~2.0mm 厚的均匀涂层。

——重熔:喷涂涂层的重熔应采用最佳的方法进行(见 6.3.4)。

——冷却:允许自然冷却到至少 500℃。

——硬度试验准备:

a) 磨试片的底面;

b) 磨试验面,以准备至少 10mm×10mm 的面积,而且保证重熔涂层厚度至少有 1mm。

最少读取 7 个读数,去除读数的最高值和最低值,取余下 5 个读数值的平均值,所得结果将构成产品证书(见 7.4)的一部分。

附 录 A
(资料性附录)
镍基自熔合金重熔涂层近似硬度指南

镍基自熔合金涂层的近似硬度见表 A.1。

注:若硬度是购货技术要求的必要部分,则需方应提出所要求的自熔合金涂层硬度范围,以及所采用的喷涂设备种类。

为了满足需方要求,可提出与 ISO 14232 所规定的成分允差不同的成分允差。

表 A.1 镍基自熔合金代号及预期硬度

符合 ISO 14232 的自熔合金代号	对应的国内代号	自熔合金涂层预期硬度 HRC
2.8 2.9 2.10 2.11	Ni30~Ni40	30~40

符合 ISO 14232 的自熔合金代号	对应的国内代号	自熔合金涂层预期硬度 HRC
2.12	Ni40~Ni50	40~50
2.16 2.17 2.18 2.19 2.21	Ni50~Ni60	50~60

附 录 B

（资料性附录）

自熔合金涂层分类及标记

B.1 自熔合金涂层分类

自熔合金涂层可分为镍基、钴基及铁基三大系列。

B.2 涂层标记

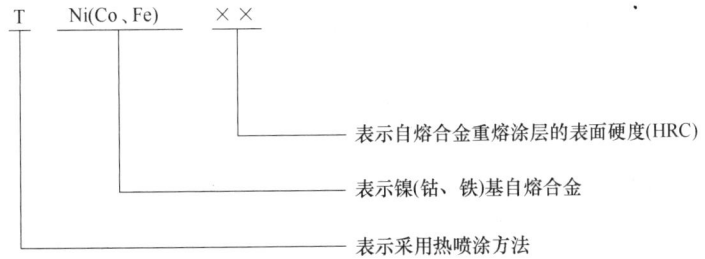

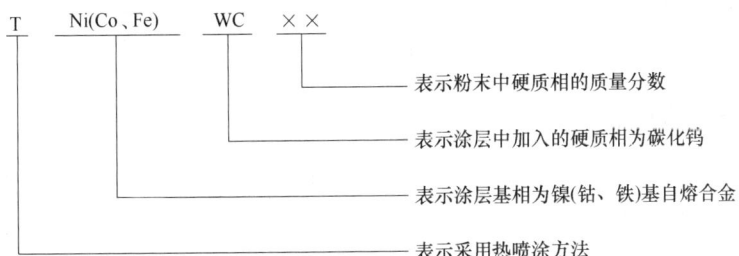

第八节 热喷涂 抗高温腐蚀和氧化的保护涂层

一、概论

1. 抗高温涂层

抗高温涂层是用于高温环境下的保护涂层，一般同时具备抗高温氧化、抗高温腐蚀及抗高温磨损性能。抗高温氧化涂层一般用于高于 550℃ 的氧化腐蚀环境中，目前常用的材料有 Fe 基合金、Co 基合金、Ni 基合金。一些氧化物陶瓷同样可用于高温氧化环境中。这类涂层主要采用常压或低压等离子体喷涂，涂层的致密度至关重要。合金涂层除了抗高温氧化与高温腐蚀、主要用于功能陶瓷涂层的中间结合层外，同样用于磨损零件的修复，如燃气轮机的导向叶片、阀座、活塞杆、密封室、轴承、轴套等。在选择抗高温涂层材料时，应把应用工况条件—基体—涂层三者作为一个整体考虑，才能获得综合性能良好的结果。

2. 耐高温涂层材料的选择原则

1) 具有足够高的熔点。涂层材料的熔点越高，可以使用的最高温度就越高。

2) 高温化学稳定性好。材料本身在高温下不会发生分解、升华或生成有害物质。

3) 具有要求的抗热疲劳性能。在冷、热交变的热疲劳条件下，基体材料和涂层材料的热膨胀系数、热导率等热物理性能应当匹配，如果相差过大应采取梯度涂层设计进行过渡，否则将出现涂层的剥落失效。在高温热循环过程中，基体材料或涂层材料内部发生相变，如果相变引起体积变化，会产生体积变化应力导致涂层开裂或剥离。例如，二氧化锆晶体在高温会发生伴随7%体积变化的相变。因此，在作为耐高温涂层使用时，应对材料进行稳定化处理。

4) 抗高温氧化合金应含有氧亲和力大的合金元素。与氧亲和力大的元素有铬、铝、硅、钛、钇等，它们与氧结合生成非常致密且化学性能稳定的氧化物，并且，所生成的氧化物的体积大于金属原子的体积，因而能够有效地将金属基体包覆起来，防止进一步氧化。金属氧化物的分解压越低，金属元素对氧的亲和力越大，金属氧化物膜越稳定。

5) 对高温合金的显微组织有一定要求。高温合金一般选用具有面心立方晶格的金属母相，并能被高熔点难熔金属元素的原子固溶强化；或者合金元素间发生反应，形成与母相具有共格结构的相，对母相产生析出强化作用；或者能形成高熔点的金属间化合物，对金属母相起晶界强化和弥散强化作用。

3. 抗高温腐蚀和氧化涂层的标准

国际标准化组织于2001年首次发布了 ISO 17834：2003《热喷涂 抗高温腐蚀和氧化的保护涂层》。我国等同采用 ISO 17834：2003，并制定了 GB/T 29037—2012《热喷涂 抗高温腐蚀和氧化的保护涂层》。该标准于2012年12月31日发布，2013年10月1日实施。

二、标准主要特点与应用说明

该标准适用于温度1000℃（1273K）以下作为抗腐蚀保护的金属热喷涂涂层，所列的涂层包括铝涂层、含铬的镍基或铁基涂层、MCrAlY（M可以是镍、钴、铁或它们的合金）涂层。该标准不包括喷涂工艺制备的非金属材料涂层。

该标准提供的涂层为金属涂层，在选择涂层材料和工艺时，应当考虑到涂层的工作温度及环境。尤其对于铝涂层，如只是纯粹的氧化环境，则可发挥较好的抗高温氧化效果。该标准只提供了金属热喷涂涂层，部分非金属材料涂层（如 ZrO_2）也可作为抗高温腐蚀和氧化保护涂层。

三、标准内容（GB/T 29037—2012）

热喷涂 抗高温腐蚀和氧化的保护涂层

1 范围

本标准适用于温度1000℃（1273K）以下作为抗腐蚀保护的金属热喷涂涂层。

保护钢铁耐大气腐蚀的热喷涂铝或锌涂层参照 GB/T 9793。

本标准不包括喷涂工艺制备的非金属材料涂层。

2 规范性引用文件

下列文件对于本标准的应用是必不可少的。凡是注日期的引用文件，仅注日期的版本适用于本标准。凡是不注日期的引用文件，其最新版本（包括所有的修改单）适用于本标准。

ISO 2063　金属和其他无机覆盖层　热喷涂　锌、铝及其合金（Thermal spraying—Metallic and other inorganic coatings—Zinc, aluminum and their alloys）

ISO 14232　热喷涂　粉末　成分及供货技术条件（Thermal spraying—Powders—Composition—Technical supply conditions）

ISO 14919　热喷涂　火焰和电弧喷涂用线材、棒材和芯材　分类　供货技术条件（Thermal spraying—Wires, rods and cords for flame and arc spraying—Classification—Technical supply conditions）

EN 13507　热喷涂　热喷涂金属零部件的表面预处理（Thermal spraying—Pre-treatment of surfaces of metallic parts and components for thermal spraying）

3 涂层材料和工艺

选择涂层材料和工艺时，应当考虑到不同的工作温度和工作环境。

例如，在任一温度范围内，涂层可能要承受下列作用：

——氧化；

——其他化学侵蚀；

——氧化和其他化学侵蚀的共同作用。

典型的涂层材料包括：

——镍铬合金；

——铁铬铝合金；

——M 铬铝钇合金。

注：M 可以是镍、钴、铁或它们的合金。

这些合金与其他惰性耐磨材料，如碳化铬混合可以获得综合的性能。

选择涂层材料时，应考虑下列成分以及它们单独的或共同的影响：

——氧；

——硫；

——氯；

——钒；

——钾；

——钠。

针对上述每一种，应当考虑以下几点：

a) 氧能显著改变腐蚀特性。纯粹氧化的环境下可以单独使用铝。

b) 在高硫含量（质量分数>0.5%）的环境，宜使用铁基合金，或铬的质量分数>30%的镍基合金。

c) 在高氯含量（质量分数>0.5%）的环境，宜使用镍基合金，或铬的质量分数>30%的铁基合金。

d) 在熔盐如钒酸钠或钒酸钾环境，应使用铬的质量分数>25%、铝的质量分数>0.5%的铁基材料。

e) 通常铝的涂层厚度为 0.2mm，其他材料厚度为 0.4mm。

铬轴承合金的抗氧化性能与喷涂过程中形成氧化物而损耗的铬的数量和孔隙率成反比。因此，选择喷涂工艺时，氧化物和孔隙率较低的喷涂工艺效果更好。不过这应当使涂层的用途与经济性相适应。

4 涂层的应用

涂层应喷涂在根据 EN 13507 预处理后的清洁而干燥的表面上。

喷涂涂层应在表面预处理后、表面出现可见劣化前尽快进行。如果与相似材质材料刚预处理表面比较，已经出现可见的劣化，则应重新进行表面预处理。除非经制造方和订货方一致同意，并采取了特殊措施能确保一个合适控制的存放气氛，在表面预处理与喷涂之间不应超过 4h。

注：可先喷涂一层薄的金属涂层以保护预处理后的表面，见第 6 章的规定。

喷涂涂层的表面应为无结块、粗糙区域和松散结合颗粒的均匀结构。

在涂层涂敷的任何阶段都应避免喷涂涂层的污染或腐蚀，涂层应保持干燥、清洁的状态，直到根据第 5 章的要求进行后续处理。

5 要求的特性

5.1 涂层厚度

表 1 根据涂层种类给出了适合的额定涂层厚度。当用 ISO 2063 规定的方法判定时，涂层最小局部厚度应不小于额定涂层厚度的 75%，而最大局部厚度应不大于额定涂层厚度 0.1mm。

涂层厚度测量应在每种金属涂层喷涂后、后处理工艺应用之前进行。

5.2 工作温度、环境及后处理

表 1 给出了对工作温度、环境及后处理工艺的要求。

表 1 按工作条件分类的涂层的要求和处理方法

种类	工作温度[①]及环境	喷涂涂层		后处理
		涂层材料（见附录 B）	额定涂层厚度/mm	中间/最终处理
A[②]	350℃～550℃，氧化	1、2	>0.2	可用硅酮封闭剂封闭
B[②]	350℃～900℃，氧化	2	>0.2	可用硅酮封闭剂封闭
C	最高至 1000℃（不含硫气体或氯或熔盐）	3、4、5	>0.4	—
D	最高至 1000℃（含硫气体但不含氯）	4、5	>0.4	—
E	最高至 1000℃（含硫气体和氯）	5	>0.4	—
F	苛刻的腐蚀环境	6	>0.1	能在惰性气氛中作热扩散处理

① 如涂层工作温度高于表中所列温度时，将影响其工作寿命。工作寿命的减少程度将取决于在此高温下的持续时间。

② 在温度低于 350℃的纯粹氧化环境下，涂层材料的选择不是关键。

6 有缺陷区域的重新处理

在后处理前发现的任何有缺陷区域都应立刻重新喷涂,重新喷涂前应喷砂清理除去所有喷涂的金属涂层。如果仅是涂层太薄,而表面保持干燥,并且无可见污染,可直接喷涂增加相同材质的金属。

附 录 A
(资料性附录)
金属喷涂工件的设计建议

金属喷涂的组件和结构应在设计开始时就考虑到热喷涂。不合理的设计不仅肯定会增加应用的难度和成本,也会减少整个工作寿命。

应遵循下列三个重要的指导方针:
a) 设计应确保所有表面在表面预处理时都可实现,并允许完整、均匀地涂敷喷涂涂层;
b) 结构的设计应使腐蚀和氧化最难在任一薄弱点产生并由此扩散。这就要求设计简洁,并且容易除去沉积或滞留的外来物质;
c) 设计应使零件和结构便于检查、易于清理和维护。

附 录 B
(规范性附录)
涂层材料

涂层材料见表 B.1。

表 B.1 涂层材料

涂层材料代号(见表1)	材料类型(质量分数)	标准
1	火焰喷涂铝	ISO 14919
2	电弧喷涂铝	ISO 14919
3	含 15%铬的镍基合金	ISO 14919,ISO 14232
4	含 25%铬的铁基合金	ISO 14919,ISO 14232
5	含 30%铬的镍基合金	ISO 14919,ISO 14232
6	M[①]铬铝钇合金	ISO 14232

① M 可以是镍、钴、铁或它们的合金。

附 录 NA
(资料性附录)
与本标准中规范性引用的国际文件有一致性对应关系的我国文件

GB/T 9793—2011 金属和其他无机覆盖层 热喷涂 锌、铝及其合金(ISO 2063:2005,IDT)

GB/T 12608—2003 热喷涂 火焰和电弧喷涂用线材、棒材及芯材 分类 供货技术条件(ISO 14919:2001,MOD)

GB/T 19356—2003 热喷涂 粉末 成分及供货技术条件(ISO 14232:2000,MOD)

第九节 热喷涂 热喷涂零件 技术供应条件

一、概论

1. 热喷涂技术的应用

热喷涂是通过在材料表面制备材料保护涂层与功能涂层,赋予零部件基体材料缺乏、但服役环境所必需的表面性能的方法,已成为一项重要的表面工程技术。热喷涂可以制备从超过50%孔隙缺陷量到接近完全致密的涂层,基于缺陷控制可满足从可磨耗、耐高温隔热、耐磨损与耐腐蚀等不同服役要求。经过100余年的发展,热喷涂已经形成了包括等离子喷涂、火焰喷涂、电弧喷涂在内的一系列方法,涵盖航天航空、交通运输、石油化工、电力能源、冶金钢铁、纺织与造纸、机械制造等众多产业领域,可大幅度提高产品寿命与竞争力。其中,制备可提供耐磨损与耐环境腐蚀防护、耐高温隔热防护等保护涂层是热喷涂最为重要的应用方面。

2. 热喷涂零件技术供应条件的标准

国际标准化组织于2011年首次发布了ISO 12670:2011《热喷涂 热喷涂零件 技术供应条件》。全国金属与非金属覆盖层标准化技术委员会组织相关单位专家,采用重新起草法修改采用ISO 12670:2011《热喷涂 热喷涂零件 技术供应条件》,制定了GB/T 37707—2019《热喷涂 热喷涂零件 技术供应条件》。该标准于2019年6月4日发布,2020年1月1日实施。

二、标准主要特点与应用说明

该标准规定了制造或维修零件热喷涂涂层的技术供应条件的一般要求和技术要求,其中一般要求标明应明确列出零件清单、生产或交付文件,一般标准同时对生产商资质做出来规定,同时还对生产商负责制定的工艺规程文件提出指导性意见。

该标准对喷涂材料、喷涂工艺规程的技术要求提出了参考性指导文件。该标准规定了涂层零件的质量检验内容,包括检验的总则和检验、检验范围及同步试样要求、零件检验、同步试样检验、不合格涂层的处置及记录。

该标准适用于执行GB/T 19352.2《热喷涂 热喷涂结构的质量要求 第2部分:全面的质量要求》或GB/T 19352.3《热喷涂 热喷涂结构的质量要求 第3部分:标准质量要求》的应用。该标准应结合热喷涂材料、生产商资质、喷涂工艺规程、热喷涂涂层的验收等方面的标准一起使用。

三、标准内容(GB/T 37707—2019)

热喷涂 热喷涂零件 技术供应条件

1 范围

本标准规定了制造或维修零件热喷涂涂层的技术供应条件。

本标准适用于执行GB/T 19352.2(全面质量要求)或GB/T 19352.3(标准质量要求)

要求的应用。

2 规范性引用文件

下列文件对于本文件的应用是必不可少的。凡是注日期的引用文件，仅注日期的版本适用于本文件。凡是不注日期的引用文件，其最新版本（包括所有的修改单）适用于本文件。

GB/T 4340.1　金属材料　维氏硬度试验　第1部分：试验方法（GB/T 4340.1—2009，ISO 6507-1：2005，MOD）

GB/T 8642　热喷涂　抗拉结合强度的测定（GB/T 8642—2002，ISO 14916：1999，MOD）

GB/T 9445　无损检测　人员资格鉴定与认证（GB/T 9445—2015，ISO 9712：2012，IDT）

GB/T 9793　热喷涂　金属和其他无机覆盖层　锌、铝及其合金（GB/T 9793—2012，ISO 2063：2005，IDT）

GB/T 10610　产品几何技术规范（GPS）表面结构　轮廓法　评定表面结构的规则和方法（GB/T 10610—2009，ISO 4288：1996，IDT）

GB/T 12608　热喷涂　火焰和电弧喷涂用线材、棒材和芯材　分类和供货技术条件（GB/T 12608—2003，ISO 14919：2000，MOD）

GB/T 18719　热喷涂　术语、分类（GB/T 18719—2002，1SO 14917：1999，MOD）

GB/T 19356　热喷涂　粉末　成分和供货技术条件（GB/T 19356—2003，ISO 14232：2000，MOD）

GB/T 19824　热喷涂　热喷涂操作人员考核要求（GB/T 19824—2005，ISO 14918：1998，MOD）

GB/T 20019　热喷涂　热喷涂设备的验收检查（GB/T 20019—2005，ISO 14231：2000，IDT）

GB/T 37421　热喷涂　热喷涂涂层的表征和试验（GB/T 37421—2019，ISO 14923：2003，MOD）

ISO 12690　金属和其他无机覆盖层　热喷涂工序协调　任务和职责（Metallic and other inorganic coatings—Thermal spray coordination—Tasks and responsibilities）

3 术语和定义

GB/T 18719界定的术语和定义适用于本文件。

4 要求

4.1 一般要求

4.1.1 指定的一般要求

本标准中，供应条件的一般要求应明确列出零件清单、生产或交付文件。

4.1.2 生产商资质

热喷涂涂层的生产商应拥有相应的质量管理体系，使用合格的操作人员，并负责保持喷涂设备处于完好和安全的状态，满足零件涂层技术文件中规定的所有要求。

参考下列标准能有助于满足涂层的质量要求：

a）喷涂协调人（主管）符合ISO 12690要求；

b）热喷涂人员符合GB/T 19824要求或经适当的技能和知识考核合格；

c) 无损检验人员符合 GB/T 9445 要求；

d) 喷涂设备符合 GB/T 20019 相关部分检查要求，或有检测报告/涂层结果证明喷涂设备功能具有无异议和持续性合格。

4.1.3 制定热喷涂生产指南（喷涂工艺规程）

生产商负责制定喷涂工艺规程文件。

喷涂工艺规程指涂层说明和制造工序，如零件清单、基体和喷涂材料的说明、图样和测试方法。如果需要，可根据 EN 15648 用一个相关零件的喷涂工艺评定验证喷涂工艺规程。

4.2 技术要求

4.2.1 喷涂材料

只能采用涂层文件规定并在喷涂工艺规程中指定的喷涂材料。

喷涂材料应符合 GB/T 19356（喷涂粉末）和 GB/T 12608（喷涂线材、棒材和芯材）规定的供货条件。

应保证交付的喷涂材料符合要求，例如，对比检测报告是否与要求一致。所有喷涂材料都应存放在合格的包装中。

应考虑喷涂材料的生产商/供应商的加工工艺规程。

4.2.2 喷涂工艺规程

喷涂工艺规程应包含有关零件喷涂过程中所必需的所有参数，包括喷枪和零件之间的相对移动或移动程序的识别代码。工艺参数可通过喷涂试验或借鉴一个合适的类似应用来确定。

如果需要，喷涂工艺规程可根据 EN 15648 通过工艺评定验证。

基体表面的预处理应在喷涂工艺规程中规定，进一步的说明可参考 GB/T 11373。

涂层机加工、封孔处理或零件的热处理等后处理工序，都应在喷涂工艺规程或工作顺序计划（见 ISO 14924）中规定。如果需要，测试一个试样以确保喷涂涂层或零件不因后处理工艺而损坏。

自熔性合金重熔的生产指南见 GB/T 16744。

任何参数如喷涂材料、辅助材料、零件的设计、喷涂过程或喷涂设备的改变都需要检查涂层的质量。此种情形下，需修订或重新制定一个新的喷涂工艺规程。

4.2.3 热喷涂涂层的验收标准要求

验收标准要求应在涂层说明中规定最大值和/或最小值，如硬度、拉伸结合强度、涂层厚度、涂层结构、孔隙率、表面粗糙度、界面残余砂粒、未熔化颗粒、表面预处理与喷涂之间时间间隔等。如果可行，弯曲和杯突试验的标准样品，或磨损、腐蚀、热循环试验检验方法均可由缔约方商定。

锌、铝及其合金防护涂层按 GB/T 9793 进行测试和验收。

涂层工艺规程或制造、测试说明中没有规定时，应由缔约方商定验收标准及可容许的缺陷。

5 质量检验

5.1 总则

检验方法及其适用范围通常在涂层工艺规程里标明。如果没有标明，应由喷涂生产商提供检验规程，如果需要可以与客户协商确定。

表1和表2将有助于选择和指定合适的检验方法及其适用范围。

5.2 检验、检验范围及同步试样要求

在大批量或批次生产热喷涂涂层零件的情况下，以及采取表1所列方法检验时，应考虑一批次内的实际零件数，确定检验的同步测试试样要求见表2。

表1 零件检验

涂层条件	目测	涂层厚度测量①	尺寸测量	渗透深度②	表面粗糙度测量③	硬度测量④
喷涂态	全检	随机抽检	随机抽检	—	随机抽检	随机抽检
喷涂及机加工	全检	随机抽检	随机抽检	—	随机抽检	随机抽检
喷涂及加热后处理	全检	随机抽检	随机抽检	随机抽检	随机抽检	随机抽检

① 如果几何、技术或物理条件许可。
② 只适用于非多孔涂层测量。
③ 喷涂后下表面粗糙度可根据 GB/T 13288.1 与对比块比较确定，加工后的表面粗糙度应根据 GB/T 10610 通过目测或扫描测量。
④ 只有在测试过程中涂层或零件不会被破坏的情况下，才能在零件上进行硬度测试。

表2 同步试样的检验要求

涂层条件	拉伸结合强度的确定①	金相检验②	硬度测量③	弯曲试验④	杯突试验⑤
喷涂态	每批	每批	每批	×	×
喷涂及加热后处理	—	工艺评估时需要	工艺评估时需要	×	×

注：×表示通常情况下，仅作实验室试验应用；仅测试缔约方同意的参考试样。
—表示测试无意义或不可行。
① 测试方法应根据 GB/T 8642 进行。在测试报告中，除结果外还应记录使用的胶黏剂和粘接过程。
② 应由缔约方商定试样的制备方法。本方法也可用于测量涂层厚度。
③ 如果不能在零件上进行检验，则应根据 GB/T 4340.1 进行硬度检验。
④ 应由缔约方商定涂层试样数量和设计、测试程序和容许的裂纹形态。
⑤ 应根据 GB/T 4156 进行试验，测试程序和容许的涂层裂纹结构应由缔约方商定。

喷涂单个零件时，随机测试表面的百分比应根据被喷涂区域的尺寸确定。当进行随机抽样测试时，应考虑工艺（手动、完全机械化或闭环控制工艺）稳定性的影响。

5.3 零件检验

应尽可能在零件上进行所需的检验。涂层表面特性应由技术熟练和合格的人员根据 GB/T 37421 采取目测的方法检查评估。

即使在生产要求中没有规定，也应对涂层进行100%目视检验。在对喷涂涂层质量有异议情况下，应放大6倍~10倍进行检验，以提高检测的灵敏度。

5.4 同步试样检验

同步测试试样应采用与零件喷涂过程相同的操作步骤制备，试样材料的力学和物理性能应与零件材料一致。

如果可以，应按照 GB/T 37421 进行检验。如果没有在涂层说明或检验说明中规定检验方法，则应由缔约方约定检验方法。

5.5 不合格涂层的处置

如果涂层或同步试样没有通过所需测试，应除去有缺陷的涂层。经过清理和预处理，零件和试样可根据合格的喷涂工艺规程再次进行喷涂。如果缺陷表明喷涂工艺规程难以满足涂层质量规范要求，则应对喷涂工艺规程进行重新修订和验证。

测试应依据原定的项目和范围进行。

5.6 记录

应记录制造商/供应商履行涂层技术规范的所有要求、缔约方之间达成的任何协议及检验结果。

第十节 热喷涂 工程零件热喷涂涂层的应用步骤

一、概论

1. 工程零件常规热喷涂涂层应用步骤

热喷涂作为一项与实际操作过程密切相关的应用性工程技术，实施过程中的每一工序都将影响最终喷涂层的质量。工程零件常规的热喷涂涂层应用步骤主要包括：车削、铣削、磨削预加工→遮蔽→表面预处理→热喷涂→喷涂后检验→封闭→涂层后加工→最终检验。因实际需求不同，可能会省去部分工序（如对小件或未最终完成面可不需遮蔽，一些质量要求不高的使用工况下可不经封闭处理），但涉及的核心步骤和工艺控制是保证喷涂层性能的关键。

2. 工程零部件热喷涂涂层应用的标准

国际标准化组织于2001年首次发布了ISO 14921：2001《热喷涂 工程零件热喷涂涂层的应用步骤》，并于2010年进行了修订，目前为第2版：ISO 14921：2010《热喷涂 工程零件热喷涂涂层的应用步骤》。2005年，全国金属与非金属覆盖层标准化技术委员会组织相关单位专家制定了GB/T 19823—2005《热喷涂 工程零件热喷涂涂层的应用步骤》，并于2020年进行了修订，修订标准时使用重新起草法修改采用ISO 14921：2010《热喷涂 工程零件热喷涂涂层的应用步骤》。GB/T 19823—2020《热喷涂 工程零件热喷涂涂层的应用步骤》于2020年6月2日发布，2021年4月1日实施。

二、标准主要特点与应用说明

该标准规定了热喷涂涂层应用于提高零件表面性能或废旧零件修复、再制造过程中的一般性工艺规程，适用于选择热喷涂工艺规程和涂层材料的一般性情况。该标准不适用于钢结构耐大气环境腐蚀热喷涂锌、铝及其合金涂层，热喷涂锌、铝及其合金涂层的适用标准为GB/T 9793《热喷涂 金属和其他无机覆盖层 锌、铝及其合金》；不适用于自熔性合金重熔涂层，自熔性合金重熔涂层的适用标准为GB/T 16744《热喷涂 自熔合金喷涂与重熔》。

由于热喷涂工艺、喷涂零件的形状、涂层物理化学性能的多样性，该标准不对具体的零件涂层提供决定性解决方法。标准中提供的涂层设计和涂层实施原则可为大部分零件涂层的选择、工艺的设计等提供指导。

三、标准内容（GB/T 19823—2020）

热喷涂　工程零件热喷涂涂层的应用步骤

1　范围

本标准规定了热喷涂涂层应用于提高零件表面性能或废旧零件修复、再制造过程中的一般性工艺规程。由于热喷涂工艺、喷涂零件的形状、涂层物理化学性能的多样性，本标准不对具体的零件涂层提供决定性解决方法。

本标准适用于选择热喷涂工艺规程和涂层材料的一般性情况。本标准不适用于钢结构耐大气环境腐蚀热喷涂锌、铝及其合金涂层，热喷涂锌、铝及其合金涂层的适用标准为 GB/T 9793。本标准同样不适用于自熔性合金重熔涂层，自熔性合金重熔涂层的适用标准为 GB/T 16744。

2　规范性引用文件

下列文件对于本文件的应用是必不可少的。凡是注日期的引用文件，仅注日期的版本适用于本文件。凡是不注日期的引用文件，其最新版本（包括所有的修改单）适用于本文件。

GB/T 11373　热喷涂　金属零部件表面的预处理

GB/T 18719　热喷涂　术语、分类（GB/T 18719—2002，ISO 14917：1999，MOD）

GB/T 19824　热喷涂　热喷涂操作人员考核要求（GB/T 19824—2005，ISO 14918：1998，MOD）

GB/T 37421　热喷涂　热喷涂涂层的表征和试验（GB/T 37421—2019，ISO 14923：2003，MOD）

EN 15520　热喷涂　热喷涂涂层组件结构设计的推荐实施规程（Thermal spraying—Recommen dations for constructional design of components with thermally sprayed coatings）

3　术语和定义

GB/T 18719 界定的术语和定义适用于本文件。

4　涂层设计和涂层实施的原则

4.1　一般性原则

零件和涂层实施原则应考虑的因素以附录 A 所示流程说明。如果 4.2~4.4 的任何条款得不到满足，则不推荐采用热喷涂技术。

通过对被喷涂零件和喷涂区域的评估来判断确定新零件能否实施喷涂。

如果涂层规范确定了涂层材料，则考虑的影响因素会减少。

4.2　零件修复前预检

热喷涂工序进行前必须检查零件，确定是否适宜喷涂。应注意：

——当工件为旋转零件时应检查零件的同心度和平直度，当工件为往复滑动零件时应检查零件的几何形状，必要时应纠正零件的几何形状误差；

——检查待喷涂工件表面是否有影响涂层性能的裂纹或者其他损伤，如果有不能消除的缺陷，则不能进行喷涂施工；

——确定零件喷涂区域和范围；

——检查并去除工件表面任何残留的涂层；
——检查并确定工件表面硬度。

4.3 零件基体

热喷涂涂层能否满足预期目标，应该考虑以下因素：

——基体材料有没有不适宜热喷涂工艺或喷涂过程中需要特别考虑的因素。
——通常情况下热喷涂涂层不会增加零件的强度，所以应考虑任何原零件尺寸的减少对强度的影响。
——表面处理方法、喷涂材料、喷涂过程可能影响零件疲劳强度。
——特殊的表面硬化处理工艺如渗氮处理残留的气体可能对表面预处理、涂层结合强度和涂层孔隙率产生不利影响。
——当硬化层妨碍正常的表面处理时，必须充分考虑它对涂层系统应用的限制和对其后所得到涂层性能的影响。
——为获得完整的涂层必须制定完善的涂层制备工艺规程。喷涂预处理要求、喷涂和测试、喷枪与相关电及气的连接、喷涂距离和喷涂角度都需考虑。

4.4 涂层

喷涂工艺和喷涂材料对涂层性能有很大的影响。为了确定最合适的涂层系统，需要考虑以下因素：

——结合强度要求；
——厚度要求；
——表面状况（表面粗糙度）要求；
——表面载荷，热喷涂涂层不适宜对线接触或点接触应力敏感的零件；
——最终涂层性能要求，例如耐不同类型的机械磨损、腐蚀、化学侵蚀、高温、热循环及其他环境条件的性能；
——当涂层中孔隙率不符合要求时，应使用适当的封闭剂和密封方法进行封闭处理；
——涂层氧化物含量，必要时可通过工艺参数和喷涂材料的选择来控制。

附录 B 详细列出了实现预期目标最佳涂层体系所需的检查项目。

5 车削、铣削、磨削预加工

零件重新制备涂层时，应完全除去所有残留涂层。应考虑已进行的预处理对特殊要求涂层影响的可能性，例如提高疲劳强度。

进行预切削加工，切除磨损轮廓并确保涂层厚度均匀性。新零件制备涂层时，待喷涂区域应进行下切处理，下切量为涂层厚度，待喷涂区与非喷涂区交界边缘保持圆弧或倒角连续过渡，将涂层嵌入在零件中。这些轮廓设计在 EN 15520 中推荐给出。

对于轴类零件，被加工表面保持与相关轴线的同心度，确保涂层厚度的均匀性。

预切削尽可能在避免使用润滑剂条件下进行，特别是对多孔基体材料尤为重要。

必要时，应对预加工后的零件进行脱脂处理。

6 遮蔽

工件不需要喷涂的表面应用适当的材料遮蔽，理想的遮蔽材料应同时具有抵抗喷砂时的冲击和承受喷涂时的热影响能力，否则，喷砂和喷涂过程中应分别采用不同的遮蔽材料。

任何时刻都应采取措施确保遮蔽材料不会污染待喷涂表面。

7 表面预处理方法

表面预处理前，应直接清除并净化预处理表面产生的污染。

合适的表面预处理方法可获得涂层与金属基体间最大的结合强度，喷砂是实现该目标的常用方法。

表面预处理方法应按照 GB/T 11373 进行。若存在差异，由缔约双方协商达成一致。

8 热喷涂

表面预处理之后，应尽快采用热喷涂工艺规程给出的工艺参数进行喷涂。在喷涂和喷砂之间，应采取合理的预防措施，防止预处理后的表面受到污染。

喷涂前适当地直接预热待喷涂表面，应避免待喷涂表面污染和局部过热。

喷涂前和喷涂期间，表面应充分加热以防止潮气凝结。

喷涂期间，控制涂层的温度以避免产生过大的残余应力是十分必要的，残余应力决定涂层性能。

涂层中的粉尘夹杂应减至最少。

所有喷涂设备应按制造商说明书操作。

设备操作者应按照 GB/T 19824 规定获取资质，或由协议方协商取得同等资质。

9 涂后检验

涂层冷却到室温后应按下列方法检验涂层：

——按照 GB/T 37421 目测涂层；

——测量涂层厚度。

如果观察到涂层剥落、裂纹，或其他不合格的任何缺陷，应完全去除涂层，按照喷涂工艺规程或选择一个新修订的喷涂工艺规程，重新进行预处理和喷涂。

10 封闭

必要时可对热喷涂涂层进行封闭处理，封闭处理有一系列不同的封闭剂和封闭方法供选择，按照供应商提供方法封闭处理。

喷涂完涂层后应立即进行封闭处理。如果封闭剂含有某种溶剂，则封闭应在涂层冷却至室温后进行。

11 涂层后加工

涂层可采用车削、铣削、磨削等加工方法。可参考 ISO 14924 推荐的几种热喷涂涂层的机械加工和后处理方法。

12 最终检验

涂层最终检验项目如下：

——尺寸精度在规定公差范围内；

——达到规定的表面粗糙度；

——目测涂层缺陷，如孔隙、划痕、裂纹、剥落（参见 GB/T 37421）；

——去除多余涂层；

——零件清洁度；

——其他规定，如合同所要求的指标。

13 编制文件

为满足质量管理的要求，建立包括所有生产规程的记录，如有需要，应包含检测的全部数据。

附录 C 是应用热喷涂生产工艺规程记录的实例。该记录也可以作为热喷涂作业规范的指导文件。

附 录 A
（资料性附录）
评估热喷涂工艺适应性流程图

评估热喷涂工艺适应性流程图见图 A.1。

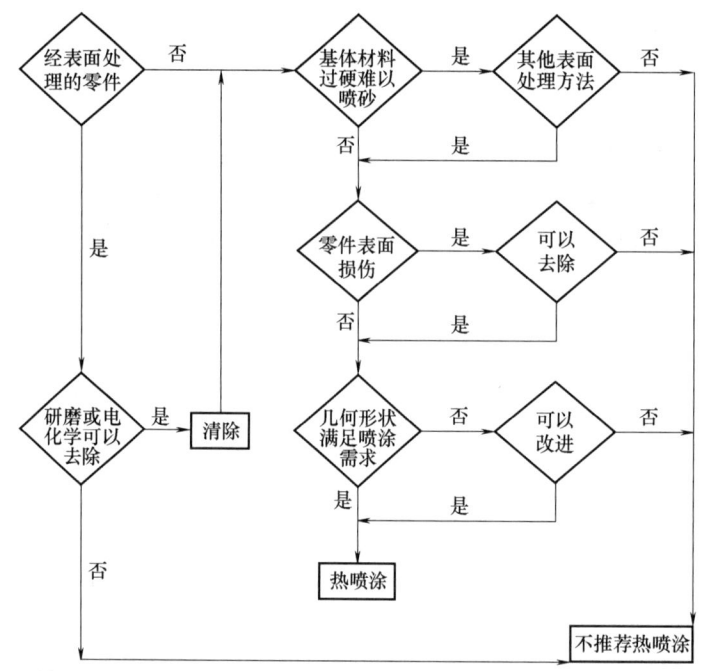

图 A.1 评估热喷涂工艺适应性流程图

附 录 B
（资料性附录）
确定最佳涂层体系预期目标检查项目

以下为确定最佳涂层体系预期目标的检查项目。

1. 零件的外形尺寸：＿＿＿＿＿＿＿＿＿＿＿＿＿＿＿＿＿＿＿＿＿＿＿＿＿＿＿＿
2. 零件功能简述：＿＿＿＿＿＿＿＿＿＿＿＿＿＿＿＿＿＿＿＿＿＿＿＿＿＿＿＿＿
3. 待喷涂区域：＿＿＿＿＿＿＿＿＿＿＿＿＿＿＿＿＿＿＿＿＿＿＿＿＿＿＿＿＿＿
4. 需遮蔽区域：＿＿＿＿＿＿＿＿＿＿＿＿＿＿＿＿＿＿＿＿＿＿＿＿＿＿＿＿＿＿
5. 喷涂操作处理过程中需要采取的特别措施：＿＿＿＿＿＿＿＿＿＿＿＿＿＿＿＿
6. 涂层功能：

是否运动表面？ ·· 是/否
如是，摩擦副是什么？ ＿＿＿＿＿＿＿＿＿＿＿＿＿＿＿＿＿＿＿＿
有润滑否？ ··· 是/否
如没有，是否有磨料磨损？ ··· 是/否
如有，磨损介质？ ＿＿＿＿＿＿＿＿＿＿＿＿＿＿＿＿＿＿＿＿

7. 是否承受液体或者气体的化学侵蚀？ ···························· 是/否
   如果是，确定化学侵蚀介质类型和浓度：＿＿＿＿＿＿＿＿＿＿
8. 工作温度是否与所在环境温度相同？ ····························· 是/否
   假如不是，请指出工作温度：＿＿＿＿＿＿＿＿＿＿＿＿＿＿＿
9. 是否有热震？ ·· 是/否
   假如有，详细描述：＿＿＿＿＿＿＿＿＿＿＿＿＿＿＿＿＿＿＿
10. 涂层厚度：＿＿＿＿＿＿＿＿＿＿＿＿＿＿＿＿＿＿＿＿＿＿
11. 涂层是否需后加工？ ·· 是/否
    假如需要，确定技术要求，尺寸、公差和表面粗糙度：＿＿＿＿
12. 确定同心度要求：＿＿＿＿＿＿＿＿＿＿＿＿＿＿＿＿＿＿＿
13. 说明以上未能涉及的特殊要求：＿＿＿＿＿＿＿＿＿＿＿＿＿

附 录 C
（资料性附录）
热喷涂工艺规程应用记录

以下为热喷涂工艺规程应用记录的实例。

制造商：＿＿＿＿＿＿＿＿＿＿＿＿＿＿＿＿＿＿＿＿＿＿＿＿＿＿＿＿
生产场地（车间、现场、客户方）：＿＿＿＿＿＿＿＿＿＿＿＿＿＿＿
修复理由：＿＿＿＿＿＿＿＿＿＿＿＿＿＿＿＿＿＿＿＿＿＿＿＿＿＿
零件描述：＿＿＿＿＿＿＿＿＿＿＿＿＿＿＿＿＿＿＿＿＿＿＿＿＿＿
基体材料：＿＿＿＿＿＿＿＿＿＿＿＿＿＿＿＿＿＿＿＿＿＿＿＿＿＿
涂层功能：＿＿＿＿＿＿＿＿＿＿＿＿＿＿＿＿＿＿＿＿＿＿＿＿＿＿
化学成分：＿＿＿＿＿＿＿＿＿＿＿＿＿＿＿＿＿＿＿＿＿＿＿＿＿＿
初始加工方法：＿＿＿＿＿＿＿＿＿＿＿＿＿＿＿＿＿＿＿＿＿＿＿＿

工件初始加工示意图（如适用）

预处理和清洗方法：＿＿＿＿＿＿＿＿＿＿＿＿＿＿＿＿＿＿＿＿＿＿
表面处理：＿＿＿＿＿＿＿＿＿＿＿＿＿＿＿＿＿＿＿＿＿＿＿＿＿＿
喷砂工序：＿＿＿＿＿＿＿＿＿＿＿＿＿＿＿＿＿＿＿＿＿＿＿＿＿＿
序列号：＿＿＿＿＿＿＿＿＿＿＿＿＿＿＿＿＿＿＿＿＿＿＿＿＿＿＿

砂粒类型：_____

粒度：_____

喷砂压力：_____MPa

喷砂距离、角度：_____

根据 ISO 8501-1 目测清洁度、均匀性：_____

根据 ISO 8503-1 检测粗糙度：_____

喷砂和喷涂之间的时间间隔：_____

一般性喷涂工序

喷涂材料：_____

根据标准确定：_____

粉末粒度/线材直径：_____

其他规定：_____

预热：　　　是/否　　　预热温度：_____℃

冷却：　　　是/否　　　冷却介质：_____

喷涂态涂层厚度：_____ 后加工后涂层厚度：_____

遮蔽材料：_____

设备编号：_____

喷涂设备编号：_____

喷枪移动方式：手动/机械控制：工业机器人/x-y-z 三维联动机器人/旋转零件操作

喷涂程序号：_____旋转指令：_____运转序号：_____运转指令：_____

喷涂距离：_____mm

喷涂速度（喷枪与零件表面之间相对速度）：_____m/min

喷涂顺序：（种类、数量、单道厚度）：_____

喷涂操作人员：_____

表面后处理：_____序列号：_____

温度/循环时间：_____

喷涂工艺规程记录数据（几种喷涂工艺规程）

电弧喷涂工艺规程（参照 EN 657）：

电弧喷涂设备：_____

喷嘴形式：封闭式/开放式/喷射式

电弧电流：_____A

电弧电压：_____V

雾化气压力：_____MPa

电弧喷射压力：_____MPa

线材火焰喷涂工艺规程（参照 EN 657）：

火焰喷涂设备：_____

喷嘴型号：_____

送丝速度：_____m/min

氧气流量：_____L/min

燃气类型：_____ 燃气流量：_____ L/min
压缩空气流量/设置：_____
粉末火焰喷涂工艺规程（参照 EN 657）：
粉末火焰喷涂设备：_____
喷嘴型号：_____
送粉嘴孔径：_____ mm 喷枪位置：_____角度：_____（°）
送粉量：_____ g/min
送粉气类型：_____ 送粉气流量：_____ L/min
氧气流量：_____ L/min
燃气类型：_____ 燃气流量：_____ L/min
压缩空气流量/设置：_____
高速火焰喷涂（HVOF）喷涂工艺规程（参照 EN 657）：
HVOF 喷涂设备：_____
喷嘴内径：_____ mm
送粉嘴孔径：_____ mm 喷嘴位置：_____角度：_____（°）
送粉量：_____ g/min
送粉气类型：_____ 送粉气流量：_____ L/min
氧气流量：_____ L/min
燃料类型：_____ 燃气流量：_____ L/min
大气等离子喷涂（APS）喷涂工艺规程（参照 EN 657）：
APS 喷涂设备：_____
喷嘴内径：_____ mm
送粉嘴孔径：_____ mm 喷枪位置：_____角度：_____（°）
送粉量：_____ g/min
送粉气：_____ 送粉气流量：_____ L/min
离子气（主气）：_____ 离子气（主气）流量：_____ L/min
辅气：_____ 辅气流量：_____ L/min
电流：_____ A 电压：_____ V（新电极/喷嘴）
工作电压最小值：_____ V
设定电功率：_____ kW 保持恒功率：是/否
电压降补偿： 是/否   电压降至最低补偿：_____
冷喷涂（CGS）喷涂工艺规程（参照 EN 657）：
冷气喷涂（CGS）设备：_____
喷嘴内径：_____ mm
送粉嘴孔径：_____ mm
送粉量：_____ g/min
送粉气：_____ 送粉气流量：_____ L/min
主气类型：_____ 主气流量：_____ L/min
主气温度：_____ ℃ 主气压力：_____ MPa

检验和测试结果（实例）

检验/测试项目	规程标准	执行生效	记录号	测试结果		备注
				通过	失败	
外观	GB/T 37421					
涂层厚度						
渗透剂测试	EN 571-1					
硬度						
表面粗糙度						
金相						
拉伸结合强度	EN 582					

发布日期：_____   盖章：_____
　　　　　　　　　　　　　　　　签名：_____

第十一节　热喷涂　纳米氧化锆粉末及涂层制备工艺技术条件

一、概论

1. 热喷涂纳米氧化锆粉末

纳米氧化锆的制备方法有化学法和物理法。其中物理方法主要有蒸发-冷凝法、溅射法、液态金属离子源法、机械合金法及超声膨胀法等。目前制备纳米氧化锆的方法主要采用化学方法，如湿化学法（包括共沉淀法、乳浊液、水热法、直接沉淀法及均一沉淀法等）、化学气相法（CVD法）和溶剂蒸发法等。随着纳米技术的进一步发展，制备纳米氧化锆的新方法逐渐趋于成熟。纳米氧化锆原料（尺寸≤100nm）经喷雾干燥团聚、热处理及致密化处理后形成微米球形颗粒，随后经筛分后得到适用于热喷涂的粉末。

喷雾干燥是团聚造粒的主要方法，该方法分为两种，即液相分散喷雾干燥法和原位合成喷雾干燥法。液相分散喷雾干燥法的基本方式为，将纳米粉末和具有一定黏结性能且为无灰型的高聚物一起放入分散介质（水或有机溶剂）中进行搅拌或超声分散，形成纳米粒子均匀分布的溶胶状材料，再将其送入喷雾干燥设备中进行雾化吹干，形成直径为几十微米的团聚体颗粒。原位合成喷雾干燥法的基本方式为，针对采用液相合成法制备的含有所需纳米粒子的浆料，采用超滤、渗透、反渗透及超离心等工艺方法进行处理，当除去纳米粒子以外的多余成分后，加入适当的液相介质和其他组分进行搅拌或超声分散，形成纳米粒子均匀分布的溶胶状材料，再将其送入喷雾干燥设备中进行雾化吹干，形成直径为几十微米的团聚体颗粒。

致密化处理主要是为了提高原始纳米颗粒之间的结合强度，降低孔隙，以保证粉末在贮存、运输，以及喷涂时向喷枪输送的过程中不会发生碎裂。致密化处理方式有两种，即烧结致密化和等离子致密化。烧结致密化是将经过团聚造粒得到的纳米团聚体颗粒置于加热炉中，在一定温度下，经过一段时间的保温处理（有的粉末要求在真空条件下进行）后，再缓慢冷却至室温。等离子致密化是将经过团聚造粒得到的纳米团聚体颗粒送入等离子喷枪中，利用等离子体的高温瞬时作用，使纳米团聚体颗粒表面变得更加光滑、球化度更高。

筛分处理主要是将致密化处理后的粉末筛分为满足热喷涂工艺需要的粒度分布范围。

2. 纳米氧化锆涂层的制备方法

纳米氧化锆涂层的制备一般采用等离子喷涂工艺制备，包括大气等离子喷涂、真空等离子喷涂等。影响涂层性能的因素包括：

（1）粉末材料　粉末材料的化学成分、粒度范围、松装密度、流动性、形貌、晶粒尺寸等。

（2）喷涂工艺　待喷涂零件的表面预处理、喷涂粉末的烘干、喷涂工艺参数的设置、喷涂用气体的纯度、基材的预热工艺等。

3. 纳米氧化锆涂层的发展趋势

氧化锆涂层是一种广泛应用的热障涂层，主要用于燃气轮机叶片等高温部件的表面防护。涂层材料的纳米化是提高其性能的有效方式。纳米氧化锆涂层已用于运载火箭、高速飞行器高温部件的防护等，具有广阔的应用前景。

4. 纳米氧化锆粉末及涂层的标准

热喷涂纳米氧化锆粉末材料已在国内外得到了广泛的关注及应用。2020年，全国金属与非金属覆盖层标准化技术委员会组织相关单位专家制定并发布了针对纳米氧化锆材料及涂层的技术标准，即GB/T 39530—2020《热喷涂　纳米氧化锆粉末及涂层制备工艺技术条件》。该标准规范了纳米氧化锆材料及涂层的技术要求，推进了热喷涂纳米氧化锆技术应用及行业发展。GB/T 39530—2020《热喷涂　纳米氧化锆粉末及涂层制备工艺技术条件》于2020年12月14日发布，2021年11月1日实施。

二、标准主要特点与应用说明

该标准规定了用于生产热喷涂涂层的纳米氧化锆团聚粉末的化学性质和物理性质，以及涂层物理性质和涂层制备工艺技术条件，适用于热喷涂用纳米氧化锆团聚粉末的生产、验收及热喷涂纳米氧化锆团聚粉末制备的涂层的验收。

该标准详细规定了纳米氧化锆粉末及涂层制备工艺技术条件。纳米氧化锆粉末与常规氧化锆粉末的区别在于用于制备热喷涂粉末的原料晶粒尺寸≤100nm。该标准中列举的检测粉末及涂层性能检测方法同样适用于微米粉末。

三、标准内容（GB/T 39530—2020）

热喷涂　纳米氧化锆粉末及涂层制备工艺技术条件

1　范围

本标准规定了用于生产热喷涂涂层的纳米氧化锆团聚粉末的化学性质和物理性质，以及涂层物理性质和涂层制备工艺技术条件。

本标准适用于热喷涂用纳米氧化锆团聚粉末的生产、验收及热喷涂纳米氧化锆团聚粉末制备的涂层的验收。

2　规范性引用文件

下列文件对于本文件的应用是必不可少的。凡是注日期的引用文件，仅注日期的版本适用于本文件。凡是不注日期的引用文件，其最新版本（包括所有的修改单）适用于本文件。

  GB/T 1479.1　金属粉末　松装密度的测定　第1部分：漏斗法
  GB/T 1479.2　金属粉末　松装密度的测定　第2部分：斯柯特容量计法
  GB/T 1479.3　金属粉末　松装密度的测定　第3部分：振动漏斗法
  GB/T 1482　金属粉末　流动性的测定　标准漏斗法（霍尔流速计）
  GB/T 3634.2　氢气　第2部分：纯氢、高纯氢和超纯氢
  GB/T 4842　氩
  GB/T 4844　纯氦、高纯氦和超纯氦
  GB/T 8642　热喷涂　抗拉结合强度的测定
  GB/T 8979　纯氩、高纯氩和超纯氩
  GB/T 11373　热喷涂　金属零部件表面的预处理
  GB/T 11374　热喷涂涂层厚度的无损测量方法
  GB/T 19356　热喷涂　粉末　成分和供货技术条件
  GB/T 23413　纳米材料晶粒尺寸及微观应变的测定　X射线衍射线宽化法
  GB/T 31568　热喷涂热障ZrO_2涂层晶粒尺寸的测定　谢乐公式法
  GB/T 37421　热喷涂　热喷涂涂层的表征和试验
  ISO 13123　金属及其他无机覆盖层　温度梯度下热障涂层热循环试验方法（Metallie and other inorganic coatings—Test method of cyclic heating for thermal-barrier coatings under temperature gradient）
  ISO 13826　金属及其他无机覆盖层　热喷涂陶瓷涂层热扩散性测量　激光闪射法（Metallic and other inorganic coatings—Determination of thermal diffusivity of thermally sprayed ceramic coatings by laser flash method）
  ISO 14188　金属及其他无机覆盖层　热障涂层热循环与热冲击性能测试方法（Metallic and other inorganic coatings—Test methods for measuring thermal cycle resistance and thermal shock resistance for thermal barrier coatings）
  ISO 18332　金属及其他无机覆盖层　孔隙率的测定（Metallie and other inorganie coatings—Definitions and conventions concerning porosity）
  ISO 18555　金属及其他无机覆盖层　热障涂层（TBC）热导率测定（Metallic and other inorganie coatings—Determination of thermal conductivity of thermal barrier coatings）
  ISO 19477　金属及其他无机覆盖层　用束流偏转测量热障涂层杨氏模量（Metallic and other inorganic coatings—Measurement of Young's modulus of thermal barrier coatings by beam bending）
  ISO/TR 26946　热喷涂涂层孔隙率的测定（Standard method for porosity measurement of thermally sprayed coatings）

3　技术要求

3.1　纳米氧化锆粉末

3.1.1　材料选择

  热喷涂纳米氧化锆粉末选择共沉淀法、水热法等工艺制得的纳米氧化锆粉末为原料，晶

粒尺寸≤100nm，材料成分见表1。

表1 纳米氧化锆粉末成分

序号	ZrO_2+HfO_2	Y_2O_3	SiO_2	Al_2O_3	Fe_2O_3	Na_2O	Mg_2O	CaO	TiO_2	Cl^-
	质量分数（%）									
1	94.6±0.4	5.2±0.4	≤0.02	≤0.05	≤0.02	≤0.02	≤0.02	≤0.02	≤0.02	≤0.03
2	92.0±1.0	8.0±1.0	≤0.02	≤0.05	≤0.02	≤0.02	≤0.02	≤0.02	≤0.02	≤0.03
3	86.4±0.4	13.3±0.4	≤0.02	≤0.05	≤0.02	≤0.02	≤0.02	≤0.02	≤0.02	≤0.03

纳米氧化锆粉末成分也可按照用户要求确定。

3.1.2 制备工艺

热喷涂纳米氧化锆团聚粉末经喷雾干燥团聚、热处理及致密化处理得到。通常采用加热炉进行热处理及致密化，处理温度900℃~1400℃，保温时间0.5h~24h，也可根据用户要求采用等离子或电弧球化致密化处理。

3.1.3 热喷涂纳米氧化锆团聚粉末粒度

热喷涂纳米氧化锆团聚粉末的典型粒度范围应适用于等离子喷涂工艺。

热喷涂纳米氧化锆团聚粉末典型粒度范围为：

——<30μm；

——15μm~45μm；

——15μm~90μm；

——45μm~90μm。

或按照用户要求确定粒度范围及粒度分布。

3.1.4 热喷涂纳米氧化锆团聚粉末松装密度

热喷涂纳米氧化锆团聚粉末松装密度：$1.5g/cm^3 \leq \rho \leq 2.3g/cm^3$。

热喷涂纳米氧化锆团聚粉末松装密度也可由相关各方协商确定。

3.1.5 热喷涂纳米氧化锆团聚粉末流动性

热喷涂纳米氧化锆团聚粉末形貌应呈球形或近似球形，经热处理及致密化处理的15μm~90μm、45μm~90μm热喷涂纳米氧化锆团聚粉末流动性小于或等于80s/50g，15μm~45μm热喷涂纳米氧化锆团聚粉末流动性小于或等于100s/50g。

经等离子或电弧球化处理的15μm~90μm、45μm~90μm热喷涂纳米氧化锆团聚粉末流动性小于或等于50s/50g，15μm~45μm热喷涂纳米氧化锆团聚粉末流动性小于或等于80s/50g。

热喷涂纳米氧化锆团聚粉末流动性也可由相关各方协商确定。

3.2 纳米氧化锆粉末喷涂工艺

3.2.1 表面预处理

待喷涂零件应按照GB/T 11373进行表面预处理，预处理结束至喷涂开始的时间间隔小于或等于4h。

3.2.2 粉末烘干

喷涂前，喷涂粉末应在100℃~120℃的温度范围内烘干时间大于1h。粉末堆集厚度小于或等于30mm。

3.2.3 喷涂工艺

纳米氧化锆粉末应采用等离子喷涂工艺喷涂，包括大气等离子喷涂、真空等离子喷涂等。

3.2.4 喷涂用气体

等离子喷涂用的氮气应符合GB/T 8979的要求，纯度大于99.99%。氩气应符合GB/T 4842的要求，纯度大于99.99%。氢气应符合GB/T 3634.2的要求，纯度大于99.99%，氦气应符合GB/T 4844的要求，纯度大于99.99%。

3.2.5 预热

喷涂前应对基体表面进行金属基体的预热处理，可采用喷涂枪预热，也可采用其他方式，预热温度应根据基体材质确定。

3.2.6 喷涂结合涂层

待喷涂零件预热后立即送粉喷涂结合涂层，可采用高速火焰喷涂、真空等离子喷涂及大气等离子喷涂等工艺喷涂结合涂层。

结合涂层材料应符合相关技术标准要求。

结合涂层厚度应符合设计图的要求。

3.2.7 喷涂纳米氧化锆涂层

喷涂结合涂层后应在2h内喷涂纳米氧化锆涂层，喷涂应连续进行。涂层厚度应符合设计要求。

3.3 纳米氧化锆粉末喷涂涂层要求

3.3.1 外观

按设计图规定的喷涂部位，应全部覆盖涂层，非喷涂部位应遮蔽保护。

涂层应完整，表面均匀连续，目测无可见的裂纹、剥落、鼓包和边缘翘起等缺陷。

3.3.2 厚度

涂层厚度应符合设计图和有关技术文件的要求。涂层总厚度（结合涂层+面层）一般为0.35mm~0.50mm或符合设计图的要求。

3.3.3 结合强度

纳米氧化锆粉末喷涂涂层与结合涂层的结合强度应大于或等于30MPa或符合设计图的要求。

3.3.4 热震性能

纳米氧化锆粉末喷涂涂层按标准进行热震试验考核。

可由相关各方协商确定热震条件、热震试验温度及热震次数。

3.3.5 显微组织

3.3.5.1 一般要求

纳米氧化锆粉末喷涂涂层组织结构应均匀，无分层和涂层与基体界面分离等现象。

3.3.5.2 界面状态

用金相法测定时，金属基体与结合涂层及结合涂层与纳米氧化锆粉末喷涂涂层之间界面孔洞小于或等于10%，界面污染物（含氧化物/砂粒）小于或等于30%。

3.3.5.3 孔隙率
纳米氧化锆粉末喷涂涂层孔隙率及孔隙直径应满足设计要求。
3.3.6 其他要求
纳米氧化锆粉末喷涂涂层其他要求如涂层的未熔粒子、热扩散性、热导率、杨氏模量等可由相关各方协商确定。
4 检验方法
4.1 热喷涂纳米氧化锆团聚粉末
4.1.1 化学成分
可采用各种适当的方法测定热喷涂纳米氧化锆团聚粉末的化学成分，例如：ICP-OES 耦合法（电感耦合等离子体发射光谱测定）、湿化学法等。
4.1.2 粉末粒度范围
热喷涂纳米氧化锆团聚粉末的粒度分布（PSD）的测定可通过筛分法、气流筛分法、激光散射法及其他方法测定。

用筛分法（适用粉末粒度范围为 125μm~38μm）时，颗粒大于规定上限尺寸及小于规定下限尺寸的粉末的质量分数最大均为 10%。

用气流筛分法（适用粉末粒度范围为 45μm~5μm）时，颗粒大于规定上限尺寸的粉末的质量分数最大为 5%，颗粒小于规定下限尺寸的粉末重量最大为 10%。

用激光散射法（适用粉末粒度范围为 63μm~5μm）时，颗粒大于规定上限尺寸的粉末的质量分数最大为 25%，颗粒小于规定下限尺寸的粉末的质量分数最大为 5%。
4.1.3 松装密度
热喷涂纳米氧化锆团聚粉末的松装密度应按 GB/T 1479.1 或 GB/T 1479.2 或 GB/T 1479.3 的规定进行测定。
4.1.4 粉末流动性
热喷涂纳米氧化锆团聚粉末流动性应按 GB/T 1482 的规定进行测定。
4.1.5 粉末形貌
热喷涂纳米氧化锆团聚粉末形貌应按 GB/T 19356 的规定，用扫描电子显微镜和体视显微镜观察。
4.1.6 晶粒尺寸
热处理或球化处理前纳米氧化锆晶粒尺寸可用扫描电子显微镜等测定，也可按 GB/T 23413 的规定，用 X 射线衍射线宽化法测定。

经热处理或球化处理的热喷涂纳米氧化锆团聚粉末晶粒尺寸应按 GB/T 23413 的规定进行测定。
4.2 纳米氧化锆粉末喷涂涂层
4.2.1 外观
在自然光或无反射光线下目视检查涂层外观，光的照度不应低于 300lx（相当于零件放在 40W 日光灯下 0.5m 处光照度）。必要时，可用 5 倍~10 倍放大镜检查。
4.2.2 涂层厚度
4.2.2.1 总则
涂层厚度可在零件上测量或在随炉件上测量，具体测量方法根据零件在工艺规程中明确规定，或由相关各方协商确定。

4.2.2.2 通用量具或金相法测量

涂层厚度采用通用量具如千分尺（测量精度应不小于 0.02mm）或采用金相法进行测量。

4.2.2.3 测厚仪测量

基体为磁性金属材料时，可按照 GB/T 11374 的规定用磁性测厚仪测量非磁性材料结合涂层及纳米氧化锆粉末喷涂涂层厚度。

金属基体上的纳米氧化锆粉末喷涂涂层也可用涡流测厚仪测量。

4.2.3 涂层孔隙率

纳米氧化锆粉末喷涂涂层孔隙率按照 ISO 18332 或 ISO/TR 26946 的规定进行测定。

4.2.4 涂层的结合强度

纳米氧化锆粉末喷涂涂层的结合强度按照 GB/T 8642 的规定进行测定，孔隙率高于 5% 的涂层应采用固体薄膜胶，拉伸加载速率小于或等于 1mm/min。

4.2.5 显微组织

用 500 倍金相显微镜检查涂层裂纹，用 500 倍金相显微镜检查涂层裂纹和未熔粒子，用 200 倍检查涂层与基体的界面污染、界面孔洞。

4.2.6 涂层的热震性能

纳米氧化锆粉末喷涂涂层的热震性能使用高温炉加热，水冷或空气冷却时，按照 ISO 14188 的规定进行测定；采用燃气加热法时，按照 ISO 13123 的规定进行测定。

4.2.7 涂层晶粒尺寸

纳米氧化锆粉末喷涂涂层的晶粒尺寸可按照 GB/T 31568 的规定进行测定。

4.2.8 涂层的热扩散性

纳米氧化锆粉末喷涂涂层的热扩散性按照 ISO 13826 的规定进行测定。

4.2.9 涂层的热导率

纳米氧化锆粉末喷涂涂层的热导率按照 ISO 18555 的规定进行测定。

4.2.10 涂层的杨氏模量

纳米氧化锆粉末喷涂涂层的杨氏模量按照 ISO 19477 的规定进行测定。

4.2.11 其他

纳米氧化锆粉末喷涂涂层的其他特征可按照 GB/T 37421 的规定检测。

注：4.2.1~4.2.5 为必检项目，其他为协商检测项目。

5 标志、包装、运输及贮存

5.1 标志

产品包装上应明确标明产品名称、粉末成分、粒度范围、数量、粉末批次、生产日期、标准编号、厂名，并附产品合格证。

5.2 包装

粉末应装于防潮的密封容器中。特殊包装，由供需双方商定。

5.3 运输

在运输过程中应注意防雨、防潮。

5.4 贮存

粉末应贮存在通风、干燥、清洁的室内。

第十二节 线材喷涂碳钢及不锈钢

一、概论

1. 铁基合金线材

铁基合金线材主要有两大类，一类是碳钢，另一类是不锈钢。

（1）碳钢线材

1）低碳钢线材。低碳钢线材是指碳的质量分数为 0.1%~0.25% 的碳钢线材。其涂层易于切削加工，价格低，比采用同类材质的整体低碳钢制件的耐磨性好，广泛用于滑动磨损的轴承面、挤压配合面及加工超差件的修复，也适于铸件的填孔。可采用低碳钢线材火焰喷涂和电弧喷涂制备滑动磨损部件及轴承面、铸件孔填补涂层和进行超差件修复。

2）中碳钢线材。中碳钢线材指碳的质量分数为 0.25%~0.65% 的碳钢线材。这类钢线材具有中等适度的硬度，容易切削加工，材料来源广，价格便宜。喷涂涂层比采用相同硬度值整体中碳钢制件具有更好的抗黏着磨损能力，适用于轴类、复合涂层的底层及内表面的喷涂。可采用中碳钢线材火焰喷涂和电弧喷涂对轴类零件进行喷涂或修复，作为喷涂复合涂层的结合层，亦可用于内表面喷涂等。

3）高碳钢线材。高碳钢线材指碳的质量分数为 0.65%~0.95% 的碳钢线材。这类线材喷涂的涂层具有较高的硬度，耐磨性好，材料来源广，价格低，可以进行切削加工（最好进行磨削加工），广泛用于各种轴类喷涂耐磨涂层，亦可作内表面喷涂和其他表面硬化涂层。可采用高碳钢线材火焰喷涂和电弧喷涂制备轴类、内表面耐磨涂层。

4）碳素工具钢线材。碳素工具钢线材指碳的质量分数为 0.95% 以上的碳钢线材。用这类钢线材喷涂的涂层具有很高的硬度和耐磨性，其耐磨性超过碳素工具钢淬火后的耐磨性。涂层可用硬质合金刀具或陶瓷刀具切削（最好进行磨削加工）。涂层的收缩率比喷涂低碳钢的涂层低，涂层可适当厚一些。可采用碳素工具钢线材火焰喷涂和电弧喷涂制备高耐磨涂层。

（2）不锈钢线材　不锈钢喷涂材料中，最常用的是铬的质量分数为 13% 的不锈钢，如 20Cr13、30Cr13、40Cr13 等。Cr13 型不锈钢喷涂层具有结合强度高、收缩率低、残余应力低、磨损性好的特点，这类材料多用于既承受磨损又遭受腐蚀的机械零件的表面强化和修复，如气缸、阀门、机轴等。其中，30Cr13 是最普遍使用的电弧喷涂材料，30Cr13 钢涂层也是修复机械零件如柱塞、曲轴等最常用的经济型涂层。目前，铁铬硼合金已取代了传统的 30Cr13 涂层。与 30Cr13 涂层相比，铁铬硼合金涂层具有良好的内聚强度，表现出很好的耐磨性能；显微结构分析表明，该涂层混合良好，没有氧化物，而且孔隙率很低。该涂层多用于曲轴、拉丝卷筒、液压缸等的喷涂修复。

2. 线材喷涂碳钢及不锈钢的标准

线材喷涂碳钢与不锈钢是一种经济性高、易推广的涂层制备方法。为了推广及规范线材喷涂碳钢及不锈钢的应用，1993 年，全国金属与非金属覆盖层标准化技术委员会组织相关单位专家制定了 JB/T 6974—1993《线材喷涂碳钢及不锈钢》。该标准于 1993 年 7 月 27 日发布，1994 年 7 月 1 日实施。

二、标准主要特点与应用说明

该标准规定了线材火焰喷涂和电弧喷涂碳钢、低合金钢及不锈钢工艺，涂层主要技术要求及测试方法。该标准适用于提高耐磨性、耐蚀性及恢复尺寸为目的的热喷涂碳钢及不锈钢。

碳钢或不锈钢是热喷涂碳钢或不锈钢的必备喷涂层材料，其质量直接影响喷涂层的性能，特别是其物理和化学性能。热喷涂碳钢及不锈钢需要热喷涂工作层的涂层材料，有时也需要热喷涂黏结底层的材料，所以标准中推荐了主要喷涂工作层材料，以及主要喷涂黏结层材料。可根据热喷涂的工艺性、工件的具体要求予以选择。

热喷涂碳钢及不锈钢体系主要包括喷涂前的基体表面准备或预处理、热喷涂，以及喷涂层后处理，这是保证获得符合规范要求的热喷涂碳钢及不锈钢制件不可缺少的体系组成。表面准备或预处理赋予热喷涂基体或基底表面以符合规范要求的清洁度和表面粗糙度，它采取严格的净化和粗化处理来达到目的。不仅应采取适当的净化和粗化工艺，而且要采取适当的遮蔽措施，以使喷涂过程不致损伤工件，确保涂层质量，方便涂层后处理。

按照严格控制选定的参数在经净化和粗化准备的表面上进行喷涂，获得符合规范要求的热喷涂碳钢及不锈钢涂层。应采用清净的压缩空气，选择适当的机具。严格控制预处理到喷涂的时间间隔，或在这段时间采取适当的防护，确保经过预处理的待喷涂件在喷涂前不再发生污染。控制好工件喷涂前的预热和温度，按选定的喷涂参数喷涂规定的黏结层和工作层，从而获得所需要的热喷涂碳钢及不锈钢涂层。

热喷涂态涂层多孔，应进行渗油或利用封孔剂进行后处理。所得喷涂态涂层的尺寸和表面状况可能不适于直接应用，需要按要求进行车削、磨削等加工。选择适当的机具，控制规定的参数对实现喷涂层后加工十分重要。

该标准对以上热喷涂碳钢及不锈钢体系提出了相应的要求和规定。

同其他喷涂材料相比，碳钢与不锈钢喷涂材料具有较高的成本优势，在使用时须考虑零件对耐磨性、耐蚀性能的要求。其中碳钢的耐蚀性能较差，在工业应用中对喷涂丝材的储存也应提出严格要求。该标准对热喷涂碳钢及不锈钢涂层外观、厚度、结合强度和硬度等性能及试验方法提出了相应的要求和规定，特别是限定了涂层硬度的下限，对结合强度不仅要求结合良好，不应出现剥离、翘皮等现象的定性要求，而且做出了结合强度分别大于 10MPa、15MPa 和 20MPa 的合格、良好和优质涂层的规定。其他方面的检测可以参考 GB/T 37421—2019《热喷涂 热喷涂涂层的表征和试验》。

三、标准内容（JB/T 6974—1993）

线材喷涂碳钢及不锈钢

1 主题内容与适用范围

本标准规定了线材火焰喷涂和电弧喷涂碳钢、低合金钢及不锈钢工艺，涂层主要技术要求及测试方法。

本标准适用于提高耐磨性、耐蚀性及恢复尺寸为目的的热喷涂碳钢及不锈钢。

2 引用标准

GB/T 231 金属布氏硬度试验法

GB/T 8641 金属热喷涂涂层抗拉强度的测定

GB/T 11373 热喷涂金属件表面预处理通则

GB/T 11374 热喷涂涂层厚度的无损测量方法

3 主要喷涂材料

3.1 工作层材料

工作层材料的选择应满足工件的使用要求及热喷涂的工艺性，或由供需双方商定。主要喷涂材料种类、钢号及应用范围见附录A（补充件）中表A.1。

3.2 黏结底层材料

在需要提高涂层结合强度时可喷涂黏结底层。主要黏结层材料见附录A中表A.2。

4 喷涂工艺通则

4.1 工件预处理

喷涂件待喷涂面必须进行严格的净化和粗化处理。视具体工件表面状况可选喷砂、镍拉毛、车螺纹—滚花等粗化方法，一般预处理应按GB 11373规定的要求进行。曲轴、机床导轨等特定工件，应采取相应的预处理工艺和遮蔽措施，使喷涂过程不损伤工件，确保涂层质量和便于涂层加工。

4.2 喷涂条件

4.2.1 压缩空气

喷涂用压缩空气必须经净化处理，防止油或水污染已预处理表面和涂层，在喷涂过程中发现压缩空气中含有油或水，应立即中止喷涂。

4.2.2 喷涂机具

喷涂前必须检查喷涂机具是否完好，确保喷涂工艺参数在要求的范围内控制和调节，保持调定规范的稳定性。应尽可能实现机械化喷涂操作。

4.2.3 喷涂部位应保持空气流通，排除未黏结的粉尘，风速一般控制在1m/s～2m/s范围内。在喷涂大型工件时，应采用干燥的压缩空气吹风，排除工件表面未黏结的粉尘和防止局部过热。

4.3 喷涂

4.3.1 预处理至喷涂停留时间

工件预处理完毕后，一般应在1h之内开始喷涂。如超过此限制时间，工件待喷涂面应用干净的塑料薄膜保护或置于干燥箱内。即使在空气干燥的情况下，工件放置的时间也不应超过4h。

4.3.2 预热及温度控制

喷涂件待喷涂表面应快速预热到100℃～150℃，在预热过程中避免污染及过热。

在喷涂过程中，工件不能过热，温度控制在100℃～200℃。

4.3.3 喷涂黏结底层

在需要喷涂黏结层时，应采用可提高底层结合强度和降低底层表面粗糙度的工艺参数连续喷涂完黏结底层。黏结层厚度一般控制在0.1mm～0.2mm范围内。

4.3.4 喷涂工作层

在喷涂完黏结层后1h之内开始喷涂工作层，在喷涂过程中应维持工艺参数稳定，控制每遍涂层的厚度及均匀性。当发现有粗颗粒黏结在涂层上、应用洁净有刃口的工具除去粗颗粒，连续不断出现粗颗粒时，应中止喷涂，排除故障后方可继续进行。在喷涂过程中，应避免表面有积尘，如有灰尘则应在喷涂下遍涂层之前用洁净的钢刷去除。

4.3.5 火焰喷涂工艺参数

一般采用中性焰喷涂。氧气-乙炔压力和流量，送丝速度应按喷枪使用要求调节，以粒束密集为准。操作参数应使每遍涂层均匀，不产生局部过热并应具有高的沉积效率，一般选择范围见表1，雾化空气压力一般不低于0.5MPa。

表 1 火焰喷钢工艺操作参数选择范围

喷涂距离/mm	喷涂角度/(°)	工件线速度/(m/min)	喷枪移动速度/(mm/r)
120~150	≥60°	7~12	7~10

4.3.6 电弧喷涂工艺参数

应选择适当的电弧电压和送丝速度，应具有足够的雾化空气压力，使粒束密集，颗粒细，以及避免过度氧化和合金元素烧损。一般电弧喷钢工艺参数选择范围见表2。

表 2 电弧喷钢工艺参数选择范围

电弧电压/V	电弧电流/A	喷涂距离/mm	喷涂角度/(°)	工件线速度/(m/min)	喷枪移动速度/(mm/r)
35~38	120~200	150~200	≥60°	10~15	10~15

5 涂层后处理加工

5.1 涂层后处理

5.1.1 渗油处理

需要渗油处理的喷钢涂层在喷涂完毕后，当涂层冷却到40℃时，将工件浸入油中几小时，让润滑油渗入涂层孔隙中，最好在80℃以上的热油中浸8h以上。大件可涂刷2~3层润滑油。

5.1.2 封孔处理

用于耐蚀的不锈钢涂层在喷涂完毕后，可立即涂刷封孔剂，使封孔剂渗入到涂层孔隙中。必要时，在涂层机械加工完毕后再次涂刷封孔剂。

5.2 涂层加工

针对不同的喷涂材料和涂层硬度，可对涂层进行切削和磨削加工。刀（磨）具选择及加工工艺，应避免因加工应力和局部过热损伤涂层。车削时，涂层不能产生掉块。磨削时，涂层表面不应变色和产生龟裂，在磨削过程中，要加强冷却和注意修整砂轮。

6 涂层技术要求

6.1 外观

涂层表面应平整，色泽一致，不允许有裂纹、黏附的粗大熔粒和过热的痕迹等缺陷。

6.2 涂层材料化学成分

涂层材料主要化学成分应与喷涂材料主要化学成分相吻合。对于火焰喷涂，主要合金元素的烧损量不应大于15%；对于电弧喷涂，主要合金元素的烧损量不应大于30%。

6.3 厚度

涂层最小厚度应满足涂层设计要求,涂层最大厚度不应超过最小厚度的30%。对于轴类零件,涂层最小厚度应保证在机械加工后的厚度不小于0.3mm。

6.4 涂层结合强度

6.4.1 涂层与基体必须结合良好,不应出现剥离、翘皮的现象。

6.4.2 涂层的结合强度大于10MPa为合格涂层,结合强度大于15MPa为良好涂层,结合强度大于20MPa为优质涂层。

6.5 涂层硬度

对于要求耐磨损的高碳钢、碳素工具钢、高碳合金钢、不锈钢涂层,涂层表面硬度应不低于表3的规定。

表3 涂层表面硬度下限

喷涂材料		硬度 HBW10/3000
优质碳素结构钢	低碳钢	140
	中碳钢	200
	高碳钢	280
碳素工具钢		290
低合金钢	低碳	200
	中碳	280
	高碳	300
Cr13型不锈钢		300
18-8型不锈钢		200

7 涂层性能试验方法

7.1 涂层厚度的测定

涂层厚度应在冷态下测定,可采用机械测量工具检测或按GB/T 11374无损测量方法进行。

7.2 涂层结合强度的拉伸试验

涂层结合强度的拉伸试验按GB/T 8641规定进行。

7.3 涂层硬度试验方法

测定涂层的布氏硬度,按GB/T 231金属布氏硬度试验方法进行。制备试样时,涂层厚度一般应不小于3mm。

附 录 A
线材喷钢热喷涂材料
(补充件)

线材喷钢主要工作层材料和黏结层材料分别见表A.1和表A.2。

表 A.1　主要工作层材料

种类		牌号	应用范围
优质碳素结构钢	低碳钢	10、10F、15、15F、20、25F、25	碳的质量分数为 0.1%~0.25% 的碳素钢,涂层易于切削,耐磨性优于同种钢材,但涂层收缩率大,适于轴类铸件填孔
	中碳钢	30、35、40、45、50、55、60、65	碳的质量分数为 0.25%~0.65% 的碳素钢,涂层易于切削,耐磨性好,涂层收缩率较大,适于轴类零件,恢复尺寸
	高碳钢	70、75、80、85	碳的质量分数为 0.65%~0.9% 的碳素钢,涂层硬度高,耐磨性好,易磨削,涂层收缩率小,适于轴类零件及内表面喷涂耐磨涂层
碳素工具钢		T7、T8、T9	碳的质量分数为 0.65%~0.9% 的碳素工具钢,涂层硬度高,耐磨性好,收缩率低,适于作耐磨涂层,多用于轴类喷涂
碳素弹簧钢		65Mn	碳的质量分数为 0.62%~0.7% 的碳素锰钢,涂层硬度高,耐磨性好,收缩率低,适于作耐磨涂层,多用于轴类喷涂
低合金钢	低碳低合金钢	12CrNi2、12CrNi3、12Cr2Ni4、20Cr2Ni4	含 Cr、Ni 低碳合金钢,涂层易切削,收缩率低,涂层粒子间的结合强度比碳钢涂层要高,能喷涂厚的涂层
	中碳低合金钢	40CrNi、45CrNi、40CrNiMo、45CrNiMoV	含 Cr、Mn 的中碳低合金钢,涂层耐磨性好,可切削,收缩率低,涂层粒子间的结合强度高,适于作耐磨涂层
	高碳低合金钢	Cr2、9Cr2、9SiCr	含 Cr、Mn 的高碳低合金钢,涂层硬度高,耐磨损,收缩率低,易于磨削,与喷涂高碳钢相比,涂层粒子间的结合强度高
马氏体不锈钢		2Cr13、3Cr13、4Cr13	Cr13 型高碳马氏体不锈钢,涂层自淬硬性好,硬度高,耐磨损,收缩率低,可切削,易磨削,涂层粒子间结合强度高,对较大接触面的冲击韧性好,适于轴类、内表面喷涂
奥氏体不锈钢	18-8 型	0Cr18Ni9、1Cr18Ni9Ti、1Cr18Ni11Mo	低碳 Cr18-Ni9 型奥氏体不锈钢,涂层耐蚀、耐磨性好,易切削,但涂层收缩率大,喷涂厚涂层和内表面时要注意
		1Cr18Mn8Ni	含 Mn 低碳 Cr-Ni 奥氏体不锈钢,涂层耐蚀、耐磨性好,收缩率低,适于喷涂厚涂层和内表面
		0Cr18Ni12Mo2Ti、0Cr17Ni14Mo3	含 Mo、Ti,低碳 Cr-Ni 奥氏体不锈钢,涂层耐蚀性好,适合于对耐蚀性有特殊要求的表面

注:表中有些钢的牌号为旧牌号,如 2Cr13、3Cr13、4Cr13 等(新牌号应为 20Cr13、30Cr13、40Cr13 等)。读者应用该标准时,请按相关标准资料,采用钢的新牌号。

表 A.2　黏结层材料

材料代号	使用范围
Mo	钝钼丝,自黏结材料,用于火焰喷涂碳钢、低合金钢、Cr13 型不锈钢的黏结层
Ni-Al	镍铝复合丝,放热型自黏结材料,用于喷涂碳钢、低合金钢、不锈钢的黏结底层
QAl7、QAl9-2、QAl9-4 等	铝的质量分数为 6%~10% 的铝青铜线材,用于在铜基体上电弧喷涂碳钢及不锈钢的黏结底层

第十三节 热喷涂陶瓷涂层技术条件

一、概论

1. 陶瓷涂层

陶瓷是金属元素和非金属元素组成的晶体或非晶体化合物,它与金属材料、高分子材料一同构成固态工程材料三大"骨干"。陶瓷通常是金属氧化物、硼化物、氮化物、硅化物、碳化物等的统称。陶瓷与其他材料的主要区别在于化学键连接,即原子间的相互作用有离子键、共价键、混合键。大量陶瓷材料是离子健和共价键的混合键结合。原子间距小,堆积致密,结合力强,表自由能低,这些特性赋予陶瓷材料高熔点、高硬度、高刚度、高化学稳定性、高绝缘能力、低热导率、低热膨胀率、无延展性等特征。

多数陶瓷材料都有多种同质异晶结构,加热和冷却过程中常伴有相变发生,导致陶瓷体积变化而产生体积应力,诱导涂层开裂和剥落。因此,用作热喷涂的陶瓷涂层材料必须采用高温下稳定的晶体结构(如 $\alpha\text{-}Al_2O_3$、金红石型 TiO_2)或通过改性处理获得稳定化的晶体结构(如 CaO、MgO、Y_2O_3、稳定化的 ZrO_2),这是获得满意涂层的重要条件。

陶瓷材料的力学性能是脆性大,无塑性,对应力、裂纹敏感,耐疲劳性能差,呈脆性断裂。陶瓷涂层不宜用于负荷重、应力高和承受冲击载荷的条件中。

陶瓷材料熔点高,粉末火焰喷涂受到火焰温度的限制,当陶瓷材料的熔点大于2300℃时,不宜采用粉末火焰喷涂。为此,陶瓷涂层的制备通常采用等离子喷涂技术。

金属基体上制备陶瓷涂层,能把陶瓷材料的特点和金属材料的特点有机地结合起来,获得具有各种复合材料结构的产品。这已成为当代热喷涂技术最为活跃、最有成效的领域之一,特别是在高科技领域,成效尤为突出。

2. 热喷涂陶瓷涂层的标准

热喷涂陶瓷在国外已有相应标准,如日本 JIS H 8304:1990《热喷涂陶瓷》,JIS H 8666:1990《热喷涂陶瓷的试验方法》等,美军也制定了这方面的标准,但尚未形成国际标准等。1995年,全国金属与非金属覆盖层标准化技术委员会组织相关单位专家制定了JB/T 7703—1995《热喷涂陶瓷涂层技术条件》。该标准于1995年6月20日发布,1996年1月1日实施。

二、标准主要特点与应用说明

该标准规定了热喷涂陶瓷粉末材料、工艺及涂层设计表示方法,陶瓷涂层质量检验,喷涂陶瓷涂层制品的包装与运输及喷涂安全操作规则,给出了热喷涂陶瓷涂层工艺流程的通用技术条件的指南。该标准适用于等离子喷涂工艺喷涂陶瓷粉末材料,制备耐蚀、耐磨、耐热、热障、绝缘、辐射等表面功能涂层,以改善制品的性能。该标准对于火焰喷涂、超音速火焰喷涂及爆炸喷涂制备陶瓷涂层,亦有指导作用。

热喷涂陶瓷的涂层材料品种多,如各种氧化物、复合氧化物、碳化物、硼化物、氮化物、硅化物、金属陶瓷等。为便于工程应用,该标准提出了热喷涂陶瓷涂层材料的简单而明确的表示方法。

除了等离子喷涂特别适用于热喷涂陶瓷之外，火焰喷涂、超音速火焰喷涂和爆炸喷涂等技术或工艺也用于热喷涂陶瓷。该标准对可用于热喷涂陶瓷的六种工艺或技术进行了简单而明确的表示。

热喷涂陶瓷制件的性能，在一定的条件下决定于陶瓷涂层体系的设计，即决定于各组合涂层如何组合。该标准为简化设计，提出了陶瓷涂层设计表示的简单而明确的方法。

该标准提出了热喷涂陶瓷涂层技术的表示代号。热喷涂陶瓷体系包括陶瓷涂层设计、基体材料表面准备或预处理、热喷涂和涂层后加工或处理。

该标准根据陶瓷涂层的服役要求或失效分析结果确定陶瓷涂层的功能，在此基础上结合考虑各种陶瓷材料的各种性能，选出组成陶瓷涂层的喷涂层材料。其中考虑到陶瓷涂层与基体的附着力或界面物理性能的差异，还要选择适当的底层或阶梯层，由此构成热喷涂陶瓷涂层的涂层体系。

热喷涂陶瓷涂层对基体或基底表面的要求高，不仅要求达到规定的清洁度、表面粗糙度，甚至应具有规定的活化度，即不仅要进行净化、粗化处理，而且应使表面新鲜活化。

在热喷涂时，选用的热喷涂方法或技术要保证陶瓷粉末颗粒呈熔化或软化状态而高速喷射于经预处理的基体或基底表面，形成优质涂层。在进行热喷涂时，必须采取必要的防基体受损措施，选择并稳定控制一定的喷涂参数。

获得的喷涂态陶瓷涂层多孔，其表面粗糙也不适于直接应用，一般加工后才可应用。为了提高涂层的耐蚀性，应进行封孔处理。为达到规定的表面粗糙度，应进行磨削加工处理。要选择相适应的封闭材料，或采用适当的磨削加工工艺。

该标准可用于等离子喷涂氧化铝基、氧化锆基、硅酸盐基、氧化铬基及其他特种陶瓷材料。采用液料等离子喷涂等技术喷涂陶瓷时，在某些方面也可参考该标准。

三、标准内容（JB/T 7703—1995）

热喷涂陶瓷涂层技术条件

1 主题内容与适用范围

本标准规定了热喷涂陶瓷粉末材料、工艺及涂层设计表示方法，陶瓷涂层质量检验，喷涂陶瓷涂层制品的包装与运输及喷涂安全操作规则，给出了热喷涂陶瓷涂层工艺流程的通用技术条件的指南。

本标准适用于等离子喷涂工艺喷涂陶瓷粉末材料，制备耐蚀、耐磨、耐热、绝热、热障、绝缘、辐射等表面功能涂层，以改善制品的性能。本标准对火焰喷涂、超音速火焰喷涂及爆炸喷涂制备陶瓷涂层，亦有指导作用。

2 引用标准

GB/T 6462　金属和氧化物覆盖层　横断面厚度显微镜测量方法

GB/T 8642　热喷涂层结合强度的测定

GB/T 9790　金属覆盖层及其他有关覆盖层　维氏和努氏显微硬度试验

GB/T 11373　热喷涂金属件表面预处理通则

GB/T 11374　热喷涂涂层厚度的无损测量方法

GB/T 11375　热喷涂操作安全

GB/T 12607　热喷涂涂层设计命名方法
GB/T 12608　热喷涂涂层材料命名方法

3　热喷涂陶瓷材料、工艺及涂层设计表示方法

3.1　热喷涂常用陶瓷涂层材料

根据 GB 12608 的规定，热喷涂陶瓷粉末材料以 P7×××表示，7 为陶瓷涂层大类代号，第二位阿拉伯数字为分类代号，后两位阿拉伯数字为顺序号。

常用的热喷涂陶瓷粉末材料的牌号、成分及性能列于附录 A（补充件）表 A.1。

3.2　热喷涂陶瓷涂层的工艺方法

适用于陶瓷粉末材料的热喷涂工艺有六类，按 GB 12607 的规定，其标记列于附录 B 表 B.1。

3.3　热喷涂陶瓷涂层设计表示方法

热喷涂陶瓷涂层系统的设计与表示方法，按 GB 12607 的规定执行。

以钢质基体上等离子喷涂 $Al_2O_3+13\%TiO_2$，陶瓷复合粉末（P7112），喷砂预处理，NiCr 合金粉末（P1501）打底，封孔，磨削精加工的热喷涂涂层系统为例，其涂层设计表示方法如下：

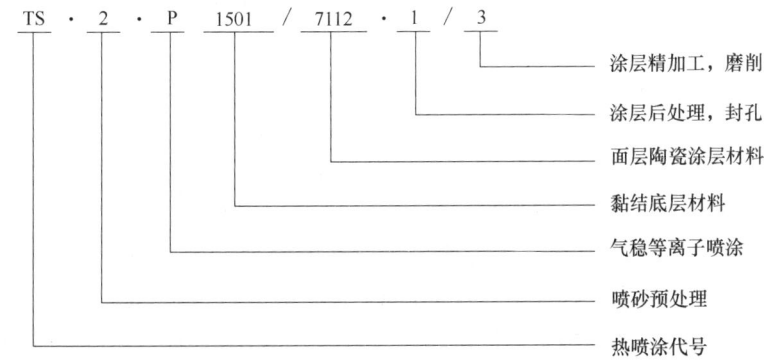

4　热喷涂陶瓷涂层工艺通则

热喷涂陶瓷涂层是一个工艺流程系统。首先，应根据制品的服役条件或失效分析，确定对涂层的性能要求，据以选择恰当的热喷涂材料、设备及工艺。然后，实施热喷涂工序施工，包括：基体的表面预处理，热喷涂工艺，涂层封孔及精加工，涂层质量检验。每道工序都必须严格按操作规程进行，检验合格，方能进行下一道工序。

本标准只提供热喷涂陶瓷涂层的工艺通则。特定制品、特定涂层、特定工艺的具体指标参数应由专项标准确定。

4.1　涂层系统设计

4.1.1　确定对涂层的功能要求

应确切了解欲喷涂制品的服役条件，或制品在使用过程中的失效原因，确定对涂层的功能要求。

4.1.2　涂层材料的选择

只有熟悉并掌握丰富、全面的材料科学知识，才能做到正确合理地进行涂层系统设计，选择涂层材料。有关这方面的资料，可参考《机械制造工艺材料技术手册》第九篇"热喷涂工艺材料"（机械工业出版社，1993，第 1 版）。

4.1.2.1　陶瓷涂层材料的选择：某一特定用途的陶瓷涂层材料的选择，应根据涂层的服役条

件所确定的对涂层功能的要求,综合考虑不同陶瓷材料的多种性能,如硬度、熔点、热导率、耐蚀性、耐磨性及电学性能等,加以比较选择。常用的热喷涂陶瓷材料见附录 A 表 A.1。

4.1.2.2 打底涂层材料的选择:当被喷涂的基体材料与陶瓷涂层材料的黏附性能不好时,常用打底涂层来改善基体与涂层的结合性能。

打底涂层材料具有下述一个或多个特性:

a) "自黏结"效应——在热喷涂火焰的高温下,涂层材料不同组分能发生放热化学反应,使涂层与基体形成微区冶金结合。最典型和应用最广的"自黏结"打底涂层材料是镍铝复合粉末。

b) "粗化"效应——黏结底层的表面比喷砂粗化处理的基体表面更不规则,因而陶瓷涂层能与之形成更强的机械嵌合。

c) "帘栅屏蔽"效应——打底涂层具有比基体材料更好的抗氧化能力和耐蚀性,在陶瓷涂层与基体之间起屏蔽帘栅作用,能将热喷涂陶瓷涂层固有的孔隙引起的基体氧化或腐蚀降至最小。

d) "缓冲"效应——打底涂层的热胀系数,介于基体和陶瓷涂层之间,且在机械及热负荷下具有足够的韧性,能对因基体与陶瓷涂层的膨胀系数不同而产生的应力起"缓冲"作用。

常用的"自黏结"打底涂层材料是 Ni-Al 复合粉末,此外,还有 NiCrAl、NiCrAlY、Co-CrAlY 复合粉末。其他打底涂层材料有 Mo(不适用于 400℃ 以上氧化性气氛中工作),NiCr 合金(在 1000℃ 高温下满意地用作陶瓷涂层的黏结底层)。在塑料之类的低熔点材料上喷涂陶瓷涂层,常采用锡、锌、铝、铜作打底涂层材料。

4.1.2.3 阶梯涂层:当金属基体与陶瓷涂层界面间的物理性能,如韧性、热膨胀性及晶体结构等的差异很大时,可能导致陶瓷涂层的内应力增大,与基体的黏附性很差,引起涂层失效。解决这类难题的办法是采用阶梯涂层结构,以实现基体与面层陶瓷涂层间的成分配比及性能的逐渐过渡。

阶梯涂层系统示例如下:

a) 约 0.1mm 厚的打底涂层;
b) 按 65/35 比例,喷涂打底涂层材料/面层陶瓷材料的混合物,涂层厚度约 0.1mm;
c) 按 35/65 比例,喷涂打底涂层材料/面层陶瓷材料的混合物,涂层厚度约 0.1mm;
d) 0.1mm 厚的面层陶瓷涂层。

此阶梯涂层系统亦可用三层来改进,采用 50/50 混合物涂层作中间层。

4.1.3 基体材料选择

作为热喷涂陶瓷涂层的基体材料,通常是金属基材料,如钢、铝、钛、铜、青铜及难熔金属等。然而,其他无机材料如陶瓷、金属陶瓷,甚至有机材料,简言之,几乎所有的固体材料都可作为基体,其性能均可通过喷涂陶瓷涂层加以改善。

4.1.4 热喷涂工艺及设备的选择

4.1.4.1 热喷涂工艺选择:适合于喷涂陶瓷涂层的热喷涂工艺有六种,如附录 B 表 B.1 所示。喷涂工艺的确定,应根据陶瓷涂层材料的熔点、热导率、耐热震性及涂层与基体的结合强度要求,结合生产率、成本等综合考虑。

气稳等离子喷涂工艺是喷涂各种陶瓷涂层最常用的工艺。粉末火焰喷涂工艺广泛用于零部件维修和少量产品生产。超音速火焰喷涂是正在兴起、发展迅速的工艺。

4.1.4.2 热喷涂设备的选择：根据对陶瓷涂层的功能要求，涂层材料及喷涂工艺选择，选定相应的热喷涂设备。设备的调节和操作须严格按照制造厂家的各项说明进行。

4.2 喷涂陶瓷的基本程序

以等离子喷涂陶瓷涂层为例，其操作基本程序列于表1。

表1 喷涂陶瓷的操作基本程序

步骤	操作	说　　明
1	清洁工件	基体表面粗化处理前，根据要求，采用溶剂清洗、脱脂、加热等方式，除去待喷涂表面上的所有污物
2	遮盖工件	使用橡胶、钢、遮蔽带等合适的遮蔽方法，保护所有不需表面预处理的部位
3	基体表面预处理	使用清洁、锐利的适当磨料进行喷砂，达到要求的表面粗糙度。根据需要，亦可续喷黏结底层
4	陶瓷材料选择	根据对涂层的功能要求，选定陶瓷涂层材料（参考附录A中表A.1），确定合适的粒度及粒度分布
5	工装	根据基体的形状和尺寸，选用夹具、机械转台及移动装置
6	装喷枪	根据需要选用直枪头、带角枪头或加长枪头，选用旋转或可移动式喷枪支架
7	调节水源系统	按设备使用说明书要求，调节水源及冷却系统。喷枪出口水温以不高于15℃为宜
8	调节气源系统	按程序打开主气、辅气及送粉气源，调节至需要参数
9	装料	将粉末装入送粉器粉斗或喷斗中
10	启动电气系统	启动电源、开动抽风机，调节各项电参数
11	点枪、调枪	按规程点枪、起弧、调节各项参数，达到射束稳定、集中，获得最佳焰流，使陶瓷粒子处于充分熔融或至少充分软化状态，具有最佳的粒子速度，形成最佳涂层质量
12	喷涂	尽可能保证喷枪行走速度均匀，保持喷涂距离不变。根据基体的热敏性、涂层特性及厚度，选择喷枪的行走速度和喷距，选择最佳送粉速率
13	封孔处理	对于耐蚀、绝缘之类涂层，喷涂后应即时进行封孔处理
14	精饰	如需要，可进行磨削加工，磨削加工前亦常进行封孔处理

4.3 基体表面的制备与预处理

4.3.1 基体表面的加工要求

具体制品对基体表面的设计加工要求（如表面粗糙度、几何公差、倒角、下切等），由特定制品的专项标准规定执行。

4.3.2 基体表面的预处理

基体表面预处理的质量，直接影响涂层与基体的结合性能，是整个热喷涂工艺过程成功的关键环节之一，应予高度重视。需要特别强调指出，喷砂及喷涂用压缩空气，必须是干燥、无油的；喷砂用磨料应是清洁、锐利的，以保证基体表面达到清洁、充分粗化、新鲜活化。预处理后表面不允许再被污染。

基体表面预处理按 GB 11373 的规定执行。欲喷涂陶瓷涂层的钢铁制件基体表面喷砂预处理，应达到最高级"出白"，即 Sa3 级。

4.4 热喷涂工艺

正确的热喷涂工艺，应使被喷涂的陶瓷粉末颗粒呈熔化或很软的状态高速喷射到经预处理的基体表面上，形成优质涂层。

影响热喷涂工艺的因素很多，主要包括涂层材料方面（陶瓷材料的熔点、比热容、热导率及粉末的粒度与粒度分布）、热源方面（焰流的温度与温度分布、焰流速度及速度分布、焰流对陶瓷粒子的传热速率、粒子速度及粒子在焰流中的停留时间）、基体方面（基体的性质及几何尺寸、要求的涂层厚度）及涂层性能方面（涂层孔隙率要求等），应综合考虑。

4.4.1 基体的遮蔽及温度控制

4.4.1.1 基体的遮蔽：喷涂前，应对与喷涂部位邻接的区域进行遮蔽防护，以避免这些部位黏附喷涂粒子。

常用的遮蔽材料有钢带、铜带、热喷涂专用工程带或其他等效材料。在产品生产中，使用永久性的遮蔽件（如护罩）更经济。也可使用水基防粘遮蔽涂料均匀涂覆在不需喷涂的部位。

4.4.1.2 基体的预热：在喷涂前，可对基体均匀预热至不小于120℃，以除去湿气。但必须细心控制基体温度，不得超过250℃，否则易导致基体表面的氧化而降低黏结性能。

4.4.1.3 基体过热的控制：在薄壁制件或易产生变形及组织变化的基体（如某些铝合金）上喷涂陶瓷涂层时，应小心避免基体过热。

当喷涂厚陶瓷涂层时，由于已喷涂涂层的隔热效应和涂层积集的温度梯度，都可使涂层产生问题。

工件过热可能使其在冷却至室温后涂层产生层状裂纹或分层剥落。

调整喷枪至基体的距离，调节喷枪的移动速度及工件的线速度，使基体充分散热和冷却，有利于防止因基体过热而产生的失效出现。也可提供辅助的冷却空气以防止工件过热。

4.4.2 热喷涂工艺参数控制

4.4.2.1 喷涂设备：不同的热喷涂设备所产生的焰流的温度和速度不同；不同的喷枪结构甚至喷嘴型号，亦影响焰流的特性。因此，应根据选定的陶瓷涂层材料，选定相应的喷涂设备、喷枪及喷嘴结构。

4.4.2.2 电源功率：等离子喷涂工艺的电功率，直接影响等离子焰流的温度和速度，从而影响陶瓷粒子的熔化状态和粒子速度。调节主气及辅气的流量和压力，保证等离子体的电功率最佳化，对获得优质涂层至关重要。

4.4.2.3 喷涂距离：当喷射焰流中的陶瓷粒子处于最大速度时撞击到基体表面，此时喷嘴口与基体间的距离为最佳喷涂距离。等离子喷涂工艺的喷涂距离变化在6cm～20cm之间。喷距小，涂层致密，结合强度好，但基体易过热；喷距大，涂层孔隙率增加，结合强度下降。最佳喷涂距离，应经试验确定并保持。

尽可能采用机械装置进行喷涂，固定安装喷枪，有利于减少人为的影响，保持喷涂距离不变，喷枪移动速度均匀。

4.4.2.4 喷枪移动速度与工件线速度：喷枪移动速度与工件运动线速度的合理匹配，对于每道涂层的厚度、涂层的均匀性及基体的受热情况，有重要影响，应通过试验确定并保持。

4.4.2.5 送粉速率与涂层厚度控制：送粉速率应根据陶瓷粉末材料的密度、熔点、比热容、热导率、粒度等因素而适当调整，总之，应以能使几乎所有的陶瓷颗粒能在等离子焰流中熔化的最大送粉量为宜。送粉速率过大，会产生一些未熔化的"生粒"，影响涂层质量；送粉速率过小，则降低沉积速率并易使基体过热。最佳送粉速率应由试验确定并保持。

等离子喷涂陶瓷涂层的厚度可在几十微米至数毫米之间调节。水稳等离子喷涂陶瓷涂层的厚度可达20mm。喷枪在基体表面走一单道一般以沉积0.025mm左右为宜，而要保证完全覆盖基体，最小平均厚度通常约为 0.075mm。对特定陶瓷涂层的厚度要求，应根据服役条件的要求由试验确定。

4.4.2.6 操作人员的经验：除了现代化的计算机控制的等离子喷涂机器人之外，热喷涂工艺还在很大程度上受操作人员的经验和技能的影响，而且陶瓷材料的热喷涂遇到的问题与传统的金属喷涂不同。因此，应对有关人员进行比较系统的培训，充分熟悉工艺规程，方能上岗实际操作。

4.5 陶瓷涂层的封孔处理和精加工

4.5.1 封孔处理

所有热喷涂陶瓷涂层都多少有点气孔。气孔率的变化范围很大，爆炸喷涂和超音速火焰喷涂的气孔率仅占涂层体积的 1%，而特种多孔陶瓷涂层，气孔率可高达 30%。

这些孔隙的大多数是相互贯通的。因此，涂层对液体和气体是可渗透的。要防止液体和气体对基体可能产生的渗透或腐蚀，就必须封闭这些孔隙。封孔剂的选择应根据涂层的使用条件（耐蚀、绝缘、耐热等）来确定。

对于不同服役温度的耐蚀涂层，有一系列封孔材料可供选择：低于 60℃ 的工况，可使用微晶石蜡封孔；60℃~250℃ 的使用工况，一些树脂基封孔剂是有效的；某些硅酮基树脂封孔剂，能在 450℃ 长期使用。温度超过 450℃，可试验用无机耐高温涂料封孔。要正确选择适于特定条件的封孔剂，最好向有关制造厂家咨询，获得所有相关的理化性能。

涂敷封孔剂的方法有真空浸渍法、喷涂法和刷涂法等。对于热喷涂陶瓷涂层中的孔隙，通常用喷涂和刷涂法即能有效地封闭。

4.5.2 精加工

热喷涂陶瓷涂层的表面粗糙度 Ra 值，一般超过 $3.75\mu m$。而许多应用要求更小的表面粗糙值，这可采用磨削精饰来达到。陶瓷涂层的磨削精饰，是喷涂陶瓷涂层制品工艺流程的最终关键环节，处理不当，就会前功尽弃。

由于陶瓷涂层具有质脆、与基体的结合强度较低、涂层薄、涂层含有一定的气孔等特点，所以陶瓷涂层的磨削与整体材料的磨削有显著的区别：

4.5.2.1 磨削设备：传统的磨床都可用于陶瓷涂层的磨削，但更要求磨床刚性好，振动小。

4.5.2.2 磨料磨具：为了达到最佳磨削效率和经济性，最好采用金刚石砂轮粗磨，再用细绿碳化硅砂轮精磨。砂轮用磨料粒度、黏结剂，应根据具体用途选择。

4.5.2.3 磨削液：陶瓷涂层磨削时，为防止任何局部过热，应使用大流量的冷却液。最好选用含缓蚀剂的水作冷却液，不要使用水基乳化油冷却液，后者易使涂层污染变色。

4.5.2.4 磨削工艺参数：磨削陶瓷涂层时，应避免出现砂轮挤压涂层而产生微裂纹或发裂。因此，砂轮线速度和进给量都以较小为宜。具体参数应通过试验确定。

5 陶瓷涂层质量检验

5.1 检验项目及检验方法

5.1.1 外观

目检有效表面，应色调均一，不允许有龟裂、疙瘩、结合力不牢，以及异物的附着或其他对使用上有害的缺陷。

5.1.2 厚度

采用量具直接测量涂层的厚度，或用金相法测量涂层横断面的厚度，或用无损测厚仪测量。按 GB 6467 或 GB 11374 的规定执行。厚度应满足协议要求。

5.1.3 结合强度
涂层与基体的结合强度，按 GB 8642 进行测试，应达到协议要求。

5.1.4 硬度
耐磨用陶瓷涂层的硬度，按 GB 9790 的规定测量，应符合协议要求。

5.1.5 孔隙率
耐腐蚀涂层经封孔后的涂层孔隙率，按铁试剂法进行检查，涂层表面应没有通向基体的气孔。

5.1.6 热震性
耐热涂层的抗热震性，按下述方法试验，涂层不允许有龟裂、剥离或翘起。

试验方法：用制品为试样，或采用同等材质，与制品同等条件制备试样。基体尺寸为长 50mm、宽 50mm、厚 5mm~6mm。调好试验温度，即氧化铝为 800℃，氧化锆为 900℃。然后，将试样和托架一起放入加热炉中加热，到温后保温 10min 取出，再一起放入常温的清水中激冷。观察试样表面涂层有无裂纹、剥离或翘起。加热炉用电阻炉，温度波动范围±5℃。托架最好用不锈钢制作支架并用不锈钢丝网制作支撑面。

5.1.7 其他性能
陶瓷涂层的其他性能，如摩擦系数、辐射率、介电系数、对显微组织的要求等，可按协议规定的方法进行检测。

5.2 要求检验的项目
所有的陶瓷喷涂层，除外观必须符合 5.1.1 条的要求外，依其应用的不同，建议按协议检验如下的有关项目。

5.2.1 用于耐磨的陶瓷涂层
要求检验厚度、结合强度和硬度。分别按 5.1.2、5.1.3 和 5.1.4 条的规定进行，并满足要求。

5.2.2 用于耐腐蚀的陶瓷涂层
要求检验厚度、结合强度和孔隙率。分别按 5.1.2、5.1.3 和 5.1.5 条的规定进行，并满足要求。

5.2.3 用于耐热的陶瓷涂层
要求检验厚度和耐热震性。分别按 5.1.2 和 5.1.6 条的规定进行，并满足要求。

6 热喷涂陶瓷涂层的操作安全
热喷涂陶瓷涂层是采用可燃气体或惰性气体进行高温喷涂作业的，必须严格按照高压、易燃、易爆气体的有关规定，储存、运输和使用。操作人员必须熟悉并掌握有关热喷涂设备、工艺的安全操作规程，取得合格证，方能实施作业。喷涂陶瓷涂层的安全作业按 GB 11375 的规定执行。

7 热喷涂陶瓷涂层制品的标志、包装与储运

7.1 标志
热喷涂陶瓷涂层制品，应有标志牌，至少有如下内容：制品名称、涂层设计代号、生产日期、生产批号、检验合格证、生产厂家。

7.2 包装与储运
热喷涂陶瓷涂层制品，应采用防震泡沫塑料等单件分隔包装，用木箱或集装箱运输。严禁摔打。包装箱上应有"易碎"品标志。

附录 A
常用热喷涂陶瓷粉末材料
（补充件）

常用热喷涂陶瓷粉末材料见表 A.1。

表 A.1 常用热喷涂陶瓷粉末材料（P7×××）

类别	牌号	名义成分（质量分数，%）									主要性能及应用	国外相应牌号
		Al_2O_3	ZrO_2	SiO_2	Cr_2O_3	TiO_2	CaO	MgO	Y_2O_3	NiO	Nb_2O_5	其他		
氧化铝基（P71××）	P7100	>98.0		≤1.0								余量	白色涂层，耐磨，耐热，绝缘，反射率较高，发射率较低	Metco 105
	P7111	余量				3.0							灰色涂层，耐磨，耐蚀，耐热，绝缘	Plasmatex 1009
	P7112	余量				13.0							黑色涂层，耐磨，耐蚀，绝缘，耐纤维磨损	Metco 130
	P7113	余量				20.0							耐磨，耐蚀，耐纤维磨损，摩擦系数小	
	P7114	余量				40.0							耐磨，耐蚀，摩擦系数小，耐纤维磨损，有半导体性能	Plasmatex 1025
	P7115	余量				50.0							硬度适中偏硬，涂层细密，耐纤维磨损，并能"起绒"，有半导体性能	Metco 110
	P7141	余量			2.0								高耐磨，耐蚀，耐热	Plasmatex 1075
	P7151	余量						24~26					高耐磨，耐蚀，绝缘，抗热震，抗熔融玻璃及 SiO_2 侵蚀	Plasmatex 1071
	P7161	余量										10	高温下涂层质软，多孔，可磨耗，耐燃气冲蚀，1000℃～1100℃可磨密封	
氧化锆基（P72××）	P7211		93.9				4.0~6.0					余量	隔热，高温下绝缘性好，抗多种熔融金属浸润	Metco 201
	P7221		余量					24.0					热障，抗多种熔融金属浸润，特别适合石墨坩埚内衬	Metco 210
	P7231		余量						8.0				热障屏蔽，抗多种熔融金属浸润	Plasmatex 1085

(续)

类别	牌号	名义成分(质量分数,%)											主要性能及应用	国外相应牌号
		Al₂O₃	ZrO₂	SiO₂	Cr₂O₃	TiO₂	CaO	MgO	Y₂O₃	NiO	Nb₂O₅	其他		
氧化锆基 (P72××)	P7232		余量	32.5									热障屏蔽,抗热震性极好	Metco 202
	P7251		余量									≤1.0	耐高温,耐酸,耐热震,不溶于水,电绝缘性好,热导率较高	Plasmatex 1043
	P7263		Y₂O₃-ZrO₂ 85									15	涂层多孔,质软,耐高温燃气冲蚀,1000℃~1100℃高温可磨密封涂层	
	P7261		80~95			5~20					1		辐射率>0.8,远红外涂层	相应国内牌号 ZTN
硅酸盐基 (P73××)	P7331	余量		30									热强度高,抗热冲击性好,绝缘性特好,抗多种熔融金属浸蚀	Metco 106
	P7332	余量		22~29									热强度高,抗热震性好,绝缘,耐多种熔融金属和酸性炉渣侵蚀	Metco 136
氧化铬及其他氧化物基 (P74××)	P7400				>98.0								耐磨性极好,耐热	
	P7411	0.61		8.17	91.0								耐磨性极好,耐热	
	P7412			5.0	余量	3.0							涂层极致密,耐磨性极好,耐蚀	Plasmatex 1067
	P7414				余量	30.0						30.0	耐磨,耐蚀,抗热震性好,辐射率高(λ=0.89)	
	P7420					>97.5						余量	孔隙度最小,与基体黏结性极好,硬质耐磨,半导体性	Plasmatex 1033
	P7421		20			77.0					3		辐射率>0.8,远红外涂层	国内厂家牌号 TZN 红-2
特种陶瓷	P7911								Y 13.3	Ba 41.2	Cu 28.9	O 余量	电阻温度>90K,磁转变温度>96K,超导陶瓷涂层	

附 录 B
喷涂陶瓷粉末材料的热喷涂工艺
（补充件）

喷涂陶瓷粉末材料的热喷涂工艺见表 B.1。

表 B.1　喷涂陶瓷粉末材料的热喷涂工艺

喷涂工艺	英　　文	代　号
粉末火焰喷涂	Powder flame spraying	F
超音速火焰喷涂	Supersonic flame spraying	U
爆炸喷涂	Detanation flame spraying	D
气稳等离子喷涂	Gas plasma spraying	P
水稳等离子喷涂	Water plasma spraying	WP
高能等离子喷涂	High energy plasma spraying	HP

第十四节　火焰喷涂钼涂层检验方法

一、概论

1. 喷钼涂层的研究和应用现状

钼是一种优异的热喷涂材料，主要作为耐磨抗擦伤涂层覆盖于工件表面。火焰喷钼涂层与基体的结合性能和耐磨性都较好，并且涂层层叠状的多孔结构，具有良好的储油性能。在喷涂过程中，钼可与多种金属和合金形成冶金结合，从而提高涂层的抗拉强度以及与基材的结合强度，因此常被用作其他喷涂涂层的自黏结底层材料。

美国最早将喷钼涂层应用到发动机活塞环生产，1968 年就已推广使用到 61 种机型。到 20 世纪 80 年代，美国、德国的喷钼活塞环已部分替代镀铬环，其喷钼环和镀铬环的产量已经达到 1∶1。

国内喷钼涂层的应用始于 1973 年，当时铁道部在内燃机车柴油机气缸内壁应用了钼涂层。20 世纪 80 年代初，国内开始将喷钼工艺应用于汽车变速器同步环生产中，如綦江齿轮厂、武汉材料保护研究所等单位对火焰喷钼涂层开展了系统的研究及应用。

目前也有对等离子法喷钼的工艺研究。相对于等离子喷钼，氧-乙炔线材火焰喷钼整个工艺过程在含氧气氛中进行，喷涂过程中粒子的氧化程度高，而钼的氧化物比纯钼硬度高，所以涂层硬度更高。此外，氧-乙炔线材火焰喷涂设备简单，使用成本较低。因此，目前国内的同步环喷钼主要还是使用线材火焰喷钼法。

2. 火焰喷钼涂层的标准

火焰喷涂钼涂层既可以作为耐磨、抗擦伤功能涂层用于零部件表面的耐磨处理，也可以作为自黏结性涂层用于其他涂层的过渡层。20 世纪八九十年代，我国汽车行业快速发展，同步器齿环、拨叉、制动蹄等零件喷钼需求较大，为便于火焰喷钼涂层的检测，全国金属与非金属覆盖层标准化技术委员会组织相关单位专家制定了 JB/T 8926—1999《火焰喷涂钼涂层检验方法》。该标准于 1999 年 6 月 28 日发布，2000 年 1 月 1 日实施。

二、标准主要特点与应用说明

该标准主要针对火焰喷钼涂层，规定了火焰喷钼涂层的主要检验项目，包括了涂层外观、涂层厚度、表面粗糙度、抗拉强度、涂层与基体结合强度、涂层剪切强度、涂层孔隙率及最大孔隙尺寸、涂层硬度多方面，并一一列举了各个相关项目检测的相应标准。该标准适用于火焰喷涂耐磨、抗擦伤等功能性钼涂层，如内燃机活塞环、同步器齿环、拨叉、制动蹄等的火焰喷钼涂层，也可适用于火焰喷涂自黏结性钼涂层。

该标准规定的检测项目，部分为破坏性检测。在应用该标准前，应首先明确各检测项目的试样制备标准。采用金相法测定涂层的孔隙率和最大孔隙尺寸时，试样的制备方法会直接影响到测试结果。为了防止制样过程中对涂层造成破坏，最好先采取真空冷镶嵌法将试样镶嵌后，再转入后续流程。

三、标准内容（JB/T 8926—1999）

火焰喷涂钼涂层检验方法

1 范围

本标准规定了火焰喷钼涂层的检验方法。

本标准适用于火焰喷涂耐磨、抗擦伤等功能性钼涂层，如内燃机活塞环、同步器齿环、拨叉、制动蹄等的火焰喷钼涂层。

本标准也适用于火焰喷涂自黏结性钼涂层。

2 引用标准

下列标准所包含的条文，通过在本标准中引用而构成为本标准的条文。本标准出版时，所示版本均为有效。所有标准都会被修订，使用本标准的各方应探讨使用下列标准最新版本的可能性。

　　GB/T 1031—1995　　表面粗糙度　参数及其数值
　　GB/T 4956—1985　　磁性金属基体上非磁性覆盖层厚度测量　磁性方法
　　GB/T 6462—1986　　金属和氧化物覆盖层　横断面厚度显微镜测量方法
　　GB/T 8641—1988　　热喷涂层抗拉强度的测定
　　GB/T 8642—1988　　热喷涂层结合强度的测定
　　GB/T 9790—1988　　金属覆盖层及其他有关覆盖层　维氏和努氏显微硬度试验
　　GB/T 10610—1989　　触针式仪器测量表面粗糙度的规则和方法
　　GB/T 11374—1989　　热喷涂涂层厚度的无损测量方法

3 检验项目

应根据喷涂工件的几何形状、尺寸及使用或需方的要求选择检验项目。

火焰喷钼涂层的主要检验项目如下：

　　——涂层外观；

——涂层厚度；

——涂层表面粗糙度；

——涂层抗拉强度；

——涂层与基体的结合强度；

——涂层剪切强度；

——涂层孔隙率及最大孔隙尺寸；

——涂层硬度。

4 检验方法

4.1 涂层外观

目测或用3倍~5倍放大镜观察，涂层表面应呈现颗粒均匀的灰白色外观，不允许有裂纹、起皮、脱层、夹渣、掉块以及粗大颗粒等缺陷。

4.2 涂层厚度

4.2.1 磁性金属基体上的火焰喷钼涂层厚度测量按 GB/T 4956 进行。

4.2.2 非磁性金属基体上的火焰喷钼涂层厚度测量按 GB/T 6462 或 GB/T 11374 进行。

4.2.3 GB/T 6462 显微镜测量方法为涂层厚度测量的仲裁方法。

4.3 涂层表面粗糙度

火焰喷钼涂层表面粗糙度测量按 GB/T 1031 及 GB/T 10610 进行。

4.4 涂层抗拉强度

火焰喷钼涂层抗拉强度测量按 GB/T 8641 进行。

4.5 涂层与基体的结合强度

火焰喷钼涂层与基体的结合强度测量按 GB/T 8642 进行。

4.6 涂层剪切强度

火焰喷钼涂层剪切强度试验在万能试验机上进行。

4.6.1 剪切试验装置

剪切试验装置见图1。剪切冲头安装于试验机的压力轴上，并可随压力轴沿轴向上、下运动；试样夹具安装在试验机平台上，可在水平方向做适当的调整。

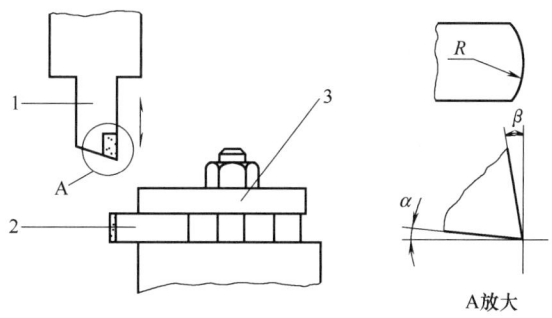

图 1 剪切试验装置示意图

1—冲头（刃口为硬质合金片，$\alpha \leqslant 3°$，$\beta \leqslant 5°$，$R = 20\text{mm}$） 2—喷钼试样 3—试样夹具

4.6.2 喷钼试样

喷钼涂层剪切试验试样（见图2）中 l 和 t 以工件允许尺寸为准，但应能牢固地安装在夹具上。火焰喷钼涂层厚度应磨削加工到 0.2mm~0.5mm，钼涂层表面应垂直于安装面。

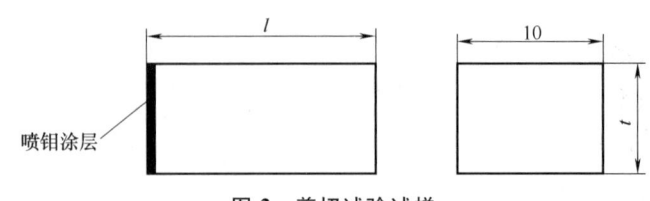

图 2 剪切试验试样

4.6.3 试验方法

4.6.3.1 将喷钼涂层试样牢固地安装在夹具上,调整试样使其喷钼层表面与剪切冲头上下运动方向平行。

4.6.3.2 水平方向调整喷钼层试样夹具,垂直方向调整剪切冲头使之接触到钼涂层表面,提起冲头,按磨削加工后的钼涂层实际厚度调整进给量。

4.6.3.3 不加载调下冲头至接触到试样,打开记录仪,记录纸以 4mm/s~5mm/s 输送,给冲头加载并以≤1mm/s 的进给速度剪切喷钼涂层。

4.6.3.4 从仪表中读出或由记录的曲线求出剪切掉钼涂层的最大加载力。

4.6.3.5 由最大剪切力和实际剪切面积计算剪切强度。

4.7 涂层的孔隙率和最大孔隙尺寸

火焰喷钼涂层的孔隙率和最大孔隙尺寸采用金相法测定。

4.7.1 试样制备

4.7.1.1 取样

切割砂轮旋转着垂直压向喷钼层表面并由涂层向基体方向适当加压力,切割砂轮进给量≤10mm/min,用冷却液充分地冷却切割砂轮,切割适当尺寸的喷钼层试样两块。

4.7.1.2 装夹

将两块喷钼层试样以涂层表面相对的方式放入金相试样夹中,两钼层表面之间用约 3mm 厚与基体材料相同的金属板条隔开,锁紧金相试样夹的螺钉。

4.7.1.3 抛光

在旋转的抛光盘上分三级（粗抛、精抛、最终抛光）抛光试样,适当加压力将喷钼层断面压在抛光盘上。

粗抛:在 320#、500# 和 1200# 的水磨砂纸抛光盘上湿抛,直至切割纹消失为止。

精抛:在布抛光盘上涂粒度为 2.5μm 的金刚砂抛光膏进行精抛,抛光盘转速为 125r/min,抛光时间 4min。为避免造成沿抛光盘旋转方向的纹络,中途需稍改变一下试样的方向。

最终抛光:在毛毡抛光盘或金丝绒抛光盘上,加充裕的蒸馏水精抛约 1min。

4.7.1.4 腐蚀

将抛光过的试样用蒸馏水清洗干净并吹干,用铁氰化钾 0.2g 与蒸馏水 40mL 配制的溶液,滴在喷钼试样断面上进行浸蚀,浸蚀时间约 5s,然后用蒸馏水冲洗干净后吹干。

4.7.2 孔隙率测定

利用光学显微镜,放大倍率 320 倍在三个不同的视场观察喷钼层断面,用定量金相法测定孔隙占总面积的百分比。

4.7.3 最大孔隙尺寸

利用光学显微镜,放大 320 倍在三个不同的视场观察钼涂层断面,用定量金相法测量最大孔隙尺寸。

4.8 涂层硬度

火焰喷钼涂层硬度测量在金相试样钼涂层断面上进行。按 GB/T 9790 规定,加载 0.1kgf（0.98N）测定维氏硬度。压痕应避开涂层的孔隙、微裂纹及其他涂层缺陷。

5 检验报告

5.1 检验报告应包括送样单位、试样名称、送样日期、检验项目和检验方法及其结果。

5.2 涂层的孔隙率及最大孔隙尺寸应附测定视场的金相照片。

5.3 检验报告应注明检验日期和发报告日期,由检验人及批准人签名并加盖检验单位检验章。

第十五节 带钢连续热镀锌沉没辊及稳定辊热喷涂层 技术条件

一、概论

1. 镀锌带钢

镀锌带钢是把经冷轧或热轧后的长而窄的长条带钢不同程度地镀上一层锌、铝的原料。热镀锌具有镀层均匀,附着力强,使用寿命长等优点。热镀锌带钢基体与熔融的镀液发生复杂的物理、化学反应,形成耐腐蚀的结构紧密的锌铁合金层。合金层与纯锌层、带钢基体融为一体,故其耐蚀性强。带钢镀锌的生产过程主要包括三个环节：

1) 使用酸洗工艺清洗带钢,对其表面除污。

2) 酸洗后,通过氯化铵或氯化锌水溶液,或氯化铵与氯化锌的混合水溶液清洗,送进连续退火炉后进到镀锌槽中,开展镀锌。

3) 盘起入库,镀锌层厚度可根据客户需求确定,一般不小于 $500g/m^2$。

2. 沉没辊

沉没辊是在连续镀锌生产线上熔融锌基合金槽中工作的辊。从退火炉出来的带钢经过沉没辊实现热镀锌工艺,沉没辊是实现钢板获得良好镀层的重要部件。

3. 稳定辊

通常稳定辊有上、下稳定辊,均沉浸在熔融锌基合金槽中。其主要作用是使经过沉没辊的带钢获得一定的有效张力和导向,确保带钢连续稳定地通过气刀。

4. 带钢连续热镀锌沉没辊及稳定辊热喷涂层的标准

镀锌带钢因良好的耐蚀性而获得大量的应用。钢带镀锌用沉没辊和稳定辊是保证镀锌层质量的关键部件,为了提高其表面性能和使用寿命,我国制定了 JB/T 10621—2006《带钢连续热镀锌沉没辊及稳定辊热喷涂层 技术条件》。该标准于 2006 年 9 月 14 日发布,2007 年 3 月 1 日实施。

二、标准主要特点与应用说明

该标准规定了带钢连续热镀锌线沉没辊、稳定辊热喷涂加工与修复的技术要求,规定了热喷涂加工的沉没辊、稳定辊的包装运输和贮存要求。

该标准主要针对带钢连续热镀锌沉没辊及稳定辊的热喷涂层，对其涂层性能进行了专门规定，涂层的技术要求包括：

1） 孔隙率≤1%。

2） 厚度为 0.1mm～0.2mm。

3） 结合强度≥70MPa。

4） 高温耐磨性：正常生产周期后辊面涂层表面粗糙度 Ra 下降不大于 30%。

5） 抗熔融金属腐蚀性能：在 450℃～500℃ 的 Zn 基合金中浸泡 500h，涂层没有腐蚀痕迹。

6） 耐锌渣黏附能力：在 450℃～500℃ 的 Zn 基合金中浸泡 500h，涂层没有 Zn 基合金黏附的痕迹。

7） 涂层具有修复回性能，修复回用次数应不少于两次。

三、标准内容（JB/T 10621—2006）

带钢连续热镀锌沉没辊及稳定辊热喷涂层 技术条件

1 范围

本标准规定了带钢连续热镀锌线沉没辊、稳定辊热喷涂加工与修复的技术要求，规定了热喷涂加工的沉没辊、稳定辊的包装运输和贮存要求。

2 规范性引用文件

下列文件中的条款通过本标准的引用而成为本标准的条款。凡是注日期的引用文件，其随后所有的修改单（不包括勘误的内容）或修订版均不适用于本标准，然而，鼓励根据本标准达成协议的各方研究是否可使用这些文件的最新版本。凡是不注日期的引用文件，其最新版本适用于本标准。

GB/T 983 不锈钢焊条（GB/T 983—1995，neq ANSI/AWSA5.4：1992）

GB/T 1220 不锈钢棒（GB/T 1220—1992，neq JIS G4303：1988）

GB/T 1221 耐热钢棒（GB/T 1221—1992，neq JIS G4311：1987）

GB/T 6557 挠性转子机械平衡的方法和准则（GB/T 6557—1999，idt ISO 11342：1998）

CB/T 8642 热喷涂 抗拉结合强度的测定（GB/T 8642—2002，idt ISO 14916：1999）

GB 9448—1988 焊接与切割安全

GB/T 9790 金属覆盖层及其他有关覆盖层 维氏和努氏显微硬度试验（GB/T 9790—1988，neq ISO 4516：1980）

GB/T 11373 热喷涂金属件表面预处理通则

GB/T 11374 热喷涂涂层厚度的无损测量方法（GB/T 11374—1989，neq ISO 2064：1980）

GB 11375—1999 金属和其他无机覆盖层 热喷涂 操作安全

GB/T 17721 金属覆盖层 孔隙率试验 铁试剂试验（GB/T 17721—1999，eqv ISO 10309：1994）

GB/T 19001　质量管理体系　要求（GB/T 19001—2000，idt ISO 9001：2000）

GB/T 19356　热喷涂　粉末　成分和供货技术条件（GB/T 19356—2003，ISO 14232：2000，MOD）

GB/T 19805　焊接操作工　技能评定（GB/T 19805—2005，ISO 14732：1998，IDT）

GB/T 19824　热喷涂　热喷涂操作人员考核要求（GB/T 19824—2005，ISO 14918：1998，MOD）

JB/T 9218　渗透探伤方法

YB/T 036.7—1992　冶金设备制作通用技术条件　锻件

YB/T 036.10—1992　冶金设备制作通用技术条件　锻钢件超声探伤方法

3　术语和定义

下列术语和定义适用于本标准。

3.1　沉没辊　sink roll

沉没辊是在连续热镀锌生产线上熔融锌基合金槽中工作的辊。从退火炉出来的带钢经过沉没辊实现热镀锌工艺。沉没辊是实现钢板获得良好镀层的重要部件。

3.2　稳定辊　stabilizing roll or support roll

通常稳定辊有上、下稳定辊，均沉浸在熔融锌基合金槽中，其主要作用是使经过沉没辊的带钢获得一定的有效张力和导向，确保带钢连续稳定地通过气刀。

3.3　轴头　shaft

轴头是在辊子两侧，用于支撑辊子的装置。通常需要在轴头上安装轴套来实现辊子长时间的运行。

3.4　辊面　the surface of barrel

辊面是指沉没辊或稳定辊的辊面，辊面是与带钢直接接触的部位，也是工件喷涂的主要区域。

4　沉没辊、稳定辊抗粘锌涂层加工与修复工序

4.1　总则

承担本标准产品加工与修复的企业，以及整个加工过程所涉及的原材料供应商或工序外委企业应通过 GB/T 19001 的认证。

4.2　沉没辊、稳定辊制造材料

制造沉没辊和稳定辊所采用不锈钢材料和更换材料应符合 GB/T 1220 和 GB/T 1221 的规定。

4.3　沉没辊、稳定辊轴头、辊面抗粘锌涂层技术要求

4.3.1　轴头喷涂前加工尺寸要求

喷涂前加工的目的是确保辊子达到图样所规定的尺寸精度和几何公差要求，使辊面具有可喷涂的条件。

尺寸不符合图样设计或用户要求的轴头，必须进行堆焊修复以满足图样要求的尺寸精度和几何公差要求，修复后仍不能达到规定的尺寸要求的必须更换轴头或辐板。堆焊或焊接技术要求见 5.1 和 5.2。

除图样或用户规定外，轴头允许采用堆焊修复的最小直径一般为名义尺寸 -15mm，否则必须更换轴头。

轴头应采用锻件制作,按 JB/T 9218 规定的着色检测或超声波检测进行检查。锻件应按 YB/T 036.7 Ⅱ级标准执行,锻造比必须保证在 2.5 以上,并按规定进行固溶处理。锻件检测应按 YB/T 036.10 Ⅰ级标准执行。

沉没辊、稳定辊更换轴头连接孔要求见表1。

表1 更换轴头连接孔要求 （单位：mm）

连接孔要求	沉没辊	稳定辊
连接孔直径 φ	≥80	≥50
配合	过盈量 0.03~0.05	过盈量 0.03~0.05
坡口	≥15×45°	≥18×45°

4.3.2 辊面喷涂前技术要求

辊面尺寸精度和几何公差要求符合设计图样要求。喷涂前辊面要求如下：
——沉没辊辊面粗糙度应不大于 $Ra1.6\mu m$,稳定辊辊面粗糙度应不大于 $Ra0.8\mu m$;
——辊面按 JB/T 9218 进行检测,应无裂纹;
——稳定辊辊面孔口及端面必须倒圆,辊面无磨痕、凹坑等缺陷,辊子无油脂污物等;
——沉没辊端面倒圆,沟槽与辊面过渡光滑,沟槽交汇处必须去棱修圆,辊面无磨痕、辊子无油脂污物等。

注：喷涂前辊面质量将直接影响喷涂后涂层的质量,因此在喷涂前必须对辊面缺陷进行检查。若辊面出现铸件本身的铸造缺陷,在设计图样要求或用户规定范围内的,允许采用氩弧焊的方法进行修补,超过规定的经用户确认后应做报废处理。

4.3.3 热喷涂涂层

本标准热喷涂所采用的粉末应符合 GB/T 19356 规定的热喷涂材料。粉末加工制成的涂层应能够满足带钢连续热镀锌线沉没辊及稳定辊的致密、抗粘锌和高温耐磨性工况需要。热喷涂层技术要求见本标准 5.3。

4.3.4 喷涂后加工

喷涂后加工是指热喷涂后涂层封闭前对辊面进行的机械处理。沉没辊一般在喷涂后不进行机械加工；稳定辊应进行磨削或抛光加工,以控制辊面的表面粗糙度达到设计图样要求或需方的规定要求。

4.3.5 涂层封闭

沉没辊、稳定辊经喷涂后加工,应采用具有耐锌侵蚀和抗粘锌能力的专用封孔剂对涂层进行封闭处理。即在常温状态下,按制造商规定的工艺要求和规范对已喷涂辊面均匀涂敷专用封孔剂,随后进行高温烧制。

注：专用封孔剂的作用是保证热喷涂层更加致密,从而提高涂层耐熔融锌液腐蚀和抗粘锌的要求。

4.4 辊子修复前退锌处理

在连续热镀锌生产线熔融锌液中工作过的沉没辊、稳定辊在修复回用前必须进行退锌处理。采用的退锌方法不应损伤基体、不应影响涂层和基体的结合力、不应损伤基体材料之间的焊缝。退锌处理时间一般要求限制在 3d 以内,特殊情况下允许达到 5d。通常可以采用加热或化学方法进行退锌处理。

注1：加热的目的是清除腔内残留的锌块,加热温度不宜过高,以能熔化锌块即可,加热温度通常不

大于480℃。

注2：化学方法是将沉没辊、稳定辊浸没于一定pH值的酸性溶液中，或者以一定pH值的酸性溶液喷淋辊子，去除固结于沉没辊、稳定辊外表面的浮锌。所使用的溶液对基体和涂层没有侵蚀。处理时间一般不超过3d。

4.5 工序间转运要求

沉没辊、稳定辊在整个修复过程中，工序间的转运必须对辊面与轴头进行工艺性保护。特别是在预处理后，工艺性保护必须考虑保持辊面清洁，以防油脂、灰尘等污物黏附辊面，影响辊面质量。吊装时，应使用尼龙吊索，在吊索处用橡胶垫保护。吊装时不允许吊索直接或间接接触辊面部位，以防止吊索上油污黏附或损伤辊面。辊子应放置在有橡胶防护的转运架上，橡胶表面不得有铁屑等杂物。在运输、转运过程中，要使用专用转运架，防止在整个吊装、转运过程中出现磕碰、擦伤等情况。

5 沉没辊、稳定辊抗粘锌涂层材料和施工

5.1 焊接材料的技术要求

沉没辊、稳定辊辊体与辐板、辐板与轴头通常采用焊接方式结合。在修复过程中应对损坏的轴头进行堆焊以恢复轴头的尺寸精度。

所采用焊条应符合GB/T 983的规定。

注：焊条焊接质量应考虑沉没辊及稳定辊的抗粘锌要求。

5.2 焊接施工技术要求

5.2.1 焊接过程操作安全必须符合GB 9448要求。

5.2.2 焊接操作人员应通过GB/T 19805的考核。

5.2.3 要求生成的焊缝应符合以下技术要求：

——焊缝外观表面必须目测检查，不允许存在任何凹坑、锈蚀、划痕等表面缺陷；

——焊缝渗透检测应按JB/T 9218的规定进行检测；

——堆焊、焊接所用焊接材料及工艺应符合基材或图样要求；

——焊缝应达到设计图样或需方规定的高温耐磨性（见5.3.3.2）；

——焊缝应达到设计图样或需方规定的抗高温性能与抗熔融金属腐蚀性能（见5.3.3.2）；

——焊缝应具有修复回用性能，修复回用次数应不少于两次。

5.3 辊子喷涂粉末及喷涂技术要求

5.3.1 喷涂过程操作安全应符合GB 11375热喷涂操作安全要求。

5.3.2 喷涂操作人员应通过GB/T 19824热喷涂操作人员考核要求的考核。

5.3.3 喷涂技术要求：

5.3.3.1 喷涂前表面预处理要求符合GB/T 11373。

5.3.3.2 要求生成的涂层符合以下技术要求：

——按照GB/T 17721要求进行孔隙率检测，孔隙率≤1%，并采用符合工况的封闭剂进行封孔处理，以保证涂层良好的致密度；

——按照GB/T 11374要求进行厚度检测，涂层厚度应为0.1mm~0.2mm；

——按照GB/T 8642要求进行结合强度检测，涂层结合强度≥70MPa；

——涂层应达到设计图样或需方规定的高温耐磨性，即在正常的生产周期后（通常≥

360h）辊面涂层表面粗糙度 Ra 下降不大于30%；

——喷涂层应达到设计图样或需方规定的抗熔融金属腐蚀性能，即在450℃～500℃的Zn基合金（例如：$w(Al) = 0.1\% \sim 0.3\%$、$w(Fe) \leqslant 0.05\%$的Zn基合金）中浸泡500h，涂层没有腐蚀痕迹；

——涂层具有优良的耐锌渣黏附能力，即在450℃～500℃的Zn基合金（例如：$w(Al) = 0.1\% \sim 0.3\%$、$w(Fe) \leqslant 0.05\%$的Zn基合金）中浸泡500h，涂层没有Zn基合金黏附的痕迹；

——涂层具有修复回用性能，修复回用次数应不少于两次。

6 试验方法

6.1 外观

目测有效表面，应色调均一，不允许有龟裂、结瘤、结合不牢，以及异物的附着或其他对使用性能有害的缺陷。

6.2 热喷涂层厚度

按照 GB/T 11374 规定的方法测量。

6.3 结合强度

按照 GB/T 8642 规定的方法进行检测。

6.4 热震性能

涂层抗热震性能试验按下述方法试验20次，喷涂层不允许有龟裂、剥落或翘起等缺陷（使用40倍放大镜对热震涂层试样进行表面观察）。

试验方法：用制品为试样或采用同等材质，与制品同等工艺条件制备试样。基体尺寸为50mm×50mm×5mm。加热炉为温度波动范围±5%的电阻炉，以使用温度的1.1倍的温度为试验温度（例如：使用温度为465℃时，试验温度应为520℃～550℃），将试样放置在不锈钢支架或网上，一起放入加热炉加热，到设定温度后保温10min后，取出，置于常温20℃±5℃清水中急冷，目测或用5倍放大镜观察试样表面状况。反复进行上述过程至出现热震损伤（如出现可以目测到的裂纹、脱落等缺陷）或达到预定次数。

6.5 显微组织评价

6.5.1 试样制备与显微镜测量

试样应与所喷涂零件在相同的设备和工艺条件下或随工件进行喷涂。将试样沿横截面切割，经镶片后制成金相试样，在制片过程中，要始终保持涂层处于受压状态。制成的试样采用金相显微镜进行涂层显微组织观察。

6.5.2 裂纹评定

用金相显微镜在400倍下检查涂层裂纹、界面状态和气孔状态。在200倍下检查涂层与基体界面的污染。用金相显微镜在100倍下检查涂层气孔分布情况。

6.6 孔隙率

按照 GB/T 17721 规定的铁试剂试验法来测试孔隙率。通过该涂层标准试片显微金相照片来对比获得孔隙率。

6.7 显微硬度

按照 GB/T 9790 进行试验。

6.8 动/静平衡检测

一般情况下，加工后的沉没辊、稳定辊按 GB/T 6557 的规定进行动/静平衡试验，控制精度不大于 G3.2，除非用户有特殊的要求。

注：沉没辊、稳定辊配重材料应选用与工件相同的材料，补偿位置应根据辊子的结构合理布置。沉没辊要求配重面不宜超出辊子端面。

7 包装、运输、贮存和质量证明书

7.1 质量证明书

每批产品应附有质量证明书，质量证明书上注明：

a）执行本标准号；
b）用户名称或代号；
c）产品名称及合同号；
d）产品牌号、规格和状态；
e）批号；
f）数量（件数或净重）；
g）产品标准牌号；
h）供方名称或编号；
i）生产日期（或包装日期）；
j）其他特殊说明。

注：质量证明书应用塑料袋封装，以防损坏，并装入箱内。

7.2 标志牌

每个包装箱上都应有明显牢固的标志牌，内容包括：

a）执行本标准号；
b）产品名称；
c）制造厂名；
d）产品外形尺寸，单位为 mm；
e）喷涂层主要成分；
f）批号；
g）产品重量；
h）数量（或件数）；
i）生产日期。

7.3 包装、运输和贮存

7.3.1 防划伤包装

7.3.1.1 第一层用牛皮纸包装，毛面向内，光面朝外，用黏性胶带纸固定。

7.3.1.2 第二层用毛毯或类似柔性软包装并固定。

7.3.1.3 包装箱内必须单件分隔包装后固定好，箱上应有"易碎"品标志。无法用木箱和集装箱保护的工件，必须单独做固定架。

注：包装好的工件放置时，不允许任何硬物接触工件涂层表面，以防止工件表面磨损或压伤。

7.3.2 运输

采用木箱或集装箱运输，如无法用木箱和集装箱保护的工件，必须固定，并防止异物碰伤涂层。

7.3.3 贮存

包装好的工件，应放置在不会被污染、碰伤的地方。

用户有特殊要求时，在订货协议中注明，并按订货协议执行。

第十六节　带钢连续退火炉辊热喷涂涂层　技术条件

一、概论

1. 冷轧带钢退火

冷轧带钢退火的作用是使冷轧带钢再结晶，消除冷轧加工硬化，恢复塑性，以得到预期的力学性能及物理性能、化学性能的热处理工序。工艺流程上一般分为预备退火、中间退火和成品退火。退火工艺随目的的不同，常采用再结晶退火、不完全退火和完全退火。为了获得表面无氧化、不脱碳的冷轧带钢，一般将冷轧带钢送入保护气氛炉中实现光亮退火。保护气氛退火炉又有罩式周期退火炉和连续退火炉之分，分别用于罩式周期退火和连续退火。

罩式周期退火分为单垛式退火和多垛式退火两种，按带卷形式不同，又有紧卷退火和松卷退火两种。大多数罩式周期退火，虽然处理周期长，但因炉子使用灵活、投资少，在冷轧带钢退火中使用较多。20世纪70年代末，出现了强对流全氢罩式炉退火（HICON/H_2），采用纯氢气作保护气体，大叶片离心涡流机产生强对流，可提高带卷加热与冷却速度40%~50%，缩短退火周期，降低能耗，可以得到接近于连续退火所能达到的优质表面。

连续退火是20世纪70年代推出的冷轧带钢退火新技术，一般采用立式连续退火炉和卧式连续退火炉，退火炉内通入保护气体，退火加工产量大。连续退火技术经多年的发展，退火设备不断改进，并根据生产的品种逐渐趋于专门化，以降低机组基建造价，有利于提高产品的质量。连续退火不但能生产表面等级良好的特殊深冲级别的带钢，也可以生产高强度的带钢。

2. 炉辊

炉辊是在带钢连续退火生产线和连续热镀锌生产线上退火炉中工作的辊，主要由轴头、辊身和喇叭口组成。高温炉辊工作温度范围为850℃~1000℃，中温炉辊工作温度则低于850℃。

3. 带钢连续退火辊热喷涂层的标准

退火炉辊长期承受高温及磨损，为提高其使用寿命及带钢质量，全国金属与非金属覆盖层标准化技术委员会组织相关单位专家制定了JB/T 11614—2013《带钢连续退火炉辊热喷涂涂层　技术条件》。该标准于2013年12月31日发布，2014年7月1日实施。

二、标准主要特点与应用说明

该标准规定了带钢连续退火炉热喷涂涂层加工与修复的技术要求，以及炉辊的包装运输和贮存要求。该标准适用于带钢连续退火炉辊热喷涂涂层。

喷涂材料的正确选用是发挥涂层性能的关键。该标准针对中温炉辊推荐 Cr_3C_2-25NiCr 材料，高温炉辊推荐 MCrAlY+n% Al_2O_3 系列，或者根据用户要求选用。该标准规定的技术条件也可用于其他与连续退火炉辊使用工况相近的零件。

三、标准内容（JB/T 11614—2013）

带钢连续退火炉辊热喷涂涂层　技术条件

1　范围

本标准规定了带钢连续退火炉辊热喷涂涂层加工与修复的技术要求，以及炉辊的包装运输和贮存要求。

本标准适用于带钢连续退火炉辊热喷涂涂层。

2　规范性引用文件

下列文件对于本文件的应用是必不可少的。凡是注日期的引用文件，仅注日期的版本适用于本文件。凡是不注日期的引用文件，其最新版本（包括所有的修改单）适用于本文件。

GB/T 983　不锈钢焊条

GB/T 1220　不锈钢棒

GB/T 1221　耐热钢棒

GB/T 6557　挠性转子的机械平衡的方法和准则

GB/T 8642　热喷涂　抗拉结合强度的测定

GB/T 9790　金属覆盖层及其他有关覆盖层　维氏和努氏显微硬度试验

GB/T 11373　热喷涂金属件表面预处理通则

GB/T 11374　热喷涂涂层厚度的无损测量方法

GB/T 17721　金属覆盖层　孔隙率试验　铁试剂试验

GB/T 19356　热喷涂　粉末　成分和供货技术条件

JB/T 9218　无损检测　渗透检测

3　术语和定义

下列术语和定义适用于本文件。

3.1　炉辊　hearth roll

在带钢连续退火生产线和连续热镀锌生产线上退火炉中工作的辊，主要由轴头、辊身和喇叭口组成。高温炉辊工作温度在850℃～1000℃范围，中温炉辊工作温度则低于850℃。

3.2　轴头　shaft head

处于辊子两侧用于支撑辊子的部位。

3.3　辊身　the barrel of roll

处于辊子中间用于支撑和传输带钢的部位。

3.4　喇叭口　conical part

处于辊身和轴头之间用于连接辊身和轴头的部位。

3.5　辊面　the surface of roll

指炉辊的表面，辊面是与带钢直接接触的部位，也是工件喷涂的主要区域。

4　炉辊热喷涂前加工与修复要求

4.1　炉辊制造材料

制造炉辊所采用不锈钢材料和更换材料应符合 GB/T 1220 和 GB/T 1221 的规定。用户有特定要求的按用户要求。

4.2 轴头及轴头焊缝喷涂前加工要求

炉辊辊体与喇叭口、喇叭口与轴头通常采用焊接方式结合。在修复过程中应对损坏的轴头进行堆焊以恢复轴头的尺寸精度，达到图样所规定的尺小精度和几何公差要求。

尺寸不符合图样设计或用户要求的轴头，必须进行堆焊修复以满足图样要求的尺寸精度和几何公差要求。堆焊或焊接所用材料须符合 GB/T 983 的标准规定，焊丝符合 AWS A5.9 的标准规定；焊接过程操作安全及参与施工人员应符合国家相关规定。

轴头和焊缝按 JB/T 9218 规定的着色检测或超声检测进行检查。焊缝外观表面必须经目测检查，不允许存在任何凹坑、气孔、夹渣、未熔合、锈蚀、划痕等表面缺陷。

4.3 辊面喷涂前技术要求

喷涂前辊面技术要求如下：

——辊面尺寸精度和几何公差要求符合设计图样要求。

——辊面非焊接区域按 JB/T 9218 进行检测，应无裂纹；辊面焊接区域缺陷的一般规定：线性缺陷长度必须小于 3mm 及点状缺陷最大尺寸必须小于 ϕ1mm。

——辊面铸造缺陷一般规定：表面针孔最大尺寸在 0.1mm~0.3mm 范围内的单个缺陷，10×10cm^2 面积内不得多于 3 个及整个辊面不得超过 20 个；整个辊面不允许有最大尺寸大于 0.3mm 的单个表面针孔缺陷；用户有特殊规定的，由供需双方协商确定。

——炉辊辊面喷砂粗化前表面粗糙度 Ra 应不大于 0.8μm。

——辊面无磨痕（砂轮导程印或振动纹）、擦伤、凹坑等缺陷，辊子无油脂污物等。

——用户规定的其他技术要求。

5 炉辊热喷涂涂层及后处理要求

5.1 热喷涂材料

炉辊热喷涂涂层应能够满足带钢连续退火炉辊的工况需要，热喷涂粉末应符合 GB/T 19356 的规定。通常中温炉辊可采用 75Cr$_3$C$_2$-25NiCr 系列，高温炉辊可采用 MCrAlY + n% Al$_2$O$_3$ 系列（按不同机组的需求，n = 10~50 之间选用）。用户有特殊要求的按用户要求选用。

5.2 热喷涂前表面预处理要求

喷涂前表面预处理要求符合 GB/T 11373。

5.3 热喷涂施工要求

喷涂过程操作安全及喷涂操作人员应符合国家相关规定。

5.4 热喷涂涂层技术要求

炉辊热喷涂涂层及性能应符合以下技术要求：

——目检有效表面，应色调均一，不允许有龟裂、结瘤（节状或粒状颗粒物）、结合力不牢（起皮等）及异物的附着或其他对使用上有害的缺陷；

——辊面尺寸精度和几何公差应符合设计图样要求（检验方法见 6.6）；

——涂层封孔处理后，孔隙率≤1.5%（试验方法见 6.4）；

——涂层厚度应满足图样要求，原则上不超过 0.2mm（试验方法见 6.1）；

——涂层结合强度≥50MPa（试验方法见 6.2）；

——高温炉辊涂层硬度不低于 700HV0.3，中温炉辊涂层硬度不低于 800HV0.3（试验

方法见 6.5);

——涂层表面粗糙度应达到设计图样要求或需方的规定要求（检验方法见 6.6);

——良好的抗热震性能：热震试验 20 次，喷涂层不允许有龟裂、剥落或翘起等缺陷（试验方法见 6.3);

——用户规定的其他要求，由供需双方协商确定。

5.5 炉辊喷涂后处理加工要求

5.5.1 辊面抛磨或研磨

炉辊喷涂后涂层表面通常应进行抛磨或研磨加工，其要求是去除涂层表面尖峰粒子、控制辊面的表面粗糙度以达到设计图样要求或需方的规定要求。

5.5.2 涂层封闭

炉辊经喷涂后加工，可对涂层进行封孔处理，封孔剂应具有足够的渗透性和高温稳定性。通常可采用陶瓷类材料对涂层进行封闭处理，即在常温状态下，将封孔剂均匀涂敷已喷涂辊面，在空气中晾干后，随后进炉进行热处理。

5.5.3 动/静平衡

炉辊按 GB/T 6557 的规定进行动/静平衡试验，控制精度≤G2.5。如有特殊要求，应按图样或用户要求执行。

注：配重材料应选用与工件相同的材料，补偿位置应根据辊子的结构合理布置。不允许堵塞辊子出气孔，对较大的配重，中间应该有气孔。

5.5.4 工序间转运要求

炉辊在整个修复过程的工序间转运中，必须对辊面与轴头进行工艺性保护。特别是在预处理后，工艺性保护必须考虑保持辊面清洁，以防油脂、灰尘等污物黏附辊面，影响辊面质量。吊装时，应使用尼龙吊索，在吊索处用橡胶垫保护，不允许吊索直接或间接吊辊面部位，以防止吊索上油污黏附辊面。辊子应放置在有橡胶防护的转运架上，橡胶表面不得有铁屑等杂物。在运输、转运过程中，要使用专用转运架，防止在整个吊装、转运过程中发生磕碰伤、擦伤等情况。

6 试验方法

6.1 热喷涂层厚度

测量热喷涂涂层厚度的试样必须与所喷涂工件在相同的设备和工艺条件下或随工件进行喷涂，采用 GB/T 11374 规定的方法测量。

6.2 结合强度

按照 GB/T 8642 的规定制作试样，并按照 GB/T 8642 规定的方法进行检测。

6.3 热震性能

用制品作试样，或采用同等材质，与制品同等工艺的条件下制备试样。试样尺寸为 50mm×50mm×5mm，进行热震试验。加热炉为温度波动范围±5%的电阻炉。将试样放置在不锈钢支架或网上，一起放入加热炉加热，到设定温度（试验温度为 1000℃）后保温 10min，然后取出，置于常温（20℃±5℃）下的清水中急冷。目测或用 40 倍放大镜观察试样表面状况，要求无涂层脱落或裂纹等热震损伤。

6.4 孔隙率

对与喷涂工件同步处理的试片显微金相照相，采用图像面积法来获得孔隙率，或者按

GB/T 17721 规定的孔隙率铁试剂试验进行测量。

6.5 显微硬度

按照 GB/T 9790 的规定进行试验。

6.6 辊面尺寸精度、几何公差及粗糙度检查

辊面尺寸精度测量方法：辊面长度方向均分 5 个截面，每截面取两相互垂直直径进行测量，测量结果必须满足图样要求。

辊面几何公差测量方法：辊面长度方向均分 3 个或 5 个截面，测量每截面的跳动值，测量结果必须满足图样要求。

辊面的表面粗糙度测量方法：辊面长度方向均分 5 个截面，每截面均分取 3 点进行测量，测量结果必须满足图样要求。

注：本标准给出的以上测量方法为一般性要求，实际施工时可与用户协商而定。

7 包装、运输、贮存和质量证明书

7.1 质量证明书

每批产品应附有质量证明书，应用塑料袋封装，以防损坏，并装入箱内。质量证明书上注明：

a) 执行本标准号；
b) 用户名称或代号；
c) 产品名称及合同号；
d) 产品牌号、规格和状态；
e) 批号；
f) 数量（件数或净重）；
g) 产品标准牌号；
h) 供方名称或编号；
i) 本标准中第 6 章规定的各项分析检验结果；
j) 生产日期（或包装日期）。

7.2 标志牌

每个包装箱上都应有明显牢固的标志牌，内容包括：

a) 执行本标准编号；
b) 产品名称；
c) 制造厂名；
d) 产品外形尺寸，单位为毫米（mm）；
e) 喷涂层主要成分；
f) 批号；
g) 产品重量；
h) 数量（或件数）；
i) 生产日期。

7.3 包装、运输和贮存

7.3.1 防划伤包装

7.3.1.1 第一层用牛皮纸包装，毛面向内，光面朝外，用黏性胶带纸固定。

7.3.1.2 第二层用毛毯或类似柔性软包装并固定。

7.3.1.3 包装箱内必须单件分隔包装后固定好,箱上应有"易碎"品标志。无法用木箱和集装箱保护的工件,必须单独做固定架。

7.3.1.4 包装好的工件放置时,不允许任何硬物接触工件涂层表面,以防止工件表面磨损或压伤。

7.3.2 运输

运输用木箱或集装箱运输,如无法用木箱和集装箱保护的工件,必须固定,并防止异物碰伤涂层。

7.3.3 贮存

包装好的工件,应放置在不会被污染、碰伤的地方。用户有特殊要求时,在订货协议中注明,并按订货协议执行。

第十七节 锅炉炉管电弧喷涂技术规范

一、概论

1. 电弧喷涂技术

电弧喷涂是利用两根连续送进的金属丝之间产生的电弧作热源以熔化金属,用压缩空气把熔化的金属雾化,并对雾化的金属熔滴加速使之喷向工件形成涂层的技术。

电弧喷涂原理如图 7.17-1 所示。端部呈一定角度的两根连续送进的金属丝,分别接直流电源的正负极,在金属丝端部短接的瞬间,产生电弧。电弧使金属丝熔化,在电弧点的后方由喷嘴喷射出的高速空气流使熔化的金属雾化成颗粒。在电弧和雾化气流的作用下,两金属丝的端部频繁地进行着金属熔化—熔化金属脱离—熔滴雾化成颗粒的过程,颗粒在高速气流的加速下喷射到工件的表面,形成金属涂层。

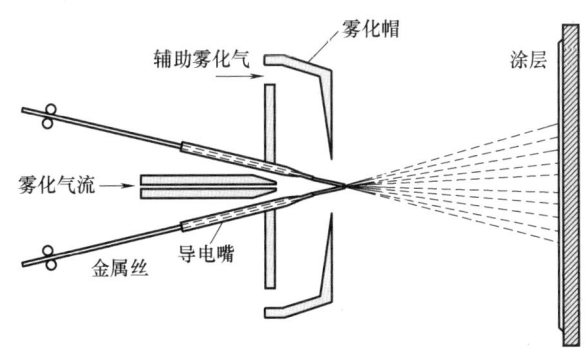

图 7.17-1 电弧喷涂原理

电弧喷涂设备主要由喷涂枪、主电源、控制箱、送丝机构等构成(见图 7.17-2)。目前大多数设备都将控制箱与主电源合并在一起。

2. 锅炉炉管电弧喷涂的标准

锅炉炉管是指锅炉的汽水管道,它长期在高温烟气和水蒸气的作用下,易发生氧化和腐蚀,服役环境恶劣。采用热喷涂技术在其表面制备防护涂层,是延长锅炉炉管寿命的一种有

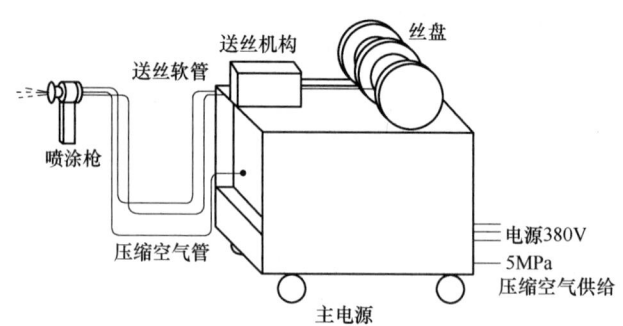

图 7.17-2 电弧喷涂设备构成示意图

效手段。为了规范锅炉炉管表面热喷涂工艺，全国金属与非金属覆盖层标准化技术委员会组织相关单位专家制定了 JB/T 11615—2013《锅炉炉管电弧喷涂技术规范》。该标准于 2013 年 12 月 31 日发布，2014 年 7 月 1 日实施。

二、标准主要特点与应用说明

该标准适用于锅炉炉管的表面热喷涂处理。该标准规定了锅炉炉管（如煤粉锅炉和循环流化床锅炉装置中的水冷壁管、过热器管、再热器管、省煤器管等受热面）在高温环境下工作的管表面热喷涂施工技术要求和检测方法。

该标准主要采用电弧喷涂对锅炉炉管表面制备防护涂层，并对施工工艺要求和涂层性能检测防腐进行了规定，为锅炉炉管防护涂层的制备提供了指导与参考。其他与锅炉炉管应用工况相似的零件也可参考该标准。

三、标准内容（JB/T 11615—2013）

锅炉炉管电弧喷涂技术规范

1 范围

本标准规定了锅炉炉管（如煤粉锅炉和循环流化床锅炉装置中的水冷壁管、过热器管、再热器管、省煤器管等受热面）在高温环境下工作的管表面热喷涂施工技术要求和检测方法。

本标准适用于锅炉炉管的表面热喷涂。

2 规范性引用文件

下列文件对于本文件的应用是必不可少的。凡是注日期的引用文件，仅注日期的版本适用于本文件。凡是不注日期的引用文件，其最新版本（包括所有的修改单）适用于本文件。

GB/T 223.9 钢铁及合金 铝含量测定 铬天青 S 分光光度法

GB/T 223.11 钢铁及合金 铬含量测定 可视滴定或电位滴定法

GB/T 1031—2009 产品几何技术规范（GPS） 表面结构 轮廓法 表面粗糙度参数及其数值

GB/T 6060.3—2008 表面粗糙度比较样块 第 3 部分：电火花、抛（喷）丸、喷砂、研磨、锉、抛光加工表面

GB/T 8642 热喷涂 抗拉结合强度的测定

GB/T 8923.1—2011 涂覆涂料前钢材表面处理 表面清洁度的目视评定 第1部分：未涂覆过的钢材表面和全面清除原有涂层后的钢材表面的锈蚀等级和处理等级

GB/T 9790 金属覆盖层及其他有关覆盖层 维氏和努氏显微硬度试验

GB/T 11373 热喷涂金属件表面预处理通则

GB/T 11374 热喷涂涂层厚度的无损测量方法

GB 11375—1999 金属与其他无机覆盖层 热喷涂 操作安全

GB/T 12608 热喷涂 火焰和电弧喷涂用线材、棒材和芯材 分类和供货技术条件

GB/T 13277.1—2008 压缩空气 第1部分：污染物净化等级

GB 15579.1—2004 弧焊设备 第1部分：焊接电源

GB/T 17850.1 涂覆涂料前钢材表面处理 喷射清理用非金属磨料的技术要求导则和分类

GB/T 18719 热喷涂 术语、分类

GB/T 18838.3 涂覆涂料前钢材表面处理 喷射清理用金属磨料的技术要求 第3部分：高碳铸钢丸、铸钢砂

GB/T 18838.4 涂覆涂料前钢材表面处理 喷射清理用金属磨料的技术要求 第4部分：低碳铸钢丸

GB/T 19824 热喷涂 热喷涂操作人员考核要求

GB/T 20019 热喷涂 热喷涂设备的验收检查

GB/T 29037—2012 热喷涂 抗高温腐蚀和氧化的保护涂层

DL/T 1035.2—2006 循环流化床锅炉检修导则 第2部分：锅炉本体检修

DL/T 1035.5—2006 循环流化床锅炉检修导则 第5部分：耐火防磨层检修

3 术语和定义

GB/T 18719 界定的术语和定义适用于本文件。

4 基本要求

4.1 外部条件

4.1.1 基体

喷涂防护的部位，可参照 DL/T 1035.2—2006、DL/T 1035.5—2006 中表1和表2的要求，做好检查和准备工作。更换钢管的焊接部位需满足相关的焊接质量要求，同时要清理表面残留的焊接飞溅物、焊渣或其他对防护涂层有影响的缺陷。

4.1.2 装备

进入施工现场的施工机械，必须满足 GB 15579.1、GB/T 20019 对设备基本性能的要求。确保能在要求的范围内控制和调节喷涂工艺参数，保证喷涂过程的稳定性。特殊装备的性能由供需双方协商确定。

4.1.3 人员

参与热喷涂涂层施工的人员要满足 GB/T 19824 规定的条件要求，同时具备良好的身体素质。

4.2 磨料

喷砂磨料种类应符合 GB/T 17850.1、GB/T 18838.3 和 GB/T 18838.4 的要求。

4.3 喷涂丝材

电弧喷涂使用的涂层材料应符合 GB/T 12608 的规定，在特殊腐蚀环境下涂层材料的选择可参照 GB/T 29037—2012 中表 1 的要求和处理方法进行。

本标准未包含的其他特殊情况下喷涂材料选择由供需双方协商确定。

4.4 压缩空气

喷涂用压缩空气应清洁、干燥、无油，压缩空气应符合 GB/T 13277.1—2008 规定的湿度等级 3 级、含油等级 1 级水平。喷枪入口端压力不得小于 0.5MPa。

4.5 施工环境

管受热面喷砂或喷涂作业时，管基体表面温度应高于其露点 3℃ 以上，空气湿度小于 80%，管表面为干燥状态方可进行喷砂工作。在环境空气湿度大于 80%，应采用供暖或输入净化干燥的空气等措施改善管表面温度和空气湿度，以满足施工环境的要求。

在有雨、雾、雪、风沙和较大的灰尘时，禁止户外喷砂、喷涂作业。

电弧喷涂作业时，必须保证施工区域具有良好通风，防止粉尘对喷涂涂层的污染。

4.6 喷砂操作

喷砂操作工应按 GB/T 19824 的要求进行考核，合格后方可进行喷砂作业。

喷砂时枪头与工作部位应保持 60°~80° 夹角，距离在 100mm~300mm 之间。为避免喷砂对管壁损伤或过量磨损，喷砂时不允许将喷砂枪头近距离和长时间对准管壁的一个部位。

4.7 喷涂操作

按喷涂丝材来选择相应的喷涂工艺参数，在对需防护部位喷涂之前，应进行试喷涂，并确定优化的喷涂工艺参数。

电弧喷涂时喷枪尽可能垂直于需喷涂的管壁表面。喷涂距离为 150mm~250mm，喷枪移动速度为 0.3m/s~0.5m/s。

喷涂作业过程中应保持喷涂工艺参数的稳定性，当喷涂粒束出现间断或其他可能影响涂层质量的情况时应停止喷涂，待排除故障后再继续喷涂。

喷涂作业中涂层如出现起皮或开裂现象，应停止喷涂，查清原因。若为喷涂工艺造成的起皮、开裂，调整工艺，并对起皮、裂纹部位用打磨机打磨好过渡坡度后重新喷砂处理，再继续喷涂。

5 过程质量要求

5.1 喷砂后基体表面

5.1.1 清理等级

喷砂后表面应呈现一致的金属本色，其除锈等级应达到 GB/T 8923.1 规定的 Sa3 级要求。

5.1.2 表面粗糙度

喷砂表面粗糙度采用标准喷砂样块进行对比检测，工件表面粗糙度应达到标准样块的表面粗糙度水平。或用粗糙度仪测量，表面粗糙度应达到 GB/T 1031—2009 中规定的 Rz（$25\mu m$~$100\mu m$）要求。

制作的样块按照 GB/T 8923.1 进行等级划分、按 GB/T 6060.5 的规定确定样块的表面粗糙度。

5.1.3 喷砂后停留时间

管面喷砂后应尽快进行电弧喷涂，在环境空气湿度低于80%时，其停留时间不得超过9h；在有盐雾或含硫气氛的环境下，其停留时间不得超过2h。

5.2 涂层及性能

5.2.1 打底涂层

当工作涂层与管壁表面结合能力无法满足设计要求时，可使用自黏结金属丝进行电弧喷涂打底层，打底层应均匀覆盖需喷涂的基体表面且无大颗粒飞溅物，打底层厚度为 0.08mm~0.12mm。

5.2.2 工作涂层

工作涂层材料成分及要求遵循 GB/T 12608 和 GB/T 29037 的说明，或供需双方依据实际情况确定喷涂丝材，工作涂层厚度可参考附录 A 的提示或供需双方的协商确定。

喷涂工作涂层的技术要求见表1。

表1 喷涂工作涂层的技术要求

项目	技术要求		试验方法或标准
外观	面层表面色泽基本一致,且平整无凹凸现象,不允许有龟裂、脱皮及粗大的熔粒,涂层与管壁边沿过渡应平滑无凸台		目测
厚度	0.2mm~1.2mm（厚度选择参见附录A）		见6.1
结合强度	≥30MPa		见6.3
耐磨涂层硬度	≥600HV0.3		见6.4
孔隙率	3%~8%		见6.5
耐蚀涂层成分	参照 GB/T 29037 说明测定铬、铝含量		见6.6
涂层的热震次数	抗磨损涂层	≥5次	见6.7
	抗腐蚀涂层	≥15次	

5.2.3 喷涂层封闭

工作涂层喷涂完毕后，根据供需双方协商约定涂刷封孔剂，其涂料涂层厚度除双方特别约定外，一般可选择控制在 0.1mm~0.8mm 之间（见附录A）。

6 涂层检测与试验方法

6.1 厚度

在磁性基体上喷涂的非磁性涂层厚度按 GB/T 11374 规定的方法进行测量，磁性材料涂层使用超声波法测量厚度。

6.2 检测样块的制备

样块的规格和数量，按照相关检测标准的要求确定。

样块的喷砂和喷涂的工艺参数应与现场管壁的喷涂工艺参数一致。

6.3 结合强度

按照 GB/T 8642 的规定进行涂层结合强度的测量。其样块材料与 GB/T 8642 不一致时，由供需双方协商约定。

6.4 显微硬度

按 GB/T 9790 的规定进行检测。

6.5 孔隙率

通过该涂层同步试样显微金相照片，采用图像面积法来获得涂层孔隙率。

6.6 涂层材料铬与铝成分测量

按照 GB/T 223.9 的规定对喷涂丝材进行铝含量测定。

按照 GB/T 223.11 的规定对喷涂丝材进行铬含量测定。

其测得的铝、铬含量应不小于 GB/T 29037 提示的腐蚀环境下要求的喷涂材料铝、铬含量要求。

6.7 涂层抗热震试验

涂层的抗热震试验按照下述方法进行试验，其中耐蚀涂层的试验次数为 15 次、耐磨涂层的试验次数为 5 次。完成相应的试验次数后，涂层不允许有裂纹、剥落和起皮等现象。

试验方法：用与炉管一致的基板和现场喷涂工艺参数一致的条件制备样块，样块的规格为 100mm×50mm×5mm。样块涂层厚度与炉管的涂层厚度一致，厚度偏差±0.05mm。加热炉为温度波动范围±5%的电阻炉。将样块放置在不锈钢支架或网上，一起放入电阻炉内加热，到设定温度（试验温度设定为 750℃）后保温 10min 后取出，置于常温（20℃±5℃）清水中急冷，重复试验规定的次数后，目测或使用 40 倍放大镜观察试样表面状态，要求涂层不脱落、不起翘、无可见裂纹。

7 作业安全提示

炉内炉管受热面电弧喷涂的施工，必须遵循符合当地法律法规的要求。

进入炉内的施工设备电气性能符合行业的技术规范，并遵守需方的各项安全规定。

附 录 A
（资料性附录）
锅炉炉管（受热面）电弧喷涂涂层厚度参考值

本附录给出了锅炉炉管（受热面部分）电弧喷涂涂层厚度参考值（见表 A.1）。

表 A.1 锅炉炉管（受热面）电弧喷涂涂层厚度参考值　　　　　（单位：mm）

环境	轻度(腐蚀或磨损)	中度(腐蚀或磨损)	重度(腐蚀或磨损)
腐蚀环境下工作涂层厚度	0.2	0.3	0.4
磨损环境下工作涂层厚度	0.4	0.6	0.8

第八章 热喷涂（焊）设备

第一节 热喷涂 热喷涂设备的验收检查

一、概论

1. 技术背景

热喷涂处理需要各种装置、机具、设备来实现，通过这些系统准确控制气体流量、电功率，粉末、丝材、棒材的送给速度。现已出现各种形式、不同用途的喷涂枪、电源、喷涂材料送给装置、控制系统，出现了各种各样的工件夹具、喷涂前处理设备，以及控制涂层质量、进行热喷涂后处理的装备。这些设备繁简程度不同、控制精度各异，有的已达到自动化甚至智能化水平。特别是先进的计算机控制热喷涂设备，可封闭循环反馈电功率、气流、冷却水流、送粉速度，达到工艺参数精确控制的目的。在此基础上，还可以借助现代温度测量、图像识别、成分在线检测、数字模拟等技术手段，实现热喷涂层的智能制造。目前，虽然一些热喷涂设备仍为手工操作，但必须通过多种手段，精确控制喷涂枪或喷炬相对于喷涂件的运动速度，达到喷涂层均质、厚度均匀的目标。例如：利用机床类机器旋转工件，并与纵向移动的喷涂枪或喷炬相配合，实现轴类件喷涂；移动双轴机器喷涂大型平板件；采用机器人喷涂复杂件等。

随着先进制造技术和控制技术的发展，作为热喷涂重要组成部分的热喷涂设备也在不断进步，推动其向减轻劳动强度、降低环境噪声与污染、提高喷涂效率、保障喷涂质量和提升自动化、智能化水平方向发展。

常用的热喷涂方法和设备主要有：

（1）火焰喷涂 火焰喷涂是喷涂涂层材料在氧-燃气焰中被加热，然后以雾化状喷向经预处理的基体表面的喷涂方法。初始喷涂涂层材料可呈粉末状、棒状、芯丝状或线状，可以只利用氧-燃气射流，也可以同时使用附加的雾化气体，如压缩空气，将被加热的材料喷向基体。

1）线材火焰喷涂。线材火焰喷涂是采用氧-乙炔燃烧火焰作热源，喷涂涂层材料为线材的热喷涂方法。它是最早获得应用的热喷涂方法，迄今仍在普遍使用。

典型的火焰线材喷涂设备的构成如图 8.1-1 所示。

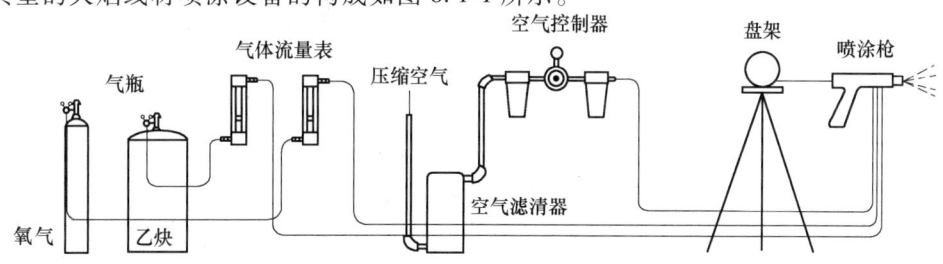

图 8.1-1 火焰线材喷涂设备的构成

2) 棒材火焰喷涂。棒材火焰喷涂是采用氧-乙炔燃烧火焰作热源，喷涂涂层材料为棒材的热喷涂方法。由于金属材料可以很容易地制成线材，而陶瓷材料无法加工成线材，至多可以制成一定粗细和长短的棒材，所以棒材火焰喷涂主要指陶瓷棒材火焰喷涂。

氧-乙炔火焰棒材喷涂设备的构成如图 8.1-2 所示。除喷涂枪在结构上有些差别外，其他各系统与线材火焰喷涂基本相同。

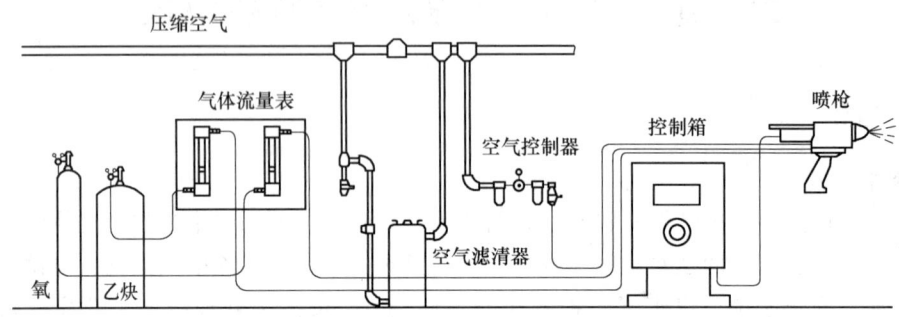

图 8.1-2　氧-乙炔火焰棒材喷涂设备的构成

3) 粉末火焰喷涂。粉末火焰喷涂是采用氧-乙炔火焰为热源，喷涂涂层材料为粉末的热喷涂方法。它是继线材火焰喷涂之后出现的一种喷涂方法，由于设备简单，喷涂材料种类多，是目前国内应用最为普遍的热喷涂工艺。

粉末火焰喷涂设备的构成与线材火焰喷涂类似，也是由氧气-乙炔供给系统、压缩空气供给系统、喷涂枪等组成，区别主要在喷涂枪。在喷涂枪不需要压缩空气时，不需要压缩空气供给系统。在枪外送粉的情况下，需要增加送粉器。

图 8.1-3 所示为典型的粉末火焰喷涂枪的结构。该喷涂枪有四个控制阀，分别为氧气控制阀 4、乙炔控制阀 5、粉末流量控制阀 6、送粉气体控制阀 7。氧气进入喷涂枪后，分成两路，一路经送粉气体控制阀 7 进入送粉器孔，产生射吸作用抽吸粉末；另一路经氧气控制阀 4 进入射吸室，产生负压抽吸乙炔，两种气体在混合室混合后从喷嘴喷出，产生燃烧火焰。

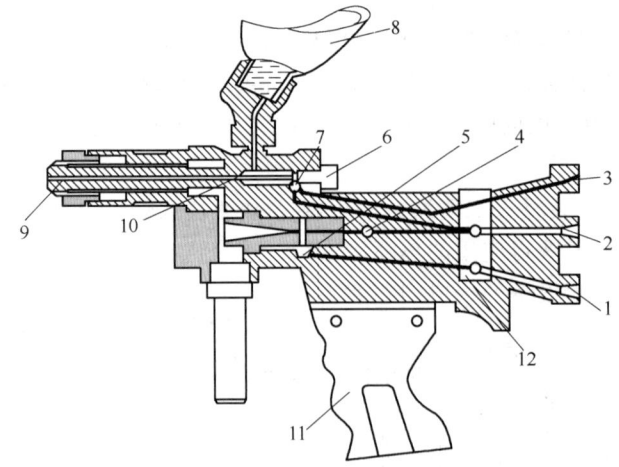

图 8.1-3　粉末火焰喷涂枪的结构

1—乙炔进口　2—氧气进口　3—备用进口　4—氧气控制阀　5—乙炔控制阀　6—粉末流量控制阀
7—送粉气体控制阀　8—粉罐　9—喷嘴　10—送粉气喷射孔　11—手柄　12—快速安全阀

（2）电弧喷涂　电弧喷涂是利用两根连续送进的金属丝之间产生的电弧作为热源来熔化金属，用压缩空气把熔化的金属雾化，并对雾化的金属细滴加速使之喷向工件形成涂层的工艺方法。

电弧喷涂设备主要由喷涂枪、主电源、控制箱、送丝机构等构成（见图 7.17-2）。目前大多数设备都将控制箱与主电源合并在一起。

（3）等离子喷涂　等离子喷涂是采用非转移型等离子弧为热源，喷涂涂层材料为粉末的热喷涂方法。近几十年来，等离子喷涂技术发展很快，目前已开发出大气等离子喷涂、可控气氛等离子喷涂、液稳等离子喷涂等喷涂技术，等离子喷涂已成为热喷涂技术中重要的一项工艺方法。

典型的等离子喷涂设备的构成如图 8.1-4 所示。辅助设备包括压缩气体供给系统、工作用气（氩、氢、氮）供给系统等。

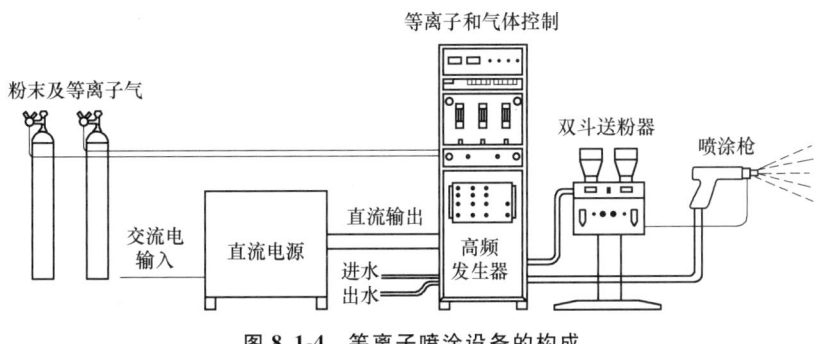

图 8.1-4　等离子喷涂设备的构成

2. 热喷涂设备的标准

热喷涂设备是热喷涂技术实施的前提，热喷涂设备在很大程度上决定了涂层的性能。为规范热喷涂设备的验收检查条件，国际标准化组织于 2000 年首次发布了 ISO 14231：2000《热喷涂　热喷涂设备的验收检查》。我国于 2005 年等同采用 ISO 14231：2000 制定了 GB/T 20019—2005《热喷涂　热喷涂设备的验收检查》。该标准于 2005 年 10 月 12 日发布，2006 年 4 月 1 日实施。

二、标准主要特点与应用说明

该标准规定了热喷涂设备验收检查的技术要求，包括能制备高质量热喷涂涂层的等离子喷涂设备、电弧喷涂设备和火焰喷涂设备。

该标准对热喷涂设备验收检查的目的、条件、原则和程序进行了规定，并就等离子喷涂设备、电弧喷涂设备和火焰喷涂设备分别进行了阐述，提出了关键参数的具体指标，最后对检测报告的有效性和复验方式进行了说明。该标准是热喷涂设备验收检查的主要依据，但随着技术的进步，设备电流、电压、气体流量控制的精度将会不断提升，因此，在实际设备订购及交付时，应根据使用需求对参数做进一步的规定。

由于技术的发展，GB/T 20019—2005《热喷涂　热喷涂设备的验收检查》中不包括高速火焰喷涂设备的验收方法。高速火焰喷涂设备的验收要点主要包括煤油控制、气体（燃气、氧气、载粉气）控制、冷却水路、喷嘴检查等方面。

设备的验收要素除该标准中列出的项目之外，供需双方还可以根据约定，进行喷涂粒子速度、温度的测定，以及典型涂层性能的测定。例如，要求高速火焰喷涂碳化钨飞行粒子速度高于600m/s，等离子喷涂 Al_2O_3-13TiO_2 涂层结合强度高于30MPa等。

三、标准内容（GB/T 20019—2005）

热喷涂　热喷涂设备的验收检查

1　范围

本标准规定了热喷涂设备验收检查的技术要求，包括能制备高质量热喷涂涂层的等离子喷涂设备，电弧和火焰喷涂设备。

2　规范性引用文件

下列文件中的条款通过本标准的引用而成为本标准的条款。凡是注日期的引用文件，其随后所有的修改单（不包括勘误的内容）或修订版均不适用于本标准，然而，鼓励根据本标准达成协议的各方研究是否可使用这些文件的最新版本。凡是不注日期的引用文件，其最新版本适用于本标准。

GB/T 19356　热喷涂　粉末　成分和供货技术条件（GB/T 19356—2003，ISO 14232：2000，MOD）

3　目的

作为全面质量保证体系的一部分，验收检查在于证明设备适合于制备满足本标准要求的、质量均匀的热喷涂涂层。

本标准可提供一个交货技术条件的依据。

在交付热喷涂设备时，首先供货方应提供热喷涂设备适用性的证明，用户也可按第6条进行检验。由此得出的评价和决定设备适用性的任何重要数据都应记录于附录A、附录B、附录C、附录D所示的检查报告中。如果在第7条所述的试验中能达到第6条规定的所有要求，则可认为热喷涂设备达到设计要求。

4　验收检查的条件

热喷涂设备应符合所有有关的安全规范。热喷涂设备的安装应使喷涂过程不受其他生产设备或环境条件的不利影响。

提供气体的气量和纯度应适当。

应注意保证设定的电参数不受电网波动的干扰。每台设备都应提供一本操作和维护说明手册。

设备验收试验时，热喷涂枪固定的位置和方式应由买方与生产方商定。

5　标记

热喷涂设备的验收检查应标记如下：

按 GB/T 20019 验收检查。

6　验收检查的原则

6.1　等离子喷涂设备

6.1.1　电源

喷涂枪符合设计要求时，等离子喷涂设备应能在最大功率水平下连续工作。

6.1.2 高压引弧装置

高压引弧装置工作时应不影响喷涂设备的其他部件和其他功能。

6.1.3 冷却水路

冷却水路应有足够的尺寸，并具有保持和控制水质、水温和水流量的装置。

6.1.4 气体

等离子喷涂设备应能按用户要求，采用单一气体或混合气体进行喷涂。

6.1.5 等离子喷嘴

在喷涂粉末过程中，喷嘴中或喷嘴上不应产生任何妨碍喷涂的沉积物。

6.1.6 送粉器

送粉器应满足下列要求：

a) 送粉器应是一独立设备，即使它由几个部件组成也应如此，其功能与气体体积流量的设定和喷涂设备的控制电路类型无关。
b) 送粉器应能控制粉末流量，设定值应稳定，并可重现。应采用有关各方所确定的粉末进行试验。
c) 按供方的规范处理粉末时，送粉器应能均匀地输送混合粉末而不产生分层现象。
d) 应能输送细颗粒粉末（见 GB/T 19356）。

6.1.7 监控

在喷涂过程中，气体的压力、气体的体积流量、粉末的输送速率、电弧电流和电弧电压与设定值之间的偏差，借助于可清晰正确地读出数据的仪表，应能进行监视与控制。在验收检查中应记录这些数值。所有设定值的测量仪器极限误差应不超过5%，压力表和电测量装置的最大允许误差为量程的 2.5%（见 7.2.7）。

在缺水或参数过分偏离预选的运行参数时，系统应确保设备能自动关闭。

6.2 电弧喷涂设备

6.2.1 电源

当使用适当直径的喷涂线材，并且喷涂头部是按此功率级别设计时，电弧喷涂设备应能以最大功率连续工作。

6.2.2 雾化气输入

雾化气管路和控制装置的设计应确保不影响操作。

6.2.3 喷嘴系统

喷嘴系统（导电管和空气喷嘴）应能维持稳定的电弧并进行雾化，而不产生可能干扰工作的沉积物。

6.2.4 喷涂线材输送装置

当压缩空气压力和电力的供应恒定适当时，线材输送装置应能连续可控和可重现地输送线材。

6.2.5 监控

在喷涂过程中，雾化气压、电流、电压与设定值之间的偏差，借助于可清晰正确地读出数据的仪表，应能进行监视与控制。在验收检查中应记录这些数值。测量仪器极限误差应不超过所有设定值的5%，压力表和电测量装置的最大允许误差为量程的 2.5%（见 7.3.4）。

6.3 粉末、线材、棒材和芯材火焰喷涂设备

6.3.1 气体
火焰喷涂设备应能使用设计的可燃气体，以及必需的雾化气和送粉气进行喷涂。

6.3.2 喷嘴
在喷涂材料的过程中，燃烧喷嘴和空气喷嘴上不能形成妨碍喷涂工作的沉积物。

6.3.3 喷涂材料输送装置
喷涂材料输送装置应满足下列条件：
a) 装置应能均匀地输送规定的材料；
b) 喷涂材料的输送速率应能调节；
c) 当送粉气压、驱动气压或供电保持在恒定和可控制的水平时，则设定的参数应稳定并可重现。

6.3.4 监控
在喷涂过程中，气体的压力、气体的体积流量与设定值之间的偏差，借助于可清晰正确地读出数据的仪表，应能进行监视与控制。在验收检查中应记录这些数值。测量仪器极限误差应不超过所有设定值的 5%，压力表和电测量装置的最大允许误差为量程的 2.5%（见7.4.5）。

7 验收检查的程序

7.1 总则
如果符合 7.2~7.4 的要求，则可认为热喷涂设备能适用于有关的热喷涂工作，以及使用常用热喷涂材料实施喷涂的要求。

7.2 等离子喷涂设备

7.2.1 电源
用设备制造商推荐的参数，喷涂氧化铝 20min 以验证设备的额定功率。

在试验过程中检查下列项目：
a) 气体控制；
b) 电控制；
c) 冷却温度。

所选参数的极限偏差见附录 A 中的 A、B、C 级。

稳定后，电压（可变参数）与设定值的偏差应不超过 3%（A 级）、6%（B 级）、12%（C 级）。应记录电压达到稳定所需的时间。

7.2.2 高压引弧装置
若在 7.2.1 规定的试验中，喷涂设备的任何部分和功能都不受高压引弧装置的干扰，则可认为符合 6.1.2 的要求。

7.2.3 冷却水路
应通过测量冷却水的流量检验冷却水路。应保证能达到设备制造商标明的最低体积流量。

7.2.4 等离子气体
在 20min 的喷涂过程中，气体的压力和体积流量与设定值的偏差不超过下列值，则应认为该系统符合 6.1.4 规定的要求：A 级±1.5%，B 级±3%，C 级±5%。

如果辅气是可调的，其稳定后的值与设定值的偏差 A 级应不大于 3%，B 级应不大于 6%，C 级应不大于 12%。

7.2.5 喷嘴

经 7.2.1 规定的试验，如果没有干扰喷涂的沉积物，则可认为喷嘴符合 6.1.5 的要求。

7.2.6 送粉器

通过下述试验确认送粉器是否符合 6.1.6 的要求：

a) 改变控制面板上指示的主气流量，应不影响送粉气的流量。

b) 为确定给定时间内的送粉量，设备应在冷态，即不起弧的状态下运行至少 1min。试验应重复 2 遍以上，送粉量的变化 A 级应不大于 ±5%，B 级应不大于 ±10%，C 级应不大于 ±15%。试验粉末粒度应由有关各方协商选择（见 GB/T 19356）。为检查重现性，应在设备关闭至少 6h 以后，用同型和同量的粉末重新试验，并应达到相同的送粉量和偏差。

c) 本试验应采用由有关各方协商选择，符合 GB/T 19356 的粉末进行。从混合均匀的粉末中取出 6.4kg 样品，分成等量的 4 份，取出一份。然后，重复上述混合和取四分之一等分的程序，直至得到一份 100g 的样品。在送粉之前应对这个样品进行化学分析和粒度测定。在粉末容器中应装入 1000g 喷涂粉末，按生产厂说明的方法，冷态输送 900g 粉末，剩下的约 10% 的粉末进行化学分析和粒度测定，化学分析仅限于测定主要元素。粉末分层所引起的偏差不应大于原始值的 3%。

7.2.7 监控

所有设定值的控制装置和测量仪表的极限误差应不超过 5%，最大允许误差应为量程的 2.5%。设定值的重现性必须得到验证。

7.2.8 检查报告

等离子喷涂设备检查报告的示例见附录 A。

7.3 电弧喷涂设备

7.3.1 电源和线材输送装置

当电源的额定功率按照 6.2.1 的要求，线材输送装置按照 6.2.4 的要求持续工作时，设定电参数的偏差应不超过 ±5%。当设备在 20min 内以最大功率喷涂适合的涂层材料，如纯金属或低合金钢丝，由于热载荷增加导致其他波动时，这些要求也应得到满足。

7.3.2 雾化气

在 20min 的喷涂时间中，如果雾化气压的指示值与设定值的偏差不大于 ±5%，则应认为设备符合 6.2.2 的要求。

7.3.3 喷嘴系统

经 7.3.1 进行试验后，电弧无异常，喷嘴系统没有熔化后的喷涂材料沉积，则应认为喷嘴系统符合 6.2.3 的要求。

7.3.4 监控

对于所有的设定值，测量仪器的极限误差应不超过 5%，最大允许误差应为量程的 2.5%，并且还应验证设定值的重现性。

7.3.5 检查报告

电弧喷涂设备的检查报告的示例见附录 B。

7.4 粉末、线材、棒材、芯材火焰喷涂设备

7.4.1 气体

在 20min 的喷涂时间内，如果气体的压力和体积流量与设定值之间的偏差 A 级不大于 2%，B 级不大于 5%，则应认为火焰喷涂设备符合 6.3.1 的要求。

7.4.2 喷嘴

以最大的喷涂速率，连续喷涂与喷嘴相适应的材料 20min，如果不产生干扰喷涂的沉积物，则应认为喷嘴符合 6.3.2 规定的要求。

7.4.3 喷涂材料输送装置

7.4.3.1 总则

应由下列试验确定是否符合 6.3.3 的要求：

7.4.3.2 粉末火焰喷涂

此试验应采用由有关各方协商选择的，符合 GB/T 19356 的粉末进行。从混合均匀的粉末中取出 6.4kg 样品并分成均匀的 4 份，重复混合和取四分之一等分的程序，直到得到 100g 的样品。在送粉试验之前，此样品应进行化学分析和粒度测定。采用冷态送粉试验，送粉气的体积流量按设备制造商的规定。应测定 1min 的试验粉末送出量。此测定要重复 2 遍以上，送粉量的变化应不大于 5%。使用独立的送粉器时，送粉试验应按 7.2.6 进行。送粉器中剩下的粉末应用于化学分析和粒度测定，粉末分层引起的偏差应不大于原始值的 3%。

7.4.3.3 线材火焰喷涂

设备的适应性应进行点火燃烧试验，测量 1min 输送线材的长度。测试应重复 2 次以上，输送长度的变化应不大于 5%。此试验应使用商定直径的钼线或铝线。

7.4.3.4 棒材或芯材火焰喷涂

应采用商定直径的 Al_2O_3 棒材或芯材进行 1min 试验。

7.4.4 火焰回火

当按照制造商的说明操作喷涂设备时，氧/燃气火焰不允许出现回火现象。

7.4.5 监控

所有设定值的测量和控制装置的极限误差应不超过 5%，最大允许误差应为量程的 2.5%，并且还应验证设定值的重现性。

7.4.6 检查报告

线材、棒材或芯材火焰喷涂设备的检查报告的示例见附录 C。粉末火焰喷涂设备的检查报告的示例见附录 D。

8 检查报告的有效性和复验

8.1 检查报告的有效性

只要检查报告全部符合本标准的所有规定，则应认为设备是合格的。

8.2 复验

8.2.1 修理工作

热喷涂设备验收检查中，如果数值因修正或修理而改变时，则应复验那些受到影响的数据。

8.2.2 复验程序

复验应和本标准所规定的初验一样进行。

附 录 A
（资料性附录）
等离子喷涂设备的检查报告

初验/复验

设备制造商：	设备型号：
用户：	喷枪型号：
制造年月：	送粉器型号：

测试项目	设定值	实际值	连续试验20min后的变化			实际偏差(%)	评价	
			允许偏差(%)					
			A级	B级	C级		合格	不合格
电流/A			±1.5	±3	±5			
电压/V			±1.5	±3	±5			
主气气压/MPa			±1.5	±3	±5			
主气体积流量/(L/min)			±1.5	±3	±5			
辅气气压/MPa			±1.5	±3	±5			
辅气体积流量/(L/min)			±1.5	±3	±5			
送粉气气压/MPa			±1.5	±3	±5			
送粉气体积流量/(L/min)			±1.5	±3	±5			
冷却水温度/℃			±5	±10	±15			
冷却水流量/(L/min)			±5	±10	±15			

高压引弧装置对其他设备或功能的干扰：	有/无
喷嘴沉积：	有/无
喷嘴干扰：	有/无
稳定所需时间：	有/无

送粉器检查(冷态)

试验用喷涂粉末：

粉末粒度：（按 GB/T 19356）

送粉时间： min

	设定值	第一次试验	第二次试验	第三次试验	允许偏差(%)			实际偏差(%)	评价	
					A级	B级	C级		合格	不合格
送粉量/(g/min)					±5	±10	±15			
6h后复测					±5	±10	±15			

粉末分层试验(冷态)

由有关各方协商选择的试验用喷涂粉末:

粉末粒度:

		分层		评价	
		允许偏差(%)	实际偏差(%)	合格	不合格
原始粉 1000g	原始粉化学分析	±3			
剩余粉约 100g	剩余粉化学分析	±3			

粉末粒度分析

粉末粒度	原始粉末		剩余粉末		分层		评价	
					允许偏差(%)	实际偏差(%)	合格	不合格
μm	g	%	g	%	±3			
μm	g	%	g	%	±3			

自动停机

缺气: 是/否

缺水: 是/否

送粉量变化过大: 是/否

测量设备的能力

测量设备的极限误差: _____% 设定值的百分比(最大5%)

最大允许误差为量程的2.5%: 是/否

评价:

日期:_____ 检查人签名:_____

附 录 B
（资料性附录）
电弧喷涂设备的检查报告

初验/复验

设备制造商：	设备型号：
用户：	喷枪型号：
生产年月：	电源：
驱动类型：	

性能数据（设备制造商提供）

电源:电流　　　　A	电源:电压　　　　V　　（在100%负载下）
喷枪:电流　　　　A	喷枪:电压　　　　V　　（在100%负载下）
试验用喷涂线材：	喷涂线材直径：

测试项目	设定值	实际值	连续试验20min后的变化		评价	
			允许偏差(%)	实际偏差(%)	合格	不合格
电源和送丝:电压　　　V			±5			
电源和送丝:电流　　　A			±5			
雾化气:压力　　　MPa			±5			

喷嘴干扰：	有/无
喷嘴沉积：	有/无
测量设备的极限误差：	%设定值的百分比（最大5%）
最大允许误差为量程的2.5%：	是/否

评价：

日期：_____检查人签名：_____

附 录 C
（资料性附录）
线材、棒材或芯材火焰喷涂设备的检查报告

初验/复验

设备制造商：	驱动类型：
用户：	设备型号：
生产年月：	喷嘴型号：

测试项目	设定值	实际值	连续试验20min后的变化		实际偏差（%）	评价	
			允许偏差（%）				
			A级	B级		合格	不合格
燃气压力/MPa			±2	±5			
燃气流量/(L/min)			±2	±5			
氧气压力/MPa			±2	±5			
氧气流量/(L/min)			±2	±5			
雾化气压力/MPa			±2	±5			
雾化气流量/(L/min)			±2	±5			

试验用喷涂材料：	喷涂材料直径：

喷涂材料输送装置	设定值	第一次试验	第二次试验	第三次试验	允许偏差（%）		实际偏差（%）	评价	
					A级	B级		合格	不合格
输送长度/(mm/min)					±5	±10			

喷嘴干扰：	有/无
喷嘴沉积：	有/无
测量设备的极限误差：	%设定值的百分比（最大5%）
最大允许误差为量程的2.5%：	是/否

评价：

日期：_____检查人签名：_____

附 录 D
（资料性附录）
粉末火焰喷涂设备的检查报告

初验/复验

设备生产厂：	生产年月：
用户：	设备型号：

测试项目	设定值	实际值	连续试验20min后的变化		实际偏差（%）	评价	
			偏差极限（%）			合格	不合格
			A级	B级			
燃气压力/MPa			±2	±5			
燃气流量/(L/min)			±2	±5			
氧气压力/MPa			±2	±5			
氧气流量/(L/min)			±2	±5			
雾化气压力/MPa			±2	±5			
雾化气流量/(L/min)			±2	±5			

喷嘴干扰：	有/无
喷嘴沉积：	有/无
火焰回火：	有/无
测量设备的极限误差：	%设定值的百分比（最大5%）
最大允许误差为量程的2.5%：	是/否

送粉设备检查（冷态）

试验用喷涂粉末：	
粒度：	（按GB/T 19356）
送粉时间：	min

	设定值	第一次试验	第二次试验	第三次试验	允许偏差（%）		实际偏差（%）	评价	
					A级	B级		合格	不合格
送粉量/(g/min)					±5	±10			

粉末分层试验（冷态）

由有关各方协商选择的试验用喷涂粉末：

粒度：根据GB/T 19356：

			分层		评价	
			允许偏差（%）	实际偏差（%）	合格	不合格
原始质量 1000g	原始粉化学分析		±3			
剩余质量约 100g	剩余粉化学分析		±3			

粉末粒度分析								
粉末粒度	原始质量		剩余质量		分层		评价	
					允许偏差(%)	实际偏差(%)	合格	不合格
μm	g	%	g	%	±3			
μm	g	%	g	%	±3			

评价：

日期：_____ 检查人签名：_____

第二节　热喷涂设备　分类及型号编制方法

一、概论

1. 热喷涂设备的分类方法

热喷涂设备一般根据工艺方法进行分类，主要包括线（棒）材火焰喷涂成套设备、粉末火焰喷涂成套设备、粉末火焰喷焊成套设备、电弧喷涂成套设备、等离子喷涂成套设备、等离子喷焊成套设备、爆炸喷涂成套设备、高速火焰喷涂成套设备、冷喷涂成套设备等。

2. 热喷涂设备分类及型号编制的标准

为规范热喷涂设备的分类与型号编制，我国于1985年制定了JB/T 4108—1985《热喷涂设备　分类及型号编制方法》，1999年对JB/T 4108—1985进行了修订。该次修订在热喷涂设备分类中增加了"燃气爆炸喷涂"，在喷枪中增加了"高速喷枪"，在粉末输送装置中增加了"混合式"等内容。随着热喷涂设备与技术的快速发展，2016年又对JB/T 4108—1999进行了修订，发布了JB/T 4108—2016《热喷涂设备　分类及型号编制方法》。

JB/T 4108—2016《热喷涂设备　分类及型号编制方法》于2016年4月5日发布，2016年9月1日实施。

二、标准主要特点与应用说明

JB/T 4108—2016与JB/T 4108—1999相比，主要技术变化如下：

1）按照GB/T 1.1—2009，增加了第2章"规范性引用文件"及第3章"术语和定义"。

2）热喷涂设备分类增加了"高速火焰喷涂"及"冷喷涂"的相关内容。

3）"火焰线材"改为"火焰线（棒）材"，"电弧线材喷涂"改为"电弧喷涂"，"燃气爆炸喷涂"改为"爆炸喷涂"，"整流电源"改为"电源"。

4）采用1个或2个英文字母表示热喷涂工艺。

5）增加了附加特征代号。

6）增加了第二附加特征代号字位，特殊环境代号加括号表示。

7）在整流电源附加特征中增加了"逆变"，删除了已基本不用的特征。

8）在控制装置中增加了"热喷涂控制装置"。

9）在材料输送装置中增加了"液料输送装置"。

10）删除了与其他行业共用的"机械装置"及"辅助装置"。

11）增加了编制示例。

该标准规定了热喷涂成套设备及热喷涂设备主要组成部分的分类方法、型号编制方法。该标准所规定的热喷涂设备分类及其型号的编制规则适用于以下热喷涂工艺方法：线（棒）材火焰喷涂、粉末火焰喷涂、粉末火焰喷焊、电弧喷涂、等离子喷涂、等离子喷焊、爆炸喷涂、高速火焰喷涂、冷喷涂。

该标准按工艺方法将热喷涂技术分为线（棒）材火焰喷涂、粉末火焰喷涂、粉末火焰喷焊、电弧喷涂、等离子喷涂、等离子喷焊、爆炸喷涂、高速火焰喷涂、冷喷涂九类，与此对应，将热喷涂成套设备划分为九大类。该标准提出了这九大类热喷涂设备型号的编制方法，成套设备组成次序为工艺方法代号（用英文字母表示）、系列品种序号（用阿拉伯数字表示）、基本规格（用阿拉伯数字表示）、附加特征号（用英文字母表示）、第二附加特征代号（用英文字母表示）、特殊环境（按电工产品的统一规定进行）。该标准列出了热喷涂工艺代号、附加特征代号、成套设备产品名称及工艺类别代号，举例说明了成套设备统一型号编制和设备组成部分统一型号编制。

三、标准内容（JB/T 4108—2016）

热喷涂设备　分类及型号编制方法

1　范围

本标准规定了热喷涂成套设备及热喷涂设备主要组成部分分类方法、型号编制方法。

本标准适用于热喷涂设备。

2　规范性引用文件

下列文件对于本文件的应用是必不可少的。凡是注日期的引用文件，仅注日期的版本适用于本文件。凡是不注日期的引用文件，其最新版本（包括所有的修改单）适用于本文件。

GB/T 18719　热喷涂　术语、分类

GB/T 19607　特殊环境条件防护类型及代号

3　术语和定义

GB/T 18719 界定的以及下列术语和定义适用于本文件。

3.1　粉末火焰喷焊　powder flame spraying and fusing

用氧-燃气火焰作热源将自熔合金粉末加热至熔融或半熔融状态，并利用膨胀燃气流喷射于经预处理的基体表面形成涂层，同时或随后重熔制备涂层的方法。又称粉末火焰喷熔。

3.2　等离子喷焊　plasma tranferred arc process；PTA

以等离子转移弧为热源将合金粉末熔化，在基体表面形成熔覆层的方法。

3.3　热喷涂设备　thermal spraying equipment

利用不同热源，在工件表面上制备各种热喷涂层所用装置的总称。

4 分类方法

4.1 适用范围

本标准所规定的热喷涂设备分类及其型号的编制规则适用于以下热喷涂工艺方法：

a) 线（棒）材火焰喷涂；

b) 粉末火焰喷涂；

c) 粉末火焰喷焊；

d) 电弧喷涂；

e) 等离子喷涂；

f) 等离子喷焊；

g) 爆炸喷涂；

h) 高速火焰喷涂；

i) 冷喷涂。

4.2 成套设备分类

成套设备分以下九类：

a) 线（棒）材火焰喷涂成套设备；

b) 粉末火焰喷涂成套设备；

c) 粉末火焰喷焊成套设备；

d) 电弧喷涂成套设备；

e) 等离子喷涂成套设备；

f) 等离子喷焊成套设备；

g) 爆炸喷涂成套设备；

h) 高速火焰喷涂成套设备；

i) 冷喷涂成套设备。

4.3 热喷涂设备的组成分类（按其作用分）

4.3.1 喷涂、喷焊枪

喷枪、喷焊枪分为：

a) 线（棒）材火焰喷涂枪；

b) 粉末火焰喷涂枪；

c) 粉末火焰喷焊枪；

d) 火焰加热重熔枪；

e) 电弧喷涂枪；

f) 等离子喷涂枪；

g) 等离子喷焊枪；

h) 爆炸喷涂枪；

i) 高速火焰喷涂枪；

j) 冷喷涂枪。

4.3.2 电源

电源分为：

a) 电弧喷涂电源；

b）等离子喷涂电源；

c）等离子喷焊电源。

4.3.3 控制装置

控制装置分为：

a）线（棒）材火焰喷涂控制装置；

b）电弧喷涂控制装置；

c）粉末火焰喷涂控制装置；

d）等离子喷涂控制装置；

e）等离子喷焊控制装置；

f）爆炸喷涂控制装置；

g）高速火焰喷涂控制装置；

h）冷喷涂控制装置；

i）热喷涂控制装置。

4.3.4 材料输送装置

材料输送装置分为：

a）送粉器；

b）送丝机构；

c）液料输送装置。

4.3.5 其他设备

以上未提到的热喷涂专用设备。

5 型号编制方法

5.1 本标准适用的型号编制范围为第 4 章列出的热喷涂工艺及相关设备。

5.2 产品型号由英文字母和阿拉伯数字组成，分为首、尾两部分，中间以短横线"-"隔开。型号诸元素的含义、排列顺序及表示方法见 5.4 的规定。

5.3 英文字母的选用根据下列原则：

a）热喷涂工艺用 1 个或 2 个英文字母表示，各工艺的英文名与对应的表示代号见表 1；

表 1 热喷涂工艺代号

序号	热喷涂工艺	代号	英文
1	线（棒）材火焰喷涂	W	Wire(rod) flame spraying
2	粉末火焰喷涂	P	Powder flame spraying
3	粉末火焰喷焊	F	Powder flame spraying and fusing
4	电弧喷涂	A	Arc spraying
5	等离子喷涂	PS	Plasma spraying
6	等离子喷焊	PT	Plasma transferred arc process
7	爆炸喷涂	D	Detonation spraying
8	高速火焰喷涂	H	High velocity flame spraying
9	冷喷涂	C	Cold spraying
10	热喷涂	TS	Thermal spraying

b) 其他选用所代表产品第一个（或代表产品特征的）汉字的第一个拼音字母；
c) 如同一部位字母重复，且产生歧义，可选用所代表产品的非第一音节字母，必要时亦可采用其他拼音字母；
d) 特殊环境的代表符号应按 GB/T 19607 标注，非特殊环境则不标注。

5.4 产品型号的编排次序：

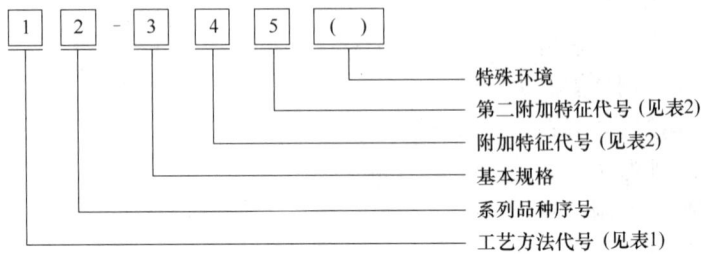

成套设备型号的表示方法、设备的组成部分型号的编排次序及表示方法如下：

a) 成套设备型号的表示方法：
   1) 型号中第 1 项用 1 个或 2 个英文字母表示；
   2) 型号中第 2、3 项用阿拉伯数字表示；
   3) 型号中第 4、5 项用汉语拼音字母表示；
   4) 系列品种序号用于区别系列的不同品种，依生产先后顺序编号；
   5) 成套设备附加特征（第二附加特征）用于代表同工艺方法的不同品种，代号见表 2，设备生产商也可根据本标准方法添加；

表 2 附加特征代号

序号	名称	附加特征代号	示例
1	真空	Z	真空等离子喷涂 真空冷喷涂
2	控制气氛	K	控制气氛等离子喷涂
3	空气	Q	空气等离子喷涂 高速空气-燃料火焰喷涂
4	高速	G	高速等离子喷涂
5	液稳	Y	液稳等离子喷涂
6	燃油	Y	燃油型高速火焰喷涂
7	燃气	R	燃气型高速火焰喷涂
8	高压	G	高压冷喷涂
9	低压	D	低压冷喷涂

   6) 特殊环境的代表符号应按 GB/T 19607 标注，非特殊环境则不标注；
   7) 成套设备产品名称及工艺类别代号见表 3。

表3 成套设备产品名称及工艺类别代号

序号	名称	工艺类别代号	基本规格
1	线（棒）材火焰喷涂成套设备	W	按枪的基本规格标注
2	粉末火焰喷涂成套设备	P	按枪的基本规格标注
3	粉末火焰喷焊成套设备	F	按枪的基本规格标注
4	电弧喷涂成套设备	A	按额定工作电流标注
5	等离子喷涂成套设备	PS	按最大功率标注
6	等离子喷焊成套设备	PT	按额定工作电流标注
7	爆炸喷涂成套设备	D	按枪的基本规格标注
8	高速火焰喷涂成套设备	H	按枪的基本规格标注
9	冷喷涂成套设备	C	按枪的基本规格标注

b）设备的组成部分型号的编排次序：

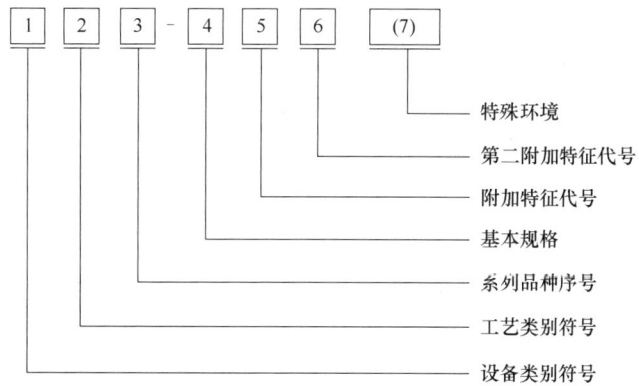

c）设备的组成部分型号的表示方法：
   1）第1、5、6、7项用汉语拼音字母表示；
   2）第2项用1个或2个英文字母表示；
   3）第3、4项用阿拉伯数字表示；
   4）型号中第3、4、5、6、7项不用时其他各项紧排；
   5）系列品种序号用于区别系列不同品种，依生产先后顺序编号；
   6）设备的组成部分的附加特征用于代表同工艺方法的不同品种；
   7）特殊环境的代表符号应按GB/T 19607标注，非特殊环境则不标注。

5.5 设备的组成部分产品型号的编制排列见表4～表7，本标准未提到的其他热喷涂专用设备也可根据本标准进行编排。

表 4　喷涂、喷焊枪的表示方法

序号	第一字位 代表字母	第一字位 设备分类	第二字位 代表字母	第二字位 工艺类别	第三字位 数字	第三字位 系列品种序号	第四字位 数字	第四字位 基本规格	单位	第五字位 代表字母	第五字位 附加特征	第六字位 代表字母	第六字位 第二附加特征	第七字位 代表字母	第七字位 特殊环境	全称
1	Q	喷涂枪	W	线(棒)材火焰喷涂		厂家自定		每小时喷丝量	kg/h	省略 J B	手持式 机装式 棒材喷枪					线(棒)材火焰喷涂枪
2	Q	喷涂枪	P	粉末火焰喷涂		厂家自定		每小时送粉量(Ni基粉)	kg/h	省略 P	圆型枪 排型枪					粉末火焰喷涂枪
3	Q	喷焊枪	F	粉末火焰喷焊		厂家自定		每小时送粉量(Ni基粉)	kg/h	省略 P	圆型枪 排型枪					粉末火焰喷焊枪
4	Q	加热枪	R	火焰加热重熔		厂家自定		加热宽度(或圆直径)	mm	省略 P	圆型枪 排型枪					火焰加热重熔枪
5	Q	喷涂枪	PL	等离子喷涂		厂家自定		额定工作电流	A	省略 N	外圆枪 内圆枪					等离子喷涂枪
6	Q	喷焊枪	PS	等离子喷焊		厂家自定		最大功率	kW	省略 N J	外圆枪 内圆枪 机装枪					等离子喷焊枪
7	Q	喷涂枪	A	电弧喷涂		厂家自定		额定工作电流	A	省略 N J	外圆枪 内圆枪 机装枪					电弧喷涂枪
8	Q	喷涂枪	D	爆炸喷涂		厂家自定		每小时送粉量	kg/h	省略 N	外圆枪 内圆枪					爆炸喷涂枪
9	Q	喷涂枪	H	高速火焰喷涂		厂家自定		每小时送粉量	kg/h	省略 N	外圆枪 内圆枪					高速火焰喷涂枪
10	Q	喷涂枪	C	冷喷涂		厂家自定		每小时送粉量	kg/h	省略 D Z	高压枪 低压枪 真空枪					冷喷涂枪

表 5 电源的表示方法

序号	第一字位		第二字位		第三字位	第四字位		第五字位		第六字位		第七字位	全称
	设备分类	代表字母	工艺类别	代表字母	系列品种序号 数字	基本规格	单位	附加特征	代表字母	第二附加特征	代表字母	特殊环境 代表字母	
1	电源	D	电弧喷涂	A	厂家自定	额定电流	A	普通整流器 抽头式 逆变	省略 C N				电源
2	电源	D	等离子喷涂	PS	厂家自定	额定电流	A	普通整流器 逆变	省略 N				电源
3	电源	D	等离子喷焊	PT	厂家自定	额定电流	A	普通整流器 逆变	省略 N				电源

表 6 控制装置的表示方法

序号	第一字位		第二字位		第三字位	第四字位		第五字位		第六字位		第七字位	全称
	设备分类	代表字母	工艺类别	代表字母	系列品种序号 数字	基本规格	单位	附加特征	代表字母	第二附加特征	代表字母	特殊环境 代表字母	
1	控制装置	K	火焰线(棒)材喷涂	W	厂家自定	—		手动 自动 多用	S C W				线(棒)材火焰喷涂控制装置
2	控制装置	K	火焰粉末喷涂(焊)	P	厂家自定	—		手动 自动 多用	S C W				粉末火焰喷涂控制装置
3	控制装置	K	火焰粉末喷焊	F	厂家自定	—		手动 自动 多用	S C W				粉末火焰喷焊控制装置

(续)

序号	第一字位 设备分类 代表字母	第二字位 代表字母	第二字位 工艺类别	第三字位 系列品种序号 数字	第四字位 基本规格 数字	第四字位 基本规格	第四字位 单位	第五字位 代表字母	第五字位 附加特征	第六字位 代表字母 第二附加特征	第七字位 代表字母 特殊环境	全称
4	K	A	电弧喷涂	厂家自定		—		S	手动			电弧喷涂控制装置
								C	自动			
								W	多用			
5	K	PS	等离子喷涂	厂家自定		—		S	手动			等离子喷涂控制装置
								C	自动			
								W	多用			
6	K	PT	等离子喷焊	厂家自定		—		S	手动			等离子喷焊控制装置
								C	自动			
								W	多用			
7	K	D	爆炸喷涂	厂家自定		—		S	手动			爆炸喷涂控制装置
								C	自动			
								W	多用			
8	K	H	高速火焰喷涂	厂家自定		—		S	手动			高速火焰喷涂控制装置
								C	自动			
								W	多用			
9	K	C	冷喷涂	厂家自定		—		S	手动			冷喷涂控制装置
								C	自动			
								W	多用			
10	K	TS	热喷涂	厂家自定		—		S	手动			热喷涂控制装置
								C	自动			
								W	多用			

表 7 输送装置的表示方法

序号	第一字位		第二字位		第三字位	第四字位			第五字位		第六字位		第七字位		全称
	设备分类	代表字母	工艺类别	代表字母	系列品种序号	数字	基本规格	单位	附加特征	代表字母	第二附加特征	代表字母	特殊环境	代表字母	
					数字										
1	输送装置	S	送粉器	F	厂家自定	—	—	—	刮板式	B					送粉器
2	输送装置	S	送粉器	F	厂家自定	—	—	—	电磁振动式	C					送粉器
3	输送装置	S	送粉器	F	厂家自定	—	—	—	机械振动式	J					送粉器
4	输送装置	S	送粉器	F	厂家自定	—	—	—	气动式	Q					送粉器
5	输送装置	S	送粉器	F	厂家自定	—	—	—	转轮式	Z					送粉器
6	输送装置	S	送粉器	F	厂家自定	—	—	—	混合式	H					送粉器
7	输送装置	S	线材装置	X	厂家自定	—	—	—	电动式	D					送丝机构
8	输送装置	S	线材装置	X	厂家自定	—	—	—	气动式	Q					送丝机构
9	输送装置	S	液料	Y	厂家自定	—	—	—	—	—					液料输送器

5.6 编制"统一型号"示例:
    a) 成套设备"统一型号"编制示例:
       1) 第二种系列设计功率为 80kW 的干热环境使用的真空等离子喷涂设备编制示例:

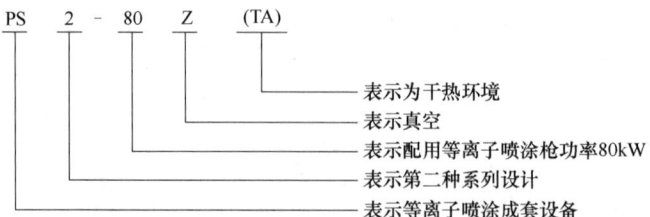

       2) 第一种系列设计喷枪送粉量 3kg/h 的真空冷喷涂设备编制示例:

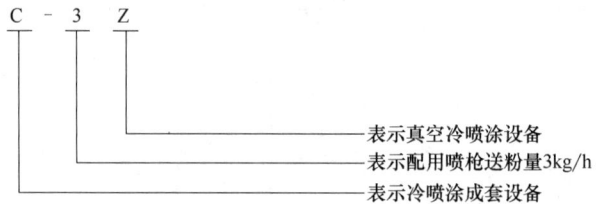

    b) 设备组成部分"统一型号"编制示例:
       1) 第一种系列设计每小时送粉量为 2kg 的排形火焰粉末喷焊枪编制示例:

       2) 第二种设计的等离子喷焊控制装置编制示例:

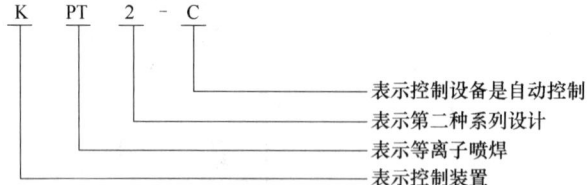

       3) 第二种设计送粉量 9kg/h 的高速空气-燃气火焰喷涂枪编制示例:

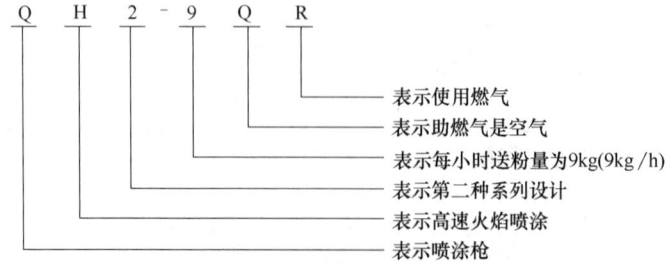

第三节 等离子喷焊枪技术条件

一、概论

1. 等离子喷焊

等离子喷焊于 20 世纪 60 年代开始投入工业应用，它是利用等离子弧作为热源将添加金属熔化，使之与基体金属作用实现冶金结合的一种覆层技术。等离子喷焊的原理如图 8.3-1 所示。一般采用两台整流电源，将负极并联在一起，通过电缆接至喷焊枪的电极，其中一台电源的正极接喷焊枪的喷嘴，用于产生非转移弧；另一台电源的正极接工件，用于产生转移弧。喷焊枪的喷嘴和电极通水冷却，采用氩气作为等离子气，首先用高频火花点燃非转移弧，然后利用非转移弧在电极和工件之间造成的导电通道引燃转移弧。在建立转移弧的同时，由送粉器向喷焊枪输送粉末，粉末通过电弧后喷射到工件上。因此，转移弧一建立，就在工件上形成了熔池，使合金粉末在工件上熔融。随着喷焊枪和工件的相对移动，液态合金逐渐凝固，便形成了合金喷焊层。

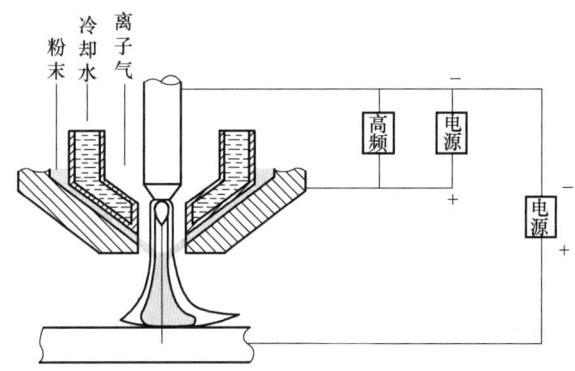

图 8.3-1 等离子喷焊的原理

等离子喷焊包括喷涂和重熔两个过程，但这两个过程是同时进行的。在喷涂过程中，粉末通过弧柱的加热，一般以半熔化状态沉积到工件上；重熔过程是粉末在工件上的熔融过程，落入熔池的粉末立即进入转移弧的阳极区，受到高温加热而迅速熔化，并将热量传递给基材。等离子喷焊熔深较浅，使得基材对合金的冲淡率低，同氧-乙炔火焰喷焊相比较，电弧对熔池的搅拌作用较强，熔池的冶金过程进行得比较充分，喷焊层气孔和夹渣较少。

等离子喷焊技术具有节能、高效和质量稳定等特点，已成为重要的绿色制造及再制造技术之一。

2. 等离子喷焊枪的标准

为规范等离子喷焊枪的设计与制造要求，我国于 1989 年首次制定了 ZB J 64014—1989《等离子喷焊枪技术条件》专业标准，1999 年又对该标准进行了修订。修订时，仅对原标准做了编辑性修改，主要技术内容没有变化，标准号改为 JB/T 9191—1999。JB/T 9191—1999《等离子喷焊枪技术条件》于 1999 年 6 月 28 日发布，2000 年 1 月 1 日实施。

二、标准主要特点与应用说明

该标准规定了等离子喷焊枪的型号、零部件的统一命名、技术要求、试验方法和验收规则。该标准适用于粉末等离子喷焊枪，该枪供金属工件内外表面熔敷粉末合金之用。

该标准中展示的等离子喷焊枪为典型的外圆喷焊枪结构。随着技术的发展，目前已开发出了针对特殊用途的专用喷焊枪，如小直径深内孔喷焊用枪等。各喷焊枪制造企业所设计的喷焊枪外形结构可能存在差异，但工作原理与基本要求可以参考该标准。

稳定连续工作是考验等离子喷焊枪的重要指标，尤其对于喷焊熔点较低的自熔性合金粉末。标准 3.5 项中推荐采用自熔性合金粉末进行试验，要求至少 1h 不堵枪，不出现滴珠，阴极头不得有明显烧损。对于内圆喷枪，该测试建议在相应的工件或试样上进行。

三、标准内容 （JB/T 9191—1999）

等离子喷焊枪技术条件

1 范围

本标准规定了等离子喷焊枪的型号、零部件的统一命名、技术要求、试验方法和验收规则。

本标准适用于粉末等离子喷焊枪，该枪供金属工件内、外表面熔敷粉末合金之用。

2 型号、结构名称

2.1 等离子喷焊枪的型号表示着其最大转移弧工作电流、送粉方式等。型号由下述部分顺序组成：

a）等离子喷焊枪的代号 QL；
b）等离子喷焊枪的系列品种序号由厂家自定；
c）最大转移弧工作电流，单位为安（A）；
d）等离子喷焊枪的类型代号，N 表示深孔或内圆等离子喷焊枪，省略表示平面或外圆等离子喷焊枪；
e）等离子喷焊枪的送粉方式的代号，W 表示外送粉方式，省略表示内送粉方式。

例 1　QLA-400NW 代表最大转移弧工作电流为 400A，深孔或内圆式、外送粉方式的等离子喷枪，其产品系列品种序号由厂家定为 A。

例 2　QLB-600 代表最大转移弧工作电流为 600A，平面或外圆式、内送粉方式的等离子喷焊枪，其产品系列品种序号由厂家定为 B。

2.2 等离子喷焊枪的结构和零部件的统一命名见表 1 和图 1。

表 1　等离子喷焊枪的结构和零部件的统一命名表

序号	名称	序号	名称	序号	名称
1	喷嘴	5	阴极头	9	上压盖
2	下压盖	6	绝缘体	10	送粉管
3	下枪体	7	阴极杆	11	水电接头
4	分气环	8	调节螺母	12	离子气管

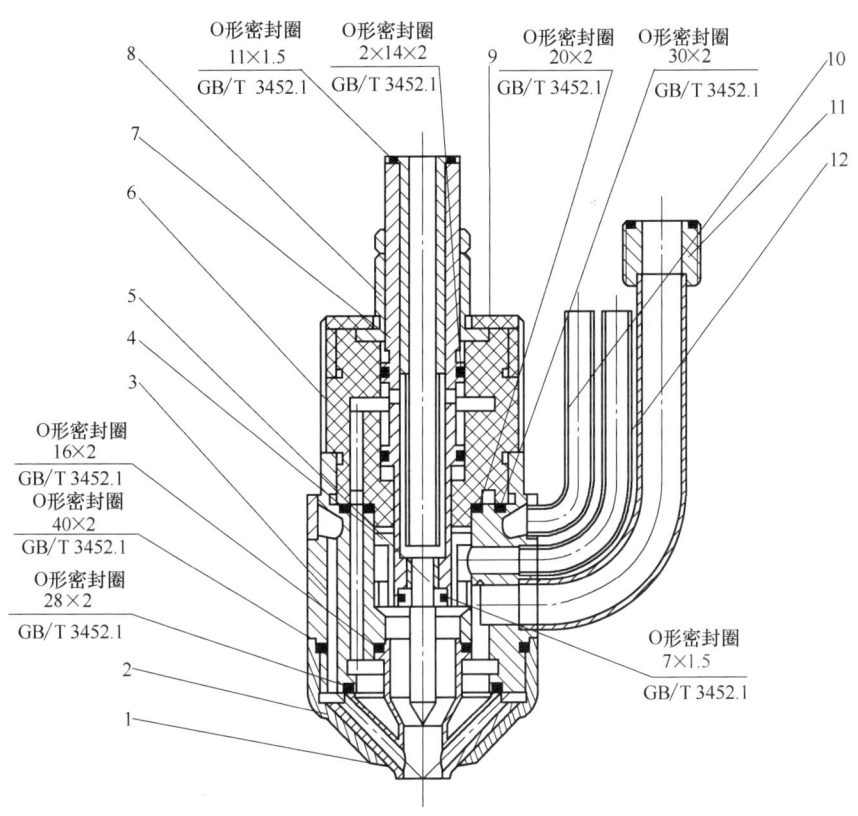

图 1　等离子喷焊枪的结构

3　技术要求

喷焊枪的易损件应有互换性。喷焊枪水电接头螺纹必须在 M12×1、M16×1 螺纹中选用。氩气消耗指标规定于表 2。上、下压盖及可调零件必须滚花或铣防滑槽。

表 2　氩气消耗指标

最大允许转移弧电流/A			100	200	300	400	500	600
氩气消耗量/(L/h)	送粉气	内送粉	180	250	330	380	400	480
		外送粉	250	350	400	500	550	600
	离子气		150	220	320	350	380	450

3.1　喷焊枪外表应美观、整洁，焊接部位应均匀，无明显机械损伤和表面缺陷。

3.2　喷焊枪冷却水的水电接头处，在水压为 0.4MPa 表压时，用 4.1.2 的方法检验，不得出现任何渗漏现象。

3.3　阴极头外圆与喷嘴孔径同轴度误差不得大于 0.3mm。

3.4　在离子气瓶低压表指示（输气管内径不小于 6mm，长度不大于 5m）大于或等于 0.15MPa 时，等离子喷焊枪的引弧与稳定电弧的最小电流列于表 3，引弧的电弧长度伸出喷嘴外不得短于 5mm。

表 3 等离子喷焊枪引弧与稳弧最小电流　　　　　（单位：A）

喷焊枪最大转移弧工作电流	100	200	300	400	500	600
引弧最小电流	15	25	35	45	55	65
稳弧最小电流	10	20	30	40	50	60

3.5 喷焊枪在工作气体压力符合 3.4 的要求，工作气流量不超过表 2 "氩气消耗指标"的要求，额定工作电流范围内使用-80目~+180目自熔性合金粉末时，要求至少 1h 内不堵枪，不出现滴珠，阴极头不得有明显烧损。

3.6 等离子喷焊枪的允许熔敷率规定于表 4。

表 4 等离子喷焊枪允许熔敷率

喷焊枪最大转移弧工作电流/A	100	200	300	400	500	600
允许熔敷率/(kg/h)	1.5	2.7	4.5	6.0	9.0	12.0

3.7 自熔性合金粉末粒度为-80目~+180目时，内送粉式等离子喷焊枪沉积效率不得低于 95%，外送粉式等离子喷焊枪沉积效率不得低于 85%。

3.8 水电接头处的进水压力大于或等于 0.2MPa，进水水温不高于 30℃ 时，喷焊枪在允许的工作电流范围内工作 10min，冷却水进、出水温差不得超过 30℃。

3.9 喷焊枪装配之前，所有零件必须进行脱脂处理，装配完成后，阴、阳极之间的直流电阻应大于 5MΩ（用万用表测量）。

4 试验方法及验收规则

4.1 试验方法

4.1.1 外观质量检查

外观质量要求及检查方法见表 5。

4.1.2 水密性试验

喷焊枪在水电接头处进水压力 0.4MPa 时，堵住出水，10min 内不得有渗漏。

4.1.3 阴极头与喷嘴孔道同轴度检查

喷焊枪在送入离子气时用反射镜观察高频火花，在孔道圆截面上分布不得少于 3/5。

4.1.4 引弧与稳弧性能检查

连续起弧衰减三次，其引弧与稳弧的电流值应符合表 3 规定。

4.1.5 允许熔敷率检查

在喷焊枪引弧后，在最大转移弧工作电流下，按表 4 规定的允许熔敷率，送入允许的最大送粉量形成正常焊层工作 15min 不堵枪，不滴珠。

4.1.6 沉积效率检查

在喷焊枪引弧后，送入允许的最大送粉量，在称量后的试样上喷焊成形工作 3min，则

$$沉积效率 = \frac{焊层质量}{送粉质量} \times 100\%$$

表 5 外观质量要求及检查方法

序号	项目	内容	检查部位	质量要求	检查方法
1	机械损伤与碰伤	工件在加工和工艺流程中所产生的机械损伤和碰伤	加工及非加工表面	不允许有明显损伤和碰伤	目测

(续)

序号	项目	内容	检查部位	质量要求	检查方法
2	去毛刺	加工部位周围所形成的刺状物或飞边	全部表面和喷嘴压缩孔道内	不允许	目测
3	电镀或化学处理	处理后的零部件的表面色泽	零部件表面	表面应光洁,不许有花斑、瘤痕现象	目测
4	弯曲度	各电极管、工作气管与枪体焊接后管的弯曲不正、下陷程度	阴、阳电极送粉气离子气管	弯曲均匀,不得有任何下陷现象	目测

4.1.7 冷却水的进、出水温度检查

喷焊枪在允许的最大工作电流下连续工作 10min 后,直接测量冷却水的进、出水口处水的温度。

4.2 验收规则

4.2.1 出厂产品必须附有产品合格证和使用说明书。

4.2.2 外观、水密性试验、同轴度、引弧性能应逐项检查。

4.2.3 用户有权对所交产品,按本标准所规定的试验方法和验收规则进行检查。

5 标志与包装

5.1 标志

喷焊枪应标明制造厂名或商标、型号、制造年月,以及应有阴极、阳极、送粉气、离子气的进气部位的标志。

5.2 包装

供货时,内包装用塑料袋和纸盒,外包装用木箱或瓦楞纸箱,并标明品名、型号、数量、毛质量、体积、制造年月和厂名,字迹应端正、清晰。

第四节 等离子喷焊电源

一、概论

1. 等离子喷焊电源

等离子喷焊电源是等离子喷焊设备的关键部件,它为等离子喷焊枪提供能量,从而形成非转移弧与转移弧。等离子喷焊电源采用陡降外特性的直流弧焊机作为电源,在喷焊枪钨极与喷嘴之间借助高频火花引燃非转移型等离子弧,在钨极和工件之间借助非转移弧弧焰引燃转移型等离子弧。合金粉末由送粉器按需要量连续供给,借助送粉气流(一般用氩气)进入喷焊枪,并吹入电弧中,进而喷射到工件上,在工件上获得所需的合金熔覆层。

2. 等离子喷焊电源的标准

为规范等离子喷焊电源的基本要求,我国于 1989 年首次制定了 ZB J 64015—1989《等离子喷焊电源》专业标准,1999 年对该标准进行了修订。修订时,参照 JB/T 7835—1995《弧焊整流器》修改了相对应的内容,标准号改为 JB/T 9192—1999。JB/T 9192—1999《等离子喷焊电源》于 1999 年 6 月 28 日发布,2000 年 1 月 1 日实施。

二、标准主要特点与应用说明

该标准规定了等离子喷焊电源的技术性能要求及使用条件。该标准适用于等离子喷焊设备配套的专用硅整流弧焊电源,也适用于将整流弧焊机经改制后用作等离子喷焊的电源。其他类型的整流弧焊机,凡用于等离子喷焊的,也可参照该标准。

该标准为等离子喷焊电源的制造及选取提供了参考。等离子喷焊工艺与一般弧焊工艺对电源要求的区别在于,等离子喷焊电源由非转移弧电源和转移弧电源构成,它对电源的动特性要求较高。要求用作非转移弧电源,当电流调定在额定值的50%时,借助高频引燃电弧,其瞬态电流峰值不应超过额定值的1.5倍,持续时间少于0.1s。用作转移弧电源,当初级电压为额定值、工作电压符合相应的规定、电流调定值为额定值的50%时,借助非转移弧弧焰引燃电弧,其瞬态电流峰值不应超过额定值的0.5倍。当需要引燃转移弧瞬间有电流冲击时,不受此限制,但必须在电源或控制柜面板上设置选择开关。用作非转移弧电源,借助高频引弧,在等离子焊枪和工艺参数调整到正常值、高频火花正常的情况下,应能顺利地引燃电弧,10次引弧平均时间小于或等于0.5s。

三、标准内容 (JB/T 9192—1999)

等离子喷焊电源

1 范围

本标准规定了等离子喷焊电源的技术性能要求及使用条件。

本标准适用于与等离子喷焊设备配套的专用硅整流弧焊电源,也适用于将整流弧焊机经改制后用作等离子喷焊的电源。其他类型的整流弧焊机,凡用于等离子喷焊的,亦应参照使用。

2 引用标准

下列标准所包含的条文,通过在本标准中引用而构成为本标准的条文。本标准出版时,所示版本均为有效。所有标准都会被修订,使用本标准的各方应探讨使用下列标准最新版本的可能性。

GB/T 8118—1995 电弧焊机通用技术条件

GB 15579—1995 弧焊设备安全要求 第1部分:焊接电源

JB/T 7835—1995 弧焊整流器

3 电源规格、基本参数

电源规格及基本参数见表1。

表1 电源规格及基本参数

电源规格	基本参数			
	额定焊接电流/A	额定工作电压/V	电流调节范围/A	
			min	max
100	100	32	≤10	≥100
160	160	34	≤16	≥160
200	200	36	≤20	≥200
250	250	38	≤25	≥250
315	315	40	≤30	≥315
400	400	44	≤40	≥400

空载电压：≤90V；

负载持续率：100%；

工作周期：连续。

4 使用环境条件

4.1 海拔不超过 1000m。

4.2 空气相对湿度：在 40℃ 时 ≤50%，在 20℃ 时 ≤90%。

4.3 环境空气温度不得超过下列温度限制：

a) 在焊接时，-10℃~40℃；

b) 在运输和贮存过程中，-25℃~55℃。

4.4 电源的使用场所应无严重影响电源使用的蒸汽、化学沉积、尘垢、霉菌及其他腐蚀性物质，并无剧烈振动和颠簸。

5 供电要求

5.1 电源的供电网络应为额定频率 50Hz，单相或三相交流电。其额定电压为 220V 或 380V。

5.2 电网供电品质条件：

a) 三相电压不平衡率小于 5%；

b) 电网电压波动小于 ±10%；

c) 供电电压波形应为实际的正弦波，频率波动小于 ±2%。

6 技术条件

6.1 电源应有起动冷却风扇的开关。

6.2 电源在符合供电要求下应能正常工作。

6.3 电源输入端三相电流不对称率，应满足如下要求：

在供电电网实际对称的条件下，对于额定焊接电流，每相电流与三相电流的平均值之差的绝对值不得大于平均值的 10%。

6.4 温升限值应符合 GB 15579—1995 中 7.3 的规定。

6.5 电流调节及变化允差：

6.5.1 焊接电流应保证在最大值与最小值范围内调节，最小焊接电流应不大于额定焊接电流的 10%，最大焊接电流应不小于额定焊接电流。

6.5.2 电流调节应为无级，能连续平滑地调节。

6.5.3 当初级电压为额定值，工作电压符合表 1 中相应的规定时，在电流调节范围内已调定的任一焊接电流，因温升或其他变异所引起的焊接电流冷热态变化率应不大于 ±5%。

6.5.4 在电流调节范围内已调定的任一焊接电流，当电网电压在 ±10% 额定电压内波动时，焊接电流变化应不大于 ±5%。

6.5.5 电流调节装置可置于电源内，也可置于控制柜内。

6.5.6 电源应有可靠的焊接电流或电压指示装置，其电流或电压刻度指示正确度为刻度值的 ±10%，如装有焊接电流或电压表，其精度不低于 2.5 级。

6.6 电流递增与衰减调节：

6.6.1 在电流调节装置中应有电流起始递增与熄弧时电流自动衰减的功能。

6.6.2 电流递增速率应在 50A/s~300A/s 范围内连续调节，电流衰减速率应在 25A/s~

150A/s 范围内连续调节。

6.6.3 电流递增与电流衰减之速率以相对刻度值表示。

6.6.4 电流递增与电流衰减速率调节旋钮可置于电源面板上，也可置于控制柜面板上。

6.7 在用户提出要求的情况下，可设置起始电流陡升调节装置，但陡升幅值应能调节，最大陡升幅值不超过额定焊接电流的1.5倍。

6.8 电源中的主变压器空载电流应不大于额定初级电流的10%。

6.9 当初级电压为额定值、在额定电流调节范围内，电源静外特性应呈陡降外特性曲线，其工作段上曲线的斜率应大于7V 100A，并应平滑连续。

其稳态短路电流 I_{wd}，与焊接电流 I_n 之比应符合式（1）：

$$\frac{I_{wd}}{I_n} < 2 \tag{1}$$

6.10 动特性：

6.10.1 用作非转移弧电源，当电流调定在额定值的50%时，借助高频引燃电弧，其瞬态电流峰值不应超过额定值的1.5倍，持续时间少于0.1s。

6.10.2 用作转移弧电源，当初级电压为额定值、工作电压符合表1的规定、电流调定值为额定值的50%时，借助非转移弧弧焰引燃电弧，其瞬态电流峰值不应超过额定值的0.5倍。当需要在引燃转移弧瞬间有电流冲击时，不受此限制，但必须在电源或控制柜面板上设置选择开关。

6.10.3 用作非转移弧电源，借助高频引弧，在等离子焊枪和工艺参数调整到正常值、高频火花正常的情况下，应能顺利地引燃电弧，10次引弧平均时间小于或等于0.5s。

6.10.4 在规定的电流调节范围内，接入无感电阻时的稳态焊接电流脉动率应不大于25%。

a) 焊接电流脉动率按式（2）计算：

$$\frac{I_{2max} - I_{2min}}{I_{2max} + I_{2min}} \times 100\% \tag{2}$$

式中 I_{2max}——焊接电流波峰值（A）；

I_{2min}——焊接电流波谷值（A）。

b) 焊接电流脉动示意图如图1所示。

6.11 电源的控制操作开关及控制按（旋）钮可装置在控制柜面板上，电源应设置遥控电缆插座并附插头。在电源上设置的控制开关及控制按（旋）钮应集中装在电源面板上。

电源的控制板上所有控制功能应有清晰可辨、永久性的标记。除焊接输出端外，所有电气接线端应置于壳体内部。

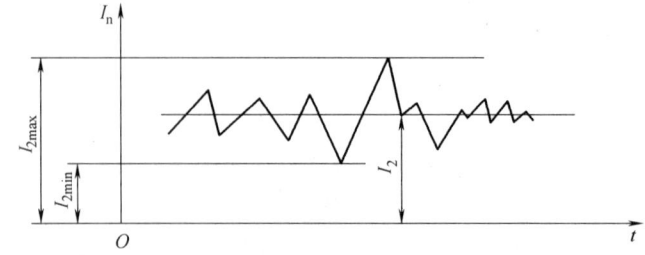

图1 焊接电流脉动示意图

注：I_2—焊接电流平均值（A）。

6.12 电源的结构应保证有足够的强度和刚度，并便于操作与维修。内部零件应安装牢固，所有紧固件应有防松措施。

6.13 电源应有可靠的吊运和搬移装置。吊运装置所能承受的重量应不小于电源重量的2.5倍。

6.14 安技防护应符合 JB/T 7835—1995 中第 6 章规定。

6.15 产品漆层应平整、光滑、厚度均匀,无裂纹、气泡及网痕脱皮现象。

7 试验方法及验收规定

7.1 仪表正确度与负载电阻选择

电流表、电压表和功率表：0.5 级；

半导体点温计：±0.5K；

负载电阻：功率因数不小于 0.99。

7.2 仪表类型

应根据电流或电压的纹波因数正确地选用仪表。纹波因数大于 10% 的整流电流,用交流有效值电流表测量均方根值；纹波因数小于 10% 的整流电流,用直流电流表测量平均值。

7.3 试验分类

7.3.1 检查试验

每台电源制造后必须按 7.4.1 中规定的项目试验,用以判明产品质量是否合格。

7.3.2 型式试验

同型号电源中选择代表性电源,应按 7.4.2 的规定进行全面性能试验,用以判明产品设计和制造质量是否符合全面技术性能要求。

凡属下列情况之一者应进行型式试验,每次不少于两台电源。

a）试制的新电源；

b）经较大改制的电源；

c）电源在设计、工艺和使用材料上有重大变更；

d）不经常生产的电源,再次生产时；

e）电源的检查试验结果与以往的型式试验结果发生不允许的偏差者；

f）批量生产进行定期抽验,每两年不少于一次。

7.4 试验项目及要求

7.4.1 检查试验

每台电源应按表 2 项目进行检查试验。其中除 6~10 项目外,应先在额定负载下（允许折合为连续负载）运行 0.5h,无异常情况发生后方可进行。

表 2 检查试验

序号	项目	要求
1	装配质量及标志检查	装配质量、各种标志及铭牌上的数据应符合图样及 GB 15579 要求
2	绝缘电阻	符合 GB 15579—1995 中 6.1.2 规定
3	介电强度	符合 GB 15579—1995 中 6.1.3 规定
4	空载电压	符合产品设计要求
5	空载电流	符合 6.9 规定
6	电流调节范围和级差	符合 6.5 规定
7	电流指示精度	符合 6.5.6 规定
8	电流递增速率及电流衰减速率调节范围	符合 6.6 规定
9	输入端电流不对称率	符合 6.3 规定
10	引弧电流冲击值	符合 6.11.1、6.11.2 和 6.7 规定

7.4.2 型式试验

型式试验除包括所有检查试验项目外,尚须进行表3所列的试验项目。

型式试验的每一个项目必须符合本标准要求,如初试不合格,应另抽加倍数量的产品复试。复试全部合格,则认为该批产品符合标准;复试中仍有一台产品不合格,则认为该批产品不符合标准。

表3 型式试验

序号	项目	要求
1	温升	符合 GB 15579—1995 中 7.3 规定
2	效率	符合产品设计指标
3	功率因数	符合产品设计指标
4	静外特性	符合 6.10 规定
5	动特性	符合 6.11 规定
6	电流脉动	符合 6.11.4 规定
7	引弧性能	符合 6.11.3 规定
8	焊接电流冷热态变化率	符合 6.5.3 规定
9	焊接电流稳定性	符合 6.5.3 和 4.5.4 规定

7.5 试验方法

7.5.1 空载试验。

电源的空载试验系指输入端接额定电压、额定频率,输出端不接负载,测量其整机的空载输出电压、空载输入电流和空载输入功率。

7.5.1.1 空载电压有效值测定:

外部焊接回路阻抗在 5kΩ (1±5%) 的条件下用 I 级有效值表测量。

7.5.1.2 空载电压峰值采用图2线路进行测量。

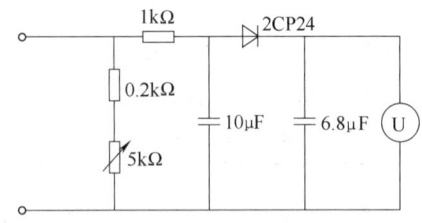

图2 空载电压峰值测量

注:电压表指示平均值正确度应达到±1%。选用的量程应尽可能接近空载电压实验值,电压表应有至少 1MΩ 的内阻,测量回路中各元件参数值的误差不得超过±5%。测量时,电位器在 0kΩ~5kΩ 之间变化,以获得在 0.2kΩ~5.2kΩ 负载下测量的最高峰值电压,转换极性重复测量。

7.5.1.3 其他空载参数的测定按照 GB/T 8118 的有关规定进行。

7.5.2 其他项目的试验方法应符合 GB/T 8118 的有关规定。

8 标志、包装、运输及保管

8.1 标志

8.1.1 每台电源应在适当的明显位置固定产品铭牌,型式和内容应符合 GB 15579 的规定。

其内容应包括：

  a）制造厂名；

  b）产品名称；

  c）产品型号；

  d）初级电压，V；

  e）相数与接法；

  f）频率，Hz；

  g）空载电压，V；

  h）电流调节范围，A；

  i）额定负载持续率，%；

  j）额定工作电压，V；

  k）输入容量，kVA；

  l）冷却方式；

  m）绝缘等级；

  n）质量，kg；

  o）产品编号；

  p）制造年、月。

8.1.2 产品输出端标明"+""-"极性，机壳口应装钉接地标牌，并须装置电源通断指示灯。如采用强迫风冷，除单相风机外，应表明风向或风扇转向。

8.1.3 产品铭牌、标志牌所用材质及制造方法，均应保证在使用时间内，具有清晰的字迹图像。

8.2 包装

8.2.1 产品中的附件、备件，在装箱时应加以包装保护、固定，以防在运输时损坏或丢失。

8.2.2 除在特殊情况下征得用户同意可以不装箱外，产品通常必须用箱罩包装，并适合露天存放及运输条件。

8.2.3 包装产品的箱罩上，应标出下列各项：

  a）制造厂名及地址；

  b）收货单位名称及地址；

  c）产品名称、型号、工厂编号；

  d）净重、毛重、箱的外形尺寸以及注明"轻放""怕湿""不许倒置"等字样；

  e）装箱年、月。

8.2.4 随同产品供应的技术文件有：

  a）产品出厂合格证明书；

  b）产品使用说明书；

  c）装箱清单。

8.3 保管

8.3.1 包装后的产品应贮放在有顶盖的仓库中，库内的相对湿度不大于85%，周围环境温度为-25℃~55℃，且不得有腐蚀性有害气体存在。

8.3.2 凡经拆箱检查后仍需继续贮存的产品，应按原有要求重新包装。

第九章 热喷涂涂层试验与检测

第一节 热喷涂 抗拉结合强度的测定

一、概论

1. 热喷涂涂层试验与检测方法简介

一般来讲，热喷涂涂层的试验与检验可按生产热喷涂涂层过程的两个阶段进行，即新产品的研究与开发阶段和生产环境中的质量控制阶段。

目测热喷涂表面是最简单的控制生产质量的方法，可以检查出较大的缺陷，如附着力失效、边缘裂纹等。

利用光学显微镜观察热喷涂涂层显微结构现已成为新涂层开发和大多数涂层生产的强制性试验，还可利用描电子显微镜、透射电子显微镜、X射线衍射、压汞法孔隙率检测仪等进行更高级别的涂层显微结构研究。

热喷涂涂层的性能决定涂层在使用过程中的行为。最好的试验是模拟涂层实际使用的条件，但并不是所用的模拟试验都可能实施。所以，常用热喷涂涂层的物理、化学和力学性能来表征涂层性能。

一般常检验热喷涂涂层的力学性能，如显微硬度、抗拉强度、断裂韧度、弹性模量、韧性和耐磨性等；有时，也需检验涂层的物理性能，特别是热导率、比热容、热扩散率等。如果是对热障涂层进行检测，往往伴随着进行耐热震性试验。由于热喷涂涂层在电气和电子工业中的应用不断增长，对涂层的电性能和磁性能也越来越多地进行试验检测。

利用热或声波的非破坏性试验也逐渐用于热喷涂涂层的质量控制。

至今尚无评价最终热喷涂涂层的无损检测方法。热喷涂涂层的试验与检验常规方法大多是覆盖层常用的一些试验与检验方法，其中大部分已制定了相应的行业标准、国家标准和国际标准。

2. 热喷涂涂层与基体的结合方式

热喷涂涂层与基体的结合方式主要有以下三种类型：

（1）机械结合 热喷涂过程中，被焰流加热为熔融或半熔融状的粒子撞击到经过粗化处理的基体表面时，铺展成扁平状的液态薄片覆盖并紧贴基材表面的凹凸点上，在冷凝时收缩咬住凸点（或称抛锚点），形成机械结合。机械结合是热喷涂涂层与基体结合的最主要形式。

（2）扩散微冶金结合 在热喷涂自放热型材料时，因材料的自放热效应，与基体表面微区内的接触温度可高达基材的熔点，因此有可能使熔融粒子向基材发生扩散，形成金属键结合的微区冶金结合，从而提高涂层与基体间结合性能。

这类材料也称为自黏结材料。常用的自黏结喷涂粉末有 Ni-Al 和 NiCr-Al 复合粉末，这种复合粉末常采用包覆形式，如 Ni 包 Al 和 Al 包 Ni 两种形式。其次，Al 与 Co、Cr、Mo、

Nb、Ta、W 中的一种或几种制成的复合粉末，Si 与 Co、Cr、Mo、Nb、Ta、W、Ti 中的一种或几种制成的复合粉末也有自黏结效应。另外，Mo、W、Ta 这些难熔金属喷涂到低熔点的钢铁表面时，也可以引起基体表面局部熔化，与基体形成微冶金结合。

（3）物理结合　当基材表面极其干净或进行活化处理以后，基材与涂层之间产生分子间力形成物理结合，一般高分子材料（塑料）喷涂时可能会形成这种结合方式。

3. 热喷涂涂层抗拉结合强度测试的标准

抗拉结合强度是热喷涂涂层的重要性能指标之一，为了规范涂层的抗拉结合强度评价方法，国际标准化组织于 2001 年首次发布了 ISO 14916：1999《热喷涂　抗拉结合强度的测定》，并于 2017 年进行了修订，目前为第 2 版：ISO 14916：2017。我国于 1988 年制定了 GB/T 8642—1988《热喷涂　抗拉结合强度的测定》，2002 年修改采用 ISO 14916：1999《热喷涂　抗拉结合强度的测定》制定了 GB/T 8642—2002。该标准于 2002 年 9 月 11 日发布，2003 年 4 月 1 日实施。

二、标准主要特点与应用说明

修订时，GB/T 8642—2002 对 ISO 14916：1999 的章节顺序做了个别调整，进行了编辑性修改。与 GB/T 8642—1988 相比，GB/T 8642—2002 对使用的拉力试验机提出标准要求；增加了 ϕ25mm 试样；试样数量由 5 个变为 3 个；试验报告内容要求更详细，增加了"试样制备和试验中可能出现的问题"等内容。

该标准适用于测定热喷涂涂层的强度或热喷涂涂层与基体材料之间的结合强度。该标准适用于评价基体材料、喷涂材料、工件的表面预处理，以及喷涂条件对热喷涂涂层的结合和结合强度的影响，或用于热喷涂工作的常规监督，不适用于极薄涂层和多孔涂层。

该标准是目前应用最普遍的涂层抗拉结合强度评价标准。目前，黏结剂自身的黏结强度一般在 70MPa 左右，当涂层抗拉结合强度高于黏结剂的黏结强度时，则无法测出涂层具体的抗拉结合强度数值。

一般火焰喷涂、电弧喷涂、等离子喷涂工艺制备的涂层抗拉结合强度低于 70MPa，可以采用此方法检测出具体数值。但对于高速火焰喷涂，由于部分涂层抗拉结合强度可以高于黏结剂的黏结强度，因此无法测出具体数值。

需要注意的是，对于薄涂层和多孔涂层，因黏结剂会渗透到涂层的孔隙中与基材发生黏结，因此，采用此方式测出的涂层抗拉结合强度会偏高。

对于低硬度的锌、铝一类涂层，在部分工程应用中，还可以参考 GB/T 5210—2006《色漆和清漆　拉开法附着力试验》进行涂层的抗拉结合强度检测。

三、标准内容（GB/T 8642—2002）

热喷涂　抗拉结合强度的测定

1　范围

本标准适用于测定热喷涂涂层的强度或热喷涂涂层与基体材料之间的结合强度。

本标准适用于评价基体材料、喷涂材料、工件的表面预处理，以及喷涂条件对热喷涂涂层的结合和结合强度的影响，或用于热喷涂工作的常规监督。

注：本标准不适用于极薄涂层和多孔涂层。在此情况下，采用弯曲试验更适当。

2 规范性引用文件

下列文件中的条款通过本标准的引用而成为本标准的条款。凡是注日期的引用文件，其随后所有的修改单（不包括勘误的内容）或修订版均不适用于本标准，然而，鼓励根据本标准达成协议的各方研究是否可使用这些文件的最新版本。凡是不注日期的引用文件，其最新版本适用于本标准。

GB/T 16825 《拉力试验机的检验》（idt ISO 7500-1）

3 术语和定义

下列术语和定义适用于本标准。

抗拉结合强度 R_H tensile adhesive strength R_H

拉力试验所获得的强度，由最大载荷 F_m 与断裂面横截面积 S 之商计算，即

$$R_H = \frac{F_m}{S}$$

式中 R_H——抗拉结合强度（N/mm²）；

F_m——最大载荷（N）；

S——断裂面横截面积（mm²）。

4 设备

使用符合 GB/T 16825，并能满足静态加载条件，准确度不低于 ±1% 的任何型号的拉力试验机。夹具系统应保证试样在夹持和加载时保持同心，见图 1。

5 试样

5.1 形状

为了在试验中测定抗拉结合强度，本标准规定了 A 和 B 两种形式，以及 φ25mm 和 φ40mm 两种尺寸的试样，根据试样抗拉结合强度的大小和试验机的能力选择不同的试样尺寸。

试样 A（见图 2）由基体块和加载块组成，在基体块的前端喷涂涂层，加载块应与平整的涂层表面黏结。

试样 B（见图 3）由两个加载块和一个基体材料圆片所组成，在圆片的一面带有热喷涂涂层，然后将圆片与两个加载块黏结在一起。

5.2 制备

在制备试样时，要避免产生任何弯曲载荷，柱形结合组件应插入适当的夹具内组装，试样应与涂层端面垂直。在试验低强度基体材料时，必须相应地改变螺纹长度和直径，必要时可以使用具有内螺纹的套筒来与基体块连接。

基体块由规定的基体材料制成，其平面端带有规定的涂层。喷涂时要保证喷涂材料不沉积于试样的侧面上。加载块由其他高强度金属制成。

试样制备方法应与实际工件的制备方法一样，喷涂条件应与实际工件的喷涂条件一样，然后涂层要经过处理为后续的黏结准备条件。应保证涂层表面与试样轴的垂直度。

将一个加载块与基体块上的喷涂涂层黏结（试样 A），或将两个加载块与一个带有涂层的圆片从两面黏结在一起（试样 B）。

黏结程序以及黏结后试样如何放置直至黏结剂完全固化的整个过程，都要遵从黏结剂生产厂的规范。为使黏结剂固化，试样组件的各部应在夹持装置中保持垂直，并进行垂直加载。

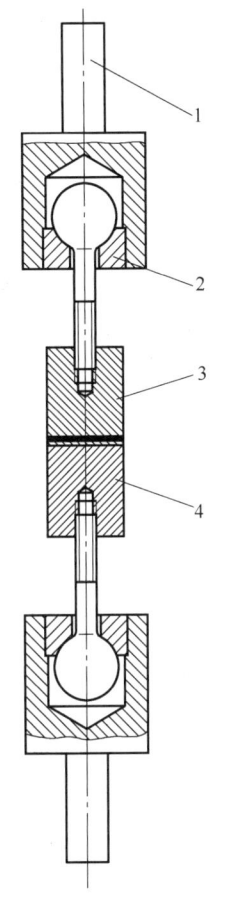 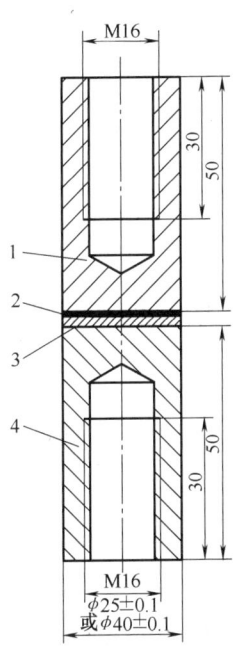 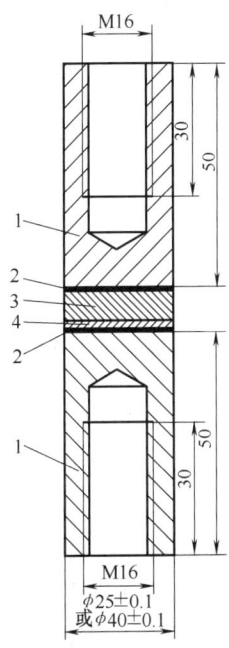

图 1 试样 A 的安装示意图	图 2 试样 A 示意图	图 3 试样 B 示意图
1—夹持件 2—接头 3—加载块 4—基体块	1—加载块 2—黏结剂层 3—喷涂涂层 4—基体块	1—加载块 2—黏结剂层 3—基体片 4—喷涂涂层

制备试样的具体情况应是试验报告的组成部分。

5.3 试样数量

通常试验在三个试样上进行。

6 程序

将装有夹持件的试样插入拉力试验机的夹钳中，以恒速平稳地进行加载，直到发生断裂，加载速度不超过 1000N/s±100N/s。

试验是在环境温度下进行。

系列试验的试验条件应保持一样。

7 评价

测量基体块的直径，测量精确到 0.1mm。由此，计算出喷涂涂层黏结表面的试样横截面积。

只有喷涂涂层与基体金属结合面发生断裂，或喷涂涂层本身发生断裂的基体块才可用于计算。当断裂出现在黏结剂层时，该试样不应用于计算平均抗拉结合强度。

在热喷涂加工的常规监督中断裂也可位于黏结剂层，只要数据已满足最低结合强度要求即为合格。

应计算抗拉结合强度 R_H 的统计平均值。

8 试验报告

根据本标准，试验报告应包含如下每一被测试样的有关因素和信息。

a) 检查机构，检查员，日期；
b) 基体材料；
c) 预热；
d) 基体材料的表面预处理（喷砂参数，表面粗糙度）；
e) 喷涂涂层材料；
f) 喷涂方法和工艺参数；
g) 涂层厚度，单位为毫米（mm，精确到 0.01mm）；
h) 涂层的喷涂后处理；
i) 黏结剂的表征和涂覆程序；
j) 试样的形状和直径，单位为毫米（mm，精确到 0.1mm）；
k) 喷涂过程中试样的数量、安排和定位；
l) 每个试样的抗拉结合强度 R_H，单位为牛每平方毫米（N/mm^2），以及平均强度值的评价；
m) 断裂部位（例如：在黏结面区，在喷涂涂层中，在涂层与基体的结合面处，或通过整个黏结系统的其他部位）；
n) 特殊细节。

9 试样制备和试验中可能出现的问题

a) 黏结剂或喷涂物质污染了试样侧面；
b) 基体块和加载块发生了角位移和/或位置位移；
c) 试验机，加载速度，以及试验机中试样固定端的动态偏差；
d) 喷涂涂层的厚度不均匀；
e) 不当的喷涂后处理损伤了涂层；
f) 未遵守制造厂关于黏结剂的说明（润湿、储存、固化及固化载荷）；
g) 其他问题。

第二节 热喷涂涂层厚度的无损测量方法

一、概论

1. 热喷涂涂层厚度检测

热喷涂涂层厚度是涂层设计的一项关键技术指标，在零件上制备的热喷涂涂层一般采用无损检测方法进行厚度检测。热喷涂涂层无损检测方法主要有磁性法、涡流法等。

（1）磁性法　磁性法工作原理是以探头对磁性基体磁通量或互感电流为基准，利用其表面的非磁性涂层的厚度不同，用探头磁通量、互感电流的线性变化值来测定涂层厚度。该方法适应于磁性基体上非磁性涂层厚度的检测。

（2）涡流法　涡流法工作原理是将内置高频电流线圈探头置于涂层上，在被测涂层内产生高频磁场，由此在金属内部产生涡流，涡流产生的磁场又反作用于探头内线圈，使其阻抗发生变化。随基体表面涂层厚度的变化，探头与基体金属表面的间距改变，反作用于探头线圈阻抗发生相应的变化，由此测出探头线圈的阻抗值可以间接地反映出涂层的厚度。该方法适应于非磁性金属基体材料上非导电涂层的厚度测量，同样也适应于磁性基体材料上的各种非磁性涂层。

2. 热喷涂涂层厚度无损检测的标准

热喷涂涂层厚度测定可采用覆盖层厚度测定的一些基本方法，并已有相应的标准规定，如 GB/T 4956《磁性金属基体上非磁性覆盖层 覆盖层厚度测量 磁性法》、GB/T 6462《金属和氧化物覆盖层 厚度测量 显微镜法》、GB/T 6463《金属和其他无机覆盖层 厚度测量方法评述》等。

为规范热喷涂涂层厚度的无损测量，我国参照 ISO 2064《金属与其他非有机覆盖层 关于厚度测定的定义和惯例》和 ISO 2063《技术涂层钢铁抗蚀防护 喷铝、锌及其合金》，于 1989 年制定了 GB/T 11374—1989《热喷涂涂层厚度的无损测量方法》，并于 2012 年进行了修订。GB/T 11374—2012《热喷涂涂层厚度的无损测量方法》于 2012 年 9 月 3 日发布，2013 年 3 月 1 日实施。

二、标准主要特点与应用说明

该标准规定了热喷涂涂层厚度测量的术语、测量方法的选择、参比面的确定及局部厚度的测量。该标准适用于所有热喷涂方法，包括火焰喷涂、电弧喷涂、等离子喷涂所制备的各种磁性金属基体上非磁性涂层和非磁性基体上非导电涂层的厚度测量及评定。

该标准中的方法对基体和涂层材料的导磁性有特殊要求，因此在进行厚度测试前应首先明确基体及涂层材料的导磁性、导电性等特性，从而选择正确的测试方法。

该标准中列举的两种无损检测方法包括磁性法和涡流法。其中磁性法适用于磁性金属基体上非磁性涂层的厚度测量，应用任何热喷涂工艺在磁性金属基体上制备的非磁性涂层均可采用此种方法进行无损测厚，具体实施方法可参考 GB/T 4958《磁性基体上非磁性覆盖层 覆盖层厚度测量 磁性法》，该测量方法适用于碳钢基材表面喷涂锌铝涂层、钼涂层、氧化物陶瓷涂层等。涡流法适用于非磁性金属基体上非导电涂层的厚度测量，应用于任何热喷涂工艺在非磁性金属基体上制备的非导电涂层均可采用此种方法进行无损测厚，具体实施方法可参考 GB/T 4957《非磁性基体金属上非导电覆盖层 覆盖层厚度测量 涡流法》，该测量方法适用于金属基材表面氧化物陶瓷涂层、塑料涂层等。

三、标准内容（GB/T 11374—2012）

热喷涂涂层厚度的无损测量方法

1 范围

本标准规定了热喷涂涂层厚度测量的术语、测量方法的选择、参比面的确定及局部厚度的测量。

本标准适用于所有热喷涂方法，包括火焰喷涂、电弧喷涂、等离子喷涂等所制备的各种磁性金属基体上非磁性涂层和非磁性金属基体上非导电涂层的厚度测量及评定。

2 规范性引用文件

下列文件对于本文件的应用是必不可少的。凡是注日期的引用文件，仅注日期的版本适用于本文件。凡是不注日期的引用文件，其最新版本（包括所有的修改单）适用于本文件。

GB/T 4956　磁性基体上非磁性覆盖层　覆盖层厚度测量　磁性法

GB/T 4957　非磁性基体金属上非导电覆盖层　覆盖层厚度测量　涡流法

GB/T 6463　金属和其他无机覆盖层　厚度测量方法评述

GB/T 12334　金属和其他非有机覆盖层　关于厚度测量的定义和一般规则

GB/T 18719　热喷涂　术语、分类

3 术语和定义

GB/T 12334 和 GB/T 18719 界定的以及下列术语和定义适用于本文件。

3.1 主要表面 significant surface

工件上某些已涂覆或待涂覆覆盖层的表面，在该表面上覆盖层对其使用性能或外观是至关重要的。

3.2 测量面 measuring area

做单次测量的主要表面区域。

无损法的测量面为与探头接触的区域或影响读数的区域。

3.3 参比面 reference area

要求做规定次数单次测量的区域。

3.4 局部厚度 local thickness

在参比面内进行的规定次数厚度测量的平均值。

3.5 最小局部厚度 minimum local thickness

在单个工件的主要表面所测得的局部厚度中的最小值。

3.6 最大局部厚度 maximum local thickness

在单个工件的主要表面所测得的局部厚度中的最大值。

3.7 平均厚度 average thickness

在主要表面上均匀散布地进行规定次数的局部厚度测量得到的平均值。

4 测量方法的选择

4.1 测量方法的概述

应根据基体材料与涂层材料是否具有磁性与导电性选择测量方法（见 GB/T 6463）。

4.2 磁性法

本方法适用于磁性金属基体上非磁性涂层的厚度测量，应用任何热喷涂工艺在磁性金属基体上制备的非磁性涂层均可采用此种方法进行无损测厚（见 GB/T 4956）。

4.3 涡流法

本方法适用于非磁性金属基体上非导电涂层的厚度测量，应用任何热喷涂工艺在非磁性金属基体上制备的非导电涂层均可采用此种方法进行无损测厚（见 GB/T 4957）。

5 参比面的确定

5.1 参比面的大小

5.1.1 主要表面小于 $1cm^2$ 的试件

用于测量局部厚度的参比面应是试件的整个主要表面。

5.1.2 主要表面大于 $1cm^2$ 的试件

用于测量局部厚度的每个参比面面积应取 $1cm^2$（尽可能取边长 1cm 的正方形）。

5.1.3 主要表面大于 $1m^2$ 试件

用于测量局部厚度的每个参比面面积允许增大到 $1dm^2$。

5.2 参比面的个数与位置的确定

参比面个数的确定应使参比面的总面积不小于主要表面面积的 5%。参比面的位置应均匀分布在整个主要表面上。

6 局部厚度的测量

6.1 局部厚度测量的点数。

6.1.1 对主要表面 $<1cm^2$ 的试件，做 1~3 点测量。

6.1.2 对 $1cm^2 \leqslant$ 主要表面 $<1m^2$ 的试件，在选择的参比面内做 3~5 点测量。

6.1.3 对主要表面 $\geqslant 1m^2$ 的试件，选择的参比面 $1dm^2$ 时，做 9 点 10 次测量，第 1 次与第 10 次测量点重合。

6.2 测量点的分布如图 1 所示。

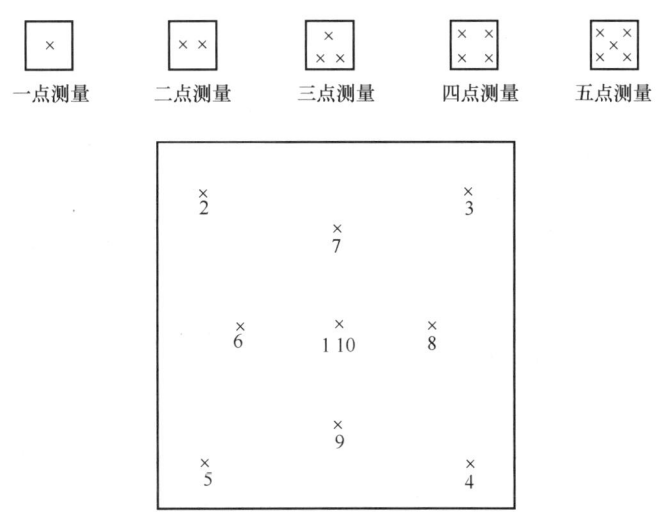

图 1　测量点分布图

注：图中×为测量点，数字为测量次数和顺序。

7 厚度的报告

7.1 对于不同用途的涂层，可根据用户要求报告平均厚度、最小局部厚度或最大局部厚度。

7.2 如无专门规定，热喷涂涂层的厚度应报告主要表面上测得的最小局部厚度。

第三节　热喷涂热障 ZrO_2 涂层晶粒尺寸的测定　谢乐公式法

一、概述

1. X 射线衍射（XRD）技术

X 射线衍射（X-ray diffraction，XRD）分析是利用晶体形成的 XRD 光谱对物质内部原子或分子的空间分布状况进行结构分析的方法。任何晶体物质都具有特定的 XRD 谱，衍射谱正如人的指纹，是鉴别物质结构及类别的主要标志。基于 XRD 的物相分析，能够确定晶体的物相类别并测算含量。X 射线衍射（XRD）分析是研究物质构成的主要手段，在材料科学、生命科学、安全检测等领域具有重要的应用。

XRD 相分析包括定性分析和定量分析。定性分析是通过实测衍射谱与标准卡片数据进行对照，以确定未知晶体的物相种类。定量分析则是在已知物相类别的情况下，通过测量晶体的积分衍射强度来测算各自的含量。

在目前的实验教学中，定性物相分析主要采用粉末衍射文档（powder diffraction file，PDF）标准卡片比对的方式来实现对晶体物相类别的判断。PDF 卡片的数量巨大，在晶体的全部元素未知的情况下，应利用数字索引（Hanawalt、Fink）进行定性分析，还应反复查对索引数据。

对于不同的晶体，XRD 谱在不同角度 θ 或能量 E 具有不同强度的衍射峰，对这些衍射峰进行准确、有效的分析是实现物相识别的基础。在分析和比较 XRD 谱时，主衍射峰的数量、位置、强度和轮廓是主要的特征信息。

2. 氧化锆及其晶体结构

氧化锆（ZrO_2）具有熔点高、力学性能好、热膨胀系数大、热导率小、良好的离子导体等优点，是非常重要的陶瓷材料，常作为热障涂层使用。在常压下，纯的氧化锆以立方相、四方相或单斜相存在。氧化锆的三种晶型结构如图 9.3-1 所示。

立方相是氧化锆各种结构中最为简单的一种，晶胞是面心立方。单斜相结构最为复杂，但可以看成是立方相和四方相的

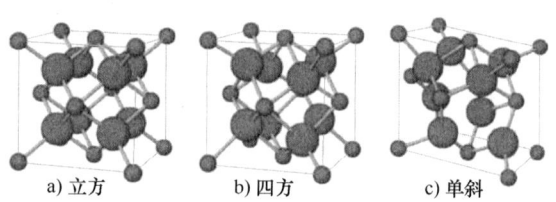

图 9.3-1 ZrO_2 三种晶型结构

畸变结构。在一定温度下，这三种晶体结构可以相互转化，其相变过程大致可以描述为

$$单斜\ ZrO_2 \xrightarrow{1170℃} 四方\ ZrO_2 \xrightarrow{2370℃} 立方\ ZrO_2 \xrightarrow{2715℃} 熔体$$

从室温到服役温度过程中存在相变，故纯的氧化锆无法用作热障涂层材料。氧化锆从单斜相转变为四方相，伴随着约 7% 的体积收缩，而从四方相转变为单斜相，伴随着 3%～5% 的体积膨胀。每次升降温的热循环过程中，相变引起了氧化锆晶格的不可逆的体积收缩，从而形成了很大的热应力，最终导致涂层的脱落失效。

3. 热障涂层晶粒尺寸测定的标准

晶粒尺寸是热障 ZrO_2 涂层的重要性能指标，晶粒度可以直接影响到涂层的隔热性能。为了测量涂层的晶粒度，全国金属与非金属覆盖层标准化技术委员会于 2015 年组织制定了 GB/T 31568—2015《热喷涂热障 ZrO_2 涂层晶粒尺寸的测定 谢乐公式法》。该标准制定时，参考了 ASTM D 5187：2010《晶粒尺寸的标准试验方法（用 X 射线衍射法测定煅烧石油焦的 L_c）》、JIS H7805：2005《X 射线衍射法测定金属催化剂中晶粒尺寸的方法》等国外标准。GB/T 31568—2015 于 2015 年 5 月 15 日发布，2016 年 1 月 1 日实施。

二、标准主要特点与应用说明

该标准规定了应用 X 射线衍射谢乐公式法，测定热喷涂热障 ZrO_2 涂层试样立方、四

方、单斜三种相 ZrO_2 晶粒尺寸的方法原理、测试条件及计算步骤等。该标准适用于晶粒尺寸在 2nm～100nm 范围、内部无不均匀应变的试样。

该标准检测方法立足于 X 射线衍射仪，X 射线衍射仪的性能指标及参数设定应按标准中的推荐值设定。其中，要求 X 射线衍射仪 2θ 角度的单向重复精度不大于 $0.003°$，衍射强度综合稳定度优于 0.5%，辐射类型为 $CuK\alpha$ 辐射。测试条件为管电压 40kV，管电流不小于 40mA；发散狭缝 $1°$，防散射狭缝 $1°$，接受狭缝 0.15mm；扫描方式为步进扫描，步长 $0.02°$，每步停留时间为 1s～2s。该标准可适用纳米及微米态的 ZrO_2 涂层。

三、标准内容（GB/T 31568—2015）

热喷涂热障 ZrO_2 涂层晶粒尺寸的测定　谢乐公式法

1　范围

本标准规定了应用 X 射线衍射谢乐公式法测定热喷涂热障 ZrO_2 涂层试样中立方、四方、单斜三种相 ZrO_2 晶粒尺寸的方法原理、测试条件及计算步骤等。

本标准适用于晶粒尺寸在 2nm～100nm 范围、内部无不均匀应变的试样。

2　术语和定义

下列术语和定义适用于本文件。

2.1　热障 ZrO_2 涂层　thermal barrier ZrO_2 coatings

采用热喷涂制备工艺制备的 ZrO_2 基的涂层材料。

2.2　晶粒　crystallite

内部分子、原子等有规律排列的微小单晶。

2.3　晶粒尺寸　crystallite size

L_{hkl}

晶粒在 (hkl) 晶面法线方向上的平均尺度。

2.4　半高宽　full width at half maximum of peak profile；FWHM

衍射峰峰高极大值一半处的峰宽。

3　方法原理

对试样照射 X 射线，测量所得到的衍射线，假设试样中没有晶体结构的不完整，则衍射线的宽化仅由晶粒的细化引起，可利用式（1）（谢乐公式）计算晶粒尺寸：

$$L_{hkl} = \frac{K\lambda}{\beta_{hkl}\cos\theta} \tag{1}$$

式中　L_{hkl}——晶粒在 (hkl) 晶面法线方向的平均尺度（nm）；

　　　K——常数，与 β_{hkl} 的定义有关，当 β_{hkl} 定义为半高宽时，$K=0.89$；

　　　λ——实验所用的 X 射线波长，0.154056nm；

　　　β_{hkl}——由晶粒细化引起的试样某 (hkl) 晶面衍射峰的半高宽（应扣除背底）（rad）；

　　　θ——(hkl) 晶面衍射峰的布拉格角（°）。

此外，本标准中，试样半高宽 β_{hkl} 由式（2）计算：

$$B_{hkl} = \beta_{hkl} + b_0 \tag{2}$$

式中　B_{hkl}——实验所测得的试样某晶面衍射线的半高宽（应扣除背底）（rad）；

b_0——由仪器产生的附加半高宽（简称仪器宽度，用标准物质校准）（rad）。

4 仪器、测量条件和测量方法

4.1 衍射仪性能指标

衍射仪 2θ 角度的单向重复精度不大于 $0.003°$，衍射强度综合稳定度优于 0.5%。

4.2 辐射类型

$CuK\alpha$ 辐射。

4.3 测量条件

4.3.1 管压和管流

管电压 40kV，管电流不小于 40mA。

4.3.2 狭缝系统

发散狭缝 $1°$，防散射狭缝 $1°$，接受狭缝 0.15mm。

4.3.3 扫描方式和速度

步进扫描，步长 $0.02°$，每步停留时间为 1s~2s。

4.4 衍射峰位 2θ 角度值和半高宽的测量方法

采用 pseudo-Voigt 峰形函数拟合测得的实验谱，使得实验谱与拟合谱线的最小剩余误差 R 小于 10%，从而测得各衍射峰的 2θ 角度值和半高宽值。

注：R 按式（3）计算：

$$R = \sqrt{\frac{\sum(I_{obs}-I_{calc})^2/I_{obs}}{\sum I_{obs}}} \times 100\% \qquad (3)$$

式中 $\sum$——对拟合区域所有数据点求和；

I_{obs}——测量强度；

I_{calc}——计算强度。

5 样品的要求和制样方法

5.1 标准物质

5.1.1 要求

采用编号为 GBW（E）130014 的 X 射线衍射硅粉末作为标准物质校正 2θ 角度及仪器宽度。

5.1.2 标准物质的装填方法

将标准物质放入试样板凹槽内，用载玻片均匀铺开后压紧，标准物质表面与试样板表面处在同一平面，要求倾斜试样板 $60°$ 时标准物质不从槽中脱落。

5.2 热障 ZrO_2 涂层试样

5.2.1 要求

待测块状热障 ZrO_2 涂层试样表面需平整。

5.2.2 试样的装填方法

采用中空的铝或有机玻璃试样板，试样的装填方法见图 1。

6 实验步骤

6.1 制作 2θ 角度校正曲线

6.1.1 采用外标法对标准物质按 4.3 规定的测

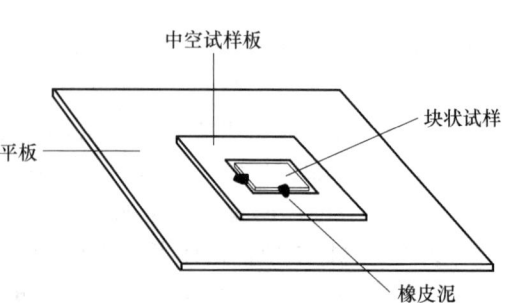

图 1 试样装填方法示意图

量条件进行扫描，2θ 角度扫描范围为 28°~70°，按 4.4 规定的方法测量各衍射峰的 2θ 角度值。

6.1.2 将 6.1.1 得到的 2θ 角度值与附录 A 中表 A.1 给出的标准 2θ 角度值对比，计算差值 Δ2θ。

6.1.3 将 6.1.1 得到的 2θ 为横坐标，6.1.2 得到的 Δ2θ 为纵坐标，采用最小二乘法绘制出校正曲线。

6.2 制作仪器宽度校正曲线

6.2.1 采用外标法对标准物质按 4.3 规定的测量条件进行扫描，2θ 角度扫描范围为 28°~70°，按 4.4 规定的方法测量各衍射峰的半高宽。

6.2.2 将 6.1.1 得到的 2θ 为横坐标，6.2.1 得到的半高宽为纵坐标，采用内插法绘制仪器宽度校正曲线。

6.3 试样衍射峰 2θ 角度值的校正

按附录 B 中表 B.1 选择不同晶型 ZrO_2 相应的测量晶面，设定 2θ 角度扫描范围，按 4.3 规定的方法进行扫描，按 4.4 规定的方法测量各衍射线的 2θ 角度值，用 6.1.3 的校正曲线对试样的 2θ 角度值进行校正，并将校正后的 2θ 角度值记录在附录 B 表 B.1 中。立方、四方、单斜 ZrO_2 的标准衍射数据分别见附录 C 中表 C.1、表 C.2 和表 C.3。

6.4 测量试样衍射线的半高宽 B_{hkl}

按附录 B 表 B.1 选择不同晶型 ZrO_2 相应的测量晶面，设定 2θ 角度扫描范围，按 4.3 规定的方法进行扫描，按 4.4 规定的方法测量各衍射线的半高宽 B_{hkl}，并记录在附录 B 表 B.1 中。

6.5 测量仪器宽度 b_0

将 6.3 中测得的四方、立方、单斜 ZrO_2 各衍射峰的 2θ 角度值分别代入 6.2.2 的校正曲线中，查出相对应的半高宽值作为在此角度下的仪器宽度 b_0。

6.6 计算晶粒尺寸

根据式（2）求出各晶面的 β_{hkl}，分别代入式（1）中，计算得到该衍射面法线方向上的晶粒尺寸 L_{hkl}，并将其记录在规范性附录 D 的表格中。

7 平均值与标准偏差

7.1 平均值

按 5.2.2 的方法对试样分别制样 3 次，按 6.3~6.6 步骤计算晶粒尺寸 L_{hkl}，并求其算术平均值 $\overline{L_{hkl}}$。

7.2 标准偏差

标准偏差按式（4）计算：

$$\sigma = \sqrt{\frac{\sum_{i=1}^{n}(\overline{L_{hkl}} - L_{hkli})^2}{n-1}} \tag{4}$$

式中 σ——标准偏差；

$\overline{L_{hkl}}$——n 次测量结果的平均值；

L_{hkli}——第 i 次测量的结果；

n——测量次数，本标准中 $n=3$。

8 测试报告

测试报告应包含下列内容：

a) 委托单位；

b) 试样名称、编号；

c) 测试条件；

d) 采用标准（本标准编号）；

e) 计算结果；

f) 报告出具单位；

g) 报告日期；

h) 报告人和审核人；

i) 其他需要说明的事项。

附 录 A
（资料性附录）
Si 的标准 X 射线衍射数据

衍射数据见表 A.1。

表 A.1 Si 的标准 X 射线衍射数据

d/Å	2θ/(°)	Int	hkl	d/Å	2θ/(°)	Int	hkl
3.1355	28.442	100	111	1.0452	94.948	6	511
1.9201	47.302	55	220	0.9600	106.71	3	440
1.6375	56.121	30	311	0.9180	114.08	7	531
1.3577	69.130	6	440	0.8587	127.54	8	620
1.2459	76.377	11	331	0.8282	136.89	3	533
1.1086	88.026	12	422				

注：d 为晶面间距，2θ 为衍射角，Int 为相对衍射强度，hkl 为衍射晶面，1Å=0.1nm。

附 录 B
（规范性附录）
计算过程的数据记录

数据记录格式见表 B.1。

表 B.1 数据记录格式

ZrO_2 晶形	晶面(hkl)	2θ 扫描范围	2θ(校正后)	B_{hkl}	b_0	β_{hkl}
立方	111	29.0°~31.2°				
	220	49.0°~51.6°				
四方	011	29.0°~31.2°				
	202	61.4°~64.2°				

(续)

ZrO$_2$ 晶形	晶面(hkl)	2θ 扫描范围	2θ(校正后)	B_{hkl}	b_0	β_{hkl}
单斜	−111	27.0°~30.0°				
	111	30.0°~33.0°				

附 录 C
(资料性附录)
ZrO$_2$ 的标准 X 射线衍射数据

衍射数据见表 C.1~表 C.3。

表 C.1 立方 ZrO$_2$ 的标准 X 射线衍射数据

d/Å	2θ/(°)	Int	hkl	d/Å	2θ/(°)	Int	hkl
2.9646	30.119	100	111	1.1769	81.757	2	331
2.5644	34..959	17	200	1.1467	84.397	3	420
1.8152	50.219	32	220	1.0469	94.737	1	422
1.5466	59.738	16	311	0.9865	102.67	1	333
1.4810	62.678	2	222	0.8668	125.39	1	531
1.2808	73.938	1	400	0.8547	128.63	<1	600

注：d 为晶面间距，2θ 为衍射角，Int 为相对衍射强度，hkl 为衍射晶面，1Å = 0.1nm。

表 C.2 四方 ZrO$_2$ 的标准 X 射线衍射数据

d/Å	2θ/(°)	Int	hkl	d/Å	2θ/(°)	Int	hkl
2.9502	30.270	100	011	1.2879	73.464	3	004
2.5750	34.811	8	002	1.2720	74.538	5	220
2.5436	35.255	12	110	1.1744	81.971	11	123
2.0952	43.138	1	012	1.1685	82.475	6	031
1.8098	50.377	43	112	1.1489	84.196	4	114
1.7987	50.711	22	020	1.1410	84.917	3	222
1.5497	59.610	14	013	1.1377	85.223	3	130
1.5358	60.205	24	121	1.0471	94.715	3	024
1.4749	62.967	7	202	1.0408	95.477	9	132

注：d 为晶面间距，2θ 为衍射角，Int 为相对衍射强度，hkl 为衍射晶面，1Å = 0.1nm。

表 C.3 单斜 ZrO$_2$ 的标准 X 射线衍射数据

d/Å	2θ/(°)	Int	hkl	d/Å	2θ/(°)	Int	hkl
5.0870	17.419	2	001	2.6226	34.159	21	200
3.6976	24.047	14	110	2.6061	34.382	11	020
3.6390	24.440	10	011	2.5399	35.308	13	002
3.1647	28.174	100	−111	2.4994	35.899	2	−201
2.8406	31.467	68	111	2.3425	38.395	1	−210

(续)

d/Å	$2\theta/(°)$	Int	hkl	d/Å	$2\theta/(°)$	Int	hkl
2.3340	38.540	4	120	1.4959	61.982	5	−312
2.2845	39.410	<1	012	1.4776	62.836	8	113
2.2527	39.989	<1	−211	1.4520	64.077	1	320
2.2137	40.724	12	−112	1.4485	64.248	2	230
2.1918	41.149	5	201	1.4343	64.964	<1	032
2.1805	41.373	5	−121	1.4261	65.382	2	−231
2.0203	44.825	7	211	1.4200	65.698	6	023
1.9910	45.521	6	−202	1.4165	65.882	4	−132
1.8593	48.948	2	−212	1.3615	68.910	1	231
1.8481	49.265	18	220	1.3493	69.618	<1	321
1.8187	50.115	22	022	1.3398	70.188	<1	−322
1.8038	50.558	13	−221	1.3253	71.069	2	−223
1.7829	51.192	5	−122	1.3216	71.298	4	−401
1.6937	54.103	11	003	1.3113	71.948	1	400
1.6772	54.678	<1	221	1.3088	72.102	1	−232
1.6607	55.269	11	122	1.3034	72.448	<1	040
1.6571	55.399	11	310	1.3005	72.640	<1	312
1.6524	55.569	9	−311	1.2862	73.578	<1	−313
1.6439	55.881	6	031	1.2699	74.680	2	004
1.6100	57.166	7	−113	1.2646	75.044	4	140
1.5923	57.860	4	−131	1.2454	76.408	1	−114
1.5822	58.266	3	−222	1.2321	77.390	<1	330
1.5458	59.773	8	131	1.2229	78.076	<1	401
1.5393	60.053	7	−203	1.2127	78.864	1	033
1.5095	61.365	5	311	—			

注：d 为晶面间距，2θ 为衍射角，Int 为相对衍射强度，hkl 为衍射晶面，$1Å = 0.1nm$。

附 录 D
（规范性附录）
计算结果的表示

结果表示见表 D.1~表 D.3。

表 D.1 立方 ZrO_2 的晶粒尺寸计算结果

立方相测量次数	L_{111}	$\overline{L}_{111}$	标准偏差 σ	L_{220}	$\overline{L}_{220}$	标准偏差 σ
第 1 次						
第 2 次						
第 3 次						

表 D.2 四方 ZrO_2 的晶粒尺寸计算结果

四方相测量次数	L_{011}	$\overline{L_{011}}$	标准偏差 σ	L_{202}	$\overline{L_{202}}$	标准偏差 σ
第1次						
第2次						
第3次						

表 D.3 单斜 ZrO_2 的晶粒尺寸计算结果

单斜相测量次数	L_{-111}	$\overline{L_{-111}}$	标准偏差 σ	L_{111}	$\overline{L_{111}}$	标准偏差 σ
第1次						
第2次						
第3次						

第四节 热喷涂 热喷涂涂层的表征和试验

一、概论

1. 热喷涂的涂层形成原理

热喷涂技术是利用热源将喷涂材料加热至熔化或半熔化状态，并以一定的速度喷射沉积到经过预处理的基体表面形成涂层的方法。热喷涂的涂层形成原理如图 9.4-1 所示。

随着热喷涂技术的发展，各种工艺方法层出不穷，现代热喷涂技术已不仅仅停留在"热"字上了。近年来发展起来的冷气动力喷涂技术是对热喷涂技术的补充和扩展，已成为现代热喷涂技术重要组成部分。可以说，热喷涂技术是正在迅速成长的新技术，其中部分涂层制备工艺已纳入先进制造技术范畴。

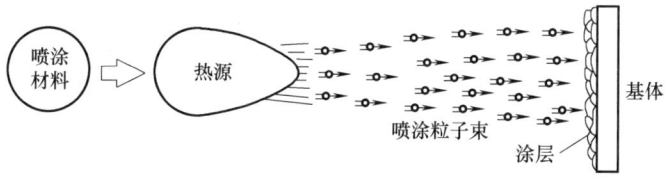

图 9.4-1 热喷涂的涂层形成原理

2. 热喷涂形成涂层的过程

热喷涂技术工艺方法很多，各有特点。无论何种工艺方法，喷涂过程中形成涂层的原理和涂层结构基本一致。热喷涂形成涂层的过程一般经历四个阶段，即喷涂材料加热熔化阶段、雾化阶段、飞行阶段、碰撞沉积阶段。

（1）加热熔化阶段 当喷涂材料为线（棒）材时，喷涂过程中，线材的端部连续不断地进入热源高温区被加热熔化，形成熔滴；当喷涂材料为粉末时，粉末材料直接进入热源高温区，在行进的过程中被加热至熔化或半熔化状态。

（2）雾化阶段 线（棒）材在喷涂过程中被加热熔化形成熔滴，在外加压缩气流或热源自身气流动力的作用下,将线(棒)材端部熔滴雾化成微细熔粒并加速粒子的飞行速度;喷涂材料为粉末时,粉末材料被加热到足够高温度,当粉末材料温度超过材料的熔点形成液滴时,在高速气流的作用下雾化破碎成更细微粒并加速飞行速度。

(3) 飞行阶段 加热熔化或半熔化状态的粒子在外加压缩气流或热源自身气流动力的作用下被加速飞行。粒子飞行过程中首先被加速,随着飞行距离的增加而减速。

(4) 碰撞沉积阶段 具有一定温度和速度的喷涂粒子在接触基体材料的瞬间,以一定的动能冲击基体材料表面,产生强烈的碰撞,喷涂粒子的动能转化为热能并传递给基体材料,在凹凸不平的基材表面上产生形变。由于热传递的作用,变形粒子迅速冷凝并伴随着体积收缩,其中大部分粒子呈扁平状牢固地黏结在基体材料表面上,而另一小部分粒子碰撞后经基体反弹而离开基体表面。随着喷涂粒子束不断地冲击碰撞基体表面,碰撞—变形—冷凝收缩—填充连续进行,变形粒子在基体材料表面上以颗粒与颗粒之间相互交错叠加地黏结在一起,而终沉积形成涂层。涂层形成过程如图9.4-2所示。

3. 热喷涂的涂层结构

热喷涂的涂层结构与被喷涂材料的组织结构有关,呈现出明显的差异。不同的工艺方法也会引起涂层结构的差异。从热喷涂涂层形成的原理可知,涂层结构是由无数变形扁平的粒子相互交错呈

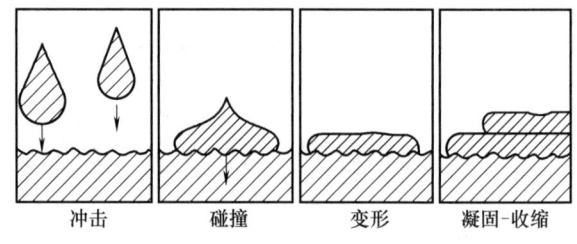

图 9.4-2 涂层形成过程

波浪式堆积而成的层状结构。这是由于喷涂过程中,熔化或半熔化状态粒子与喷涂工作气体及周围环境气氛产生化学反应,使得喷涂材料经喷涂后会出现表面氧化。同时,变形扁平粒子的相互叠加产生搭桥效应,不可避免地在涂层中出现少部分孔隙。因此,涂层的典型结构是由变形扁平微细的涂层材料堆积而成的层状结构,且中间夹带着部分气孔和氧化物。

热喷涂涂层的结合包含涂层与基体表面的结合(就是通常所说的涂层结合强度)和形成涂层颗粒与颗粒之间的内聚力(即涂层自身结合强度)。一般来说,涂层自身结合强度高于涂层与基体的结合强度,均属于物理—化学结合。这种物理—化学结合包含以下几种方式:

(1) 机械结合 喷涂粒子撞击基体表面产生变形、镶嵌、填补、咬合在基体材料表面上,与基体材料形成机械式锚合作用。大部分涂层结合以这种结合方式存在。

(2) 物理结合 颗粒对基材表面的结合是由范德瓦耳斯力或次价键组成的结合。

(3) 冶金—化学结合 比机械结合和物理结合的结合强度要大得多。它由三部分组成,即范德瓦耳斯力(在洁净的基体表面上,涂层粒子与基材表面的接触处粒子之间,其原子间距达到原子、分子距离时所形成分子间的引力)、化学键力(涂层原子与基材原子或者涂层粒子之间的原子距离达到原子晶格常数的数值时,所形成的化学键的结合力)和微扩散力(涂层粒子中的元素和基体材料中的元素在一定的条件下相互扩散作用,是涂层材料和基体材料表面出现扩散和合金化的一种结合类型,包括在结合面上形成金属间化合物或固溶体)。

在同一试件的涂层上,以上三种结合方式有可能同时存在,但以机械结合为主。

4. 热喷涂涂层表征和试验的标准

国际标准化组织于2003年首次发布了ISO 14923:2003《热喷涂 热喷涂涂层的表征和

试验》。GB/T 37421—2019《热喷涂 热喷涂涂层的表征和试验》修改采用 ISO 14923：2003《热喷涂 热喷涂涂层的表征和试验》，为便于使用，采标时对规范性引用文件中做了技术性差异的调整，以适应我国的技术条件。GB/T 37421—2019《热喷涂 热喷涂涂层的表征和试验》于 2019 年 5 月 10 日发布，2019 年 12 月 1 日实施。

二、标准主要特点与应用说明

该标准列出了热喷涂的常规试验方法和试验规范，提供了热喷涂涂层表征和试验的指导。该标准规定了热喷涂涂层物理、机械、化学等方面检测的相关方法与参考标准。检测手段可粗分为无损检测技术与破坏性检测技术两大类。无损检测项目主要包括：涂层外观、表面粗糙度、涂层厚度、热导率、电导率等；破坏性检测项目包含涂层的金相结构、化学成分、结合强度、硬度、耐磨性、抗热冲击性能、耐蚀性等。

热喷涂涂层一般作为表面强化或功能性涂层使用，其性能指标较多。该标准列出了热喷涂的常规试验方法和试验规范，主要包含技术性能与物理性能，技术性能包括耐磨性、耐蚀性、可加工性、抗热冲击性、抗热循环性、润湿性、液体吸附性等；物理性能包括硬度、结合强度、传导性、弹性模量、密度等。各单项性能的检测可参考相应的国家标准进行。

三、标准内容（GB/T 37421—2019）

热喷涂 热喷涂涂层的表征和试验

1 范围

本标准提供了热喷涂涂层表征和试验的指导。鉴于所有可熔材料都能用于热喷涂，而且有许多不同的热喷涂工艺方法，存在大量不同类型的涂层，因此在本标准中不可能对所有涂层都做详细说明。

本标准列出了热喷涂的常规试验方法和试验规范。本标准没有涉及仅适用于某些特定情况或实验室条件下进行的试验方法。

注：本标准并未覆盖所有的方法。

2 规范性引用文件

下列文件对于本文件的应用是必不可少的。凡是注日期的引用文件，仅注日期的版本适用于本文件。凡是不注日期的引用文件，其最新版本（包括所有的修改单）适用于本文件。

GB/T 230.1 金属材料 洛氏硬度试验 第 1 部分：试验方法（GB/T 230.1—2018，ISO 6508-1：2016，MOD）

GB/T 351 金属材料电阻系数测量方法（GB/T 351—1995；eqv IEC 60468：1974）

GB/T 1410 固体绝缘材料体积电阻率和表面电阻率试验方法（GB/T 1410—2006，IEC 60093：1980，IDT）

GB/T 3505 产品几何技术规范（GPS）表面结构 轮廓法 术语、定义及表面结构参数（GB/T 3505—2009，ISO 4287：1997，IDT）

GB/T 4340.1 金属材料 维氏硬度试验 第 1 部分：试验方法（GB/T 4340.1—2009，ISO 6507-1：2005，MOD）

GB/T 4340.2 金属材料 维氏硬度试验 第 2 部分：硬度计的检验与校准（GB/T

4340.2—2012，ISO 6507-2：2005，MOD)

GB/T 4340.3 金属材料 维氏硬度试验 第3部分：标准硬度块的标定（GB/T 4340.3—2012，ISO 6507-3：2005，MOD)

GB/T 4956 磁性基体上非磁性覆盖层 覆盖层厚度测量 磁性法（GB/T 4956—2003，ISO 2178：1982，IDT)

GB/T 4957 非磁性基体金属上非导电覆盖层 覆盖层厚度测量 涡流法（GB/T 4957—2003；ISO 2360：1982，IDT)

GB/T 5210 色漆和清漆 拉开法附着力试验（GB/T 5210—2006，ISO 4624：2002，IDT)

GB/T 5990 耐火材料 导热系数试验方法（热线法）（GB/T 5990—2006，ISO 8894-1：1986，MOD)

GB/T 6062 产品几何技术规范（GPS） 表面结构 轮廓法 接触（触针）式仪器的标称特性（GB/T 6062—2009，ISO 3274：1996，IDT)

GB/T 6462 金属和氧化物覆盖层 厚度测量 显微镜法（GB/T 6462—2005，ISO 1463：2003，IDT)

GB/T 6463 金属和其他无机覆盖层 厚度测量方法评述（GB/T 6463—2005，ISO 3882：2003，IDT)

GB/T 6465 金属和其他无机覆盖层 腐蚀膏腐蚀试验（CORR试验）（GB/T 6465—2008，ISO 4541：1978，IDT)

GB/T 8642 热喷涂 抗拉结合强度的测定（GB/T 8642—2002，ISO 14916：1999，MOD)

GB/T 9789 金属和其他无机覆盖层 通常凝露条件下的二氧化硫腐蚀试验（GB/T 9789—2008，ISO 6988：1985，IDT)

GB/T 9790 金属覆盖层及其他有关覆盖层 维氏和努氏显微硬度试验（GB/T 9790—1988，neq ISO 4516：1980)

GB/T 9793 热喷涂 金属和其他无机覆盖层 锌、铝及其合金（GB/T 9793—2012，ISO 2063：2005，IDT)

GB/T 10064 测定固体绝缘材料绝缘电阻的试验方法（GB/T 10064—2006，IEC 60167：1964，IDT)

GB/T 10125 人造气氛腐蚀试验 盐雾试验（GB/T 10125—2012，ISO 9227：2006，IDT)

GB/T 10295 绝热材料稳态热阻及有关特性的测定 热流计法（GB/T 10295—2008，ISO 8301：1991，IDT)

GB/T 10581 绝缘材料在高温下电阻和电阻率的试验方法（GB/T 10581—2006，IEC 60345：1971，IDT)

GB/T 11378 金属覆盖层 覆盖层厚度测量 轮廓仪法（GB/T 11378—2005，ISO 4518：1980，IDT)

GB/T 12334 金属和其他非有机覆盖层 关于厚度测量的定义和一般规则（GB/T 12334—2001，ISO 2064：1996，IDT)

GB/T 12608　热喷涂　火焰和电弧喷涂用线材、棒材和芯材　分类和供货技术条件（GB/T 12608—2003，ISO 14919：2000，IDT）

GB/T 18719　热喷涂　术语、分类（GB/T 18719—2002，ISO 14917：1999，MOD）

GB/T 18778.1　产品几何量技术规范（GPS）　表面结构　轮廓法　具有复合加工特征的表面　第1部分：滤波和一般测量条件（GB/T 18778.1—2002，eqv ISO 13565-1：1996）

GB/T 18778.2　产品几何量技术规范（GPS）　表面结构　轮廓法　具有复合加工特征的表面　第2部分：用线性化的支承率曲线表征高度特性（GB/T 18778.2—2003，ISO 13565-2：1996，IDT）

GB/T 18851.1　无损检测　渗透检测　第1部分：总则（GB/T 18851.1—2012，ISO 3452-1：2008，IDT）

GB/T 19352.1　热喷涂　热喷涂结构的质量要求　第1部分：选择和使用指南（GB/T 19352.1—2003，ISO 14922-1：1999，IDT）

GB/T 19352.2　热喷涂　热喷涂结构的质量要求　第2部分：全面的质量要求（GB/T 19352.2—2003，ISO 14922-2：1999，IDT）

GB/T 19352.3　热喷涂　热喷涂结构的质量要求　第3部分：标准的质量要求（GB/T 19352.3—2003，ISO 14922-3：1999，IDT）

GB/T 19352.4　热喷涂　热喷涂结构的质量要求　第4部分：基本的质量要求（GB/T 19352.4—2003，ISO 14922-4：1999，IDT）

GB/T 19356　热喷涂　粉末　成分和供货技术条件（GB/T 19356—2003，ISO 14232：2000，MOD）

GB/T 20018　金属与非金属覆盖层　覆盖层厚度测量　β射线背散射法（GB/T 20018—2005，ISO 3543：2000，IDT）

GB/T 21838.1　金属材料　硬度和材料参数的仪器化压痕试验　第1部分：试验方法（GB/T 21838.1—2008，ISO 14577-1：2002，MOD）

GB/T 21838.2　金属材料　硬度和材料参数的仪器化压痕试验　第2部分：试验机的检验和校准（GB/T 21838.2—2008，ISO 14577-2：2002，MOD）

GB/T 21838.3　金属材料　硬度和材料参数的仪器化压痕试验　第3部分：标准块的标定（GB/T 21838.3—2008，ISO 14577-3：2002，MOD）

GB/T 25995　精细陶瓷密度和显气孔率试验方法（GB/T 25995—2010，ISO 18754：2003，MOD）

GB/T 30707　精细陶瓷涂层结合力试验方法　划痕法（GB/T 30707—2014，ISO 20502：2005，MOD）

GB/T 31563　金属覆盖层　厚度测量　扫描电镜法（GB/T 31563—2015，ISO 9220：1988，MOD）

ISO 3868　金属和其他无机覆盖层　镀层厚度的测量　裴索多光束干涉仪法（Metallic and other non-organic coating—Measurement of coating thickness—Fizeau multiplebeam interferometry method）

EN 821-2　精细陶瓷　单片陶瓷的热物理特性　第2部分：热扩散率的激光闪光（或热脉冲）法测定［Advanced technical ceramics—Monolithic ceramics—Thermo-physical properties—Part 2: Determination of thermal diffusivity by the laser flash (or heat pulse) method]

EN 993-14 密实成形耐火产品的试验方法 第14部分：用热线法（交叉排列）进行热导性测定 [Methods of testing dense shaped refractory products—Part 14: Determination of thermal conductivity by the hot-wire (cross-array) method]

ENV 1071-1 精细陶瓷 陶瓷层检验的方法 第1部分：用针式表面轮廓仪测定涂层厚度（Advanced technical ceramics—Methods of test for ceramic coatings—Part 1: Determination of coating thickness by contact probe profilometer）

EN 1071-2 精细陶瓷 陶瓷涂层试验方法 第2部分：用球磨法测量涂层厚度（Advanced technical ceramics—Methods of test for ceramic coatings—Part 2: Determination of coating thickness by the crater grinding method）

ENV 1159-2 精细陶瓷 陶瓷复合材料 热物理性能 第2部分：热扩散性测量（Advanced technical ceramics—Ceramic composites—Thermophysical properties—Part 2: Determination of thermal diffusivity）

3 术语和定义

GB/T 18719 界定的以及下列术语和定义适用于本文件。

3.1 涂层结构 coating structure

喷涂层是由薄涂层逐步叠加构成的。喷涂材料（辅助材料）及喷涂参数等工艺参数等将会影响涂层的结构。需要区分涂层的类型、尺寸、组织、裂纹状况、偏析等相关特征。

3.2 裂纹 crack

涂层组织裂纹或者喷涂颗粒相互之间分隔或喷涂颗粒内部裂纹。

注：裂纹会垂直和（或）平行于基体表面，分为宏观裂纹或微观裂纹，或宏观微观混合裂纹。

3.3 剥落 flaking

由于外部作用力（温度变化和/或机械式外力）或内部作用力（喷涂工艺产生的内部应力）、涂层结合力不足而引起涂层内分离。

3.4 夹杂颗粒 inclusion of the same or different material

未熔透或在到达工件表面前凝固的颗粒。

注：夹杂的颗粒也可能是喷砂的砂粒、喷嘴/电极烧损的颗粒、灰尘等其他粉末颗粒。

3.5 显微结构 microstructure

通过研磨、抛光、腰蚀后在显微镜下观察喷涂层截面的单组分涂层金相结构和/或双组分涂层材料类型。

3.6 鼓包 nodule

涂层局部凸起。

注：它们可能是由于气孔、未熔透或团聚的喷涂颗粒造成的，其中也可能包含喷涂时喷嘴的燃烧残渣。结瘤或起泡与相邻涂层结合不好，会恶化相邻的涂层。

3.7 氧化 oxide

喷涂颗粒的飞行过程中，未氧化喷涂颗粒不可避免地与氧发生反应，形成氧化物。

注：这种氧化物经常以条纹或偏析状态的形式出现。

3.8 剥离 peeling

由于外部作用力（温度变化和/或机械式外力）或内部作用力（喷涂工艺产生的内部应

力），涂层结合力不足而引起涂层从基体分离。
3.9 孔隙 pore
由于喷涂工艺导致的、在喷涂层中形成的各种形状和尺寸的孔洞。
4 涂层的制备
4.1 通则
制备热喷涂涂层的工艺和类别见 GB/T 18719 中的规定。
4.2 涂层材料
4.2.1 材料
喷涂材料可以是粉末、线材、棒材或芯材等多种形式。喷涂材料的交货技术条件规定如下：
——粉末见 GB/T 19356；
——线材见 GB/T 12608；
——棒材见 GB/T 12608；
——芯材见 GB/T 12608。
4.2.2 化学成分
喷涂粉末的典型成分见 GB/T 19356，线材、棒材和芯材的典型成分见 GB/T 12608。成分中给出的是质量分数。其他喷涂材料的成分可由用户、材料制造商和供应商商量决定。
4.3 涂层表征
4.3.1 通则
无论采用何种喷涂方法和喷涂材料，热喷涂涂层都或多或少存在不均匀性、各向异性、微孔和微裂纹。喷涂材料与基体材料不可能实现完全扩散熔合。喷涂颗粒黏附通常是机械式黏附，或者是在其冷却和收缩时喷涂颗粒的锚固，或者是物理吸附过程。喷涂材料与基体熔合或扩散结合也能实现，例如自熔性合金或真空喷涂涂层，只要在喷涂过程中或喷涂之后，对涂层进行融熔或扩散热处理即可。
4.3.2 特征描述
热喷涂涂层的质量主要由涂层的结构、涂层特性（相、孔隙、氧化物、相同或不同材料的夹杂、偏析和裂纹等）分布和涂层尺寸等特征来表征。这些可通过涂层截面在腐蚀或非腐蚀状态下的显微形貌进行评估。由于这些变量难以量化，只能通过与系列参考涂层的比较进行评估。
4.3.3 表面特征
表面特征是指表面平整度、表面粗糙度、表面形貌，以及通常状态下的色泽。这些特征的影响因素主要有裂纹、鼓包、剥落、剥离和涂层厚度等。
4.3.4 内部特征
涂层的内部特征包括涂层的组织、结合状态（机械附着或冶金结合），以及由于涂层制备工艺所造成的氧化物夹杂、气孔、相同或不同材料的包裹体等。喷涂材料的工艺方法和喷涂参数将影响涂层结构。内部特征通常用金相法检测。
4.4 技术和物理性能
4.4.1 技术性能
4.4.1.1 耐磨性
材料的耐磨性是指由于一个固体与另一个固体、液体或气体在接触面上的相对运动而引起的材料抵抗连续机械运动的能力。

关于磨损和磨损过程系统分析在国家相关标准中有介绍。

4.4.1.2 耐蚀性

材料的耐蚀性是指材料抵抗与周围介质发生化学和/或物理反应的能力。耐蚀性取决于材料、介质的腐蚀能力和有关的物理化学条件。GB/T 6465 或国家相关标准中有所介绍。

抗氧化性能是一种特殊形式的耐蚀性。

4.4.1.3 可加工性

热喷涂涂层的可加工性是指涂层可通过机械设备加工成成品轮廓的能力。涂层与基体材料有所不同，涂层结构与工艺方法有关，在机械加工时应予以考虑。根据不同的涂层材料，机械加工可以采用车削、磨削或珩磨等。

4.4.1.4 抗热冲击性

抗热冲击性是指将迅速变化的温度作用于工件全部或其中一部分时，涂层抵抗温度变化的能力。具有抗热冲击性是指涂层在经受约定数量的热循环冲击后而不会产生任何明显的损坏。通常采用燃烧器试验来检测。

4.4.1.5 抗热循环性

抗热循环性是指将缓慢变化的温度作用于工件全部或其中一部分时，涂层抵抗温度变化的能力。具有抗热循环性是指涂层在经受约定数量的热循环冲击后而不会产生任何明显的损坏。

4.4.1.6 润湿性

热喷涂涂层的润湿性是指液体在其表面上铺展开（不可逆转）的性能。

4.4.1.7 液体吸附性

热喷涂涂层液体吸附的饱和度是指由于特定的内部和外部特征（孔隙、裂纹），涂层吸收并储存液体的能力。饱和度是指涂层已吸收足够多的液体，不能再吸收多余的液体。吸收的液体可以在涂层中保持不变（如油、脂）或变硬，从而密封涂层。

4.4.2 物理性能

4.4.2.1 硬度

硬度是某种材料抵抗外部物体压入的能力。由于结构差别，热喷涂涂层的硬度与相同成分的均质材料或致密块状材料不同。硬度可以用来评估涂层质量。

4.4.2.2 结合强度

结合强度表示喷涂颗粒彼此间以及喷涂颗粒与基体间附着的程度。喷涂颗粒撞击的类型、性质，以及撞击时颗粒的变形状态极大地影响了喷涂颗粒间和喷涂颗粒与基体间的结合力。对涂层结合强度的不利因素主要有：涂层中含有其他材料、涂层中的孔隙、金属或金属陶瓷涂层中的条带状氧化物、未熔的颗粒、受到再冷却的颗粒、喷砂过程遗留的砂粒等。喷涂颗粒的扩散渗透可增加结合强度。结合强度即单位面积上的拉力大小。结合强度用来评估涂层质量，标准见 GB/T 8642。

4.4.2.3 传导性

4.4.2.3.1 热导率

热导率 [W/(m·K)] 是用来度量热量在物体中传导或传输能力的物理量。热喷涂涂层的热导率一般都小于材质一致的致密块状材料。在 EN 821-2、EN 993-14、GB/T 5990 或

GB/T 10295 及国家相关标准中有介绍。

4.4.2.3.2 导热性

导热性是指物体内部的温度达到均衡状态所需的时间。在涂层/基体的复合材料中，测量导热性非常复杂，需要分别单独测量涂层材料和基体材料的导热性。例如，EN 821-2 介绍了单片陶瓷导热性的测量，ENV 1159-2 介绍了陶瓷复合材料的热扩散率的测量。

4.4.2.3.3 电导率

电导率是电阻率的倒数。根据喷涂材料性质，热喷涂涂层可以是导体或者绝缘体。GB/T 1410、GB/T 10064、GB/T 10581 或 GB/T 351 中介绍了电导率的测定方法。

4.4.2.4 弹性模量

表示基体材料抵抗自身弹性变形能力的量。

4.4.2.5 密度

密度是涂层的质量与其相应体积的比值。热喷涂涂层的密度取决于涂层的结构（涂层类型、孔隙和氧化物含量）以及喷涂材料的密度。在实际中，涂层密度只有在特殊情况下才能确定，如 GB/T 25995 中的单片陶瓷密度和孔隙率的测定。

5 检测

5.1 通则

涂层性能试验的指导准则和测试规范应由制造商和用户共同制定，用以评估不同用途的涂层质量。涂层质量的检验指导准则见 GB/T 19352.1、GB/T 19352.2、GB/T 19352.3、GB/T 19352.4 或国家相关标准。

热喷涂工件的交付技术条件应符合国家相关标准。

5.2 无损检测

5.2.1 通则

热喷涂涂层的下列特性可用无损检测方法测定：涂层厚度、表面裂纹、涂层表面性能（如鼓包、表面粗糙度和色泽）。上述特性可评价热喷涂涂层的质量。

5.2.2 目视检查和评估

目视检查是指用肉眼在适当的光照而无眩光的条件下进行的检验。必要时推荐采用 8 倍的放大镜。热喷涂涂层的目视检查应在涂层机加工后或喷涂后进行。

评估一般原则如下：规定的喷涂区域、涂层的平整度、涂层的剥离、涂层部分松动、鼓包、涂层局部变色、涂层表面粗糙度的差异。局部变色和表面粗糙度的差异表明喷涂参数有所改变，这可能会影响所需涂层的性能。

5.2.3 表面粗糙度的测量

表面粗糙度在 GB/T 3505、GB/T 18778.1、GB/T 18778.2 或国家相关标准中已规定。测量设备的特征变量和其标称值见 GB/T 6062。特征变量和测量方法应协商一致。

表面特征、表面结构的几何特征、术语、定义和符号见国家相关标准。

5.2.4 表面压印，复制技术

使用一种特种塑料，对待测试的表面结构进行阴面压印。表面粗糙度、形貌、表面裂纹、涂层的剥落等都可以通过复制品进行评估。对于不易观察的地方，或者作为一种特定的测试，表面压印是一种合适的无损检测方法。

5.2.5 表面裂纹检查

表面缺陷通常使用 GB/T 18851.1 中所介绍的渗透法来检测。这种方法需要渗透剂、清洗溶剂和显影剂。渗透法通常只适用于经过热处理/喷丸/熔融处理后的涂层，以及爆炸喷涂或高速火焰喷涂涂层机加工后的涂层。

待测试的表面应按照试剂制造商的指导认真清洁。显示出线性的缺陷（长度大于宽度3倍）一般是不可接受的。如果在使用显影剂之前，出现大量的密集气孔，则可以认定是多孔/开裂结构，这样的缺陷也是不可接受的。

5.2.6 硬度测量（表面测量）

硬度测量可根据 GB/T 230.1 优先选择测定表面的宏观硬度。在许多情况下，测量硬度的压痕对涂层功能没有任何不利影响，所以可以在工件表面直接测量。待测量的表面应完全裸露并经过机加工，除去污染和任何润滑剂。测量时应注意，涂层和基体厚度必须达到或超过一定值才能得到正确的测量结果。

5.2.7 涂层厚度测量

5.2.7.1 机械、磁性和电磁性（涡流）测量方法

见 GB/T 12334。涂层厚度测量可以通过简单的机械测量仪器采用无损方法进行测量，如直尺、游标卡尺、测厚规、千分尺等，也可以使用磁性或电磁性（涡流）的涂层厚度测量仪器设备，见 GB/T 6463。涂层厚度的测量点应至少有3个，建议采用5个测量点的算术平均值。

GB/T 4956、GB/T 4957、GB/T 6462、GB/T 11378、GB/T 20018、GB/T 31563、ENV 1071-1、EN 1071-2、ISO 3868 给出了试验方法。

涂层厚度也可按国家相关标准测量。

5.2.7.2 磁性（磁通量）测量法

见 GB/T 4956 和 GB/T 4957。磁性基体上的非磁性涂层厚度的无损测量可用这种方法。通过磁通量的变化测量涂层厚度。待测工件的表面应平坦，以使磁极端头能完全放在工件表面上。

5.2.8 热导率

热喷涂涂层的热导率测量方法有：EN 993-14、GB/T 5990 或国家相关标准中介绍的热线法，GB/T 10295 或国家相关标准中介绍的热流平板设备来测量，EN 821-2 中介绍的激光脉冲（或热脉冲）法。

5.2.9 电导率

与致密块状材料不同，没有热喷涂涂层（基体-涂层复合材料）的电导率标准。可以按照 GB/T 1410 进行高压介电击穿试验。

其他测试方法见 GB/T 10064、GB/T 10581 或 GB/T 351。

5.3 破坏性测量方法

5.3.1 金相检验

5.3.1.1 如果想要可靠地控制热喷涂涂层的质量，金相检验是必不可少的，也是必须进行的试验。金相检验应按照既定/商定的准则取样。应注意，涂层的制备方法会影响涂层的相关性能，如孔隙率、气孔分布、涂层剥落状态、涂层缺陷尺寸、数量和形态，因此涂层制备的每一步都应做出明确的规定。

如有可能,热喷涂涂层试样应采用切割机切断,自动(半自动)磨床和抛光机进行加工,以保持试样的可重复性和试样表面的平整度,从而使涂层和到基体的过渡层可得到正确评价。试样的制备和检验见国家相关标准。

5.3.1.2 典型的金相检验应检查涂层的结构、孔隙、氧化物、一种和多种材料的包裹体、裂缝、相分布、熔融和复冷的颗粒/鼓包等,这些都会影响涂层的结合和黏附。对于以上参数应评价它们的形式、数量、尺寸和分布状态,以及对实际应用的影响。如可能,应评价热喷涂涂层相的类型、形式、尺寸、数量和分布。除了涂层厚度和孔隙率,以上涂层的性能都难以定量检测。为此,涂层金相试验应与系列参考试样进行对比性评价。这些系列参考试样代表了与应用相关的可行的或不可行的涂层典型特征,如形式、数量和尺寸。

5.3.1.3 热喷涂涂层厚度的金相测量法应按照 GB/T 6462 进行。根据规定,应取 10 个测量点的平均值作为涂层厚度的测量值。

5.3.2 SEM(扫描电子显微镜)**测试**

在个别情况下,表面和显微截面的 SEM 分析(包括成分)检测可以为评估提供重要的补充。一般来说,SEM 不应用于批量生产检测。

5.3.3 X 射线衍射分析(相测定)

X 射线衍射分析采用单色 X 光以确定晶体材料的微观结构信息。X 射线衍射分析一般不用于常规批量生产检测。

5.3.4 化学分析

一般来说,热喷涂涂层不进行化学分析(通常是在喷涂之前对喷涂材料进行化学分析)。

5.3.5 结合强度测试

5.3.5.1 通则

结合强度值取决于测试方法、试样的尺寸和形状、接触界面的状态,以及基体和涂层材料的性能。在评价结合强度时,还要评价断裂处的状态。采用不同测试方法得到的测试结果不具有可比性。

5.3.5.2 抗拉结合强度试验

在大多数情况下,抗拉结合强度试验按照 GB/T 8642 进行。这是用来测定热喷涂涂层层间和/或涂层与基体间的结合强度的标准。锌/铝及其合金防腐涂层的抗拉结合强度试验可以根据 GB/T 5210 进行。

5.3.5.3 弯曲试验

弯曲试验测试热喷涂涂层的变形能力,通过与其他试样比较(裂纹形式,剥落状态)可以得到弯曲强度的结果。喷涂有涂层的金属板带绕规定直径的轴以均匀的速度弯曲 90°或 180°,例如:轴直径 12.5mm,试样厚度 1.6mm,应当注意的是,测试时涂层应在弯曲的外径上。涂层厚度对测试结果有重要影响,应明确规定涂层的厚度。国家相关标准对试验有规定。

5.3.5.4 网格试验

也称为划痕试验,主要用于薄的锌/铝及其合金涂层,金属涂层见 GB/T 9793,陶瓷涂层见 GB/T 30707(利用划痕法测定结合力)。在测试中,用钢材或硬质合金刀具划出相互间隔 1mm~3mm 的 4 条~6 条平行线以及与之垂直相交的另外 4 条~6 条平行线,划痕要直到金属基体，从而划出网格。涂层剥离的面积可作为评价结合强度的测量指标。测量结果在很大程度上取决于拉划时刀具的状态和速度。

5.3.5.5　刻痕试验

这种检测方法对锌/铝及其合金涂层有良好的结果，与涂层的厚度无关，见 GB/T 9793。它主要适用于生产现场。例如，用刀锋长度 10mm 的窄刻刀在热喷涂涂层上切割，如果没有涂层分离发生则说明涂层结合牢固。

5.3.6　硬度测量（横截面显微测量）

5.3.6.1　维氏硬度测量

由于涂层具有孔隙、裂纹等不均匀性，而且往往涂层厚度较薄，热喷涂涂层的横截面硬度测量并不像在实体块状材料中那么简单，公差那么小。测量值往往只被视为与其他试样的相对值。维氏硬度测量的优点是从最软到最硬的材料都可以测量。在实测中，按照 GB/T 4340.1、GB/T 4340.2、GB/T 4340.3 中的规定选择 0.3HV 或 0.1HV 进行测量。

在这个硬度试验中，试样的表面状态（平整度、无氧化物、无外来杂质和无润滑油）要求很高。为了测量更加精确，涂层厚度最小应是压痕对角线长度"D"的 3 倍。

显微硬度（测试力<10N）非常有助于说明显微组织，因为每个相可以单独测量硬度。测量结果非常依赖于测试力的大小，而且只能在相同的测试力和相同的测试持续时间条件下进行比较。显微硬度测试见 GB/T 9790。

5.3.6.2　划痕试验

这是用于软涂层的一种简单而便捷的测试方法。用锋利的硬物以恒定的压力和速度划过表面。划痕的穿透深度和宽度可以用来比较不同涂层的硬度。

5.3.6.3　深度感应硬度

一种替代传统的硬度测量技术，试验时记录压头的负载和压痕深度，涂层的弹性变形不予考虑。一个压头压入和退出试样时，监测并记录加载和卸载时载荷值和深度值。在已知压头的几何尺寸的条件下，根据工作负荷下的压痕深度计算出硬度值。从记录的数据信息，可以推断涂层的塑性和弹性性能。

限制硬度记录测量设备应用的最主要因素是表面粗糙度和参考试样块的校准程序。可参照 GB/T 21838.1、GB/T 21838.2 和 GB/T 21838.3。

5.3.7　磨损试验

鉴于磨损试验的载荷形式、磨损机理以及包含的磨损介质，磨损测试方法具有多样性，因此对于磨损试验没有相关的建议。

但是，在设计磨损试验和解释试验结果时应遵循的一般原则如下：

a) 实验室试验应选用不同的试验参数（筛选合适的参数）。在某一确定的试验条件下，根据试验结果排出"耐磨性"次序；
b) 该排序仅在此测试方法和特定试验参数下是真实可信的；
c) 不同测试方法产生的试验结果没有可比性；
d) 不同测试参数产生的试验结果没有可比性。

一般来说，应告知每个用户，预测寿命不能基于实验室的测试结果计算出来的。国家相关标准中有关于磨损、术语、磨损的系统分析的介绍。

5.3.8 热冲击试验

抗热冲击测试是一个比较试验,通常不能反映实际工况。热冲击试验在国际上没有标准化,关于测试方法和测试条件应在国家标准基础上达成相关协议。

常用两种不同的方法进行热冲击试验:
——对于单面涂层试样,交替用燃气燃烧器加热和用压缩空气冷却;
——对于双面涂层试样,涂层试样两面交替浸入冷热流化床。

温度的最高值和最低值以及加热和冷却的速率需明确规定。涂层在出现损坏(如剥离或大裂纹的剥落)时,承受的冷热交替的循环次数,作为抗热冲击能力的值,用于比较涂层的抗热冲击能力。试验后,应对试样进行金相试验,检查涂层组织结构的变化以确认热冲击试验的结果。

5.3.9 耐腐蚀性试验

5.3.9.1 通则

金属材料腐蚀行为的有效数据只能从模拟工况条件下的腐蚀试验中获得。鉴于喷涂材料众多、腐蚀介质和腐蚀机理各异,腐蚀试验应根据达成一致意见的标准来开展,腐蚀试验的结果应与参考试样进行比较。

5.3.9.2 锌、铝及其合金热喷涂涂层

锌、铝及其合金热喷涂涂层的耐腐蚀性能可用下列的方法比较确定:
——按照 GB/T 9789 的含二氧化硫的气氛与冷凝水交替的测试方法;
——按照 GB/T 10125 或国家相关标准的盐雾试验,对涂层和金属基体的腐蚀都可以进行检验;
——按照 GB/T 6465 的规定的金属和其他无机涂层腐蚀膏腐蚀试验(CORR 测试)。

5.3.9.3 结果

加速试验的试验结果并不能完全反应长期性能指标,应谨慎使用。

附 录 A
(资料性附录)
关于规范性引用文件的具体调整对照表

本标准对 ISO 14923:2003 规范性引用文件的具体调整对照表见表 A.1。

表 A.1 本标准对 ISO 14923:2003 规范性引用文件的具体调整对照表

ISO 14923:2003 规范性引用的国际文件	本标准规范性引用代替的我国文件	相关条款
EN 571-1	GB/T 18851.1	5.2.5
EN 582	GB/T 8642	4.4.2.2、5.3.5.2
EN 623-2	GB/T 25995	4.4.2.5
EN 657	GB/T 18719	第3章、4.1
ENV 1071-3	GB/T 30707	5.3.5.4
EN 1274	GB/T 19356	4.2.1、4.2.2
EN 24624	GB/T 5210	5.3.5.2
EN ISO 1463	GB/T 6462	5.2.7.1、5.3.1.3

（续）

ISO 14923:2003 规范性引用的国际文件	本标准规范性引用代替的我国文件	相关条款
EN ISO 2064	GB/T 12334	5.2.7.1
EN ISO 2178	GB/T 4956	5.2.7.1、5.2.7.2
EN ISO 2360	GB/T 4957	5.2.7.1、5.2.7.2
EN ISO 3543	GB/T 20018	5.2.7.1
EN ISO 3882	GB/T 6463	5.2.7.1
EN ISO 4518	GB/T 11378	5.2.7.1
EN ISO 4541	GB/T 6465	4.4.1.2、5.3.9.2
EN ISO 6507-1	GB/T 4340.1	5.3.6.1
EN ISO 6507-2	GB/T 4340.2	5.3.6.1
EN ISO 6507-3	GB/T 4340.3	5.3.6.1
EN ISO 6508-1	GB/T 230.1	5.2.6
EN ISO 6988	GB/T 9789	5.3.9.2
EN ISO 9220	GB/T 31563	5.2.7.1
EN ISO 14919	GB/T 12608	4.2.1、4.2.2
EN ISO 14922-1	GB/T 19352.1	5.1
EN ISO 14922-2	GB/T 19352.2	5.1
EN ISO 14922-3	GB/T 19352.3	5.1
EN ISO 14922-4	GB/T 19352.4	5.1
IEC 60093	GB/T 1410	4.4.2.3.3、5.2.9
IEC 60167	GB/T 10064	4.4.2.3.3、5.2.9
IEC 60345	GB/T 10581	4.4.2.3.3、5.2.9
IEC 60468	GB/T 351	4.4.2.3.3、5.2.9
ISO 2063	GB/T 9793	5.3.5.4、5.3.5.5
ISO 3274	GB/T 6062	5.2.3
ISO 4287	GB/T 3505	5.2.3
ISO 4516	GB/T 9790	5.3.6.1
ISO 8301	GB/T 10295	4.4.2.3.1、5.2.8
ISO 8894-1	GB/T 5990	4.4.2.3.1、5.2.8
ISO 9227	GB/T 10125	5.3.9.2
ISO 13565-1	GB/T 18778.1	9.2.3
ISO 13565-2	GB/T 18778.2	9.2.3
ISO 14577-1	GB/T 21838.1	5.3.6.3
ISO 14577-2	GB/T 21838.2	5.3.6.3
ISO 14577-3	GB/T 21838.3	5.3.6.3

第十章　热喷涂操作安全与人员培训

第一节　金属和其他无机覆盖层　热喷涂　操作安全

一、概论

1. 热喷涂操作安全的重要性

热喷涂操作包括前处理或表面准备、热喷涂,以及后处理或后加工。前处理或表面准备是通过物理、化学和机械的方法,提供符合热喷涂要求的清洁度和表面粗糙度的基体或基底表面。如果采用化学处理,所有的化学物质都不同程度地影响环境和操作人员的健康;如果采用机械处理,则所用的喷磨料处理介质,以及所除去的基体金属会带来粉尘、噪声等危害。不管是火焰喷涂、电弧喷涂、等离子喷涂、爆炸喷涂及高速火焰喷涂,都存在涂层材料(如具有不同的毒性金属材料),工作过程中的高温火焰、高温电弧、紫外线辐射、爆炸、噪声、金属和非金属粉尘(飞雾)、高压气体、易燃气体、有害气体等危害环境、危及人身健康和设备的各种安全问题。制定相应的预防、管理及监督措施,可以有效避免因操作或管理不当造成的人员伤害及财产损失。

2. 热喷涂操作安全的标准

我国非常重视热喷涂操作人员的安全问题,于 1989 年制定并发布了 GB 11375—1989《热喷涂操作安全》。根据 GB/T 15706—1995《机械安全设计通则风险评估与风险减小》中的原则和概念,1999 年对 GB 11375—1989 进行了修订。GB 11375—1999《金属和其他无机覆盖层　热喷涂　操作安全》于 1999 年 8 月 10 日发布,2000 年 3 月 1 日实施;自 2017 年 3 月 23 日起,该标准转化为推荐性标准,标准号为 GB/T 11375—1999。

二、标准主要特点与应用说明

与 GB 11375—1989 相比,该标准修订内容包括:在范围中增加了火焰喷焊、等离子喷焊、高速火焰喷涂和爆炸喷涂等新的内容;在引用标准中,凡与标准技术要素相关的内容引用了国家标准和劳动部、电力部及职业安全与卫生等权威机构制定的具有法律效应的规程、规范规则和规定;增加了预防、管理及监督的内容。

该标准规定了热喷涂的安全操作方法,其中包括对热喷涂设备安装、使用、维修的具体规定,以及对火灾、人身安全和工作环境污染的防范措施。该标准所涉及的热喷涂设备包括:线(棒)材火焰喷涂、火焰喷焊、爆炸喷涂、高速火焰喷涂、电弧喷涂、等离子喷涂及等离子喷焊等设备。塑料火焰喷涂的操作安全也可参照该标准。

该标准对常规热喷涂设备的安全操作风险点进行了提示。除此之外,操作者还应注意喷涂设备机械运动机构的操作安全,避免操作不当造成人员及设备损害。随着技术的进步,冷喷涂也已进入工业化应用,该标准对于冷喷涂操作的安全也具有指导性。

加强管理和监督,做到防患于未然,这是热喷涂操作的最基本的安全保证。该标准对热喷涂中的操作设备（如氧气和燃气瓶、压缩气体钢瓶、喷砂机设备）的安装、热喷涂一般设备的安全操作提出了要求，对压缩空气火焰喷涂、火焰喷焊、高速火焰喷涂和爆炸喷涂、等离子喷涂、等离子喷焊和电弧喷涂装置等的人身安全和设备安全操作提出了具体的要求和规定。

在热喷涂作业中，除了粉尘、噪声、弧光、电等可能危害之外，还有热喷涂作业过程中所造成的热环境而导致易燃物燃烧，可能酿成火害。因此，该标准也特别规定了防火方面的问题，这包括热喷涂作业区、易燃物存在区的防火，还规定一旦出现火害时的灭火要求，对热喷涂的非固定作业点，以及装有易燃物容器及管道的热喷涂作业等防火提出了针对性的要求和规定。

热喷涂作业存在许多明显的和潜在的不安全因素，该标准提出了保证人身安全的对策，包括眼睛、呼吸系统、耳、身体等的保护，以及特殊作业场所，特别是有限空间内的操作保护。

热喷涂作业中，特别是前处理或表面准备中会出现粉尘、有害气体，因此，该标准设章对防护通风分别提出了要求和规定，对设备的设计、安装和利用都提出了具体的规定。

热喷涂涂层材料可能具有程度不同毒性，有的甚至毒性很大（如铍及铍化合物、镉、铅及铅合金、铬和碲等）；另外，热喷涂过程中还可能产生一些有害气体（如前处理中带入的三氯乙烯、过氯乙烯可能分解为有害的碳酰氯），而加剧对环境和健康的危害。该标准为此也提出了一般性的规定和要求。

三、标准内容（GB/T 11375—1999）

金属和其他无机覆盖层　热喷涂　操作安全

0　引言

本标准采用了 GB/T 15706.2—1995 中所确定的原则和概念，并符合有关法规规定。本标准所覆盖的危险范围，已表明于本标准范围。

1　范围

本标准规定了热喷涂的安全操作方法，其中包括对热喷涂设备安装、使用、维修的具体规定及对火灾、人身安全和工作环境污染的防范措施。

本标准所涉及的热喷涂设备包括：线（棒）材火焰喷涂、粉末火焰喷涂、火焰喷焊、爆炸喷涂、高速火焰喷涂、电弧喷涂、等离子喷涂及等离子喷焊等设备。

塑料火焰喷涂的操作安全也可参照本标准。

2　引用标准

下列标准所包含的条文，通过在本标准中引用而构成为本标准的条文。本标准出版时，所示版本均为有效。所有标准都会被修订，使用本标准的各方应探讨使用下列标准最新版本的可能性。

GB/T 1186—1992　压缩空气用橡胶软管（2.5MPa 以下）

GB/T 2550—1992　焊接及切割用橡胶软管　氧气橡胶软管

GB/T 2551—1992　焊接及切割用橡胶软管　乙炔橡胶软管

GB/T 2626—1992　自吸过滤式防尘口罩通用技术条件

GB/T 3609.1—1994　焊接眼面防护具

GB 4674—1984　磨削机械安全规程

GB 4962—1985　氢气使用安全技术规程

GB 5083—1999　生产设备安全卫生设计总则

GB 5842—1996　液化石油气钢瓶

GB/T 7899—1987　焊接、切割及类似工艺用气瓶减压器

GB/T 8162—1987　结构用无缝钢管

GB 9448—1988　焊接与切割安全

GB 10892—1989　固定的空气压缩机　安全规则和操作规程

GB/T 10893—1989　压缩空气干燥器　规范与试验

GB/T 11651—1989　劳动防护用品选用规则

GB 12136—1989　溶解乙炔气瓶用回火防止器

GB/T 13869—1992　用电安全导则

GB 14193—1993　液化气体气瓶充装规定

GB/T 15190—1994　城市区域环境噪声适用区划分技术规范

GB 15577—1995　粉尘防爆安全规程

GB 15579—1995　弧焊设备安全要求　第1部分：焊接电源

GB 15579.12—1998　弧焊设备安全要求　第12部分：焊接电缆耦合装置

GB/T 15706.2—1995　机械安全　基本概念与设计通则　第2部分：技术原则与规范

GBJ16—87　建筑设计防火规范

GB 50028—1993　城镇燃气设计规范

GB 50030—1991　氧气站设计规范

GB 50031—1991　乙炔站设计规范

GB 50034—1992　工业企业照明设计标准

JB/T 5070—1991　热喷涂常用术语

JB/T 6973—1993　热喷涂操作人员考核要求

JB/T 9192—1999　等离子喷焊电源

3　定义

本标准除了采用JB/T 5070的术语外，还明确以下含义：

3.1　"必须""严禁""只允许""不允许"等均表示强制性的条款。

3.2　"应该"或"建议"不属强制性条文，仅作为推荐性的良好措施。

3.3　"认可"或"批准"等词句，均指有关权威机构的具有法律效力的认可或批准。如经国家劳动部及其授权的职业安全与健康管理部门，国家卫生部及其授权的职业安全与卫生防疫部门，国家公安部及其授权的预防机构及其他由法律授权的职业安全与培训部门等的认可或批准。

3.4　"热喷涂操作者""喷涂工"和"喷砂工"系指热喷涂或喷砂的具体操作者。

3.5　"有限空间"系指一种相对狭小或受限制的空间，如锅炉内腔、压力容器及贮罐（柜）、船舱等，由于其尺寸和空间形状而导致通风条件恶劣，并非指人员出入受限制。

3.6　"备用气瓶"系指在施工现场直立的各种备用压缩气体钢瓶（不含正在使用或接好气

管待用的气体钢瓶)。

4 预防、管理及监督

4.1 热喷涂工程承包商必须对其施工人员进行严格的热喷涂操作培训,特别是操作安全培训,经培训合格者方可上岗施工。而且,委托方必须提醒承包商随时注意有关易燃、易爆及有毒物品的危害。

4.2 所有热喷涂设备必须保持良好的可随时启动的备用状态。为此,须加强检查与保养。当操作中发现可靠性不足时,必须立即停止使用并由合格的人员进行修理。

4.3 所有热喷涂设备的操作必须符合本标准的有关规定,或按制造商的使用说明进行,并且符合本标准的有关规定。

4.4 应明确规定热喷涂管理者、安检员和操作者的安全责任。

4.4.1 管理者的责任。

4.4.1.1 管理者必须确保所有上岗的喷涂工、喷砂工及安检人员均已通过全面培训,并取得上岗资格。

4.4.1.2 管理者必须将设备制造商及材料制造商在使用说明书中给出的所有安全信息通告给有关人员,见附录A(标准的附录)警告标签。

4.4.1.3 管理者必须按热喷涂工序制订预处理区(含除油、喷砂工序)、喷涂区及后处理区(含封闭工序或精整工序)安全操作规程。确保每个有关人员对其所涉及的危害有清醒的认识,并且熟知要采取的相应的预防措施。

4.4.1.4 管理者必须确保所有使用的热喷涂设备(如各类喷枪、控制设备、电源及电气设备、汇流排、流量计、调节器、调压阀、乙炔发生器、喷砂罐、空气净化设备以及热喷涂操作人员使用的防护装置等)都经过认可。

4.4.2 安检员的责任。

安检员必须从指定的管理机构获得监督热喷涂操作安全的许可证。必须对热喷涂设备的安全管理及热喷涂工艺的安全使用负责。

4.4.2.1 安检员必须对易燃、易爆物品采取以下一种或多种安全措施以确保工作区不会出现安全事故:

- a) 将工件移至无易燃品的安全区进行清洗;
- b) 如果工件不能移动,则将易燃品移至离开工件的安全距离或以适当的方式加以保护以免着火;
- c) 适当地安排热喷涂作业区,使其易燃品不至于在操作过程中着火或爆炸。

4.4.2.2 安检员必须事先检查确认热喷涂工上岗资格。必须对进入不同工区的操作人员进行安全检查。检查包括以下内容:配戴并使用相应的防护用品,眼睛保护见7.2、呼吸保护见7.3、听力保护见7.4、工作服见7.5、有限空间保护见7.6。

4.4.2.3 安检员必须确认工作区内的环境安全。检查各工区现场配置的适当通风装置,普通热喷涂、喷砂见8.2,防火器材见附录D(提示的附录)。必须指派火灾警戒人员,并得到警戒人员检查、核准后才可开工。

当不需要火灾警戒人员时,安检员必须在热喷涂作业完成半小时后作最终检查,以扑灭暗火消除火灾隐患。

4.4.3 热喷涂操作者(含喷砂工、喷涂工)的责任。

4.4.3.1 热喷涂操作者必须清楚不安全操作的危害性以及控制危害的程序，保证安全地使用设备，以防止对生命及财产构成的危险。

4.4.3.2 在开始操作之前，喷涂工、喷砂工必须获得安检员的操作允许，在获得允许的条件没有改变的前提下，热喷涂操作者可以继续其操作。

4.4.3.3 热喷涂操作者只有在已严格听从安全警告的情况下才可进行热喷涂作业。

4.4.3.4 在其他人员可能接触热喷涂的有毒材料、操作及设备的场所或施工现场，热喷涂操作者必须张贴警告或警告标志以示提醒。

5 热喷涂设备的安全操作

5.1 氧气和燃气瓶的储运和使用

5.1.1 总则。

热喷涂容器的保管必须遵照劳动部《压力容器安全技术监察规程》《溶解乙炔气瓶安全监察规程》《气瓶安全监察规程》，以及 GB 4962、GB 5842、GB J16、GB 50030、GB 50031、GB 50034 的有关规定。

5.1.1.1 氧气气瓶的储运和使用必须符合劳动部《气瓶安全监察规程》的规定。

5.1.1.2 氧气装置不允许接触油和油脂，只允许使用特殊的抗氧化润滑剂。若有问题，应向具有一定使用资格的专业人员或氧气装置制造厂的专业人员咨询。

5.1.2 多路使用。

在热喷涂作业时，有时需要多个容器集中汇流，多路使用。汇流排的安全使用应符合以下规定。

5.1.2.1 汇流排的钢管必须符合 GB 8162 的规定，其安装必须按照 GB 9448 执行。

5.1.2.2 氧气汇流排必须符合 GB 50030 的有关规定。

5.1.2.3 乙炔汇流排必须符合 GB 50031 的有关规定。

5.1.2.4 液化石油气汇流排必须符合 GB J16 的有关规定。

5.1.2.5 低压汇流排不允许连接高压气瓶，应在低压汇流排上显著部位设置相应警示标志。

5.1.3 连接减压器与气瓶的出口阀，必须使用适当扳手。

氧气减压器不允许接触油和油脂。氧气、可燃气的减压器不允许混用。

5.1.4 流量计。

流量计按 GB 9448 规定安装和使用。

为了避免不安全操作和保持火焰稳定状态，应按 5.3.9 条在流量计上同时安装回火防止器（见 GB 12136）与逆流防止器。

5.1.5 软管与软管的连接。

5.1.5.1 软管应按照 GB/T 1186、GB/T 2550、GB/T 2551 和 GB 9448 的规定，必须根据用途分别采用压缩空气用橡胶管，氧气橡胶管和乙炔橡胶管。

5.1.5.2 软管的连接应符合 GB 9448 的相应规定，必须防止软管的损坏。不允许使用非专用软管。

5.2 压缩气体钢瓶（氮气、氩气和氦气）的储运和使用

5.2.1 从事现场热喷涂作业的每一个人必须遵守劳动部有关容器储藏、搬运和使用方法的规定。

5.2.2 现场备用的各种充满压缩气体的钢瓶必须分类储存，严禁混放。储存备用钢瓶的地点必须远离电梯、楼梯和过道，以避免备用钢瓶被其他物体碰倒或损坏。

5.3 热喷涂设备的安装

5.3.1 氧气和燃气瓶上的减压器和流量计的连接螺母要拧紧，但不能过紧，以免损坏螺纹和突出的密封件，如果接头配件不能很好地密封，则应更换。

5.3.2 在开启任何气阀之前，必须先对作业场地进行适当通风。

5.3.3 在开启钢瓶总阀之前，应先对减压器进行排气，同时，必须完全旋松减压器的调节螺栓。

5.3.4 缓慢开启钢瓶总阀，同时操作者必须站在减压器的一侧。

5.3.5 为了防止流量计的玻璃管遭受高压气流的冲击，必须缓慢旋动压力调节器的调节螺栓。对软管吹气，以吹除残留在软管中的粉尘。对软管吹气时，必须避开火源。

5.3.6 将软管与喷枪连接，并且对该系统供给压缩空气，同时用肥皂水检验所有连接部位的气密性。严禁用明火检查漏气。

5.3.7 若发现连接处漏气，应按下列顺序操作：减压—松开接头—取出密封件并擦净—吹净软管，拧紧接头，再试压；如果仍然漏气，就应再减压，更换漏气的热喷涂装置，在有故障的装置上标记"危险——不许使用"的警示。

5.3.8 若仪表数据显示不正常，则表示气路系统有故障，必须立即停机，并迅速进行设备检修。

5.3.9 在回火保护和逆流保护装置与玻璃流量计同时使用时，回火保护装置必须安装在流量计和喷枪之间。

5.4 压缩空气

5.4.1 为了防止压缩空气与氧气和燃气混淆必须使用确切的名称，如氧气不应称空气或气体，可燃气（如乙炔、丙烷、天然气等）不应称气体。

5.4.2 不允许使用喷砂用的压缩空气清理工作服，亦不允许用氧气和燃气清理工作服。

5.4.3 空气压缩机的操作必须遵守 GB 10892 中的规定，若压缩空气的压力与设备制造厂推荐的压力不相符时，则不允许用其进行喷涂和喷砂作业。

5.4.4 压缩空气管路中必须配备适当的过滤器和冷凝器，并按设备制造厂的建议进行净化，以保证压缩空气中不含油和水。

5.5 火焰喷涂、火焰喷焊、高速火焰喷涂和爆炸喷涂装置

5.5.1 火焰喷枪、高速火焰喷枪和爆炸喷枪均应按制造厂建议进行保养。在每天工作前，应先对各种气体软管进行一次通气检查，以排除软管内的杂物。

5.5.2 热喷涂操作者，必须按 JB/T 6973 中的规定进行培训并熟悉操作规程后才能上岗操作。启用新喷枪前必须先熟悉喷枪制造厂的说明书。

5.5.3 喷枪上所有的气阀，都应能灵活开启和可靠关断，阀的润滑见 5.5.9。

5.5.4 为了防止烧伤手，不应用火柴给喷枪点火，而应用摩擦点火器或电弧点火器点火。

5.5.5 当喷枪发生回火或熄火时，应迅速关枪，并切断气源。在未查明原因之前，不允许重新点火。

5.5.6 不允许把喷枪或其软管挂在减压器或钢瓶的阀上，以免引起火灾和爆炸。

5.5.7 喷涂结束后，设备关闭、暂停使用或需拆卸时，应放出压力调节器和软管中的压缩气体，并按下列顺序操作：

a) 关闭喷枪总阀;
b) 关闭气瓶总阀;
c) 开启喷枪的总阀;
d) 将压力调节器的手柄旋松;
e) 关闭喷枪总阀;
f) 关闭减压器前面的汇流排总进气阀和所有分流阀。

5.5.8 在清洗火焰喷枪时,不得让油进入喷枪的气体混合室。

5.5.9 不允许使用普通润滑油和润滑脂润滑喷枪的阀类及其他与氧气或氧气与可燃气的混合气相接触的任何部位,只允许使用设备制造厂家推荐的特殊防氧化润滑脂。

5.5.10 与乙炔接触的零部件,不允许用铜的质量分数为70%以上的铜合金制造。推荐用低合金钢、不锈钢或铜的质量分数为70%以下的铜合金制造。

5.6 等离子喷涂、等离子喷焊和电弧喷涂装置

5.6.1 等离子喷涂、等离子喷焊和电弧喷涂中的高电压和大电流电气设备是火焰喷涂所不具备的,另有新的安全问题。操作者上岗操作前,必须按 JB/T 6973 的规定接受全面的培训,必须遵守制造厂说明书中的操作安全规定,还必须按 GB/T 13869 中的要求,实施电气设备的安全措施。使用氢气的安全规程参见 GB 4962。

5.6.2 等离子喷涂、等离子喷焊和电弧喷涂设备的电源必须满足 GB 15579、JB/T 9192 的安全操作条件,并按现行电力设备接地设计技术规程中的规定接地和适当绝缘。大功率工业用按钮、指示灯、插头和电缆等必须符合 GB 15579.12 规定的安全要求。

5.6.3 应定期检查电源线、绝缘物、软管和气路管线,有故障的设备应立即维修或更换。

5.6.4 在没有关掉整个系统,包括切断电源的情况下,不允许清洗和修理控制台或喷枪。

5.6.5 电弧喷枪应经常清扫,避免集积金属粉尘。

5.6.6 电弧喷涂设备线材调速装置应当接地。

5.6.7 等离子喷枪和电弧喷枪的金属吊具应绝缘。

5.6.8 等离子喷枪和电弧喷枪的非接地部分应避免与金属制作的喷涂操作室接触。

5.7 喷砂机

5.7.1 压力式喷砂机属压力容器,生产厂必须持有国家劳动部门颁发的压力容器生产许可证,其产品也必须经劳动部门认可,检验合格后才能出厂。

5.7.2 使用者应按设备制造厂的规定保养和检修,易损件也应按制造厂的规定修理或更新。

5.7.3 喷砂机和喷砂场地之间的喷砂软管应尽量放直。弯曲或成锐角状的软管会引起单边过度磨损,很快磨穿。如果必须弯曲绕过某物体时,也应使软管弯曲的曲率尽量小。

5.7.4 喷砂软管应存放在阴凉干燥之处,避免其迅速老化。

5.7.5 不允许将喷砂嘴对着自己和他人。若喷砂嘴堵塞时应关闭气源并排除余气后方可进行清理。

5.7.6 喷砂罐内的空气压力不允许超过制造厂规定的工作压力。

5.7.7 喷砂软管的控制。

操作者应通过活动阀杆使空气压力持续保持在要求的范围内,一旦压力下降,设备就自动调节停止工作。

6 防火

6.1 责任

热喷涂作业时的高温、高速（含熔融微粒）射流产生过热环境，所有从事热喷涂作业的操作人员、安检员、监理人员（包括承包商）及管理人员都必须执行以下防火安全要求，明确各自的防火安全责任。

6.2 热喷涂作业区

6.2.1 热喷涂作业区必须符合 GB J16 中规定的防火规范。

6.2.2 热喷涂作业必须在消除火灾隐患的区域内进行。

6.2.3 不允许将正在进行喷涂作业的喷枪对着人或易燃物。

6.3 有易燃物存在的区域

6.3.1 热喷涂作业场地内的纸、木柴、油布等可能引起火灾的易燃物必须清除。

6.3.2 有条件时，将工件移至指定的安全位置进行喷涂。

6.3.3 当工件不能转移时，必须对易燃物采取妥善的保护措施，将高温、高速射流限制在安全的范围内。

6.3.4 空气中飘浮的固体微粒或其他类似的物质蓄积后有爆炸危险，特别是一些有爆炸危险的特殊金属粉尘。必须遵守 GB 15577 中的规定，严格执行粉尘防爆安全规程。在喷涂工作间内必须提供有效的通风设备，推荐用水洗型湿式吸尘器收集喷涂粉尘，工作场地要妥善管理，要特别注意检查并清除房椽、房顶和地缝中的粉尘，防止蓄积。

6.4 灭火

6.4.1 灭火器及喷水器见附录 D。

6.4.2 在热喷涂作业区可能引发火灾的地点以及在下述条件下应派专职火灾警戒人员：

a) 靠近易燃物的区域，如建筑结构材料中的易燃物距离作业点 10m 以内；
b) 在门、窗或地板等开口 10m 范围内存放易燃物的区域；
c) 在金属墙板、顶棚及屋顶的另一侧受热辐射或热传导而可能引起火灾的区域；
d) 在船上作业时舱壁背面是油箱或存放易燃物，由于热传导而可能引发火灾的区域。

6.4.3 火灾警戒人员必须履行以下职责：

a) 必须进行灭火器使用培训，熟悉灭火器的使用和保养；
b) 必须熟悉火灾报警设施的使用和维护；
c) 必须监视所有暴露区域的火灾隐情，并且在现有灭火设备条件下，有能力组织扑灭火灾；
d) 必须在喷涂作业完成 0.5h 后撤离现场，以便检查并扑灭可能存在的火灾隐患；
e) 如果被指定担任灭火警戒的人员另有兼职，则其兼职不得影响或干扰火灾警戒任务。

6.5 非固定地点热喷涂作业许可

在非固定地点进行热喷涂作业时，如现场施工及高空作业等，在开始作业前，必须由指定的人员进行防火安全检查，并经其核准后才可进行热喷涂作业。

6.6 装有易燃物容器及管道的热喷涂作业

当对装有易燃物的容器进行热喷涂时，存在着爆炸、火灾及毒气泄漏的危险。应按 7.6.2 中规定进行。

7 人身安全

7.1 总则

喷涂工的普通安全防护应按 GB/T 11651、GB/T 3609.1 和 GB/T 2626 中的规定选用眼、面及呼吸系统保护用品；用劳动部门认可的生产厂家生产的护耳器或耳罩进行听力保护。

7.2 眼睛的安全防护

7.2.1 在热喷涂或喷砂作业中热喷涂操作人员始终要用头盔、面罩以及护目镜保护头部和眼睛。参见 GB/T 3609.1 和 GB/T 11651 的有关规定。为了防止邻近作业中产生的光辐射或飞溅粒子的伤害，在喷涂和喷砂作业时，操作人员、辅助人员及所有进入现场的人员都必须对头部及眼睛进行防护。

7.2.2 在喷涂作业中，使用的头盔、面罩和护目镜均必须配以适当程度的滤光镜片，以保护眼睛不受强烈紫外线、红外线以及强烈的可见光线伤害。滤光镜片的选择和要求见附录 B（标准的附录）。

7.2.3 在敞开状态或在有足够通风的车床上进行热喷涂作业时，不必使用附加呼吸系统防护用品，戴上护目镜即可。在等离子喷涂和电弧喷涂时，应使用头盔式面罩代替护目镜，可同时防护面部、下颌和颈部，防止作业中产生的紫外线和红外线的伤害。

7.2.4 在喷砂作业时，应戴防尘面罩防止飞溅粒子对眼睛、面部、下颌和颈部伤害，应按 7.3.1 和 7.3.2 使用带呼吸系统防护装置的保护面罩防止喷砂粉尘的危害。

7.3 呼吸系统的安全防护

7.3.1 进行喷涂和喷砂作业时，操作者必须使用带呼吸系统的防护用具，并应根据热喷涂材料蒸发物和排放气体的状态、性质和量的大小选用。这些用具应符合 GB 2629 的规定。所有选用的用具都应是经劳动部及其授权的权威部门批准的劳动保护用品。这些用具的选择应符合 GB/T 11651 中的规定。

7.3.2 在敞开状态喷砂作业时，应使用 7.3.4 中所述的带机械过滤器的面罩，保护面部和呼吸系统。也可选用 7.3.3 中所述带空气输送管道的保护面具。

7.3.3 在有限空间进行喷砂作业时，必须使用由管道连续供给新鲜空气的呼吸器，它由带空气呼吸系统的面罩或防护头盔以及标准的空气管道组成，可以保护操作者的头部和颈部不受粉尘和磨料的伤害。防尘罩中要求至少通入流量为 $0.11m^3/min$ 的新鲜空气，防尘头盔中至少应通入流量为 $0.17m^3/min$ 的新鲜空气。气源应包括一个带空气过滤装置的空气压缩机或鼓风机，以便将压缩空气中的油雾、水雾和水锈粒子分离去除，确保供给呼吸器的空气无污染。为了防止空气的污染，如 CO 的污染，还要使用符合 GB/T 10893 中规定的压缩空气干燥器来提供净化的新鲜空气。

7.3.4 在敞开状态或抽风条件好的车床上进行热喷涂操作时，不必另外再用呼吸器，在某些条件下，如果只在短时间内接触非毒性物质和粉尘时，应使用机械式空气过滤器。

7.3.5 在有限空间进行喷涂作业时，应采用带空气管供气的防护装置。

7.3.6 喷涂大多数普通的热喷涂材料，要采用一个带管道连续供给空气的呼吸器。如果空气呼吸系统的空气源被堵，空气流量不足，在空间的污染物还不至于立即危害健康的情况下，喷涂工可以拔出气源管，直接呼吸空气管中送来的新鲜空气。但在有限空间内有污染，直接呼吸对健康有损害时，不能进行直接呼吸；在喷涂有剧毒材料时，如果空气源堵塞，喷涂作业者需要去掉头盔时，污染的空气对健康危害极大，也不能进行直接呼吸；在这种情况下，头盔必须事先和紧急辅助呼吸用气瓶相连接。当空气源发生故障时，喷涂作业者就能摘除空气供应管路，启用辅助空气源以呼吸新鲜空气。喷涂剧毒材料时，还可用空压机的空气软管通入急需时使用的呼吸保护气体。

7.4 听力保护

7.4.1 间断的喷涂或短时间的作业，或者是在使用盔式防护面罩时，可暂不用听力保护。但当长时间喷涂时，由于喷枪发出强烈的噪声，为防止操作者丧失听力，必须使用符合7.1要求的护耳器或耳罩，不允许用棉花球堵塞耳道，因为棉质物不能有效地隔离高分贝噪声。

7.4.2 所提供的耳部保护应能使每天8h的噪声强度降低到GB/T 15190中规定的安全水平，如果护耳器不能达到这样的要求，就应停止喷涂操作，直到噪声被控制在GB/T 15190中所规定的安全水平，才可重新开始喷涂操作。

7.5 安全服

7.5.1 根据喷涂工作的轻重、性质、施工地点来选择适当的喷涂服和喷砂服。

7.5.2 在有限空间施工，应穿防火服，戴皮革、橡皮或石棉长手套。手腕和脚踝处的衣服应扎牢，避免有毒害的热喷涂材料和磨料损伤皮肤。

7.5.3 在室外施工，允许穿着非化纤材料制造的普通工作服，但不允许穿开襟衬衫或不扣紧封颈纽扣。

7.5.4 应穿长筒鞋，裤脚应无翻边并要遮住鞋筒。

7.5.5 在有限空间喷涂铅或其他高毒性材料时，操作工应每天更换衣服和呼吸系统保护用具。已用过的衣服和呼吸系统保护用具，必须彻底清洗并彻底清除铅粉尘或其他有毒材料后才能再使用。

7.5.6 当进行等离子喷涂时，应穿上防紫外线辐射的衣服，如一般可穿厚实、牢固的毛织衣物。如果在更强的紫外光辐射条件下工作，则必须穿皮革披肩式铝制衣服。将铝制手套和黑色的防火服配合使用。铝制服装有遭受电击的危险，应注意防护。

7.5.7 电弧喷涂的防辐射实际上与普通电弧焊大体一样，但是大多数电弧喷枪装有电弧罩，操作者不是直接暴露于弧光下。护目镜的深度可降到4号~5号，不过仍必须使用头盔，身体的每一部分也都不允许裸露。

7.6 在有限空间内操作

7.6.1 有限空间的定义见3.5。

7.6.2 如果在曾使用过燃料的有限空间进行喷涂则应采取安全保护措施。按照GB 9448的有关燃料容器和船舱中的焊接和切割的安全操作标准进行。

7.6.3 通风是在有限空间中工作的必要条件，其通风要求见8.2。

7.6.4 在有限空间内进行热喷涂操作，气瓶应放在外面。

7.6.5 如果喷涂工和喷砂工必须通过舱口或其他小的开口进入有限空间，则要求具有紧急情况下能迅速转移操作者的安全措施。为此目的而使用安全带和救生带时，应将它们拴紧在操作者的身上，以保证他们能安全出来。至少应有一个经训练的救护人员始终等待在外边，并且在开始进行施工前应先进行试验以证明救护人员有能力把操作者从有限空间里救出来。

7.6.6 为了防止漏气，不用喷枪的时候，如进餐时和在夜间，应关闭喷枪和关掉有限空间外的气源，并将喷枪和软管从有限空间中取出。在某些情况下，应检查有限空间中的氧气量（这可以用火焰安全灯进行检查）。

8 防护通风

8.1 总则

8.1.1 热喷涂和喷砂工人的工作环境及污染情况由下列因素决定：

a) 喷涂场地的大小；

b) 现场喷涂工和喷砂工的人数；

c) 有害烟气、气体或粉尘（由所用的磨料和所用的喷涂材料所决定）的量；

d) 喷涂工人本身和喷涂过程产生的热量；

e) 挥发性溶剂。

为了保护操作者的健康，为了给各种喷涂工作提供通风条件，要考虑上述各种因素，并采取相应的防护措施。

8.1.2 应提供局部抽风或总体通风系统，以控制操作现场毒性烟气、气体或粉尘，并且把这些物质从工作区排除，以保护操作者的健康。

8.1.3 在加工作业区内设有喷涂作业时，由于喷涂操作仅在局部范围内进行，这时生产设备的安全卫生应符合 GB 5083，主要是要防止作业区污染，故喷涂场所需使用局部抽风设备。

8.1.4 要细心保养个人使用的呼吸系统防护用具。未经清洁、消毒不要使用，更不要互相交换使用。

8.2 普通热喷涂和喷砂的通风

8.2.1 如果喷涂和喷砂操作不是在室外也不是在特殊设计和有通风条件的室内进行，则要求采用机械式通风设施。否则，在很短时间内粉尘会充满操作室或车间或局限性较大的空间。在某些情况下，室外也要采用机械式通风设施。

8.2.2 每个热喷涂操作程序的通风都应单独处理，并应考虑 8.1 中所列的影响因素。

8.2.3 在敞开条件下的热喷涂和喷砂工作现场的通风设备，由引擎或电动机驱动的带挠性管路或导管的便携抽风器组成，以便工作区能尽快地清除粉尘。这种设备不妨碍操作者的工作视线。这时操作者需佩戴 7.3 所述的呼吸系统保护用具。

用便携式抽风吸尘器，应在抽风器上安装一个粉尘收集器（类似大的过滤器）以收集粉尘和防止周围环境的污染。收集喷涂粉尘，推荐使用 6.3.4 中的水洗型湿式吸尘器。收集喷砂粉尘，或喷涂非爆炸性金属和陶瓷粉末时，可选用布袋集尘器；当粉尘降低通风系统的效率时，要更换袋子。

8.2.4 如果在机床上喷涂机械零件，则吸尘罩应装在托架的对面，并与托架相连。喷枪应对准吸尘罩。罩子的开口大小平均约为 $0.16m^2$。进入开口的空气速度应为 60m/min～90m/min。罩子的开口应设计成能消除罩子边缘的涡流，以防粉尘进入喷涂工的呼吸区。在某些长期使用的结构上，除了正面操作的部位以外，机床转台或机械工具都应封闭起来。进入封闭空间的空气速度通常是 25m/min～30m/min。封闭罩的顶板应做成可吊开的，以便起重机装夹。自动化喷涂作业的整个机械装置应完全封闭，把粉尘抽入粉尘清洗或收集系统中。

8.2.5 干磨和研磨喷涂后的涂层时，应提供合适的抽风设备，执行 GB 4674 的安全规程。同时也要注意挡砂罩、磨料、砂轮及其转速和护目镜的选用。

8.2.6 用于中小尺寸零部件喷涂作业的喷涂柜应装备排气通风装置，进入罩子的空气流速为 45m/min～120m/min，热喷涂设备应对准罩子的正面进行操作。喷涂柜应能消除粉尘的涡流。喷涂毒性材料时，空气流速应达120m/min。

8.2.7 喷砂房的照明设计应符合GB 50034的要求。通风设计应满足从下方抽风的要求，下方气流和纵向通风速度应为25m/min～30m/min。喷砂房应装备粉尘集收系统，使直接排入大气的污染物达到有关法规规定排放标准。喷砂房应尽量避免用来进行喷涂作业。偶尔在喷砂房进行热喷涂时，喷涂粉尘可很快填满喷砂房用的大多数布袋粉尘集收器，因此，应经常保养、更换粉尘集收器。在保养时应小心防止粉尘引起的爆炸和引起火灾（见6.3.4）。喷砂房工作的人员应提供7.3中所述的呼吸系统保护用具。

8.2.8 给有限空间通风时，换进的空气要清洁，可呼吸。如果使用便携式汽油机或柴油机驱动的通风机或空压机进行通风，应妥善安置这些设备，不允许使发动机中排出的废气进入通风系统。同样，不允许排出的废气进入压缩机的入口。

8.2.9 如果使用集尘器，则要求所有的封闭式集收器都要有出气窗或溢流板。通风管道应有出气道。

8.2.10 风机、管道、吸尘器和电动机等均应先经运行检验，确认其正常后才安装于合格地基上。不允许将燃气或氧气的管道安装在地上。

8.2.11 在打扫工作间、管道等时，应开启通风机使之保持在工作状态，以免系统中集聚粉尘或烟气。铝和镁的粉尘有爆炸的危险，应特别注意收集。这两种金属的粉尘应选用合适的湿式集收器，并注意，这些金属的粉尘在水中能产生氢气，这种抽风系统应能防止氢气在其中的聚集。应经常进行清除工作，减少铝和镁的残留物。

8.2.12 在修理各种通风机械或集尘器时，未经彻底清除金属粉尘的修理设备，不允许进行焊接和切割。

9 毒性物质

9.1 总则。

所有喷涂材料的微细粉尘都有害于呼吸系统，大多数粉尘对健康的危害很难立即显现或感觉，因此必须采取相应的防护措施。此外，还要随时清除地面、工作台、座椅和工作间等可能蓄积粉尘的区域或部位的粉尘，消除可能的危险因素。喷涂毒性材料的人员必须接受上岗培训和考核，设备和材料制造厂必须按本标准附录A对其产品提供警告标签。

9.2 喷涂毒性材料。

9.2.1 经测量发现喷涂毒性材料作业区大气中的毒物浓度超过9.4中的最大允许的范围时，则无论室内外或有限空间的作业，例如，喷涂铍及铍化合物、镉、铅及铅合金、铬和碲等，都应使用局部抽风器和空气管路呼吸器。通风机的废气应进行安全管理，直接排入安全地区。邻近的人亦应使用局部抽风器和空气管路呼吸器（见7.3和8.2）。

一些材料（例如：锡和锌）目前虽未发现其明显毒性，但其经常存在的氧化物（例如：氧化锌）会导致突发性疾病和身体的各种不适，亦应随时注意，并予以预防。例如：适当通风，配戴适当的面罩呼吸器。一旦发现不适感觉，甚至采取适当防护措施后仍不能消除者，应暂停其工作，查明原因，做出适当处置。

9.2.2 进行毒性材料作业时，除应遵守相应的规定之外，还可向有关专家和部门进行咨询，接受他们提出的建议。

9.3 有害气体。

必须认真注意，并采取措施防止喷涂过程中可能产生的有害气体的危害。例如，等离子喷涂和电弧喷涂的弧光会使有机溶剂迅速分解而产生有害气体（例如：三氯乙烯、过氯乙烯可能分解为碳酰氯），加剧溶剂对环境和健康的危害，应采取特别的措施，不让清洗溶剂载入喷涂作业区。等离子喷涂和电弧喷涂的紫外线辐射会产生臭氧，在有限空间，甚至会超过9.4中的最大允许浓度，必须予以注意和防范。

9.4 工作区间的有害材料积累不得超过规定的阈值或最大允许浓度，此最大允许浓度见附录C（标准的附录）。

附 录 A
（标准的附录）
热喷涂警告标签

A.1 总则。

热喷涂作业中的高压气体、高温射流、烟尘、烟气、弧光、噪声、热辐射及电等均会产生直接或潜在的危害。在实施热喷涂作业的地方，必须通过使用警告标签给出信息，使人们对这些危害有清楚的了解，下列章节给出了最基本的标签示例。

A.2 线（棒）材及粉末火焰喷涂、火焰喷焊、高速火焰喷涂、爆炸喷涂、材料及设备的标签。

图A.1中所示的最基本的信息或与之等效的内容必须标志在火焰喷涂用线（棒）材及粉末材料的包装上或线（棒）材火焰喷涂、粉末火焰喷涂、火焰喷焊、高速火焰喷涂、爆炸喷涂的主要工艺设备上。这些信息必须清晰可读，可以制成标签、卡片或其他印刷表格。

警告：保护自己和他人的健康，请阅读并理解本标签。
a) 高温、高速射流可烧伤人体，引起火灾；
b) 热辐射可伤害眼睛和皮肤；
c) 烟尘和烟气损害呼吸系统，对你的健康有害；
d) 噪声可损伤听力和身心健康。
——使用前请阅读并理解制造商的使用说明、材料安全数据单及本公司制订的安全规程；
——喷枪不要对着自己和他人，也不要对着易燃物；
——头部避开热辐射、烟尘和烟气；
——采用抽风或通风，将烟尘和烟气从你的呼吸区和工作区排除；
——对头、眼、耳及身体各部位必须配戴合适的防护用品和用具；
——参阅 GB 11375 中有关热喷涂操作安全的内容。
不要摘除本标签

图 A.1 火焰喷涂、火焰喷焊及爆炸喷涂工艺设备警告标签

已确认的危害内容按以下顺序排列：
a) 高温、高速射流可烧伤人体，引起火灾；
b) 热辐射（火焰或熔融金属及其他无机材料）可伤害眼睛和皮肤；
c) 烟尘和烟气损害呼吸系统，对人体健康有害；
d) 噪声可损伤听力和身心健康。
对于特殊要求或新技术需加以说明时，可以适当增加警告内容。

急救信息可有可无,一般仅对危害反应快、危害程度严重的生产工艺推荐急救信息。该信息应放在警告措施之后。

公司、企业名称及地址必须出现在标签上,或者在产品的显眼部位,并清晰可读。

标签上必须有辨别条码。

A.3 电弧喷涂、等离子喷涂、等离子喷焊材料及设备的标签。

图 A.2 中显示的最基本的信息或与之等效的内容必须标志在电弧喷涂用线材、等离子喷涂用粉末和等离子喷焊用粉末的外包装上,或者此类设备的电源、送丝机、送粉器上,或者与喷涂、喷焊相关的工艺控制台等主要设备上。这些内容必须清晰可读,可以制成标签、卡片或其他印刷表格。

警告:保护自己和他人的健康,请阅读并理解本标签。
a) 高温、高速射流可烧伤人体,引起火灾;
b) 热辐射和弧光可灼伤眼睛和皮肤;
c) 烟尘和烟气损害呼吸系统,对人体健康有害;
d) 噪声可损伤听力和身心健康;
e) 电击会致命。
——使用前请阅读并理解制造商的使用说明、材料安全数据单及本公司制订的安全规程;
——喷枪不要对着自己和他人,也不要对着易燃物;
——头部避开热辐射、弧光、烟尘和烟气;
——采用抽风或通风,将烟尘和烟气从呼吸区和工作区排除;
——对头、眼、耳及身体各部位必须配戴合适的防护用品和用具;
——参阅 GB 11375 中有关热喷涂操作安全的内容。

不要摘除本标签

图 A.2 电弧喷涂、等离子喷涂、等离子喷焊工艺设备警告标签

已确认的危害内容按以下顺序排列:
a) 高温、高速射流可烧伤人体,引起火灾;
b) 弧光可灼伤眼睛和皮肤;
c) 烟尘和气体可损害呼吸系统,对人体健康有害;
d) 噪声可损伤听力和身心健康;
e) 电击会致命。

对于特殊要求或者新技术需加以说明时,可以增加警告内容。

急救信息可有可无,一般仅对那些危害反应快、危害程度严重的生产工艺推荐急救信息。该信息应放在警告措施之后。

公司、企业名称及地址必须出现在标签上,或者在产品的显眼部位,并清晰可读。

标签上还必须有辨别条码。

A.4 A.2 和 A.3 所涉及的警告标签,必要时也可标志在相应工作场所的醒目位置。

A.5 危险材料标签。

在热喷涂材料中使用了一些具有潜在危害的材料,如第 9 章中所列举的材料,在喷涂时这些材料烟气和烟尘会释放到周围的大气中,当其烟气的浓度超过 9.4 中的阈值是危险的。

该阈值应在材料安全数据单上易于识别。这些材料也不局限于9.4中所列的材料。

A.6 镉是剧毒的危险材料，若是含镉的线材，应在丝盘及其包装上以标签的形式提供图A.3所示的信息或其等效内容；若是含镉的粉末，则标签应贴在盒子及其包装上。

A.7 含铅的喷涂材料，其烟气有剧毒，应在其包装上以标签的形式提供图A.4所示的信息或其等效内容。

警告：保护自己和他人健康，请阅读并理解本标签。

含镉的烟气有剧毒并可致命。

——使用前应阅读并理解制造商的使用说明、材料安全数据单及本公司制订的安全规程；

——严禁呼吸含镉的烟气，喷涂工必须配戴专用防护用品和用具，非工作人员严禁在高浓度镉烟尘区停留；

——采用足够的抽风除尘，把烟尘和烟气从你的呼吸区及工作区排除。还必须配戴有新鲜空气供应的头盔；

——远离儿童；

——参阅 GB 11375 中有关热喷涂安全操作的内容。

不要摘除本标签

图 A.3　含镉的热喷涂材料警告标签

警告：保护自己和他人健康，请阅读并理解本标签。

a) 含铅烟尘和烟气有剧毒危害人体健康；

b) 过量呼吸铅烟气会致命。

——使用前应阅读并理解制造商的使用说明、材料安全数据单及本公司制订的安全规程；

——严禁呼吸铅烟气，喷涂工必须配戴专用防护用品和用具，非工作人员严禁在高浓度铅烟尘区停留；

——采用足够的抽风除尘，把烟尘和烟气从呼吸区及工作区排除。还必须配戴有新鲜空气供应的头盔；

——远离儿童；

——参阅 GB 11375 中有关热喷涂安全操作的内容。

不要摘除本标签

图 A.4　含铅的热喷涂材料警告标签

A.8 材料安全数据单。

热喷涂材料供货商必须提供该公司生产的热喷涂材料在喷涂或喷焊时可能产生的任何危险及材料使用的安全数据单或其等效物。

A.9 标签上的图示符号。

标签上的图示符号是警告信息的辅助部分。

A.10 危害性的信息通知。

业主或管理者必须确保将本章规定的内容无遗漏地通知到产品的最终使用者（见4.4.2）。

附 录 B
（标准的附录）
热喷涂作业用滤光镜片

B.1 滤光镜片明暗度的选择

根据所用的热喷涂工艺按 GB/T 3609.1 选用的滤光镜片遮光号列于表 B.1。

表 B.1 热喷涂作业选用的滤光镜片遮光号

热喷涂作业项目	滤光镜片遮光号
线材火焰喷涂（除喷钼）	2~4
线材火焰喷涂（钼）	3~6
粉末火焰喷涂及高速火焰喷涂（金属及合金粉末）	3~6
粉末、线（棒）材火焰喷涂、高速火焰喷涂及爆炸喷涂（陶瓷）	4~8
等离子喷涂、等离子喷焊及电弧喷涂	9~14
等离子喷涂、等离子喷焊及电弧喷涂（设备本身配有滤光保护装置）	3~6
电火花拉毛作业	2~4
火焰喷焊的重熔作业	4~6

注：根据经验，使用太暗的镜片难以观察涂层的沉积，在选用镜片号时应以能清晰观察涂层的沉积为好，但不要低于下限值。在火焰喷焊时重熔产生黄色亮光，这时还应选用适当的滤光镜以吸收操作视野范围内的黄色光线。

B.2 滤光镜片和防护白玻璃镜片

B.2.1 护目镜及镜片必须能承受灭菌处理。

B.2.2 头盔上供安装滤光片和防护白玻璃片的窗口必须设计成便于镜片的拆卸及安装。

B.2.3 与人体接触的镜架材料必须保证对皮肤无刺激、无污染。

B.2.4 护目镜必须要通风，以免镜片模糊。杯形镜框的通风部位必须有适当的遮蔽以防紫外光线射入。

B.2.5 滤光镜和滤光片上必须有永久性标记，以便识别制造商及明暗度。

B.2.6 滤光镜和滤光片必须满足 GB/T 3609.1 中关于紫外线、可见光及红外线的传输特性的要求及其他要求。

B.2.7 护目镜必须妥善保存和保养，未经清洗和消毒不得转让他人使用。

附 录 C
（标准的附录）
热喷涂车间空气卫生标准阈值

C.1 车间空气卫生标准最高允许浓度

热喷涂车间空气中毒性材料的最高允许浓度见表 C.1。

表 C.1 车间空气卫生标准对毒性材料的最高允许浓度（阈值）

材料名称	8h 最高允许浓度/(mg/m³)
三氧化铬、铬酸盐、重铬酸盐（换算成 CrO_3）	0.05
臭氧	0.3
氧化氮（换算成 NO_2）	5.0

(续)

材料名称	8h最高允许浓度/(mg/m³)
氧化镉	0.1
铅烟	0.03
铅尘	0.05
铍及其化合物	0.001
钼(可溶性化合物)	4.0
钼(不溶性化合物)	6.0
氧化锌	5.0
锆及其化合物	5.0
锰及其化合物	0.2
铝、氧化铝、铝合金粉尘	4.0
含10%以上游离二氧化硅的粉尘(石英、石英岩等)	2.0
其他粉尘	10
三氯乙烯	30
四氯化碳(皮)	25

注：有(皮)标记者为除经呼吸道吸收外，还易被皮肤吸收的有毒物质。

C.2 车间空气抽样检查

喷涂以上材料时，应尽可能抽取空气样品，以决定通风条件。在8h工作时间内，工作区烟气和粉尘的浓度不允许超过规定的阈值。然而，即使粉尘或烟气浓度没有超过相应的阈值，但是引起操作者不适时，也应使用呼吸系统保护装置和抽风通风设备。

附 录 D
(提示的附录)
热喷涂作业 灭火

热喷涂作业必须根据现场易燃物质的性质及数量配置足够的灭火设备，如水池、沙箱、水龙带或手提灭火器。灭火设备应处于随时可用的状态。选用的灭火器见表D.1。

表D.1 灭火器性能及使用方法

种类	泡沫灭火器	二氧化碳灭火器	1211灭火器	干粉灭火器	红卫九一二灭火器
药剂	碳酸氢钠发沫剂和硫酸铝溶液	液态二氧化碳	二氟氯-溴甲烷	小苏打或钾盐干粉	二氟二溴液体
用途	扑灭油类火灾	扑救贵重仪器设备，不能用于扑救钾、钠、镁、铝等物质火灾	扑救各种油类、精密仪器、高压电器设备	扑救石油产品、有机溶剂、电气设备、液化石油气、乙炔气瓶等火灾	扑救天然石油产品和其他易燃、易爆化工产品等火灾
注意事项	冬季防冻，定期更换	防喷嘴堵塞	防潮及日晒，半年检查一次，充装药剂	干燥、通风、防潮，半年称重一次	在高温下分解产生毒气，注意现场通风和呼吸道防护

第二节　热喷涂　热喷涂操作人员考核要求

一、概论

1. 热喷涂操作人员考核基本要求

上节业已述及，热喷涂过程中具有烧伤、爆炸、火灾、触电、中毒等危险，对操作人员的技术或技巧要求较高。因此，有关部门对此制定了相应的标准，并严格要求予以实施。按相应的标准，接受适当培训，并经考核取得相应资格的人员，方可进行相应的热喷涂操作。

热喷涂操作人员的培训与考核涉及热喷涂工艺和操作相关的基础业务知识和专业知识，主要包括设备操作、遮蔽工序、表面预处理、环境条件判断等方面。

2. 热喷涂操作人员考核的标准

国际标准化组织于 1998 年首次发布了 ISO 14918：1998《热喷涂　热喷涂操作人员考核要求》，并于 2018 年进行了修订，目前为第 2 版：ISO 14918：2018《热喷涂　热喷涂操作人员考核要求》。热喷涂技术从 20 世纪 80 年代起在我国得到了快速的发展与应用，为提高操作人员水平，我国于 1993 年制定并发布了 JB/T 6973—1993《热喷涂操作人员考核要求》，并于 2005 年修改采用 ISO 14918：1998《热喷涂　热喷涂操作人员考核要求》，制定了 GB/T 19824—2005《热喷涂　热喷涂操作人员考核要求》。该标准于 2005 年 6 月 23 日发布，2005 年 12 月 1 日实施。

二、标准主要特点与应用说明

该标准提出了热喷涂操作人员资格考核的程序，规定了热喷涂操作人员资格考核的基本要求、考核范围、考核条件、认可要求和资格证书。资格考核中，要求热喷涂操作人员对热喷涂工艺、材料及安全性具备一定的实践经验和专业知识，当标准、厂家、检验当局或其他组织要求审查热喷涂人员操作资格时采用该标准。该标准涉及的热喷涂工艺涵盖手工操作和机械化施工。由于热喷涂自动化装置的多样性与专业性，在那些热喷涂操作人员对热喷涂过程没有直接影响的场合，该标准不适用。资格证书由专职的考官或考核机构颁发。

热喷涂包括的工艺方法较多，操作人员应按照特定的涂层制备工艺和应用方式进行资格考核，某一资格考核仅对特定的涂层制备工艺和应用方式有效。该标准考核涵盖的热喷涂工艺包括：火焰喷涂、电弧喷涂、等离子喷涂、高速火焰喷涂、粉末喷涂、线材喷涂；考核使用的喷涂方法包括：手工喷涂和机械化喷涂；考核的喷涂材料包括：火焰或电弧喷涂的金属及合金（工程用）、锌铝及其合金（防腐蚀用），火焰喷涂的自熔合金，等离子喷涂的金属及合金、陶瓷、金属陶瓷，高速火焰喷涂的金属及合金、金属陶瓷。

三、标准内容（GB/T 19824—2005）

热喷涂　热喷涂操作人员考核要求

1　范围

本标准提出了热喷涂操作人员资格考核的程序，规定了热喷涂操作人员资格考核的基本要求、考核范围、考核条件、认可要求和资格证书。

资格考核中，要求热喷涂操作人员对热喷涂工艺、材料及安全性具备一定的实践经验和专业知识，相关资料见附录 A。

当标准、厂家、检验当局或其他组织要求审查热喷涂人员操作资格时采用本标准。

本标准涉及的热喷涂工艺涵盖手工操作和机械化施工。

由于热喷涂自动化装置的多样性与专业化，在那些热喷涂操作人员对热喷涂过程没有直接影响的场合，本标准不适用。

资格证书由专职的考官或考核机构颁发。

2 规范性引用文件

下列文件中的条款通过本标准的引用而成为本标准的条款。凡是注日期的引用文件，其随后所有的修改单（不包括勘误的内容）或修订版均不适用于本标准，然而，鼓励根据本标准达成协议的各方研究是否可使用这些文件的最新版本。凡是不注日期的引用文件，其最新版本适用于本标准。

GB/T 230.1～230.3　金属洛氏硬度试验（ISO 6508，MOD）

GB/T 4340.1　金属维氏硬度试验　第1部分：试验方法（eqv ISO 6507-1）

GB/T 8642　热喷涂　抗拉结合强度的测定（ISO 14916，MOD）

GB/T 8923　涂装前钢材表面锈蚀等级和除锈等级（eqv ISO 8501-1）

GB/T 9793　金属和其他无机覆盖层　热喷涂　锌、铝及其合金（eqv ISO 2063）

GB/T 18719　热喷涂　术语、分类（ISO 14917，MOD）

GB/T 19356　热喷涂　粉末　成分和供货技术条件（ISO 14232，MOD）

3 术语和定义

GB/T 18719 中确立的以及下列术语和定义适用于本标准。

3.1 热喷涂操作人员　thermal sprayer

用手工或机械化装置进行热喷涂作业的人员。

3.1.1 手工热喷涂　manual thermal spraying

手工操作喷枪或焊炬。

3.1.2 机械化热喷涂　mechanized thermal spraying

工艺的一些过程采用机械化，喷枪或焊炬不用手工操作。

3.1.3 自动化热喷涂　automatic thermal spraying

热喷涂工艺的所有典型操作全部采用机械化装置并实现程序化控制，其中包括工件的转运和装卸。

手工、机械化、自动化热喷涂术语简列于表1。

表1　热喷涂术语

术语	喷枪移动	工件移动	工件装/卸
手工	手工	手工/机械化	手工/机械化
机械化	机械化	机械化	手工
自动化	机械化	机械化	机械化

3.2 考官或考核机构　examiner or examining body
检查验证是否符合标准规定的个人或机构。

3.3 认可标准细则　specific acceptance criteria
特定热喷涂技术或应用领域的热喷涂操作人员资格考核的详细文件。

3.4 试件　test piece
在本标准中，是指用于资格考试的热喷涂工件。

3.5 试样　test specimen
在本标准中，是指为进行指定的分析试验而从试件上切取的部分。

3.6 测验　test
在本标准中，是指一系列的操作，包括热喷涂试件的制备、其后的破坏性或非破坏性试验及其结果的评价。

4 资格考试基本要求

4.1 通则
为鉴定热喷涂操作人员在这些领域的能力，应按本章细则进行考核。

热喷涂操作人员资格考试在试件上进行，且与结构类型无关。

所有热喷涂操作人员都应进行与热喷涂工艺和操作相关的基础业务知识和专业知识的考核，见附录A。

4.2 设备操作
应考核确定热喷涂操作人员具备的设备知识，详见附录A中A.4.3。

4.3 遮蔽工序
应考核确定热喷涂操作人员在表面预处理和喷涂中合理遮蔽方面所具备的知识。

4.4 表面预处理
热喷涂操作人员应能判断用于资格考试的热喷涂试样表面是否合格，还应能在资格考试过程中对已进行适当表面处理后的试样表面进行维护。

4.5 环境条件
热喷涂操作人员应能判断试件喷涂的环境条件是否合适，如温度、湿度、露点。

4.6 应用的设备
用于热喷涂操作人员考核的试验结果，应采样于那些用实际生产设备或考核机构认可并与实际生产设备性能指标一致的相似设备所制备的试件。

5 资格考试范围

5.1 通则
热喷涂操作人员应按照特定的涂层制备工艺和应用方式进行资格考核，某一资格考核仅对特定的涂层制备工艺和应用方式有效。本标准涵盖的热喷涂工艺和应用方式见5.2。

5.2 热喷涂工艺

5.2.1 热喷涂工艺类别
根据GB/T 18719所述，本标准包括以下热喷涂工艺：
——火焰喷涂；
——电弧喷涂；
——等离子喷涂；

——高速火焰喷涂；
——粉末喷涂；
——线材喷涂/棒材喷涂/芯材喷涂。

5.2.2 应用方式
——手工；
——机械化。

5.2.3 材料
附录 B 给出的材料是资格考试的专用材料。以下给出每种工艺所适用的材料，仅作为参考。

a）火焰喷涂/电弧喷涂：
——金属及合金（工程用）；
——锌、铝及其合金（防腐用）。

b）火焰喷涂：
——自熔合金。

c）等离子喷涂：
——金属及合金；
——陶瓷；
——金属陶瓷/碳化物。

d）高速火焰喷涂：
——金属及合金；
——金属陶瓷。

5.3 资格审查范围
热喷涂操作人员首次资格考核要求的分类与以上 5.2 中的分类有所不同。获得某种类型（工艺及应用方法）的资格并不代表具有其他专业类型的热喷涂操作技能或经验。

热喷涂操作人员资格等级标示方法为：热喷涂工艺-应用方法，如手工操作等离子喷涂设备应写为"等离子-手工"。另外还包括那些源自本标准的资格审查用喷涂材料类型（5.2.3）资料。

5.4 监督
对试件进行热喷涂和试验时均应有审核机构的人员在场。

5.5 试件的形状和尺寸
试件和试样的形状和尺寸详见每种热喷涂工艺的认可标准细则（见附录 B）。

5.6 试验方法
详见认可标准细则。进行金相检查的试样应与同时用同种方法镶嵌和抛光的符合要求的标准试件进行比较，以避免金相制备上的差异。

5.7 试件验收要求
试件验收要求详见认可标准细则。试件应按认可标准细则中每种喷涂工艺及材料所规定的验收要求进行评估打分。

5.8 考核用喷涂材料
对于 5.2.1 所列的每种工艺设备，5.2.3 都详细给出了不同种类的耗材。热喷涂操作人员可从中任选一种类型的材料进行考核，但具体使用哪一种则必须是认可标准中指定的材料。

例如一等离子喷涂操作人员可以选择考核喷陶瓷操作，在这类材料里认可标准细则规定使用 Al_2O_3/TiO_2（87/13）（喷涂粉末 GB/T 19356-12.3-45/22-混合粉）作为实际考查材料。

6 考试和测验

热喷涂操作人员考试分两步进行，首先应通过业务知识考试以确定其工艺知识，随后进行操作实践测试以验证其在相应领域的技能。

6.1 业务知识考试

热喷涂操作人员应较好地完成涵盖适当涂层工艺、应用方法和材料的考试，笔试卷应由发证机构负责准备，考试具体内容见附录 A。

6.2 操作实践考试

应考核确定热喷涂操作人员是否具备热喷涂工序所需要的技能，详细内容见认可标准细则（参见附录 A 和附录 B）。

7 复试

7.1 通则

如果热喷涂操作人员未能通过本标准的考核要求，可由考官按认可细则酌情安排复试，但是未经再培训或离上次考试超过 3 个月者不得参加复试。

7.2 追加测试

如果在喷涂过程中，由于外在原因使得操作人员无法喷涂合格试样，故障排除后可重新测试一次。

8 有效期

8.1 初审认定

热喷涂操作人员资格认定从所有规定考试均合格之日起开始生效，这个日期可能与证书上的发布日期有所不同。

热喷涂操作人员资格认定的有效期为 3 年，其间雇主/协调人每隔 6 个月需提供一份相关证明，同时满足下列所述条件。

8.2 延长期限

8.2.1 期限

热喷涂操作人员资格需每 3 年复审一次。

8.2.2 热喷涂操作人员和喷涂生产

热喷涂操作人员从事热喷涂生产离岗间隔时间不得达到或超过 6 个月。

8.2.3 热喷涂工作的中断期限

6 个月未从事热喷涂作业的热喷涂操作人员应按首次资格考核程序重新进行资格认定。

8.3 要求

资格正常到期后，重新申请考核要求制备合格的热喷涂试样。如果在重新申请资格后 6 个月内达到上述要求，则无须进行业务知识考试。

8.4 时间安排

热喷涂操作人员和雇主有责任保证按期进行资格复审。

8.5 热喷涂资格的期满或注销

热喷涂操作人员资格期满或注销后,将不允许从事本标准涵盖的热喷涂作业。

9 证书

9.1 终审认定

热喷涂操作人员资格最终审定取决于其是否具有正确熟练地操作设备和喷涂合格试件的能力。

9.2 记录

合格证记录和考试结果应由发证机构保存10年。

10 标示

热喷涂操作人员资格考试标示应包括以下内容:
——标准号;
——热喷涂工艺;
——应用方式。

示例:热喷涂操作人员考核要求 GB/T 19824 火焰喷涂-手工。

附 录 A
(规范性附录)
业务知识

A.1 通则

首次申请热喷涂操作资格的人员必须参加业务知识考核。

本附录概述了热喷涂操作人员应掌握的业务知识,这些都是保证工序顺利进行及正常操作所必须遵守的规程。

热喷涂操作人员业务知识实际考核可采取下列方法的任何一种或几种方法同时进行:
——笔试;
——口试;
——计算机考试;
——表演/观察考试。

业务知识考核仅限于考核中所用的热喷涂工艺方面的内容。

A.2 要求

热喷涂操作人员业务知识应注重考核下述内容。

A.2.1 热喷涂设备

要点:包括热喷涂操作人员将进行资格考试的具体工艺所用的气/电能量供应设备、基本构件、冷却系统。

A.2.2 热喷涂工艺

要点:包括工件的表面预处理、几何形状、遮蔽、喷涂中的测量方法、参数控制、工件存放和后处理。

A.2.3 基体材料和耗材

包括鉴别、存放、管理。

A.2.4 安全和事故预防

要点：欲取资格相应工艺中安全装置的开启与关闭程序和步骤、个人防护、火灾危害、粉尘爆炸、电气危害、回火、泄漏检测、辐射、噪声。

A.2.5 热喷涂涂层试验方法

目视检测；结合强度、涂层结构和涂层缺陷的基本知识。

A.3 资格考试中的表面预处理

热喷涂操作人员应证明其对清洗、除脂、各种表面机械毛化方法、预热和存放的作用有所了解，这样他就能对基体表面的预处理质量进行评价。

热喷涂操作人员应能判断表面状况是否适应设计的涂层体系。

热喷涂操作人员应证明其知道喷砂清洁度和轮廓的影响，以及不同类型的涂层对表面预处理等级的要求。

考试中，应将如下不适当的、适当的及较好的试件表面提交给热喷涂操作人员：

a) 抛丸制备的清洁但没有尖锐轮廓的表面；
b) 喷砂时间太短，脏污过多的表面；
c) 喷砂时间太长，轮廓被打平的表面；
d) 被油或灰尘污染的表面；
e) 正确的喷砂制备的具有较好的尖锐轮廓、适于喷涂的清洁金属表面。喷砂处理后的表面应远离其他喷涂操作产生的灰尘、破碎的砂粒等。

热喷涂操作人员应被询问哪一种试件合格及为什么，也应询问不合格的原因，如污染等的影响。热喷涂操作人员还应了解可能造成喷涂表面质量等级降低的其他因素。

A.4 资格考试中应考的其他要点

A.4.1 材料存放

热喷涂操作人员须证明其具有喷涂材料（耗材）贮存条件和管理及其对涂层质量的影响方面的知识。

A.4.2 遮蔽工序

应考核确定热喷涂操作人员在表面预处理和喷涂两工序中是否具有适当遮蔽方法方面的知识。一个工件的某一区域不喷涂，通常将之遮蔽起来，可采用不同的方法，根据工件的几何形状和待喷涂层的类型确定哪一种方法是最适宜的。例如：纸带能用于喷锌时的遮蔽，但不能用于高熔点材料或喷砂遮蔽保护。

热喷涂操作人员应显示出对手头的工作有正确的认识方法。

A.4.3 设备操作

应考核确定热喷涂操作人员设备方面的知识。热喷涂操作人员应按热喷涂设备制造商提供的步骤和操作指南操作设备。热喷涂操作人员的知识不应只局限于正常操作，相反，当设备运行不正常时应能足够熟练地辨析。

A.4.4 涂层应用

热喷涂操作人员应能评价待喷零件的表面预处理状况，考虑像孔、扣件等几何因素，能够安装操作设备、制备涂层及评价涂层质量的好坏。

A.4.5 安全方面：有关个人健康、全部设备的安全操作及环境安全要求

热喷涂操作人员在实际考核期间须显示出具有这些领域的知识，尤其应该注意电、燃

气、空气的所有连接处理是否适当，因为历史上绝大多数事故（包括金属喷涂设备）都因这些连接不当而引起。

附 录 B
（规范性附录）
认可标准细则

B.1 火焰或电弧喷涂：防腐用锌、铝及其合金材料

B.1.1 说明

无论哪种类型的设备，热喷涂操作人员都应按设备说明书的要求安装使用。特别需要注意的是：喷枪与基体表面间的距离应遵循厂家的建议，且尽可能垂直于基体表面，制备的涂层无大颗粒、灰尘黏附，涂层表观细密，厚度均匀。

B.1.2 试件的制备

试件尺寸如图 B.1 所示。它是由轧制低碳钢等边角钢制备，角钢尺寸为 8mm（厚）×500mm（长）×150mm（单边宽）。喷涂之前，应对其进行喷砂预处理，如果表面预处理未达到 GB/T 8923 中规定的要求以及环境条件不符合要求，不允许进行热喷涂。预处理合格后的试件两内表面喷涂 Al 涂层，涂层厚度≥0.15mm。

B.1.3 涂层检测

B.1.3.1 涂层厚度

应向热喷涂操作人员提供测厚仪，热喷涂操作人员有不超过 3 次机会来测量涂层厚度。随后评审人员再使用同一台仪器按 GB/T 9793 规定全面检测板材的涂层厚度及厚度均匀性。如果所有测试点的涂层厚度都在 0.15mm～0.25mm 之间，则认为该热喷涂操作人员通过了该项考核。

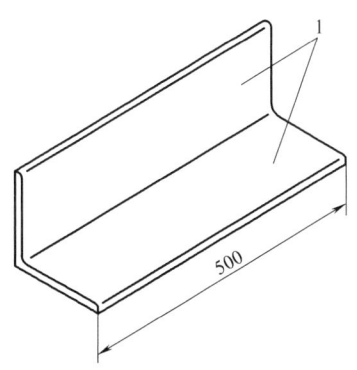

图 B.1 火焰喷涂/电弧喷涂
铝、锌及其合金试件
1—内表面喷涂
注：尺寸极限偏差为±0.1mm。

B.1.3.2 喷涂表观

考官应采用同一喷涂试样来检查涂层表观，有无大颗粒黏附、夹杂和鼓泡。如果没有这类缺陷，则认为该热喷涂操作人员通过该项考试。

B.1.3.3 涂层结合力

结合力试验应按 GB/T 9793 进行。

B.2 火焰或电弧喷涂：工程用金属及合金材料

B.2.1 说明

无论哪种类型的设备，热喷涂操作人员都应按设备说明书的要求安装使用。特别需要注意的是：喷枪与基体表面间的距离应遵循厂家的建议，且尽可能垂直于基体表面，制备的涂层无大颗粒、灰尘黏附，涂层表观细密，厚度均匀。

B.2.2 试件的制备

试件尺寸如图 B.2 所示。它是由低碳钢圆棒制备，圆棒尺寸为 ϕ75mm×250mm（长），在其中部下切 0.5mm（深）×150mm（长）的环槽。热喷涂操作人员在环槽中喷涂留有足够

厚度加工余量的不锈钢（喷涂粉末GB/T 19356-6.5-45/22雾化粉或相同材质的线材）涂层，然后采用适当的机加工方式，将其加工至φ75mm尺寸。

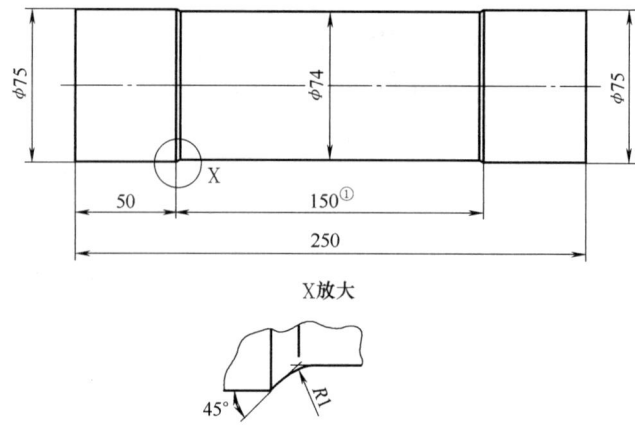

图B.2　火焰喷涂/电弧喷涂金属及合金试件

注：尺寸极限偏差为±0.05mm。

① 此区域喷涂。

B.2.3 涂层检测

B.2.3.1 涂层厚度

确定涂层应该达到的厚度是热喷涂操作人员的职责，但无论如何涂层厚度都不应超过1.0mm，借助机械旋转获得的涂层厚度应不超过0.8mm，至少应沿棒材轴向检测4个位置的涂层厚度。

B.2.3.2 喷涂表观

考官应采用同一喷涂试样来检查涂层表观，有无大颗粒黏附和夹杂、裂纹和鼓泡。如果没有这类缺陷，则认为该热喷涂操作人员通过该项考试。

B.2.3.3 机械加工

目视检查后，应将试棒加工至φ75mm以进一步检查涂层厚度是否满足要求。如果按规定尺寸加工后未超过涂层范围，且所有涂层表面都被加工，则认为该热喷涂操作人员已通过了厚度考查。

应检查机加工面是否有过热、过多的孔隙、裂纹及脱落，注意区分喷涂和机加工对涂层影响的不同之处。

B.2.3.4 涂层结合力

每次结合力试验应按GB/T 8642规定采用6个试件进行，检测结果最大误差应小于20%。

B.3 火焰喷涂：工程用自熔性合金材料

B.3.1 说明

无论哪种类型的设备，热喷涂操作人员都应按设备说明书的要求安装使用。特别需要注意的是：喷枪与基体表面间隔为100mm～150mm，且尽可能与基体保持垂直，制备的涂层无大颗粒、灰尘黏附，涂层表观细密，厚度均匀。

B.3.2 试件的制备

试件尺寸如图B.3所示，它是将一根φ75mm×250mm（长）的普通低碳钢圆棒，在其两端75mm处下切至φ50mm。热喷涂操作人员喷涂硬度为40HRC的Ni基自熔合金（喷涂

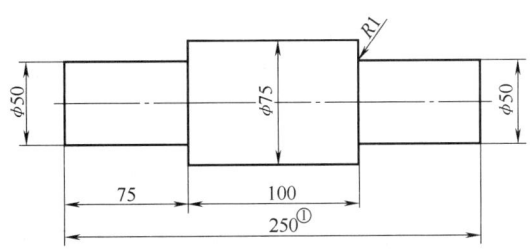

图 B.3　火焰喷涂自熔合金试件

注：尺寸极限偏差为±0.05mm。

① 外圆面全部喷涂。

粉末 GB/T 19356-2.10-106/53 雾化粉）到适当的厚度后再进行重熔，最后，采取适当的机加工方法将其分别加工至 ϕ77mm 和 ϕ52mm 尺寸。热喷涂操作人员应该知道涂层应达到的厚度，并对喷涂层进行重熔。

B.3.3　喷涂和重熔涂层检测

B.3.3.1　喷涂和重熔表观

考官应采用同一喷涂和重熔试样来检查涂层表观，有无大颗粒黏附、裂纹和鼓泡。如果没有这类缺陷，则认为该热喷涂操作人员通过该项考试。

B.3.3.2　机械加工

目视检查后，应用单头刀具将试棒分别加工至 ϕ77mm 和 ϕ52mm，以进一步检查涂层厚度是否满足要求。如果按规定尺寸加工后未超过涂层厚度范围，且所有涂层表面都被加工，则认为该热喷涂操作人员已通过了厚度考查。

应检查机加工面是否有过热、过多的孔隙、裂纹及脱落，注意区分喷涂和机加工对涂层影响的不同之处。

B.3.3.3　硬度试验

应按 GB/T 230.1~230.3 规定进行洛氏硬度试验，硬度应在 38HRC~42HRC 的范围内。

B.4　等离子喷涂：工程用金属及合金材料

B.4.1　说明

无论哪种类型的设备，热喷涂操作人员都应按设备说明书的要求安装使用。

B.4.2　试件的制备

试件尺寸如图 B.4 所示。它是由低碳钢圆棒制备，圆棒尺寸为 ϕ50mm×250mm（长），

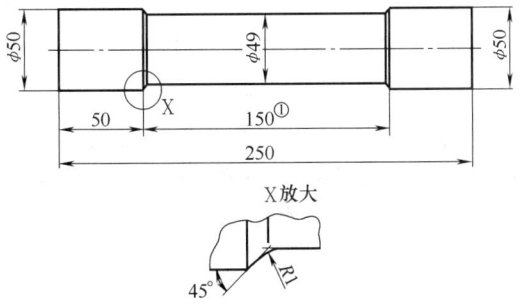

图 B.4　等离子喷涂金属及合金试件

注：尺寸极限偏差为±0.05mm。

① 此区域喷涂。

在其中部下切 0.5mm（深）×150mm（长）的环槽。热喷涂操作人员在环槽中喷涂留有足够厚度加工余量的 Ni/Cr80/20 合金（喷涂粉末 GB/T 19356-3.1-45/5 雾化粉）涂层，然后采用适当的机加工方式，将其加工至 φ50mm 尺寸。

B.4.3 涂层检测

B.4.3.1 涂层厚度

确定涂层应该达到的厚度是热喷涂操作人员的职责，但无论如何涂层厚度都不应超过 1.0mm，借助机械旋转涂层厚度应不超过 0.8mm，至少应沿棒材轴向检测 4 个位置的涂层厚度。

B.4.3.2 喷涂表观

考官应采用同一喷涂试样来检查涂层表观，有无大颗粒黏附、夹杂、裂纹和鼓泡。如果没有这类缺陷，则认为该热喷涂操作人员通过该项考试。

B.4.3.3 机械加工

目视检查后，应将试棒加工至 φ50mm 以进一步检查涂层厚度是否满足要求。如果按规定尺寸加工后未超过涂层厚度范围，且所有涂层表面都被加工，则认为该热喷涂操作人员已通过了厚度考查。

应检查机加工面是否有过热、过多的孔隙、裂纹及脱落，注意区分喷涂和机加工对涂层影响的不同之处。

B.4.3.4 涂层结合力

每次结合力试验应按 GB/T 8642 规定采用 6 个试件进行，检测结果最大误差应小于 20%。

B.5 等离子喷涂：工程用金属陶瓷/碳化物材料

B.5.1 说明

无论哪种类型的设备，热喷涂操作人员都应按设备说明书的要求安装使用。

B.5.2 试件的制备

试件尺寸如图 B.5 所示。它是一根低碳钢管，尺寸为 φ50mm×5mm（壁厚）×150mm（管长）。热喷涂操作人员喷涂留有足够厚度加工余量的 WC/Co 83/17（喷涂粉末 GB/T 19356-11.13-45/10 团聚烧结粉）涂层，涂层厚度最小 0.2mm，且不大于 0.5mm。

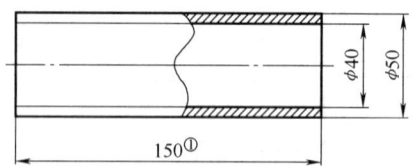

图 B.5 等离子喷涂陶瓷试件，等离子喷涂金属陶瓷/碳化物，
高速火焰喷涂金属及合金或高速火焰喷涂金属陶瓷

注：尺寸极限偏差为±0.05mm。

① 此区域喷涂。

B.5.3 涂层检测

B.5.3.1 喷涂表观

考官应采用同一喷涂试样来检查涂层表观，有无大颗粒黏附、裂纹和鼓泡。如果没有这

类缺陷，则认为该热喷涂操作人员通过该项考试。

B.5.3.2 机械加工

目视检查后，应将管件磨削消除喷涂纹理，检查磨削面是否有过多的孔隙、裂纹及脱落，注意区分喷涂和机加工对涂层影响的不同之处。

B.5.3.3 涂层结合力

每次结合力试验应按 GB/T 8642 规定采用 6 个试件进行，检测结果最大误差应小于 20%。

B.5.3.4 显微硬度

显微硬度按 GB/T 4340.1 规定对涂层的断面进行维氏硬度 HV0.3 值的测定，取 10 点（≥900HV0.3）平均值为测量值，压痕角处应无裂纹。

B.5.3.5 金相检测

涂层金相检测，应无过多的横向裂纹、分层、基体与涂层界面孔穴。

B.6 等离子喷涂：工程用陶瓷材料

B.6.1 说明

无论哪种类型的设备，热喷涂操作人员都应按设备说明书的要求安装使用。

B.6.2 试件的制备

试件尺寸如图 B.5 所示。它是一根低碳钢管，尺寸为 $\phi50mm \times 5mm$（壁厚）$\times 150mm$（管长）。热喷涂操作人员喷涂留有足够厚度加工余量的 Al_2O_3/TiO_2 87/13（喷涂粉末 GB/T 19356-12.3-45/22 混合粉）涂层，涂层厚度最小 0.3mm，且不大于 0.5mm。

B.6.3 涂层检测

B.6.3.1 喷涂表观

考官应采用同一喷涂试样采检查涂层表观，有无大颗粒黏附、裂纹和鼓泡。如果没有这类缺陷，则认为该热喷涂操作人员通过该项考试。

B.6.3.2 机械加工

目视检查后，应将管件磨削消除喷涂纹理，检查磨削面是否有过多的孔隙、裂纹及脱落，注意区分喷涂和机加工对涂层影响的不同之处。

B.6.3.3 涂层结合力

每次结合力试验应按 GB/T 8642 规定采用 6 个试件进行，检测结果最大误差应小于 20%。

B.6.3.4 显微硬度

显微硬度按 GB/T 4340.1 对涂层断面进行维氏硬度 HV0.3 的测定，取 10 点（≥700HV0.3）平均值为测量值。

B.6.3.5 金相检测

涂层金相检测，应无横向裂纹、分层、基体与涂层界面孔穴。

B.7 高速火焰喷涂：工程用金属及合金材料

B.7.1 说明

无论哪种类型的设备，热喷涂操作人员都应按设备说明书的要求安装使用。

B.7.2 试件的制备

试件尺寸如图 B.5 所示。它是一根低碳钢管，尺寸为 $\phi50mm \times 5mm$（壁厚）$\times 150mm$

（管长）。热喷涂操作人员喷涂留有足够厚度加工余量的 316L（喷涂粉末 GB/T 19356-6.5-45/22 雾化粉）涂层，涂层厚度最小 0.3mm，且不大于 0.5mm。

注：如果设备不适于该级粒度粉末，可采用其他粒度替代。

B.7.3 涂层检测

B.7.3.1 喷涂表观

考官应采用同一喷涂试样来检查涂层表观，有无大颗粒黏附、裂纹和鼓泡。如果没有这类缺陷，则认为该热喷涂操作人员通过该项考试。

B.7.3.2 机械加工

目视检查后，应将管件磨削消除喷涂纹理，检查磨削面是否有过多的孔隙、裂纹及脱落，注意区分喷涂和机加工对涂层影响的不同之处。

B.7.3.3 涂层结合力

每次结合力试验应按 GB/T 8642 规定采用 6 个试件进行，检测结果最大误差应小于 20%。

B.7.3.4 金相检测

涂层金相检测，应无横向裂纹、分层、基体与涂层界面孔穴。

B.8 高速火焰喷涂：工程用金属陶瓷材料

B.8.1 说明

无论哪种类型的设备，热喷涂操作人员都应按设备说明书的要求安装使用。

B.8.2 试件的制备

试件尺寸如图 B.5 所示。它是一根低碳钢管，尺寸为 $\phi 50mm \times 5mm$（壁厚）$\times 150mm$（管长）。热喷涂操作人员喷涂留有足够厚度加工余量的 WC/Co 83/17（喷涂粉末 GB/T 19356-11.13-45/10 团聚烧结粉）涂层，涂层厚度最小 0.3mm，且不大于 0.5mm。

B.8.3 喷涂涂层测试

B.8.3.1 喷涂表观

考官应采用同一喷涂试样来检查涂层表观，有无大颗粒黏附、裂纹和鼓泡。如果没有这类缺陷，则认为该热喷涂操作人员通过该项考试。

B.8.3.2 机械加工

目视检查后，应将管件磨削消除喷涂纹理，检查磨削面是否有过多的孔隙、裂纹及脱落，注意区分喷涂和机加工对涂层影响的不同之处。

B.8.3.3 涂层结合力

每次结合力试验应按 GB/T 8642 规定采用 6 个试件进行，检测结果最大误差应小于 20%，最小结合强度为 60MPa。

B.8.3.4 显微硬度

显微硬度按 GB/T 4340.1 规定对涂层断面进行维氏硬度 HV0.3 的测定，取 10 点（≥1000HV0.3）平均值为测量值，压痕角处应无裂纹。

B.8.3.5 金相检测

涂层金相检测，应无横向裂纹、分层、基体与涂层界面孔穴。

B.9 认可标准细则一览表（见表 B.1）

表 B.1 认可标准细则一览表

工艺	火焰喷涂/(粉末、线材或棒材)且弧喷涂				等离子喷涂		高速火焰喷涂	
材料种类	锌、铝及合金	金属及合金	自熔性合金	金属及合金	金属陶瓷/碳化物	陶瓷	金属及合金	金属陶瓷
喷涂材料牌号粒径范围(GB/T 19356)	锌、铝及合金	不锈钢 6.5-45/2 雾化粉或同种线材	Ni 基合金 40HRC-2.10-106/53 雾化粉	Ni/Cr80/20 3.1-45/5 雾化粉	WC/Co 83/17 11.13-45/10 团聚烧结粉	Al_2O_3/TiO_2 87/13 12.3-45/22 混合粉	316L 6.5-45/22 雾化粉	WC/Co 83/17 11.13-45/10 团聚烧结粉
试件形状	带直角的平板，150mm×500mm×8mm，见图 B.1	直径 75mm 的圆棒中部下切，见图 B.2	直径 75mm 的圆棒两端下切，见图 B.3	直径 50mm 的圆棒中部下切，见图 B.4	管，50mm×5mm×150mm，见图 B.5	管，50mm×5mm×150mm，见图 B.5	管，50mm×5mm×150mm，见图 B.5	管，50mm×5mm×150mm，见图 B.5
要求的涂层厚度	>0.15mm 且 ≤0.25mm	<1.0mm(手工)，<0.8mm(机械)		<1.0mm(手工)，<0.8mm(机械)	≥0.2mm 且 <0.5mm	≥0.3mm 且 <0.5mm	≥0.3mm 且 <0.5mm	≥0.3mm 且 <0.5mm
目视检查：不得有 —大熔滴 —夹尘 —鼓泡 —裂纹	× × × —	× × × —	× — × ×	× × × ×	× × × ×	× — × ×	× — × ×	× × × ×
机加工试验	—	×	—	×	×	×	—	×
结合力试验 (GB/T 9793)	×	—	—	—	—	—	—	—
结合力试验 (GB/T 8642)	—	×	—	×	—	—	×	≥60MPa
硬度试验	—	—	38HRC～42HRC	—	≥900HV0.3	≥700HV0.3	—	≥1000HV0.3
金相检查	—	—	—	×	×	×	×	×

附 录 C
(资料性附录)
热喷涂操作人员资格考核证书

厂家热喷涂程序规范　　　　　　　　　　　考官或考试机构（盖章）
参考号（若适用）_____　参考号_____

热喷涂操作人员姓名_____
证件类型_____
证件号码_____　　　　　　　贴照片处
出生日期和出生地_____　　　（若需要）
考核法规/考核标准_____

业务知识（只要求初次参加资格考试者）：合格/不合格

	热喷涂操作人员编号	热喷涂考核细目
热喷涂工艺		
应用方法		
参考资料		
喷涂材料(类型/牌号)		

适用的附表和/或热喷涂程序规范方面附加资料：

考核类型	不需要	完成和认可情况
目视检查		
机加工试验		
依照 GB/T 9793 进行的结合力试验		
依照 GB/T 8642 进行的结合力试验		
硬度试验		
金相试样		
附加考试(如果需要单独附上表格)		

姓名、日期和签名_____
考官或考试机构_____
发布日期_____
地址_____
资格有效期至_____

考官或考试机构 3 年资格延期如下（参见 8.2）：

日期	签名	职务或职称

雇主/协调人 6 个月的资格延期如下（参见 8.1）：

日期	签名	职务或职称

第三篇　热浸镀及锌基涂层

第十一章　锌覆盖层　钢铁结构防腐蚀的指南和建议

第一节　锌覆盖层　钢铁结构防腐蚀的指南和建议
第1部分：设计与防腐蚀的基本原则

一、概论

1. 锌覆盖层

锌覆盖层是采用一定的工艺方法，将金属锌涂（镀）到钢铁表面形成的耐腐蚀防护涂层，有的锌覆盖层也可起到一定的精饰作用。锌覆盖层是钢铁材料在自然环境中应用最为广泛的耐腐蚀涂层之一，其主要成分为金属锌。为了进一步提高锌覆盖层的耐蚀性，在锌覆盖层中加入铝、镍、铁、稀土等合金元素，形成以锌基合金覆盖层。锌覆盖层对钢铁材料的耐腐蚀防护有两种作用机理：

（1）阻挡型防护　金属锌在大气、土壤、自然条件水环境中腐蚀产生的腐蚀产物，如 ZnO、$Zn(OH)_2$、$ZnCO_3$ 等，因其体积/质量比高（如 ZnO 的体积/质量比是金属锌的1.44倍），可以完整地覆盖金属锌表面，阻挡活性的金属锌与腐蚀环境的直接接触，延缓金属锌的腐蚀，从而起到对钢铁基体的防护作用；

（2）电化学保护　金属锌的标准电极电位为 $-0.762V$，铁的电极电位为 $-0.439V$，因此在大气、土壤、自然水等环境中，锌与铁可形成腐蚀原电池，金属锌为阳极，铁为阴极，锌可作为牺牲性阳极保护钢铁基体。

2. 锌覆盖层的分类及应用

锌覆盖层按照涂层的制备方法可分为：热浸镀锌、热喷涂锌、电镀锌、机械镀锌、粉末渗锌、富锌涂料涂层和锌铝（铬）涂层等几种，其中，热浸镀锌按照生产方法又可分为批量镀锌（用于型钢等钢铁制件镀锌）和连续热浸镀锌（用于钢带、钢管、钢丝等镀锌），其主要特点及应用见表11.1-1。

表11.1-1　几种镀锌层的主要特点及应用

镀层种类	工艺方法	覆盖层成分及厚度	主要特点及应用
批量热镀锌	将钢铁制件呈批量地浸入熔融的锌液中，获得覆盖层	Γ、ζ、δ_1、η（锌）；厚度 $30\mu m \sim 100\mu m$	生产率高，生产成本低，适合于镀制大批量的大型钢铁制件，如型钢、角钢、高速公路护栏、输变电铁塔、管塔等。由于镀层厚度可控性不好，厚度均匀性相对较差，不太适合小型零部件

(续)

镀层种类	工艺方法	覆盖层成分及厚度	主要特点及应用
连续热镀锌	将钢铁材料以连续的方式浸入熔融的锌液中,获得覆盖层	Γ、ζ、δ_1、η(锌);厚度 $10\mu m \sim 50\mu m$	生产率极高,可采用气刀等工具控制镀锌层厚度,镀层厚度低于批量镀锌层而且均匀,适用于钢带(板)、钢丝、钢管等。热浸镀钢板浸镀时间短,而且要有较好的塑性加工性能,因此要减少锌-铁合金脆性相,镀层主要成分为金属锌
热喷涂锌	将锌丝连续通过燃气火焰或电弧熔化成锌液,同时用高速保护性气体喷涂到钢铁制件表面形成覆盖层	锌;厚度可达 $300\mu m$,甚至可以更厚	可手工操作,现场施工。涂层厚度可人为控制,可喷涂厚度远高于热浸镀锌的超厚镀层,耐蚀性更好,但涂层成本较高。不受镀锌设备尺寸限制,适合于大型制件(如桥梁)、大面积(如船用钢板)等钢铁材料的防护
电镀锌	将金属锌以电沉积的方法涂镀到钢铁表面形成覆盖层	锌;厚度 $2\mu m \sim 15\mu m$	可通过调整电流密度、镀制时间控制镀层厚度,一般用于有一定尺寸精度要求的机械零件、汽车零件、五金件、紧固件,但是电镀锌过程对于高强度螺栓等存在氢脆风险。电镀锌镀层厚度相对较薄,耐蚀性有限,但外观光亮,可用于表面精饰
机械镀锌	将锌粉、表面活性剂水溶液、玻璃珠等和钢铁制件置于旋转的容器中,锌粉在玻璃珠的机械作用下与钢铁制件产生碰撞和摩擦,在钢铁制件表面形成覆盖层	锌;厚度 $15\mu m \sim 90\mu m$	可以获得比电镀锌更厚的镀层,镀层厚度比较均匀,表面光亮,采用抛丸除锈进行前处理,没有氢脆风险,但是受机械镀锌旋转罐尺寸的限制,仅可以用于小型零部件(如长度≤200mm),可部分代替电镀锌用于机械零件、汽车零件的表面处理,如高强度螺栓、弹簧等,也可以部分代替热镀锌镀制小型零部件
粉末渗锌	将锌粉、填充剂(如石英粉等)、NH_4Cl 和钢铁制件置于旋转的渗锌炉罐内,在 320℃~420℃ 的温度下扩散形成覆盖层	Γ、δ_1;厚度 $15\mu m \sim 90\mu m$	表面主要成分为锌铁合金,具有较高的硬度(约400HV),覆盖层与基体的结合力非常好,可用于同时有一定耐磨防腐蚀要求零部件。覆盖层厚度均匀性优于批量热浸镀锌。渗锌层与漆膜的结合力很好,渗锌+面涂的复合涂层具有非常优异的耐蚀性。可用于代替批量热浸镀锌用于中小型(如长度≤4m)零部件,目前在高铁道钉、弹簧、地铁预埋 C 型槽等获得广泛应用,但是生产率较低

注:1. 表中成分分别代表锌及锌-铁合金,其中,Γ 代表 Fe_5Zn_{21},ζ 代表 $FeZn_{13}$,δ_1 代表 $FeZn_7$,η 代表 Zn(Fe 的质量分数为 0.003%)。
2. 各覆盖层的厚度是指该工艺一般可达到的厚度,不是各覆盖层技术标准要求的厚度,技术标准要求的厚度可参照相应的标准文件。锌覆盖层的耐腐蚀寿命与其厚度成正比,但是厚的镀层会影响零件之间的配合尺寸(如紧固件),镀层过厚还会造成镀层剥落,也会增加成本,在此列举出不同的覆盖层工艺的一般厚度,便于选择适当的工艺。

3. 锌覆盖层技术进展

锌覆盖层的发展方向是涂层高性能化,生产过程绿色化。

(1) 覆盖层合金化 覆盖层已由单一的锌覆盖层发展到锌合金覆盖层,在锌涂层中加入铝、镍、稀土等合金元素,或进一步提高涂层的耐蚀性,或改善涂层的其他性能。

批量热镀锌中加入少量镍,抑制热浸镀锌过程中产生的圣德林效应,减少镀层的色差,提高美观性;加入少量的铝,提高镀锌层的表面光亮性,也有利于耐蚀性的提高。

连续热浸镀锌中加入铝、稀土提高耐蚀性,如热浸镀 Zn-5%Al-RE 合金钢板的耐蚀性较单一的热浸镀锌提高1倍~3倍，同时还改善了镀层钢板的深冲性能。热浸镀锌-铝合金钢丝也获得了越来越广泛的使用。

热喷涂锌铝合金，具有比单一热喷涂锌成更好的耐蚀性；电镀锌-镍合金、锌-铁合金早已引起人们的重视；机械镀锌增加镍、铜等镀层元素等，这些都将提高涂层的综合性能。

（2）覆盖层复合化　锌覆盖层+面涂层形成复合涂层，可以进一步提高涂层的服役寿命，常用于恶劣的腐蚀环境，如高温湿热的海洋大气腐蚀环境，或用于需要长效防腐蚀的钢铁制件，如近海风力发电塔筒、海上桥梁可以采用热喷涂锌复合涂层。锌覆盖层复合涂层不仅具有更高的服役寿命，而且还可以提高美观度，如高速公路护栏板采用热镀锌+喷塑复合涂层。

（3）制造过程绿色化　锌覆盖层的生产过程往往会产生污染，如前处理的酸洗废水、批量热镀锌 NH_4Cl 产生的烟雾、电镀锌含铬钝化、粉末渗锌的粉尘污染等。目前批量热镀锌清洁生产技术正获得广泛应用，将热镀锌过程产生的烟雾、酸雾、废酸在线集中收集，经综合处理后排放，或交由具有环保资质的企业集中处理，无烟热镀锌助镀剂也处于研发和引用之中；电镀锌无铬和三价铬钝化技术正获得应用，欧洲发达国家很多已经取消了热镀锌之后的钝化工艺；相对而言，机械镀锌是一种环境友好的工艺，具有较好的发展空间；锌铝涂层，特别是水性锌铝涂层，生产过程几乎不产生污染，目前已在汽车零件、风力发电塔筒地脚螺栓等领域获得应用。

4. 锌覆盖层技术标准

随着锌覆盖层技术应用的不断扩大，技术的规范与统一成为技术发展的重要问题。为解决技术发展与市场需求之间的矛盾，全国金属与非金属覆盖层标准化技术委员会于20世纪八九十年代起组织相关单位的专家，开始制定锌覆盖层技术标准。1989年发布了GB/T 11373—1989《热喷涂金属表面预处理通则》，1991年发布了JB/T 5067—1991《钢铁制件　粉末机械渗锌》，1992年发布了GB/T 13912—1992《金属覆盖层　钢铁制品热镀锌层　技术要求》（参照采用ISO 1459：1973（E）《金属覆盖层　热镀锌防腐蚀层　指导原则》和ISO 1461：1973（E）《金属覆盖层　钢铁制品热镀锌层　技术条件》），1992年发布了GB/T 13825—1992《金属覆盖层　黑色金属材料热镀锌层的质量测定　称重法》（参照采用ISO 1460：1973（E）《金属覆盖层　黑色金属材料热镀锌层的质量测定　重量法》和ISO 1461：1973（E）《金属覆盖层　钢铁制品热镀锌层　技术条件》），1999年发布了JB/T 8928—1999《钢铁制件机械镀锌》（非等效采用美国ASTM B695—1991《钢铁上机械镀锌层　标准规范》）。1999年，又非等效采用英国BS 4921：1988《钢铁粉末渗锌》，对JB/T 5067—1991《钢铁制件　粉末机械渗锌》进行修订，更名为JB/T 5067—1999《钢铁制件粉末渗锌》。2003年，修改采用ISO 14713：1999《钢铁结构耐腐蚀防护　锌和铝覆盖层　指南》，制定了GB/T 19355—2003《钢铁结构耐腐蚀防护　锌和铝覆盖层　指南》，并将GB/T 11373《热喷涂金属表面预处理通则》及JB/T 5067《钢铁制件粉末渗锌》和JB/T 8928《钢铁制件机械镀锌》作为参考文献收入在附录中。

为适应锌覆盖层技术和国际标准的发展，全国金属与非金属覆盖层标准化技术委员会于2016年组织专家对相关标准进行了较大修订，发布了GB/T 19355《锌覆盖层钢铁结构防腐蚀的指南和建议》系列标准。该系列标准分为3部分，即第1部分：设计与防腐蚀的基本原则，第2部分：热浸镀锌，第3部分：粉末渗锌。

GB/T 19355.1—2016《锌覆盖层　钢铁结构防腐蚀的指南和建议　第1部分：设计与防腐蚀的基本原则》为 GB/T 19355 系列标准的第 1 部分。

GB/T 19355.1—2016《锌覆盖层　钢铁结构防腐蚀的指南和建议　第1部分：设计与防腐蚀的基本原则》于 2016 年 2 月 24 日发布，2016 年 9 月 1 日实施。

二、标准主要特点与应用说明

该标准在国际上获得广泛认可和应用，对于锌覆盖层的设计、应用和生产都具有重大的指导意义。

1. 标准的制定情况

该标准部分代替 GB/T 19355—2003《钢铁结构耐腐蚀防护　锌和铝覆盖层　指南》防腐蚀设计的部分内容，与 GB/T 19355—2003 相比，除编辑性修改外，主要技术变化如下：

1) 将标准的名称修改为《锌覆盖层　钢铁结构防腐蚀的指南和建议　第1部分：设计与防腐蚀的基本原则》。

2) 将原来混编的热浸镀锌、粉末渗锌等章节分离，提出了锌覆盖层设计与防腐蚀的基本原则。

该标准使用重新起草法修改采用 ISO 14713-1：2009《锌覆盖层　钢铁结构防腐蚀的指南和建议　第1部分：设计和防腐蚀的基本原则》，其差异主要体现在规范性引用文件和参考文献采用了在我国已等同或修改采用国际标准的国家标准。

2. 标准的主要特点

1) 适用于多种锌覆盖层。该标准几乎适用于所有的金属锌覆盖层，包括批量热镀锌、连续热镀锌、电镀锌、热喷涂锌、机械镀锌、粉末渗锌。

2) 涂层工艺设计指南。该标准不仅提出了涂层设计的一般原则，而且给出了具体的设计指导：①不同被镀材料的镀覆工艺设计；②不同锌覆盖层镀覆工艺设计；③不同形状制件的工艺设计；④焊接、钎焊等对覆盖层及其工艺的影响和设计；⑤复合涂层体系设计；⑥覆盖层维修工艺。

3) 不同服役环境下锌覆盖层的应用与设计指南。该标准给出了锌覆盖层在大气暴晒、自然水环境、土壤、混凝土等9种典型服役环境下的腐蚀特点，涵盖了锌覆盖层绝大多数的服役环境，并提出了具体的设计指导意见。

4) 数据丰富，分级分类科学。该标准是在大量的腐蚀数据基础上，总结了锌在典型大气环境中腐蚀规律，对不同的腐蚀环境进行分级，给出了不同腐蚀等级中锌的腐蚀速率，预测了不同锌覆盖层体系在不同腐蚀环境中首次维修寿命。这些数据和腐蚀环境分级对于指导锌覆盖层设计意义重大。

3. 标准的应用说明

1) 该标准仅适用于金属锌覆盖层，这些覆盖层主要由金属锌或锌合金组成。锌铬涂层、锌铝涂层、富锌涂料属于涂料涂装体系，覆盖层由锌粉（片状锌粉或球状锌粉）与涂料助剂组成，虽然也属于广义的锌基覆盖层，但是其耐腐蚀机理与该标准涉及范围内的金属锌和锌合金覆盖层有所不同，因此该标准不适用于这一类的锌基覆盖层。

2) 采用盐雾试验评价锌覆盖层的耐蚀性一直存在争议。该标准不建议采用中性盐雾试验评价锌覆盖层的耐蚀性，应该说这一提法有一定的客观性。锌覆盖层在中性盐雾试验条件下的腐蚀机理与在大气环境下的腐蚀机理并不相同,因此采用中性盐雾试验作为加速试验不一定能正确地反映锌覆盖层的耐蚀性。但是目前尚无能够客观评价锌覆盖层耐蚀性的加速试验方法,该标准提出:在 ISO/TC 107 SC 7,适用于金属覆盖层体系的加速试验的使用指南正在准备之中,但是至今仍然没有发布。大气暴晒腐蚀试验是一个最为客观的试验方法,但试验周期极为漫长,难以在现实的工程应用中作为产品的评价方法。因此,目前国内许多设计部门,仍然把中性盐雾试验作为评判锌覆盖层性能和质量的评价方法。国内外的电镀锌标准也没有采用盐雾试验,只是采用盐雾试验评价电镀锌表面的钝化膜。国内外的机械镀锌标准仍然把盐雾试验作为覆盖层的评价方法。锌铬涂层、锌铝涂层、富锌涂料涂层属于涂料涂装类涂层,国内外标准都采用盐雾试验评价涂层耐蚀性。

3) 该标准没有把锌合金覆盖层纳入设计指南。锌合金覆盖层新技术数据积累需要一个较长的时间,如果产品采用更为先进的锌合金覆盖层可参考相应的研究报告等文献。

三、标准内容(GB/T 19355.1—2016)

锌覆盖层 钢铁结构防腐蚀的指南和建议 第 1 部分:设计与防腐蚀的基本原则

1 范围

GB/T 19355 的本部分对暴露在不同使用环境下的结构件所使用的防腐蚀锌覆盖层及耐腐蚀等级提出了设计指南和建议。初始保护涉及:

——可行的标准工艺;
——设计要求;
——使用环境。

本部分适用于采用以下工艺获得的锌覆盖层:
a) 热浸镀锌层(热浸镀锌制件);
b) 热浸镀锌层(连续热浸镀锌钢板);
c) 粉末渗锌层;
d) 热喷涂层;
e) 机械镀层;
f) 电镀锌层。

这些指南和建议不涉及镀锌钢服役中的防腐蚀维修。这个问题的指南,可以参见 ISO 12944-5 和 ISO 12944-8。

注:各种与产品相关的标准(如钉、紧固件、球墨铸铁管等),对于镀锌层体系提出了具体的要求,这些要求会超出本标准的本部分所提出的一般性指南。这些特定产品的相关要求,应优先于一般性指南的要求。

2 规范性引用文件

下列文件对于本文件的应用是必不可少的。凡是注日期的引用文件,仅注日期的版本适用于本文件。凡是不注日期的引用文件,其最新版本(包括所有的修改单)适用于本文件。

GB/T 9793 热喷涂 金属和其他无机覆盖层 锌、铝及其合金(GB/T 9793—2012,ISO 2063:2005,IDT)

GB/T 9799 金属及其他无机覆盖层 钢铁上经过处理的锌电镀层(GB/T 9799—2011,

ISO 2081：2008，IDT)

GB/T 10123　金属和合金的腐蚀　基本术语和定义（GB/T 10123—2001，eqv ISO 8044：1999)

GB/T 12334　金属和其他非有机覆盖层　关于厚度测量的定义和一般规则（GB/T 12334—2001，idt ISO 2064：1996)

GB/T 13912　金属覆盖层　钢铁制件热浸镀锌层技术要求及试验方法（GB/T 13912—2002，ISO 1461：1999，MOD)

GB/T 19292.1　金属和合金的腐蚀　大气腐蚀性　分类（GB/T 19292.1—2003，ISO 9223：1992，IDT)

GB/T 19292.2　金属和合金的腐蚀　大气腐蚀性　腐蚀等级的指导值（GB/T 19292.2—2003，ISO 9224：1992，IDT)

GB/T 19292.4　金属和合金的腐蚀　大气腐蚀性　用于评估腐蚀性的标准试样的腐蚀速率的测定（GB/T 19292.4—2003，ISO 9226：1992，IDT)

GB/T 19355.2　锌覆盖层　钢铁结构防腐蚀的指南和建议　第2部分：热浸镀锌（GB/T 19355.2—2016，ISO 14731.2：2009，IDT)

GB/T 19355.3　锌覆盖层　钢铁结构防腐蚀的指南和建议　第3部分：粉末渗锌（GB/T 19355.3—2016，ISO 14731.3：2009，IDT)

GB/T 24513.1　金属和合金的腐蚀　室内大气低腐蚀性分类　第1部分：室内大气腐蚀性的测定与评价（GB/T 24513.1—2009，ISO 11844-1：2006，IDT)

GB/T 26106　机械镀锌层　技术规范和试验方法（GB/T 26106—2010，ISO 12683：2004，IDT)

ISO 12944-5　油漆和清漆　钢结构腐蚀防护的涂料防护体系　第5部分：防护涂料体系（Paints and varnishes—Corrosion protection of steel structures by protective paint systerns—Part 5：Protective paint system)

ISO 12944-8　油漆和清漆　钢结构腐蚀防护的涂料防护体系　第8部分：新工件和维修规范的进展（Paints and varnishes—Corrosion protection of steel structures by protective paint systerns—Part 8：Development of specifications for new work and maintenance)

EN 10240　钢管内部和/或外部防护涂层　自动生产线热浸镀锌规范（Internal and/or external protective coatings for steel tubes—Specification for hot dip galvanized coatings applied in automatic plants)

EN 10346　连续热浸镀扁钢产品　交货技术条件（Continuously hot-dip coated steel flat products—Technical delivery conditions)

EN 13438　油漆和清漆　建筑用镀锌或渗锌钢铁产品的有机粉末涂层（Paints and varnislus—Powder organic coatings for galvanized or sherardized steel products for construction purposes)

EN 13811　渗锌　铁基产品中锌扩散涂层　规范（Sherardizing—Zinc diffusion coatings on ferrous products—Specification)

EN 15520　热喷涂　热喷涂部件结构设计的建议（Thermal spraying—Recommendations for constructional design of components with thermally sprayed coatings)

3 术语和定义

GB/T 12334、GB/T 10123、GB/T 13912、GB/T 9793、GB/T 26106、EN 13811 界定的以及下列术语和定义适用于本文件。

3.1 大气腐蚀 atmospheric corrosion

环境温度下，以地球大气作为腐蚀环境的腐蚀（参见 GB/T 10123）。

3.2 高温 elevated temperatures

60℃~200℃范围内的温度。

3.3 异常暴露 exceptional exposure

特殊情况下，这些暴露充分增强了暴露性腐蚀，这些地方增加了腐蚀保护体系的要求。

3.4 首次维修寿命 life to first maintenance

从初始涂覆时刻算起，到原始覆盖层的保护性能下降到必须对其进行维修才能维持其对基体的保护作用的时刻为止的间隔时间。

4 材料

4.1 钢铁基材

在热浸镀锌中，钢的化学成分，特别是硅和磷的含量会改变钢的反应活性。热喷涂层或渗锌层的保护性能与钢的冶金和化学性质无关。

可用于热浸镀锌的钢材范围很宽，通常有以下几类：

1) 碳钢，由铁和碳组成，占钢产量的 90% ［参见 EN 10025-2 和 EN 10080］；
2) 高强度、低合金钢，钢中添加有少量其他元素（通常质量分数<2%），比较典型的是添加质量分数为 1.5% 的锰，在适度增加成本的前提下增加钢的强度 ［参见 EN 10025］；
3) 为了提高厚截面材料的淬透性，低合金钢中加入其他合金化元素，通常是钼、锰、铬或镍，总含量多达 10%（质量分数）［参见 EN 10083-1］。

钢可热轧或冷轧成形。热轧生产角钢、"I"型钢、"H"型钢和其他结构类型构件。有些结构性部件，如安全栅栏、装饰性栏杆、装饰面板是冷成形的。

铸造和锻造可形成各种不同冶金结构和化学成分的钢铁。这些与热喷涂或渗锌层的保护性能无关，但需要特别考虑的是铸铁最适合采用热浸镀锌（见 GB/T 19355.2）。

4.2 锌覆盖层

采用锌覆盖层是减缓和阻止铁基材料腐蚀的有效方法（参见 GB/T 19355 本部分第 1 条所涵盖的锌覆盖层和锌覆盖工艺范围）。锌覆盖层的应用之所以获得认同，是因为锌层可以通过阻隔效应和电化学效应保护钢铁。

5 锌覆盖层的选择

选择锌覆盖层体系应该考虑以下因素：

a) 服役的一般环境（宏观气候）；
b) 当地环境的变化（微观气候），包括预期未来的变化和任何异常暴露；
c) 所要求锌覆盖层体系的首次维修寿命；
d) 辅助部件的需要；
e) 临时保护时后处理的需要；
f) 涂漆的需要，为达到最小的维修成本，对接近其首次维修寿命的最初复合涂层体系或锌覆盖层进行涂漆；

g) 适用性和成本；

h) 如果体系首次维修寿命小于钢铁结构所需的寿命，应易于维修。

注：在任何特定的大气暴露条件下锌覆盖层的寿命大致与覆盖层厚度成正比。

所选定的体系的施工工序应与钢铁件制造商和锌覆盖层体系应用方协商确定。

6 设计要求

6.1 防腐设计的一般原则

结构和产品设计将影响保护体系的选择。为适应优化的防护体系而修改设计使其更加合理和经济。

设计时应考虑下列 a）～j）项：

a) 应提供安全方便的清洁和维修通道。

b) 坑槽结构容易积存水和污垢，应予避免；平整光滑轮廓的设计有利于防护镀层的应用，并有助于提高耐腐蚀性。腐蚀性化学品应远离结构部件，例如，采用引流管排出用于除冰的盐。

c) 对安装后人无法再进入的部位，所采用的覆盖层体系应按构件要求的使用寿命来设计。

d) 如果存在双金属腐蚀（由于异种金属或合金之间相联系产生的腐蚀），应考虑额外保护措施（见 GB/T 19355.2）。

e) 涂覆的钢铁很可能与其他建筑材料接触，应特别关注接触区域的保护，例如，使用油漆、胶带或塑料薄膜予以隔离。

f) 热浸镀锌、粉末渗层、机械镀锌层、锌鳞片涂层或电镀仅在工厂进行；热喷涂既能在工厂又能在现场进行。当锌覆盖层需要油漆，尽管在车间涂装更易控制，但是对于在运输和安装过程中容易损伤的部位，最终涂装宜在现场进行。在金属覆盖层上进行粉末喷塑时只能在工厂完成。涂层体系在野外应用时，技术规范应考虑避免已镀覆钢铁在整个安装过程中的损坏，并考虑钢结构安装完成后的维修程序。

g) 热浸镀锌（根据 GB/T 13912）、粉末渗锌或热喷涂，应在弯曲成形和其他成形工序之后进行。

h) 标记的部位和方法，不得影响涂覆的前处理工艺和质量。

i) 采取一定的预防措施，减少加工过程中或加工之后变形的可能性。

j) 工件镀覆过程中的环境条件也需要加以考虑。

6.2 不同锌覆盖层工艺的应用设计

热浸镀层的设计规范不同于其他锌覆盖层体系。GB/T 19355.2 提供热浸镀层的设计指南。这是对设计基本原则的补充以获得良好的钢结构设计方案。

粉末渗层的设计规范，可以参见 GB/T 19355.3。

热喷涂加工设计时应在初期阶段先与热喷涂锌操作者讨论，以便准备合适的设备能够到达工件的所有需要喷涂的位置（见 EN 15520）。

电镀锌的设计如电镀一般的设计原则一样，在此不再讨论。机械镀锌层的设计最好与专业人士一起讨论。在一般情况下，这种工艺最适合能在滚筒中翻滚的小件，但专用的设备可能适用于其他形状的零件。

6.3 管件和空心件

6.3.1 总则

干燥且密封的管件和空心件内表面不需要保护。充分暴露在大气中，或在室内环境下的空心型材，可能会发生结露，若不密封，应考虑到对其内部和外部进行保护。

6.3.2 内外表面的防腐蚀保护

一般而言，结构件内外表面的热浸镀锌层厚度是相同的。但是有一些特殊产品的涂层厚度在内部和外部的表面上是不同的，如配水系统管路（参见 EN 10240）。当管材和空心件在制成结构件后再进行热浸镀锌，应设计流锌和排气通道，以便于热浸镀浸锌加工（见 GB/T 19355.2）。

结构件内外表面的粉末渗锌层的厚度是相同的。空心型材没有预防措施的必要。当管材进行粉末渗锌时，锌粉和砂的混合物应在热扩散过程之前装入管件（见 GB/T 19355.3）。

6.4 连接件

6.4.1 紧固件可以使用热浸镀锌、粉末渗锌或热喷涂涂层

螺栓、螺母和其他结构连接部位的保护处理应予足够的重视。理想的情况下，对于一般表面，它们的防护处理应该提供类似的性能。具体要求则在相应产品标准（如 GB/T 5267）和即将出版的一系列紧固件涂层标准中给出。

钢铁紧固件可采用热浸镀锌（GB/T 13912 规定锌覆盖层最小的厚度 55μm）、粉末渗锌或其他覆盖层。若使用不锈钢紧固件，应采取措施尽量减少双金属腐蚀，参见 7.9。

应特别注意高强度摩擦夹紧螺栓连接的配合面。没有必要去除这些地方的热喷涂层、粉末渗锌或热浸镀层，以获得足够的摩擦系数。但是，应该考虑长期使用产生滑移，避免蠕变，必要时可考虑调整装配尺寸。

6.4.2 涂层焊接的考虑

建议焊接在热浸镀锌、粉末渗锌或热喷涂之前进行。焊接防飞溅喷剂在热浸镀锌前处理工序中不能去除，应避免使用。出于这个原因，在采用焊接喷雾剂的地方，建议使用低硅、水溶性喷雾剂。焊接之后，进行保护镀（涂）之前，表面应达到钢结构预处理标准的规范要求。焊接应该尽量对称，如主轴线两侧等量，以避免结构件产生非对称应力。镀（涂）之前应去除焊接残留物。对热喷涂而言常规的预处理通常是足够的，但是热浸镀锌则需要附加的预处理，特别应该去除焊渣。有些焊接后会残留碱性沉积物，在热喷涂前应先采用清洁水清洗后再用喷砂去除这些碱性沉积物。热浸镀锌和粉末渗锌的前处理工艺即可去除这些碱性沉积物，不需要如此操作。

制造钢结构可以不涂敷防锈底漆，因为在热浸镀、粉末渗锌或热喷涂之前要求去除油漆。

如果焊接应在热浸镀锌、粉末渗锌或热喷涂之后进行，最好在焊接前去除焊接部位的镀（涂）层，以保证最好的焊接质量。焊接后对焊接部位采用热喷涂、钎焊条或（和）富锌涂料等方式进行适当的修复性保护。

不建议焊接粉末渗锌制件，但是某些条件下可采用点焊。

对于焊接后需要涂装或粉末喷涂的镀（涂）层钢件，其表面条件应该达到涂装或粉末喷涂前的标准技术要求。

由不同的金属组成的组装件应该与加工厂商讨论，采用不同的预处理方法。

根据卫生和安全法规的规定，镀锌件的焊接必须在空气流通的场合下进行。

6.4.3 钎焊或软焊接

软焊接组件不能进行热浸镀锌或粉末渗锌，而且，钎焊件也应该尽量避免采用热浸镀锌和粉末渗锌，很多种类的钎焊不适合进行热浸镀锌或粉末渗锌。如果考虑进行钎焊，就应向热浸镀专家或粉末渗锌专家咨询。

由于这些工艺中可能会使用腐蚀性助焊剂，为了避免涂层零件的腐蚀，镀（涂）工艺之后必须去除助焊剂残留物，设计这些部件时也应考虑便于清除助剂残留物。

6.5 复合体系

ISO 12944-5 和 EN 13438 给出了有机涂层应用于热浸镀锌涂层或粉末渗锌层的资料。当这样一个有机涂层得到应用时，长期以来人们用"复合体系"这个术语来表述复合涂层，通常这个术语更多是用来表述在热浸镀锌制件上涂敷有机涂层。

注：对于指定供应的复合体系，EN 15773 提出了供应链中的质量要求。

因为在钢结构失效之前，钢因腐蚀而损失，因此镀锌钢结构的使用寿命长于最初镀锌层体系的寿命。如果有必要延长镀锌层的寿命，应该在钢铁生锈之前，最好在锌镀层还残余 $20\mu m \sim 30\mu m$ 之前进行维修。这种在残余镀锌层上加有机涂层体系的总寿命比单一的有机涂层更长。

镀锌层加有机涂层体系的总寿命通常明显地长于单一的镀锌层和单一的有机涂层的寿命之和。这里存在协同效应，即镀锌层的存在降低了漆膜下生锈，油漆阻止镀锌层的早期腐蚀。如果需要保留一个适当完整的油漆层作为维修的基础，最初涂敷的涂料体系应该适当地增加厚度。

维修通常在镀锌层外观损坏和老化的时候进行。与油漆相比，镀锌层老化的时间通常比较长。因此建议锌覆盖层在 20 年或更长进行首次维修，而相同的涂敷油漆的涂层，由于涂料外观的原因，建议 10 年就进行首次维修。还应当指出，油漆老化的区域可能滞留水分，从而加速金属腐蚀，尤其是在不被雨水冲刷的表面。

如果维修工作被延迟，直到锌覆盖层消耗并已开始生锈，则采用与生锈钢材涂漆相同的方式进行维修。

6.6 维修

如果在钢结构的设计使用年限内，镀层的腐蚀速率较低，不足以影响结构的使用性能，镀锌层可以不进行维修。如果要求较长的寿命，则应拆除钢结构（或部分）重新镀锌，或在仍保留有油漆涂层情况下重新涂漆维修涂层。

7 不同环境下的腐蚀

7.1 大气暴露

锌覆盖层的腐蚀速率受它暴露在潮湿、污染的空气和表面污染物中时间的影响，但腐蚀速率比钢慢得多，而且常随时间的延长而减小。GB/T 19292.2 给出锌大气腐蚀速率的基本信息。

表 1 给出几组基本环境（参照 GB/T 19292.1）。相对湿度低于 60% 时，钢铁的腐蚀速率可忽略不计，且不需要锌覆盖层，如许多建筑物的内部。然而，若有因外观和卫生要求，如食品厂，可能仍然需要额外附加或不附加涂装封闭的锌覆盖层；当相对湿度高于 60% 或暴

露于潮湿、全浸或长期凝露环境条件下,钢铁像大多数的金属一样会遭到严重的腐蚀。表面沉积的污染物特别是氯化物和硫酸盐会加速腐蚀。钢铁表面的沉积物如果吸潮或在钢铁表面生成溶液,会进一步加剧钢铁腐蚀。环境温度也会影响未加保护钢铁的腐蚀速率,且波动的温度比恒定的温度影响更大。

微观环境,即在钢构件周围占主导地位的环境条件,同样也很重要,因为以它为数据比以基本气候条件做出的腐蚀评价更为精确。但是在项目的设计阶段,往往不知道这些微观环境。然而,因为它是在总体环境中防腐蚀保护的一个重要因素,应尽可能准确地确定这个因素。桥梁下(特别是在水面之上)的环境就是典型的微观环境。

建筑物内部钢构件的腐蚀取决于内部环境而非正常的大气环境,如:户外环境干燥和温度升高对它的影响都不明显。建筑物外墙的钢构件的腐蚀与外墙的构造有关,如:钢构件不直接与外墙瓦接触,而是被一定的空间分割成两个独立的部分时,其腐蚀危害比钢构件与外部环境相接触或直接嵌入外墙瓦要小。当建筑物内存在工业加工、化学气氛、潮湿或污染环境时,应引起特别的注意。半敞开的钢结构,如农场的谷仓、飞机库,应考虑为户外环境。

按照 GB/T 19292.1 的描述,表 1 列出了锌覆盖层暴露在不同类别的腐蚀环境中的腐蚀速率大致范围。

表 1 锌在典型大气环境中的腐蚀等级及腐蚀速率

腐蚀等级 C 锌的腐蚀速率 r_{corr}/(μm/年) 腐蚀水平	典型环境(举例)	
	室内	室外
C1 $r_{corr} \leq 0.1$ 很低	可采暖的室内,湿度相对较低,污染可忽略不计,如办公室、学校、博物馆	干燥或寒冷地区,污染非常低,很少凝露的大气环境,如某些沙漠、北极、南极洲的中心地区
C2 $0.1 < r_{corr} \leq 0.7$ 低	无采暖的室内,温度有变化,相对潮湿,较少产生凝露,污染较低,如仓库、体育馆	温带气候区,污染较低(SO_2 浓度 < 5 μg/m³)的大气环境,如农村、小城镇、干燥或寒冷区 大气环境且有短的时间内湿润,如沙漠、次北极地区
C3 $0.7 < r_{corr} \leq 2$ 中等	室内有时产生凝露,生产过程造成中度污染,如食品加工厂、洗衣房、酿酒厂、牛奶厂	温带气候区,中等污染(SO_2 浓度:5μg/m³ ~ 30μg/m³)或有一些氯化物影响的大气环境,如市区、低氯化物沉积的沿海地区 大气污染较低的亚热带和热带地区
C4 $2 < r_{corr} \leq 4$ 高	室内经常产生凝露,生产过程造成高度污染,如工业生产厂房、游泳池	温带气候区,高污染(SO_2 浓度:30μg/m³ ~ 90μg/m³)或氯化物影响较大的大气环境,如污染的市区、工业区、无海水飞溅的海滩、除冰盐影响严重地域 中度污染的热带和亚热带大气环境
C5 $4 < r_{corr} \leq 8$ 很高	室内凝露非常频繁、受或同时受生产过程高度污染,如工业用洞窟、热带和亚热带地区通风不良的库棚	温带和亚热带地区,严重污染(SO_2 浓度:90μg/m³ ~ 250μg/m³),有或同时有氯化物严重影响的大气环境,如工业、沿海地区海滩上的遮阳棚

(续)

腐蚀等级 C 锌的腐蚀速率 r_{corr}/(μm/年) 腐蚀水平	典型环境(举例)	
	室内	室外
CX $8<r_{corr}\leqslant 25$ 极高	室内几乎完全处于凝露状态或长期处于极潮湿的环境中,受或同时受生产过程高度污染。例如:潮湿热带气候区不通风的库棚内,并有室外污染物,如氯化物、腐蚀刺激的粒状物质飘入	亚热带和热带地区(大部分时候是潮湿气候),大气环境污染极其严重(SO_2 浓度高于 $250μg/m^3$),同时伴有工业污染和氯化物影响,如极端的工业污染区域、偶尔有海水飞溅的海岸和滨海区域

注:1. 沿海地区氯化物沉积很大程度上受海盐向内陆输送因素的影响,如风向、风速、地形、海岸边挡风的海岛、离海的距离等。
2. 氯化物的极端影响,如海水的飞溅或重盐雾,超出了 GB/T 19292.1 的等级范围。
3. 具体服役的大气腐蚀类型超出了 GB/T 19292.1 的等级范围,如化工行业。
4. 在海洋大气环境下存在氯化物沉积,有遮蔽而无雨水冲刷表面,氯化物的沉积,由于存在盐的吸湿性,腐蚀等级会更高。
5. 在 CX 腐蚀等级的环境中,建议以一年的腐蚀损失来确定大气腐蚀类型。
6. 二氧化硫(SO_2)浓度的确定至少要花 1 年的时间,以年平均值表示。
7. GB/T 24513.1 详细描述典型的室内环境腐蚀等级 C1 和 C2。对室内腐蚀等级 IC1 到 IC5 进行了定义和分类。
8. 腐蚀等级的评判标准的依据是腐蚀速率,腐蚀速率是按照标准试样的腐蚀评价方式试验而得(见 GB/T 19292.4)。
9. 厚度损失值与 GB/T 19292.1 所给出的值相同,除此外,每年 2μm 或以上的速率,数值是采取四舍五入的整数。
10. 锌的参考材料见 GB/T 19292.4。
11. 腐蚀速率超过 C5 等级的上限被认为是极度严重。腐蚀等级 CX 是指特定的海洋和海洋/工业环境。
12. 首先近似认为,所有金属锌表面的腐蚀在特定的环境以同样的速度进行。钢铁腐蚀通常会以比锌快 10 倍~40 倍,在高氯化物环境下通常会出现更高的比率。数据取自 GB/T 19292.1 和 GB/T 19292.2。
13. 大气环境随着时间发生变化。许多地区大气中的污染物(特别是二氧化硫)浓度逐年降低。这导致了这些地区的腐蚀等级降低。这也导致锌覆盖层表现出的腐蚀速率低于历史记载的腐蚀性能数据。另些地区随着工业的发展污染增加,因此其环境的变化将意味着腐蚀等级的提高。
14. 锌和锌铁合金层的腐蚀速率大致相同。

表 2 给出了锌覆盖层暴露于不同的腐蚀等级的环境中的首次维修寿命、不同体系的预计最长寿命和最短寿命以及耐用度分级。耐用度分级如下:

a) 非常低(VL):0~<2 年;
b) 低(L):2 年~<5 年;
c) 中等(M):5 年~<10 年;
d) 高(H):10 年~<20 年;
e) 非常高(VH):≥20 年。

表 2 不同锌覆盖层体系在不同腐蚀环境中首次维修寿命

体系	参考标准	最小厚度/μm	腐蚀等级(GB/T 19292.1) 使用寿命最小/最大(年) 耐用性级别(VL,L,M,H,VH)							
			C3		C4		C5		CX	
热浸镀锌	GB/T 13912	85	40/>100	VH	20/40	VH	10/20	H	3/10	M
		140	67/>100	VH	33/67	VH	17/33	VH	6/17	H
		200	95/>100	VH	48/95	VH	24/48	VH	8/24	H

（续）

体系	参考标准	最小厚度/μm	腐蚀等级（GB/T 19292.1）使用寿命最小/最大（年）耐用性级别（VL,L,M,H,VH）							
			C3		C4		C5		CX	
热浸镀锌板	EN 10346	20	10/29	H	5/10	M	2/5	L	1/2	VL
		42	20/60	VH	10/20	H	5/10	M	2/5	L
热浸镀锌管	EN 10240	55	26/79	VH	13/26	H	7/13	H	2/7	L
粉末渗锌	EN 13811	15	7/21	H	4/7	M	2/4	L	1/2	VL
		30	14/43	VH	7/14	H	4/7	M	2/4	VL
		45	21/65	VH	11/25	H	6/11	M	3/6	L
电镀板	GB/T 9799	5	2/7	L	1/2	VL	1/1	VL	0/1	VL
		25	12/36	H	6/12	M	3/6	M	1/3	VL
机械镀	GB/T 26106	8	4/11	M	2/4	L	1/2	VL	0/1	VL
		25	12/36	H	6/12	M	3/6	L	1/3	VL

注：1. 寿命采用舍入到整数的数值。耐用性级别是根据首次维修寿命的最小值和最大值的平均值确定，如 85μm 锌覆盖层在腐蚀等级 C4 环境下，每年的锌腐蚀速率在 2.1μm/年 ~ 4.2μm/年之间，预计使用寿命（85÷2.1）年 = 40.476 年（舍入到 40 年）和（85÷4.2）年 = 20.238 年（舍入到 20 年）。平均使用寿命为（20 年 + 40 年）÷2 = 30 年，标为"VH"。

2. 保护涂层体系的首次维修寿命：此表中所列出的体系，环境等级和首次维修寿命分类，仅仅表示可选择的符号。所推荐覆盖层厚度是针对较长的保护寿命的，然而针对较短的使用寿命选择覆盖层厚度往往更为经济。

3. 本表可用于确定任何锌覆盖层的首次维修寿命。任何给定的环境中腐蚀速率可用腐蚀等级 C3 到 CX 来表示。所选体系的首次维修寿命的最低值和最高值都已在本表中列出。

4. 要获得厚度完全一致的覆盖层是不可能的。本表的第三列表示每个体系覆盖层的最低平均厚度。在实践中，整体可能会大大超过这个最低值，这是非常重要的，因为锌覆盖层能够为邻近区域提供保护，这会提前损耗覆盖层。

5. 应该注意，EN 10240 要求的厚度为最小局部厚度。此外，在这些表中所列的覆盖层厚度可能与一些标准中特定的覆盖层厚度不一致。

6. 表中给出了适用热镀锌的结构钢、冷轧型钢的锌覆盖层应用及适用于冷成型后的电镀锌钢板、热喷涂锌层、机械镀锌层、粉末渗锌层的指南。较薄的材料制成的热浸镀锌成品和半成品、紧固件和其他经离心法除余锌的工件的镀层厚度往往较薄（可参见相关的产品标准）。因为锌覆盖层的寿命大致与其厚度或涂覆量成正比，可以据此评估这些较薄覆盖层的相应性能。

7. 锌/铝合金涂层（5% ~ 55%的铝）的使用寿命通常会比纯锌更长，在广泛使用之前，未列入本表。这些材料的分级可在大量发表的技术文献中获得。

8. 热浸镀锌产品厚度：GB/T 13912 标准规定对应于厚度>6mm 的钢材，热浸镀锌涂层的厚度不低于 85μm。厚度低于 6mm 的钢材、自动热浸镀锌管和离心除余锌的工件（通常为螺纹件及其他零件）的镀层厚度较薄，但一般也要求大于 45μm。当这些不同厚度的镀层的使用地方确定时，它们的使用寿命可以通过计算确定；锌覆盖层的使用寿命和它的厚度成正比。对于管材，EN 10240 为买方提供了一个附件，规定了可获得更长使用寿命的较厚镀层的技术条件。GB/T 13912 没有对厚度超过 85μm 的热浸镀锌层提出规定要求，但是通常标准所适用的规定可以和具体的厚度数据一起构成具有第三方验证能力的规范。了解钢材的成分是很重要的，在签订合同之前应向热浸镀锌专家咨询，因为并不是所有类型的钢材都能获得超厚的镀锌层。钢材合适才能签订超厚镀锌层合同。

9. 粉末渗锌产品厚度：EN 13811 规定 3 级渗锌层的厚度可达 45μm，但为了特殊应用可用更厚的渗层，渗层厚涂层可高达 75μm。在需要超厚渗锌层的时候应向粉末渗锌专家咨询，因为并不是所有的类型的钢材都能获得超厚的渗锌层。

10. 热喷涂锌层：热喷涂后通常增加一道封闭涂层，形成一个腐蚀防护涂层体系。涂层体系的性能较大程度上依赖于有效的喷涂施工过程。GB/T 19355 的本部分没有提供性能数据，进一步的指南见 EN 15520。

7.2 土壤腐蚀

土壤的物理和化学性质变化范围较宽，如 pH 值变化范围为 2.6～12，电阻从几十欧姆至约 100kΩ。土壤总体是非同质化的，这些都意味着锌镀层在土壤中的腐蚀不可能一致。土壤中的腐蚀情况取决于矿物质的含量、矿物质的性质、有机物的成分、水和氧含量（有氧腐蚀和厌氧腐蚀）。受污染土壤中的腐蚀速率通常高于未受污染土壤。有关土壤腐蚀性的基本指南可参见 EN 12501-1。

一般而言，含石灰和砂土的土壤（假如不含氯化物）腐蚀性最弱，而黏土和黏泥灰土的腐蚀性也有限，对于泥塘和泥炭土壤来讲，腐蚀性取决于土壤中总体酸含量。

许多钢铁结构，例如管道、隧道、罐体装置由于穿过了不同类型的土壤，因氧浓差电池的形成会导致局部区域（阳极区）腐蚀加剧（点蚀）。对于某些应用，如土质加固，可结合镀锌层采用控制性回填。

腐蚀电池也可能在土壤—空气、土壤—地下水的界面处形成，这也会导致腐蚀加剧，对这些区域应加以特别关注。另外，对土壤中（或水中）的钢结构采用阴极保护，则不仅能降低对保护涂层的要求，而且能延长使用寿命。对于复杂的环境，应征求专家的意见以得到充分指导。

虽然锌覆盖层在大多数土壤里的平均腐蚀速率低于 $10\mu m/$年，但是特定的土壤环境中的腐蚀影响因素是很复杂的，对于复杂的腐蚀环境应该详细地向专家咨询。

7.3 水中腐蚀

水的类型（软或硬的淡水、微咸水、盐水）对水中钢铁的腐蚀和金属保护涂层的选择起主要作用。对于锌覆盖层，腐蚀的主要影响因素是水的化学成分，但水的温度、压力、流速、流动性及氧含量也很重要。例如，锌不能应用于热的不结垢的水中；在冷凝水中也会发生严重腐蚀，尤其在 55℃～80℃之间（如桑拿浴环境中）。另外，任何水温条件下的锌覆盖层都能提供阻隔性保护；温度低于 60℃以下的锌覆盖层还能提供阴极保护。锌覆盖层在低温结垢水中的寿命通常比在无垢水中长（可采用 Ryznar 或 Langelier 指数来计算水是否结垢）。因为淡水的成分变化很大，应该参照早期的经验或向专家咨询。

对热水而言，应重视专家的意见（亦可参见 EN 12502-3）。用于各种供水系统钢构件（包括管道、配件、水箱及箱盖）的覆盖层，凡是与饮用水接触的，都应无毒，不应使水变味、变色、变浑浊，不会导致水中细菌繁衍。水箱的热浸锌层若需要进行涂装保护，应采用高标号沥青涂层。

涨落区（即由于水的自然涨落，如潮汐运动而带来水位变化的区域，或船闸及水库里人为造成水位变化的区域）或飞溅区均应予以特别重视。因为除了水的侵蚀之外，还存在大气腐蚀和磨料侵蚀。

影响淡水腐蚀的因素复杂，难以给出简单的指南。以下给出了一些海水的指南，但是需要强调的是，对于所有的水环境、复杂条件的腐蚀问题，都应该向专家咨询以获得全面的指导。

锌在温带海水中的平均腐蚀速率通常介于 $10\mu m/$年和 $20\mu m/$年之间。通常，热浸镀锌管，热浸镀锌/电镀锌钢板，其他适合于热浸镀锌、粉末渗锌、电镀锌或机械镀锌的钢铁结构件，在海水中使用时通常都需要有附加的保护（见 ISO 12944-5、ISO 12944-8 和 EN 13438）。咸水的腐蚀性可能高于或低于海水，无法对其使用寿命进行一般性评估。

关于热浸镀锌涂层在水的储存和分配系统中的腐蚀性能指南，可以参见 EN 12502-3。

7.4 磨料侵蚀

发生在水中的砾石漂移、砂粒磨损、波浪飞溅等会引起自然机械磨损，风尘颗粒（如砂）还会加剧侵蚀。与传统的涂料涂层相比，锌覆盖层具有较高的抗磨料侵蚀能力（十倍或更高）。锌-铁合金的硬度特别高。人行道、机动车道或两者混合区域会发生严重磨粒侵蚀。粗糙碎石下的部位也会受到严重冲蚀和磨损。锌覆盖层和钢之间良好的结合力（尤其是具有锌铁合金反应的热浸镀锌和粉末渗锌）有利于降低这类影响。

7.5 化学侵蚀

影响锌覆盖层在液态化学环境中的腐蚀性能的首要因素是化学溶液的 pH 值。锌覆盖层 pH 值在 5.5 以上和 12.5 以下的溶液中都有较好的表现。搅拌、通气、温度、钝化和缓蚀剂等因素都可能会影响涂层的腐蚀率。

pH 值在 5.5～12.5 范围内，锌的表面会形成保护膜，腐蚀速率很慢。保护膜准确的化学成分取决于特定的化学环境。由于许多液体 pH 值在 5.5～12.5 范围内，镀锌钢容器被广泛应用于许多化学溶液的储存和运输，但是应该避免长期或经常与酸或强碱直接接触。

虽然许多有机溶剂对有色金属的影响都很小，但是应用于具体的一种化学物质时应征询专家建议。

7.6 高温下的腐蚀

上述所有的锌覆盖层一般都适用于高温环境，但是有机材料或涂层则另当别论。

GB/T 19355 标准的本部分不考虑 200℃ 以上的情况。

200℃～500℃ 之间的温度只出现在特定的结构和工作条件下，如钢制烟囱、暖气管道、焦化厂的煤气输送总管。暴露在这类环境中的覆盖层应征求专家意见。

粉末渗锌层的耐高温性能可以达到 600℃。

7.7 接触混凝土

当湿气通过裂缝和空隙渗透进入混凝土时，与混凝土接触的未受保护的钢制件会发生腐蚀。钢和氧气或湿气反应产生的氧化产物能够产生足够的压力会损坏混凝土（如开裂）。锌覆盖层（通常为应用于钢筋上热浸镀锌层，见 ISO 14657），可长时间阻止这种损坏，这取决于具体接触的环境类型。

由多种有益因素的联合作用，镀锌钢筋在混凝土中有较好的防腐蚀性能。其中最重要的因素是，锌镀层开始腐蚀的氯化门槛大大高于（2倍～4倍）无涂层钢。此外，锌钝化的 pH 值范围比钢大，使镀锌钢筋有能力抵抗在混凝土凝固期间碳酸化作用造成的 pH 值降低的影响。即使镀锌层开始腐蚀，其腐蚀速率也大大地低于无镀层钢。

与钢相比，锌在较低的 pH 值下仍然能保持可钝化性（9.5∶11.5），这使得镀锌钢筋在混凝土凝固期间因碳酸化作用造成的腐蚀较低。

锌与潮湿的混凝土反应，析出氢气，形成羟基锌酸钙。这种腐蚀产物是不溶性的且可以保护底层的锌（在周围的混凝土混合物的 pH 值低于 13.3 的条件下）。

研究表明，在覆盖层钝化和混凝土硬化之前存在初期反应，部分覆盖层的纯锌层会被溶解。然而，一旦混凝土硬化，羟基锌酸盐腐蚀产物层形成，这种初期反应即停止。对从野外钢结构中回收的镀锌钢筋的研究表明，镀锌层上保留的钝化状态可以延长使用周期，即使是暴露在周围混凝土含氯量较高的情况下。

对于 pH 值较高或含氯的混凝土环境，锌表面可采用专门的后处理方法进行钝化，作为一种防护措施防止过度析氢，一些严重的案例表明，过度析氢会减小钢筋的抗拉强度。对一般混凝土环境的研究表明，钝化与不钝化的镀锌钢筋在结合强度上没有统计学差异。

根据 EN 13811，粉末渗锌可钝化，因此无论是在高氯或低氯混凝土中都可获得应用。在所有其他方面，与混凝土接触的粉末渗锌的行为方式与热浸镀锌的相同。

7.8 接触木材

镀锌产品有很多非常成功的应用，其中包括与各类木材接触的用途。但是，应该注意，镀锌层应该避免直接与刚进行酸性防腐剂处理的木材直接接触。一旦木材干燥、防腐剂固定以后，则镀锌层可以与木材接触，即使是木材再次被打湿也不会有影响。很多酸性木材，如橡树、甜栗树、西方铅笔柏和花旗松都可以与镀锌工件连接使用，虽然可能会有一些初始腐蚀。在这种情况下，应该考虑采用隔离技术，如采用有机涂料涂敷接触部位。

由于采用热扩散工艺，粉末渗锌层由锌/铁合金组成，形成的表面具有较高的摩擦系数，类似于许多热浸镀锌工件的合金层发展到了整个镀层。这些覆盖层可以满足高负荷的要求，用于固定木材，如用于钉子的表面保护。

7.9 双金属接触

当两种不同金属直接接触，同时有电解质存在（如水汽），可能会发生双金属腐蚀，在电化学序列中（参见表3），电位较负或呈阳极的金属会优先腐蚀从而阻止了其他金属的腐蚀。

表 3 锌与其他金属的相对电极电位

阳极——更容易腐蚀
镁
锌
阳极——更容易腐蚀
铝
碳钢和低合金钢
铸铁
铅
锡
铜、黄铜、青铜
镍（钝态）
不锈钢
钛
阴极——不容易腐蚀

双金属效应是牺牲性保护作用的基础，如果锌覆盖层（如热浸镀锌层）局部被破坏，使得钢铁小面积暴露，锌覆盖层仍然可以提供牺牲性保护。锌覆盖层会优先腐蚀以保护在电化学序列中处于它下面的任何金属。

发生双金属腐蚀的程度取决于多项因素，包括：相接触的具体金属，两种金属表面积的比率和暴露的环境。

一般来说,双金属腐蚀程度会随着两个金属之间的电极电位差的增加而增大,两种金属在电化学序列表中的位置相差越远则电极电位差越大。这部分差异取决于这两种金属在电化学系列中的位置。然而,电极电位可能因氧化层的形成而改变,因此双金属腐蚀的程度不能单独依靠电极电位来确定,而以下所述的其他因素也很重要。

两种金属的表面积之间的比率是非常重要的,阳极与阴极金属的表面积之比越高越好。如果发生较大的氧还原反应,这个比率会减少,这样会增加阳极金属的腐蚀。

暴露条件是至关重要的,电解质必须对两种金属提供电桥,双金属腐蚀才可能发生。因此在干燥的室内环境中,双金属腐蚀的可能性是非常低的,而在室外大气环境中,双金属腐蚀的可能性会增加,这由于存在雨水和露水。然而,最坏的暴露环境是浸泡在溶液中,电解质长期桥接这两种金属。

通常两种金属彼此绝缘会减小双金属腐蚀的可能性。对于螺栓连接,这可通过使用氯丁橡胶或塑料垫圈达到目的;而对于重叠表面,可使用塑胶垫片,或在一个表面上涂敷合适的涂料来实现。

在大气环境下,若热浸镀锌钢与其他金属的表面积之比较高,通常热浸镀锌钢与大多数常用工程金属相接触都可以正常地服役,如表4所示。相反,在浸泡条件下,双金属腐蚀的效果显著增加,通常需要采取某种形式的隔离措施。

表 4 锌和其他金属材料直接接触时的额外腐蚀

金属	大气暴露			浸泡	
	乡村大气	工业或城市大气	海洋大气	淡水	海水
铝	a	a-b	a-b	b	b-c
黄铜	b	b	a-c	b-c	c-d
青铜	b	b	b-c	b-c	c-d
铸铁	b	b	b-c	b-c	c-d
铜	b	b-c	b-c	b-c	c-d
铅	a	a-b	a-b	a-c	a-c
不锈钢	a-b	a-b	a-b	b	b-c

注:"a"是指锌覆盖层不会受到任何额外腐蚀,在最坏的情况,只有很轻微的额外腐蚀,通常在服役中可以容忍的。
"b"是指锌覆盖层将遭受轻微或中度的额外腐蚀,在某些情况下是可容忍的。
"c"是指锌覆盖层可能会受到较严重的额外腐蚀,通常是要有必要的防护性措施。
"d"是指锌覆盖层可能遭受严重的额外腐蚀,并应避免接触。

与镀锌钢结构相接触的金属或合金应用指南如下:

a) 铝:由于与空气接触铝的电极电位相对较低,双金属腐蚀比较严重。然而,应当记住,在镀锌钢与铝彼此结合使用,铝为覆盖面的应用条件下,由于铝板的表面区域较大,建议采用隔离措施。

b) 铜:由于镀锌钢与铜和含铜合金接触时产生的电极电位差较大,建议采取电绝缘措施,即使在大气环境下,也要采取电绝缘措施。设计时还要避免可能存在水从铜流向镀锌钢件表面的地方,因为溶解在水里的少量的铜会产生沉积,导致双金属腐蚀发生。

c) 铅:在大气环境下与铅发生双金属腐蚀可能性很低,相关报道也说明没有问题,例如,与锌和镀锌产品一起使用的防水板,采用铅固定的镀锌杆桩。

d) 不锈钢：不锈钢与镀锌钢的最常见的应用是大气环境中螺母和螺栓的组合。由于双金属腐蚀可能性低，而且不锈钢紧固件面积小，虽然双金属腐蚀通常不是一个问题，但是更多的实践中还是保留用绝缘垫圈绝缘的习惯。

实践经验表明，当锌与其他金属的表面积比率较高，显示的等级为"a"或"a-b"时，接触的结果很少或不增加腐蚀。然而，当表面积的比率降低或腐蚀率较高时，可能需要采用一定的绝缘措施。

8 适用于锌覆盖层的加速试验方法

盐雾试验不能用于准确测试锌覆盖层钢，因为它们加速失效机理是不适用的。如果没有一个合适的干/湿循环，锌层无法形成氧化层。缺少氧化层，金属锌受到不断地侵蚀，预测得到的锌覆盖层使用寿命非常低。

注：在许多镀锌钢应用中，正努力开发准确的测试方法来测定合适的"加速"使用寿命。在美国，其中一个防腐蚀试验体系是 ASTM B117。ASTM G-1 金属腐蚀委员会具有高于盐雾标准 ASTM B117 和 ASTM G85 的仲裁权。委员会通过与使用 ASTM B117 相关的决议：ASTM G-1 金属腐蚀委员会确认，按照 ASTM 标准 B117 进行的盐雾试验结果与自然环境中的性能几乎没有相关性。因此，委员会建议，在其他以此为目的的标准中，这个试验不具有实用性和引用价值，除非进行长期大气暴晒证实。在 ISO/TC 107 SC 7，适用于金属覆盖层体系的加速试验的使用指南正在准备之中。

第二节　锌覆盖层　钢铁结构防腐蚀的指南和建议 第 2 部分：热浸镀锌

一、概述

1. 热浸镀技术

由于钢铁材料具有良好的力学性能（如强度、韧性、延展性、耐压痕性），良好的加工性（包括成形性、焊接性、涂装性），因而广泛应用于各种工程构件。但是，在潮湿高温的条件下，钢铁材料对腐蚀介质、氧化性介质敏感，以致其使用寿命或应用范围受到限制。

钢铁防腐蚀或保护的方法有：利用合金化来改进钢铁性能，利用脱水或缓蚀剂来改变钢铁所处的环境，利用外加阴极或阳极电流来控制钢铁的电化学电位，在钢铁上涂覆有机涂层等。热浸镀金属层是最广泛采用的保护钢铁的方法之一，它是将钢铁件浸入熔化的热镀层金属浴而在钢铁件上获得均匀、连续和结合牢固的具有所需性能的热镀金属层的方法，特别适合于管材、丝材、板材的连续热镀，也可热镀紧固件、钢桩、钢梁等加工制件。凡是具备这样条件的金属都可用作镀层金属，即熔点低、形成的熔化物不撕伤从其中拖过的工件，如锌、锌-铁合金、铝硅合金和锌-铝合金等。热浸镀锌是其中应用最广的热浸镀工艺。

钢板和钢卷连续热镀是将其端与端焊接，以大约 200m/min 的速度通过热镀浴进行热镀。一般连续热镀设备分为热线或冷线两种。

热线法是在还原气氛中进行热镀前准备，将热镀前表面准备、加热和热镀组合，使热线法更经济，同时在不产生重结晶的较低温度条件下进行，以得到全硬的热镀高强度钢板，也采用较低温度热镀热轧钢板或冷轧钢板。

热镀之后要进行热镀后处理，例如退火，尽可能减少发光金属，以及提高力学性能、成形性和耐蚀性。

除了连续热镀之外，钢制件的批量热镀也得到了非常广泛的应用。

冷线法是除了进入热镀浴前烘干需热镀表面之外，热镀前表面准备都不需要进行加热。

目前，热镀覆层技术，特别是热镀锌的标准化，主要集中于钢铁制件领域。

2. 热浸镀锌技术标准

随着热浸镀锌技术应用的不断扩大，技术的规范与统一成为技术发展的重要问题。为解决技术发展与市场需求之间的矛盾，全国金属与非金属覆盖层标准化技术委员会于20世纪90年代起组织相关单位的专家，开始制定热浸镀锌技术标准。1992年发布了GB/T 13912—1992《金属覆盖层 钢铁制品热镀锌层 技术要求》（参照采用ISO 1459：1973（E）《金属覆盖层 热镀锌防腐蚀层 指导原则》和ISO 1461：1973（E）《金属覆盖层 钢铁制品热镀锌层 技术条件》），1992年发布了GB/T 13825—1992《金属覆盖层 黑色金属材料热镀锌层的质量测定 称重法》（参照采用ISO 1460：1973（E）《金属覆盖层 黑色金属材料热镀锌层的质量测定 重量法》和ISO 1461：1973（E）《金属覆盖层 钢铁制品热镀锌层 技术条件》）。2002年，又修改采用ISO 1461：1999《钢铁制件热镀锌层 技术条件及试验方法》，对GB/T 13912—1992进行修订，更名为GB/T 13912—2002《钢铁制品热镀锌层 技术要求及试验方法》；2002年，等同采用ISO 1460：1992《金属覆盖层 黑色金属材料热镀锌层 单位面积质量称重法》，对GB/T 13825—1992进行修订，更名为GB/T 13912—2008《金属覆盖层 黑色金属材料热镀锌层 单位面积质量称重法》。2003年，修改采用ISO 14713：1999《钢铁结构耐腐蚀防护 锌和铝覆盖层 指南》，制定了GB/T 19355—2003《钢铁结构耐腐蚀防护 锌和铝覆盖层 指南》。

为适应锌覆盖层技术和国际标准的发展，全国金属与非金属覆盖层标准化技术委员会于2016年组织专家对相关标准进行了较大修订，发布了GB/T 19355《锌覆盖层钢铁结构防腐蚀的指南和建议》系列标准。该系列标准分为3部分：第1部分：设计与防腐蚀的基本原则；第2部分：热浸镀锌；第3部分：粉末渗锌。

GB/T 19355.2—2016《锌覆盖层 钢铁结构防腐蚀的指南和建议 第2部分：热浸镀锌》为GB/T 19355系列标准的第2部分。

GB/T 19355.2—2016《锌覆盖层 钢铁结构防腐蚀的指南和建议 第2部分：热浸镀锌》于2016年2月24日发布，2016年9月1日实施。

二、标准主要特点与应用说明

该标准的特点是具有很强的实用性，对于热浸镀锌钢铁制件的结构设计、热浸镀工艺设计和生产操作具有指导意义。

该标准部分代替GB/T 19355—2003《钢铁结构耐腐蚀防护锌和铝覆盖层指南》热镀锌部分，与GB/T 19355—2003相比，除编辑性修改外，主要技术变化如下：

1）将标准的名称修改为《锌覆盖层钢铁结构防腐蚀的指南和建议 第2部分：热浸镀锌》；将原来混编的设计及防腐蚀基本原则、热浸镀锌、粉末渗锌等章节分离，主要提出了热浸镀锌的技术要求。

2）该标准采用重新起草法修改采用ISO 14713-2：2009《锌覆盖层钢铁结构防腐蚀的指南和建议 第2部分：热浸镀锌》。

该标准与 ISO 14713-2：2009 相比，其差异主要体现在规范性引用文件和参考文献采用了在我国已等同或修改采用国际标准的国家标准。

该标准的主要内容包括：

1）钢铁制件热浸镀锌工艺设计。

2）适应于热浸镀锌工艺的钢铁制件结构设计指南，并给出了具体的钢铁制件结构优化案例。

3）钢铁制件材料、表面状况、前期的焊接、火焰切割、应力状况等对热浸镀锌工艺及镀层的影响。

4）热镀锌工艺对钢铁制件尺寸公差和热处理状态的影响。

5）对热浸镀锌钢铁制件的储存和运输提出了建议。

该标准适用于钢铁制件批量热镀锌，不适用钢带（板）、钢丝等连续热镀锌。

三、标准内容（GB/T 19355.2—2016）

锌覆盖层　钢铁结构防腐蚀的指南和建议　第 2 部分：热浸镀锌

1　范围

GB/T 19355 的本部分给出了适用于钢铁结构件防腐蚀保护用热浸镀锌一般准则的指南和建议。

热浸镀锌层对结构件的保护取决于所采用的镀覆方法、结构件的设计和结构件的具体使用环境。采用附加涂层（GB/T 19355 的本部分范围之外的涂层），如有机涂层（涂料和粉末涂层）可以进一步提高热浸镀锌结构件保护性能。附加涂层与热浸镀锌联合使用形成的涂层，称为"复合涂层体系"。

GB/T 19355 本部分的指南和建议不涉及钢铁热浸镀锌层服役过程中的防腐蚀维修，相关项目指南见 ISO 12944-5 规定。

2　规范性引用文件

下列文件对于本文件的应用是必不可少的。凡是注日期的引用文件，仅注日期的版本适用于本文件。凡是不注日期的引用文件，其最新版本（包括所有的修改单）适用于本文件。

GB/T 5267.3　紧固件　热浸镀锌层（GB/T 5267.3—2008，ISO 10684：2004，IDT）

GB/T 10123　金属和合金的腐蚀　基本术语和定义（GB/T 10123—2001，ISO 8044：1999，eqv）

GB/T 13912　金属覆盖层　钢铁制件热浸镀锌层技术要求及试验方法（GB/T 13912—2002，ISO 1461：1999，MOD）

ISO 12944-5　色漆和清漆　钢结构腐蚀保护涂料体系　第 5 部分：保护涂料体系（Paints and varnishes—Corrosion protection of steel structures by protective paint systems—Part 5：Protective paint systems）

EN 10210-1　非合金晶粒细化结构钢热成形空心型材　第 1 部分：交货技术要求（Hot finished structural hollow sections of non-alloy and fine grain steels—Part 1：Technical delivery requirements）

EN 10219-1　非合金晶粒细化结构钢冷成形焊接空心型材　第 1 部分：交货技术要求

(Cold formed welded structural hollow sections of non-alloy and fine grain steels—Part 1：Technical delivery requirements)

EN 10240 钢管的内外保护镀层　连续生产热浸镀锌层技术条件（Internal and/or external protective coatings for steel tubes—Specification for hot dip galvanized coatings applied in automatic plants）

EN 10346 钢板连续热镀锌产品　交货技术条件（Continuously hot-dip coated steel flat products—Technical delivery conditions）

3　术语和定义

GB/T 10123 界定的以及下列术语和定义适用于本文件。

3.1　热浸镀锌　hot dip galvanizing

将经过准备的钢件或铸铁件浸于熔融锌中而在钢铁制品上形成锌及锌铁合金镀层的过程。

3.2　热浸镀锌层　hot dip galvanized coating

通过热浸镀锌得到的镀层。

注："热浸镀锌层"术语在后文中称为"镀层"。

4　热浸镀锌设计

4.1　总则

设计任何要求表面精饰的制件时，不仅考虑制件的功能及其制造方法，还要考虑制件表面精饰所带来的限制，这是很重要的。附录 A 图示说明了一些重要的设计特征，其中一些特别针对热浸镀锌。

热浸镀锌工件中的内应力在热浸镀过程中会释放，这可能会造成被镀工件的变形或损坏。这些内应力是在制造阶段最后的操作工序中形成的，如冷加工、焊接、氧割或钻孔等，轧制过程的残余应力也会保持下来形成内应力。购买方应在热镀浸锌产品设计和制造之前向热浸镀锌厂商咨询，以使其工件的结构适应热浸镀锌工艺的要求。

购买方应该了解两种不同的热浸镀锌类型，并在工件设计时加以区别说明：

a) 制件热浸镀锌　将钢铁制成件并经适当的前处理后，浸入熔融的锌液里热浸镀锌（见 GB/T 13912）；

b) 连续热浸镀锌　薄板材料经适当的前处理后，连续通过熔融的锌液热浸镀锌，将薄板热浸镀锌后再加工制成结构件（见 EN 10346）。

4.2　表面前处理

设计和采用的材料应进行良好的表面准备工作。这对于制造高质量镀层是非常重要的（参见 6.2）。表面应无缺陷以保证镀层具有良好的外观和使用性。

暴露在铸铁表面的石墨、退火铸铁表面的含硅微粒会阻碍熔融金属的浸润，应将它们从表面去除以保证获得高质量的热浸镀层。建议退火前和退火后都采用喷砂处理。

4.3　相关工艺的设计

热浸镀锌浴和相关设备应具备足够的制件热浸镀锌的能力。所设计的制件最好能一次完成浸镀，如果制件的尺寸大于现有的锌浴尺寸，可将制件的一部分先浸入锌浴，然后转换长度或深度方向再进行浸镀，以得到完整的镀层。相对于一次、完全浸镀而言，分步浸镀（即需要进行第二次浸镀才能获得完整镀层的方式）是非常规方法。

热浸过程中的所有的制件应该被固定。螺栓孔是最常用的。吊耳常作为基本操作的辅助工具。制件可以用夹具或吊架固定，在这种状况下，热浸镀锌后可能会有一些明显的接触痕迹。浸镀操作中，工件一般是垂直移出锌浴，但是部分工件提升时可倾斜一定的角度。整个处理工序中，空气、前处理液和锌液应能流通到工件的所有表面。气泡会妨碍其所在区域的预处理，造成表面漏镀。在约450℃的热浸镀锌温度下，密闭空间里的水溶液会汽化，产生的压力会使工件变形或爆炸。过量的锌会降低附着性，影响外观并造成浪费。

一些制件，例如，热交换器和气罐，可能只能外部热浸镀锌。这需要特殊技术和设备（例如，将制件浸入锌浴时要采取防止制件上浮的措施），应向专业热浸镀人员咨询。

4.4 设计要点

推荐采用的热浸镀锌件的设计要点参见附录A。

注意：具有封闭空间的工件严禁进行热浸镀，或者开排气孔，否则会出现严重的爆炸危险，对操作者造成严重的伤害。这方面的设计应该给予足够谨慎地考虑，这对于保证操作者的健康和安全是非常重要的。

在管状结构件上开制导流和排气孔，使得管状结构件的内表面也可以形成镀层，这样对制件具有更好的保护作用。工件的残余应力大到一定的程度会在热浸镀锌温度下释放，这是钢制工件发生意外变形或开裂的主要原因之一。最好选用对称结构，尽量避免采用厚度或截面尺寸变化大的结构，例如，薄板与厚角钢焊接。应该选择产生非平衡应力较小的焊接和装配工艺，在焊接和加工过程中应尽量减少热膨胀的不一致。在热浸镀锌之前最好进行热处理。购买方应该与热浸镀方讨论镀层和装配加工部件的要求。对热镀而言，紧凑的部件组合（占镀锌浴空间最少）是最经济的。焊接最好在热浸镀锌前进行，以保证热浸镀锌层在焊缝上的连续性。

设计的制件结构应有利于熔融金属的流入和流出，并应该避免封住空气。外观轮廓应尽量光滑，避免不必要的边、角，这些都对热浸镀锌有利。制件热浸镀锌以后再采用螺栓连接可以保证较长的耐蚀性寿命。

热浸镀锌件的结构用孔最好在组装前加工，并且切割或磨削这些部位的边角，这样有利于避免"凹槽"的出现，这些"凹槽"中会凝固过多的熔融锌。当制件已经组装好时，气割可能是开孔的最佳方法，因为，钻孔方法所需的空间较大，在紧靠制件边或角的部位很难钻孔。

4.5 公差

热浸镀锌层的厚度主要决定于钢的特性和厚度，在有配合要求的面上或孔内应给镀层金属的厚度预留额外的公差。对于平整表面上的热浸镀锌层，预留1mm的余量比较合适。参见GB/T 13912中重要表面的定义和镀层的验收标准。

螺纹件的情况要复杂些。例如，热浸镀锌并经离心除余锌的螺母和螺栓，各个国家现行惯例不一样。

以下两者任选一种：

a) 将螺栓上的螺纹加工到相应的规范规定的公差，而不预留热浸镀锌层的额外公差，热浸镀锌后再对螺母攻螺纹；

b) 减小螺栓尺寸（例如瑞典标准SS 3194），以使螺母上的标准螺纹热浸镀锌后能正常配合。GB/T 5267.3也提供了一些指南。

5 贮存和运输设计

热浸镀锌制件应安全地堆垛,以使工件能够安全地搬运、贮存和运输。

热浸镀锌层在潮湿条件下贮存会产生潮湿贮存锈斑,锈斑主要为氧化锌和锌的氢氧化合物。在特别要求减少潮湿条件下贮存锈斑发展的地方,购买方和热浸镀厂商应在签订合同时就此问题进行沟通,并协商相应的管理措施。这些包括:应保证空气能在贮存工件的表面自由地流通;利用隔离物减少工件的接触面积;在设计允许的前提下,工件避免采用封闭的蜂巢结构等。

根据 GB/T 13912 要求,若剩余镀层的厚度大于标准的最低要求,潮湿贮存锈斑的发展是可以接受的。

6 工件的状况对热浸镀锌质量的影响

6.1 总则

按照 GB/T 13912,大多数钢,包括无合金元素碳素钢(参见 EN 10025-2)、晶粒细化钢(参见 EN 10025-3 和 EN 10025-4)、淬火和回火钢、热成形空腔型钢(参见 EN 10210-1)、冷成形空腔型钢(参见 EN 10219-1)、建筑用钢(参见 EN 10080)、紧固件用钢(参见 GB/T 3098)、灰铸铁(参见 EN 1561)和可锻铸铁(参见 EN 1562)都可进行热浸镀锌。其他铁基金属若需要热浸镀锌,则购买方应向热浸镀锌厂商提供充分的资料或样品才能决定这种钢材是否适合热浸镀锌。含硫的易切削钢一般不适合热浸镀锌。

6.1.1 材料成分

钢材表面的某些元素,特别是硅(Si)和磷(P),将促进铁和熔融锌之间的反应,影响热浸镀锌。因此钢材中的某些成分将对镀层的外观、厚度和光滑度产生较大的影响。钢材的前期工艺(无论是热轧还是冷轧)也会影响铁与熔融锌的反应。若对外观要求较高、有特殊的镀层厚度或表面光滑度要求时,应该在制造或热浸镀锌之前向专家咨询。

表 1 给出了在 445℃~460℃ 温度下热浸镀锌时钢材成分与某些典型镀层特性之间的关系。

表 1 镀层特性与钢材成分之间的关系

类别	典型活性元素等级	附加信息	典型镀层特性
A	$w(Si) \leq 0.04\%$ 和 $w(P) < 0.02\%$	参见注 1	镀层外观光亮,组织较细。镀层外层为纯锌层
B	$0.14\% \leq w(Si) \leq 0.25\%$	Fe/Zn 合金会向镀层的表面延伸。镀层厚度随着硅含量的增加而增加。其他元素也会影响钢的活性,特别是磷的质量分数大于 0.35% 时,将增加钢的活性	
C	$0.04\% < w(Si) \leq 0.14\%$	将形成超厚的镀层	镀层呈灰暗色外观,组织较粗,镀层组织主要是锌/铁合金并常常延伸到镀层表面,抗操作损伤性能降低
D	$w(Si) > 0.25\%$	镀层厚度随硅含量的增加而增加	

注:1. 钢成分中 $w(Si) + 2.5w(P) \leq 0.09\%$ 时也可能会出现这些特性。冷轧钢中 $w(Si) + 2.5w(P) \leq 0.04\%$ 时也可能会出现这些特性。
    2. 熔融锌浴中加入合金元素(如,镍)会明显影响表中的镀层特性。本表没有提供高温热浸镀锌(如 530℃~560℃ 热浸镀锌)相关指南。
    3. 在其他因素的影响下,表中所列的钢材成分将会不同,成分范围也将不同。

6.1.2 铸铁

铸铁表面难免会有缩疏松和缩孔，应采用喷砂、电解酸洗或其他特别适合于铸铁的方式清理。常规的盐酸酸洗很难去除铸铁表面沉积的型砂、石墨或回火碳。喷砂可以有效地去除这些污染物。复杂形状工件的表面清理可以委托专业热浸镀锌厂商采用氢氟酸处理。铸铁的截面设计需要特别注意。形状简单、实心截面的小型铸铁，只要材料和表面状况合适，热浸镀锌不会有问题。大型铸铁应该考虑等截面厚度的平衡设计，避免热应力造成的变形和开裂。应该尽量采用较大的内圆半径和数字图案，锐角和深凹槽结构应该尽量避免。

铸铁粗糙的表面将导致其热浸镀锌层厚于热轧零件。

注：铸铁有以下几种形式。

灰铸铁：灰铸铁的碳的质量分数大于 2%，且含碳主要以石墨片状形式存在。

球墨铸铁：成分与灰铸铁相似，但是石墨主要以球状石墨形式存在，一般加入锰和铈。

可锻铸铁：分为黑口铸铁、白口铸铁和珠光体铸铁。韧性和可加工性受退火工艺的影响，不允许有石墨形式存在。

6.2 表面状况

基体材料在浸入熔融的锌液之前应当进行表面清理。建议采用除油和酸洗除锈的方法清理表面。应该避免过度酸洗。有些表面污渍是酸洗无法去除的，如碳化膜（轧制油的残余物）、油、脂、油漆、焊渣、标签、胶、标记材料、加工工艺油和其他类似的污染物，这些应该在酸洗之前去除，可以考虑采用更为快速有效的前处理材料。购买方应负责去除这些污渍，或镀锌方和购买方另行协商。

6.3 表面粗糙度对热浸镀锌层厚度的影响

钢材的表面粗糙度对热浸镀锌层的厚度和组织有影响。基体金属不平滑的表面热浸镀锌后一般依然可见。酸洗之前的喷砂、研磨使得钢材表面粗糙，所获得的热浸镀锌层厚于单独采用酸洗的表面。

6.4 热切割工艺的影响

火焰切割、激光切割、等离子切割都会改变切割面和周围区域钢材的成分和组织，因此难以获得较薄的镀层，而且会降低镀层与基体之间的结合力。为了更为可靠地获得一定的镀层厚度，保证镀层的结合力，结构件制造厂商应打磨去除火焰切割、激光切割、等离子切割的切割面，并去除锐角。

6.5 钢材基体内应力的影响

6.5.1 总则

钢铁构件热浸镀锌工艺过程包括浸入清洗、预处理、浸入大约 450℃ 的熔融的锌或锌合金液里，当冶金反应发展到形成完整的镀层时再提出熔液。工件中较大的或非平衡应力在热浸过程中会得到释放。因为钢结构中的应力状态在热浸过程中是不可控的，所以热浸镀锌方不应对钢铁构件在热浸镀锌过程中产生的相关变形负责，除非是由于不适当的操作造成的变形，如工件的机械损伤或错误的悬挂方式。

6.5.2 变形开裂

当构件中的残余应力超过了构件所用钢材的抗拉强度时将产生变形开裂，但是这种现象较少发生。良好的热浸镀锌设计一般可以避免这类问题。

在加热和冷却循环过程中，工件内元素的热膨胀系数不同会产生应力，这些应力与工件内原来存在的应力会产生相互作用。工件内应力合力的大小很难预测。在加热和冷却循环过程中，非平衡应力将增加工件的变形程度。良好的热浸镀锌设计和丰富的结构经验将减小发生变形的可能性。经验表明，对某种钢材，如果采用某种前处理、热和机械处理、酸洗、热浸镀锌工艺规程曾经获得令人满意结果，则对于同样一种钢材，采用相同的前处理、热和机械处理、酸洗、热浸镀锌工艺规程将不会产生脆性问题。

硬化和高强度钢（屈服强度大于650MPa）的内应力较大，酸洗和热浸镀锌会增加钢材在锌浴中开裂的危险。尽管这类问题一般发生的可能性较小，但是对于几何形状复杂的大型结构件，酸洗和热浸镀锌之前释放应力将会减小开裂危险。对于这类钢材，热浸镀锌前应该向专家咨询。

6.5.3 氢脆

结构钢一般不会因酸洗过程中吸收氢而产生脆性，而且，即使存在残留氢一般也不会对结构钢产生影响。对于结构钢而言，吸收的氢会在热浸镀锌过程中逸出。如果钢的硬度大于34HRC、340HV或325HBW，则有必要减少表面前处理过程中的氢的吸收。结构钢的焊缝和热影响区的硬度一般不超过340HV。因此，这些区域一般不会因酸洗过程中吸收氢而产生脆性。

6.5.4 应变时效脆化

在设计和制造过程中，应该尽量减少局部冷变形，以减少脆性危险。如果这种条件无法满足，应在酸洗和热浸镀锌之前对变形区域进行去应力热处理，并选择不易产生应变时效硬化的钢材。

冷加工脆化是影响所有级别钢材的基本冶金现象。随着冷加工变形的程度增加，钢材的强度增加，而韧性和塑性下降。选择韧性较好的钢材，冷加工脆化的危险性降低。考虑到未变形钢材原来的作用能量和转化温度，每增加百分之一的冷加工变形量，转化温度将减少3℃。

注1：应变时效强化敏感性和由此产生的脆化危险性主要是由钢的含氮量造成的，其次很大程度取决于钢材的制造过程。铝镇静钢，或含有足够的氮结合元素，如V、Nb和Ti，应变时效强化敏感性最小。

注2：经过热处理或冷加工的钢材在热浸镀锌浴中会被加热回火，从而会丧失部分热处理或冷加工所获得的强度。

6.5.5 液态金属增进开裂（LMAC）或液态金属脆化（LME）

钢材的特性、结构设计和热浸镀锌工艺变化联合引起钢材制件在热浸镀锌过程中产生脆性开裂称为液态金属增进开裂（LMAC）或液态金属脆化（LME）。但在实际中这种参数的联合变化很少发生。本指南将针对液态金属增进开裂敏感结构件，加强结构设计（如应力集中部位加强）、零部件技术细节（如钢材质量、残余应力水平、焊接质量、钻孔、冲孔和火焰切割面的位置及修整）和热浸镀锌条件（如前处理条件、浸入速度和熔融锌的成分）的控制管理。

注：针对该问题的附加指南正在研究之中。

6.6 大型工件或厚钢材

大型工件或厚钢材工件在锌浴中所需要的操作时间较长，这会形成较厚的镀层。

6.7 热浸镀锌实践

在热浸镀锌浴中加入非常少量的合金元素可以减小硅、磷的不利影响，改善热浸镀锌层表面的外观。这些可能的添加元素不会影响镀锌层的长期耐蚀性。

对于有特殊要求的产品，锌浴和镀层中的添加物和杂质含量可由买方规定，如锅炉中的热浸镀锌槽和罐体，饮用水系统中的热浸镀锌管，买方可以要求镀层的成分达到 EN 10240 的要求。

对于涉及设计和制造的关键材料和关键条件的工作，应该优化热浸镀锌参数以减小变形和损坏的危险。热浸镀锌操作者应该记录镀锌过程中所有阶段中的工艺参数。采取抽样检验的方式评价镀锌程序的合理性。

7 热浸镀锌工艺对工件的影响

7.1 螺纹配合件的尺寸公差

有两种不同的预留余量方法：其一是减阳螺纹的直径，其二是增大阴螺母的直径。对于紧固件而言，可参见与紧固件相关的文件，如 GB/T 5267.3。通常制造有配合要求的螺纹预留的余量应能容纳镀层的厚度。不需要镀层的内螺纹，应该攻螺纹或热浸镀锌之后再攻螺纹。

螺纹零件对镀层厚度有要求，热浸镀锌后应立即离心法去除余锌以保证螺纹的洁净。

注：组合状态下外螺纹的镀锌层对内螺纹具有阴极保护作用。

7.2 工艺加热的影响

在热浸镀锌浴中加热会产生不利影响的材料不应该热浸镀锌。

经过热处理或冷加工的钢材在热浸镀锌浴中会被加热回火，从而会丧失部分热处理或冷加工所获得的强度。

8 后处理

通常，热或湿的工件不应该层叠在一起。小型工件应散装在料筐里或用夹具固定浸入锌液，从锌液中取出后应立即离心甩干法去除多余的金属。工件热浸镀锌后进行适当的表面后处理可以延缓表面白锈的生成。如果工件热浸镀锌后需要涂刷油漆或喷涂粉末涂层，买方应该在工件热浸镀锌之前告知热浸镀锌方。因为复合涂层体系应由买卖双方协议确定，内容包括涂料的使用、表面处理的要求、涂层体系、镀层厚度、应用技术等。ISO 12944-5 给出了更多的资料。

复合体系的应用，包含粉末涂层的应用、粉末的推荐、前处理、体系的应用和性能等，可参考 EN 13438 和 EN 15773。

附　录　A
（资料性附录）
工件热浸镀锌的优化设计

A.1　横梁、连接板和筋

外加强板、焊接在柱体和横梁上的筋和连接板，以及槽内截面上的连接板都应切角如图 A.1 所示。在不影响结构强度的前提下设置的间隙应尽可能大。若要在边角周围进行焊接，则圆形的切口将以有利于切口端与另一侧的连续焊接。圆孔的效果较差，若一定要采用圆孔，则应使之尽可能地靠近角和边。在较方便的地方，切角和开孔也可以在主梁上。在大型箱体的截面中（见图 A.9），内加强板除了切角以外，还应有中心开口；小型箱体内的截面上只需切角就够了。如果可能，角加强肋应到主梁法兰的短边为止。有底板的地方，则需要另加排口。所有这些特点在于：

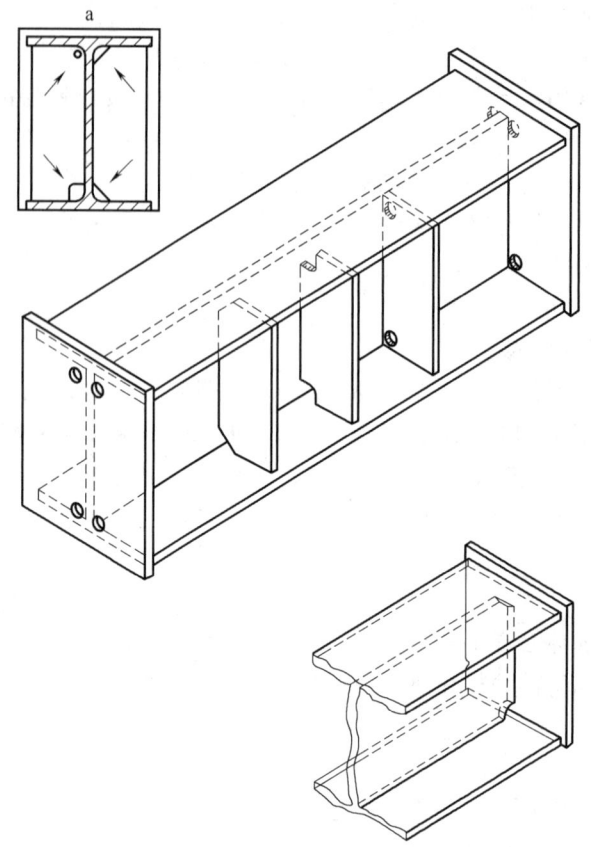

图 A.1 横梁、连接板和筋

注：热浸镀锌过程中有利于金属流动的开孔如主梁 a 截面图所示。该图也包括焊接横梁不同种导流排气方案的视图。

a) 防止处理过程中夹裹空气，从而使酸洗用酸和熔融锌可到达工件的所有表面；
b) 有利于从酸槽、清洗槽和热浸镀锌槽中取出过程中的排放。

孔和间隙的准确位置因浸镀工艺不同而不同，应在设计阶段向热浸镀锌方咨询。

热浸镀锌最适宜的排气位置应综合考虑设计（如禁止在已经焊接横梁的底板上开导入孔）、技术要求和安全。高效的排气方案应获得买方和热浸镀锌方的同意。排气方案对镀制工件质量的可能影响应该加以说明，如表面质量、钢材变形和开裂的可能性。

A.2 焊接在一起的平整表面

接触表面应按 A.2 所示进行钻孔，薄钢更应如此。开孔尺寸的确定应考虑重叠面积。按重叠形状可能需要一个以上的孔。必须采取此措施防止液体的残留，以免在热浸镀锌操作中发生爆炸。不一定钻透接触中的两个组成件，但要有助于液体自由流动。

A.3 狭缝

部件之间，特别是相互之间以平面接触的表面之间相互形成的狭缝，前处理过程中的液体会充满

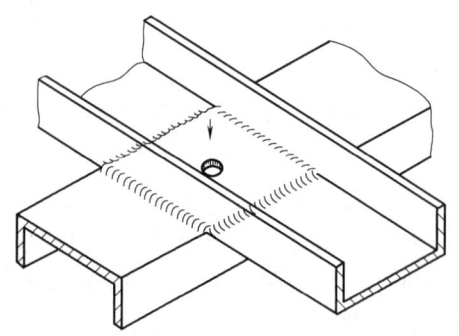

图 A.2 焊接在一起的平整表面

其中，热浸镀锌层将无法在其中形成。如果它们不是密封其他的无开孔表面的话，如图 A.3 所示，应采用连续焊接。热浸镀锌后最好采用螺栓连接。所有部件都能热浸镀锌。适当标准的轧制产品在螺栓连接前进行热浸镀锌，既有利于处理也有利于组装，以后的拆卸也容易。这是最适用的方法而且耗费最低。

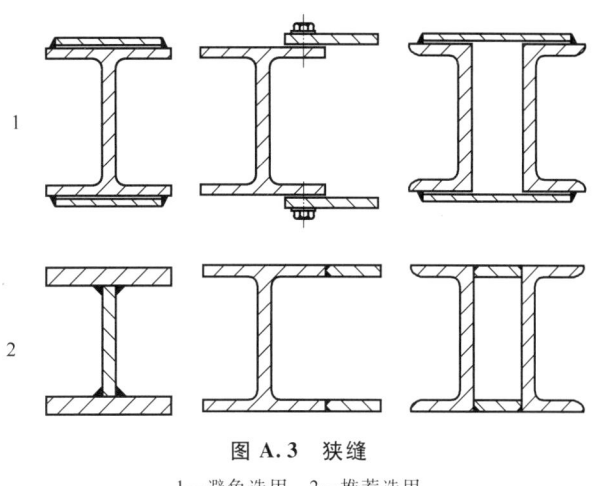

图 A.3 狭缝
1—避免选用　2—推荐选用

A.4 空心结构件

应设置排流和放气孔（从检查和安全起见，最好从外部可观察到），如图 A.4 所示。端部封口的横向或弦向构件，例如端部被平面封口，应在彼此成对角线的顶部和底部钻孔或开 V 形缺口，并尽可能接近封闭端，钻孔应尽可能地大，小型制件的典型最小开孔直径为 10mm，较大制件的开孔直径应大约为构件宽度的 25%（见图 A.4）。

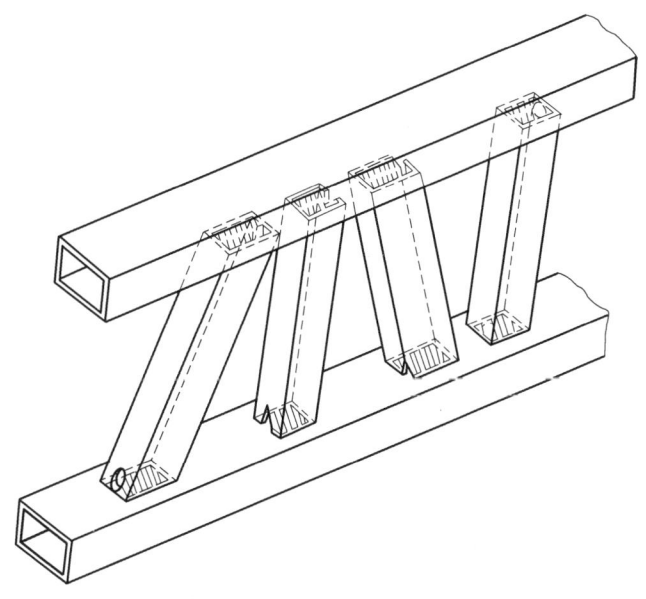

图 A.4 空心结构件

A.5 热浸镀锌过程中的取向

锌液应能不受限制地流走，操作最好从一角浸入，浸镀后从对角取出，如图 A.5 所示。排气孔的位置应与提取过程中的直线有关。

A.6 底板上的排气位置设计方案

工件端部的排气口应对角设置如图 A.6 所示。最好与热浸镀锌方共同决定。

A.7 平板的热浸镀锌

大型开口槽应有支架以减小变形。在槽口边缘的四周为角状的地方，开口应在转角处。

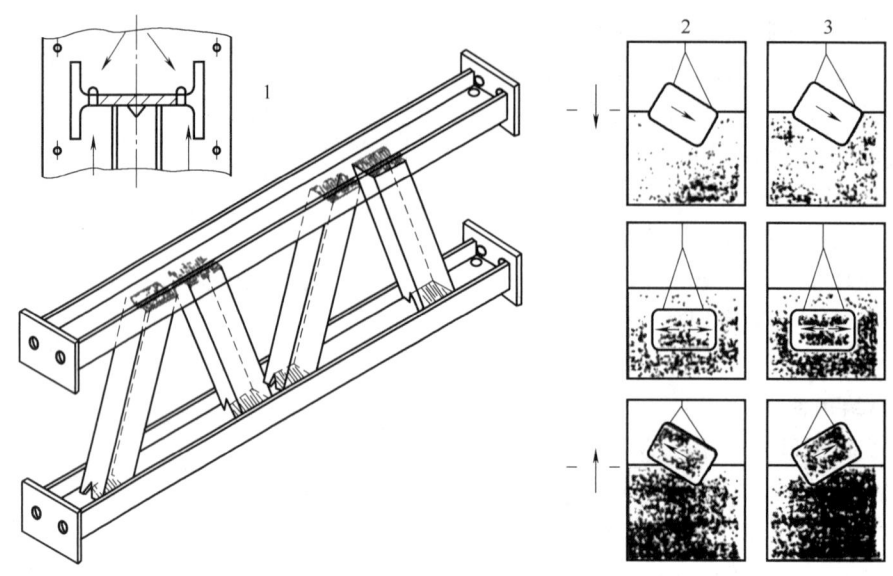

图 A.5 热浸镀锌过程中的取向

1—排气示意图 2—浸入过程中的取向举例（最常用方法） 3—浸入过程中的取向举例（备选方法）

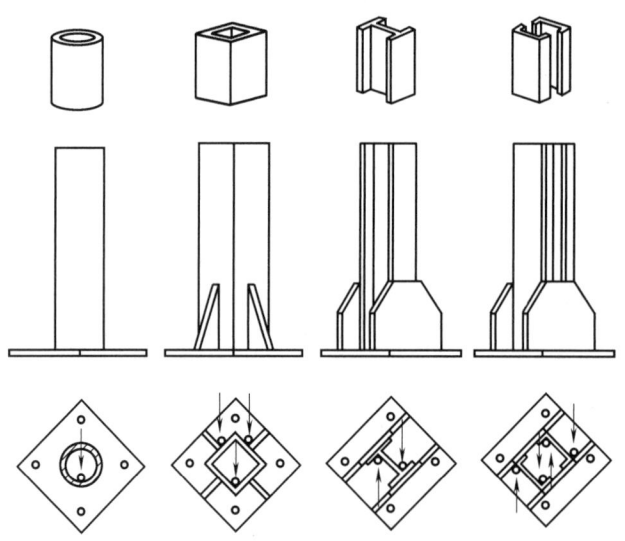

图 A.6 底板上的排气位置设计方案

平板容易变形。在可能的地方，应采用加强件。例如，碟形板或筋板，如图 A.7 所示。

A.8 筒形件

排气口应径向对置，口的直径至少为 50mm。内挡板的底部和顶部应切角，切角区应可以通过观察孔看见。如图 A.8 所示，除了图中所示排气口之外，大型容器要备有适当尺寸的通道排气，其尺寸可向热浸镀锌方咨询。应设置吊耳，并应能经受住从热浸镀锌槽提出时圆筒内附加的熔融锌的重量。

A.9 封闭的内腔

当腔体使用内套轴时，制造时应包含一个排液孔（见图 A.9）。如果需要，热浸镀锌后再塞上。

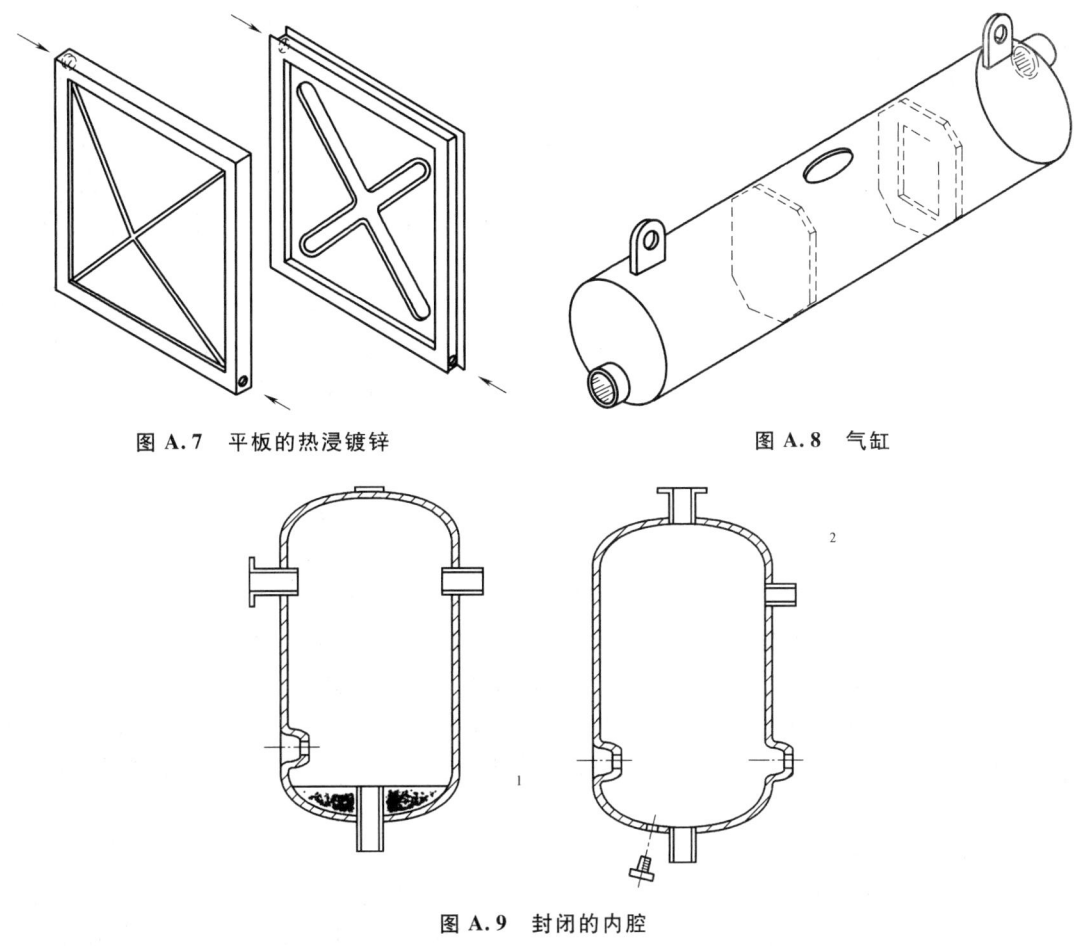

图 A.7 平板的热浸镀锌　　　　图 A.8 气缸

图 A.9 封闭的内腔
1—避免选用　2—推荐选用

第三节　锌覆盖层　钢铁结构防腐蚀的指南和建议
第3部分：粉末渗锌

一、概述

1. 粉末渗锌技术

粉末渗金属是将工件包埋于粉末介质中加热，使一种或多种金属元素渗入工件表层，从而改变工件表层的化学成分、组织和性能的化学热处理工艺。通过该工艺处理，可提高工件在腐蚀、磨损、高温氧化等恶劣条件下的工作寿命，以低廉钢铁材料代替贵重合金材料，达到节能、节材目的。粉末渗金属具有设备简单，原料经济，无污染及操作方便等特点，易于推广应用。生产上应用较多的粉末渗金属工艺有：渗铬、渗铝、渗钒、渗锯、渗锌、铬铝共渗、铬铝硅共渗、钴铬铝共渗、镀锌后的铬铝共渗、镀铂（钴）渗铝、铝-稀土共渗等，其中，粉末渗锌是一种应用比较广泛的粉末渗金属工艺。与粉末渗锌相关的主要技术条件如下所述：

(1) 粉末渗锌基体材料　粉末渗锌件一般是要求耐蚀、耐磨损的工件，应根据服役条件的不同，按性能要求的侧重面选择基体材料。

(2) 粉末渗锌设备

1) 渗箱（罐）。渗箱是粉末渗锌的重要设备之一，渗箱可用普通碳钢板焊制而成。根据被渗工件大小形状，渗箱可以设计为长方形或圆柱形。渗箱应保证具有足够的强度、刚度和密封性等要求。有时渗箱上设有特殊的通气、排气装置和密封结构，可以通过预抽真空、通入氢气或惰性气体提高渗锌效果。

2) 加热设备。粉末渗锌对加热设备没有特殊要求，一般可用电炉加热，如箱式炉、井式炉或保护气氛加热炉等。对于尺寸较小的零件，如螺钉、螺母、小五金件等，可以采用回转式加热炉通入保护气氛加热。对于大型或大批量生产的工件，也有用燃煤、燃油和燃气加热炉加热。

3) 混料和筛分设备。渗剂的添加和混配可选用机械搅拌混合装置。渗锌过程完成后，零件和渗剂可采用振动式筛分机分离。为了改善劳动条件，混料和筛分场地应配备吸尘装置。

(3) 粉末渗锌剂　粉末渗锌剂由供渗剂、催化剂和填充剂所组成。通常将金属供渗剂与非金属催化剂和填充剂按一定比例混配。粉末渗锌剂中的供渗剂提供所需渗入的金属元素；催化剂用于增加渗剂的活性，提高扩散速度；填充剂用于防止渗剂在高温下烧结或在工件表面粘连。粉末渗锌剂的组成有很大的机动性，通常以锌粉作为供渗剂，也有加入少量铝粉和锡粉改性的。渗锌是粉末渗金属中较简单的一种，可以在400℃左右的较低温度下进行。

(4) 粉末渗锌及渗后处理

1) 工件和渗剂装箱。将被渗工件按一定顺序装入渗箱内，然后用配制好的渗剂覆盖住工件表面，工件不需要渗锌的部位可用旧渗剂或防渗剂覆盖。工件之间、工件与箱体之间应留有10mm~20mm间距。渗剂将工件包埋密实后对箱体进行密封。

2) 加热及冷却。将渗箱放进加热炉内，升温至工艺要求的温度进行等温渗覆，然后随炉冷却到700℃以下时将渗箱移出炉外。待渗箱空冷或风冷至200℃以下后，再开箱取出工件。工件与渗剂分离后，旧渗剂可回收再用。

3) 渗锌件的后处理。渗锌后的工件可进行钝化、封闭等后处理工序，进一步提高其耐蚀性。

2. 粉末渗锌技术标准

随着粉末渗锌技术应用的不断扩大，技术的规范与统一成为技术发展的重要问题。为解决技术发展与市场需求之间的矛盾，全国金属与非金属覆盖层标准化技术委员会于2003年组织相关单位的专家，制定了GB/T 19355—2003《钢铁结构耐腐蚀防护　锌和铝覆盖层指南》（修改采用ISO 14713：1997《钢铁结构耐腐蚀防护　锌和铝覆盖层　指南》，2016年发布了GB/T 13355.3—2016《锌覆盖层　钢铁结构防腐蚀的指南和建议　第3部分：粉末渗锌》（修改采用ISO 14713-3：2009《锌覆盖层　钢铁结构防腐蚀的指南和建议　第3部分：粉末渗锌》），部分代替GB/T 19355—2003。

GB/T 19355.3—2016《锌覆盖层　钢铁结构防腐蚀的指南和建议　第3部分：粉末渗锌》于2016年2月24日发布，2016年9月1日实施。

二、标准主要特点与应用说明

该标准的特点是具有很强的实用性,对于粉末渗锌设计和操作具有指导意义。

与 GB/T 19355—2003 相比,该标准主要技术变化如下:

1)将标准的名称修改为《锌覆盖层 钢铁结构防腐蚀的指南和建议 第 3 部分:粉末渗锌》。

2)将原来混编的设计及防腐蚀基本原则、热镀锌、粉末渗锌等章节分离,主要提出了粉末渗锌技术要求。

该标准的主要内容包括:

1)粉末渗锌工艺设计指南。

2)钢铁制件基体材料成分、表面状况、表面粗糙度、内应力等对粉末渗锌质量的影响。

3)粉末渗锌工艺渗层质量的影响。

4)对粉末渗锌后处理工艺提出了建议。

5)对粉末渗锌的储存和运输提出了建议。

应用该标准时应该着重注意以下几点:

1)粉末渗锌层的硬度约为 350HV,是所有锌基覆盖层中硬度最高的覆盖层。对于既有耐蚀性要求又有耐磨性要求的零部件,可优先考虑采用粉末渗锌。

2)渗锌层与有机涂层具有很好结合力。一般情况下,在渗锌层表面可不进行涂装前的转化膜处理即可获得附着力良好的有机涂层,采用渗锌+有机涂层复合涂层体系可进一步提高涂层的耐蚀性。

3)对于热处理强化的钢铁零部件,应该注意渗锌温度对零部件强度的影响,渗锌温度应低于零部件的回火温度。

4)对于有配合要求的零部件,应该考虑渗锌层所增加的几何尺寸,按照该标准中表 1 所推荐的参数预留零件的配合间隙。

5)粉末渗锌不适合采用盐雾试验作为耐腐蚀的快速评价方法,粉末渗锌层为锌-铁合金层,渗层中含有质量分数约低于 9% 的铁,盐雾试验初期渗层就会出现红锈(铁的腐蚀产物)。对于有盐雾试验要求的渗锌产品,建议采用渗锌+有机涂层复合体系。

三、标准内容(GB/T 19355.3—2016)

锌覆盖层 钢铁结构防腐蚀的指南和建议 第 3 部分:粉末渗锌

1 范围

GB/T 19355 的本部分对适用于制件的防腐蚀渗锌设计的基本原则提供了指南和建议。

渗锌层对制件的保护,取决于渗层的施工方法、制件的设计以及制件暴露的具体环境。渗锌制件可以使用附加涂层(超出了 GB/T 19355 本部分的范围),如有机涂料(湿涂装或粉末涂层)得到进一步的保护。这种应用于渗锌制件的组合层,通常被称为"复合涂层体系"。

这个问题的基本指南,见 ISO 12944-5 和 EN 13438。

渗锌钢制件的防腐蚀维修超出了 GB/T 19355 本部分的范围。

具体产品（如对紧固件或钢管等渗锌层）相关的要求应优先于本部分基本建议采用。

2 规范性引用文件

下列文件对于本文件的应用是必不可少的。凡是注日期的引用文件，仅注日期的版本适用于本文件。凡是不注日期的引用文件，其最新版本（包括所有的修改单）适用于本文件。

GB/T 10123 金属和合金的腐蚀 基本术语和定义（GB/T 10123—2001，ISO 8044：1999，eqv）

ISO 12944-5 油漆和清漆 钢结构的腐蚀防护涂装体系 第 5 部分：防护涂装体系（Paints and varnishes—Corrosion protection of steel structures by protective paint systems—Part5：Protective paint systems）

ISO 18265 金属 硬度值的转换（Metallic materials—Conversion of hardness values）

EN 13811 渗锌 铁基产品的锌扩散渗层 规范（Sherardizing—Zinc diffusion coatings on ferrous products—Specification）

3 术语和定义

GB/T 10123 界定的以及下列术语和定义适用于本文件。

3.1 渗锌 sherardizing

制件和渗锌剂（锌粉，或惰性物质）在密闭容器中，通过加热产生的热扩散过程，通常容器是转动的。

3.2 渗锌层 sherardized coating

通过渗锌过程以及磷化、铬酸盐化或其他合适的钝化加工（转化膜）后处理得到的锌/铁合金渗层。

注：在 GB/T 19355 本部分中"渗锌层"通称为"锌覆盖层"。

4 渗锌设计

4.1 概述

任何要求表面精饰的制件设计不仅要考虑制件的功能及其制造方法，还要考虑到制件精饰所带来的限制，这是必不可少的。

渗锌是为各种尺寸的组件（主要是小制件），提供防腐蚀和耐磨损的一种工艺。渗锌后应无可见的夹具痕迹。普通渗锌设备通常为尺寸 2000mm×480mm×400mm 的容器。专用设备已经发展到可以处理石油和天然气行业中的大型管状制件及汽车行业中复杂形状的大制件。

制件的一些内应力将会在渗锌过程中得到释放，这可能会导致渗锌制件的变形。通常情况下，渗锌应该在 320℃～419℃ 范围内进行。

在设计或制造需要渗锌的产品时，需方应征求渗锌专家的意见，因为制件的结构适应渗锌工艺是必要的，尤其是在非常易碎的组件进行渗锌的时候。这些组件可能会在加工过程中容易被损坏或变形。渗锌专家可以对修改设计提出建议。

4.2 表面处理

设计和使用的材料应当进行良好的表面预处理。这对于生产高质量渗锌层是必不可少的。表面只有无油、无油脂、无锈、无垢或其他污染物，渗锌才能有效。建议避免使用油漆、蜡、油墨、油和油脂做标记。表面应无缺陷，以确保形成良好外观和适用性的渗层。

喷砂是渗锌表面处理的首选，因为：
——研磨的表面非常适应渗锌；
——可以避免弹簧钢和高强度钢材的氢脆或避免易切削钢的损坏。

在使用碱性除油的情况下，在喷砂（如有必要）或渗锌之前，制件应干燥处理。

烧结材料在进行渗锌之前应无油和树脂。

铸件必须进行喷砂处理来清除型砂。

在特殊情况下，例如除氧化铁鳞时，可以考虑用盐酸酸洗。但是，建议在机械加工之前去除制件的氧化铁鳞，这样可使制件在渗锌的预处理阶段免于损坏，以及产生良好外观和适用性的渗锌层。在需要进行预处理时，需方应征求渗锌专家的意见。

4.3 设计考虑

渗锌制件的大小是有限制的，因为渗锌过程中使用的多数容器，其公称尺寸为2000mm×480mm×400mm。对于这样的容器，太大的制件不能进行渗锌。当制造的连接组件（不是焊接组装件）尺寸比渗锌容器的尺寸还大，应考虑对未组装的零件进行渗锌，渗锌后再组装组件。

在制件进行渗锌之前，内部丝状物或凹槽应削平。均匀的锌合金层紧密地分布在渗锌制件的外轮廓表面。管状和空心制件可以进行渗锌。应用特殊措施，例如用渗锌混合物将空心型材充满，可以确保产品的内部进行完美地渗锌。

弹簧和高强度钢制件也适合进行渗锌。为了防止这类制件的综合性能受到影响，应根据这些制件的淬火和回火温度，在适当的温度下进行渗锌。弹簧宜在未组装且处于自由和卸载状态下进行渗锌。根据这些零件在渗锌前的热处理工艺温度，渗锌可以在320℃~380℃较低温度范围内进行。然而，较低温度下渗锌会延长处理时间。

带有软焊接或树脂黏合的制件不应进行渗锌，因为这种性质的焊缝会受到渗锌过程的影响。

焊接最好是在渗锌之前进行。所有焊缝应无渣。制件渗锌后可以点焊，但是渗层应该较薄，理想状况下，渗层的厚度小于15μm。

对于有配合要求的表面和孔，应给预留额外的间隙，以便容纳特定渗锌层的厚度（见EN 13811）。

有关螺纹件间隙的建议，见4.4。

4.4 螺纹元件的间隙

虽然渗锌可以形成均匀渗锌层且螺纹轮廓处没有显著变化，但是在渗锌之前外螺纹和内螺纹之间必须留有足够的间隙。表1给出了推荐的间隙。

表1 渗锌螺栓和螺母的推荐间隙

渗层厚度的最小值/μm	渗层级数（根据 EN 13811）	间隙(ISO 米制的、UNF 和 UNC 的螺纹)/μm
15	15级	180
30	30级	360
45	45级	540

如果只有外螺纹渗锌，然后与标准的无渗锌层内螺纹配套使用（或反之亦然），那么要求渗锌螺纹留有表1所示的一半间隙。

建议螺栓和螺母都渗锌。只要有可能，螺母和螺栓渗锌之前应有渗锌专家参与，以便检查它们之间的间隙。

对渗锌螺栓和螺母的螺纹处理通常采用以下的任一种方法：

a) 螺栓加工相应的标准所规定的公差，而不给渗锌层预留间隙，在渗锌前将螺母扩径，使预留间隙尺寸达到表1中的要求；

b) 渗锌前将螺栓减径，使预留间隙尺寸达到表1中的要求，渗锌螺母上的标准螺纹可以正常使用。

对于尺寸小于M10的螺纹制件，建议使用厚度为$10\mu m$的渗锌层。

在设计或制造渗锌螺纹材料之前，需方应征求渗锌专家的意见。

5 储存和运输

5.1 概述

渗锌后，锌/铁合金层表面固有颜色为亚光灰色外观的渗锌层，这渗层通常是采用磷化、钝化或其他合适的钝化过程（转化膜）等后处理方法得到的。这可防止在潮湿的条件下或在运输过程中，渗锌层产生的潮湿锈迹，即所谓的"白锈"，并可以延长服役寿命。

由于锌/铁渗层的合金成分，在外界的接触下，可能会产生暗橙褐色的锈迹。这不能与基体材料的腐蚀相混淆，而是暴露在外界潮湿的条件下，锌/铁合金初始颜色由于氧化引起变化的结果。

这种变色对渗锌层性能和渗层制件的使用是无害的，在持续暴露的情况下，表面颜色会变深，但渗层具有的寿命，取决于渗锌层厚度。

5.2 贮存和运输的建议

如果可能，渗锌管和其他空心制件应垂直放置自然存储以备待用，避免积存水或任何其他腐蚀性液体。大型制件应存放在干燥条件下。应特别注意（大）螺纹材料的储存，以避免损坏螺纹。

室外大型制件的运输应在干燥条件下进行，如果可能的话，应置于（封闭的）容器或包装袋中。

6 制件状态对渗锌质量的影响

6.1 成分

非合金钢、低合金钢、烧结材料和灰铸铁、可锻铸铁均适合渗锌。弹簧钢和高强度钢可以获得较好的渗锌层。根据这些零部件的淬火和回火温度，渗锌过程应在适当的温度下进行，范围为320℃~380℃。

钢的化学组成并不对渗锌层组成或厚度产生实际的影响。

6.2 表面状况

渗锌前应清洁基体材料的表面。

不能通过喷砂清除的表面污垢，应该在进行机械预处理过程之前清除。清除污染的责任应由渗锌专家和需方之间商定。

6.3 表面粗糙度对渗锌层厚度的影响

表面粗糙度并不对渗锌层组织或渗层的性能产生实际影响。

制造方使用火焰切割、激光切割和等离子切割形成的表面建议进行打磨去除。

6.4 基体材料的内应力
6.4.1 概述

渗锌过程可以在300℃～500℃温度范围内进行。渗锌制件应慢慢加热到加工温度，这个温度通常低于419℃。处理时间为1h～2h，以通过热扩散形成渗锌层。渗锌后，制件应慢慢冷却至室温。

这种处理不会导致基体材料产生内应力，除非钢的回火温度在渗锌温度范围内。

对于这些钢，渗锌温度必须低于最后的加工工艺温度，如在320℃～380℃范围内渗锌。然而，对于回火温度低于320℃的钢，很难做到渗锌而不影响这些钢的性能。

渗锌时渗锌专家并不对钢材的变形负责（因为在处理过程中制件特定的应力状态不在他的控制范围内），除非错误的处理过程中发生变形。

6.4.2 变形开裂

硬化和/或高强度钢可能含有较高数量级的内应力，以致渗锌可能会增加渗锌钢开裂的风险。在较低的温度下渗锌和/或在渗锌前消除应力可以减少开裂的风险。对这类钢材渗锌时，应征求专家的意见。

注：高强度钢具有的屈服强度大于或等于650MPa。

应在设计阶段计划进行一个消除应力的热处理过程，并在制造阶段中的冷作、焊接、氧切割或钻孔之后执行这个过程。可以采用消除应力热处理的方式减少由冷成形产生的残余应力，典型的温度是600℃。

但是，如果因热循环控制能力较差而使温度显著超过600℃，可能会使得钢的力学性能降低。因此，消除应力热处理过程应征求专家的意见。

在焊接区域或受氧气切割影响的区域会形成残余应力和硬化。其数值取决于不同的因素，例如焊缝长度、厚度及焊接过程。

组装部件内存在的残余应力和硬化会造成涂层制件的损坏和变形。因此，应采用适当的设计和焊接工艺使残余应力和硬化最小化。重要的结构性细小元件，建议增加消除应力热处理。可能会得到额外的热处理以便消除应力。类似的建议也可能用于钻孔和冲压工序中。

6.4.3 氢脆

在酸洗时，结构钢通常不会产生脆性；如有氢存在，一般情况下它也不会影响结构钢。

如果钢硬度大于34HRC、340HV或325HBW（见ISO 18265），用盐酸酸洗的表面处理过程中应尽量减少氢的吸收。结构钢焊缝和热影响区（HAZ），一般不会超过340HV硬度值。因此，表面处理时这些区域通常不会引起氢脆。

渗锌时，制件慢慢加热到加工温度（一般在320℃～419℃之间）。在形成渗锌层之前，吸入的氢可以释放掉。

6.5 大型工件和厚钢

钢制件的厚度和尺寸不会对渗锌层形成、渗层成分和渗层性质产生影响。

7 渗锌对制件的影响
7.1 加工环境

渗锌层与渗锌制件的轮廓联系非常紧密。然而，对于螺纹元件，与之配合的螺纹应预留间隙偏差以容纳渗锌层厚度。推荐的间隙在表1中给出。

高强度钢制件如级数达12.9级的螺栓和螺母，可以渗锌。在预处理过程中应特别注意此类产品。如零件需要渗锌，需方应征求渗锌专家的意见。

渗锌不会引起氢脆（6.4.3），或液态金属增进性开裂 LMAC（液体金属脆化），这一过程是个干燥的热扩散过程，且制件在低于 419℃ 温度下渗锌时通常不与熔融锌相接触。

在渗锌过程中受到加热而产生不利影响的材料不应渗锌。对于那些回火温度在 300℃~500℃ 的钢，渗锌过程必须在低于其回火温度范围内进行。然而，对于回火温度低于 320℃ 的钢，很难做到对这类钢渗锌而不影响其性能（见 6.4.1）。

热处理或冷加工钢在渗锌过程中可能会被加热而产生会回火过程，而会消除因热处理和冷加工所获得的增加的强度。如这类零件需要渗锌，买方应该征求渗锌专家的意见。

7.2 渗锌工艺对渗层性能影响

7.2.1 渗锌工艺

作为渗锌技术过程的一部分，在渗锌混合渗剂中加入少量添加剂，可以提高渗层质量。

7.2.2 成品的表面特性

渗锌表面由以锌为主的锌/铁合金组成。表面显示一定的表面粗糙度。由于表面合金层含有一定量的铁，渗锌层产生出特殊的性能——耐磨性和高硬度，通常为 350HV，使其能够承受机械磨损和野蛮操作。渗锌特别适用于如脚手架配件、钉子和链子等制件。

相对粗糙的钝化表面，对涂料和有机粉末涂料是一个良好的附着面，对橡胶或类橡胶与钢组件也是一个良好的附着面。

8 后处理

为了最大限度地减少可能在表面上形成的锈迹，可以通过磷化、钝化或其他合适的钝化过程（转化膜）作为渗锌过程中的一部分，来对渗锌层进行后处理。

渗锌制件可能会与润滑剂一起使用来调节表面摩擦系数。这对螺纹制品和铰链销会产生较大影响。

如果渗锌后制件需要涂层或粉末涂层（复合体系），制件渗锌之前需方应通知渗锌专家。在大多数情况下，涂漆或粉末涂层之前无须对渗锌表面进行预处理。

对渗锌层进行适合涂漆或粉末涂装的预处理可获得特定的产品。

对于有关使用油漆的复合体系的应用，表面处理要求、涂装系统、涂层厚度、应用技术等，都必须由需方与客户之间的协议确定。ISO 12944-5 会给出更多的信息。

对于有关粉末涂层的复合体系的应用，粉末涂装、预处理、加工程序和系统性能的建议，都可以参见 EN 13438 和 EN 15773。

第十二章 热 浸 镀

第一节 金属覆盖层 钢铁制件热浸镀锌层 技术要求及试验方法

一、概论

1. 热浸镀锌技术

由于钢铁材料具有良好的力学性能（如强度、韧性、延展性、耐压痕性）和良好的加工性（包括成形性、焊接性、涂装性），因而广泛应用于各种工程构件。热镀锌层主要用于防止钢铁制件的腐蚀，它是将工件（主要是钢铁制件）浸于熔融锌中而在其表面得到的附着连续、具有保护作用的锌和锌-铁化合物层。由于化学活性、扩散作用和随后的冷却作用，这种组合层的化学成分和物理、力学性能变化很大，镀层成分、镀槽温度、热镀时间、冷却速度或随后再加热的差异，都可能导致热镀锌层的外观和性能的明显变化。

热镀锌层用于轧制产品上，通常采用全机械化的批量生产法。但是，一般加工件却采用手工或半自动化方法生产。

热镀锌技术应用广泛，主要用于钢结构（如电站、石化设备、热交换器、输变电塔和桩）、桥梁结构、混凝土钢筋、电桩和铁路电气化结构件、防护栏、海洋打桩和轨道交通，也用于表面装饰、污水处理设备等。这是因为锌比钢铁的腐蚀速度低得多，热镀锌层受损时还能向基体金属提供牺牲性保护，并具有较好的耐磨性。热镀锌层（不管是最初的新镀层，还是以后的旧镀层）容易进行表面涂装处理，可进一步提高覆层的耐蚀性。热镀锌加上涂装的无维修寿命，在乡村和轻度工业大气条件下可长达 25 年～40 年。

2. 热浸镀锌层技术标准

由于热镀锌的特殊使用性能和广泛应用，在国内外受到广泛的重视。虽然连续的全自动热镀锌技术尚未实现标准化，但制件热镀锌却早已制定了国际标准、地区标准、国家标准和行业标准。仅至 20 世纪末，美国就已有 11 个相关的行业标准。我国热浸镀锌层技术标准的制定工作始于 20 世纪 90 年代，1992 年，全国金属与非金属覆盖层标准化技术委员会组织专家制定了 GB/T 13912—1992《金属覆盖层 钢铁制品热浸镀锌层 技术要求》（参照 ISO 1459：1973（E）《金属覆盖层 热浸镀锌防腐蚀层 指导原则》和 ISO 1461：1973（E）《金属覆盖层 钢铁制品热浸镀锌层 技术条件》）。

2002 年，修改采用 ISO 1461：1999《钢铁制件热浸镀锌层 技术条件及试验方法》，制定了 GB/T 13912—2002《金属覆盖层 钢铁制件热浸镀锌层 技术要求及试验方法》，代替 GB/T 13912—1992《金属覆盖层 钢铁制品热浸镀锌层 技术要求》。

2020 年，修改采用 ISO 1461：2009《钢铁制件热浸镀锌层 技术要求及试验方法》，制定了 GB/T 13912—2020《金属覆盖层 钢铁制件热浸镀锌层 技术条件及试验方法》，代替 GB/T 13912—2002（金属覆盖层 钢铁制件热浸镀锌层 技术要求及试验方法）。

GB/T 13912—2020《金属覆盖层 钢铁制件热浸镀锌层 技术要求及试验方法》于

2020年6月2日发布,2021年4月1日实施。

二、标准主要特点与应用说明

GB/T 13912—2020 与 GB/T 13912—2002 相比,主要技术变化如下:

1) 增加了术语3.16熔融锌、3.17焊缝渗流。
2) 4.1概述合并了原4.2基体金属,原4.1需方应提供的资料调整至附录A。
3) 原6.3漏镀及修复,调整至附录E,并做了补充。
4) 取消了原第7章试验方法,原7.1外观试验、7.3附着力试验与第6章对应条文合并,原7.2厚度测量部分调整至附录D。

GB/T 13912—2020 规定了一般钢铁制件热浸镀锌的技术要求,要求中对于无法定量检验的技术指标,如外观,提出了描述型的定性要求,对于能够定量检验的技术指标,如镀层厚度,则提出了具体的技术指标,并规定了试验方法。该标准可以与 GB/T 19355.1《锌覆盖层 钢铁结构防腐蚀的指南和建议 第1部分:设计与防腐蚀的基本原则》和 GB/T 19355.2《锌覆盖层 钢铁结构防腐蚀的指南和建议 第2部分:热浸镀锌》配合使用。

标准的应用说明如下:

1) 该标准主要适用于批量热镀锌生产的钢铁制件,不适用于连续热镀锌生产的钢板(带)、钢丝等,不适用于自动化热浸镀锌生产的管材和棒材。高速公路护栏板、输变电铁塔等批量热镀锌产品,应优先符合其相应的产品标准,如 GB/T 18226《公路交通工程钢构件防腐技术条件》等。

2) 该标准仅适用于镀层中其他合金元素的质量分数不大于2%的热浸镀锌制件,例如,为增加镀层的表面光亮度添加的少量铝,为抑制圣德林效应而加入的少量镍等;而不适用于镀层中合金元素的质量分数超过2%的热镀锌层,如 Zn-5%Al-RE 等合金镀层。

3) 热浸镀锌的外观要求由于不能定量化检验,往往容易引起供需双方的异议。该标准规定,只要镀层厚度大于规定值,被镀制件表面允许存在暗灰色或浅灰色的色彩不均匀区域(如网状花纹或暗灰色的区域)。潮湿条件下储存的镀锌制件,表面允许有白锈(以碱式氧化锌为主的白色或灰色产物)存在。镀锌层表面的灰暗色或浅灰色镀层的组织为锌铁合金层。这是由于采用低合金钢(如含锰钢)促进了热镀过程的圣德林效应,或是厚壁制件热镀出锌锅后冷却缓慢,造成镀锌层表面的锌与铁基体继续发生扩散反应,完全消耗了表面的纯锌层。此时的热镀锌镀层全部由锌铁合金组成。锌铁合金层的耐蚀性不低于(甚至略高于)纯锌层,因此不会降低镀锌层的耐蚀性。白锈主要是氧化锌和碱式碳酸锌等锌的腐蚀产物组成的,对镀锌层有保护作用,基本不会影响镀锌层的防护作用。白锈是在潮湿的环境中储存产生的,镀锌后钝化处理可以减缓白锈的产生。由于钝化剂中含有金属铬,许多欧美国家从环境保护的角度考虑,取消了热镀锌后的钝化处理。但是国内有部分需方,从美观的角度考虑,仍然要求镀锌层呈白亮的金属光泽,也不接受白锈。若遇此类情况,双方可事先协商约定,若需方坚持,则可采取添加镍,降低热浸镀温度,必要时采取快速冷却的方式部分解决颜色灰暗的问题。为减少白锈,除进行钝化处理以外,还应尽量在干燥通风的环境下储存。

4) 与 GB/T 13955《锌覆盖层 钢铁结构防腐蚀的指南和建议》一样,该标准也不建议用中性盐雾试验等加速腐蚀试验来预测热浸镀锌涂层的长期防腐蚀性能。就标准所适用的热镀锌层而言，镀锌层的耐腐蚀防护寿命与镀锌厚度的厚度成正比，因此，镀锌层厚度是该标准最重要的技术指标。

三、标准内容（GB/T 13912—2020）

金属覆盖层　钢铁制件热浸镀锌层　技术要求及试验方法

1　范围

本标准规定了钢铁制件热浸镀锌层的技术要求和试验方法。本标准对热浸镀锌产品的后处理和保护涂层未做规定。

本标准适用于钢铁制件（包括某些铸件）的热浸镀锌层（其他合金元素总的质量分数不超过2%）。本标准不适用于下列情况：

a) 连续式热浸镀锌生产的板材、线材、编织物或焊接网；

b) 自动化设备热浸镀锌生产的管材和棒材；

c) 采用特殊标准的热浸镀锌产品（如紧固件）、有附加要求或有与本标准要求不一致的热浸镀锌产品。

注：某些产品标准可能通过引用本标准或修改本标准部分条款来规定其产品的热浸镀层要求。也可以对产品的镀锌层做出不同规定以满足特定的要求。

2　规范性引用文件

下列文件对于本文件的应用是必不可少的。凡是注日期的引用文件，仅注日期的版本适用于本文件。凡是不注日期的引用文件，其最新版本（包括所有的修改单）适用于本文件。

GB/T 470　锌锭（GB/T 470—2008，ISO 752：2004，MOD）

GB/T 2828.1　计数抽样检验程序　第1部分：按接收质量限（AQL）检索的逐批检验抽样计划（GB/T 2828.1—2012，ISO 2859-1：1999，IDT）

GB/T 2828.2　计数抽样检验程序　第2部分：按极限质量（LQ）检索的孤立批检验抽样方案（GB/T 2828.2—2008，ISO 2859-2：1985，NEQ）

GB/T 2828.3　计数抽样检验程序　第3部分：跳批抽样程序（GB/T 2828.3—2008，ISO 2859-3：2005，IDT）

GB/T 4956　磁性基体上非磁性覆盖层　覆盖层厚度测量　磁性法（GB/T 4956—2003，ISO 2178：1982，IDT）

GB/T 6463　金属和其他无机覆盖层厚度测量方法评述（GB/T 6463—2005，ISO 3882：2003，IDT）

GB/T 12334　金属和其他非有机覆盖层　关于厚度测量的定义和一般规则（GB/T 12334—2001，idt ISO 2064：1996）

GB/T 13452.2　色漆和清漆　漆膜厚度的测定（GB/T 13452.2—2008，ISO 2808：2007，IDT）

GB/T 13825　金属覆盖层　黑色金属材料热镀锌层　单位面积质量称量法（GB/T 13825—2008，ISO 1460：1992，IDT）

GB/T 18253　钢及钢产品　检验文件的类型（GB/T 18253—2018，ISO 10474：2013，IDT）

ISO 3549　色漆用锌粉颜料　规范和试验方法（Zinc dust pigments for paints—Specifications and test methods）

EN 1179　锌及锌合金　初级锌（Zinc an zinc alloys—Primary zinc）

EN 13283　锌及锌合金　二次锌（Zinc and zinc alloys—Secondary zinc）

3　术语和定义

GB/T 12334 界定的以及下列术语和定义适用于本文件。

3.1　热浸镀锌　hot dip galvanizing

将经过前处理的钢或铸铁制件浸入熔融的锌浴中，在其表面形成锌和（或）锌-铁合金镀层的工艺过程和方法。

3.2　热浸镀锌层　hot dip galvanized coating

采用热浸镀锌方法在钢铁件表面上获得的锌和（或）锌-铁合金镀层。

注：在本标准中简称镀层。

3.3　镀层的镀覆量　coating mass

钢铁表面上单位面积锌和（或）锌-铁合金镀层的总质量，以 g/m^2 表示。

3.4　镀层厚度　coating thickness

钢铁表面上锌和（或）锌-铁合金镀层的总厚度，以 μm 表示。

3.5　主要表面　significant surface

制件上被热浸镀锌或将被热浸镀锌的部分表面，该部分表面上的镀层对于制件的外观和（或）使用性能是极为重要的。

3.6　样本　control sample

从检查批中随机抽取用于试验的热浸镀锌制件或制件组。

3.7　基本测量面　reference area

按规定次数进行检测试验的区域。

3.8　镀层局部厚度　local coating thickness

在某一基本测量面按规定次数用磁性法所测得的镀层厚度的算术平均值或用称量法进行一次测量所测得的镀层镀覆量的厚度换算值。

3.9　镀层平均厚度　mean coating thickness

对某一大件或某一批镀锌件抽样后测得镀层局部厚度的算术平均值。

注：本标准中大件是指主要表面大于 $2m^2$ 的制件（见6.2）。

3.10　镀层局部镀覆量　local coating mass

采用称量法进行一次测量所测得的某一区域镀层的镀覆量。

3.11　镀层平均镀覆量　mean coating mass

按第5章规定抽样，用 GB/T 13825 规定的称量法测得的镀层局部镀覆量的算术平均值，或镀层平均厚度的换算值。

3.12　镀层厚度最小值　minimum value of the coating thickness

在基本测量面上用称量法测得的镀层镀覆量厚度换算值中的最小值，或按规定次数用磁性法所测得的镀层厚度的算术平均值中的最小值。

3.13　检查批　inspection lot

一次订货或一次交货的热浸镀锌制件。

注：在本标准中简称批。

3.14 验收检查 acceptance inspection

在没有其他规定的情况下，应在热浸镀锌生产厂家内对某检查批的热浸镀锌制件进行的检查。

3.15 漏镀面 uncoated areas

钢铁制件表面未与熔融锌发生反应的区域。

3.16 熔融锌 zinc melt

主要包含锌的熔融体。

3.17 焊缝渗流 weld seepage

热浸镀锌制件焊接处，之前残留的预处理溶液从两个交叠表面之间不连续焊接造成的狭窄空间或焊缝中极小的孔洞（针孔）中流出。

4 一般要求

4.1 概述

本标准规定了用于制件热浸镀锌层熔融锌的含量要求（见4.2）。基体金属的化学成分、表面状况（表面粗糙度）、制件的质量及镀锌条件都可能影响锌镀层的外观、厚度、组织结构和物理/力学性能。本标准没有对这些影响因素提出具体要求，可以参考GB/T 19355.2。

4.2 热浸镀锌浴

用于热浸镀锌的锌浴主要应由熔融锌构成。熔融锌中的杂质总含量不应超过总质量的1.5%（所指杂质见GB/T 470、EN 13283或EN 1179规定）。

4.3 需方应提供的资料

需方应提供附录A中A.1和A.2所列的资料。

4.4 安全

在热浸镀锌的生产过程中应按附录B的要求采取安全措施。

5 验收和抽样

除非订货时需方提出其他要求，验收检查应在产品离开镀锌厂家之前进行。验收包括镀层外观评定和镀层厚度测量。镀层附着力通常不测试，或者只是根据供需双方协议进行测试。

用于镀层厚度试验的样本应从每一检查批（见3.13）中随机抽取，应按表1要求从每一检查批中抽取不少于最小数量的制件组成样本。

表1 检查批对照样本数量

检查批的制件数量	样本所需制件的最小数量
1~3	全部
4~500	3
501~1200	5
1201~3200	8
3201~10000	13
>10000	20

6 镀层的要求

6.1 外观

验收检查时，采用正常或矫正视力在1m以上距离目测所有热浸镀锌制件，其主要表面

（见 3.5）应平滑，无滴瘤、粗糙和锌刺（如果这些锌刺会造成伤害），无起皮（即下层无固体金属的凸起区域），无漏镀，无残留的溶剂渣。

热浸镀锌层主要用于防止基体钢铁制件腐蚀，其美观和装饰性是次要的。如果在某些应用场合这些次要特性也很重要时，非常建议供需双方根据所达成的铁或钢制件（全部或部分）的表面粗糙度标准，来确定钢铁制件所用的原材料成分范围。当要求的表面粗糙度标准超出本条的规定时，这一点尤其重要。需要注意的是，"粗糙"和"平滑"是相对概念，制件镀层的表面粗糙度不同于经机械辊挤的镀锌制品（如镀锌钢板、管材和镀锌钢丝）的表面粗糙度。

只要镀层厚度大于规定值，被镀制件表面允许存在暗灰色或浅灰色的色彩不均匀区域（如网状花纹或暗灰色的区域）。潮湿条件下储存的镀锌制件，表面允许有白锈（以碱式氧化锌为主的白色或灰色产物）存在。

注：在某些情况下（例如，热浸镀锌制件需后处理或附加涂层时），需方可向供方提出要求。
a) 镀锌后不进行水冷，和/或；
b) 在储运过程中采取相应措施防止镀锌层表面腐蚀。

热浸镀锌制件表面不允许残存熔剂渣。可能影响热浸镀锌制件的使用或耐蚀性的部位不应有锌瘤和锌灰（参见 GB/T 19355.1 耐蚀性数据）。

在交叠表面焊接中因使用不连续焊接而使镀层美观受到影响（如焊缝渗流）不应视为拒收的理由。使用这种焊接方式通常是出于健康和安全考虑，详细指南参见 GB/T 19355.2。

目测外观，检查不合格的制件应依照 6.3 进行修复或重镀后再重新检查。

若有特殊要求时（例如，热浸镀锌后需要涂装的），应按需方要求提供样本［见 A.2f)］。

6.2 厚度

6.2.1 概述

热浸镀锌层是为了保护钢铁产品不受腐蚀而设计的（参见附录 C）。这种镀层的防腐时间长短基本与镀层厚度成正比（参见 GB/T 19355.1）。在极严酷的腐蚀条件下服役和（或）要求较长服役时间的制件，其镀层厚度要求可以高于本标准的规定要求。

6.2.2 试验方法

当试验方法存在异议时，镀层厚度的计算方法应按 GB/T 13825 规定的热镀锌层单位面积称量法进行试验。采用称量法测得每单位面积上的平均镀层质量，再根据镀层的公称密度（$7.2g/cm^3$）计算镀层厚度。当制件数少于 10 件时，需方可以不采纳称量法测量厚度，因为采用称量法可能破坏制件，给需方造成不可补救的经济损失。

厚度测量（参见附录 D）通常由 GB/T 13452.2 和 GB/T 4956 规定的（或在 GB/T 6463 中指定）磁性方法之一进行。磁性法测量仪可测定永磁体和基体金属的磁引力，该磁引力受镀层的影响，或测定穿过镀层和基体金属的磁通路径磁阻。可选择方法有称量法和横断面显微镜法（参见附录 D）。

在 GB/T 4956、GB/T 6463 和 GB/T 13452.2 中规定的测试方法最适合在工厂内进行在线质量控制。由于该方法测量的每个区域都非常小，个别测量值可能低于镀层的局部厚度或平均厚度值。如果用磁性法在一个基本测量面内进行了足够次数的测量，测得的局部厚度值将趋近于用称量法测得的局部厚度值。

6.2.3 基本测量面

为了获得尽可能具有代表性的镀层平均厚度（见3.9）或镀覆量（见3.11），采用磁性法或称量法测量镀层厚度时，基本测量面的数量、位置及尺寸应根据制件形状和大小确定。对样本中较长制件，其基本测量面应在离其每端大约100mm、大致接近中心线的位置获取，并应包括制件的整个横截面。

基本测量面的数量取决于样本中各制件的尺寸，应按表2的规定。

表2 测试所需的基本测量面数量要求

类别	主要表面的面积	每个制件样本的基本测量面数量
a	$>2m^2$	$\geqslant 3$
b	$>100cm^2$ 且 $\leqslant 2m^2$	$\geqslant 1$
c	$>10cm^2$ 且 $\leqslant 100cm^2$	1
d	$\leqslant 10cm^2$	每 N 个制件样本共同作为一个基本测量面

注：$2m^2 = 200cm \times 100cm$；$100cm^2 = 10cm \times 10cm$。

对于表2类别中a的制件，主要表面面积大于 $2m^2$ 的制件（即大件），样本中每个制件至少应取3个基本测量面，样本中每一制件（分别抽取的）的基本测量面内测得的镀层平均厚度应不低于表3或表4给出的镀层平均厚度最小值。

对于表2类别中b、c和d的制件，在每个基本测量面内测得的镀层平均厚度值应不小于表3或表4相应的镀层局部厚度最小值。在样本的所有基本测量面测得的镀层平均厚度应不低于表3或表4相应平均厚度最小值。

对于表2类别中d的制件，主要表面面积小于或等于 $10cm^2$ 的制件，应由足够数量（N个）的制件共同提供至少 $10cm^2$ 的面积作为一个单独的基本测量面。用于测量的制件总数等于提供一个单独的基本测量面所需的制件数 N 乘以表1最后一列中提供的数量，这一用于测量的制件总数与检查批的大小有关（如果批不大，也可取全部的制件用于进行检验）。如果不采用上述规定，也可以按 GB/T 2828.1、GB/T 2828.2 或 GB/T 2828.3 规定的抽样程序进行。

当镀锌层厚度根据 GB/T 4956 中要求进行磁性法测量时，其基本测量面应置于能够为称量法所选中作为基本测量面的典型区域内。

若制件很小，必须要5个以上制件的主要表面积之和才能达到 $10cm^2$，在每个制件都有适合于磁性法的基本测量面的条件下，可采用磁性法，否则应采用称量法。

在每个不小于 $10cm^2$ 的基本测量面内采用磁性法测厚时，应至少取5个测量点测厚，其算术平均值即为该基本测量面的镀层局部厚度（见3.8）。只要该平均值不低于表3或表4中的局部厚度所要求的值，允许个别测量点上的测量值低于表3或表4中的值。采用磁性法测定的所有基本测量面的平均镀层厚度的计算方法可按照称量法（见 GB/T 13825）类似的计算方法获得。

厚度的测量不应在切割面、离边缘距离少于10mm的区域、火焰切割面或边角进行（参见 GB/T 19355.2）。

表3 未经离心处理的最小镀层厚度和最小镀覆量

制件及其厚度/ mm	镀层局部厚度[1] 最小值/μm	镀层局部镀覆量[2] 最小值/(g/m²)	镀层平均厚度[3] 最小值/μm	镀层平均镀覆量[2] 最小值/(g/m²)
钢厚度>6	70	505	85	610
3<钢厚度≤6	55	395	70	505
1.5≤钢厚度≤3	45	325	55	395
钢厚度<1.5	35	250	45	325
铸铁厚度≥6	70	505	80	575
铸铁厚度<6	60	430	70	505

注：本表为一般的要求，具体产品标准可包含不同的厚度等级及分类在内的各种要求。表中给出了局部镀覆量和平均镀覆量相关要求，以供在相关争议中参考。

[1] 见3.8。
[2] 使用标称镀层密度 7.2g/cm³ 计算等价镀层镀覆量（参见附录D）。
[3] 见3.9。

表3中镀层局部厚度只应在依照6.2.3选定的基本测量面上测量。在有争议的情况下，称量法测试结果（镀层镀覆量）优先于其他镀层厚度测试结果。

表4 经离心处理的最小镀层厚度和最小镀覆量

制件及其厚度/ mm	镀层局部厚度[1] 最小值/μm	镀层局部镀覆量[2] 最小值/(g/m²)	镀层平均厚度[3] 最小值/μm	镀层平均镀覆量[2] 最小值/(g/m²)
螺纹件				
直径>6	40	285	50	360
直径≤6	20	145	25	180
其他制件(包括铸铁件)				
厚度≥3	45	325	55	395
厚度<3	35	250	45	325

注：本表为一般的要求，紧固件和具体产品标准可以有不同要求，也可参照A.2 h）。表中给出了局部镀覆量和平均镀覆量相关要求，以供在相关争议中参考。

[1] 见3.8。
[2] 使用标称镀层密度 7.2g/cm³ 换算等价镀层镀覆量（参见附录D）。
[3] 见3.9。

表4中的镀层局部厚度只在按6.2.3选定的基本测量面内测定。在有争议的情况下，称量法测试结果（镀层镀覆量）优先于镀层厚度测试结果。

6.3 修复

热浸镀锌制件修复的总漏镀面不应超过制件总表面的0.5%。每个漏镀面的面积不应超过10cm²。当供需双方没有其他协议，若漏镀面积大于上述规定值，这些制件应予重镀。

热浸镀锌制件表面若存在漏镀面，应采用热喷涂锌（例如，GB/T 9793）或者能与实际所限制的体系相适应的符合 ISO 3549 规定的富锌涂料进行修复，或采用适宜的片状锌粉或锌涂膏制品进行修复。也可采用熔覆锌合金（参见附录E）的方法。

若需方有特殊要求，例如后续涂装时，则供方应在修复前将修复方法告知需方。

修复前，应去除漏镀区域内的氧化皮和其他污物，或采用其他前处理方法，以保证修复层与基体间的附着力。

修复区内的涂覆层厚度应不小于100μm，除非需方另有特殊要求，例如，热浸镀锌以后还要进行涂装处理，修复层的厚度应与原热浸镀锌层的厚度相同。修复涂层应能给予钢材牺牲阳极保护。

注：破损面的修复方法建议参见附录E。

6.4 附着力

目前，没有适合钢铁制件热浸镀锌层结合力检测的现行国家标准。

镀锌层与基体之间结合力强是热浸镀锌工艺的特点，所以通常无须测试镀锌层和基体之间的附着力。一般厚度的热浸镀锌制件在使用和正常工作操作条件下应没有剥落和起皮现象。通常厚镀层制件比薄镀层制件的操作工况应更小心些。镀锌后再进行弯曲或成形加工产生的镀层剥落和起皮现象不能表示镀层的附着力不好。

若需方要求测试结合力，则供需双方应在镀锌之前达成测试方式的共识。若必须测试附着力，例如，需经受高强度机械应力的工件，所有试验都只应在主要表面进行，即在将来的使用中必须具有良好附着力的区域。

刻划十字交叉线的试验方法（参见 GB/T 31586.2）对评价镀层的力学性能有一定的参考意义，但是在某些情况下，可能比使用要求更高。另外也可采用锤击法和锉刀法。

6.5 验收准则

按6.2.3的要求选取若干基本测量面，在这些基本测量面上按6.2.2规定的试验方法进行厚度试验，所测的镀层厚度不应小于表3和表4所规定的值。除非在有争议的情况下，或需方许可切割其制件做称量法测定，否则都应采用非破坏性试验。当制件的钢材厚度不同时，则每一厚度范围的制件都应视为单独的处理批次，其镀层厚度都应分别达到表3和表4中相应的值。

如果样本的镀层厚度不符合这些要求，则应在该批料中双倍取样（制件数少于最低取样数则取全部制件进行试验）。若这一较大的样本通过了试验则视该批制件合格；若通不过，则不符合要求的制件应报废，或经需方允许重镀。

7 合格证书

根据需要，热浸镀锌厂家应提供符合本标准要求的证书（参见 GB/T 18253）。

附 录 A
（规范性附录）
应提供的资料

A.1 需方应向供方提供的必要资料

本标准的标准编号（即 GB/T 13912）应由需方向供方提供。

A.2 需方应向供方提供的附加信息

需方若有特殊要求，则应适当地提供下列信息：

a) 对热浸镀锌会产生影响的基体金属的化学成分和性能，包括钢材状态的说明，可参考 EN 10025、EN 10163-3、EN 10204。

b) 制件上是否存在火焰切割面、激光切割面或等离子切割面。

c) 主要表面的标定，可利用图样标明或提供标有适当标记的样品。

d) 表面平整与否将影响镀锌制件使用性能的区域用图样或其他方法标明，这些不平整往往由镀锌过程中形成的锌瘤、镀锌时制件相互接触形成的痕迹等因素造成。供需双方应协商解决这些问题。

e) 若有封闭内腔的制件需要热镀锌时，则应事先提供相应符合热浸镀锌要求的设计特征的书面证明，以确保排气孔的位置分布和尺寸大小的正确。

注1：镀锌工厂没有义务承担此类工作。

f) 用样品或其他方法说明产品要求的表面光滑程度。

g) 是否有特殊预处理要求。

h) 是否有特殊的镀层厚度要求（见6.2）。

i) 是否需要或接受采用离心处理，其镀层厚度应达到表4而不是表3要求。

j) 热浸镀锌后的制件是否还要进行后处理或涂装（见6.3）。

k) 抽样方法（见第5章）。

注2：制件状况对热浸镀锌结果影响的详细指南参见 GB/T 19355.2。可参考：

1) 钢材化学成分（主体和表面化学成分）；
2) 钢材表面状态；
3) 制件表面粗糙度；
4) 制件设计（尺寸、重量、形状）；
5) 制件内应力；
6) 实际应用的镀锌工艺。

A.3 供方应向需方提供的附加信息

供方应根据需方要求提供：

a) 包括修复漏镀面方法在内的任何相关信息；

b) 若需要，符合 GB/T 18253 要求的合格证书；

c) 如果热浸镀锌厂家已经过质量保证体系认证，如 GB/T 19001，则应提供该证书。需方应在工作进行之前要求此类证书。

附 录 B
（规范性附录）
安全要求

热浸镀锌生产过程应按照国家有关安全、环保和人体健康的法规和标准要求进行。

严禁对包含有封闭内腔的制件进行热浸镀锌，除非在封闭内腔上适当开孔，以防止封闭内腔内的空气受热后压力增加产生爆炸。另外，适当开孔可保证热浸镀锌后，内腔内的锌液能顺利地流出。在国家的安全和健康法规未具体涉及内腔的排气和导流问题的情况下，需方应提供开孔的方法或其他处理措施，或书面同意由供方自行处理。

未经完全烘干的制件，表面会残留溶剂的水溶液或其他水分，进入锌浴后会爆炸，应采取措施防止飞溅的锌液烫伤人体。

注1：开排气导流孔的方法可参见 GB/T 19355.2。

注2：关于热浸镀锌热处理设备安全操作方面的补充信息详见 EN 746-4。

附 录 C
（资料性附录）
热浸镀锌层耐蚀性

大多数热浸镀锌钢制件处在大气环境下，热浸镀锌层防腐蚀时间的长短大致与镀层厚度成正比（参见 GB/T 19355.1）。

在一般情况下，由于环境中二氧化硫含量的减少，热浸镀锌制件所处环境的腐蚀性也有所降低。热浸镀锌制件的使用寿命比预期的更长。在很多实际使用情况下，薄的热浸镀锌层制件在其工作环境下对其基体制件提供了充足的防腐蚀保护。

根据 GB/T 19292.1，以确定特定外部暴露环境的腐蚀类别。在 GB/T 19355.1 中可以找到特定大气暴露环境下热浸镀锌涂层耐腐蚀性能的指南。由加速腐蚀试验或短期腐蚀试验（如 Kesternick 试验、GB/T 9789 和盐雾试验）得出的短期腐蚀试验结果不应该用来预测热浸镀锌涂层的长期防腐蚀性能。

附 录 D
（资料性附录）
厚度测量

D.1 概述

最常用的非破坏镀层厚度测量法是磁性法（见 6.2），其他方法见 GB/T 4956、GB/T 6463 或 GB/T 13452.2。

破坏性方法包括称量法、阳极溶解库仑法和横断面显微镜法。

用称量法测出单位面积镀层的镀覆量，除以镀层密度（$7.2g/cm^3$）或镀层所用锌/锌合金的最具代表性的镀层密度，可算成镀层厚度（见 D.3）。

D.2 横断面显微镜法

横断面显微镜法（见 GB/T 6462）也可使用。此法是破坏性试验方法而且仅仅代表某一点，所以不适用大件或贵重件的常规检查。该方法可给出这条被检测横断面的简单视觉图像。

D.3 由单位面积镀层镀覆量换算镀层厚度（参考方法）

用 GB/T 13825 规定的方法测出单位面积镀层的镀覆量，用 g/m^2 表示，除以镀层密度（$7.2g/cm^3$）或镀层所用锌/锌合金的最具代表性的镀层密度可将单位面积镀层的镀覆量换算成镀层厚度（μm）。

附 录 E
（资料性附录）
漏镀及破损面的修复

若制件镀锌后需要涂装（例如，根据 GB/T 30790.5），供方应告知需方允许对损伤面进行修复，还应告知修复漏镀或损伤区域的推荐方法和材料，而需方和后续涂层的涂覆方应保证后续涂层体系与所采用的修复方法和材料的相容性。

6.3 规定了修复层厚度的验收要求。损伤面的现场修复可以采用同样的方法进行。修复面的大小应与漏镀面的大小一致；如果某一尺寸的漏镀面是可以接受的，则同样大小的修复面也应是可以接受的。

第二节　金属覆盖层　黑色金属材料热镀锌层　单位面积质量称量法

一、概论

热镀锌层主要用于防腐蚀。在一定的腐蚀条件下，热镀锌层越厚，或单位面积热镀锌件上的热镀锌层质量越高，则其耐久性或使用寿命越长。热镀层厚度是决定镀覆产品使用性能的关键因素。热镀锌法在基体金属上镀覆的热镀锌层的量，既可以热镀锌层的厚度表示，更常以单位面积热镀件上热镀锌层的质量（g/m^2）表示，这是热镀锌一项重要的性能或应用参数。因此，人们将容易测定单位面积热镀锌质量的制件的膜质量测定方法标准化，而制定出相应的标准。

1992年，全国金属与非金属覆盖层标准化技术委员会组织专家制定了 GB/T 13825—1992《金属覆盖层　黑色金属材料热镀锌层的质量测定　称量法》（参照 ISO 1460：1973（E）《金属覆盖层　黑色金属材料热镀锌层的质量测定　称量法》）。2008年，等同采用 ISO 1460：1992《金属覆盖层　黑色金属材料热镀锌层　单位面积质量称量法》，制定了 GB/T 13825—2008《金属覆盖层　黑色金属材料热镀锌层　单位面积质量称量法》，代替 GB/T 13825—1992《金属覆盖层　黑色金属材料热镀锌层的质量测定　称量法》。

GB/T 13825—2008《金属覆盖层　黑色金属材料热镀锌层　单位面积质量称量法》于2008年6月19日发布，2009年1月1日实施。

二、标准主要特点与应用说明

GB/T 13825—2008 与 GB/T 13825—1992 相比，主要变化如下：
1) 按照 ISO 1460 的说明，修改了测量程序说明。
2) 该标准中采用了 ISO 1460：1992 使用的计量符号。
3) 按照 ISO 1460：1992 的规定，第6章采用了国际通用的单位质量计算公式。
4) 按照 ISO 1460：1992 的规定，修改了第7章的试验报告并增加了脚注1）。
5) 按照 ISO 1460：1992 的规定，补充了6.2条重现率的要求。

该标准规定了采用称量法检测黑色金属（主要是钢铁材料）热镀锌层镀覆量的方法和程序，是具有仲裁性的镀层镀覆量检测方法。该标准既适用于钢铁制件批量热镀锌，如型钢、槽钢、角钢等，也适用于连续热镀锌，如钢带（板）、钢丝、钢管，还适用于制成品热镀锌，如高速公路护栏、电力管塔等。

该标准规定的方法实质是分析化学中常用的经典质量法，即测定试样退除热镀锌层前后的质量差，以此差值计算，得到所要求的结果。这就要求应测准所要退除热镀锌层的面积，保证既完全退除所要退除的热镀锌层，又不致损伤基体；既不使试验结果偏低，也不使之偏高。因此，对相应的退除溶液和退除方法提出了相应的要求。

该标准不适用于形状复杂、表面积难以确定的钢铁制件的热镀锌层检测，这类制件建议采用其他检测方法，如金相法等。该标准的检测过程会破坏被检测制件，对于不允许破坏的制件，建议采用无损检测法，如磁性测厚法。

三、标准内容（GB/T 13825—2008）

金属覆盖层　黑色金属材料热镀锌层　单位面积质量称量法

1　范围

本标准规定了测定黑色金属材料上热镀锌层单位面积质量的方法。

本标准要求精确计算试样的表面积。因此，本标准适用于表面积易于确定的试样。如果试样很重而无法按本标准第5章的要求实施，则应采用其他的方法测定热镀锌层的质量。

2　原理

将已知表面积的试样浸于缓蚀性酸性溶液中，通过称量镀层溶解前后试样的质量，确定试样的质量损失，按试样的质量损失计算试样单位面积上热镀锌层的质量。

3　退镀溶液

将3.5g六次甲基四胺溶于500mL浓盐酸（$\rho=1.19$g/mL）中，并用蒸馏水将此溶液稀释到1000mL。

4　取样

取样方法应由供需双方协商。

5　测量程序

当需要时，试样应采用不侵蚀热镀锌层的有机溶剂脱脂，再进行干燥。

在退镀之前，称量试样，精度准确到预测镀层质量值1%的范围。

退镀溶液的用量为试样表面每平方厘米不少于10mL。试样应完全浸入室温下的退镀溶液中，镀层完全溶解后取出。以氢气析出平缓无变化时即为镀层溶解过程的终点。取出试样置于流动水中漂洗，必要时，可用软刷刷去表面附着的任何松散物质。然后浸于无水乙醇中，迅速取出干燥。再称量到前述镀层质量的测量精度。

称量后，应测量暴露出的表面积A，测量精度准确到1%范围。

6　镀层质量及厚度的计算

6.1　计算公式

热浸镀锌单位面积质量ρ_A的单位以g/m^{2}表示，按式（1）计算：

$$\rho_A = \frac{m_1 - m_2}{A} \times 10^6 \tag{1}$$

式中　m_1——试样退镀前的质量（g）；

　　　m_2——试样退镀后的质量（g）；

　　　A——试样的曝露面积（mm^2）。

注：钢丝热镀锌层的单位面积质量ρ_A的单位以g/m^{2}表示，宜采用下式计算：

$$\rho_A = \frac{7.84 \times 10^3}{4} \times D \times \frac{m_1 - m_2}{m_2}$$

式中　D——退镀后钢丝的直径（mm），钢丝的密度值为7.84g/cm^3。

按此公式计算，无须知道钢丝长度。

6.2　重现率

不同的操作者、不同的仪器、不同的操作环境下，重现率约为平均值的5%。

7 试验报告

试验报告应包括下述项目：

a）本标准号；

b）试样的类型和形状；

c）计算试样表面积的方法；

d）热镀锌层的单位面积质量以 g/m^2 计，如果供需双方协商一致，镀层厚度可以用 μm 表示[1]。

第三节 金属覆盖层 钢铁制品热浸镀铝 技术条件

一、概述

1. 热浸镀铝技术

热浸镀铝是将经除油去锈后的钢铁制件浸入熔融的铝液中，保温一定的时间后取出钢铁制件，在钢铁制件表面获得铝覆层的一种耐腐蚀抗高温氧化技术。热浸镀铝层具有优于热浸镀锌层的耐大气腐蚀性能（见表12.3-1），可用于高速公路护栏板等钢铁结构件的防护。热浸镀铝层还具有良好的耐高温氧化和耐含硫热腐蚀性能，可用于锅炉换热器等，也可在一定范围内代替耐热钢、不锈钢使用，具有较高的使用价值和经济效益。

表 12.3-1 几种大气环境下热浸镀铝层与热浸镀锌层的耐蚀性对比

大气类型	腐蚀率/(μm/年)		腐蚀率之比
	镀锌层	镀铝层	
海洋	1.25	0.30	5.1
工业	3.975	0.50	5.0
半工业	1.675	0.25	6.7
半乡村	1.850	0.20	9.3
乡村	1.175	0.125	9.4

一些先进的工业国家在热浸镀铝工艺、材料性能、产品生产与应用等方面做了大量的研究与推广工作。1931年，德国开始热浸镀铝材料的耐热性能研究；1943年，美国开始热浸镀铝试生产，1946年，形成生产能力；20世纪50年代，英、德建立大规模生产线；20世纪60年代，日本进行大规模生产。

我国从20世纪50年代开始热浸镀铝试验研究、试生产及产品推广应用，70年代建立了生产线，80年代开发了热浸镀铝钢焊条并开展了焊接性能试验。热浸镀铝产品现已推广应用到石油、电力、化工、冶金、建筑、公路建设、汽车制造等领域。

---

[1] 以 μm 表示的热浸锌层厚度近似值（d）可以用下式计算：

$$d = \frac{\rho_A}{7.2}$$

式中，镀层的密度设为 $7.2 g/cm^3$。

2. 热浸镀铝技术标准

为了提高热浸镀铝生产水平，可靠地控制产品质量，进一步扩大产品推广应用，我国较早地开展了热浸镀铝技术标准化工作。1989 年，制定了 ZB J 36011—1989《钢铁热浸镀铝工艺及质量检验》；1999 年，对 ZB J 36011—1989 进行了修订，发布了 JB/T 9206—1999《钢铁热浸镀铝工艺及质量检验》。

2001 年，全国金属与非金属覆盖层标准化技术委员会组织专家制定了 GB/T 18592—2001《金属覆盖层　钢铁制品热浸镀铝　技术条件》。该标准结合我国国情，在参照国外先进标准的基础上，通过大量的试验、研究、生产验证和实用检验工作，确定了热浸镀铝工艺规范和产品质量技术指标。

GB/T 18592—2001《金属覆盖层　钢铁制品热浸镀铝　技术条件》于 2001 年 12 月 17 日发布，2002 年 6 月 1 日实施。

二、标准主要特点与应用说明

1. 标准的主要特点

1）该标准首次提出了扩散型热浸镀铝层孔隙级别显微镜评定法、扩散型热浸镀铝层裂纹级别显微镜评定法、扩散型热浸镀铝层与基体金属界面类型评定法，并进一步规范、优化了热浸镀铝层显微镜测厚法。GB/T 18592—2001 与 JB/T 9206—1999 相比，变化还有：术语中去掉了一条"假浸"，增加了一条"合金层 alloy layer"；称"由铝、铁相互扩散形成的铝铁合金层"为"合金层"，不再称"化合物层"；称"浸渍型热浸镀铝层的外表层"为"铝覆盖层"，不再称"铝敷盖层"。

2）该标准按照镀层成分和热浸镀工艺方法对热浸镀铝进行分类，有利于使用者根据不同的要求进行选择。

3）该标准给出了热浸镀铝的工艺规范，可用于指导热浸镀铝生产。

4）该标准给出了热浸镀铝层技术要求和试验方法，是在长期的研究和应用中总结出来的，更能够保证热浸镀铝层的质量和性能。

2. 标准的应用说明

（1）适用范围　该标准提出的热浸镀铝工艺要点和质量检验方法适用于钢铁件。国内外热浸镀铝产品以钢为主，钢中又以低碳钢和低合金钢为主，故该标准偏重于这类钢件。对于中、高合金钢及铸铁件的工艺与质量检验的不同之处，也做了明确规定。

由于连续式热浸镀铝生产的薄板、线材、带材的工艺方法、质量指标、检验方法有所不同，该标准不包括这些内容。

（2）热浸镀铝层的分类

1）按处理方式分类如图 12.3-1 所示。

$$热浸镀铝层\begin{cases}浸渍型热浸镀铝层\begin{cases}铝覆盖层（外表层）\\合金层（内层：一次扩散层）\end{cases}\\扩散型热浸镀铝层\begin{cases}合金层（外表层：一次扩散层）\\合金层（内层：二次扩散层）\end{cases}\end{cases}$$

图 12.3-1　热浸镀铝层按处理方式分类

2）按覆层材料类别分类。该标准与美、日相关标准所列举的热浸镀铝覆层材料类别见表 12.3-2。

表 12.3-2　热浸镀铝覆层材料类别

GB/T 18592	ASTM A676	JIS H 9126
铝层(Al)	铝层(Al)	熔融铝 1 种(HDA1)
铝硅合金层(Al-Si)	铝硅合金层(Al-Si)	熔融铝 2 种(HDA2)
—	铝锰合金层(Al-Mn)	熔融铝 3 种(HDA3)

（3）热浸镀铝前处理　要保证热浸镀铝的质量，镀前处理必须充分、有效。热浸镀铝前处理工艺主要包括以下内容：

1）脱脂：

① 加热脱脂。将工件置于350℃~500℃的条件下加热脱脂。

② 碱液清洗脱脂。根据生产批量、工件的几何形状、污染程度等因素，确定碱液配方、浓度、温度等参数。

③ 有机溶剂清洗脱脂。可自行配置或选用市售清洗剂、石油类清洗剂，在室温条件清洗脱脂。

2）除锈：

① 机械除锈。采用喷砂或手工打磨等方法，除去工件表面锈迹、氧化皮及腐蚀产物。

② 化学除锈。采用硫酸、盐酸、磷酸等酸液、除去工件表面锈迹、氧化皮及腐蚀产物。酸液中应添加适量缓蚀剂，酸洗后应继以中合及水洗。

3）助镀。助镀是影响热浸镀铝质量的关键工序。经过除油、除锈并清洗干净的工件浸入铝液之前，必须进行表面助镀处理。助镀方法主要有三种：

① 水溶液法。将工件置于助镀液中浸渍一段时间，取出水洗，并在不大于100℃的条件下干燥。使用该方法时，应严格控制助镀液的成分、温度和浓度。该方法的优点是工艺设备简单，成本低廉，配置方便、助镀效果较好；缺点是溶液调整频繁，助镀质量稳定性较差。

② 熔融盐法。在铝液表面覆盖一层熔融盐，热浸镀铝时工件先经过熔融盐层活化表面后再进入铝液。该方法适宜于热浸镀铝炉前设有通风装置的场合。其优点是助镀效果较好，能防止铝液表面高温氧化；缺点是熔盐在高温下易挥发，有些还有毒气，污染环境，腐蚀设备。

③ 气体法。气体法适宜于大规模生产时，在铝浴槽与气氛炉密封连接的连续式生产的热浸镀铝操作，可采用氢气还原等方法。美国 Almco 公司的 Sendzimir 法采用氢气还原，而 K.A.C.C 法则采用 $10\%H_2+90\%N_3$。该方法的优点是助镀效果较好，能防止铝液表面高温氧化；缺点是装备复杂，投资较高。

（4）热浸镀铝层的涂敷量测定

1）该标准制定的热浸镀铝层的涂敷量技术指标与 ASTM A 676、JIS H 8642 比较见表 12.3-3。

表 12.3-3　热浸镀铝层的涂敷量技术指标　　　　　　　　（单位：g/m²）

热浸镀铝层类型		标准编号		
		GB/T 18592	ASTM A 676	JIS H 8642
浸渍型	铝	≥160	≥180	HDA2≥120
	铝硅	≥80	≥90	HDA1≥110
扩散型	铝	≥240	≥280	HDA3—

注：表中数据 GB/T 18592 与 ASTM A 676 对应，与 JIS H 8642 不对应。

2) 该标准制定的热浸镀铝层的涂敷量测量方法（单位采用 g/m²），与 JIS H 8642 相同。

(5) 热浸镀铝层的厚度测量

1) 该标准制定的热浸镀铝层厚度技术指标与 ASTM A 676、JIS H 8642 比较见表 12.3-4。

表 12.3-4　热浸镀铝层厚度技术指标　　　　　　　　（单位：mm）

热浸镀铝层类型		标准编号		
		GB/T 18592	ASTM A 676	JIS H 8642
浸渍型	铝	≥0.080	≥0.076	HDA1≥0.06
	铝硅	≥0.040	≥0.038	HDA2≥0.07
扩散型	铝	≥0.100	≥0.076	HDA3≥0.05

注：表中数据 GB/T 18592 与 ASTM A 676 对应，与 JIS H 8642 不对应。

2) 显微镜测厚法。测厚试样制备按照 GB/T 6462 执行。该标准列入了适用于热浸镀铝层显示的浸蚀剂。根据热浸镀铝层厚度不均的特点，对于测量视场选取、厚度值测量、结果计算都做了明确规定。浸渍型热浸镀铝层厚度为表面铝覆盖层与合金层厚度之和；扩散型热浸镀铝层厚度为试样表面垂直测量至扩散层界面线的距离，若界面线为双线时，则以测量至近金属基体的那一条界面线为准。

3) 测厚无损检测法。使用无损测厚仪测厚时，应以已知厚度的表面粗糙度与被测试件相当的标准试样检验测量精度。

4) 仲裁。考虑到热浸镀铝制品表面粗糙度对测厚仪检测精度的影响这一因素，故规定"对测厚仪检测法测量结果有争议时，以显微镜测量法测量结果为准"。

(6) 其他应用说明

1) 高速公路护栏板热浸镀铝建议参照 GB/T 18226《公路交通工程钢构件防腐技术条件》。

2) 热浸镀铝产品在高温下使用时，镀层中的铝会发生二次扩散，因此，热浸镀铝产品在铝的熔点温度（纯铝熔点为 660℃，铝-硅合金镀层的熔点会更低）以上使用时建议采用扩散型热浸镀铝。

3) 热浸镀铝层虽然比热浸镀锌层具有更好的耐大气腐蚀性能，但是热浸镀铝的温度较高，钢铁制品热浸镀铝时产生变形的可能性较大，相对成本也较热浸镀锌高，因此应进行综合考虑。

三、标准内容（GB/T 18592—2001）

金属覆盖层　钢铁制品热浸镀铝　技术条件

1　范围

本标准规定了钢铁热浸镀铝工艺要求和热浸镀铝层质量检验方法。本标准适用于耐热耐腐蚀要求的钢铁结构制品，不适用于连续式生产的热浸镀铝薄板、带材和线材制品。

2　引用标准

下列标准所包含的条文，通过在本标准中引用而构成为本标准的条文。本标准出版时，所示版本均为有效。所有标准都会被修订，使用本标准的各方应探讨使用下列标准最新版本的可能性。

GB/T 228—1987　金属拉伸试验法

GB/T 1196—1993　重熔用铝锭

GB/T 4956—1985　磁性金属基体上非磁性覆盖层厚度测量　磁性方法（eqv ISO 2178：1982）

GB/T 6462—1986　金属与氧化物覆盖层　横断面厚度显微镜测量方法（eqv ISO 1463：1982）

GB/T 9790—1988　金属覆盖层及其他有关覆盖层　维氏和努氏显微硬度试验（neq ISO 4516：1980）

3　定义

本标准采用下列定义。

3.1　热浸镀铝（热浸铝、热镀铝、液体渗铝）　hot dipped aluminum

将钢铁工件浸入熔融铝液中并保温一定时间，使铝（及其他附加元素）覆盖并渗入钢铁表面，获得热浸镀铝层的工艺方法。

3.2　热浸镀铝层　hot dipped aluminum coating

采用热浸镀铝工艺方法在钢件表面形成的铝及铝铁合金层，分为浸渍型热浸镀铝层和扩散型热浸镀铝层。

3.3　浸渍型热浸镀铝层　as-dipped aluminum coating

直接在铝液中热浸镀后得到的镀层。外层为铝敷盖层，内层为铝铁合金层。

3.4　扩散型热浸镀铝层　diffused aluminum coating

在铝液中热浸镀后再经扩散处理得到的热浸镀铝层。该层全部由铝铁合金层构成。

3.5　铝覆盖层　aluminum overlay

浸渍型热浸镀铝层的外表层，其成分基本上与铝液成分相同。

3.6　合金层　alloy layer

主要由铝、铁互扩散形成的铝铁合金构成。

3.7　有效浸镀铝区　effective area of hot dipped aluminum

在铝液中，铝液成分和加热温度都能满足热浸镀铝工艺要求的装料区域。

3.8　漏镀　uncoating

浸渍型热浸镀铝制品外观检查存在的局部未浸镀上铝的现象。

3.9　漏渗　undiffusing

扩散型热浸镀铝制品外观检查存在的局部没有形成铝铁合金层的现象。

3.10　热浸镀铝层涂敷量　weight of coating

热浸镀铝后涂敷至工件表面的铝（及其他附加元素）的质量，以单位面积内增加的质量 g/m^2 表示。

4　热浸镀铝层的分类

4.1　按处理方式分类

a）浸渍型热浸镀铝层。

b）扩散型热浸镀铝层。

4.2 按覆层材料类别分类

a）铝层。

b）铝-硅合金层。

5 材料的质量要求

5.1 钢和铁

热浸镀铝制品基体材料（钢和铁）的质量要求应符合相应的国家标准或行业标准的规定。

5.2 铝锭

热浸镀铝用铝锭中铝的质量分数不小于99.5%，GB/T 1196中的特一级、特二级或一级铝锭均适用。

6 热浸镀铝工艺流程

6.1 浸渍型热浸镀铝工艺流程

除油→除锈→助镀→热浸镀铝→矫正→清理→检验

6.2 扩散型热浸镀铝工艺流程

除油→除锈→助镀→热浸镀铝→矫正→清理→检验→扩散处理→矫正→清理→检验

7 热浸镀铝工艺方法

7.1 除油

必须除尽工件表面油污，可采取低温加热除油或碱液清洗除油或有机溶剂清洗除油等。

7.2 除锈

必须除尽工件表面锈蚀产物。可采取机械除锈或化学除锈方法。

7.3 助镀

经除油除锈并清洗干净的工件在进入铝液之前必须助镀，助镀方法可采取水溶液法，熔盐法或气体法等。

7.4 热浸镀铝

7.4.1 热浸镀铝液

在有效热浸镀铝区的铝液化学成分原则上应符合表1规定。热浸镀铝液一般每使用8h后应取样分析并调整。铝液表面浮渣应及时去除，液底熔渣也应定期去除。

表1 热浸镀铝液化学成分（质量分数） （%）

覆层材料类别	硅	锌	铁	其他杂质总量	铝
铝	≤2.0	≤0.05	≤2.5	≤0.30	余量
铝-硅	4.0~10.0	≤0.05	≤4.5	≤0.30	余量

7.4.2 热浸镀铝温度

热浸镀铝温度原则上应符合表2规定。碳素钢件一般取下限；合金钢、铸铁件一般取上限。热浸镀铝液的有效镀铝区温度偏差±10℃。

表2 热浸镀铝液温度

覆层材料类别	保温温度/℃
铝	700~780
铝-硅	670~740

7.4.3 热浸镀铝时间

推荐碳素钢、低合金钢件的热浸镀铝时间见表3，相同壁厚的中、高合金钢，铸铁件的热浸镀铝时间应增加 20%~30%。

表3 碳素钢热浸镀铝时间

工件壁厚/mm	热浸镀铝时间/min	
	浸渍型热浸镀铝层	扩散型热浸镀铝层
1.0~1.5	0.5~1	2~4
1.5~2.5	1~2	4~6
2.5~4.0	2~3	6~8
4.0~6.0	3~4	8~10
>6.0	4~5	10~12

7.4.4 出炉冷却

工件出铝液后，及时采取振动或气吹等方法去除表面多余铝液，空冷至室温，并注意避免高温时急冷。

7.5 矫正

热浸镀铝件变形超差时，应进行矫正处理。

7.6 表面清理

采用机械方法或化学方法去除热浸镀铝件表面残留熔渣或其他污物。化学方法清理后应清洗干净并干燥。

7.7 扩散处理

7.7.1 一般扩散保温温度 850℃~930℃；保温时间 3h~5h。若以层厚要求为主，可取扩散保温温度与时间的上限；若以基体金属强度要求为主，可取扩散保温温度与时间的下限。

7.7.2 扩散处理后的冷却方式，应根据所要求的基体金属的力学性能选定炉冷或空冷。

8 热浸镀铝层的宏观检查

8.1 目视检查

8.1.1 基体金属表面形成的热浸镀铝层应连续、完整。

8.1.2 浸渍型热浸镀铝制品表面不允许存在明显影响外观质量的熔渣、色泽暗淡及漏镀等缺陷。

8.1.3 扩散型热浸镀铝制品表面不允许存在漏渗、裂纹及剥落等缺陷。

8.2 附着力试验

8.2.1 浸渍型热浸镀铝层

使用坚硬的刀尖并施加适当的压力。在平面部位刻划至穿透表面铝覆盖层。在刻划线两侧 2.0mm 以外的铝覆盖层不应起皮或脱落。

8.2.2 扩散型热浸镀铝层

使用坚硬的刀尖并施加适当的压力，在平面部位刻划（或手工锯割）至穿透化合物层，在刻划线（或锯割线）两侧 2.0mm 以外的化合物层不应起皮或脱落。

8.3 变形检验

用直尺、游标卡尺、千分尺等测量热浸镀铝制品的挠曲、伸长、增厚等变形量。

9 热浸镀铝层的涂敷量测定（称重法）

9.1 热浸镀铝层的涂敷量应符合表4规定。

表4 热浸镀铝层的涂敷量

类型	覆层材料	涂敷量/(g/m²)
浸渍型	铝	≥160
	铝-硅	≥80
扩散型	铝	≥240

9.2 涂敷量测量方法

9.2.1 随炉附带试样法

以机械方法从工件上切取试样或选取与工件同一批料的平行试样。试样经除油、去锈后称得热浸镀铝前质量（W_1，g，精度为0.01g）。试样随工件一起热浸镀铝，再称得热浸镀铝后质量（W_2，g，精度为0.01g）。用游标卡尺测量（精度为0.1mm）出试样的热浸镀铝面积（S，mm²）。用下式可计算出该批工件热浸镀铝的单位面积涂敷量（C，g/m²）：

$$C = K\frac{W_2 - W_1}{S} \quad K = 1 \times 10^6$$

9.2.2 溶解称重法

溶解称重法按本标准附录A（标准的附录）进行。

10 热浸镀铝层的厚度测量

10.1 热浸镀铝层的厚度应符合表5规定。

表5 热浸镀铝层的厚度

类型	覆层材料	厚度/mm
浸渍型	铝	≥0.080
	铝-硅	≥0.040
扩散型	铝	≥0.100

10.2 显微镜测量法

10.2.1 试样制备

测厚试样的制备按照GB/T 6462进行。推荐显示热浸镀铝层厚度的浸蚀剂见表6。

表6 显示热浸镀铝层厚度的浸蚀剂

编号	浸蚀剂	适用范围
1	硝酸溶液（密度1.42g/mL）4mL 95%乙醇溶液 96mL	各类钢铁的浸渍型热浸镀铝层界面线及组织显示
2	硝酸溶液（密度1.42g/mL）5mL 95%乙醇溶液 85mL 氢氟酸溶液（密度1.14g/mL）10mL	各类钢铁的扩散型热浸镀铝层界面线及组织显示

10.2.2 测量视场的确定

按试样横断面长度等分成6部分，并以中间的5个等分点作为测量视场（见图1）。

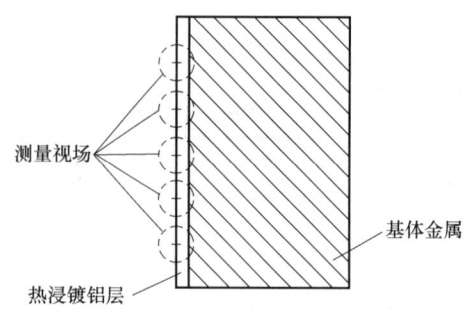

图 1 热浸镀铝试样测量视场确定法

10.2.3 厚度值的测量

在每个测量视场测出热浸镀铝层最大厚度值与最小厚度值（见图 2 和图 3）。

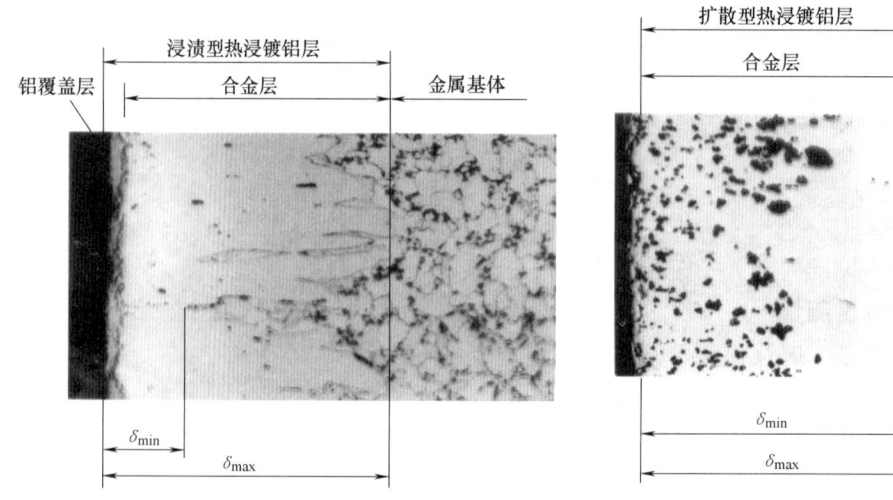

图 2 浸渍型热浸镀铝层厚度测量法　　　图 3 扩散型热浸镀铝层厚度测量法

10.2.4 结果计算

取 5 个测量视场测得的 10 个测量值（5 个最大值 δ_{max} 和 5 个最小值 δ_{min}）的算术平均值为热浸镀铝层厚度。

10.3 测厚仪检验法

10.3.1 采用磁性测厚仪按 GB/T 4956 规定测量热浸镀铝层厚度。

10.3.2 测厚时，在每个检测位置取 5 点读数的平均值作为一次测量值。每个测量件的三次测量值都符合表 5 规定为合格。

10.4 仲裁

对测厚仪检测法测量结果有争议时，应以显微镜测量法（GB/T 6462）测定结果为准。

11 扩散型热浸镀铝层的孔隙级别评定

11.1 扩散型热浸镀铝层的孔隙级别评定方法见附录 B（标准的附录）。

11.2 孔隙合格级别根据产品使用条件确定。一般规定孔隙 1 级～3 级合格，4 级～6 级不合格。

11.3 有孔隙层厚度不得大于热浸镀铝层厚度的四分之三。

12 扩散型热浸镀铝层的裂纹级别评定

12.1 扩散型热浸镀铝层的裂纹级别评定方法见附录 C（标准的附录）。

12.2 碳素钢及低合金钢扩散型热浸镀铝层裂纹级别（甲系列）见附录 C，按表 C.1 和图 C.1 进行评定；中、高合金钢扩散型热浸镀铝层裂纹级别（乙系列）见附录 C，按表 C.2 和图 C.2 进行评定。裂纹合格级别根据产品使用条件确定。一般规定甲系列裂纹 0 级~3 级合格，4 级~6 级不合格；乙系列裂纹 1 级~4 级合格，5 级~7 级不合格。

12.3 裂纹深度不得大于热浸镀铝层厚度的四分之三。

13 扩散型热浸镀铝层与基体金属界面类型评定

13.1 扩散型热浸镀铝层与基体金属界面类型根据热浸镀铝层界面形状分为五种类型，评定方法见附录 D（提示的附录）。

13.2 原则上规定 A 型、B 型、C 型合格，E 型不合格，D 型合格与否，可根据产品使用条件由用户与生产厂商定。

14 热浸镀铝件的力学性能

14.1 拉力试验

14.1.1 以机械方法从热浸镀铝件上切取试样（保留表面热浸镀铝层）或取同一批材料中的试样随同工件按同一热浸镀铝操作条件处理。

14.1.2 试样的制作及拉力试验方法按照 GB/T 228 或根据有关规程进行。

14.1.3 计算强度时，因热浸镀铝工艺产生的表面增厚尺寸不应叠加入试件截面尺寸。

14.2 显微硬度试验

热浸镀铝层的显微硬度试验按照 GB/T 9790 进行。

14.3 基体性能试验

热浸镀铝件基体金属的力学性能试验项目和技术指标，由用户与生产厂在产品订货技术条件中商定。

15 抽样与检验项目的确定

15.1 按订货合同一次交货的，规格尺寸相同的经目视检验合格的一批热浸镀铝件中至少随机抽取三件。

15.2 每件试样都作热浸镀铝层厚度测量、孔隙级别评定、裂纹级别评定和力学性能试验；也可以根据具体情况与用户协商确定抽样件数、抽取部位与检验项目。允许以热浸镀铝层的涂敷量代替热浸镀铝层厚度的测量；允许以热浸镀铝层与基体金属界面类型评定代替刻划试验。

16 产品验收

交货时，应按本标准进行验收并提供验收报告和产品合格证书，不符合本标准 8~12、14~15 章中任何一项技术要求时，应视为验收不通过。

17 产品包装与标记

17.1 包装

热浸镀铝产品应妥善包装，防止碰伤和锈蚀。

17.2 标记

符合本标准要求的热浸镀铝产品应注上 GB/T 18592 标记以及相应的覆层材料类型，生产厂名称、生产批号、出厂日期。

附 录 A
（标准的附录）
热浸镀铝层涂敷量试验方法 溶解称重法

本附录规定了溶解称重法测量热浸镀铝层涂敷量试验方法和涂敷量的计算方法。

A.1 基本原理

采用化学方法将热浸镀铝层溶解，并称得热浸镀铝层溶解前后的质量，通过计算得出的溶解前后单位面积上的质量差即为热浸镀铝层的涂敷量。

A.2 取样

A.2.1 根据本标准第15章规定数量从当批工件中随机抽取试样。工件较大时，可在工件有代表性的部位截取一部分作为试样，具体的部位由供需双方协商。

A.2.2 每个试样的热浸镀铝层表面积不得低于2000mm^2。

A.2.3 用有机溶剂或其他合适的溶剂清洗试样表面，干燥后称得溶解前质量（W_1，g，精度为0.01g）。

A.3 溶解方法

A.3.1 溶解液及配制

A.3.1.1 $SbCl_3$-HCl 溶液

将200g三氯化锑（$SbCl_3$）溶于1000mL盐酸（HCl，密度1.19g/mL）中。

A.3.1.2 $SbCl_2$-HCl 溶液

将100g二氯化锑（$SbCl_2 \cdot 2H_2O$）溶于1000mL盐酸（HCl，密度1.19g/mL）中。

A.3.1.3 $SbCl_3$-$SbCl_2$-HCl 溶液

将A.3.1.1和A.3.1.2中所配制溶液各取100mL混合后备用。若所测试的热浸镀铝层厚度很厚或所取试样镀层表面积超过2000mm^2，则应增加溶解液的配制量，但是两种溶液的比例仍应保持1∶1（体积比）。

A.3.2 溶解方法

将试样完全浸入$SbCl_3$-$SbCl_2$-HCl溶液中溶解去除热浸镀铝层，直到停止产生气泡为止。溶液温度不得超过38℃。将试样取出，在自来水中冲洗并用软织物擦拭去除试样表面的反应产物。热风干燥，冷却后称取镀层溶解后试样的质量（W_2，g，精度为0.01g）。

A.4 测量试样热浸镀铝层表面积

用游标卡尺测量试样热浸镀铝层表面积（S，mm^2）。

A.5 热浸镀铝层涂敷量计算

根据以上测量结果，按下式可计算出工件热浸镀铝层涂敷量（C，g/m^2）：

$$C = K\frac{W_1 - W_2}{S} \quad K = 1 \times 10^6$$

附 录 B
（标准的附录）
扩散型热浸镀铝层孔隙级别显微镜评定法

B.1 仪器

各种类型的金相显微镜。

B.2 试样制备

B.2.1 以机械方法在冷态切取试样,其横断面应垂直于热浸镀铝层。

B.2.2 试样应镶嵌或用夹具夹持,以防倒角。

B.2.3 试样研磨后进行抛光。

B.3 孔隙级别评定

B.3.1 孔隙级别评定在试样抛光面进行。

B.3.2 孔隙级别按表 B.1 和评级图 B.1 进行评定,共分为 6 级。

B.3.3 评定结果以试样最大孔隙级别表示。

B.3.4 放大倍率一般为 200 倍。

表 B.1 孔隙级别与特征

级别	最大孔径/mm	补充说明	级别	最大孔径/mm	补充说明
1	≤0.015		4	>0.060~0.120	
2	>0.015~0.030		5	>0.120	未构成网络
3	>0.030~0.060		6	>0.120	已构成网络

注：椭圆形孔径以其长短轴的算术平均值确定。

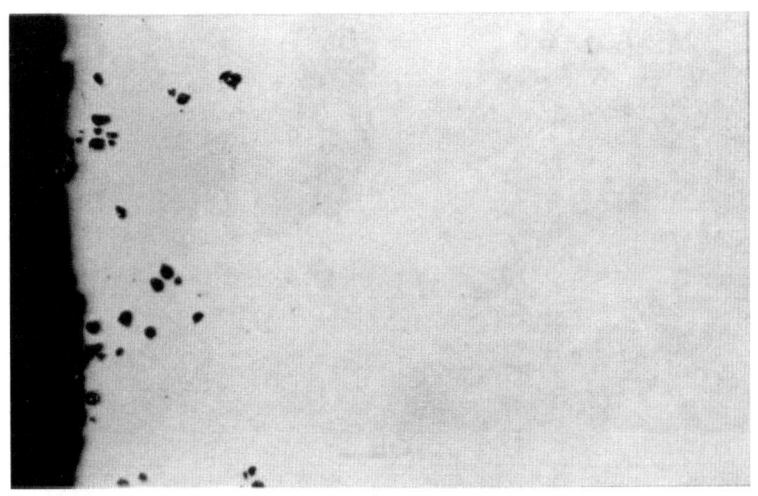

1级

2级

图 B.1 孔隙评级图 200×

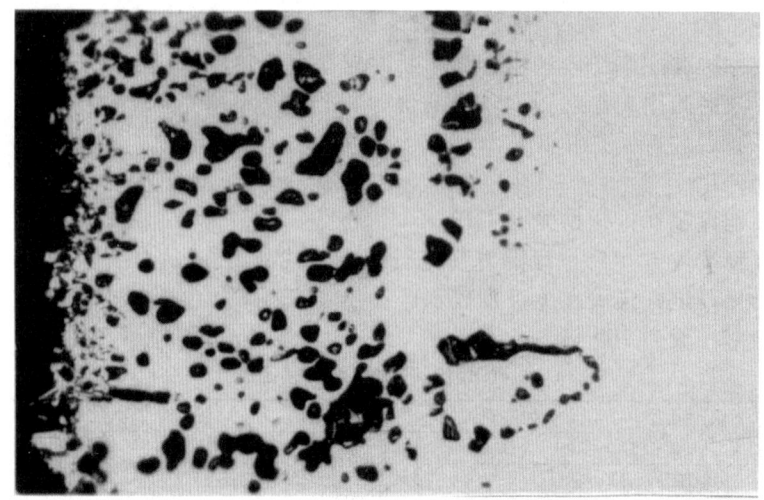

3级

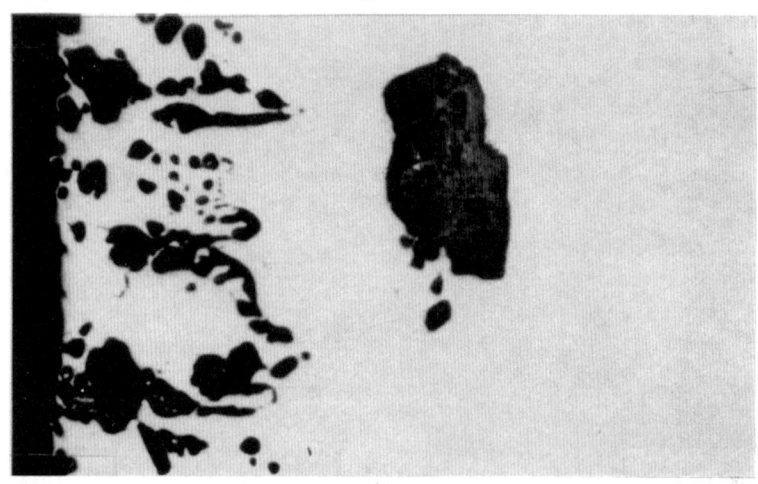

4级

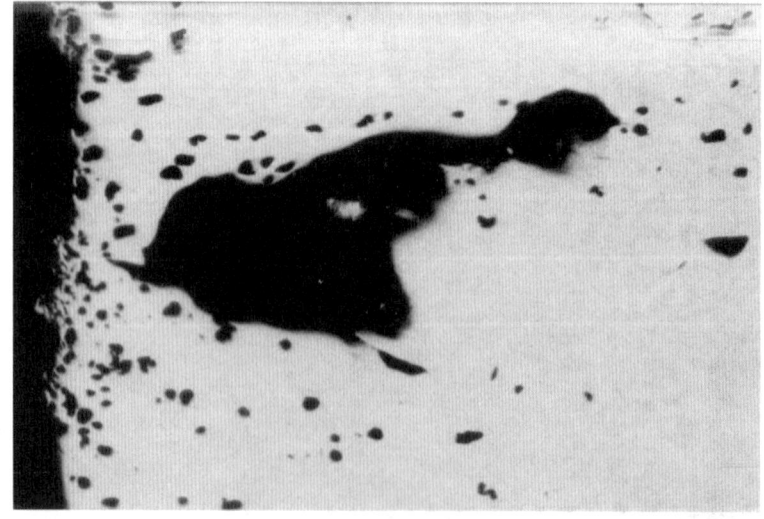

5级

图 B.1　孔隙评级图　200×（续）

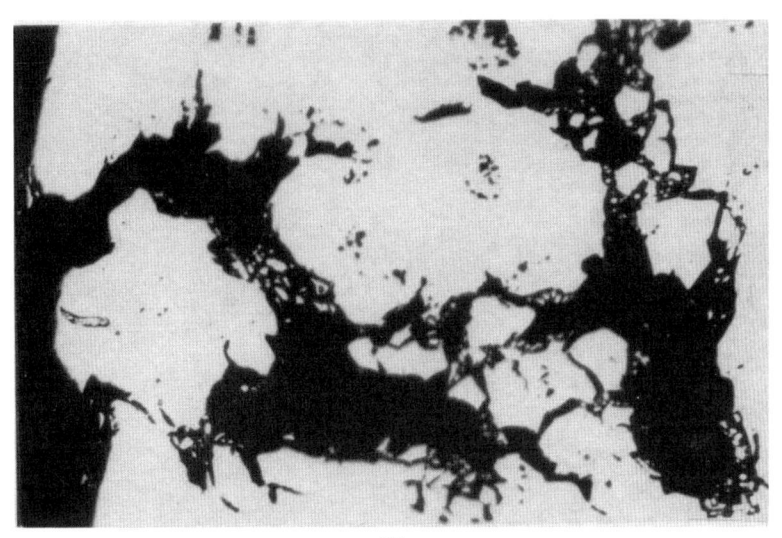

6级

图 B.1 孔隙评级图 200× (续)

附 录 C
(标准的附录)
扩散型热浸镀铝层裂纹级别显微镜评定法

C.1 仪器
见附录 B 中的 B1。

C.2 试样制备
见附录 B 中的 B2。

C.3 裂纹级别评定

C.3.1 裂纹级别评定在试样抛光面进行。

C.3.2 碳素钢、低合金钢扩散型热浸镀铝层的裂纹级别(甲系列)按表 C.1 和评级图 C.1 分为 7 级。

C.3.3 中、高合金钢扩散型热浸镀铝层的裂纹级别(乙系列)按表 C.2 和评级图 C.2 分为 7 级。

C.3.4 评定结果以试样最大裂纹级别表示。

C.3.5 放大倍率一般为 200 倍。

表 C.1 裂纹级别与特征(甲系列)

级别	0.35mm×0.50mm 面积内裂纹总长度/mm
0	0
1	>0~0.10
2	>0.10~0.20
3	>0.20~0.40
4	>0.40 构成半网络
5	>0.40 构成网络
6	>0.40 构成多个网络

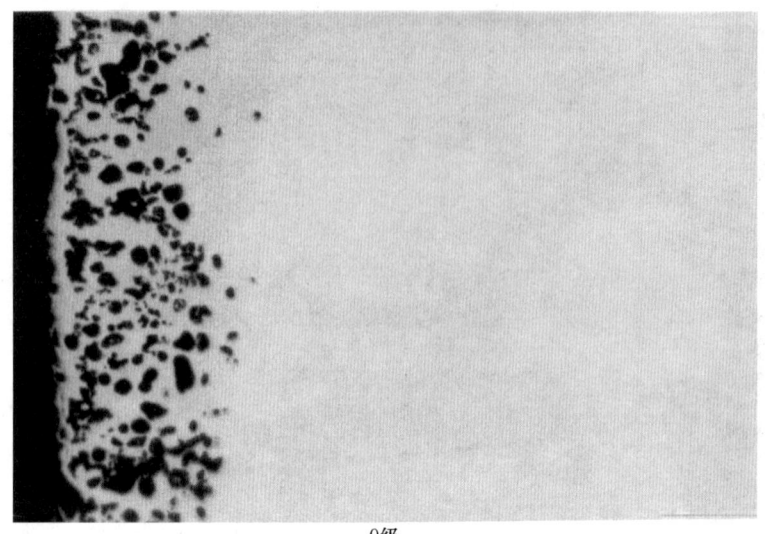
0级

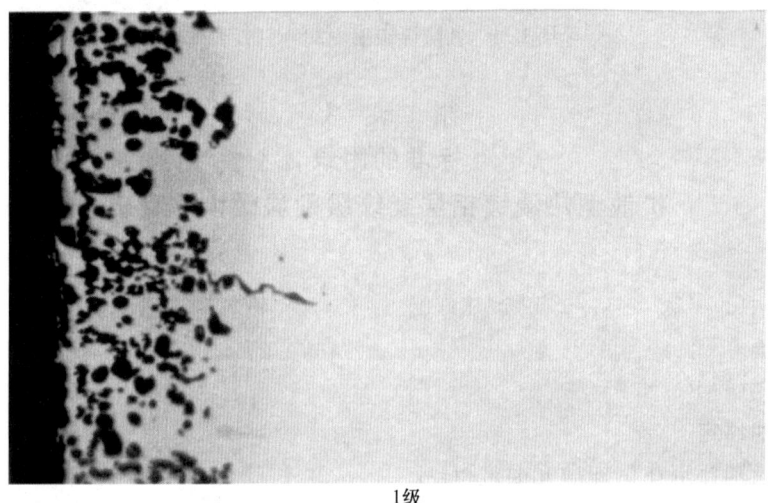
1级

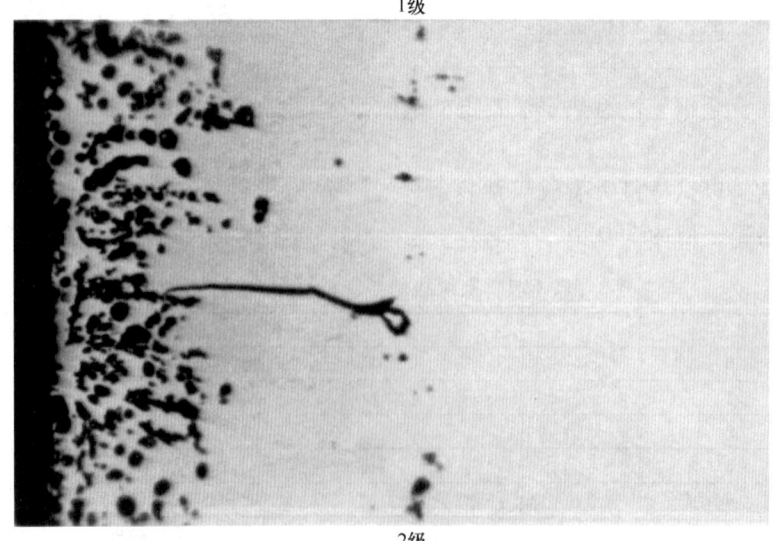
2级

图 C.1 甲系列裂纹评级图　200×

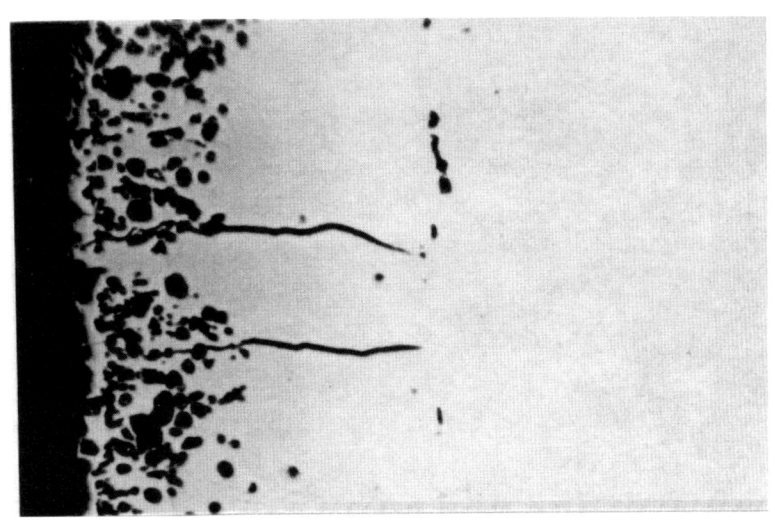

3级

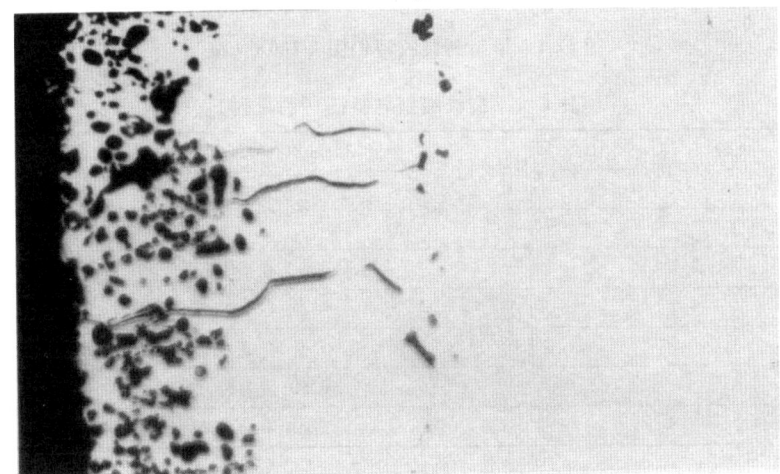

4级

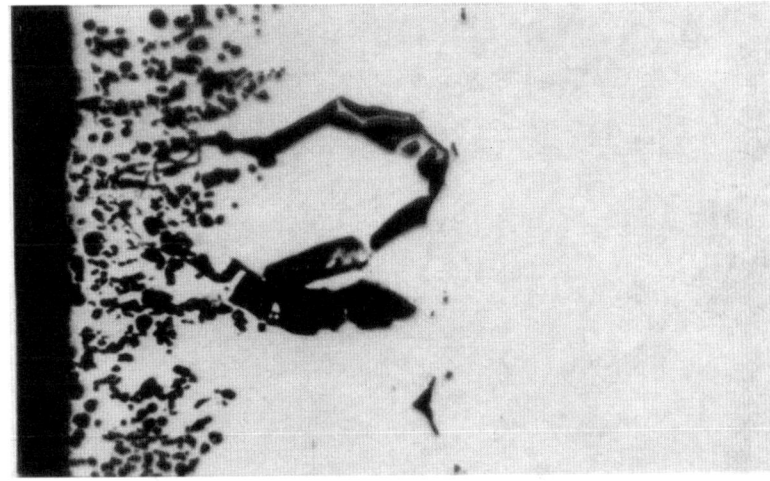

5级

图 C.1 甲系列裂纹评级图 200×（续）

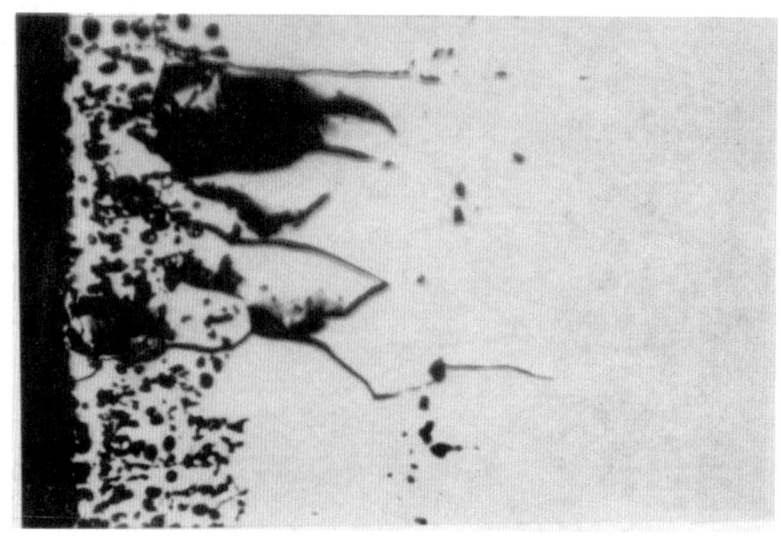

6级

图 C.1 甲系列裂纹评级图 200× (续)

表 C.2 裂纹级别与特征(乙系列)

级别	0.35mm×0.50mm 面积内裂纹总长度/mm
1	≤0.20
2	>0.20~0.30
3	>0.30~0.40
4	>0.40~0.50
5	>0.50,最大裂口宽度≤0.02
6	>0.50,最大裂口宽度>0.02~0.04
7	>0.50,最大裂口宽度>0.04

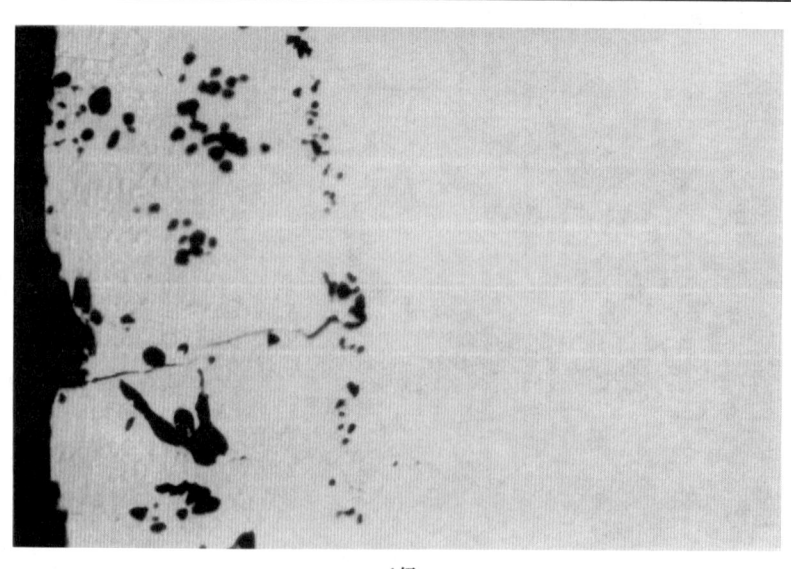

1级

图 C.2 乙系列裂纹评级图 200×

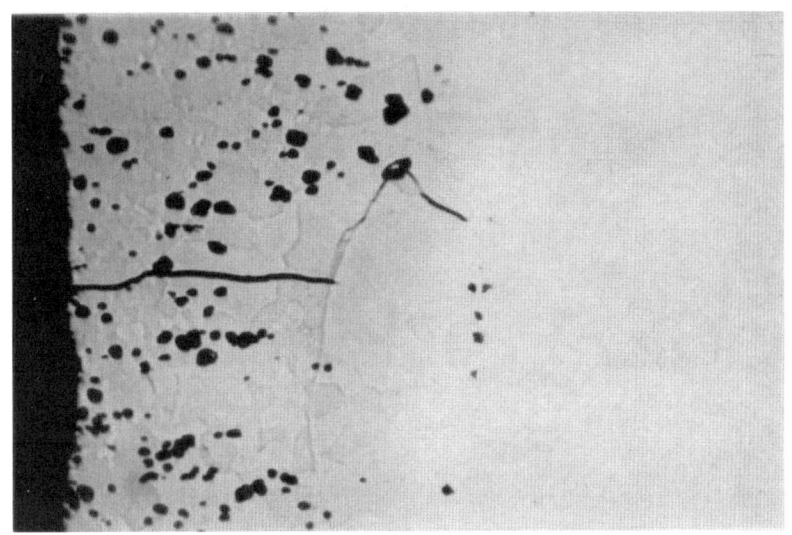

2级

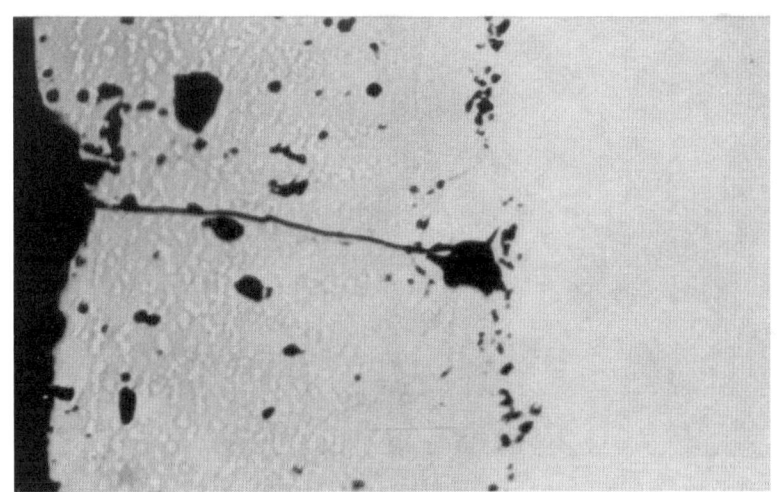

3级

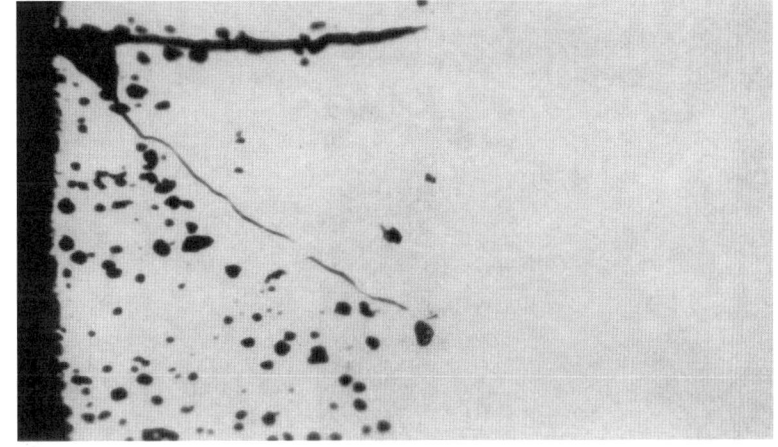

4级

图 C.2　乙系列裂纹评级图　200×（续）

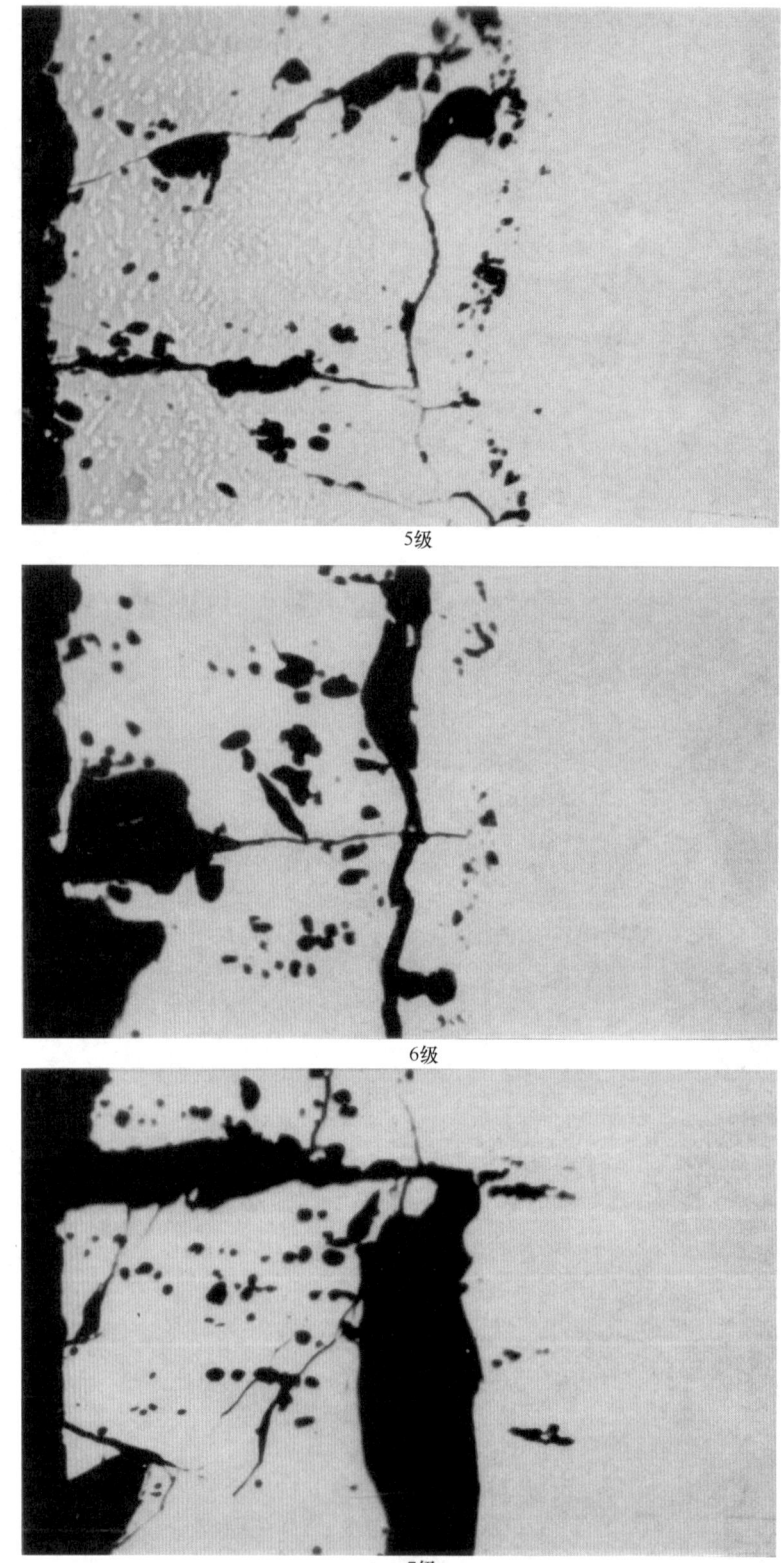

图 C.2 乙系列裂纹评级图 200×（续）

附 录 D
(提示的附录)
扩散型热浸镀铝层与基体金属界面类型评定

扩散型热浸镀铝层与基体金属界面类型与特征见表 D.1。界面类型参考图见图 D.1。

表 D.1 界面类型与特征

类型	扩散层界面线特征
A	界面线为曲线,曲度较大
B	界面线为曲线,曲度较小
C	界面线为双线,曲度较小
D	界面线近于直线或近于直线并有柱状晶嵌入
E	界面线为直线

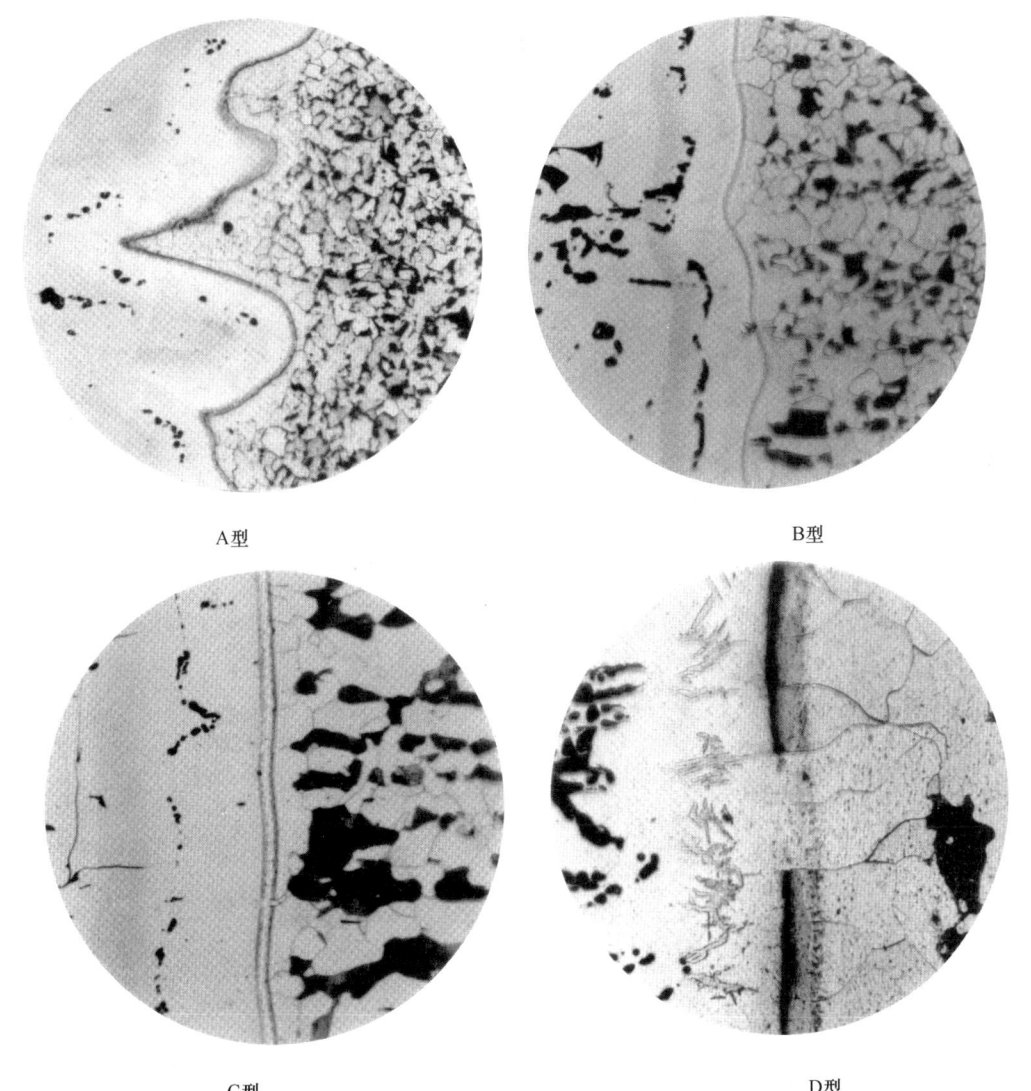

图 D.1 界面类型参考图 200×

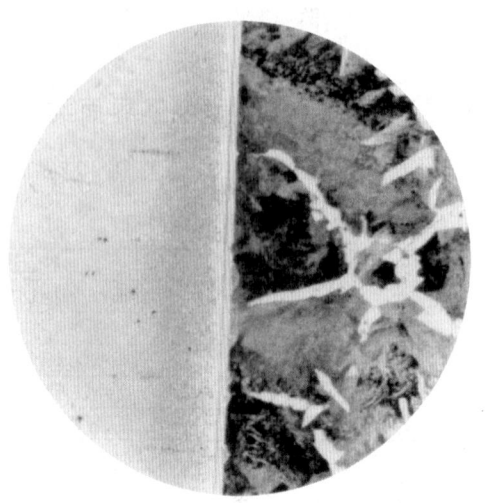

E型

图 D.1 界面类型参考图 200×（续）

第十三章 锌基涂层

第一节 钢铁制件粉末渗锌

一、概论

1. 粉末渗锌技术

粉末渗锌的基本原理是利用加热状态下金属原子的渗透扩散作用,在基体金属温度低于 Ac_1 点、没有相变的条件下,将金属锌渗入钢铁材料表面,形成不同 Zn-Fe 比例的合金保护层。粉末渗锌表面合金化的主要目的是改善和提高钢铁材料表面的耐腐蚀、抗表面氧化及耐磨损性能等。

粉末渗锌工艺具有以下特点:

1) 涂层厚度均匀性好,便于精确控制。涂层厚度只取决于工艺过程,与制件的形状和不同位置无关,对形状复杂的紧固件(如存在内螺纹、盲孔、内壁或凹槽等),通过控制工艺规范即可获得 20μm~110μm 渗层,厚度差异小。

2) 涂层硬度高,耐磨损和抗划伤能力强。粉末渗锌层 Zn-Fe 合金的显微硬度可达 220HV~420HV,是锌涂层中硬度较高的覆层。

3) 涂层与基体金属的结合强度高。渗锌层为扩散形成的 Zn-Fe 合金,属于冶金结合,涂层与母材的界面抗拉强度为 600MPa~700MPa,表面层抗拉强度为 300MPa~350MPa。

4) 涂层耐蚀性强,适合海洋大气、恶劣的工业大气等多种环境,耐蚀性优于热浸镀锌、电镀锌,还可抵御不超过 1000℃ 的高温氧化腐蚀。

5) 涂层涂覆性能好。渗锌层与各种油漆和高分子涂层材料之间具有很好的附着强度。

6) 对基材与环境影响小。粉末渗锌温度为 320℃~500℃,加工温度低,不影响高强度紧固件的力学性能,无氢脆的危害;生产过程没有"三废"排放,原材料消耗少。

粉末渗锌件可广泛应用于铁路、轨道交通、桥梁、电力通信、市政建设等领域,并随着各项工程对钢结构防护质量要求的提高,为粉末渗锌防腐技术提供了更多的实际应用场所。

2. 粉末渗锌技术标准

我国粉末渗锌技术的标准化工作起步较早,1991 年,制定了 JB/T 5067—1991《钢铁制件粉末机械镀锌》。1999 年,非等效采用英国 BS 4921:1988《钢铁粉末渗锌》,对 JB/T 5067—1991《钢铁制件粉末机械镀锌》进行了修订,制定了 JB/T 5067—1999《钢铁制件粉末渗锌》。

JB/T 5067—1999《钢铁制件粉末渗锌》于 1999 年 6 月 28 日发布,2000 年 1 月 1 日实施。

二、标准主要特点与应用说明

1. 与相关标准的差异

JB/T 5067—1999《钢铁制件粉末渗锌》与 BS 4921:1988 存在的主要差异为:该标准

中根据渗锌层的厚度,将渗锌层分为五个等级,BS 4921:1988 仅分为两个等级;BS 4921:1988 对螺纹件渗锌提出了预留间隙要求,该标准未做要求。

JB/T 5067—1999《钢铁制件粉末渗锌》与 JB/T 5067—1991 相比,主要技术内容改变如下:

1) 将原标准名称"钢铁制件粉末机械镀锌"改为了"钢铁制件粉末渗锌",并给予了严格准确的定义。

2) 对渗锌层厚度等级进行了重新划分。

3) 后处理增加了磷化和有机涂层两种方法。

4) 取消了耐腐蚀试验要求。

5) 原标准的附着强度试验采用锤击法,该标准改为供需双方协商。

2. 确定了粉末渗锌的标准名词术语

该标准对粉末渗锌进行了定义。在该标准制定之前,国内对粉末渗锌的名词混淆不清,如粉末热镀锌、粉末机械镀锌等,因此有必要确定一个标准名词。粉末渗锌技术是以粉末锌作为供锌剂,以扩散的方式在钢铁制件表面形成 Zn-Fe 合金层。粉末热镀锌中的"镀",习惯上是表述原子只是涂敷在基体的表面,而未进入钢铁基体,如电镀锌、电镀铬等。热镀锌虽然也有 Zn-Fe 合金层,但是其目的是"镀",最表面为纯锌镀层。"渗"具有扩散意义,如渗碳、渗氮、渗铝等。粉末机械镀锌则混淆了渗锌和机械镀锌的概念。国际上将粉末渗锌称为 Sherardizing 或 Sherardising,是为了纪念粉末渗锌的发明人 Sherarder 工程师而命名的,而机械镀锌称为 Mechanical plating,是另外一种镀锌工艺(参见本章第二节)。因此该标准明确定义为粉末渗锌。

3. 建立了更多的渗层厚度等级

JB/T 5067—1999《钢铁制件粉末渗锌》制定之时,国际上比较通用的粉末渗锌标准是英国的 BS 4921《钢铁粉末渗锌》,BS 4921 的渗锌层厚度仅有 15μm 和 30μm 两个等级。制定该标准时,考虑到当时粉末渗锌主要是替代热镀锌用于中小型钢铁制件,为了推广粉末渗锌的应用,该标准的渗层厚度等级参照了热镀锌标准的镀层厚度,建立了 5 个渗层厚度等级:15μm、30μm、50μm、65μm 和 85μm。国内目前的渗锌产品,除小型紧固件因配合间隙限制以外,渗层厚度的基本都在 50μm 以上。2016 年,国际标准组织制定的粉末渗锌标准 ISO 17668《铁制品上的扩散涂层 渗锌 规范》也将渗层分为 6 个等级,该标准即将转换成我国的国家标准。二十多年来,粉末渗锌技术在我国获得了很大的发展,技术水平、应用领域和年产量已经处于国际领先地位,应该说,该标准起到了积极的推动作用。

4. 增加了渗锌后处理技术条件

该标准中 5.5 规定了渗锌后处理条件,建议选用抛光、钝化、磷化和有机涂层进一步提高渗层的耐蚀性。与有机涂层结合力良好是渗锌层的优点之一,而且可以大幅度提高渗层的耐蚀性,对于有盐雾试验要求的产品,有机涂层的作用更为显著。

5. 标准应用中的几点注意事项

1) 该标准规定了一般钢铁制件粉末渗锌的技术要求,提出了具体的技术指标,并规定了试验方法。该标准可以与 GB/T 19355.1《锌覆盖层 钢铁结构防腐蚀的指南和建议 第 1 部分:设计与防腐蚀的基本原则》和 GB/T 19355.2《锌覆盖层 钢铁结构防腐蚀的指南和建议 第 3 部分:粉末渗锌》配合使用。

2) 渗锌表面较为粗糙，小型零件可用于磁性测厚的平面较小，这些都造成采用磁性测厚法检测时数据分散度较大。因此，采用磁性测厚法检测时应增加测厚点数，选取其中偏离度较小的一组数据取平均值。金相法是仲裁的方法，但是也是破坏性试验方法。

3) 渗锌层会增加渗锌工件的几何尺寸，渗锌层厚度越大，尺寸增加越多。对于有配合要求的渗锌工件，应该考虑预留配合间隙，预留的方法建议参照 GB/T 19355.2《锌覆盖层 钢铁结构防腐蚀的指南和建议 第 3 部分：粉末渗锌》。

三、标准内容（JB/T 5067—1999）

钢铁制件粉末渗锌

1 范围

本标准规定了钢铁制件粉末渗锌（以下简称渗锌）的技术要求和试验方法。

本标准适用于碳钢、低合金钢、铸铁等材质的零件及构件的渗锌。

本标准不适用于需在 340℃ 以下温度回火处理，以满足制件力学性能要求的钢铁制件渗锌。

2 引用标准

下列标准所包含的条文，通过在本标准中引用而构成为本标准的条文。本标准出版时，所示版本均为有效。所有标准都会被修订，使用本标准的各方应探讨使用下列标准最新版本的可能性。

GB/T 4956—1985　磁性金属基体上非磁性覆盖层厚度测量　磁性法

GB/T 13825—1992　金属覆盖层　黑色金属材料热镀锌层的质量测定　称量法

JB/T 5069—1991　钢铁零件渗金属层　金相检验方法

3 定义

3.1 粉末渗锌

以粉末渗锌剂为供锌源，并通过加热产生锌、铁原子互扩散而在钢铁表面形成渗锌层的表面处理工艺。

3.2 渗锌层

由锌、铁原子互扩散而在钢铁表面形成的锌-铁合金层。

3.3 渗锌剂

由含锌原子的供锌组分，并根据需要加入或不加入填充组分、活化组分等组成的渗剂。

4 需方向供方应提供的资料

a) 本标准号；

b) 待渗件的材料牌号；

c) 待渗件的热加工工艺制度；

d) 待渗件要求的渗锌层厚度等级；

e) 渗锌后是否进行后处理和采用何种后处理。

5 技术要求

5.1 待渗件

5.1.1 待渗件材料的力学性能在经历渗锌加热过程后仍然能达到原设计指标的要求。

5.1.2 待渗件表面应无残留焊渣、型砂、积碳和严重油污等。

5.2 外观

a) 经目测渗锌层表面应平整、均匀，允许有轻微的擦伤，待渗件自身存在的砂眼、夹渣等引起的渗锌层表面不均匀不应视为外观缺陷；

b) 渗锌层呈灰色或银灰色；

c) 经钝化、磷化和有机涂层后处理的渗锌制件因工艺不同呈不同的色泽。

5.3 附着强度

渗锌层与基体应结合良好，不得起皮、脱落，并能承受制件规范条件下的操作，或由供需双方协商。

5.4 厚度

渗锌层应均匀，同一个制件的渗锌层厚度偏差不应大于该件渗锌层平均厚度的10%。

根据制件不同的使用环境和配合要求，将渗锌层分为五个等级，每个等级渗锌层厚度应符合表1的规定。

表1 渗锌层厚度等级

等级	1	2	3	4	5
厚度/μm	≥15	≥30	≥50	≥65	≥85

注：在给定条件下，渗锌层的耐蚀寿命与其厚度成正比。但增加渗锌层厚度的同时，也增加了零件的几何尺寸，所以在考虑寿命的同时也应考虑制件的配合要求。有关紧固件及其他制件渗锌层厚度选择（推荐）见附录A（提示的附录）。

5.5 渗锌后处理

5.5.1 渗锌后可选用抛光、钝化、磷化、有机涂层等后处理，以改善渗锌制件的外观或进一步提高渗锌层的耐蚀性。

5.5.2 高强度钢制件渗锌后用化学抛光、钝化、磷化作为后处理时，是否需要进行消除氢脆热处理和采用何种除氢脆热处理工艺条件，由供需双方协商。

6 抽样

每批渗锌件中应取两件试样，如果其中任何一件试样不符合技术要求，则增加一倍抽样，再进行检查，若其中任意一件试样仍不符合要求，则视本批产品不合格。

7 检验方法

7.1 外观

在自然散射光下，用肉眼观察。

7.2 厚度

7.2.1 显微镜测量法

显微镜测量法是渗层厚度的仲裁方法，按 JB/T 5069 的规定进行检验。

7.2.2 溶解称重法

溶解称重法所得结果是钢铁制件表面单位面积上渗锌层的平均质量，按照 GB/T 13825 的规定进行检验。单位面积上渗锌层的平均质量，可按 $1g/m^2$ 对应于 $0.14\mu m$ 层厚，近似换算成渗锌层的厚度。

7.2.3 磁性测厚仪法

磁性测厚仪法主要应用于生产控制。按 GB/T 4956 的规定进行检验。

附 录 A
（提示的附录）
渗锌层厚度选择

选择渗锌层的厚度时，既要考虑渗锌层在不同腐蚀环境中的使用寿命，又要考虑配合要求。对于不同使用环境及不同规格的紧固件和其他制品，推荐采用表 A.1 所列渗锌层厚度等级。

表 A.1 推荐的渗锌层厚度等级

渗锌层厚度等级	使用环境及制件
1	室内及农村大气环境下使用的紧固件及其他钢铁制件
2	室外使用的紧固件及其他钢铁制件
3	要求比 2 级更长的耐腐蚀寿命，且渗锌后能满足配合要求的紧固件及其他制件
4、5	特殊要求的制件

注：1. 公称尺寸为 1mm、2mm 的紧固件即使采用 1 级渗锌也可能会产生旋拧困难的现象，建议采用可获得较薄的镀锌层的其他工艺。
2. 特殊要求的制件是指某些要求有尽可能长的耐腐蚀寿命，且无配合要求或渗锌前已预留渗锌层间隙的制件。

第二节 机械镀锌层 技术规范和试验方法

一、概论

机械镀锌是一种与电镀锌、热镀锌、达克罗处理不同工艺过程的防腐蚀涂层，它是在锌粉及分散剂、促进剂、液体介质等化学物质存在的条件下，利用冲击介质（如玻璃珠）冲击碰撞钢铁制件表面，在制件表面形成镀锌层的表面处理工艺。机械镀锌工艺在室温条件下操作，生产环节较好，对高强钢零部件不产生氢脆危害。

机械镀锌的基体材料选择广泛，碳素结构钢、低合金高强度钢、优质碳素结构钢、合金结构钢、可锻铸铁、灰铸铁等钢铁制件，粉末冶金件、黄铜铸件、青钢铸件、烧结钢件，以及粉末冶金的铁氧体均可实现机械镀锌。因设备的因素，进行机械镀锌的零件以中小件居多，一般长度小于 300mm、质量小于 0.5kg 的工件适合于机械镀锌。带盲孔和深凹槽的工件不适合机械镀锌。

在相同的腐蚀环境下，机械镀锌层的耐腐蚀寿命与其厚度成正比，但增加镀层厚度的同时也增加了制件的几何尺寸。对于有配合要求的制件如紧固件等，应在考虑使用寿命的同时考虑配合要求。

机械镀锌在工业发达国家从 20 世纪六七十年代进入工业化应用，我国从 20 世纪 80 年代起开始研究并逐步实现产业化。与此同时，相关的标准逐步建立起来。1999 年，我国参照 ASTM B 695—1991《钢铁件的机械沉积锌涂层》，制定了我国第一个机械镀锌技术行业标准 JB/T 8928—1999《钢铁制件机械镀锌》。2010 年，等同采用 ISO 12683：2004《机械镀锌层 技术规范和试验方法》制定了 GB/T 26106—2010《机械镀锌层 技术规范和试验方法》。

GB/T 26106—2010《机械镀锌层 技术规范和试验方法》于 2011 年 1 月 10 日发布，

2011 年 10 月 1 日实施。

二、标准主要特点与应用说明

1. 标准的适用范围

该标准规定了金属工件上保护性机械镀锌层要求，同时描述了机械镀锌层相关的试验方法。该标准适用于金属工件基体上机械镀锌层有关术语和定义的采用和表达、技术要求、测试方法等。

该标准适用的金属工件基体包括碳素结构钢、低合金高强度钢、优质碳素结构钢、合金结构钢、可锻铸铁、灰铸铁等钢铁制件，还包括粉末冶金件、黄铜铸件、青铜铸件、烧结铜件及粉末冶金的铁氧体等金属制件。

该标准是针对上述工件基体上机械镀锌层的技术规范和试验方法，其内容可能对其他金属机械镀层（如机械镀镉层、机械镀锡层、机械镀镉-锡层、机械镀锌-铝层等）具有一定的参考和借鉴意义，但该标准的技术规范和试验方法不一定适合于其他金属的机械镀层。该标准适用的工件类别及应用领域主要包括汽车制造五金、建筑五金、通用五金，见表 13.2-1。

表 13.2-1 标准适用的工件类别及应用领域

汽车制造五金	安全或紧急制动的构件、（ABS）防自锁制动系统、制动抱紧箍、方向控制系统配件、座位固定螺栓、门锁、电连接件、轴承盖与轴承套、汽车及新能源车辆用紧固件等
建筑五金	桥梁、安全护栏、公路护栏等用紧固件，铁路轨道用紧固件，天棚、露天运动场或舞台用紧固件，甲板螺钉，自攻螺钉，钢结构屋顶用紧固件，温室或农用暖棚连接件，射钉、水泥钉、瓦斯钉、钻尾钉、铰链等
通用五金	标准螺钉、螺栓、螺母、垫片等紧固件，U 形螺栓、柱形螺栓、T 形螺栓等异形紧固件，舰船锚链、承重环链、高弹性、高强度紧固件，水暖管件五金等

2. 标准的基本结构和特点

该标准包括了范围、规范性引用文件、术语和定义、需方认可并以文件形式确立的资料和要求、基体、镀层分类和标识、预处理要求、检验、抽样、返镀、合格证明共 11 章和附录 A、附录 B，标准中规定的内容完整、齐全，顺序合理。

3. 标准的主要技术内容

（1）标准名称 标准名称为《机械镀锌层 技术规范和试验方法》，由 ISO 12683: 2004 名称 *Mechanically deposited coatings of zinc—Specification and test methods* 翻译而来。

（2）范围 该标准适用于金属工件上保护性机械镀锌层的要求，适合于机械镀锌加工的所有金属材质的各类制件表面的机械镀锌层。

（3）规范性引用文件 该标准引用和参考了现行的国内和国际标准，充分保证了该标准条款的可靠性；明确列举了该标准所引用的文件，共引用 12 项国家标准和 1 项国际标准。

（4）术语和定义 该标准依据 GB/T 3138、GB/T 12334 定义和界定了 2 项术语和定义。

（5）需方认可并以文件形式确立的资料和要求 为了规范合同各交易方，该标准规定了包括该标准号、基体表面状态、工件抗拉强度要求等 11 项条款的必要资料，以及包括镀后处理、已镀工件的特殊包装要求、试验报告 3 项其他要求的附加资料。

（6）基体 镀前基体的表面状态对机械镀锌层的外观质量，甚至镀层的主要技术指标都会产生影响，通常机械镀锌加工方都能认识并特别注意到这一点，这也是机械镀锌加工方保证镀层质量的必须注意事项,故该标准对机械镀锌待镀件的表面状态不做要求。

(7) 镀层的分类和标识　为了保证机械镀锌层更方便地用于技术标注、表达,以及交易双方合同中对技术条款约定,该标准依据锌层厚度将机械镀锌层分成9类,并规定了与厚度数值直接相关的镀层标识;同时,根据镀层是否要求后处理及可采取的后处理类型,将机械镀锌层的后处理分为3类。

(8) 预处理要求　针对需方可能的预处理要求或是高强度钢铁制件,为防止机械镀锌施镀过程或预处理过程产生氢脆,该标准规定了镀前降低应力的处理要求和清洗要求。

(9) 检验　为保证机械镀锌的外观质量、镀层厚度、结合强度、耐蚀性和不产生氢脆,该标准从外观、表面缺陷、厚度、结合强度、耐蚀性、无氢脆试验六个方面规定了相关要求和采用的试验方法。

1) 规定了外观和表面缺陷定性的特征要求。

2) 对于厚度,规定了可定量测量的磁性方法、X射线光谱法和破坏性检测的显微镜法等,同时给出了可参照执行的相关标准。

3) 机械镀锌结合强度的定量测试或评判具有一定的难度。基于方便、可行的原则,该标准给出了机械镀锌结合强度测试经常采用的弯曲试验法和划痕试验法两类方法,同时给出了可参照执行的相关标准。

4) 耐蚀性根据镀层的厚度分类分别给出了中性盐雾试验开始出现白锈和红锈的时间要求,给出了试验方法参照执行的相关标准,以及试验过程腐蚀产物出现的观察和判断要求。

5) 针对氢脆敏感的弹簧和其他高强度工件,该标准规定了无氢脆试验测试的放置时间要求和可参照执行的相关标准。

(10) 抽样　为了保证机械镀锌层质量的稳定性,该标准规定了验收和抽样的样本要求。

(11) 返镀　针对拒收的机械镀锌工件,该标准规定了其返镀时去除镀层的处理要求。

(12) 合格证明　为了推进机械镀锌制造业的规范和良性发展,该标准规范了双方可选的合格证书和试验报告。

(13) 附录A 机械镀锌工艺过程及镀层特性　该附录为资料性附录,给出了机械镀锌层的常规工艺过程、镀层在不同腐蚀环境下的平均腐蚀速率、特殊的后处理类型,以及镀层厚度和单位面积质量之间的关系。

(14) 附录B 锌粉规范　该附录为规范性附录,给出了机械镀锌加工所用锌粉的化学特性,对锌粉的金属锌含量和全锌含量做出了要求;分别针对薄机械镀锌层和厚机械镀锌层规范了所用锌粉的粒径范围及分布。

4. 标准中重要技术方法、参数、结构等的选取原则、依据、来源

(1) 厚度、结合强度、耐蚀性重要技术参数的制定目的　提高厚度、结合强度、耐蚀性主要技术参数的标准化、系列化和通用化,有利于提高产品质量和组织专业化生产,也有利于规范和激励市场竞争,提高效率、降低成本,增加经济效益和社会效益。

(2) 厚度技术指标及试验方法的选择原则、依据、来源　厚度是机械镀锌层的主要技术指标,厚度要求及试验方法的选择充分体现了该标准制定的目的性、可测量性、测量数值的系列化和可证实性。按照GB/T 4956的方法要求,可以方便地定量测量机械镀锌层的厚度并控制在较高的精度范围内,故该标准将厚度技术指标按厚度最小值的要求分为9个等级，同时给出了同样可定量测量和可证实的其他厚度测量方法（GB/T 4955、GB/T 6462、GB/T 16921）。

（3）结合强度技术指标及试验方法的选择原则、依据、来源　结合强度是机械镀锌层的主要技术指标，决定了机械镀锌层能否服役及服役的稳定性，结合强度要求及试验方法的选择充分体现了该标准制定的目的性、测量结果的易评判性和可证实性。鉴于还没有可定量化测量机械镀锌层结合强度的试验方法，该标准在综合分析 GB/T 5270 中结合强度试验的各种方法的基础上，结合生产实践，给出了机械镀锌生产中用于结合强度检测的最常用的两种方法：弯曲试验法和划痕试验法，并给出了试验方法参照执行的相关标准。

（4）耐蚀性技术指标及试验方法的选择原则、依据、来源　耐蚀性是机械镀锌层的主要技术指标，决定了机械镀锌层的服役寿命，耐蚀性要求及试验方法的选择充分体现了该标准制定的目的性、前后内容协调性、可测量性、测量数值的系列化和可证实性。该标准针对镀层厚度分类逐类给出了耐蚀性的中性盐雾试验时间要求，并给出了中性盐雾试验方法参照执行的相关标准。

5. 标准应用中应特别注意或重视的条款

（1）范围　该标准的范围明确了标准适合于机械镀锌层，即其他金属的机械镀层（如机械镀镉、机械镀锡、机械镀锌-锡等）并不适于该标准。

（2）锌镀层厚度和后处理类型　该标准将机械镀锌的厚度分为 9 个类别，给出了每个类别所对应的最小厚度值。实际应用中不一定完全吻合 9 个厚度类别中某一类别，但要遵守最小厚度的原则。

（3）表面缺陷　该标准在表面缺陷条款中给出了注明"通常情况下机械镀的镀层不如电镀层光滑或光亮"，实际应用中要做到实事求是和灵活运用，不能一味地按电镀锌的表面质量要求机械镀锌层的表面光亮度，但也要认识到足够的表面光滑和光亮度能保证镀层的致密性。

（4）厚度　该标准规定了机械镀锌层厚度测量的可选择试验方法，并给出了试验方法可参照执行的相关标准。注 2 "机械镀层通常在暴露的边缘和尖锐部位会比较薄，在平面和凹处镀层会比较厚"，在实际应用中需要尤为注意，这关系到交易双方厚度测量时主要表面和基本测量面的选取事宜。注 3 中"主要表面上任一点的镀层厚度应该等于或大于规定厚度"，在实际应用中需特别注意，条款中要求的是"任一点的厚度"而不是 5 点（或 N 点）厚度测量值的算术平均值；这间接对机械镀锌工艺过程、所用锌粉的粒径等提出了更高的要求，要求获得的机械镀锌层具有足够高的致密度、厚度均匀性。

（5）无氢脆试验　该标准规定，对于弹簧和其他高强度件，在进行无氢脆试验之前需要放置至少 48h，这在实际应用中值得供需双方重视。对于射钉、水泥钉、弹簧垫片、蝶型弹簧，以及超薄、高弹性的零部件，机械镀锌之后进行无氢脆测试时，双方应协商确定预留足够的放置时间，以允许轻微的氢脆自我释放，以保证无氢脆试验的可行性和真实性。

6. 可供标准应用参考的资料、案例

该标准等同采用 ISO 12693：2004《机械镀锌层　技术规范和试验方法》（英文版），标准自 2010 年颁布实施以来，对促进我国机械镀锌技术和产品的发展起到了积极的作用。至目前，我国机械镀锌加工企业已超过 50 家，机械镀锌技术及工艺水平不断提升，机械镀锌工艺已广泛地应用于公路护栏紧固件，汽车和新能源车辆紧固件，建筑用高强度、高弹性紧固件等制造领域，相关领域零部件对机械镀锌层质量和外观提出了更高的要求。结合参考与机械镀锌技术及该标准内容相关的一些资料、文献，可以更加切合实际好地促进该标准的贯彻和应用。

三、标准内容（GB/T 26106—2010）

机械镀锌层　技术规范和试验方法

1　范围

本标准规定了金属工件上保护性机械镀锌层的要求。本标准还描述了机械镀锌层相关的试验方法。

注：附录 A 描述了一种机械镀锌的金属覆盖层加工工艺。本标准中适合机械镀的金属是锌。

2　规范性引用文件

下列文件中的条款通过本标准的引用而成为本标准的条款。凡是注日期的引用文件，其随后所有的修改单（不包括勘误的内容）或修订版均不适用于本标准，然而，鼓励根据本标准达成协议的各方研究是否可使用这些文件的最新版本。凡是不注日期的引用文件，其最新版本适用于本标准。

GB/T 2828.1　计数抽样检验程序　第 1 部分：按接收质量限（AQL）检索的逐批检验抽样计划（GB/T 2828.1—2003，ISO 2859-1：1999，IDT）

GB/T 3138　金属镀覆和化学处理与有关过程术语（GB/T 3138—1995，neq ISO 2079：1981）

GB/T 4955　金属覆盖层　覆盖层厚度测量　阳极溶解库仑法（GB/T 4955—2005，ISO 2177：2003，IDT）

GB/T 4956　磁性基体上非磁性覆盖层　覆盖层厚度测量　磁性法（GB/T 4956—2003，ISO 2178：1982，IDT）

GB/T 6462　金属和氧化物覆盖层　厚度测量　显微镜法（GB/T 6462—2005，ISO 1463：2003，IDT）

GB/T 10125　人造气氛腐蚀试验　盐雾试验（GB/T 10125—1997，eqv ISO 9227：1990）

GB/T 12334　金属和其他非有机覆盖层　关于厚度测量的定义和一般规则（GB/T 12334—2001，ISO 2064：1993，IDT）

GB/T 16921　金属覆盖层　覆盖层厚度测量　X 射线法（GB/T 16921—2005，ISO 3479：2000，IDT）

GB/T 18253　钢及钢产品　检验文件的类型（GB/T 18253—2000，eqv ISO 10474：1991）

GB/T 19349　金属和其他无机覆盖层　为减少氢脆危险的钢铁预处理（GB/T 19349—2003，ISO 9587：1999，IDT）

GB/T 20017　金属和其他无机覆盖层　单位面积质量的测定　重量法和化学分析法评述（GB/T 20017—2005，ISO 10111：2000，IDT）

GB/T 26107　金属与其他无机覆盖层　镀覆和未镀覆金属的外螺纹和螺杆的残余氢脆

试验　斜楔法（GB/T 26107—2010，ISO 10587：2000，IDT）

ISO 9220：1988　金属覆盖层　厚度测量　扫描电镜法

3　术语和定义

GB/T 3138、GB/T 12334 中确立的以及下列术语和定义适用于本标准。

3.1　机械镀层　mechanically deposited coating

在一旋转滚筒内，存在冲击介质（通常为玻璃珠）及适当化学介质的条件下，不需要电流或加热，将金属粉末紧密地涂敷到适当处理的金属基体上获得的覆盖层。

3.2　镀层表观密度　apparent coating density

根据 GB/T 6462 测定的镀层厚度与 GB/T 20017 测定的单位面积质量计算获得。

4　需方认可并以文件形式确立的资料和要求

4.1　通则

由合同各方认可的下列相关条文规定的条款，应以文件形式确立。订立并核实合同前，应使其条款符合本标准明确规定的要求和以文件形式确立的 4.2 和 4.3 所列的条款。

4.2　必要资料

应提供以下资料：

a）本标准的标准号；

b）基体金属特性、基体表面状况和表面粗糙度；

c）工件的抗拉强度及镀前降低应力的要求（见 7.1 和 7.2）；

d）使用条件号（见 6.1）或镀层分类号（见 6.2）；

e）附加后处理的要求（见 6.2 和 A.3）；

f）非主要表面上缺陷可接受的程度和位置（见 8.2）；

g）测量镀层厚度的位置，可接受的最大厚度和采用的测试方法（见 8.3）；

h）采用的抽样程序（见第 9 章）；

i）结合强度试验方法（见 8.4）；

j）合格证明的要求（见第 11 章）；

k）外观的特殊要求（见 8.1）。

4.3　附加资料

可要求提供下列附加资料。如果需要提供这些资料，则其要求应由需方规定：

a）特殊的镀后处理（见 A.3）；

b）已镀工件的特殊包装要求；

c）规定以外的试验报告的其他要求。

5　基体

本标准没有规定工件机械镀锌前金属基体的表面状态、精饰条件或表面粗糙度。但是，应该认识到镀层的表面粗糙度取决于金属基体的原始表面粗糙度，因此，由基体引起的镀层表面粗糙度不应作为机械镀锌拒收的理由。

6　镀层分类和标识

6.1　使用条件号

使用条件号表示使用环境的严酷性（见 EN 12500：2000，附录 E）。

6.2 锌镀层厚度和后处理类型

锌镀层应按表 1 和表 2 要求的厚度和附加后处理进行分类。

表 1 机械镀锌层的最小厚度

类型	最小厚度/μm
Zn107M(Fe)	107
Zn81M(Fe)	81
Zn66M(Fe)	66
Zn53M(Fe)	53
Zn40M(Fe)	40
Zn25M(Fe)	25
Zn12M(Fe)	12
Zn8M(Fe)	8
Zn6M(Fe)	6

表 2 附加后处理

类型	说明
1	机械镀,不带后处理
2	黄色、暗绿或黑色铬酸盐转化处理
3	需方规定的后处理

7 预处理要求

7.1 镀前降低应力的处理

当需方有规定时，抗拉强度等于或大于1000MPa（31HRC）和经过机加工、磨削、矫直或冷成形的钢铁工件，在清洗和机械镀前应进行降低应力处理。降低应力的热处理的程序和方法应由需方规定，或需方根据 GB/T 19349 确定合适的程序和方法。降低应力的热处理应在电解处理前完成。

7.2 清洗

在氢存在下易产生脆性的高强度钢，机械镀前应通过碱性溶液非电解清洗或碱性溶液阳极电解清洗。

产生了重氧化或有刻痕的高强度钢应采用含有缓蚀剂的酸进一步清洗以避免氢脆的产生。

8 检验

8.1 外观

肉眼或矫正视力下目测已镀工件主要表面，不应有明显可见的凸瘤、麻坑、粗糙、裂纹或未镀区域，也不应有褪色和脱色。非主要表面上缺陷的可接受的程度和位置应由需方规定。镀层应具有均匀的银色外观，其光泽为无光至中等亮度的光泽。

注：当基材光滑、没有碎金属、夹杂物、空隙及其他缺陷时，往往能在其表面获得较好的加工（精饰）效果。金属精饰者常常可以采用特殊的处理方法（如研磨、抛光、磨料喷射、化学处理和电抛光等方法）去除缺陷。但是，这不是精饰加工的正常步骤。必要时这些处理方法应由需方规定。

8.2 表面缺陷

由基材表面条件和精加工引起的镀层外观缺陷和变异（如刮伤、针孔、滚印、夹杂物等）不应成为拒收的理由。

镀层外观应是均匀的，不应有影响镀层功能的缺陷，例如凸瘤、麻坑、结节、剥落等。镀层应镀覆所有表面，包括螺纹根部、螺纹顶部、拐角处和边缘处。镀层在一定程度上不应脱色，否则会影响镀层外观，而这种外观被视为功能要求。但是，由漂洗引起表面污迹及颜色或出光的变化不应成为拒收的理由。

注：通常情况下机械镀的镀层不如电镀层光滑或光亮。

8.3 厚度

整个主要表面上镀层厚度的测量应符合 GB/T 12334 的规定。

镀层厚度可用以下方式测定：GB/T 4955（库仑法）、GB/T 4956（磁性方法）、GB/T 6462（显微镜法）、GB/T 16921（X 射线光谱法）。其他方法如能验证与 GB/T 4955、GB/T 4956、GB/T 6462 和 GB/T 16921 厚度测量值的不确定度小于 10%，则这些方法也可以用于厚度测量。

镀层厚度的测量应在产品的主要表面或规定的部位进行。

经过后处理（见表2）的镀层，其厚度测量应在补镀或后处理之前进行。对于 2 类铬酸盐转化膜，镀层厚度测量之前用手指蘸上柔性的研磨剂（例如浮型氧化铝或氧化镁）轻轻将其从测试区擦除。

注1：2 类镀层在铬酸盐转化过程中会溶解少量的锌。因此，应在铬酸盐转化后进行厚度测量以满足厚度要求。最小厚度应符合表 1。

注2：机械镀层通常在暴露的边缘和尖锐部位会比较薄，在平面和凹处镀层会比较厚。

注3：本标准所要求的镀层厚度是指最小厚度，即主要表面上任一点的镀层厚度应该等于或者大于规定厚度。表面每点的镀层厚度值各不相同是机械镀的特性。因此，某些点镀层厚度应该超过规格值，才能保证所有点厚度等于或者大于规定值。在多数情况下，工件上的平均厚度应大于规定值；厚度应大于规定值多少依工件形状和沉积过程特性而定。

8.4 结合强度

检测锌镀层与基材的结合强度时，试验方法应与镀件的使用要求一致。用剥离法将镀层与基材分离与由镀层或基材断裂引起的剥落明显不同，因而剥离的难易程度可作为结合强度好坏的判据。结合强度可以由以下方法之一进行测定：

——弯曲试验：使部件从塑性变形直至破裂，如果有规定按照规定进行。

——划痕试验：被镀物件表面用尖锐物、刀子、刀片划穿至基材，并且用 4 倍放大镜检查划痕和切痕。

注：还没有很好的方法评估机械镀层的结合强度，以上是经常使用的方法。但是，在特殊情况下用其他的方法可能更适合。GB/T 5270 描述了结合强度试验的各种方法。

8.5 耐蚀性

根据 GB/T 10125 进行中性盐雾试验（NSS）时，每个等级的镀层应持续表 3 规定的最短暴露时间（以 h 计）才开始出现明显腐蚀。

注：如果附加 2 类铬酸盐转化膜（见表3）的工件既要检查白锈也要检查红锈，则可用替代试样来确定白锈与红锈的终点。这就允许试验可不间断地持续所要求的两个实验周期多的时间，且无须根据 GB/T 10125 在检验时先清洗试样。

附加 2 类铬酸盐转化膜的工件在盐雾试验之前应在室温下放置 24h。

附加 3 类处理（上蜡，染色等）的工件不应用作耐蚀试验的试样，以考察是否满足要求。

表 3　加速盐雾试验的最小暴露时间（GB/T 10125）

等级	后处理类型	开始出现腐蚀的时间/h	
		白锈	红锈
Zn 110 M(Fe)	1	无要求	500
	2	72	500
Zn 80 M(Fe)	1	无要求	400
	2	72	400
Zn 65 M(Fe)	1	无要求	350
	2	72	350
Zn 50 M(Fe)	1	无要求	300
	2	72	300
Zn 40 M(Fe)	1	无要求	250
	2	72	250
Zn 25 M(Fe)	1	无要求	192
	2	72	192
Zn 12 M(Fe)	1	无要求	72
	2	48	144
Zn 8 M(Fe)	1	无要求	48
	2	48	96
Zn 6 M(Fe)	1	无要求	24
	2	24	48

在表 3 规定的试验周期结束时，用目视或矫正视力在通常的阅读距离内观测，白色（锌）或者红色（亚铁或三价铁）腐蚀物质出现表明其耐蚀性不合格，若这些腐蚀物只在工件的边缘出现则除外。相对于明显的腐蚀产物，轻微的白色腐蚀是可以接受的。

附加 2 类转化膜的工件，需要更长的时间才会出现白色或红色腐蚀物。例如，对于 Zn 8 M（Fe）类型 2，如果 48h 后没有白色腐蚀物出现，则试验需要继续 96h。同样，对于 Zn 25 M（Fe）类型 2，如果 72h 后没有白色腐蚀物出现，则试验总共需要 192h。

注 1：机械镀只是一种滚筒加工工艺。工件经过机械镀所产生的镀层与通过挂镀所产生的表面具有不同的性质。同样，工件的腐蚀试验结果与试样的试验结果也可能不同。

注 2：在许多情况下，加速腐蚀试验的结果与在其他介质中的耐蚀性是没有直接关系的，因为影响腐蚀过程的某些因素，例如保护膜的形成，受外界的影响有很大的不同。因此，试验的结果不能作为材料在使用中的耐蚀性的直接依据。

盐雾试验要求可适当地验证加工工艺的技术质量，但是，这些要求对于实际工件的验收可能不切实际。在这种情况下，需方应该在订货单上注明要求。

8.6　无氢脆试验

弹簧和其他承受弯曲的高强度工件在镀覆后需要在室温下至少放置 48h，之后再载荷、弯曲或者使用。这种高强度钢件不会有氢脆。需方订单有规定时，应按照 GB/T 26107 进行无氢脆的检测。

注：机械镀的主要优势是在镀覆过程中不会使硬化钢产生氢脆。然而，某些清洗过程中会产生明显的氢脆。合适的后续工序和7.2规定的清洗方法可能会产生轻微程度的氢脆，这种氢脆通常只需在室温下自我释放24h。

9 抽样

应根据GB/T 2828.1从检验批中随机抽取样本。应检查样本中的工件是否符合本标准的要求，并且根据抽样程序的标准，将检验批分为合格批或不合格。

检验批应定义为同类型工件的集合，它们是按同一规范，由同一供方在同一时间段或大致相同的时间里，在完全一致的条件下镀覆的，并且它们作为一组进行接收或拒收检验。绝不能将超过一周时间生产的产品作为一个检验批。

如果试验中用独立试样代替镀覆工件，则替代试样应具有相同的性质、尺寸和数量，并按8.4的要求进行试验。

注：如果工件的尺寸、形状或者材料不适合试验，或者不适合破坏性试验，例如工件很昂贵或者有数量限制等因素，那么试验可用替代试样替代镀覆的工件。

如果需要使用替代试样，那么替代试样的数量、组成材料、形状和尺寸应符合需方的规定。

试样应具有和工件一样的影响试验特性的那些特点，并且与工件一起通过那些影响性质的加工步骤。

代替工件进行结合强度、耐蚀性或外观试验的试样，其构成材料、冶金条件应与替代的工件一样，并且与替代工件属于同一产品批，还一起进行相同的工艺操作。

代替工件进行厚度试验的试样，应被引入到进行单层或多层覆盖层的加工工序中，并且应通过影响镀层厚度的所有步骤。

当用试样代替镀件进行厚度试验时，不需要试样与镀件具有相同的厚度分布，除非试样与镀件形状和尺寸一样。因此，根据试样厚度试验的结果对镀件进行验收之前，应确定试样的厚度与镀件的厚度之间的关系。接受的原则应为试样厚度符合镀件厚度的要求。

10 返镀

拒收工件可进行返镀时，在返镀前应使用不产生氢脆的工艺除去金属镀层。

11 合格证明

11.1 通则

若订单有要求，供方或生产方应提供符合本标准和合同要求的合格证明和/或关于检验结果的试验报告。

11.2 常规情况

供方应根据GB/T 18253中2.1的规定提供符合订货单要求的合格证书。

11.3 特殊情况

若订单有要求，则应根据GB/T 18253提供其他类型的试验报告。试验报告的类型应在订货单中明确规定。

附 录 A
（资料性附录）
机械镀锌工艺过程及镀层特性

A.1 镀层加工过程

机械镀锌通常包含a)到g)步骤（其顺序如下）：

a) 表面预处理：用化学方法（见 7.2）对待镀工件的表面进行预处理，以便进行 b）步骤，并且将工件表面清洗干净及充分除去氧化皮。

b) 薄铜层的沉积：在一个适宜的化学溶液中，不用电流，采用浸渍法沉积薄铜层。

c) 促进处理：促进金属粉末均匀沉积。

d) 镀覆：将工件放入存在下列物质的滚筒中（见 3.1）进行处理：

——冲击介质，例如，玻璃珠或其他在沉积过程中呈现化学惰性的物质；

注：冲击介质借助机械力驱使金属粉末冲向工件表面。

——液体介质，通常包含水和特殊有机酸材料，以避免氧化的生成，同时保持有效的活性直到沉积过程结束；

——"促进剂"或"加速剂"，促进金属粉末均匀沉积；

——粉末状态的金属锌（见附录 B）。

e) 分离：将工件从固体和液体介质中分离出来。

f) 漂洗。

g) 干燥。

A.2 镀层户外耐蚀性

机械镀很大程度减少了氢脆的风险，并且适合处理不便于电镀的深孔和凹槽工件。锌层通常用于防腐蚀。锌镀层的耐蚀性主要取决于镀层重量、后处理（如果有）及工件暴露的环境类型。所有厚度的锌镀层可替代其他有效的覆盖层工艺。表 A.1 给出的数据是通过广泛的试验得到的，并且可以用于比较各种大气环境中锌层的行为。其数值仅仅具有指示性，因为在全世界不同地区的独立研究得到的结果，其数值与这些平均值相差很大。

表 A.1 镀层户外耐蚀性

大气环境	机械镀锌平均腐蚀速率/(μm/年)
工业和沿海	6.5
城市非工业或沿海	1.7
城郊	1.5
农村	0.9
室内干燥	大大低于 0.6

A.3 特殊后处理类型

A.3.1 1 类镀层

1 类镀层（单纯锌层）通常用于低价值的防护，其初期形成的白色腐蚀产物对使用无害；也常常用于高温至 120℃ 的防护，这时铬酸盐的功效大部分被破坏了。

A.3.2 2 类镀层

2 类镀层（有色铬酸盐转化）铬酸盐转化膜具有颜色（黄色、橄榄色、青铜色等）（见表 A.2），这种镀层用于延缓镀件白锈的生成，或提供客户需要的特殊用途的颜色。

表 A.2 2 类铬酸盐转化膜的分类

标识	类型	典型外观
A[①]	无色	透明，无色至浅蓝
B[①]	漂白	透明，略带彩虹色

（续）

标识	类型	典型外观
C	彩虹色	黄色,泛彩
D	不透明	橄榄绿,浅褐色或青铜色
E	黑色	黑色,泛彩

注：机械镀的特性是机械镀层的颜色与电镀层的不同，其色泽较电镀层暗淡。

① 白锈耐蚀性较差。

A.3.3 3 类镀型

为满足特殊用途，1 类镀层或 2 类镀层上可进行如涂蜡、染色等补充处理。

A.4 镀层重量与厚度的关系

机械镀获得的镀层密度与热浸镀获得的镀层密度不同。因此，单位面积的质量相同的两类镀层其厚度不同。

由于镀层密度和化学性质的不同，对应的环境以及腐蚀试验也不同，应认识到表 A.3 并不企图提供关于耐蚀性的任何信息。

表 A.3 锌镀层最小厚度、最小单位面积的质量和锌类型之间的相互关系

锌镀层最小厚度 /μm	分类	锌镀层最小单位面积的质量 测试试样的平均值/(g/m²)
107	110	610
81	80	458
66	65	381
53	50	305

附 录 B
（规范性附录）
锌粉规格

机械镀锌最常用的锌粉可以从各类供应商处获得。为了获得高效的沉积和耐蚀性好的镀层，应使用无氧化物、无化学或其他杂质的锌粉，并且锌粉的颗粒分散应特别均匀（见表 B.1）。

表 B.1 锌粉的化学特性

成分	含量(质量分数)
锌总量	最低 99.0%
金属锌(Zn)	最低 96.5%
铅(Pb)	最高 0.05%
铁(Fe)	最高 0.005%
其他元素	微量

注：粉末应是流体的。

表 B.2 和表 B.3 提供了锌粉颗粒分布特性指标。一般使用情况下，锌粉应如表 B.2 所述。

表 B.2 锌镀层小于或等于 25μm 时锌粉颗粒的质量规格

形式	基本球形颗粒
粒子尺寸	平均直径 5μm~7μm（费氏微筛分粒器）
颗粒分布（库尔特颗粒计数器）	粒子直径小于 2μm，最高 2%；粒子直径小于 20μm，最低 98%
过筛	325 目筛网过筛:最低 99.7%

表 B.3 锌镀层大于 25μm 时锌粉颗粒的质量规格

类型	球形颗粒
粒子尺寸	平均直径 8μm~17μm
颗粒分布（过筛）	100 目筛网:微量；325 目筛网:3%~4%

第三节 锌铬涂层 技术条件

一、概论

锌铬涂层是由鳞片状锌粉、铬酸盐和表面活性剂等组成的水性涂料，以浸涂或喷涂的方式涂敷在工件表面，再经烘干—烧结，在零件表面形成以锌、铬为主要成分的涂层。涂层中锌呈鳞片状，铬以六价铬和三价铬存在。锌铬涂层具有以下特点：

1) 耐蚀性优异。锌铬涂层的耐蚀性优于热镀锌和电镀锌，8μm 厚的锌铬涂层耐盐雾试验出现红锈的试验周期可达 720h，甚至更长。

2) 无氢脆。锌铬涂层前处理一般采用抛丸除锈，涂敷过程中要经过 320℃ 以上的温度烧结，涂敷高强度钢（抗拉强度 $R_m \geq 1000MPa$）不存在氢脆的风险。

3) 耐高温性能良好。锌铬涂层的耐热性能优于电镀锌、电镀镉、热浸镀锌，在较高的温度（300℃）下仍具有良好的耐蚀性，可用于有一定耐热要求的工件。

4) 可适用于多种材料。锌铬涂层不仅能够适用于钢制零部件，还适用于铸铁、铁基粉末冶金材料、铝及铝合金等多种材料。

5) 生产过程基本无环境污染。锌铬涂料为水性涂料，涂敷过程中基本不排放有毒有害的废水废气，因此不会产生环境污染。但是，由于涂层中含有六价铬，受 GB/T 30512—2014《汽车禁用物质要求》限制，目前汽车零部件已经不再使用锌铬涂层，而是以不含铬的锌铝涂层取代。

6) 良好的可涂装性能。与电镀锌、热镀锌相比，锌铬涂层具有良好的涂装性能，可在锌铝涂层上涂敷面涂，不仅可以丰富工件的外观色彩，而且可以进一步提高耐蚀性。

7) 涂层硬度较低，与基体结合力较差。锌铬涂层为黏附性涂层，与电镀锌、热镀锌相比，锌铬涂层较软，与基体的结合力较差，因此涂层受到外力机械性作用时容易受损。

8) 一般适用于中小型工件。锌铬涂层大多采用浸涂+离心甩干方式涂敷，因此涂敷零件受几何尺寸限制，一般适用于中小型零部件，如紧固件、弹簧、建筑预埋件等，国内近几年也开发了长度达 2m 的大型风电地脚紧固件喷涂锌铬涂层生产技术。

锌铬涂层由于其良好的耐蚀性，部分取代热镀锌和电镀锌，被应用于钢铁制件的耐腐蚀防护，如建筑预埋件、风力发电紧固件、地铁高铁隧道管片螺栓、地铁高铁道钉和弹簧、地铁高铁隧道预埋槽道等。近几年，受 GB/T 30512—2014《汽车禁用物质要求》等的限制，原采用锌铬涂层的汽车零部件，如高强度螺栓、制动盘、门锁、气管油管卡箍、弹簧、小型冲压件等已经被不含铬的锌铝涂层所取代。

GB/T 18684—2002《锌铬涂层 技术条件》为首次制定，于 2002 年 3 月 10 日发布，2002 年 8 月 1 日实施。

二、标准主要特点与应用说明

制定该标准时，尚无相应的国际标准可以参照，仅有美国材料试验协会标准 ASTM 1136、日本达克罗（即锌铬涂层，Dacromet）工业协会标准 JDIS K5311 等行业标准。另外，还有一些企业标准，如德国大众公司的 TL-245、法国雪铁龙汽车公司的 B15 3310、美国通用公司的 GM 6173-M、日本本田汽车公司的 HES D2008 等。比较发现，美国材料试验协会标准 ASTM 1136 技术指标过于简单，技术要求也较低，因此该标准主要参照日本 JDIS K5311 和部分国外企业标准制定。当时国内的锌铬涂层技术刚刚起步，整体技术水平较低，本着有利于推动锌铬涂层技术在国内应用与发展的原则，既要考虑技术指标的先进性，也要考虑当时国内的技术现状，该标准的技术要求部分低于日本 JDIS K5311 的技术要求，高于美国 ASTM 1136 的技术要求。该标准与日本达克罗工业协会标准 JDIS K5311 存在以下几个不同点：

（1）部分技术指标低于日本 JDIS K5311　该标准中 3 级、4 级涂层的盐雾试验要求分别为 480h、1000h，而 JDIS K5311 标准分别为 800h、2000h。制定该标准时基于如下考虑：首先，3 级和 4 级涂层当时主要应用于汽车工业，但是汽车工业企业本身要求并没有如 JDIS K5311 这么高，如德国大众 TL-245 中要求涂层厚度 $6\mu m \sim 8\mu m$（相当于 3 级）涂层盐雾试验要求为 480h，法国雪铁龙公司的 B15 3310 的盐雾试验要求为 $20g/m^2 \sim 24g/m^2$ 涂层（相当于 3 级）500h、$30g/m^2 \sim 36g/m^2$ 涂层（相当于 4 级）为 1000h。因此，可以认为该标准 3 级和 4 级的盐雾试验要求已基本上满足汽车行业的要求，提出过高的要求没有必要。其二，鉴于国内锌铬涂层刚刚起步，特别是一些原材料与进口的有一定的差距，完全采用进口材料，其生产成本又将过高，在此条件下，技术要求过高，可能还会阻碍该技术在国内的发展。

（2）技术条件的项目数量有所减少　各国或各企业标准对技术要求的项目数量也不相同，但一般都有外观、涂敷量、附着强度和耐盐雾试验要求。日本 JDIS K5311 要求最多，除上述四项以外，还要求进行耐油（主要是针对汽车产品）、耐酸碱、耐水等性能试验，这几项试验在我国都没有相应的试验方法标准。考虑到实用性和普遍性，该标准只对外观、附着强度、涂敷量、耐盐雾和耐水性等几项提出技术要求。至于某些产品，如汽车零件，可依据需方的要求决定是否进行耐油试验。

（3）试验方法不尽相同　国外各标准都是采用胶带法评判涂层的附着强度，但是有些细节不尽相同。为此，该标准结合国内的具体情况，制定了涂层附着强度的试验方法。

1）胶带的选择。国外不同标准对胶带的选择有两种方法：第一种是指定牌号的胶带，如法国 B15 3310；第二种是规定胶带的黏附强度，如 ASTM 1136 等。鉴于当时国内获得国外产品不如当今这么容易，采用第一种方法存在一定困难。第二种方法则有据可依，我国的 GB/T 5270 规定了试验方法，该标准采用第二种方法，作为国家标准也更加规范一些。

2) 附着强度的判断标准。胶带法试验后，对于附着强度的判断标准各个标准也有差异。第一种是根据胶带上黏附锌、铝粉的多少判断，如 B15 3310。第二种是胶带试验后只要涂层不脱落即为合格，如 ASTM 1136、JDIS K5311 等，甚至允许胶带上黏附锌、铝粉。第一种方法判断的人为主观因素较多，标准本身也不易量化，故选用第二种方法，加上标准的耐水试验中，也要求进行附着强度检测，实际上也是对附着强度的一个补充。

经过 20 多年的发展，我国的锌铬涂层技术得到了快速发展，已经形成涂料研发与应用、涂敷加工、专用设备研发与制造一整套完整的体系。在应用领域方面已经超过了欧美和日本。例如，高铁地铁预埋槽道、高铁地铁轨道道钉和弹簧，目前国外仍采用热镀锌处理，而国内已经采用渗锌+锌铬（铝）涂层处理+面涂复合涂层体系，盐雾试验要求达到 2400h，远远高于国外标准。

三、标准内容（GB/T 18684—2002）

锌铬涂层　技术条件

1　范围

本标准规定了钢铁零件、构件上锌铬涂层的技术要求和试验方法。

2　规范性引用文件

下列文件中的条款通过本标准的引用而成为本标准的条款。凡是注日期的引用文件，其随后所有的修改单（不包括勘误的内容）或修订版均不适用于本标准，然而，鼓励根据本标准达成协议的各方研究是否可使用这些文件的最新版本。凡是不注日期的引用文件，其最新版本适用于本标准。

GB/T 5270—1985　金属基体上金属覆盖层（电沉积层和化学沉积层）附着强度试验方法（eqv ISO 2819：1980）

GB/T 6462　金属和氧化物覆盖层　横断面厚度显微镜测量方法（eqv ISO 1463）

GB/T 10125—1997　人造气氛中的腐蚀试验　盐雾试验（SS）（eqv ISO 9227：1990）

3　定义

下列定义适用于本标准。

锌铬涂层　Zinc/Chromate coatings

将水基锌铬涂料浸涂、刷涂或喷涂于钢铁零件或构件表面，经烘烤形成的以磷片状锌和锌的铬酸盐为主要成分的无机防腐蚀涂层。

4　分级

根据锌铬涂层的涂敷量和涂层厚度将锌铬涂层分成表 1 所示四个级别。

表 1　锌铬涂层的分级

分级	涂敷量/(mg/dm^2)	涂层厚度/μm	工艺
1	70	2.0	一涂一烘
2	160	4.6	二涂二烘

（续）

分级	涂敷量/(mg/dm²)	涂层厚度/μm	工艺
3	200	5.8	二涂二烘
4	300	8.6	三涂三烘

注：涂敷量是涂层的分级及技术要求的仲裁值，涂层厚度是参考值。表中所列的涂层厚度是根据涂层密度为 $3.5g/cm^3$ 换算所得。由于涂层中存在是否加入铝和加入铝量的多少等因素使得涂层密度不尽相同，所以涂层厚度仅为参考值。当被涂工件形状复杂，表面积不易确定时，涂敷量的检测将会困难，此时可由供需双方协商，参照涂层厚度对涂层进行分级。

5 需方应向供方提供的资料

a) 本标准号；

b) 待涂敷件要求的涂层等级；

c) 待涂敷工件的最终热处理温度。由于锌铬涂层是在300℃左右的温度下进行烘烤，需方应考虑该温度是否影响涂敷工件的力学性能。

6 技术要求

6.1 外观

锌铬涂层的基本色调应呈银灰色，经改性也可以获得其他颜色，如黑色等。锌铬涂层应连续，无漏涂、气泡、剥落、裂纹、麻点、夹杂物等缺陷。涂层应基本均匀，无明显的局部过厚现象。涂层不应变色，但是允许有小黄色斑点存在。

6.2 涂敷量和涂层厚度

不同等级涂层的涂敷量或涂层厚度应不低于表1要求。

6.3 附着强度

按8.3中方法对涂层进行附着强度试验后，涂层不得剥落和露底。但是允许胶带变色和黏着锌、铝粉粒。

6.4 耐盐雾腐蚀性能

不同等级的涂层，经盐雾试验后，出现红锈的时间不低于表2要求。

表2 耐盐雾腐蚀试验要求

涂层等级	1	2	3	4
出现红锈时间/h	120	240	480	1000

6.5 耐水性能

3级和4级涂层按8.5规定的方法进行耐水试验后，涂层不得从基体上剥落或露底。1级和2级涂层不做耐水性能要求。

6.6 耐湿热性能

3级和4级涂层按8.6规定的方法进行耐湿热试验，240h内不得出现红锈。1级和2级涂层不做耐湿热性能要求。

7 抽样

7.1 同一批产品中，按每一种试验随机抽取3个试样，进行试验。若其中任何一件试样经试验后不合格，则应再随机抽取三件试样进行相同的试验，若其中再有任何一件不合格，该批产品为不合格。

7.2 对于组合件或单件质量超过150g的零件或构件,则切取该工件的一部分作为试样进行试验。为了避免切口处裸露的钢铁基体影响试验结果,应采用涂料、蜡或胶带等保护切口。对于形状复杂难以求出表面积的零件,也可以采用同样的方法制备试样。

8 试验方法

8.1 外观

在自然散射光下,用肉眼进行观察。

8.2 涂敷量试验

8.2.1 溶解称重法

质量大于50g试样,采用精度为1mg的天平称得原始质量 W_1(mg)。将试样置入70℃~80℃的20%NaOH水溶液中,浸泡10min,使锌铬涂层全部溶解。取出试样,充分水洗后立即烘干,再称取涂层溶解后试样的质量 W_2(mg)。量取并计算出工件的表面积 S(dm²),按下列公式计算出涂层的涂敷量 W_s(mg/dm²):

$$W_s = \frac{W_1 - W_2}{S}$$

常用零件的涂层表面积计算方法参见附录A。

注1:若试样的质量小于50g,则应累积若干件试样以达到50g以上的质量后,再进行涂敷量试验。

注2:锌铬涂层浸入NaOH溶液中溶解10min后,涂层若没有完全溶解,则应延长浸泡时间,直到涂层完全溶解为止。

8.2.2 金相显微镜法

按GB/T 6462要求,采用金相显微镜法检测涂层的厚度。

8.3 附着强度试验

采用胶带试验方法检测锌铬涂层与基体的附着强度,胶带试验按GB/T 5270—1985第1.4要求进行。

8.4 盐雾试验

盐雾试验按GB/T 10125—1997第3.2.1要求进行。

8.5 耐水试验

将试样浸入40℃±1℃的去离子水中,连续浸泡240h,将试样取出后在室温下干燥,再按8.3的要求进行附着强度试验,试验结果应达到6.3的要求。附着强度试验应在试样从去离子水中取出后的2h之内进行。

8.6 湿热试验

湿热试验在湿热试验箱中进行,湿热试验箱应能调整和控制温度和湿度。

将湿热试验箱温度设定为40℃±2℃,相对湿度为95%±3%,将样品垂直悬挂于湿热试验箱中,样品不应相互接触。当湿热试验箱达到设定的温度和湿度时,开始计算试验时间。连续试验48h检查一次,检查样品是否出现红锈。两次检查后,每隔72h检查一次。每次检查后,样品应变换位置。240h检查最后一次。

附 录 A
(资料性附录)
涂层表面积计算方法

A.1 垫片、螺栓(杆)螺母

涂层表面积 S 的单位为dm²。

A.1.1 平垫片

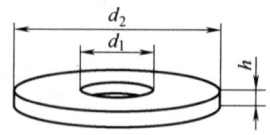

$$S = [1.57(d_1+d_2)(d_2-d_1+2h)] \times 1/10000$$

A.1.2 弹簧垫片

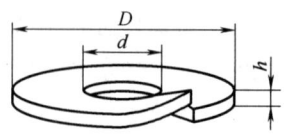

$$S = [1.57(D+d)(D-d+2h)+(D-d)h] \times 1/10000$$

A.1.3 六角螺栓

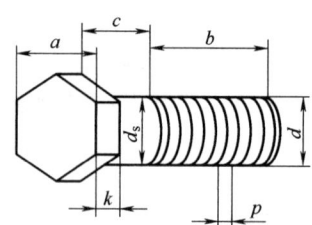

$$S = [1.73(a^2+2ak)+3.14cd_s+b(5.56d-3.67p)] \times 1/10000$$

A.1.4 六角螺母

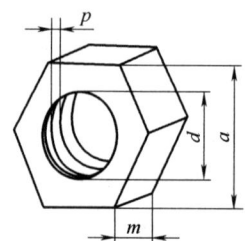

$$S = [1.73(a^2+2am)-1.57d^2+m(5.56d-3.67p)] \times 1/10000$$

A.2 复杂形状工件

A.2.1 分解成简单形状计算

将复杂形状工件的表面分解成若干个简单形状的表面,该复杂形状工件的表面积等于若干个简单形状的表面积之和。例:

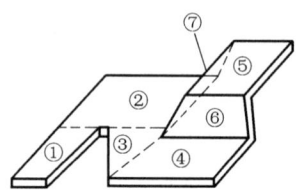

$$S = S_1+S_2+S_3+S_4+S_5+S_6+S_7$$

注:S 为复杂形状工件的表面积。S_1、S_2、S_3、S_4、S_5、S_6 和 S_7 分别为图中①、②、③、④、⑤、⑥和⑦七个简单表面的表面积。

A.2.2 用坐标纸仿形计算

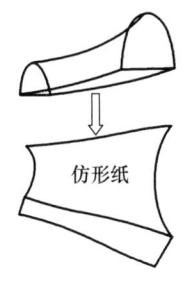

取一张面积为 X（dm^2）的坐标纸作标准纸，并称量其质量为 b（g）。另外取一张坐标纸对被涂工件表面进行仿形。称量仿形纸的质量为 a（g）。按下式计算出仿形纸的面积即为被涂工件的表面积 S（dm^2）：

$$S = \frac{a}{b} X$$

附 录 B
（资料性附录）
锌铬涂层的应用与限制

B.1 锌铬涂层的应用

锌铬涂层是一种高耐蚀涂层，生产过程对环境基本无污染。锌铬涂层与电镀锌、电镀镉、热浸镀锌相比，其优点及应用如下。

B.1.1 耐蚀性更好

锌铬涂层的耐蚀性优于电镀锌、电镀镉、热浸镀锌，可用于防蚀要求较高或在较严重的腐蚀条件下（如海洋性大气、工业大气、湿热气氛等）使用的紧固件。弹性零件和其他钢铁、铝及其合金零件和构件。

B.1.2 能适用于多种零件

锌铬涂层可以用于钢、铸铁、铝及其合金、铁基粉末冶金等多种材料的表面保护。

B.1.3 耐热性能良好

锌铬涂层的耐热性能优于电镀锌、电镀镉、热浸镀锌，在较高的温度（≤300℃）下仍具有良好的耐蚀性，可用于有一定耐热要求的工件。

B.1.4 不会产生氢脆

抗拉强度 $R_m \geq 1000MPa$ 的高强度钢铁工件涂敷锌铬涂层时不会产生氢脆。采用锌铬涂层代替电镀锌、电镀镉用于这类工件的表面保护可以避免氢脆造成的危害。另外，为了避免氢脆，前处理也应采用溶剂除油、机械除锈等不会产生氢脆的工艺。

B.1.5 良好的深涂性能

由于静电屏蔽效应，工件的深孔、狭缝，管件的内壁等部位难以电镀上锌、镉等，因此工件的上述部位无法采用电镀的方法进行保护。锌铬涂层则可以进入工件的这些部位形成锌铬涂层，因此锌铬涂层很适用于这类工件。

B.1.6 良好的可涂装性能

锌铬涂层的涂装性能良好,不仅可以丰富工件的外观色彩,而且可以进一步提高耐蚀性。

B.1.7 与铝及其合金不会产生电偶腐蚀

锌铬涂层与铝及其合金不会产生电偶腐蚀,可用于与铝及其合金接触的钢铁工件的表面保护。

B.1.8 对环境不产生污染

锌铬涂层的生产过程中,基本不排放有毒有害的废水废气,因此不会产生环境污染。

B.2 限制

锌铬涂层的导电性能不好,因此不宜用于导电连接的零件,如电器的接地螺栓等。

第四篇 搪 瓷

第十四章 术语与技术条件

第一节 搪瓷名词术语

一、概论

搪瓷，又称珐琅，是将无机玻璃质材料通过熔融凝于基体金属上并与金属牢固结合在一起的一种复合材料。搪瓷起源于玻璃装饰金属，最早出现在古埃及。6 世纪，欧洲的嵌丝珐琅、剔花珐琅、浮雕珐琅、透光珐琅、画珐琅相继问世。8 世纪，中国开始发展搪瓷制造技术，到 14 世纪末搪瓷技艺日趋成熟，15 世纪中期明代景泰年间的制品尤为著称，故有景泰蓝之称。19 世纪初，欧洲研制出铸铁搪瓷，为搪瓷由工艺品走向日用品奠定了基础，但由于当时铸造技术落后，铸铁搪瓷应用受到限制。19 世纪中叶，随着工业技术发展，促使钢板搪瓷兴起，开创了现代搪瓷的新纪元。19 世纪末到 20 世纪上半叶，各种不同性能瓷釉的问世，钢板及其他金属材料的推广运用，耐火材料、窑炉、涂搪技术的不断更新，加快了搪瓷工业的发展。

瓷釉是涂在金属坯体上的玻璃态硅酸盐或硼硅酸盐涂层。在金属表面进行瓷釉涂搪可以防止金属生锈，使金属在受热时不至于在表面形成氧化层并且能抵抗各种液体的侵蚀。搪瓷制品不仅安全无毒，易于洗涤洁净，可以广泛地用作日常生活中使用的饮食器具和洗涤用具，而且在特定的条件下，瓷釉涂搪在金属坯体上表现出的硬度高、耐高温、耐磨及绝缘作用等优良性能，使搪瓷制品有了更加广泛的用途。瓷釉层还可以赋予制品以美丽的外观，装点人们的生活。由此可见，搪瓷制品兼备了金属的强度和瓷釉华丽的外表，以及耐化学侵蚀的性能。

搪瓷的分类方法较多，按所用金属基材不同，可分为黑色金属搪瓷、有色金属搪瓷；按制品用途不同，可分为日用搪瓷和非日用搪瓷；按制备工艺不同，可分为一次搪瓷、两次或多次搪瓷；按瓷釉的特点，可分为耐酸搪瓷、低熔搪瓷和微晶搪瓷等。

搪瓷生产主要有釉料制备、坯体制备、涂搪、干燥、烧成、检验等工序。对于艺术搪瓷、日用搪瓷、卫生搪瓷、建筑搪瓷等，为了外观装饰和使用的需要，还应经过彩饰和装配。

名词术语标准是行业的通用基础标准。对于曾经是以生产经验传承为主的搪瓷行业，统一和规范行业名词术语更为重要，避免使用容易引起歧义的行业俗语和已经淘汰的习惯用语，对提高行业整体水平具有积极的推动作用。

20 世纪 80 年代，国际标准化组织（ISO）金属及其他无机覆盖层标准化技术委员会瓷釉和搪瓷分技术委员会（ISO/TC107/SC6）开始制定搪瓷名词术语标准，后又发布了 ISO 19496-1：2017《瓷釉和搪瓷制品 名词术语 第 1 部分：术语和定义》、ISO 19496-2：2017《瓷釉和搪瓷制品 名词术语 第 2 部分：视觉表示和描述》。我国搪瓷术语的标准化工作开始较早，与 ISO 同步制定了我国的国家标准。GB/T 7410—1987《搪瓷名词术语》是在参考 ISO 标准草案和 1984 年国家标准局批准发布的《日用搪瓷制品标准执行细则》的基础上，结合我国搪瓷生产实际制定完成的。该标准于 1987 年 3 月 14 日发布，1987 年 7 月 1 日实施。

二、标准主要特点与应用说明

该标准规定了搪瓷专业的名词术语及其定义，共收集词汇 284 条，分为通用术语、搪瓷制备术语、设备与工具术语、搪瓷制品术语、理化和技术性能术语、缺陷术语、检测方法术语共七章，根据搪瓷生产工艺流程顺序确定各项名词术语及其定义顺序。其中通用术语 33 条，包括基础通用术语、制备通用术语、生产工艺通用术语、结构通用术语和设备通用术语；搪瓷制备术语 95 条，包括熔块组分术语、瓷釉类型术语、底釉类型术语、面釉类型术语、特性瓷釉术语、釉浆与釉粉组成术语、釉浆与釉粉制备术语、金属坯体制备术语、金属坯体表面处理术语、涂搪工艺术语、饰花工艺术语、烧成工艺术语、返修工艺术语和工艺参量术语；设备与工具术语 28 条，包括熔制设备术语、涂搪设备与工具术语、烧成设备术语、烧成工具术语；搪瓷制品术语 25 条，包括按工艺分类术语、按底材分类术语、按特性分类术语、按用途分类术语和搪玻璃设备术语；理化和技术性能术语 32 条，包括熔块性能术语、釉粉与釉浆性能术语、搪瓷制品性能术语、搪玻璃设备性能术语和搪玻璃设备几何公差术语；缺陷术语 42 条，包括金属坯体和粉坯缺陷术语、制品缺陷术语、饰花缺陷术语；检测方法术语 29 条，包括熔块检测术语、釉浆与釉粉检测术语、制品检测术语、缺陷检测术语和搪玻璃设备检测术语。

该标准规范了搪瓷生产工艺过程所使用的名词术语，从原材料制备到涂搪及装饰、烧成及运输，以及各个工艺环节所使用的设备和工具等，同时还规范了各类搪瓷制品名词术语、搪瓷制品各项性能与各类缺陷及其检测方法的名词术语。

三、标准内容（GB/T 7410—1987）

搪瓷名词术语

本标准规定了搪瓷专业的名词术语及其定义。

1 通用术语

1.1 基础通用术语

1.1.1 搪瓷 vitreous enamel, porcelain enamel

无机玻璃质材料熔凝于基体金属（见 1.1.5）上并与金属形成牢固结合的复合材料。

1.1.2 搪玻璃 glass-lined steel, glass-coated steel glassed steel

具有较强的防腐蚀和耐温抗压性能的搪瓷。

1.1.3 熔块 frit

一定组成的硅酸盐原料经混合、熔融并急剧冷却后形成的粒状无机玻璃质材料。

第十四章 术语与技术条件

1.1.4 瓷釉 enamel, porcelain enamel frit
熔块经磨加黏土、电解质及氧化色料后得到的物料。

1.1.5 基体金属 base metal
表面涂覆瓷釉的金属材料。

1.1.6 坯体 base substrate
用于涂覆瓷釉的半成品的总称。

1.2 制备通用术语

1.2.1 金属坯料 metal blank
制作成形件的金属材料。

1.2.2 金属坯体 metal body
由金属坯料制成或铸成的成形件。

1.2.3 粉坯 bisque body
金属坯体上涂覆瓷釉但未高温烧制的半成品。

1.2.4 素坯 white ware
粉坯经高温烧制后得到的半成品。

1.2.5 花坯 decorated ware
素坯上用彩色瓷釉装饰花纹图案后得到的半成品。

1.2.6 配合料 batch
按瓷釉组成配制的各种原料的混合物。

1.2.7 熔体 smelt
处于熔融状态的配合料。

1.2.8 釉浆 slip
由熔块、水和其他调整性能的物质混合磨制而成的悬浮状物料。

1.2.9 釉粉 powdered frit
由熔块磨制成的干粉料。

1.2.10 粉层 bisque
粉坯表面的干燥涂层。

1.2.11 搪瓷制品 enamel ware
以搪瓷工艺制作的产品。

1.2.12 搪玻璃设备 glassed steel equipment
以搪玻璃工艺制作的设备。

1.3 生产工艺通用术语

1.3.1 熔制 smelting
配合料在高温下熔化成均匀液体的过程。

1.3.2 表面处理 surfaee treatment
对金属坯体表面进行的除污、除锈及沉积膜层等的过程。

1.3.3 涂搪 enamelling, application
在经过表面处理的金属坯体上均匀涂覆一层或多层瓷釉的操作。

1.3.4 饰花 decoration

在素坯表面用彩色瓷釉装饰花纹图案的过程。

1.3.5 烧成 firing, burning

粉层在一定温度下熔烧成搪瓷的过程。

1.3.6 返修 seeondary treatment

搪瓷生产过程中修复变形的坯体或受损的瓷釉涂层的工序。

1.4 结构通用术语

1.4.1 瓷层 enamel coating

熔附于基体金属上的瓷釉。

1.4.2 搪玻璃层 glass-lined coating

搪玻璃上的瓷层。

1.4.3 底釉层 ground coat

涂覆于多层搪瓷的基体金属上的瓷层。

1.4.4 面釉层 cover coat

涂覆于底釉层上的瓷层。

1.4.5 密着层 adhe sive layer

烧成后基体金属和底釉层之间形成的过渡层。

1.4.6 气泡结构 bubble structure

烧成后瓷层中存在的气泡的大小及分布。

1.5 设备通用术语

1.5.1 熔炉 smelter

熔制瓷釉配合料的高温加热炉。

1.5.2 烧成炉 furnace

烧成搪瓷的高温加热炉。

1.5.3 烧成工具 burning bars, tools

烧成时用作悬挂或支撑坯体的工具。

2 搪瓷制备术语

2.1 熔块组分术语

2.1.1 基体剂 base stock

形成熔块结构基本网架的主体组成物。

2.1.2 助熔剂 flux

降低配合料熔融温度的物质。

2.1.3 乳浊剂 opacifier

赋予或增强瓷釉对光的漫反射能力的物质。

2.1.4 密着剂 adhesive agent

保证或促进瓷釉与基体金属在烧成过程中牢固结合的物质。

2.1.5　氧化剂　oxidizer
增强配合料氧化气氛的物质。

2.1.6　着色剂　colorant
赋予瓷釉以不同色彩的物质。

2.2　瓷釉类型术语

2.2.1　透明釉　clear frit
对可见光具明显透射性能的瓷釉。

2.2.2　色釉　colored frit
具有明显色彩的瓷釉。

2.2.3　乳浊釉　opaque enamel
对可见光具有明显漫反射性能的瓷釉。

2.2.4　回收釉　waste enamel, reclaim
回收釉浆或釉粉经处理后得到的无固定组分和色彩的瓷釉。

2.2.5　底釉　ground-coat enamel
用于在基体金属上形成底釉层的瓷釉。

2.2.6　面釉　cover-coat enamel
用于在底釉层上形成面釉层的瓷釉。

2.2.7　边釉　beading enamel
用于涂覆坯体边缘部的瓷釉。

2.3　底釉类型术语

2.3.1　镍底釉　nickel enamel
以镍的氧化物作为密着剂的瓷釉。

2.3.2　钴底釉　cobalt enamel
以钴的氧化物作为密着剂的瓷釉。

2.3.3　锑钼底釉　antimony-molybdenum enamel
以锑和钼的氧化物作为密着剂的瓷釉。

2.4　面釉类型术语

2.4.1　钛白釉　titanium enamel
以钛的氧化物作为乳浊剂的瓷釉。

2.4.2　锑白釉　antimony enamel
以锑的氧化物作为乳浊剂的瓷釉。

2.4.3　锆白釉　zirconia enamel
以锆的氧化物作为乳浊剂的瓷釉。

2.5　特性瓷釉术语

2.5.1　搪玻璃釉　enamel for glassed steel
制作搪玻璃的瓷釉。

2.5.2　耐酸釉　acid resistant enamel
对除氢氟酸外的强无机酸具有一定稳定性的瓷釉。

2.5.3 耐碱釉　alkali resistant enamel
对碱溶液具有一定稳定性的瓷釉。

2.5.4 低温釉　low temperature enamel
烧成温度（见 2.14.7）相对较低的瓷釉。

2.5.5 自洁釉　self-cleaning enamel
含有一定组分的氧化触媒，在一定温度下能使油污自行氧化挥发的瓷釉。

2.5.6 光发釉　luminous enamel
含有一定组分的发光物质，在外加能源激发下能发出可见光的瓷釉。

2.5.7 铸铁瓷釉　cast iron enamel
制作以铸铁为基体金属的搪瓷的瓷釉。

2.5.8 铝瓷釉　aluminium enamel
制作以铝材为基体金属的搪瓷的瓷釉。

2.5.9 铜瓷釉　copper enamel
制作以铜材为基体金属的搪瓷的瓷釉。

2.6 釉浆与釉粉组成术语

2.6.1 磨加剂　mill addition
研磨熔块时添加的能调整瓷釉性能的物质。

2.6.2 停留剂　setting-up agent
调整釉浆流变性能的物质。

2.6.3 电解质　electrolyte
在釉浆中发生电离并吸附或排斥釉浆颗粒的物质。

2.6.4 悬浮剂　suspension agent
能使釉浆中颗粒呈悬浮状态的物质。

2.7 釉浆与釉粉制备术语

2.7.1 干磨　dry grinding
熔块在无液体介质的条件下研磨成釉粉的过程。

2.7.2 湿磨　wet grinding
熔块在液体介质中研磨成釉浆的过程。

2.7.3 激碎　quenching
熔体经快速冷却碎裂成熔块的过程。

2.7.4 陈化　aging
经过磨制的釉浆或釉粉存放一定时间以稳定其性能的过程。

2.8 金属坯体制备术语

2.8.1 切片　blanking disking
将金属板材裁剪成一定形状和尺寸的工序。

2.8.2 冲压　deep draving, slamping pressing
使用压力机和模具将金属坯料压制成形的工序。

2.8.3 剪卷　trimming and beading, curling
将金属坯体边缘剪齐并滚卷成形的工序。

2.8.4 拉胖，胀径 bulging
将金属坯体身部沿径向均匀扩张和延展的成形工序。

2.8.5 收口 necking
将金属坯体口径尺寸均匀缩小的工序。

2.8.6 平皱，砑光 roller-smoothing, roller-flattening
对金属坯体表面在压延过程中产生的波浪形深痕进行平整的工序。

2.8.7 割口 edge trimming
将金属坯体口部边缘割齐的工序。

2.8.8 磨光 finishing
将金属坯体表面（包括边口、焊缝）的不平整处及夹铁、夹渣、毛刺等磨平的工序。

2.9 金属坯体表面处理术语

2.9.1 脱脂 degreasing
用化学或热处理方法除去金属坯体表面油污的过程。

2.9.2 酸洗 pickling
用一定浓度的酸溶液除去金属坯体表面氧化物锈斑的过程。

2.9.3 电解酸洗 electrolysis pickling
以金属坯体和酸洗槽作为电极、酸溶液作为电解质进行酸洗的过程。

2.9.4 浸镍 nickel dipping
金属坯体在镍盐溶液中产生电化学反应使坯体表面镀上镍膜的过程。

2.9.5 预烧 pre-burning, annealing
金属坯体在一定温度的窑炉中加热一定时间以消除应力和清除表面氧化物和油污杂质的过程。

2.9.6 光亮退火 bright-annealing
金属坯体在中性气体中进行的预烧过程。

2.9.7 砂 sand blasting
用磨料（金刚砂、硅砂、钢丸等）喷射到金属坯体表面消除表面氧化物或其他杂质的过程。

2.9.8 中和 neutralization
金属坯体经酸洗处理后用稀碱溶液除去残留酸液的过程。

2.10 涂搪工艺术语

2.10.1 干法涂搪 dry process enamelling, dredgingenamelling
将釉粉均匀涂覆于赤热状态的坯体表面的涂搪方法。

2.10.2 湿法涂搪 wet process enamelling
将釉浆均匀涂覆于坯体表面的涂搪方法。

2.10.3 浸渍涂搪 dipping enamelling
将坯体浸入釉浆后用手工或机械操作使釉浆均匀涂布于坯体表面的涂搪方法。

2.10.4 电泳涂搪 electrode position or electrophoresis enamelling
在直流电磁场作用下使釉浆颗粒泳动均匀沉积于坯体表面的涂搪方法。

2.10.5 浇注涂搪 slushing enamelling
将釉浆淋浇于坯体表面后用手工或机械操作使釉浆均匀涂布的涂搪方法。

2.10.6 流动涂搪 flowing coating, draining enamelling
具有良好流动性能的釉浆涂布于坯体表面后使坯体按一定轨迹运动以排去多余釉浆的涂搪方法。

2.10.7 真空涂搪 vacuum enamelling vacuum application
釉浆在外界压力作用下进入真空状态的坯体内腔并均匀吸附于内表面的涂搪方法。

2.10.8 静电涂搪 electrostatic enamelling
用静电感应方法使带电荷的釉浆（或釉粉）均匀吸附于带异性电荷的坯体表面的涂搪方法。

2.10.9 排浆 draining
排除坯体表面多余釉浆使之涂布均匀的过程。

2.10.10 滚边 bead enamelling
将釉浆均匀涂覆于坯体边缘部卷边处的工序。

2.11 饰花工艺术语

2.11.1 印花 printing
色釉釉浆透过印刷模版转移到素坯表面的饰花方法。

2.11.2 喷花 spraying decoration
色釉釉浆喷射到罩有花模版的素坯表面的饰花方法。

2.11.3 移花 transfer decoration
将塑料薄膜上的图案色釉转移到素坯表面的饰花方法。

2.11.4 刷花 brush-decoration
花模版覆盖于粉坯表面，用刷子除去模版镂空处的干燥涂层形成图案的饰花方法。

2.11.5 堆花 filling decoration, piling decoration
色釉逐点堆积于素坯表面形成立体图案的饰花方法。

2.11.6 洒冰花 speckiing decoration
色釉釉浆溅洒在素坯表面形成不规则图案的饰花方法。

2.11.7 喷影光 shading
色釉釉浆由浅到深局部喷射到素坯表面的饰花方法。

2.11.8 描金 glod depicting
用金液在制品上勾图和绘边的饰花方法。

2.11.9 照相饰花 photographic decoration
在含有感光材料的瓷层表面用照相法饰花的方法。

2.12 烧成工艺术语

2.12.1 烘干 drying
涂覆釉浆的坯体在一定温度下的干燥过程。

2.12.2 直接火烧成 direct firing
粉坯或花坯与火陷直接接触的烧成方法。

2.12.3 间接火烧成　indirect firing
粉坯或花坯与火陷互相隔离的烧成方法。

2.12.4 感应烧成　induction firing
粉坯或花坯在以电磁感应热源作用下进行烧成的方法。

2.12.5 辐射管烧成　radiant-tube firing
粉坯或花坯在金属辐射管产生的辐射热作用下进行烧成的方法。

2.12.6 烧花　decorated fire decorating fire
花坯的烧成过程。

2.13　返修工艺术语

2.13.1 补粉　touch up
用少量釉浆涂覆瓷层表面不完整处的过程。

2.13.2 回烧　reburning
在前一工序条件下再次烧成的过程。

2.13.3 修补　repairing
用搪玻璃釉、耐腐蚀涂料或耐腐蚀金属对搪玻璃层表面不完整处进行修复的过程。

2.13.4 除瓷　de-enamelling
除去素坯或制品表面瓷层的过程。

2.13.5 补烧架印　patching of firing tool marks
对烧成时瓷层表面留下的烧成工具印痕进行补瓷的过程。

2.13.6 磨修　stoning
用小砂轮等磨具磨去瓷层表面不平整处的过程。

2.14　工艺参量术语

2.14.1 熔化温度　melting temperature
配合料在高温条件下以一定的熔化速率形成熔体的温度范围。

2.14.2 软化温度　softening temperature
瓷釉在加热条件下开始流动的温度。

2.14.3 浸渍量　pickup
经浸渍涂搪的坯体表面单位面积所留存的釉浆量。

2.14.4 流浆时间　drain time
经浸渍、流动和浇注等方法涂搪的坯体表面的釉浆流淌所需的时间。

2.14.5 干重　dry weight
经烘干的粉坯表面单位面积粉层量。

2.14.6 粉层强度　film strength
粉坯上干燥涂层经受外力作用而无损伤的能力。

2.14.7 烧成温度　firing temperature
烧成时粉坯上干燥涂层达到显热的温度。

2.14.8 烧成时间　firing time
烧成时粉坯在烧成区（见 3.3.7 条）所经历的时间。

2.14.9 烧成幅度　firing range

烧成过程所允许的时间和温度范围。

2.14.10 重新升温时间　comeback，reheating time

处于低温状态的烧成炉再次升温到烧成温度所需的时间。

2.14.11 输送链速率　chain speed

连续烧成炉（见3.3.3条）中输送链的运转速率。

2.14.12 瓷层厚度　coating thickness

瓷层表面到基体金属表面的垂直距离。

3　设备与工具术语

3.1　熔制设备术语

3.1.1 坩埚炉　pot furnace

用坩埚熔制配合料的窑炉。

3.1.2 间歇式熔炉　batch smelter

以一定周期间隔供料、熔融和出料的熔炉。

3.1.3 连续式熔炉　continuous smelter

配合料的进炉和熔料的出炉均连续进行的熔炉。

3.1.4 回转式熔炉　rotary smelter

可绕水平轴缓慢转动以充分搅拌配合料的圆筒形熔炉。

3.1.5 电熔炉　electric smelter

以电热熔制配合料的连续式熔炉。

3.1.6 球磨机　ball mill

以石球或瓷球作为磨料的圆筒形旋转磨机。

3.1.7 罐磨机　jar mill

小型球磨机。

3.2　涂搪设备与工具术语

3.2.1 涂搪机　machine for enamelling

利用机械在坯体上涂覆釉浆的装置。

3.2.2 打印滚边机　machine for stamping and edging

能连续完成打印章和滚边釉工序的机械装置。

3.2.3 压力罐　pressure tank

能以压缩空气压出釉浆的容器。

3.2.4 浸渍缸　dip tank

以金属作为衬里材料贮存釉浆的容器。

3.2.5 喷涂室　spray booth

开有喷釉窗口的仓室、内设排风和瓷釉回收系统。

3.2.6 带罐喷枪　cup gun

附有储釉罐的喷枪。

3.2.7 洒粉筛子　dredge

用于干法涂搪的具有一定大小孔眼的筛子。

3.3 烧成设备术语

3.3.1 马弗炉　muffle furnace

具有烧成室的隔焰炉,其热量通过室壁传递。

3.3.2 箱式烧成炉　box furnace

按一定周期间歇完成烧成过程的烧成炉。

3.3.3 连续烧成炉　continuous furnace

能连续地完成粉坯或花坯的进炉、预热、烧成、冷却和出炉等流程的烧成炉。

3.3.4 辐射管烧成炉　tube furnace

以燃烧气体通过合金管道所生产的辐射热进行烧成的隔焰炉。

3.3.5 U形烧成炉　U-type furnace

具有U字形输送轨道的连续烧成炉。

3.3.6 预热区　preheat zone

烘干的粉坯在烧成前进行预先加热的区域,系连续烧成炉的组成部分。

3.3.7 烧成区　firing zone

烧成炉中温度维持在烧成温度的区域。

3.3.8 冷却区　cooling zone

能使处于红热状态的烧成品按一定速率冷却的区域,系连续烧成炉的组成部分。

3.4 烧成工具术语

3.4.1 烧车　fork truck

将大型搪瓷制品或搪玻璃制品送入和移出烧成炉的工具车。

3.4.2 烧叉　fork

将待烧的粉坯、花坯等移入或取出箱式烧成炉的金属工具。

3.4.3 烧架　buck

烧成时支撑制品的支架。

3.4.4 多层烧架　decking

分层放置粉坯、花坯的烧架。

3.4.5 梳齿支架　comb-rack

由以一定间隔排列的支撑杆组成的支架。

3.4.6 吊架　hanging racks

由耐热震性和抗氧化性强的合金制成的悬吊式烧成工具。

4 搪瓷制品术语

4.1 按工艺分类术语

4.1.1 一次烧成制品　one-fire finish

金属坯体上涂覆两层以上粉层仅经历一次烧成过程的制品。

4.1.2 一次搪瓷制品　one-coat warc, one-coat work

金属坯体上仅涂覆一层瓷釉的制品。

4.1.3 面釉单搪制品　one-cover-coat ware

底釉层上涂覆两层面釉的制品。

4.1.4 面釉双搪制品　two-cover-coat ware

底釉层上涂覆两层面釉的制品。

4.1.5 两面搪瓷制品　double-face ware
金属坯体的两面或里外均涂覆瓷釉的制品。

4.2　按底材分类术语

4.2.1 钢板搪瓷　sheet steel enamel
以钢板作为基体金属的搪瓷。

4.2.2 铸铁搪瓷　cast iron enamel
以铸铁作为基体金属的搪瓷。

4.2.3 铜搪瓷　copper enamel
以铜材作为基体金属的搪瓷。

4.2.4 铝搪瓷　aluminium enamel
以铝材或铝合金作为基体金属的搪瓷。

4.2.5 不锈钢搪瓷　stainless steel enamel
以不锈钢作为基体金属的搪瓷。

4.3　按特性分类术语

4.3.1 微晶搪瓷　ceramic-glass enamel
瓷釉中含有微晶化组分的搪瓷。

4.3.2 吸热搪瓷　heat-absorbing enamel
瓷釉中含有能吸收红外线的物质的搪瓷。

4.3.3 发光搪瓷　luminescent enamel
瓷釉中含有能在外界能源激发下产生可见光的物质的搪瓷。

4.3.4 无光搪瓷　mattenamel
瓷层表面经机械或化学方法处理后以降低对光的反射能力的搪瓷。

4.3.5 医疗生化搪瓷　medical and biochemical enamel
瓷层内包含具有医疗生化功能的特种元素的搪瓷。

4.3.6 纤维增强搪瓷　fiber-reinforced enamel
以含有高熔点无机纤维（或晶须）的釉浆涂覆坯体的搪瓷。

4.3.7 自洁搪瓷　self-cleaning enamel
瓷层呈多孔状、在烘烤过程中表面受溅污的油脂斑迹能自行消失的搪瓷。

4.4　按用途分类术语

4.4.1 日用搪瓷　domestic enamel
制作面盆、口怀、烧器、食具等制品的搪瓷总称。

4.4.2 卫生搪瓷　sanitary enamel
制作浴盆、盥水器、便器等制品的搪瓷总称。

4.4.3 建筑搪瓷　architectural enamel
制作墙板、壁面、屋顶、门窗和管道制品的搪瓷总称。

4.4.4 珍宝搪瓷　jewelers enamel
在铜或其他贵金属坯体上涂覆色釉制成的搪瓷工艺品。

4.4.5 标牌搪瓷　sign enamel
制作招牌、字牌、广告牌、指示牌制品的搪瓷总称。

4.5 搪玻璃设备术语

4.5.1 搪玻璃容器　glassed steel vessels
在金属容器的表面搪烧搪玻璃釉的设备。

4.5.2 搪玻璃压力容器　glassed steel pressure-vessels
在金属容器表面搪烧搪玻璃釉的压力容器。

4.5.3 搪玻璃反应罐　glassed steel chemical reactor
在一定温度及压力下能承受腐蚀性物质进行化学反应的搪玻璃容器。

5 理化和技术性能术语

5.1 熔块性能术语

5.1.1 熔度　fusibility
固态熔块在加热条件下熔化成液态的难易程度。

5.1.2 熔流性　fusion flow
熔融的液态瓷釉的相对流动性能。

5.2 釉粉与釉浆性能术语

5.2.1 细度　fineness
经过干磨或湿磨的一定量的瓷釉颗粒通过规定孔径的标准筛后的剩余量。

5.2.2 稠度　consistency
影响釉浆的排流、流动和喷涂特性的性能。

5.2.3 悬浮性　suspension
釉浆颗粒呈悬浮状态的相对特性。

5.2.4 停留性　setup, set
釉浆在坯体表面排流及滞留的特性。

5.3 搪瓷制品性能术语

5.3.1 瓷层连续性　continuity of coating
瓷层上出现的发沸、针孔、气泡、铜头（分别见 6.2.12、6.2.1、6.2.15 和 6.2.21 款）等影响瓷层耐蚀性的缺陷的程度。

5.3.2 密着性　adherence
底釉层与基体金属之间的结合强度。

5.3.3 残余应力　residual stress
由于底釉层和基体金属之间、底釉层和面釉层之间膨胀系数不匹配，或者由于金属坯体结构不合理而残存于瓷层内部的力。

5.3.4 遮盖力　covering power
一定厚度的瓷层使基体金属或底釉层不被暴露的能力。

5.3.5 乳浊度　opacity
瓷层表面对可见光的漫反射能力。

5.3.6 光泽　gloss
瓷层表面的光亮程度。

5.3.7 白度　whiteness, white degree
白色瓷层的乳浊度。

5.3.8 可清洁性 cleanablity
瓷层表面吸附的油污痕迹被清除的难易程度。

5.3.9 耐冲击强度 resistance to impact
瓷层承受一定外力冲击的能力。

5.3.10 耐磨性 abrasion resistance
瓷层表面经受磨擦的能力。

5.3.11 耐热性 resistance to heat
瓷层承受高温的能力。

5.3.12 耐温急变性 resistance to thermal shock
瓷层反复经受温度急剧变化的能力。

5.3.13 耐酸性 acid resistance
瓷层表面经受酸性物质侵蚀的能力。

5.3.14 耐碱性 alkali resistance
瓷层表面经受碱性物质侵蚀的能力。

5.3.15 耐水性 resistance to boiling water and water vapour
瓷层表面承受沸腾水和水蒸气侵蚀的能力。

5.4 搪玻璃设备性能术语

5.4.1 耐压性 resistance to pressure
搪玻璃压力容器承受一定大小压力的能力。

5.4.2 耐冷冲击性 resistance to sudden cooling
搪玻璃设备在热的状态下骤冷时所能承受的最大温差。

5.4.3 耐热冲击性 resistance to sudden heating
搪玻璃设备在冷的状态下骤热时所能承受的最大温差。

5.4.4 气密性 air-tightness
搪玻璃设备对气体的密封性能。

5.5 搪玻璃设备几何公差术语

5.5.1 搅拌器上端径向圆跳动 radial shake of upper end of agitator
搅拌器主轴上端径向同一截面的最外各点到轴中心线的距离之差。

5.5.2 搅拌器下端径向圆跳动 radial shake of lower end of agitator
搅拌器主轴下端径向同一截面的最外各点到轴中心线的距离之差。

5.5.3 温度计套管直线度 porpendicularity of thermowell
温度计套管的轴中心线与通过顶端中心水平面的垂线的最大偏差。

5.5.4 法兰压紧面宽度 width of pressed-face of flange
通过法兰平面直径的水平直尺与法兰边平面连续贴合的最小间隙。

5.5.5 法兰平面度 planeness of flange
法兰平面与水平面贴合的平整程度。

5.5.6 搅拌孔法兰平行度 parallelism of agitator-hole flanges
通过搅拌孔法兰平面的直径的水平直尺的两端与罐盖法兰平面之间距离的最大差值。

5.5.7 支座对中性　centring of gearbox supports
减速器支座安装时所对应的盖支架螺孔中心到盖中心线之间距离的最大误差。

6 缺陷术语

6.1 金属坯体和粉坯缺陷术语

6.1.1 瘪　concavity
金属坯体加工或流转过程中受到碰撞、挤压而产生的凹坑。

6.1.2 坯体皱裥　waviness of metal body
金属坯体在机械成形过程中表面产生的波浪形条痕和褶皱深痕。

6.1.3 缺粉　lack of bisque
粉坯或花坯上的粉层的缺损现象。

6.1.4 干裂　cracking, drying crack
粉坯或花坯表面粉层的裂开。

6.1.5 锈点　rust spot
涂覆底釉的粉坯在烘干过程中出现的棕褐色斑点。

6.2 制品缺陷术语

6.2.1 针孔　pinhole
瓷层内气体逸出后未熔合的针状小孔。

6.2.2 爆瓷　chipping
烧成冷却后瓷层表面的小片爆脱。

6.2.3 爆点　jumpers, jumping
烧成时底釉弹脱使基体金属裸露的凹坑。

6.2.4 鱼鳞爆　fishscale, delayed fishscaling
烧成冷却后瓷层表面出现的鱼鳞状爆瓷。

6.2.5 过程鳞爆　process fishscaling
烘干或烧成过程中瓷层表面出现的鱼鳞爆。

6.2.6 星点鳞爆　shiner-scale
底釉层由于过烧而呈现的密集、闪光而细小的鱼鳞爆。

6.2.7 缺釉　lack of enamel
制品上的瓷层缺损现象。

6.2.8 剥瓷　peeling, lifting
大片的瓷层从基体金属上脱落的现象。

6.2.9 裂纹　crazing, heat craze
烧成后瓷层表面受张应力作用而出现的裂缝。

6.2.10 线纹　hairline, strain line
瓷层表面的发丝状纹路。

6.2.11 焦斑　burning-off
底釉层或边釉层局部过薄处烧成后形成的熔渣状斑痕。

6.2.12 发沸　boiling
烧成中由于底釉层的过度沸腾而在面釉层表面出现的聚集的气泡、针孔、黑点、坑点或海绵状的斑痕。

6.2.13 初沸　primary boiling
底釉层首次烧成时由于气体逸出而呈现的发沸现象。

6.2.14 再沸　reboiling
底釉层重复烧成时由于气体逸出而呈现的发沸现象。

6.2.15 气泡　blister，glass eye
瓷层内因含有未逸出的气体而出现的突起泡粒。

6.2.16 缩烧　crawling
烧成时瓷釉收缩卷起而出现的球状或岛状现象。

6.2.17 撕裂　tearing
烧成时粉层开裂，烧成后呈现的未愈合纹路。

6.2.18 砂眼　blowhole
因坯体焊接不当或瓷层中含有粒状杂质在烧成过程中形成的孔眼，有的穿至基体金属。

6.2.19 发沸点　boiling spot
瓷釉内混杂的有机物烧成后在瓷层表面呈现的无光或变色的发沸状斑点。

6.2.20 过烧点　fire mark，over firing
由于烧成过度瓷层表面呈现的密集小点。

6.2.21 铜头　copperhead
烧成时基体钢板中熔出的氧化铁在底层中处于过饱和状态而析出的红褐色斑点。

6.2.22 弹点　pop-off
烧成时面釉层弹脱使底釉层裸露的点状凹痕。

6.2.23 铁屑　scale specking
烧成过程中瓷层表面沾附的铁合金氧化夹杂物。

6.2.24 桔皮皱　orange peel
瓷层表面呈现的桔皮状的不规则皱纹。

6.2.25 麻点　dimple，dent
瓷层表面呈现的肤浅小凹坑。

6.2.26 失光　chalky
瓷层表面呈粉状且光泽极差的现象。

6.2.27 杂粒　surface contaminate
瓷层表面沾附的杂质。

6.2.28 露黑　blue enamel
面釉层过薄或被擦损而出现的隐显底釉层的黑影。

6.2.29 水印　water line
粉坯或花坯上残留的水迹经烧成后出现的印痕。

6.2.30 异色　contamination of waste enamel
瓷层表面沾附的不同于原有色泽的色釉的现象。

6.2.31 变形　metal strain
成形或烧成过程中坯体原有形状的局部改变。

6.2.32 工具痕 tool mark
成形或烧成工具在制品表面造成的明显印痕。

6.2.33 边釉不齐 irregular beading
制品边部的面釉层脱节，色泽不一或呈锯齿形等现象。

6.2.34 瓷面不匀 inhomogeneous coating
瓷层表面出现的梗状、块状、点状或波纹状的瓷釉堆积现象。

6.3 饰花缺陷术语

6.3.1 饰花模糊 unclear decoration pattern
饰花图案轮廓或线条不清晰。

6.3.2 爆花 chipping decoration
饰花图案的色釉开裂形成局部堆积的现象。

6.3.3 花模痕 membrane-mark
移花时在瓷层表面留下的明显花膜纸痕迹。

7 检测方法术语

7.1 熔块检测术语

7.1.1 熔球试验 flow-button test
熔融成半球状的熔块在倾斜一定角度的基板上经规定时间后以熔体流动的范围测定其相对熔流性。

7.1.2 自由滴重法 free-fall method
以丝状瓷釉试样端部熔融时在表面张力作用下形成的液滴质量与受重力作用脱落的液滴质量相当的原理测定表面张力的方法。

7.2 釉浆、釉粉检测术语

7.2.1 筛分试验 screen test
用系列标准筛测定釉浆、釉粉粒度分布的试验。

7.2.2 塌落试验 slump test
按规定容积的釉浆在平面上自由流动所铺展面的直径大小测定釉浆稠度的方法。

7.2.3 沉降试验 falling test
在一组相同直径的试管中加入等量釉浆经自然或离心沉降一定时间后，根据釉浆颗粒下沉的高度测定悬浮性的方法。

7.3 制品检测术语

7.3.1 弯曲试验 cross-bend test
根据薄板形搪瓷试样受外力弯曲至瓷层损伤或底釉层剥落时的弯曲角度测定抗折强度或密着性的方法。

7.3.2 落球试验 drop-ball test
用规定质量的钢球自一定高度自由下落冲击瓷层表面或背面，根据瓷层破裂程度或底釉层剥落状况测定瓷层耐冲击强度或密着性的方法。

7.3.3 探针试验 probe method
在搪瓷试样受外力作用的损伤处，根据探针的电流大小测定密着性的方法。

7.3.4 研磨试验　grinding test

在规定的研磨条件下，根据瓷层磨损情况或失重测定耐磨性的方法。

7.3.5 铅笔划痕试验　pencil test

在经受化学物质侵蚀的瓷层表面上用一定硬度的标准铅笔划痕，根据擦去痕迹的难易判断耐侵蚀能力的方法。

7.3.6 影像试验　reflection test

根据一定功率的白炽灯在经受化学物质侵蚀的瓷层表面的成像清晰度判断耐侵蚀能力的方法。

7.3.7 荧光示踪法　fluorescent trace method

以荧光物质作为示踪剂测定瓷层表面可清洁性的试验。

7.3.8 油滴氧化试验　test of oil combustion

以一定量的精制豆油滴在搪瓷自洁釉的试样表面上，加热后根据油滴的氧化挥发和扩散程度判断试样的自洁性能的方法。

7.3.9 热震试验，温差急变试验　thermal shock test

加热到一定温度的搪瓷试样经受冷水或冰水的急剧冷却反复数次后根据搪瓷表面被损坏前一次的温差测定耐温急变性能的方法。

7.3.10 锑、铅、镉析出试验　test for antimony, lead and cadmium release

在一定温度下用试液浸析瓷层中的锑、铅、镉等有毒物质并用原子分光光度计等测定其含量的方法。

7.3.11 醋酸侵蚀试验　acetic acid etching test

一定浓度的醋酸液滴在室温下侵蚀搪瓷表面后以铅笔划痕试验或影像试验测定耐酸性的方法。

7.3.12 柠檬酸斑点试验　citric acid spot test

一定浓度的柠檬酸液滴在室温下侵蚀搪瓷表面后以铅笔划痕试验或影像试验测定耐酸性的方法。

7.3.13 沸腾柠檬酸侵蚀试验　boiling citric acid etcbing test

搪瓷试样浸入一定的沸腾柠檬酸溶液中延续一定时间以试样单位面积的失重量测定耐酸性的方法。

7.3.14 碳酸钠溶液侵蚀试验　sodium carbonate etching test

用一定浓度的碳酸钠溶液侵蚀搪瓷表面一定时间，以瓷面失光程度判定耐碱性能的试验方法。

7.3.15 焦磷酸钠溶液侵蚀试验　tetrasodium pyrophosphate etching test

搪瓷试样浸入一定浓度的沸腾焦磷酸钠溶液中一定时间，根据试样单位面积的失重量测定耐碱性的方法。

7.3.16 沸水和水蒸气侵蚀试验　boiling water and water vapour etching test

搪瓷试样浸入沸水中或暴露于水蒸气中一定时间，根据试样单位面积的失重量测定耐水性的方法。

7.4 缺陷检测术语
7.4.1 磷爆倾向试验　test for fish scalind ency

以电流作用下单位时间内通过铁坯试样表面的氢气体积测定瓷层磷爆倾向的试验。

7.4.2 低电压试验　low voltage test

以浸渍电解质溶液的低电压（不大于9V）探头检查搪瓷试样表面，根据电解质溶液的颜色变化测定针孔、裂纹、砂眼等缺陷的试验。

7.5 搪玻璃设备检测术语
7.5.1 高电压试验，电火花试验　high voltage test, spark test

以高电压探头检查搪玻璃层中针孔及过薄区域的方法。

7.5.2 硫酸斑点试验　sulfuric acid spot test

一定浓度的硫酸液滴在室温下侵蚀搪玻璃层表面后以铅笔划痕试验或影像试验测定耐酸性的方法。

7.5.3 沸腾盐酸腐蚀试验　boiling hydrochloric acid corrosion test

搪玻璃试样受规定浓度的沸腾盐酸腐蚀规定时间后，根据试样单位面积的失重量测定耐酸性的方法。

7.5.4 热氢氧化钠溶液腐蚀试验　hot sodium hydroxide etching test

搪玻璃试样受规定浓度及温度的热氢氧化钠溶液腐蚀，经规定时间后根据试样单位面积的失重量测定耐碱性的方法。

7.5.5 气密性试验　test for air-tightness

以气体为介质按一定的试验压力检测搪玻璃设备气密性的试验。

7.5.6 水压试验　hydraulic pressure test

以水为介质按一定的试验压力检测玻璃设备强度及密封性能的方法。

第二节　用于空气-烟气、烟气-烟气再生式热交换器的搪瓷换热元件

一、概论

我国大气环境的主要污染源是典型的煤烟型污染，主要的大气污染物是硫氧化物、氮氧化物。据资料显示，电力工业的燃煤电厂二氧化硫排放量占我国工业二氧化硫排放总量的40%左右，对我国大气质量环境造成严重破坏。

为贯彻《中华人民共和国环境保护法》《中华人民共和国大气污染防治法》，保护环境，保障人体健康，国家将节能减排作为当今宏观调控的重点，制定国民经济和社会发展的五年规划时都提出了约束性指标，这就要求二氧化硫和氮氧化物排放大户火电厂、钢铁行业、水泥厂、燃煤工业锅炉承担起相应的减排责任。环境保护部和国家质量监督检验检疫总局联合发布的强制性国家污染物排放标准 GB 13233—2011《火电厂大气污染物排放标准》，强制要求火电厂进行脱硫脱硝工程改造。

目前世界各地已开发出200多种脱硫技术，其中烟气脱硫脱硝是控制污染最有效和最主要的技术手段。其主要特点是使用碱性浆液作洗涤剂，在反应塔中对烟气进行洗涤，从而除去烟气中的硫和硝。

搪瓷换热元件作为脱硫脱硝热交换器中的主要元件，广泛应用于电厂锅炉空气-烟气和

烟气-烟气再生式热交换器中，是电厂脱硫脱硝设备中换热元件的新型产品，在发电厂的使用率越来越高。

GB/T 31567—2015《用于空气-烟气、烟气-烟气再生式热交换器的搪瓷换热元件》修改采用 ISO 28763：2008《用于空气-烟气、烟气-烟气再生式热交换器的搪瓷换热元件》，于 2015 年 12 月 10 日发布，2016 年 8 月 1 日实施。

二、标准主要特点与应用说明

1. 标准主要特点

该标准在制定过程中广泛听取了热交换器用搪瓷换热元件生产企业、瓷釉生产企业及使用单位锅炉厂与火电厂、钢铁行业和检测机构等单位相关专家的意见和建议。

搪瓷换热元件需要长期在高温且腐蚀性环境下运行，因此产品应能承受高强度的腐蚀、热震。为达到这些指标，该标准对钢板基板和瓷釉性能都提出了具体的要求，要求钢板供应商提供钢板基板氢渗透试验报告，若没有该试验报告，则应进行鱼鳞爆试验，合格后方可使用。同样，瓷釉供应商应提供瓷釉膨胀系数试验报告和熔流性试验报告，如果搪瓷厂要求，还应提供耐沸腾水蒸气试验报告。

耐沸腾硫酸项目是搪瓷换热元件的主要技术指标，起草工作组对我国生产的搪瓷换热元件材料进行了大量验证。根据对验证数据的分析，确定该标准该项目的技术要求可等同 ISO 28763：2008《用于空气-烟气、烟气-烟气再生式热交换器的搪瓷换热元件》。

热震试验要求将试样加热到 350℃，连续 5 个热循环，试样不应出现任何损伤。

瓷层厚度及其均匀性也有特别要求，根据产品的形状和特点制定了适宜的测试方法。

穿透到基体金属的针孔缺陷是产品的致命缺陷，因此反映涂搪质量的涂搪产品的针孔率是要求测试的项目。

反映集装后特性的产品集装压力也是规定要进行的测试项目。

对于烟气-烟气热交换器，在换热元件盒加压，完成各个部件排列，但还没有集装焊接时，应目测类似爆瓷、开裂和脱瓷等缺陷，尤其应注意定位板和波纹板之间的接触点（在换热元件盒中的第二对、中间对和倒数第二对）不应有这些缺陷。

2. 标准的应用

该标准规范的搪瓷换热元件是热交换器中传热和脱硫脱硝的关键配件，主要用于火力发电、石油、化工等工业领域的锅炉设备中，如广泛应用于电厂锅炉的回转式空气预热器及脱硫脱硝系统的回转式烟气换热器。搪瓷换热元件具有与碳钢相当的传热性能，又具有特别好的耐高温、耐腐蚀、抗磨损、易清洗等特性，换热效率高，使用寿命长，节能，低污染，是电厂脱硫脱硝设备中换热元件的新型产品，越来越受到青睐，市场空间巨大。

三、标准内容（GB/T 31567—2015）

用于空气-烟气、烟气-烟气再生式热交换器的搪瓷换热元件

1 范围

本标准规定了再生式热交换器用搪瓷换热元件在集装前后的最低要求。

本标准适用于采用湿法浸涂、湿法流动涂搪、湿法喷涂、湿法静电喷涂、湿法电泳涂搪

和干粉静电喷涂等各种涂搪工艺的搪瓷换热元件。

2 规范性引用文件

下列文件对于本文件的应用是必不可少的。凡是注日期的引用文件，仅注日期的版本适用于本文件。凡是不注日期的引用文件，其最新版本（包括所有的修改单）适用于本文件。

GB/T 4956 磁性基体上非磁性覆盖层 覆盖层厚度测量 磁性法（GB/T 4956—2003，ISO 2178：1982，IDT）

GB/T 8424.3 纺织品 色牢度试验 色差计算（GB/T 8424.3—2001，eqv ISO 105-J03：1995）

GB/T 13790—2008 搪瓷用冷轧低碳钢板及钢带（EN 10209：1996，MOD）

GB/T 16920 玻璃 平均线热膨胀系数的测定（GB/T 16920—1997，eqv ISO 7991：1987）

GB/T 23460.1 陶瓷釉料性能测试方法 第1部分：高温流动性测试 熔流法（GB/T 23460.1—2009，ISO 4534：1980，MOD）

GB/T 9989.2—2015 搪瓷耐化学侵蚀的测定 第2部分：耐沸腾酸、沸腾中性液体及其蒸气化学侵蚀的测定（ISO 28706-2：2008，IDT）

GB/T 31565 热交换器用钢板搪瓷边缘覆盖率的测定（GB/T 31565—2015，ISO 28723：2008，IDT）

3 术语和定义

下列术语和定义适用于本文件。

3.1 气泡 blister

瓷层内因含有未逸出的气体而出现的突起泡粒。

3.2 焦斑 burn-off

底釉层或边釉层局部过薄处烧成后形成的熔渣状斑痕。

3.3 爆瓷 chipping

烧成冷却后瓷层表面的小片爆脱。

3.4 铜头 copperheads

烧成时基体钢板中熔出的氧化铁在底层中处于过饱和状态而析出的红褐色斑点。

3.5 开裂 cracking

从熔融搪瓷层开裂，一般垂直于搪瓷表面。

注1：薄片状开裂，常发生在各种边角上。

注2：产生的原因主要是搪瓷釉层存在张应力。

3.6 裂纹 crazing

烧成后瓷层表面受张应力作用而出现的裂缝。

3.7 搪烧工具痕 fire tool marks

烧印，小凹点，类似于浅的针孔。

3.8 鱼鳞爆 fish-scaling

出现在搪瓷表面的半月形爆瓷缺陷。

注：鱼鳞爆可能在冷却后立即出现，也可能在放置一段时间后出现。由于在烧成中金属钢板基板对氢气的过饱和，导致冷却后氢气在搪瓷与钢板界面富集而产生的压力，鱼鳞爆正是为了释放这种压力在瓷层

表面产生的爆瓷。

3.9 脱瓷 spalling

瓷层内同时开裂和脱瓷。

注：脱瓷经常发生在边角、曲率半径小的部位和钢板的边缘，主要由于相对于基板搪瓷层的膨胀系数太小、曲率半径太小和搪瓷层太厚，热应力会加剧搪瓷层脱瓷。

3.10 撕裂 tearing

烧成时粉层开裂，烧成后呈现的未愈合纹路。

3.11 空气-烟气热交换器 air-gas heater

采用燃烧后的烟气作为热流加热燃烧用空气的热交换器。

注1：进入该热交换器的热烟气温度最高为450℃，正常工作温度为320℃~380℃。

注2：在本标准中，由脱硝装置（$DeNO_x$）使用的空气-烟气热交换器，按烟气-烟气热交换器的技术要求执行。

3.12 烟气-烟气热交换器 gas-gas heater

脱硫装置用的热交换器，用于再加热由吸收塔处理的烟气，使烟囱排放气流符合要求。

注1：热烟气是进入吸收塔的未经处理的烟气。

注2：进入该热交换器的热烟气温度最高为200℃，正常工作温度为120℃~160℃。

4 要求

4.1 钢板基板

4.1.1 交货

搪瓷用钢板应满足GB/T 13790—2008的要求或双方协商的方案，交货时应有质量保证证书。

4.1.2 化学分析

化学成分应通过熔炼分析，满足GB/T 13790—2008的要求或双方协商的方案。

4.1.3 氢渗透性

氢渗透性（TH）应符合下列要求之一：

a) 按附录B中式（B.1）计算，钢板的氢渗透性（TH）应不小于100。

b) 按附录B中式（B.2）计算，钢板的氢渗透性（TH）应不小于6.7。

钢板供应商若未能提供最低氢渗透性及客户协议，则应按4.1.4的要求进行鱼鳞爆试验。

4.1.4 鱼鳞爆试验

按附录B中B.2进行钢板鱼鳞爆试验。试验钢板（150mm×钢卷宽度）应进行预处理，但不披镍。应根据供应商提供的试验用磨加物配方正反两面涂搪，烘干后，试验搪瓷涂层应在820℃下烧成5min，烧成后瓷层的厚度为100μm~130μm。烧成后的搪瓷试样应在60℃~80℃下热处理24h，检查试样，如果没有鱼鳞爆则通过试验。

4.1.5 酸洗速度

如果搪瓷厂要求，还应按附录C进行酸洗速度试验，与钢板供应商达成可以接收的水平。

4.2 搪瓷瓷釉

4.2.1 交货

搪瓷瓷釉供应商供应瓷釉时应提供至少包含4.2.5和4.2.7试验项目的质量保证证书。

无论瓷釉是否变化或磨加物配方是否变化，都应进行 4.2.4 和 4.2.6 试验。

当采用预磨搪瓷釉、搪瓷釉浆或粉末搪瓷时，搪瓷厂还可能要求其提供涂搪性能的额外指标。

任何其他要求和试验配方均由供需双方协商决定。

4.2.2 膨胀系数

如果搪瓷厂要求，应提供膨胀系数试验报告。膨胀系数应与搪瓷瓷釉（即预磨搪瓷釉、搪瓷釉浆和粉末搪瓷的基础釉料）制造企业的试验方法一致，或与 GB/T 16920 的试验方法一致。

4.2.3 熔流性

如果搪瓷厂要求，应提供熔流性试验报告。熔流性应与搪瓷瓷釉（即预磨搪瓷釉、搪瓷釉浆和粉末搪瓷的基础釉料）制造企业的试验方法一致，或与 GB/T 23460.1 的试验方法一致。

4.2.4 耐沸腾水蒸气

如果搪瓷厂要求，应提供耐沸腾水蒸气试验报告。耐沸腾水蒸气应按 GB/T 9989.2—2015 第 13 章进行试验。

当按这种方法试验时，搪瓷涂层的最大质量损失应符合表1。

表1 最大质量损失

热交换器类型	最大质量损失/[g/(m^2·48h)]
空气-烟气	20
烟气-烟气	6

4.2.5 耐酸

耐沸腾硫酸应按 GB/T 9989.2—2015 第 11 章进行试验。

4.2.6 热震试验

如果搪瓷厂要求，应按附录 D 进行制备至少 3 个试样，热震试验应按附录 E 进行试验，试验温度为 350℃。

在试验温度下进行 5 个热循环，试样不应出现任何损伤。

4.2.7 密着强度

应按附录 F 进行搪瓷密着强度试验。采用具有已知酸洗速度（见 4.1.5）的基板，按附录 D 制备试样。

4.3 瓷层特性

4.3.1 密着强度

对每批已预处理的搪瓷板应进行试验。

用于搪瓷密着强度试验的试样应按照附录 D 进行制备，并且采用与换热元件相同生产条件的预处理和涂搪工艺。

当按附录 F 进行试验时，搪瓷的密着强度应不低于 2 级。

4.3.2 厚度

瓷层厚度应按 GB/T 4956 进行试验，根据横截面形状调节检测设备。先分别确定一对搪瓷板（包括一个定位板和一个波纹板，定位板标为①和②，波纹板示为③）测量区域中的测量点 A~I（见图1），测量点离边缘应至少 50mm，然后对测量点的正反面厚度进行测量。每对搪瓷板应有 54 个测量数据，36 个数据来自定位板（①和②各 18 个数据），18 个数据来自波纹板。

54 个厚度测量数据的平均值，应在 150μm±30μm 范围内。

搪瓷板边缘厚度等于瓷层总厚度加上基板厚度，其中瓷层总厚度的测量值应不大于 600μm（如两面各 300μm）。除了边缘区域和悬挂孔以外，在各测量点附近（如定位板的波谷两侧）的瓷层厚度都不应低于 80μm。

除了这些测量点以外的试验应用显微镜进行。

每 2h 为周期进行一次厚度试验。

供应商与客户在订货时另有约定的情况除外。

4.3.3 热震试验

搪瓷热震试验用的试样应按附录 D 进行制备，并采用与热交换器用搪瓷板生产相同预处理和涂搪条件，试样的瓷层厚度应在 150μm±20μm 之间。

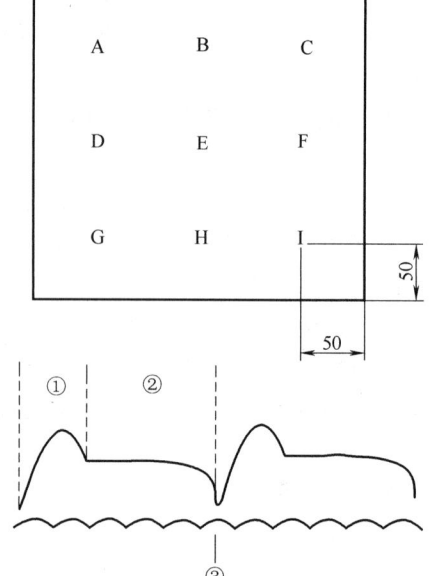

图 1　厚度测量点

①、②—定位板　③—波纹板

热震试验至少需要 3 个试样，应按附录 E 进行试验，试验温度为 350℃。

在试验温度下进行 5 个热循环，试样不应出现任何损伤。

每 5t 搪瓷瓷釉，以及每次调整瓷釉成分，或基板原材料批号发生变化时，均应进行 1 次热震试验。

4.3.4 基本缺陷

应使用目测法，对搪瓷表面的基本缺陷进行全方位检测，搪瓷表面不得有如下基本缺陷：气泡、焦斑、爆瓷、铜头、开裂、裂纹、鱼鳞爆、脱瓷、撕裂等（见第 3 章）。目测应在距离搪瓷表面至少 1.5m 处、并在自然光或在符合 GB/T 8424.3 要求的 D65 人造光源下进行。

注：搪烧工具痕不算基本缺陷。

4.3.5 针孔率

应按附录 G 对穿透到基体金属的针孔率进行试验。

从 10000 对搪瓷板中随机抽取 10 对搪瓷板进行试验，测得的针孔率数应符合表 2 的要求。若试验的结果在规定的范围内，则抽样比例已经能够充分代表被抽样的全部产品，如果试验的结果不在规定的范围内，则抽样的比例就要放大到 0.2%~0.5%。

表 2　最大针孔率

热交换器类型	最大针孔率/(1/m^2)
空气-烟气	50
烟气-烟气	15

如果生产过程要求，搪瓷板的缺陷数也可以采用如下方法进行：以每 2h 为一个周期，随机抽取 1% 的产品进行试验。

4.3.6 烟气-烟气热交换器搪瓷板边缘覆盖率

如果客户要求,烟气-烟气热交换器搪瓷板边缘覆盖率应按 GB/T 31565 进行检测,其平均值应符合供应商与客户订货时的约定。

4.3.7 耐沸腾硫酸

耐沸腾硫酸试验的试样应按附录 D 进行制备,其预处理和涂搪工艺条件应与换热器搪瓷板生产时的条件相一致,试样的搪瓷瓷层厚度应为 $150\mu m \pm 20\mu m$ 之间。

按 GB/T 9989.2—2015 第 11 章进行试验,搪瓷瓷层最大的质量损失应该控制在表 3 的范围内。

表 3 最大质量损失

热交换器类型	最大质量损失[$g/(m^2 \cdot 18h)$]
空气-烟气	10.0
烟气-烟气	2.0

4.3.8 返工

搪瓷板的返工率应≤5%。

4.4 集装后的特性

4.4.1 集装压力

集装压力偏差应控制在 $\pm 1000 kg/m^2$,建议上限 $5000 kg/m^2 \sim 8000 kg/m^2$。每个装满的换热元件盒的表面积($m^2$),可以通过其装载的位于中间位置的一对定位板和波纹板的长度和宽度来计算。

4.4.2 目测检查

对于烟气-烟气热交换器,应目测类似爆瓷、开裂和脱瓷等缺陷(见第 3 章),尤其应注意定位板和波纹板之间的接触点(在换热元件盒中的第二对、中间对和倒数第二对)。接触点上每平方米允许的最大缺陷数应符合供应商与客户之间的约定。

目测检查应在换热元件盒加压,完成各个部件排列,但还没有集装焊接时进行。

每一个转子每种规格元件盒应试验一个换热元件盒。

4.4.3 烟气-烟气热交换器搪瓷板边缘覆盖率

如果客户要求,烟气-烟气热交换器搪瓷板的边缘覆盖率应按 GB/T 31565 进行检测,或目测迎烟气方向的边部。

边缘覆盖率试验应在换热元件盒加压,完成各个部件排列,但还没有集装焊接时进行。

5 试验结果的表述

如果客户要求,搪瓷厂应提供表 4 所列试验的试验结果,以及详细的工艺参数。

表 4 试验结果的汇总

试验	章条编号	烟气-烟气热交换器	空气-烟气热交换器
钢板基板(4.1)			
质量保证证书	4.1.1	要求	要求
化学分析	4.1.2	要求	要求
氢渗透性或鱼鳞爆试验	4.1.3 4.1.4	要求	要求
酸洗速度	4.1.5	如果要求	如果要求

（续）

试验	章条编号	烟气-烟气热交换器	空气-烟气热交换器
搪瓷瓷釉(4.2)			
质量保证证书	4.2.1	要求	要求
膨胀系数	4.2.2	如果要求	如果要求
熔流性	4.2.3	如果要求	如果要求
耐水蒸气	4.2.4	如果要求	如果要求
耐酸	4.2.5	要求	要求
热震试验	4.2.6	如果要求	如果要求
密着强度	4.2.7	要求	要求
瓷层特性(4.3)			
密着强度	4.3.1	要求	要求
厚度	4.3.2	要求	要求
热震试验	4.3.3	要求	要求
基本缺陷	4.3.4	要求	要求
针孔率	4.3.5	要求	要求
边缘覆盖率	4.3.6	如果要求	不适用
耐沸腾硫酸	4.3.7	要求	要求
返工	4.3.8	要求	要求
集装后的特性(4.4)			
集装压力	4.4.1	要求	要求
目测检查	4.4.2	要求	不适用
边缘覆盖率	4.4.3	如果要求	不适用

附 录 A
（资料性附录）
本标准与 ISO 28763：2008 文本结构对应表

本标准与 ISO 28763：2008 文本结构对应表见表 A.1。

表 A.1 本标准与 ISO 28763：2008 文本结构对应表

本标准	ISO 28763:2008	主要内容	变化情况
前言	前言	前言	根据 GB/T 1.1 规定编写
1 范围	1 范围	范围	技术内容无变化
2 规范性引用文件	2 规范性引用文件	规范性引用文件	对于 ISO 28763：2008 规范性引用的国际文件，用适用的我国文件代替（为使用方便，凡没有适用的我国文件，直接将技术内容引入本标准的规范性附录）
3 术语和定义	3 名词术语和定义	术语和定义	技术内容无变化

（续）

本标准	ISO 28763:2008	主要内容	变化情况
4 要求 4.1 钢板基板 4.1.1 交货 4.1.2 化学分析 4.1.3 氢渗透性 4.1.4 鱼鳞爆试验 4.1.5 酸洗速度	4 钢板基板 4.1 交货 4.2 分析 4.3 氢渗透 4.4 鱼鳞爆试验 4.5 酸性速度	对搪瓷钢板基板的技术要求	技术内容无变化
4.2 搪瓷瓷釉 4.2.1 交货 4.2.2 膨胀系数 4.2.3 熔流性 4.2.4 耐沸腾水蒸气 4.2.5 耐酸 4.2.6 热震试验 4.2.7 密着强度	5 搪瓷瓷釉 5.1 交货 5.2 膨胀系数 5.3 熔流性 5.4 耐沸腾水蒸气 5.5 耐酸 5.6 热震试验 5.7 密着强度	对搪瓷瓷釉的技术要求	用等效采用 ISO 28763:2008 规范性引用文件 ISO 7991 的 GB/T 16920 规定的方法测定膨胀系数（见 4.2.2）；用修改采用 ISO 28763:2008 规范性引用文件 ISO 4534 的 GB/T 23460.1 规定的方法测定熔流性（见 4.2.3）。其余技术内容无变化
4.3 瓷层特性 4.3.1 密着强度 4.3.2 厚度 4.3.3 热震试验 4.3.4 基本缺陷 4.3.5 针孔率 4.3.6 烟气-烟气热交换器搪瓷板边缘覆盖率 4.3.7 耐沸腾硫酸 4.3.8 返工	6 搪瓷涂层特性 6.1 密着强度 6.2 厚度 6.3 热震试验 6.4 基本缺陷 6.5 开口缺陷 6.6 烟气-烟气加热器边部包裹率 6.7 耐沸腾硫酸 6.8 返工	对搪瓷涂层特性的技术要求	技术内容无变化
4.4 集装后的特性 4.4.1 集装压力 4.4.2 目测检查 4.4.3 烟气-烟气热交换器搪瓷板边缘覆盖率	7 集装后的特性 7.1 集装压力 7.2 目测检查 7.3 烟气-烟气加热器边部包裹率	对换热元件集装后的技术要求	技术内容无变化
5 试验结果的表述	8 文件结果的计算和表达	汇总上述要求	根据实际章条编号汇总
附录A（资料性附录）本标准与 ISO 28763:2008 文本结构对应表			
附录B（规范性附录）未涂搪薄钢板抗鱼鳞爆性能的试验方法		ISO 28763:2008 的引用标准 EN 10209:1996 的附录 B	技术内容无变化
附录C（规范性附录）一次搪钢板酸洗质量损失（铁损）的试验方法		ISO 28763:2008 的引用标准 EN 10209:1996 的附录 C	技术内容无变化
附录D（规范性附录）钢板搪瓷的试样制备		ISO 28763:2008 的引用标准 ISO 28764	技术内容无变化

(续)

本标准	ISO 28763:2008	主要内容	变化情况
附录 E（规范性附录）搪瓷涂层热震试验的试验方法	附录 A（规范性）搪瓷涂层热震试验性能的测试方法	搪瓷涂层热震试验的试验方法	技术内容无变化
附录 F（规范性附录）薄钢板搪瓷密着强度的试验方法		ISO 28763:2008 的引用标准 EN 10209:1996 的附录 D	技术内容无变化
附录 G（规范性附录）搪瓷缺陷检测及定位的低电压试验		ISO 28763:2008 的引用标准 ISO 8289:2001	技术内容无变化

附 录 B
（规范性附录）
未涂搪薄钢板抗鱼鳞爆性能的试验方法

B.1 氢渗透试验
B.1.1 适用范围
试验用的薄钢板厚度应为 0.5mm～3mm。
B.1.2 原理
在脱脂钢板的一面通过电解产生氢气。从电解开始到氢气穿过钢板到达另一面并被测定的时间被定义为氢渗透时间。渗透时间越长，说明抗鱼鳞爆性能越好。
B.1.3 仪器和试剂
——钢板氢渗透试验装置；
——电解液：由体积分数为 6% 的 H_2SO_4（60mL H_2SO_4，940mL 蒸馏水）、0.25g/L 的 $HgCl_2$ 和 0.5g/L 的 As_2O_3 配制而成，要求每一次试验用的电解液均应采用分析纯试剂重新配制；
——含有硅酸盐的高碱性脱脂剂，适用于薄钢板；
——去离子水；
——浓度为 100g/L～150g/L 的盐酸溶液。
B.1.4 试样
每一批交付的货品中最少要取 4 个试样（宽 70mm～90mm，长度不小于 100mm）。应当指出，最易产生鱼鳞爆的部位是钢卷的边部。
B.1.5 准备
试验槽 1：脱脂
每升去离子水溶液中含有 30g±5g 脱脂剂。
试验槽应每天更换试验溶液，使用玻璃钩固定试样，试验槽温度控制在 70℃～75℃ 之间，时间为 5min，用磁性搅拌器进行搅拌。
试验槽 2：冷水洗
用自来水进行喷淋或浸洗，时间为 30s。
试验槽 3：脱脂

步骤与试验槽 1 相同,浓度为每升去离子水溶液中含有 20g±5g 脱脂剂。

试验槽 4:热水洗

用自来水进行喷淋或浸洗,温度为 65℃,时间为 30s。

试验槽 5:冷水洗

用流动水冲洗,时间为 2min。

B.1.6 脱脂质量检查

B.1.6.1 经试验槽 5 处理后,取一个试样作为控制试样,并按 B.1.6.2~B.1.6.5 进行处理(该试样不能用作测定氢渗透时间的试样)。

B.1.6.2 将该控制试样浸在浓度为 100g/L~150g/L 的盐酸溶液中,温度为室温,时间为 15s。

B.1.6.3 将试样完全浸没在去离子水中,然后用自来水冲洗。

B.1.6.4 将试样垂直放置 15s~20s,观测在试样表面流过的水膜状态,水应该在试样表面均匀地流过,水膜不应该有破损。

B.1.6.5 如果水膜试验不理想,可以增加脱脂时间。如果总的脱脂时间超过 30min,该试样则不能使用。

B.1.7 渗透试验步骤

准备步骤如下:

将试样固定在一个电解装置上,该装置呈漏斗状,由有机玻璃制成,分为上下两个部件,在放置试样的水平面上各有一个直径为 40mm 的圆孔(分别对应试样的上表面和下表面)。

下部件与毛细管(内直径为 1mm±0.1mm)相连接(见图 B.1)。

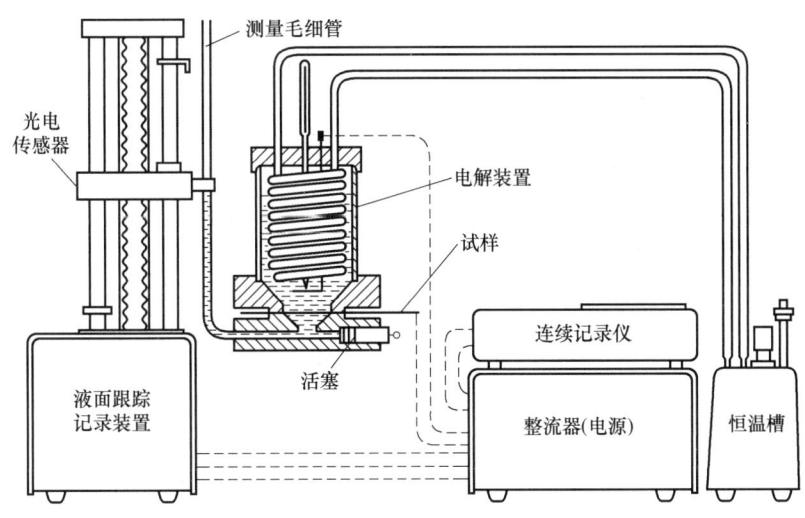

图 B.1 钢板氢渗透试验装置

将下部件与毛细管充满有色水溶液。

将上部件充满上述所提到的电解溶液,试样作为阴极,而开孔的铂圆片作为阳极。

电解电流(6V 直流电,电流密度 0.125A/cm^2)由一个整流器提供。

将带有恒温器电路的玻璃圈浸入电解溶液中,控制温度在 25℃±0.5℃。试样与电解溶液接触至少 10min,以便达到正确的温度。

使用下部件里的活塞，调整毛细管中液体的起始液面位置。经过 10min 后，建立电解电流，这即为渗透曲线的起始时间。

在试样的上表面，电解将导致氢气的过饱和。部分氢气将穿过试验板，取代等量体积的有色水溶液。

穿过试样的氢气量使毛细管中的液面高度发生变化，并经光电传感器传送到液面跟踪记录装置。

根据记录结果，使用切线法（见图 B.2），即可确定氢渗透时间。

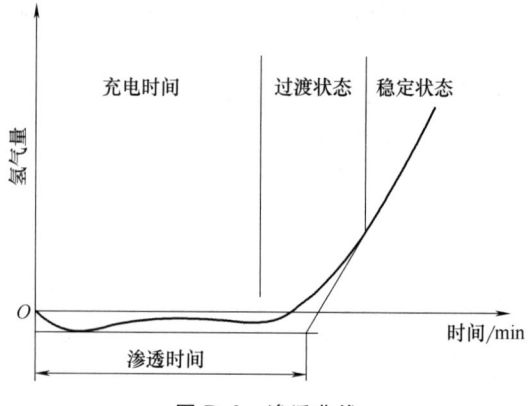

图 B.2 渗透曲线

B.1.8 结果表示

按式（B.1）或式（B.2）计算氢渗透性（TH）：

$$TH = \frac{15t_0}{d^2} \qquad (B.1)$$

或

$$TH = \frac{t_0}{d^2} \qquad (B.2)$$

式中 t_0——氢渗透时间（min，精确到 0.1min）；

d——试样的厚度（mm，精确到 0.01mm）。

B.2 鱼鳞爆试验

该鱼鳞爆试验使用特殊的搪瓷熔块。

为了测定抗鱼鳞爆性能，可以使用另一个试验方法。采用特殊的搪瓷釉，使用固定的参数在实验室进行搪瓷涂搪以便开展鱼鳞爆试验。

通常情况下，涂搪厚度在 100μm 左右，搪瓷的密着强度在 3 级或以上，涂搪烧成 24h 后，用目测检查搪瓷是否有鱼鳞爆。

附 录 C
（规范性附录）
一次搪钢板酸洗质量损失（铁损）的试验方法

C.1 原理

试样在硫酸浓度为 70g/L 和 Fe^{2+} 浓度为 2g/L±0.2g/L 的溶液中酸洗，测量其质量损失，并转换成单位为 g/m² 的钢板表面质量损失。

C.2 材料与仪器

——厨房用纸；

——高精度天平（精度为 1mg）；

——1L 低型烧杯，外径为 106mm，高度为 145mm；

——带电磁搅拌器的加热板；

第十四章 术语与技术条件

——实验室用恒温器；

——玻璃钩；

——喷雾器；

——盐酸，分析纯；

——硫酸，分析纯；

——待试验用钢板；

——高纯去离子水，最大电导率为30μS/cm；

——校准的温度计；

——含有硅酸盐的高碱性脱脂剂，适用于薄钢板（脱脂槽1和3）；

——适用于脱脂槽9的碱溶液（汉高 Henkel P3 T320 或类似的产品）；

——电热空气干燥器。

C.3 试样

试样的尺寸为 100mm×100mm。要求平整且没有任何变形，取样应离开钢卷边部150mm。

要求试样表面没有任何侵蚀和机械损伤，也不能有任何毛刺。试样开有一个6mm直径的孔，以便装玻璃钩。

C.4 准备

试样应烘干，并用厨房用纸擦干净。

C.5 称量

试样用分析天平称量，精确到1mg（称量值 P_1）。

C.6 清洁

试验槽1：脱脂

含有硅酸盐的高碱性溶液，浓度为30g/L±5g/L。

每天更换槽中试验溶液，使用玻璃钩固定试样，试验槽温度控制在70℃～75℃之间；脱脂时间为5min±15s，并用电磁搅拌器进行搅拌。

试验槽2：冷水冲洗

用自来水进行喷淋或浸洗，时间为30s。

试验槽3：脱脂

步骤与试验槽1相同，脱脂剂浓度为20g/L±5g/L。

试验槽4：热水洗

用自来水进行喷淋或浸洗，温度为65℃，时间为30s。

试验槽5：冷水洗

用流动水冲洗，时间为2min。

C.7 脱脂质量检查

C.7.1 经试验槽5处理后，取一个试样作为受控试样，并按 C.7.2～C.7.5 进行处理（该受控试样不能再用于测定酸洗质量损失）。

C.7.2 将该受控试样浸在浓度为100g/L～150g/L的盐酸溶液中，温度为室温，时间为15s。

C.7.3 将受控试样完全浸没在去离子水中，然后用自来水冲洗。

C.7.4 将受控试样垂直放置15s～20s，观测在试样表面流过的水膜状态，水应在试样表面均匀地流过，水膜不应有破损。

C.7.5 如果水膜试验不理想，可以增加脱脂时间。如果总的脱脂时间超过 30min，该批试样则不能使用。

C.8 酸洗

试验槽 6：温度设定

将试样浸入温度为 70℃ 的水槽中。

试验槽 7：酸洗

酸洗条件：浓度为 70g/L 的硫酸，温度为 70℃±0.3℃，时间为 7min±5s，用电磁搅拌器进行搅拌。

Fe^{2+} 浓度：2g/L±0.2g/L。

按下列方法准备试验槽：将 40mL 硫酸（密度为 1.84g/cm³）加入到 150mL 去离子水中，然后加水至 1000mL。将溶液加温到酸洗温度 70℃，再将 2g±0.2g 的钢板（此钢板与经 C.6、C.7 处理的试验钢板相同）溶解到硫酸中（溶解大约 20min），使 Fe^{2+} 浓度达到 2g/L±0.2g/L。检查硫酸和 Fe^{2+} 浓度是否符合要求。

最多酸洗 3 个试样后，就要更换酸洗液。即便是新配制的未使用过的酸洗液，超过 3 天就不能再使用。

试验槽 8：冷水洗

用冷水喷淋或浸洗，时间为 15s。

试验槽 9：中和

将试样浸入碱性溶液（例如，浓度为 6g/L Na_2CO_3+0.7g/L $Na_2B_4O_7$，温度为 50℃，时间为 2min）。

试验槽 10：热水洗

用热水喷淋或浸洗，时间为 30s，温度为 65℃。

C.9 烘干

用电热空气干燥器进行烘干。

C.10 称量

当冷却到室温后，对试样立即进行称量（称量值为 P_2）。

C.11 评估

将两次称量的差值除以试验板的总面积（0.02m²），计算出钢板表面酸洗的质量损失 P（g/m²），见式（C.1）：

$$P=\frac{P_1-P_2}{0.02} \tag{C.1}$$

需要说明的是，对不少于 3 件试样的测量值进行平均，该平均值与每个试样的测量值之间的最大偏差不应大于 10%，否则就应重新进行试验。

附 录 D
（规范性附录）
钢板搪瓷的试样制备

D.1 取自产品的试样

D.1.1 对取样产品的要求

试样应取自按正常参数生产的产品，不能取自重新加工的产品。

D.1.2 形状和尺寸要求

试样应为圆形或方形，其直径或边长应该为 105mm±5mm。

试样只能取自搪瓷产品的平板区域。

D.1.3 制备

在将搪瓷产品切割成搪瓷试样之前，先要将搪瓷产品切割线上的正反面搪瓷釉层磨掉，直到露出金属基板。磨掉搪瓷釉层的宽度为切割工具的宽度再加上两边各2mm。

注：采用刚玉或金刚砂的研磨机比较适合研磨搪瓷釉层。

D.2 特殊制备的试样

D.2.1 形状、尺寸和基板要求

D.2.1.1 总则

制备试样的基板应可涂搪，并且是呈圆形或方形的平板，其直径或边长为 105mm±5mm。

如果试样在称量和涂搪过程中要挂着，试样还应有一个孔能够悬挂，孔的直径应为 2.5mm 左右，对于圆形试样，孔离边部 3mm；对于方形试样，孔离方形角 3mm。

D.2.1.2 钢板基板

对于涂搪用的钢板应有良好的涂搪性能，并能保证涂搪后的搪瓷质量，钢板的厚度 0.3mm～3.0mm。

如果钢板厚度不在 0.3mm～3mm 范围内，只要供需双方能够达成一致意见，也可采用其他厚度，但应提供每批产品厚度的测试报告。

对于涂搪用金属表面处理可以采用任何现有的方法，但是试样若用于比对目的，应采用相同的处理方法、基板质量和基板厚度。

对于鱼鳞爆试验，金属基板从卷钢中选取，其宽度应大于或等于 100mm。

D.2.2 试样涂搪

D.2.2.1 总则

制备搪瓷试样时应按涂搪过程的常规步骤进行，不得采取涂搪修补、重复搪烧等额外步骤。

应特别注意试样边部的瓷釉堆积，因此，在烘干后搪烧前，应通过合适的方法将边部 2mm～3mm 的瓷釉擦掉。

试样是用于比对的，应采用相同的标准厚度，比对的试样最大厚度差不能大于 15%。

在所有情况下，试样的涂搪厚度应与正常生产的搪瓷产品相一致。

D.2.2.2 钢板涂搪

D.2.2.2.1 涂搪

应该对试样的一面或双面涂搪，当定量测定单位面积搪瓷涂层的质量损失时，试样应采用双面涂搪。

D.2.2.2.2 一次搪

一般情况下，一次搪，指对试样进行一次涂搪一次烧成。在有些特殊情况下，产品如果需要再涂搪，试样也应进行再涂搪。

D.2.2.2.3 面釉搪瓷

在已搪烧底釉的搪瓷上再搪烧面釉，可以采用浸涂或喷涂工艺对试样进行双面涂搪，涂搪厚度控制在双方同意的范围内。

在底釉烘干、搪烧和冷却后，搪瓷面釉应涂在已涂底釉试样的一面。

试样所搪的面釉次数应该与实际搪瓷制品生产的搪面釉次数相一致。

注1：对于大多数情况下，搪一次面釉是标准程序；在有些情况下，通常采用两到三次搪面釉。

注2：当用于化学工业容器和设备的搪瓷时，一般要涂多层面釉。

D.2.3 涂搪试样的表面

目测试样，涂搪试样表面应平整，没有针孔、烧焦、脱片、铜头、爆瓷、裂瓷、烧印架、鳞爆、撕裂等任何缺陷。

附 录 E
（规范性附录）
搪瓷涂层热震试验的试验方法

E.1 试验步骤

使用强制空气对流烘箱，将试样加热到符合要求的试验温度，在该温度下保温10min。从烘箱中取出试样，在5s内放入温度在15℃~20℃的水中，完全浸没在水中至少30s。从水中取出试样，烘干，冷却到室温，重复上述试验步骤4次，完成5个热循环。

E.2 结果表示

检查试样，是否有爆瓷、开裂、裂纹和脱瓷等损伤。

附 录 F
（规范性附录）
薄钢板搪瓷密着强度的试验方法

F.1 适用范围

试验用薄钢板应平整，没有变形，厚度为0.6mm~3mm。

F.2 原理

一个涂搪薄钢板试样，由一个半球状的冲击锤冲击变形，冲击锤质量为1.5kg，冲击高度与未涂搪钢板厚度有关。

F.3 装置

F.3.1 冲击试验装置如图 F.1 所示：

冲击锤的质量为 1.5kg；

冲击锤呈半球状，其直径为 22mm；

冲击基座上的圆孔直径为 20.6mm，冲入的半径为 2mm。

F.3.2 五级搪瓷密着强度级别参考图，如图F.2所示。

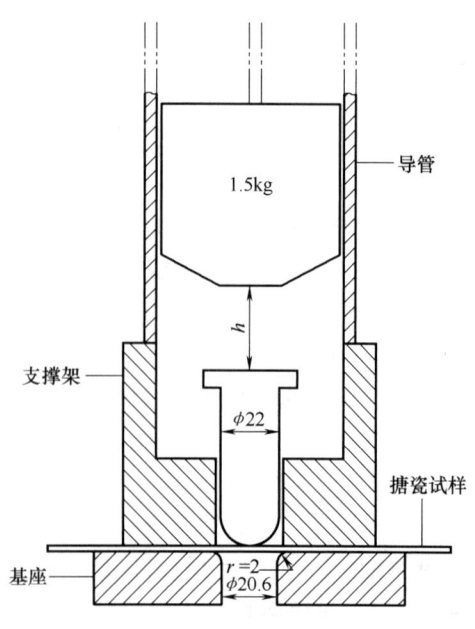

图 F.1 冲击试验装置

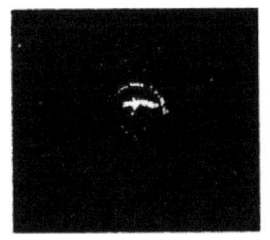 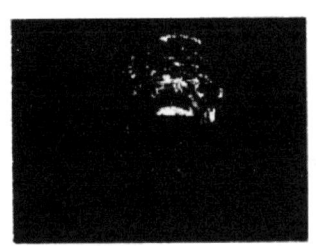 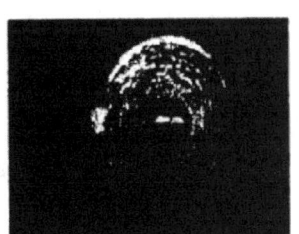
密着强度1级　　　　　　　密着强度2级　　　　　　　密着强度3级

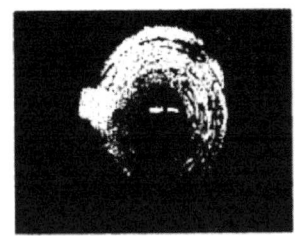 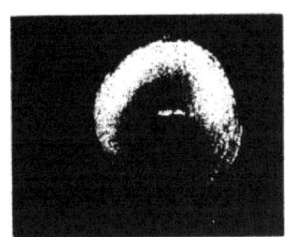
密着强度4级　　　　　　　密着强度5级

图 F.2　搪瓷密着强度（冲击试验）

F.4　试验步骤

首先用厨房用纸将涂搪薄钢板擦干净，然后将其固定在基座和支撑架之间。

将 1.5kg 冲击锤置于高度 h，高度的具体数值取决于未涂搪的钢板厚度，见表 F.1。

表 F.1　冲击高度

钢板厚度/mm	冲击高度 h/mm
0.6~0.8	300
>0.8~1.2	500
>1.2~3	750

冲击锤冲击。

提升冲击锤，取出被冲击试样。

应等冲击后的爆瓷现象全部停止后，才能评价搪瓷的密着强度级别。

F.5　密着强度评价

F.5.1　平板试样

根据冲击试验后涂搪薄钢板的状况，对照参考图（见图 F.2），评价密着强度。

级别"1"对应于非常好的密着强度，级别"5"对应于非常差的密着强度。

1 级：冲击后的表面完全附着搪瓷层，并有光亮的外表（最好的密着强度）。

2 级：冲击后的表面几乎完全附着搪瓷层（在密着层下）（很好的密着强度）。

3 级：冲击后大部分附着搪瓷层，少量露铁（比较好）。

4 级：冲击后少部分附着搪瓷层，大量露铁（比较差）。

5 级：冲击后全部脱瓷，搪瓷层、金属层分离非常清楚（非常差）。

F.5.2　非平板试样

如果必须试验非平板试样，产品供应商和采购商在试验前，应对试验所用的仪器和试验结果的解释达成一致，否则，应参照本试验方法。

附 录 G
（规范性附录）
搪瓷缺陷检测及定位的低电压试验

G.1 原理

使用基于颜色效应的光学方法检测缺陷。试验是在低电压，并使缺陷与一种导电溶液相接触情况下进行的。

G.2 试验试剂

将 3.0g±0.1g 亚硝酸钠溶解在 100mL 的自来水中，再加入 2 滴液体洗洁精。添加 4mL 酚酞乙醇溶液（要求酚酞的质量分数为 0.5%）。

警告：在使用亚硝酸钠和酚酞溶液时，应特别小心。

只要试验之后试样不被再次涂搪，除了亚硝酸钠，也可以使用其他水溶性盐类，盐类的加入量应控制在使替代试验溶液的电导率为 35mS±3mS，pH 值为 7.5±1。

G.3 仪器

G.3.1 电源

电源应由一个直流电压为 24V±4V 的电源所组成，也可以由一个分压器组成，或由电池串联而成。

G.3.2 试验电极

电极要求使用湿的纸，例如厨房用纸，并且要求其面积至少在 500cm^2 以上。

G.4 试样

试样可以是普通商品或其一部分，也可以是专门为试验所准备的平板试样，要求搪瓷试样应有部分金属未涂搪瓷，以便与负电极相连接。

试样应用洗涤剂清洗干净，再用自来水冲洗，最后用布或纸擦干。如果搪瓷试样在烧成后 24h 内试验，不需要用洗涤剂清洗，搪瓷试样的温度应不超过 30℃。

G.5 试验步骤

用记号笔或黏纸在试验区域做好记号，将试样的未涂搪金属部位与电源（G.3.1）的负极相连接，然后将试验电极即湿纸电极（G.3.2）与电源（G.3.1）的正极相连接，将试验电极（G.3.2）浸透试验溶液（G.2），将电极覆在试验区域，不能有空气进入。

打开电源（G.3.1），2min 后关掉电源。关掉电源 1min 内，计数缺陷数量，每个缺陷都会在试验电极（G.3.2）上显示红色的小点。

G.6 结果表示

按式（G.1）计算每平方米的缺陷数：

$$N = S/A \tag{G.1}$$

式中 N——每平方米的缺陷数；
S——检测到的缺陷数；
A——试验面积（m^2）。

第三节　书写板钢板搪瓷

一、概论

多年来，长期使用的传统教学黑板在书写和擦拭时飞扬的粉尘不仅影响环境，而且也对教师和学生的呼吸道造成伤害，另外，板和笔的色泽不均匀、反光性能、有害元素的释放等也会造成人身伤害。为了改善传统黑板的弊端，2011 年，国家发布了强制性标准 GB 28231—2011《书写板安全卫生要求》，对书写板的颜色（包括明度、色调、彩度）、光泽度（包括不应产生炫光）、附着度、擦拭性、表面粗糙度、耐磨性、耐蚀性、甲醛释放限量等安全卫生项目提出了要求，以推动行业逐步改用更环保的白板和粉笔板。

钢板搪瓷不仅具有耐腐蚀、对静电不敏感、易清洁、不变形等特性，还有着玻璃的硬度和基体金属材料的强度与弹性等特点，正是书写板面板良好的新型材料。用钢板搪瓷作为书写板面板，不仅易清洁、使用寿命长，而且环保，解决了教师、学生长期吃粉笔灰的烦恼。

搪瓷书写板现在国外已广泛使用，国内正在不断推广，使用也越来越普遍。

国际标准化组织在欧盟同类产品标准的基础上制定了 ISO 28762：2010《书写板钢板搪瓷》。GB/T 37773—2019《书写板钢板搪瓷》修改采用 ISO 28762：2010，于 2019 年 8 月 30 日发布，2020 年 3 月 10 日实施。

二、标准主要特点与应用说明

该标准规定了书写板钢板搪瓷的搪瓷性能和美观要求。

该标准在符合 GB 28231—2011《书写板安全卫生要求》的强制性要求的前提下，又提出了搪瓷特性的要求。

该标准规定了书写板（白板和粉笔板）的钢板搪瓷性能特性（如密着、耐磨性、抗冲击性、表面莫氏硬度、抗划伤性、平整度、耐酸和化学稳定性等）和美观要求（颜色、光泽、表面外观），以及可书写性、可擦性、耐涂鸦性等要求。标准中的技术指标均等同 ISO 28762：2010。

该标准与 ISO 28762：2010 的主要技术差异为产品的抗冲击性能测试方法。ISO 28762：2010 采用 ISO 4532《搪瓷　搪瓷制品抗冲击测定　手枪试验》。考虑到我国手枪试验法尚未普及，符合标准要求的手枪采购比较困难，该标准采用了冲击能量与手枪试验相当的落球试验法。

该标准规范的产品书写板钢板搪瓷面板不仅美观、书写清晰、易擦净，而且耐磨损、抗冲击、抗划伤性能优异，不易出现刻痕，化学稳定性好。在耐蚀性方面，除要求承受耐柠檬酸试验外，还应能通过去离子水、乙醇、甲乙基酮、二甲苯、甲苯等液体的腐蚀试验。耐涂鸦性能好，要求在室温下，墨水、油漆和涂料在搪瓷表面上停留 8d 后，用合适的溶剂，可轻易擦除，且不会改变搪瓷表面的光泽和颜色。

该标准的实施可以规范书写板钢板搪瓷产品的生产，进一步提高产品质量，提高产品在市场上的认可度，以推广该绿色环保产品的广泛应用。

三、标准内容（GB/T 37773—2019）

书写板钢板搪瓷

1 范围

本标准规定了用于书写板（白板和粉笔板）的钢板搪瓷的性能和美学特性要求。

本标准适用于由钢板基板制造的搪瓷书写板，包括白板和粉笔板。

2 规范性引用文件

下列文件对于本文件的应用是必不可少的。凡是注日期的引用文件，仅注日期的版本适用于本文件。凡是不注日期的引用文件，其最新版本（包括所有的修改单）适用于本文件。

GB/T 308.1 滚动轴承 球 第1部分：钢球（GB/T 308.1—2013，ISO 3290-1：2008，NEQ）

GB/T 4956 磁性基体上非磁性覆盖层 覆盖层厚度测量 磁性法（GB/T 4956—2003，ISO 2178：1982，IDT）

GB/T 9754 色漆和清漆 不含金属颜料的色漆漆膜的20°、60°和85°镜面光泽的测定（GB/T 9754—2007，ISO 2813：1994，IDT）

GB/T 9989.1—2015 搪瓷 耐化学侵蚀的测定 第1部分：室温下耐酸侵蚀的测定（ISO 28706-1：2008，IDT）

GB/T 11186.1 漆膜颜色的测量方法 第一部分：原理（GB/T 11186.1—1989，eqv ISO 7724-1：1984）

GB/T 11186.2 漆膜颜色的测量方法 第二部分：颜色测量（GB/T 11186.2—1989．eqv ISO 7724-2：1984）

GB/T 11186.3 漆膜颜色的测量方法 第三部分：色差计算（GB/T 11186.3—1989，eqv ISO 7724-3：1984）

GB/T 13790—2008 搪瓷用冷轧低碳钢板及钢带（EN 10209：1996，MOD）

GB/T 30199—2013 搪玻璃层抗划伤性能的测定（ISO 15695：2000，MOD）

GB/T 31567—2015 用于空气-烟气、烟气-烟气再生式热交换器的搪瓷换热元件（ISO 28763：2008，MOD）

3 术语和定义

下列术语和定义适用于本文件。

3.1 搪瓷 vitreous enamel; porcelain enamel

无机玻璃质材料通过高温熔凝于基体金属上并与金属形成牢固结合的复合材料。

注1：该材料可以用作保护、功能性或装饰等目的。

注2：该材料是通过将干粉或悬浮在水溶液中粉末状无机玻璃材料，涂搪在金属表面，然后熔融结合产生的，该涂层在20℃~100℃范围内的体膨胀系数为$150×10^{-7}/K$~$450×10^{-7}/K$，其实际数值随基板的类型和涂搪的领域而变化。

3.2 搪瓷书写面 vitreous-or porcelain-enamel writing surface

粉笔板和白板的表面材料和结构。

注：书写板可以用搪瓷薄板叠加任意种衬板及框架制成，也可以直接用已制备的搪瓷板制成。

4 钢板基板要求

搪瓷用的钢板基板应符合 GB/T 13790—2008 规定的要求。

钢板厚度由合同相关方协商并测定。

钢板应无外观缺陷。

5 瓷层厚度

按照 GB/T 4956 测定搪瓷产品外表面瓷层厚度，白板瓷层厚度应≤250μm，粉笔板瓷层厚度应≤200μm。

6 瓷层性能特性要求

6.1 密着试验

按照 GB/T 31567—2015 附录 F，对搪瓷的密着强度进行测定。对于钢板厚度<0.6mm 的搪瓷，采用 300mm 高度的落球法进行测定（钢球质量为 100g）。

搪瓷密着强度应≥3 级。

注：试验可在与书写板制品一样烧成的样板上进行。

由于再搪烧对密着强度至关重要，试验应在最后烧成的面釉层上进行。

6.2 耐磨损性试验

按照附录 A，采用泰伯磨损机，S33 金刚砂纸和 9.8N 载荷，对搪瓷表面的耐磨损性进行测定。

经过 1000 次旋转研磨，其质量损失应<0.10g。

本试验不能用作评估光泽损失。

6.3 抗冲击性试验

将样品平放，用两块木垫板支垫样品底部两端，使样品底部距地面 30mm 以上。使符合 GB/T 308.1 规定的直径为 36mm（约 200g）的钢球在 1000mm 高度处（钢球中心与样品测试面的距离）自由落下冲击被测样品。

将样品表面用浸过与样品颜色不同的墨水的湿布擦拭，放置 2min~3min，然后将颜色擦去，检查瓷面有无裂纹。搪瓷表面应无剥瓷。

6.4 表面硬度（莫氏硬度）

按照附录 B，对搪瓷表面进行莫氏硬度试验，白板的莫氏硬度应≥5 级，粉笔板的莫氏硬度应≥3 级。

6.5 抗划伤试验

按照 GB/T 30199—2013 规定的试验方法，对搪瓷表面进行抗划伤试验，白板的抗划伤能力应≥7N。

对于丝印白板，其抗划伤能力应≥4N。

6.6 平整度

当从正常距离目测书写板表面，平整度的偏差不能使观测者感到不适。

6.7 耐酸和化学稳定性

按照 GB/T 9989.1—2015 第 9 章对搪瓷表面进行耐柠檬酸试验，白板的耐酸等级应≥A 级。

按照 GB/T 9989.1—2015 第 11 章对搪瓷表面进行耐其他液体试验，试验时间为 15min±30s，使用去离子水、乙醇、甲乙基酮、二甲苯、甲苯等液体，白板和粉笔板的耐化学侵蚀均应≥A 级。

7 瓷层美学性能

7.1 颜色

颜色应满足合同要求。

可按照合同认可的方法目测，或使用合适的仪器进行测定，如色度仪或光谱仪。

注：搪瓷表面的颜色不会随时间而发生改变。

7.2 光泽

搪瓷层的光泽应满足合同要求。

符合性可根据协定的方法目测，或使用光泽仪，按照 GB/T 9754 测定书写板的光泽。

在入射角为 60°时，粉笔板的光泽应在 2 单位~20 单位范围内；白板的光泽应≥35 单位。

7.3 表面外观

搪瓷层的表面外观质量要求（如桔皮皱、丝印图案等）应满足合同要求。

8 书写性和可擦性

8.1 粉笔板

粉笔板应适合并易于书写，且用干的毛毡擦或橡胶海绵擦应容易擦除。

8.2 白板

不论用干擦除记号笔、水溶性记号笔，还是耐久性记号笔书写，白板表面都应容易书写。

用干擦除记号笔书写的白板应容易用毛毡擦或棉布擦除。

用水溶性记号笔书写的白板应容易用水擦除，用耐久性记号笔书写的白板应容易用乙醇或其他合适的溶剂擦除，并且不会改变白板表面的颜色和光泽。

彻底清洗后，书写残留物对白板表面造成的污染或退色不应超过 $\Delta E^* = 0.5$（见 GB 11186.1、GB 11186.2、GB 11186.3 和 CIELAB）。

注：CIELAB 是国际照明协会（CIE）推荐的色差公式 CIE 1976（$L^* a^* b^*$）的缩写。

9 耐涂鸦

在室温下，墨水、油漆和涂料在搪瓷表面上停留 8d 后，用合适的溶剂可轻易擦除，且不会改变搪瓷表面的光泽和颜色。

或由合同相关方协商确定。

附 录 A
（规范性附录）
泰伯磨损机测定相对耐磨损性的试验方法

A.1 原理

本试验方法包括在合适的支架上安装试样，并将安装好的支架连接到泰伯磨损机上；然后在特定粒度的砂轮上，用一定的外加载荷，以预定的转数研磨试样。使用特定的公式，计算因磨损引起的质量损失，以反映试样的耐磨损性。

A.2 仪器

A.2.1 泰伯磨损机，配有可更换的可施加载荷的 H-22 硬砂轮。

A.2.2 真空吸尘器及吸嘴，吸取机器运行中磨损掉的材料碎屑。

A.2.3 计转器。

A.2.4 砂轮磨光机。

A.2.5 天平，精度为 0.05g。

A.3 试样

选择 4 块平整且边长为 102mm（4in）的正方形试样。

A.4 步骤

试验步骤如下：

a) 将试样通过双面压敏黏附片固定到驱动针座上，压敏片应裁剪至边长约 76mm（3in）的正方形，黏结于试样的中心。对试样和支架组件称重，精确到 0.05g。

b) 或者通过中心螺栓和螺母将试样安装到装置上，试样中心需有一钻孔以便安装。如果通过中心螺栓安装，试样可在测试前后单独称重（不包含支架）。当试样太重加上支架的重量可能超过量程时，推荐这种安装方法。

c) 将支架安装到磨损机的主轴，磨损机带有新且刚打磨过的 H-22 硬砂轮。施加一个 9.8N 的载荷到每个砂轮上，并小心地摆动砂轮在试样上的位置。安装真空吸嘴，使吸嘴口位于试样上方 1.5mm～3.0mm 的位置。

注：这种方法需要两套新砂轮，每个都使用新的，并重新打磨过。一共需要 4 个 1000r 的周期。

d) 设定计转器，使磨损仪对试样研磨 1000r。去掉装有试样的支架，重新称重。精确到 ±0.05g。

e) 对其他三个试样重复此操作。

A.5 计算

磨损质量损失 L_w（g）按下式计算：

$$L_w = W_0 - W_f$$

式中 W_0——试样磨损前的原始质量（g）；

W_f——试样磨损后的最终质量（g）。

如果使用中心装配螺栓，应排除支架的质量。

A.6 报告

报告应包括以下内容：

a) 测试试样的类型和尺寸；

b) 四个试样的平均磨损质量损失；

c) 四个试样每个的磨损质量损失。

附 录 B
（规范性附录）
莫氏硬度法测定搪瓷表面耐刻划硬度

B.1 原理

搪瓷的耐刻划硬度，以莫氏硬度表征，通过某些具有确定莫氏硬度的矿物用手在搪瓷表面刻划测定。

B.2 参考矿物

参考矿物及其莫氏硬度如表 B.1 所示。

表 B.1　参考矿物及其莫氏硬度

矿物	莫氏硬度/级	矿物	莫氏硬度/级
滑石	1	长石	6
石膏	2	石英石	7
方解石	3	黄玉	8
萤石	4	刚玉	9
磷灰石	5	金刚石	10

B.3　步骤

试验步骤如下：

a) 将搪瓷试样放置在一个稳固的平台上，有搪瓷涂层那面向上。
b) 用手将参考矿物的锋利边角划过试样的表面，首先从萤石开始，施加一个均衡的力，在测试结束后参考矿物的边角或试样的表面受到破坏。用参考矿物锋利的边角刻划试样表面两次。
c) 目测试样是否有划痕。
d) 如果没有划痕，用下一个较高莫氏硬度的参考矿物重复上述步骤。

B.4　结果评价

对每个试样记录不产生任何划痕的最高莫氏硬度的矿物。如果试样有可变的刻划硬度，记录最低莫氏硬度值。

B.5　报告

检验报告应包含下列信息：

a) 测试试样所有必要的识别信息；
b) 使用的参考矿物；
c) 该试验结果，表示为每个试样的莫氏硬度；
d) 任务在试验过程中观察到的异常；
e) 测试的日期。

第四节　钢板搪瓷、铝搪瓷和铸铁搪瓷的样板制备

一、概论

搪瓷具有化学稳定性好、节能、低污染、耐腐蚀等优点，在工业、民用等众多领域都得到广泛应用。但很多搪瓷产品体积较大，其相当一部分理化性能的检测无法直接在产品上进行，需要定制搪瓷样板供试验检测专用。因此，制定搪瓷样板制备的统一标准，关系到是否能够准确判定搪瓷产品的质量。

GB/T 38166—2019《钢板搪瓷、铝搪瓷和铸铁搪瓷的样板制备》修改采用 ISO 28764：2015《搪瓷制品和瓷釉　钢板搪瓷、铝搪瓷和铸铁搪瓷的样板制备》，使试验样本在国内外规范统一，从而可对产品性能的判定更趋一致，可使我国产品质量在国际贸易中更具有可比性。ISO 28764 由原 ISO 2723《钢板搪瓷样板制备》、ISO 2724《铸铁搪瓷样板制备》和

ISO 13804《铝搪瓷样板制备》整合而成。

GB 38166—2019 于 2019 年 10 月 18 日发布，2020 年 5 月 10 日实施，是搪瓷行业应用广泛而又十分重要的基础标准。

二、标准主要特点与应用说明

该标准修改采用 ISO 28764：2015《搪瓷制品和瓷釉　钢板搪瓷、铝搪瓷和铸铁搪瓷的样板制备》，其各项指标及检测方法等同 ISO 28764：2015。

该标准与 ISO 28764：2015 的主要技术性差异：

1）在 5.1.1 特制样板的形状和尺寸要求中增加"其他测试方法对样板另有规定的，可使用其他尺寸或形状的样板"，以符合我国搪瓷领域标准中特定检测项目明确规定的样板形状和尺寸要求。

2）对 5.1.4 的注做了编辑性修改，删除了原国际标准中举例的几种欧盟牌号的铝合金。

该标准规定了用于试验的钢板搪瓷、铝搪瓷和铸铁搪瓷的样板的标示方式、形状、尺寸和基板要求，以及涂搪过程工艺等制备要求。对于涂搪用的其他基板，采用的基板和表面处理的工艺等要求也可参考该标准。

该标准适用两种不同制备方法的样板：产品样板和特制样板。

在试验条件允许的情况下，用产品样板测定更能真实反映产品的性能；当定量测定单位面积搪瓷表面的质量损失时，用特制样板更精确。

标准规定样板形状应为直径或边长为 105mm±5mm 的圆形或方形。

产品样板：应取自按正常参数生产的产品，不能取自重新加工的产品；样板应能满足测试要求，除铝搪瓷外，应尽可能取自搪瓷产品的平整部位。在将搪瓷产品切割成产品样板前，应先按要求磨掉切割线上的正反面搪瓷釉层。

特制样板：样板应用与被测产品相同的材料制作，并应用同样前处理、涂搪、干燥、烧成工艺。

制作时，如果在称量和涂搪过程中需悬挂，样板还应预留一个用于悬挂的小孔，孔的直径约为 2.5mm，孔的中心应距圆形样板边缘 3mm，距正方形样板的一角 3mm。应特别注意避免样品边部的搪瓷釉堆积。

涂搪用的基板应具有良好的涂搪性能。为保证涂搪后的搪瓷质量，钢板基板的厚度一般为 0.3mm～3mm；铸铁基板的厚度应≥2.5mm，如试验时需要测定样板的质量，且其质量超过分析天平的量程，铸铁厚度可通过机器进行适当减薄；铝基板厚度应为 2mm～3mm。

制备特制样板时，不能采取修补涂搪或重复搪烧等额外步骤。

样板的涂搪厚度应与正常生产的搪瓷产品一致。

用于比对目的的样板最大涂搪厚度差应≤15%。

应对样板的一面或双面进行涂搪。当定量测定单位面积搪瓷涂层的质量损失时，样板应采用双面涂搪，或在样板背面涂薄层搪瓷或其他涂层以防腐蚀。

涂搪样板表面应平整，且没有针孔、烧焦、脱片、铜头、爆瓷、裂瓷、烧架印、鳞爆、撕裂等缺陷。

该标准规范了钢板搪瓷、铝搪瓷和铸铁搪瓷的样板制备，对有需要制作样板的任何搪瓷产品标准和方法标准均可引用之，不再需要在每个标准中重复叙述，以防止出现样板制备方法不统一，导致产品性能指标没有可比性。该标准的实施，在国内将对推动搪瓷生产工艺的优化、制造水平的升级，以及产品质量的提高都能起到积极的作用，同时可助力我国产品拓展国际市场。

三、标准文本（GB/T 38166—2019）

钢板搪瓷、铝搪瓷和铸铁搪瓷的样板制备

警示——如果不采取足够的安全措施，本标准所要求使用的物质和程序可能会损害健康。本标准不涉及任何与本标准有关的健康危害、安全、环境问题和法规。本标准的使用者有责任制定适合健康、安全和环境可接受的措施，并遵守我国和国际的相关法规。遵守本标准不能作为免责的法律依据。

1 范围

本标准规定了用于试验的搪瓷样板的制备方法。

本标准适用于两种不同的样板，包括：

——产品样板；

——特制样板。

本标准适用于钢板搪瓷、铝搪瓷和铸铁搪瓷的样板制备。

注：当定量测定单位面积搪瓷表面的质量损失时，只能采用特制样板，取自产品样板会降低试验方法的精确度。

2 规范性引用文件

下列文件对于本文件的应用是必不可少的，凡是注日期的引用文件，仅注日期的版本适用于本文件。凡是不注日期的引用文件，其最新版本（包括所有的修改单）适用于本文件。

ISO 2746 搪瓷制品和瓷釉 高电压试验（Vitreous and porcelain enamels—High voltage test）

3 标示

按照本标准制备的样板应具有下列标示：

样板：GB/T 38166-(基板)

钢板基板标示为 A，铸铁基板标示为 B，铝基板标示为 C。

示例：按照本标准采用钢板基板制备的样板，标示为：

样板：GB/T 38166-A

4 产品样板

4.1 产品样板的要求

样板应取自按正常参数生产的产品，不能取自重新加工的产品。

4.2 形状和尺寸要求

样板应为圆形或方形，其直径或边长应为 105mm±5mm。

样板应取自搪瓷产品的平整部位（满足测试要求），其他测试方法对样板另有规定的，可使用其他尺寸或形状的样板。如对于只采用 ISO 13805 进行密着测试的铝搪瓷样板，可以使用其他形状的样板。

4.3 制备

在将搪瓷产品切割成产品样板前，应先磨掉切割线上的正反面搪瓷釉层，直到露出金属

基板。磨掉搪瓷釉层的宽度为切割工具的宽度再加上两边各 2mm。

注：可采用刚玉或金刚砂的研磨机磨掉搪瓷釉层。

5 特制样板

5.1 形状、尺寸和基板要求

5.1.1 一般要求

制备样板的基板应可涂搪，且是圆形或方形的平板，其直径或边长为 95mm～110mm，其他测试方法对样板另有规定的，可使用其他尺寸或形状的样板。

如果样板在称量和涂搪过程中需悬挂，样板还应有一个用于悬挂的孔，孔的直径约为 2.5mm，孔的中心距圆形样板边缘 3mm，距正方形样板的一角 3mm。

5.1.2 钢板基板

对于涂搪用的钢板应有良好的涂搪性能，并能保证涂搪后的搪瓷质量，钢板的厚度一般为 0.3mm～3.0mm。

如果供需各方同意，也可使用其他厚度的钢板。如使用其他厚度的钢板（即厚度不在 0.3mm～3.0mm 内），应在试验结果的报告中明示其厚度。

对于涂搪用金属表面处理可采用适用的方法。对用于比对目的的样板，应采用相同的处理方法、基板质量和基板厚度。

对于鱼鳞爆试验，金属基板应从卷钢中选取，其宽度应≥100mm。

注1：EN 10209 描述了当使用不同的工艺对冷轧钢涂搪时钢板的质量要求。

注2：EN 10209：2013 的 B.2 描述了鱼鳞爆试验。

5.1.3 铸铁基板

涂搪用的铸铁应保证涂搪质量。

样板可以是特制的铸铁板或是从铸铁件上切割的铸铁板，其厚度≥2.5mm。如要测定样板的质量以测定搪瓷涂层的质量损失，且其质量超过分析天平的量程，铸铁厚度可通过机器进行减薄。

对于涂搪用金属表面处理可采用适用的方法。对用于比对目的的样板，应采用相同的处理方法、基板质量和基板厚度。

全铁素体化的灰铸铁是适用的。在 700℃～850℃预处理 10min～15min，可达到铁素体。

5.1.4 铝基板

涂搪用的铝板应保证涂搪质量，基板厚度应为 2mm～3mm。

对于涂搪用金属表面处理可采用适用的方法。对用于比对目的的样板，应采用相同的方法、基板质量和基板厚度。

注：如果铝合金中镁的质量分数<0.01%，该铝合金也适合于涂搪。

5.1.5 其他基板

对于涂搪用的其他基板，其采用的基板和表面处理的工艺参数应与相关方达成一致。

5.2 样板涂搪

5.2.1 一般要求

制备特制样板时应按涂搪过程的常规步骤进行，不能采取修补涂搪或重复搪烧等额外步骤。

应特别注意样板边部的瓷釉堆积。在烘干后、搪烧前，应通过适当的方法将距边缘

2mm~3mm 处的瓷釉擦掉。

用于比对目的的样板,应采用相同的标准厚度,比对的样板最大厚度差≤15%。

样板的涂搪厚度应与正常生产的搪瓷产品一致。

5.2.2 钢板涂搪

5.2.2.1 涂搪

应对样板的一面或双面进行涂搪。当定量测定单位面积搪瓷涂层的质量损失时,样板应采用双面涂搪。其他标准另有规定的除外。

5.2.2.2 一次搪

一般情况下,一次搪,指对样板进行一次涂搪一次烧成。在有些特殊情况下,产品如果需要再涂搪,样板也应进行再涂搪。

5.2.2.3 面釉搪瓷

在已搪烧底釉的搪瓷上再搪烧面釉。可以采用浸涂或喷涂工艺对样板进行双面涂搪,涂搪厚度控制在双方同意的范围内。

在底釉烘干、搪烧和冷却后,搪瓷面釉应涂在已涂底釉样板的一面。

样板所搪的面釉次数应与实际搪瓷产品生产的搪面釉次数一致。

注1:大多数情况下,搪一次面釉是标准程序;在有些情况下,采用二至三次搪面釉。

注2:当用于化工工业的容器和设备部件进行涂搪时,一般要涂多层搪瓷面釉。

5.2.3 铸铁涂搪

5.2.3.1 一次搪

铸铁产品通常采用一面涂搪,则样板仅一面涂搪瓷。

样板所搪的瓷釉次数应与实际生产搪瓷产品的搪瓷釉次数相一致。

5.2.3.2 面釉搪瓷

可采用热洒、喷涂、电泳涂,将底釉搪在基板的一面。

样板烘干、搪烧后,将面釉涂搪在搪过底釉的面上。

一般情况下,干法涂搪(热洒)需面釉二次,湿法涂搪面釉一次。

有些情况下,搪瓷产品需搪多次面釉,样板也应搪多次面釉。

5.2.4 铝搪瓷

如仅需一次涂搪,可将瓷釉喷涂在样板一面,在560℃±20℃烧成,搪瓷瓷层厚度应控制在$60\mu m \pm 10\mu m$。

一般情况下只需一次涂搪。如需二次涂搪,例如用于检查外观,总的瓷层厚度应≤$80\mu m$。

5.2.5 其他基板涂搪

搪烧的工艺参数应与相关方达成一致。

5.3 涂搪样板的表面

用目测方法检查样板是否有缺陷。涂搪样板表面应平整,且没有针孔、烧焦、脱片、铜头、爆瓷、裂瓷、烧架印、鳞爆、撕裂等缺陷。

化工用容器和设备元件上所使用的搪瓷,应进行附加的样板表面检查,采用ISO 2746规定的高压方法对样板表面的薄弱部位和针孔进行测试。试验采用的电压应与相关各方达成一致。

第五节　储水式热水器搪瓷制件

一、概论

20世纪八九十年代，热水器进入我国寻常百姓家，因其能大大改善人们生活质量，发展势头迅猛，仅仅几年就成为人们日常生活中使用最普遍的家用电器之一。随着热水器生产技术的不断拓展，生产者们发现搪瓷材料既有金属的强度，且卫生、耐腐蚀，用于制作储水式热水器内胆等部件，其使用性能远优于不锈钢等其他材料。从20世纪90年代开始，越来越多的热水器生产企业用搪瓷材料替代不锈钢作为储水式热水器的内胆。当时，德国、澳大利亚、加拿大、美国等纷纷制定相应的产品标准或方法标准来控制搪瓷内胆的质量。2003年，我国制定了轻工行业标准QB/T 2590—2003《贮水式热水器搪瓷制件》，该标准的主要技术指标和试验方法参考了当时的德国标准和欧盟标准草案。QB/T 2590—2003的发布和实施对控制我国热水器搪瓷制件的质量起到了非常重要的作用。

随着储水式热水器产品的快速更新换代，各种新功能、新款式的热水器不断涌现，对与之配套生产的热水器搪瓷制件也有了新的要求，搪瓷制件的用途有所增加。为适应我国热水器产业的发展需要，2021年我国标准化工作者完成了对QB/T 2590—2003的修订。新修订的标准参考了DIN 4753-3：2017《饮用水热水器、水加热设备和贮水式热水器　第3部分：通过搪瓷和阴极保护对触水面进行防腐保护　要求和试验》、EN 10209：2013《搪瓷加工用冷轧低碳钢平板产品　交付技术条件》等国外标准，与国外先进标准尽可能协调一致，有助于产品国际贸易，促进产业发展。

QB/T 2590—2021《储水式热水器搪瓷制件》于2021年8月21日发布，2022年2月1日实施。

二、标准主要特点与应用说明

该标准中涉及的各项指标及试验方法尽可能做到统一性、协调性、适用性、一致性和规范性。

该标准规定了额定容量不大于1000L的热水器搪瓷制件的要求、试验方法、检验规则、标志、包装、运输和贮存。

QB/T 2590—2021与QB/T 2590—2003主要差异如下：

1) 标准名称更改为《储水式热水器搪瓷制件》。原标准名称为《贮水式热水器搪瓷制件》，根据多数生产企业对产品名称的习惯用法，"储"比"贮"更为通用。

2) 更改了标准的适用范围。随着近年来产品类型的不断开发，标准适用范围在原来的储水式电热水器、燃气热水器基础上，增加了热泵式热水器、太阳能热水器等类似的储水式热水器搪瓷制件。

3) 更改了阴极防腐要求。在原标准应配有牺牲阳极防腐设施的规定中，增加了也可使用电子防腐设施。同时规定"牺牲阳极的质量与搪瓷面积比例至少为 0.2 kg/m^2"，并要求保证最少使用两年无须维护。

4) 更改了密着强度、耐酸侵蚀性、耐热水侵蚀性测试的指标。由于试验方法的变更，导致指标变化，标准规定密着强度不低于 3 级，耐酸侵蚀性不低于 A^+ 级，耐热水侵蚀性失重 $\leqslant 8.5 g/m^2$。耐热水侵蚀性指标等同 DIN 4753-3：2017。

5）更改了密着强度的试验方法。密着强度测试采用 EN 10209：2013 附录 C 规定的方法。为使用方便，将密着强度的试验方法在该标准附录 A 中列出。

6）更改了耐酸侵蚀性的试验方法。原标准引用的 GB/T 9989《搪瓷耐室温柠檬酸测试方法》已修订，该标准引用了 GB/T 9989.1—2015《搪瓷耐化学侵蚀的测定 第 1 部分：室温下耐酸侵蚀的测定》。

7）更改了用于耐热水侵蚀性试验的装置。按照 GB/T 9989.2—2015《搪瓷耐化学侵蚀的测定 第 2 部分：耐沸腾酸、沸腾中性溶液及其蒸气化学侵蚀的测定》的要求，删除了原标准的附录 A 耐热水侵蚀性试验装置。

8）更改了耐碱侵蚀性的试验方法。按照 GB/T 9989.3—2015《搪瓷耐化学侵蚀的测定 第 3 部分：用六角形容器进行耐碱溶液侵蚀的测定》规定的方法进行耐碱侵蚀性的试验。标准规定耐碱侵蚀性失重 $\leqslant 0.6 mg/cm^2$。

9）增加了铅、镉迁移量试样的前处理。铅、镉迁移量试验，统一试样的前处理也是比较重要的环节。标准规定铅迁移量 $\leqslant 0.1 mg/dm^2$，镉迁移量 $\leqslant 0.05 mg/dm^2$。

10）适当调整检验规则。增加型式检验，将检验规则分为出厂检验和型式检验，内容进行了适当调整。标准规定出厂检验可以仅检验表面质量和瓷层厚度，型式检验应对所有要求的项目进行逐项检验。

11）更改了附录 B 标准保护电流试验。对 B.5 试验阳极描述更具体，并增加了试验前对阳极预处理的叙述。B.6 中，测得的试验电压由原来的不小于 1.0 V 改为不小于 1.4 V，与 DIN 4753.3 相同，可使标准保护电流计算结果更合理，从而更好地控制搪瓷质量。

此外，该标准对产品的材料和设计进行了规定，搪瓷内胆应使用表面与焊缝经预处理后适合搪瓷的钢材，内胆的连接和开口部分应设计成当内胆正确安装和保养时不损坏搪瓷，并对焊缝提出了要求。

该标准还规定了产品的耐温急变性，要求试样在经过 5 次约 200℃ 温差急冷急热后，目测无损坏。耐压性能要求热水器内胆在经受两次规定压力试验后，内胆无渗漏且搪瓷表面质量不变。

储水式热水器是人们日常生活中普遍使用的耐用消费品。储水式热水器搪瓷内胆是储水式热水器的核心部件，内胆的关键防护在于搪瓷，其生产工艺和材料性能有许多特殊的要求，内胆质量的优劣，将直接影响热水器的使用安全和卫生性，以及热水器的使用寿命。封闭式热水器内胆是一个小型的含压容器，其耐压性能的优劣将直接影响人身安全。瓷釉的化学稳定性等性能均涉及人体健康。该标准的实施对规范我国热水器搪瓷制件的质量起到了相当大的作用，满足了行业的发展需求。

该标准对搪瓷制件的密着强度、耐热水侵蚀性、耐酸性、耐碱性四项关键技术指标的试验方法进行了修订，修订后的标准可以更好地避免因标准滞后而影响储水式热水器搪瓷制件及储水式热水器产品的发展更新。新修订的标准与国外先进标准尽可能协调一致，使我国的储水式热水器搪瓷制件产品质量在国际上有了可比性，以利于我国产品的出口贸易，并将对储水式热水器市场的规范发展起到积极的推动作用，有效保证消费者的合法权益。

三、标准内容（QB/T 2590—2021）

储水式热水器搪瓷制件

1 范围

本文件规定了储水式热水器搪瓷制件的要求、检验规则、标志、包装、运输和贮存，描述了相应的试验方法，并界定了相关的术语和定义。

本文件适用于额定容量不大于1000L的储水式电热水器和热泵式热水器、太阳能热水器、燃气热水器等类似的储水式热水器搪瓷制件的生产、检验和销售。

2 规范性引用文件

下列文件的内容通过文中的规范性引用而构成本文件必不可少的条款。其中，注日期的引用文件，仅该日期对应的版本适用于本文件；不注日期的引用文件，其最新版本（包括所有的修改单）适用于本文件。

GB/T 2828.1 计数抽样检验程序 第1部分：按接收质量限（AQL）检索的逐批检验抽样计划

GB 4706.12 家用和类似用途电器的安全 储水式热水器的特殊要求

GB/T 4956 磁性基体上非磁性覆盖层 覆盖层厚度测量 磁性法

GB/T 9989.1 搪瓷耐化学侵蚀的测定 第1部分：室温下耐酸侵蚀的测定

GB/T 9989.2 搪瓷耐化学侵蚀的测定 第2部分：耐沸腾酸、沸腾中性液体及其蒸气化学侵蚀的测定

GB/T 9989.3 搪瓷耐化学侵蚀的测定 第3部分：用六角形容器进行耐碱溶液侵蚀的测定

GB 31604.24 食品安全国家标准 食品接触材料及制品 镉迁移量的测定

GB 31604.34 食品安全国家标准 食品接触材料及制品 铅的测定和迁移量的测定

3 术语和定义

下列术语和定义适用于本文件。

3.1 隐性缺陷 hidden defects

搪瓷在烧成过程中某处由于氧化铁的饱和而呈现出表面不光洁的、红棕色或黑色的斑点。

注：隐形缺陷也称铜头，它也可能引起导电。

3.2 标准保护电流值 standard protection current value

由搪瓷内胆中缺陷与隐性缺陷（3.1）引起的保护电流的积分值。

4 要求

4.1 基本要求

4.1.1 材料和设计

搪瓷内胆应使用表面与焊缝经预处理后适合搪瓷的钢材。内胆的连接和开口部分应设计成当内胆正确安装和保养时不损坏搪瓷。焊缝类型举例见表1。

4.1.2 阴极防腐

应配有牺牲阳极防腐设施或电子防腐设施。

表1 焊缝类型举例

序号	焊缝类型	说　明
1		允许双面焊接 涂搪层的角度 β 应为 30°~360° 涂搪端的边缘应倒圆角
2		涂搪层的角度 β 应为 30°~360° 涂搪端的边缘应倒圆角
3		—
4		—
5		—
6		弯弧角度 $\alpha=(45\pm5)°$ s——钢材厚度(mm) 弧形边缘 $r=s/2$ 且 $r\geqslant 2$mm
7		弧形边缘 $r\approx 2$mm 或按 45°倒角
8		—
9		重叠长度 $a\leqslant 10$mm 弧形边缘 $r\geqslant 2$mm

序号	焊缝类型	说　明
10	瓷层 a	重叠长度 $a \leqslant 15mm$

注：1~9号类型的焊接在涂搪前完成，10号类型的焊接在涂搪后完成。

阴极防腐应确保已经涂搪的内胆得到充分保护，牺牲阳极的质量与搪瓷面积比例至少为 $0.2kg/m^2$，并保证最少使用两年无须维护。

4.2 瓷层厚度

搪瓷瓷层厚度应在 0.15mm~0.50mm。在某些特定范围内，技术上无法避免的部位，如连接件或热交换器处，在热水器生产方允许的前提下，可超过 0.50mm，但最高不应超过 1.0mm。

4.3 理化性能

应符合表2的规定。

表2　理化性能

序号	项目	要求
1	密着强度/级	不低于3
2	耐温急变性	目测无损坏
3	耐酸侵蚀性/级	不低于A+
4	耐热水侵蚀性/(g/m^2)	失重≤8.5
5	耐碱侵蚀性/(mg/cm^2)	失重≤0.6
6	耐压性能	无渗漏且试验后搪瓷表面质量仍能符合4.4要求
7	铅迁移量/(mg/dm^2)　≤	0.1
8	镉迁移量(mg/dm^2)　≤	0.05

4.4 表面质量

热水器搪瓷内胆的内表面搪瓷应平整、光滑，在使用密封垫圈的法兰部位，搪瓷不应影响密封性能，其他应符合表3的规定。

表3　表面质量

序号	项目	要　求	
1	鳞爆	不应有	
2	剥瓷、裂缝、皱纹、发沸、凹凸点粒	单个缺陷最大尺寸不应超过：①在平整搪瓷表面上 2mm；②边缘、焊接重叠处、支撑、挡板等 10mm；③焊接缝处 4mm	缺陷总量不多于 $350mm^2/m^2$
3	焦边	≤1.6mm（从锋利边缘算起）	
4	铜头、针孔	只允许出现在近边缘或焊缝处，离边缘或焊缝的最大距离不应超过2mm	

5 试验方法

5.1 瓷层厚度

按 GB/T 4956 的规定进行测试,每平方米不少于 5 个不同测试点。测定结果应报告最大值、最小值及算术平均值。

5.2 密着强度

按附录 A 进行试验。

5.3 耐温急变性

5.3.1 试样制备

当制品不能直接用于试验时,应制作边长或直径为（105±5）mm 的试样。

试样应在搪瓷制品的不同部位用手工锯、割刀或适当的切割工具切割,边缘应整齐,不应造成搪瓷开裂,瓷面应符合 4.4 的要求。或用与被测内胆主要构件相同的材料制作,并以同样前处理、涂搪、干燥、烧成工艺制造的试样,例如：试样和热水器内胆生产时一起制作并平齐悬挂在搪烧炉内烧成,或在实验室的炉中烧成。若因搪烧需要,可在试样边角处钻一个直径 5mm 的孔,其中心距边缘应≤4mm。

5.3.2 试样数量

耐温急变性试验选用试样不应少于 3 个。

5.3.3 试验步骤

将试样在空气中加热至（200±10）℃,恒温 20min 后,在 5s 内投入温度为（15±2）℃的冷水中,试样应完全浸没。待冷却后取出试样,观察试样表面情况。若无破裂,则使试样干燥。重复上述操作 5 次。

试验用冷水应有足够的量,试验过程中冷水温升不大于 1K。

试样由于切割引起的损伤不考虑在内。

5.4 耐酸侵蚀性

5.4.1 试验部位

试验部位为接触热水部位,若在该部位试验有困难,则选相应的其他部位或以相同工艺制作的试样。

5.4.2 试验步骤

试验按 GB/T 9989.1 规定进行。试验溶液为 10%（质量分数）的氯化氢（HCl）溶液,试验时间为 1h。

5.5 耐热水侵蚀性

5.5.1 环境温度

（22±5）℃。

5.5.2 试验数量

每次至少进行 3 个平行试验。

5.5.3 试样制备

试样按 5.3.1 制取,试样背面应涂薄层搪瓷或其他涂层以防腐蚀。

钢板厚超过 2.1mm 的试样,质量可能会超过一般量程为 200g（精度为 0.2mg）的分析天平称量范围,此时应选精度相同、量程较大的特殊天平进行称量。

5.5.4 试样前处理、试样安装和试验装置

应符合 GB/T 9989.2 的规定，装置中首次使用的玻璃制件应用沸水浸泡一周以上，每天换水。

5.5.5 试验溶液

试验溶液为电导率≤1mS/m 的去离子水。

5.5.6 试验步骤

在试验装置内注入 450mL 试验溶液，液面应在加热器上边缘以上（离玻璃筒下边缘约高 95mm）。

当溶液开始沸腾后，调节控温装置，使回流冷凝器中的冷凝液在刻度收集器中的量每 3min 维持在（8±2）mL 之间。

试验溶液以下述方式重复更换：
——第 1 天至第 5 天，每 24h 更换 1 次；
——第 6、7 两天连续试验，不更换；
——第 2、3 周重复上述程序更换试验溶液。

试验分两个阶段，每个阶段 21 天（504h）。

每个试验阶段完成以后，拆下试样，用蒸馏水冲洗，在（110±5）℃的温度范围内烘干 2h，立即将试样转移入干燥器内。使试样冷却至室温，称量各试样的质量，精确至 0.1mg。

以第二试验阶段单位面积失重的算术平均值作为整个试验评估的依据。

若各试样单位面积失重之差大于算术平均值的 20%，则再次进行试验，取 4 个数值的算术平均值作为试验评估的依据。

5.6 耐碱侵蚀性

按 GB/T 9989.3 规定的方法进行试验。试验溶液为 5%（质量分数）无水碳酸钠（Na_2CO_3），试验温度（80±1）℃，试验时间 6h。

5.7 耐压性能

将内胆充满水加压至 1.3P 的测试压力，P 为 GB 4706.12 规定的额定压力，压力从 0 增加到 P 至少 15s，从 P 增加到测试压力不超过 5s，保持压力至少 15min。试验共进行 2 次。

检查搪瓷表面质量及内胆有无泄漏。

5.8 铅、镉迁移量

5.8.1 试样前处理

试样应按下列步骤进行前处理：
a) 用弱碱性洗涤剂将试样清洗干净，然后用自来水反复冲洗，再用蒸馏水或去离子水漂洗干净，晾干；
b) 注入 4%（体积分数）乙酸溶液，液面离试样口边缘不小于 5mm，记录所用浸泡液的体积，精确到±3%；
c) 在（22±2）℃的条件下，浸泡 24h±10min，用不含铅、镉物质的硼硅质玻璃或聚氯乙烯等材料遮盖（以防溶液蒸发），同时应避免光照。

5.8.2 试验步骤

试样铅迁移量的测定按 GB 31604.34 的规定进行，镉迁移量的测定按 GB 31604.24 的规定进行。

5.9 表面质量

在非直射光线下,距离试样约20mm处目测。对于无法直接目测的部位,可借助反光镜或其他专用显示器等器械进行检验。

若供需双方对目测结果有怀疑或合同有要求时,可进行标准保护电流值检测,见附录B。

6 检验规则

6.1 出厂检验

6.1.1 出厂检验应按 GB/T 2828.1 规定的一次抽样方案进行,需要时也可由供需双方另行协定。

6.1.2 采用一般检验水平Ⅱ,提交验收批产品的接收质量限(AQL)应符合表4的规定。

表4 接收质量限

项目		接收质量限(AQL)
表面质量	鳞爆	0.65
	针孔、剥瓷、裂缝、铜头	1.0
	皱纹、发沸、焦边	1.5
	凹凸点粒	1.5
瓷层厚度		1.5

6.1.3 每批检验表4的各个项目均应合格,若有1项不合格,应由负责部门分析具体不合格情况后做出该批报废或整理后重新交验的决定,重新提交检验的产品若仍然不符合要求,则该批判为不合格。

6.2 型式检验

6.2.1 生产情况出现下列情况之一时,应进行型式检验:
 a) 设计新产品或对原产品进行改进时;
 b) 生产工艺有较大改变时,如原辅材料有较大变化时、更换设备或停产后重新恢复生产时;
 c) 出厂检验与上次型式检验结果有较大差异时;
 d) 在生产进行到一定的时间或形成一定的产量后,如每半年进行1次;
 e) 国家质量监督机构或用户提出要求时。

6.2.2 型式检验应按本文件第4章全部项目逐项检验,试验方法按第5章规定进行。

6.2.3 型式检验时全部检验项目均应合格。若1项不合格,则型式检验不合格。

7 标志、包装、运输、贮存

7.1 标志

7.1.1 每件产品应有产品名称、制造厂名、地址、商标、规格、型号、产品合格证、使用和安装说明及注意事项(如标明使用两年以后应由供应商派专业人员检查阳极棒,清洗内胆等)。

7.1.2 每件包装外应标明产品名称、规格、数量、质量、体积及"易碎物品""怕雨""向上"等字样及标志。

7.2 包装

选用适当包装使产品不易破损。

7.3 运输

产品在运输中应防止剧烈震动、避免碰撞。

7.4 贮存

产品应贮存在干燥、通风良好的库房中，避免受潮，不应与化学品及有毒有害物质混放，周围应无腐蚀气体存在，堆放不宜过高（具体堆放高度由生产厂家规定）。

附 录 A
（规范性）
钢板搪瓷密着强度的试验方法

A.1 试样

试验用钢板应平整，没有变形，厚度为 0.6mm～3mm。

A.2 原理

一个涂搪钢板试样，由一个半球状的冲击锤冲击变形。冲击锤质量为 1.5kg，冲击高度与未涂搪钢板厚度有关。

A.3 设备

试验装置如图 A.1 所示。

搪瓷密着强度级别参考图如图 A.2 所示。

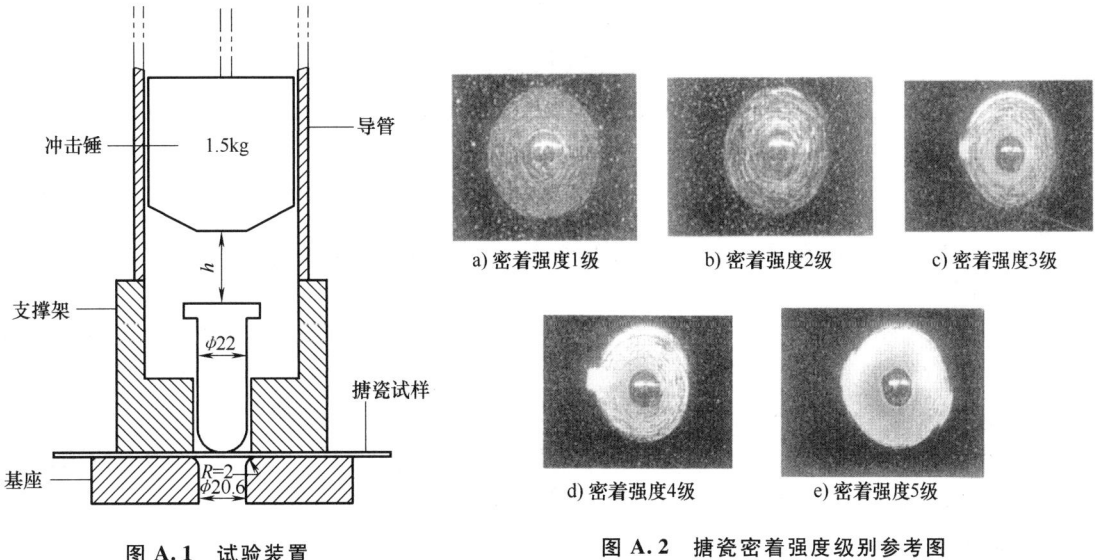

图 A.1 试验装置
h—冲击高度

图 A.2 搪瓷密着强度级别参考图

A.4 试验步骤

A.4.1 首先用厨房用纸将涂搪钢板擦干净，然后将其固定在基座和支撑架之间。

A.4.2 将 1.5kg 冲击锤置于高度 h，h 的数值取决于未涂搪的钢板厚度，见表 A.1。

A.4.3 冲击锤冲击。

A.4.4 提升冲击锤，取出被冲击试样。

A.4.5 等冲击后的爆瓷现象全部停止后，评价搪瓷的密着强度级别。

表 A.1 冲击高度 (单位：mm)

钢板厚度	冲击高度 h
0.6~0.8	300
>0.8~1.2	500
>1.2~3.0	750

A.5 密着强度评价

A.5.1 平板试样

根据冲击试验后涂搪钢板的状况，对照参考图（见图 A.2），评价密着强度：
a) 1 级：冲击后搪瓷层完全附着在试样表面，并有光亮的外表（最好的密着强度）；
b) 2 级：冲击后搪瓷层几乎完全附着在试样表面（很好的密着强度）；
c) 3 级：冲击后搪瓷层大部分附着在试样上，少量露铁（比较好）；
d) 4 级：冲击后搪瓷层少部分附着在试样上，大量露铁（比较差）；
e) 5 级：冲击后的试样全部脱瓷，搪瓷层、金属层分离非常清楚（非常差）。

A.5.2 非平板试样

如果需试验非平板试样，所试产品的供需双方在试验前应对试验所用的仪器和试验结果的解释达成一致，否则，应按照本试验方法执行。

附 录 B
（资料性）
标准保护电流值试验

B.1 要求

标准保护电流值 i_N 应在安装说明中写明。

对于单搪内胆，标准保护电流值≤22.5mA/m²；对于多搪瓷内胆，标准保护电流值≤15.5mA/m²。

注：由于单搪与多搪之间瓷釉结构的差异而提出不同的标准防护电流要求值，这样可以了解同等级的搪瓷质量对缺陷允许面积的要求。

B.2 试验装置

按图 B.1 配备以下试验装置：内阻>10MΩ/V 电压测试装置；内阻<5Ω 的电流测试装置；1.5V 的电池（单节）；温度计及电导率测定仪。

B.3 试验溶液

试验溶液为电导率（1000±100）μS/cm 的清水。若电导率低于 900μS/cm，则加入氯化钠溶液；若电导率大于 1100μS/cm，则加入蒸馏水，使试验溶液电导率达到上述规定并记录实测值。

B.4 试验阳极

试验阳极是一个脱脂的镁棒阳极。阳极的直径和质量应与设计安装的阳极相一致。此阳极应是电绝缘的，并处在预定的安装位置。试验期间，阳极

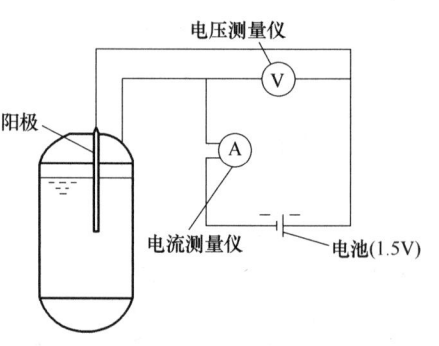

图 B.1 试验装置

棒应处于激活状态。在试验前，阳极可静置10min以上或者短时间放入5%的酸性溶液中，之后再用清水激活。

B.5 试验方法

容器中充满温度调节到（20±2）℃、按B.3调节到电导率为（1000±100）μS/cm的试验溶液。

试验电压的正极为镁棒阳极。

如图B.1所示，当开关闭合2min后测量流经装置的电流、试验电压。测得的试验电压不应小于1.4V。

注意，试验是在无外加压力情况下进行。

B.6 计算

标准保护电流的电流密度是由图B.1所示的装置中阳极与内胆之间的电流、与水接触的搪瓷表面积，并考虑到与所测得的电压、试验溶液的电导率及阳极的尺寸等有关的校正系数，计算所得。

通过阳极尺寸对阳极电流密度进行修正的修正系数 $f(G)$，按公式（B.1）计算：

$$f(G) = (17.69 - 0.01655 d_A) 10^{-6} \frac{d_A^2 + 4 d_A l_A}{A_K} + (30.94 + 0.1692 d_A) 10^{-6} \frac{d_A^3 + 580000}{d_A} \quad (B.1)$$

式中 d_A——阳极直径（mm）；

l_A——阳极长度（mm）；

A_K——与水接触的搪瓷表面积（m²）。

被测量的保护电流转换成测试温度下电导率为1000μS/cm的保护电流的修正系数 $f(K)$，按公式（B.2）计算：

$$f(K) = 0.0715 + 0.0009285 k(\theta) \quad (B.2)$$

式中 $k(\theta)$——在测试温度下溶液的电导率，单位为微西门子每厘米（μS/cm）。

标准保护电流值按公式（B.3）计算：

$$i_N = \frac{I_M}{A_K} \times \frac{1.5}{U_M f(G) f(K)} \times \frac{200}{m_R} \quad (B.3)$$

式中 i_N——标准保护电流值（mA/m²）；

I_M——测量得到的电流（mA）；

A_K——与水接触的搪瓷表面积（m²）；

U_M——测量所得电压（V）；

$f(G)$——根据公式（B.1）得出的修正系数；

$f(K)$——根据公式（B.2）得出的修正系数；

m_R——试验阳极的单位质量（g/m²）。

B.7 试验报告

试验报告应包括以下内容：

——规格型号；

——涂搪情况（单搪或多搪）；

——与水接触的搪瓷表面积 A_K（m²）；

——阳极长度（mm）；
——阳极直径（mm）；
——试验溶液的温度（℃）；
——试验温度下试验溶液的电导率（μS/cm）；
——测得的电压（V）；
——测得的电流 I_M（mA）；
——计算得到的标准保护电流值 i_N（mA/m² 计）。

第六节　搪瓷卫生洁具　浴缸

一、概论

浴缸是人们日常生活必需的耐用消费品。搪瓷浴缸具有易清洁、使用寿命长等优点，钢板搪瓷浴缸安装方便，铸铁搪瓷浴缸保温效果好，广受消费者欢迎，其质量的优劣涉及千家万户。

随着人们生活质量的提高，对搪瓷浴缸的要求更多样化。

搪瓷浴缸产品标准首次发布于 1987 年，当时制定的是轻工专业标准 ZBY 26001—1987《搪瓷浴盆》。1999 年 4 月，标准清理时转化为轻工行业标准 QB/T 3564—1999《搪瓷浴盆》。2004 年修订为 QB/T 2664—2004《搪瓷浴缸》。修订过程中，参考了 JIS A 5532：1994《浴槽》、JIS A 1718：1994《浴槽性能试验方法》、ASME A 112.19.1M —1994《铸铁搪瓷卫生设备》和 ASME A 112.19.4M—1994《钢板搪瓷卫生设备》。

2023 年，对 QB/T 2664—2004《搪瓷浴缸》进行了修订，修订为 QB/T 2664—2023《搪瓷卫生洁具　浴缸》。该标准修订过程中部分参考了 ASME A112.19.1—2018《铸铁搪瓷和钢板搪瓷卫生设备》。该标准于 2023 年 4 月 21 日发布，2023 年 11 月 1 日实施。

二、标准主要特点与应用说明

由于近些年来，相应的搪瓷理化性能测试方法，如耐室温柠檬酸侵蚀性、耐碱侵蚀性等都有了更新，另外，搪瓷浴缸产品的品种、款式都有了新的拓展，最明显的就是具有艺术造型的个性化浴缸已经占了市场的较大份额，所以标准也需要适时修订。

QB/T 2664—2023 将标准名称改为《搪瓷卫生洁具　浴缸》。该标准涉及的试验方法大都采用与国际标准等同采用或修改采用的国内标准。标准技术指标的确定综合考虑了国内搪瓷浴缸产品质量现状及上一版标准实施情况。

QB/T 2664—2023 与 QB/T 2664—2004 相比，主要修订内容如下：

1）术语定义中添加 A、B、C、D 面定义及相应的示意图。由于浴缸不同部位的搪瓷表面其外观要求不尽相同，故在术语定义中给出不同面的定义，并且添加相应的示意图更加直观。

2）分列铸铁搪瓷浴缸和钢板搪瓷浴缸的技术指标。这样更加清晰直观，便于使用者查找阅读。

3）修改了钢板搪瓷浴缸坡度要求并增加测试方法。2004 版标准规定铸铁搪瓷浴缸和钢板搪瓷浴缸底面朝排水口倾斜的坡度同为 21mm/m～36mm/m，新版标准将钢板搪瓷浴缸的坡度改为 10mm/m～40mm/m，并描述了试验方法。

4）调整浴缸变形要求。随着各种新产品的出现，兼顾了有些艺术造型的浴缸由于设计等原因，可能无法满足传统浴缸变形要求的状况。

5）调整浴缸外观要求。区别开浴缸的可见面和不可见面的外观要求，可见面相对于不可见面要求更严格。

6）细化了尺寸允差试验方法。浴缸尺寸主要指最大长度、最大宽度和深度，由于其形状不一定规则，因此试验方法中增加了测试位置的要求，并给出了测试示例及相应的示意图。

7）修改光泽的测试方法。搪瓷光泽测试方法原引用的标准为 GB/T 11420—1989，其设备为 45°的小光斑光泽仪。目前市面销售的 45°光泽仪有两种，一种是根据 ASTM C 346—1987（2014）要求生产的，另一种是根据 JIS Z 8741：1997 的要求生产的，两者的光斑尺寸都较大，几乎已经很难采购到小光斑的 45°光泽仪。经验证，采用根据 JIS Z 8741：1997 要求生产的 45°光泽仪对搪瓷光泽这一指标的测试值，与按照 GB/T 11420—1989 所测得的光泽测试值几乎相同，并且都能满足标准的要求，故直接将 JIS Z 8741：1997 中 45°的光泽测试方法添加到标准的附录 A 中作为该标准的光泽测试方法。

8）修改耐室温柠檬酸侵蚀性的引用标准。耐室温柠檬酸侵蚀性引用的方法标准修改为现行的 GB/T 9989.1—2015《搪瓷耐化学侵蚀性的测定 第 1 部分：室温下耐酸侵蚀的测定》，按方法标准规定确定定级指标。

9）修改耐碱侵蚀性的定量试验方法。该项目的试验方法引用 GB/T 9989.3—2015《搪瓷耐化学侵蚀的测定 第 3 部分：用六角形容器进行耐碱溶液侵蚀的测定》，该标准等同采用 ISO 28706-3：2008，目前国际上应用较普遍。

10）调整浴缸各项目接收质量限。根据铸铁和钢板两种不同基体材质的特性，将两种产品验收的检验项目和接收质量限分列，并明确检验水平。

三、标准内容（QB/T 2664—2023）

搪瓷卫生洁具　浴缸

1　范围

本文件规定了搪瓷浴缸的尺寸允差、变形、外观、瓷层厚度、理化性能等要求，描述了相应的试验方法，规定了检验规则、标志、包装、运输和贮存的内容，并给出了便于技术规定的产品分类和标记。

本文件适用于搪瓷浴缸（铸铁搪瓷浴缸、钢板搪瓷浴缸）的生产、检验和销售。

2　规范性引用文件

下列文件中的内容通过文中的规范性引用而构成本文件必不可少的条款。其中，注日期的引用文件，仅该日期对应的版本适用于本文件；不注日期的引用文件，其最新版本（包括所有的修改单）适用于本文件。

GB/T 2828.1　计数抽样检验程序　第 1 部分：按接收质量限（AQL）检索的逐批检验抽样计划

GB/T 4956　磁性基体上非磁性覆盖层　覆盖层厚度测量　磁性法
GB/T 7410　搪瓷名词术语
GB/T 9989.1　搪瓷耐化学侵蚀的测定　第1部分：室温下耐酸侵蚀的测定
GB/T 9989.3　搪瓷耐化学侵蚀的测定　第3部分：用六角形容器进行耐碱溶液侵蚀的测定
QB/T 1855　非接触食物搪瓷制品

3　术语和定义

GB/T 7410 界定的以及下列术语和定义适用于本文件。

3.1　上缘面　upper edge surface

浴缸最上部的平面部分。

注：如图 1 所示。

3.2　裙板　apron

因产品设计的需求而设置，由上缘面（3.1）开始下垂的与浴缸组成一体的部分。

注：如图 1 所示。

3.3　排水口　waste hole

为排出浴缸内的水而设置的孔。

注：如图 1 所示。

3.4　溢水口　overflow hole

为防止浴缸内的水从上缘面（3.1）溢出而在浴缸内侧面的上部设置的出水口。

注：如图 1 所示。

3.5　可见面　visible surface

安装后，目视能看见的面。

3.6　底面　underside

浴缸底部的可见面（3.5）。

注：如图 1 所示。

3.7　A 面　A surface

浴缸最上部的可见面（3.5）。

注：如图 2 所示。

3.8　B 面　B surface

浴缸内侧可见面（3.5）的上半面及裙板（3.2）上半面。

注：如图 2 所示。

3.9　C 面　C surface

浴缸底面（3.6）、内侧可见面（3.5）的下半面、上缘面（3.1）边缘和裙板（3.2）下半面。

注：如图 2 所示。

3.10　D 面　D surface

浴缸底部的弧面。

注：如图 2 所示。

3.11　保温层　insulation

覆盖于浴缸不可见面上的一层保温材料。

注：如图 1 所示。

3.12 检查窗 inspection window

在外观检测时，为便于测定规定面积内缺陷数量，用可弯曲材料（如纸或橡胶薄片）制成的内径为 76mm 的圆环。

4 产品分类和标记

4.1 产品分类

按底坯的材质分为铸铁搪瓷浴缸（用 CIB 表示）和钢板搪瓷浴缸（用 STB 表示）。

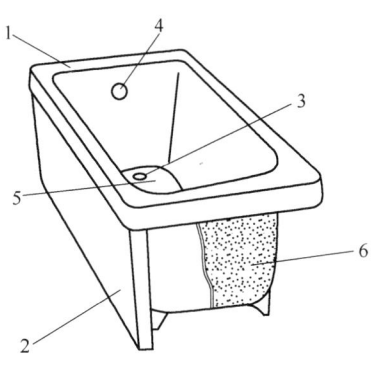

图 1 搪瓷浴缸结构示意图

1—上缘面（3.1） 2—裙板（3.2）
3—排水口（3.3） 4—溢水口（3.4）
5—底面（3.6）
6—保温层（3.11）

4.2 产品标记

标记由产品分类、最大长度（L/mm）、最大宽度（W/mm）、深度（d/mm）、裙板（NA、LA 或 RA）和标准编号构成。

裙板标记含义如下：

——NA：无裙板；
——LA：左裙板；
——RA：右裙板。

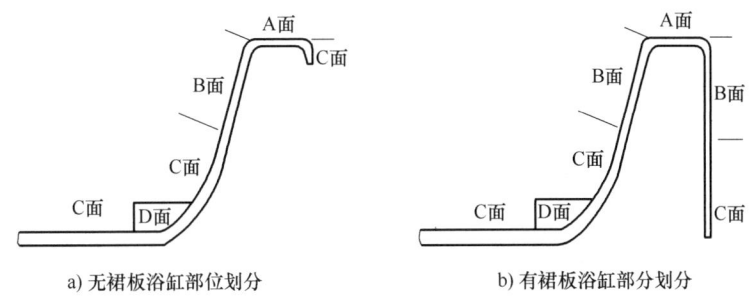

图 2 浴缸部位划分示意图

设定观察点位于浴缸内部，面对排水口，左手边的裙板为左裙板，右手边的裙板为右裙板。浴缸尺寸标示见图 3。

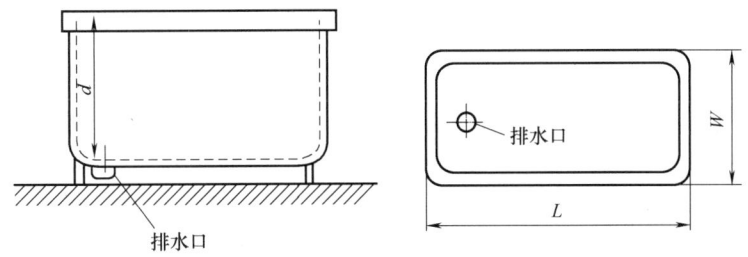

图 3 最大长度（L）、最大宽度（W）、深度（d）示意图

产品标记规则如下：

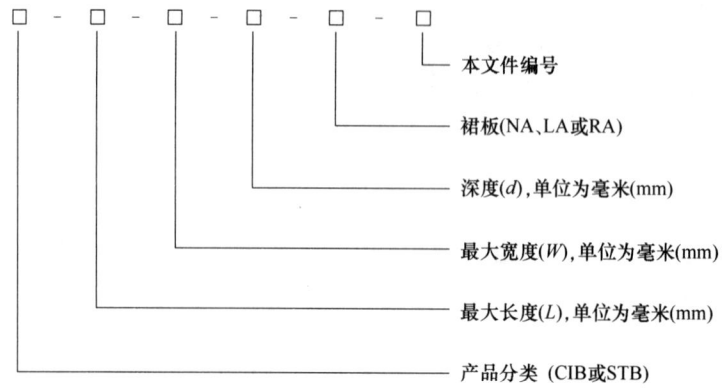

示例：

有左裙板，最大长度为1520mm，最大宽度为760mm，深度为360mm，按本文件生产的铸铁搪瓷浴缸标记为：CIB-1520-760-360-LA-QB/T 2664-2023

5 要求

5.1 铸铁搪瓷浴缸

5.1.1 基本要求

5.1.1.1 坯体材料

选用铸铁材料整体铸造，坚固、完整、成形准确，无密集性的孔洞、裂纹等影响涂搪和使用功能的缺陷。离边缘25mm以上部位，铸铁厚度不应小于3.2mm。

5.1.1.2 坡度

浴缸底面朝排水口倾斜的坡度应为21mm/m～36mm/m。

5.1.1.3 排水性

经6.1.2试验后，浴缸底部的滞留水区域单块最大直径不应大于10cm，且不应同时有2处及2处以上。

5.1.2 尺寸允差

浴缸最大长度、最大宽度及深度的允差为±7mm。

5.1.3 变形

上缘面及边缘的变形不应大于5mm/m。

注：特殊造型的产品不做要求。

5.1.4 外观

5.1.4.1 不应有脱瓷、穿透至坯体的针孔、爆点、裂纹等影响使用功能的严重缺陷及明显影响美观的缺陷。瓷层应表面光滑（除防滑表面外），色泽均匀。

5.1.4.2 铸铁搪瓷浴缸轻微缺陷允许范围应符合表1的规定。

5.1.5 瓷层厚度

瓷层厚度不应小于0.3mm。

5.1.6 理化性能

5.1.6.1 光泽

可见面光泽不应小于90。

表1 铸铁搪瓷浴缸轻微缺陷允许范围

缺陷	最大直径/mm	每个检查窗内允许的缺陷个数/个				每件产品允许的缺陷个数/个
		A面	B面	C面	D面	
异色点	0.25~0.40	4	—	—	—	—
	>0.40~0.80	2	3	—	—	8
	>0.80~1.60	1	3	—	—	5
	>1.60	0	0	—	—	0
凹点	<3.0	2	—	—	—	8
凸点	<5.0	2	—	—	—	8
波浪纹	应无明显手感					

注:"—"表示"不要求"。

5.1.6.2 耐温急变性

经6.6.2试验后,瓷面应无损伤。

5.1.6.3 耐冲击性

经6.6.3试验后,24h以内瓷层不应出现损坏。

5.1.6.4 耐负载性

浴缸的底面及上缘面经6.6.4试验后,应无明显变形、裂纹、保温层剥离等影响使用及外观的缺陷。

5.1.6.5 耐磨性

可见面经6.6.5试验后,搪瓷表面应无擦痕。

5.1.6.6 耐室温柠檬酸侵蚀性

可见面瓷釉经6.6.6试验后,不应低于A+级。

5.1.6.7 耐碱侵蚀性

5.1.6.7.1 可见面瓷釉经6.6.7.1的室温碳酸钠溶液侵蚀后,搪瓷表面不应失光。

5.1.6.7.2 可见面瓷釉(用产品上切割下的平整试样或用与产品同材料、同工艺条件制作的样板)经6.6.7.2的试验后,失重不应大于$0.8mg/cm^2$。

5.2 钢板搪瓷浴缸

5.2.1 基本要求

5.2.1.1 坯体材料

成型前钢板厚度不应小于16mm,如果产品结构需要,在满足5.2.3、5.2.6.3和5.2.6.4的要求下,可选用较薄钢板(厚度不小于1.3mm);裙板厚度不应小于1.1mm。

5.2.1.2 坡度

浴缸底面朝排水口倾斜的坡度应为10mm/m~40mm/m。

5.2.1.3 排水性

经6.1.2试验后,浴缸底部的滞留水单块最大直径不应大于10cm,且不应同时有2处及2处以上。

5.2.2 尺寸允差

浴缸最大长度、最大宽度及深度的允差为±5mm。

5.2.3 变形

上缘面及边缘的变形不应大于5mm/m。

注：特殊造型的产品不做要求。

5.2.4 外观

5.2.4.1 不应有鱼鳞状爆瓷、脱瓷、穿透至坯体的针孔、爆点、裂纹等影响使用功能的严重缺陷及明显影响美观的缺陷。瓷层表面应光滑（除防滑表面外），色泽均匀。

5.2.4.2 钢板搪瓷浴缸轻微缺陷允许范围应符合表2的规定。

表2 钢板搪瓷浴缸轻微缺陷允许范围

缺陷	最大直径/mm	每件检查窗内允许的缺陷个数/个				每件产品允许的缺陷个数/个
		A面	B面	C面	D面	
异色点	0.25~0.40	4	—	—	—	—
	>0.40~0.80	2	3	—	—	8
	>0.80~1.60	1	3	—	—	5
	>1.60	0	0	—	—	0
凹点	<3.0	2	—	—	—	8
凸点	<5.0	2	—	—	—	8
不平	应无明显手感					

注："—"表示"不要求"。

5.2.5 瓷层厚度

瓷层厚度不应小于0.13mm。

5.2.6 理化性能

5.2.6.1 光泽

可见面光泽不应小于75。

5.2.6.2 耐温急变性

经6.6.2试验后，瓷面应无损伤。

5.2.6.3 耐冲击性

经6.6.3试验后，24h以内瓷层不应出现损坏。

5.2.6.4 耐负载性

浴缸的底面及上缘面经6.6.4试验后，应无明显变形、裂纹、保温层剥离等影响使用及外观的缺陷。

5.2.6.5 耐磨性

可见面经6.6.5试验后，搪瓷表面应无擦痕。

5.2.6.6 耐室温柠檬酸侵蚀性

可见面瓷釉经6.6.6试验后，不应低于A+级。

5.2.6.7 耐碱侵蚀性

5.2.6.7.1 浴缸可见面瓷釉经6.6.7.1的室温碳酸钠溶液侵蚀后，搪瓷表面不应失光。

5.2.6.7.2 浴缸可见面瓷釉（用产品上切割下的平整试样或用与产品同材料、同工艺条件制作的样板）经6.6.7.2的试验后，失重不应大于$0.8mg/cm^2$。

6 试验方法

6.1 基本要求

6.1.1 坡度

采用分度值不低于 0.1mm/m 的坡度测量仪器进行测量。

6.1.2 排水性

清洁浴缸表面,将浴缸按正常使用状态放置,从相对排水口的另一端灌入不少于 2L 的水,等水排尽后,用分度值不低于 1mm 的量具测量浴缸底面滞留水的单块最大直径。

6.2 尺寸允差

6.2.1 测试装置

尺寸允差的测量装置如下:
——分度值不低于 1mm 的长度测试量具;
——平直的辅助器具,如直尺(见图 4);
——直角尺(见图 5)。

6.2.2 测试位置

6.2.2.1 最大长度

选取浴缸最长处进行测量。

6.2.2.2 最大宽度

选取浴缸最宽处进行测量。

6.2.2.3 深度

选取浴缸底部排水口作为基准点进行测量。

6.2.3 测试示例

将辅助器具分别放置并垂直紧靠于测试位置两端,用符合要求的测试量具测量辅助器具之间的距离,如图 4 所示。

对于测试位置在同一水平面的浴缸,可采用图 5 所示的方法。将略小于浴缸尺寸的辅助器具置于测试位置,并将直角尺分别水平置于辅助器具之上,直角尺分别勾住浴缸一侧直边后,用符合要求的测试量具进行测量。

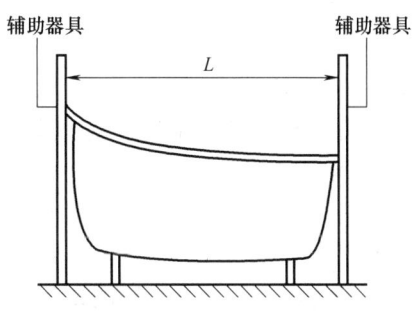

图 4 浴缸尺寸测量示意图

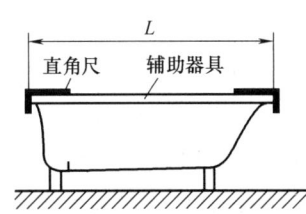

a) 测试位置在同一水平面的浴缸测量方法示例　　b) A 部位的放大示意图

图 5 同一水平面的浴缸尺寸测量示意图

6.3 变形

6.3.1 将浴缸边缘靠于一个试验平面,用一把厚度为最大允许变形量的塞尺测定浴缸与试验平面之间的间隙。若该塞尺不能滑进浴缸与试验平面之间的间隙,则该浴缸符合要求。

6.3.2 将浴缸的上缘面放置于一个试验平面,用一把厚度为最大允许变形量的塞尺测定浴缸与试验平面之间的间隙。若该塞尺不能滑进浴缸与试验平面之间的间隙,则该浴缸符合要求。

6.3.3 当浴缸的某对角不能同时与试验平面接触,两边摇动时,则用一把厚度为最大允许变形量的塞尺垫在某一个不能接触试验平面的角下。若另一把厚度相同的塞尺不能滑进浴缸与试验平面之间的间隙,则该浴缸符合要求。

6.4 外观

6.4.1 在一般非直射光线下,距离试样约60cm处,目视(正常视力或矫正视力1.0及以上)观察试样的外观。用检查窗确定允许的缺陷数量。若有争议则选用适当的度量工具测定缺陷的大小。用手触摸浴缸检查表面触感。

6.4.2 穿透至坯体的针孔用高压放电法测定,电压为2000V~3000V,将试验设备的高压测试棒的端头轻轻接触搪瓷表面并滑动,通过电火花来查找。

6.4.3 裂纹按QB/T 1855中裂纹试验方法进行测定。

6.5 瓷层厚度

测量部位应在距离浴缸边缘25mm以上的平整面处,按GB/T 4956进行测量。

6.6 理化性能

6.6.1 光泽

按附录A进行试验。

6.6.2 耐温急变性

按QB/T 1855中耐温急变性试验方法进行,样板经重复3次温差100℃的试验。

6.6.3 耐冲击性

将浴缸按使用状态放置,用两块木垫板支垫浴缸底部两端,使浴缸底部距地面30mm以上。使用约200g的钢球在1000mm高度处(钢球中心与浴缸测试面间的距离)自由落下冲击被测浴缸底部。检查浴缸测试面瓷层情况。

6.6.4 耐负载性

6.6.4.1 底面耐负载性

支起浴缸两长边,底部悬空,将直径为280mm,并贴有厚度约10mm橡胶的负重板放置于浴缸底面中央,然后在负重板上均匀施加负荷为1470N的负载。3min后除去负载,检查浴缸有无明显变形、裂纹、保温层剥离等损坏。

6.6.4.2 上缘面耐负载性

经6.6.4.1试验后,将两块长为280mm、宽为100mm,并贴有厚度约10mm橡胶的负重板分别放置于浴缸长度方向的两上缘面上,然后在其上面放上一大的负重板(如图6所示),将负荷为1570N的负载(包括负重板质量)施加在大负重板的中央或平均施加在左右两端,3min后除去负载,检查浴缸有无明显变形、裂纹、保温层剥离等损坏。

6.6.5 耐磨性

按QB/T 1855中耐磨性试验方法进行。

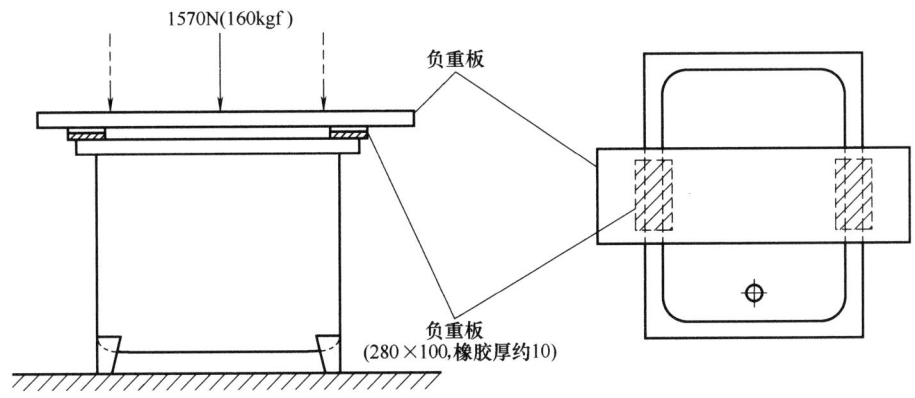

图 6 上缘面耐负载测试示意图

6.6.6 耐室温柠檬酸侵蚀性

按 GB/T 9989.1 中室温柠檬酸试验方法进行。

6.6.7 耐碱侵蚀性

6.6.7.1 定性法

按 QB/T 1855 中耐碱性定性试验方法进行。

6.6.7.2 定量法

按 GB/T 9989.3 描述的方法进行试验。试验溶液为 5%（质量分数）无水碳酸钠（Na_2CO_3），试验温度（80±1）℃，试验时间为 6h。

7 检验规则

7.1 按本检验规则进行验收，需要时也可按供需双方合同或协议进行验收。

7.2 小批量生产情况下，每个成品都应按表 3 或表 4 检验。

7.3 批量生产时产品的验收应按 GB/T 2828.1 规定的二次抽样方案进行。检验项目、检验水平和提交验收批产品的接收质量限（AQL）应符合表 3 或表 4 的规定。

表 3 铸铁搪瓷浴缸检验项目、检验水平、接收质量限

检验项目	检验水平	接收质量限（AQL）
尺寸允差		4.0
脱瓷、穿透至坯体的针孔、爆点、裂纹等影响使用功能的严重缺陷及明显影响美观的缺陷		1.0
最大直径 0.40mm～1.60mm 的异色点、凹点、凸点、不平	Ⅱ	2.5
最大直径<0.40mm 的异色点		4.0
最大直径>1.60mm 的异色点		1.5
变形		4.0

7.4 每提交检验批的理化性能按各试验方法要求的数量逐项随机抽样检验，也可按合同或协议定期检验。

7.5 经检验有不合格项的批，应由生产部门整理后重新提交检验。若仍不合格则该批为不合格。

表 4　钢板搪瓷浴缸检验项目、检验水平、接收质量限

检验项目	检验水平	接收质量限（AQL）
尺寸允差	II	4.0
鱼鳞状爆瓷、脱瓷、穿透至坯体的针孔、爆点、裂纹等影响使用功能的严重缺陷及明显影响美观的缺陷	II	1.0
最大直径 0.40mm～1.60mm 的异色点、凹点、凸点	II	2.5
最大直径<0.40mm 的异色点	II	4.0
最大直径>1.60mm 的异色点	II	1.5
变形	II	4.0

8　标志、包装、运输、贮存

8.1　安装后，产品的可见面上应有明显的标志，标明生产厂家或品牌。

8.2　产品包装应牢固、可靠，防止瓷面损坏。

8.3　每件产品包装上应注明生产企业名称、厂址、电话、产品名称、标记、生产日期或批号及"易损物品""小心轻放""向上"等字样或图示。包装内应附有产品合格证或合格标签。

8.4　每件产品应附说明书，包括：
   a）安装方法及注意事项；
   b）使用中关于碰撞、清洁等的注意事项；
   c）明示产品是否已进行防滑处理，使用中关于防滑的注意事项。

8.5　运输和贮存过程中，应按照要求堆放，防止接触有腐蚀性的液体和气体，不应长期日晒雨淋，以免损伤产品。

8.6　搬运时应轻装轻卸，不应滚动、抛扔和倒置。

附　录　A
（规范性）
可见面光泽试验方法

A.1　仪器设备

A.1.1　光泽仪

A.1.1.1　仪器设备的光源应为无偏振性的 D_{65} 光源，入射的光束应为平行光束。

A.1.1.2　仪器设备的光学原理如图 A.1 所示，其光学几何条件应满足表 A.1 的要求。

表 A.1　光学几何条件　　　　［单位：（°）］

入射角（θ）	反射角（θ'）	入射光阑像张角		接受光阑张角	
		入射面内（α_1'）	垂直面内（β_1'）	入射面内（α_2）	垂直面内（β_2）
45±0.2	θ±0.1	0.75±0.25	2.5±0.5	4.4±0.1	11.7±0.2

A.1.1.3　仪器设备的技术要求应符合表 A.2 的规定。

A.1.2　标准板

A.1.2.1　基准标准板

折射率为 1.567 的光滑黑玻璃，其光泽定为 100 光泽单位。

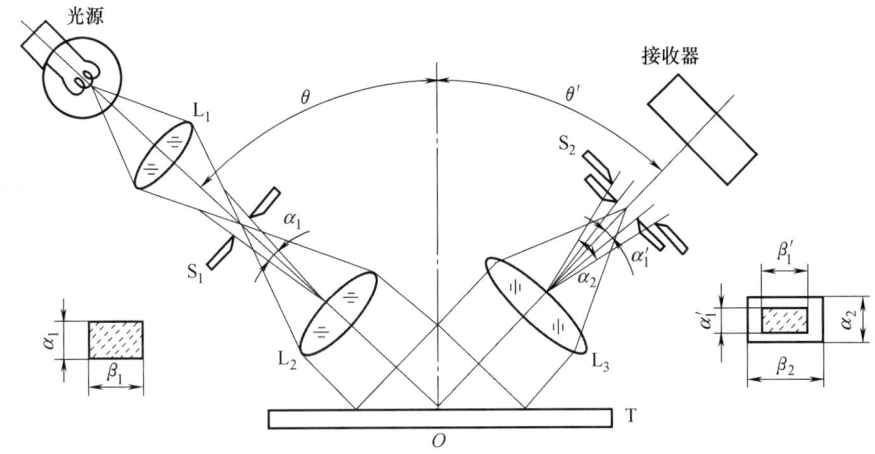

图 A.1 光学原理图

L_1、L_2—入射透镜 L_3—反射透镜 S_1—入射光阑 S_2—接受光阑 T—试样 α_1—入射光阑张角（入射面内） α_1'—入射光阑像张角（入射面内） α_2—接受光阑张角（入射面内） β_1—入射光阑张角（垂直面内） β_1'—入射光阑像的张角（垂直面内） β_2—接受光阑张角（垂直面内） θ—入射角 θ'—反射角

表 A.2 仪器设备的技术要求

项目	指标范围	备注
稳定性	10 min 内≤0.5 光泽单位	使用工作标准板校验
准确度	±2 光泽单位	在 60 光泽单位~120 光泽单位，使用工作标准板校验
测试重复性	≤1 光泽单位	使用平整的搪瓷样板校验
回零重复性	≤0.1 光泽单位	仪器预热 30min 后评定

A.1.2.2 工作标准板

以陶瓷、玻璃或搪瓷等材料制成，其光泽由基准标准板和标准光泽仪标定。

A.2 试验步骤

A.2.1 仪器校验

使用工作标准板完成仪器的校验，其稳定性和准确度应满足表 A.2 的要求。

A.2.2 试样

A.2.2.1 试样要求

试样表面应充分洁净，必要时可使用脱脂剂。

A.2.2.2 试样类型、测试点数及测试部位

应符合表 A.3 要求。

表 A.3 试样类型、测试点数及测试部位

试样类型	测试点数	测试部位
最大平整部分直径≥150mm	8	以平整部分中心为圆心，50mm 为半径的圆周上的 4 个平分点及以 25mm 为半径的同心圆周上的 4 个平分点为测试点
最大平整部分直径<150mm	4	以平整部分中心为圆心，25mm 为半径的圆周上的 4 个平分点为测试点

注：避免在凹坑、凸点及其他缺陷处选择测试点

A.2.2.3 测试步骤

将完成校验的仪器探测头置于测试部位，逐个读出各点的光泽值。

计算每个试样的光泽的算术平均值，以此作为该试样的光泽测试结果。

第七节 用于存储水以及处理市政、工农业污水、污泥的螺栓连接的搪瓷钢板储罐设计规范

一、概论

搪瓷材料兼备了金属的强度和瓷釉的化学稳定性能，搪瓷钢板螺栓连接（栓接）储罐就是充分利用了这些特性，以保证产品卫生、安全、强度高、不变形、不易腐蚀、经久耐用。该类产品若用于储存生活用水，其化学稳定性关系到人身健康和安全。另外，其强度、结构设计的合理性，将关系到污水处理的生产安全和环保工程的质量。因此，该类产品的材料质量和工艺质量的控制关系到国计民生。德国、法国等先进国家于 20 世纪 70 年代在城市污水和工业废水处理工程中就开始研究搪瓷钢板栓接储罐的技术。该类产品国内已引进生产多年，生产厂家已达数十家，产品质量良莠不齐。为了进一步加强搪瓷钢板栓接储罐产品质量的监督管理，制定了行业标准规范其质量。

QB/T 5379—2019 修改采用 ISO 28765：2016《瓷釉和搪瓷 用于水或市政和工业废水和污泥的存储或处理的螺栓钢罐的设计》，将标准名称定为《用于存储水以及处理市政、工农业污水、污泥的螺栓连接的搪瓷钢板储罐设计规范》，既能反映产品的构造，同时也能体现该类产品的主要用途。ISO 28765 是根据 EN 15282 同名标准制定的，英国等国的国家标准均等同采用 EN 15282，欧洲约有近三十个国家执行该欧洲标准。制定该标准在采用 ISO 28765 的同时，结合我国实际生产水平及产品在我国的主要应用领域与国外的差异，并参考了国外先进企业的标准。试验方法等引用标准有合适的国内标准的，尽可能引用国内标准。

QB/T 5379—2019《用于存储水以及处理市政、工农业污水、污泥的螺栓连接的搪瓷钢板储罐设计规范》于 2019 年 8 月 2 日发布，2020 年 1 月 1 日实施。

二、标准主要特点与应用说明

1. 标准的特点

该标准规定了螺栓连接的搪瓷钢板储罐的术语和定义、设计资料要求、原材料、荷载、设计、搪瓷涂层、运输、安装和消毒程序，同时对储罐、附属设备安装及基础的设计方法进行了规定。

该标准适用于存储水或用于处理市政、工业、农业产生的污水、污泥的搪瓷钢板拼装储罐。该储罐使用螺栓连接搪瓷钢板拼装而成。

该标准中规定的负载、钢材、结构、风险评估、瓷釉和搪瓷的质量、安装、消毒、运输中的保护等的要求，绝大部分技术指标采用 ISO 28765。由于我国同类产品的用途与国外存在差异，所以考虑在不影响使用的情况下，根据我国实际生产能力，在标准制定过程中对搪瓷涂层的质量指标进行了验证并微调。

该标准制定过程中主要验证了耐沸腾柠檬酸、耐沸腾盐酸（气相）、耐沸水（液相）和

耐沸水（气相）的项目。从验证结果看，其他项目都基本能达到了 ISO 28765 指标要求，耐沸腾盐酸（气相）试验有些差距。根据验证结果及我国大多数产品的实际使用环境情况，将耐沸腾盐酸（气相）试验溶液的盐酸的体积分数由 20% 降到 10%。

2. 标准的应用

随着搪瓷功能的不断开发与搪瓷工业的不断发展，搪瓷制品拥有了技术含量高、质量档次高、附加价值高、应用领域广等新的特点。搪瓷材料优异的特性使其应用领域正在不断拓宽。

搪瓷钢板栓接储罐是搪瓷工业结构调整、搪瓷功能开发的新领域之一，是近年推出的储水、存储沼气或用于污水、污泥处理的新产品。它充分利用了搪瓷材料化学稳定性能好，安全无毒，易于洗涤洁净，硬度高，耐高温，耐磨以及绝缘等特点。

搪瓷钢板栓接储罐，是采用特种高强度搪瓷专用钢为基材，利用专业的搪烧技术，将高惰性的防腐釉层融合于基材表面而制成标准化的钢板模块，装箱运抵施工现场后，经低耗快速安装，最终完成罐体成形的制罐技术。

搪瓷钢板栓接储罐具有安装速度快，建设周期短，防腐性能优越，环境适应能力强，外形美观，维护量小而简单，寿命周期远长于同类产品等优点，可实现搬迁、扩容及回收利用的要求。该类产品关系到人身健康和安全、环保，是许多其他材料产品无法替代的，有宽广的发展前景。

该标准规定了用螺栓连接的搪瓷钢板栓接储罐的负载、钢材、结构、风险评估、瓷釉和搪瓷的质量、安装、消毒、运输中的保护等的要求，适用于清水的储存，生活和工业污水、污泥的储存和处理。

三、标准内容（QB/T 5379—2019）

用于存储水以及处理市政、工农业污水、污泥的螺栓连接的搪瓷钢板储罐设计规范

1 范围

本标准规定了螺栓连接的搪瓷钢板储罐的术语和定义、设计资料要求、原材料、荷载、设计、搪瓷涂层、运输、安装和消毒程序。同时对储罐、附属设备安装及基础的设计方法进行规定。

本标准适用于存储水或用于处理市政、工业、农业产生的污水、污泥的搪瓷钢板拼装储罐。该储罐使用螺栓连接搪瓷钢板拼装而成。

其主要包括：

a）罐体为圆柱形且平面对称；

b）罐体的直径同罐体高度比值在 0.1~10 的范围内；

c）罐直径应不超过 100m，罐体高度应不超过 50m；

d）罐内存储物料具有液体特性，即物料对罐壁的摩擦力可以忽略不计；存储的物料可以是水以及来自市政、工业、农业产生的污水、污泥等；

e）罐体内部液面以上的工作压力不应超过 4kPa，液面以上的内部局部负压不应超过 0.5kPa；

f) 罐壁应与水平面保持垂直（垂直度应符合 GB 50461 中对罐体垂直度的要求：当高度 $H\leqslant30\mathrm{m}$，垂直度公差为 $H/1000\mathrm{mm}$；当 $H>30\mathrm{m}$，垂直度公差为 $H/1000\mathrm{mm}$ 且不大于 50mm，罐体垂直度检测结果应扣除罐体结构造成的垂直误差）；

g) 罐壁与罐底交汇处应保持平整，罐体底面中心位置应与罐体底面周边位置存在一定量的高差，以用于完全清空罐内的内含物；

h) 罐体在注液过程中受到的惯性和冲击负荷可以忽略不计；

i) 罐壁基材的厚度应≥3mm；

j) 组成罐体的搪瓷钢板基材应采用可双面搪瓷的专用热轧碳钢；

k) 罐体使用期间，罐壁温度应保持在 $-50℃\sim+100℃$ 范围内。

本标准同时也对罐体安装过程中的检验与维护工作进行规定。

本标准不包含防火内容。

本标准不适用于地下式搪瓷钢板储罐的设计。

2 规范性引用文件

下列文件对于本文件的应用是必不可少的。凡是注日期的引用文件，仅注日期的版本适用于本文件。凡是不注日期的引用文件，其最新版本（包括所有的修改单）适用于本文件。

GB/T 228.1 金属材料 拉伸试验 第 1 部分：室温试验方法（GB/T 228.1—2010, ISO 6892-1：2009, MOD）

GB/T 709 热轧钢板和钢带的尺寸、外形、重量及允许偏差

GB/T 2828.1 计数抽样检验程序 第 1 部分：按接受质量限（AQL）检索的逐批检验抽样计划

GB/T 3098.1 紧固件机械性能 螺栓、螺钉和螺柱（GB/T 3098.1—2000, ISO 898-1：2009, MOD）

GB/T 3098.4 紧固件机械性能 螺母细牙螺纹（GB/T 3098.4—2000, ISO 898-6：1994, IDT）

GB/T 4956 磁性基体上非磁性覆盖层 覆盖层厚度测量 磁性法（GB/T 4956—2003, ISO 2178：1982, IDT）

GB/T 9989.1 搪瓷耐化学侵蚀的测定 第 1 部分：室温下耐酸侵蚀的测定（GB/T 9989.1—2015, ISO 28706-1：2008, IDT）

GB/T 9989.2 搪瓷耐化学侵蚀的测定 第 2 部分：耐沸腾酸、沸腾中性液体及其蒸气化学侵蚀的测定（GB/T 9989.2—2015, ISO 28706-2：2008, IDT）

GB/T 9989.3 搪瓷耐化学侵蚀的测定 第 3 部分：用六角形容器进行耐碱溶液侵蚀的测定（GB/T 9989.3—2015, ISO 28706-3：2008, IDT）

GB/T 9989.4 搪瓷耐化学侵蚀的测定 第 4 部分：用圆柱形容器进行耐碱溶液侵蚀的测定（GB/T 9989.4—2015, ISO 28706-4：2008, IDT）

GB/T 14683 硅酮建筑密封胶

GB 50010 混凝土结构设计规范

GB 50011 建筑抗震设计规范

GB 50461 石油化工静设备安装工程施工质量

JGJ 145 混凝土结构后锚固技术规程

SH/T 3528　石油化工钢制储罐地基与基础施工及验收规范

ISO 8289—2000　釉瓷和搪瓷　检查和定位缺陷的低电压试验（Vitreous and porcelain enamels—Low voltage test for detecting and locating defects）

EN 1993-1-6　欧洲规范3　钢结构设计　第1-6部分：罐体结构的强度和稳定性（Eurocode 3—Design of steel structures—Part 1-6：Strength and Stability of Shell Structures）

EN 1993-4-1　欧洲规范3　钢建筑设计　第4-1部分：筒仓（Eurocode 3—Design of steel structures—Part 4-1：Silos）

EN 1993-4-2　欧洲规范3　钢结构设计　第4-2部分：罐体（Eurocode 3—Design of steel structures—Part 4-2：Tanks）

EN 14430：2004　釉瓷和搪瓷　高电压试验（Vitreous and porcelain enamels—High voltage test）

EN 15771　釉瓷和搪瓷　莫氏硬度法测定表面耐刻划硬度（Vitreous and porcelain enamels—Determination of surface scratch hardness according to the Mohs scale）

ANSI/AWWA D103　工厂　用于储水的加工涂覆的螺栓连接的碳钢储罐（Factory—Coated bolted carbon steel tanks for water storage）

3　术语和定义

下列术语和定义适用于本文件。

3.1　螺栓连接的搪瓷钢板储罐　bolted vitreous and porcelain enamelled steel tanks

采用搪瓷钢板通过螺栓连接拼装而成的圆柱形储罐。

3.2　自由空间　freeboard

搪瓷钢板储罐设计的最大垂直高度同设计最高液位之间形成的空间。

3.3　顶部箍筋　top of the stirrups

起到对壳体顶部加固作用的环形件。

3.4　中间箍筋　middle of the stirrups

起到对壳体中间加固作用的环形件。

3.5　搪瓷钢板主要区域　main area of vitreous and porcelain enamel

搪瓷钢板拼装成型（罐体）后和罐内介质直接接触的表面。

3.6　搪瓷钢板非主要区域　non main area of vitreous and porcelain enamel

搪瓷钢板拼装成型（罐体）后和罐内介质不直接接触的表面。

4　设计资料及要求

4.1　设计前使用方需提供的资料

罐体设计准备过程中，应至少考虑以下参数：

a）存储液体的技术参数，其应包括但不限于：
　　1）名称和产品说明；
　　2）相对密度；
　　3）存储液体的相关特性或特征；
　　4）操作温度范围；

b）环境条件，其应包括但不限于：
　　1）风力；

2）地震；
　　3）降雪；
　　4）结冰；
　　5）温度范围；
c) 罐体的用途和设计尺寸，其应包括但不限于：
　　1）注入和排放速度；
　　2）功能和工艺的简要描述；
　　3）罐体或其任何组件的净影响；
d) 罐壁和顶盖的所有开口的位置；
e) 附属设备：
　　1）连接方法；
　　2）静荷载和动荷载；
　　3）连接关系；
f) 邻近的其他罐体和建筑物。

4.2　设计方提供的资料

设计方应提供关于罐体设计过程的基础数据，至少应包括但不限于以下内容：
a) 存储液体或混合液的名称和产品说明；
b) 存储液体或混合液的相对密度的数值范围；
c) 设计中采用的最不利环境条件，包括：设计风速、设计操作温度范围、设计雪荷载和地震区及地震系数；
d) 设计中应使用最不利因素组合进行计算；
e) 关于变更使用的指引；
f) 在设计过程中设计方采用的所有相关数据。

4.3　设计适用标准

本标准中未提及且可能存在于其他国际或国内标准中所规定的条款，由设计方和使用方根据建设地点的实际情况对适用的标准进行协商，达成共识后使用。

协商确定的适用标准，应至少包括为以下设计过程提供的技术参数：
a) 静水荷载；
b) 风荷载；
c) 地震荷载；
d) 流体注入及排出荷载；
e) 雪荷载；
f) 雨荷载；
g) 荷载因素；
h) 钢板强度计算；
i) 螺栓强度计算；
j) 稳定性计算；
k) 基础设计。

5 材料

5.1 钢板

5.1.1 基本要求

制作搪瓷钢板储罐使用的钢板或钢带应使用可双面搪瓷的专用热轧碳钢，不同种类和批次的钢材使用前应做涂搪试验。

涂搪后的钢材力学性能应符合本标准 5.1.4 要求，搪瓷涂层应符合本标准第 8 章的要求。

5.1.2 钢板规格尺寸

钢板尺寸、外形以及重量偏差应符合 GB/T 709 的要求，厚度不应有负偏差。

5.1.3 钢板外观

5.1.3.1 钢板和钢带表面不应有气泡、裂纹、结疤、拉裂、夹杂和乳化液斑点。

5.1.3.2 钢板和钢带不应有分层。

5.1.3.3 钢板和钢带表面轻微麻点和划痕大小应在厚度偏差 1/2 范围内，以保证钢板和钢带的最小厚度。

5.1.4 钢板经涂搪后力学性能

钢板经涂搪后，使用 GB/T 228.1 所述的方法，对力学性能进行测定，并应符合以下要求：

屈服强度 $R_{eL} \geqslant 235\text{MPa}$。

5.2 瓷釉

根据不同的用途和工艺选择合适的瓷釉，烧制完成后的搪瓷层应满足本标准中第 8 章的要求。

5.3 螺栓、螺母和锚固螺栓

螺栓机械性能应符合 GB/T 3098.1 中 4.8、8.8、10.9、12.9 级的要求。

螺母机械性能应符合 GB/T 3098.4 中 5、8、10、12 级的要求。

锚固螺栓应符合 JGJ 145 中规定的混凝土结构后锚固技术规程要求。

螺栓、螺母以及锚固螺栓的型号应根据设计计算结果选择。

5.4 基础钢筋

储罐基础中的钢筋应符合 GB 50010 的要求。

5.5 密封胶

搪瓷钢板连接部位密封过程应使用中性硅酮密封胶，其性能应符合 GB/T 14683 的要求。罐体作饮用水储罐使用，接触饮用水的密封胶应根据适合于建设地点的相应标准要求进行选用。

6 荷载

6.1 总则

罐体设计过程中应考虑罐体、罐体附属物及支撑结构等产生的荷载，且荷载计算过程应选取最不利因素组合作为计算基础。

6.2 罐内荷载

6.2.1 总则

罐体设计过程中应考虑罐内存储的液体产生的荷载。

计算罐体内部液体引起的荷载时应考虑以下因素：
a) 罐体内部存储液体的密度；
b) 罐体的几何形状；
c) 罐内液体最大存储高度。
罐体内部存储的液体，应提供可靠的密度测量数据。

6.2.2 自由空间

罐内自由空间应满足工艺设计要求或使用方需求。

当罐体设计考虑到地震因素时，罐体内的自由空间高度最大为1.22m。设计方和使用方应根据此值确定罐体的最高液位。

6.2.3 静水压强

在液体深度为H_e时，作用在罐壁上的静水压强P_n，使用公式（1）计算：

$$P_n = H_e \rho g \times 10^{-3} + P_h \qquad (1)$$

式中 P_n——静水压强（kPa）；

H_e——液体深度（m）；

ρ——储液的密度（kg/m³）；

g——重力加速度（取值9.81N/kg）；

P_h——液面上方气体压强（kPa）。

6.2.4 轴向罐壁应力

单位面积罐体的轴向罐壁应力，计算时应考虑以下因素：
a) 罐体静荷载；
b) 外加荷载；
c) 由风力作用下的倾覆力矩产生的轴向拉力和压缩力；
d) 由地震活动产生的轴向拉力和压缩力。

6.2.5 注液和排放

罐体设计过程中应考虑液体注入和排放所产生的荷载。

这些影响至少应包括以下内容：
a) 液体注入口位置——注入的液体流动过程产生的对罐壁的冲击力；
b) 液体排放——液体排放口快速关闭，产生水锤效应风险；
c) 疲劳——频繁注液和排放操作所产生的荷载；
d) 注液和排放过程产生的压力、局部负压；
e) 排气；
f) 温度的急剧变化。

6.3 罐体结构

罐体结构静荷载计算应包含所有结构性部件和永久配件的总重量。

6.4 顶盖

罐体设计应考虑顶盖对罐壁产生的应力。这些应力可能包括但不限于：
a) 由结构性顶盖组件传导的平面和径向分布式应力；
b) 由顶盖结构形式而导致的平面和径向集中式应力；
c) 由于外加顶盖荷载的不规则分布而引起的不均匀应力；

d）由基础的不均匀沉降引起的顶盖感应应力。

6.5 设备荷载
6.5.1 总则
罐体总荷载计算中应考虑附属设备的影响。

附属设备的荷载应考虑静态荷载和动态荷载。

6.5.2 静态荷载
设备静态荷载应包含设备的重量、固定设备的装置重量和存储于设备内部的液体重量的总和。

6.5.3 动态荷载
应严格测定各种设备的动态荷载，可能包括但不限于：

a）安装在罐体上的设备转动或部件移动所产生的启动和运转应力；

b）因工艺要求，需要在罐体上安装设备或附属装置，这些设备的运行会对罐体产生一定的力（例如：搅拌过程中罐内液体的强迫运动对罐壁的冲击；罐顶搅拌轴转动带来的对罐顶的影响等）。

6.6 通道
由通道设备（如走道和平台等）所产生的荷载应按照通道类型进行计量：

a）只用作清洁和维修用途的通道，其超负荷荷载应取值不小于 $0.75kN/m^2$；

b）用于操作程序所需的通道，其超负荷荷载应取值不小于 $3.0kN/m^2$。

当顶盖配有栏杆时，栏杆以内的区域应按可进入区域进行设计。

6.7 环境条件
6.7.1 总则
环境荷载应根据罐体的设计寿命进行设计。

6.7.2 地震
地震产生的荷载，设计过程应考虑以下因素：

a）水平加速度；

b）垂直加速度；

c）溶液的晃动；

d）锚固方法；

e）动态地面响应。

6.7.3 风力
风速和风压应由工地现场的适用标准来进行测定。

6.7.4 降雪
降雪产生的荷载应由建设地点的适用标准来进行测定。

6.7.5 结冰
顶盖结冰产生的荷载应由建设地点的适用标准来进行测定。

6.7.6 附件
罐体设计应考虑由附属物件（如梯子、平台、阀门、机械装置等）所产生的应力。

7 设计
7.1 总体设计
钢罐的设计应考虑使用的极限状态，根据最不利因素组合进行设计。

7.2 罐体
7.2.1 荷载系数
表 1 中为设计需要考虑的荷载系数。

表 1 荷载分项系数

基本荷载情况	最大荷载系数 γ
静荷载	1.4
液体荷载	1.4
外加荷载	1.6
风荷载	1.4
地震荷载①	1.4
与地震荷载和液体荷载结合的风荷载	1.2
与风荷载和液体荷载结合的地震荷载	1.2
稳定性	1.7

① 地震活动不用考虑测试条件。

7.2.2 罐壁
7.2.2.1 总则
罐壁应能够承受最不利因素的荷载组合。

罐壁应能够抗击连接到地基产生的力和力矩。

本标准中，存储液体产生的罐壁摩擦力相对较小，可以忽略不计。

7.2.2.2 环向力
用于确定钢板厚度和垂直螺栓连接配置的环向力应考虑流体静压力以及地震活动引起的流体动压力。

7.2.2.3 静态环向力
用公式（2）计算：

$$F_H = P_n \times \frac{D}{2} \tag{2}$$

式中 F_H——静态环向力（kN/m）；

P_n——静水压强（kPa）；

D——罐体直径（m）。

7.2.2.4 罐壁厚度
当净拉伸应力起控制作用的情况下，罐壁厚度由罐内包含物所引起的应力计算，可由公式（3）得出：

$$t_g = \frac{4.9 H_s D S \rho}{f_t (S - d_k)} \times 10^{-3} \tag{3}$$

式中 t_g——罐壁厚度（mm）；

H_s——液体从顶部最高液位到壳体某层钢板底部的设计高度（m）；

D——罐体直径（m）；

S——螺栓间距（mm）；

ρ——储液密度（kg/m³）；

f_t——容许拉伸应力（MPa）；

d_k——螺栓孔直径（mm）。

7.2.2.5 容许压缩应力

每个环状面钢板在风荷载或者地震荷载耦合恒荷载作用下的容许压缩应力，由公式（4）计算：

$$f_\text{s} = 103 \times \frac{2}{3} \times 100 \times \frac{t_\text{g}}{r} \times \left[2 - \frac{2}{3} \times 100 \times \frac{t_\text{g}}{r} \right] \leqslant 103 \qquad (4)$$

式中 f_s——容许压缩应力（MPa）；
t_g——罐壁厚度（mm）；
r——罐体半径（mm）。

7.2.2.6 抗震设计

应依照 GB 50011、ANSI/AWWA-D103 选择合适方法进行设计，设计过程应考虑以下因素：

a）流体环向力；
b）外壳轴向压缩力；
c）横向和纵向的锚固力；
d）地面剖面动态响应。

7.2.2.7 螺栓连接件

螺栓连接的设计至少应该考虑以下因素：

a）螺栓通过任意顺序连接的净截面产生的拉应力；
b）连接钢板上的承载压力；
c）螺栓承载压力；
d）螺栓剪应力。

在螺栓节点设计中，当垫片或者密封胶的压缩厚度不超过 1.6mm 时，垫片和密封胶的作用可以忽略。

螺栓最小间距应按照下面方法确定：

螺栓的中心到中心之间的距离不应少于 $2d$，d 为螺栓的直径，单位为 mm。螺栓的中心到边缘或者接缝的距离不应小于 $1.5d$。任何情况下中心到中心或者边缘到中心的距离应按公式（5）进行计算：

$$L \geqslant \frac{P}{0.6 R_\text{eL} t_\text{j}} \qquad (5)$$

式中 L——中心到中心或者边缘到中心的距离（mm）；
P——由螺栓传递的力（kN）；
R_eL——搪瓷钢板的屈服强度（MPa）；
t_j——薄钢板或钢带在节点连接处的厚度（mm）。

当多组螺栓列被使用，有效净截面区域可以采用总面积的 85%。

螺栓连接的净截面的拉伸应力不应超过公式（6）计算的较小值：

$$f_\text{t} = 0.6 R_\text{eL} \times \left(1 - 0.9 f_\text{r} + \frac{3 f_\text{r} d}{s} \right) \leqslant 0.6 R_\text{eL} \qquad (6)$$

或者：

$$f_\text{t} = 0.4 R_\text{m} \qquad (7)$$

式中 f_t——容许拉伸应力（MPa）;
R_{eL}——搪瓷钢板或钢带的屈服强度（MPa）;
f_r——由螺栓或螺栓考虑截面传递的力，由截面组件的拉力划分。如果 r 小于 0.2, 可忽略;
d——螺栓的直径（mm）;
S——螺栓间距（mm）;
R_m——搪瓷钢板或钢带的抗拉强度（MPa）。

螺栓孔在 dt 面积上的容许应力不应超过 $1.35R_{p0.2}$。

螺栓剪力的恒荷载和活荷载不应超过公式（8）确定的值:

$$f_s \leq 0.25 R'_{m0} \tag{8}$$

式中 f_s——受影响区域的容许剪力，拉伸应力截面或毛截面（MPa）;
R'_{m0}——最小螺栓拉伸强度（MPa）。

螺栓拉伸应力区域的拉伸应力，除地脚螺栓外，不应超过公式（9）的较小值:

$$f_t = 0.6 R'_{eL} \tag{9}$$

或:

$$f_t = \frac{R'_m}{0.2} \tag{10}$$

式中 f_t——螺栓的容许拉伸应力（MPa）;
R'_{eL}——螺栓的屈服强度（MPa）;
R'_m——螺栓的拉伸强度（MPa）。

螺栓和螺母的承载强度和剪应力强度应符合本标准 5.3 的规定。

7.2.2.8 罐壁轴向受力

设计时应考虑罐壁轴向受力对钢罐壳体产生的轴向屈曲应力的影响。

还应该考虑罐壁轴向受力与外部风压、顶盖活荷载以及任何内部局部负压结合的影响。

临界轴向屈曲应力应该通过严格的分析确定。

符合 EN 1993-4-2 规定的临界屈曲强度可满足该要求。

临界轴向屈曲应力的另一种表达方式见公式（11）:

$$\sigma_{z,cr} = 0.3 E \frac{t_g}{r} \tag{11}$$

式中 $\sigma_{z,cr}$——临界轴向屈曲应力（MPa）;
E——杨氏弹性模量;
t_g——罐壁厚度（mm）;
r——罐体半径（mm）。

注：由于壳体的不规则，可能存在二阶效应，尤其是大口径钢罐。设计时应该在相应部位考虑这些影响。

7.2.2.9 外部风压

外部风压对空罐体的影响主要有:
a) 外部风压屈曲应力;
b) 风压的变化造成的罐体圆周弯曲;

c) 外壳轴向拉伸和压缩；

d) 罐体抗倾覆压紧系统。

还应该考虑附近其他的钢罐和建筑。

外部风压屈曲应力可以通过严谨的分析得到。通过 EN 1993-4-1 或 EN 1993-1-6 确定的外部风压屈曲应力可以满足这一要求。

临界外部屈曲应力可以用公式（12）确定：

$$q_{r,cr} = 0.8 \times \frac{E t_g^2}{lr} \sqrt[4]{\frac{1}{1\nu^2}}^3 \frac{t_g^2}{r^2} \tag{12}$$

式中　$q_{r,cr}$——临界外部屈曲应力（MPa）；

　　　E——杨氏弹性模量；

　　　t_g——罐壁厚度（mm）；

　　　l——箍筋之间的距离（mm）；

　　　r——罐体半径（mm）；

　　　ν——泊松比。

公式（12）适用于壳体上具有顶部箍筋和中间箍筋，或无中间箍筋的罐体，以及任何后续安装中间箍筋的罐体。由于箍筋重叠部分造成罐体厚度不均，应取平均厚度计算。

在比较风压屈曲应力时，风压应取罐体圆周范围内的最大径向风压。

在设计测试条件时，可以考虑适当降低风速。

注：在径向屈曲应力设计的壳体刚性计算中应该考虑搪瓷涂层的影响。

7.2.2.10　顶部箍筋

对于顶部开口的钢罐，顶部箍筋应按比例计算，提供足够的支撑，以防止钢罐壳体的径向屈曲。设计时可进行严谨分析并考虑环形屈曲和弯曲效应，使得顶部箍筋成比例。符合 EN 1993-4-1 中比例计算的顶部箍筋可能满足该要求。

顶部箍筋可用公式（13）计算比例：

$$I_d = \frac{q_{Wmax} H_0 r^3}{6E} \tag{13}$$

式中　I_d——顶部箍筋惯性矩（mm^4）；

　　　q_{Wmax}——最大风压（kPa）；

　　　H_0——罐体垂直总高度（mm）；

　　　r——罐体半径（mm）；

　　　E——杨氏弹性模量。

对配有顶盖的钢罐，顶部箍筋应该考虑顶盖结构和所有配件对其施加力的大小和分布。

7.2.2.11　中间箍筋

设计时应进行严谨的分析，按照比例计算中间箍筋，以提供足够的支撑，防止钢罐壳体环或环组的径向屈曲。符合 EN 1993-4-1 规定的比例计算的中间箍筋可满足该要求。

中间箍筋可以用公式（14）计算比例：

$$I_z = \frac{q_{Wmax} l_z r^3}{3E} \tag{14}$$

式中 I_z——中间箍筋惯性矩（mm^4）；

$q_{W\max}$——最大风压（kPa）；

l_z——相邻两层中间箍筋之间的距离，如果中间箍筋为最下层箍筋，则该值为箍筋同罐底的距离（mm）；

r——罐体半径（mm）；

E——杨氏弹性模量。

7.2.2.12 热效应

由于罐内储液和罐体结构之间以及外部环境和罐体结构之间存在温差，所以罐体结构的设计应考虑热效应的影响（比如位移、应变、曲率、压力、力和力矩）。设计时还应考虑储液表面可能冻结带来的影响。

7.2.2.13 内部压力

对于带有顶盖的罐体，设计时应考虑内部压力对罐壁厚度和相关设计的影响。

7.2.2.14 内部空置

对于无盖的罐体，设计时应考虑在操作过程中产生的内部半空以及风压的影响。在设计罐壁时，应该综合考虑这些因素以及外部风压。

对于有盖的罐体，设计时应考虑在操作条件下储罐内部存储半罐液体时产生的空间压力以及风压的影响。在设计钢罐壁时，应该综合考虑这些因素以及外部风压。并应该在罐体排空的条件下考虑这些因素。

7.2.3 罐体顶盖

设计时至少要考虑以下因素：

a）静荷载；

b）动荷载：雪、风、雨水、地震；

c）内部产生的正、负压；

d）开盖情况；

e）接口处的任何刚性构件内的压力和张力。

7.2.4 罐壁和罐底的连接

罐壁和罐底之间的连接设计应包括可以传递到罐壁上的垂直力、水平剪切力、由于液体荷载、风荷载、地震荷载产生的弯曲力矩以及罐体内部在地基上施加的压力。

7.2.5 罐底

7.2.5.1 混凝土

如果不对罐体基础表面做涂层或防水处理，则应采用防水混凝土构筑罐体基础。

7.2.5.2 搪瓷钢板连接与罐底连接

所有搪瓷钢板应使用螺栓，充分连接所有接缝。

安装过程应备足螺栓数量，可与密封胶一同使用保证钢罐防水密封。

罐体与基础连接应考虑连接界面的防水密封问题。

7.2.5.3 基础

设计方应提供完整的基础设计资料。

必要时，使用方应提供现场地勘资料以满足基础设计计算要求。

除使用方另有要求外，基础设计应符合 SH/T 3528 规定的要求，对于机械锚固的罐体，基础沉降应不大于表 2 列出的数值。

表 2　基础沉降最大位移设计值　　　　　　　　　　（单位：mm）

条件	位移量
相对于支撑或基础的竖直向上的位移	18
相对于支撑或基础的竖直向下的位移	9
相对于支撑或基础的水平位移（径向和切向）	9

基础设计过程中应充分考虑以下几点最基础的要求：

a) 静荷载；

b) 动荷载；

c) 罐体/地基相互作用力（力矩和剪力）；

d) 负载下的罐体膨胀；

e) 环境负荷（风和地震）；

f) 热膨胀；

g) 拟建施工现场地质条件和不均匀沉降潜在风险。

7.2.6　辅助产品

当罐体由于使用和安全需要，需增设的辅助产品。使用方和供应方应该就适用标准达成一致。

7.2.7　阴极保护

对于因准入限制、商业因素或工艺要求的影响，而不便于开展例行检查和保养的部件，鉴于使用方利益，应考虑安装一个合适的阴极保护系统，以提供额外安全保护。阴极保护系统应由设计人员和相关工程师进行设计和安装。

设计阴极保护系统应考虑：

a) 存储液体的电阻率；

b) 暴露的钢材表面面积；

c) 罐体内部物质，罐体结构，基础混凝土，基础钢筋和隐藏的配套钢件之间的电气连接；

d) 当选择牺牲阳极材料时，电流密度有抗腐蚀要求。

注：牺牲阳极型的阴极保护系统相对简单，成本低，易于管理和安装。

7.3　开口

7.3.1　人孔

带盖罐体至少应有一个低位的人孔。具体位置根据工艺需要设置。

对于开顶罐，人孔位置根据工艺需要设置。

任何可移动的人孔盖应当配有配套设备方便拆卸。

7.3.2　管道连接

管道的连接尺寸以及罐体连接点位置根据工艺需要进行设置。

7.3.3　溢流

罐体应配备一个溢流口。在设计时，该溢流口不应对罐体和顶盖产生任何负压，且不存在因反吸入而导致的进水污染。

7.3.4 人孔和壳内管道连接的加固

对于大于100mm的开口，受到静水压力的影响应对开口进行加固处理。

7.4 顶盖及连接设备

7.4.1 总体要求

根据工艺需要确定顶盖开口、管道等连接尺寸。

超过250mm的开口应妥善配置安全装置，以防止他人擅自进入。

7.4.2 排气

密封罐体顶盖应装有正负压保护装置，确保其在最极端的条件下亦能正常运行。

封闭罐体的排气设计应考虑所有可能的操作条件，包括但不限于以下所列项目：

a) 注入和排放液体；
b) 环境因素或使用过程中产生的正压以及负压；
c) 防止鸟类，动物或昆虫进入的筛网；
d) 钢罐所在区域空气流动的对称性。

7.5 事故影响

7.5.1 风险评估

设计过程应考虑搪瓷罐体存放液体产生的潜在风险，这些风险主要包含爆炸风险和注入液体过程中产生的不可控波动因素。

7.5.2 爆炸

应尽可能降低、避免任何可能由爆炸导致的潜在风险，并采取适当措施，如：

a) 充分采取压力释放措施；
b) 采取压力控制措施；
c) 细化维护和清洁程序；
d) 安全选择电子设备，以避免产生火源。

7.5.3 注入液体产生的不可控波动

罐体设计过程中应充分考虑由温度、化学性质、流速和可能会影响罐体设计的任何其他特性所导致的不可控制波动。

8 搪瓷涂层及搪瓷钢板

8.1 试样制备

当制品不能直接用于试验时，应制作105mm×105mm或直径105mm的试样。

用与被测产品相同的材料，以同样前处理、涂搪、干燥、烧成工艺制造的样板。若因搪烧需要，可在样板边角处钻一个直径5mm的孔，其中心距边缘应≤4mm。

用于耐热急变、密着强度或表面抗刮硬度试验的试样，也可在搪瓷制品的不同部位用适当的切割工具切割，边缘应整齐，不应造成搪瓷损伤。

8.2 理化性能

8.2.1 质量指标

搪瓷涂层应符合表3规定的最低理化性能质量要求。

8.2.2 检测方法

8.2.2.1 耐热急变

8.2.2.1.1 耐热急变性试验选用3个以上的样本。

表 3 搪瓷理化性能

项目		使用场合			检测方法	备注
		雨水、消防用水	pH 在 5~9 范围内的饮用水、污泥污水	海水、过滤液、pH<5 或 pH>9 范围的液体或物料		
耐室温柠檬酸级		A	A	A+	GB/T 9989.1	
耐室温硫酸级		—	—	A		
耐室温盐酸级		—	—	A		10%溶液,历时 15min
失重 /(g/m²)	耐沸腾柠檬酸	6	4	2	GB/T 9989.2	2.5h 后最大失重
	耐沸腾盐酸（气相）	—	—	9		10%溶液,7 天后最大失重
	耐沸水（液相）	6	6	3		48h 后最大失重
	耐沸水（气相）	—	8	8		
耐标准洗涤剂溶液		—	—	5	GB/T 9989.3	24h 后最大失重
耐热氢氧化钠		8	8	7	GB/T 9989.4	
耐热急变		—	经温差 180℃试验后目测瓷面无损伤		本标准 8.2.2.1	
密着强度		良好			本标准 8.2.2.2	
表面抗刮硬度级		莫氏 5			EN 15571	

8.2.2.1.2 将试样在空气中加热至（190±10）℃，恒温 20min 后，在 5s 内投入温度约为 10℃的冷水中，试样应完全浸没。待冷却后取出试样，观察试样表面情况，如无破裂，则擦干试样。重复上述操作 3 次。观察瓷面有无损伤。

8.2.2.1.3 试验用冷水应有足够的量，使试验过程中冷水温升不大于 1℃。试样由于切割引起的损伤不应考虑在内。

8.2.2.2 密着强度

8.2.2.2.1 密着强度试验选用 3 个以上样本。

8.2.2.2.2 用压力机将试样压成凹形，凹槽深度约 1cm 致使瓷层破裂，观察试样底釉痕迹，如果底釉呈现放射形丝状分布且无钢板基材露出，则判定密着强度良好，否则判定为密着强度差。

8.3 外观

8.3.1 质量指标

应符合表 4 规定。

8.3.2 检测方法

通常在自然日光或者等效人工照明条件下，目测检查。

8.4 瓷层厚度、瓷层质量

测量结果应符合表 5 的规定。

表 4 搪瓷外观质量 (单位：个)

缺陷名称	分离度①	主要区域	非主要区域
异色点	1	≤3	≤6
麻点	1	≤4	≤8
粉瘤	1	≤3	≤6
裂纹	0	不应有	不应有
爆瓷	0	不应有	≤2
鳞爆	0	不应有	不应有
泡孔	0	不应有	不应有
色差	0		不应有明显色差

① 分离度指直径 7.62cm（3in）范围允许缺陷存在的个数。

表 5 瓷层厚度和瓷层质量 (单位：mm)

项目	使用场合			检测标准	备注
	雨水、消防用水	pH5~9 范围内的饮用水、污泥污水	海水、渗滤液、pH<5 或 pH>9 范围的液体或物料		
瓷层厚度	0.16~0.36	0.20~0.40	0.25~0.46	GB/T 4956	特殊要求选用适用性标准
瓷层质量	使用低电压检测	电火花检测，主要区域全部通过 900V 检测	电火花检测，主要区域全部通过 1100V 检测	ISO 8289:2000 方式 A 或 EN 14430-2004 试验 A	

8.5 检测频率

应按照表 6 规定的检测频率对搪瓷钢板进行检测。

表 6 检测频率

检测项目	检测频率
外观质量(除色差)	每个面板
瓷层厚度、色差	按 GB/T 2828.1 规定
密着强度、表面抗刮硬度、瓷层质量	每月或每批
耐室温酸	每季或每批
耐沸腾酸、耐沸水、标准耐洗涤剂溶液、耐热氢氧化钠、耐热急变	每年

8.6 现场整改

制造商应该提供现场整改和现场对受损搪瓷层修补的程序。

8.7 运输

搪瓷钢板之间应使用合适的薄膜及托架进行隔离包装。为避免面板在运输过程中损坏，应覆盖足以覆盖搪瓷钢板边缘的防水保护罩。

8.8 维护

供应商应该提供相应的搪瓷涂层检查、维护以及整改过程文档。

为了确保设计寿命，搪瓷涂层检查、维护以及整改过程应按照上述文档进行。

所有搪瓷涂层检查、维护以及整改过程应符合安全工作守则。

9 安装

9.1 总体指南

罐体安装前设计方应提供罐体安装图纸，罐体安装过程应严格按照图样进行。

罐体安装施工人员应经过搪瓷钢板制造商认可的专业人员。

罐体连接过程中使用扭矩扳手进行螺栓紧固，扭矩大小应完全按照设计数值进行设置。

罐体安装过程使用的密封胶应使用由制造商提供或推荐的适用密封胶。

9.2 地基

地基的设计和建设应该符合本标准7.2.5的要求，除非供应方另行说明。

使用方应该为地基设计人员提供现场地勘信息。

使用方应为罐体安装施工单位提供基础验收合格报告。

9.3 施工现场的搪瓷涂层检验

在罐体安装过程中，建议使用低电压电火花检测仪测试搪瓷钢板主要区域。测试仪器和程序应取得搪瓷加工方的批准。

测试过程中单张钢板主要区域检测缺陷点小于等于2处（每处缺陷长度不大于5mm），可进行现场修复使用。单张钢板检测缺陷点大于2处或每处缺陷长度大于5mm，应进行更换。

10 罐体消毒

应按照有关各方共同商定的程序进行。

附 录 A
（资料性附录）

本标准与 ISO 28765：2016 文本结构对应表

本标准与ISO 28765：2016文本结构对应表见表A.1。

表A.1 本标准与ISO 28765：2016文本结构对应表

本标准	ISO 28765:2016	主要内容	变化情况
前言	前言	前言	根据GB/T 1.1规定编写
1 范围	1 范围	范围	根据我国对该产品的使用现状，修改罐体直径同罐体高度比值在0.1至10的范围内；修改罐体内部液面以上的工作压力，工作压力应不超过4kPa，液面以上的内部局部负压不超过0.5kPa；罐壁基材的厚度增加至应≥3mm
2 规范性引用文件	2 规范性引用文件	规范性引用文件	对于ISO 28765:2016规范性引用的国际文件，用适用的我国文件代替
3 术语和定义	3 术语和定义	术语和定义	删除了ISO 28765:2016第3章中部分通用术语和定义
—	4 符号和缩略词	符号和缩略词	删除了ISO 28765:2016第4章符号和缩略词

（续）

本标准	ISO 28765:2016	主要内容	变化情况
—	5　单位	单位	删除了 ISO 28765:2016 第 5 章单位
4　设计资料及要求 4.1　设计前使用方需提供的资料 4.2　设计方提供的资料	6　协商和记录的信息及要求 6.1　总则 6.2　使用方提供的信息 6.3　设计方提供的信息	协商和记录的信息及要求	技术内容无变化
4.3　设计适用标准	7　适用标准	设计适用的标准	技术内容无变化
5.　材料 5.1　钢板 　5.1.1　基本要求 　5.1.2　钢板规格尺寸 　5.1.3　钢板外观 　5.1.4　钢板经涂搪后力学性能 5.2　瓷釉 5.3　螺栓、螺母和锚固螺栓 5.4　基础钢筋 5.5　密封胶	—	制作搪瓷钢板储罐使用的钢板、瓷釉、螺栓、钢筋及密封胶等各部分材料的要求	因原材料也是影响罐体质量的主要因素,增加了第 5 章材料的要求
6　荷载 6.1　总则 6.2　罐内荷载 　6.2.1　总则 　6.2.2　自由空间 　6.2.3　静力压强 　6.2.4　轴向罐壁应力 　6.2.5　注液和排放	8　荷载 8.1　总则 8.2　罐内荷载 　8.2.1　总则 　8.2.2　自由空间 　8.2.3　静力压强 　8.2.4　轴向罐壁应力 　8.2.5　注液和排放	罐体、罐体附属物及支撑结构等产生的荷载 罐体设计过程中应考虑罐内存储的液体产生的荷载	技术内容无变化 删除 ISO 28765:2016 中 8.2.1 的密度公式,改为提供可靠的密度测量数据进行计算
6.3　罐体结构	8.3　罐体结构	罐体结构静荷载计算	技术内容无变化
6.4　顶盖	8.4　顶盖	顶盖对罐壁产生的应力	技术内容无变化
6.5　设备荷载 　6.5.1　总则 　6.5.2　静态荷载 　6.5.3　动态荷载	8.5　设备荷载 　8.5.1　总则 　8.5.2　静态荷载 　8.5.3　动态荷载	罐体总荷载的计算	技术内容无变化
6.6　通道	8.6　通道	由通道设备(如走道和平台等)所产生的荷载	技术内容无变化

(续)

本标准	ISO 28765:2016	主要内容	变化情况
6.7 环境条件 6.7.1 总则 6.7.2 地震 6.7.3 风力 6.7.4 降雪 6.7.5 结冰 6.7.6 附件	8.7 环境条件 8.7.1 总则 8.7.2 地政 8.7.3 风力 8.7.4 降雪 8.7.5 结冰 8.8 附件	环境荷载根据罐体的设计寿命进行设计	技术内容无变化
7 设计 7.1 总体设计	9 设计 9.1 总则	钢罐的设计应考虑使用的极限状态	技术内容无变化
—	9.2 钢板 9.2.1 规格 9.2.2 搪瓷工艺的影响	钢板的要求和对搪瓷工艺的影响	在5.1中已叙述
7.2 罐体 7.2.1 荷载系数 7.2.2 罐壁 7.2.2.1 总则 7.2.2.2 环向力 7.2.2.3 静态环向力 7.2.2.4 罐壁厚度 7.2.2.5 容许压缩应力 7.2.2.6 抗震设计 7.2.2.7 螺栓连接件 7.2.2.8 罐壁轴向受力 7.2.2.9 外部风压 7.2.2.10 顶部箍筋 7.2.2.11 中间箍筋 7.2.2.12 热效应 7.2.2.13 内部压力 7.2.2.14 内部空置	9.3 罐体 9.3.1 荷载系数 9.3.2 罐壁 9.3.2.1 总体设计 9.3.2.2 环向力 9.3.2.3 静态环向力 9.3.2.4 抗震设计 9.3.2.5 螺栓连接件 9.3.2.6 罐壁轴向受力 9.3.2.7 外部风压 9.3.2.8 顶部箍筋 9.3.2.9 中间箍筋 9.3.2.10 热效应 9.3.2.11 内部压力	罐体能够承受最不利因素的荷载组合	增加 7.2.2.4 罐壁厚度,7.2.2.5压缩应力,7.2.2.14内部空置三部分的计算方法
7.2.3 罐体顶盖	9.3.3 罐体顶盖	罐体顶盖	技术内容无变化
7.2.4 罐壁和罐底的连接	9.3.4 罐壁和罐底的连接	罐壁和罐底的连接	技术内容无变化
7.2.5 罐底 7.2.5.1 混凝土 7.2.5.2 搪瓷钢板连接与罐底连接 7.2.5.3 基础	9.3.5 罐底 9.3.5.1 混凝土 9.3.5.2 搪瓷钢板 9.3.5.3 基础	罐体与基础的连接以及基础的设计要求	在7.2.5.3基础部分增加了对基础设计的规定,设计了基础沉降最大位移设计值
7.2.6 辅助产品	9.3.6 辅助产品	辅助产品	技术内容无变化
7.2.7 阴极保护	9.3.7 阴极保护	阴极保护	技术内容无变化
7.3 开口 7.3.1 人孔 7.3.2 管道连接 7.3.3 溢流 7.3.4 人孔和壳内管道连接的加固	9.4 开口 9.4.1 人孔 9.4.2 管道连接 9.4.3 溢流 9.4.4 人孔和壳内管道连接的加固	开口	技术内容无变化

(续)

本标准	ISO 28765:2016	主要内容	变化情况
7.4 顶盖及连接设备 7.4.1 总体要求 7.4.2 排气	9.4.5 顶盖及连接设备 9.4.5.1 总体要求 9.4.5.2 排气	顶盖及连接设备	技术内容无变化
7.5 事故影响 7.5.1 风险评估 7.5.2 爆炸 7.5.3 注入液体产生的不可控波动	9.5 事故影响 9.5.1 风险评估 9.5.2 爆炸 9.5.3 注入液体产生的不可控波动	事故影响	技术内容无变化
8 搪瓷涂层及搪瓷钢板 8.1 试样制备 8.2 理化性能 8.2.1 质量指标 8.2.2 检测方法 8.2.2.1 耐热急变 8.2.2.2 密着强度 8.3 外观 8.3.1 质量指标 8.3.2 检测方法	10 搪瓷涂层 10.1 搪瓷 10.2 涂层 10.3 搪瓷质量 10.3.1 制备和测试频率 10.3.2 检测 10.3.2.1 制样 10.3.2.2 成品 10.3.2.2.1 总则 10.3.2.2.2 内表面 10.3.2.2.3 外表面	搪瓷涂层的质量要求及检测方法	搪瓷质量要求按该产品在我国的使用情况进行分类,适当简化和调整参数要求
8.4 瓷层厚度、瓷层质量	10.3.2.3 瓷层厚度 10.3.2.4 瓷层颜色	搪瓷涂层的厚度及质量	技术内容无变化
8.5 检测频率	10.3.1 制备和测试频率	搪瓷涂层质量的检测频率	技术内容无变化
8.6 现场整改	10.3.3 整改	现场整改	技术内容无变化
8.7 运输	10.4 运输中的保护	罐体运输中的保护	技术内容无变化
8.8 维护	10.5 维护	罐体维护	技术内容无变化
9 安装 9.1 总体指南 9.2 地基	11 安装 11.1 总体指南 11.2 地基	罐体安装	技术内容无变化
9.3 施工现场的搪瓷涂层检验	11.3 施工现场的搪瓷涂层建议	罐体安装时检测出缺陷的处理	增加:单张钢板检测缺陷点大于2处或每处缺陷长度大于5mm,需进行更换
10 罐体消毒	12 罐体消毒	罐体消毒	技术内容无变化

第十五章　搪瓷层性能试验与检验

第一节　搪瓷耐碱性能测试方法

一、概论

搪瓷材料对碱性溶液有较好的耐蚀性，但不同化学组成、不同生产工艺制成的搪瓷产品，其瓷层的耐碱性能差异较大。如何准确判定各种搪瓷材料耐碱侵蚀的性能，定量测试搪瓷在一定温度下经用合适的碱溶液侵蚀规定时间后的质量损耗情况十分必要。

GB/T 9988—1988《搪瓷耐碱性能测试方法》参照美国材料试验学会标准 ASTM C 614—1980《搪瓷耐碱性能标准试验方法》制定，于 1989 年 1 月 27 日发布，1989 年 7 月 1 日实施。

二、标准主要特点与应用说明

1. 标准的特点

该标准规定了搪瓷制品瓷层表面耐碱性能的定量测试方法。

（1）试样要求　试样的尺寸为 89mm×89mm，质量应不大于 200g，瓷层表面应充分平整并无鳞爆、针孔等透及基底的缺陷。一次试验须制备原材料及搪烧工艺均相同的试样 6 块。

（2）试验碱液　260g 碳酸钠或焦磷酸钠溶于 4940mL 蒸馏水。

（3）试验温度　用碳酸钠溶液做试验介质时，温度为 80℃±0.2℃；用焦磷酸钠溶液做试验介质时，温度为 96℃±0.2℃。

（4）试验装置　可插入并固定 3 个封闭试样盒的不锈钢圆筒形试验槽，内含加热、温感和搅拌装置。

（5）试验过程　将经预处理的 6 块试样分别装入 3 个双面开有直径 64mm 圆孔的试样盒内，调整两块试样中间的夹紧装置使试样紧贴试样盒圆孔至水不泄漏。

将经预热的试样盒按要求插入试验装置，在试验温度下进行连续 6h 腐蚀试验。

（6）试验结果　计算 6 块试样的平均质量损耗。

2. 标准的应用

该标准以搪瓷试样的瓷层表面在一定温度下经受连续 6h 碱溶液腐蚀后的质量损耗，测定搪瓷材料的耐碱性能。

该标准适用于用碳酸钠或焦磷酸钠溶液为试验介质，定量测试日用及卫生搪瓷制品瓷层表面耐碱性能。若以氢氧化钠溶液为试验介质，该标准也适用于定量测试化工搪瓷设备瓷层表面耐碱性能。

三、标准内容（GB/T 9988—1988）

搪瓷耐碱性能测试方法

1　主题内容与适用范围

本标准规定了搪瓷制品瓷层表面耐碱性能的测试方法。

本标准适用于定量测试日用及卫生搪瓷制品瓷层表面的耐碱性能。若以氢氧化钠溶液为试验介质，本标准也适用于定量测试搪玻璃制品瓷层表面的耐碱性能。

2 测试原理概述

本方法以搪瓷试样的瓷层表面在一定温度下经受碱溶液腐蚀后的质量损耗，测定搪瓷材料的耐碱性能。

3 试剂

a) 碳酸钠（化学纯）；

b) 焦磷酸钠（化学纯）；

c) 磷酸三钠（化学纯）；

d) 纯净蒸馏水。

4 设备、仪器及装置

4.1 试验设备

4.1.1 试验设备的构成

a) 不锈钢试验槽及槽盖；

b) 浸没式不锈钢加热器；

c) 电动式不锈钢搅拌器；

d) 温度计；

e) 试样盒及夹紧装置；

f) 回流冷凝器；

g) 电动机。

4.1.2 试验设备的技术要求

4.1.2.1 不锈钢试验槽的规格为：高度250mm，内径230mm。

4.1.2.2 浸没式不锈钢加热器应呈U字形，额定电功率不小于500W。

4.1.2.3 不锈钢槽盖的规格为：直径230mm，厚度6.4mm。盖外圆周须配有同试验槽口紧密相嵌的密封圈，盖上开有多个插孔，用于插入加热器、搅拌器、温度计、试样盒和电阻温度传感器等。

4.1.2.4 电动式不锈钢搅拌器须配有两片互相垂直安装的搅拌叶片，叶片直径为52mm。搅拌器电动机的转速不小于1400r/min。

4.1.2.5 温度计量程：50℃~100℃，分度值0.2℃。

4.1.2.6 试样盒：规格为108mm×203mm×47.5mm，数量为3个。试样盘下半部分须开有直径为64mm的圆孔，沿圆孔边缘处应配有密封圈。

4.1.2.7 试验设备的示意图见附录A。

4.2 温控仪器

4.2.1 温控仪器的构成

a) 电阻温度传感器；

b) 微处理器。

4.2.2 温控仪器的技术要求

4.2.2.1 温控仪器的控温精度不大于0.2℃。

4.2.2.2 温控仪器应能使试验槽内碱溶液的温度在 96℃±0.2℃ 和 80℃±0.2℃ 时保持恒定。

4.3 其他装置

4.3.1 天平　称量范围为 200g，感量为 0.1mg。

4.3.2 烘箱　最高调节温度不小于 110℃。

4.3.3 电炉

4.3.4 干燥器

5 试样

5.1 试样类型

5.1.1 在金属坯体上搪烧瓷釉的搪瓷样板。

5.1.2 直接从搪瓷制品平整部分切割下的搪瓷板。

5.2 试样技术要求

5.2.1 试样规格为 89mm×89mm，试样质量应不大于 200g。

5.2.2 搪烧制作的搪瓷样板应采用相应的搪瓷制品制作时的原材料和搪烧工艺，以切割方法制作的搪瓷板须磨修掉切割处的毛边。

5.2.3 试样的瓷层表面应充分平整，应能保证在试样盒内安装时达到足够密封的要求。

5.2.4 试样的瓷层表面应无鳞爆、针孔等缺陷。

5.2.5 一次试验须制备原材料及搪烧工艺均相同的试样 6 块。

5.3 试样预处理

5.3.1 试验前试样应充分洗净。先用自来水冲洗，再用浸透质量分数为 1% 的磷酸三钠溶液的软质海绵擦拭。擦拭后顺次用自来水和蒸馏水冲洗干净。

5.3.2 将洗净的试样沥干后放入温度为 110℃ 左右的烘箱内烘烤 15min。

5.3.3 将烘干的试样移入干燥器中冷却 30min 以上。

6 试验步骤

6.1 碱液制备

以 260g 碳酸钠或焦磷酸钠溶解于 4940mL 蒸馏水中制成碱液。

6.2 碱液预热

6.2.1 将配制好的碱液倒入不锈钢试验槽中，盖上不锈钢槽盖，并用其他板状物将槽盖上安装试样盒的长方形开口盖住。

6.2.2 在槽盖上插入不锈钢加热器、搅拌器、温度计、电阻温度传感器等。

6.2.3 接通不锈钢加热器和温控仪器电源，将碱液预热至试验温度 t_0（碳酸钠溶液预热至 80℃，焦磷酸钠溶液预热至 96℃）。为加快预热速度可先将试验槽置于电炉上加热，当温度接近 t_0 时，把试验槽移放至绝缘垫板上继续以不锈钢加热器和温控仪器保温碱液 15min，并调整碱液温度达到 t_0±0.2℃。

6.3 试样称量和安装

6.3.1 取出干燥器内经过清洗和烘干的试样逐个在天平上称量至恒重，称量读数精确到 0.1mg。

6.3.2 称量后将 6 块试样分别装入 3 个试样盒内，每个试样盒安装 2 块试样。安装时须注意试样的瓷层表面不得与试样盒撞击而致瓷层剥落。两块试样的中间用夹紧装置调整使试样瓷层表面紧贴试样盒圆孔边缘处的密封圈。

6.3.3 在试样盒内灌入适量蒸馏水，蒸馏水液面应高于试样盒圆孔顶部，调整夹紧装置至试样盒圆孔边缘处不泄漏水为止。然后将盒内水倒掉。

6.4 试样预热

将经过泄漏检验的试样盒放在温度为110℃左右的烘箱内烘烤15min。

6.5 腐蚀试验

6.5.1 将经过预热的三个试样盒插入槽盖上安装试样盒的长方形开口内，使试样的瓷层表面浸泡于温度为 $t_o \pm 0.2$℃ 的碱液中，同时接通搅拌器碱液，使碱液在试验槽中充分均匀地同试样的瓷层表面接触。

6.5.2 试验温度

6.5.2.1 用碳酸钠溶液作试验介质时，温度为 80℃±0.2℃。

6.5.2.2 用焦磷酸钠溶液作试验介质时，温度为 96℃±0.2℃。

6.5.3 试样在符合 6.5.2 条规定的温度条件的碱液中浸泡时间为连续 6h。

6.5.4 腐蚀试验结束立即取出试样并用蒸馏水冲洗干净后放入温度为110℃左右的烘箱内烘烤15min。取出试样时，须注意试样的瓷层表面不得与试样盒撞击而致瓷层剥落。

6.5.5 将经过腐蚀试验并洗净烘干的试样称量至恒重，称量读数精确到 0.1mg。

6.5.6 用精度为 0.25mm 的长度量具测量试样瓷层表面同碱液接触面两条互相垂直的直径长度，长度读数精确到 0.25mm，取两直径之平均值作为接触面之直径。

7 计算

用下列公式计算每一试样的质量损耗：

$$M_n = \frac{(M_1 - M_2) \times 10^3}{S} \tag{1}$$

式中 M_n——试样的质量损耗（mg/cm²）；
M_1——试样的原有质量（g）；
M_2——试样经腐蚀试验后的质量（g）；
S——试样受腐蚀的面积（cm²），受腐蚀面积由6.5.6条测得的平均直径计算。

8 数据处理

8.1 6个试样的平均质量损耗由下式计算：

$$\overline{M} = \frac{\sum_{n=1}^{6} M_n}{6} \tag{2}$$

式中 $\overline{M}$——6个试样的平均质量损耗（mg/cm²）。

8.2 试验的统计误差由下式计算：

$$\sigma = \sqrt{\frac{1}{5}\sum_{n=1}^{6}(M_n - \overline{M})^2} \tag{3}$$

$$e = 1.15\sigma \tag{4}$$

式中 σ——标准偏差；
e——统计误差。

8.3 粗大误差的处理

如单个试样质量损耗的残差大于 3σ，则作为粗大误差予以剔除。剔除后根据剩余的试样测试值按式（2）、式（3）、式（4）分别计算 $\overline{M}$、σ 和 e。

8.4 试验结果用下式表示

$$\overline{M} = M \pm e \tag{5}$$

式中 M——一次试验的质量损耗（mg/cm^2）。

注：试验结果精确到 $0.1mg/cm^2$。

9 试验报告

试验报告应包括下列内容：

a）试样的类型、数量和来源；

b）试验所参照的标准号及标准名称；

c）试验日期、场所和实验室温湿度；

d）试验结果（包括计算和数据处理程序）。

附　录　A
搪瓷耐碱性能试验设备主要部件示意图
（参考件）

A.1 不锈钢试验槽盖示意图（见图 A.1）

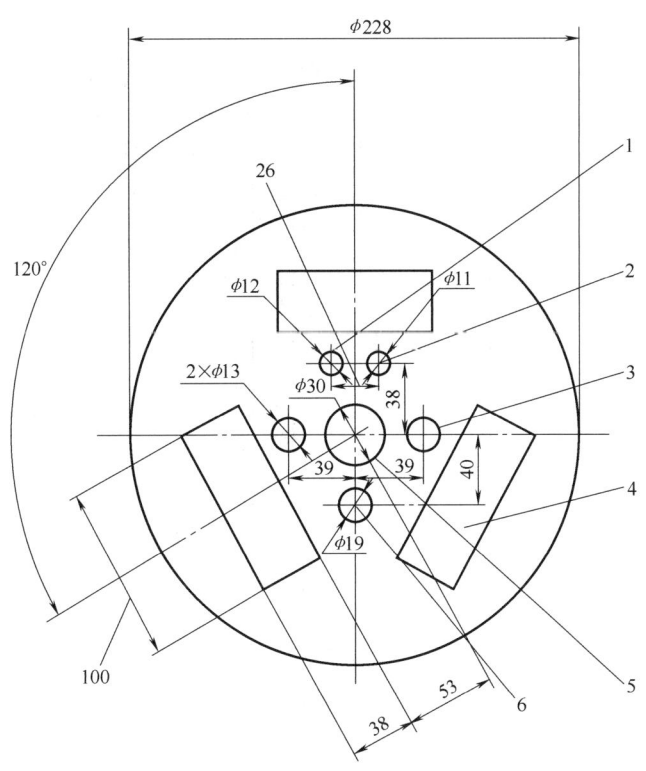

图 A.1　不锈钢试验槽盖

1—热敏电阻插孔　2—温度计插孔　3—加热器插孔
4—试样盒插口　5—搅拌器插孔　6—回流冷凝器插孔

A.2 试验盒及夹板装置示意图（见图 A.2）

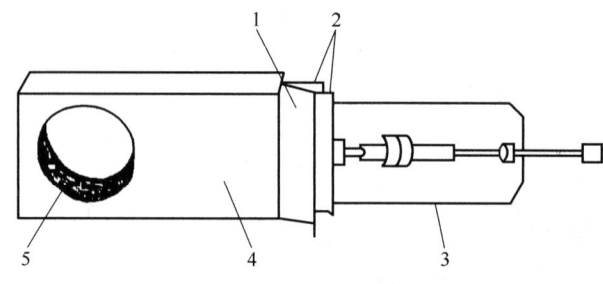

图 A.2　试样盒及夹紧装置
1—试样　2—支承板　3—夹紧装置　4—试样盒　5—圆孔

A.3 不锈钢试验槽、浸没式加热器及搅拌器装置示意图（见图 A.3）

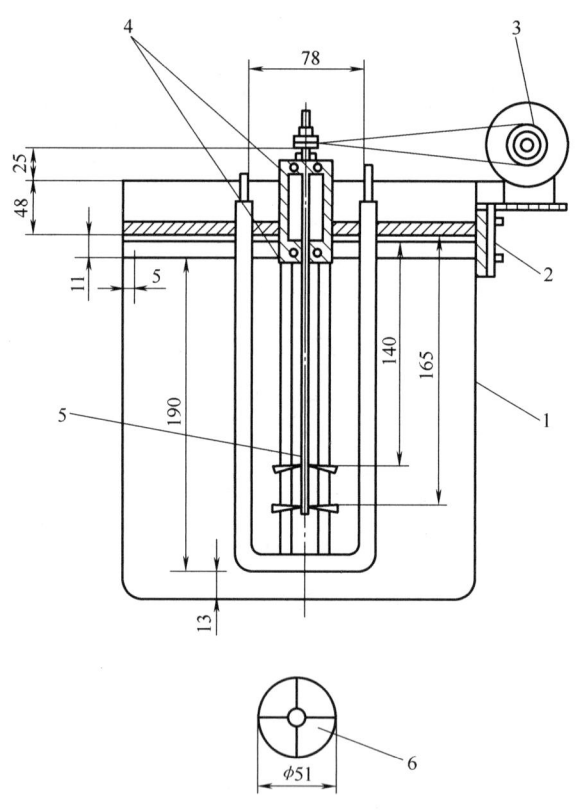

图 A.3　不锈钢试验槽、浸没式加热器、搅拌器
1—试验槽　2—密封环　3—电动机
4—轴承　5—搅拌器轴　6—搅拌叶轮

A.4 不锈钢试验槽盖的组装示意图（见图 A.4）

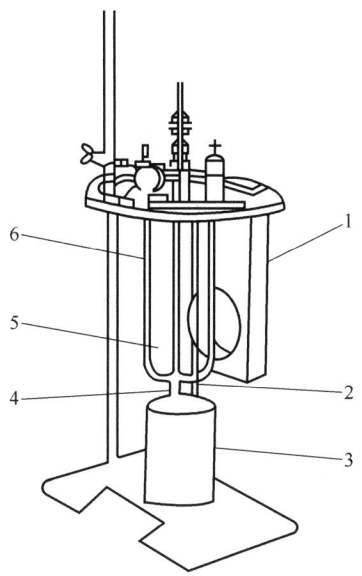

图 A.4 不锈钢试验槽盖上的组装件
1—试样盒 2—温度传感器 3—防护罩
4—温度计 5—搅拌器 6—加热器

第二节 搪瓷耐化学侵蚀的测定 第1部分：室温下耐酸侵蚀的测定

一、概论

搪瓷制品质量的优劣在很大程度上取决于铁坯上搪瓷层性能的优劣。搪瓷耐化学侵蚀性能是衡量搪瓷材料理化性能的重要的技术指标之一，也是确保搪瓷产品质量的必要条件。提高搪瓷制品的耐酸化学稳定性，不仅能延长其使用寿命，而且还能提高其抗污能力，提高搪瓷制品的档次，使企业获得更好的经济效益。

瓷釉的耐酸性与瓷釉的化学组分和烧成工艺有十分密切的关系，所有的瓷釉都具有一定的耐蚀性，但是为了满足各种产品的特殊要求须设计专用的配方。

酸对瓷釉的侵蚀机理是由 H^+ 和 H_2O 的活度决定的。我国最早在全国范围内规定搪瓷耐酸性试验方法的是 1982 年 6 月实施的 GB/T 2633—1981《日用搪瓷制品的检验方法》，该标准规定的搪瓷耐酸性检验方法是采用 4%（体积分数）微沸醋酸侵蚀。1988 年，发布了 GB/T 9989—1988《搪瓷耐室温柠檬酸测试方法》，该方法比较适用于日用搪瓷制品，尤其是与食物接触的日用搪瓷器皿。该标准等同采用了 ISO 2722：1973 同名标准，采用 1g/L 的室温柠檬酸作为侵蚀介质。柠檬酸的强度是醋酸 45 倍，两种酸使用的浓度相差 2.5 倍，这对产品的耐酸性提出了更高的要求。该标准的推广应用，缩短了我国搪瓷制品的耐酸性与发达国家之间的差距。

2005年，完成了对 GB/T 9989—1988 的修订。GB/T 9989—2005 等同采用 ISO 2722：1997《搪瓷耐室温柠檬酸试验方法》，修改的内容与 ISO 2722 相同，主要是在对接触侵蚀溶液的试验区进行评价定级时不再采用灯光投影的步骤，因为从多年实践中发现该步骤受人为因素的影响比较大。

自 2008 年起，国际标准化组织发布了 ISO 28706 搪瓷耐化学侵蚀性试验方法系列标准，包含了原 ISO 2722《釉瓷和搪瓷 室温下耐柠檬酸测定》和 ISO 8290《釉瓷和搪瓷 室温下耐硫酸试验测定》等标准的内容。为保持与 ISO 标准的一致性，结合我国国情，有必要制定相对应的国家标准。

GB/T 9989.1—2015 等同采用 ISO 28706-1：2008《搪瓷耐化学侵蚀的测定 第 1 部分：室温下耐酸侵蚀的测定》，代替 GB/T 9989—2005，扩大了试验用酸的范围，除规定了搪瓷耐室温柠檬酸的试验方法外，还增加了室温耐硫酸和其他溶液的试验，应用范围更广。

GB/T 9989.1—2015 与 GB/T 9989—2005 的区别还有：目测时，不再区分有光和无光瓷面；修改了试验结果分级方法，试验后受试区域没有腐蚀痕迹就可判定耐室温酸为 AA 级。

GB/T 9989.1—2015《搪瓷耐化学侵蚀的测定 第 1 部分：室温下耐酸侵蚀的测定》于 2015 年 10 月 9 日发布，2016 年 5 月 1 日实施。

二、标准主要特点与应用说明

GB/T 9989 系列标准分为五个部分：
——第 1 部分：室温下耐酸侵蚀的测定。
——第 2 部分：耐沸腾酸、沸腾中性液体及其蒸气化学侵蚀的测定。
——第 3 部分：用六角形容器进行耐碱溶液侵蚀的测定。
——第 4 部分：用圆柱形容器进行耐碱溶液侵蚀的测定。
——第 5 部分：在封闭系统中耐化学侵蚀的测定。

1. 标准的特点

该标准是 GB/T 9989 系列标准的第 1 部分。为方便使用，在前言中列出了该标准规范性引用的国际标准中与我国标准有一致性对应关系的文件目录。

该标准规定了测定室温下搪瓷瓷釉和搪瓷制品耐酸化学侵蚀的试验方法，并规定了测定结果分级的方法。

（1）试样　试样可以是产品，也可取其一部分，或是按照相应的标准对特别基底材料制备的特殊试样。

（2）试验温度　整个试验期间温度保持在 23℃±3℃。

（3）试验溶液　室温 1g/L 柠檬酸溶液，或室温 0.2mol/L 硫酸溶液，也可是室温其他溶液。

（4）试验时间　15min±30s，或根据约定的时间进行试验。

（5）试验步骤　用吸管在每个经预处理的试样上滴数滴试验溶液，立即用盖子盖住，形成一个连续的试验区，其直径应不大于盖子的直径。如被测试样是弯曲表面，则在试验区上放一层直径约 30mm、厚度小于 0.18mm 的滤纸，再在其上放一层直径约 25mm、厚度大于 0.38mm 的滤纸，滤纸均不含氟化物，并在滤纸上滴数滴试验溶液，直到两层滤纸浸透，盖住滤纸，以防溶液蒸发。

在侵蚀完成后 2h 内检查每个试样，仅对接触侵蚀溶液的试验区进行评价。

2. 标准的应用

该标准是测定搪瓷制品性能的基础方法标准，其制定和实施将使我国搪瓷制品生产进一步系列化、规范化。

日用搪瓷制品，尤其是接触食物的搪瓷器皿（如烧锅、食物容器等）就要求瓷釉能够耐有机酸的侵蚀。

该标准规定在一定的条件下，试样部分表面受酸溶液侵蚀，根据侵蚀后搪瓷表面的外观和可清洁度来评定其化学稳定性能。

搪瓷釉的主要组分是二氧化硅。在室温下，类似于柠檬酸的弱酸性溶液，或类似于硫酸的较强酸性溶液中，搪瓷的硅酸盐网络受到了较小的侵蚀，在搪瓷表面析出除二氧化硅以外的其他组分是有限的。高耐酸搪瓷经试验后，搪瓷表面观察不到明显的变化；而耐酸较差的搪瓷经试验后，搪瓷表面会产生侵蚀痕迹或呈现粗糙。

三、标准内容（GB/T 9989.1—2015）

搪瓷耐化学侵蚀的测定　第 1 部分：室温下耐酸侵蚀的测定

1　范围

GB/T 9989 的本部分规定了测定室温下搪瓷瓷釉和搪瓷制品耐酸化学侵蚀的试验方法，并规定了测定结果分级的方法。

2　规范性引用文件

下列文件对于本文件的应用是必不可少的。凡是注日期的引用文件，仅注日期的版本适用于本文件。凡是不注日期的引用文件，其最新版本（包括所有的修改单）适用于本文件。

ISO 1042　实验室玻璃器皿　单标线容量瓶（Laboratory glassware—One-mark volumetric flasks）

ISO 3696　分析实验室用水规范和试验方法（Water for analytical laboratory use—Specification and test methods）

ISO 4788　实验室玻璃器皿　分度量筒（Laboratory glassware—Graduated measuring cylinders）

ISO 28764　瓷釉和搪瓷　薄钢板、薄铝板和铸铁上搪瓷试样的制备（Vitreous and porcelain enamels—Production of specimens for testing enamels on sheet steel, sheet aluminium and cast iron）

3　原理

在规定的条件下，试样部分表面受酸溶液侵蚀，根据侵蚀后搪瓷表面的外观和可清洁度来评定其化学稳定性能。

4　试剂

在测定过程中，使用的试剂均为分析纯（另有规定除外）。

4.1 试验用水：符合 ISO 3696 中 3 级水要求，如蒸馏水或同等纯度的水。

4.2 脱脂剂：用于清洗试验设备和试验样品，如乙醇或含有数滴洗涤剂的试验用水。

4.3 二氧化钛颜料。

4.4 柠檬酸（$C_6H_8O_7 \cdot H_2O$）：结晶体。

4.5 0.2mol/L 的硫酸溶液：试验前配制。

5 材料和设备

5.1 100mL 分度量筒：符合 ISO 4788 的要求。

5.2 100mL 单标线容量瓶：符合 ISO 1042 的要求。

5.3 吸管。

5.4 毛巾：白色棉制品或亚麻制品。

5.5 滤纸 A：直径约 30mm、厚度小于 0.18mm 的不含氟化物的滤纸（仅用于弯曲表面的试验）。

5.6 滤纸 B：直径约 25mm、厚度大于 0.38mm 的不含氟化物的滤纸（仅用于弯曲表面的试验）。

5.7 滤纸 C：不含氟化物的滤纸。

5.8 铅笔：硬度为 HB。

5.9 盖子：用聚乙烯塑料。其他合适的柔性材料或玻璃制成的外径约 30mm 的盖子，如玻璃表面皿等。

6 试样

6.1 试样可以是产品，也可取其一部分，或按照相应的标准对特别基底材料制备的特殊试样。

6.2 钢板搪瓷、铝搪瓷和铸铁搪瓷的试样按照 ISO 28764 的规定制备。

6.3 每个试样应先用脱脂剂清洗，然后用热水淋洗，直到水能够在试样表面均匀地扩展为止，最后用清洁的毛巾吸干（不是擦干）。

7 步骤

7.1 用试验溶液侵蚀

整个试验期间温度保持在 23℃±3℃。

用吸管在每个试样上滴数滴试验溶液（见 9.1、10.1 和 11.1），立即用盖子盖住，形成一个连续的试验区，其直径应不大于盖子的直径。

如被测试样是弯曲表面，则在试验区上放一层滤纸 A，再在其上放一层滤纸 B，并在滤纸 B 上滴数滴试验溶液（见 9.1、10.1 和 11.1），直到两层滤纸浸透，盖住滤纸，以防溶液蒸发。

经过规定的试验时间后，移去盖子和滤纸，用试验用水或自来水冲洗试样，然后用滤纸 C 吸干（不是擦干）。

如用自来水，应保证没有残留膜，否则会影响判定结果。

7.2 测定

7.2.1 概述

在侵蚀完成后 2h 内检查每个试样，仅对接触侵蚀溶液的试验区进行评价。

依据 7.2.2、7.2.3 和 7.2.4 进行评价，并按照图 1 和表 1 进行检查和定级。

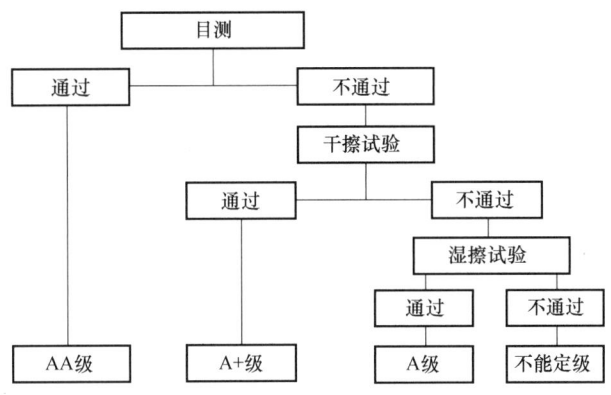

图 1 试验流程图

表 1 定级

检查类型	级别
目测——通过	AA
干擦试验——通过	A+
湿擦试验——通过	A
湿擦试验——不通过	不能定级

7.2.2 目测

在自然光（避免太阳光直射）或人造光（提供均匀和足够强度的光源）下，距离试样250mm，用正常或矫正视力，不用放大镜，从不同的角度观测不同的区域，以确定试验区与未试验区的差异（如是否有颜色或光泽变化，或是否出现斑点）。如果试验区与未试验区存在差异，则试样未通过目测试验。

7.2.3 干擦试验

用铅笔划一些经过试验区和未试验区的近似平行的线条，对于黑色或深色的搪瓷试样，用二氧化钛颜料代替铅笔划在上述两个区域上，然后用干的毛巾擦拭。如果印记在试验区比未试验区更难擦去，则试样未通过干擦试验。

7.2.4 湿擦试验

用铅笔划一些经过试验区和未试验区的近似平行的线条，对于黑色或深色的搪瓷试样，用二氧化钛颜料代替铅笔划在上述两个区域上，然后用被试验用水浸湿并充分拧干的毛巾擦拭试样（不用任何肥皂和清洁剂）。如果印记在试验区比未试验区更难擦去，则试样未通过湿擦试验。

8 结果定级

根据7.2测定完成后，确定试验结果，并按照图1和表1对搪瓷试样定级。

9 室温柠檬酸试验

9.1 试验溶液

将10g柠檬酸溶解于试验用水，转移到100mL单标线容量瓶中，用试验用水稀释至刻度。每次试验均须用当日制备的新鲜溶液。

9.2 试验时间

试验时间为15min±30s。

9.3 试验报告

试验报告应包含下列内容：
a) 试样的必要信息；
b) 依据 GB/T 9989.1 中第 9 章，如试验依据 GB/T 9989.1 中第 9 章——室温柠檬酸试验；
c) 包含每一个测试结果，并根据图 1 和表 1 对搪瓷试样进行的定级；
d) 任何与规定程序的偏离；
e) 试验中观察到的异常情况；
f) 试验日期。

10 室温硫酸试验

10.1 试验溶液

取适量的 0.2mol/L 硫酸溶液进行试验。

10.2 试验时间

试验时间为 15min±30s。

10.3 试验报告

试验报告应包含下列内容：
a) 试样的必要信息；
b) 依据 GB/T 9989.1 中第 10 章，如试验依据 GB/T 9989.1 中第 10 章——室温硫酸试验；
c) 包含每一个测试结果，并根据图 1 和表 1 对搪瓷试样进行的定级；
d) 任何与规定程序的偏离；
e) 试验中观察到的异常情况；
f) 试验日期。

11 室温其他溶液试验

11.1 试验溶液

试验溶液应使用分析纯试剂和试验用水配制。

11.2 试验时间

根据约定的时间进行试验。

11.3 试验报告

试验报告应包含下列内容：
a) 试样的必要信息；
b) 依据 GB/T 9989.1 中第 11 章，如试验依据 GB/T 9989.1 中第 11 章——室温其他溶液试验；
c) 使用酸的类型和浓度；
d) 包含每一个测试结果，并根据图 1 和表 1 对搪瓷试样进行的定级；
e) 试验时间；
f) 任何与规定程序的偏离；
g) 试验中观察到的异常情况；
h) 试验日期。

第三节 搪瓷耐化学侵蚀的测定 第2部分：耐沸腾酸、沸腾中性液体及其蒸气化学侵蚀的测定

一、概论

搪瓷制品质量的优劣在很大程度上取决于铁坯上搪瓷层性能的优劣。搪瓷耐化学侵蚀性能是衡量搪瓷材料理化性能的重要的技术指标之一，也是确保搪瓷产品质量的必要条件。搪瓷制品的耐酸化学稳定性，特别是高污染环境下使用的搪瓷制品的耐强酸化学稳定性是保证搪瓷制品质量的关键指标。

耐沸腾酸、沸腾中性液体及其蒸气化学侵蚀的测定方法的使用，可为搪瓷产品是否具有优异的耐酸化学稳定性提供判定依据，也可为满足各种产品的特殊要求设计产品专用配方时提供参考。

国际标准化组织自20世纪70年代起就分别制定了ISO 2742《瓷釉和搪瓷 耐沸腾柠檬酸腐蚀的测定》、ISO 2743《釉瓷和搪瓷 耐沸腾盐酸腐蚀的测定》、ISO 2744《瓷釉和搪瓷 耐沸腾水和水蒸气腐蚀的测定》及ISO 2733《瓷釉和搪瓷 耐酸性和中性液体及其蒸气试验装置》等标准，并多次修订更新。自2008年起，开始发布了ISO 28706搪瓷耐化学侵蚀性试验方法系列标准，ISO 28706-2《瓷釉和搪瓷 搪瓷耐化学侵蚀的测定 第2部分：耐沸腾酸、沸腾中性液体及其蒸气化学侵蚀的测定》将所有沸腾的酸性和中性液体及其蒸气侵蚀介质归纳在一个标准中，包含了原ISO 2742、ISO 2743、ISO 2744和ISO 2733等标准的内容并加以改进。为保持与ISO标准的一致性，结合我国国情，有必要制定相应的国家标准。

GB/T 9989.2—2015《搪瓷耐化学侵蚀的测定 第2部分：耐沸腾酸、沸腾中性液体及其蒸气化学侵蚀的测定》等同采用ISO 28706-2：2008制定，于2015年10月9日发布，2016年5月1日实施。

二、标准主要特点与应用说明

1. 标准的特点

该标准是GB/T 9989系列标准的第2部分。为方便使用，在前言中列出了该标准规范性引用的国际标准中与我国标准有一致性对应关系的文件目录。

该标准规定了测试搪瓷耐沸腾酸、沸腾中性液体及其蒸气化学侵蚀的试验方法，该方法允许同时测定搪瓷材料耐液相和气相介质侵蚀的化学稳定性能。

（1）试样 按照ISO 28764（GB/T 38166—2019采标该国际标准）的规定制备试样。试样上如有渗透到金属基底的针孔、边缘爆瓷或边缘受到侵蚀等缺陷，不能用于试验。

（2）试验装置 主要由玻璃圆筒、支撑架和一个带有标准插孔用以固定含有刻度收集器的回流冷凝器组成。

加热器置于玻璃圆筒的下半部，通过加热器在外部加热，由加热控制器控温。

（3）试验溶液、试验时间及评价

1）沸腾柠檬酸溶液[将32g柠檬酸（$C_6H_8O_7 \cdot H_2O$）结晶体溶解在500mL的试验用水中]加热2.5h（150min），评价液相中的耐化学侵蚀性能。

2) 沸腾硫酸溶液（30%（质量分数）硫酸溶液，密度范围为 1.217g/mL～1.220g/mL）加热 18 h，评价液相中的耐化学侵蚀性能。

3) 沸腾盐酸溶液（20%（质量分数）盐酸溶液，密度范围为 1.097g/mL 到 1.099g/mL）加热 7d 后，如果所有试验样品的失重都小于 8mg，用新试样，加热 14d 进行试验，评价气相中的耐化学侵蚀性能。

4) 沸腾蒸馏水或去离子水（电导率不大于 50μS/cm 的试验用水）加热 48h（2d），如果所有试验样品的失重都小于 8mg，用新试样，加热 336h（14d）进行试验，至少要评价二相中的一相（液相或气相）的耐化学侵蚀性能。

5) 其他试验溶液及条件［约定的试验溶液应由试验用水和分析纯试剂配制，使用的试验溶液不能损坏试验设备（如含氟溶液）］加热时间应在试验报告中注明。如果需要更加精确的结果，可以用新试样和试验溶液，设计新的试验时间进行试验。

每次试验都要用当天配制的新鲜试验溶液。

加热试验时，应维持冷凝液产生速率为（8mL±2mL）/3min。

（4）试验结果　试验结果用单位面积总的失重表示。

在盐酸试验中，搪瓷侵蚀与时间呈线性关系，可以用侵蚀速率表示。

2. 标准的应用

该标准是测定搪瓷制品性能的基础方法标准，其制定和实施将使我国搪瓷制品生产进一步系列、规范化。

在规定的条件下，按需要将一套搪瓷试样置于试验装置的液相区和（或）气相区，使试验的表面受到沸腾酸和（或）其蒸气、沸腾中性液体和（或）其蒸气的侵蚀。通过测量失重计算单位面积的失重速率，如有必要，计算侵蚀速率。

相同的试验装置和相同的试验原理可以用于不同的溶液。

水溶液对搪瓷和瓷釉的侵蚀是一个溶解过程。有些水溶液对搪瓷表面的侵蚀量与侵蚀时间呈线性的关系，也有一些水溶液对搪瓷表面的侵蚀量与侵蚀时间呈对数的关系。只有呈线性关系的水溶液侵蚀，可以用科学的方法准确计算其单位面积失重的速率 $[g/(m^2 \cdot h)]$ 及侵蚀速率（mm/a）。

影响水溶液对搪瓷表面侵蚀最重要的因素是搪瓷的质量、温度和 pH 值。二氧化硅有限的溶解度也起到了一定的抑制作用。

在沸腾的酸性溶液中，搪瓷的硅酸盐网络受到了侵蚀，二氧化硅和其他搪瓷组分都会溶解入溶液中，但二氧化硅在酸性溶液中的溶解度较低。侵蚀溶液会被溶解的二氧化硅很快饱和，仅在搪瓷表面有析出。酸的侵蚀将受到抑制，侵蚀速率显著下降。

在气相试验中，试样表面形成的冷凝物不含任何已溶解的搪瓷组分，有效防止了这类抑制侵蚀的作用。

沸腾柠檬酸和 30%（质量分数）沸腾硫酸（搪瓷非线性侵蚀）：由于在气相中仅含有微量的酸，通常只进行液相试验。抑制作用影响着酸的侵蚀，并且侵蚀量取决于试验的时间，因此，试验结果用单位面积的失重来表示，但不能计算单位面积的失重速率。

20%（质量分数）沸腾盐酸（搪瓷线性侵蚀）：由于这是一个共沸沸腾酸，在液相和气相中的浓度是相同的，所以不需要进行液相试验。激烈的沸腾提供了没有抑制作用的凝聚物，侵蚀量与试验的时间呈线性关系，因此，试验结果适合用单位面积的失重速率（单位面积和单位时间的失重）和侵蚀速率（单位为 mm/a）来表示。

在沸腾水中，硅酸盐网络是非常稳定的。搪瓷表面主要以渗透为主，二氧化硅的溶解量非常有限。这类侵蚀可以用气相侵蚀来表示，在液相中，对于高耐侵蚀搪瓷，其抗侵蚀能力较强。但如果试验的搪瓷化学稳定性比较差，搪瓷表面会有碱金属离子析出，从而提高了溶液的 pH 值，增加了液相的侵蚀，因此，液相和气相都能够得到有用的信息。

对于其他酸性溶液，因为在试验过程中不知道侵蚀速率是否是线性的，所以在该标准的试验报告中不能包含侵蚀速率的计算。

需要长期在高温、高腐蚀环境下运行的搪瓷制品，应进行耐沸腾酸或中性溶液的腐蚀试验。热交换器中的搪瓷换热脱硫板要求对搪瓷釉进行耐沸腾水蒸气、沸腾硫酸试验，对涂搪产品进行耐沸腾硫酸试验。

搪瓷钢板栓接储罐大都在户外使用，在耐沸腾酸或中性溶液的腐蚀试验方面，要求能耐沸腾柠檬酸和耐沸水（液相）检测。对于盛装 pH 值在 5~9 范围内的饮用水、污泥污水的储罐，还需经过耐沸水（气相）的检验。对用于装海水、渗滤液、pH 值<5 或 pH 值>9 范围的液体或物料的储罐，除前述几项都要检验外，还应经过耐沸腾盐酸（气相）的试验。

化学工业用耐腐蚀搪瓷设备，如搪瓷反应釜、阀门、管道、泵、搅拌器等都应有很好的耐酸蚀性能，均需要通过耐 20%（质量分数）沸腾盐酸的检验。

热水器的搪瓷内胆用于长期储存高于室温的水，所以产品标准要求能耐沸腾水（液相）的腐蚀试验，但其加热时间比该标准部分要求更长，需 21 d×2（502 h×2）。

三、标准内容（GB/T 9989.2—2015）

搪瓷耐化学侵蚀的测定
第 2 部分：耐沸腾酸、沸腾中性液体及其蒸气化学侵蚀的测定

1 范围

GB/T 9989 的本部分规定了测试搪瓷耐沸腾酸、沸腾中性液体及其蒸气化学侵蚀的试验方法。

本方法允许同时测定搪瓷材料耐液相和气相介质侵蚀的化学稳定性能。

2 规范性引用文件

下列文件对于本文件的应用是必不可少的。凡是注日期的引用文件，仅注日期的版本适用于本文件。凡是不注日期的引用文件，其最新版本（包括所有的修改单）适用于本文件。

ISO 48　硫化橡胶或热塑性橡胶　硬度的测定（硬度在 10 IRHD 和 100 IRHD 之间）[Rubber, vulcanized or thermoplastic—Determination of hardness (hardness between 10 IRHD and 100 IRHD)]

ISO 649-1　实验室玻璃器皿　通用型比重计　第 1 部分：规范（Laboratory glassware—Density hydrometers for general purposes—Part 1: Specification）

ISO 718　实验室玻璃仪器　热冲击和热冲击强度　试验方法（Laboratory glassware—Thermal shock and thermal shock endurance—Test methods）

ISO 3585　硼硅酸盐玻璃 3.3　性能（Borosilicate glass 3.3—Properties）

ISO 3696　分析实验室用水规格和试验方法（Water for analytical laboratory use—Specification and test methods）

　　ISO 4788　实验室玻璃器皿　分度量筒（Laboratory glassware—Graduated measuring cylinders）

　　ISO 4799　实验室玻璃器皿　冷凝器（Laboratory glassware—Condensers）

　　ISO 28764　瓷釉和搪瓷　薄钢板、薄铝板和铸铁上搪瓷试样的制备（Vitreous and porcelain enamels—Production of specimens for testing enamels on sheet steel, sheet aluminium and cast iron）

3　原理

在规定的条件下，按需要将一套搪瓷试样置于试验装置的液相区和（或）气相区，使其试验的表面受到沸腾酸和（或）其蒸气、沸腾中性液体和（或）其蒸气的侵蚀。

相同的试验装置和相同的试验原理可以用于不同的溶液。

通过测量失重计算单位面积的失重速率，如有必要，计算侵蚀速率。

4　试剂

在测定过程中，使用的试剂均为分析纯（另有规定除外）。

4.1　试验用水：符合 ISO 3696 中 3 级水要求，如蒸馏水或同等纯度的水。

4.2　醋酸溶液：体积浓度为 50 mL/L，用于清洗试验装置和试验样品。

4.3　脱脂剂：用于清洗试验装置和试验样品，如乙醇或含有数滴洗涤剂的试验用水。

4.4　柠檬酸（$C_6H_8O_7 \cdot H_2O$）：结晶体。

4.5　硫酸（H_2SO_4）：30%（质量分数）溶液，密度范围为 1.217g/mL~1.220g/mL（用刻度比重计进行测量，见 5.8）。

4.6　盐酸（HCl）：20%（质量分数）溶液，密度范围为 1.097g/mL~1.099g/mL（用刻度比重计进行测量，见 5.8）。

5　装置和材料

5.1　试验装置

5.1.1　总则

试验装置（见图 1 和图 2）主要由一个玻璃圆筒（见 5.1.2）（见图 3）、一个支撑架和一个带有标准插孔用以固定带有刻度收集器（见 5.1.4）（见图 4）的回流冷凝器（见 5.1.3）组成。

两个试样分别放在圆筒的顶部和底部。如果需要，可以将其中的一个试样用玻璃板（见 5.1.14）来取代，带有两个试样的圆筒由两块平板固定（见图 2），在平板的边角上用螺杆（见 5.1.8）、翼形螺母（见 5.1.7）和六角螺母进行锁定，一个合成纤维垫圈（见 5.1.9）置于试样与固定板（见 5.1.5）之间，每个试样与圆筒之间应密封，密封圈材料取决于试验溶液的类型。试样任何没有涂搪瓷的部位都应保护以避免侵蚀介质的侵蚀。

当试样取之于搪瓷产品时，应采用试样保护套（见图 5）来取代密封圈（见 5.1.10）。

试验设备通过加热器（见 5.1.11）在外部加热，加热器置于玻璃圆筒（见 5.1.2）的下半部，大多数情况下，离下部密封圈 3mm，试验设备由下列部件所组成：

5.1.2　玻璃圆筒（见图 3）：由硼硅酸盐玻璃 3.3 制成，满足 ISO 3585 的要求，两边底部进行研磨，当进行 ISO 718 试验时，在温差≥120℃试验时，玻璃圆筒能通过试验，不会破裂。

　　注：可以使用带有两个固定插孔的玻璃圆筒，其中一个较小的插孔用缓沸装置填塞密封。

5.1.3　Liebig-West 回流冷凝器，或满足 ISO 4799 要求的同性能回流冷凝器：在试验中，内

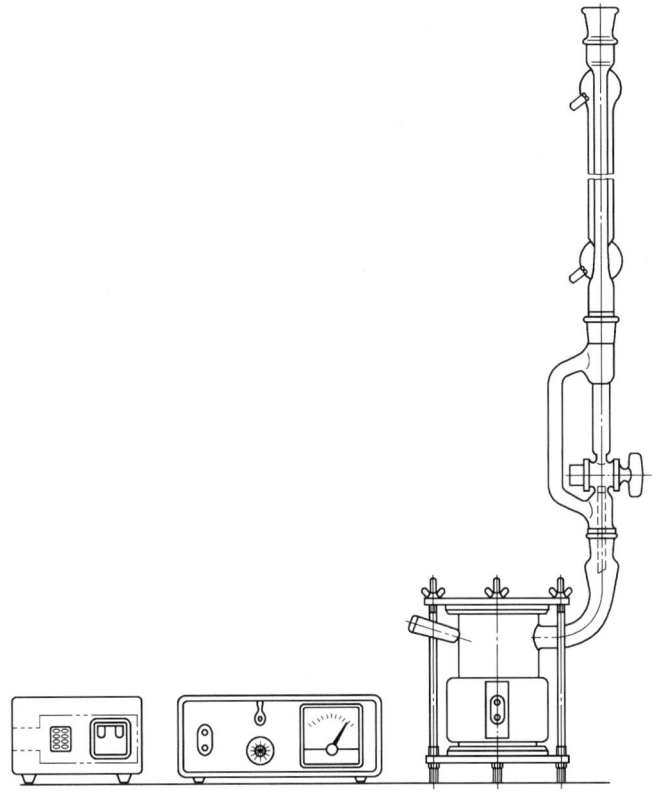

图 1　组合试验设备的示意图

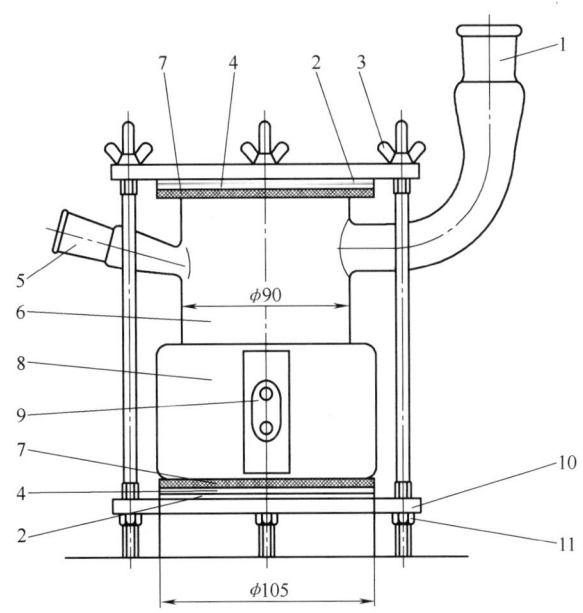

图 2　试验装置

1—回流冷凝器的插孔　2—合成纤维垫圈　3—翼形螺母　4—样品　5—温度计的插孔　6—玻璃圆筒　7—密封圈
8—加热器　9—电源固定插座　10—三角板　11—六角螺母

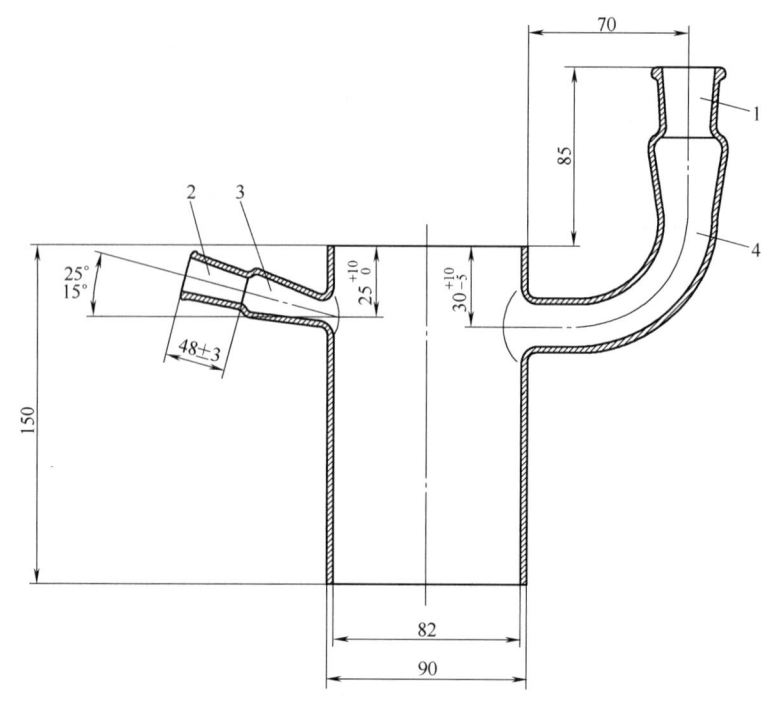

图 3 玻璃圆筒

1—用于固定冷凝器的磨砂玻璃插孔　2—用于固定温度计的磨砂玻璃插孔　3、4—连接件

部体积不会变化,玻璃外套长度为400mm,硼硅酸盐玻璃3.3的标准磨砂接口满足 ISO 3585 的要求。

5.1.4 刻度收集器(见图4):硼硅酸盐玻璃3.3的磨砂接口满足 ISO 3585 的要求。放置在试验装置上用于收集回流冷凝器产生的冷凝液,刻度间隔应为0.1mL。

5.1.5 两块表面被保护的钢板。

5.1.6 六角螺母:与螺杆(栓)的螺纹匹配。

5.1.7 翼形螺母:与螺杆(栓)的螺纹匹配。

5.1.8 螺杆(栓):采用耐腐蚀钢材。

5.1.9 合成纤维垫圈:能耐140℃的酸和水。

注:PTFE(聚四氟乙烯)是比较适合耐无机酸(如 H_2SO_4、HCl)试验的塑料材料。

5.1.10 密封圈(见第6章)。

5.1.11 加热器:输出功率为400W~500W,由表面涂有绝缘材料的热导合金所构成,其尺寸应满足加热器下边缘离装置底部密封圈至多3mm,且不能与密封圈接触。

5.1.12 加热控制器:如温度调节器,可调变压器或电子控制仪器。

5.1.13 电压稳定器:避免由于电压波动而引起加热变化。

5.1.14 玻璃板:硼硅酸盐玻璃3.3,满足 ISO 3585 要求,其直径尺寸为105mm,如果需

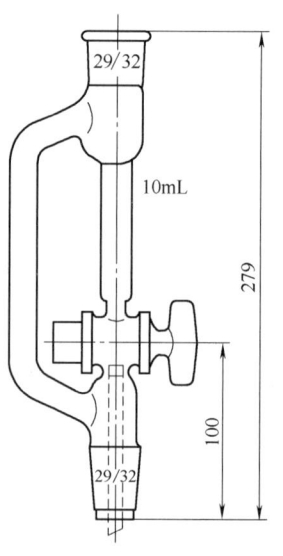

图 4 刻度收集器

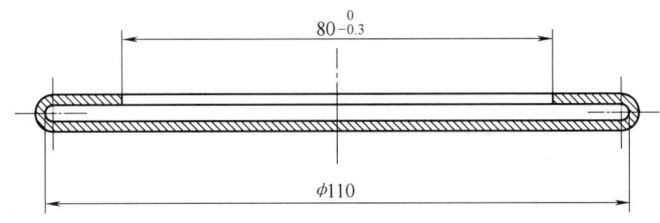

图 5 密封套

要，可以作为玻璃圆筒的顶部或底部的盖板。

5.1.15 缓沸剂：如能耐沸腾溶液的漂浮粒子。

注1：PTFE（聚四氟乙烯）是比较适合耐无机酸（如 H_2SO_4、HCl）试验的塑料材料。

注2：当用硫酸沸腾时，硼硅酸盐玻璃毛细管是最好的缓沸装置。

5.2 烘箱：能使温度维持在至少 130℃。

5.3 干燥器：如内部直径为 200mm。

5.4 分度量筒：容量为 500mL，满足 ISO 4788 要求。

5.5 烧杯。

5.6 天平：称量精度在 0.2mg。

5.7 海绵。

5.8 刻度比重计：满足 ISO 649-1 要求。

6 密封圈

6.1 总则

在圆筒的底部固定样品的方法取决于样品的种类和试验溶液的种类。使用以下类型的密封材料：

6.2 密封 A

压制纤维垫圈，其外径为 100mm，内径 80mm±1mm，厚度 2mm，表面涂上耐 140℃ 盐酸的塑料材料（如聚四氟乙烯）。

6.3 密封 B

密封圈外径为 100mm，内径 80mm±0.3mm，厚度 2mm～3mm，材质是按照 ISO 48 测定的硬度为 70 IRHD 橡胶，且能耐 140℃ 的柠檬酸和水（如氯丁二烯或乙丙烯）。

7 试样

按照 ISO 28764 的规定制备试样。

用试验用水冲洗试样，如果需要，可使用合适的脱脂剂（见 4.3），在 110℃±5℃ 的烘箱（见 5.2）内放置 2h 进行干燥。再将试样放置干燥器（见 5.3）中冷却不少于 2h，称重，记录试验前质量 m_s，精确到 0.2mg。

8 步骤

在气相和（或）液相中，进行二次测定，每次测定要求使用新的测试样品。

将试样固定在试验装置上，使样品涂层表面面对着玻璃圆筒的内部，保护未涂涂层的表面免受侵蚀介质的侵蚀。如果试验仅在液相进行，用一块硼硅酸盐玻璃 3.3（见 ISO 3585）盖在设备顶部；如果试验仅在气相进行，用一块硼硅酸盐玻璃 3.3（见 ISO 3585）放在设备底部。

均匀地拧紧翼形螺母，以确保试验设备不泄漏液体。

通过刻度收集器插孔，将450mL的试验溶液（见第10章~第13章）倒入到玻璃圆筒中，然后，将刻度收集器和回流冷凝器安装在插孔上，开启加热器，使试验溶液在15min内达到沸腾，试验周期从开始沸腾时计算，一旦溶液沸腾太激烈，调节加热控制器，在试验期间，回流冷凝器中冷凝液在刻度收集器中的量每3min维持在8mL±2mL之间。

试验周期取决于试验的溶液（见第10章~第13章）。

按照事先确定的试验周期试验后（见第10章~第13章），清空玻璃圆筒，使它冷却，然后用试验用水清洗。

从装置上取下样品，在室温下，用一块用醋酸（见4.2）浸泡过的海绵擦拭3次，然后用试验用水清洗。

小心清除试样边部所有的密封圈残余物，在110℃±5℃下的烘箱内放置2h进行干燥。再将试样放置干燥器（见5.3）中冷却不少于2h，称重，记录试验后质量 m_f，精确到0.2mg。从干燥器中取出样品到称好样品的总的时间不能超过2min。

测量试验侵蚀区域的直径，试验侵蚀区域的直径的3个测量值的平均值应该在80mm±1mm以内，使用直径的平均值计算试验侵蚀区域面积 A。

9 结果表示

9.1 单位面积总的失重

对于每次试验，用下列公式计算整个试验时间内的单位面积总的失重 $\Delta\rho_A$（g/m²）：

$$\Delta\rho_A = \frac{m_s - m_f}{A} \tag{1}$$

式中　m_s——试验前质量（g）；

　　　m_f——试验后质量（g）；

　　　A——侵蚀面积（m²）。

为了区分不同试验周期的试验结果，应在符号下标注试验时间的数值，如：

对于试验了2.5h：用 $\Delta\rho_{A2.5}$ 表示

对于试验了48h：用 $\Delta\rho_{A48}$ 表示

试样上如有渗透到金属基底的针孔、边缘爆瓷或边缘受到侵蚀等缺陷，不能用于试验，应用同等数量新的样品进行试验。

结果用每个数值的算术平均值来表示，精确到0.1g/m²。各个数值与平均值的偏差≤20%。

9.2 侵蚀速率

在盐酸试验中（见第12章），搪瓷侵蚀与时间呈线性关系。侵蚀速率 v 以单位面积的失重速率 [g/(m²·h)] 来表示，用下列公式计算：

$$v = \frac{\Delta\rho_A}{t} \tag{2}$$

式中　t——试验时间（h）。

计算侵蚀速率 w(mm/a)，用下列公式计算：

$$w = 3.504v \tag{3}$$

注：式（3）是假定搪瓷材料是均匀的（没有气泡），密度为 2.5g/cm²。

结果用每个数值的算术平均值来表示，单位为 mm/a，精确到 0.01mm/a。

10 沸腾柠檬酸

10.1 总则

按照第 8 章所述的步骤进行试验。

10.2 柠檬酸试验溶液

将 32g 柠檬酸（见 4.1）溶解在 500mL 的试验用水中，对于每次试验，都要用当天配制的新鲜溶液。

仅评价液相中的耐化学侵蚀性能。

10.3 试验时间

加热时间应为 2.5h（150min），维持冷凝液产生速率为（8mL±2mL）/3min。

如果试验后，所有试验样品的失重都小于 8mg，试验结果为"小于 1.6g/m²"。

如果需要更加精确的结果，可以按照第 14 章描述的试验溶液和条件，用新的试样和另一个试验溶液，或另一个试验时间，进行另一个试验。

10.4 试验报告

试验报告应包含下列内容：

a）试样的必要信息；

b）依据 GB/T 9989.2 中第 10 章，如试验依据 GB/T 9989.2 中第 10 章——沸腾柠檬酸；

c）试验时间：2.5h；

d）试验结果：在试验时间进行试验后计算得到的单位面积失重（见 9.1），单位为 g/m²，包括单个样品的计算值和算术平均值，精确到 0.1g/m²；

e）任何与规定程序的偏离；

f）试验中观察到的异常特征；

g）试验日期。

11 沸腾硫酸

11.1 总则

按照第 8 章所述的步骤进行试验。

11.2 试验溶液

对于每次试验，硫酸（见 4.5）都要用当天配制的新鲜溶液。

仅评价液相中的耐化学侵蚀性能。

11.3 试验时间

加热时间应为 18h，维持冷凝液产生速率为（8mL±2mL）/3min。

如果试验后，所有试验样品的失重都小于 8mg，试验结果为"小于 1.6g/m²"。

如果需要更加精确的结果，可以按照第 14 章描述的试验溶液和条件，用新的试样和另一个试验溶液，或另一个试验时间，进行另一个试验。

11.4 试验报告

试验报告应包含下列内容：

a）试样的必要信息；

b) 依据 GB/T 9989.2 中第 11 章，如试验依据 GB/T 9989.2 中第 11 章——沸腾硫酸；
c) 试验时间：18h；
d) 试验结果：在试验时间进行试验后计算得到的单位面积失重，单位为 g/m^2，包括单个样品的计算值和算术平均值，精确到 $0.1g/m^2$；
e) 任何与规定程序的偏离；
f) 试验中观察到的异常特征；
g) 试验日期。

12 沸腾盐酸

12.1 总则
按照第 8 章所述的步骤进行试验。

12.2 试验溶液
对于每次试验，盐酸（见 4.6）都要用当天配制的新鲜溶液。
仅评价气相中的耐化学侵蚀性能。

12.3 试验时间
加热时间应为 7d，维持冷凝液产生速率为 (8mL±2mL)/3min。
如果试验后，所有试验样品的失重都小于 8mg，用新试样，加热 14d 进行试验，如果失重仍然小于 8mg，试验结果为"小于 $1.6g/m^2$"。
如果需要更加精确的结果，可以按照第 14 章描述的试验溶液和条件，用新的试样和另一个试验溶液，或另一个试验时间，进行另一个试验。

12.4 试验报告
试验报告应包含下列内容：
a) 试样的必要信息。
b) 依据 GB/T 9989.2 中第 12 章，如试验依据 GB/T 9989.2 中第 12 章——沸腾盐酸。
c) 试验时间：7d 或 14d。
d) 试验结果包括：
——在试验时间进行试验后计算得到的单位面积失重，单位为 g/m^2，包括单个样品的计算值和算术平均值，精确到 $0.1g/m^2$；
——单位面积失重速率，单位为 $g/(m^2·h)$，包括单个样品的计算值和算术平均值，精确到 $0.1g/(m^2·h)$；
——侵蚀速率，单位为 mm/a，精确到 0.01mm/a。
e) 任何与规定程序的偏离。
f) 试验中观察到的异常特征。
g) 试验日期。

13 沸腾蒸馏水或去离子水

13.1 总则
按照第 8 章所述的步骤进行试验。

13.2 试验溶液
试验溶液应为电导率不大于 50μS/cm 的试验用水，应用新鲜的水进行每一次试验。

耐化学侵蚀性能至少要评价两相中的一相（液相或气相）。

13.3 试验时间

加热时间应为48h（2d），维持冷凝液产生速率为（8mL±2mL）/3min。

如果试验后，所有试验样品的失重都小于8mg，用新试样，加热336h（14d）进行试验，如果失重仍然小于8mg，试验结果为"小于1.6g/m^2"。

如果需要更加精确的结果，可以按照第14章描述的试验溶液和条件，用新的试样和另一个试验溶液，或另一个试验时间，进行另一个试验。

13.4 试验报告

试验报告应包含下列内容：

a）试样的必要信息。

b）依据GB/T 9989.2中第13章，如试验依据GB/T 9989.2中第13章——沸腾蒸馏水或去离子水；另外需注明，耐化学侵蚀性能的评价的是两相还是一相（液相或气相）。

c）试验时间：48h或14d。

d）试验结果包括：

——在试验时间进行液相试验后计算得到的单位面积失重，单位为g/m^2，包括单个样品的计算值和算术平均值，精确到0.1g/m^2；

——在试验时间进行气相试验后计算得到的单位面积失重，单位为g/m^2，包括单个样品的计算值和算术平均值，精确到0.1g/m^2。

e）任何与规定程序的偏离。

f）试验中观察到的异常特征。

g）试验日期。

14 其他试验溶液及条件

14.1 总则

按照第8章所述的步骤进行试验。

14.2 试验溶液

约定的试验溶液应由试验用水和分析纯试剂配制，使用的试验溶液不能损坏试验设备（如含氟溶液）。

耐化学侵蚀性能至少要评价两相中的一相（液相或气相）。

14.3 试验时间

加热时间应包括在试验报告中。维持冷凝液产生速率为（8mL±2mL）/3min。

如果试验后失重小于8mg，试验结果为"小于1.6g/m^2"。

如果需要更加精确的结果，可以用新的试样和另一个试验溶液，或另一个试验时间，进行另一个试验。

14.4 试验报告

试验报告应包含下列内容：

a）试样的必要信息；

b）依据GB/T 9989.2中第14章，如试验依据GB/T 9989.2中第14章——其他试验溶液及条件；另外需注明，耐化学侵蚀性能的评价的是两相还是一相（液相或气相）；

c）试验溶液的描述；

d）试验时间；

e）试验结果包括：在试验时间进行每个相（液相/气相）试验后计算得到的单位面积失重，单位为 g/m²，包括单个样品的计算值和算术平均值，精确到 0.1g/m²；如有必要，可计算单位面积失重速率，单位为 g/(m²·h)，精确到 0.1g/(m²·h) 和侵蚀速率，单位为 mm/a，精确到 0.01mm/a，包括单个样品的计算值和算术平均值；

f）任何与规定程序的偏离；

g）试验中观察到的异常特征；

h）试验日期。

第四节　搪瓷耐化学侵蚀的测定　第 3 部分：用六角形容器进行耐碱溶液侵蚀的测定

一、概论

搪瓷制品质量的优劣在很大程度上取决于铁坯上搪瓷层性能的优劣。搪瓷耐化学侵蚀性能是衡量搪瓷材料理化性能的重要的技术指标之一，也是确保搪瓷产品质量的必要条件。搪瓷制品的耐碱化学稳定性是保证搪瓷制品质量的关键指标。

用六角形容器进行耐碱溶液侵蚀的测定方法的使用，可以为满足在碱性环境下及长期与碱性洗涤剂接触的各类产品设计专用配方时提供参考，也可为衡量产品耐碱性能优劣提供判定依据。

自 2008 年起，国际标准化组织发布了 ISO 28706 搪瓷耐化学侵蚀性试验方法系列标准，ISO 28706-3《瓷釉和搪瓷　搪瓷耐化学侵蚀的测定　第 3 部分：用六角形容器进行耐碱溶液侵蚀的测定》规定可在 25℃~95℃试验温度下，使用六角形试验装置测试试样耐热的中性、碱性洗涤剂的化学稳定性，以及耐任何碱性溶液的化学稳定性。

GB/T 9989.3—2015《搪瓷耐化学侵蚀的测定　第 3 部分：用六角形容器进行耐碱溶液侵蚀的测定》等同采用 ISO 28706-3：2008 制定，于 2015 年 10 月 9 日发布，2016 年 5 月 1 日实施。

二、标准主要特点与应用说明

1. 标准的特点

该标准是 GB/T 9989 系列标准的第 3 部分。为方便使用，在前言中列出了该标准规范性引用的国际标准中与我国标准有一致性对应关系的文件目录。

该标准规定了在 25℃~95℃试验温度下，使用六角形容器测定搪瓷制品耐碱溶液侵蚀的试验方法，该试验装置可以同时对 6 块搪瓷试样进行测试。

（1）试样　按照 ISO 28764（GB/T 38166—2019 采标该国际标准）的规定制备，试样应双面涂搪。

（2）试验装置　主要由六角形容器所组成，每个边部都有一个圆形开口，每个试样对准每一个圆形开口，并用翼形螺母将夹紧板压紧密封至水不泄漏。盖上有 4 个孔，分别用于放置叶桨搅拌器、浸入式加热器和温度控制器，并固定在离容器底部 30mm 的位置上，试验时盖密封于容器上。

（3）试验溶液及条件　每次试验，都要用当天配制的新鲜试验溶液。每 24h 的试验，应使用 4.5L 试验溶液。

1）碱性洗涤剂溶液，加热到 95℃，恒温下的试验时间为 24h。

用试验用水和以下试剂配制 4.5L 试验溶液：27.0g 三磷酸钠（$Na_5P_3O_{10}$），9.0g 无水碳酸钠（Na_2CO_3），2.7g 四水过硼酸钠（$NaBO_3 \cdot 4H_2O$），1.8g 硅酸钠，含有大约 81%（质量分数）的硅酸钠（Na_2SiO_3），4.5g 烷基磺酸钠 [$CH_3(CH_2)_X$-C(SO_2Na)H-($CH_2)_3$-CH_3]。

如果 24h 试验后，单位面积的平均失重小于 8mg，用一套新试验样品，重复上述试验，试验时间增加到 168h（7d）。每过 24h，替换新鲜标准试验溶液。

2）其他试验溶液及条件。用试验用水和分析纯试剂配制约定的碱性试验溶液 4.5L，使用的试验溶液不能损坏试验设备。加热到约定的温度（该温度应在 40℃~95℃ 的范围内），并且在整个试验过程中，都须维持在这个温度下。

在试验温度下的加热时间应在试验报告中注明。

如果单位面积的平均失重小于 8mg，则试验结果为"$<1.6g/m^2$"。

如果要获得更精确的试验结果，可以用新试样和新的试验溶液，设计新的试验时间，进行试验。

如果试验时间大于 24h，每过 24h 替换新鲜标准试验溶液。

（4）试验结果表示　试验结果用单位面积总的失重表示。使用侵蚀区域直径的平均值计算侵蚀区域的面积 A。

有缺陷的试样，如有渗透到金属的针孔、边部爆瓷或边部侵蚀等缺陷，其试验结果应该剔除。

单个试验数值与算术平均值的偏差应≤20%。

2. 标准的应用

该标准是测定搪瓷制品性能的基础方法标准，其制定和实施将使我国搪瓷制品生产进一步系列、规范化。

在规定的温度和时间条件下，将 6 块相类似的搪瓷试样，同时暴露在碱性溶液中进行侵蚀试验，然后测定其失重，并计算单位面积的失重速率。在试验过程中，试验溶液不断进行搅拌。

由于洗涤剂的组成总是在不断变化，考虑目前市场上洗涤剂的典型组成，标准试验溶液在碱度、浸润性和络合性能等方面进行了规定。标准试验溶液的 pH 值和碱度主要取决于三磷酸钠、碳酸钠和过硼酸钠的比例，三磷酸钠同时还起着络合剂的作用。标准试验溶液和其他试验溶液（包含质量分数为 5% 硫酸钠溶液）适合于对不同搪瓷测定其耐热洗涤剂溶液的化学稳定性试验。

对于试验时间为 24h 或 168h 的标准洗涤剂溶液或其他碱性溶液试验，因为不能确定侵蚀曲线是否线性，所以在试验报告中不含侵蚀速率的计算。

搪瓷钢板栓接储罐大都在户外使用且应易清洗。对用于装海水、渗滤液、pH 值<5 或 pH 值>9 范围的液体或物料的储罐，应进行耐标准洗涤剂溶液的侵蚀试验。

三、标准内容（GB/T 9989.3—2015）

搪瓷耐化学侵蚀的测定
第 3 部分：用六角形
容器进行耐碱溶液侵蚀的测定

1 范围

GB/T 9989 的本部分规定了在 25℃~95℃试验温度下，使用六角形容器，测定搪瓷制品耐碱溶液侵蚀的试验方法，该试验装置可以同时对 6 块搪瓷样品进行测试。

注 1：该试验方法可以测试试样耐任何碱性溶液的化学稳定性，该试验方法最初是用于测试纺织品洗涤过程中耐热的中性、碱性洗涤剂的化学稳定性。

注 2：由于洗涤剂的组成总是在不断变化，考虑目前市场上洗涤剂的典型组成，标准试验溶液在碱度、浸润性和络合性能等方面进行了规定。标准试验溶液的 pH 值和碱度主要取决于三磷酸钠、碳酸钠和过硼酸钠的比例；三磷酸钠同时还起着络合剂的作用。标准试验溶液的浸润性可以通过加入烷基磺酸盐来获得，由于搪瓷表面受氧化的影响不大，没有必要考虑过多的过硼酸钠，且增加过硼酸钠并不会使标准试验溶液的碱度发生明显改变。标准试验溶液和其他试验溶液（包含质量分数为5%硫酸钠溶液）适合于对不同搪瓷测定其耐热洗涤剂溶液的化学稳定性试验。

2 规范性引用文件

下列文件对于本文件的应用是必不可少的。凡是注日期的引用文件，仅注日期的版本适用于本文件。凡是不注日期的引用文件，其最新版本（包括所有的修改单）适用于本文件。

ISO 48　硫化橡胶或热塑性橡胶　硬度的测定（硬度在 10 IRHD 和 100 IRHD 之间）[Rubber, vulcanized or thermoplastic—Determination of hardness (hardness between 10 IRHD and 100 IRHD)]

ISO 3696　分析实验室用水规格和试验方法（Water for analytical laboratory use—Specification and test methods）

ISO 28764　瓷釉和搪瓷　薄钢板、薄铝板和铸铁上搪瓷试样的制备（Vitreous and porcelain enamels—Production of specimens for testing enamels on sheet steel, sheet aluminium and cast iron）

3 原理

在规定的温度和时间条件下，将 6 块相类似的搪瓷试样，同时暴露在碱性溶液中进行侵蚀试验，然后测定其失重，并计算单位面积的失重速率。在试验过程中，试验溶液不断进行搅拌。

注：为了与实际使用的洗衣机条件相对应，在试验过程中不断搅拌试验溶液，试验溶液加入到容器内时是冷的，然后在容器中加热到合适的温度。

4 试剂

在测定过程中，使用的试剂均为分析纯（另有规定除外）。

4.1 试验用水：符合 ISO 3696 中 3 级水要求，如蒸馏水或同等纯度的水。

4.2 脱脂剂：用于清洗试验设备和试验样品，如乙醇或含有数滴洗涤剂、用试验用水配制的清洗液。

4.3 三磷酸钠（$Na_5P_3O_{10}$）。

4.4 无水碳酸钠（Na_2CO_3）。

4.5 四水过硼酸钠（$NaBO_3 \cdot 4H_2O$）。

4.6 硅酸钠：含大约81%（质量分数）Na_2SiO_3。

4.7 烷基磺酸钠 $[CH_3(CH_2)_x\text{-}C(SO_2Na)H\text{-}(CH_2)_3\text{-}CH_3]$。

5 装置和材料

5.1 试验装置

5.1.1 一般描述

试验装置（见图1~图4）主要由六角形容器所组成，每个边部都有一个圆形开口，每个试样对准每一个圆形开口，并用翼形螺母将夹紧板压紧。密封圈置于容器和样品之间，盖子上有4个孔，一个用于放置叶桨搅拌器，两个用于放置浸入式加热器，一个用于放置温度控制器，盖子用螺栓固定在容器上，密封圈置于容器和盖子之间。叶桨搅拌器，浸入式加热器，温度控制器固定在离容器底部30mm的位置上。

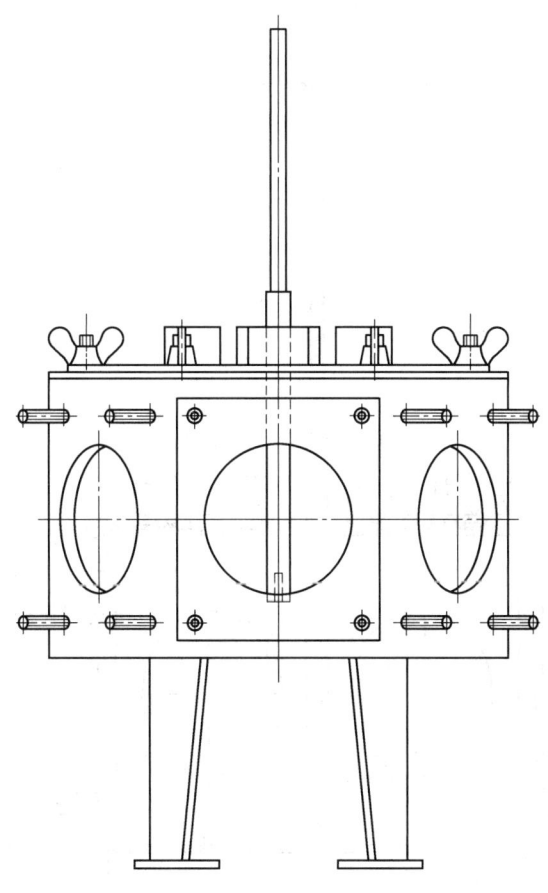

图1 有盖、搅拌器和夹紧板的六角形容器

密封圈（5.1.6）应由硬度符合ISO 48中70 IRHD的合成橡胶所制成，橡胶材料应能耐100℃的碱性溶液（如氯丁橡胶）。

六角形容器、盖子、夹紧板和叶桨搅拌器都应由相同的奥氏体不锈钢制成。

5.1.2 六角形容器

奥氏体不锈钢（见图1~图3），带有螺纹的4个螺栓焊接在每个边上，用以固定夹紧板；带

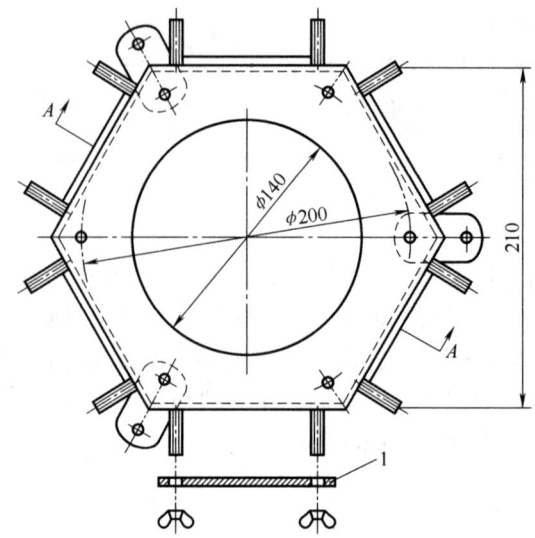

图 2 无盖和夹紧板的六角形容器的俯视图
1—夹紧板

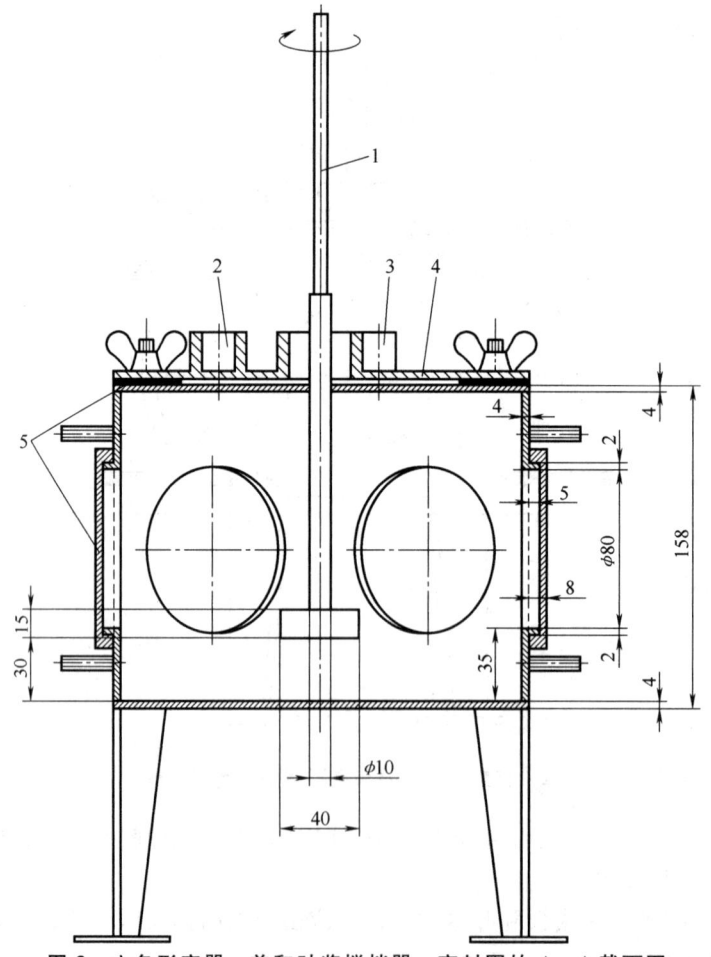

图 3 六角形容器、盖和叶桨搅拌器、密封圈的 A—A 截面图
1—叶桨搅拌器　2—温度控制器插孔　3—浸入式加热器插孔　4—盖　5—密封圈

有螺纹的 6 个螺栓焊接在上表面，用以固定盖子。容器最好有一个排水口。

5.1.3 盖子

奥氏体不锈钢（见图 4），1 个中心位置的支撑用以固定叶桨搅拌器，3 个分开的支撑用以固定浸入式加热器和温度控制器。

5.1.4 夹紧板（6 块）

奥氏体不锈钢，厚度为 4mm，能够与六角形容器的边部相匹配。

5.1.5 翼形螺母（30 个）

能够把夹紧板和盖子固定在容器上。

5.1.6 密封圈

6 个外径 100mm，内径 80mm，厚度 8mm 的密封圈，用于密封容器边部的圆形开口，1 个内径 140mm，厚度 3mm 的密封圈，用于密封盖子和容器的夹层。

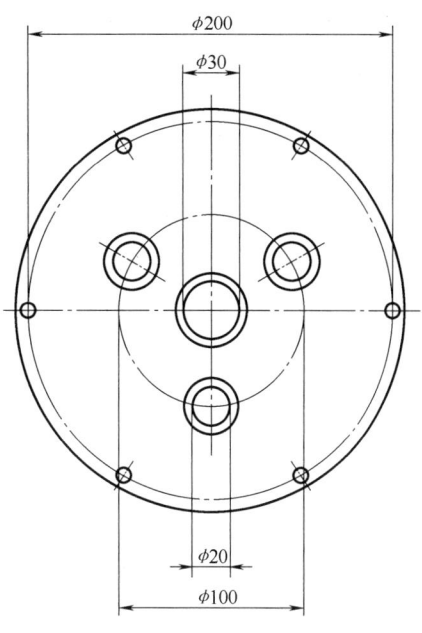

图 4 盖的俯视图

5.1.7 叶桨搅拌器

奥氏体不锈钢，其尺寸见图 3，搅拌器工作转速为（1350±50）r/min。

5.1.8 浸入式加热器（2 个）

圆柱状，每个 600W，由镀镍的铜或奥氏体不锈钢制成。

5.1.9 温度控制器

由温度控制在±1℃的接触式温度计组成。建议使用温度记录仪。

5.2 烘箱

能够使温度保持在（120±5）℃。

5.3 干燥器

如内径为 200mm。

5.4 天平

精度为 0.2mg。

5.5 脱脂棉

6 试样

按照 ISO 28764 的要求制备试验样品，试样应双面涂搪。

7 步骤

每次测试，均需用两个相类似的搪瓷试样进行两组试验。

试验前，先用浸透脱脂剂（见 4.2）脱脂棉将搪瓷表面擦干净，然后将搪瓷样品置于烘箱中，控制温度在（120±5）℃，放置 2h 进行干燥。再将试样取出置于干燥器中冷却不少于 2h，称量，记录试验前质量 m_s，精确到 0.2mg。

将试样置于六角形容器边部的开口上，用夹紧板将其夹紧，使容器不漏水。室温下，将 4.5L 碱性试验溶液从盖子的进液口倒入（见第 9 章、第 10 章），加热试验溶液至规定的温度（见第9章，第10章），连续搅拌，保持该温度至规定的时间（见第9章，第10章）。

经过规定的试验时间后（见第9章，第10章），移除热的试验溶液，在室温下，立即用试验用水充满容器，搅拌2min后移除试验用水，将样品从容器上卸下，再一次将容器完全冲洗干净。

用浸透试验用水的脱脂棉擦洗搪瓷试样两面，再用脱脂剂（见4.2）清洗样品。然后将样品置于烘箱中，控制温度在（120±5）℃，放置2h进行干燥，再将试样取出置于干燥器中冷却不少于2h，称量，精确到0.2mg，记录试验后质量m_f。

测量侵蚀区域的直径。其直径的3个测量值的平均值应在（80±1）mm以内，使用直径的平均值计算侵蚀区域的面积A。

8 结果表示

每次试验都应计算单位面积总的失重$\Delta \rho_A (g/m^2)$。使用式（1）计算试验中总的失重：

$$\Delta \rho_A = \frac{m_s - m_f}{A} \tag{1}$$

式中 m_s——试验前质量（g）；

m_f——试验后质量（g）；

A——侵蚀区域的面积（m^2）。

为了区分不同试验周期的试验结果，试验时间应作为下标写在下面，如：对于试验周期为24h，标记为$\Delta \rho_{A24}$。

有缺陷的试样，如有渗透到金属的针孔、边部爆瓷或边部侵蚀等缺陷，其试验结果应该剔除，应用同等数量新的样品进行试验。

结果用每个数值的算术平均值来表示，精确到0.1g/m²。各个数值与平均值的偏差≤20%。

9 标准洗涤剂溶液试验

9.1 总则

按照第7章规定的步骤进行试验。

9.2 试验溶液

用试验用水和以下试剂配制4.5L试验溶液：

——27.0g 三磷酸钠（$Na_5P_3O_{10}$）；

——9.0g 无水碳酸钠（Na_2CO_3）；

——2.7g 四水过硼酸钠（$NaBO_3 \cdot 4H_2O$）；

——1.8g 硅酸钠，含有大约81%（质量分数）的硅酸钠 Na_2SiO_3；

——4.5g 烷基磺酸钠 [$CH_3(CH_2)_x$-$C(SO_2Na)H$-$(CH_2)_3$-CH_3]。

每次试验前应制备新的试验溶液。

注：每24h的试验，应使用4.5L试验溶液。

9.3 试验温度

应将容器中的试验溶液加热到95℃，并应在整个试验期间，都维持在该温度下。

9.4 试验时间

95℃下的试验时间（不包含升温时间）应是24h。

如果24h试验后，单位面积的平均失重小于8mg，用一套新试验样品，重复上述试验，试验时间增加到168h。每过24h，通过移除热的试验溶液，在室温下，立刻加入新鲜试验溶液的方法，来替换标准试验溶液。

如果失重仍然小于 8mg，则试验结果为"<1.6 g/m²"。

如果要获得更加精确的试验结果，按照第 10 章规定的方法，在使用其他试验溶液和条件后，用新的样品和另一个试验溶液或另一个试验时间进行另一个试验。

9.5　试验报告

试验报告应包含下列内容：

a）试样的必要信息；

b）依据 GB/T 9989 中第 9 章，如试验依据 GB/T 9989.3 中第 9 章——标准洗涤剂溶液；

c）试验时间，单位为 h；

d）试验结果（见第 8 章），在试验时间后，计算出单位面积的失重，单位为 g/m²，要列出每个试验结果和它们的算术平均值，精确到 $0.1g/m^2$；

e）任何与规定程序的偏离；

f）试验中观察到的异常特征；

g）试验日期。

10　其他试验溶液及条件

10.1　总则

按照第 7 章规定的步骤进行试验。

10.2　试验溶液

用试验用水和分析纯试剂配制约定的碱性试验溶液 4.5L，使用的试验溶液不能损坏试验设备。

每次试验前应制备新的试验溶液。

注：每 24h 的试验，应使用 4.5L 试验溶液。

10.3　试验温度

在容器中的试验溶液应被加热到约定的 40℃~95℃ 的温度，并且在整个试验过程中，都应维持在这个温度下。

10.4　试验时间

在试验温度下的加热时间应包含在试验报告中。

如果单位面积的平均失重小于 8mg，则试验结果为"<1.6g/m²"。

如果要获得更加精确的试验结果，需要使用新的试验样品和另一个试验溶液或另一个试验时间，进行另一个试验。

如果试验时间大于 24h，每过 24h，通过移除热的试验溶液，在室温下，立刻加入新鲜试验溶液的方法，来替换标准试验溶液。

10.5　试验报告

试验报告应包含下列内容：

a）试样的必要信息；

b）依据 GB/T 9989 中第 10 章，如试验依据 GB/T 9989.3 中第 10 章——其他试验溶液；

c）试验溶液的描述；

d）试验过程中的温度，单位为℃；

e）试验时间，单位为 h；

f) 试验结果（见第 8 章），在试验时间后，计算出单位面积的失重，单位为 g/m²，要列出每个试验结果和它们的算术平均值，精确到 0.1g/m²；

g) 任何与规定程序的偏离；

h) 试验中观察到的异常特征；

i) 试验日期。

第五节　搪瓷耐化学侵蚀的测定　第 4 部分：用圆柱形容器进行耐碱溶液侵蚀的测定

一、概论

搪瓷制品质量的优劣在很大程度上取决于铁坯上搪瓷层性能的优劣。搪瓷耐化学侵蚀性能是衡量搪瓷材料理化性能的重要的技术指标之一，也是确保搪瓷产品质量的必要条件。搪瓷制品的耐碱化学稳定性是保证搪瓷制品质量的关键指标。

用圆柱形容器进行耐碱溶液侵蚀的测定方法原用于测试搪瓷材料耐热的氢氧化钠溶液的化学稳定性，在该方法使用范围内，也可以测试耐其他碱性溶液的化学稳定性。

国际标准化组织自 20 世纪 70 年代起就分别制定了 ISO 2745《瓷釉和搪瓷　耐热氢氧化钠腐蚀的测定》及 ISO 2734《瓷釉和搪瓷　耐碱溶液试验装置》，并多次修订更新。自 2008 年起，发布了 ISO 28706 搪瓷耐化学侵蚀性试验方法系列标准，ISO 28706-4《瓷釉和搪瓷　搪瓷耐化学侵蚀的测定　第 4 部分：用圆柱形容器进行耐碱溶液侵蚀的测定》包含了原 ISO 2745 和 ISO 2734 的内容，但侵蚀介质不仅局限于热氢氧化钠。为保持与 ISO 标准的一致性，结合我国国情，有必要制定相对应的国家标准。

GB/T 9989.4—2015《搪瓷耐化学侵蚀的测定　第 4 部分：用圆柱形容器进行耐碱溶液侵蚀的测定》等同采用 ISO 28706-4：2008 制定，于 2015 年 10 月 9 日发布，2016 年 5 月 1 日实施。

二、标准主要特点与应用说明

1. 标准的特点

该标准是 GB/T 9989 系列标准的第 4 部分。为方便使用，在前言中列出了该标准规范性引用的国际标准中与我国标准有一致性对应关系的文件目录。

该标准规定了在 25℃~95℃ 试验温度下，使用圆柱形容器测定搪瓷制品耐碱溶液侵蚀的试验方法，一套试验装置只能对一块搪瓷样品进行测试。

（1）试样　按照 ISO 28764（GB/T 38166—2019 采标该国际标准）的规定制备。试样上如有渗透到金属基底的针孔、边缘爆瓷或边缘受到侵蚀等缺陷，不能用于试验。

（2）试验装置　圆柱体试验装置上焊接的组成部件有：一端的一块平板、另一端的一块焊有 6 个带螺纹的螺栓的环形法兰、远离环形法兰端的一个撑脚、两个提拉环和一个加液嘴。圆柱体通过法兰板和试样进行密封，套了保护套的试样置于圆柱体与法兰板之间。用 6 个翼形螺母将法兰板与环形法兰紧密结合，加液嘴用塞子密封。

（3）试验溶液及条件　每次试验，都要用当天配制的新鲜试验溶液。每一次测试，应至少用两个试样完成一组试验。

1）热氢氧化钠试验。$c(NaOH) = 0.1mol/L$，加热到80℃±1℃，恒温下的试验时间24h。将4g氢氧化钠溶解到去除二氧化碳的试验用水中，并用该试验用水配制成1L溶液。

为了避免试验溶液吸收二氧化碳，应确保装有试验溶液的容器处于密封状态。

2）其他试验溶液及条件。用试验用水和分析纯试剂配制约定的试验溶液，使用的试验溶液不能损坏试验设备。加热到规定的试验温度，并且在整个试验过程中，都须维持在这个温度下。

在试验温度下的加热时间应在试验报告中注明。

（4）试验结果　单个试验数值与算术平均值的偏差应≤20%。试验结果用单位面积总的失重表示。

对于氢氧化钠试验，搪瓷的侵蚀与时间呈线性关系，可以用失重速率或侵蚀速率表示。

2. 标准的应用

该标准是测定搪瓷制品性能的基础方法标准，其制定和实施将使我国搪瓷制品生产进一步系列、规范化。

在80℃温度下，类似于0.1mol/L氢氧化钠的碱性溶液中，搪瓷的硅酸盐网络受到了较大的侵蚀，硅酸盐和大多数其他水解组分都会溶解在碱性溶液中，侵蚀量与试验时间呈线性关系，因此，试验结果可以用单位面积的失重速率（单位面积和单位时间的失重）和侵蚀速率（单位为mm/a）来表示。

在规定的温度和时间条件下，将一块搪瓷试样置于碱性溶液中进行侵蚀试验。在试验过程中，试验溶液不进行搅拌。

测定其失重，并计算单位面积的失重速率，如有必要，计算其侵蚀速率。

化学工业用耐腐蚀搪瓷设备，一般都要求用该方法测定搪瓷耐热氢氧化钠侵蚀的性能。

所有用途的搪瓷钢板栓接储罐也要求进行该项试验。对用于装雨水、消防用水，以及pH值在5~9范围内的饮用水、污泥污水的储罐，指标为试验24h后失重≤8 g/m^2；对用于装海水、渗滤液、pH值<5或pH值>9范围的液体或物料的储罐，指标为试验24h后失重≤7 g/m^2。

三、标准内容（GB/T 9989.4—2015）

搪瓷耐化学侵蚀的测定
第4部分：用圆柱形容器进行耐碱溶液侵蚀的测定

1　范围

GB/T 9989的本部分规定了在25℃~95℃试验温度下，使用圆柱形容器测定搪瓷制品耐碱溶液侵蚀的试验方法，该试验装置只能对一块搪瓷样品进行测试。

注1：这种方法原先用于测试搪瓷材料耐热的氢氧化钠溶液的化学稳定性，在本部分范围内，也可以测试其他碱性溶液的化学稳定性。

注2：由于本部分使用圆柱形容器，一般用于化工搪瓷的化学稳定性试验。

2　规范性引用文件

下列文件对于本文件的应用是必不可少的。凡是注日期的引用文件，仅注日期的版本适用于本文件。凡是不注日期的引用文件，其最新版本（包括所有的修改单）适用于本文件。

ISO 48　硫化橡胶或热塑性橡胶　硬度的测定（硬度在 10 IRHD 和 100 IRHD 之间）[Rubber, vulcanized or thermoplastic—Determination of hardness (hardness between 10 IRHD and 100 IRHD)]

ISO 1042　实验室玻璃器皿　单标线容量瓶（Laboratory glassware—One-mark volumetric flasks）

ISO 3696　分析实验室用水规范和试验方法（Water for analytical laboratory use—Specification and test methods）

ISO 28764　瓷釉和搪瓷　薄钢板、薄铝板和铸铁上搪瓷试样的制备（Vitreous and porcelain enamels—Production of specimens for testing enamels on sheet steel, sheet aluminium and cast iron）

EN 10088-1　不锈钢　第 1 部分：不锈钢目录（Stainless steels—Part 1: List of stainless steels）

3　原理

在规定的温度和时间条件下，将一块搪瓷试样置于碱性溶液中进行侵蚀试验。在试验过程中，试验溶液不进行搅拌。

测定其失重，并计算单位面积的失重速率，如有必要，计算其侵蚀速率。

4　试剂

在测定过程中，使用的试剂均为分析纯（另有规定除外）。

4.1　试验用水：符合 ISO 3696 中 3 级水要求，如蒸馏水或同等纯度的水。

4.2　醋酸溶液：50mL/L，用于清洗试样。

4.3　脱脂剂：用于清洗试验装置和试验样品，如乙醇或含有数滴洗涤剂的试验用水。

4.4　氢氧化钠（NaOH）。

5　装置和材料

5.1　试验装置

5.1.1　一般描述

试验装置组成见图 1，是由下列焊接部件所组成的圆柱体，具体见图 2：
——一端的一块平板；
——在另一端的一块焊有 6 个带螺纹的螺栓的环形法兰；
——远离环形法兰端的一个撑脚；
——两个提拉环；
——一个加液嘴。

圆柱体通过法兰板和试样进行密封，套了保护套的试样置于圆柱体与法兰板之间。用 6 个翼形螺母将法兰板与环形法兰紧密结合，加液嘴用塞子密封。

撑脚的高度取决于环形法兰的外径。将其平放时应确保：当试验装置中充满 1L 试验溶液时，试样的表面被试验溶液完全浸没。

5.1.2　圆柱体

其表面为无涂层金属，所有边部应去毛刺。所有部件应由相同的不锈钢材料制成，如符合 EN 10088-1 标准要求的牌号为 1.4571 不锈钢。

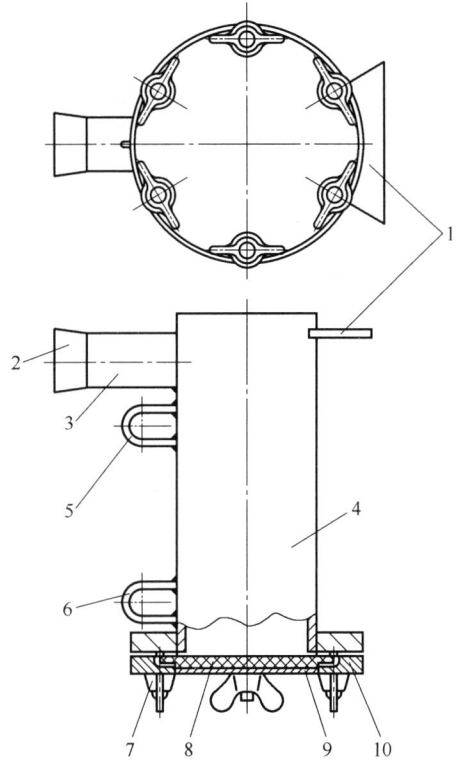

图1 试验装置

1—撑脚 2—塞子 3—加液嘴 4—圆筒 5、6—提拉环 7—翼形螺母
8—试样 9—保护套 10—法兰板

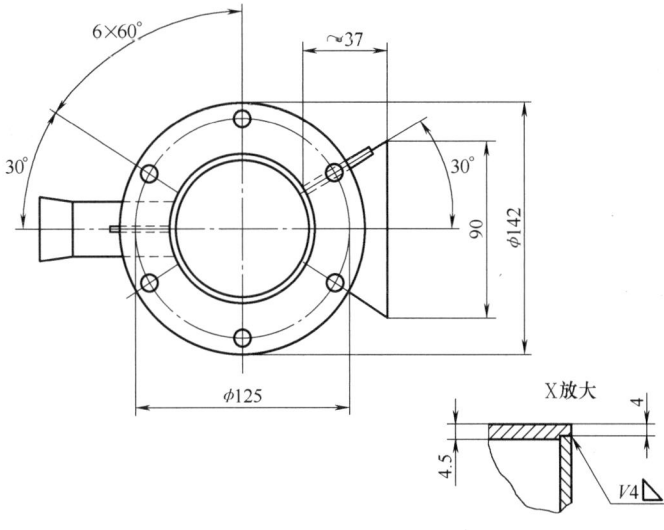

图2 圆筒

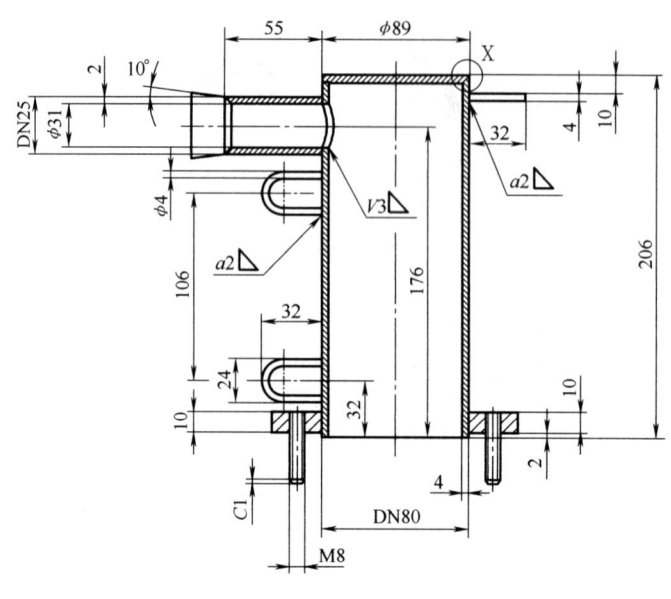

图 2 圆筒（续）

注：1.4571 钢的主要化学成分（质量分数）为 Cr16.5%～18.5%，Ni10.5%～13.5%，Mo2%～2.5%，C≤0.08%和其余为 Ti。对应的中国不锈钢牌号为 06Cr17Ni12Mo2Ti。

5.1.3 保护套（见图3）

由按照 ISO 48 测定的硬度为 70 IRHD 的合成橡胶制成。该材料应能耐 100℃的碱性溶液（如氯丁二烯或乙烯-丙烯）。

建议橡胶和凸缘的厚度约为 2mm。

5.1.4 法兰板（见图4）

其表面为无涂层金属，所有边部应去毛刺。应由不锈钢制成，如：符合 EN 10088-1 标准要求的牌号为 1.4571 不锈钢。

5.1.5 六个翼形螺母

与圆柱体上的带螺纹的螺栓配套。应由不锈钢制成，如符合 EN 10088-1 标准要求的牌号为 1.4571 不锈钢。

5.1.6 塞子（见图5）

由按照 ISO 48 测定的硬度为 70 IRHD 的合成橡胶制成。该材料应能耐 100℃的碱性溶液（如氯丁二烯或乙烯-丙烯）。

5.2 恒温控制水槽（装有去离子水或蒸馏水）

配备一个搅拌器或其他旋转装置，可以同时放入一至两个试验装置。它应能够密封，以避免蒸汽损失，并可以使温度维持在（100±0.1）℃。

5.3 温度计

经过校准，刻度值为 0.1℃，用于水槽的恒温控制。

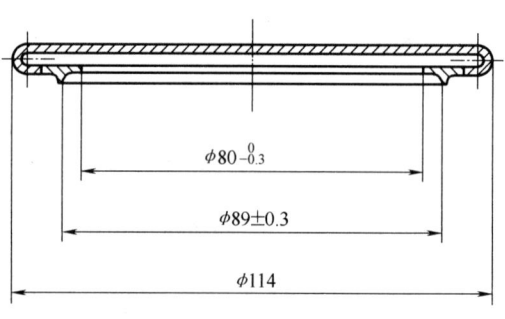

图 3 保护套

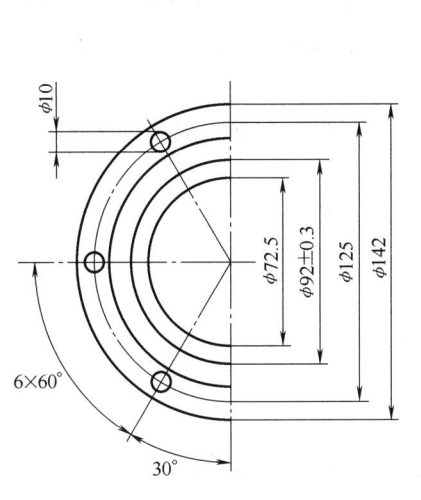
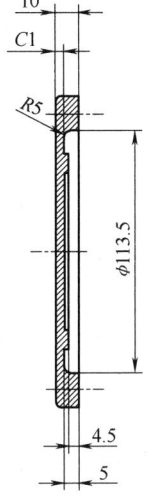

图4 法兰板

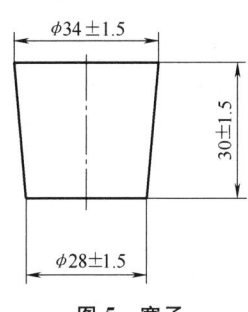

图5 塞子

5.4 烘箱

至少能使温度维持在130℃。

5.5 干燥器

内径至少为200mm。

5.6 聚丙烯瓶

容量为1000mL，可以密封。

5.7 单标线容量瓶

容量为1000mL，符合ISO 1042中A级的要求。

5.8 漏斗

最大直径为70mm。

5.9 天平

精度为0.2mg。

5.10 脱脂棉

6 试样

按照ISO 28764的要求制备试验样品。

用水冲洗试样，如果需要，用脱脂剂（见4.3）进行清洗。然后在110℃±5℃温度的烘箱中放置2h，将试样放置干燥器中冷却不少于2h，称重，记录试验前质量 m_s，精确到0.2mg。

7 步骤

对于每一次测试，应至少用两个试样完成一组试验。

将一个试样置于保护套中（见5.1.3），并使涂搪瓷的面朝保护套开口的一面。将试验样品固定在试验装置上，以确保涂搪瓷的面朝试验装置的内部。均匀地拧紧每个翼形螺母（见5.1.5）以确保试验装置密封，无泄漏。

注：保护套与装置的法兰板之间的橡胶圈可以避免装置中搪瓷面的损坏或试样的变形。推荐使用厚度在2mm~3mm的耐热橡胶（内径为80mm，外径为100mm，按照ISO 868测定的硬度为70 IRHD）。

将密封的试验装置置于已经加热到规定温度（见第9章和第10章）的恒温控制水槽（见5.2）中，加料嘴突出水面约10mm。将试验装置置于该恒温水槽中至少10min，然后加入试验溶液。

试验装置也可以置于未加热的恒温控制水槽（见5.2）中，然后加热恒温控制水槽至规定的温度。

加热在聚丙烯瓶（见5.6）内1000mL的试验溶液（见第9章和第10章）到规定的温度，然后通过漏斗（见5.8）将1000mL试验溶液倒入已在恒温控制水槽中的试验装置内，然后用塞子将试验装置密封并盖上水槽开口盖板。

使用温度计（见5.3）检查在整个试验过程中温度的维持情况，温度计的头部应靠近试验装置并位于试验装置的中部。如果使用两个或多个试验装置，温度计应置于这些试验装置的中间。

当规定的试验时间到了以后（见第9章和第10章），用钩子将试验装置取出，倒出试验溶液，用试验用水冲洗试验装置的内部。

从保护套中取出试验样品，用浸透醋酸溶液（见4.2）的脱脂棉擦洗3次，然后用冷的试验用水进行冲洗。

从试验样品上小心地去除任何保护套的残留物，然后在110℃±5℃温度的烘箱中，放置约2h进行干燥。

再在干燥器（见5.3）中至少放置2h，进行冷却，称其重量，精确到0.2mg，记录试验后质量 m_f。

用侵蚀区域直径的3个测量值计算算术平均值，每个测量值与算术平均值的偏差不能大于1mm，用这个直径平均值计算侵蚀面积 A。

8 结果表示

8.1 单位面积总的失重

整个试验周期单位面积总的失重 $\Delta\rho_A$（g/m^2），可通过下列公式计算：

$$\Delta\rho_A = \frac{(m_s - m_f)}{A} \tag{1}$$

式中 m_s——试验前质量（g）；
m_f——试验后质量（g）；
A——侵蚀面积（m^2）。

为了区分不同试验周期的试验结果，试验时间应作为下标写在下面，如对于试验周期为24h，标记为 $\Delta\rho_{A24}$。

有缺陷的试样，如有渗透到金属的针孔、边部爆瓷或边部侵蚀等缺陷，其试验结果应该剔除，应用同等数量新的样品进行试验。

结果用每个数值的算术平均值来表示，精确到0.1g/m²。各个数值与平均值的偏差≤20%。

8.2 侵蚀速率

对于氢氧化钠试验（见第9章），搪瓷的侵蚀与时间呈线性关系。单位面积失重速率 v [$g/(m^2 \cdot h)$]，可以通过下列公式来计算：

$$v = \frac{\Delta \rho_A}{t} \tag{2}$$

式中 t——试验时间（h）。

侵蚀速率 w(mm/a)，可以通过下列公式来计算：

$$w = 3.504v \tag{3}$$

注：公式中假定搪瓷是一种均匀材料（没有气泡），搪瓷的密度为 $2.5g/cm^3$。

以每个值的算术平均值表示试验结果，单位为 mm/a，精确到 0.01mm/a。

9 热氢氧化钠试验

9.1 总则

按照第 7 章规定的步骤进行试验。

9.2 试验溶液：c(NaOH) = 0.1mol/L

将 4g 氢氧化钠溶解到去除二氧化碳的试验用水中，并用该试验用水配制成 1L 溶液。

为了避免试验溶液吸收二氧化碳，应确保装有试验溶液的容器处于密封状态。

每次试验都应制备新的试验溶液。

9.3 试验温度

试验温度应在 80℃±1℃。

9.4 试验时间

80℃下的加热时间应是 24h。

9.5 试验报告

试验报告应包含下列内容：

a）试样的必要信息。

b）依据 GB/T 9989.4 中第 9 章，如试验依据 GB/T 9989.4 中第 9 章——热氢氧化钠试验。

c）试验结果包括：

——单位面积的失重（见 8.1），计算每个测量值和算术平均值，单位为 g/m^2，精确到 $0.1g/m^2$；

——单位面积的失重速率（见 8.2），计算每个测量值和算术平均值，单位为 $g/(m^2 \cdot h)$，精确到 $0.001g/(m^2 \cdot h)$；

——侵蚀速率（见 8.2），单位为 mm/a，精度在 0.01mm/a。

d）与规定程序可能的偏离。

e）试验中观察到的异常特征。

f）试验日期。

10 其他试验溶液

10.1 总则

按照第 7 章规定的步骤进行试验。

10.2 试验溶液

用试验用水和分析纯试剂配制约定的试验溶液，试验所用的溶液不能损坏试验的设备。

10.3 试验温度

试验温度应规定好，并包含在试验报告中。

10.4 试验时间

在试验温度下的加热时间应包含在试验报告中。

10.5 试验报告

试验报告应包含下到内容：

a) 试样的必要信息；

b) 依据 GB/T 9989.4 中第 10 章，如试验依据 GB/T 9989.4 中第 10 章——其他试验溶液；

c) 试验溶液的描述；

d) 试验过程中的温度，单位为℃；

e) 试验时间，单位为 h；

f) 试验结果，通过计算得到试验周期下的单位面积失重（见 8.1），给出每个试验结果和算术平均值，单位为 g/m^2；如有必要，可计算单位面积失重速率和侵蚀速率（见 8.2），给出每个试验结果和算术平均值，单位为 g/(m^2·h) 和 mm/a，精确到 0.001g/(m^2·h) 和 0.01mm/a；

g) 任何与规定程序的偏离；

h) 试验中观察到的异常特征；

i) 试验日期。

第六节　搪瓷耐化学侵蚀的测定　第 5 部分：在封闭系统中耐化学侵蚀的测定

一、概论

搪瓷制品质量的优劣在很大程度上取决于铁坯上搪瓷层性能的优劣。搪瓷耐化学侵蚀性能是衡量搪瓷材料理化性能的重要的技术指标之一，也是确保搪瓷产品质量的必要条件。

搪瓷制品由于具有一定的耐酸碱腐蚀性，广泛应用于化学工业及其他较强腐蚀环境中，这就对搪瓷制品的耐蚀性提出了更高的要求。

自 2008 年起，国际标准化组织发布了 ISO 28706 搪瓷耐化学侵蚀性试验方法系列标准，ISO 28706-5《瓷釉和搪瓷　搪瓷耐化学侵蚀的测定　第 5 部分：在封闭系统中耐化学侵蚀的测定》规定了在高温高压下对搪瓷制品强化模拟耐腐蚀试验方法。为保持与 ISO 标准的一致性，结合我国国情，有必要制定相对应的国家标准。

GB/T 9989.5—2015《搪瓷耐化学侵蚀的测定　第 5 部分：在封闭系统中耐化学侵蚀的测定》等同采用 ISO 28706-5：2010 制定，于 2015 年 10 月 9 日发布，2016 年 5 月 1 日实施。

二、标准主要特点与应用说明

1. 标准的特点

该标准是 GB/T 9989 系列标准的第 5 部分。为方便使用，在前言中列出了该标准规范性引用的国际标准中与我国标准有一致性对应关系的文件目录。

该标准规定了在封闭系统中测定搪瓷制品耐酸性、中性和碱性溶液侵蚀，以及实际过程中约定的混合液体侵蚀的试验方法。该方法主要用于在化学处理、化学加工中使用的搪瓷性能的测试。

（1）试样　试样应被搪瓷涂层完全包裹，不能有渗透到金属基体的针孔，也不能有边部爆瓷或烧架印，以避免产生局部侵蚀。

试样的瓷釉组成和制备过程应与实际生产工艺相一致，每个试样的总质量不应超过 160g，试样侵蚀面积与质量之比应大于 $0.1\mathrm{cm}^2/\mathrm{g}$。

每次至少应测试两个试样，试样实际数量取决于计算算术平均值所需要的单次测量值的个数。

（2）试验装置　该标准并没有详细规定试验设备，容许使用者设计试验容器，试验容器应满足具体产品的特定要求（如试验溶液）或特定的操作过程。

试验设备尺寸的选择应与试验样品相适应。在 20℃ 下，试验溶液的体积与搪瓷侵蚀面积之比应为 $V/A = 40 \mathrm{~cm} \pm 2 \mathrm{~cm}$。当环境温度为 18℃ ~ 28℃ 时，在封闭容器内，溶液的填充高度须确保至少留有 20% 的空间给气体。数个搪瓷样品可以置于同一个试验容器，并且同时进行试验。

试验容器应由耐试验溶液的材料所组成，且不释放影响搪瓷侵蚀的物质，尤其应避免使用玻璃或陶瓷容器和配件，避免使用含氟涂层等。聚四氟乙烯（PTFE）是唯一适合用于无机酸试验（如硫酸和盐酸）的含氟塑料密封配件。

用钽件或电涂钽涂层和高纯钽材料组成的容器，可以满足许多酸和中性溶液的使用要求。对于碱性溶液，使用塑料容器（如聚丙烯瓶）和高合金奥氏体不锈钢容器比较合适。

加热装置的类型和加热功率须满足在 1h 内达到试验温度，并能控制温度不超过试验温度 1℃，尤其是在压力容器和温度高于沸点情况下的试验。试验温度应定义为与搪瓷表面接触的试验溶液的温度。

如果试验是在液相中进行，在试验周期中，试验溶液的温度应认定为恒定。

当试验温度低于 100℃ 时，尤其是使用塑料材质作为试验容器（如聚丙烯容器），应采用充满去离子水或蒸馏水、带有搅拌器或循环泵的恒温水浴容器。恒温水浴容器可以容纳一个或多个试验容器，恒温水浴容器应有盖，以避免溶液挥发损失，并在 100℃ 的范围内，维持温差在 ±0.1℃。

（3）试验步骤

1）一般步骤。将试验溶液倒入试验容器，使试验样品的试验表面完全浸没。为了安全起见，顶部应给蒸气留有足够空间。

关闭试验容器后，在 1h 内，加热到试验温度，达到试验温度后，开始计算试验时间，时间为 24h±5min。

试验结束后，关掉加热装置电源，让试验容器在空气中自然冷却。

该步骤可用于试样置于压力容器中的试验，也可用于试样置于在大气压下的容器中的试验。

2）塑料容器中的特殊步骤。如果试验溶液是碱性溶液，或试验温度不超过 100℃，或试验温度总是低于试验溶液的沸点，试验可以在塑料容器中进行。

向恒温水浴中加入足量的水，以覆盖试验容器顶部。将试验溶液加入每个试验容器到要求的高度，调节恒温水浴的温控到要求的试验温度。将每个试验样品置于各自的试验容器中，关闭试验容器，开始试验。

24h±5min 后,将试验容器从恒温水浴中取出。

3) 试验溶液、试验温度。每次试验,都要用当天配制的新鲜试验溶液。

① 盐酸高压釜(锅)试验。试验溶液:20%(质量分数)盐酸溶液,密度范围 1.097g/mL~1.099g/mL。其二氧化硅的含量不能大于 $0.1×10^{-3}$ g/L。试验温度应为 140℃±1℃。

② 热氢氧化钠溶液试验。使用氢氧化钠溶液 [$c(NaOH)$= 1mol/L];将 40 g 分析纯氢氧化钠加水稀释至 1L。试验前,须将试验溶液保存在一个密封容器中。试验温度为 80℃±0.1℃。

③ 模拟溶液试验。事先确定的试验溶液应采用去离子水、二氧化硅的含量不大于 $0.1×10^{-3}$ g/L 的蒸馏水和分析纯试剂进行配制。试验温度应事先确定,并记录在试验报告中。

④ 工艺流体试验。试验溶液的组成和试验温度应事先确定,并记录在试验报告中。

(4) 试验结果 将试样清洗、烘干、称重,计算单位面积的失重速率。如果测量值不大于允许的相对偏差范围,则计算单位面积的失重速率的算术平均值。由算术平均值计算平均侵蚀速率。

2. 标准的应用

该标准是测定搪瓷制品性能的基础方法标准,其制定和实施将使我国搪瓷制品生产进一步系列化、规范化。

该标准方法是在规定的条件下,将搪瓷试样置于高压蒸锅中,在侵蚀液体正常沸点以上进行侵蚀。

测定失重,并计算单位面积失重的速率。

在高温、高压条件下进行的液相试验中,酸性溶液侵蚀是剧烈的。为避免产生抑制作用,试验时间限制在 24h,酸对搪瓷表面的侵蚀速率较高(模拟在化学反应容器内的条件)。另外,在这些试验条件下,只有用硅含量低的水溶液制备试验溶液,侵蚀量与试验的时间才呈线性关系。因此,20%(质量分数)盐酸、模拟试验溶液或工艺流体的试验结果可以按照单位面积的失重速率(单位面积和单位时间的失重)和侵蚀速率(单位为 mm/a)来表示。

用工艺流体进行试验时,即使很小部分特定组成也会阻止或加速失重的速率,二氧化硅和释放二氧化硅的材料的阻止效应就是众所周知的例子。

三、标准内容(GB/T 9989.5—2015)

搪瓷耐化学侵蚀的测定
第 5 部分:在封闭系统中耐化学侵蚀的测定

警告:如果不采取足够的安全措施,GB/T 9989 的本部分所要求使用的化学物品和(或)步骤,也许会损害健康。GB/T 9989 的本部分没有解决本部分所涉及的任何健康危害、安全或环境问题。使用 GB/T 9989 的本部分应制定适合健康、安全和环境可接受的注意事项,并且遵守我国和国际的相关规定。遵守 GB/T 9989 的本部分不能作为免责的法律依据。

1 范围

本部分规定了在封闭系统中测定搪瓷制品耐酸性、中性和碱性溶液,以及实际过程中约定的混合液体侵蚀的试验方法。

本方法主要用于在化学处理（加工）中使用的搪瓷性能的测试。

2　规范性引用文件

下列文件对于本文件的应用是必不可少的。凡是注日期的引用文件，仅注日期的版本适用于本文件。凡是不注日期的引用文件，其最新版本（包括所有的修改单）适用于本文件。

ISO 649-1　实验室玻璃器皿　通用型比重计　第1部分：规范（Laboratory glassware—Density hydrometers for general purposes—Part 1：Specification）

ISO 3696　分析实验室用水规格和试验方法（Water for analytical laboratory use—Specification and test methods）

3　原理

在规定的条件下，搪瓷试样置于高压蒸锅中，在侵蚀液体正常沸点以上进行侵蚀。

测定失重，并计算单位面积失重的速率。

4　设备

警告——试验容器可以是一个压力容器，使用本标准应制定与健康、安全和环境相适应的注意事项，并且遵守我国和国际关于安全使用压力容器的规定。

4.1　试验容器

4.1.1　设计

试验溶液的体积 V，单位为 cm^3，搪瓷侵蚀面积 A，单位为 cm^2，在20℃下，体积与面积之比应为 $V/A=40cm±2cm$。当环境温度为18℃~28℃时，在封闭容器内，溶液的填充高度应确保至少有20%的空间留给气体，为此，试验设备尺寸的选择应与试验样品相适应。

注：几个搪瓷样品可以置于同一个试验容器，并且同时进行试验。

4.1.2　材料

试验容器应由耐试验溶液的材料所组成，并且不会释放任何影响搪瓷侵蚀的物质，尤其应避免使用玻璃或陶瓷容器和配件，避免使用含氟涂层等。聚四氟乙烯（PTFE）是唯一适合用于无机酸试验（如硫酸和盐酸）的含氟塑料密封配件。

注：用钽件或电涂钽涂层和高纯钽材料组成的容器，可以满足许多酸和中性溶液的使用要求。对于碱性溶液，使用塑料容器（如聚丙烯瓶子）和高合金奥氏体不锈钢容器比较合适。

4.1.3　试验容器的配件

可以选择一些试验容器配件，如试验容器可以配备一根温度计的保护杆、试样固定架和其他配件（如搅拌器和供气软管）。

4.1.4　加热装置

加热装置的类型和加热功率应满足在1h内达到试验温度，并能控制温度不超过试验温度1℃，尤其在压力容器和温度高于沸点情况下试验。试验温度应定义为与搪瓷表面接触的试验溶液的温度。

如果试验是在液相中进行，在试验周期中，试验溶液的温度应认定为恒定。

当试验温度低于100℃时，尤其是使用塑料材质作为试验容器（如聚丙烯容器），应采用充满去离子水或蒸馏水、带有搅拌器或循环泵的恒温水浴容器。恒温水浴容器可以容纳一个或几个试验容器，恒温水浴容器应有一个盖子，以避免溶液挥发损失，并在100℃的范围内，维持温差在±0.1℃。

4.2 天平

称量精度在 0.02mg。

4.3 烘箱

至少能使温度维持在 120℃。

4.4 干燥器

能够储存试验样品。

4.5 海绵或脱脂棉

用于清洗试验样品。

4.6 刻度比重计

符合 ISO 649-1 要求。

5 试样

5.1 试样形状和制备

试验样品的搪瓷涂层应完全包裹，不能有任何针孔。用基体金属制备试验样品的过程中不能产生边部爆瓷或烧架印，以避免产生局部侵蚀。

试验样品的瓷釉组成和制备过程应与实际生产工艺相一致，每个试验样品的总质量不应超过 160g，试验样品侵蚀面积（单位为 cm^2）与质量（单位为 g）之比应大于 $0.1cm^2/g$。

5.2 试验数量

至少应测试两个试验样品，试验样品实际数量取决于计算算术平均值（见 7.2）所需要的单次测量值的个数。

5.3 清洗、烘干和称量

除去试验样品表面的油污，用去离子水冲洗干净，然后在 110℃±5℃ 的烘箱（见 4.3）中烘干至少 2h。试验样品烘干后，立即置于干燥器（见 4.4）中进行冷却不少于 2h。当试验样品从干燥器取出后，立即进行称量，精度到 0.02mg。

6 步骤

6.1 一般步骤

将试验溶液（见第 8 章、第 10 章和第 11 章）倒入试验容器，使试验样品的试验表面完全浸没，为了安全起见，蒸气顶部空间应遵守 4.1.1 规定的要求。

关闭试验容器后，在 1h 内，加热到试验温度（见 8.3、10.3 和 11.3），达到试验温度后，开始计算试验时间，时间为 24h±5min。

试验结束后，关掉加热装置电源，让试验容器在空气中自然冷却。

这个步骤可用于试样置于压力容器中的试验，也可用于试样置于在大气压下的容器中的试验。

6.2 塑料容器中的特殊步骤

如果试验溶液是碱性溶液（见第 9 章），或试验温度不超过 100℃，或试验温度总是低于试验溶液的沸点，试验可以在塑料容器中进行。调节恒温水浴的温控器到要求的试验温度。当使用热的氢氧化钠溶液时，按照第 9 章规定进行所有试验。

向恒温水浴中加入足够的水以覆盖试验容器顶部，将试验溶液加入每个试验容器到要求的高度（见 4.1），关闭试验容器，将试验容器置于试验温度下的恒温水浴中（见 9.3、10.3 和 11.3）。当试验温度达到规定后，将每个试验样品置于各自的试验容器中，关闭试验容器，开始试验。

24h±5min 后，将试验容器从恒温水浴中取出。

6.3 试验后样品的清洗、干燥和称量

将试验样品从它们的试验容器中取出，用海绵或脱脂棉加去离子水进行清洗。用温和的、无磨损的清洗剂清除掉黏附在样品上的任何反应产物。

应注意，在清洗过程中不能损伤搪瓷表面（如擦痕）。

将试验样品在 110℃±5℃ 的烘箱中烘干 2h，在干燥器中放置 2h 进行冷却，然后取出立即进行称量，精度达到 0.02mg。

如果不是由于侵蚀而导致失重（如爆瓷或擦痕），应剔除该试验样品，并用相同数量的新样品再进行相应的试验。

测定每个试验样品的侵蚀面积和失重（Δm），以便计算单位面积的失重，按照单位面积失重速率为 $0.0285g/(m^2·h)$ 这种方法为例，最大的相对测量偏差的总和不能大于 10%（见附录 A）。

7 结果表示

7.1 单位面积的失重速率

对于每个试验样品，用式（1）计算单位面积的失重速率：

$$v = |\Delta m|/(At) \tag{1}$$

式中　A——搪瓷侵蚀面积（m^2）；

　　　Δm——失重（g）；

　　　t——试验时间（h）；

　　　v——单位面积的失重速率 $[g/(m^2·h)]$。

7.2 计算平均值

7.2.1 单位面积失重的速率

如果测量值不大于允许的相对偏差范围（如最大值与最小值的差值），根据 7.1 获得的每个数值计算单位面积的失重速率 v 的算术平均值。

允许相对偏差范围，主要取决于试样的数量，见表 1。

表 1　允许相对偏差范围

试样的数量/个	允许最大相对偏差（以最低值的百分比来表达,%）
2	30
3	37
4	42

如测试两个试样，其两个试样测量值的相对偏差小于或等于 30%，试验结束。

如果相对偏差大于 30%，但小于或等于 37% 或 42%，分别加试一个或两个附加试样，然后从所有 3 个或 4 个单个数值中计算算术平均值。否则，用新的试样重新试验。

7.2.2 侵蚀速率

由 7.2.1 获得的单位面积失重速率 v 的算术平均值计算平均侵蚀速率 w：

$$w = 3.504v \tag{2}$$

式中　w——平均侵蚀速率（mm/a）。

注：式（2）中，假定搪瓷是一种均质材料，密度为 $2.5g/cm^3$。

8 盐酸高压釜（锅）试验

8.1 总则
按照 6.1 描述的步骤进行试验。

8.2 试验溶液
20%（质量分数）盐酸溶液，密度范围 1.097g/mL～1.099g/mL（用比重计进行测量，见 4.6）。每次试验都应使用新配制的盐酸溶液。

溶液应用符合 ISO 3696 的 2 级水进行配制，其二氧化硅的含量不能大于 $0.1×10^{-3}$ g/L。

8.3 试验温度
试验温度应为 140℃±1℃。

8.4 试验报告
试验报告应包含下列内容：

a) 试样的必要信息。

b) 依据 GB/T 9989 本部分中第 8 章，如试验依据 GB/T 9989.5 中第 8 章——盐酸高压釜（锅）试验。

c) 试验样品数量。

d) 在同一试验容器中，同时进行试验的试验样品数量。

e) 试验结果包括：
——单位面积的失重速率，单位 $g/(m^2·h)$，给出单个数值和算术平均值；
——平均侵蚀速率，单位 mm/a。

f) 任何与规定程序的偏离。

g) 试验中观察到的异常特征。

h) 试验日期。

9 热氢氧化钠溶液试验

9.1 总则
如 6.2 描述的在恒温水浴容器中加热塑料瓶进行试验。

9.2 试验溶液
使用氢氧化钠溶液 [$c(NaOH)$=1mol/L]：将 40g 分析纯氢氧化钠溶解在符合 ISO 3696 的 2 级水中，加水稀释至 1L。

每次试验都应使用新配制的试验溶液，试验前，应将试验溶液保存在一个密封容器中。

9.3 试验温度
试验温度应在 80℃±0.1℃。

9.4 试验报告
试验报告应包含下列内容：

a) 试样的必要信息。

b) 依据 GB/T 9989.5 中第 9 章，如试验依据 GB/T 9989.5 中第 9 章——热氢氧化钠溶液试验。

c) 试验样品数。

d) 用下面两种方法之一，获得试验结果：

——计算单位面积的失重速率，单位为 g/(m²·h)，给出单个数值和算术平均值；

——单位面积的失重速率，单位为 g/(m²·h)，精确到 1×10^{-4} g/(m²·h)，给出单个数值和算术平均值［如果单位面积的失重速率小于 0.005g/(m²·h)，用"低于检测灵敏度"表示，并给出平均侵蚀速率（见7.2.2），单位为 mm/a，精确到 0.01mm/a］。

e) 任何与规定程序的偏离。

f) 试验中观察到的异常特征。

g) 试验日期。

10 模拟溶液试验

10.1 总则

按照 6.1 或 6.2 描述的步骤进行试验。

10.2 试验溶液

事先确定的试验溶液应采用去离子水、二氧化硅的含量不大于 0.1×10^{-3} g/L 的蒸馏水和分析纯试剂进行配制。

10.3 试验温度

试验温度应事先确定，并记录在试验报告中。

10.4 试验报告

试验报告应包含下列内容：

a) 试样的必要信息。

b) 依据 GB/T 9989.5 中第 10 章，如试验依据 GB/T 9989.5 中第 10 章——模拟溶液试验。

c) 试验溶液的描述。

d) 试验温度。

e) 试验样品数量。

f) 置于同一个试验容器且同时进行试验的样品数量。

g) 试验结果获得如下：

——单位面积失重速率，单位为 g/(m²·h)，给出单个数值和算术平均值；

——平均侵蚀速率，单位为 mm/a。

h) 任何与规定程序的偏离。

i) 试验中观察到的异常特征。

j) 试验日期。

11 工艺流体试验

11.1 总则

按照 6.1 或 6.2 描述的步骤进行试验。

11.2 试验溶液

试验溶液的组成应事先确定，并记录在试验报告中。

注：用工艺流体进行试验时，即使很小部分特定组成也会阻止或加速失重的速率，二氧化硅和释放二氧化硅的材料的阻止效果是一个众所周知的例子。

11.3 试验温度

试验温度应事先确定，并记录在试验报告中。

11.4 试验报告

试验报告应包含下列内容：
a) 试样的必要信息。
b) 依据 GB/T 9989.5 中第 11 章，如试验依据 GB/T 9989.5 中第 11 章——工艺流体试验。
c) 试验溶液的描述。
d) 试验温度。
e) 试验样品数量。
f) 置于同一个试验容器且同时进行试验的样品数量。
g) 试验结果获得如下：
——单位面积失重速率，单位为 $g/(m^2 \cdot h)$，给出单个数值和算术平均值；
——平均侵蚀速率，单位为 mm/a。
h) 任何与规定程序的偏离。
i) 试验中观察到的异常特征。
j) 试验日期。

附 录 A
（资料性附录）
注 释

本部分并没有详细规定试验设备，但是容许使用者设计试验容器，试验容器应满足具体产品的特定要求（试验溶液）或特定的操作过程。

为了确保不同试验容器获得的结果具有重复性，在试验方法中最大的允许测量偏差应该限制在不大于可能来自真值的测量值的最大相对偏差：对于 GB/T 9989 的本部分给定的试验参数，可简化为，由来自规定数值的试验温度的允许偏差来决定测量的最大偏差。如果考虑到 GB/T 9989 的本部分规定允许范围，其他影响量（例如，体积/表面积比例和压力等）对结果的影响相对较小。

温度与侵蚀速率的相互关系可以通过 Arrhenius 建立的简单分析关系来描述。该结果表明，当温度在 100℃～180℃ 范围内与规定的值最大温度偏差 1℃，最大的相对偏差为 10%。相对测试偏差与试验温度成反比关系，因此，技术上要求耐侵蚀限量以 0.1mm/a 表示的重要侵蚀速率的测定应该精确到 0.01mm/a。

试验方法的准确度可以通过最大的测量误差来确定，最大的测量误差来自每个测量参数的最大测量误差（如失重、试验周期和侵蚀面积），它可以依照误差传递法则直接从最大的相对测量误差中计算得到：

$$\frac{\Delta v}{v} = \frac{\Delta A}{A} + \frac{\Delta t}{t} \qquad (A.1)$$

式中，A、t 和 v 是按照 7.1 进行定义。

对于 GB/T 9989 的本部分规定的试验周期的最大测量相对误差为 0.35%。因此来自失重和搪瓷侵蚀面积总的最大测量误差不应大于 9.65%。

由于按 5.3 和 6.3 的规定称量失重的测定所产生的测量不确定性，对于规定表面积为 $25cm^2$ 的所有面涂搪的圆柱形测试棒来讲，其最大测量误差为 $2.1cm^2$。如果规定表面积仅 $11cm^2$，面积的最大测量误差应在 $0.8cm^2$ 以内。在试验溶液中，直径 40mm 圆圈规定的大致侵蚀区域，测定面积的最大测量误差应在 $0.9cm^2$ 以内（测定直径的最大测量误差应该在 0.7mm 以内）。

当搪瓷侵蚀发生在化工过程中，应区分试验在液相中还是试验在气相中。在给定化工过程条件下，液相中的最大侵蚀速率可以用 GB/T 9989 的规定的试验方法来测定。当试样的体积与其搪瓷侵蚀面积比例不大于 40cm，并且体积不大于 $6m^3$ 的情况下，试验获得的侵蚀速率代表了在化工过程中使用的搪瓷容器和器具的侵蚀速率。

试验（尝试性）测定气相中的最大侵蚀速率仍然存在一定问题，主要是测量试验温度和冷凝液的量比较困难。如果冷凝液的组成是已知的，可以通过使用分析纯试剂制备一个对应的冷凝液组成的溶液，并用它作为液相，来大致测定其最大的侵蚀速率。

第七节　搪瓷耐热性测试方法

一、概论

搪瓷材料是由金属和玻璃质无机材料经高温烧制而成的，具有一定的耐热性，用于制造有一定耐热要求的搪瓷灶具、烧烤器等制品，具有加热快、受热均匀、耐高温、储热性能好、卫生、不易变形、密封性好、可装饰、易清洁等特点而广受消费者欢迎。耐热性是搪瓷制品重要的性能指标，耐热性的高低，决定了搪瓷制品的使用范围和使用寿命。

GB/T 11418—1989《搪瓷耐热性测试方法》参照采用 ISO 4530《搪瓷耐热性测试方法》制定，于 1989 年 7 月 4 日发布，1990 年 2 月 1 日实施。

二、标准主要特点与应用说明

1. 标准的特点

该标准规定了搪瓷制品耐热性的测试方法，适用于搪瓷灶具、烧器等制品的耐热性测试。

（1）试样　瓷面完好无损的搪瓷制品，且不应有鱼鳞爆、剥瓷、裂纹等缺陷。

（2）试验步骤

1）以 30℃/min～40℃/min 的升温速率加热试样到规定温度。

2）保温一定时间。

3）自然冷却至室温。

4）检查试样瓷面损坏情况。

5）若第一次试验后瓷层损坏，则试验终止；若第一次试验后瓷层未见损坏，则重复上述步骤若干次，达到有关产品标准规定的耐热次数或直至试样瓷层出现损坏为止。

（3）试验结果　试验结果应包括规定温度、加热方式、测温部位、保温时间、加热冷却次数和试样损坏情况等内容。

2. 标准的应用

该标准方法是将试样加热至一定温度并保温一段时间后使其冷却至室温，瓷层若出现损坏则终止试验,若未见损坏则重复试验若干次后终止试验,或重复试验若干次直至试样瓷层出现损坏为止。

一般情况下,假如还没有产品标准明确产品耐热性的具体操作规定,而对产品耐热性又有一定要求,企业可借助锡箔或铅箔来进行产品耐热性的检验。

将被测试样底部粘上锡箔,锡箔的熔点为232℃,按标准要求进行加热。待锡箔完全熔化,在此温度下再经15℃室温水降温,检查试样若无裂纹、掉瓷等损坏,可认为该试样耐热温度可达232℃,可以认为达到有耐热要求的普通日用搪瓷的要求。

三、标准内容(GB/T 11418—1989)

搪瓷耐热性测试方法

本标准参照采用 ISO 4530《搪瓷耐热性的测定》。

1 主题内容与适用范围

本标准规定了搪瓷制品耐热性的测试方法。

本标准适用于测试搪瓷灶具、烧器等制品的耐热性。

2 测试原理

试样加热至一定温度并保温一段时间后使其自然冷却至室温,瓷层若出现损坏则终止试验,若未见损坏则重复试验若干次后终止试验,或重复试验若干次直至试样瓷层出现损坏为止。

3 仪器

3.1 加热器

加热器可采用直接加热或辐射加热两种方式。

3.2 测温装置

试样的加热温度用表面温度传感器测定,测温装置的精度为±5℃。

3.3 如采用直接加热法,推荐采用如附录A(参考件)所示的加热装置和测温装置。

3.4 其他器具

a)秒表;

b)麂皮或软质纱布。

4 试样

4.1 试样采用搪瓷制品,其瓷面应完好无损,且不得有鱼鳞爆、剥瓷和裂纹等缺陷(必要时可用墨水擦拭法检查瓷面裂纹)。

4.2 试样不得经受过任何物理化学试验。

5 试验步骤

5.1 将试样加热至规定温度。规定温度按下式确定:

$$T = (t \pm 5℃) + 50℃$$

式中 T——规定温度数值(℃);

t——试样实际使用时的最高允许温度数值(℃)。

5.2 加热时的升温速率为30℃/min~40℃/min。

5.3 试样受热达到规定温度后保温一定时间,然后从加热器上取下试样,置于石棉板上使其自然冷却至室温（18℃~28℃）。

5.4 检查试样瓷层的损坏情况（包括剥瓷、裂纹等），必要时可用墨水擦拭法检查裂纹。

5.5 若第一次试验后瓷层出现损坏，则停止试验；若第一次试验后瓷层未见损坏，则重复 5.1~5.4 条的步骤试验若干次，达到有关产品标准规定的耐热次数或直至试样瓷层出现损坏为止。

6 试验报告

试验报告应包括下列内容：

a）试样类型、规格尺寸、数量；
b）试验所采用的标准号和标准名称；
c）试验日期；
d）试验结果（包括规定温度、加热方式、测温部位、保温时间、加热冷却次数和试样损坏情况等）。

附 录 A
直接加热装置和测温装置
（参考件）

A.1 加热器

直接加热器采用一定直径和功率的电热炉，电热炉上配有导热性能良好的导热板，导热板上铺垫一层粒度为 0.1mm~0.125mm 的铜颗粒。

A.2 测温装置

A.2.1 试样的加热温度采用表面温度传感器和温度显示器测定。

A.2.2 温度传感器

温度传感器由四只端面铂电阻串并联组成，铂电阻串并联结构如图 A.1 所示：

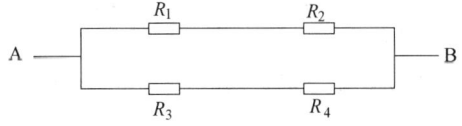

图 A.1 铂电阻串并联结构

R_1、R_2、R_3、R_4—端面铂电阻　A、B—温度传感器输出端

A.2.2.1 温度传感器输出端 A、B 同温度显示器输入端的连接应采用三线制，以减少连接导线电阻对测试的影响。

A.2.2.2 端面铂电阻的技术参数应符合表 A.1 的规定。

表 A.1 端面铂电阻的技术参数

等级	R_0/Ω	$W(100)$	适用范围/℃	热响应时间/s
B	100	1.3850	≤500	≤0.5

注：R_0 为铂电阻在 0℃时的电阻值；$W(100)$ 为铂电阻在 100℃时的电阻值与在 0℃时的电阻值之比。

A.2.3 温度显示器

温度显示器采用数字温度仪，其技术性能应同 A.2.2 条规定的温度传感器的技术参数相匹配，其精度为±1℃。

第八节 搪瓷炊具 耐温急变性测定方法

一、概论

搪瓷的耐热急变性就是搪瓷层经受温差急变而不至损坏的性能,也就是搪瓷材料的热稳定性,对于搪瓷炊具尤为重要,决定了搪瓷炊具的使用寿命。搪瓷炊具受热时,搪瓷层与金属材料发生热膨胀。当搪瓷层的膨胀系数比金属大时,炊具在冷却过程中搪瓷层就比金属收缩的幅度大,搪瓷层就受到来自金属坯的张应力。当这种张应力大于搪瓷层的抗张强度时,就会产生裂纹。如果搪瓷层的膨胀系数比金属小,则搪瓷层比金属坯收缩得慢,搪瓷层就受到压应力。当这个压应力大于搪瓷层的抗压强度时,就产生脱瓷。搪瓷层对于张应力尤其敏感,随着在热震期间的温差增加,涂搪制品损坏的可能性在增加。因此,耐温急变性试验以热震温度递增的形式进行。搪瓷耐热急变性能不仅与材料的热膨胀性能有关,还受瓷层厚度、弹性、导热性、抗张强度、炊具的几何形状等因素的影响,是这些性能的综合表现。

为适应搪瓷耐温急变性测定的需要,我国于1989年制定了《搪瓷耐温急变性测定方法》。2008年进行修订。GB/T 11419—2008等同采用ISO 2747:1998《搪瓷炊具 耐温急变性测定方法》,与GB/T 11419—1989相比,增加了如何判定搪瓷损坏的定义,试验步骤描述更合理,增加了资料性附录A。

GB/T 11419—2008《搪瓷炊具 耐温急变性测定方法》于2008年12月23日发布,2009年6月1日实施。

二、标准主要特点与应用说明

1. 标准的特点

该标准规定了搪瓷炊具耐温急变性的测定方法。通过连续的热震试验测定搪瓷炊具在温度突然变化条件下的性能。

(1) 试样 瓷面完好无损的搪瓷制品,且不应有鱼鳞爆、剥瓷、裂纹等缺陷。至少应测试三个试样。

(2) 试验步骤 用已预热的电热炉加热试样,试样从开始加热到达到试验温度的时间应不少于5 min。

第一次热震试验,将试样加热至200℃±5℃时,在试样内倾注30mm深度、20℃±1℃的水,随后在5s±1s内将试样浸没于贮有20℃±1℃水的容器中迅速冷却。当试样达到23℃±1℃室温时,取出试样,倒空试样中的水,擦干,检查试样有无损坏。如果试样未损坏,则再次加热至第二次热震温度220℃±5℃。

若试样在加热期间出现损坏,则试验结束,试样热震温度取200℃。此时应选定一个低于200℃的温度进行进一步试验,并在试验报告中介绍。

若试样通过第一次试验未损坏,则在220℃±5℃下重复上述冷却步骤进行第二次试验。当试样再次加热时,应加热至240℃±5℃,试样此时若出现损坏,则该试样的热震温度为220℃。

如果试样没有出现损坏,则试验按如前所述继续进行。两次连续试验间温度增加20℃,

直到试样出现损坏。

（3）试验结果　计算各试样出现第一次损坏的热震温度算术平均值。若三个试样试验中的某个试验数据与平均热震温度之差大于50℃，则应增加测试两个相同的试样，计算五个试样试验数据的算术平均值。

计算所得平均热震温度减去水温（20℃）为该试样的平均耐温急变性值。

2. 标准的应用

耐热性能好是搪瓷材料的特性之一。搪瓷材料用于制作烹饪、烧烤器具，既美观清洁又经久耐用，并具有受热均匀、保温性能好、耐压、耐腐蚀等优点，广受市场的欢迎。

虽然搪瓷耐高温，但是烧热后迅速冷却容易导致损坏。搪瓷烹饪、烧烤器具在使用过程中因为温度的急剧变化会在瓷层中产生应力，若产品质量控制不当，容易导致出现瓷层破裂的隐患。选择热震试验是因为搪瓷中的裂纹常常是非常细微、肉眼很难看得见，然而在之后的加热过程中就能辨认出这些裂纹，因为残留在裂纹中的水在再加热时迅速蒸发并引起附近的搪瓷碎裂。因此，将在瓷层刚好出现损坏之前的热震温度作为评价该瓷层耐温急变性的评估值。

搪瓷炊具耐温急变性试验由递增温度为20℃的一系列单次热震试验组成，各次热震试验从外面加热试样，然后用20℃的水倾入试样内部骤冷。

通过连续的热震试验测定搪瓷炊具在温度突然变化条件下的性能。

第一次试验的热震温度为200℃。出现第一次可见的损坏时试验结束。

三、标准内容（GB/T 11419—2008）

搪瓷炊具　耐温急变性测定方法

1　范围

本标准规定了搪瓷炊具耐温急变性的测定方法。通过连续的热震试验测定搪瓷炊具在温度突然变化条件下的性能。

2　术语和定义

下列术语和定义适用于本标准。

2.1　热震试验　thermal shock test

从将冷水注入加热的试样内部开始，到再加热试样到下一阶段热震试验所需温度结束的一系列操作。

2.2　热震温度　thermal shock temperature

试样用冷水骤冷之前所加热到的温度。

2.3　耐温急变性　thermal shock resistance

试样在用冷水骤冷或再加热时出现第一次损坏的热震温度与水温之差。

2.4　损坏　damage

在正常视觉条件下，距离试样250mm，在搪瓷瓷面上可见剥瓷或裂纹，或可见有色液体渗进瓷层。

3　原理

由递增温度为20℃的一系列单次热震试验组成，各次热震试验从外面加热试样，然后用20℃的水倾入试样内部骤冷。

第一次试验的热震温度为200℃。出现第一次可见的损坏时试验结束。

4 仪器

4.1 电热炉

电热炉温度应能全程控制，其直径和最大输出功率应符合表1的规定。

表1 电热炉的直径和最大输出功率

试样内径/mm	电热炉	
	直径/mm	最大输出功率/W
≤180	145	1000±100
>180~220	180	1500±150
>220	220	2000±200

为克服试样底部不平坦，电热炉上应覆盖一填满粒度为0.100mm~0.125mm铜粒的环。

4.2 测温装置

能快速显示，精度为2℃。

4.3 温度计

用于测量水温。

4.4 麂皮、软布或手巾纸

4.5 贮水容器

4.6 秒表

5 试样和取样

5.1 应采用未经受过任何物理化学试验的试样。

5.2 试样在交付批中应有代表性，取样方案应经相关各方同意。

5.3 至少应测试三个试样。

6 试验步骤

6.1 概述

注：附录A提出了本标准规定的试验条件的基本选择依据。

每次热震试验，用20℃±1℃的水倾入试样，如有可能，水的深度要达到30mm。若倾入试样的水不能达到30mm的深度，应在试验报告中记录实际深度。应确保可提供更多的20℃±1℃的水（见6.2.1）。

用已预热的电热炉（4.1）加热试样，控制电热炉的最大输出值，该最大输出值应确保试样从开始加热起，至达到试验温度的时间不小于5min。

测量温度在试样的内底部，距离试样侧面四分之一内径处。

6.2 第一次热震试验

6.2.1 当温度达到200℃±5℃（热震温度）时，向试样内部一次倾注30mm深度、20℃±1℃的水。随后在5s±1s内自电热炉上取下试样，用温度为20℃±1℃的水充满试样内部，并将试样全部浸入贮有温度为20℃±1℃水的贮水容器中迅速冷却。当试样达到室温（23℃±1℃）时取出试样，倒空试样中的水，用麂皮、软布或手巾纸（4.4）擦干试样，并检查试样是否损坏（2.4）。

6.2.2 如果试样未见损坏，则将试样加热至220℃±5℃（第二次热震试验的热震温度）。

如在加热期间出现损坏，则本次试验完成。在这种情况下，就取200℃为该试样的热震温度。此时，应选定一个低于200℃的加热温度为第一次试验温度，对试样做进一步试验，并在试验报告中加以陈述。

6.3 第二次及其后的试验

6.3.1 如果试样通过第一次试验未损坏，则在220℃±5℃的温度下重复6.2.1试验步骤进行第二次试验。当按6.2.2加热时，此刻加热温度应达到240℃±5℃。如果出现损坏，试验结束，则该试样的热震温度为220℃。

6.3.2 如果没有出现损坏，则试验按如前所述继续进行，两次连续试验间温度增加20℃，直到试样出现损坏。

7 结果表述

7.1 平均热震温度

计算各试样第一次出现损坏的热震温度的算术平均值。

若三次试验中的某个试验数据与平均热震温度之差大于50℃，则应增加测试两个相同的试样，然后计算该五个试验数据的算术平均值。

7.2 平均耐温急变性

由按7.1计算所得的平均热震温度减去水温（20℃）为平均耐温急变性值。

8 试验报告

试验报告应包括下列内容：

a) 本国家标准号，如"按照GB/T 11419—2008测定"；

b) 样品描述（形状、内径、瓷层厚度、容积、质量、商标）；

c) 所用的取样方案；

d) 所测试样数量；

e) 电热炉的直径、最大输出功率和是否盖环；

f) 搪瓷首次出现损坏的热震温度（单个值和平均值）；

g) 平均耐温急变性值；

h) 搪瓷损坏的类型，必要时附上损坏的照片；

i) 热震试验时如果试样内注水无法达到30mm深度时，注明注入水的深度。

附 录 A
（资料性附录）
确定本标准试验条件的依据

一个涂覆完成的搪瓷涂层通常处于要求的压应力下，在使用状态下应力或多或少会改变。例如：炊具在加热和冷却过程中，其搪瓷层对于张应力尤其敏感，随着在热震期间的温差增加，其涂搪制品损坏的可能在增加。因此，耐温急变性试验以热震温度递增的形式进行。然而，张应力的产生和大小不仅仅取决于热震，还受许多其他因素的影响，特别是搪瓷层与金属材料的膨胀系数、瓷层厚度、弹性模量和导热性。

选择热震试验（2.1）是因为搪瓷中的裂纹常常是非常细微很难看得见，然而在之后的加热过程中，就能辨认出这些裂纹，因为残留在裂纹中的水在再加热时迅速蒸发（见

6.2.1) 并引起附近的搪瓷碎裂。因此，将在瓷层刚好出现损坏之前的热震温度作为评价该瓷层耐温急变性的评估值。

第九节 搪瓷光泽测试方法

一、概论

搪瓷的光泽度就是瓷面反射光的能力。瓷釉涂搪在金属坯体上兼备了金属的强度和瓷釉华丽的外表，瓷釉层赋予制品以瓷玉质感、色彩靓丽的外表装点人们的生活。搪瓷的光泽可以是衡量瓷面美观程度的一个指标。一般光泽度过低，不仅会影响制品的外观质感，理化性能也会受到影响。

但现在人们已经摈弃了光泽度越高越美的观念，每一件制品结合其造型、色泽配以最佳范围内的光泽度才能显现作品的魅力。彩色亚光釉，由于烧成过程中大量析出高折光率的微晶给人以柔和高雅的亚光感觉，其光泽范围就要规定在一个较低的范围。生产厂商可以根据实际的需求，对不同的搪瓷制品设定独特的光泽度指标。

搪瓷的光泽度主要取决于搪瓷材料的表面状态。而表面状态与搪瓷釉料的化学组成、表面张力、黏度及烧成工艺有很大的关系。熔制过度和熔制不透都会降低制品瓷面的光泽度。

为了正确评定搪瓷光泽度，需要使用专门的光泽度测量仪进行测定。

GB/T 11420—1989《搪瓷光泽测试方法》制定时，参考了日本工业标准 JIS Z 8741《镜面光泽度测定方法》和美国材料试验学会标准 ASTM C 346《陶瓷材料的45°镜面光泽标准测试方法》。GB/T 11420—1989 于1989年7月4日发布，1990年2月1日实施。

二、标准主要特点与应用说明

1. 标准的特点

该标准规定了搪瓷制品瓷层表面光泽的测试方法，适用于定量测试各类搪瓷制品瓷层表面的光泽。

（1）测量装置　采用45°小光斑光泽仪。仪器的光源应为无偏振性的 D65 光源，入射的光束应为平行光束。

光泽探测头的测量窗口为正方形，其尺寸应不大于 5mm×5mm，窗口边缘宽度应不大于 1mm。

仪器的技术要求应符合标准规定的指标。

（2）标准板　该标准测试的标准板分为三类：

1）基准标准板。折射率为 1.567 的光滑黑玻璃，其光泽定为 100 光泽单位。

2）一级标准板。以已知折射率的光滑黑玻璃制成，其光泽值由基准标准板和标准光泽仪标定。

3）工作标准板。以陶瓷、玻璃或搪瓷等材料制成，其光泽值由基准标准板或一级标准板标定。

（3）试样　待测样品表面应充分洁净平整，必要时可使用脱脂剂。试样类型及测试部位应符合标准规定的指标。

（4）测试步骤　用一级标准板和工作标准板完成仪器的校验，其稳定性、准确度、测试重复性和回零重复性应满足标准规定的要求。

将完成校验的仪器探测头置于测试部位，逐个测得各点的光泽值。

（5）试验结果　计算每个试样的光泽算术平均值，以此作为该试样的光泽测试结果。

2. 标准的应用

该标准的搪瓷的镜面光泽（简称光泽），指对于入射角为45°的试样表面的镜面反射光强与在相同条件下折射率为定值的光滑黑玻璃表面的镜面反射光强之比。

搪瓷制品生产加工的过程中，由于搪瓷釉原料成分与烧制工艺的差异，很可能导致搪瓷制品表面光泽程度发生变化。如果搪瓷制品光泽度过低，会影响其整体的外观质感。

搪瓷材料的光泽度对确定搪瓷产品的应用范围、衡量搪瓷产品光泽度一致性程度有着重要影响。随着生产技术的发展，搪瓷光泽测试仪器的不断开发，行业对试验方法的操作程序控制、试验结果的准确性要求不断提高。

GB/T 11420—1989《搪瓷光泽测试方法》标准已实施三十余年，在近年来的实施过程中发现，标准中规定的测量角、测量窗口尺寸等内容已限制了测量范围的拓宽。该测试方法标准正在修订，将考虑增加60°测量角度试验方法，仪器的测试窗口也将有所放大。

三、标准内容（GB/T 11420—1989）

搪瓷光泽测试方法

1　主题内容与适用范围

本标准规定了搪瓷制品瓷层表面光泽的测试方法。

本标准适用于定量测试各类搪瓷制品瓷层表面的光泽。

2　术语、符号

2.1　反射比

在一定的入射角和反射角条件下，从试样表面反射的光强同入射光强之比。

2.2　镜面反射

物体经试样反射后能够成像的反射过程。

2.3　镜面反射比

镜面反射中，反射光强与入射光强之比。

2.4　镜面光泽 $[G_s(\theta)]$

试样的镜面光泽用公式表示为：

$$G_s(\theta) = (\varphi_s/\varphi_{os})G_{os}(\theta)$$

式中　$G_s(\theta)$——试样的镜面光泽；

φ_s——试样的反射光强；

φ_{os}——标准板的反射光强；

$G_{os}(\theta)$——标准板的镜面光泽。

3　测试原理

搪瓷的镜面光泽（简称光泽），指对于入射角为45°的试样表面的镜面反射光强与在相同条件下折射率为定值的光滑黑玻璃表面的镜面反射光强之比。

4 标准板

4.1 基准标准板

镜面光泽的基准标准板是折射率为 1.567 的光滑黑玻璃,基准标准板的镜面光泽定为 100 光泽单位。

4.2 一级标准板

镜面光泽的一级标准板是以已知折射率的光滑黑玻璃制成,其镜面光泽值由基准标准板和标准光泽仪标定。

4.3 工作标准板

镜面光泽的工作标准板以陶瓷、玻璃或搪瓷等材料制成,其镜面光泽值由基准标准板或一级标准板和标准光泽仪标定。

4.4 计量检定

标准板须按有关计量检定规程定期进行计量检定。

5 仪器

5.1 仪器构成

a) 光泽探测头;
b) 读数装置。

5.2 光学原理图

光泽探测头的光学原理如图 1 所示:

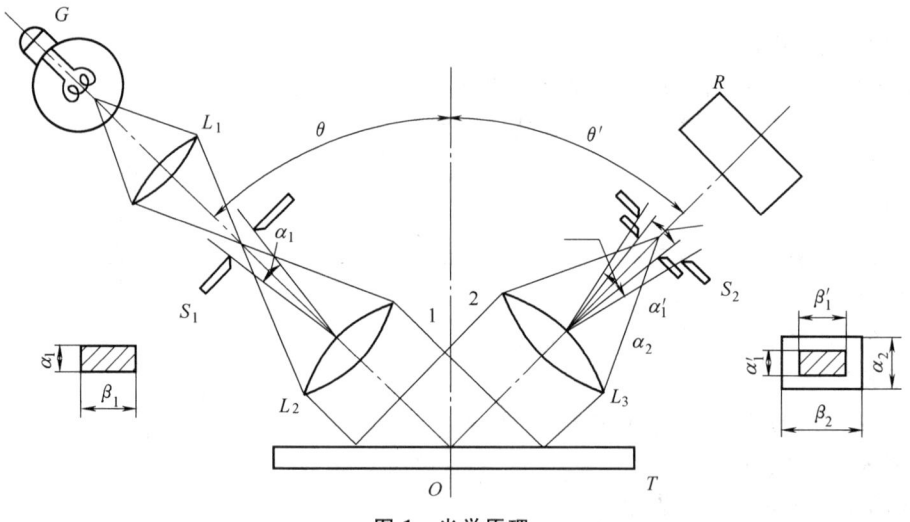

图 1 光学原理

G—光源 L_1、L_2—入射透镜 S_1—入射光阑 θ—入射角 α_1—入射光阑张角(入射面内) β_1—入射光阑张角(垂直面内) R—反射光接受器 L_3—反射透镜 S_2—接受光阑 θ'—反射角 α_1'—S_1 像的张角(入射面内) β_1'—S_1 像的张角(垂直面内) α_2—接受光阑张角(入射面内) β_2—接受光阑张角(垂直面内) T—试样 1—入射光束 2—反射光束

5.3 仪器的技术要求

5.3.1 光泽探测头的技术要求

5.3.1.1 光源为无偏振性的 D_{65} 光源,入射于试样上的光束应为平行光束。

5.3.1.2 光泽探测头的光学几何条件应符合表1的规定。

表1 光学几何条件 ［单位：（°）］

入射角 （θ）	反射角 （θ'）	入射光阑像的张角		接受光阑张角	
		入射面内（α_1'）	垂直面内（β_1'）	入射面内（α_2）	垂直面内（β_2）
45±0.2	θ±0.1	0.75±0.25	2.5±0.5	4.4±0.1	11.7±0.2

5.3.1.3 入射光阑位置应在入射透镜的焦平面上，接受光阑位置应在反射透镜的焦平面上。入射光阑的像应清晰地成在反射光阑的中央位置。

5.3.1.4 入射光学系统和反射光学系统的光轴应在试样面上相交。

5.3.1.5 反射光束接受器为接近人眼视觉函数的光电池（例如硒光电池或配有相应滤色片的硅光电池）。

5.3.1.6 光泽探测头的测量窗口须充分平整，测量窗口的周边置于标准板表面时应不漏光。测量窗口为正方形，其规格尺寸应不大于5mm×5mm，窗口边缘宽度应不大于1mm。

5.3.2 读数装置的技术要求

5.3.2.1 读数装置应能对由接受器接收到的反射光强进行线性转换和放大，并以数字显示读数。

5.3.2.2 读数装置的最小分格应达到0.1光泽单位，显示范围为0~199.9光泽单位。

5.3.3 仪器的综合技术要求应符合表2的规定。

表2 综合技术要求

项目名称	指标范围	备注
稳定性	10min内≤0.5光泽单位	用一级标准板和工作标准板校验
准确度	±1.5光泽单位	在测量范围60光泽单位~120光泽单位内，用一级标准板和工作标准板校验
测试重复性	≤0.7光泽单位	用平整的搪瓷样板校验
回零重复性	≤0.1光泽单位	仪器预热30min后评定

6 测试步骤

6.1 仪器校验

6.1.1 接通仪器电源，并使之稳定30min左右。

6.1.2 将光泽探测头的测量窗口置于专用的开有尺寸为6mm×6mm×5mm凹坑的粘贴有黑丝绒的板上，调节读数装置的"调零"旋钮，使显示读数为零。

6.1.3 将光泽探测头的测量窗口置于一级标准板上，调节读数装置使显示读数为一级标准板的标称光泽值，重复6.1.2条和本条的步骤，仪器的零点和标称值显示均应稳定。

6.1.4 将光泽探测头的测量窗口置于工作标准板上，仪器的读数显示应符合工作标准板的标称光泽值。若显示值同标称值之差超过5.3.3条规定的指标，应重复上述步骤进行校验，必要时应使用标准光泽仪重新标定工作标准板和一级标准板的标称光泽值及对光泽仪进行检定。

6.2 试样测试

6.2.1 试样要求

待测试样的测试部位应充分洁净，测试前可用吹灰球吹去尘埃，必要时用清洁软纱布沾上镜头清洗剂后擦去表面的油污杂质。

6.2.2 试样类型及测试部位应符合表 3 的规定。

表 3　试样类型及测试部位

试样类型	测试点数	测试部位
最大平整部分直径 >150mm	8	以平整部分中心为圆心,50mm 为半径的圆周上的 4 个平分点,以及以 25mm 为半径的同心圆周上的 4 个平分点为测试点
最大平整部分直径 <150mm	4	以平整部分中心为圆心,25mm 为半径的圆周上的 4 个平分点为测试点

注：必须避免在明显的凹坑、凸点或其他缺陷处选择测试点。

6.2.3 具体步骤

6.2.3.1 按 6.2.1 条和 6.2.2 条要求处理试样及选择测试部位后,将经过仪器校验步骤的光泽探测头的测量窗口置于测试点上,逐个读出各点的光泽显示值。

6.2.3.2 计算每个试样的光泽显示值的算术平均值,以此算术平均值作为该试样的光泽测试结果。测试结果精确到 1 光泽单位。

7　试验报告

试验报告应包括以下内容：

　　a）试样类型、规格尺寸、数量；

　　b）测试所采用的标准号及标准名称；

　　c）测试日期；

　　d）测试结果。

第十节　铝搪瓷　在电解液作用下铝上瓷层密着性的测定（剥落试验）

一、概论

搪瓷是将无机玻璃质材料通过熔融密着于基体金属表面上并与金属牢固结合在一起的复合材料,所以它具有玻璃的稳定性和金属的强度的双重优点,是一种优良的耐腐蚀材料。铝搪瓷,就是以铝及铝合金作为基体金属与无机质玻璃釉的结合体。铝搪瓷色彩艳丽,易清洁,且具有一定的耐冷热急变性。铝搪瓷开始时作为外部建筑装饰制品应用较多。随着人民生活水平的日益提高,人们对厨房用品具有了较高的要求,不但注重实用性,而且要求厨具内部易清洁,外观美观大方。铝搪瓷产品满足了当代人们对美好生活的完美追求,所以逐渐应用于厨房器皿的内外涂层、实用艺术品、家庭日用品和杂品的装饰,如熨斗、烤面包器的配件,还用于内墙瓷砖式装饰块板、橱柜面板、线圈等。

搪瓷的密着强度是衡量搪瓷材料质量的独特而重要的指标。瓷釉和基体金属作为两种结构和组成均不相同的材料之间相互浸润而结合,其结合的牢固程度也就是搪瓷的密着强度,对搪瓷制品性能的提高尤为关键。很少有两种化学和物理性能截然不同的材料复合后能像搪瓷材料具有这么多功能。两者的结合,使两种材料的缺点互相补偿,优点得到了很好的体现。

GB/T 19354—2003《铝搪瓷　在电解液作用下铝上瓷层密着性的测定（剥落试验）》修改采用 ISO 13805：1999（E）《铝搪瓷　在电解液作用下铝上瓷层密着性的测定（剥落试验）》制定，于 2003 年 10 月 29 日发布，2004 年 5 月 1 日实施。

二、标准主要特点与应用说明

1. 标准的特点

该标准规定了一种以加速试验测试铝和铝合金上的搪瓷层在湿气暴露或气候老化暴露中的耐剥落性能的方法。因为剥落是由于搪瓷层与基体金属之间密着不佳而引起的，因此剥落试验也是一种密着性试验。在该试验中剥落的程度越严重，则制件在使用中剥落的可能性越大。

（1）试验溶液　试验溶液为工业纯三氯化锑（$SbCl_3$）水溶液，浓度为 10g/L。

（2）试样　试样可以为一件产品或其中一部分，也可以是特制试样。试样应洁净，无油脂或类似杂质。试验前，在试样上至少切割制备一个与试样表面呈约 90°的棱边；用钢柱在整个试样表面刻一个划透到基体金属的十字叉刻痕。

（3）试验步骤　将试样悬挂并浸没于盛有试验溶液的尺寸适宜的容器中，浸渍 20h，每平方厘米试样表面积至少需要 3mL 试验溶液，溶液温度为 18℃~28℃。

取出试样，清洗并擦拭，去除疏松的碎搪瓷，然后在空气中干燥。

试验溶液除与试样接触外，不应与其他金属接触。

（4）试验结果　目测试样，在试验报告中按要求描述试样损伤类型。

2. 标准的应用

搪瓷密着强度是衡量搪瓷制品品质的重要指标。搪瓷制品密着性能受基体金属性能、釉料成分、涂搪工艺、搪烧温度和时间等因素的影响。

搪瓷密着性能的测试可供生产者根据试验结果，综合考虑在实际生产过程中搪瓷制品的结构特点、性能和环境要求，以制定合适的工艺增强瓷釉的密着强度。

铝搪瓷瓷层的剥落是由于密着性不佳而导致搪瓷层与铝材基体分离的一种缺陷。因此，剥落试验可用以控制搪瓷工艺质量，其中包括瓷釉的配方、涂搪前铝材基体金属的预处理、涂搪和烧成的工序，以及铝合金基体材料的选用。

三、标准内容（GB/T 19354—2003）

铝搪瓷　在电解液作用下铝上瓷层密着性的测定（剥落试验）

1　范围

本标准规定了一种以加速试验测试铝和铝合金上的搪瓷层在湿气暴露或气候老化暴露中的耐剥落性能的方法。因为剥落是由于搪瓷层与基体金属之间密着不佳而引起的，因此剥落试验也是一种密着性试验。在该试验中剥落的程度越严重，则制件在使用中剥落的可能性越大。

2　规范性引用文件

下列文件中的条款通过本标准的引用而成为本标准的条款。凡是注日期的引用文件，其随后所有的修改单（不包括勘误的内容）或修订版均不适用于本标准，然而，鼓励根据本标准达成协议的各方研究是否使用这些文件的最新版本。凡是不注日期的引用文件,其最新版本适用于本标准。

GB/T 12804　实验室玻璃仪器　量筒（neq ISO 4788）

GB/T 15724.1　实验室玻璃仪器　烧杯（neq ISO 3819）

ISO 10141　搪玻璃釉　术语

ISO 13804　铝搪瓷　试验试样的制备

3　术语和定义

本标准采用 ISO 10141 给出的术语和定义。

4　原理

将刻痕后的铝搪瓷试样置于浓度为 10g/L 的三氯化锑（$SbCl_3$）水溶液中,在环境温度为 18℃~28℃下暴露 20h。

5　标示

采用本标准规定的剥落试验方法测定铝和铝合金上搪瓷层密着性的试验应标明如下：

"试验 GB/T 19354"

6　仪器

6.1　天平。

6.2　量筒,容量 1000mL,符合 GB/T 12804 规定。

6.3　烧杯,符合 GB/T 15724.1 规定的玻璃烧杯或适当容量的塑料容器。

6.4　塑料或玻璃的钩或架,用于将试样固定于试液中。

6.5　人造海绵。

6.6　锉。

6.7　钢针。

7　试剂

7.1　试验溶液

试验溶液应为工业纯三氯化锑（$SbCl_3$）水溶液,其浓度为 10g/L。

配制时,将 10g 三氯化锑（$SbCl_3$）溶解于 1L 蒸馏水或去离子水中,并不断搅拌。

注：该溶液中将形成盐酸和由氯氧化锑（SbOCl）与三氧化锑（Sb_2O_3）混合组成的白色沉淀。这种沉淀物是构成试验溶液不可欠缺的一部分。

三氯化锑具有吸水性,因此应保存于密闭容器中。不要使用受潮的或湿的三氯化锑。

要为每一次试验在试验当日配制新鲜的试验溶液供用。

7.2　清洗溶液

清洗溶液应为 n-烷基（C_{10}~C_{13}）苯磺酸钠的蒸馏水或去离子水溶液,其活性成分含量为 0.1%（质量分数）。

8　试样

8.1　选择

试样可为一件商品或其中一部分,也可按照 ISO 13804 特制试样。

8.2　制备

于试验前即刻在所选择的试样上制备至少一个切割成的棱边,棱边与试样表面之间的角度应约为 90°。如有必要,用锉刀（6.6）修整切割边,锉的方向应是从瓷层到基体金属。

用试验溶液（7.1）沿切割边全长将其完全润湿。

用钢针（6.7）在整个试样表面刻一个十字叉刻痕，划透到基体金属。

8.3 清洗

试样应洁净，无油脂或类似杂质，它们可能影响试验结果。为此，试样浸入温度大约 40℃ 的清洗溶液（7.2）中约 3min，取出后用自来水漂洗，然后用蒸馏水或去离子水漂洗。

9 试验程序

试验溶液的量取决于试样的尺寸，每平方厘米（cm^2）表面积至少需要 3mL。

用塑料或玻璃的钩或架（6.4）将试样悬挂，并浸入盛有试验溶液（7.1）的尺寸适宜的烧杯或塑料容器（6.3）中，在溶液温度为 18℃~28℃ 下浸渍 20h。

试验溶液（7.1）除了与试样接触外，不应与任何其他金属接触。

经 20h 试验后，从试验溶液（7.1）中取出试样，在水中漂洗，并用人造海绵（6.5）擦洗，以除去疏松的碎搪瓷，然后在空气中干燥。

10 结果表述

距试样 250mm 目察每一试样，并在试验报告中按如下方式描述损伤类型（见 11）：

a) 明显可见基体金属的任何剥落区，此区域的位置距试样边缘或刻痕的距离大于 3mm，且长度大于 25mm；

b) 试样表面上不毗邻边缘或刻痕的任一个剥落区，该区域大于 $10mm^2$；

c) 在每平方分米（dm^2）试样表面上多于一个剥落的区域（即使个别剥落区小于 $10mm^2$），但针孔不考虑在内。

11 试验报告

试验报告应包括以下信息：

a) 试样种类；

b) 对本标准的参照，即标明"试验 GB/T 19354"；

c) 按第 10 章的规定表述试样发生的损伤类型。

第十一节　搪玻璃层抗划伤性能的测定

一、概论

搪瓷制品因具有优良的耐蚀性和良好的加工性能，且表面光滑，广泛用于化工、医药、染料、农药、有机合成、石油、食品和国防工业生产和科学研究中的反应、蒸发、浓缩、合成、氯化、硝化等设备，但由于其材质特性，在使用中内衬的无机玻璃釉瓷层易划伤受损。搪瓷的抗划伤性能与其表面的硬度等性能有关。合理的瓷釉组成和烧制工艺可以强化搪瓷的抗划伤性能，提高设备的使用寿命。

GB/T 30199—2013《搪玻璃层抗划伤性能的测定》修改采用 ISO 15695：2000《瓷釉和搪瓷　抗划伤能力的测定》。与 ISO 15695：2000 相比，GB/T 30199—2013 主要增加了对棉布柔软度的规定，确保使用棉布时不会擦伤搪瓷层；增加了对乙醇纯度的要求，确保乙醇在擦拭完后可以快速挥发，保证试样表面干燥；增加了"试样为圆形"的规定；增加了对试样的挑选和高电压检验的要求，因为试样的不平整、爆瓷、裂纹、粉瘤和周边剥瓷会严重影响试验数据的准确性。

GB/T 30199—2013 于 2013 年 12 月 31 日发布,2014 年 10 月 1 日实施。

二、标准主要特点与应用说明

1. 标准的特点

该标准规定了搪瓷层抗划伤性能的测定方法,适用于测定当搪瓷层受到锋利的物质施加压力时其所能承受的最大压力。测定原理是用一个金刚石压头在试样表面划线,划痕中留有颜料的长度小于试验长度50%的最大压力,即为试样的最大抗划伤能力。

(1) 抗划伤能力 使每种颜色的划笔在搪瓷层留下划痕小于试验长度的50%时的最大压力,该压力即为试样的抗划伤能力。

(2) 试验装置 由转速控制在10s/r~13s/r的转台、压头、各色毡笔等组成。

(3) 试样 待测试样为圆形,直径为105mm±2mm,搪瓷层的厚度不小于50μm。试样制备时,其材质、釉料、搪烧工艺等与生产成品时的条件尽可能一致。表面应充分洁净平整,剔除有掉瓷、裂纹等缺陷的试样,并通过10kV直流高电压的检验。

(4) 试验步骤 将试样放至旋转台上,调整压头和试样成90°,用10N的初始压力在试样上画一个圆形划痕。

随后压力每次减小1N,同心圆的划痕半径减小1mm或2mm,直至压力减为0。最后用毡笔将划痕上色,墨迹干燥后用干棉布擦拭每一种颜色的区域。

(5) 试验结果 目测,记录试样中留有颜料的划痕长度小于50%时的最大压力,单位为N。

2. 标准的应用

瓷釉和金属基底两种材料的力学性能和物理性能各不相同,除了瓷釉的化学组成,制件生产中多种因素可能影响瓷层抗划伤能力,如搪烧前坯体加工产生的内应力消除不彻底,坯体用钢质量问题导致钢材中的碳、硫在搪烧过程中气化而使搪瓷层与基体间、搪瓷层内部形成过多气泡,搪烧质量,除锈防尘,搪烧次数,瓷层厚度,以及其他一些影响底釉与基体金属结合的因素。因此,应用该标准时,应充分考虑各种影响因素。

三、标准内容 (GB/T 30199—2013)

搪玻璃层抗划伤性能的测定

1 范围

本标准规定了搪玻璃层抗划伤性能的测定方法和要求。

本标准适用于测定当搪玻璃层受到锋利的物质施加压力时其所能承受的最大压力。本标准所测得的数据不可用来表示搪玻璃层的硬度,搪玻璃层的硬度应根据 EN 101:1991《陶瓷瓷砖 表面莫式划伤硬度的测定》来测定。

2 规范性引用文件

下列文件对于本文件的应用是必不可少的。凡是注日期的引用文件,仅注日期的版本适用于本文件。凡是不注日期的引用文件,其最新版本(包括所有的修改单)适用于本文件。

GB/T 678 化学试剂 乙醇(无水乙醇)(GB/T 678—2002,ISO 6353:1983,Reagents for chemical analysis; Part 2 Specifications; First series, NEQ）

GB/T 11186.3 涂膜颜色的测量方法 第三部分 色差计算（GB/T 11186.3—1989，ISO 7724-3：1984，IDT）

HG/T 3105 钢板搪玻璃试件的制备（HG/T 3105—2009，ISO 2723：1995，NEQ）

3 术语和定义

下列术语和定义适用于本文件。

3.1 抗划伤能力 scratch resistance

使每种颜色的划笔在搪玻璃层留下划痕小于试验长度的50%时所施加的最大压力，单位为N。

4 原理

用一个金刚石压头在试样表面划线，划痕中留有颜料的长度小于试验长度的50%时的最大压力，这个压力即为试样的最大抗划伤能力。

5 试验装置和试剂

5.1 转台和压头

如图1所示，装置是一个半径不小于50mm的转台和压紧装置，转台旋转速度控制在10s/r～13s/r，并且可以自动停止下来。

装置还包括一个锥角在90°±1°，曲率半径为90μm±3μm的钻石压头，压头金刚石晶体的主轴〈001〉应与压头臂的垂直轴线平行，且压头可以通过一定重量的力臂在试样上施加0N～10N的力，并且精度为0.1N，如图2所示。

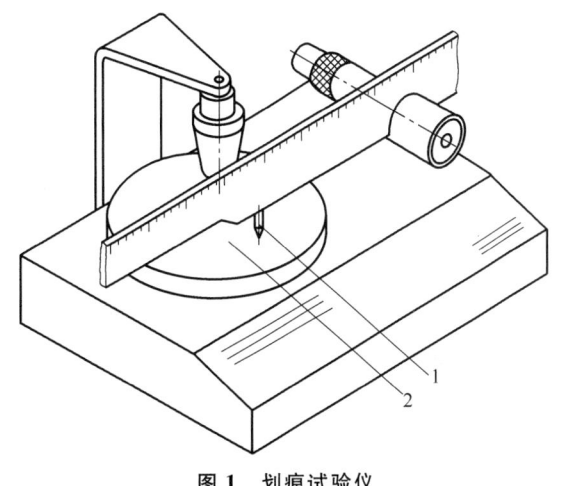

图 1 划痕试验仪

1—压头 2—旋转台

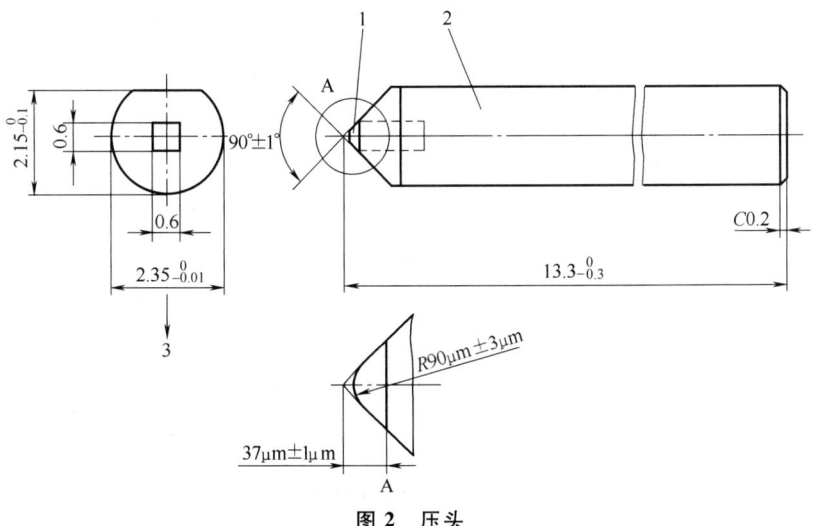

图 2 压头

1—金刚石 2—压头臂 3—金刚石在试样上的运动方向

5.2 毡笔

同一厂家提供的红色、蓝色、绿色和黑色的毡笔,每一种颜色的笔都可以用来当作标准色,毡笔在使用前必须用棉布擦干水分。毡笔的笔迹要保证不容易变色。总色差 $\Delta E^* \leqslant 10$。总色差的测量方法应符合 GB/T 11186.3 的规定。

5.3 棉布

柔软的。

5.4 无水乙醇

应符合 GB/T 678 的规定,分析纯。

6 试样

6.1 试样为圆形,其制备应符合 HG/T 3105 的规定,搪玻璃层的厚度不能小于 $50\mu m$。试样在使用前必须用乙醇清洗并擦干。

6.2 试样的挑选:剔除表面不平、掉瓷及有裂纹、粉瘤等的搪玻璃试样,并用 10kV 直流高电压检验通过。

7 试验步骤

7.1 将试样放到旋转台上。

7.2 调整压头臂的位置,以保证压头在试样上划出的每个圆的半径在 25mm~45mm 之间。

7.3 调整压头的位置,使压头和试样成 90°。

7.4 将初始压力设置为 10N。

7.5 用 10N 的压力在试样上划一个圆形划痕。

7.6 调整压力和半径,压力每次减小 1N,半径每次减小 1mm 或 2mm,在前一次的圆的内部再划一个圆形划痕,直至压力变为 0。

7.7 将圆形划痕用毡笔上色,如图 3 所示。

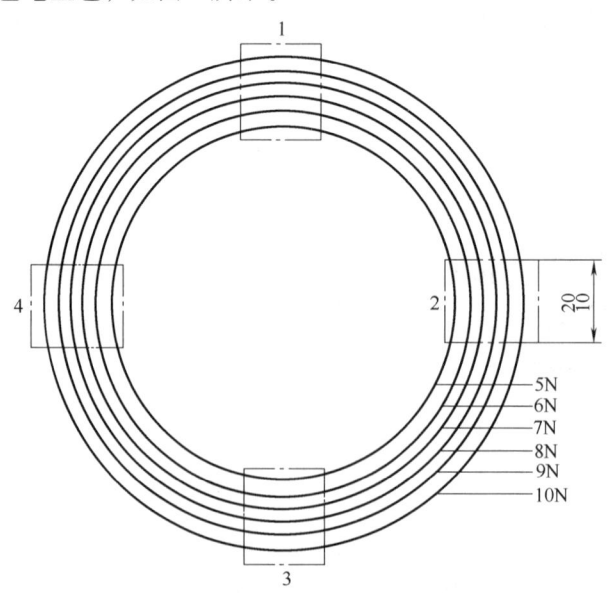

图 3 将圆形划痕用毡笔上色

1—黑色区域 2—红色区域 3—蓝色区域 4—绿色区域

7.8 上色完毕后,应至少等待 1min 以保证墨迹干燥。
7.9 使用一块干净的棉布擦拭每一种颜色的区域。

8 测量

在实验室照明条件下（500lx~800lx），在距试样 25cm 的距离下目视检查试样，记录下划痕中留有颜料的长度小于试验长度的 50% 时的最大压力，这个压力即为试样的最大抗划伤能力。

如果无法判断出留有颜料的划痕长度是否小于 50% 试验长度，则应该更换一名试验员重新测量。

9 试验报告

试验报告应包括以下内容：
a) 试验时使用的本标准名称；
b) 抗划伤能值，单位为 N；
c) 试验时间。

第十二节 热交换器用钢板搪瓷边缘覆盖率的测定

一、概论

火力发电环保脱硫脱硝热交换设备中，传热元件由表面涂双层耐热搪瓷的薄钢板组成。因传热元件长时间在恶劣的环境下工作，所以对其耐蚀性有很高的要求。但如果搪瓷板的边缘裸露部分覆盖不理想开始腐蚀，被搪瓷层遮盖在里面的钢板也会迅速被腐蚀，且存在安全隐患。测定热交换器用钢板搪瓷边缘覆盖率，可为涂搪工艺的质量优劣提供技术评判依据。GB/T 31565—2015《热交换器用钢板搪瓷边缘覆盖率的测定》的制定，使我国热交换器用钢板搪瓷边缘覆盖率的质量控制在国际上具有可比性，对我国热交换器用钢板搪瓷产品质量的提高具有积极意义。

GB/T 31565—2015 等同采用 ISO 28723：2008《热交换器用钢板搪瓷边缘覆盖率的测定》制定，于 2015 年 5 月 1 日发布，2016 年 1 月 1 日实施。

二、标准主要特点与应用说明

1. 标准的特点

该标准规定了测定所有涂搪工艺的热交换器用钢板搪瓷边缘覆盖率的试验方法，适用于厚度为 0.5mm~1.5mm 的搪瓷板，不适用于试验电流大于 3A 的试验。其测定原理是将试样边缘浸入到电介质溶液中，再将一个交流稳压电源与试样相连接，根据测得的电流值来计算试样的边缘覆盖率。

（1）试验装置 试验装置包括盛有质量分数为 5% 的氯化钠电解质溶液且内装有两根耐腐蚀不锈钢电极和两块聚丙烯中心定位板的试验槽、10.0V±0.05V 交流稳压电源组成的电路和电流表等。

（2）试样 试样至少选择一对长度相同的试验板，且试样边缘的长度应≥300mm。

（3）试验步骤

1）测定定位板和波纹板试样边缘的总长度（即试样展开长度），精确到1mm。

2）测定试样未涂搪瓷时的厚度，精确到0.1mm。

3）在试样酸洗后1h内，将试样置于试验槽中，确保试样边缘（迎烟气方向的边缘之一）有10mm完全浸入在电介质溶液中。

4）将电源与两根电极相连接，电极L1与试样相连，通电3s±0.5s后，使用电流表记录电流值。

5）对该试样迎烟气方向的另一个边缘重复上述试验，再对第二个试样重复上述试验。

（4）试验结果　由测得的电流计算试样每个边缘的未涂搪表面积，由此计算未涂搪表面积的百分数、每米长度未涂搪表面积，再计算边缘覆盖率百分数。

最后以计算所有试样边缘覆盖率百分数的算术平均值作为边缘覆盖率（%），所有试样每米长度未涂搪表面积算术平均值作为每米长度未涂搪表面积（mm^2/m）。

2. 标准的应用

在经济建设快速发展的今天，电力设备直接关系到国民经济发展的速度。目前我国的电力构成主要还是以火力发电为主，但随之而来的是大量污染物的产生。在这些污染物中，烟气中的SO_2、SO_3尤为突出，直接危害自然界的生态环境，是急需解决的问题。

热交换器利用搪瓷脱硫板组成的传热元件吸收锅炉排出的120℃~140℃的脏烟气的热能，将加热的脱硫塔排出的净烟气顺利地传送到高空排放。搪瓷脱硫板是火力发电环保设施中的关键部件，长期在高腐蚀、高热环境下工作，所以脱硫板搪瓷需要有很强的耐酸腐蚀性能。但是如果搪瓷板边缘搪瓷覆盖率达不到要求，将成为热交换器的一个软肋，严重影响热交换器的使用寿命。因此，测定搪瓷脱硫板的边缘搪瓷覆盖率十分重要。

三、标准内容（GB/T 31565—2015）

热交换器用钢板搪瓷边缘覆盖率的测定

1　范围

本标准规定了测定所有涂搪工艺的热交换器用钢板搪瓷边缘覆盖率的试验方法。

本标准适用于厚度0.5mm~1.5mm的搪瓷板。

本方法不适用于试验电流大于3A的试验。

2　规范性引用文件

下列文件对于本文件的应用是必不可少的。凡是注日期的引用文件，仅注日期的版本适用于本文件。凡是不注日期的引用文件，其最新版本（包括所有的修改单）适用于本文件。

ISO 3696　分析实验室用水　规格和试验方法（Water for analytical laboratory use—Specification and test methods）

EN 10088-1　不锈钢　不锈钢系列（Stainless steels—List of stainless steels）

3　原理

将试样边缘浸入到电介质溶液中，再将一个交流稳压电源与试样相连接，根据测得的电流值来计算试样的边缘覆盖率。

4　试剂和材料

试验应使用分析纯试剂、蒸馏水或去离子水。

4.1 酸洗液

酸洗液由 (7±0.5)% 质量分数的 H_2SO_4 和浓度为 (2±1.5)g/L 的 Fe^{2+} 组成，温度为 (60±2)℃。

4.2 试验槽电介质溶液

试验槽电介质溶液：用符合 ISO 3696 中 3 级蒸馏水配制的质量分数为 5% 的氯化钠溶液，温度为 (22±3)℃。

5 仪器

5.1 试验槽

试验槽用聚丙烯制成，容器内装有电极和聚丙烯中心定位板，聚丙烯中心定位板用于将试样居中并固定在距试验槽底部 10mm 高的位置上。

试验槽各部件的排列和尺寸分别见图 1、图 2 和图 3。

5.2 电源

电源由 (10.0±0.05)V 交流稳压电源组成，电路示于图 4。

应保证在整个试验中电压稳定在 (10.0±0.05)V 范围内。

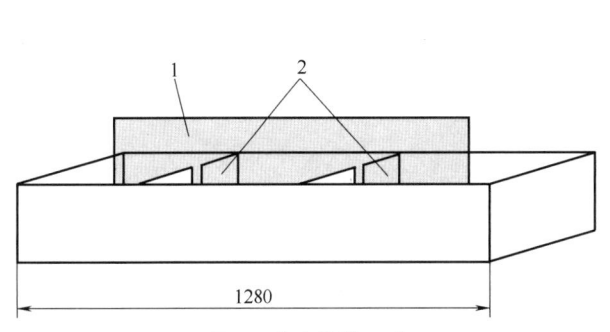

图 1 试验槽的尺寸

1—试样 2—聚丙烯中心定位板，用来居中和固定试样

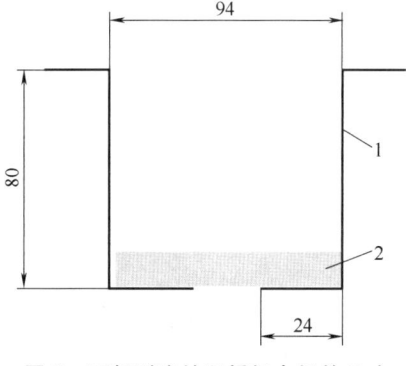

图 2 两根耐腐蚀不锈钢电极的尺寸
（EN 10088-1 等级 1.4301）

1—电极（长 1264mm） 2—氯化钠溶液

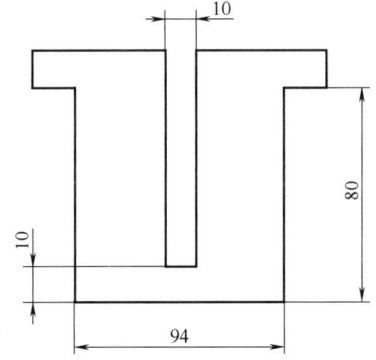

图 3 两块聚丙烯中心定位板的尺寸

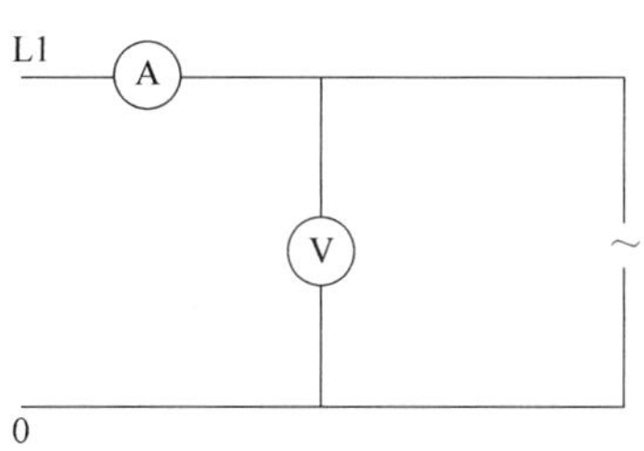

图 4 电路图

5.3 电流表

精度 0.01A。

6 试样

至少选择一对长度相同的试验板，一个定位板和一个波纹板，试样边缘的长度最少300mm。

将试样浸入酸洗液（4.1）中10min±10s，然后用水将其冲洗干净并干燥。

7 试验步骤

按照产品设计图，测定定位板和波纹板试样边缘的总长度（即试样展开长度），精确到1mm。

注：边缘的展开长度是指考虑到试样定位板和波纹板侧面形状后的长度。

测定试样未涂搪瓷时的厚度，精确到0.1mm。

在试样酸洗后1h内，将试样置于试验槽（5.1）中，确保试样边缘（迎烟气方向的边缘之一）有10mm完全浸入在电介质溶液（4.2）中。

将电源（5.2）与两根电极相连接，电极L1与试样相连，通电（3±0.5）s后，使用电流表（5.3）记录电流值。

对该试样迎烟气方向的另一个边缘重复上述试验，再对第二个试样重复上述试验。

8 结果表示

对于试样的每个边缘，用式（1）计算未涂搪表面积 a：

$$a = 1.222I^2 + 12.903I \tag{1}$$

式中 a——未涂搪表面积（mm^2）；

I——测量电流（A）；

用式（2）计算未涂搪表面积的百分数 S：

$$S = \frac{a}{bc} \times 100 \tag{2}$$

式中 S——未涂搪表面积（%）；

a——未涂搪表面积（mm^2），由式（1）计算出；

b——试样边缘的展开长度（mm）；

c——未涂搪基板的厚度（mm）。

用式（3）计算边缘覆盖率百分数 E：

$$E = 1 - S \tag{3}$$

最后，以所有试样边缘测量结果 E 的算术平均值作为边缘覆盖率，数据四舍五入，精确到0.1%。

用式（4）计算每米长度未涂搪表面积 U，单位为平方毫米每米（mm^2/m）：

$$U = \frac{a}{b} \times 1000 \tag{4}$$

最后，以所有试样边缘测量结果 U 的算术平均值作为每米长度未涂搪表面积，数据四舍五入，精确到10mm^2/m。

9 精密度

本测量的精密度为：

边缘覆盖率百分数：±0.3%；

每米长度未涂搪表面积：±2mm^2/m。

10 试验报告

试验报告应包含下列内容：

a）试样的所有必要信息。

b）采用标准（本标准编号）。

c）试验结果，第 8 章计算描述，表达为：

——平均边缘覆盖率，数据四舍五入，精确到 0.1%；

——平均每米长度未涂搪表面积，数据四舍五入，精确到 $10mm^2/m$。

d）与规定程序的任何偏离。

e）在试验中观测到的任何异常。

f）试验日期。

第十三节　搪瓷制品和瓷釉　流动性的测试　熔流试验

一、概论

搪瓷制品具有硬度高、耐高温、耐磨、耐化学侵蚀及绝缘等优良性能，其应用领域日益宽广，我国各类搪瓷制品的出口份额也很大。搪瓷釉是用于涂搪在金属基体上的无机玻璃态物质，对金属基体具有保护作用和装饰作用，是对搪瓷制品质量起重要作用的主要原材料。GB/T 38092—2019《搪瓷制品和瓷釉　流动性的测试　熔流试验》的制定，为各类搪瓷制品生产企业提供了一种测试瓷釉流动性能的国际通用方法。

该标准等同采用 ISO 4534：2010《搪瓷制品和瓷釉　流动性的测试　熔流试验》，在提高与国际标准的一致性程度的同时，提升了我国企业的生产水平和国际竞争力。GB/T 38092—2019 于 2019 年 10 月 18 日发布，2020 年 5 月 1 日实施。

二、标准主要特点与应用说明

1. 标准的特点

该标准规定了搪瓷在烧制过程中测试瓷釉流动性的一种方法，该方法是流动性测试的相对方法（比较法）。

根据试样制备的条件，熔流试验测试瓷釉流动性可分为干法制备或湿法制备。具有一定质量的圆柱形试样可由搪瓷粉末、干燥的釉浆或合同双方约定的参比试样压制而成。

试样被放置在电炉中水平位置的一个无釉陶瓷板上，在约定的温度下，融化为半球形。然后，倾斜无釉陶瓷板，以允许熔融的瓷釉在约定的时间内以一定的角度流动。

根据试样的流动长度和最大流动宽度，计算流动长度系数 F_l 和流动宽度系数 F_b。

2. 标准的应用

流动性指的是搪瓷釉料球磨成釉浆后，能否均匀地涂布于金属坯体的性能，对涂搪的均匀程度有重要影响。不同的涂搪方法（如浸搪、电泳涂搪、喷涂等）对瓷釉的流动度的要求是不同的，瓷釉的流动性直接影响搪瓷制品的瓷面质量，是瓷釉的重要性能。无论采取何种工艺涂搪，都应该优化瓷釉的工艺性能，将瓷釉的流动性控制在最佳范围。

三、标准内容（GB/T 38092—2019）

搪瓷制品和瓷釉　流动性的测试　熔流试验

警示——如果不采取足够的安全措施，本标准所要求使用的物质和步骤可能会损害健康。本标准不涉及任何与本标准有关的健康危害、安全或环境问题。使用本标准应制定适合健康、安全和环境可接受的注意事项，并且遵守我国和国际的相关规定。遵守本标准不能作为免责的法律依据。

1　范围

本标准规定了搪瓷在烧制过程中瓷釉流动性测试的一种方法。该方法是流动性测试的相对方法（比较法），不是绝对方法。

2　原理

根据试样制备的条件，可分为干法制备或湿法制备。具有一定质量的圆柱形试样可由搪瓷粉末、干燥的釉浆或合同双方约定的参比试样压制而成。

试样被放置在电炉中水平位置的一个无釉陶瓷板上，在约定的温度下，融化为半球形。然后，倾斜无釉陶瓷板，以允许熔融的瓷釉在约定的时间内以一定的角度流动。

流动长度系数 F_l 和流动宽度系数 F_b 根据试样的流动长度和流动宽度计算。

3　材料和设备

3.1　参比试样：由合同双方约定，与被测搪瓷具有相似的熔流性。

3.2　球磨机。

3.3　干燥设备：如烘箱、电热板或沙浴。

3.4　研钵。

3.5　捣锤。

3.6　天平：精度为0.01g。

3.7　压机：可产生至少 $5N/mm^2$ 的压强，带有一个内径为8mm～10mm的圆柱形模具。每次试验，应使用相同规格的模具。

3.8　流动板：由一块光滑、均匀、至少1100℃烧结制成的无釉陶瓷板构成，其边长约75mm，厚度为5mm～6mm，在大气压下吸水率≤25%。也可由一块更大的陶瓷板切割而成（参见A.1）。

3.9　倾斜架：用于在实验电炉中水平方向上放置流动板，板的倾斜角度在30°～90°之间，见图1和图2。

注：对于黏性非常大的试样，可增加倾斜角度。

3.10　实验电炉：可控制温度在900℃±10℃。

3.11　秒表。

4　试样

4.1　准备釉粉

釉粉可以由已经磨细的或单独在球磨机（3.2）中磨细的搪瓷粉制得。研磨添加剂和搪瓷粉的细度取决于制造工艺，在特殊情况下，应考虑整体的粒度分布。

湿磨的釉粉应在蒸发盘中蒸发干燥。冷却后，干燥的釉粉应使用捣锤（3.5）和研钵（3.4）

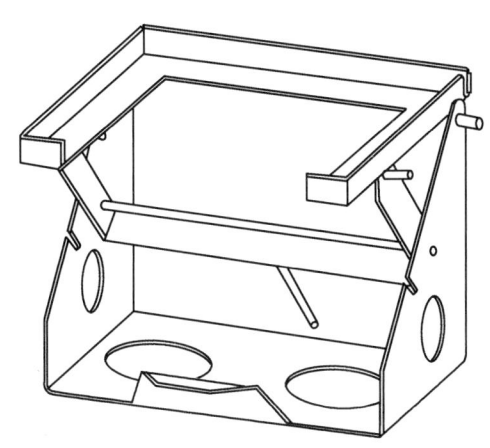

图 1　放置流动板的倾斜架

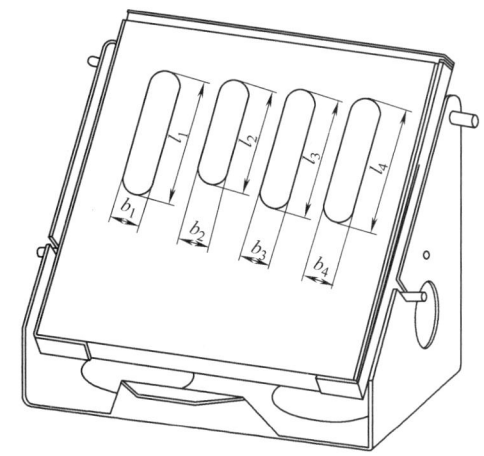

图 2　放置流动板的倾斜架（45°）及四块试样

l_1、l_2、l_3、l_4—四块试样的流动长度

b_1、b_2、b_3、b_4—四块试样的最大流动宽度（见第6章）

使其重新形成粉末状。

如约定允许，可不使用完全或部分溶于水的、仅用于调节釉浆稠度的研磨添加剂。

当仅测试瓷釉熔块的流动性时，应采用干法。

4.2　准备试样

取1g~2g釉粉（4.1）（最大相对偏差为3%），与一定量的水在模具中混合（见3.7，参见A.2）。以至少$5N/mm^2$的压强直接压制试样。以同样的方式制备所有的试样。

4.3　试样数量

每个熔流试验应测试约定数量的测试试样，及至少一块参比试样。

5　步骤

将相应数量的测试试样及至少一块参比试样放在流动板（3.8）支撑区域内（见图3）。如果进行多次熔流测试，应交换测试试样和参比试样的位置（参见A.3）。

建议将一块参比试样放在边上的位置，另一块参比试样放在中间的位置。

通过一个或多个预测试，确定实验电炉（3.10）在恒定的试验温度下，参比试样足够软化形成一个近似的半球所需的时间（保持时间）。

试样在进行熔流试验前应完全干燥。小心地将流动板放入实验电炉中，在水平位置上放置倾斜架（3.9），保持时间结束后，调节倾斜角度，进行熔流试验（参见A.3）。

在熔流试验结束后，从实验电炉中取出流动板。

测量试样的流动长度和最大流动宽度（见图2），单位为mm。

6　计算和结果表示

按式（1）和式（2）计算流动长度系数和宽度系数 F_l 和 F_b：

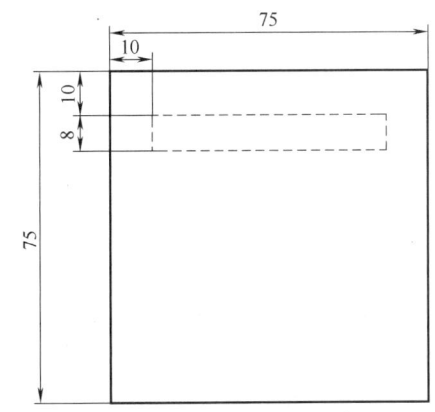

图 3　试样在流动板上的支撑区域示例

流动长度系数：

$$F_1 = \frac{l_1}{l_r} \quad (1)$$

式中　l_1——测试试样的流动长度；
　　　l_r——参比试样的流动长度。

流动宽度系数：

$$F_b = \frac{b_1}{b_r} \quad (2)$$

式中　b_1——测试试样的最大流动宽度；
　　　b_r——参比试样的最大流动宽度。

如果测试了多块试样和参比试样，计算时采用平均流动长度和平均最大流动宽度。

7　试验报告

试验结果应包含以下信息：
a) 执行标准编号；
b) 检验机构名称；
c) 试样和参比试样名称；
d) 实验电炉温度；
e) 流动时间；
f) 试样数量；
g) 试验次数；
h) 流动长度系数 F_1 和流动宽度系数 F_b；
i) 任何试验步骤的误差；
j) 在试验中观察到的任何特殊现象；
k) 试验日期。

附　录　A
（资料性附录）
补充信息

A.1　流动板（见3.8）

无釉陶瓷板已经证明其作为流动板的价值。它们也可用于搪瓷粉（干法搪瓷）、湿法铸铁搪瓷釉和钢板搪瓷釉。

由铸铁或金属板所制成的平板，应涂上与待测搪瓷匹配的底釉。在熔流试验中，金属板的底釉和铸件上的易熔底釉，会重回熔融状态，从而可能影响试样的流动性。另一个抑制因素是烧制好的底釉再加热过程中，可能与试样发生反应。由于这是一个比较试验，推荐使用陶瓷板。

瓷舟的侧壁会阻碍搪瓷的流动，由于搪瓷的湿润性能与其使用的陶瓷釉有关，因此不宜使用瓷舟。

A.2　模具试样质量（见4.2）

试样已规定质量，此外需考虑瓷釉的密度和研磨的细度。

A.3 步骤（见第 5 章）

在每组的试样测试时，可以通过与参比试样交换在流动板上的位置来消除实验电炉中温度梯度的影响。

熔流试验的起始定义为参比试样足够软化形成一个近似的半球。如果试样在倾斜之前已经超过半球形，当它流动过快时，在流动过程中会再次收缩并且从顶部到底部变窄。如果试样还没有变成半球形，它会从流动板上滚下来而不是流下来。当试样还是圆柱体时就倾斜流动板，不能得到期望的结果，因为在试样内部所进行的烧结熔融过程，可能会阻止试样可重现流动。

第十四节　搪瓷制品和瓷釉　缺陷检测及定位的低电压试验

一、概论

搪瓷材料的破气孔、裂纹、鳞爆等直达金属基底的严重缺陷往往肉眼不可见，但却严重影响产品的质量和使用寿命。GB/T 38094—2019《搪瓷制品和瓷釉　缺陷检测及定位的低电压试验》给出了及时发现并精确测定这类重缺陷的检测方法，对提高搪瓷产品质量、扩大搪瓷材料应用领域非常重要。

GB/T 38094—2019 等同采用 ISO 8289：2000《搪瓷制品和瓷釉　缺陷检测及定位的低电压试验》，于 2019 年 10 月 18 日发布，2020 年 5 月 1 日实施。

二、标准主要特点与应用说明

1. 标准的特点

该标准规定了两种缺陷检测和定位的低电压试验。低电压试验是一种搪瓷缺陷检测的非破坏性方法。

该标准规定的方法 A 使用电学或电声学的方法检测缺陷，方法 B 使用颜色效应的光学方法检测缺陷。通过使搪瓷制品的缺陷与导电溶液相接触，在低电压条件下进行试验。

该标准规定的方法 A 主要适用于平整搪瓷表面的测试，而方法 B 是采用湿纸（厨房用纸）覆盖较复杂形状的试样进行低电压检测。

2. 标准的应用

该标准实施过程中发现，方法 B 的使用非常受限，不易操作，在对于异形表面或非规则表面的搪瓷试样的测试中，不易准确检测和定位某些特殊区域的缺陷，湿纸不易铺展而往往导致试验结果出错。因此，国际标准化组织已将 ISO 8289：2000《搪瓷制品和瓷釉　缺陷检测及定位的低电压试验》修订为 ISO 8289-1：2020《搪瓷制品和瓷釉　缺陷检测及定位的低电压试验　第 1 部分：非异形表面擦拭测试》，明确标准中规定的两种方法通常适用于非异形平整表面试样的测试。而对于较复杂形状试样的测试，如起伏的或波状的试样表面，制定了 ISO 8289-2：2019《搪瓷制品和瓷釉　缺陷检测及定位的低电压试验　第 2 部分：异形表面浆料测试》。ISO 8289-2：2019 规定了新的悬浮液试验方法。该方法配制导电悬浮液，喷于异形复杂表面，操作简单，方法准确，能准确检测和定位各种异形表面上肉眼无法确定的搪瓷缺陷隐患。

现行的 ISO 8289-1：2020 和 ISO 8289-2：2019 两部分结合使用，可使搪瓷平整表面和异形复杂表面缺陷检测及定位基本全覆盖。

我国已准备立项修订 GB/T 38094—2019，将等同采用 ISO 8289-1：2020，同时申请立项制定等同采用 ISO 8289-2：2019 的新方法标准，使我国的搪瓷缺陷检测与国际同步，并具有可比性。

搪瓷的生产过程包括多道工艺，因此瓷层质量取决于很多因素，包括钢板的材质、成形工艺、表面处理、瓷釉配方和熔制工艺、球磨工艺、搪瓷及饰花工艺、烧成工艺，以及半成品输送和干燥等。即使对各个生产阶段均严格加以控制，也不能完全避免生产过程中出现缺陷，尤其是高腐蚀环境下使用的制品；尽管采用耐蚀性特优的瓷釉，只要有极微小的透底缺陷也是致命的，将严重影响整个产品的使用寿命。及时发现并精确测量这类缺陷，对规避产品缺陷风险、提高搪瓷产品质量十分重要。

三、标准内容（GB/T 38094—2019）

搪瓷制品和瓷釉 缺陷检测及定位的低电压试验

1 范围

本标准规定了两种低电压试验，适用于搪瓷瓷层和金属基板缺陷的检测。

方法 A 是一种基于电学或电声学的快速测试方法，可基本确定缺陷位置，适用于平面试样的检测；方法 B 是一种基于颜色效应的光学测试方法，可精确确定缺陷位置，适用于较复杂形状试样的检测。

注 1：选择正确的测试方法对于区分由方法 B 测得的电导增强的区域与由两种方法测得的延伸至金属基板的针孔是重要的。

注 2：低电压试验是一种搪瓷缺陷检测的非破坏性方法，它完全不同于高电压试验方法，两种试验方法的测试结果不具有可比性。

2 规范性引用文件

下列文件对于本文件的应用是必不可少的。凡是注日期的引用文件，仅注日期的版本适用于本文件。凡是不注日期的引用文件，其最新版本（包括所有的修改单）适用于本文件。

IEC 60086-2　原电池　第 2 部分：规格说明（Primary batteries—Part2：Specification sheets）

3 术语和定义

下列术语和定义适用于本文件。

3.1　缺陷　defect

来自金属基板的气孔、开裂或爆瓷。

注：搪瓷制品在生产过程中产生某些缺陷（如烧具痕等）是难以避免的。

4 原理

方法 A 使用电学或电声学的方法检测缺陷，方法 B 使用基于颜色效应的光学方法检测缺陷。通过使搪瓷制品的缺陷与导电溶液相接触，在低电压条件下进行试验。

5 试验溶液

将 3.0g±0.1g 亚硝酸钠溶解在 100mL 的自来水中，再加入 2 滴液体洗涤剂。

如果想用目测观察缺陷，即使用基于颜色效应的方法 B，需在溶液中添加 4mL 酚酞乙醇溶液（要求酚酞的质量分数为 0.5%）。

警示——使用亚硝酸钠和酚酞溶液时应特别小心。

若试样试验之后不再涂搪，除亚硝酸钠溶液外，也可使用替代试验溶液（其他水溶性盐类）。盐类的加入量应控制溶液的电导率为 35mS/cm±3mS/cm，pH 值为 7.5±1。

6 仪器

6.1 方法 A

6.1.1 电源

由一个 9V±1V 的电源装置构成，如 IEC 60086-2 规定的 6F100 电池。

6.1.2 试验电极

电极是由塑料、纤维素或相类似的材料所制成的海绵体。对于大尺寸涂搪表面的粗略测试，应使用面积不大于 $100cm^2$ 的试验电极进行。对于所测试到的任何缺陷应通过使用面积为 $1cm^2$ 左右的电极，或大电极的边或角进行更精确的定位。

6.1.3 测量仪器

带有指示的微安表或能产生电声信号的电子电路（当搪瓷层的电阻低于 90kΩ±9kΩ 时），可用于检测并确定搪瓷层的缺陷位置。

6.2 方法 B

6.2.1 电源

由一个直流电压为 24V±4V 的电源装置构成，也可以由一个分压器构成，或由 IEC 60086-2 规定的 3 个 6F100 电池串联而成。

6.2.2 试验电极

湿纸（如厨房用纸），其面积不少于 $500cm^2$。

7 试样

试样可以是普通制品或其一部分，也可以是专门为试验所准备的平板样品，要求搪瓷试样应有部分未涂搪金属以便与电源负极相连接。

试样应用洗洁精清洗干净，再用自来水冲洗，最后用布或纸擦干。如果试样在烧成后 24h 内试验，则不需要用洗洁精清洗，搪瓷涂层的温度应不大于 30℃。

8 试验步骤

8.1 方法 A

用记号笔或黏纸在试验区域做好记号，将试样的未涂搪瓷金属部位与电源（6.1.1）的负极相连接，试验电极（6.1.2）与电源（6.1.1）的正极相连接，将试验电极（6.1.2）在试验溶液（第 5 章）中浸透。

将试验电极接触金属基板，检查电路装置中电源（6.1.1）、试验电极（6.1.2）和测量仪器（6.1.3）之间的连接，确保连接正确。

逐步移动试验电极，对整个测试区域进行扫描，移动速度不超过 0.2m/s。记录缺陷数量和缺陷位置。

8.2 方法 B

用记号笔或黏纸在试验区域做好记号，将试样的未涂搪瓷金属部位与电源（6.2.1）的负极相连接，试验电极（6.2.2）与电源（6.2.1）的正极相连接，将试验电极（6.2.2）在试验溶液（第 5 章）中浸透。

将试验电极（6.2.2）覆在试验区域（避免空气进入），打开电源（6.2.1），2min 后关闭电源。立即检查试验电极（6.2.2）上显示的红色小点（1min 内），记录缺陷数量。

9　结果表示

按下式计算每平方米的缺陷数：

$$N = \frac{S}{A}$$

式中　N——每平方米的缺陷数；

　　　S——检测到的缺陷数；

　　　A——试验面积（m^2）。

10　试验报告

试验报告应包含如下信息：

a）执行标准编号；

b）试验方法（方法 A 或方法 B）；

c）试样名称；

d）每平方米的缺陷数；

e）如可能，记录缺陷的位置；

f）试验溶液；

g）试验日期。

第十五节　搪瓷制品和瓷釉　自洁性能的试验方法

一、概论

自洁性搪瓷是指在烘烤过程中能吸收扩散的油脂斑迹，同时使油脂斑迹燃尽而无须继续升温的多孔搪瓷釉层。自洁性搪瓷有自身净化的能力，由于材料本身的催化作用，可使在烘烤、烧菜过程中飞溅出来的油脂氧化燃烧变成水蒸气和二氧化碳而挥发，从而达到自洁的目的。目前自洁性搪瓷广泛用于烤箱、微波炉等烹调器具的内壁，电灶、煤气灶表面。自洁性搪瓷除具有光致催化自洁、热致催化自洁等功能外，一些特种搪瓷还具有抗菌杀菌功能。GB/T 38167—2019《搪瓷制品和瓷釉　自洁性能的试验方法》的制定，推动了我国自洁搪瓷生产企业的优化，对制造水平的升级及行业的发展具有积极的意义，同时对拓展国际市场也起到了一定的作用。

GB/T 38167—2019《搪瓷制品和瓷釉　自洁性能的试验方法》修改采用 ISO 8291：1986《搪瓷制品和瓷釉　自洁性能的试验方法》，于 2019 年 10 月 18 日发布，2020 年 5 月 1 日实施。

二、标准主要特点与应用说明

1. 标准的特点

该标准给出了检验搪瓷自洁性能的方法。

该标准规定了搪瓷自洁性能的试验方法,适用于以搪瓷为器壁的烘烤设备、烧烤架和焙烘器具,不适用于高温裂解清洁的搪瓷制品。

搪瓷的自洁性能,首先包括搪瓷器具吸收动植物油滴的能力,其次是动植物油脂经历后续的蒸馏、分解和氧化燃烧过程之后,大部分油脂能挥发的能力。

该标准规定了试验用油、试验装置、试样选取、试验步骤及试验结果的评判方法。

2. 标准的应用

1) 油脂与自洁性烘烤、焙烧搪瓷器具的器壁接触,其燃烧是一个氧化过程。搪瓷器壁的多孔性可使其总表面积增大,使油脂铺展扩散成薄层而促进氧化。由于250℃条件下的燃烧并不完全,因此未被氧化燃烧的残留物在孔隙积累,会形成明显可见的油脂斑迹。该标准所述试验方法比上述过程更为严格,因为该标准中测试用油直接滴加于冷却的瓷层上,且搪瓷表面油量比实际使用时用量大。

2) 家用精炼豆油作为试验用油,生产者应标明其商品级组及成分。新鲜制备的豆油可由生产者提供。

3) 该标准所述试验方法作为比较法应用,主要是基于以下原因:

① 氧化过程与高温炉中气流条件密切相关,而不同的高温炉条件各不相同。

② 使用陈旧的试验用油或不同成分的试验用油可能导致不同的测试结果。

③ 对残留物斑迹的评定是主观性的,自洁搪瓷釉层的表面粗糙度及斑迹的光泽度难以客观评价。

4) 建议技术说明中注明以下内容:为评价测试试样的自洁性,试验中将测试试样的循环操作次数与参照试样的循环操作次数进行比较。若两试样循环操作次数的差异不超过1次,则认为测试试样与参照试样具有相同的自洁性。

三、标准内容(GB/T 38167—2019)

搪瓷制品和瓷釉 自洁性能的试验方法

1 范围

本标准规定了搪瓷自洁性能的试验方法。

本标准适用于以搪瓷为器壁的烘烤设备、烧烤架和焙烘器具。

本标准不适用于高温裂解清洁的搪瓷制品。

2 规范性引用文件

下列文件对于本文件的应用是必不可少的。凡是注日期的引用文件,仅注日期的版本适用于本文件。凡是不注日期的引用文件,其最新版本(包括所有的修改单)适用于本文件。

GB/T 38166 钢板搪瓷、铝搪瓷和铸铁搪瓷的样板制备(GB/T 38166—2019,ISO 28764:2015,MOD)

3 术语和定义

下列术语和定义适用于本文件。

3.1 连续自洁性搪瓷 continuously self-cleaning enamel finish

在烘烤过程中能吸收扩散的油脂斑迹,同时使油脂斑迹燃尽而无须继续升温的多孔搪瓷釉层。

4 原理

自洁性能首先包括这些器具吸收动植物油滴的能力,其次是动植物油脂经历后续的蒸馏、分解和氧化燃烧(为简洁,以下将三者统称为燃烧)过程之后,大部分油脂能挥发的能力。

在搪瓷试样的规定部位滴加一定量的试验用油,形成油斑,然后将试样加热至250℃±10℃并保温1h,使油斑燃烧,冷却至室温。重复上述过程,直至试样表面积累的未燃尽残留物呈现明显可见的斑迹为止。采用比较法判断试验结果,即残留物出现斑迹时,将测试试样的循环操作次数与参照试样的循环操作次数进行比较。

5 试验用油

试验用油为精炼豆油,家用级别。

应确保试验用油的存放期不超过3个月。储存期间,储存于密闭容器内,环境温度为5℃~7℃。

6 仪器

6.1 高温炉

可通风(如热风干燥箱或烘箱)并能保持温度250℃±10℃。

6.2 搁板

可放置于高温炉(6.1)内,距底部不少于30mm高度的位置。

6.3 用于滴加试验用油的仪器装置

应能控制试验用油液滴质量为20mg~25mg,如移液管、滴定管或注射器等。

6.4 模板

模板上有5个直径为15mm的圆孔,模板四角上装有空间支撑脚,在其中一个角上做一标记(见图1)。

7 测试试样和参照试样

7.1 测试试样

测试试样是搪瓷制品的一部分,且应符合GB/T 38166的有关规定。测试试样的数量可由相关各方协商决定。

7.2 参照试样

应按GB/T 38166的要求制备自洁性搪瓷制品参照试样,参照样的制作应由相关各方商定。参照试样仅做一次性测试使用。

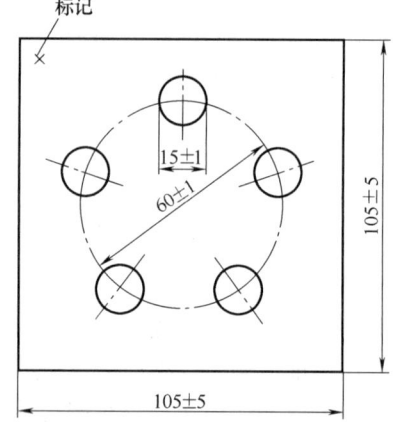

图1 模板示意图

7.3 瓷层厚度

采用精度为1μm的瓷层厚度仪进行检测。每块试样的检测点应和模板上的定位点一致。

测量测试试样(7.1)和参照试样(7.2)的瓷层厚度,瓷层厚度差不大于20μm。

注:自洁性搪瓷瓷层厚度≥150μm。

7.4 标记

对测试试样和参照试样做标记,以确保模板(6.4)的定位具有可靠的重复性。

注:如果不能在搪瓷制品上切割下平整的测试试样,可通过其他适当的方法对油滴位置进行标记。

8 试验步骤

8.1 将模板(6.4)置于冷却的测试试样上,使边缘平行,且模板上的标记与试样上的标记重叠。

在移液管或其他装置（6.3）内注入温度为 23℃±2℃ 的试验用油（第 5 章），油面达移液管刻线处，并用滤纸擦净管外的油迹。在 20mm 的高度，将质量为 20mg~25mg 的油滴通过模板上的每一个孔滴到测试试样上。用同样的方法滴 5 滴油滴至冷却的参照试样上。

将测试试样和参照试样同时安放在高温炉（6.1）内的搁板（6.2）上，试样紧密排列，以使测试试样和参照试样暴露于相同的温度和气氛条件下。试样在 250℃±10℃ 条件下放置 1h。

将试样从高温炉内取出，并使其在空气中自然冷却至室温（18℃~28℃）。

以上过程记为一次循环操作。

8.2 将测试试样和参照试样按照 8.1 重复试验操作，直至试样表面由模板定位的 5 个油斑中至少 3 个出现表面斑迹为止。分别记录下测试试样和参照试样达到上述试验结果的循环操作次数。

9 试验报告

试验报告应包含下列内容：
a) 执行标准编号；
b) 测试试样的类型，包括瓷层厚度；
c) 参照试样的类型，包括瓷层厚度；
d) 所测试样的数量；
e) 每一测试试样所经历的循环操作次数；
f) 每一参照试样所经历的循环操作次数。

第十六节　搪瓷制品和瓷釉　涂搪制品瓷层的试验方法选择指南

一、概论

随着社会的进步和科技的发展，搪瓷材料的应用前景越来越广泛。为适应市场需求，使搪瓷产品逐渐向多元化发展，充分发挥搪瓷材料的独特性能，搪瓷产品的终端属性正在发生前所未有的变化，为跨行业产品生产配套材料和设备配件也越来越多，如家用电器搪瓷配件、热交换器用搪瓷换热元件、搪瓷钢板储罐，以及建筑和家装用搪瓷材料、交通和其他标志牌等。GB/T 38168—2019《搪瓷制品和瓷釉　涂搪制品瓷层的试验方法选择指南》的发布可以为各类搪瓷制品生产企业相关产品性能的测量控制和测试方法的选择提供方向，是企业有效控制产品质量的指导性文件。

GB/T 38168—2019 修改采用 ISO 4528：2015《搪瓷制品和瓷釉　涂搪制品瓷层的试验方法选择指南》，于 2019 年 10 月 18 日发布，2020 年 5 月 1 日实施。

二、标准主要特点与应用说明

1. 标准的特点

该标准的编制原则是符合我国产业发展需求，符合行业标准体系的规划要求，与现行标准协调一致，与国际接轨，具有先进性、科学性、合理性和规范性。

该标准制定过程中，通过收集、反复调研我国生产企业的实际情况及多次邀请相关专家讨论，广泛征求该行业及上下游行业、消费者意见，确保该标准中所涉及各类搪瓷制品性能的测试方法合理、有效、可行。

该标准适用于各种金属基体的搪瓷制品，它是评估不同应用的搪瓷制品和瓷釉性能的测试方法选择指南。它引用的测试方法可以用于测量这些制品的性能，并将这些性能与特定的搪瓷制品要求关联。

该标准确定了30种搪瓷制品的33项可供选择的性能测试和相应的适用的测试方法选择指南。该标准对每一类产品的每一项性能的测试是否有必要都给予了评价，并提供了测试方法提示。

2. 标准的应用

搪瓷材料因其安全无毒、易于洗涤洁净，且具有硬度高、耐高温、耐磨、耐化学侵蚀及绝缘等优良性能，越来越受到人们的重视。从该标准的内容也可看出，搪瓷制品的用途已非常广泛，我国各类搪瓷制品的出口份额也很大。

该标准是一个通用型推荐性标准，可为企业控制产品质量、设计新产品、规划新工艺时提供评价依据。生产和设计者对有独特要求的产品应该给予产品个性化的要求，可根据客户的要求和自己的设计理念在该标准的基础上增加相关指标。有产品标准的，应该以产品标准为主要依据，没有产品标准的可以该标准为切入点，制定相应产品标准，从而有效控制产品质量。

三、标准内容（GB/T 38168—2019）

搪瓷制品和瓷釉　涂搪制品瓷层的试验方法选择指南

警示——如果不采取足够的安全措施，本标准可能不符合我国的健康和安全法规，且所要求使用的物质和程序可能会损害健康。本标准不涉及任何与本标准有关的健康危害、安全或环境问题和法规。本标准的使用者有责任制定适合健康、安全和环境可接受的措施，并遵守我国和国际的相关法规。遵守本标准不能作为免责的法律依据。

1　范围

本标准是评估不同应用的搪瓷制品和瓷釉性能的测试方法选择指南。它引用的测试方法可以用于测量这些制品的性能，并将这些性能与特定的搪瓷制品要求关联。

大部分在 ISO 国际标准和欧洲标准中描述的测试方法是受到限制的，不能提供性能的验收标准或性能范围。

本标准适用于各种金属基体的搪瓷制品。

2　选择测试方法

搪瓷表面特性及试验方法列在表1中。表1确定了30种搪瓷制品的性能测试及相应的测试方法。

以下符号在表1中使用：

+——给出的测试方法是适用的；

（+）——对于有特殊要求的搪瓷制品，给出的测试方法可能需要进行修正；

-——给出的测试方法不适用。

表 1 评价搪瓷制品性能的测试方法

序号	性能	测试方法	搪瓷制品			
			1 炊具（顶板）	2 炊具（烤架[①]、燃气喷头、锅架、附件）	3 炊具（其他组件）	4 室内加热设备
评价不同溶液中抗化学侵蚀性的方法						
1	冷柠檬酸	GB/T 9989.1—2015,第 9 章	+	+	+	+
2	冷硫酸	GB/T 9989.1—2015,第 10 章	−	−	+[②]	+[②]
3	沸腾柠檬酸	GB/T 9989.2—2015,第 10 章	−	−	−	−
4	沸腾硫酸	GB/T 9989.2—2015,第 11 章	−	−	−	−
5	冷凝盐酸蒸气	GB/T 9989.2—2015,第 12 章	−	−	−	−
6	燃烧气体冷凝产物	EN 1856-1:2009,附录 A	−	−	−	−
7	热氢氧化钠	GB/T 9989.4—2015,第 9 章	−	−	−	−
8	沸水	GB/T 9989.2—2015,第 13 章	−	−	−	−
9	水蒸气	GB/T 9989.2—2015,第 13 章	−	−	−	−
10	热标准洗涤剂	GB/T 9989.3—2015,第 9 章	−	−	−	−
11	液体清洁剂	③	+	+	+	+
12	耐候性	④	−	−	−	−
13	特殊腐蚀性物质	GB/T 9989.4	−	−	−	−
14	特殊腐蚀性物质	GB/T 9989.5	−	−	−	−
15	铅镉释放	GB 4806.3	−	+	−	−
评价厚度和其他特性的方法						
16	厚度	GB/T 4956	+	+	+	+
17	反射率和光泽	GB/T 9754	−	−	−	−
18	波浪状	③	−	−	−	−
19	颜色	GB/T 8424.3	+		+	+
20	缺陷（目测）	③	+		+	+
21	连续性和孔隙率（低电压试验）	GB/T 38094	−	−	−	−
22	连续性和孔隙率（高电压试验）	ISO 2746	−	−	−	−
23	抗热震性	GB/T 11419	−	−	−	−
24	抗热震性	GB/T 31567—2015,附录 E	+	+	−	+
25	抗热震性	ISO 13807	−	−	−	−
26	耐热性	GB/T 11418	+	+	+	+
27	耐热级别	EN 1859:2009,4.6	−	−	−	−
28	抗冲击性	QB/T 1855—1993,5.6	+	+	+	+
29	附着力	EN 10209:2013,附录 C	+	+	+	+
30	耐磨性	③	+	+	+	−
31	表面下耐磨性	HG/T 3221	−	−	−	−
32	耐刻划性	GB/T 30199	−	−	−	−
33	划痕硬度	EN 15771	−	−	−	−

(续)

序号	性能	测试方法	搪瓷制品			
			5 炊具(内表面和餐具)	6 炊具(外表面)	7 烟囱和烟道管	8 餐具
评价不同溶液中抗化学侵蚀性的方法						
1	冷柠檬酸	GB/T 9989.1—2015,第9章	+	+	−	+
2	冷硫酸	GB/T 9989.1—2015,第10章	−	−	−	−
3	沸腾柠檬酸	GB/T 9989.2—2015,第10章	+	−	−	−
4	沸腾硫酸	GB/T 9989.2—2015,第11章	−	−	−	−
5	冷凝盐酸蒸气	GB/T 9989.2—2015,第12章	−	−	−	−
6	燃烧气体冷凝产物	EN 1856-1:2009,附录A	−	−	(+)	−
7	热氢氧化钠	GB/T 9989.4—2015,第9章	−	−	−	−
8	沸水	GB/T 9989.2—2015,第13章	+	−	−	−
9	水蒸气	GB/T 9989.2—2015,第13章	+	−	−	−
10	热标准洗涤剂	GB/T 9989.3—2015,第9章	−	−	−	−
11	液体清洁剂	③	+	+	−	+
12	耐候性	④	−	−	−	−
13	特殊腐蚀性物质	GB/T 9989.4	+	+	−	+
14	特殊腐蚀性物质	GB/T 9989.5	−	−	−	−
15	铅镉释放	GB 4806.3	+	−	−	+
评价厚度和其他特性的方法						
16	厚度	GB/T 4956	+	+	+	+
17	反射率和光泽	GB/T 9754	−	−	−	−
18	波浪状	③	−	−	−	−
19	颜色	GB/T 8424.3	+	+	−	+
20	缺陷(目测)	③	+	+	(+)	+
21	连续性和孔隙率(低电压试验)	GB/T 38094	−	−	−	−
22	连续性和孔隙率(高电压试验)	ISO 2746	−	−	−	−
23	抗热震性	GB/T 11419	+	+	−	−
24	抗热震性	GB/T 31567—2015,附录E	−	−	−	−
25	抗热震性	ISO 13807	−	−	−	−
26	耐热性	GB/T 11418	−	−	−	−
27	耐热级别	EN 1859:2009,4.6	−	−	+	−
28	抗冲击性	QB/T 1855—1993,5.6	+	+	−	+
29	附着力	EN 10209:2013,附录C	+	+	(+)	+
30	耐磨性	③	+	+	−	+
31	表面下耐磨性	HG/T 3221	−	−	−	−
32	耐刻划性	GB/T 30199	−	−	−	−
33	划痕硬度	EN 15771	−	−	−	−

(续)

序号	性能	测试方法	搪瓷制品			
			9 水槽	10 冰箱（内表面）	11 冰箱（外表面）	12 洗衣机（滚筒）
评价不同溶液中抗化学侵蚀性的方法						
1	冷柠檬酸	GB/T 9989.1—2015,第9章	+	+	+	+
2	冷硫酸	GB/T 9989.1—2015,第10章	+	−	−	−
3	沸腾柠檬酸	GB/T 9989.2—2015,第10章	+	−	−	−
4	沸腾硫酸	GB/T 9989.2—2015,第11章	−	−	−	−
5	冷凝盐酸蒸气	GB/T 9989.2—2015,第12章	−	−	−	−
6	燃烧气体冷凝产物	EN 1856-1:2009,附录A	−	−	−	−
7	热氢氧化钠	GB/T 9989.4—2015,第9章	−	−	−	−
8	沸水	GB/T 9989.2—2015,第13章	+	−	−	+
9	水蒸气	GB/T 9989.2—2015,第13章	−	−	−	+
10	热标准洗涤剂	GB/T 9989.3—2015,第9章	+	−	−	+
11	液体清洁剂	③	+	+	+	+
12	耐候性	④	−	−	−	−
13	特殊腐蚀性物质	GB/T 9989.4	−	−	−	−
14	特殊腐蚀性物质	GB/T 9989.5	−	−	−	−
15	铅镉释放	GB 4806.3	−	−	−	−
评价厚度和其他特性的方法						
16	厚度	GB/T 4956	+	+	+	+
17	反射率和光泽	GB/T 9754	+	−	−	−
18	波浪状	③	−	−	−	−
19	颜色	GB/T 8424.3	+	+	+	+
20	缺陷(目测)	③	+	+	+	+
21	连续性和孔隙率(低电压试验)	GB/T 38094	−	−	−	+
22	连续性和孔隙率(高电压试验)	ISO 2746	+	−	−	−
23	抗热震性	GB/T 11419	−	−	−	−
24	抗热震性	GB/T 31567—2015,附录E	−	−	−	−
25	抗热震性	ISO 13807	−	−	−	−
26	耐热性	GB/T 11418	−	−	−	−
27	耐热级别	EN 1859:2009,4.6	−	−	−	−
28	抗冲击性	QB/T 1855—1993,5.6	+	+	+	+
29	附着力	EN 10209:2013,附录C	+	+	+	+
30	耐磨性	③	+	−	−	+
31	表面下耐磨性	HG/T 3221	−	−	−	−
32	耐刻划性	GB/T 30199	+	−	−	−
33	划痕硬度	EN 15771	+	−	−	−

(续)

序号	性能	测试方法	搪瓷制品			
			13 洗衣机[外壳(外表面)]	14 洗碗机[冲洗容器(内表面)]	15 洗碗机[外壳(外表面)]	16 浴缸和清洁用制品(家用)
		评价不同溶液中抗化学侵蚀性的方法				
1	冷柠檬酸	GB/T 9989.1—2015,第9章	+	+	+	+
2	冷硫酸	GB/T 9989.1—2015,第10章	-	-	-	+
3	沸腾柠檬酸	GB/T 9989.2—2015,第10章	-	-	-	+
4	沸腾硫酸	GB/T 9989.2—2015,第11章	-	-	-	-
5	冷凝盐酸蒸气	GB/T 9989.2—2015,第12章	-	-	-	-
6	燃烧气体冷凝产物	EN 1856-1:2009,附录A	-	-	-	-
7	热氢氧化钠	GB/T 9989.4—2015,第9章	-	+	-	-
8	沸水	GB/T 9989.2—2015,第13章	-	+	-	(+)
9	水蒸气	GB/T 9989.2—2015,第13章	-	+	-	-
10	热标准洗涤剂	GB/T 9989.3—2015,第9章	+	+	-	(+)
11	液体清洁剂	③	+	-	+	+
12	耐候性	④	-	-	-	-
13	特殊腐蚀性物质	GB/T 9989.4	-	+	-	+
14	特殊腐蚀性物质	GB/T 9989.5	-	-	-	-
15	铅镉释放	GB 4806.3	-	-	-	-
		评价厚度和其他特性的方法				
16	厚度	GB/T 4956	+	+	+	+
17	反射率和光泽	GB/T 9754	-	-	-	-
18	波浪状	③	-	-	-	-
19	颜色	GB/T 8424.3	+	-	+	+
20	缺陷(目测)	③	+	+	+	+
21	连续性和孔隙率(低电压试验)	GB/T 38094	-	+	-	+
22	连续性和孔隙率(高电压试验)	ISO 2746	-	-	-	+
23	抗热震性	GB/T 11419	-	-	-	-
24	抗热震性	GB/T 31567—2015,附录E	-	-	-	-
25	抗热震性	ISO 13807	-	-	-	-
26	耐热性	GB/T 11418	-	-	-	-
27	耐热级别	EN 1859:2009,4.6	-	-	-	-
28	抗冲击性	QB/T 1855—1993,5.6	+	+	+	(+)
29	附着力	EN 10209:2013,附录C	+	+	+	+
30	耐磨性	③	-	-	-	+
31	表面下耐磨性	HG/T 3221	-	-	-	-
32	耐刻划性	GB/T 30199	-	-	-	-
33	划痕硬度	EN 15771	-	-	-	+

（续）

序号	性能	测试方法	搪瓷制品 17 浴缸和清洁用制品（医用）	18 热水槽、热水器搪瓷内胆	19 交通和其他标志、海报	20 建筑板、反光镜、室内家具
		评价不同溶液中抗化学侵蚀性的方法				
1	冷柠檬酸	GB/T 9989.1—2015，第 9 章	+	(+)	+	+
2	冷硫酸	GB/T 9989.1—2015，第 10 章	+	+	−	−
3	沸腾柠檬酸	GB/T 9989.2—2015，第 10 章	+	−	−	−
4	沸腾硫酸	GB/T 9989.2—2015，第 11 章	−	−	−	−
5	冷凝盐酸蒸气	GB/T 9989.2—2015，第 12 章	−	−	−	−
6	燃烧气体冷凝产物	EN 1856-1:2009，附录 A	−	−	−	−
7	热氢氧化钠	GB/T 9989.4—2015，第 9 章	−	−	−	−
8	沸水	GB/T 9989.2—2015，第 13 章	(+)	(+)	−	−
9	水蒸气	GB/T 9989.2—2015，第 13 章	−	−	−	−
10	热标准洗涤剂	GB/T 9989.3—2015，第 9 章	(+)	−	−	−
11	液体清洁剂	③	+	−	+	+
12	耐候性	④	−	−	+	+
13	特殊腐蚀性物质	GB/T 9989.4	+	−	−	−
14	特殊腐蚀性物质	GB/T 9989.5	−	−	−	−
15	铅镉释放	GB 4806.3	−	+	−	−
		评价厚度和其他特性的方法				
16	厚度	GB/T 4956	+	+	+	+
17	反射率和光泽	GB/T 9754	−	−	+	+
18	波浪状	③	−	−	+	+
19	颜色	GB/T 8424.3	+	−	+	+
20	缺陷（目测）	③	+	+	+	+
21	连续性和孔隙率（低电压试验）	GB/T 38094	+	−	+	−
22	连续性和孔隙率（高电压试验）	ISO 2746	+	+	+	−
23	抗热震性	GB/T 11419	−	−	−	−
24	抗热震性	GB/T 31567—2015，附录 E	−	−	−	−
25	抗热震性	ISO 13807	−	−	−	−
26	耐热性	GB/T 11418	−	−	−	−
27	耐热级别	EN 1859:2009，4.6	−	−	−	−
28	抗冲击性	QB/T 1855—1993，5.6	(+)	+	+	+
29	附着力	EN 10209:2013，附录 C	+	+	+	+
30	耐磨性	③	+	−	+	+
31	表面下耐磨性	HG/T 3221	−	−	−	−
32	耐刻划性	GB/T 30199	−	−	−	−
33	划痕硬度	EN 15771	+	−	−	−

（续）

序号	性能	测试方法	搪瓷制品			
			21 建筑板、反光镜、户外家具（外部）	22 石油泵面板	23 排气管消声器和热交换器	24 用于化学品、药品、食品业的设备和容器
		评价不同溶液中抗化学侵蚀性的方法				
1	冷柠檬酸	GB/T 9989.1—2015,第9章	+	+	−	−
2	冷硫酸	GB/T 9989.1—2015,第10章	−	−	−	−
3	沸腾柠檬酸	GB/T 9989.2—2015,第10章	+	−	−	−
4	沸腾硫酸	GB/T 9989.2—2015,第11章	−	−	+	−
5	冷凝盐酸蒸气	GB/T 9989.2—2015,第12章	−	−	−	+
6	燃烧气体冷凝产物	EN 1856-1:2009,附录A	−	−	−	−
7	热氢氧化钠	GB/T 9989.4—2015,第9章	−	−	−	+
8	沸水	GB/T 9989.2—2015,第13章	−	−	−	(+)
9	水蒸气	GB/T 9989.2—2015,第13章	−	−	+	+
10	热标准洗涤剂	GB/T 9989.3—2015,第9章	−	−	−	−
11	液体清洁剂	③	+	+	−	−
12	耐候性	④	+	+	−	−
13	特殊腐蚀性物质	GB/T 9989.4	−	−	(+)	+
14	特殊腐蚀性物质	GB/T 9989.5	−	−	+	+
15	铅镉释放	GB 4806.3	−	−	−	−
		评价厚度和其他特性的方法				
16	厚度	GB/T 4956	+	+	+	+
17	反射率和光泽	GB/T 9754	+	+	−	−
18	波浪状	③	+	+	−	−
19	颜色	GB/T 8424.3	+	+	−	−
20	缺陷（目测）	④	+	+	+	+
21	连续性和孔隙率（低电压试验）	GB/T 38094	+	+	(+)	+
22	连续性和孔隙率（高电压试验）	ISO 2746	+	−	+	+
23	抗热震性	GB/T 11419	−	−	(+)	−
24	抗热震性	GB/T 31567—2015,附录E	+	+	+	−
25	抗热震性	ISO 13807	−	−	−	+
26	耐热性	GB/T 11418	−	−	(+)	−
27	耐热级别	EN 1859:2009,4.6	−	−	−	−
28	抗冲击性	QB/T 1855—1993,5.6	+	+	(+)	(+)
29	附着力	EN 10209:2013,附录C	+	+	(+)	(+)
30	耐磨性	③	+	+	(+)	−
31	表面下耐磨性	HG/T 3221	−	−	−	(+)
32	耐刻划性	GB/T 30199	+	−	−	−
33	划痕硬度	EN 15771	+	−	−	−

（续）

序号	性能	测试方法	搪瓷制品			
			25 少量需求工业/市政用罐	26 大量需求工业/市政用罐	27 普通工业干燥贮存用罐	28 农业料浆罐
			(更多信息参见 ISO 28765)			
评价不同溶液中抗化学侵蚀性的方法						
1	冷柠檬酸	GB/T 9989.1—2015,第 9 章	+	+	+	+
2	冷硫酸	GB/T 9989.1—2015,第 10 章	−	+	−	−
3	沸腾柠檬酸	GB/T 9989.2—2015,第 10 章	+	+	+	+
4	沸腾硫酸	GB/T 9989.2—2015,第 11 章	−	−	−	−
5	冷凝盐酸蒸气	GB/T 9989.2—2015,第 12 章	−	+	−	−
6	燃烧气体冷凝产物	EN 1856-1:2009,附录 A	−	−	−	−
7	热氢氧化钠	GB/T 9989.4—2015,第 9 章	+	+	+	+
8	沸水	GB/T 9989.2—2015,第 13 章	+	+	+	+
9	水蒸气	GB/T 9989.2—2015,第 13 章	−	+	−	−
10	热标准洗涤剂	GB/T 9989.3—2015,第 9 章	−	+	−	−
11	液体清洁剂	③	−	−	−	−
12	耐候性	④	−	−	−	−
13	特殊腐蚀性物质	GB/T 9989.4	−	+	−	−
14	特殊腐蚀性物质	GB/T 9989.5	−	−	−	−
15	铅镉释放	GB 4806.3	+	+	+	+
评价厚度和其他特性的方法						
16	厚度	GB/T 4956	+	+	+	+
17	反射率和光泽	GB/T 9754	−	−	−	−
18	波浪状	③	−	−	−	−
19	颜色	GB/T 8424.3	−	−	−	−
20	缺陷(目测)	③	+	+	+	+
21	连续性和孔隙率(低电压试验)	GB/T 38094	−	−	−	+
22	连续性和孔隙率(高电压试验)	ISO 2746	+	+	+	+
23	抗热震性	GB/T 11419	−	−	−	−
24	抗热震性	GB/T 31567—2015,附录 E	−	+	−	−
25	抗热震性	ISO 13807	−	−	−	−
26	耐热性	GB/T 11418	−	−	−	−
27	耐热级别	EN 1859:2009,4.6	−	−	−	−
28	抗冲击性	QB/T 1855—1993,5.6	+	+	+	+
29	附着力	EN 10209:2013,附录 C	+	+	+	+
30	耐磨性	③	+	+	+	+
31	表面下耐磨性	HG/T 3221	−	+	−	−
32	耐刻划性	GB/T 30199	−	−	−	−
33	划痕硬度	EN 15771	+	+	+	+

（续）

序号	性能	测试方法	搪瓷制品	
			29 粉笔板	30 白板
评价不同溶液中抗化学侵蚀性的方法				
1	冷柠檬酸	GB/T 9989.1—2015,第 9 章	−	+
2	冷硫酸	GB/T 9989.1—2015,第 10 章	−	−
3	沸腾柠檬酸	GB/T 9989.2—2015,第 10 章	−	−
4	沸腾硫酸	GB/T 9989.2—2015,第 11 章	−	−
5	冷凝盐酸蒸气	GB/T 9989.2—2015,第 12 章	−	−
6	燃烧气体冷凝产物	EN 1856-1:2009,附录 A	−	−
7	热氢氧化钠	GB/T 9989.4—2015,第 9 章	−	−
8	沸水	GB/T 9989.2—2015,第 13 章	−	−
9	水蒸气	GB/T 9989.2—2015,第 13 章	−	−
10	热标准洗涤剂	GB/T 9989.3—2015,第 9 章	−	−
11	液体清洁剂	③	−	−
12	耐候性	④	−	−
13	特殊腐蚀性物质	GB/T 9989.4	−	−
14	特殊腐蚀性物质	GB/T 9989.5	−	−
15	铅镉释放	GB 4806.3	−	−
评价厚度和其他特性的方法				
16	厚度	GB/T 4956	+	+
17	反射率和光泽	GB/T 9754	+	+
18	波浪状	③	+	+
19	颜色	GB/T 8424.3	+	+
20	缺陷（目测）	③	+	+
21	连续性和孔隙率（低电压试验）	GB/T 38094	−	−
22	连续性和孔隙率（高电压试验）	ISO 2746	−	−
23	抗热震性	GB/T 11419	−	−
24	抗热震性	GB/T 31567—2015,附录 E	−	−
25	抗热震性	ISO 13807	−	−
26	耐热性	GB/T 11418	−	−
27	耐热级别	EN 1859:2009,4.6	−	−
28	抗冲击性	QB/T 1855—1993,5.6	+	+
29	附着力	EN 10209:2013,附录 C	+	+
30	耐磨性	③	+	+
31	表面下耐磨性	HG/T 3221	−	−
32	耐刻划性	GB/T 30199	−	+
33	划痕硬度	EN 15771	+	+

① 对于自洁搪瓷制品，其他相关的测试标准参见 GB/T 38167。
② 只适用于接触废气的搪瓷制品。
③ 建议使用其他可用的相关标准。
④ 根据 GB/T 9989.1 获得的测试结果可用于搪瓷制品耐候性的评价。

第五篇 气相沉积

第十六章 术语与技术条件

第一节 离子镀术语

一、概论

气相沉积是表面工程技术领域发展中处于前沿的一大类技术，也是表面工程技术领域中对环境和人类健康危害较少的较为清洁的一类技术。气相沉积分为化学气相沉积（CVD）和物理气相沉积（PVD）两大类，广泛用于航空航天、海洋、交通、电子、仪器仪表、半导体、微电子等领域。物理气相沉积包括真空蒸发沉积、溅射沉积、电弧沉积、离子辅助沉积、离子植入及离子镀等。

离子镀起始于1938年，它是一类膜沉积过程的总称。在沉积过程中，基体表面和生长中的膜经受足以改变成膜过程和沉积膜性能的高能量轰击粒子流（反应性的或惰性的离子、基团、原子或分子）连续或周期性的作用，这类冲击物质和沉积物质来自一些物质源。此种轰击可发生在真空或等离子环境，当高能粒子束用于真空时，则该方法常称为离子束辅助沉积。

离子镀是一种混合真空镀覆方法，兼有真空蒸发和溅射的优点，它属于一种高能等离子沉积方法。在离子镀过程中，沉积前后和沉积过程中镀覆表面经受较小的高能离子流和大量的高能中性物质的作用，镀覆基体受镀层材料和载体气等高能离子和原子轰击会引发各种效应。在离子镀中发生四个最重要的物理过程，即离子和原子轰击使吸附的杂质从表面上脱附而得到清洗；离子穿入陷匿于基体和镀层；离子诱发基体和镀层原子发生溅射；基体原子和镀层原子发生反弹位移，使其相互混合。这样的物理过程作用和物理效应使离子镀层与基体的附着力很高，镀层更致密，很少甚至无孔隙，化学成分适当。过去50余年来，离子镀从纯实验室研究技术发展成为工业镀覆方法，并成功用于飞机、汽车和工具等行业。离子镀层用于防腐蚀，抗一般磨粒磨损和冲刷磨损；用于电气覆盖层（例如，导线框用的铝、金/镍镀层），玻璃真空系统的铝电极，微波工程用的铜、金、铝镀层，电磁屏蔽用铝或铜镀层，光学镀层，塑料上镀层，陶瓷上镀层，箔上镀层等；也用于装饰、润滑等环境。

离子镀分为两种基本类型，一种为起始于1963年的等离子型离子镀，其中，基体接触等离子，离子被高电压加速，以一定范围的高能量到达表面；另一种为起始于1973年的真空离子镀，镀层材料在真空中发生沉积，受到离子或等离子枪产生的轰击。目前，离子镀出现各种改进型，如溅射离镀镀、化学离子镀、交变离子镀、电弧离子镀等，说明它具有不同的镀层材料源，具有各种轰击膜的方法及其他特殊的沉积条件。

最常用离子镀基体的电源是在基体表面外加电位，使离子加速到达基体表面。加电位的方法有外加偏置（直流）、外加偏置（射频）、外加偏置（直流加射频）、自偏置等。

轰击生长的膜的轰击物源为离子或中性物，具体的轰击物源有等离子、气体离子和电弧源产生的膜离子、高能中性物质等，但是，加速荷电离子是得到受控轰击的最常用办法。

离子镀的沉积物源有热蒸发源、物理溅射源、电弧蒸发源、化学气基质气体源、激光蒸发源，其中包括磁控溅射离子镀、反应离子镀、空心阴极放电离子镀（空心阴极蒸镀法）、多弧离子镀（阴极电弧离子镀）等。离子镀轰击的参数有离子物质、粒子能量、沉积原子与轰击物的流量比、气体成分和质量流、轰击重复性、基体温度、加入气体等。

普通真空镀膜时，工件夹固在真空罩内，当高温蒸发源通电加热后，促使待镀材料熔化蒸发。由于温度升高，蒸发粒子获得一定动能，沿着一定路径行走，最后附着于工件表面上堆积成膜。用这种工艺形成的镀层，与零件表面既无牢固的化学结合，又无扩散连接，附着性能较差。然而，离子镀工艺则有所不同，它是以电荷传递的形式来实现的。也就是说，蒸发物质的粒子作为带正电荷的高能离子在高压阴极（即工件）的吸引下，以很高的速度注入工件表面，在工件上形成一种附着牢固的扩散镀层。

离子镀的方式很多，考虑到离子镀技术应用的规范性，为保障离子镀技术的健康快速发展，有必要进行标准化工作。

JB/T 7505—1994《离子镀术语》为首次制定。该标准于1994年10月25日批准，1995年10月1日实施。

二、标准主要特点与应用说明

该标准对真空离子镀专业常用的术语、定义进行规范，适用于真空离子镀及与真空离子镀有关的过程。

作为离子镀技术领域的基础标准，该标准规范了真空离子镀领域的一般性概念，如真空镀膜、物理气相沉积（PVD法）、基体、镀膜材料、溅射材料、覆盖层材料、镀膜速率、入射角、蒸发角、溅射等17项内容。

为反映离子镀技术领域采用的蒸发镀覆方法，该标准规范了一般真空离子镀的方法，如真空蒸镀、反应真空蒸镀、同时蒸镀、感应蒸镀、电子束蒸镀、激光束蒸镀、电阻加热蒸镀、电弧蒸镀、离子束蒸镀、空心阴极等离子电子束蒸镀等29项内容。

为反映离子镀技术涉及的装置，该标准规范了一般真空离子镀装置的名称，如蒸发源、靶、磁控靶、电弧源、基体夹具、加热装置、冷却装置等7项内容，便于该领域工作者对其进行操作。要更好地了解离子镀的装置，还应在明确这些术语含义的基础上进一步深入研究。

三、标准内容（JB/T 7505—1994）

离子镀术语

本标准规定了真空离子镀专业常用的术语及定义。

本标准适用于真空离子镀及与真空离子镀有关的过程。

1 一般概念

1.1 真空镀膜 vacuum coating

在真空条件下通过气相沉积过程在基本表面获得覆盖层的方法。

1.2 物理气相沉积（PVD法） physical vapor deposition
用物理的方法（如蒸发、溅射等）使镀膜材料汽化在基体表面沉积成覆盖层的方法。

1.3 基体 substrate
覆盖层支承体。
同义词：镀膜体。

1.4 镀膜材料 coating material
制作覆盖层所用的原始材料。
同义词：镀膜物质。

1.5 溅射材料 sputtering material
用作溅射靶的材料。
同义词：靶材料。

1.6 覆盖层材料 coatings material
构成覆盖层的材料。
同义词：覆盖层物质。

1.7 镀膜速率 coating rate
单位时间内沉积于单位面积基体表面的覆盖层材料量。
同义词：沉积速率。

1.8 入射角 incident angle
入射到基体表面上的粒子方向与入射点法线之间的夹角。

1.9 蒸发角 evaporating angle
离开蒸发器表面的蒸汽流所形成的立体角。

1.10 溅射 sputtering
利用获能粒子所传递的动量使镀膜材料原子进入气相的过程。

1.11 离子轰击 ion bombardment
离子冲击电极表面并与电极相互作用的过程。

1.12 离子轰击清洗 ion bombardment cleaning
借助于离子轰击，使基体表面净化和活化的过程。

1.13 膜-基界面 film-substrate interface
膜与基体间形成的界面。

1.14 离化率 ionization rate
离子镀过程中，离化粒子占总粒子数的百分比。

1.15 活化极 activation pole
在离子镀装置中，为提高离化率而加入的电子发射极。

1.16 蒸发率 evaporating rate
单位时间从蒸发源单位面积上蒸发出的镀膜材料量。

1.17 偏压 bias
偏离零电位施加于基体的偏置电压。

2 方法

2.1 真空蒸镀 vacuum evaporating
加热蒸发镀膜材料的真空镀膜方法。

2.2 反应真空蒸镀　reactive vacuum evaporating
通过气相反应获得所需化学组成和结构的覆盖层的真空蒸镀方法。

2.3 同时蒸镀　simultaneous evaporating
来自一个或多个蒸发源或溅射源的不同蒸发材料同时沉积在基体上的真空镀膜方法。

2.4 感应蒸镀　induction evaporating
通过感应加热蒸发镀膜材料的镀膜方法。

2.5 电子束蒸镀　electron beam evaporating
通过电子束加热蒸发镀膜材料的镀膜方法。

2.6 激光束蒸镀　laser beam evaporating
通过激光束加热蒸发镀膜材料的镀膜方法。

2.7 电阻加热蒸镀　resistance heating evaporating
通过电阻加热蒸发镀膜材料的镀膜方法。

2.8 电弧蒸镀　arc evaporating
通过电弧放电蒸发镀膜材料的镀膜方法。

2.9 离子束蒸镀　ion beam evaporating
通过离子束加热蒸发镀膜材料的镀膜方法。

2.10 空心阴极等离子电子束蒸镀　hollow cathode plasma-electron beam evaporating
通过由空心阴极内引出的高密度等离子电子束加热蒸发镀膜材料的镀膜方法。

2.11 热阴极等离子电子束蒸镀　hot cathode plasma-electron beam evaporating
通过由热灯丝引出的高密度等离子电子束加热蒸发镀膜材料的镀膜方法。

2.12 溅射镀　sputtering
通过溅射沉积覆盖层的方法。

2.13 反应溅射镀　reactive sputtering
引入化学反应的溅射镀。

2.14 偏压溅射镀　bias sputtering
在基体上施加偏压的溅射镀。

2.15 直流二极溅射镀　d.c. diode sputtering
在两极之间施加直流电压的溅射镀。

2.16 不对称的交流溅射镀　asymmetric a.c. sputtering
在两极之间施加不对称交流电压的溅射镀。

2.17 射频溅射镀　R.F. diode sputtering
在两极之间施加射频电压的溅射镀。

2.18 三极溅射镀　triode sputtering
在两极之间引入活化极的溅射镀。

2.19 离子束溅射镀　ion beam sputtering
采用离子束源的溅射镀。

2.20 磁控溅射镀　magnetron sputtering
采用磁场束缚靶面附近电子运动的溅射镀。

2.21 离子镀　ion plating

在基体上施加偏压，产生离子对基体和覆盖层的持续轰击作用的真空镀膜方法。

同义词：离子沉积。

2.22 反应离子镀　reactive ion plating

引入化学反应的离子镀。

2.23 活性反应离子镀（A.R.E）　activated reactive evaporation

利用电子束蒸发并通过活化极活化的反应离子镀。

2.24 空心阴极离子镀（H.C.D）　hollow cathode deposition

利用空心阴极蒸发的离子镀。

2.25 热阴极离子镀　hot cathode deposition

利用热阴极蒸发的离子镀。

2.26 射频离子镀（R.F.I.P）　radio frequency ion plating

利用射频辉光放电活化的离子镀。

2.27 磁控溅射离子镀　magnetron sputtering ion plating

利用磁控溅射蒸发源的离子镀。

2.28 电弧离子镀　arc ion plating

利用电弧蒸发的离子镀。

2.29 团束离子镀　ionized cluster beam deposition

利用加热蒸发，使镀膜材料以原子团状从坩埚中喷出的离子镀。

3　装置

3.1 蒸发源　evaporation source

用以产生镀膜材料的装置。

同义词：蒸发器。

3.2 靶　target

溅射装置中由溅射材料组成的电极。

3.3 磁控靶　magnetron target

用于磁控溅射的靶。

3.4 电弧源　arc source

用于电弧蒸发的源。

3.5 基体夹具　substrate holder

用于直接夹持基体的装置。

3.6 加热装置　heating device

加热基体到所要求的温度的装置。

3.7 冷却装置　cooling device

冷却或限制基体到一定温度的装置。

第二节　物理气相沉积 TiN 薄膜技术条件

一、概论

氮化钛（TiN）薄膜研究工作早在20世纪60年代就开始了。因为 TiN 薄膜具有高温强度、优越的耐蚀性及良好的导热性能,所以该薄膜是第一个产业化并广泛应用的硬质薄膜材料。TiN 薄膜具有广阔的应用前景,在刀具、模具、装饰材料和集成电路中都具有重要的应用价值和广阔的应用前景。其制备方法主要可分为物理气相沉积、化学气相沉积两大类。其中物理气相沉积方法是在基材表面制备 TiN 薄膜,具有无污染、耗材少、成膜致密等优点,是常用的 TiN 薄膜制备手段。

物理气相沉积是在真空条件下采用物理方法将材料源气化成气态原子、分子或离子,在基体表面沉积薄膜的过程。制备 TiN 薄膜常用的物理气相沉积方法主要为磁控溅射法和多弧离子镀法。磁控溅射法的工作原理是指工作气体 Ar 气经电离后产生 Ar^+ 离子,在电场作用下加速飞向阴极靶,以高能量轰击靶材,产生溅射效应,然后在基体表面沉积出 TiN 薄膜。磁控溅射法制备的 TiN 薄膜主要用于光学、电学、磁学等功能薄膜的研究与生产。多弧离子镀法是将阴极靶作为蒸发源,在阳极壳体与阴极靶之间加高电压产生弧光放电蒸发靶材,在基体上沉积出薄膜。多弧离子镀法制备的 TiN 薄膜具有沉积效率高、膜基结合力好等特点,是 TiN 薄膜工业中应用较为广泛的生产工艺。

物理气相沉积 TiN 薄膜的方式很多,为保证物理气相沉积 TiN 薄膜成膜效率、成膜质量等关键指标,制定了 GB/T 18682—2002《物理气相沉积 TiN 薄膜技术条件》。

该标准为首次制定,于 2002 年 3 月 10 日发布,2002 年 8 月 1 日实施。

二、标准主要特点与应用说明

该标准对物理气相沉积 TiN 薄膜技术条件的术语、定义进行了解释,对成膜的技术条件、膜层性能及试验方法进行了规范,适用于物理气相沉积制备 TiN 薄膜有关的过程。

该标准规范了物理气相沉积 TiN 薄膜技术的一般性概念,包括极限压力、抽气时间、压升率、靶材、试验负荷、试验行程、试验转速、薄膜试样和对偶试样 9 项内容。

该标准规范了物理气相沉积 TiN 薄膜的技术条件,包括镀膜前零件表面质量控制技术要求、靶材的质量要求、物理气相沉积 TiN 设备的真空技术要求 3 项内容。这有利于该领域从业人员实际应用该技术时把握技术关键点。

该标准规范了物理气相沉积 TiN 薄膜的性能及试验方法,包括颜色、金相组织、膜厚度、膜与基体附着力、TiN 薄膜耐腐蚀行为、TiN 薄膜摩擦学性能 6 项内容。这便于该领域从业人员对其技术性能进行检测、评价。

三、标准内容 (GB/T 18682—2002)

物理气相沉积 TiN 薄膜技术条件

1 范围

本标准规定了物理气相沉积 TiN 薄膜的技术要求。

本标准适用于物理气相沉积 TiN 薄膜,也适用于其他方法制备的 TiN 薄膜。

本标准也适用于其他材料沉积层(TiC、TiCN、TiAlN 等)。

2 规范性引用文件

下列文件中的条款通过在本标准的引用而成为本标准的条款。凡是注日期的引用文件,其随后所有的修改单(不包括勘误的内容)或修订版均不适用于本标准,然而,鼓励根据本标准达成协议的各方研究是否使用这些文件的最新版本。凡是不注日期的引用文件，其最新版本适用于本标准。

GB 191　包装储运图示标志（eqv ISO 780）

GB/T 3620.1　钛及钛合金牌号和化学成分

GB/T 3620.2　钛及钛合金加工产品化学成分及成分允许偏差

GB/T 4698　海绵钛、钛及钛合金化学分析方法

GB/T 5168　两相钛合金高、低倍组织检验方法

GB/T 5193　钛及钛合金加工产品超声波探伤方法（eqv AMS 2631）

GB/T 6070　真空法兰（eqv ISO 1609）

GB/T 8180　钛及钛合金加工产品的包装、标志、运输和储存

GB/T 11164—1999　真空镀膜设备通用技术条件

GB/T 13384　机电产品包装通用技术条件

GB/T 15827　离子镀　仿金氮化钛的颜色（neq ISO 8654）

JB/T 6075　氮化钛涂层　金相检验方法

JB/T 7506　松散磨粒磨料磨损试验方法　橡胶轮法

JB/T 7673　真空设备　型号编制方法

JB/T 7705　固定磨粒磨料磨损销-砂纸盘滑动磨损法

JB/T 8554　气相沉积薄膜与基体附着力的划痕试验法

JB/T 53021　真空镀膜设备产品质量分等

3　术语和定义

下列术语和定义适用于本标准。

3.1　极限压力　ultimate vacuum pressure

真空系统正常工作时，空载干燥的真空室达到稳定的最低压力。单位为 Pa。

3.2　抽气时间　time for pump down

真空系统正常工作时，将空载干燥的真空室从大气压（10^5 Pa）抽到规定的压力所需要的时间。单位为 min。

3.3　压升率　rate of pressure rise

将空载干燥的真空室连续抽气至稳定的最低压力后，截止抽气，在真空室内由于漏气或内部放气所造成的单位时间的升压。单位为 Pa/h。

3.4　靶材　target materials

用作沉积源的材料，以组成溅射或蒸发装置的电极。

3.5　试验负荷　test load

销盘磨损试验中，沿销试样轴线垂直作用于盘试样表面的负荷。单位为 N。

3.6　试验行程　sliding distance

销盘磨损试验中，销试样与盘试样相对滑动距离。单位为 m。

3.7　试验转速　rotation speed for test

销盘磨损试验中，销与盘之间沿盘试样轴线相对转动速度。单位为 r/min。

3.8 薄膜试样 coated sample
已形成物理气相沉积薄膜的试样。

3.9 对偶试样 sample mate
与薄膜试样组成滑动摩擦副的试样。

4 技术要求
物理气相沉积 TiN 薄膜的技术要求主要包括：镀膜前零件的表面质量、选用的靶材质量、设备的真空技术指标等，保证这些要求，是获得合格的 TiN 薄膜的先决条件。

4.1 镀膜前零件表面质量控制技术要求
镀膜前对零件清洗前、清洗后、装炉和存放都有严格规定。若清洗后零件经检验表面质量不符合本标准要求，将严重影响镀膜过程和膜层质量，应不予镀膜。具体质量要求和检验方法见附录 A。

4.2 靶材的质量要求
钛靶是物理气相沉积 TiN 薄膜的必备材料，用于制作钛靶的材料应采用特殊的真空熔炼方法，其牌号及组织状态、化学成分都必须符合相应规定；如因特殊情况，还须注明金相组织、无损检测、表面质量要求等。钛靶的质量应由供方和需方按本标准的规定进行检验，具体质量要求和检验方法见附录 B。

4.3 物理气相沉积 TiN 设备的真空技术要求
物理气相沉积 TiN 的真空设备应符合相应的真空技术要求和指标，否则无法正常沉积 TiN 薄膜。设备的真空技术要求主要包括：设备正常工作条件、设备真空技术要求、设备结构要求、设备制造质量、设备安全防护等。设备的真空指标中应严格把握的参数有：极限压力、抽气时间、压升率。具体技术要求、测量方法和真空指标见附录 C。

5 性能及试验方法

5.1 颜色
符合 GB/T 15827 要求。

5.2 金相组织
按 JB/T 6075 进行检测，用于工具表面的 TiN 膜显微硬度 ≥2200 HV0.025。

5.3 膜厚度
TiN 薄膜应达到所要求的厚度，对于装饰镀，根据产品对象和常与其他复合覆层组合使用的情况，厚度一般在 $0.3\mu m \sim 1.5\mu m$；用于工具表面的 TiN 膜厚度应达到 $2.0\mu m \sim 5.5\mu m$。具体测量方法采用球痕法或球面法，见附录 D。

5.4 膜与基体附着力
按 JB/T 8554 进行检测，用于工具表面的 TiN 膜结合力应不低于 40N。

5.5 TiN 薄膜耐腐蚀行为
TiN 薄膜经盐雾腐蚀试验和恒定湿热试验，其耐蚀性应达到要求，见附录 E。

5.6 TiN 薄膜摩擦学性能
本标准采用销盘磨损试验测量 TiN 薄膜在滑动摩擦条件下的摩擦系数、磨损量、磨损系数、耐磨性，具体规定见附录 F。

附 录 A
（规范性附录）
镀膜前零件表面质量控制技术要求

A.1 零件清洗前表面质量要求

零件清洗前应做好表面准备工作，清洗水应当用去离子水。

A.1.1 表面应清除各种油、蜡、胶等脏物。

A.1.2 经盐浴热处理的零件残盐应清洗干净，不允许有残留物（如盐、酸、碱等）。

A.1.3 组合零件应拆开清洗。

A.1.4 经磨削加工后的零件，不应有剩磁、磁粉、磨料或杂质粒子和磨削烧伤等。

A.1.5 表面不允许有裂纹、锈蚀、毛刺、卷刃和划痕等缺陷。装饰性或其他功能性零件可根据具体技术条件而定。

A.1.6 表面不允许有发黑、发蓝、钝化等覆盖层。

A.1.7 零件被镀区表面粗糙度 Ra 值应不高于 $0.40\mu m$。

A.1.8 焊接件应无多余的焊料和熔渣，焊缝应经喷砂或其他方法清理，焊缝应无气孔和未焊牢等缺陷。

A.1.9 未经精加工面和有氧化皮的零件表面，应进行喷砂或喷丸处理，也可用酸法去除氧化皮等方法。

A.1.10 凡对材料疲劳寿命要求较高的零件均应采用喷砂，并选用对零件表面无损伤的砂料。喷砂后的表面不应有残余的氧化皮、锈蚀、油迹、残砂、手印等。

A.1.11 电镀件不应有酸性或碱性物残留，不应有镀层起皮、起泡、脱落、漏镀等缺陷。

A.1.12 凡设计规定有配合要求的零件，必须留有镀覆厚度的尺寸余量，并应严格按工艺文件规定进行尺寸检验和验收。

A.1.13 除另有规定外，镀覆应在机械加工全部完成后实施。

A.1.14 镀覆中使用的工装、卡具必须另行施以相应的预清洗。

A.2 零件清洗后表面质量和技术要求

A.2.1 零件经过清除油污、活化、漂洗、脱水干燥等工序后表面不得有油污、油脂、水锈和水渍等残留物。

A.2.2 清洗后的零件严禁裸手触摸。装夹时必须用干净夹具或洁净手套（或一次性塑料手套）。

A.3 零件清洗后装入镀膜室期限和存放条件

A.3.1 清洗后的零件应及时镀膜或存放于真空室内或洁净的干燥器内，干燥器内相对湿度≤40%，存放时间一般不得超过24h。

A.3.2 凡经喷砂处理的高强度零件应在2h内开始镀覆（包括预处理）。

A.4 零件清洗后表面质量的检验方法

零件清洗后的表面质量，可以根据具体情况采用下列三种方法之一进行检验：

A.4.1 目测法

用肉眼在自然光（或功率不低于20W的荧光灯）下，距检测面20cm～30cm处观察，表面应光亮，无残存的污迹和水渍为合格，否则不合格。

A.4.2 挂水法（表面张力法）

将材质与零件相同的试片［尺寸：50mm×50mm×（3～5）mm，数量≥3片/次］浸入人工油污中沥干后，随零件清洗后用蒸馏水浸湿，水平放置5s～10s后进行观察，表面水膜均匀和完整为合格，否则为不合格。

A.4.3 硫酸铜法

将试片（数量、尺寸、材质和处理方法见A.4.2）或零件浸入酸性硫酸铜水溶液中［配方：硫酸铜（化学纯）50g/L，硫酸（化学纯）20g/L，蒸馏水余量］停留10s～30s后提起，用水洗后，观察表面，若铜膜均匀、色泽一致为合格，否则为不合格。

附　录　B
（规范性附录）
物理气相沉积技术用钛靶

B.1 技术要求

B.1.1 牌号及状态

钛靶所用材料应符合GB/T 3620.1及GB/T 3620.2，材料等级优于TA2，建议牌号及状态示于表B.1。

表B.1　钛靶材料的牌号及组织状态

牌号	状态
TAD	热加工/退火状态
TA0	热加工/退火状态
TA1	热加工/退火状态
TA2	退火状态

B.1.2 化学成分

钛靶所用材料的化学成分应符合表B.2的规定。

表B.2　钛靶材料的化学成分

牌号	主成分	化学成分(质量分数,%)≤							
		杂质元素						其他元素	
	Ti	Fe	O	C	N	H		单个	总和
TAD	基	0.03	0.05	0.03	0.01	0.015		—	—
TA0	基	0.15	0.15	0.10	0.03	0.015		0.1	0.4
TA1	基	0.25	0.20	0.10	0.03	0.015		0.1	0.4
TA2	基	0.30	0.25	0.10	0.05	0.015		0.1	0.4

注：1. 其他元素一般包括：Al、Sn、Mo、Cr、Mn、Zr、Ni、Cu、Si、Y。
　　2. 产品出厂时不检验其他元素，用户要求并在合同中注明时才予检验。

B.1.3 金相组织

靶材的横截面经低倍显微镜观察，不允许有裂纹、气孔、金属或非金属夹杂物及其他肉眼可见的缺陷。

B.1.4 无损检测

若需方需要进行无损检测时，所用检测方法及判定级别由双方商定，并在合同中注明。

B.2 试验方法

B.2.1 化学成分仲裁分析

产品的化学成分仲裁分析方法按 GB/T 4698 的规定进行。

B.2.2 尺寸的测量

产品的尺寸测量可使用游标卡尺等。

B.2.3 金相组织检验

金相组织检验参照 GB/T 5168 的规定方法进行。

B.2.4 无损检测

产品的超声检测按 GB/T 5193 的规定进行；若采用其他方法检测，其标准及判定级别由供需方商定，并在合同中注明。

B.3 检验规则

B.3.1 检查和验收

B.3.1.1 产品应由供方技术监督部门检验，保证产品质量符合本标准规定，并填写质量证明书。

B.3.1.2 需方对收到的产品应按本标准的规定进行验收。

B.3.2 组批

产品应成批提交检验。每批应由同一牌号、熔炼炉号、制作方法、状态、规格和热处理炉次的产品组成。

B.3.3 检验项目

每批产品均应进行化学成分、尺寸及金相组织检验。

B.3.4 取样位置和取样数量

B.3.4.1 化学成分分析试样由供方在原铸锭或坯料上截取。需方可在成品上任取。

B.3.4.2 金相组织判定的试样，对每批产品均应任取一件。

B.3.4.3 产品应逐件进行无损检测。

B.3.4.4 产品应逐件进行尺寸测量。

B.3.5 重复试验

在化学成分的分析中，如有一个试样的分析结果不合格，则应从该批产品上取双倍试样再对不合格项目重复进行分析；若重复分析的结果仍有一个试样不合格，则判定整批报废或责成逐个检验，合格者重新组批验收。

B.4 标志、包装、运输、储存

B.4.1 产品标志

在已检验的产品上应明显给出如下标记：

a）牌号；

b）规格；

c）状态；

d）熔炼炉号；

e）批号。

B.4.2 包装、包装标志、运输、储存

产品的包装、包装标志、运输和储存应符合 GB/T 8180 的规定。

B.4.3 质量证明书

每批产品应有质量证明书,注明以下内容:

a) 供方名称、地址;
b) 产品名称;
c) 牌号、状态和规格;
d) 熔炼炉号、批号;
e) 产品净重、件数;
f) 各项分析检验的结果及技术监督部门的印记;
g) 本标准编号;
h) 包装日期。

附 录 C
(规范性附录)
物理气相沉积 TiN 设备的真空技术要求

C.0 范围

本附录规定了物理气相沉积 TiN 设备的真空技术要求。

本附录适用于物理气相沉积 TiN 薄膜的溅射类和离子镀类真空镀膜设备(以下简称设备)。

C.1 技术要求

C.1.1 设备正常工作条件

C.1.1.1 环境温度:10℃~35℃。

C.1.1.2 相对湿度:不大于80%。

C.1.1.3 冷却水进水温度:不高于25℃。

C.1.1.4 冷却水质:城市自来水或相当质量的水。

C.1.1.5 供电电源:三相(380±38)V、(50±1)Hz 或单相(220±22)V、(50±1)Hz。

C.1.1.6 设备所需的压缩空气、冷却水压力、温度,均应在产品使用说明书中写明。

C.1.1.7 设备对镀覆工件镀前的处理要求,见附录 A。

C.1.1.8 设备周围应环境整洁,空气清洁;不应有可引起电器及其他金属件表面腐蚀或引起金属间导电的尘埃或气体存在。

C.1.2 设备真空技术要求

C.1.2.1 设备的主要真空技术要求除满足 GB/T 11164 和 JB/T 53021 的规定外,还应符合表 C.1 的规定。

表 C.1 设备的真空技术指标

参数名称	参数数值	
	A 类	B 类
极限压力/Pa	≤5×10^{-4}	≤1.3×10^{-3}
抽气时间/min	≤20 (10^{5}Pa 抽至 1.3×10^{-3}Pa)	≤20 (10^{5}Pa 抽至 6.7×10^{-3}Pa)

(续)

参数名称	参数数值	
	A 类	B 类
压升率/(Pa/h)	≤6×10^{-1}	≤1
真空室尺寸	根据设计要求	
工件尺寸及转动方式		
工件烘烤方式及烘烤温度（真空室的工作温度）		
沉积源形式、尺寸、数量、功率		
沉积源供电电源的工作电压和工作电流		
离子轰击电压，工件偏压功率		
设备的控制方式及控制精度		
设备最大耗电量		

C.1.2.2 设备的型号编制见 JB/T 7673。

C.1.3 结构要求

C.1.3.1 设备中的真空管道、静动密封零部件的结构形式和尺寸见 GB/T 6070。

C.1.3.2 在粗抽管路、前级真空管路、水冷挡板（若主泵为扩散泵时）及真空室上安装真空测试规管，分别测量各部位的压力。

C.1.3.3 如果设备的主泵为油扩散泵时，应在泵的入口一侧安装水冷挡油帽和水冷挡板。

C.1.3.4 设备的真空室和真空机组之间应安装真空调节阀。

C.1.3.5 设备的真空室应有观察窗。

C.1.3.6 当设备用于高温沉积 TiN 薄膜时，真空室应有冷却水套。

C.1.3.7 当设备中的工件架具有公转和自转时，公转转速和自转转速之比不得为整数。

C.1.3.8 真空室内的绝缘套、垫应采用耐高温的绝缘材料，如聚四氟乙烯、陶瓷等，并采取防护措施防止绝缘套、垫沉积上镀膜材料。

C.1.4 制造质量

C.1.4.1 设备主要零部件制造所用的原材料应符合相应的材料标准的规定，且应具有质量合格证书。如证书不全或有问题时应由制造厂检验部门负责复检。

C.1.4.2 设备的零部件的机加工质量及设备的焊接质量均应符合制造厂技术文件的规定。

C.1.4.3 设备的装配质量应符合制造厂技术文件的规定，装配时工作中处于真空的各零部件表面应进行有效的真空清洗处理并予以干燥，各运动件装配后应运动灵活平稳。

C.1.4.4 设备中镀膜沉积源、离子轰击、工件偏压、工件加热、膜厚监控等装置均应逐项调试和联合调试，性能均应达到设计要求、运行可靠。工件加热过程中设备应能正常运转。

C.1.4.5 设备所配用的自制或外购的泵、阀、表、计等各类机械、电气元器件都应符合相应产品标准的规定，并应具有质量合格证书或经制造厂检验部门检验合格后方可使用。

C.1.4.6 与设备配套的电器装置的制造质量应符合制造厂技术文件的规定，并应保证设备运行和操作时的安全可靠。装置中线路的排布应整齐清晰、便于检修。装置中各电器回路的绝缘电阻值，对于 500V 以下回路，不得低于 2MΩ；501V～1000V 回路，不得低于 2.5MΩ；1001V～3000V 回路，不得低于 3.5MΩ；3001V～10000V 回路，不得低于 6MΩ。

C.1.4.7 设备的外表应没有非功能性需要的尖角、棱角、凸起及粗糙不平表面。零部件结合面边沿应整齐匀称，不应有明显错位。金属零件的镀层应牢固，无变质、脱落及生锈现象。所有紧固件应有防腐层。设备的涂漆表面应光洁、美观、牢固，无剥落起皮现象。

C.1.4.8 真空室必须采用奥氏体不锈钢制造。

C.1.4.9 对装饰镀，设备应保证在正常情况下不给工件表面留弧斑。

C.1.5 安全防护

C.1.5.1 关键部件的水冷系统中应有断水或水压不足的报警装置和应急冷却水接口，并在与电源、真空系统、传动系统相关联部分有联锁保护机构，这些保护机构的动作应灵敏可靠。

C.1.5.2 真空系统中采用电动或气动阀门时均应有联锁保护。

C.1.5.3 设备及其附属的电气装置均应装设接地装置，接地处应有明显标志。

C.1.5.4 设备与其附属的电气装置之间的连接导线应有防止磨损或碰伤的保护措施。

C.1.5.5 设备的电气线路及电气元件应保证不受冷却液、润滑油及其他有害物质的影响。

C.1.5.6 操作中突然停电后，再恢复供电时应能防止电器自动接通。

C.1.5.7 在设备电气线路中，针对负载情况应采取短路保护、过电流保护等必要保护措施。

C.1.5.8 应用高压电源的设备，其装有高压电极的真空室的开启与高压线路的接通应有安全联锁装置。

C.1.5.9 设备中的高压、高频及其他有可能损害人体的辐射部分应安装屏蔽装置。

C.1.5.10 外露的齿轮、带轮等应有可靠的防护装置。

C.1.5.11 液压或气压系统应有压力指示仪表及调节压力的安全装置。

C.1.5.12 设备及其附属装置上应装有为操作和安全所必需的标牌和标记。

C.2 检验

C.2.1 检验条件

a) 真空室内为空载（即不安装被镀件，也不进行沉积），但不得拆去设备正常工作应安装的沉积源；

b) 允许在检验前或在检验过程中，用设备本身配有的加热装置对真空室进行加热；

c) 真空测量规管应装在真空室壁上或最靠近真空室的管道上，真空测量规管应为合格品；

d) 所用真空计应为计量部门标检合格并在有效期内；

e) 真空室内各旋转密封部分应处于运动状态。

C.2.2 检验方法

a) 极限压力的测定　在对真空室连续抽气 24h 之内，测定其压力的最低值，定为该设备的极限压力。当压力值有波动时，应以真空计测量的最高值为极限压力值。

b) 抽气时间的测定　设备在连续抽气条件下，在真空室内达到极限压力之后，截止对真空室抽气，打开真空室，15min 后再关闭真空室，并对其再次抽气至表 C.1 规定的压力值所需的时间，定为该设备的抽气时间。

c) 压升率的测定　设备在连续抽气 24h 之内，使真空室内达到极限压力后，关闭与真空室相连的真空阀，待真空室压力上升到 p_1（1Pa）时，开始计时，经 1h 后记录

p_2，然后按下式计算压升率：

$$\Delta p = \frac{p_2 - p_1}{t}$$

因为 $t=1\text{h}$，所以 $\Delta p = p_2 - p_1$，单位为 Pa/h。

C.2.3 其他技术要求的测定

C.2.3.1 其他技术要求的测定，按设计要求，在设备正常工作情况下进行。

C.2.3.2 测定其他技术要求时所用的仪器、仪表必须经计量部门标检合格并在有效期内。

C.3 检验规则

C.3.1 每台设备必须经制造厂检验部门检验合格后方能出厂，并附有产品质量合格证。

C.3.2 设备的检验分为型式检验和出厂检验。

C.3.3 在下列情况下进行型式检验：

a）试制的新产品；

b）产品在设计、工艺或所用材料有重大变更时；

c）同类产品的鉴定和评比定级时。

C.3.4 型式检验项目为 C.1.2.1 及 GB/T 11164 中 4.4.4、4.4.6、4.5 中包含的全部内容。

C.3.5 出厂检验

出厂检验应逐台进行，其检验项目为 C.1.2.1 及 GB/T 11164—1999 中的 4.4.4、4.4.6、4.5.1、4.5.2、4.5.7、4.5.8、4.5.10、4.5.11。

C.4 标志、包装、运输、贮存

C.4.1 每台设备及其附属装置应在明显部位设有产品标牌，产品标牌应注明：

a）制造厂名称；

b）产品型号及名称；

c）产品主要技术指标；

d）出厂年月及出厂编号。

C.4.2 每台设备出厂应随带下列文件：

a）产品合格证；

b）装箱单；

c）产品使用说明书；

d）按发货合同的规定，提供有关的镀制工艺文件。

C.4.3 包装

C.4.3.1 设备包装前应对未做防锈处理的金属表面涂以防锈漆。

C.4.3.2 设备包装应符合 GB/T 13384 的规定。

C.4.3.3 包装箱应有起吊、怕湿、重心点、防止倾倒等贮运标志，这些标志应符合 GB 191 的规定。

C.4.4 设备的运输方式和运输中所采取的措施，必须保证设备及其包装不发生损伤；设备在运输过程中，有可能松散的零部件应有防松、垫、托等措施；运输中应有防止设备受到日晒、雨淋和剧烈振动的措施。

C.4.5 设备应妥善存放，避免发生锈蚀和损伤。

附 录 D
（规范性附录）
膜厚度测量方法

D.1 球痕法

D.1.1 球痕法原理概述

球痕法属断面观察法。它通过一个添加适量研磨膏的旋转钢球，在待测件非工作部位表面（与工作部位膜层厚度理论上一致）研磨出一个做观察和测量用的凹坑。钢球与膜层表面及基体的接触部分是两个同心圆，利用工具显微镜测出球痕直径，按以下公式计算出膜层厚度。图 D.1 为球面凹坑的断面图。

$$\delta = \sqrt{R^2-(L_2/2)^2} - \sqrt{R^2-(L_1/2)^2}$$
$$= (L_1^2 - L_2^2)/4\left[\sqrt{R^2-(L_2/2)^2}+\sqrt{R^2-(L_1/2)^2}\right]$$

当 $R \gg L_2/2$，$R \gg L_1/2$ 时，

$$\delta \approx (L_1^2 - L_2^2)/8R$$

式中 δ——膜层厚度（μm）；
R——钢球半径（μm）；
L_1——研磨后膜层表面形成的凹坑直径 ab 段（μm）；
L_2——研磨后基体表面形成的凹坑直径 cd 段（μm）；

D.1.2 影响测量精度的因素

D.1.2.1 若试件的基体表面粗糙度 $Ra > 0.8\mu m$，则会影响球痕直径的测量精度；

D.1.2.2 待测部位的法线应通过钢球的中心，如有偏差，则测得的膜层厚度大于真实厚度；

D.1.2.3 待测部位是平面时，磨出的球冠应是圆形的，应从不同角度测量球冠的直径，取算术平均值按公式计算出膜层厚度；

D.1.2.4 待测部位是曲面时，磨出的球冠是椭圆形的，应从长轴方向测量球冠的直径；

D.1.2.5 测量球冠的直径时，工具显微镜载物台应朝一个方向移动，以便消除回程间隙；

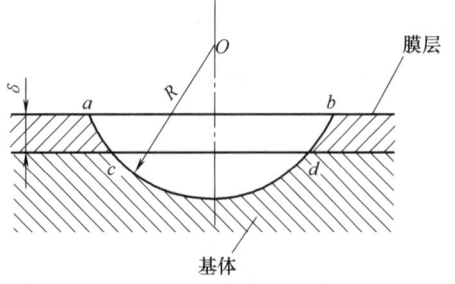

图 D.1 球面凹坑的断面图

注：复合膜的断面图是几组同心圆，每一组圆环代表相应的膜层，以上公式同样适用。

D.1.2.6 测量球冠的直径时，标尺应始终位于圆（椭圆）的切线方向，以减小测量误差。

D.1.3 误差

本方法属于非破坏性膜厚测量，主要适用于进行硬质膜处理的厂家；

本方法与用扫描电子显微镜测量膜厚的方法相比，当 $2\mu m \leqslant \delta \leqslant 6\mu m$ 时，误差一般在 $\pm 5\%$ 以内；当 $\delta \leqslant 1\mu m$ 或 $\delta \geqslant 10\mu m$ 时，误差一般在 $\pm 10\%$ 以内。

D.2 球面法

D.2.1 原理

如图 D.2 所示，以适当方法将均匀沉积有薄膜的滚动轴承钢球摩擦掉一球冠，然后测

量新生平面,即它与薄膜和基体表面形成的两个截圆的尺寸,再由球的公称直径计算出薄膜厚度。

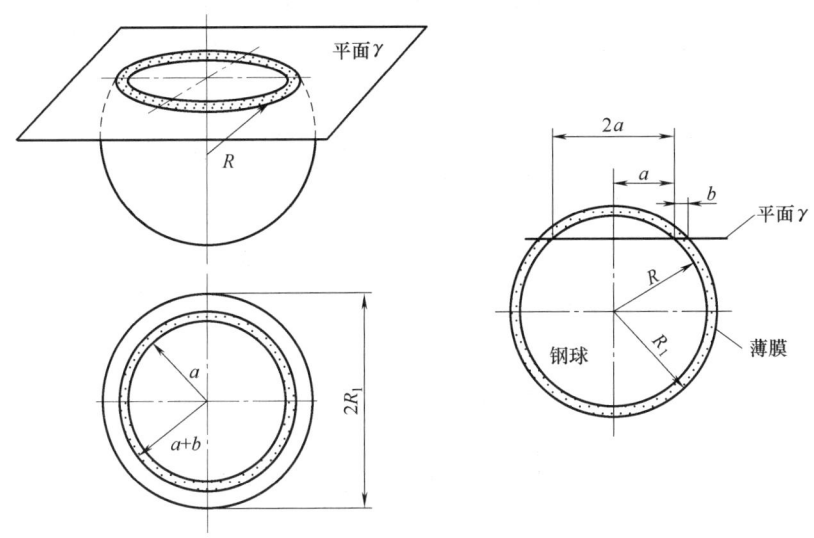

图 D.2　球面法薄膜厚度测定示意图

根据图 D.2 的几何图形可知:

$$R_1^2 = (a+b)^2 + (R^2 - a^2) = b^2 + 2ab + R^2 \quad 即 \quad R_1 = \sqrt{b^2 + 2ab + R^2} \tag{D.1}$$

$$R_1 - R = \sqrt{b^2 + 2ab + R^2} - R \tag{D.2}$$

式中　a——磨痕半径(低倍显微镜测量值)(μm);

b——薄膜截面的宽度(高倍显微镜测量值)(μm);

R_1——沉积薄膜后球的半径(无法直接准确测量)(μm);

R——沉积薄膜前球的半径(标准尺寸,可准确测量)(μm);

$R_1 - R$——沉积薄膜前后球的半径差即薄膜厚度(μm);

测出 a、b 和 R 后即可计算出沉积薄膜的实际厚度 ($R_1 - R$)。

D.2.2　试验方法

用已知标准尺寸的滚动轴承钢球进行沉积薄膜处理(可置于电镀、PVD、PCVD 等条件下与工件一道经历各个工艺过程),然后装入滑动摩擦试验机,用一硬质光滑平面作为对偶件与沉积有薄膜的球面某点接触并施以适当正压力,进行滑动摩擦,视薄膜的硬度和性能不同可加入金刚石研磨膏、水或用适当牌号的金相砂纸粘贴在硬质光滑平面上作为对偶件。对偶件在研磨剂、负荷、速度等因素的共同作用下,使钢球上磨去一个球冠,用显微镜测量新生平面与薄膜外表面以及基体表面形成的截圆尺寸,再根据已知钢球尺寸,计算出薄膜的厚度。

D.2.3　示例

图 D.3 所示为薄膜涂层厚度测量的球面法的应用示例。

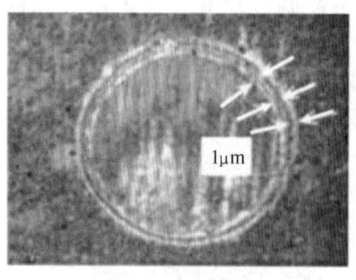
a) 三层复合膜的厚度测量

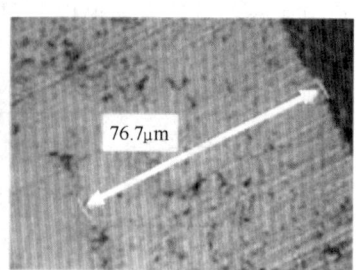
b) 刷镀镍层的厚度测量

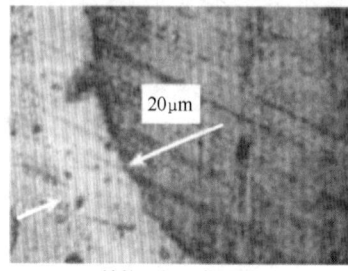
c) 镀铬层的厚度测量

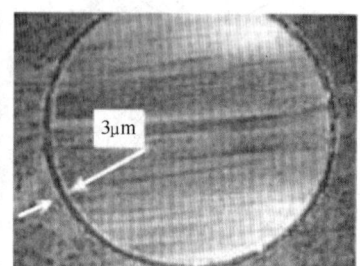
d) PVD沉积TiN层的厚度测量

图 D.3　薄膜涂层厚度测量示例

附　录　E
（规范性附录）
物理气相沉积 TiN 薄膜防腐能力试验方法

E.1　盐雾腐蚀试验

E.1.1　试样

E.1.1.1　试样尺寸：55mm×55mm×(2~3) mm。根据耐腐蚀要求，供需双方商定试验材料。

E.1.1.2　试样按附录 A 要求进行前处理，然后采用同实用产品相同的物理气相沉积方法和条件施镀。

E.1.1.3　根据需要也可用零部件实物作为试样。

E.1.2　实验设备及要求

E.1.2.1　用于制造试验设备的材料必须耐盐雾腐蚀和不影响试验结果。

E.1.2.2　试验箱（室）容积应大于 $0.2m^3$，并能提供均衡的试验条件。

E.1.2.3　试验箱（室）中工作空间的条件应符合 E.1.4.1 和 E.1.4.2 要求。

E.1.2.4　盐雾不能直接喷射到试样物品上。

E.1.2.5　试验箱（室）内顶部、侧壁及其他部位的冷凝液不得滴落在试验样品上。

E.1.2.6　试验箱（室）内外气压必须平衡。

E.1.3　试验溶液

E.1.3.1　试验溶液采用氯化钠（化学纯）和蒸馏水或去离子水配制，溶液浓度为 (5±0.1)%（质量分数）。

E.1.3.2　试验溶液的 pH 值在 6.5~7.2 之间（25℃），配制试验溶液时可采用化学纯稀盐酸或氢氧化钠的溶液来调整 pH 值，但其浓度应符合 E.1.3.1 的要求。

E.1.4　试验条件

E.1.4.1　试验箱（室）工作空间内温度为（35±2）℃。

E.1.4.2　在试验箱（室）内任一位置用面积为 $80cm^2$ 的漏斗收集的连续喷雾 16h 的盐雾沉积量，应为平均每小时收到 1.0mL～2.0mL 溶液。

E.1.4.3　采用连续喷雾，根据不同产品的要求可商定具体试验时间。不锈钢基体上沉积 TiN 耐盐雾腐蚀时间应大于 500h。铜基、锌基合金基材采用 Cr 或 Ni 等中间层后再沉积 TiN，耐盐雾腐蚀时间应超过 96h。

E.1.4.4　试样放在盐雾箱（室）内，应被试面朝上，被试面与垂直方向成 15°～30°倾斜，并尽可能呈 20°。对不规则试样也应尽可能接近上述规定，以利于盐雾自由沉降在被试表面上。

E.1.4.5　试样相互之间不得接触，试样间的距离应不影响盐雾自由降落在试样表面上。试样上的液滴也不得落在其他试样上。

E.1.4.6　试样支架用玻璃、塑料等材料制造，悬挂试样的材料不能用金属，可用天然或人造纤维或其他绝缘材料。

E.1.4.7　试验结束后用流水冲洗试样表面盐沉积物，并用冷风吹干。

E.2　恒定湿热试验

E.2.1　试样

要求见 E.1.1。

E.2.2　试验设备及要求

E.2.2.1　试验箱（室）内应装有监控温度、湿度条件的传感器。

E.2.2.2　试验箱（室）空间应大于 $0.2m^3$，并能提供均恒的试验条件。

E.2.2.3　凝结水应不断排出工作室外，未经纯化处理不得重复使用。

E.2.2.4　试验箱（室）内壁和顶部的凝结水不应滴落到试验样品上。

E.2.3　试验条件

E.2.3.1　工作室温度应保持在（49±12）℃，相对湿度应保持在（93±2）%的范围内。

E.2.3.2　使用直接与水接触产生湿度的加湿方法时，试验用水的电阻率应保持在不小于 $500\Omega \cdot m$。

E.2.3.3　试样放置要求见 E.1.4.4。

E.2.3.4　试样支架材料要求见 E.1.4.6。

E.2.3.5　根据不同产品的要求商定具体试验时间。

E.3　人汗试验

对部分装饰镀，应增加人汗试验，人工汗试验方法可由供需双方商定。

E.4　试验结果评价

E.4.1　试验后的外观；

E.4.2　除去表面腐蚀产物后的外观；

E.4.3　开始出现锈点的时间；

E.4.4　腐蚀锈点的数量及分布。

附 录 F
（规范性附录）
物理气相沉积 TiN 薄膜摩擦学性能试验方法

F.0 范围

本附录规定了气相薄膜摩擦学性能试验方法，适用于在试验室用销-盘试验机测量物理气相沉积薄膜在滑动摩擦条件下的摩擦系数、磨损量、磨损系数、耐磨性。

物理气相沉积薄膜的磨粒磨损性能试验见 JB/T 7506 和 JB/T 7705。

F.1 方法概述

经物理气相沉积薄膜处理的盘试样（或销试样）在一定的试验负荷 P 作用下，与对偶件销或盘试样相互形成面接触摩擦副，在试验装置的动力驱动下沿圆形轨迹相对滑动一定行程，物理气相沉积薄膜与对偶件的摩擦产生摩擦力或（摩擦力矩），物理气相沉积薄膜上的摩擦轨迹处产生磨损。根据所测得的摩擦力（或摩擦力矩）和试验负荷，以及磨损量和试验行程计算出物理气相沉积薄膜摩擦学性能相关数据：摩擦系数、平均磨损量、磨损系数、磨损率和耐磨性。

试验中视试验装置的具体情况允许采用盘试样转动或销试样转动方式，见图 F.1。

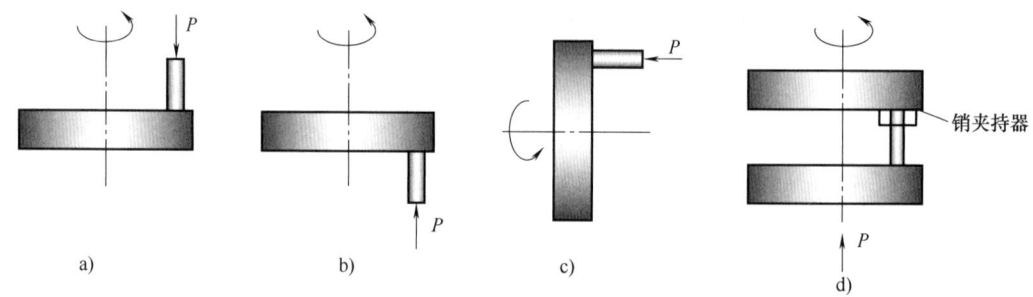

图 F.1 销盘式摩擦磨损试验机结构示意图

F.2 试验装置及主要技术要求

F.2.1 装置

试验装置为销盘式滑动摩擦磨损试验机，其试样接触形式及原理示意图见图 F.1。本附录不规定具体试验装置型号，要求能实现盘试样或销试样在恒定试验负荷 P 作用下相对于对偶件的稳定匀速转动。

试验负荷 P 的范围：1N～2000N；

试验转速 n 的范围：1r/min～3000r/min。

施加试验负荷后，销试样与盘试样均匀接触，相对滑动时接触平稳，无振动。

试验负荷 P 的波动、试验转速 n 的波动、试验装置转动轴轴向圆跳动公差和销试样与盘试样的安装公差均应符合所采用试验机的技术要求。

F.2.2 试样

F.2.2.1 盘试样

F.2.2.1.1 材料

如果盘试样是薄膜试样，原则上用于物理气相沉积薄膜基体的材料都可以经物理气相沉积薄膜处理后,作为盘试样用于摩擦学性能试验。如果将盘试样作为对偶试样,建议采用高速钢材料,或根据实际使用工况来确定。

F.2.2.1.2 热处理状态

如果盘试样上沉积薄膜,可根据被试验的物理气相沉积薄膜对基体热处理状态的实际要求首先对盘试样基体进行热处理,然后再沉积薄膜;如果将盘试样作为对偶件而不经物理气相沉积薄膜处理,一般进行淬火+低温回火处理(高速钢材料改低温回火处理为高温回火处理),硬度为62HRC~65HRC。

F.2.2.1.3 表面粗糙度

如果盘试样上沉积薄膜,盘试样基体的表面粗糙度可根据被试验的物理气相沉积薄膜对基体表面粗糙度的实际要求执行。如果将盘试样作为对偶件而不经物理气相沉积薄膜处理,其表面粗糙度值 Ra 一般应小于 $0.3\mu m$;除研究表面粗糙度对物理气相沉积层摩擦学性能影响的情况外,一般要求盘试样的表面粗糙度均匀一致。

F.2.2.1.4 几何尺寸

本附录对盘试样几何尺寸无规定,只需满足试验装置要求,易加工处理即可。

F.2.2.2 销试样

F.2.2.2.1 几何形状与尺寸

本附录允许采用端面为平面的圆柱形销试样(见图 F.2)、端面为球面的圆柱形销试样(见图 F.3),或滚动轴承钢球替代销试样(见图 F.4)。

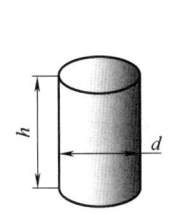
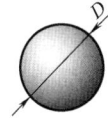

图 F.2 端面为平面的圆柱形销　　图 F.3 端面为球面的圆柱形销　　图 F.4 滚动轴承钢球替代销试样

本附录对销试样几何尺寸无强制要求,销试样的高度(h)视试验装置的要求而定。端面为平面的圆柱形销的直径(d),端面为球面的圆柱形销的球面半径(R)以及钢球试样的直径(D),要根据试验负荷以及所要求的试验压力"p"的大小来选择(p 为单位面积上的载荷,N/mm^2)。

在对不同物理气相沉积薄膜摩擦学性能之间进行的比较试验中,要求采用的销试样具有相同的几何形状、几何尺寸和表面粗糙度。

F.2.2.2.2 材料

如果销试样上沉积薄膜,原则上可用作物理气相沉积薄膜基体的材料都可以经物理气相沉积薄膜处理后,作为销试样用于摩擦学性能试验。如果将销试样作为对偶件而不经物理气相沉积薄膜处理,建议采用滚动轴承钢球,或根据实际使用工况来确定。

F.2.2.2.3 热处理状态

如果销试样上沉积薄膜,可根据被试验的物理气相沉积薄膜对基体热处理状态的实际要求首先对销试样基体进行热处理,然后再沉积薄膜。如果将销试样作为对偶件而不经物理气相沉积薄膜处理，当采用滚动轴承钢球替代销试样时，其热处理状态即为滚动轴承钢球供货热处理状态；当采用别的钢材时，一般进行淬火+低温（或高温）回火处理，硬度为62HRC～65HRC。

F.2.2.2.4　表面粗糙度

如果销试样上沉积薄膜，销试样基体的表面粗糙度可根据被测试的物理气相沉积薄膜对基体表面粗糙度的实际要求执行。如果将销试样作为对偶件而不经物理气相沉积薄膜处理，其表面粗糙度 Ra 一般应小于 $0.3\mu m$。

F.2.3　润滑介质

试验过程可以在以空气作为润滑介质的干摩擦状态下进行，也可以在其他润滑介质中进行。使用其他润滑介质有：蒸馏水、人造海水、各种润滑油、溶剂等。也可根据物理气相沉积薄膜的应用工况选用其他液态介质。在针对特定工况的试验中，所用的液态润滑介质可以是如工况条件下被污染了的，也可是被有意加入了某种或数种磨料的。

在除干摩擦以外的其他试验条件下，销试样和盘试样的摩擦表面一般都浸泡在液态润滑介质中。

F.2.4　辅助测量仪器

F.2.4.1　摩擦力测量仪器

采用试验装置装备的或专门配置的拉力传感器或压力传感器，以及其他仪器测量滑动试验时销试样与盘试样接触表面之间产生的与相对滑动方向相反的摩擦力，用以计算摩擦系数。

F.2.4.2　摩擦扭矩测量仪器

采用试验装置装备的或专门配置的扭矩传感器测量滑动试验时销试样与盘试样接触表面之间产生的摩擦力所形成的与主轴转动方向相反的摩擦力矩，用以计算摩擦系数。

F.2.4.3　磨损量测量仪器

本附录对磨损量测量仪器不做规定，各种用于在线连续重量磨损、线性磨损测量的仪器或用于间断静态测量重量、体积、面积、长度变化的测量仪器都可以用于磨损量测量。

F.2.5　测试程序

测试程序应能达到以下要求：

a）连续测定摩擦系数随试验时间的变化曲线；

b）试验后的磨损量值大于所选用的磨损量测量仪器的精度值；否则应延长试验周期。

本附录对试验程序中各种试验参数的选择，如试验负荷、试验周期、试验转速等均不做要求。表 F.1 所列试验参数仅供参考。

表 F.1　试验参数

试验参数	试验负荷/ N	平均接触压力/ MPa	试验转速/ （r/min）	平均滑动速度/ （mm/s）	试验周期/ min
取值范围	5～1000	2～200	1～2000	10～2000	0.1～1000

建议对任何一种物理气相沉积薄膜试样应在同一试验参数下至少重复测试 2～3 次。

F.3 数据处理和报告

F.3.1 摩擦系数

取各次重复试验时摩擦系数随时间变化曲线中稳定阶段的摩擦系数值，进行算术平均，作为平均摩擦系数。

若摩擦系数随时间的变化曲线始终波动较大，无法提取稳定的摩擦系数值，则报告各次摩擦系数随时间的变化曲线。

F.3.2 磨损量

a) 重量磨损量，取各次重复试验前后试样重量的变化量，进行算术平均，作为平均重量磨损量 W_m。

b) 体积磨损量，取各次重复试验前后试样体积的变化量，进行算术平均，作为平均体积磨损量 W_v。

c) 面积磨损量，取各次重复试验后，试样磨痕垂直截面积，进行算术平均，作为平均面积磨损量 W_q。

d) 线性磨损量，取各次重复试验前后试样沿试验负荷轴线方向长度的变化，进行算术平均，作为平均线性磨损量 W_l。

F.3.3 磨损系数

根据平均体积磨损量 W_v（m^3）、摩擦副中较软材料的屈服强度 R_{eL}（N/m^2）、试验负荷 P（N）和滑动距离 S（m），计算磨损系数 K_w：

$$K_w = \frac{W_v R_{eL}}{PS}$$

F.3.4 磨损率

根据平均磨损量 W_v、W_m 和滑动距离 S，计算行程磨损率 W_v/S 或 W_m/S；根据平均磨损量 W_v、W_m 和试验时间 t，计算时间磨损率 W_v/t 或 W_m/t。

F.3.5 耐磨性

根据平均磨损量 W_v、W_m，计算耐磨性 $1/W_v$、$1/W_m$。

F.3.6 报告内容

试验结果报告内容见表 F.2。

表 F.2 报告内容

试验机名称				
盘试样材质及处理状态	材质	处理状态	表面粗糙度	相对位置
销试样材质及处理状态	材质	处理状态	表面粗糙度	相对位置
润滑介质	名称	牌号	黏度指数	用量/次
试验参数	试验负荷/N	接触压力/MPa	试验转速/(r/min)	试验行程/m

(续)

试验结果		
摩擦系数		
磨损量 W_m 或 W_v 或 W_q 或 W_l	销试样	盘试样
磨损系数		
磨损率		
耐磨性		
备注	试验日期	试验者

第三节　金属覆盖层　物理气相沉积铝涂层　技术规范与检测方法

一、概论

长期处于海洋大气、工业大气腐蚀环境下的金属结构，若要长期使用而不进行大面积维修，长效涂层防护是最佳方法，经过防护后，其使用寿命可达 20~30 年。金属铝具有很强的耐大气腐蚀的特性。金属构件常用喷锌或喷铝，在金属表面构成长效防腐结构，或者用配套重防腐涂料涂装防护。在金属构件上制备铝涂层，铝呈负电位，与金属构件形成牺牲性阳极，从而使金属构件得到保护。这是防止上述腐蚀现象的一种重要手段。

铝涂层也可以通过物理气相沉积方法制备，应用在各种不同的金属基体上，以提高金属的耐蚀性，达到与铬镀层类似的防腐效果，同时还可以实现异种金属间的相容性。与热喷涂、热浸镀等制备方法相比，物理气相沉积铝涂层具有涂层更为致密、耐蚀性与工艺可控性好等优点。为了给需方、供方或加工方等提供物理气相沉积铝涂层的制备方法和统一的质量控制规范，制定了 GB/T 31566—2015《金属覆盖层　物理气相沉积铝涂层　技术规范与检测方法》。

该标准等同转化 ISO 22779:2006《金属覆盖层　物理气相沉积铝涂层　技术规范与检测方法》，于 2015 年 5 月 15 日发布，2016 年 1 月 1 日实施。

二、标准主要特点与应用说明

该标准规范了在低碳钢、低合金钢、高强度钢、耐腐蚀钢、铝合金、钛合金及其他适宜基体金属上物理气相沉积铝涂层的技术要求。

该标准明确了需方应向供方提供的资料，包括标注、基体金属的规格、应着重关注的表面、敏感材料的详细说明及沉积过程是否需要使用超高纯氩气、强化要求、涂层厚度等内容。

该标准规范了物理气相沉积铝涂层需要标注的内容，包括基体金属、沉积前去应力热处理、铝涂层的类型与厚度、铬酸盐转化膜和其他后处理、涂覆后热处理等内容。这有利于该领域从业人员实际应用该技术时把握技术关键点。

该标准规范了物理气相沉积铝涂层的技术要求，包括设备与原材料、表面处理、沉积涂层前的去应力热处理、涂层技术要求（含外观、厚度、附着性、涂层成分）、后处理、中性盐雾腐蚀试验等内容。这便于该领域从业人员对其技术性能进行检测、评价。

三、标准内容（GB/T 31566—2015）

金属覆盖层　物理气相沉积铝涂层　技术规范与检测方法

1　范围

本标准规定了在低碳钢、低合金钢、高强度钢、耐腐蚀钢、铝合金、钛合金及其他适宜基体金属上物理气相沉积铝涂层的技术要求。

物理气相沉积铝涂层不适合应用于抗拉强度>1400MPa的各种钢材，由于这类钢材在使用、存贮期间的腐蚀或过阴极保护可能会导致氢脆现象的发生。

警告：本标准的使用过程中可能涉及有害的材料、危险的操作过程和设备。本标准没有提及使用时所有与安全有关的问题。在使用前，本标准使用者有责任建立适当的安全和健康措施，并确定其与相关法规的适应性。

2　规范性引用文件

下列文件对于本文件的应用是必不可少的。凡是注日期的引用文件，仅注日期的版本适用于本文件。凡是不注日期的引用文件，其最新版本（包括所有的修改单）适用于本文件。

ISO 1463　金属和氧化物覆盖层　厚度测量　显微镜法（Metallic and oxide coatings—Measurement of coating thickness—Microscopical method）

ISO 2064　金属和其他无机覆盖层　关于厚度测量的定义和规定（Metallic and other inorganic coatings—Definitions and conventions concerning the measurement of thickness）

ISO 2080　金属和其他无机覆盖层　表面处理　术语（Metallic and other inorganic coatings—Surface treatment, metallic and other inorganic coatings—Vocabulary）

ISO 2360　非磁性导电基体上非导电覆盖层　厚度测量　振幅感应涡流法（lectrically conductive basis materials—Measurement of coating thickness—Amplitude-sensitive eddy-current method）

ISO 2819　金属基体上的金属覆盖层　电沉积和化学沉积层　附着力试验方法评述（Metallic coatings on metallic substrates—Electrodeposited and chemically deposited coatings—Review of methods available for testing adhesion）

ISO 2859　计数检验抽样程序（Sampling procedures for inspection by attributes）

ISO 3497　金属覆盖层　厚度测量　X射线光谱法（Metallic coatings—Measurement of coating thickness—X-ray spectrometric methods）

ISO 3543　金属和非金属覆盖层　厚度测量　β射线背散射法（Metallic and non-metallic coatings—Measurement of thickness—Beta backscatter method）

ISO 3882　金属和其他无机覆盖层　厚度测量方法评述（Metallic and other inorganic coatings—Review of methods of measurement of thickness）

ISO 3892　金属材料上的转化膜　单位面积涂层质量的测定　重量法（Conversion coatings on metallic materials—Determination of coating mass per unit area—Gravimetric methods）

ISO 4518　金属覆盖层　厚度测量　轮廓仪法（Metallic coatings—Measurement of coating thickness—Profilometric method)

ISO 4519 电沉积金属覆盖层和相关精饰 计数检验抽样程序（Electrodeposited metallic coatings and related finishes—Sampling procedures for inspection by attributes）

ISO 9220 金属覆盖层 厚度测量 扫描电镜法（Metallic coatings—Measurement of coating thickness—Scanning electron microscope method）

ISO 9227 人造气氛腐蚀试验 盐雾试验（Corrosion tests in artificial atmospheres—Salt spray tests）

ISO 9587 金属和其他无机覆盖层 为减少氢脆危险的钢铁预处理（Metallic and other inorganic coatings—Pretreatment of iron or steel to reduce the risk of hydrogen embrittlement）

ISO 9588 金属和其他无机覆盖层 为减少氢脆危险的涂覆后钢铁的处理（Metallic and other inorganic coatings—Post-coating treatments of iron or steel to reduce the risk of hydrogen embrittlement）

ISO 10074 铝及铝合金阳极氧化 铝及铝合金硬质阳极氧化膜规范（Chemical conversion coatings—Rinsed and non-rinsed chromate conversion coatings on aluminium and aluminium alloys）

ISO 10546 化学转化膜 铝及铝合金上漂洗和不漂洗铬酸盐转化膜（Chemical conversion coatings—Rinsed and non-rinsed chromate conversion coatings on aluminium and aluminium alloys）

ISO 12686 金属和其他无机覆盖层 电镀镍、自催化镀镍、电镀铬及最后精饰自动控制喷丸硬化前处理（Metallic and other inorganic coatings—Automated controlled shot-peening of metallic articles prior to nickel, autocatalytic nickel or chromium plating, or as a final finish）

ISO 16348 金属和其他无机覆盖层有关外观的定义及规定（Metallic and other inorganic coatings definitions and conventions concerning appearance）

IEC 60454 电气用压敏胶粘带 第 2 部分：试验方法（Specification for pressure-sensitive adhesive tapes for electrical purposes—Part2：Methods of test）

EN 12508 金属和合金的腐蚀防护 表面处理、金属及其他无机涂层 词汇（Corrosion protection of metals and alloys—Surface treatment, metallic and other inorganic coatings—Vocabulary）

3 术语和定义

ISO 2064、ISO 2080、ISO 2859、ISO 4519 和 EN 12508 界定的术语和定义适用于本文件。

4 需方应向供方提供的资料

依照本标准订购物理气相沉积铝涂层产品时，需方应该以书面形式在合同、订购单或在工程图上提供以下资料：

a）标注（见第 5 章）；

b）基体金属的规格、冶金状态、处理温度［见 6.1.2f)］和喷丸处理的技术要求［见 6.1.3d)］；

c）应着重关注的表面，包括要求沉积涂层的孔洞、凹槽及装夹部位（见 6.1 和 6.3.1）；

d) 敏感材料的详细说明及沉积过程是否需使用超高纯氩气（见 6.1.2）；
e) 强化要求，如玻璃喷丸（见 6.4.1）；
f) 涂层厚度（见 5.4 和表 1）和铬酸盐转化膜的技术要求（见 5.5 和 6.4.2）；
g) 抗磨性阳极氧化涂层的技术要求（见 6.4.3）；
h) 其他后处理（如涂装）及有机精饰的技术要求（见 5.5 和 6.4.4）；
i) 涂层附着性的技术要求（见 6.3.3 和附录 C）；
j) 特殊试样及其测试方法的技术要求，如破坏性测试或非破坏性测试（见 6.6）；
k) 抽样和检验要求（见第 7 章和附录 D）。

5 标注

应在工程图、订购单、合同或详细的产品技术说明中给出标注。标注应标明基体金属、气相沉积铝涂层前的去应力要求、气相沉积铝涂层的标称成分和厚度、铬酸盐转化膜类型、气相沉积铝涂层后处理及降低氢脆敏感性的热处理条件。

5.1 概述

标注包括下列内容：
a) 术语：气相沉积涂层；
b) 本标准号：GB/T 31566—2015；
c) 连字符：-；
d) 基体金属的化学元素符号；
e) 斜杠：/；
f) 铝涂层符号，以及在沉积铝涂层前后可能用到的其他涂层符号，按涂层顺序排列，符号之间以斜杠（/）分开，涂层类型应包括以 μm 为单位的涂层厚度值。

5.2 基体金属

基体金属应用化学元素符号标注，如果是合金，则标注主要成分。如：
——Fe：表示铁和钢；
——Zn：表示锌合金；
——Cu：表示铜和铜合金；
——Al：表示铝和铝合金；
——Ti：表示钛和钛合金。

具体的某一种合金可用通用标准代码（如 UNS 代码，或等同于此代码的其他国家或地区性标准代码）加以确认。标准代码应置于尖括弧"〈〉"内，如：Fe〈G434000〉。

5.3 沉积前去应力热处理

某些基体金属在物理气相沉积涂层前需进行去应力热处理，以方括弧内标注字母 SR 及热处理温度（单位为℃）和时间（单位为 h）来表示，且温度放在圆括弧内，如［SR（210）1］。

5.4 铝涂层的类型与厚度

铝涂层可用化学符号 Al 标注，后缀数字表示涂层的最小局部厚度（单位为 μm），如 Al10 表示最小局部厚度为 10μm 的铝涂层。气相沉积铝涂层的厚度应与表 1 要求相一致。

对于螺纹件和尺寸公差小的零（部）件，应在零（部）件加工过程中预留出铝涂层的厚度。

表1 物理气相沉积铝涂层的最小厚度要求

应用范围	最小局部厚度/μm
防腐和户外使用的常规涂层	≥25
室内防腐用涂层,或尺寸公差要求厚度小于25μm的涂层	13~25
用于螺纹件或要求小公差配合度的零(部)件的涂层	8~10

5.5 铬酸盐转化膜和其他后处理

铬酸盐转化膜和其他后处理类型用表2和表3中给出的符号标注。

表2 铬酸盐转化膜

代码	类型	典型外观	涂层面密度/(g/m^2)
A[①]	透明	透明,或微带淡蓝色	≤0.5
B[②]	漂白	透明,微带彩虹色	≤1.0
C	彩虹	黄彩虹色	0.5~1.5
D	不透明	橄榄绿	>1.5
F	黑色	黑色	0.5~1.0

① 表示可能有六价铬,也可能没有。
② 表示两步法。

表3 其他后处理

代码	处理类型
T1	涂料、清漆、粉末涂层或类似涂层材料的涂装
T2	有机或无机密封剂的封闭
T3	染色
T4	油、脂或其他润滑剂的涂覆
T5	蜡封
T6	硬质阳极氧化(ISO 10074)

注:铬酸盐转化膜及其他后处理的作用是为了延缓或阻止在腐蚀气氛中涂层表面白色腐蚀产物的形成,或延缓钢表面铝涂层出现红锈。黄彩虹色到草绿色铬酸盐膜层可进行后续涂漆,但漂洗或淋洗铬酸盐转化膜不建议用做物理气相沉积铝涂层的后续精饰处理。

不含六价铬的化学转化膜已商品化。其中某些含有三价铬,某些为无铬转化膜。替代品应满足表4给出的耐蚀性要求。

5.6 涂覆后热处理

一般为降低高强度钢的氢脆敏感性需对其进行热处理(见第8章),以方括弧内标注字母ER及热处理温度(单位为℃)和时间(单位为h)来表示,且温度放在圆括弧内,如[ER(400)12]。

5.7 涂层标注举例

在钢基体(Fe)上物理气相沉积厚度为8μm的铝涂层后,进行黄彩虹色(C)铬酸盐转化膜处理:

标注为:物理气相沉积涂层 GB/T 31566—2015-Fe/Al 8/C

在钢基体（Fe）上物理气相沉积厚度为 5μm 的铝涂层后，进行透明或无色的铬酸盐转化膜（A）处理，再用有机密封剂（T2）进行封闭处理：

标注为：物理气相沉积涂层 GB/T 31566—2015-Fe/Al 5/A/T2

高强度钢去应力热处理（150℃，2h）后，物理气相沉积厚度为 25μm 的铝涂层，再进行硬质阳极氧化处理（T6）：

标注为：物理气相沉积涂层 GB/T 31566—2015-Fe/[SR（150）2]/Al 25/T6

6 技术要求

6.1 概述

6.1.1 基体金属

本标准对物理气相沉积前基体金属的状况、加工及表面粗糙度等未做规定。但附录A给出了关于物理气相沉积铝涂层的基体金属的表面处理、设备和工艺参数等补充信息。

6.1.2 设备与原材料

内容如下：

a) 物理气相沉积铝涂层的设备、工艺、原材料应确保制备涂层的均匀性，并保证涂层能完整覆盖所有需沉积涂层的表面，包括螺纹底部、凹槽、尖角、孔洞，及在工程图、合同或订购单上注明需沉积涂层的其他区域。

注：为确保待沉积涂层工件表面清洗洁净，并使沉积涂层的厚度达到要求，可使用合适的转动工件架和夹具。

b) 基体金属清洗和沉积涂层时应使用高纯氩气（质量分数≥99.995%），对于敏感性材料应使用超高纯氩气（质量分数≥99.998%）。

c) 沉积涂层的本底真空应优于 7×10^{-4} Pa。

当采用水冷冷却真空室壁或真空室内存在水冷表面时，为避免真空室暴露大气时发生表面结露现象，须采用某种方式加热冷却水。

d) 铝靶材的纯度要求不低于 99.95%（质量分数）。铝靶成分应通过化学分析和其他认可的方法测定。推荐方法是质谱分析法。

e) 类似基体金属的零（部）件方可同炉处理。

f) 设备和工艺应保证其产生的温升不会对零（部）件和涂层的性能及涂层-基体结合强度产生不利的影响［见第4章b）项］。

6.1.3 表面处理

内容如下：

a) 抗拉强度≥1000MPa 的钢材，在沉积涂层前应采用非电解性的碱性或阳极碱性清洗剂进行清洗，以避免清洗过程产生的氢脆。对于钛、钛合金及其他材料，须选合适的清洗工艺，或按工程图、合同或订购单中标注的清洗工艺进行清洗。

b) 待沉积涂层的表面应光洁，无氧化物、机械加工痕迹、点蚀锈迹、晶间腐蚀或其他缺陷。

c) 已使用过的磨料，不能再用于其他不同金属或合金的研磨。不同合金种类的零（部）件（如铁及其合金、铝及铝合金等）其研磨清洗介质也不能混用。研磨清洗后，清除干净表面残留物后方可进行下一工序。

d) 基体金属的喷丸处理应在最终清洗和沉积涂层前按照 ISO 12686 进行［见第4章中b）项］。

6.2 沉积涂层前的去应力热处理

抗拉强度≥1000MPa的钢件，以及经过机械加工、磨削或冷成形加工过程产生张应力的钢件，在清洗和沉积涂层前需按照 ISO 9587 要求或需方提供的工艺进行去应力热处理。

6.3 涂层技术要求

6.3.1 外观

涂层应覆盖所有要求表面，且光洁、连续、均匀、可靠附着、晶粒细密，无污点、烧蚀、起泡、凹陷、节结、裂纹、气孔、未覆盖区域、边缘堆积和其他缺陷。铝涂层上应看不到污染或不恰当操作留下的痕迹，如粉尘或玷污等。需沉积涂层的孔洞，涂层的覆盖深度应符合工程图、合同或订购单的要求［见第 4 章中 c)］。

不需沉积涂层的表面遮挡物去除后，遮挡区域应洁净、无缺陷、无铝涂层。覆盖区和未覆盖区的界线应清晰，涂层边缘不容许翘起。

应使用供需双方认可的试样外观来判定最终处理后的铝涂层表面外观是否合格（见 ISO 16348）。

注：在工程图、合同或订购单中标注的，及事先得到需方认可的不可避免的零（部）件装夹痕迹是允许的。

6.3.2 厚度

涂层类型中标注的涂层厚度是涂层的最小局部厚度。最小局部厚度应在可与直径 20mm 的球相接触的沉积涂层表面上任一部位测得。最小局部厚度应符合表 1 要求。

气相沉积铝涂层的最小局部厚度可通过下列方法之一进行测量：ISO 1463、ISO 2360、ISO 3497、ISO 3543、ISO 3882、ISO 3892、ISO 4518 或 ISO 9220。在 ISO 1463、ISO 3497 或 ISO 9220 中指明了测试的标准方法。铝涂层平均厚度（ISO 3892）的确定方法见附录 B。

6.3.3 附着性

涂层应附着于基体金属上，无碎裂、剥落或其他损伤，且应达到附录 C 给出的最低要求。

6.3.4 涂层成分

涂层中铝含量应不低于 99.9%（质量分数）。涂层成分测量的推荐方法是质谱分析法。

6.4 后处理

后处理前铝涂层表面仅可用溶剂脱脂，不可使用其他的清洗方法。

6.4.1 玻璃喷丸

如需要，物理气相沉积涂层可进行玻璃喷丸处理［见第 4 章中 e)］。

注：玻璃喷丸处理可提高涂层的致密性，改善耐蚀性，并可检验涂层附着性。例如，用直径 $50\mu m \sim 100\mu m$ 的玻璃珠在 $2.8\times10^5 Pa$ 的压力下进行喷丸处理，可使表面变得光滑。在相对较高气压条件下沉积的较厚涂层通常会生长为粗晶结构，玻璃喷丸可将粗晶结构转变为细晶结构。

6.4.2 铬酸盐转化膜

除另有规定，应按照 ISO 10546 制备铬酸盐转化膜［见第 4 章中 f)］。

碱性铬酸盐处理工艺和含磷酸盐的铬酸盐处理工艺不适用于气相沉积铝涂层。

铬酸盐转化膜应可靠附着、连续并无裂纹和缺陷。

6.4.3 阳极氧化

如需要，可通过阳极氧化来提高镀铝件的耐磨性。厚度不小于 $20\mu m$ 的铝涂层才可按照

ISO 10074 进行阳极氧化处理［见第 4 章中 g)］。

6.4.4 有机涂层

如需要，可根据工程图、合同或订购单上的要求对沉积涂层零（部）件涂覆有机防护层［见第 4 章中 h)］。

6.5 中性盐雾腐蚀试验

当按照 ISO 9227 规定的中性盐雾试验方法进行试验时，在表 4 给定的腐蚀时间内，零（部）件不应出现基体金属被腐蚀的痕迹［见 D.2 中 e)］。

表 4 具有有机防护层的物理气相沉积铝涂层的中性盐雾试验时间

涂层最小局部厚度/μm	试验时间/h	
	无铬酸盐转化膜[①]	有铬酸盐转化膜
≥25	504	672
13~25	336	504
8~10	168	336

① 无铬酸盐类型转化膜见 5.5 最后一段。

对于无有机防护层的铬酸盐转化膜，可按 ISO 9227 进行加速腐蚀试验。腐蚀试验应在转化膜形成后 24h~36h 进行，铬酸盐转化膜零（部）件暴露于腐蚀环境 96h 后，应在正常或矫正视场下观察不到铝的腐蚀产物。

人工环境腐蚀试验的时间和结果并不能反映沉积涂层零（部）件的使用寿命，因此，试验结果不应作为在各种实际环境下涂层耐蚀性的直接指导。

6.6 特殊试样

当零（部）件尺寸和形状不适合进行测试，或由于数量少或价格昂贵不适宜进行破坏性试验时，可用特殊试样进行附着性、厚度、孔隙率、耐蚀性、硬度和其他性能的测试［见第 4 章中 j)］。

如需特殊试样，应在工程图、合同或订购单中标明其数量、形状和尺寸。

如采用特殊试样代替沉积涂层件进行测试，则要求其与所代表的零（部）件在种类、表面状态、材料、冶金状态等方面必须相同，并与其所代表零（部）件同一批次生产和处理。

如用特殊试样进行涂层厚度测量，则该试样须与代表零（部）件同时沉积涂层，并应一同经历所有可能影响涂层厚度的步骤。

如某个性能既可采用非破坏性方法测试，也可通过破坏性方法测试时，需方应明确采用哪种测试方法。由于有些测试方法可能会破坏涂层，但在涂层的非关键区域，需方应判定该测试方法是否为破坏性测试。

注：使用特殊试样进行涂层厚度测量时，除非试样与零（部）件具有相同的尺寸和形状，否则试样与零（部）件上涂层的厚度分布未必一致。因此，在以特殊试样的涂层厚度测试值作为依据验收零（部）件之前，须建立试样与零（部）件间涂层厚度的对应关系，并以与零（部）件要求厚度一致的试样涂层厚度作为验收依据。

7 抽样

按照 ISO 2859 和 ISO 4519 要求在检验批中进行随机抽样。抽样产品检验应符合附录 D 的要求［见第 4 章中 k)］。

8 不合格品

如铝涂层的厚度或附着性不能满足技术要求,可根据本标准进行二次沉积涂层。

如要求铝涂层退镀,退镀涂层的方法不能损伤基体金属。

如用湿法退镀,则钢件应在退镀后立即按 ISO 9588 要求进行处理。抗拉强度 ≥ 1000MPa 的钢件,最多可进行 1 次化学方法退镀,再次沉积涂层次数不超过 2 次。湿法退镀涂层后按 ISO 9588 要求进行处理的零(部)件,去氢脆热处理的有效性可通过需方提供的方法或相关标准进行检验。例如,ISO 10587 提供了螺纹件消除残余氢脆热处理的方法,ISO 15724 中提供了钢件中扩散氢相对含量的检测方法。

附 录 A
(资料性附录)
设备、基体处理和工艺参数的补充信息

A.1 概述

除非在工程图、合同或订购单上特别注明,否则所有的冷加工过程,如成形、矫直、研磨和机械加工,必须在预处理、去应力和涂层沉积前完成。

所有的热处理工序,包括为降低由清洗引起的氢脆敏感性而进行的热处理(见 6.2 和第 8 章),必须在沉积铝涂层前完成。

为了达到工程图、合同或订购单上给出的表面粗糙度和尺寸公差的要求,应适当考虑表面处理(特别是清洁表面)和涂层厚度的影响。

所有表面均不应有任何污染,如皂、拉拔用乳剂、油、脂、切削液、抛光剂、变色、氧化皮或其他污染物,以保证形成化学洁净表面。不可用含氯溶剂进行干燥。

要特别注意部分封闭结构和搭接部位的清洗,尽可能减少内部残留的污物。薄片在研磨清洗过程中应注意不要引起其变形。

不需要沉积涂层的区域应在涂层沉积前采用铝或耐腐蚀钢材质的工装(套、薄片或栓塞等)覆盖。在高温下不稳定的有机物不能用于不需沉积涂层区的表面屏蔽。

清洗后的零(部)件应用洁净、干燥的纯棉手套操作,避免裸手直接接触造成污染。

注:对于小孔和凹槽要达到要求的覆盖深度可能有困难。

A.2 设备

设备由与真空泵组连接的涂层沉积室和含有下列装置的控制及电源系统构成:

a) 涂层沉积前可对基体金属、沉积涂层时可对涂层生长产生能量轰击的装置。

b) 用于沉积涂层的铝源,如蒸发源或溅射源。根据沉积方法不同,可能需要一个挡板,不沉积涂层时挡板将零(部)件与铝源隔开。

注:挡板可用来阻止铝源的辐射,防止零(部)件被加热。

c) 保证涂层均匀性的工件架和装夹系统。

d) 保证零(部)件温度在要求范围内的温控系统。

注:可通过调节工艺参数控制基体金属温度。

A.3 基体处理

在必要的清洗和干燥后,应佩戴合适的手套将零(部)件尽快装入沉积涂层真空室。

然后将沉积涂层真空室抽至 6.1.2c) 规定的真空度。

为了确保涂层的附着性，零（部）件须进行必要的基体表面处理，以去除吸附和化学键合的污染物。可通过辉光放电等离子体（溅射清洗），即高能离子、原子团或原子的轰击清洗，或反应等离子体清洗及其他适宜的方法进行基体表面处理。某些基体金属表面处理时，可能需要在涂层沉积真空室内充入符合要求的高纯度氩气或其他气体，此外，零（部）件的装夹方式应保证零（部）件所需沉积涂层表面完全暴露。

基体金属表面处理完成后，应平稳、不间断地转入到涂层沉积阶段。

注：基体金属表面处理完成后，未沉积涂层前，沉积涂层真空室内不应充入大气。否则，须再次进行基体金属表面处理，有时甚至需要卸下零（部）件重新清洗。

A.4 铝涂层制备

涂层制备和表面处理过程应在同一真空室中进行。在表面处理结束后，导入沉积铝涂层的铝源（如打开铝源挡板，调节工艺参数）平稳过渡到沉积涂层阶段。

根据所使用的沉积方法，在整个涂层沉积过程中，必须用足够能量的离子、原子或原子团对铝涂层的生长表面进行轰击，如辉光放电。如果需要，零（部）件须通过转动以保证涂层的均匀性。

沉积结束后，关闭铝源挡板（如果有），切断铝源，待零（部）件和铝源冷却后再通入大气。然后将零（部）件从真空室取出，在检验之前去掉屏蔽物。

基体金属表面处理方法和沉积涂层工艺应根据零（部）件的种类、尺寸和形状调整，具体零（部）件的参数调整应通过试验来确定，以保证涂层的厚度和附着性达到技术要求。

附 录 B
（规范性附录）
铝涂层平均厚度的确定

称量洁净的沉积涂层零（部）件的质量，然后将其浸入含有 10%~30%（质量分数）氢氧化钠的室温水溶液中，适度搅拌，直到铝涂层被完全溶解（通常约 10min）。之后取出零（部）件，水洗、干燥后再称量。

铝涂层的平均厚度 S（μm）可通过式（B.1）计算：

$$S = \frac{(m_1 - m_2) \times 10^4}{A \times 2.702} \tag{B.1}$$

式中 m_1——零（部）件和涂层的总质量（g）；

m_2——涂层被溶解后零（部）件的质量（g）；

A——涂层区域的面积（cm^2）；

2.702——铝的标称密度（g/cm^3）。

附 录 C
（规范性附录）
附着性测试方法

C.1 概述

涂层的附着性应该满足 ISO 2819 的要求。

C.2 附着性补充试验方法

涂层与基体金属的附着性还可通过下列补充方法来确定：

a) 对沉积涂层零（部）件表面进行划痕操作以暴露出基体金属，然后在放大倍数不低于 4 倍的正常或矫正视场下检查镀件表面涂层剥落情况，以此评价涂层的附着性。

b) 在零（部）件或试样的清洁表面，以 2mm 为间隔划出十字图案，将长约 100mm、宽约 25mm、与钢表面的黏合力不小于 3.5N/10mm 的压敏胶黏带（见 IEC 60454）牢固地粘在划痕表面上，5min 后反向快速撕下，表面不应该观察到涂层剥离［见a)］。测试环境温度应在 20℃±5℃ 范围。

c) 将零（部）件夹在台钳上，反复正反向弯曲零（部）件的露出部分，直至涂层出现裂纹。如果裂开的涂层边缘可被剥离，或目视可见裂纹处基体金属与涂层分开，则涂层的附着性不合格。

d) 选取一个小的平面区域，用一端为半圆球形、直径为 6mm 的钢棒在涂层表面上迅速、稳定的摩擦 15s（压力保持在每一次摩擦可擦亮涂层表面，但不至划伤涂层）后，涂层不应起泡或脱落。

e) 沉积涂层零（部）件按照 ISO 12686 要求进行喷丸处理后，涂层不应从基体金属表面分离。

附 录 D
（规范性附录）
抽样

D.1 概述

抽样零（部）件应按本标准进行检验。按照 D.2 抽样方案的规定，逐条对抽样批次是否符合要求进行分类。

D.2 抽样方案

内容如下：

a) 大批量样品应随机抽样进行涂层成分测试。每批次涂层材料均应进行纯度分析（见 6.3.4）。

b) 按 6.3.2、6.3.3 和附录 C 的要求，涂层的厚度和附着性测试样品数为每批沉积涂层零（部）件的 1%，但要求每项测试不少于 2 件，并在同一条件下制备和处理。沉积涂层零（部）件必须随机选取并来自不同装夹位置，且供每项测试的零（部）件数应大致相等。

c) 在特殊情况下，如单个大尺寸零（部）件沉积涂层，须调整上述抽样方法。应使用指定形状、尺寸和材质（见 6.6），且随零（部）件同时进行涂层沉积的特殊试样进行测试。特殊试样的处理过程应与沉积涂层零（部）件一致。

d) 如果沉积涂层样品没有通过某项（或多项）检测，则应按条款 b 的要求再次抽样 1% 进行相关检测。如果第二次抽样中仍有零（部）件未通过测试，则整批零（部）件可被判定为不合格。

e) 应从每类涂层中抽取不少于 2 个零（部）件组批进行盐雾试验（见 6.5）。

第四节　液晶显示器用氧化铟锡透明导电玻璃

一、概论

氧化铟锡（ITO）透明导电玻璃是液晶显示器（LCD）、真空荧光显示器（VFD）、等离子显示器（PDP）等最基础的材料，它是在钠钙基或硅硼基基片玻璃的基础上，利用物理气相沉积、化学气相沉积等方法镀覆氧化铟锡膜加工制作而成的。ITO 透明导电玻璃在仪器仪表、计算机、通信、航空航天及家用电器等领域有着十分广泛的应用。

早期的 ITO 透明导电玻璃是采用铟锡合金作为溅射靶材，通过氧化反应成膜。此种靶材对溅射工艺控制有极其严格的要求，尤其是氧气流量的微量波动，就可能造成氧化反应不充分，而使膜层透过率和蚀刻性能变差；或因氧气流量较大，造成靶面"中毒"，使溅射效率下降，从而使膜层变薄、电阻升高。鉴于此问题，材料厂商开发出了氧化铟/锡靶材，即将高纯度的氧化铟和氧化锡超细粉末，按一定比例充分混合后，再采用粉末冶金工艺烧结成固体靶材。随着制作工艺的不断改进，ITO 靶材纯度逐步提高，现在已达到 99.5% 以上，基本满足了 ITO 透明导电玻璃的需要。为适应液晶显示器用氧化铟锡透明导电玻璃加工、质量控制等需要，制定了 GB/T 18680—2002《液晶显示器用氧化铟锡透明导电玻璃》。

该标准为首次制定，于 2002 年 3 月 10 日发布，2002 年 8 月 10 日实施。

二、标准主要特点与应用说明

该标准主要规定了液晶显示器用氧化铟锡透明导电玻璃的技术要求（包括玻璃基片规格、SiO_2 阻挡层规格、ITO 导电膜层规格、膜层缺陷、检查和测试方法、检验规则），标志、包装、运输及贮存。该标准统一了我国 ITO 透明导电玻璃的产品技术要求及检测方法，规范了企业生产行为，从而提高了产品质量和在国际市场上的竞争力。

该标准规范了液晶显示器（LCD）用氧化铟锡透明导电玻璃的规格要求，包括玻璃基片规格、SiO_2 阻挡层规格、ITO 导电膜层规格、膜层缺陷、抽样等内容。这便于从业者对氧化铟锡透明导电玻璃进行加工生产。

该标准规范了液晶显示器（LCD）用氧化铟锡透明导电玻璃的检验和试验方法，包括基片长度及宽度尺寸、基片厚度、基片垂直度、弯曲度、微观波纹度、表面及内部缺陷、膜层厚度、阻挡性能、透过率、方电阻、蚀刻性能、化学稳定性、附着力、物理性能测试采样点等内容。这便于从业者按对氧化铟锡透明导电玻璃质量要求进行检测。

三、标准内容（GB/T 18680—2002）

液晶显示器用氧化铟锡透明导电玻璃

1　范围

本标准规定了液晶显示器（LCD）用氧化铟锡（Indium-Tin Oxide，ITO）透明导电玻璃的技术要求、标志、包装、运输及贮存。

本标准适用于液晶显示器用氧化铟锡透明导电玻璃。

2 规范性引用文件

下列文件中的条款通过本标准的引用而成为本标准的条款。凡是注日期的引用文件,其随后所有的修改单(不包括勘误的内容)或修订版均不适用于本标准,然而,鼓励根据本标准达成协议的各方研究是否可使用这些文件的最新版本。凡是不注日期的引用文件,其最新版本适用于本标准。

GB/T 2828 逐批检查计数抽样程序及抽样表(适用于连续批的检查)

GB/T 5270 金属基体上的金属覆盖层(电沉积层和化学沉积层)附着强度试验方法 (eqv ISO 2819)

GB/T 14264 半导体材料术语

3 术语和定义

GB/T 14264 确立的以及下列术语和定义适用于本标准。

微观波纹度 Microcorrugation

在玻璃基片的浮法锡面(或抛光面)上,沿垂直于浮法拉伸方向扫描表面轮廓线,并设定截止波长为 0.8mm~8.0mm,选取任意 20mm 取样长度,按图 1 所示的方法,得 PV 的间距 R_t 即为微观波纹度值。

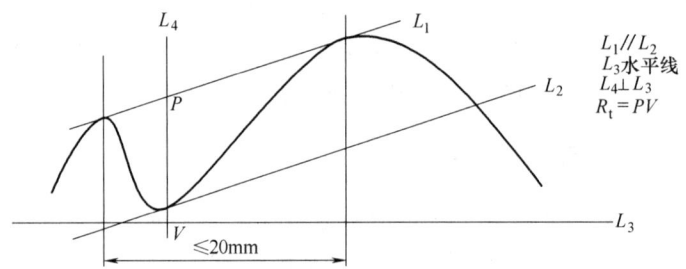

图 1 玻璃基片的微观波纹度

4 玻璃基片规格

4.1 长度及宽度的允许偏差

对于长度及宽度的公称尺寸在 470mm 以内的玻璃基片,允许偏差均应为 ±0.3mm。

4.2 厚度的允许偏差

厚度的允许偏差应符合表 1 要求。

表 1 厚度的允许偏差

厚度/mm	允许偏差/mm
1.10	±0.10
0.70	±0.05
0.55	±0.05
0.40	±0.05
0.35	±0.05

4.3 垂直度

玻璃基片的垂直度的公差等级 $a/L \leqslant 0.1\%$(见图 2,a 为公差带,L 为被测玻璃基片的相应边长)。

4.4 弯曲度

厚度≥0.70mm 的玻璃基片,弯曲度(h/L)≤0.10%(见图3);

厚度<0.70mm 的玻璃基片,弯曲度(h/L)≤0.15%(见图3);

不允许 S 形弯曲。

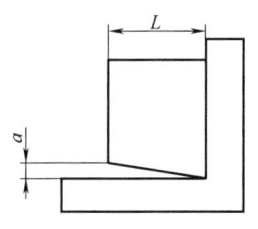

图2 玻璃基片的垂直度

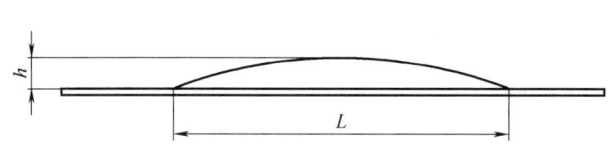

图3 玻璃基片的弯曲度

4.5 微观波纹度(玻璃的浮法锡面)

微观表面波纹度的数值 R_t 的最大值(见图1)应符合表2要求。

表2 玻璃基片的微观波纹度

厚度/mm	抛光玻璃	超级浮法玻璃	浮法玻璃
1.10	≤0.05μm/20mm	≤0.10μm/20mm	≤0.15μm/20mm
0.70	≤0.08μm/20mm	≤0.13μm/20mm	≤0.20μm/20mm
0.55	≤0.15μm/20mm	—	≤0.25μm/20mm
0.40	≤0.20μm/20mm	—	≤0.30μm/20mm
0.35	—	—	≤0.30μm/20mm

4.6 倒边

4.6.1 C型倒边

宽度 0.05mm≤W≤0.40mm(见图4)。

4.6.2 R型倒边

宽度 0.1mm≤W≤1.2mm,曲率半径 R≤50mm(见图5)。

4.7 倒角

倒角的形状及尺寸见图6,其中 2.0mm×5.0mm 倒角为辨认角,用于标识浮法拉伸方向和镀膜面。

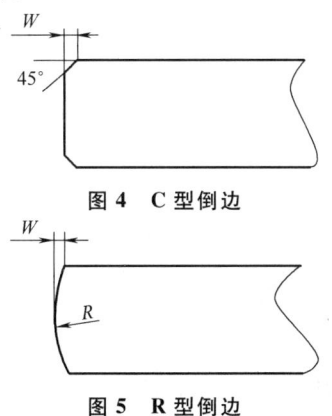

图4 C型倒边

图5 R型倒边

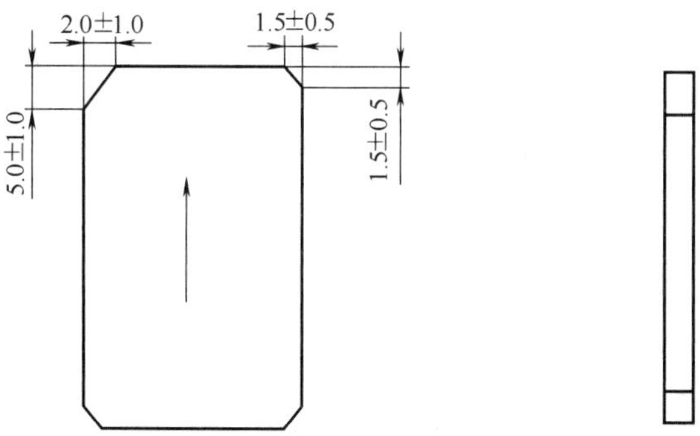

图6 玻璃基片倒角的形状及偏差

注:图中所示正面为镀膜面,↑为浮法方向。

4.8 表面缺陷和内部缺陷

距四周边缘 6mm 以外的区域为外观质量保证区域;而距四周边缘 6mm 以内的区域除崩边应符合 4.8.4 的规定和不允许裂边以外,允许其余种类缺陷。其余种类的表面缺陷及内部缺陷规格如下。

4.8.1 裂纹

不允许。

4.8.2 黏附物

黏附物包括尘粒、玻璃碎屑等凸起物,镀膜面不允许有不可去除的肉眼可见的黏附物。

4.8.3 沾污

不允许有用水或清洗剂溶液无法除去的沾污。

4.8.4 崩边

崩边的尺寸示意图见图 7,其规格应符合表 3 要求。

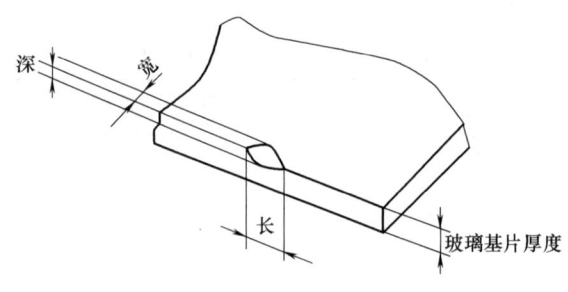

图 7 崩边示意图

表 3 崩边的规格要求

产品类型	高档	普通
长度×宽度	≤2.0mm×1.0mm	≤3.0mm×1.5mm
深度	不得超过玻璃基片厚度的 50%	
累计长度	<周长的 5%	<周长的 10%

4.8.5 划痕

划痕的规格应符合表 4 要求。

表 4 划痕的规格要求

高档	普通
宽度≤0.01mm 不计;0.01mm<宽度≤0.05mm,最多 2 条/片,单条长度不超过 2mm;宽度>0.05mm 不允许	宽度≤0.03mm 不计;0.03mm<宽度≤0.10mm,最多 2 条/片,单条长度不超过 5mm;宽度>0.1mm 不允许

注:表中的片为 356mm×356mm 的标准片,其他尺寸的玻璃基片应折算为标准片。

4.8.6 点状缺陷

包括内部气泡、夹杂物、表面凹坑、异色点等。点状缺陷的直径 d 定义为:$d=(L+W)/2$,见图 8。基片的点状缺陷规格应符合表 5 的规定。

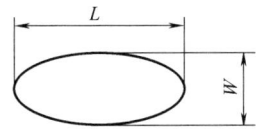

图 8　点状缺陷的尺寸

表 5　基片的点状缺陷

高档	普通
$d≤0.03$mm 不计；0.03mm$<d≤0.20$mm，最多 4 个/片；$d>0.20$mm 不允许	$d≤0.05$mm 不计；0.05mm$<d≤0.50$mm，最多 4 个/片；$d>0.50$mm 不允许

注：表中的片为 356mm×356mm 的标准片，其他尺寸的玻璃基片应折算为标准片。

5　SiO_2 阻挡层规格

5.1　阻挡层

在玻璃的浮法锡面上镀 SiO_2 膜，形成阻挡层。

5.2　阻挡层厚度

阻挡层厚度为（25±5）nm。

5.3　有效镀膜区

有效镀膜区为除去边缘 3mm 区域的玻璃面积。在距边缘 3mm 内的装夹具处允许无镀层，其余边缘部分均应有镀层。

5.4　阻挡性能

在（96±2）℃温度下进行 48h 的水浴试验后，阻挡层允许的单位面积钠离子渗透量应不大于 1.0mg/m^2。

5.5　光学性能

在光波长为 550nm 时，具有 SiO_2 阻挡层的玻璃（包括厚度小于或等于 1.10mm 的玻璃基片）的透过率应不小于 90%。

5.6　化学稳定性

5.6.1　耐碱性

在温度为（60±2）℃、质量分数为 10% 的氢氧化钠（分析纯）溶液中浸泡 5min 后，SiO_2 阻挡层的性能应仍符合 5.4 的要求。

5.6.2　耐酸性

在温度为（25±2）℃、质量分数为 6% 的盐酸（分析纯）溶液中浸泡 2min 后，SiO_2 阻挡层的性能应仍符合 5.4 的要求。

5.6.3　耐溶剂性能

在丙酮（分析纯）或无水乙醇（分析纯）中浸泡 5min 后，SiO_2 阻挡层的性能应仍符合 5.4 的要求。

6　ITO 导电膜层规格

6.1　有效镀膜区

有效镀膜区为除去边缘 3mm 区域的玻璃面积。在距边缘 3mm 内的装夹具处允许无镀层，其余边缘部分均应有镀层。

6.2 光学性能

不同标称方电阻的 ITO 透明导电玻璃在光波长为 550nm 时的透过率最小值应符合表 6 要求。

表 6 ITO 导电膜层的性能规格

标称方电阻	方电阻/(Ω/□)	透过率(%)	蚀刻时间/s
150	≤150	≥89	≤35
100	≤100	≥87	≤40
80	≤80	≥86	≤40
60	≤60	≥84	≤80
30	≤30	≥80	≤160
15	≤15	≥85	≤240

6.3 电学性能

不同标称方电阻的 ITO 透明导电玻璃的 ITO 导电膜层最大方电阻应符合表 6 要求。

6.4 蚀刻性能

不同标称方电阻的 ITO 透明导电玻璃的 ITO 导电膜层的蚀刻性能应符合表 6 要求。

6.5 温度稳定性

在空气中（300±30）℃加热 30min 后，ITO 导电膜层方电阻值应不大于原方电阻值的 300%。

6.6 化学稳定性

6.6.1 耐碱性

在温度为（60±2）℃、质量分数为 10%的氢氧化钠（分析纯）溶液中浸泡 5min 后，ITO 导电膜层方电阻值应不大于原方电阻值的 110%。

6.6.2 耐酸性

在温度为（25±2）℃、质量分数为 6%的盐酸（分析纯）溶液中浸泡 2min 后，ITO 导电膜层方电阻值应不大于原方电阻值的 110%。

6.6.3 耐溶剂性能

在丙酮（分析纯）或无水乙醇（分析纯）中浸泡 5min 后，ITO 导电膜层方电阻值应不大于原方电阻值的 110%。

6.7 附着力

参考 GB/T 5270 中的剥离试验，将胶带贴附在膜层表面并排除空气，放置 10s 后以一个与膜层表面垂直的稳定的力迅速把胶带撕下，膜层应无损伤。

7 膜层缺陷

7.1 掉膜

不允许。

7.2 污迹

不允许有用水或清洗剂溶液无法除去的污迹。

7.3 雾斑

不允许。

7.4 划痕
不允许有穿透 ITO 导电膜层的划痕。

7.5 点状缺陷
SiO$_2$ 阻挡层和 ITO 导电膜层的点状缺陷包括针孔、空洞、颗粒、异色点等，这些缺陷的直径及数量应符合表 7 要求。

表 7 膜层的点状缺陷

高档	普通
$d<0.03$mm 不计；0.03mm$\leqslant d\leqslant 0.20$mm，最多 4 个/片；$d>0.20$mm 不允许	$d<0.05$mm 不计；0.05mm$\leqslant d\leqslant 0.50$mm，最多 8 个/片；$d>0.50$mm 不允许

注：表中的片为 356mm×356mm 的标准片，其他尺寸的玻璃基片应折算为标准片。

8 抽样
抽样应符合 GB/T 2828 的规定，抽样方案见表 8。

表 8 抽样方案

序号	项目	合格质量水平（AQL）	检查水平（IL）
1	几何尺寸	2.5	S4
2	表面要求	2.5	1
3	方电阻	2.5	S4
4	透过率	2.5	S4
5	蚀刻性	$N=5$ $R=1$	N/A
6	膜层稳定性	$N=5$ $R=1$	N/A
7	阻挡层性能	$N=5$ $R=1$	N/A
8	微观波纹度	$N=5$ $R=1$	N/A

9 检验和试验方法

9.1 基片长度及宽度尺寸
用游标卡尺测量。

9.2 基片厚度
用千分尺测量。

9.3 基片垂直度
用直角规和塞规测量。

9.4 弯曲度
用黑箱点阵法测量，根据同一白点的反射图像和测试图像的分离状况判定弯曲度，见图 9。其中，反射板采用 6mm 厚的制镜级浮法玻璃，当白点直径为 6.35mm 的反射图像和测试图像为两个相交的圆时，弯曲度≤0.1%；当白点直径为 6.35mm 的反射图像和测试图像为两个分离的圆时，弯曲度>0.1%。当白点直径为 9.52mm 的反射图像和测试图像为两个相交的圆时，弯曲度≤0.15%；当白点直径为 9.52mm 的反射图像和测试图像为两个分离的圆时，弯曲度>0.15%。

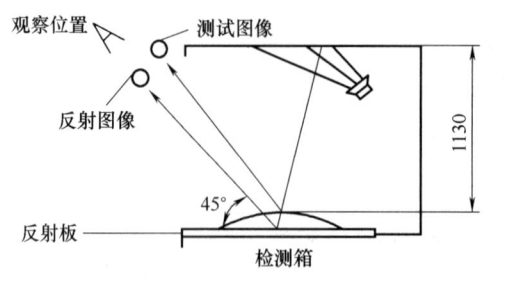
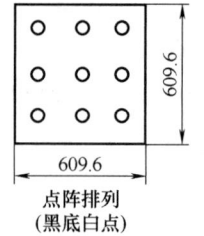

图 9 黑箱点阵法示意图

9.5 微观波纹度
用长程轮廓仪测量,扫描长度不小于150mm。

9.6 表面及内部缺陷
用裸眼观察和评估,必要时用读数显微镜进行判断。可以采用图10所示的观测方法来检验各种表面和内部缺陷。

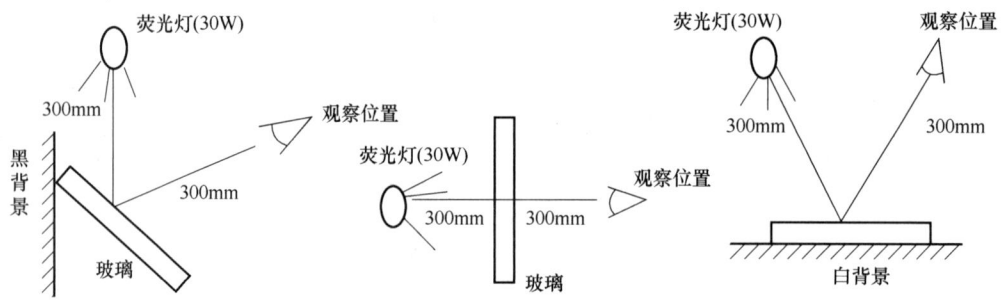

图 10 表面及内部缺陷的观察方法

9.7 膜层厚度
用轮廓仪测量。

9.8 阻挡性能
在 (96±2)℃温度下进行48h的水浴试验,利用原子吸收光谱法测量从基片中迁移出的钠离子质量。

9.9 透过率
用分光光度计测量。

9.10 方电阻
用四探针电阻测量仪测量。

9.11 蚀刻性能
用由 50 体积份质量分数为 36% 的盐酸(分析纯)和 50 体积份纯水加 3 体积份质量分数为 67% 的硝酸(分析纯)配制的蚀刻液在 (60±2)℃下测量,确定 ITO 导电膜层是否除去可采用电阻测量法和反射光检查法。

9.12 化学稳定性
SiO_2 阻挡层的化学稳定性根据5.6所述方法测量,ITO 导电膜层的化学稳定性根据6.6所述方法测量。

9.13 温度稳定性

根据 6.5 所述方法测量。

9.14 附着力

根据 6.7 所述方法测量，胶带的黏附强度值大约是每 25mm 宽度为 8N，被测膜层面积应大于 30mm²。

9.15 物理性能测试采样点

物理性能测试采样点见图 11，图中标×处测量方电阻，标 T 处测量透过率，标 D 处测量膜厚。

10 标志

木箱或瓦楞纸箱贴有标志，标志可根据用户要求使用英文。

标志内容包括：产品名称、产品质量等级、膜层结构类型、ITO 导电膜层标称方电阻、玻璃基片尺寸、数量、重量、生产日期、生产厂家，以及防潮、易碎、向上等国际通用符号。

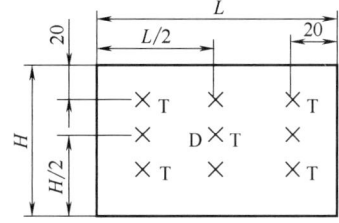

图 11 物理性能测试采样点

11 包装、运输、贮存

11.1 ITO 透明导电玻璃应用间隔纸或塑料隔条间隔，以防止相互滑动造成膜面及玻璃的划伤。

11.2 ITO 透明导电玻璃的包装应考虑采用防潮措施。

11.3 ITO 透明导电玻璃在长途运输过程中，应用木箱或强度较高的瓦楞纸箱运输，周围和底部用泡沫物塞紧，以防滑动引起 ITO 透明导电玻璃损坏。

11.4 ITO 透明导电玻璃在运输、贮存过程中，玻璃应保持竖直摆放，运输过程包装箱不可倒置，运输行进过程应平稳，防止玻璃破碎，长途运输建议使用集装箱。

11.5 ITO 透明导电玻璃应连同包装箱存放于干燥、阴凉、清洁的环境中，存放湿度为相对湿度不大于 70%。在不损坏 ITO 透明导电玻璃原外包装的情况下，建议贮存期不超过半年。

第十七章　气相沉积层性能试验与检验

第一节　离子镀　仿金氮化钛的颜色

一、概论

氮化钛（TiN）膜是指由钛氮化合物组成的薄膜。氮化钛属于间隙化合物，具有美丽的金黄色光泽，化学稳定性好，熔点高，硬度高，在金属表面镀氮化钛膜可替代部分金制品。20世纪70年代末，氮化钛膜开始采用离子镀的方法制备，除用于高速刀具等耐磨涂层外，还大量用作表壳、表带、首饰及其他日用品的仿金镀层，耐磨性远超镀金层和其他仿金合金镀层。

普通真空镀氮化钛通常是将氮化钛直接作为溅射材料，或将金属钛作为溅射材料，输入氮气等反应气体，通过高频感应加热的方法制备，但该法沉积速度慢，难以维持恒定的工艺条件，大批量生产存在困难。采用离子镀制备仿金氮化钛是一种以低温、高速、可以维持工件表面光泽，并以装饰品为目的的新反应方法。该方法充分利用高压放电所形成的气体等离子体的作用，使镀膜材料溅射、沉积到金属表面。对于氮化钛这种高熔点金属化合物，进行离子镀膜时采用物理加热法使钛蒸发，在电场的等离子体空间中，输入氮气作为反应气体，形成薄膜。制备过程中，可以通过控制钛氮比、沉积时间等工艺参数获得膜层结合力强、耐磨性和耐蚀性好的表壳仿金镀层，具有与18k～24k黄金相近色调。

仿金氮化钛的颜色是该薄膜的反射色，不同工艺制备的氮化钛薄膜存在颜色的差异。考虑到仿金氮化钛颜色的规范性，为保障仿金氮化钛离子镀技术的有序发展，制定了GB/T 15827—1995《离子镀　仿金氮化钛的颜色》。该标准对采用离子镀方法制备的仿金氮化钛的颜色范围、测量方法及其表示方法进行规范，适用于仿金氮化钛装饰性膜层。

该标准为首次制定，于1995年12月13日批准，1996年8月1日实施。

二、标准主要特点与应用说明

离子镀氮化镀层的金黄色可用于仿金，该标准是为适应此发展而制定的。该标准规范了仿金氮化钛的颜色范围及颜色表示方法，包括金合金颜色范围及牌号、仿金氮化钛的颜色等级、仿金氮化钛的颜色牌号等内容。这便于该领域工作者对其进行区分。

颜色是物体外观的一个重要因素，它是光照射于物体时物体的反射色。颜色还常可用 XYZ 色度系统的色度坐标 x、y 和刺激值 Y 表示。该标准规定了仿金氮化钛的颜色等级（一、二、三级），仿金氮化钛的颜色牌号可分为1N、2N和3N，其色调基本与相应的合金颜色牌号相吻合。

该标准规范了仿金氮化钛的测量方法。颜色测量一般采用仪器测量和目视比色。该标准规定了积分球光谱光度仪测量和标准色板目视比色两种测定方法，以促进仿金氮化钛技术的推广应用。

三、标准内容（GB/T 15827—1995）

离子镀　仿金氮化钛的颜色

1　主题内容与适用范围

本标准规定了仿金氮化钛的颜色范围及其测量方法。

本标准适用于仿金氮化钛装饰性膜层。

2　引用标准

GB 3977　颜色的表示方法

GB 3978　标准照明体及照明观测条件

GB 3979　物体色的测量方法

3　颜色的表示方法

仿金氮化钛颜色是该膜层的反射色，按 GB 3977 第 1 章和第 2 章的规定，采用 XYZ 色度系统的色度坐标 x、y 和刺激值 Y 表示。

4　仿金氮化钛的颜色

4.1　金合金颜色范围及牌号如表 1 所示。

表 1　金合金颜色范围及牌号

颜色牌号	色度坐标(D_{65} 光源)					
	公称值			允许值		
	x	y	Y	x	y	Y
0N（黄绿）	0.3833	0.3662	90	0.3345 0.3404 0.3456 0.3386	0.3644 0.3740 0.3725 0.3633	90^{+1}_{-8}
1N（淡黄）	0.3526	0.3700	82	0.3486 0.3527 0.3557 0.3513	0.3685 0.3730 0.3717 0.3674	82^{+1}_{-8}
2N（浅黄）	0.3590	0.3766	82	0.3558 0.3600 0.3635 0.3590	0.3764 0.3810 0.3795 0.3750	82^{+1}_{-8}
3N（黄）	0.3601	0.3729	79	0.3578 0.3623 0.3663 0.3614	0.3724 0.3767 0.3748 0.3707	79^{+1}_{-5}
4N（粉红）	0.3612	0.3859	76	0.3577 0.3626 0.3663 0.3610	0.3660 0.3701 0.3682 0.3644	76^{+1}_{-5}
5N（红）	0.3591	0.3604	74	0.3555 0.3621 0.3660 0.3589	0.3591 0.3638 0.3616 0.3572	74^{+1}_{-5}

注：引用 ISO 8654《金合金的颜色——定义、颜色范围和标法》第 4 章表 1，原标准反射率 ρ 改为刺激值 Y 表示，$Y = 100\rho$。

4.2 仿金氮化钛的颜色分为一级、二级和三级。按照色度坐标确定的颜色范围如表2所示，在色度图上的位置如图1所示。

表2 按照色度坐标确定的颜色范围

等级	x	y	Y
一级	0.33~0.36	0.35~0.38	>70
二级	0.36~0.40	0.38~0.40	>55
三级	0.40~0.42	0.40~0.42	>50

4.3 仿金氮化钛的颜色牌号可分为仿1N、仿2N、仿3N等，其色调应与相应的金合金颜色牌号基本吻合。

4.4 同一样品的颜色应均匀一致，肉眼观察无明显色差。

5 测量方法

5.1 基本方法——仪器测量

5.1.1 样品

采用平板样品，尺寸不小于25mm×20mm，表面粗糙度 $Ra \leq 0.08 \mu m$。

5.1.2 仪器

5.1.2.1 采用积分球光谱光度计，满足 GB 3979 中 3.1 要求。

5.1.2.2 标准光源采用 GB 3978 中 4.3、4.2、4.1 规定的 D_{65} 光源、C 光源或 A 光源。

5.1.2.3 照明和观测条件采用 GB 3978 中 5.3 规定的 0/t 条件，即包括镜面反射成分的测量应在不用光泽吸收器的情况下，采用"垂直/漫射"条件。

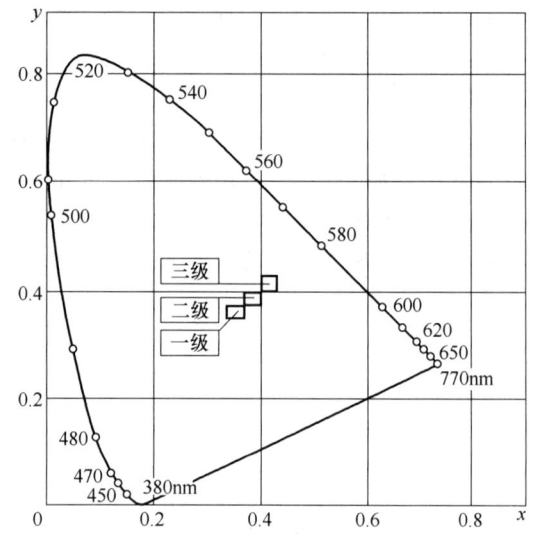

图1 XYZ 色度系统色度图

5.1.3 测量过程

5.1.3.1 按 GB 3979 中 3.2 规定，测出样品的光谱反射率 $\rho(\lambda)$。

5.1.3.2 按 GB 3979 中 3.2.4 规定，三刺激值 X、Y、Z 采用等波长间隔法计算，见式（1）。

$$\left.\begin{array}{l} X = \sum_{\lambda} S(\lambda)\bar{x}(\lambda)\rho(\lambda)\Delta\lambda \\ Y = \sum_{\lambda} S(\lambda)\bar{y}(\lambda)\rho(\lambda)\Delta\lambda \\ Z = \sum_{\lambda} S(\lambda)\bar{z}(\lambda)\rho(\lambda)\Delta\lambda \end{array}\right\} \quad (1)$$

式中 $S(\lambda)$ ——标准照明体的相对光谱功率分布；

$\bar{x}(\lambda)$、$\bar{y}(\lambda)$、$\bar{z}(\lambda)$ ——XYZ 色度系统中的色匹配函数；

$\rho(\lambda)$ ——样品的光谱反射率；

$\Delta\lambda$ ——波长间隔。

加权系数 $S(\lambda)\bar{x}(\lambda)$、$S(\lambda)\bar{y}(\lambda)$、$S(\lambda)\bar{z}(\lambda)$ 值见附录 A（补充件）。

5.1.3.3 按 GB 3977 中 5.1 计算色度坐标 x、y 值，见式（2）。

$$\left.\begin{array}{l} x = \dfrac{X}{X+Y+Z} \\ y = \dfrac{Y}{X+Y+Z} \end{array}\right\} \quad (2)$$

式中 X、Y、Z——XYZ 色度系统中的三刺激值。

5.2 辅助方法——目视比色

5.2.1 标准色板

标准色板应符合表 1 给出的色度坐标和刺激值，作为目视比色时的参照色标，尺寸不小于 25mm×20mm。

5.2.2 观测条件

照明观测条件应采用 GB 3978 中 5.1 规定的 45/0 或 0/45 条件，采用 D_{65} 光源、C 光源、A 光源或自然光，照度 500lx 以上，背景灰度大于 N6。

5.2.3 目视比色

将样品与标准色板并排放置，在其表面覆盖一张描图纸，再用有长方形开口的白色遮板压紧，从开口处目视比较样品与标准色板的颜色。

附 录 A
CIE 标准照明体和 CIE 1931 标准色度观察者色匹配函数的加权系数
（补充件）

表 A.1 CIE 标准照明体和 CIE 1931 标准色度观察者色匹配函数的加权系数

波长 λ/nm	A			C			D_{65}		
	$S(\lambda)\bar{x}(\lambda)$	$S(\lambda)\bar{y}(\lambda)$	$S(\lambda)\bar{z}(\lambda)$	$S(\lambda)\bar{x}(\lambda)$	$S(\lambda)\bar{y}(\lambda)$	$S(\lambda)\bar{z}(\lambda)$	$S(\lambda)\bar{x}(\lambda)$	$S(\lambda)\bar{y}(\lambda)$	$S(\lambda)\bar{z}(\lambda)$
380	0.001	0.000	0.006	0.004	0.000	0.020	0.007	0.000	0.031
390	0.005	0.000	0.023	0.019	0.000	0.089	0.022	0.001	0.104
400	0.019	0.001	0.093	0.085	0.002	0.404	0.112	0.003	0.532
410	0.071	0.002	0.340	0.329	0.009	1.570	0.377	0.010	1.795
420	0.261	0.008	1.256	1.238	0.037	5.949	1.188	0.035	5.708
430	0.649	0.027	3.168	2.997	0.122	14.628	2.329	0.095	11.365
440	0.926	0.061	4.647	3.975	0.262	19.938	3.456	0.228	17.335
450	1.013	0.117	5.435	3.916	0.443	20.639	3.722	0.421	19.621
460	1.019	0.210	5.850	3.362	0.694	19.300	3.242	0.669	18.608
470	0.776	0.362	5.116	2.272	1.058	14.972	2.124	0.989	13.994
480	0.427	0.621	3.635	1.113	1.618	9.461	1.049	1.525	8.918
490	0.160	1.039	2.324	0.363	2.358	5.274	0.329	2.142	4.790
500	0.027	1.792	1.509	0.052	3.401	2.864	0.051	3.342	2.814
510	0.057	3.080	0.969	0.089	4.833	1.520	0.095	5.131	1.614
520	0.425	4.771	0.525	0.576	6.462	0.712	0.628	7.040	0.776
530	1.214	6.322	0.309	1.523	7.934	0.388	1.686	8.784	0.430
540	2.313	7.600	0.162	2.785	9.149	0.195	2.869	9.425	0.201

（续）

波长 λ/nm	A			C			D_{65}		
	$S(\lambda)\bar{x}(\lambda)$	$S(\lambda)\bar{y}(\lambda)$	$S(\lambda)\bar{z}(\lambda)$	$S(\lambda)\bar{x}(\lambda)$	$S(\lambda)\bar{y}(\lambda)$	$S(\lambda)\bar{z}(\lambda)$	$S(\lambda)\bar{x}(\lambda)$	$S(\lambda)\bar{y}(\lambda)$	$S(\lambda)\bar{z}(\lambda)$
550	3.732	8.568	0.075	4.282	9.832	0.086	4.267	9.797	0.086
560	5.510	9.222	0.036	5.880	9.841	0.039	5.625	9.415	0.037
570	7.571	9.457	0.021	7.323	9.147	0.020	6.947	8.678	0.019
580	9.719	9.228	0.018	8.417	7.992	0.016	8.305	7.886	0.015
590	11.579	8.541	0.012	8.984	6.627	0.010	8.613	6.353	0.009
600	12.704	7.547	0.010	8.949	5.316	0.007	9.047	5.374	0.007
610	12.670	6.365	0.004	8.325	4.176	0.002	8.500	4.265	0.003
620	11.373	5.072	0.003	7.070	3.153	0.002	7.090	3.162	0.002
630	8.981	3.705	0.000	5.310	2.190	0.000	5.063	2.088	0.000
640	6.558	2.562	0.000	3.694	1.443	0.000	3.547	1.386	0.000
650	4.336	1.637	0.000	2.349	0.886	0.000	2.147	0.810	0.000
660	2.628	0.972	0.000	1.361	0.504	0.000	1.252	0.463	0.000
670	1.448	0.530	0.000	0.708	0.259	0.000	0.681	0.249	0.000
680	0.804	0.292	0.000	0.369	0.134	0.000	0.347	0.126	0.000
690	0.404	0.146	0.000	0.171	0.062	0.000	0.150	0.054	0.000
700	0.209	0.075	0.000	0.082	0.029	0.000	0.077	0.028	0.000
710	0.110	0.040	0.000	0.039	0.014	0.000	0.041	0.015	0.000
720	0.057	0.019	0.000	0.019	0.006	0.000	0.017	0.006	0.000
730	0.028	0.010	0.000	0.008	0.003	0.000	0.009	0.003	0.000
740	0.014	0.004	0.000	0.004	0.002	0.000	0.005	0.001	0.000
750	0.006	0.002	0.000	0.002	0.001	0.000	0.002	0.001	0.000
760	0.004	0.002	0.000	0.001	0.001	0.000	0.001	0.000	0.000
770	0.002	0.000	0.000	0.001	0.000	0.000	0.001	0.000	0.000
780	0.000	0.000	0.000	0.000	0.000	0.000	0.000	0.000	0.000
$X、Y、Z$	109.828	100.000	35.546	98.046	100.000	118.105	95.020	100.000	108.814
$X、Y、Z$	0.4476	0.4075	0.1449	0.3101	0.3163	0.3736	0.3172	0.3291	0.3582

第二节 氮化钛涂层 金相检验方法

一、概论

氮化钛（TiN）涂层具有硬度高、化学稳定性好、熔点高、延展性良好等特性。一般情况下，它与水、水蒸气、盐酸等均不发生反应；熔点比大多数过渡金属氮化物的高，而密度却比大多数过渡金属氮化物低；具有较好的抗氧化性（其抗氧化温度在1000℃左右），以及较好的耐磨性和耐蚀性。氮化钛涂层是一种极具发展潜力的新型特种陶瓷材料，广泛应用于机械加工、微电子、医疗器械、汽车零部件、模具及标准件，以及低硬度、薄壁冲压等领域。

氮化钛涂层的制备方法主要有气相沉积、热喷涂、化学热处理、热反应扩散沉积、化学镀、复合镀等，其中，气相沉积方法应用最为普遍。在制备过程中，不同的工艺参数会对涂层质量产生影响，因此，涂层的性能分析测试必不可少。氮化钛涂层的性能检测通常涵盖组织结构、涂层厚度、涂层硬度、结合力等方面，且各性能之间相互联系，相互制约。

金相检验法有着广泛的用途，它可通过一定的制样测定涂层的显微结构、厚度及硬度，尽管试样的制备较麻烦，但由于其可靠而常被用作仲裁方法。金相检验还可以判断涂层与基体界面的连续性，观察涂层的孔隙、氧化物、裂纹、颗粒物等对涂层的影响，是协助调整氮化钛涂层制备工艺参数达到最佳的一个重要手段。涂层金相检验涉及制样与检查，考虑到金相检验的规范性，为保障氮化钛涂层性能检测技术的一致性，制定了JB/T 6075—1992《氮化钛涂层　金相检验方法》。该标准对氮化钛涂层的金相检验方法进行了规范，适用于高速钢、碳钢、高合金钢、硬质合金、不锈钢、铜等物理气相沉积氮化钛涂层的金相组织、厚度、硬度的检验。

该标准为首次制定，于1992年5月5日批准，1993年7月1日实施。

二、标准主要特点与应用说明

金相检验方法的前提是取样和制样（包括镶嵌、磨光、抛光）。金相试样可直接从产品上截取，也可采用控制试样或代替试样；可制横截面试样，也可制斜截面试样。该标准规范了氮化钛涂层的试样制备方法，包括取样、试样的磨制与抛光两项内容。这便于该领域从业人员实际操作。

试样制备好之后进行显微检查，其中包括采用适当浸蚀剂进行组织显示，然后进行组织与结构的测定。该标准规范了涂层组织检查方法，包括试样侵蚀前的均匀性、连续性等，侵蚀后的显微组织、相成分等内容。

金相检验法测量氮化钛涂层厚度是在一定放大倍数的显微镜下，测定横截面上从涂层表面到涂层与基体分界的距离，在斜截面上测定的此距离系扩散层厚度。该标准对测试参数的选择和控制进行了规范，包括横截面试样厚度测量、斜截面试样厚度测量等内容。这便于该领域工作者对其进行测量。

此外，该标准还规定用金相法测氮化钛涂层硬度，考虑到测定的影响因素提出了相应的要求和规定。

三、标准内容（JB/T 6075—1992）

氮化钛涂层　金相检验方法

1　主题内容与适用范围

本标准规定了氮化钛涂层的金相检验方法。

本标准适用于高速钢物理气相沉积氮化钛涂层的金相组织、厚度、硬度的检验。

本标准也适用于其他基体材料（碳钢、高合金钢、硬质合金、不锈钢、铜等）氮化钛涂层金相组织和厚度的检测。

2　引用标准

GB 9451　钢件薄表面总硬化层深度或有效硬化层深度的测定

GB 9790　金属覆盖层和其他有关覆盖层维氏和努氏显微硬度试验

JB/T 5069　钢铁零件渗金属层金相检验方法

EB 6462　金属和氧化物覆盖层厚度横截面显微镜测量方法

3　试样制备

按JB/T 5069中第4章规定。

3.1　取样

3.1.1　在产品上有代表性的部位取样。

非平直面涂层,需加镀铬或镍后镶嵌制样,镶嵌时切取的横截面应垂直于待测涂层。

3.1.2 代试样

3.1.2.1 用与产品同一材料、同一工艺、同一炉次的代试样,推荐尺寸为 10mm×4mm×20mm(10mm)。

3.1.2.2 两个或两个以上代试样用镍片隔开,夹持制样。

3.1.3 斜截面试样

按 GB 9451 第 3.1.1 条规定。

3.2 试样的磨制与抛光

3.2.1 夹持(镶嵌)试样,依次用砂轮、预磨盘和砂纸轻磨,磨削方向与涂层约呈 45°,每换一道砂纸将试样旋转 90°。

3.2.2 先用抛光微粉或 W10、W5 金刚石抛光膏抛光,然后用水清洗抛光。

4 涂层组织检查

4.1 试样侵蚀前,放大 800 倍~1000 倍检查涂层均匀性、连续性、与基体结合情况,孔隙和疏构情况。

4.2 用 3%(质量分数)硝酸乙醇溶液侵蚀,显示基体组织。

4.3 用涂层侵蚀剂显示涂层显微组织。

侵蚀剂组成为:以 H_2O_2 为基,加入适量的络合剂和缓蚀剂,并用 10%(质量分数)NaOH 水溶液调整 pH 值至 9~10,随配随用。

侵蚀参数见下表。

温度/℃	时间/min
30~35	20~25
8~10	25~30

4.4 用 4.2 和 4.3 条两种试剂先后侵蚀试样,可同时显示基体和涂层组织。

4.5 不同侵蚀剂显示的高速钢涂层试样组织见图 1~图 3。

图 1 显示基体组织

侵蚀剂　3%(质量分数)硝酸乙醇溶液

放大倍数　1000

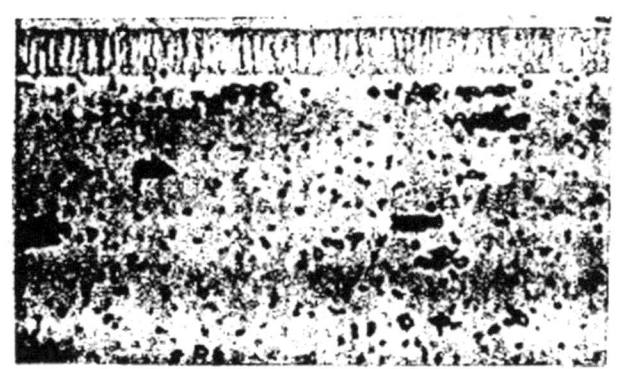

图 2　显示涂层组织

侵蚀剂　涂层侵蚀剂
放大倍数　1000

图 3　同时显示基体和涂层组织

侵蚀剂　3%（质量分数）硝酸乙醇溶液+涂层侵蚀剂
放大倍数　1000

4.6　涂层电子扫描图仍为柱状晶，相成分线扫描和涂层结构分析涂层为 TiN 和 Ti、N，见图4、图5。

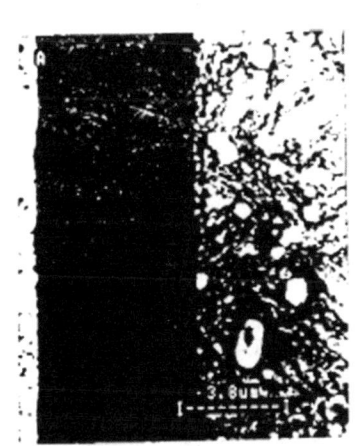

图 4　涂层电子扫描

放大倍数　8000
加速电压　25kV

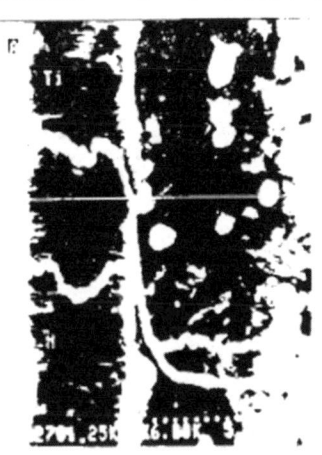

图 5　涂层成分线扫描

放大倍数　6000
加速电压　25kV　15kV
检测的 X 谱　Ti-Lα　N-Kα
探针电流　1×10⁻⁶A　2.5×10⁻⁶A

5 涂层厚度测量

用3%（质量分数）硝酸乙醇溶液侵蚀剂进行。

5.1 横截面试样按GB/T 6462测量。在显微镜下放大800倍~1000倍，自表面至基体分界线即为涂层厚度。

5.2 斜截面试样，在显微镜下放大500倍~1000倍，自表面至基体分界线即为扩展涂层厚度，按GB/T 9451下列公式计算得出涂层厚度。

$$e = L\sin\alpha$$

式中　e——涂层厚度（μm）；

　　　L——扩展的涂层厚度（μm）；

　　　α——模块角度（°），一般为5°~15°。

5.3 涂层厚度在同一视场测量3个~5个点取算术平均值。

5.4 测量涂层厚度（μm）读数至小数点后一位。

5.5 耐磨涂层厚度≥1.5μm，装饰涂层≥0.5μm。

6 涂层硬度测定

6.1 在涂层表面测定硬度，操作方法按GB/T 9790进行。

6.2 试样表面粗糙度Ra为0.32μm。

6.3 试样需专门涂镀，涂层厚度≥5μm。

6.4 试验力为0.147N~0.245N。

6.5 耐磨涂层硬度≥1800HV。

7 试验报告

氮化钛涂层报告应包括以下内容：

a) 涂镀设备、基体材料及工艺参数；
b) 涂层组织及缺陷；
c) 涂层均匀性及厚度（应注明检测面）；
d) 涂层硬度；
e) 其他。

第三节　离子镀硬膜厚度试验方法　球磨法

一、概论

伴随着对材料表面力学性能、摩擦磨损性能、抗高温氧化性能及耐蚀性的新要求，硬膜技术得到了飞速发展，并被广泛应用在机械、电子、冶金、汽车、航空航天等不同领域。例如，TiAlN、MoS_2-Ti等硬膜是为了提高材料的耐磨性、耐蚀性和耐高温性等性能而施加在材料表面的覆盖层，采用硬质薄膜能显著提高零部件的耐用性。从技术角度出发，厚度为几个微米及以下的覆盖层一般称为硬质薄膜，几十微米乃至更厚的覆盖层一般称为硬质涂层。

离子镀技术是目前制备硬膜的主要方法之一，但其产生的残余应力值通常达到吉帕量级。过大的残余应力对薄膜的制备和使用都存在不利影响，严重时可引起薄膜脱落失效。薄膜厚度的增加除存在更高的技术难度以外，同时也需考虑薄膜应力、膜基结合力、薄膜硬度和薄膜摩擦学性能等多方面性能因素。因此，离子镀膜层厚度的测量与控制十分重要，镀膜的厚度均匀性，也可反映和控制离子镀的工艺性能。

在一定的条件下，离子镀膜的厚度决定其使用的耐久性，膜层厚度也影响其显微结构。离子镀技术的一个重要优点是能在静置基体的各部位镀覆厚度均匀的镀膜，即不需旋转基体，就可在形状复杂基体上获得厚度均匀的镀膜。因为从蒸发源传输到基体的过程中，金属蒸气因不断碰撞而分散开来，有助于在基体各部分获得厚度均匀的镀膜。

离子镀硬膜厚度球磨试验方法属于断面观察法。它通过一个添加适量研磨膏的旋转钢球，在试件表面研磨出一个进行观察和测量用的球面凹坑，钢球与磨蹭表面及基体的接触部分是两个同心圆，通过测量钢球半径、凹坑尺寸计算获得膜层厚度。

离子镀硬膜厚度测试方法有多种，为了规范球磨试验法，制定了 JB/T 7707—1995《离子镀硬膜厚度试验方法 球磨法》。该标准对球磨试验法的适用范围、测试原理、试验方法进行了规范，适用于硬膜厚度球磨试验的过程。

该标准为首次制定，于 1995 年 6 月 20 日批准，1996 年 1 月 1 日实施。

二、标准主要特点与应用说明

该标准的方法是利用球磨装置，以旋转钢球磨去基体表面上的离子镀膜层。此旋转钢球具有规定直径，其表面涂覆有适当粒度的金刚砂磨料；同时离子镀膜基体的表面粗糙度也必须符合规定。该标准对球磨仪及其操作、试样基体的表面粗糙度、钢球材质及其直径、球上涂覆的金刚砂磨料粒度等做出了规范。该标准规定了一般离子镀硬膜厚度试验方法的适用范围，包括 PVD 和 CVD 方法制成的各种硬膜，也可适用于氧化膜和电镀层。

该标准规范了一般离子镀硬膜厚度测试球磨法原理，以及膜层厚度计算公式，便于进行实际测试应用。

该标准规范了一般离子镀硬膜厚度测试球磨法的试验方法，包括球磨装置、试验要求、试验程序等内容。

三、标准内容（JB/T 7707—1995）

离子镀硬膜厚度试验方法 球磨法

1 主题内容与适用范围

本标准规定了离子镀硬膜厚度的球磨试验方法。

本标准适用于由 PVD 和 CVD 方法制成的各种硬膜，也可用于氧化膜和电镀层厚度的试验。

2 球磨法原理和膜厚计算

球磨法属断面观察法，它通过一个添加适量研磨膏的旋转钢球，在试件表面研磨出一个做观察和测量用的球面凹坑。钢球与膜层表面及基体的接触部分是两个同心圆，见图1。

膜层厚度与钢球半径和研磨凹坑尺寸有关，如式(1) 所示：

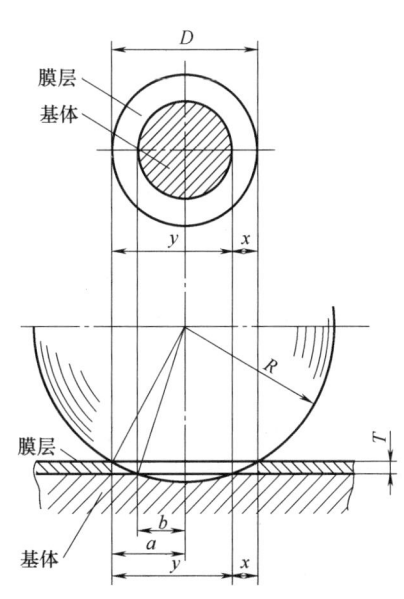

图 1 研磨凹坑断面图

$$T = \frac{xy}{2R} \quad (1)$$

式中 T——膜层厚度（μm）；

R——钢球半径（μm）；

$2a$——研磨后膜层表面形成的边缘直径（μm）；

$2b$——研磨后膜层与基体连接界面的边缘直径（μm）。

$$x = a - b$$
$$y = a + b$$

注1：钢球在圆柱体表面上的研磨凹坑为一椭圆球面，则 $2a$ 和 $2b$ 为椭圆的长轴。

注2：复合膜在研磨后得到的是几组同心圆环（或椭圆环），每一组圆环代表相应的膜层，可以测得各膜层的厚度。

3 试验方法

3.1 球磨装置

球磨装置主要由磁性夹具、电动机、转轴、载物台及底板和电源构成，见图2。测试时，调节转轴位置和载物台倾角，使钢球与试件的测试点和转轴接触，在电动机转动时，钢球受摩擦力矩的作用而旋转。

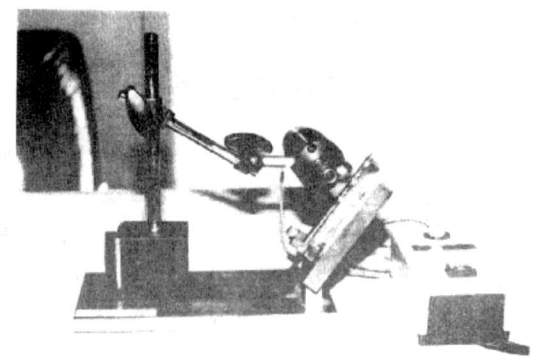

图 2 球磨装置

3.2 试验要求

a）试件的基体表面粗糙度 $Ra \leqslant 0.8 \mu m$；

b）钢球采用滚珠轴承钢球，直径10mm～30mm，一般取20mm；

c）金刚砂研磨膏粒度为 $3\mu m$。

3.3 试验程序

a）将试件装夹在载物台上；

b）将钢球搁置在试件的测试点（曲面应是其顶点）和转轴上，转轴的轴线应与膜面平行；

c）在钢球表面涂上适量研磨膏，滴乙醇稀释；

d）启动电动机使钢球旋转；

e）研磨深度达到膜层厚度的两倍时停止研磨，擦净试件表面；

f）置试件于实物光学显微镜的载物台上。在放大100倍下测量研磨凹坑的尺寸；

g）按式（1）计算膜层厚度。

第四节　气相沉积薄膜与基体附着力的划痕试验法

一、概论

气相沉积技术是利用气相中发生的物理、化学过程，改变工件表面成分与结构，在表面形成具有特殊性能的金属或化合物涂层的技术。气相沉积通常是在工件表面覆盖厚度为

0.5μm~10μm 的一层过渡族元素（钛、钒、铬、锆、钼、钽、铌及铪）与碳、氮、氧、硼的化合物。按照过程的本质可将气相沉积分为化学气相沉积（CVD）和物理气相沉积（PVD）两大类。气相沉积是一项先进的表面强化技术，已广泛应用于许多领域的零部件表面硬化处理，其中，主要应用的沉积层为 TiC、TiN。

离子镀膜的耐久性主要取决于应力，应力大小决定镀膜与基体的附着力。若将镀膜与基体暴露或服役于恶劣环境，如腐蚀、高温、高的作用力及高湿度的环境，则其附着力尤为重要。良好的附着力表明，镀膜与基体的界面区域能经受住不同的服役条件，在界面区域内原子与原子之间具有较强的结合。局部应力低，不容易发生变形或断裂，不存在长期降解，一般都促成高的附着力。这些性能主要取决于界面区域的特性，也取决于镀层材料与界面之间的相互作用。即使镀膜与基体不生成合金化和难以发生扩散作用，离子镀也会获得附着力极高的膜层，一般都会高于其他镀膜的附着力，甚至在镀层材料与基体不相匹配的情况下，离子镀也会得到附着力高的膜层。已有研究证明，各种离子镀膜与基体的组合能经受弯曲、拉伸、剪切、划痕、擦伤、热震、超声、振动等试验。一般认为，形成梯度界面是各种基体上离子镀膜存在高附着力的主要原因，这种梯度界面是高能离子轰击的结果。

附着力是薄膜材料重要的力学性能之一，附着力实质是界面间的作用力，是薄膜与基体间通过物理和化学作用结合在一起的牢固程度。薄膜与基体的结合强度对薄膜的使用效果与使用寿命都有非常重要的影响，是评价薄膜质量最为关键的指标，也是保证薄膜满足其力学性能、物理性能及化学性能等各方面的使用性能的基本前提。

目前，评价膜-基结合强度的方法有多种，如划痕法、压入法、直接拉伸法、鼓泡法，以及其他改进的方法。划痕法是根据压头上自动连续增加的垂直载荷，测定完全划透薄膜并使之从其基体上连续剥离所需要的最小载荷，即薄膜-基体界面附着失效的临界载荷 L_c。考虑到划痕试验法的规范性，为了保障气相沉积薄膜与基体附着力检测技术统一，制定了 JB/T 8554—1997《气相沉积薄膜与基体附着力的划痕试验法》。该标准对划痕试验法的适用范围、试验方法进行了规范，适用于薄膜与基体附着力划痕试验的过程。

该标准为首次制定，于 1997 年 4 月 15 日批准，1998 年 1 月 1 日实施。

二、标准主要特点与应用说明

划痕试验最早出现于 1950 年，是检验硬质离子镀薄膜、获得稳定结果的有效试验方法。在试验硬膜时，利用划痕作用，在膜与基体界面引入应力直到镀膜剥落，以划痕用的力或载荷来表示镀膜与基体的附着力，此力或载荷可分步或连续增加。镀膜与基体剥离（或附着力失效，或内聚力失效）的最低载荷或外加力为临界载荷或临界外力，可由光学显微镜、电子显微镜和/或声发射来确定。显然，此试验只能得到定性的结果，但是，可用于对比各种试样附着力的大小。不过一般所得到的结果还取决于许多因素，例如，金刚石划刀与镀膜之间的摩擦系数、镀膜与基体的力学性能以及膜的厚度。

如上所述，该标准方法的实质是找出或确定完全划透离子镀薄膜，并将膜与基体连续剥离的最小载荷，其影响因素很多。标准规定了气相沉积 TiN_x 等硬质薄膜-基体界面耐金刚石压头划剥性能的试验方法，规范了使用范围，包括气相沉积的硬质薄膜和气相沉积的润滑薄膜。

该标准还规范了气相沉积薄膜与基体附着力的划痕试验的实施条件和步骤，例如：试验仪器、试样尺寸、试验步骤、试验条件、试验数据处理、试验报告等内容，便于标准的实际应用。

三、标准内容（JB/T 8554—1997）

气相沉积薄膜与基体附着力的划痕试验法

1 范围

本标准规定了测定气相沉积 TiN_x 等硬质薄膜-基体界面耐金刚石压头划剥性能的试验方法。

本标准适用于气相沉积的硬质薄膜，也适用于气相沉积的润滑薄膜。

对任何特定的应用，所规定的试验方法可用补充资料加以完善。这些资料应来自相应的国际标准、先进工业国家标准或国家标准、行业标准及其他相应文件，必要时，也可由测试和送样双方协商提出相应文件。

2 引用标准

下列标准所包含的条文，通过在本标准中引用而构成为本标准的条文。本标准出版时，所示版本均为有效。所有标准都会被修订，使用本标准的各方应探讨使用下列标准最新版本的可能性。

GB/T 6463—1986　金属和其他覆盖层　厚度测量方法评述

GB/T 2848—1992　洛氏硬度计　技术条件

GB/T 4342—1992　金属显微维氏硬度试验方法

JB/T 7505—1994　离子镀术语

JB/T 7707—1995　离子镀硬质薄膜厚度试验方法　球磨法

3 方法概述

根据压头上自动连续增加的垂直载荷，测定完全划透薄膜并使之从其基体上连续剥离所需要的最小载荷，即薄膜-基体界面附着失效的临界载荷 L_C。

4 仪器

测定 L_C 的自动划痕试验机的结构原理如图 1 所示。该仪器由下列主要部件组成：A——压头连续加载电动机；B——声发射探头。探测划痕产生的声发射强度并输入微机；C——洛氏硬度计标准压头；D——试样台；E——位移电动机，用以匀速沿水平方向拖动试样台；F——切向摩擦力传感器，连续检测压头与薄膜之间的摩擦力并输入微机；G——试样台高度升降螺杆；H——加载压力传感器；I——光学显微镜（≥40 倍）；J——信号放大器；K——变换控制器；L——微型计算机，用以实施测试自控和自动处理数据，并动态显示及存贮数据与图形；M——试样；N——CRT 显示器；O——绘图打印机，输出试验结果；P——压头加载机构；Q——主支架。

5 试样

5.1 基体

a) 形状及尺寸。长方体：长 40mm～50mm，宽 30mm～45mm，高 6mm～20mm；或圆柱体 $\phi(40～45)$ mm×(6～20) mm。

b) 硬度。按 GB/T 2848 规定的方法和技术条件，测定基体的洛氏硬度（HRC）。

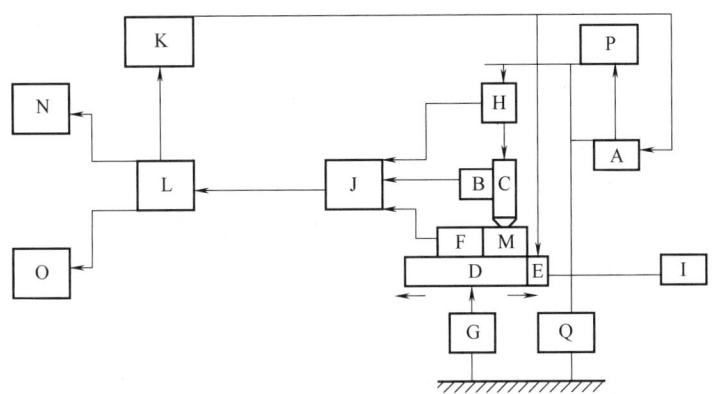

图 1 自动划痕试验机结构原理图

  c) 工作表面的平均表面粗糙度 $Ra \leqslant 0.32 \mu m$。
  d) 材料及其状态由送样方填写明确。

5.2 薄膜

  a) 厚度。薄膜的厚度按 JB/T 7707 或 GB 6463 规定的方法之一测定,并应 $\geqslant 0.1 \mu m$。
  b) 显微硬度（HV）。薄膜的显微硬度按 GB/T 4342 规定的方法测定。
  c) 薄膜平均表面粗糙度 $Ra \leqslant 0.32 \mu m$。
  d) 薄膜沉积方法由送样方填写明确。

6 试验程序

6.1 通则

6.1.1 环境条件

试样在温度（20±5）℃和相对湿度（50±10）%RH 的条件下至少放置 8h,然后按规定步骤测试。

试验机和微机系统在试验期间严禁受到振动和冲击。

6.1.2 金刚石压头

按 GB/T 2848 规定的条件选择金刚石压头（顶角 120°,顶端半径 R 在 $200 \mu m \pm 5 \mu m$ 范围内),在不小于 40 倍的显微镜下检测压头,确认其顶端是光滑洁净的球面,方可使用。

6.1.3 将金刚石压头固定在夹头中,使其轴线垂直于薄膜表面。

6.1.4 试验条件

  a) 划痕速度：（10±1）mm/min；
  b) 加载速率：对硬质薄膜为（20~40）N/min；
     对非硬质薄膜为（5~10）N/min；
  c) 加载精度：0.03N。

6.2 机械化仪器测试步骤

按下列操作步骤分别对三个平行试样各做至少五次重复试验。

6.2.1 将试样固定于试样台上,使膜面朝上并使其长边平行于划痕方向。

6.2.2 用丙酮棉球分别擦净薄膜和压头表面,烘干。

6.2.3 从微机主选单中选定"自动测试"模式,即选定能同时测定划痕的声发射强度和摩擦力模式；选择输入加载速率和划痕速度等测试条件,待命进行划痕试验。

6.2.4 微调试样台水平位置,使切向压力传感器到位(即校"0");调整试样台高度,使试样表面触及压头。

6.2.5 调整加载螺杆位置,使其横梁前端触及加载压力传感器的支点,载荷显示为0,加载和位移的恒速电动机均处于待命状态。

6.2.6 按下 Enter 键,主机开始自动测试:位移电动机拖动试样,同时压头自动连续加载,并由加载压力传感器测试,摩擦力由切向摩擦力压力传感器测试,并输入微机;从而使每一条划痕在微机屏幕上显示出声发射信号强度 K 随垂直载荷 L 变化的 K-L 曲线和摩擦力 F 随 L 变化的 F-L 曲线,如图2所示。当信号较弱时,可通过键盘对两种信号分别选择适当的增益以显示其细节;由自动搜索子程序找到薄膜内聚失效的临界载荷 L_{CF}^*、L_{CK}^* 和界面失效的临界载荷 L_{CK}、L_{CF},并将测试结果及图形作为文件存储,供计算机显示及打印输出。

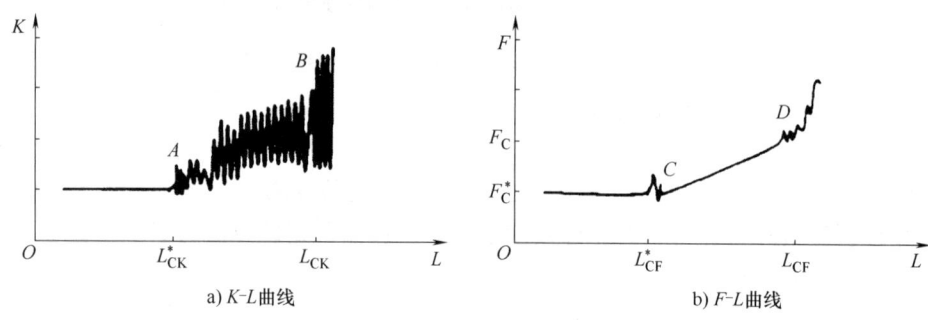

a) K-L 曲线　　　　b) F-L 曲线

图 2　划痕试验结果示意图

6.2.7 测定划痕宽度 d,给出 d 突然增大时的值 d_C;

6.2.8 显微观察每条划痕,特别是拐点 B 和 D 处的形貌,并拍摄典型形貌照片,供综合分析确定 L_C 试验结果时参考。

7　试验数据处理

按照6.2,对每批产品的三个平行试样的每一条划痕,分别综合分析 K-L 曲线、F-L 曲线、d_C 及典型划痕形貌照片,以确定单次划痕试验的 L_{CKi} 和 L_{CFi} 值;由所有 L_{Ci} 分别给出 L_{CK} 和 L_{CF}(如图2所示)的算术平均值 $\overline{L}_C$ 及其标准偏差 S:

$$\overline{L}_C = \frac{1}{n}\sum_{i=1}^{n} L_{Ci}$$

$$S = \left[\sum_{i=1}^{n}(L_{Ci} - \overline{L}_C)^2/(n-1)\right]^{\frac{1}{2}}$$

式中　n——独立单次测量次数,$n \geq 15$。

8　试验报告内容

a) 注明本标准及其他有关文件;

b) 测试设备的型号及通过计量认证的级别;

c) 给出最终结果及其标准偏差。

第六篇 其他表面技术

第一节 金属和其他无机覆盖层 为减少氢脆危险的钢铁预处理

一、概论

1. 标准涉及技术背景

当原子氢进入钢和其他某些金属时，如铝和钛及其合金，可能造成其韧性或承载能力的损失或者发生开裂（通常为亚微观裂纹），或在外加应力远低于合金的屈服强度，甚至低于合金通常的设计强度时出现灾难性脆性破坏。这种现象往往发生在采用传统的拉伸试验测定时合金韧性并无显著损失的情况下，金属的这种现象，通常称为氢致滞后破坏、氢致破裂或氢脆。清洗、酸洗、磷化、电镀、自催化过程，以及材料服役中的腐蚀反应或阴极保护过程可能致使氢渗入金属表层；在清洗、酸洗、涂覆覆盖层前的加工过程中，如轧制成形、机械加工和钻孔等，由于润滑剂的选用不当造成润滑剂分解导致氢渗入金属；焊接或钎焊的过程也能使氢渗入金属基体。硬化热处理后经机械加工、磨削、冷成形或冷矫直处理的制件对氢脆损伤特别敏感。适当的热处理能降低吸收的原子氢和（或）加工过程产生的拉应力引起的氢脆敏感性。

2. 标准建立与应用的意义

为了给电镀方、供应方或加工方等提供对高强度钢消除应力要求的质量控制标准，全国金属与非金属覆盖层标准化技术委员会组织相关单位专家制定了 GB/T 19349《金属和其他无机覆盖层 为减少氢脆危险的钢铁预处理》。该标准的发布和实施，对于在加工过程之后但在表面精饰之前使用的消除应力热处理工序的质量水平提高发挥了重要作用。

3. 标准制定情况

我国于 2003 年制定了 GB/T 19349—2003《金属和其他无机覆盖层 为减少氢脆危险的钢铁预处理》。然而，经过多年的发展，该标准的技术内容已不能满足新的生产要求。另一方面，原国家标准等同采用的国际标准 ISO 9587《金属和其他无机覆盖层 为减少氢脆危险的钢铁预处理》已于 2007 年进行了再次修改，新版国际标准（第 2 版，2007 年 11 月 15 日发布）无论是在结构上，还是在技术内容上都发生了变化。因此，我国于 2012 年制定了 GB/T 19349—2012《金属和其他无机覆盖层 为减少氢脆危险的钢铁预处理》，该标准等同采用 ISO9587：2007《金属和其他无机覆盖层 为减少氢脆危险的钢铁预处理》。GB/T 19349—2012 于 2012 年 12 月 31 日发布，2013 年 10 月 1 日实施。

二、标准主要特点与应用说明

该标准规定了高强度钢消除应力热处理的要求，以便降低随后进行的预处理、电镀、化学镀、化学转化及磷化过程中的氢脆敏感性或敏感性程度。该标准适用于在 190℃~230℃ 或更高的温度下对其热处理而不导致其性能降低的钢。

该标准规定的热处理工序对减少抗拉强度等于或高于1000MPa并在热处理后经机械加工、磨削、冷成形或冷矫直处理的钢的氢脆敏感性是有效的。该热处理工序用在可能出现零件渗氢的任一工序之前，就如同清洗工序用于电镀、化学镀和其他化学覆盖层操作之前一样。

该标准不适用于紧固件。

热处理能降低吸收的原子氢和（或）加工过程产生的拉应力引起的氢脆敏感性。热处理的时间—温度关系取决于钢的成分、组织及涂覆的覆盖层类型与涂覆方法。对大多数高强度钢来说，其热处理效果随处理时间的减少和温度的下降而急剧降低。

该标准规定了高强度钢消除应力热处理的要求，这些要求可标示于零件图或购货单上，以提高高强度钢在加工过程之后但在表面精饰之前使用的消除应力热处理工序的质量水平。

三、标准内容（GB/T 19349—2012）

金属和其他无机覆盖层　为减少氢脆危险的钢铁预处理

1　范围

本标准规定了高强度钢消除应力热处理的要求，以便降低随后进行的预处理、电镀、化学镀、化学转化及磷化过程中的氢脆敏感性或敏感性程度。本标准适用于在190℃～230℃或更高的温度下对其热处理而不导致其性能降低的钢（参见6.2）。

本标准规定的热处理工序对减少抗拉强度等于或高于1000MPa并在热处理后经机械加工、磨削、冷成型或冷矫直处理的钢的氢脆敏感性是有效的。该热处理工序用在可能出现零件渗氢的任一工序之前，就如同清洗工序用于电镀、化学镀和其他化学覆盖层操作之前一样。

本标准不适用于紧固件。

2　规范性引用文件

下列文件对于本文件的应用是必不可少的。凡是注日期的引用文件，仅注日期的版本适用于本文件。凡是不注日期的引用文件，其最新版本（包括所有的修改单）适用于本文件。

ISO 2080　金属和其他无机覆盖层　表面处理、金属和其他无机覆盖层　术语（Metallic and other inorganic coatings—Surface treatment, metallic and other inorganic coatings—Vocabulary）

ISO 12686　金属和其他无机覆盖层　电镀镍、自催化镀镍、电镀铬及最后精饰　自动控制喷丸硬化前处理（Metallic and other inorganic coatings—Automated controlled shot-peening of metallic articles prior to nickel, autocatalytic nickel or chromium plating, or as a final finish）

3　术语及定义

ISO 2080界定的以及下列术语和定义适用于本文件。

3.1　消除应力热处理　stress-relief heat treatment

在一定温度范围和一定处理时间内实现的不改变基体金属冶金结构（如再结晶）而消除待镀零件应力的热处理。

4　要求

应对基体金属按表1和表2要求进行减少氢脆危险的热处理。在任何情况下，应在每个零件整体都达到规定温度时才开始计算热处理时间。

表 1　高强度钢消除应力要求等级（细节参见 4、5 和 6）

等级	钢的抗拉强度 R_m/MPa	温度/℃	最短时间/h
SR-0	不用消除应力热处理		
SR-1	$R_m > 1800$	200~230	24
SR-3	$1401 \leqslant R_m \leqslant 1800$	200~230	18
SR-6	$1000 \leqslant R_m \leqslant 1400$	200~230	3
SR-8	表面硬化零件<1400	130~160	8

表 2　某些国家的标准推荐的传统处理高强度钢消除应力要求等级（细节参见 4、5 和 6）

等级	钢的抗拉强度 R_m/MPa	温度/℃	最短时间/h
SR-0	不用消除应力热处理		
SR-2[①]	$R_m > 1800$	190~220	24
SR-4[①]	$1450 \leqslant R_m \leqslant 1800$	190~220	18
SR-5[①]	$R_m \geqslant 1034$	177~205	3
SR-7[①]	$1050 \leqslant R_m \leqslant 1450$	190~220	1

① 传统处理。

实际抗拉强度高于或等于 1000MPa（相应硬度值 300HV10、303HBW 或 31HRC）的钢零件和表面硬化的零件应要求热处理，除非它们的消除应力热处理等级规定为 SR-0 级。应避免在含有碱或酸液中进行阴极处理工序的预处理。

表 1 和表 2 列出了消除应力热处理等级，可由需方根据表 1 和表 2 在零件图或购货单上向电镀方、供应方或加工方做出规定。若需方没有规定消除应力处理等级，则应采用 SR-1 级。

注 1：处理等级的选择是根据零件或相似零件以及采用的特定合金的经验或实验数据来确定。因合金成分和结构、尺寸、质量或设计参数等因素，一些零件不经消除应力处理也能获得满意的使用性能，所以对需方希望不做热处理的零件定为 SR-0 级。

注 2：酸洗时使用缓蚀剂不一定能保证氢脆减至最低限度。

注 3：当需方不规定等级时，采用处理时间最长的 SR-1 级是一种缺憾。电镀方、供应方或加工方一般不掌握有关正确消除应力处理的必要信息，如设计依据、制造过程引起的应力等。由需方的零件设计者、制造工程师或其他有资格的技术人员在零件图或购货单上规定处理等级，以避免不合理的处理导致的额外费用，是符合需方利益的。

5　钢的分类

除表面硬化零件外，应根据实际抗拉强度选择热处理工艺。若只给定了最低抗拉强度，或者抗拉强度未知，则热处理工艺应根据由相关的已知的或测量的硬度值换算出的实际抗拉强度来选择。抗拉强度或由已知的或由测量的硬度值换算出的相应抗拉强度值，应由需方提供。

对已完全或部分表面硬化处理的钢，应根据其表面硬化层的硬度值来进行相应的归类。

6　消除应力

6.1　高强度钢按下列规定进行处理。实际抗拉强度低于 1000MPa 的钢，没有必要进行消除应力处理；实际抗拉强度高于或等于 1000MPa 的钢，应采用表 1 和表 2 中列出的工艺条件进行处理。消除应力热处理应在采用水溶液作任何清洗预处理或易引起氢脆的其他任何处理之前进行。

6.2 若适当提高处理温度以缩短处理时间的工艺无不利影响，则可以采用这种工艺。回火钢零件加热温度至少应低于回火温度50℃。

6.3 如果消除应力过程在按 ISO 12686 进行的喷丸后或在其他为引入有利的压应力而进行的冷加工处理后进行，则其热处理温度不应超过230℃。

6.4 用实际抗拉强度低于1400MPa的钢制造的零件，若其已具有一些表面硬化区域，在按表1和表2要求处理时会使表面硬化区域的硬度降低，这时则应在较低温度下热处理，但不应低于130℃，最短处理时间为8h。较低温度热处理能对零件的疲劳强度产生不利影响。

附 录 NA
（资料性附录）
与本标准中规范性引用的国际文件有一致性对应关系的我国文件

GB/T 3138 金属镀覆和化学处理与有关过程术语（GB/T 3138—1995，ISO 2080：1981，NEQ）

GB/T 20015 金属和其他无机覆盖层 电镀镍、自催化镀镍、电镀铬及最后精饰 自动控制喷丸硬化前处理（GB/T 20015—2005，ISO 12686：1999，MOD）

第二节 金属和其他无机覆盖层 为减少氢脆危险的涂覆后钢铁的处理

一、概论

1. 标准涉及技术背景

当原子氢进入钢和其他某些金属时，如铝和钛及其合金，能造成其韧性或承载能力的损失，或者发生开裂（通常为亚微观裂纹），或在外加应力远低于合金的屈服强度，甚至低于合金通常的设计强度时发生灾难性地脆性破坏。这种现象往往发生在采用传统的拉伸试验测定时合金韧性并无显著损失的情况下，金属的这种现象，通常称为氢致滞后破坏、氢致破裂或氢脆。在表面处理前的加工过程中，如轧制成形、机械加工和钻孔等，由于润滑剂的选用不当造成润滑剂分解可导致氢渗入金属；焊接或钎焊的过程也能使氢渗入金属表层。许多表面处理的前处理和涂覆过程，其所采用的溶液中，都有可能分解出氢原子，造成氢渗入金属材料基体的风险，如清洗、酸洗、磷化、电镀、化学镀等；金属材料服役中的腐蚀反应或阴极保护过程也会使氢渗入金属。适当的热处理能降低吸收的原子氢和（或）加工过程产生的拉应力引起的氢脆敏感性。

2. 标准建立与应用的意义

为了给表面处理方、供应方或加工方等提供减少表面精饰过程中可能出现的氢脆敏感性或敏感性程度的方法的质量控制标准，全国金属与非金属覆盖层标准化技术委员会组织相关单位专家制定了 GB/T 19349《金属和其他无机覆盖层 为减少氢脆危险的涂覆后钢铁的处理》。该标准的发布和实施，对于在表面精饰之后但在任何二次转化膜工序之前的消除脆性热处理工序的质量水平提高发挥了重要作用。

3. 标准制定情况

我国于 2003 年制定了 GB/T 19350—2003《金属和其他无机覆盖层 为减少氢脆危险的涂覆后钢铁的处理》。然而，经过多年的发展，该标准的技术内容已不能满足当今生产要求。另一方面，原国家标准等同采用的国际标准 ISO 9588《金属和其他无机覆盖层 为减少氢脆危险的涂覆后钢铁的处理》已于 2007 年进行了再次修改，新版国标标准（第 2 版，2007 年 12 月 15 日发布）无论是在结构上，还是在技术内容上都发生了变化。因此，我国于 2012 年制定了 GB/T 19350—2012《金属和其他无机覆盖层 为减少氢脆危险的涂覆后钢铁的处理》，该标准等同采用 ISO 9588：2007《金属和其他无机覆盖层 为减少氢脆危险的涂覆后钢铁的处理》。GB/T 19350—2012 于 2012 年 12 月 31 日发布，2013 年 10 月 1 日实施。

二、标准主要特点与应用说明

该标准规定了减少表面精饰过程中可能出现的氢脆敏感性或敏感性程度的方法。

该标准规定的钢铁热处理工序能有效地减少氢脆敏感性。这些热处理工序在表面精饰之后，但在任何二次转化膜工序之前进行。

在加工过程之后但在表面精饰之前使用的消除应力热处理工序在 GB/T 19349—2012《金属和其他无机覆盖层 为减少氢脆危险的钢铁预处理》中做了规定。但请注意，热处理不能保证完全消除氢脆的有害影响。

该标准不适用于紧固件。

热处理能降低吸收的原子氢和（或）加工过程产生的拉应力引起的氢脆敏感性。热处理的时间—温度关系取决于钢的成分、结构及涂覆的覆盖层类型与涂覆方法。对大多数高强度钢来说，其热处理效果随处理时间的减少和温度的下降而急剧降低。

该标准为需方向表面处理方、供应方或加工方提出了技术要求，这些要求标示于零件图或购货单上，以提高在表面精饰之后但在任何二次转化膜工序之前的消除脆性热处理工序的质量水平。

三、标准内容（GB/T 19350—2012）

金属和其他无机覆盖层 为减少氢脆危险的涂覆后钢铁的处理

1 范围

本标准规定了减少表面精饰过程中可能出现的氢脆敏感性或敏感性程度的方法。

本标准规定的钢铁热处理工序能有效地减少氢脆敏感性。这些热处理工序在表面精饰之后，但在任何二次转化膜工序之前。

在加工过程之后但在表面精饰之前使用的消除应力热处理工序在 ISO 9587 中做了规定。

本标准不适用于紧固件。

注：热处理不保证完全消除氢脆的有害影响。

2 规范性引用文件

下列文件对于本文件的应用是必不可少的。凡是注日期的引用文件，仅注日期的版本适用于本文件。凡是不注日期的引用文件，其最新版本（包括所有的修改单）适用于本文件。

ISO 2080 金属和其他无机覆盖层 表面处理、金属和其他无机覆盖层 术语（Metallic and other inorganic coatings—Surface treatment, metallic and other inorganic coatings—Vocabulary）

ISO 9587 金属和其他无机覆盖层 为减少氢脆危险的钢铁预处理（Metallic and other inorganic coatings—Pretreatment of iron or steel to reduce the risk of hydrogen embrittlement）

3 术语和定义

ISO 2080 界定的以及下列术语和定义适用于本文件。

3.1 消除脆性热处理 embrittlement-relief heat treatment

在一定温度范围和一定处理时间内实现的不改变基体金属冶金结构（如再结晶）而消除已镀零件脆性的热处理。

4 要求

应对有涂层的金属进行减少氢脆危险的热处理。在任何情况下，应在每个制件整体都达到规定温度时才开始计算热处理时间。

实际抗拉强度高于或等于1000MPa（相应硬度值300HV10、303HBW或31HRC）的钢制件和表面硬化零件应要求热处理，除非它们的消除脆性热处理等级规定为 ER-0 级。应避免在含有碱或酸液中进行阴极处理工序的预处理。另外，对于抗拉强度高于1400MPa（相应硬度值425HV10、401HBW或43HRC）的钢零件建议选用高阴极效率的电镀液。

表1和表2列出消除脆性热处理等级，可由需方根据表1和表2在零件图或购货单上向电镀方、供应方或加工方做出规定。若需方没有规定消除脆性处理等级，则应采用 ER-1 级。

注1：处理等级的选择是根据零件或相似零件以及采用的特定合金的经验或实验数据来确定。因合金成分和结构、位错分布密度、尺寸、质量或设计参数等因素，一些零件不经消除脆性处理也能获得满意的使用性能，所以对需方希望不做热处理的零件定为 ER-0 级。

注2：当需方不规定等级时，采用处理时间属最长之一的 ER-1 级是一种缺憾。电镀方、供应方或加工方一般不掌握有关正确消除应力处理的必要信息，如设计依据、制造操作引起的应力等。由需方的零件设计者、制造工程师或其他有资格的技术人员在零件图或购货单上规定处理等级，以避免不合理的处理导致的额外费用，是符合需方利益的。

注3：酸洗时使用缓蚀剂不一定能保证氢脆减至最低限度。

5 消除脆性处理等级

5.1 除表面硬化零件外，应根据实际抗拉强度选择热处理工艺。若只给定了最低抗拉强度，或者抗拉强度未知，则热处理工艺应根据由相关的已知的或测量的硬度值换算出的实际抗拉强度来选择。抗拉强度或由已知的或由测量的硬度值换算出的相应抗拉强度值，应由需方提供。

对已完全或部分表面硬化处理的钢，应根据其表面硬化层的硬度值来进行相应的归类。

5.2 若需方要求进行任何试验，以检验消除脆性处理的效果，则应规定所采用的抽样和试验方法。

6 加工后热处理

6.1 表面精饰后应尽早（不得超过3h）进行热处理，最好在表面精饰后1h内进行；该热处理应是在表面精饰后并在任何磨削或其他加工之前进行。对需铬酸盐处理的镉、锡、锌及其合金镀层或任何其他涂层，应在铬酸盐处理前进行热处理；但锌-钴合金镀层例外，它应在钝化后进行消除氢致脆性热处理。

注1：温度超过66℃时铬酸盐涂层将由非晶体结构转变为晶体结构，并且不再具有"自修复"特性。虽然晶态铬酸盐涂层在大多数自然环境下能提供满意的腐蚀保护，但它将不能再通过加速腐蚀试验。

注2：本条款所指的时间是电镀操作结束和相应制件装炉开始热处理之间的时间。

6.2 高强度钢采用表1、表2和图1列出的工艺条件进行消除脆性热处理。实际抗拉强度低于1000MPa的钢，电镀后无须进行热处理。

6.3 对存在螺纹或锐角的凹槽或者厚度超过25mm的制件，镀镉或镀锌后应立即进行热处理并且最少处理24h。

6.4 对于实际抗拉强度超过1800MPa的钢，其热处理最短持续时间可按图1确定，即式（1）：

$$t = 0.02 R_m - 12 \tag{1}$$

式中 t——最短持续时间（h）；

R_m——实际抗拉强度（MPa）。

6.5 对于电镀、化学镀或磷化的表面硬化（部分或全部表面硬化）制件或轴承钢，若按表1、表2和图1进行处理，将造成表面硬度不可接受的降低；此时应选择在较低温度下进行热处理，但不应低于130℃，最短处理时间为8h；这种热处理适用于实际抗拉强度低于1400MPa的钢制件。对于镀镉、锡、锌或其合金的制件，其抗拉强度低于1400MPa时，热处理最短时间应为16h；其抗拉强度在1400MPa~1800MPa范围内则为22h。

注：较低温度处理对制件的疲劳强度会产生不利影响。

6.6 在440℃~480℃进行热处理会使铬镀层的硬度降低。若此温度对钢的性能有不利影响，则对于此类钢不应采用这样高的温度处理，而应采用较低的温度即190℃~220℃进行处理。回火钢制件热处理温度应低于回火温度50℃。

表1 高强度钢消除脆性热处理等级（细节参见第4、5和6章）

等级	钢的抗拉强度 R_m/MPa	温度/℃	最短时间（参见第4章）/h
ER-0	不要求热处理（参见第4章的注1）		
ER-1	$1701 \leq R_m \leq 1800$	190~220	22
ER-2	$1601 \leq R_m \leq 1700$	190~220	20
ER-3	$1501 \leq R_m \leq 1600$	190~220	18
ER-4	$1401 \leq R_m \leq 1500$	190~220	16
ER-5	$1301 \leq R_m \leq 1400$	190~220	14
ER-6	$1201 \leq R_m \leq 1300$	190~220	12
ER-8	$1101 \leq R_m \leq 1200$	190~220	10
ER-9	$1000 \leq R_m \leq 1100$	190~220	8
ER-13	未喷丸强化制件和工程镀铬制件 $1000 \leq R_m \leq 1800$	440~480	1
ER-16	镀镉、锡、锌或其合金的表面硬化制件 $R_m < 1400$	130~180	16
ER-17	零件厚度>250mm 和存在螺纹或尖锐凹槽的制件	190~220	24

表2 某些国家的标准推荐的传统处理高强度钢消除脆性热处理等级（细节参见第4、5和6章）

等级	钢的抗拉强度 R_m/MPa	温度/℃	最短时间（参见第4章）/h
ER-0	不要求热处理（参见第4章的注1）		
ER-7	$R_m \geq 1525$	177~205	12
ER-10	$1250 \leq R_m \leq 1525$	177~205	8
ER-11	$1450 \leq R_m \leq 1800$	190~220	6
ER-12	$1000 \leq R_m \leq 1500$	177~205	4
ER-14	表面硬化制件 $R_m < 1401$	130~160	8
ER-15	镀镉、锡、锌或其合金的表面硬化制件 $1401 \leq R_m \leq 1800$	130~160	8

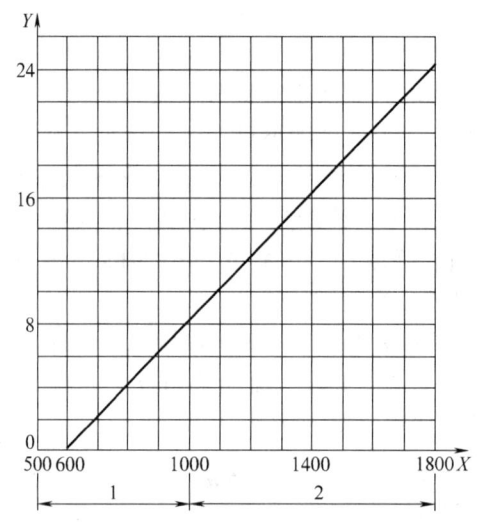

图1 处理温度为190℃~220℃的热处理时间-抗拉强度曲线
1—非强制性的 2—强制性的 X—实际抗拉强度（MPa） Y—最短持续时间（h）

附　录　NA
（资料性附录）
与本标准中规范性引用的国际文件有一致性对应关系的我国文件

GB/T 3138—1995　金属镀覆和化学处理与有关过程术语（ISO 2080：1981，NEQ）

GB/T 19349—2012　金属和其他无机覆盖层　为减少氢脆危险的钢铁预处理（ISO 9587：2007，IDT）

第三节　金属和其他无机覆盖层　不锈钢部件平整和钝化的电抛光法

一、概论

1. 标准涉及技术背景

不锈钢因具有较高的耐蚀性和装饰性而在医疗用具、食品工业用具、餐具、耐腐蚀设备和汽车零部件等领域得到广泛应用。不锈钢电抛光法是指以不锈钢部件为阳极，不溶性金属为阴极，在电解液中通直流电后产生选择性阳极溶解，使不锈钢表面获得高光泽度外观的一种电解处理方法。电抛光是金属表面精加工的方法之一，也是电解原理的具体应用。经电抛光加工，可以获得光滑而富有光泽的表面。不锈钢部件经电抛光法处理后，表面会产生钝化层以改善耐蚀性，有效去除毛边，得到了高亮度的外观。该方法较人工抛光效率高、效果好，特别适合处理形状复杂、有弯角的不锈钢部件。

2. 标准建立与应用的意义

该标准规定了通过电抛光法对 S2××××、S3×××× 和 S4×××× 系列的不锈钢合金及弥散硬化合金进行平整、钝化的工装、要求、试验方法。该标准的发布和实施，对规范应用不锈钢部件平整和钝化的电抛光法提供了依据，促进了高质量表面性能不锈钢的应用。

3. 标准制定情况

GB/T 20016—2005《金属和其他无机覆盖层　不锈钢部件平整和钝化的电抛光法》等同采用 ISO 15730：2000《金属和其他无机覆盖层　不锈钢部件平整和钝化的电抛光法》。该标准制定时，参考了 ISO 8074《航空　奥氏体不锈钢部件表面处理》、ISO 8075《航空　不锈钢部件表面处理》等资料。GB/T 20016—2005 于 2005 年 10 月 12 日发布，2006 年 4 月 1 日实施。

二、标准主要特点与应用说明

该标准规定了不锈钢部件电抛光法的工装、工艺要求和测试方法，适用于不锈钢部件。该标准为基础通用标准，既可用作不锈钢部件电抛光法工艺的应用指南，也可作为不锈钢电抛光部件的基础标准。

该标准对不锈钢部件电抛光前的预处理做了要求，对电抛光工艺和后处理做了详细说明，规定了电抛光后的不锈钢部件的钝化试验中的取样、试验方法和试验报告内容；并且，在附录中介绍了典型电解抛光液的成分组成和工作条件，为标准的实际应用提供了方便。

为了使不锈钢表面达到要求的光亮度，了解电解液中各组分的作用，从而选择适当的电解液非常重要。电解液中的硫酸是强电解质，主要起导电作用，能促使不锈钢较快地溶解。硫酸含量低时，抛光速度慢，工件光亮度差。磷酸在抛光过程中，在不锈钢表面产生一层阻止膜，提高阳极极化，使抛光面获得镜面光亮。另外，还要注意电解抛光的工艺条件控制，选择合适的电流密度、温度及抛光时间，特别是抛光温度对表面光亮度影响很大。随着现代表面分析手段的发展，可以用俄歇能谱仪（AES）分析抛光后不锈钢表面钝化膜的深度，用 X 射线能谱仪（XPS）分析不锈钢表面钝化膜的化学组成，这样可以更好地促进不锈钢电抛光技术的进步发展。

三、标准内容（GB/T 20016—2005）

金属和其他无机覆盖层　不锈钢部件平整和钝化的电抛光法

警告：本标准使用中包含危险性的原材料、工作条件和设备。本标准无意涉及应用中的所有安全问题。本标准使用者的责任是建立有适用性的安全和健康习惯，并在使用之前确定有限的适用的规章。

1 范围

本标准指出了由需方提供给制造商的对 S2××××、S3××××和 S4××××系列的不锈钢合金及弥散硬化合金（见 ISO/TR 15510 其成分信息）通过电解抛光进行平整、钝化的工装、要求、试验方法等方面的信息。

2 规范性引用文件

下列文件中的条文通过本标准的引用而构成为本标准的条文。凡是注日期的引用文件，其随后所有的修改单（不包括勘误的内容）或修订版均不适用于本标准，然而，鼓励根据本标准达成协议的各方研究是否可使用这些文件的最新版本。凡是不注日期的引用文件，其最新版本适用于本标准。

GB/T 3138 金属镀覆和化学处理与有关过程术语（GB/T 3138—1995，neq ISO 2080：1981）

GB/T 10125 人造气氛腐蚀试验 盐雾试验（GB/T 10125—1997，eqv ISO 9227：1990）

GB/T 12334 金属和其他非有机覆盖层 关于厚度测量的定义和一般规则（GB/T 12334—2001，idt ISO 2064：1996）

GB/T 12609 电沉积金属覆盖层和有关精饰计数抽样检查程序（GB/T 12609—1990，idt ISO 4519：1980）

ISO/TR 15510 不锈钢 化学成分

ISO 16348 金属和其他无机覆盖层 外观的定义和习惯用语

3 术语和定义

本标准除采用 GB/T 12334，GB/T 3138 和 GB/T 12609 的术语和定义外，还采用以下定义。

3.1 钝化 passivation

使不锈钢表面化学反应速度降低的方法。

注：在钝化的表面上有游离铁和存在薄的紧密的氧化膜为其特征。

4 需方需提供给制造商的信息

当依据本标准对工件进行整平和钝化时，需方需提供以下信息：
a) 本标准号、合金牌号及用来评价工件的实验方法（见第 7 章）；
b) 外观要求。提供按要求处理的样品或需方依据 ISO 16348 认可的样品，二者任选其一；
c) 工件上可接受的电触点位置；
d) 如需要，可在要求文件中陈述尺寸公差（见注2）；
e) 钝化试验的所有要求；
f) 试验报告所要求的设施（见 5.4 和第 8 章）。

注1：需要时，在抛光之前可提出基础材料进行机械抛光产生所需的最后表面特征。

注2：通常，通过电解抛光可将工件表面去掉 $5\mu m \sim 10\mu m$。然而，可通过辅加的整平处理去掉 $50\mu m$。在拐角和边缘处将会去掉更多，即电流密度大的地方，除非屏蔽或使用辅助阴极。

5 要求

5.1 目视缺陷

在工件规定的有效表面上，通过电解抛光整平和钝化后，在距离 0.5m 处，用 20/20 目测时，仍无明显的可见缺陷，如点蚀、粗糙、条纹或褪色。

注：基体材料表面的缺陷例如擦伤、孔隙、夹杂物将对工件的外观和性能有不利影响。

5.2 工艺过程

5.2.1 一般要求：基体材料需进行预处理，如抛光和清洗以便除去表面污物和油脂等。

5.2.2 电解抛光：工件预处理后，进入电解抛光槽中，在规定的温度和电流密度下，抛光一定的时间以产生需方规定的表面精饰状态［见第4章中b)］。

注1：附录A描述了适合于大多数不锈钢的典型的电解抛光溶液和工作条件。

注2：专用的电解抛光液通常提供特殊的功能，如少沉渣、更好的分散能力、更长的寿命或对特定的不锈钢具有更好的效果。

注3：形状复杂的工件，由于凹区电流密度小，得不到相同的钝化效果。可通过延长时间和/或增加电流密度，或使用辅助阴极来改善电抛光效果并通过钝化试验。

5.2.3 后处理和漂洗

在电解抛光过程中，当工件从抛光液中提出后会在表面上产生一层不利于外观和性能的残留膜。

可用以下任何一种方法去除这层膜：

——可在室温下将工件浸泡在含10%～30%（体积分数）硝酸（密度1.42g/cm^3，质量分数为70%）的溶液中；

——采用多级漂洗。

不要采用浸入碱溶液的中和方法，因为这种方法具有使工件表面残留表面膜、破坏表面状态和性能的趋势。

随后工件应进行漂洗以便去掉能影响钝化部件外观和性能的酸水迹。

注：为防止水渍须使用去离子水或蒸馏水。

5.3 钝化试验

5.3.1 当依据7.1进行试验时，工件上不应有明显的红锈或其他可见的反应产物。

5.3.2 当依据7.2进行试验时，工件上不应有明显的红锈或其他可见的反应产物。

5.3.3 当依据7.3进行试验时，工件上不应有明显的红锈或其他可见的反应产物。

5.3.4 在按7.4试验时，奥氏体200系列、奥氏体300系列和含Cr量大于16%（质量分数）的马氏体不锈钢产生的铜色沉积和（或）铜色斑点不明显。

5.3.5 按7.5试验时，奥氏体200系列、奥氏体300系列和含Cr量不超过16%（质量分数）的马氏体400系列等不锈钢在30s内形成的深蓝色不明显。

5.4 试验报告

依据第8章，符合需方要求［见第4章中f)］的钝化试验报告（见第7章）应提供给需方。

6 取样

6.1 按照GB/T 12609，从一批待检样品中随机取样。

依据GB/T 12609检查批次对随机样品进行选择。组批条款应依据规范要求且批次可分为合格和不合格。需方需确定哪些是破坏性试验方法，哪些是非破坏性试验方法。为完成一个特殊要求，破坏性和非破坏性实验方法都可行时，需方需明确采用哪个试验方法。

注：GB/T 12609描述了对于工件膜层原始检查的4种取样方法。其中3种方法用在非破坏性试验方法上（例如，试验方法与条款不符），第4个方法用在破坏性试验方法上。

6.2 用不同类试样代表试验的项目时，试样的种类、尺寸、数量、过程都要求与规范的试验方法一致。除非能证明有必要，不应单独制备样品以代替生产的产品作非破坏性试验和外观检查。

注：对于破坏性试验，应单独制备样品。

7 试验方法

7.1 水浸泡试验

将工件浸入蒸馏水中1h后再干燥2h。如此反复8个湿—干循环（共24h）。

7.2 湿度试验

以24h为一个周期，将工件放入一个温度（38±2）℃、湿度100%的适宜的湿度柜中。

7.3 中性盐雾（NSS）试验

与GB/T 10125中描述的NSS试验一致，工件应最少试验2h。

7.4 硫酸铜试验

7.4.1 原理

在工件上刷上酸化的硫酸铜溶液。检查到明显的铜色沉积和（或）铜色斑点则表明有游离铁产生。

7.4.2 试剂

硫酸铜溶液由1.6g分析纯五水硫酸铜溶解于100mL蒸馏水中和0.4mL质量分数为96%的硫酸一起配制而成。

每两个星期须配制一个新的试验溶液。

7.4.3 方法

用一个棉签，把试验溶液涂抹在待试验的一个干净已钝化表面上，确保表面保持湿润6min，检查表面铜色沉积和（或）铜色斑点。

试验使用废弃的或再加工的工件。

7.5 改性孔隙率试验

7.5.1 原理

铁氰化钾溶液刷在工件上，检查到出现深蓝色则表明有游离铁存在。

7.5.2 试剂

铁氰化钾试验溶液由1g分析纯铁氰化钾溶解于70mL蒸馏水中和30mL质量分数为70%、密度为$1.415g/cm^3 \sim 1.42g/cm^3$的试剂级硝酸配制而成。

每日都须配制新的试验溶液。

7.5.3 方法

用一个棉签，把试验溶液涂抹在待试验的一个干净已钝化表面上，记下深蓝色出现的时间。

试验用废弃或再加工的工件。

8 试验报告

试验报告应包含以下信息：

a) 本标准的编号；
b) 所使用的试验方法（见第7章）；
c) 每个试片试验的位置；
d) 使用的样品数量；

e）操作人员和实验室的名字；

f）试验进行的日期；

g）任何可能影响结果或准确度的环境条件；

h）与指定试验方法有偏差之处；

i）试验结果（见5.3）。

附 录 A

（资料性附录）

典型的电解抛光溶液和工作条件

一个典型的电解抛光溶液由等体积的质量分数为96%的硫酸和质量分数为85%的磷酸组成。工作条件如下：

——电流密度：最小 $5A/dm^2$；

——温度：75℃；

——时间：2min～4min；

——阴极：不锈钢、铜、铅。

第四节　表面处理溶液　金属元素含量的测定电感耦合等离子体原子发射光谱法

一、概论

1. 电感耦合等离子体原子发射光谱法简介

电感耦合等离子体原子发射光谱法（ICP-AES）是以等离子体为激发光源的原子发射光谱分析方法，可进行多元素的同时测定。样品由载气（氩气）引入雾化系统进行雾化后，以气溶胶形式进入等离子体源，在高温和惰性气氛中被充分蒸发、原子化、电离和激发，发射出所含元素的特征谱线。根据特征谱线的存在与否，鉴别样品中是否含有某种元素（定性分析）；根据特征谱线强度，确定相应元素的含量（定量分析）。

电感耦合等离子体原子发射光谱仪由样品引入系统、电感耦合等离子体（ICP）光源、色散系统、检测系统构成。

（1）样品引入系统　按样品状态不同可以分为液体、气体或固体进样，通常采用液体进样方式。样品引入系统由两个主要部分组成：样品提升部分和雾化部分。样品提升部分一般为蠕动泵，也可使用自提升雾化器。雾化部分包括雾化器和雾化室。样品以泵入方式或自提升方式进入雾化器后，雾化成气溶胶方可进入等离子体通道。

（2）电感耦合等离子体（ICP）光源　样品气溶胶被引入等离子体源后，在6000K～10000K高温下发生去溶剂、蒸发、原子化、电离和激发。

（3）色散系统　电感耦合等离子体原子发射光谱的色散系统通常采用棱镜或光栅分光，光源发出的复合光经色散系统分光后分解成按波长顺序排列的谱线，形成光谱。

（4）检测系统　电感耦合等离子体原子发射光谱的检测系统为光电转换器，通常分光电倍增管和固态成像系统两类。

除以上四大系统之外，电感耦合等离子体原子发射光谱仪还有计算机控制及数据处理系统、冷却系统、气体控制系统等，在此不一一详述。

2. 表面处理液

表面处理是运用各种物理、化学和机械工艺过程来改变基材表面的形态、化学成分、组织结构或应力状态而使其具有某种特殊性能的工艺方法。化学处理是常用的一种表面处理工艺，主要是工件在电解质溶液中，通过外电流的作用发生电化学反应或氧化反应，形成电沉积层或氧化膜层。控制好表面处理液中电解质的成分及金属杂质元素含量至关重要。一些金属杂质元素的存在及浓度增加或降低时会影响表面处理的质量。例如：镀镍溶液中铁离子增多会使镀层发脆，产生针孔，锌离子增多会使低电流密度区发黑；磷化液锌离子浓度低于工作浓度时，磷化膜疏松发暗，锌离子浓度过高时，磷化膜晶粒粗大。

3. ICP-AES 测定表面处理液中金属元素的应用

常用的湿法化学分析方法干扰因素多，操作烦琐，分析速度较慢。电感耦合等离子体原子发射光谱仪具有稳定性好、线性范围宽、基体干扰效应小、覆盖面广等特点，是化学分析过程中的重要设备，应用广泛。ICP-AES 测定表面处理液中金属元素含量快速、测量精度高。其主要原理是：以硝酸和过氧化氢分解除去待测液中的有机物，经高氯酸冒烟处理，用盐酸酸化，样品溶液被蒸发和激发，发射出所含元素的特征波长的光谱，经分光处理后，其谱线强度由光电元件接收并转化为电信号而被记录，根据元素浓度与谱线的关系，测定元素含量。

ICP-AES 测定表面处理溶液中金属元素含量采用标准加入法。

标准加入法，是将一定量已知浓度的标准溶液加入待测样品中，测定加入前后样品的浓度，又称标准增量法或直线外推法，是一种被广泛使用的检验仪器准确度的测试方法。这种方法尤其适用于检验样品中是否存在干扰物质。当难以配置与样品溶液相似的标准溶液，或样品基体成分很高，而且变化不定或样品中含有固体物质而对吸收的影响难以保持一定时，采用标准加入法是非常有效的。加入标准溶液后的浓度将比加入前的高，其增加的量应等于加入的标准溶液中所含的待测物质的量。如果样品中存在干扰物质，则浓度的增加值将小于或大于理论值。

标准加入法一般是取 4 份以上的同体积的待测溶液，从第二份开始加入不同体积的待测元素的标准溶液，第三份和第四份待测溶液成梯度增加，通过 ICP-AES 测定不同浓度下的特征谱线，通过数据处理系统可测定待测溶液元素含量。

为了规范 ICP-AES 测定表面处理溶液中金属元素含量的方法，便于使用者准确掌握、规范使用，全国金属与非金属覆盖层标准化技术委员会组织相关单位专家制定了 GB/T 24916—2010《表面处理溶液 金属元素含量的测定 电感耦合等离子体原子发射光谱法》。该标准于 2010 年 8 月 9 日发布，2010 年 12 月 31 日实施。

二、标准主要特点与应用说明

该标准在我国是首次发布。该标准规定了电感耦合等离子体原子发射光谱法（ICP-AES）测定表面处理溶液中金属元素含量的方法，适用于表面处理液中铝、钠、钙、镁、铁、铜、铬、铅、锌、锰、镍、锑等金属含量的测定，并规定了测定范围。

该标准规定的检测方法，能够对十几种表面处理溶液中多种金属元素含量进行同时测定,并且快速准确地得到分析结果。这是该标准的创新性成果。

该标准能正确指导表面处理溶液中多种金属元素含量的同时测定,对生产现场进行有效的质量监控。

该标准规定了铝、钠、钙、镁、铁、铜、铬、铅、锌、锰、镍、锑等标准溶液的配置要求,以及标准加入法工作溶液系列的配置要求,用表格形式给出了镀铬溶液、镀镍溶液、磷化溶液等各种表面处理溶液的测定元素和测定元素的分析谱线。该标准详细规定了分析步骤,包括空白试验、各种分析试液的前处理和制备、谱线校准和测定。标准还规定了精密度的要求,不同元素含量时,在重复条件下两次独立测定结果之差的绝对值要求不同。

该标准技术内容科学合理,可操作性强,目前已在国内表面处理技术领域得到广泛应用。

实施该标准,一方面显著提高了汽车产品的涂装质量和零部件的表面处理质量,进而提高了整车产品质量;另一方面,在提高研发效率,缩短研制周期,降低生产成本,提高经济效益等方面起到了重要的作用。

实施该标准,对提高产品质量,实施绿色表面处理工艺,创造良好的生态环境都具有十分重要的意义。该标准的制定对我国表面处理行业的技术进步起到了积极的推动作用,取得了较好的经济效益和社会效益。

三、标准内容（GB/T 24916—2010）

表面处理溶液　金属元素含量的测定
电感耦合等离子体原子发射光谱法

1　范围

本标准规定了电感耦合等离子体原子发射光谱法测定表面处理溶液中金属元素含量的方法。

本标准适用于表面处理溶液中铝、钠、钙、镁、铁、铜、铬、铅、锌、锰、镍、锑等金属元素含量的测定。

测定范围见表1。

表1　测定范围

元素	测定范围/(g/L)	元素	测定范围/(g/L)	元素	测定范围/(g/L)
铝	0.000020~5.00	钠	0.000016~5.00	钙	0.000010~5.00
镁	0.000010~5.00	铁	0.000010~20.00	铜	0.000010~20.00
铬	0.000020~5.00	铅	0.000040~5.00	锌	0.000010~5.00
锰	0.000010~5.00	镍	0.000020~5.00	锑	0.000060~5.00

2　规范性引用文件

下列文件中的条款通过本标准的引用而成为本标准的条款。凡是注日期的引用文件,其随后所有的修改单(不包括勘误的内容)或修订版均不适用于本标准,然而,鼓励根据本标准达成协议的各方研究是否可使用这些文件的最新版本。凡是不注日期的引用文件,其最新版本适用于本标准。

GB/T 6682　分析实验室用水规格和试验方法(GB/T 6682—2008, ISO 3696：1987, MOD)

3 原理

试料以硝酸和过氧化氢加热分解除去有机物,经高氯酸冒烟处理,用盐酸酸化后,样品溶液被蒸发和激发,发射出所含元素特征波长的光,经分光系统分光后,其谱线强度由光电元件接收并转变为电信号而被记录,根据元素浓度与谱线强度的关系,测定各元素的含量。测定中采用标准加入法。

4 试剂和材料

除非另有说明,在分析中仅使用分析纯试剂。

4.1 氩气,$w(Ar) \geq 99.99\%$。

4.2 水,符合 GB/T 6682 中二级水的规格。

4.3 铝,$w(Al) \geq 99.95\%$。

4.4 工作基准试剂氯化钠,固体。

4.5 碳酸钙,$w(CaCO_3) \geq 99.95\%$。

4.6 镁,$w(Mg) \geq 99.95\%$。

4.7 铁,$w(Fe) \geq 99.95\%$。

4.8 铜,$w(Cu) \geq 99.95\%$。

4.9 铬,$w(Cr) \geq 99.95\%$。

4.10 铅,$w(Pb) \geq 99.95\%$。

4.11 锌,$w(Zn) \geq 99.95\%$。

4.12 锰,$w(Mn) \geq 99.95\%$。

4.13 镍,$w(Ni) \geq 99.95\%$。

4.14 锑,$w(Sb) \geq 99.95\%$。

4.15 盐酸,ρ 约 1.19g/mL。

4.16 硝酸,ρ 约 1.42g/mL。

4.17 硫酸,ρ 约 1.84g/mL。

4.18 高氯酸,ρ 约 1.67g/mL。

4.19 30%过氧化氢,ρ 约 1.10g/mL。

4.20 过氧化氢溶液(1+2)。

4.21 盐酸溶液(1+1)。

4.22 盐酸溶液(1+3)。

4.23 盐酸溶液(1+5)。

4.24 盐酸溶液(1+99)。

4.25 硝酸溶液(1+1)。

4.26 硝酸溶液(5+95)。

4.27 硝酸溶液(1+99)。

4.28 硫酸溶液(2+98)。

4.29 氯化锂溶液(5g/L)。

5 准备工作

5.1 标准溶液的配制

5.1.1 铝标准溶液

称取 1.0000g 铝(4.3),加热溶解于 100mL 盐酸溶液(4.21)中,冷却至室温,移入

1000mL 容量瓶中，用水稀释至刻度，混匀。此溶液 1mL 含有 1mg 铝。

5.1.2 钠标准溶液

称取 2.5421g 于 500℃~600℃ 灼烧至恒定质量的工作基准试剂氯化钠（4.4），溶于水中，移入 1000mL 容量瓶中，用水稀释至刻度，混匀，贮存于聚乙烯瓶中。此溶液 1mL 含有 1mg 钠。

5.1.3 钙标准溶液

称取 2.4970g 于 105℃~110℃ 干燥至恒定质量的碳酸钙（4.5），加入约 50mL 水，再滴加盐酸（4.15）至碳酸钙全部溶解，再过量 10mL 盐酸（4.15），冷却至室温，移入 1000mL 容量瓶中，用水稀释至刻度，混匀，贮存于聚乙烯瓶中。此溶液 1mL 含有 1mg 钙。

5.1.4 镁标准溶液

称取 1.0000g 镁（4.6）加热溶解于 60mL 盐酸溶液（4.23）中，冷却至室温，移入 1000mL 容量瓶中，用水稀释至刻度，混匀。此溶液 1mL 含有 1mg 镁。

5.1.5 铁标准溶液

称取 1.0000g 铁（4.7）加热溶解于 50mL 硝酸溶液（4.25）中，冷却至室温，移入 1000mL 容量瓶中，用水稀释至刻度，混匀。此溶液 1mL 含有 1mg 铁。

5.1.6 铜标准溶液

称取 1.0000g 铜（4.8）加热溶解于 30mL 硝酸溶液（4.25）中，冷却至室温，移入 1000mL 容量瓶中，用硝酸溶液（4.27）稀释至刻度，混匀。此溶液 1mL 含有 1mg 铜。

5.1.7 铬标准溶液

称取 1.0000g 铬（4.9）加热溶解于 30mL 盐酸溶液（4.21）中，冷却至室温，移入 1000mL 容量瓶中，用水稀释至刻度，混匀。此溶液 1mL 含有 1mg 铬。

5.1.8 铅标准溶液

称取 1.0000g 铅（4.10）加热溶解 30mL 硝酸溶液（4.25）中，冷却至室温，移入 1000mL 容量瓶中，用水稀释至刻度，混匀。此溶液 1mL 含有 1mg 铅。

5.1.9 锌标准溶液

称取 1.0000g 锌（4.11）加热溶解于 30mL 盐酸溶液（4.21）或 30mL 硝酸溶液（4.25）中，冷却至室温，移入 1000mL 容量瓶中，用水稀释至刻度，混匀。此溶液 1mL 含有 1mg 锌。

5.1.10 锰标准溶液

称取 1.0000g 锰（4.12）加热溶解于 30mL 盐酸溶液（4.21）或 30mL 硝酸溶液（4.25）中，冷却至室温，移入 1000mL 容量瓶中，用水稀释至刻度，混匀。此溶液 1mL 含有 1mg 锰。

5.1.11 镍标准溶液

称取 1.0000g 镍（4.13）加热溶解于 30mL 硝酸溶液（4.25）中，冷却至室温，移入 1000mL 容量瓶中，用盐酸溶液（4.24）稀释至刻度，混匀。此溶液 1mL 含有 1mg 镍。

5.1.12 锑标准溶液

称取 1.0000g 锑（4.14）加热溶解于 10mL 盐酸（4.15）和 5.0mL 过氧化氢溶液（4.20）中，煮沸除去过氧化氢，冷却至室温，移入 1000mL 容量瓶中，用盐酸溶液（4.22）稀释至刻度，混匀。此溶液 1mL 含有 1mg 锑。

5.2 标准加入法标准工作溶液系列的配制

5.2.1 各种表面处理溶液的测定元素

本标准中各种表面处理溶液的测定元素见表2。

5.2.2 混合标准工作溶液梯度系列的稀释溶液配制

按表3分别移取铝、钠、钙等标准溶液于三只容量瓶中,形成混合标准工作溶液的梯度系列,加入3.00mL盐酸(4.15)、1.00mL硝酸(4.16),用水稀释至刻度,摇匀,储于塑料瓶中。

表2 各种表面处理溶液的测定元素

表面处理溶液名称	铝	钠	钙	镁	铁	铜	铬	铅	锌	锰	镍	锑
镀铬溶液	★	★	★	—	★	★	—	★	★	★	★	—
镀镍溶液	★	★	★	★	★	★	★	★	★	★	—	—
超滤液	★	★	★	★	★	★	★	★	★	★	—	—
磷化溶液	★	★	★	★	★	★	★	—	★	★	—	—
氟硼酸盐镀铅溶液	★	—	★	★	★	★	★	—	★	★	—	—
钾盐镀锌溶液	★	—	★	★	★	★	★	★	—	★	—	—
氰化镀铜溶液	★	—	★	★	★	★	★	★	★	★	—	—
氰化镀镉溶液	★	—	★	★	★	★	★	★	★	★	—	—
碱性镀锡溶液	★	—	★	★	★	★	★	★	★	★	—	—
酸性镀锡溶液	★	—	★	★	★	★	★	★	★	★	—	—
酸性镀铜溶液	★	★	★	★	★	—	★	★	★	★	★	★

注:★为测定元素。

表3 各种表面处理溶液混合标准工作溶液梯度系列 (单位:mL)

表面处理溶液名称	吸取标准溶液体积												稀释溶液
	铝	钠	钙	镁	铁	铜	铬	铅	锌	锰	镍	锑	
镀铬溶液梯度系列	1	2	1	—	4	2	—	1	3	1	2	—	100
	2	4	2	—	8	4	—	2	6	2	4	—	100
	3	6	3	—	12	6	—	3	9	3	6	—	100
镀镍溶液梯度系列	1	2	1	2	4	2	1	1	3	1	—	—	100
	2	4	2	4	8	4	2	2	6	2	—	—	100
	3	6	3	6	12	6	3	3	9	3	—	—	100
超滤液梯度系列	1	2	1	2	4	2	1	1	3	1	2	—	100
	2	4	2	4	8	4	2	2	6	2	4	—	100
	3	6	3	6	12	6	3	3	9	3	6	—	100
磷化溶液梯度系列	1	2	1	2	4	2	1	1	—	1	2	—	100
	2	4	2	4	8	4	2	2	—	2	4	—	100
	3	6	3	6	12	6	3	3	—	3	6	—	100

（续）

表面处理溶液名称	吸取标准溶液体积												稀释溶液
	铝	钠	钙	镁	铁	铜	铬	铅	锌	锰	镍	锑	
氟硼酸盐镀铅溶液梯度系列	1	—	1	2	4	2	1	—	3	1	2	—	100
	2	—	2	4	8	4	2	—	6	2	4	—	100
	3	—	3	6	12	6	3	—	9	3	6	—	100
钾盐镀锌溶液梯度系列	1	—	1	2	4	2	1	1	—	1	2	—	100
	2	—	2	4	8	4	2	2	—	2	4	—	100
	3	—	3	6	12	6	3	3	—	3	6	—	100
氰化镀铜溶液梯度系列	1	—	1	2	4	—	1	1	3	1	2	—	100
	2	—	2	4	8	—	2	2	6	2	4	—	100
	3	—	3	6	12	—	3	3	9	3	6	—	100
氰化镀镉溶液梯度系列	1	—	1	2	4	2	1	1	3	1	2	—	100
	2	—	2	4	8	4	2	2	6	2	4	—	100
	3	—	3	6	12	6	3	3	9	3	6	—	100
碱性镀锡溶液系列	1	—	1	2	4	2	1	1	3	1	2	—	100
	2	—	2	4	8	4	2	2	6	2	4	—	100
	3	—	3	6	12	6	3	3	9	3	6	—	100
酸性镀锡溶液梯度系列	1	—	1	2	4	2	1	1	3	1	2	—	100
	2	—	2	4	8	4	2	2	6	2	4	—	100
	3	—	3	6	12	6	3	3	9	3	6	—	100
酸性镀铜溶液梯度系列	1	2	1	2	4	—	1	1	3	1	2	3	100
	2	4	2	4	8	—	2	2	6	2	4	6	100
	3	6	3	6	12	—	3	3	9	3	6	9	100

6 分析条件

6.1 仪器：电感耦合等离子体原子发射光谱分析仪。

6.2 光源：氩等离子体光源。

6.3 仪器的工作条件如下：

a）分析谱线：测定元素的分析谱线见表4；

b）射频功率：950W~1200W；

c）雾化压力：0.21MPa~0.24MPa；

d）辅助气流量：1.0L/min；

e）样品提升量：1.4L/min~1.6L/min；

f）积分时间：UV：5s~8s；VIS：5s~10s。

注：UV——紫外光区波段；VIS——可见光区波段。

表 4　测定元素的分析谱线

元素	波长/nm	元素	波长/nm	元素	波长/nm
铝	396.152	钠	589.592	钙	317.933（镀锌、镍、铅除外），336.229,422.673
镁	293.847,285.213,279.553	铁	259.940,239.562,259.837	铜	324.754
铬	267.716,284.325	铅	220.353	锌	206.200
锰	293.306,403.076	镍	221.647,231.604,341.476	锑	206.830

7 分析步骤

7.1 空白试验

随同试料溶液做空白试验。

7.2 分析试液的前处理和制备

7.2.1 镀铬分析试液的前处理和制备

7.2.1.1 前处理

吸取 5.00mL 试料（V_1）于 150mL 三角瓶中，加 5mL 水，20mL 硝酸（4.16）。在通风橱中，加热煮沸，稍冷，分次加入总量为 2mL 的 30% 过氧化氢（4.19），煮沸 3min，稍冷，加 5mL 硝酸（4.16），5mL 高氯酸（4.18），加热蒸发至冒高氯酸烟，直至干涸，取下稍冷，加 20mL 盐酸溶液（4.21）溶解盐类，煮沸 2min。移入 250mL 容量瓶中，用水稀释至刻度，混匀，此溶液为前处理试液。

7.2.1.2 分析试液的制备

分别吸取 10.00mL 前处理试液（V_2）4 份，置于 4 只 100mL 容量瓶中，其中一只不加被测元素标准溶液，在另 3 只容量瓶中依次按表 3 加入 1.00mL 待测元素混合标准工作溶液梯度系列的稀释溶液，然后，于 4 只 100mL 容量瓶中分别加入 3.00mL 盐酸（4.15），1.00mL 硝酸溶液（4.16），用水稀释至刻度，摇匀。

7.2.2 镀镍分析试液的前处理和制备

7.2.2.1 前处理

吸取 5.00mL 试料（V_1）于 150mL 三角瓶中，加 5mL 水，15mL 硝酸（4.16）。在通风橱中，加热煮沸，稍冷，分次加入总量为 3mL 的 30% 过氧化氢（4.19），煮沸 3min，稍冷，加 5mL 硝酸（4.16），5mL 高氯酸（4.18），加热蒸发至冒高氯酸烟，直至干涸，取下稍冷，加 20mL 盐酸溶液（4.21）溶解盐类，煮沸 2min，冷却至室温，移入 250mL 容量瓶中，以水稀释至刻度，摇匀。此溶液为前处理试液。

7.2.2.2 分析试液的制备

分别吸取 10.00mL 前处理试液（V_2）4 份，置于 4 只 100mL 容量瓶中，以下处理同 7.2.1.2。

7.2.3 超滤液分析试液的前处理和制备

7.2.3.1 前处理

吸取 10.00mL 试料（V_1）于 150mL 三角瓶中，加 10mL 水，20mL 硝酸（4.16）。在通风橱中，加热煮沸，稍冷，分次加入总量为 3mL 的 30% 过氧化氢（4.19），煮沸 3min，稍冷,加 5mL 硝酸（4.16),5mL 高氯酸（4.18),加热蒸发至冒高氯酸烟,直至干涸,取下稍冷,加 20mL 盐酸溶液（4.21）溶解盐类,煮沸 2min,冷却至室温,移入 250mL 容量瓶中,以水稀释至刻度,摇匀。此溶液为前处理试液。

7.2.3.2 分析试液的制备

分别吸取 10.00mL 前处理试液（V_2）4 份,置于 4 只 100mL 容量瓶中,以下处理同 7.2.1.2。

7.2.4 磷化溶液分析试液的前处理和制备
7.2.4.1 前处理

吸取 10.00mL 试料（V_1）于 150mL 三角瓶中,加 10mL 水,20mL 硝酸（4.16）。在通风橱中,加热煮沸,稍冷,分次加入总量为 3mL 的 30%过氧化氢（4.19),煮沸 3min,稍冷,加 5mL 硝酸（4.16),5mL 高氯酸（4.18),加热蒸发至冒高氯酸烟,直至干涸,取下稍冷,加 20mL 盐酸溶液（4.21）溶解盐类,煮沸 2min,冷却至室温,移入 250mL 容量瓶中,以水稀释至刻度,摇匀。此溶液为前处理试液。

7.2.4.2 分析试液的制备

分别吸取 10.00mL 前处理试液（V_2）4 份,置于 4 只 100mL 容量瓶中,以下处理同 7.2.1.2。

7.2.5 氟硼酸盐镀铅分析试液的前处理和制备
7.2.5.1 前处理

吸取 5.00mL 试料（V_1）于 150mL 三角瓶中,加 5mL 水,20mL 硝酸（4.16）。在通风橱中,加热煮沸,稍冷,分次加入总量为 3mL 的 30%过氧化氢（4.19),煮沸 3min,稍冷,加 5mL 硝酸（4.16),5mL 高氯酸（4.18),加热蒸发至冒高氯酸烟,直至干涸,取下稍冷,加 20mL 盐酸溶液（4.21）溶解盐类,煮沸 2min,移入 250mL 容量瓶中,用水稀释至刻度,混匀,此溶液为前处理试液。

7.2.5.2 分析试液的制备

分别吸取 10.00mL 前处理试液（V_2）4 份,置于 4 只 100mL 容量瓶中。分别加入 2.00mL 氯化锂溶液（4.29),以下处理同 7.2.1.2。

7.2.6 钾盐镀锌分析试液的前处理和制备
7.2.6.1 前处理

吸取 5.00mL 试料（V_1）于 150mL 三角瓶中,加 5mL 水,15mL 硝酸（4.16）。在通风橱中,加热煮沸,稍冷,分次加入总量为 3mL 的 30%过氧化氢（4.19),煮沸 2min。稍冷,加 5mL 硝酸（4.16),5mL 高氯酸（4.18),加热蒸发至冒高氯酸烟,直至干涸,取下稍冷,加 20mL 盐酸溶液（4.21）溶解盐类,煮沸 2min。取下稍冷,加 50mL 水,过滤于 250mL 容量瓶中,用水稀释至刻度,混匀,此溶液为前处理试液。

7.2.6.2 分析试液的制备

分别吸取 10.00mL 前处理试液（V_2）4 份,置于 4 只 100mL 容量瓶中,分别加入 2.00mL 氯化锂溶液（4.29),以下处理同 7.2.1.2。

7.2.7 氰化镀铜分析试液的前处理和制备
7.2.7.1 前处理

吸取 5.00mL 试料（V_1）于 150mL 三角瓶中,加 10mL 水,20mL 硝酸（4.16）。在通风

橱中，加热煮沸，稍冷，分次加入总量为3mL的30%过氧化氢（4.19），煮沸3min。稍冷，加5mL硝酸（4.16），5mL高氯酸（4.18），加热蒸发至冒高氯酸烟，直至干涸，取下稍冷，加20mL盐酸溶液（4.21）溶解盐类，煮沸2min，取下冷却，移入250mL容量瓶中，用水稀释至刻度，混匀，此溶液为前处理试液。

7.2.7.2 分析试液的制备

分别吸取10.00mL前处理试液（V_2）4份，置于4只100mL容量瓶中，以下处理同7.2.1.2。

7.2.8 氰化镀镉分析试液的前处理和制备

7.2.8.1 前处理

吸取5.00mL试料（V_1）于150mL三角瓶中，加10mL水，在通风橱中，加2mL盐酸（4.15），摇匀。加20mL硝酸（4.16），加热煮沸，稍冷，分次加入总量为3mL的30%过氧化氢（4.19），煮沸2min。稍冷，加5mL硝酸（4.16），5mL高氯酸（4.18），加热蒸发至冒高氯酸烟，直至干涸，取下稍冷，加20mL盐酸溶液（4.21）溶解盐类，煮沸2min，取下冷却，移入250mL容量瓶中，用水稀释至刻度，混匀，此溶液为前处理试液。

7.2.8.2 分析试液的制备

分别吸取10.00mL前处理试液（V_2）4份，置于4只100mL容量瓶中，分别加入2.00mL氯化锂溶液（4.29），以下处理同7.2.1.2。

7.2.9 碱性镀锡分析试液的前处理和制备

7.2.9.1 前处理

吸取5.00mL试料（V_1）于150mL三角瓶中，加10mL水，2mL盐酸（4.15），摇匀。在通风橱中，加热煮沸，稍冷，分次加入总量为3mL的30%过氧化氢（4.19），煮沸2min。稍冷，加5mL硝酸（4.16），5mL高氯酸（4.18），加热蒸发至冒高氯酸烟，直至干涸，取下稍冷，加20mL盐酸溶液（4.21）溶解盐类，煮沸2min，移入250mL容量瓶中，用水稀释至刻度，混匀，此溶液为前处理试液。

7.2.9.2 分析试液的制备

分别吸取10.00mL前处理试液（V_2）4份，置于4只100mL容量瓶中，以下处理同7.2.1.2。

7.2.10 酸性镀锡分析试液的前处理和制备

7.2.10.1 前处理

吸取5.00mL试料（V_1）于150mL三角瓶中，加5mL水，20mL硝酸（4.16）。在通风橱中，加热煮沸，稍冷，分次加入总量为3mL的30%过氧化氢（4.19），煮沸3min，稍冷，加5mL硝酸（4.16），5mL高氯酸（4.18），加热蒸发至冒高氯酸烟，直至干涸，取下稍冷，加20mL盐酸溶液（4.21）溶解盐类，煮沸2min，移入250mL容量瓶中，用水稀释至刻度，混匀，此溶液为前处理试液。

7.2.10.2 分析试液的制备

分别吸取10.00mL前处理试液（V_2）4份，置于4只100mL容量瓶中，以下处理同7.2.1.2。

7.2.11 酸性镀铜分析试液的前处理和制备

7.2.11.1 前处理

吸取 5.00mL 试料（V_1）于 150mL 三角瓶中，加 5mL 水，20mL 硝酸（4.16）。在通风橱中，加热煮沸，稍冷，分次加入总量为 3mL 的 30% 过氧化氢（4.19），煮沸 3min，稍冷，加 5mL 硝酸（4.16），5mL 高氯酸（4.18），加热蒸发至冒高氯酸烟，直至干涸，取下稍冷，加 40mL 盐酸溶液（4.21）溶解盐类，煮沸 2min，移入 250mL 容量瓶中，用水稀释至刻度，混匀，此溶液为前处理试液。

7.2.11.2 分析试液的制备

分别吸取 10.00mL 前处理试液（V_2）4 份，置于 4 只 100mL 容量瓶中，以下处理同 7.2.1.2。

7.3 测定

7.3.1 谱线校准

校准待测元素的分析谱线。

7.3.2 测定

7.3.2.1 仪器通电预热，光室温度稳定后，先通氩气 30min 后点火，燃烧 15min~30min 后进行检测。

7.3.2.2 打开计算机的仪器分析控制界面，新建标准加入法，选择表 4 中相应的分析谱线，输入推荐的仪器工作条件中的各项参数值（见 6.3），再依次输入表 5 标准加入元素浓度系列中各被测元素的数值。

表 5　标准加入元素浓度系列　　　　　　　　　　　　　　　（单位：μg/mL）

序号	铝	钠	钙	镁	铁	铜	铬	铅	锌	锰	镍	锑
0	0.00	0.00	0.00	0.00	0.00	0.00	0.00	0.00	0.00	0.00	0.00	0.00
1	0.10	0.20	0.10	0.20	0.40	0.20	0.10	0.10	0.30	0.10	0.20	0.30
2	0.20	0.40	0.20	0.40	0.80	0.40	0.20	0.20	0.60	0.20	0.40	0.60
3	0.30	0.60	0.30	0.60	1.20	0.60	0.30	0.30	0.90	0.30	0.60	0.90

7.3.2.3 进行等离子体光谱测定，每个试料至少连续测定 3 次。

7.3.2.4 在测定过程中，应对被测元素每条分析谱线的波峰位置、背景干扰作必要的修正。

7.3.2.5 待测溶液中各元素的再次测定

根据测定出的元素含量值和标准加入法原理，对表 3 和表 5 中相应的数值进行调整，重新进行分析试液的制备（7.2）。将调整后的表 5 中各被测元素的数值重新依次输入计算机，然后进行再次测定。

8 结果计算

8.1 计算

按下式计算试料中被测元素的含量：

$$\rho_B = \frac{(\rho_{BS} - \rho_{BS0}) \times 100 \times 10^{-3}}{V_1 \times \dfrac{V_2}{250}} = \frac{25(\rho_{BS} - \rho_{BS0})}{V_1 V_2}$$

式中　ρ_B——试料原液中被测元素的含量（g/L）；

　　　ρ_{BS}——分析试液中被测元素的含量（μg/mL）；

ρ_{BS0}——空白溶液中被测元素的含量（μg/mL）；

V_1——试料原液的体积（mL）；

V_2——分取试液的体积（mL）。

8.2 精密度

元素含量小于 0.0001g/L 时，在重复条件下获得的两次独立测定结果之差的绝对值应不超过算术平均值的 40%。

元素含量在 0.0001g/L～0.01g/L 时，在重复条件下获得的两次独立测定结果之差的绝对值应不超过算术平均值的 20%。

元素含量在 0.01g/L～1.00g/L 时，在重复条件下获得的两次独立测定结果之差的绝对值应不超过算术平均值的 15%。

元素含量在 1.00g/L～5.00g/L 时，在重复条件下获得的两次独立测定结果之差的绝对值应不超过算术平均值的 10%。

元素含量大于 5.00g/L 时，在重复条件下获得的两次独立测定结果之差的绝对值应不超过算术平均值的 20%。

9 试验报告

试验报告应包括以下内容：

a) 识别样品、实验室和试验日期所需的全部资料；

b) 参考本标准所用的方法；

c) 试验结果及表示；

d) 试验中观察到的异常现象；

e) 任何本标准未规定的操作，或任何影响结果的操作。

10 注意事项

10.1 应按高压钢瓶安全操作规程使用高压钢瓶。

10.2 点燃等离子体后，应尽量少开炬室门。

10.3 仪器室清洁、排风良好，应具有恒温、恒湿、防尘和防震设施。

10.4 试料及分析试液的处理应符合实验室环境及公共安全要求。

10.5 注意安全用电。

第五节 摩擦学术语

一、概论

1. 标准涉及技术背景

摩擦学是有关摩擦、磨损与润滑科学的总称，是研究摩擦与磨损过程中两个相对运动表面之间相互作用、变化及其相关的理论与实践的一门学科。摩擦在人类生产生活中消耗大量的一次能源，润滑失效和磨损造成了 50% 以上装备整体失效或者重大事故。摩擦学涉及机械制造、交通运输、航空航天、海洋、生物工程等诸多领域，对国民经济的发展具有重要意义。

控制摩擦、减少磨损、改善润滑性能已成为节约能源和原材料、缩短维修时间的重要措施。同时，摩擦学对于提高产品质量、延长机械设备的使用寿命和增加可靠性也有重要作用。摩擦学问题中各种因素往往错综复杂，涉及多门学科，如流体力学、固体力学、流变学、热物理、应用数学、材料科学、物理化学，以及化学和物理学等内容。同时，由于摩擦现象发生在摩擦副表/界面层，且影响因素繁多，使得理论分析和实验研究较为困难，因而理论与实验研究的相互促进和补充是摩擦学研究的另一个特点。随着理论研究的日益深入和科学技术的不断进步，摩擦学研究方法的发展正由宏观进入微观，由定性进入定量，由静态进入动态，以及由单一学科的分析进入多学科的综合研究。

2. 标准制定与修订情况

摩擦学问题复杂，涉及技术领域与学科范围广，为规范我国摩擦学基本术语及其对应的英文表达方式，协调、统一各术语所指称的概念，并与世界发达国家的标准或习惯用法一致，以适应我国与国外愈来愈广泛的摩擦学学术交流和国内普及，满足摩擦学研究和应用迅速发展的需要，中国科学院于 1999 年组织专家制定了 GB/T 17754—1999《摩擦学术语》。制定时，吸纳了国际标准化组织（ISO）、美国材料与试验协会（ASTM）有关术语标准中的词条，也吸纳了国际经济合作和发展组织（OECD）早期编纂的《摩擦学术语和定义汇编》中的部分词条。标准注重摩擦学术语的发展和演变，尽量从与摩擦学有关的近期出版物中确立新术语和更新某些老术语的定义。随着摩擦学学科和技术的发展，摩擦学术语又有一些新的变化。为适应新的形势，全国金属与非金属覆盖层标准化技术委员会又于 2012 年组织相关单位专家对 GB/T 17754—1999 进行了修订。修订时，在原标准基础上修改了第 7 章润滑油脂特性；修改了第 8 章润滑油脂；修改了第 9 章固体润滑的内容和条目，合并为第 8 章润滑材料，部分归入第 6 章润滑；增加了摩擦学表面技术的内容和条目；修改了第 10 章摩擦学材料的内容和条目，改为第 7 章摩擦副材料；修改了第 11 章摩擦学试验的内容和条目，改为第 10 章摩擦学试验设备。GB/T 17754—2012《摩擦学术语》于 2012 年 10 月 31 日发布，2013 年 10 月 1 日实施。

二、标准主要特点与应用说明

该标准对摩擦学常用术语及定义或定义性说明进行了规范，适用于摩擦学及其相关领域的技术标准、技术文件、教材、书刊的编写和翻译，以及摩擦学科研、教学、学术交流和工程应用。

该标准规范了摩擦学领域的基本术语，包括摩擦学、摩擦、磨损、润滑、摩擦物理学、摩擦化学、纳米摩擦学等共 12 项内容；规范了摩擦学领域固体表面及其接触相关术语及定义或定义性说明，包括初（新）生表面、亚表面等共 41 项内容；规范了摩擦学领域摩擦相关术语及定义或定义性说明，包括摩擦（表）面、摩擦学元素、（摩擦）工况、摩擦副等共 41 项内容；规范了摩擦学领域磨损相关术语及定义或定义性说明义，包括磨损量、磨损率、磨损系数、磨损因子等共 64 项内容；规范了摩擦学领域润滑相关术语及定义或定义性说明，包括润滑膜、润滑状态、流体润滑、弹性流体动力润滑等共 60 项内容；规范了摩擦学领域摩擦副材料相关术语及定义或定义性说明，包括摩擦材料/摩阻材料、摩擦添加物等共 24 项内容；规范了摩擦学领域润滑材料相关术语及定义或定义性说明，包括润滑材料、基础油、添加剂、稠化剂、填料等共 24 项内容；规范了摩擦学领域摩擦学表面技术相关术语及定义或定义性说明，包括摩擦学表面技术、离子注入等共 8 项内容；规范了摩擦学领域摩擦学试验设备相关术语及定义或定义性说明，包括摩擦学试验、摩擦试验机等共30项内容。

其他内容与一般技术标准相当。

三、标准内容（GB/T 17754—2012）

摩擦学术语

1 范围

本标准确定了摩擦学常用术语及其定义或定义性说明。

本标准适用于摩擦学及其相关领域的技术标准、技术文件、教材、书刊的编写和翻译，以及摩擦学科研、教学、学术交流和工程应用。

2 基本术语

2.1 摩擦学　tribology

有关做相对运动物体的相互作用表面、类型及其机理、中间介质及环境所构成的系统的行为与摩擦及损伤控制的科学与技术，包括对摩擦（2.2）、磨损（2.3）、润滑（2.4）及相关问题的研究和应用。

2.2 摩擦　friction

在力作用下，物体相互接触表面（3.30）之间发生切向相对运动或有运动趋势时出现阻碍该运动行为并且伴随着机械能量损耗的现象和过程。

2.3 磨损　wear

由于摩擦（2.2）造成表面的变形、损伤或表层材料逐渐流失的现象和过程。

2.4 润滑　lubrication

在相对运动又相互作用表面间加入易剪切物质以减少摩擦（2.2）、控制磨损（2.3）或减缓其他形式表面破坏的设计和措施。

2.5 摩擦物理学　tribophysics

研究摩擦［表］面（4.1）上出现的物理现象及其相互作用对摩擦学（2.1）影响规律的学科分支。

2.6 摩擦化学　tribochemistry

研究摩擦［表］面（4.1）上发生的化学反应及其变化对摩擦学（2.1）影响规律的学科分支。

2.7 纳米摩擦学　nanotribology

关于纳米材料及表面或在纳米尺度上研究其行为规律的摩擦学（2.1）。

2.8 生物摩擦学　biotribology

关于生物体、生物材料、仿生运动器件的摩擦学（2.1）。

2.9 工业摩擦学　industrial tribology

应用摩擦学　applied tribology

工程摩擦学　engineering tribology

摩擦学（2.1）的一个有机组成部分，体现其技术内涵及基本属性（实践性或实用性），主要内容是关于摩擦学（2.1）的技术和研究结果在工业领域或工程实际中的应用。

2.10 摩擦学系统　tribological system

由若干个摩擦学元素（4.2）通过摩擦学行为联系起来，且与环境之间具有输入和输出关系的系统。

2.11 摩擦学设计　tribological design

运用摩擦学（2.1）知识和相关数据，基于摩擦学系统（2.10）理论，综合考虑多种因素的优化设计。

2.12 摩擦副材料　rubbing pair material

构成摩擦副（4.4）的材料，它包括摩擦材料（7.1）、减摩材料（7.3）、耐磨材料（7.9）、自润滑复合材料（7.24）。

3 固体表面及其接触

3.1 初（新）生表面　nascent（neonatal）surface

完全无污染的固体表面，例如在超高真空中形成的表面。

3.2 亚表面　subsurface

固体表面下紧靠表面的部分，无明确尺寸界定。

3.3 表面形貌　surface topography

固体表面与微观峰谷的形态与分布有关的几何形状。

3.4 ［表面］粗糙度　[surface] roughness

在一定取样范围内描述固体表面形貌（3.3）无规则起伏的特征量度。

3.5 表面波纹度　surface waveness

固体表面主要由于机械加工系统的振动而形成的有一定周期性的形状和起伏的特征量度。

3.6 微凸体　asperity

固体表面上微小的不规则凸起。

3.7 基准线　reference line

用于测定［表面］粗糙度（3.4）参数的理想直线。

3.8 表面轮廓［线］　surface profile

由垂直于基准面的平面与被测表面相交所得的曲线。

3.9 轮廓偏距　profile departure

Y

在表面轮廓［线］（3.8）上的点与某基准线（3.7）之间的距离。

3.10 取样长度　sampling length

L

为测量［表面］粗糙度（3.4）参数所取的一段基准线（3.7）长度。

注：根据表面起伏的程度按规定选值。

3.11 中线　mean line of the profile

m

在取样长度 L（3.10）内使轮廓偏距 Y（3.9）的平方和为最小的基准线（3.7）。

3.12 轮廓算术平均中线　arithmetical mean centre line of the profile

划分表面轮廓［线］（3.8）并与其走向一致的基准线（3.7），在取样长度 L（3.10）

内该线与两侧的峰谷组成闭合曲线所围的面积相等。

注：该线近似于中线 m（3.11）。

3.13 轮廓峰高 profile peak height
Y_p

在一组峰谷范围内中线 m（3.11）至表面轮廓［线］（3.8）峰点之间的距离。

3.14 轮廓谷深 profile valley depth
Y_v

在一组峰谷范围内中线 m（3.11）至表面轮廓［线］（3.8）谷点之间的距离。

3.15 轮廓最大平均高度 maximum height of profile
R_z

在取样长度 L（3.10）内五个最大轮廓峰高 Y_p（3.13）和五个最大轮廓谷深 Y_v（3.14）平均值之和。

$$R_z = \frac{1}{5}\left(\sum_{i=1}^{5} Y_{pi} + \sum_{i=1}^{5} Y_{vi}\right) \tag{1}$$

式中 i——取值点序数。

3.16 轮廓算术平均偏差 arithmetic mean deviation of the profile
R_a

在取样长度 L（3.10）内轮廓偏距 Y（3.9）绝对值的算术平均值。

$$R_a = \frac{1}{L}\int_0^L |Y(x)|\,dx \tag{2}$$

近似为

$$R_a = \frac{1}{n}\sum_{i=1}^{n}|Y_i| \tag{3}$$

式中 i——取值点序数；

n——测量次数。

注：通常用该值描述［表面］粗糙度（3.4），单位为微米（μm）。

3.17 轮廓均方根偏差 root mean square deviation of the profile
R_q

在取样长度 L（3.10）内轮廓偏距 Y（3.9）的均方根值。

$$R_q = \left[\frac{1}{L}\int_0^L Y^2(x)\,dx\right]^{\frac{1}{2}} \tag{4}$$

3.18 轮廓峰顶线 line of profile peaks

通过表面轮廓［线］（3.8）最高点并平行于中线 m（3.11）的直线。

3.19 轮廓谷底线 line of profile valleys

通过表面轮廓［线］（3.8）最低点并平行于中线 m（3.11）的直线。

3.20 轮廓最大高度 maximum peak to valley height
R_y

固体表面轮廓峰顶线（3.18）和轮廓谷底线（3.19）之间的距离。

3.21 轮廓水平截距　profile section level

C

某一平行于中线 m（3.11）且与表面轮廓［线］（3.8）相交的直线与轮廓峰顶线（3.18）间的距离。

注：一般用微米表示，也可以用轮廓最大高度 R_y（3.20）的百分数表示。

3.22 轮廓支承长度　profile bearing length

η_p

某一与中线 m（3.11）平行的直线在表面轮廓［线］（3.8）上所截得的各线段长度之和的均方根值。

3.23 轮廓支承长度率　profile bearing length ratio

t_p

用轮廓支承长度 η_p（3.22）与取样长度 L（3.10）之比表示的在某一与中线 m（3.11）平行的直线上的支撑程度。

3.24 轮廓支承长度率曲线　curve of the profile bearing length ratio

表达轮廓支承长度率 t_p（3.23）与轮廓水平截距 C（3.21）之间相互关系的曲线。

3.25 ［摩擦学］吸附　adsorption

在摩擦学系统（2.10）中起润滑（2.4）作用的材料中的某些物质，尤其是极性物质，借助范德瓦尔斯力或键合力黏附在固体表面，使被黏附分子浓度升高的表面富集现象。

注：分子或原子借助范德瓦尔斯力被吸附在固体表面称为物理吸附，通过键合力（表面化学反应）被吸附在固体表面称为化学吸附；形成的表面吸附膜具有减摩耐磨作用；环境温度升高，被吸附的分子或原子会脱离固体表面，称为脱附或脱吸。

3.26 列宾捷尔（罗宾德）效应　Rehbinder effect

固体与表面活性剂相互作用使表面或近表层的力学性能发生变化的现象。

3.27 克雷默效应　Kramer effect

在变形或断裂的新表面释放出电子的现象，这些电子也被称为外激电子。

3.28 罗素效应　Vogel-Colson-Russell effect

在暴露于水蒸气和氧气中的初生表面（3.1）上形成过氧化氢的现象。

3.29 釉面　glaze

材料在摩擦（2.2）过程中形成硬而光滑的陶瓷质表层。

注：称该效应为釉化。

3.30 接触表面　contact surface

两物体无限靠近（从工程量级直到分子、原子尺度）且形成相互作用的有共同边界的表面。

注1：由宏观的名义边界确定的固体接触表面的面积称为名义接触面积 A_n。

注2：由接触表面中微凸体（3.6）顶部被压平部分形成面积的总和称为真实接触面积 A_r。

3.31 载荷　load

P

法向力　normal force

N

施加在互相接触物体上且垂直于接触表面（3.30）的外力。

3.32 赫兹接触 Hertzian contact

赫兹（H.R.Hertz）提出的一种描述固体接触的模型。在该接触下的面积称为赫兹接触面积，在该面积上的压力称为赫兹接触压力。

注：在固体理想接触基础上，运用材料力学、弹性力学及弹塑性力学进行分析计算，得到由载荷 P（3.31）产生的接触压力分布和接触区尺寸，进而获得接触表面（3.30）附近及固体内部的应力分布。

3.33 弹塑性接触 elastoplastic contact

固体的接触表面（3.30）中一部分处于材料的弹性变形状态，另一部分处于材料的塑性变形状态。

3.34 接触角 contact angle

固体表面的液滴在固/液/气三相交界面处的气/液相接口与固/液相接口之间的夹角。

3.35 同曲表面 conformal surfaces

曲率中心位于接触表面（3.30）同一侧的两个曲面。

注：曲率中心位于接触表面（3.30）两侧的称为异曲表面。

3.36 接触应力 contact stress

外力作用下在固体接触表面（3.30）上所产生的应力。

3.37 牵引应力 tractive stress

在运动中通过接触表面（3.30）传递的切向应力。

3.38 比压 specific pressure

p

单位名义接触面积 A_n 上的正压力。

注：单位真实接触面积 A_r 上的正压力称为真实比压。

3.39 闪温 flash temperature

两接触物体相对运动及相互作用时，在一些微凸体（3.6）接触点上产生的局部瞬时的最高温度。

3.40 最佳粗糙度 optimum roughness

保证摩擦副（4.4）能最有效磨合（5.17）或具有最大耐磨性（5.5）或最佳密封性的[表面]粗糙度（3.4）。

3.41 综合粗糙度 combined surface roughness

组成摩擦副（4.4）的两个表面的轮廓均方根偏差 R_q（3.17）平方和的平方根值。

注：应用于流体润滑（6.3）计算。

4 摩擦 friction

4.1 摩擦[表]面 friction surface

发生摩擦（2.2）的固体相互作用表面。

4.2 摩擦学元素 triboelement

在摩擦学系统（2.10）中发生摩擦（2.2）作用的单个组元；每个组元可有一个或多个摩擦[表]面（4.1）。

4.3 [摩擦]工况 [friction] condition

在摩擦（2.2）过程中摩擦副（4.4）相对运动时的载荷 P（3.31）、速度、行程及环境温度、真空度及介质等条件。

4.4 摩擦副　rubbing pair；tribopair
　　专指由两个相对运动又相互作用摩擦学元素（4.2）构成的最小的系统。
　　注：作为摩擦副的物体互称为对摩副。

4.5 滑动　sliding
　　两个固体接触表面（3.30）发生不同速度的切向相对运动。
　　注：其相对速度称为滑动速度。

4.6 滚动　rolling
　　摩擦副（4.4）的公共线或点上的两表面速度大小和方向相同而接触线或点位置在不断改变的运动。
　　注：如果接触点在表面上位置不变，则称为自旋。

4.7 滑滚运动　combined sliding and rolling
　　固体接触表面（3.30）同时发生滑动（4.5）和滚动（4.6）的相对运动。

4.8 滚动速度　rolling velocity
　　摩擦副（4.4）在滚动（4.6）中其球心或柱中心线的切向相对运动速度。

4.9 滑滚率　sliding-roll ratio
　　做滑滚运动（4.7）的物体其滑动（4.5）速度与滚动（4.6）速度之比。

4.10 往复滑动　reciprocating sliding
　　周期性改变运动方向并平行于接触表面（3.30）的滑动（4.5）。

4.11 微动　fretting
　　名义上无相对运动的固体接触表面（3.30）间的微小距离往复切向或法向运动。
　　注：通常仅指一种运动形式而不涉及磨损（2.3）或其他损伤，其单程距离称微动振幅，每秒往复次数称微动频率。

4.12 微观滑动　microslip
　　〈摩擦学〉固体的接触表面（3.30）内仅局部发生微小切向位移，而其余部分仍相对静止。

4.13 粘-滑　stick-slip
　　物体在滑动（4.5）时，摩擦力 F（4.16）和相对速度发生循环波动的现象。
　　注：通常与摩擦副（4.4）的弹性和滑动（4.5）时的动、静摩擦系数 μ（4.18）差引起的张弛振动有关。

4.14 静摩擦　static friction
　　两物体接触表面（3.30）尚未发生宏观相对运动但有运动趋势时的摩擦（2.2）。

4.15 动摩擦　kinetic friction
　　两物体接触表面（3.30）发生宏观相对运动时的摩擦（2.2）。
　　注1：根据运动特征分为滑动摩擦、滚动摩擦、滑滚摩擦等。
　　注2：这时测得的为动摩擦系数 μ（4.18）。

4.16 摩擦力　friction force
　　F
　　在摩擦［表］面（4.1）上发生的切向阻力。
　　注1：有相对运动时的摩擦力称动摩擦力，尚未发生相对运动时的摩擦力称静摩擦力。

注 2：由静摩擦（4.14）转为动摩擦（4.15）之前瞬间的摩擦力称为最大静摩擦力。

4.17 鲍登-泰伯理论 Bowden-Tabor theory

鲍登和泰伯提出的用摩擦副（4.4）间的微凸体（3.6）焊合、剪切机制描述摩擦力 F（4.16）的学说。

注 1：又称摩擦（2.2）二项式定律，其要点是金属与金属紧密接触表面（3.30）发生焊合，将这些黏着（4.23）点剪断需要剪切力，微凸体（3.6）压入软表面造成塑性流动（5.21）和［微］犁削（5.22）需要切向力，二者构成相对运动中的摩擦力 F（4.16）。

注 2：苏联学者克拉盖尔斯基提出了分子——机械理论，比鲍登的更有说服力，表明摩擦（2.2）是分子或原子吸附和粗糙啮合的结果。

4.18 摩擦系数 frictional coefficient

μ

一组摩擦副（4.4）之间的摩擦力 F（4.16）与法向力 N（3.31）之比。

注：摩擦系数与摩擦因数是具有相同物理意义的概念的不同中文表述，均可以使用。

4.19 静摩擦系数 static frictional coefficient

μ_s

最大静摩擦力 F（4.16）与法向力 N（3.31）之比。

4.20 滚动摩擦系数 rolling frictional coefficient

μ_r

物体滚动（4.6）时摩擦力矩 M（4.38）与法向力 N（3.31）之比，即

$$\mu_r = \frac{M}{N} = \frac{fr}{N} \tag{5}$$

式中　f——通过滚动中心的驱动力；

　　　r——滚动半径。

注：μ_r 具有长度量纲。

4.21 阿蒙顿定律 Amontons' laws

阿蒙顿于 1699 年提出的摩擦（2.2）两定律，即

a）摩擦力 F（4.16）与法向力 N（3.31）成正比；

b）摩擦力 F（4.16）与两物体间名义接触面积的大小无关。

注 1：库伦于 1781 年证实阿蒙顿定律并提出摩擦（2.2）第三定律：动摩擦（4.15）明显低于静摩擦（4.14），且与相对运动速度无关。有时把阿蒙顿定律称为阿蒙顿-库仑定律。莫林于 1833 年再次证明库仑定律。

注 2：现代的研究证实阿蒙顿-库仑定律仅能在一定的条件和范围内粗略描述摩擦（2.2）的规律。

4.22 焊合 welding

摩擦过程中直接接触的金属表面在一定压力下形成的局部固态连接现象。

注：超高真空环境中两种材料的干净表面在较低温度下相接触而出现的焊着称为冷焊（cold welding）。

4.23 黏着 adhesion

摩擦过程中固体接触表面（3.30）间由于分子力作用或原子间键合发生了互溶或焊合（4.22）。

4.24 黏着系数 coefficient of adhesion

分开黏着（4.23）表面所需的法向拉力与发生黏着（4.23）所施的法向力 N（3.31）

之比。

4.25　摩擦相容性　frictional compatibility

在摩擦（2.2）和磨损（2.3）过程中由给定材料组成的摩擦副（4.4）抵抗黏着（4.23）的性能。

注：在摩擦（2.2）和磨损（2.3）中显示出良好磨合（5.17）性能的材料也被视为有良好的相容性，反之则为不相容；因此，在一些条件下冶金学上不相容，如银与铁，但在磨合（5.17）性能上可以很好地相容，这表明对摩擦相容性的理解应该避免不确切的解释。

4.26　减摩性　antifriction ability

作为摩擦副（4.4）的材料在一定条件下降低或维持较低摩擦系数 μ（4.18）的性能。

注：该性能不是材料的固有属性，而是与摩擦副材料（2.12）和［摩擦］工况（4.3）密切相关的服役性能。

4.27　PV 值　PV value

施于摩擦副（4.4）之间单位名义接触面积上的载荷 P（3.31）与相对运动速度的乘积。

注：允许使用的最大值称 PV 极限，常用于评价非流体润滑（6.3）轴承的性能。

4.28　摩擦热脉冲　friction induced thermal impulse

非稳定运行的摩擦副（4.4）装置（如制动器、离合器等）在工作过程产生的脉冲式发热现象。

4.29　摩擦升华　friction induced sublimation

物体表面因摩擦（2.2）引起材料由固态直接转变为气态的现象。

4.30　摩擦裂解　tribocracking

高沸点石油产品受摩擦（2.2）作用的分解过程。

4.31　摩擦聚合物　tribopolymer

介质因摩擦（2.2）发生聚合反应生成的有机化合物。

4.32　摩擦颤动（摩擦振荡、张弛振动）　frictional oscillation (frictional vibration, relaxation vibration)

由于摩擦系数 μ（4.18）随相对运动速度变化而引起摩擦学系统（2.10）振动的效应。

4.33　摩擦噪声　friction induced noise

在摩擦学系统（2.10）运行时由于摩擦副（4.4）振动引起的噪声。

4.34　摩擦功　frictional work

测得的摩擦力 F（4.16）与相对运动位移的乘积。

注：单位时间的摩擦功称为摩擦功率。

4.35　摩擦传动　friction drive

利用摩擦副（4.4）之间的摩擦力 F（4.16）传递运动力或力矩功的技术，如摩擦轮、带轮、摩擦离合器等的应用。

4.36　摩擦制动　friction brake

利用摩擦副（4.4）间的摩擦力 F（4.16）做功来消耗动能，以降低物体运动速度或终止相对滑动（4.5）的技术。

4.37　制动静摩擦系数　static friction coefficient of braking

在摩擦制动（4.36）时摩擦副（4.4）之间的相对滑动（4.5）速度达到零值瞬间的摩

擦系数 μ (4.18)。

4.38 摩擦力矩 frictional moment

M

在转动摩擦副（4.4）中，转动体在周向上受到的摩擦力 F (4.16) 与转动体有效半径的乘积。

注：在摩擦离合器和制动器中一般用下式表示：

$$M = \mu p A_1 Z R_e \tag{6}$$

式中 μ——摩擦系数；

p——单位名义接触面积载荷；

A_1——一个摩擦［表］面（4.1）的面积；

Z——参与摩擦（2.2）的面数；

R_e——有效半径。

4.39 摩擦力矩稳定系数 steady coefficient of friction moment

测得的摩擦力矩 M (4.38) 的平均值与最大值之比。

注：其最小值与最大值之比称摩擦力矩波动系数。

4.40 制动效率损失 loss of brake efficiency

制动摩擦副（4.4）在运行中受热引起摩擦系数 μ (4.18) 下降所造成的制动效率降低。

4.41 制动容量 brake capacity

制动器中摩擦副（4.4）的制动（部件承受）力、吸收功率等的许用极限。

5 磨损 wear

5.1 磨损量 wear loss

在磨损（2.3）过程中摩擦副（4.4）的材料接触表面（3.30）变形或表层材料流失的量。

注：通常可用体积、质量、几何尺度等表示。

5.2 磨损率 wear rate

测得的磨损量（5.1）对于［摩擦］工况（4.3）中某一特定条件参量的变化率。

注：通常可用单位行程、单位时间、单位载荷或一个运行周期的磨损量（5.1）表示。

5.3 磨损系数 coefficient of wear

K_w

描述滑动（4.5）过程磨损率（5.2）的一个无量纲数，用摩擦副（4.4）的材料体积磨损量（5.1）V 和较软材料的屈服应力 P_m 的乘积与载荷 P (3.31) 和行程 S 的乘积之比表示，即

$$K_w = \frac{V P_m}{P S} \tag{7}$$

5.4 磨损因子 wear factor

K

轴承比磨损率 bearing specific wear rate

以系数方式表达的滑动轴承的一种磨损率（5.2），用轴承径向线磨损量（5.1）h 与比压 p (3.38) 和行程 S 的乘积之比表示，即

$$K=\frac{h}{pS}=\frac{h}{pvt} \qquad (8)$$

式中 v——滑动速度；

t——运动时间。

5.5 耐磨性 wear resistance

材料在一定条件下抵抗磨损（2.3）的性能，通常用磨损率（5.2）的倒数表示。

注：该性能不是材料的固有属性，而是与摩擦副材料（2.12）和［摩擦］工况（4.3）密切相关的服役性能。

5.6 相对磨损率 relative wear rate

一定［摩擦］工况（4.3）下被研究材料与选定的对比材料的磨损率（5.2）之比。

5.7 相对耐磨性 relative wear resistance

一定［摩擦］工况（4.3）下被研究材料与选定的对比材料的耐磨性（5.5）之比。

5.8 磨损机理 wear mechanism

对摩擦副（4.4）表面损伤程度、变形形式或表层材料逐渐流失过程和原因的描述。

5.9 磨损转型 transition of wear mechanism

在一定条件下磨损机理（5.8）发生相互转变的行为及特征效应。

示例：从轻微磨损（5.14）转变为严重磨损（5.15）的特征通常是磨损率（5.2）急剧增大，反之则相应急剧减小。

5.10 磨损［机制］图 wear［mechanism］map

根据不同［摩擦］工况（4.3）下的磨损（2.3）试验或计算结果，按照磨损机理（5.8）的异同将其各部分用分界线或分界面划分开，构成若干区域的二维或多维图，以表征发生每种机理的条件、范围及变化趋势。

注：按照磨损率（5.2）划分的，称为磨损率图。

5.11 磨痕 wear track

固体表面经磨损（2.3）后在摩擦［表］面（4.1）上留下的损伤痕迹。

注：是评定磨损机理（5.8）的重要依据之一。

5.12 磨屑 wear debris

在磨损（2.3）过程中从参与摩擦（2.2）的固体表面上脱落下来的细微颗粒。

注：是评定磨损机理（5.8）的重要依据之一。

5.13 正常磨损 normal wear

机械设计中摩擦副材料（2.12）的磨损率（5.2）在允许范围内的一种磨损（2.3）。

5.14 轻微磨损 mild wear

以极细小的磨屑（5.12）为特征且磨损率（5.2）很低的一类磨损（2.3）。

注：对于金属材料其磨屑（5.12）通常主要由氧化物组成。

5.15 严重磨损 severe wear

以较大的碎片或颗粒状磨屑（5.12）为特征且磨损率（5.2）很高的一种磨损（2.3）。

注：对于金属材料其磨屑（5.12）通常以金属为主。

5.16 干磨损 dry wear

在摩擦副（4.4）之间，无人为添加润滑剂（6.48）时发生的磨损（2.3）。

5.17 磨合　running in

为消除新摩擦副（4.4）运转初期摩擦系数 μ（4.18）和磨损率（5.2）具有的暂态特征，采用一组特定的［摩擦］工况（4.3）参数进行操作，以改善该系统的摩擦学行为（2.11）的技术。

注1：磨合通常在低操作规范，即低功耗、低速和低载的特定条件下进行。

注2：在运行初期，改善摩擦副（4.4）的接触表面（3.30）特性，使其摩擦系数 μ（4.18）和磨损率（5.2）减小的能力称为磨合性。

5.18 磨粒（料）磨损　abrasive wear

在摩擦（2.2）过程中，由于硬颗粒或摩擦副（4.4）表面的硬微凸体（3.6）对固体表面挤压和沿表面运动所引起的损伤或材料流失。

注1：既是一种最常见的磨损（2.3），也可视为一种磨损机理（5.8）。

注2：根据硬颗粒对摩擦副（4.4）的一个表面还是两个对磨表面作用，可分为两体磨粒磨损和三体磨粒磨损；硬颗粒是相对固定的还是松散的、相对摩擦副（4.4）表面是滑动（4.5）为主还是滚动（4.6）兼滑动（4.5），可分为固定磨粒磨损和松散磨粒磨损。

5.19 拉宾洛维奇公式　Rabinowicz's equation

通过 Rabinowicz 模型推出描写磨粒磨损（5.18）中材料以［微］犁削（5.22）或塑性流动（5.21）机理产生的体积磨损量（5.1）V 的公式，即

$$V = K \frac{PS}{H} \tag{9}$$

式中　P——载荷；

　　　S——行程；

　　　H——较软材料的硬度；

　　　K——系数。

5.20 磨粒　abrasive particle

在磨粒磨损（5.18）过程中引起表面损伤和材料流失作用的硬颗粒或硬微凸体（3.6）。

5.21 塑性流动　plastic flow

塑性变形　plastic deformation

<摩擦学>在磨粒（5.20）的机械力作用下，摩擦副（4.4）表层材料产生的不可逆变形。

5.22 ［微］犁削　[micro-] ploughing

［微］犁沟　[micro-] grooving

硬质磨粒（5.20）犁过摩擦副（4.4）固体表面形成微小沟槽的损伤现象。

5.23 微切削　micro-cutting

硬质磨粒（5.20）划过摩擦副（4.4）固体表面，造成表层材料产生磨屑（5.12）并直接造成流失的现象。

5.24 凿削　gouging

硬质磨粒（5.20）从材料表层凿下大颗粒磨屑（5.12）并形成较深且不连续沟槽的损伤现象。

5.25 微断裂　micro-fracture

硬质磨粒（5.20）在材料表层引起微裂纹萌生、扩展和断裂脱落的破坏现象。

5.26 滑动磨损　sliding wear

固体摩擦［表］面（4.1）之间因相对滑动（4.5）造成的磨损（2.3）。

注：属于一种最常见的磨损（2.3）形式，一般承受的是平稳载荷 P（3.31）。

5.27 划伤　scratching

刮伤

由于微凸体（3.6）的滑动（4.5）作用造成固体摩擦［表］面（4.1）上出现划痕的一种磨损（2.3）。

5.28 咬合　galling

在滑动（4.5）的固体摩擦［表］面（4.1）局部出现黏着撕裂的损伤，这种损伤常伴随有材料的塑性流动（5.21）和［材料］转移（5.31）。

5.29 嵌藏性　embedability

轴瓦材料在滑动（4.5）中嵌埋藏磨屑（5.12）和其他外来硬颗粒以降低这些硬颗粒划伤（5.27）摩擦副（4.4）表面或减缓磨粒磨损（5.18）倾向的能力。

5.30 黏着磨损　adhesive wear

由于黏着（4.23）作用使摩擦副（4.4）表面之间发生冷焊和［材料］转移（5.31）现象引起的磨损（2.3）。

注：是一种易引起严重磨损（5.15）的磨损机理（5.8）。

5.31 ［材料］转移　[material] transfer

在滑动（4.5）或滚动（4.6）过程中，摩擦［表］面（4.1）上出现对摩副材料的现象。

5.32 选择性转移　selective transfer

某些合金摩擦副（4.4）在一定［摩擦］工况（4.3）下发生有选择的金属成分［材料］转移（5.31），从而影响摩擦（2.2）和磨损（2.3）的特殊效应。

5.33 阿查德模型　Archard model

描述黏着磨损（5.30）并根据真实接触面职、材料屈服应力和被撕裂下的微凸体（3.6）体积推导出来以计算单位磨程下的磨损量（5.1）的一种简单模型。

5.34 涂抹　smearing

在摩擦副（4.4）之间由于塑性流动（5.21）或［材料］转移（5.31），较软材料的磨屑（5.12）以薄层形式附着于摩擦［表］面（4.1）上的轻微磨损（5.14）。

注：涂抹层一般为较软的材料，它可能附着于摩擦副（4.4）的一个表面或两个表面上。

5.35 粘焊　scoring

相对运动的摩擦［表］面（4.1）之间由于闪温（3.39）过高使许多小接触点出现焊接并在相对滑动（4.5）中被撕裂的磨损（2.3）。

5.36 胶合　scuffing

是粘焊（5.35）这类磨损（2.3）中更为严重的一种形式。

5.37 咬死　seizure

在摩擦［表］面（4.1）产生黏着（4.23）或［材料］转移（5.31），使相对运动停止或断续停止的严重磨损（5.15）。

注：根本原因是大面积黏着（4.23）和粘焊（5.35），但能否造成咬死还与摩擦副（4.4）的间隙和驱

动力有关。

5.38 抗咬性　anti-seizure property

抗焊合性　anti-weld characteristic

在润滑膜（6.1）被破坏瞬间摩擦［表］面（4.1）材料抗咬死（5.37）的能力。

5.39 疲劳磨损　fatigue wear

接触疲劳　contact fatigue

表面疲劳　surface fatigue

当在摩擦（2.2）接触区受到滑动（4.5）、滚动（4.6）或滑滚运动（4.7）的循环应力超过材料的疲劳极限，在表面或近表层中萌生裂纹，并逐步扩展，导致材料表面断裂剥落（5.44）的磨损机理（5.8）。

注：在接触表面（3.30）形成的疲劳损伤还可能成为引发材料疲劳断裂的裂纹源，从而降低材料疲劳强度。

5.40 微动磨损　fretting wear

由微动（4.11）作用使接触表面（3.30）产生的损伤和材料流失。

注：损伤过程中可能包含黏着磨损（5.30）、磨粒磨损（5.18）、疲劳磨损（5.39）及氧化磨损（5.46）等机制。

5.41 微动腐蚀　fretting corrosion

腐蚀环境中接触表面（3.30）间发生微动（4.11），且腐蚀起重要作用的损伤现象。

5.42 微动疲劳　fretting fatigue

由于微动（4.11）导致接触表面（3.30）产生的疲劳现象使部件的疲劳强度降低或早期断裂。

注1：是微动磨损（5.40）和疲劳应力同时或先后联合作用的结果；

注2：表面缺陷的产生可能伴随表面材料流失，但其危害处于次要地位。

5.43 点蚀　pitting

因表面疲劳（5.39）作用导致材料流失，在摩擦［表］面（4.1）留下小而浅的锥形凹坑的损伤形式。

5.44 剥落　spalling

在摩擦［表］面（4.1）因接触疲劳（5.39）而产生鳞片状磨屑（5.12）并出现深而大凹坑的损伤形式。

5.45 剥层　delamination

在接触应力（3.36）作用下摩擦［表］面（4.1）及附近表层的塑性流动（5.21）不断积累，使其次表面（3.2）萌生裂纹并平行于表面扩展，最后裂纹折向表面使材料以薄片状脱落的磨损机理（5.8）。

注：这是 N.P.Suh 于 1973 提出的理论。

5.46 氧化磨损　oxidative wear

氧或氧化介质与摩擦［表］面（4.1）相互作用形成氧化膜，材料流失仅发生在氧化膜或是由于氧化膜不断形成又不断被去除的一种磨损机理（5.8）。

注：通常属轻微磨损（5.14），但当在强氧化介质中摩擦（2.2）时，可能因腐蚀作用加强而发生严重磨损（5.15）。

5.47 腐蚀磨损　corrosive wear

腐蚀环境中摩擦［表］面（4.1）出现损伤和材料流失的一类磨损（2.3）。

注：一般是机械和化学两因素交互作用、互相促进、加速表面损伤和材料流失的过程。

5.48 化学机械抛光　chemical mechanical polishing

利用化学与机械相互作用实现固体表面的平坦化的一种方法。

注：利用腐蚀磨损（5.47）原理的一种材料加工方法，目前多用于超大规模集成电路制造中制备大尺寸硅晶片。

5.49 冲蚀　erosion

冲蚀磨损　erosive wear

固体表面受到小而松散的流动粒子冲击，造成表层材料逐渐流失或表面损伤的一种特殊的磨损（2.3）形式。

注：流动的粒子一般为多相流中的粒子，气流中带有的小固体颗粒称为喷砂冲蚀，液流中带有的小固体颗粒称为料浆冲蚀，高速液滴称为雨蚀，流体中夹有气泡称为空蚀（5.56）。

5.50 攻角　angle of attack

冲击角　impingement angle

流体的运动方向与被冲击表面切线之间的夹角，是冲蚀（5.49）中特殊的［摩擦］工况（4.3）参量。

5.51 冲击速度　impact velocity

一般指流体与被冲击表面之间的相对速度，但在模型的理论描述中应是冲击靶材表面粒子的速度，它是冲蚀（5.49）中特殊的［摩擦］工况（4.3）参量。

注：其他特殊的［摩擦］工况（4.3）参量还包括固体颗粒、液滴及气泡的性质、几何特性、空间密度及时间密度等。

5.52 冲蚀量　erosion loss

在冲蚀（5.49）中固体表层材料流失或表面损伤造成的磨损量（5.1）。

注：可以用体积、质量或几何尺寸表示。

5.53 平均冲蚀深度　mean depth of erosion

用被冲击固体的某特定表面区域内材料流失的平均厚度表示的冲蚀量（5.52）。

注：通常由体积损失除以相应的面积计算出，而体积则由测定的质量损失除以材料密度求得。

5.54 冲蚀率　erosion rate

单位时间内由于冲蚀（5.49）造成的被冲击表面的材料流失量。

5.55 空化　cavitation

<摩擦学>在流体中气泡形成的现象和过程。

注1：由于浸入液体的固体表面振动产生的称为振动空化，由于液体流速变化导致压力波动产生的称为流动空化。

注2：气泡在固体表面或附近溃灭时才对该表面造成破坏。

5.56 空蚀　cavitation erosion

气蚀

处于空化（5.55）环境中的固体表面受气泡溃灭的反复作用造成表面材料逐渐流失的一种冲蚀（5.49）现象。

5.57 穿透率的平均深度　mean depth of penetration rate
MDPR

在空蚀（5.56）中固体表面材料的体积流失速率除以暴露的面积。

5.58 净正吸头　net positive suction head
NPSH

液流中的总压力和蒸气压力之差，由液体的相等高度或"头"表示，即
$$NPSH = (P_0/W) + (v^2/2g) - (P_v/W) \tag{10}$$

式中　P_0——流体中静压力；

　　　P_v——蒸气压；

　　　v——液体流速；

　　　W——液体密度与重力加速度 g 的乘积。

注：该参数常用于泵的设计，以确定泵入口发生空化（5.55）的倾向，可与空穴数 σ（5.59）相联系。

5.59 空穴数　cavitation number
σ

确定液流中发生空化（5.55）倾向的一个无量纲数，由下式得出：
$$\sigma = (P_0 - P_v) / \frac{1}{2}\rho v^2 \tag{11}$$

式中　P_v——蒸气压；

　　　P_0——流体中静压力；

　　　v——液体流速；

　　　ρ——液体密度。

注：空穴数 σ 与净正吸头 NPSH（5.58）有如下关系：
$$NPSH = (\sigma+1)v^2/2g \tag{12}$$

式中　g——重力加速度。

5.60 冲蚀腐蚀　erosion corrosion
由冲蚀（5.49）和腐蚀对金属表面协同作用造成材料流失的现象。

5.61 冲击磨损　impact wear
锤击磨损　peening wear

承受冲击载荷 P（3.31）的固体表面因反复碰撞造成的表层变形和材料脱落现象。

5.62 热磨损　thermal wear
在运动过程中摩擦副（4.4）由于材料的热软化、熔化或蒸发而造成的磨损（2.3）。

5.63 扩散磨损　diffusion wear
相对运动的接触表面（3.30）由于受温度、应力、电磁、成分梯度等作用影响，在摩擦副（4.4）材料间发生原子扩散现象导致的磨损（2.3）加速。

注：高温时原子在摩擦［表］面（4.1）间扩散造成的磨损（2.3）称为热磨损（5.62）。

5.64 氢致磨损　hydrogen wear
氢磨损

在摩擦（2.2）过程中，金属材料副与含氢环境，如烃基、羧基的润滑剂（6.48）或水

溶液发生摩擦化学（2.6）反应，析出氢并扩散在摩擦［表］面（4.1）内，导致裂纹萌生和扩展以加速表层材料流失的一种磨损机理（5.8）。

6 润滑　lubrication

6.1　润滑膜　lubricating film

在相互摩擦（2.2）表面间由易剪切物质形成的薄膜。

6.2　润滑状态　state of lubrication

对润滑膜（6.1）形成原理和特征的描述。一般分为流体润滑（6.3）、弹性流体动力润滑（6.4）、边界润滑（6.5）、混合润滑（6.6）、薄膜润滑（6.7）和固体润滑（6.8）等状态。

注1：按润滑流体成膜原因可分为动力（压）润滑、静力（压）润滑、动静力（压）润滑。

注2：按润滑剂（6.48）的流变特性可分为弹性流体润滑、塑性流体润滑、流变体润滑、磁流体润滑。

注3：按接触特征还可分为部分弹流润滑、微观弹流润滑。

6.3　流体润滑　fluid lubrication

做相对运动的摩擦［表］面（4.1）被气体或液体完全隔开的润滑状态（6.2）。

注1：由外供气体或液体的静压力使摩擦［表］面（4.1）隔开的润滑状态（6.2）称为流体静压润滑。

注2：由于摩擦［表］面（4.1）的收敛间隙形状并相对运动自行吸进气体或液体而形成润滑膜（6.1）的称为流体动压润滑。

6.4　弹性流体动力润滑　elastohydrodynamic lubrication

弹流润滑

点线接触中弹性表面间的一种流体润滑（6.3），即润滑膜（6.1）厚度取决于材料弹性、摩擦［表］面（4.1）间隙形状、相对运动速度和液体流变特性的流体动压润滑状态（6.2）。

注：当摩擦［表］面（4.1）间液体膜的厚度减薄至一定值而出现轮廓峰点接触时的弹流润滑，称为部分弹性流体动力润滑。

6.5　边界润滑　boundary lubrication

在摩擦［表］面（4.1）间不完全依靠润滑剂（6.48）承载，还包含其他物质形成的低剪切强度化合物膜的润滑状态（6.2）。

6.6　混合润滑　mixed lubrication

同时存在流体润滑（6.3）和边界润滑（6.5）的润滑状态（6.2）。

6.7　薄膜润滑　thin film lubrication

介于弹流润滑（6.4）与边界润滑（6.5）之间润滑膜（6.1）厚度为纳米级的润滑状态（6.2）。

注：摩擦副（4.4）固体表面的物理化学特性对润滑分子的作用不可忽略。

6.8　固体润滑　solid lubrication

利用具有低剪切应力的固体粉末、固体薄膜等隔离摩擦［表］面（4.1）以减少摩擦（2.2）和控制磨损（2.3）的润滑状态（6.2）。

6.9　牛顿流体　Newtonian fluid

流动性遵循牛顿黏性定律，即剪应力与剪应变速率成正比的流体。

注：剪切力与剪应变速率不成正比的称为非牛顿流体。

6.10 宾汉流体 Bingham fluid

塑性流体 plastic fluid

流动性不遵循牛顿黏性流动规律的液体,它在开始流动或变形之前需要克服一定的剪应力,一旦超过该屈服应力后剪应力就与剪应变率成正比的流体。

注：润滑脂（8.11）可近似看作宾汉流体。

6.11 假（伪）塑性 pseudoplastic behavior

非宾汉塑性 non-Bingham behavior

流体的黏度（6.12）随剪应变率增加而下降的特性。

注：假塑性流体通常由无规则取向、无联系结构的长链分子组成。

6.12 黏度 viscosity

一般将阻碍液体内部发生相对运动的内摩擦力 F（4.16）称为黏性,以表征液体抵抗剪切变形的能力,对黏性的量度称为黏度。

注 1：液体流动的剪应力 τ 与剪切速率 dv/dx 的比值称为动力黏度 η（国际单位为 $Pa \cdot s$）。

注 2：在同一温度下液体的动力黏度 η 和液体密度 ρ 之比值称为运动黏度 $\nu = \eta/\rho$（国际单位为 m^2/s）。

注 3：在规定条件和温度下,以一定量的液体穿过规定孔道的时间（秒）计量的黏度称为条件黏度。

注 4：在同温度下流体与水的黏度的比值称为比黏度。

6.13 表观黏度 apparent viscosity

非牛顿流体（6.9）流动时其内部阻力特性的量度,其值为在规定的剪应变率下,剪应力与剪应变率之比。

6.14 黏度比 viscosity ratio

同一流体在 50℃ 下与 100℃ 下的运动黏度（6.12）值之比。

注：我国评定润滑油（8.6）黏温性能最简便方法之一,即以 50℃ 和 100℃ 作标准温度,黏度比 = ν_{50}/ν_{100}。

6.15 黏温系数 viscosity-temperature coefficient

同种润滑油（8.6）在 0℃ 和 100℃ 时运动黏度（6.12）值之差与该油在 50℃ 时运动黏度（6.12）的比值。

$$黏温系数 = (\nu_0 - \nu_{100})/\nu_{50} \tag{13}$$

注：黏温系数大者黏度指数（6.16）高。

6.16 黏度指数 viscosity index

待测润滑油（8.6）与标准油的黏度（6.12）随温度变化程度比较所得的相对值。

注 1：黏度指数的计算方法：

$$VI = [(L-U)/(L-H)] \times 100 \tag{14}$$

式中 VI——黏度指数；

L——在 100℃ 时的运动黏度与待求 VI 相同,但其 VI 为 0 的油品在 40℃ 的运动黏度；

H——在 100℃ 时的运动黏度与待求 VI 相同,但其 VI 为 100 的油品在 40℃ 的运动黏度；

U——待求 VI 值油品在 40℃ 的运动黏度。

注 2：黏度指数高的油,其黏温性能好,黏度（6.12）随温度变化小,反之则变化大。

6.17 黏-温方程 viscosity temperature equation

美国材料与试验协会（ASTM）推荐的运动黏度（6.12）ν 与热力学温度 T 的关系式。

注：该方程所得曲线的斜率称为黏-温斜率。

6.18 黏弹性 visco-elasticity

在一定条件（低温或高压）下，润滑剂（6.48）对应力的响应兼有弹性固体和黏性流体的双重特性。

6.19 巴鲁斯方程 Barus equation

压黏关系式 pressure viscosity equation

表达润滑油（8.6）的动力黏度（6.12）与压力的关系式。

$$\eta_p = \eta_o e^{\alpha p} \tag{15}$$

式中 η_p——压力为 p 时的动力黏度；

η_o——常压下的动力黏度；

α——压黏特性系数。

6.20 触变性 thixotropy

流变体在剪切作用下，其黏度（6.12）发生变化并在剪切去除后又可恢复的性能。

注1：受恒定剪切作用其黏度（6.12）随时间而变化，取消剪切力后又可恢复的一类流体材料称为流变材料。

注2：触变时效硬化效应是指比表观黏度（6.13）增加的触变性更长的过程，这是在非牛顿流体（6.9）中观测到的现象。

6.21 膨胀增稠 dilatant

膨胀性

某些非牛顿流体（6.9）的黏度（6.12）随剪应力作用而增大的特性，一般具有可逆性。

注：受剪应力作用而黏度（6.12）降低的效应称为剪切稀化。

6.22 斯特里贝克曲线 Stribeck curve

基于滑动轴承试验得出的润滑状态（6.2）随［摩擦］工况（4.3）条件而改变的过程曲线。

6.23 纳维-斯托克司方程 Navier-Stokes equation

描述黏性流体的运动方程。

6.24 雷诺方程 Reynolds equation

描述流体润滑（6.3）机理的基本方程。

注：根据流体润滑（6.3）特点所引入的一系列假设简化后，由纳维-斯托克司方程导出。

6.25 雷诺数 Reynolds number

Re

流体内部发生运动时惯性力与黏性力比值的无量纲数。

$$Re = \frac{\rho v h}{\eta} \tag{16}$$

式中 ρ——流体密度；

v——流体速度（对压力流动为平均流速，对速度流动为相对滑动速度）；

h——流体层厚度；

η——流体动力黏度。

注1：用于判断黏性流体的流动状态（层流或紊流）和相似分析。
注2：流体质点作互不干扰的层状流动状态称为层流。
注3：流体质点呈现不规则的紊乱运动，而且流体微团间发生动量交换的流动状态称为紊（湍）流。

6.26　承载能力　load carrying capacity
ζ

在摩擦副（4.4）正常运转时所能承受的最大载荷 P（3.31）。

注1：仅用于流体动压径向滑动轴承，其无量纲表达形式称为承载能力系数；
注2：对轴承承载能力系数的表达方式为

$$\zeta = \frac{W\Psi^2}{\eta v B} \tag{17}$$

式中　W——作用在轴承上的载荷；
　　　Ψ——轴承间隙比（轴承半径间隙与轴承孔半径之比）；
　　　η——动力黏度；
　　　v——相对滑动速度；
　　　B——轴承有效宽度。

6.27　索莫菲尔德数　Sommerfeld number
S

轴承承载能力 ζ（6.26）的另一种无量纲表达形式（仅用于流体动压径向滑动轴承）。

$$S = \frac{\eta n}{p}\left(\frac{R}{c}\right)^2 \tag{18}$$

式中　η——动力黏度；
　　　n——轴颈转速；
　　　R——轴承孔半径；
　　　c——轴承半径间隙（轴承孔半轻与轴颈半径之差）；
　　　p——单位投影面积上的载荷。

6.28　彼得洛夫方程　Petroff equation

同心径向滑动轴承中的摩擦力 F（4.16）公式（仅用于流体动压轴承）。

$$F = \frac{2\pi \eta v B R}{c} \tag{19}$$

式中　η——动力黏度；
　　　v——相对滑动速度；
　　　B——轴承有效宽度；
　　　R——轴承孔半径；
　　　c——轴承半径间隙。

6.29　压缩数　compressibility number
Λ

计算气体润滑（2.4）的无量纲数。

注：例如对气体轴承。

$$\Lambda = \frac{\eta v R}{P_a c^2} \tag{20}$$

式中 η——动力黏度；
$\quad v$——相对滑动速度；
$\quad R$——轴承孔半径；
$\quad c$——轴承半径间隙；
$\quad P_a$——环境压力。

6.30 挤压数　squeezing number

Σ

计算气体挤压膜润滑（2.4）的无量纲数。

$$\Sigma = \frac{\eta f B^2}{P_a h^2} \qquad (21)$$

式中 η——动力黏度；
$\quad f$——挤压频率；
$\quad B$——有效宽度；
$\quad h$——膜厚；
$\quad P_a$——环境压力。

6.31 努森数　Knudsen number

K

气体润滑（2.4）中表征气体平均自由程影响的无量纲数。

$$K = \frac{L_p}{h} \qquad (22)$$

式中 L_p——气体分子自由程；
$\quad h$——膜厚。

6.32 哈特曼数　Hartman number

H

计算磁流体润滑（2.4）的无量纲数。

$$H = Bh\left(\frac{\sigma}{\eta}\right)^{\frac{1}{2}} \qquad (23)$$

式中 B——磁感应强度；
$\quad h$——膜厚；
$\quad \sigma$——电导率；
$\quad \eta$——动力黏度。

6.33 马丁方程　Martin equation

马丁于1916年基于雷诺方程（6.24）导出的刚性圆柱接触表面（3.30）做相对运动时的油膜厚度方程。

注：将雷诺理论和赫兹理论联系起来用以计算弹性圆柱接触表面（3.30）做相对运动时的油膜厚度，称欧台尔-格鲁宾（Ertel-Grubin）方程。

6.34 道森-希金森方程　Dowson-Higginson equation

计算弹流润滑（6.4）的油膜厚度方程。

注：20世纪60年代道森-希金森等根据对等温线接触弹流进行系统数值计算提出。

6.35 动压油膜　dynamic oil film

在流体润滑（6.3）轴承中，依靠轴颈在轴承中运动维持的油膜。

6.36 挤压油膜　squeeze oil film

两摩擦［表］面（4.1）沿法向接近时，由于挤压作用形成动力（因挤压效应产生）的油膜。

注：间隙中的润滑剂（6.48）受到挤压作用而产生压力的现象称为挤压效应。

6.37 压力楔　pressure wedge

具有一定黏性的流体流入楔形间隙而产生的压力增加区域。

注：由于摩擦［表］面（4.1）受热变形或两表面之间的润滑剂（6.48）受热膨胀而引起的压力增加称为热楔。

6.38 油膜动力特性　oil film dynamic characteristic

通常指油膜刚度和油膜阻尼。

注1：油膜力对轴心位移的导数称为油膜刚度。

注2：油膜力对轴心变位速度的导数称为油膜阻尼。

6.39 油膜失稳　oil film instability

在油膜动力特性作用下轴心所处的不稳定平衡状态，即丧失了动力稳定性的状态。

6.40 润滑特性　lubrication characteristic

通常指摩擦副（4.4）的静特性，包括承载能力 ζ（6.26）、摩擦功（4.34）耗、润滑剂（6.48）流量和温升；动特性包括润滑膜（6.1）的刚度、阻尼和稳定性。

6.41 润滑状态区域图　region map of lubrication

按各种线接触弹流油膜厚度计算公式及其适用范围绘制的曲线图。

注：为方便计算，采用统一的无量纲参数。

6.42 临界油膜厚度　critical oil film thickness

可将两摩擦［表］面（4.1）完全隔开的最小油膜厚度。

6.43 油膜涡动　oil whirl

在径向轴承中，当轴颈中心由于油膜失稳（6.39）作用而偏离静平衡位置并绕该位置运动的状态。

注：对于高速轻载流体动力润滑轴承，产生油膜涡动时的速度（频率）约为轴颈转动速度（频率）之半，且其涡动方向与轴颈的旋转方向一致，称为半速（频）涡动。

6.44 泰勒涡流　Taylor vortices

在径向轴承中，位于两同心圆柱面之间环形区的流体在一定转速下，由层流变成的环状涡流的流动状态。

6.45 空穴效应　cavitation effect

由于油膜间隙发散或摩擦［表］面（4.1）分离造成油膜压力降低，出现负压，形成空穴使油膜不连续的现象。

注：轴承或齿轮传动系统中，脂或油膜破裂形成空气沟的现象称为气沟效应。

6.46 补偿作用　compensation effect

在流体静力润滑（2.4）系统中，安装节流补偿组件以控制进油流量，使油腔中压力恒定。

6.47 润滑方式　methods of lubrication

向摩擦副（4.4）的表面供给润滑（2.4）介质的方式。

注1：按供给时间分为间歇润滑、连续润滑、单程润滑、循环润滑、集中供脂润滑。

注2：按供给动力来源分为重力润滑、压力润滑、手工给油［脂］润滑、脂枪润滑。

注3：按供给方法分为滴油润滑、喷油润滑、油浴［池］润滑、飞溅润滑、油雾润滑、油气润滑。

注4：按供给媒介分为油绳润滑、油垫润滑、油［脂］环润滑、油盘润滑、油链润滑等。

注5：按固体润滑剂的供给方法可分为喷粉润滑、干膜润滑、蜡笔润滑、镶嵌润滑、转移膜润滑。

6.48 润滑剂　lubricant

加入到相对运动表面之间，用于减少摩擦（2.2）和控制磨损（2.3）的易剪切物质。

注1：按形态可分为流体、半流体或黏稠膏状、粉末、干膜、敷层等。

注2：按照使用条件可分为液体润滑剂、气体润滑剂、固体润滑剂。

6.49 润滑油特性　lubricant property

专指润滑油（8.6）减少摩擦（2.2）和控制磨损（2.3）的能力和性质。

注1：包括极端［摩擦］工况（4.3）下提高承载能力 ζ（6.26）的极压性，几种成分能够混合使用或贮藏的兼容（配伍）性，抵抗由于剪切使黏度（6.12）下降的剪切安定性，高温和空气中抵抗生成酸或漆状物的热氧化安定性，以及应用中涉及的可燃性、流动性、压缩性、清净性（6.56）、导热性、吸水性等。

注2：用于发动机的燃料油应有一定的润滑（2.4）性能以防止油料系统磨损（2.3）失效，为保护环境不受污染不能添加润滑油（8.6）中常用的硫磷抗磨剂，故必须强调燃料润滑性（fuel lubricity）。

6.50 苯胺点　aniline point

在规定条件下，润滑油（8.6）与等体积的苯胺互相溶解成单一相的最低温度。

6.51 酸值　acid value；acid number

中和1g润滑油（8.6）中的酸所需的氢氧化钾毫克数。

6.52 碘值　iodine number

被测试的100g润滑油（8.6）吸收碘的克数。

注：碘值越高则不饱和烃含量越多，油品氧化稳定性越差。

6.53 残碳值　conradson carbon value

在规定条件下润滑油（8.6）、润滑脂（8.11）受热蒸发后剩下的黑色残留物占油品总质量的百分数。

注：油品在试验条件下灼烧后剩留的以百分数表示的不燃物称为灰分。

6.54 抗乳化度　anti-emulsifying degree

在规定条件下使润滑油（8.6）和水混合并乳化，其量度一般用一定温度下静置后油、水完全分离所需的时间来表示。

注：主要用来评定汽轮机油的脱乳化能力。

6.55 油泥　sludge

低温油泥

内燃机油的氧化产物、碳粒、水分和外界固体物质，在低温时形成的油膏状凝聚物。

6.56 清净性　detergency

专指润滑油（8.6）在清洗、溶解、分散内燃机高温时形成的漆膜、积炭等氧化产物而保持清净的能力。

6.57 润滑脂特性　grease property

通指润滑脂（8.11）长期存放或使用时，其减摩和抗磨能力衰减的特性。

注：包括润滑脂（8.11）经长期存放或在较高温度下存放或使用时，其基础油（8.2）从该脂中析出的分油现象；受力时，抵抗变形能力的稠度（锥入度）随贮藏时间的延长而增大的时效硬化；在外力作用下，抵抗稠度变化的机械安定性；重力作用下流入泵或油桶能力的黏稠性。

6.58 积炭　carbon deposit

燃料油和润滑油（8.6）或轴承材料（7.4）的有机组分，在高温下分解和碳化所产生的褐色或黑色沉积物。

注1：较软的沉积物称为胶质。

注2：聚合黏附在摩擦［表］面（4.1）上的棕色或黑色的漆状物称为漆膜。

6.59 固体润滑分散液　solid lubricant dispersion

固体润滑悬浮液　solid lubricant suspension

起固体润滑（6.8）作用的物质微细固体颗粒在水、油或各种溶剂中的胶体分散体系。

6.60 絮凝　flocculation

起固体润滑（6.8）作用的物质中胶体粒子沉淀凝集的现象。

注：对稳定分散液来说是一种不希望发生的现象；阻止这种现象的发生称为抗絮凝。

7 摩擦副材料　rubbing pair material

7.1 摩擦材料　friction material

摩阻材料　friction drag material

利用摩擦（2.2）作用将动能转化为热能以降低摩擦副（4.4）的相对运动速度，或用来转换和传送动力和功率的专用材料。

注：以石棉纤维、纸浆加石棉、碳素粉末或碳素纤维、石棉纤维加金属增强纤维等为基体并以树脂为黏结剂，可制成石棉基摩擦材料、纸基摩擦材料、碳基摩擦材料和复合摩擦材料。

7.2 摩擦添加物　friction additive

制备摩擦材料（7.1）时，用于调整摩擦系数 μ（4.18），防止黏着（4.23）和咬死（5.37）而添加的组分。

注：常用的摩擦添加物有：氧化硅、氧化铝（7.16）、氧化铬、碳化硅（7.17）、碳化硼、硼化铬、硼化钛、硼化钨、硼化锆、石棉、莫来石、蓝晶石等。

7.3 减摩材料　antifriction material

具有良好减摩性（4.26）和一定的耐磨性（5.5）以用于制备摩擦副（4.4）的专用材料。

7.4 轴承材料　bearing material

具有低摩擦系数 μ（4.18），用于制造运动支承或导向零件（如滑动轴承、导轨等）的减摩材料（7.3）。

注1：由承载的母体材料和固态的润滑材料（8.1）复合组成的称为复合轴承材料。

注2：这类材料一般也具有较好的耐磨性（5.5）和承载能力 ζ（6.26）。

注3：分为金属材料（轴承合金）、粉末冶金材料和非金属材料三大类。

注4：轴承合金有巴氏合金（7.5）、轴承青铜（7.6）、铝基或锌基合金等，常用于滑动轴承的轴瓦衬套。

7.5 巴氏合金 Babbitt metal

巴比特合金

白合金 white metal

巴比特研制的以锡和铅为基体的双相合金，呈浅白色，是传统的轴承材料（7.4）。

注：现在该术语表示一系列含有不同量的锑、铜、铅、锡的铅基、锡基合金。

7.6 轴承青铜 bearing bronze

专门用于制作轴承材料（7.4）的铜合金。

注：包括含少量硅（质量分数≤3.50%）和锰或镍的硅青铜；铜和铝的二元合金及其中再加入锰、铁、镍等的铝青铜；铜和铍的二元合金及其中再加入钴、镍、铝、硅、铁等的铍青铜；含锰量为4.5%～5.5%（质量分数）的锰青铜和常用锡青铜、铅青铜、磷青铜等。

7.7 铝基轴承合金 aluminium alloy for bearing

用作轴承材料（7.4）的铝基合金。

注：现用的有铝锡合金、铝硅合金、铝铅合金、铝锑合金、铝镍合金、铝铜合金等。

7.8 锌基轴承合金 zinc alloy for bearing

用作轴承材料（7.4）的锌合金，含8%～30%（质量分数）的铝和少量的铜、镁等。

注：当含铝量较高时，亦称锌铝合金。

7.9 耐磨材料 wear resistant material

具有高耐磨性（5.5）的各种金属、非金属材料的总称。

注：按材质可以分类为耐磨钢（7.10）、耐磨铸铁（7.11）、耐磨合金（7.12）、金属陶瓷（7.13）、精细陶瓷（7.14）、硬面材料（7.21）及聚合物材料（7.23）等。

7.10 耐磨钢 wear resistant steel

不仅具有优良的耐磨性（5.5），同时也具有较高强度和韧性的钢。

注：使用较多的耐磨钢有含锰量11%～14%（质量分数），适合冲击载荷 P（3.31）下工作的高锰钢；制作轴承用的GCr-15钢；制作切削刀具的高速钢；耐磨耐蚀的不锈钢，以及含合金元素（锰、硅、铬、钼、镍等）的铸钢。

7.11 耐磨铸铁 wear resistant cast iron

具有高耐磨性（5.5）和一定强度和韧性的铸铁。

注：主要有价格低廉的白口铁；低合金稀土镁球墨铸铁；通过激冷工艺使铸件具有激冷层的冷硬铸铁；含镍、铬的镍硬铸铁；含铬量大于12%（质量分数）的高铬铸铁；含磷量0.3%～0.8%（质量分数）的高磷灰铸铁等。

7.12 耐磨合金 wear resistant alloy

专用于制造耐磨部件或涂敷于工件表面以提高其耐磨性（5.5）的合金。

注：常用的耐磨合金有含铬、钨的钴基合金（斯太立合金 Stellite alloy）；利用金属间化合物 Laves 相强化以提高抗擦伤性的低碳钴基、镍基合金（耐磨合金 Tribaloy alloy）；金属碳化物以钴或镍作黏结剂通过粉末冶金方法制备的合金（硬质合金 hard alloy）等。

7.13 金属陶瓷 cermet

由金属与金属碳化物、硼化物、氧化物等粉末共混、烧结制成的用于高温［摩擦］工况（4.3）的耐磨材料（7.9）或自润滑复合材料（7.24）。

7.14 精细陶瓷 fine ceramic

由传统陶瓷发展出的硬度高、耐磨性（5.5）好、耐蚀、耐热的先进陶瓷材料。

注1：以氧化物、碳化物、氮化物、硼化物、硅化物等制成的单一陶瓷或陶瓷合金。

注2：应用于高温摩擦副（4.4）如涡轮增压器转子、内燃机气缸套内衬、气缸头活塞顶、进排气阀门、滚动轴承等。

注3：脆性限制了其更广泛应用。

7.15 氧化锆　zirconium oxide

具有高韧性、高熔点（2667℃）、良好化学稳定性的ZrO_2，在1170℃时会因相变发生体积改变，需加入氧化物稳定剂以改善其抗热震性和热稳定性，用于模具、轴承、密封件和人工关节的为部分稳定氧化锆（PSZ）。

7.16 氧化铝　alumina

具有多种同质异构晶体的Al_2O_3，以刚玉型高温强度高、化学稳定性好、脆性大，广泛用于难加工材料的切削刀具。

7.17 碳化硅　silicon carbide

具有闪锌矿结构的共价键化合物陶瓷SiC，具有良好的电导率、导热性、化学稳定性和较高抗热震性，广泛用于轴承、密封、阀片、喷嘴、泵部件和模具。

7.18 氮化硅　silicon nitride

一种力学性能好、硬度高、密度小、耐磨性（5.5）好，耐蚀、耐热冲击的六方晶体结构精细陶瓷（7.14）。

注：常用作极苛刻条件下（高温、低温）高速滚动轴承球、喷嘴、热压模具等。

7.19 碳石墨　carbon-graphite

一种耐磨性（5.5）好、摩擦系数μ（4.18）适中（0.2～0.35）的部分石墨化的碳材料。

注1：导热和导电性高，耐热耐蚀，常用于密封组件、轴套、导电刷及飞机和化工设备中的摩擦副（4.4）。

注2：碳石墨材料或制品中可渗硅或渗入树脂、金属等以提高其强度和耐磨性（5.5）或减摩性（4.26）。

7.20 渗硅（硅化）石墨　cementation of silicon in graphite

在高于2000℃含硅气氛中在催渗剂的作用下，石墨（8.17）表面生成SiC并形成由SiC、Si、C多相组成的新型复合材料，具有很强的耐高温、耐高压、耐腐蚀、抗磨损（2.3）、抗氧化、抗热震等性质，并且是电和热的良导体，在机械、化工、冶金、航空航天、电子、生物工程等领域有着重要的应用。

7.21 硬面材料　hardfacing material

在热喷涂（9.4）或硬面堆焊（9.3）、真空熔结涂层（9.5）等摩擦学表面技术（9.1）中作为表面强化用的金属或非金属材料。

注：喷涂、喷焊、真空熔结涂层（9.5）等工艺所用的自熔合金，一般在钴、镍、铁基中添加适量的硼和（或）硅，以降低熔点，并使之有良好的浸润性，在熔融过程中脱氧、造渣、除气以保护形成的涂层。

7.22 自黏结材料　self-bonding material

主要指在热喷涂（9.4）过程中能发生突发的放热反应形成Ni、Al金属间化合物，同时产生的高温能使涂层致密并与基材形成准冶金结合的镍铝复合粉末或线材。

7.23 聚合物材料　polymer material

可用于摩擦副材料（2.12）的一类由化学方法合成其相对分子质量一般在几千到几百万的高分子聚合物。

注：高密度聚乙烯有较低的摩擦系数 μ（4.18），聚酰胺有良好的耐磨性（5.5），均已得到实际应用。

7.24 自润滑复合材料　self lubrication composite material

以聚合物或金属为基体，加入固体润滑（6.8）材料的粉末，制备出的低摩擦系数 μ（4.18）的复合材料。

注：这类材料的硬度可高于基体，在减小摩擦系数 μ（4.18）的同时提高耐磨性（5.5）。

8 润滑材料

8.1 润滑材料　lubricating material

专指用于润滑（2.4）或制备润滑剂（6.48）的各类材料，包括油、脂、粉末、膜层、水、乳化剂、填加料等物质。

8.2 基础油　base oil

未加入添加剂（8.3）、稠化剂（8.4）及填料（8.5）的矿物油、合成油、植物油、动物油等原料油品，是制备润滑油（8.6）、润滑脂（8.11）的主要原料。

8.3 添加剂　additive

加到油品中能赋予润滑剂（6.48）某些优异性能，或减弱甚至消除某种有害影响的物质。

注1：传统添加剂：防止不溶于油中的悬浮物形成积炭（6.58）、漆膜和油泥（6.55）的分散剂；能减缓油品氧化并能在金属表面形成保护膜以防止腐蚀作用的抗氧化抗腐蚀剂；提高油品极端［摩擦］工况（4.3）下的承载能力 ζ（6.26）和金属摩擦副（4.4）的减摩抗磨性能的极压抗磨剂；能在金属表面形成定向吸附膜，以防止摩擦副（4.4）表面直接接触的油性剂和摩擦（2.2）改进剂；可钝化金属表面以降低油品氧化速度的金属减活剂；改善油品黏温性能的黏度指数（6.16）改进剂；降低油品的凝固点，改进油品低温流动性的降凝剂；抑制并消除泡沫的产生的抗泡剂；以及由多种添加剂配合调制油品以达到抗磨、抗氧、防锈、降凝、抗泡等复合作用的复合添加剂。

注2：环境友好添加剂（environmentally acceptable additive）：为减少含硫、磷等成分添加剂对大气的污染及发动机废气转换器中催化剂的中毒，而发展用于发动机和其他机械部件油的低磺酸盐、低磷、低灰添加剂。

注3：含有满足各种使用性能［如润滑（2.4）性、抗氧性、防锈性、抗泡性等］的各种添加剂的组合物，广泛用于调和成品油的复合添加剂（additive package）。

8.4 稠化剂　thickener

为配制润滑脂（8.11）而分散在润滑油（8.6）中提高黏度（6.12）的固体材料，又称增稠剂。

注1：能形成结构骨架，使基础油（8.2）固定在其中成为半固体状的脂类。

注2：金属皂和有机物是常用的稠化剂，无机稠化剂有炭黑、膨润土、氧化硅凝胶等。

8.5 填料　filler

添加到润滑脂（8.11）中以增强润滑（2.4）性能并提高其稠度的固体物质，如石墨（8.17）、二硫化钼（8.16）、滑石（8.22）、云母和铜粉等。

8.6 润滑油　lubricating oil

在基础油（8.2）中加入添加剂（8.3）制备的最常用的液体润滑剂（6.48）。

注：按不同用途分为汽油机油、柴油机油、汽轮机油、变压器油、锭子油、齿轮油、主轴油、磨合油、多效油、多级润滑油等。

8.7　复合油　compounded oil

配制油

混合矿物油，合成油，动、植物油等基础油（8.2）和添加剂（8.3）制备的润滑油（8.6）。

8.8　矿物润滑油　mineral lubricating oil

由石油提炼并经过精制的基础油（8.2）制备的润滑油（8.6）。

注：包括内燃机油、各类齿轮油、液压油、压缩机油、导轨油、汽轮机油。

8.9　轴［承］油　bearing oil

主轴、轴承和有关离合器用润滑油（8.6）。具有抗氧、防锈、抗磨作用。

8.10　合成润滑油　synthetic lubricating oil

通过化学方法人工合成基础油（8.2）制造的润滑油（8.6）。

注1：具有较好的高温性能，优良的抗氧化，抗辐射，化学稳定性和黏温及低温性。

注2：按其基础油（8.2）可分为有机酯、合成烃、聚醚、聚硅氧烷、含氟油、磷酸酯六类，多用于航空及汽车工业的高低温部件和仪器仪表的润滑（2.4）。

8.11　润滑脂　grease

将稠化剂（8.4）均匀地分散在润滑油（8.6）中得到的半流体或黏稠膏状的润滑剂（6.48）。

注1：包括脂肪酸钙、锂或硬脂酸锂皂稠化矿物油的钙基、锂基脂；不用金属皂稠化的非皂基润滑脂；高聚物稠化的聚合物脂；合成油加脂肪酸锂、钙、二硫化钼（8.16）和鳞片石墨（8.17）稠化的合成润滑脂。

注2：按其特性和用途可以分为专门用于特殊摩擦副（4.4）或极端［摩擦］工况（4.3）的专用润滑脂，具有明显纤维结构在受剪切时其稠度持久增大的特种触凝润滑脂等。

8.12　极压润滑剂　extreme-pressure lubricant

含有硫、磷、硼或卤素极压添加剂（8.3）的润滑油（8.6）或润滑脂（8.11）。

注1：常见的有硫化烯烃、氯化石蜡、硫氯化动植物油、硼酸盐、含磷和杂环氮的极压润滑剂等。

注2：在摩擦［表］面（4.1）形成比基体金属的剪切强度低的金属硫化物或氯化物膜，可防止表面严重破坏或咬死（5.37），硼酸盐可在摩擦（2.2）高温下对表面渗硼，磷和杂环氮的磷剂在摩擦［表］面（4.1）生成高熔点低剪切强度反应膜而起到极压作用。

8.13　硅酸盐自修复添加剂　silicate self-repair additive

一种完全不同于传统添加剂（8.3）的组合物，含高度分散硅酸盐粒子和助剂，具有自行修复磨损（2.3）表面的功能。

注：配合润滑油（8.6）、润滑脂（8.11）应用，摩擦（2.2）过程中在硅酸盐的催化作用下可能生成接近金刚石硬度并具有耐磨性和涂覆性的表面膜。

8.14　层状点阵材料　layer-lattice material

具有良好固体润滑（6.8）特性的层状晶体结构材料，如石墨（8.17）、二硫属化合物（8.15）、六方氮化硼（8.18）等。

8.15　二硫属化合物　dichalcogenides

钨、钼、铌、钽与ⅥA族元素形成的二硫化物、二硒化物、二碲化物的统称，具有固体润滑（6.8）特性。

注：这类化合物如 MoS_2、WS_2、WSe_2、$NbSe_2$ 等，均具有层状结构。

8.16　二硫化钼　molybdenum disulfide

MoS_2 为最常用的具有良好固体润滑（6.8）特性的二硫属化合物（8.15）。

注1：为六方晶系层状结构的灰黑色无光泽粉末，不溶于水，空气中最高使用温度为350℃；可用于高速、重载、高真空及有化学腐蚀等［摩擦］工况（4.3）。

注2：二硫化钨是另一种常用的固体润滑（6.8）材料，由人工合成的具有鳞片状外观的深灰色粉末，结构和润滑（2.4）性能均与二硫化钼相似，空气中最高使用温度为440℃。

8.17　石墨　graphite

六方层状结构的碳结晶体，化学稳定性极高，是常用的固体润滑（6.8）材料。

注1：空气中最高使用温度为500℃。

注2：水蒸气或其他气体吸附物质对石墨的润滑（2.4）性能影响极大；在真空中，石墨将失去润滑（2.4）作用。

注3：氟化石墨作为固体润滑（6.8）材料其性能优于石墨，是碳与氟在高温下反应形成的稳定高分子化合物，由于氟化程度不同，可呈黑色、灰色或白色等几种颜色。

8.18　氮化硼　boron nitride

六方晶系的 BN，热稳定性好，常作为高温固体润滑（6.8）材料使用。

8.19　氟化钙　calcium fluoride

CaF_2 高温下具有低摩擦系数 μ（4.18），工作温度可达800℃以上，常以干膜方式应用的高温固体润滑（6.8）材料。

注：氟化钡是另一种高温固体润滑（6.8）材料，常与氟化钙一起按一定比例复合使用。

8.20　一氧化铅　lead monoxide

PbO 是具有正方晶体或者斜方晶体结构的高温固体润滑（6.8）材料，使用温度最高为600℃左右。

8.21　软金属膜　soft metal film

具有低抗剪强度的金属所容易形成的膜，如铅（Pb）、铟（In）、镓（Ga）、锡（Sn）、锌（Zn）、银（Ag）、钡（Ba）、金（Au）的薄膜，可作为固体润滑（6.8）材料应用。

8.22　滑石　talc

单斜晶系的 $Mg_3Si_4O_{10}(OH)_2$ 呈白色或淡黄色，鳞片状且有滑腻感的软材料，可用于高温固体润滑（6.8）。

8.23　酞青　phthalocyanine

可用作固体润滑（6.8）材料的有机颜料，层状结构，在各个结晶方向均柔软，能很好保护摩擦［表］面（4.1），使用温度约为500℃。

8.24　聚四氟乙烯（PTFE）　polyterafluoroethylene（PTFE）

常用的一种聚合物固体润滑（6.8）材料，可直接涂敷或喷涂于摩擦［表］面（4.1）起润滑（2.4）作用，也可单独或加填料（8.5）使用，也可作为填料（8.5）制备成复合材料。

注：俗称塑料王，化学稳定性好，摩擦系数 μ（4.18）很低（0.05～0.10），在 -230℃～260℃的宽温度范围内仍保持低摩擦系数 μ（4.18），可制成纤维和其他有机纤维混纺布，贴在摩擦［表］面（4.1）

上起减摩作用。

9 摩擦学表面技术

9.1 摩擦学表面技术　surface technology for tribology

专指在摩擦学（2.1）领域应用的材料表面强化和改性技术。

注1：利用物理、化学或机械等方法在基材表层获得特殊成分、组织、结构，使摩擦副（4.4）具有适用且优异的减摩耐磨特性。

注2：涉及的技术主要有化学热处理（扩渗）、高能束流处理或注入、气相沉积（9.8）、硬面堆焊（9.3）、热喷涂（9.4）、熔覆、电镀、化学镀等。

9.2 离子注入　ion implantation

在真空条件下将选定的元素电离并用静电场加速，离子以高速冲击被处理的表面并注入基材而形成极薄的近表面合金层，以提高基材耐磨减摩能力的一种摩擦学表面技术（9.1）。

9.3 硬面堆焊　hardfacing

利用等离子弧、电弧、火焰等热源将具有特定性能的金属或合金熔化并涂敷在基材表面的一类摩擦学表面技术（9.1）。

注1：堆焊层与基材表面有一定厚度的熔化混合，并形成冶金结合的过渡区。

注2：用气体火焰为热源的称为气体堆焊，用电弧为热源的称为电弧堆焊。

注3：常用的耐磨堆焊材料是 Ni、Co 或 Fe 基自熔合金及高铬高碳铁合金。

9.4 热喷涂　thermal spraying

用高温、高速气流将金属、陶瓷或高分子材料等熔化或半熔化并雾化，加速喷射至已预处理的基材表面以形成涂层的一类摩擦学表面技术（9.1）。

注1：按使用的热源可将其分为电弧喷涂、火焰喷涂、爆炸喷涂、等离子喷涂等。

注2：按被喷涂材料可将其分为金属喷镀、陶瓷喷涂、塑料喷涂等。

9.5 真空熔结涂层　vacuum fusing coating

将自熔合金粉末预涂敷于基材表面的工件置放在真空炉中或用高能束流加热、熔化、凝结而形成涂层的一种摩擦学表面技术（9.1）。

9.6 激光表面处理　laser surface treatment

用高能量密度激光束照射使材料表面局部快速熔凝或发生相变的一种摩擦学表面技术（9.1）。

注：包括表面相变强化、形成微晶和非晶、表面合金化、表面涂覆等。

9.7 液相沉积　deposition in solution

通过电解或化学还原反应在特制的溶液中获得金属沉积层的一类摩擦学表面技术（9.1）。

注1：最常用以改善基材耐磨性（5.5）的电镀品种为镀硬铬，化学镀品种为镀 Ni-P。

注2：在镀液中分散固体微粒与金属共沉积的复合镀，如 Ni-P/SiC 或 Ni-P/PTFE 表层可以改善基材的耐磨性（5.5）或减摩性（4.26）。

注3：用化学或电化学原理与基材反应的方法处理金属表面得到膜层以改善其摩擦学（2.1）性能的工艺称为转化膜技术。

9.8 气相沉积　vapor deposition

利用电极放电、加热、施加电磁场等物理方法使固体气化，并通过气相化学反应在基材表面形成具有特殊性能金属或化合物薄膜的一类摩擦学表面技术（9.1）。

注1：就其沉积原理可分为化学气相沉积（CVD）和物理气相沉积（PVD）两类。

注2：物理气相沉积又可分为在真空中将靶材加热蒸发或升华后沉积在基材上的蒸镀；在强电场作用下的惰性气体正离子轰击阴极靶材并使溅出的原子沉积在基材上的溅射；通过加热使靶材气化产生离子辉光放电并沉积在基材上的离子镀等。

10 摩擦学试验设备　tribology test device

10.1 摩擦学试验　tribology test

模拟摩擦副（4.4）的［摩擦］工况（4.3）以确定试验参数，或在一定加速条件下进行摩擦学行为（2.11）研究的试验。

注1：试验所使用的各类仪器或装置统称为摩擦学（2.1）试验装置。

注2：按试验目的和要求，可分为试片试验，模拟［摩擦］工况（4.3）的零部件试验和整机的台架试验等。

10.2 摩擦试验机　tribometer

测量相对运动表面间的法向力 N（3.31）和摩擦力 F（4.16）及其相互关系的仪器或试验装置。

注：评定摩擦副（4.4）的静摩擦系数（4.19）的试验装置称为静摩擦试验机；研究摩擦副（4.4）相对滑动（4.5）时的跳跃运动行为的试验装置称为粘-滑试验机；将试片压在以一定速度旋转的圆板或圆环上以评定摩擦材料（7.1）的热稳定、热冲击刹车性能和耐磨性（5.5）的设备称为定速式摩擦试验机。

10.3 四球试验机　four-ball tester

由一个转动钢球与三个静止钢球组成点接触的摩擦副（4.4）做单向滑动（4.5）的试验机；可在混合润滑（6.6）和边界润滑（6.5）区工作，多用于评定润滑油（8.6）极限承载能力 ζ（6.26）的试验；摩擦副的组成见图1。

10.4 往复试验机　reciprocating tester

由销试样与平板试样组成点接触或面接触的摩擦副（4.4）做往复滑动（4.10）的试验机，如SRV试验机；多工作于干摩擦（2.2）、混合润滑（6.6）和边界润滑（6.5）区，可用于评价润滑油（8.6）、固体润滑（6.8）材料及耐磨材料（7.9）的试验；摩擦副的组成见图2。

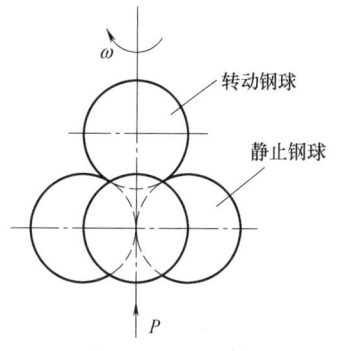

图1　一个转动钢球与三个静止钢球组成的单向滑动摩擦副

10.5 销/盘试验机　pin on disk tester

由销试样与转动圆盘试样组成点接触或面接触的摩擦副（4.4）做单向滑动（4.5）的试验机，如国内仿制苏联 X-4b 的 ML-10 试验机；多用于干摩擦（2.2），也有以砂布（纸）覆盖转动圆盘与销试样对磨，可进行材料的磨粒磨损（5.18）试验；摩擦副的组成见图3。

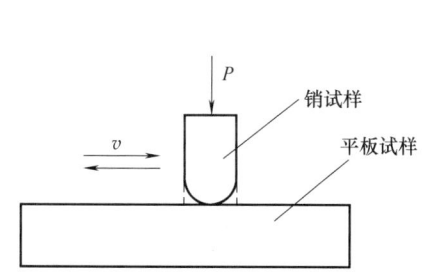

图2　销试样与平板试样组成的往复滑动摩擦副

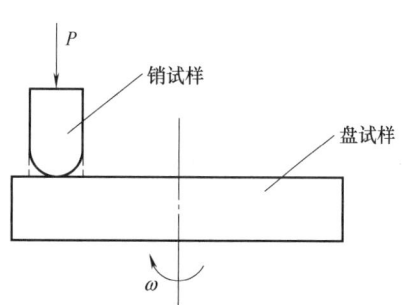

图3　销试样与转动圆盘试样组成的单向滑动摩擦副

10.6 环/块试验机 ring/block tester

由块状试样与转动圆环试样组成线接触或面接触的摩擦副（4.4）做单向滑动（4.5）的试验机；常用于润滑油（8.6）、润滑脂（8.11）的规格试验；摩擦副的组成见图4。

注：这类试验机国内外均有多种型号，如改制Amsler公司的试验机为国产型号MM-2000，改制Falex公司的试验机为国产型号MPX-2000，改制Timken公司的试验机为国产型号MHK-500A等。

10.7 划痕仪 scratch tester

利用圆锥形或棱锥形金刚石压头，以一定的载荷 P（3.31）或加载速率在平板试样表面滑动（4.5），划破或犁开固体材料表面或镀有薄膜的表面，以评价其硬度或膜/基结合情况的仪器。

注1：利用载荷 P（3.31）与痕槽截面积之比或根据划痕沟槽尺寸，可表征材料的划痕硬度。

注2：划痕过程中通过声发射监听方法测得薄膜破裂时的载荷 P（3.31），可用以评估膜/基结合强度。

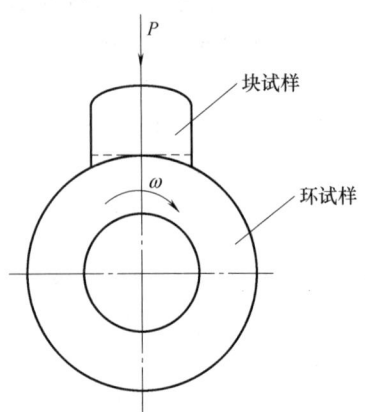

图4 块状试样与转动圆环试样组成的单向滑动摩擦副

注3：以纳牛量级的载荷 P（3.31）对分子级的平坦表面进行划痕试验的仪器称为纳米划痕仪。

10.8 微牵引力试验台 mini-traction machine（MTM）

可在不同载荷 P（3.31）、速度和一定温度下的滚动（4.6）、滑动（4.5）或滑滚运动（4.7）时，评定润滑油（8.6）、润滑脂（8.11）在弹性流体动力润滑（6.4）、混合润滑（6.6）和边界润滑（6.5）各区摩擦（2.2）性能的新型润滑油脂试验机。

10.9 薄膜光干涉试验台 thin film optical interferometry

具有与微牵引力试验台（10.8）相同功能并利用光干涉条纹测量纳米级厚度油膜，用于评定润滑油（8.6）、润滑脂（8.11）及添加剂（8.3）的润滑特性（6.40）和研究润滑（2.4）机理的精密仪器。

10.10 交叉圆柱试验机 crossed cylinders tester

由两个交叉圆柱试样组成的摩擦副（4.4）做接触柱面间相对运动的试验机；摩擦副的组成见图5。

注1：两圆柱一般采用90°交角，一圆柱沿自身轴线转动，另一圆柱静止或沿其轴线往复运动；或两圆柱同时旋转并做轴向运动。

注2：由圆球和圆柱组成摩擦副（4.4），其球面和柱面接触做相对运动的称为球/柱试验机。

10.11 接触疲劳试验机 contact fatigue tester

由两圆盘（或球/盘、球/柱）试样组成摩擦副（4.4），两圆盘的周面接触（或球/盘、球/柱接触）保持不同线速度运动，使其互相接触表面之间做相对的滚动（4.6）或滑滚运动（4.7）的试验机；可进行疲劳磨损（5.39）试验；两圆盘接触摩擦副的组成见

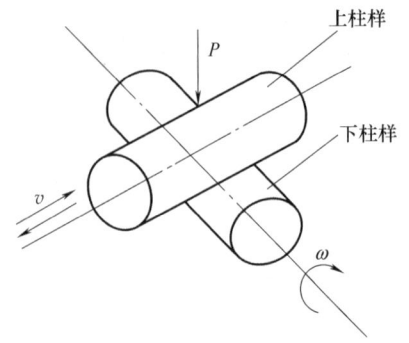

图5 两个交叉圆柱试样组成的相对运动摩擦副

图 6。

10.12 橡胶轮（式）磨粒磨损试验机　rubber wheel abrasion tester

由具有橡胶轮缘的圆盘旋转携带磨粒（5.20）滑过紧压在轮缘上的平板试样表面的试验机，可进行磨粒磨损（5.18）试验。

注：该试验机分为干砂和湿砂两类，国产 MLS-23 磨粒磨损试验机可用于做干/湿砂两种试验。

10.13 冲击磨粒磨损试验机　impact abrasion tester

通过试样冲击磨料的方式研究在冲击性载荷 P（3.31）作用下材料磨粒磨损（5.18）特性的试验机。

10.14 块/滑轨式磨粒磨损试验机　block track abrasion tester

平面磨粒磨损试验机　plane abrasion tester

块状试样压在滑轨平面上做相对滑动（4.5）并使磨粒（5.20）不断进入试样和滑轨之间的试验机，可进行磨粒磨损（5.18）试验。

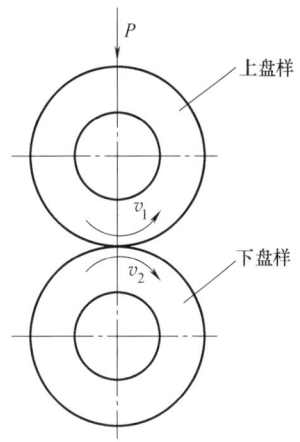

图 6　两圆盘试样组成的滑滚运动摩擦副

10.15 喷砂冲蚀装置　sand erosion tester

使大量松散的微小固体颗粒在高速气流裹挟下冲击试样表面，用以研究在各种冲击速度（5.51）、攻角（5.50）及不同颗粒性质等条件下的材料冲蚀（5.49）行为的试验设备。

10.16 料浆罐式冲蚀磨损试验机　stauffer slurry erosion tester

将固体颗粒和液体介质配制成料浆装入容器罐内，令试样与料浆之间进行相对旋转运动，可在不同条件（旋转速度、试样方位、固体颗粒、料浆浓度、液体介质等）下进行冲蚀（5.49）试验；典型的试验装置组成见图 7。

注：用此类试验机还可进行干式、湿式或腐蚀性磨粒磨损（5.18）试验。

10.17 腐蚀磨损试验机　corrosive wear tester

既能测量浸在溶液或料浆中摩擦副（4.4）的摩擦系数 μ（4.18）和磨损量（5.1），又能测定其腐蚀电化学参数（电位、腐蚀电流等）的试验机。

注：可以将往复试验机（10.4）、销/盘试验机（10.5）、环/块试验机（10.6）、料浆罐式冲蚀磨损试验机（10.16）等进行改装，增添电化学测试系统，组成各种腐蚀磨损试验机。

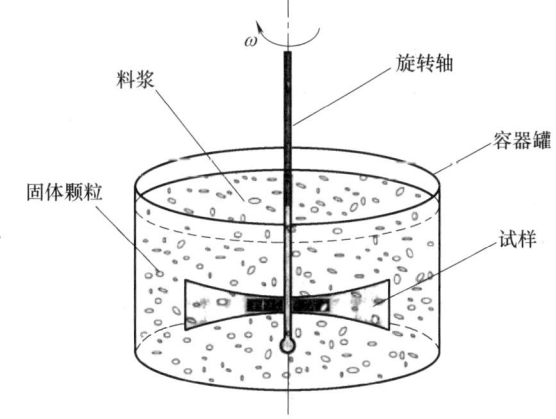

图 7　试样浸入料浆中做旋转运动的试验装置

10.18 高温磨损试验机　high temperature wear tester

研究摩擦副（4.4）在高温环境中的摩擦学（2.1）性能的试验机。

注：国内已有在销/盘试验机（10.5）、喷砂冲蚀装置（10.15）上增设加热炉以提供高温环境的试验设备。

10.19 液体射流台架　liquid jet rig

利用喷射运动状态近似圆柱形的液体流冲击固定或旋转的靶材，以模拟高速飞行器表面遭受雨蚀类冲蚀（5.49）的试验装置。

注：常用如下两种射流：a）连续射流（continuous jet）——液体的喷射形式为连续流。b）断续射流（slug or segment jet）——液体以短圆柱的形式喷射，圆柱长度通常为其直径的几倍，其运动方向近似平行于长度方向。

10.20 空化冲蚀试验　cavitation erosion test

固体表面在特定的或可测量（至少是可重复）的条件下空化（5.55），进行空蚀（5.56）试验以研究其冲蚀（5.49）行为。

注：根据产生空化（5.55）的方式，可将其分为振动空蚀和流动空蚀，使用的设备有（超声）振动空蚀试验机、流动空蚀隧道、台架转盘空蚀试验装置等。

10.21 铁谱仪　ferrograph

利用磁场作用，从使用过的润滑油（8.6）样品中分离出磨屑（5.12），并使其按照尺寸大小有序地沉积到玻璃基片（铁谱片）上，以显微观察、检测和分析故障及探索磨损机理（5.8）的一种仪器。

注1：有分析式、直读式和在线式三种基本类型。

注2：我国开发出利用定向气流分散干磨粒磨损（5.18）产生磨屑（5.12）的气动式铁谱仪。

注3：主要用于设备的监测，故障诊断及磨损机理（5.8）研究。

10.22 硬度计　hardness tester

测定固体材料抵抗较硬物体压入程度，即表面抵抗塑性变形（5.21）能力的专用设备。

注1：根据压头特征和测定方法，可将常用的布氏、维氏、洛氏、肖氏、努氏等硬度计测得的摩擦副材料（2.12）硬度值作为评价材料耐磨性（5.5）的重要判据。

注2：微小棱锥金刚石压头测定微区硬度的设备为显微硬度计，可测定磨痕（5.11）及其不同部位的硬度，其测定结果有助于磨损机理（5.8）的研究。

10.23 表面轮廓仪　surface profile instrument

测量固体的[表面]粗糙度（3.4）和表面轮廓[线]（3.8）的专用设备。

注1：接触式轮廓仪通常用沿被测量表面移动的金刚石触针来测量[表面]粗糙度（3.4）和表面轮廓[线]（3.8），其局限性是容易破坏软表面和不易反映表面的精细结构。

注2：激光轮廓仪是利用微聚焦的激光束非接触地扫描被测量表面，它能够克服接触式轮廓仪的局限性并获得较为精细的表面形貌（3.3）。

注3：光学干涉轮廓仪，应用计算机技术能够生成深度较大、分辨精度很高的物体表面三维空间图像，可用于评价光滑表面的形貌特征和更精细的结构。

注4：光学共焦轮廓仪，可在激光轮廓仪中利用两个光圈将激光激发额外产生的光过滤掉以更清晰显示表面形貌（3.3）。

10.24 纳米压痕仪　nanoindenter

压头为尖锐的三角形金刚石，可在纳牛量级的载荷 P（3.31）下使压痕尺寸处于纳米量级以获得纳米硬度的仪器。

注：可用原子力显微镜（10.25）作为纳米压痕仪，将扫描尺寸设为零而使探针在试件表面上产生压痕。

10.25 原子力显微镜　atomic force microscope（AFM）

利用光偏转、光干涉、电容、隧道电流等精密测量技术，通过柔性变形悬臂梁探针扫描被测量表面，以获取纳米尺度下的表面形貌（3.3）、黏着（4.23）力和静电力的仪器。

注：探针尖半径 5nm～100nm，滑动速度 $0.02\mu m/s$～$2\mu m/s$，扫描尺寸 $1nm\times1nm$～$125\mu m\times125\mu m$。

10.26　摩擦力显微镜　friction force microscope（FFM）

可以用于研究甚至原子量级的微观尺度摩擦学行为（2.11）的仪器，一般由原子力显微镜（10.25）经过改进而建立，其工作参数指标与之相同。

10.27　表面力仪　surface force apparatus（SFA）

研究在大气或真空中分子量级光滑的两个表面之间的静作用力随分隔间距变化的仪器。

注：探针尖半径~10μm，接触面半径10μm~40μm，作用力10mN~100mN，滑动速度0.001μm/s~100μm/s。

10.28　流变仪　rheometer

测量液体的剪应力-剪切速率曲线的仪器，适用于润滑油（8.6）的性能评定。

10.29　黏度计　viscosimeter

测定润滑油（8.6）及其他液体的黏度（6.12）的仪器。

10.30　锥入度计　penetrometer

用角锥在规定条件下沉入润滑脂（8.11）的程度以测定其稠度的仪器。

第六节　湿式（非金属类）摩擦材料

一、概论

1. 标准涉及技术背景

湿式（非金属类）摩擦材料是指工作于润滑油、水等润滑介质中的纸基及其他非金属基（模压树脂基、橡胶基等）摩擦材料。纸基摩擦材料具有摩擦系数高、稳定性好、使用寿命长、与对偶材料亲和性好等优点，广泛适用于汽车、拖拉机、工程机械等各种离合器片。其他非金属基（模压树脂基、橡胶基等）摩擦材料具有孔隙率较大、回弹性较好、摩擦系数较高等优点，但动/静摩擦系数比过大、制动力不稳定、耐热性差，适用于部分摩托车等离合器片。

2. 标准建立与应用的意义

纸基摩擦材料是以抄纸成型工艺制备的摩擦材料，主要由纤维、填料、摩擦性能调节剂和胶黏剂构成。其他非金属基（模压树脂基、橡胶基等）摩擦材料主要由摩擦性能黏结剂、调节剂和辅料混合炼制（模压）而成。湿式（非金属类）摩擦材料在制备过程中，其原料组分、制备工艺过程及参数会对摩擦材料的性能产生影响，因此，为了指导摩擦材料的设计和应用，有必要对湿式（非金属类）摩擦材料的技术要求进行限定。湿式（非金属类）摩擦材料的技术要求涵盖物理性能、摩擦磨损性能及相应的技术指标、检测方法。调整湿式（非金属类）摩擦材料原料组分、制备工艺过参数，是实现湿式（非金属类）摩擦材料性能与应用工况高度匹配的重要途径之一。因此，湿式（非金属类）摩擦材料的技术要求对于湿式（非金属类）摩擦材料的设计、开发与应用具有重要指导价值。

3. 标准制定与修订情况

摩擦材料性能受多因素影响且其性能必须与服役工况高度匹配。为提升湿式（非金属类）摩擦材料设计和应用的规范性，保障该项技术的发展，原机械电子工业部于1992年组织专家制定了GB/T 13826—1992《湿式（非金属类）摩擦材料》。随着技术发展，摩擦材料又有一些新的变化。为适应新的形势，全国金属与非金属覆盖层标准化技术委员会于2008年组织相关单位专家对原标准进行了修订。修订时，修改了静摩擦系数和动摩擦系数，并修改了湿式摩擦材料的磨损率、对偶磨损率。GB/T 13826—2008《湿式（非金属类）摩擦材料》于2008年6月19日发布，2009年1月1日实施。

二、标准主要特点与应用说明

该标准对湿式（非金属类）摩擦材料的分类、技术要求及相应的检测方法进行了规范，适用于树脂作黏结剂的湿式纸基摩擦材料和其他湿式非金属基摩擦材料，不适用于粉末冶金摩擦材料。

该标准规范了湿式（非金属类）摩擦材料的分类方法及相应用途，包括湿式纸基摩擦材料（A类）和其他湿式非金属基摩擦材料（模压树脂基、橡胶基等，B类），便于该领域工作者对其进行称呼、设计和应用。

该标准规范了湿式（非金属类）摩擦材料物理性能技术要求及相应的检测方法，包括：密度、气孔率、硬度，便于该领域工作者对其进行制备与检测。

该标准规范了湿式（非金属类）摩擦材料摩擦磨损性能技术要求及相应的检测方法，包括：检测设备、试验程序与参数，以及动摩擦系数、静摩擦系数、磨损率的检测方法，便于该领域工作者对其进行检测与性能评价。

三、标准内容（GB/T 13826—2008）

湿式（非金属类）摩擦材料

1 范围

本标准规定了湿式（非金属类）摩擦材料（以下简称湿式摩擦材料）的技术要求。

本标准适用于树脂作黏结剂的湿式纸基摩擦材料和其他湿式非金属基摩擦材料，不适用于粉末冶金摩擦材料。

2 规范性引用文件

下列文件中的条款通过本标准的引用而成为本标准的条款。凡是注日期的引用文件，其随后所有的修改单（不包括勘误的内容）或修订版均不适用于本标准，然而，鼓励根据本标准达成协议的各方研究是否可使用这些文件的最新版本。凡是不注日期的引用文件，其最新版本适用于本标准。

GB/T 5766　摩擦材料洛氏硬度测定方法

GB/T 3141　工业液体润滑剂　ISO黏度分类（GB/T 3141—1994，eqv ISO 3448：1992）

3 分类

湿式摩擦材料的分类见表1。

表1　湿式摩擦材料的分类

种类	材料类别	用途
A	纸基	汽车、拖拉机、工程机械等各种离合器片
B	其他非金属基（模压树脂基、橡胶基等摩擦材料）	摩托车等离合器片

4 技术要求
4.1 物理性能
湿式摩擦材料的物理性能见表2，其指定数值由供需双方在下述范围内确定。

表2 湿式摩擦材料的物理性能

种类	密度/(g/cm³)	气孔率(%)	硬度 HRM
A	0.6~3.0	25~50	—
B	1.0~1.3	—	50~80

4.2 摩擦磨损性能
4.2.1 摩擦系数
4.2.1.1 静摩擦系数A类不小于0.15；B类不小于0.24。
4.2.1.2 在相应的比压下动摩擦系数值应在表3所规定的范围之内。

表3 动摩擦系数值

种类	比压/MPa				
	0.2	0.3	0.5	1.0	2.0
A	—	—	0.15~0.19	0.15~0.19	0.15~0.19
B	0.15~0.22	0.15~0.22	0.15~0.22	—	—

注：表中摩擦系数值为在1000、2000、3000r/min条件下的动摩擦系数值。

4.2.2 磨损率
表4规定了湿式摩擦材料和对偶材料的磨损率范围。

表4 湿式摩擦材料和对偶材料的磨损率

种类	磨损率值/(10^{-5}cm³/J)	
	摩擦材料	对偶材料
A	≤6	≤1.2
B	≤5	≤2.0

5 试验方法
5.1 湿式摩擦材料密度试验方法按附录B进行。
5.2 湿式摩擦材料气孔率试验方法按附录B进行。
5.3 湿式摩擦材料洛氏硬度试验方法按GB/T 5766进行。
5.4 湿式摩擦材料摩擦磨损试验方法按附录A进行。

附 录 A
（规范性附录）
湿式摩擦材料摩擦磨损性能试验方法

A.1 试验条件
A.1.1 试验机：摩擦试验机和湿式试验箱，附加试样夹具装置见图A.1。
A.1.2 转速（r/min）：1000、2000、3000。

A.1.3 配置转动惯量（kg·m²）：A类：0.1；B类：0.01、0.05。

A.1.4 试验用油牌号：A类：N32（GB/T 3141）；B类：N32（GB/T 3141）。

A.1.5 试验用油流量[mL/(min·cm²)]：3~5。

A.1.6 试验用油温度（℃）：80~95（油箱内）。

A.1.7 对偶材料：A类为45钢（25HRC~35HRC）；B类为20钢。表面粗糙度 Ra 为 1.6μm。

A.1.8 试样尺寸（mm）：外径125、内径100、厚3或按产品厚度（允许拼接成此环）。

A.1.9 试样数量：一对摩擦副。

A.1.10 磨损率测定：200次。

A.2 试验程序

A.2.1 试样准备

A.2.1.1 按图A.3准备试样，也可用拼接法制成外径125mm、内径100mm的圆片试样，按粘接技术要求将试样黏结在试件盘上（试件盘尺寸和试样尺寸分别见图A.2、图A.3）。试样浸泡在试验油中12h后装在试验机上。

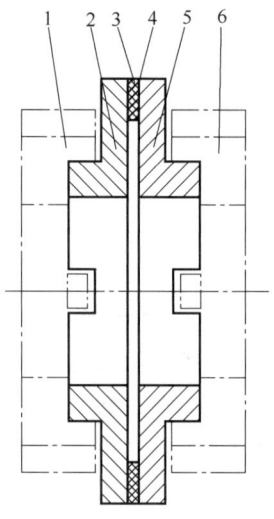

图 A.1 试验装置配置图

1—固定夹头（原试验机夹头）
2—试件盘（见图A.2）
3—粘接层 4—摩擦材料试件
5—对偶盘 6—旋转夹头
（原试验机夹头）

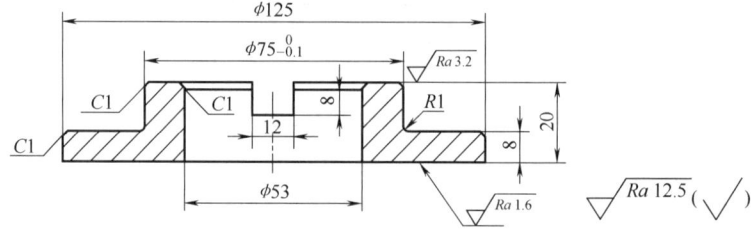

图 A.2 试件盘和对偶

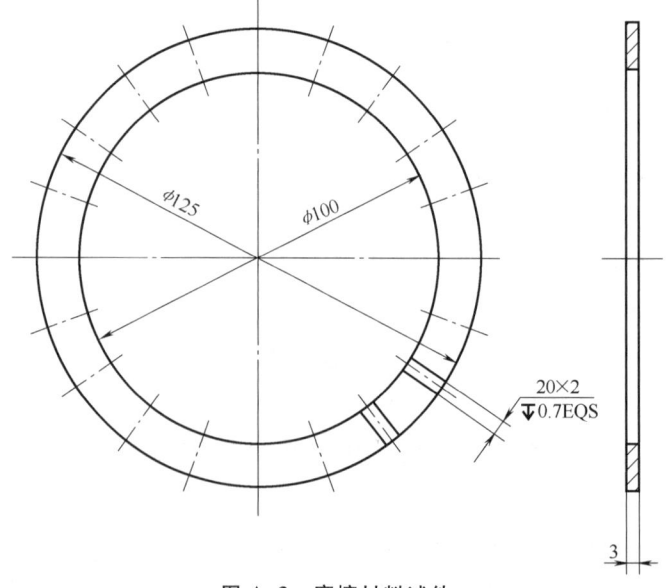

图 A.3 摩擦材料试件

A. 2. 1. 2 在 1000r/min 转速以下，比压 A 类为 1.0MPa、B 类为 0.3MPa 以下，油温 95℃ 以下磨合，试样磨合面积达表观接触面积 80% 以上，即为磨合完毕。

A. 2. 2 静摩擦系数的测定

启动试验机，使主轴转速达 (150±5) r/min，运转 30s 后停机，加载荷，使 A 类所受压力 1.0MPa，B 类所受压力 0.3MPa，5s 后对主轴连续缓慢增加驱动力矩至打滑，试验重复 5 次，按式（A.1）计算静摩擦系数。计算中，载荷 F 和摩擦力矩 M_j 分别取 3 次试验的算术平均值（去掉最高值和最低值）。

$$\mu_j = \frac{M_j}{FR_{cp}} \tag{A.1}$$

式中 μ_j ——静摩擦系数；

M_j ——摩擦副打滑时的最大摩擦力矩（N·cm）；

F ——作用于摩擦副端面的载荷（N）；

R_{cp} ——试样摩擦面的有效半径（cm）。

$$R_{cp} = \frac{2}{3} \times \frac{R_1^3 - R_2^3}{R_1^2 - R_2^2} \tag{A.2}$$

式中 R_1 ——试样摩擦面外圆半径（cm）；

R_2 ——试样摩擦面内圆半径（cm）。

A. 2. 3 动摩擦系数的测定

A. 2. 3. 1 μ-p 试验（变比压试验）

在 2000r/min 转速下进行变比压（此比压为按去除沟槽后净面积的比压，以下同）试验。

A 类材料：比压 p 分别为 0.5、1.0、2.0MPa；

B 类材料：比压 p 分别为 0.2、0.3、0.5MPa。

在设定比压基础上，缓慢增加至制动离合。每级比压重复 3 次制动离合试验，对 3 次试验载荷 F 和摩擦力矩 M_d 计算的动摩擦系数取算术平均值。

A. 2. 3. 2 μ-n 试验（变转速试验）

在 A 类材料 p = 1.0MPa，B 类材料 p = 0.3MPa 条件下进行变速试验，速度变化分别为 1000r/min、2000r/min、3000r/min。

在设定比压基础上，缓慢增加载荷至制动离合。每级转速重复 3 次制动离合试验，对 3 次试验载荷 F 和摩擦力矩 M_d 计算的动摩擦系数取算术平均值。

A. 2. 3. 3 动摩擦系数按式（A.3）计算：

$$\mu_d = \frac{M_d}{FR_{cp}} \tag{A.3}$$

式中 μ_d ——动摩擦系数；

M_d ——平均动摩擦力矩（N·cm）；

F ——作用于摩擦副端面的载荷（N）；

R_{cp} ——试样摩擦面的有效半径（cm）。

A. 2. 4 磨损率的测定

磨合好的摩擦副在转速 n = 2000r/min，比压 A 类材料 P = 1.0MPa，B 类材料 P = 0.3MPa

的试验条件下，进行 200 次制动离合试验，按式（A.4）测定试验前，后试样的 3 点（均匀分布、应做记号）的厚度差（精确到 0.001mm）。

$$V = A\Delta h \Big/ \left(n \times \frac{1}{2}I_0\omega^2\right) \tag{A.4}$$

式中　V——磨损率（cm^3/J）；
　　　A——试样表观接触面积（cm^2）；
　　　Δh——磨损试验前、后厚度差（cm）；
　　　n——制动离合次数；
　　　I_0——试验机总惯量（$kg \cdot m^2$），I_0 按式（A.5）计算：

$$I_0 = I_1 + I_2 \tag{A.5}$$

式中　I_1——试验机主轴惯量，$I_1 = 0.0294$；
　　　I_2——试验机配置惯量；
　　　ω——制动初角速度（rad/s）。

A.2.5　对偶材料磨损率的测定

对偶材料的磨损率测定同湿式摩擦材料磨损率的测定。

A.2.6　试验记录

湿式摩擦材料摩擦磨损性能试验记录按表 A.1 格式进行。

表 A.1　试验记录

试样名称			来源		编号			试验者	
试样	试前厚度/cm				每次制动磨损量/cm				
	试后厚度/cm				磨损率/(cm^3/J)				
对偶	试前厚度/cm				每次制动磨损量(厚度差)				
	试后厚度/cm				磨损率(厚度差)				
	材质		硬度 HRM		试验日期			年　月　日	
油液牌号			油温/℃		交压试验时转速/(r/min)				
油液流量/ [mL/(min·cm^2)]					变速试验时压力/MPa				
设定压力/ MPa	比压/MPa		制动时间/s		制动温度/℃		制动力矩/N·cm		μ_j 或 μ_d	备注
	每次	平均	每次	平均	每次	平均	每次	平均		
										此栏记录静摩擦系数 μ_j
										此栏记录动摩擦系数 μ_d

(续)

设定压力/MPa	比压/MPa		制动时间/s		制动温度/℃		制动力矩/N·cm		μ_i 或 μ_d	备注
	每次	平均	每次	平均	每次	平均	每次	平均		
										此栏记录动摩擦系数 μ_d
										此栏记录动摩擦系数 μ_d

设定转速	载荷/N		制动时间/s		制动温度/℃		制动力矩/N·cm		μ_d	备注
	每次	平均	每次	平均	每次	平均	每次	平均		
										此栏记录动摩擦系数 μ_d
										此栏记录动摩擦系数 μ_d
										此栏记录动摩擦系数 μ_d

附 录 B
（规范性附录）
湿式摩擦材料密度和气孔率测定方法

B.1 仪器设备
B.1.1 电热恒温干燥箱。
B.1.2 天平：感量 0.1mg。
B.1.3 容器：烧杯或其他大口容器。
B.1.4 金属丝：直径小于 0.125mm，长度适当。

B.2 试样
把试样材料截成长 80mm、宽 60mm 作为试样，试样数量为 5 个。

B.3 试验步骤
B.3.1 将试样放入电热恒温干燥箱中，间距不小于 10mm，温度保持 80℃±5℃ 干燥至恒重（间隔不小于 2h 测定 1 次，直至前后两次称量差小于 0.1%）或干燥 24h。
B.3.2 取出冷却至室温；用金属丝拴住试样，称量试样（G_1），准确到 0.1mg。
B.3.3 在室温下，将干燥试样全部浸入 20 号机械油（L-AN22 全损耗系统用油）中 24h。
B.3.4 将饱油试样置于油中称量（G_2），准确到 0.1mg，称量时试件不能接触容器壁。
B.3.5 从油中取出试样，用纸小心地擦去试样表面附着油（不得将开口气孔中的油吸出）

后，立即称量（G_3），准确到 0.1mg。

B.4 试验结果计算

B.4.1 密度按式（B.1）计算：

$$d = \frac{G_1 d_0}{G_3 - G_2} \tag{B.1}$$

B.4.2 气孔率按式（B.2）计算：

$$p = \frac{G_3 - G_1}{G_3 - G_2} \times 100 \tag{B.2}$$

式中　　d——试样的密度（g/cm³）；
　　　　G_1——干燥试样的质量（g）；
　　　　G_2——饱油试样在油中的质量（g）；
　　　　G_3——饱油试样在空气中的质量（g）；
　　　　d_0——油的密度（g/cm³）；
　　　　p——气孔率（%）。

第七节　金属覆盖层产品钎焊性的标准试验方法

一、概论

1. 标准涉及技术背景

（1）钎焊　钎焊是采用熔点比母材低的钎料，经加热熔化后，利用液态钎料润湿母材、填充接头间隙并与母材相互扩散，实现连接的焊接方法。与熔焊相比，钎焊时母材不熔化，仅钎料熔化；与压焊相比，钎焊不对焊件施加压力。钎焊按其所采用的热源不同可分为火焰钎焊、炉中钎焊、感应钎焊和真空钎焊。尽管采用的热源和方法不同，但都具有相同的机理。

钎焊所用的填充金属称为钎料，钎料对母材的润湿性是获得优质钎焊接头的重要因素。钎料的基本要求是：

1）低于母材金属的熔点。
2）有足够的浸润性。
3）有与母材金属适当的溶解和扩散能力。
4）焊接接头应有一定的力学性能和物理、化学性能。

根据熔点不同，钎料分为软钎料和硬钎料。

软钎料的熔点低于 450℃，接头强度较低，主要有锡铅基、铅基、镉基等合金，用于焊接受力不大和工作温度较低的工件，如各种电器导线的连接及仪器仪表元件的钎焊。

硬钎料的熔点高于 450℃，接头强度较高，主要有铝基、铜基、银基、镍基等合金，可用于自行车架、硬质合金刀具、钻探探头等。

（2）金属覆盖层的钎焊性　标准中所指的覆盖层的钎焊性是指表面润湿液态钎料难易程度的特性。

金属覆盖层常用于提供可钎焊的表面。覆盖层表面的钎焊性能不仅与焊料的成分和焊剂的作用有关，还与覆盖层表面状况有关。为此，被覆盖层表面必须清洁，或者只有一些容易被所选焊剂除去的污物，而焊剂的活性也往往只需除去常见的污物。侵蚀性强的焊剂可能会腐蚀产品或出现其他有害作用。该标准提出的试验方法所采用的标准焊剂为未活化的松香异丙醇溶液，属于一种温和型焊剂，相比活性高的焊剂能在临界状况下更好地区分焊剂是否合格。金属覆盖层可提供可钎焊的表面，但如果镀覆不当，造成覆盖层的缺陷，如孔隙、共沉积杂质、厚度不合格，以及表面污染等，则会导致钎焊性的不良结果。

为了评价产品的钎焊性，可对产品进行钎焊性试验。钎焊性试验是用软焊料和松香焊剂检验金属覆盖层产品及试样钎焊性的方法，即将涂油松香焊剂的试样短暂浸渍入熔融的锡-铅焊料中，取出后检验被焊料润湿覆盖的情况。

2. 标准建立与应用的意义

钎焊性试验所需设备简单，易于实施，因而被广泛使用。通过钎焊性试验的产品可望在生产中得到满意的钎焊性；未通过的产品，尽管试验结果不能揭示钎焊性不良的原因，但有经验的操作人员可凭经验确定其原因。为了规范钎焊性试验方法的操作程序，全国金属与非金属覆盖层标准化技术委员会组织相关单位专家，依据美国材料与试验协会相关标准制定了GB/T 16745—1997《金属覆盖层产品钎焊性的标准试验方法》。

GB/T 16745—1997 等效采用 ASTM B678—1986《金属覆盖层产品钎焊性的标准试验方法》，于1997年3月4日发布，1997年9月1日实施。

二、标准主要特点与应用说明

1. 标准的特点

该标准提供的方法是一种定性的试验方法，是"通过性"试验，不适用评定产品钎焊性等级。该标准规定了钎焊性试验的具体规程和"通过"规则。

该标准对焊剂、焊料，金属覆盖层的钎焊前加速老化，检查抽样，钎焊装置等提出了技术要求和规定。该标准指出浸渍温度、试样长度、浸渍速度及时间和清洁度是影响钎焊性试验的四大因素，并对此进行了分析，对如何降低影响提出了建议。

2. 标准的应用

该标准仅适用于通常易于焊接的金属覆盖层，如锡、锡-铅合金、银和金覆盖层。该标准提出的试验方法是采用质量分数为60%的锡和40%的铅的焊料，以及未活化的松香焊剂来评价覆盖层的钎焊性能。这种焊料和焊剂普遍用于电子产品的钎焊，因此，该标准提供的钎焊性试验方法特别适用于电子产品元件的钎焊性能检测。

三、标准内容（GB/T 16745—1997）

金属覆盖层产品钎焊性的标准试验方法

1 范围

本标准规定了一种用软（铅-锡）焊料和松香焊剂检验金属覆盖层产品及试样钎焊性的评价方法，本标准仅适用于通常易于焊接的金属覆盖层，例如锡、锡-铅合金、银和金等覆盖层。

本标准提供的是一种定性的、适用范围较宽的试验方法，所需设备简单，易于实施。本方法是一个"通过性"试验，不适用评定产品钎焊性等级。

本标准可能涉及危险的物品、操作及设备，但未论述使用中安全问题。使用本标准，应进行必要的咨询，并采取适当的安全卫生措施和在使用前制定适用的规章制度。

2 引用标准

下列标准所包含的条文，通过在本标准中引用而构成为本标准的条文。本标准出版时，所示版本均为有效。所有标准都会被修订，使用本标准的各方应探讨使用下列标准最新版本的可能性。

GB/T 3131—1988　锡铅焊料

GB/T 8145—1987　脂松香

GB/T 8146—1987　松香试验方法

3 定义

本标准采用下列定义。

3.1 钎焊性　solderability

金属覆盖层表面润湿熔融焊料难易程度的特性。

4 方法概述

将涂有松香焊剂的试样短暂浸渍入熔融的锡-铅焊料中，取出后检验被焊料润湿覆盖的情况。

5 意义及用途

5.1 覆盖层金属表面的钎焊性与其表面状况、焊料的成分和焊剂的作用有关。熔融焊料必须易于润湿和覆盖于欲焊金属表面，因此表面必须清洁，或仅有一些易被所选焊剂去除的污物。焊剂的活性往往只需足以去除常见的污物，强侵蚀性焊剂可能会侵蚀产品及有其他有害作用。本试验方法所用的标准焊剂为未活化的松香异丙醇溶液，它是一种温和的焊剂，比活性强的焊剂能在临界状况下更好地区分钎焊性是否合格。

5.2 金属覆盖层常用于提供可钎焊表面。如果生产不当，造成覆盖层的缺陷，如孔隙、共沉积杂质、不恰当的厚度以及表面污染，会导致钎焊性不良。此时，可对产品进行钎焊性试验，那些通过钎焊性试验的产品可望在生产中得到令人满意的钎焊性。通不过试验的产品，尽管试验结果不能揭示钎焊性不良的原因，但操作人员可凭经验确定其原因。

5.3 本试验方法用质量分数为 60% 的锡和 40% 的铅的焊料及未活化的松香焊剂评价覆盖层的钎焊性。这种焊料和焊剂，或者焊剂的活化形式，普遍用于电子产品的装配。

6 焊剂

6.1 通常情况下，是将 GB/T 8146 规定的一级和特级松香溶于纯度不小于 99%（质量分数）的异丙醇中，得到浓度 $(25\pm5)\%$（质量分数）的松香溶液[1] 作为焊剂。这是一种未活化的松香焊剂，实际使用中也可将高浓度的商品焊剂用异丙醇稀释到所需浓度。

6.2 如果制订技术条件的机构有要求，也可使用其他的焊剂，如稍被活化和完全活化的松香焊剂。与标准的这些差异应在试验报告中说明。

7 焊料

7.1 焊料为符合 GB/T 3131 的 60A 分级的 60% 的锡和 40% 的铅的合金[2]。

---

1) ASTM B678—1986 中采用符合 ASTM D509 方法中的 ww 级松香。

2) ASTM B678—1986 中为符合 ASTM B32 钎焊金属规范规定的 60A 分级的合金。

7.2 熔融焊料的组成会因氧化而逐渐变化，浸入的试样也可能将金属及其他杂质引进焊料。因此，除非化学分析表明其组成仍符合7.1的要求，否则熔融8h的焊料应予更换。

8 加速老化
8.1 由于自然老化效应，某些镀覆产品的钎焊性随时间的增长可能会显著恶化。为了预先了解这些产品在进行长期贮存后的性能，钎焊前就需要进行人工加速老化。

8.2 本标准采用水蒸气对试样进行人工加速老化，老化箱中用水应为蒸馏水或去离子水[1]。

9 抽样
9.1 抽样的数量和方法及试样特性由有关覆盖层产品的技术规范和其他管理文件规定。

9.2 抽取试样一般应为电子产品的元件或其他具有相同形状和质量的制品，试样长度最好不超过25mm。

10 装置
10.1 焊料槽：焊料槽容量应足够大，其盛装的焊料质量至少应为被测试样质量的100倍。

11 规程
11.1 待测试样在试验前不需清洗，试验一般应在其来样状态下进行，如果产品的生产过程要求产品在焊接前需经过清洗，则应特别提出，试样最好以相同方式清洗。

11.2 对于锡和锡-铅覆盖层及其他一些试验前需进行加速老化的覆盖层，则按11.3的规定进行，假如试样不需进行加速老化，则试验从11.5开始。

11.3 将试样悬挂在容器中的沸腾水之上，持续24h，试样下沿距沸腾水面50mm~100mm，并不得接触容器壁，容器在试验过程中必须始终加盖或用冷凝器，容器盖和冷凝器的放置，不得使冷凝水滴于试样上。

11.4 从容器中取出老化试样后，在室温空气中进行干燥和冷却。

11.5 将试样浸渍入焊剂中，取出后在空气中停留30s~60s。

11.6 加热焊料，控制焊料温度为(245±5)℃。用洁净的不锈钢棒搅拌焊料，并用洁净的不锈钢刮板刮去熔融焊料表面的熔渣后立即进行下步试验。

11.7 用人工或自动浸渍装置将试样以(25±5) mm/s速度浸入上述焊料中，并在其内保留(5±0.5) s，然后再以(25±5) mm/s速度取出。

11.8 在焊料覆盖层凝固后，用异丙醇或其他溶剂除去焊剂残留物。

11.9 可使用目视或10倍放大镜检查试样焊料覆盖层，用一个锐利的针或刀片挑、刮此覆盖层来评价附着力。

11.10 如果95%以上试验面的焊料覆盖层附着牢、光亮、平滑、均匀，则判定此试样通过试验。剩余的5%可能有小针孔、不润湿区及粗糙等缺陷。如果是平面试样，则距边缘3mm区域不予考核。建议将可以接受的最差试样保留并用作验收标准。

12 影响试验结果的因素
12.1 浸渍温度
如果焊料槽中焊料不足，或者试样质量过大，试样浸入焊料后会使焊料冷却而超出浸渍试验温度范围，或者升温太慢，影响试验结果。所以检验质量较大的试样必须浸入更长时间，此时间由试验确定。

---

[1] ASTM B678—1986中为符合ASTM D1193试剂水规范的Ⅱ类或Ⅲ类试剂水要求的蒸馏水或去离子水。

12.2 试样长度

如果试样长度超过 25mm，按规定时间浸渍时，其底端在焊料中将可能远超过规定时间，因此，其试样底端的试验结果是无效的，在结果评价中应当去除。可另取试样进行试验，在此试验中，试样仅部分浸入焊料，以此评价底端的钎焊性。

12.3 浸渍速度和时间

浸渍试样必须遵照规定的浸渍时间和速度，否则试验结果可能会发生明显变化。如果采用自动浸渍装置，则可消除操作人员人为引起的可变性。

12.4 清洁度

钎焊性试验的样品一般不需要清洗，但应避免污染。而对于需要清洗的样品，特别不能用裸手接触试验面，应使用镊子、钳子、棉纱手套或其他合适工具，否则可能会造成不润湿区，影响试验结果。

13 精度与偏差

13.1 本标准未给出钎焊性的测量精度和偏差。因为试验结果仅仅表明被测覆盖层试样是否符合本方法规定的合格标准。

14 试验报告

试验报告应包括下列内容：
a) 本标准编号；
b) 试样的说明；
c) 试样是否在试验前被清洗，如果清洗，所用的方法（见 11.1）；
d) 试样是否被老化；
e) 试验是手工进行，还是使用了自动浸渍试验仪；
f) 与本标准方法的任何差异（例如焊剂、焊料性质、浸渍时间及速度）；
g) 试样数量及未通过试验的试样数量；
h) 所有通不过试验试样的特性说明；
i) 测试实验室和测试人员。

第八节 汽车用精密钢管表面处理技术要求

一、概论

1. 标准涉及技术背景

精密双层焊管经表面处理后具有优良的性能（耐腐蚀、高强度、疲劳性、工艺性），而且价格低，已在汽车、家电等行业取代铜管被广泛使用。其技术于 20 世纪 90 年代进入我国后得到迅猛发展，产品现已完全国产化并大量出口。随着精密钢管经过表面处理后使用场合迅速扩大，汽车上的制动系统、燃油系统、润滑及冷却系统等各种管路都在大量使用这类产品，尤其是汽车上对油管提出耐腐蚀的高要求和我国成为全球最大的汽车消费市场后，我国的精密双层焊管表面处理技术迎来了新的发展机遇和拓展空间。

2. 标准建立与应用的意义

2016 年，全国金属与非金属覆盖层标准化技术委员会组织相关单位专家制定了 JB/T

12856—2016《汽车用精密钢管表面处理技术要求》。该标准于 2016 年 4 月 5 日发布，2016 年 9 月 1 日实施。该标准为首次发布。

该标准的发布和实施，使汽车用精密钢管表面处理技术有章可循，产品的制造更加统一、科学、合理，产品质量能得到充分的保证。

二、标准主要特点与应用说明

该标准规定了汽车用精密钢管表面处理技术要求、检验规则，适用于汽车制动、燃油、动力转向、冷却系统精密钢管的表面处理。

该标准对汽车用精密钢管结构及钢管表面涂层标识进行了规定，对钢管表面质量、涂层厚度、结合强度、耐蚀性、耐化学品试验、耐老化试验、热循环试验、耐溶剂摩擦试验，以及钢管的验收、包装、标志做出了要求。

该标准根据实际生产经验、客户需求和国际先进标准，对管材表面不同的涂层和钝化膜分别进行分类；对不同种类管材涂层厚度、耐蚀性、结合强度都做出了明确的要求，提出了技术指标。

三、标准内容（JB/T 12856—2016）

汽车用精密钢管表面处理技术要求

1 范围

本标准规定汽车用精密钢管表面处理技术要求、检验规则。

本标准适用于汽车制动、燃油、动力转向、冷却系统精密钢管的表面处理。

2 规范性引用文件

下列文件对于本文件的应用是必不可少的。凡是注日期的引用文件，仅注日期的版本适用于本文件。凡是不注日期的引用文件，其最新版本（包括所有的修改单）适用于本文件。

GB/T 2102　钢管的验收、包装、标志和质量证明书

GB/T 3138　金属及其他无机覆盖层　表面处理　术语

GB/T 4956　磁性基体上非磁性覆盖层　覆盖层厚度测量　磁性法

GB/T 5270　金属基体上的金属覆盖层　电沉积和化学沉积层　附着强度试验方法评述

GB/T 6461　金属基体上金属和其他无机覆盖层　经腐蚀试验后的试样和试件的评级

GB/T 6462　金属和氧化物覆盖层　厚度测量　显微镜法

GB/T 9799　金属及其他无机覆盖层　钢铁上经过处理的锌电镀层

GB/T 10125　人造气氛腐蚀试验　盐雾试验

GB/T 12334　金属和其他非有机覆盖层　关于厚度测量的定义和一般规则

GB/T 24187　冷拔精密单层焊接钢管

YB/T 4164　双层铜焊钢管

3 术语和定义

GB/T 3138、GB/T 12334、GB/T 24187、YB/T 4164 界定的术语和定义适用于本文件。

4 标识

4.1 根据钢管结构按表 1 种类标识。

表 1 种类标识

种类	标识
双层管	TDW
单层管	TSW

4.2 根据钢管表面涂层按表 2 标识。

表 2 表面涂层标识

表面涂层	标识	表面涂层	标识
电镀锌 热镀锌	Zn	聚氟乙烯	PVF
		聚酰胺树脂	PA11 或 PA12
热浸镀锌铝合金	GALFAN	聚偏二氟乙烯	PVDF
富铝环氧树脂	AE		

4.3 根据镀锌表面钝化膜按表 3 标识。

表 3 钝化膜分类

钝化膜形式	标识	钝化膜形式	标识
镀锌加五彩色铬酸盐钝化	A	镀锌加军绿色铬酸盐钝化	D
镀锌加蓝白色钝化	B	镀锌加橄榄灰铬酸盐钝化	E
镀锌加黄色铬酸盐钝化	C		

注：电镀锌及后处理技术要求见 GB/T 9799。

4.4 标识（示）举例：

示例 1：

双层钢管电镀最小局部厚度 13μm 锌层，镀层经彩虹化学转化处理（A），其标识为

JB/T 12856-TDW/Fe/Zn13A

示例 2：

双层钢管电镀最小局部厚度 13μm 锌层之后，再涂局部最小厚度 15μmPVF 涂层，其标识为

JB/T 12856-TDW/Fe/Zn13PVF15

示例 3：

单层钢管电镀最小局部厚度 25μm 锌层之后，再涂局部最小厚度 120μmPA 涂层，其标识为

JB/T 12856-TSW/Fe/Zn25PA120

5 要求

5.1 表面质量

自然光下目测，防腐蚀涂层外观色泽应基本一致，允许有不影响产品质量的色差。钢管涂层表面不应有漏镀、漏涂、起泡、脱落、裂纹和大于或等于 1.5mm 的尖锐性积瘤。必要时双方可提供认可的标样进行对比。

5.2 涂层厚度

对于涂层厚度，按本标准表 4 的规定进行电镀锌（见 GB/T 9799）或涂覆。钢管锌层厚度，采用 GB/T 4956 规定的磁性法测量；如需准确测量或仲裁，可采用 GB/T 6462 规定的显微镜法测量。

表 4　涂层厚度　　　　　　　　　　　　　（单位：μm）

锌				PVF	PVDF	PA	AE
电镀锌			GALFAN				
5	8	13	25	5	15	10	Zn13 Zn25	120	3

5.3　结合强度

5.3.1　锌层结合强度

将管材在三倍管径的芯轴上弯曲360°，用纤维黏胶带粘贴弯曲外表面，并仔细排掉所有的空气泡，停留10s以后，慢慢均匀用力地揭去胶带，试验后弯曲外表面应无掉锌、起皮现象。

5.3.2　涂层与锌层结合强度

按照GB/T 5270规定的胶带法，在管材表面至少180°圆周面和25mm管长范围内刻划3.2mm见方的格状交叉阴影线，用黏胶带粘贴刻划表面，并仔细排掉所有的空气泡，停留10s以后，慢慢均匀用力地揭去胶带，试验后管材表面无掉屑或成片剥落现象。

5.4　耐蚀性

5.4.1　钢管表面电镀锌层白锈时间应符合表5的要求。

表 5　钢管表面电镀锌层白锈时间

铬酸盐转化膜	代号	中性盐雾时间/h	试验方法
镀锌加五彩色铬酸盐钝化	A	72	按GB/T 10125中性盐雾试验方法进行 按GB/T 6461进行评价
镀锌加蓝白色钝化	B	72	
镀锌加黄色铬酸盐钝化	C	72	
镀锌加橄榄绿铬酸盐钝化	D	96	
镀锌加橄榄灰铬酸盐钝化	E	96	

5.4.2　钢管表面电镀锌层红锈时间应符合表6的要求。

表 6　钢管表面电镀锌层红锈时间

涂层标识	红锈生成时间/h	试验方法
Fe/Zn 5/A	96	按GB/T 10125中性盐雾试验方法进行 按GB/T 6461进行评价
Fe/Zn 5/B		
Fe/Zn 5/C		
Fe/GALFAN 5/B	144	
FeZn 8/A		
Fe/Zn 8/B		
Fe/Zn 8/C		
Fe/Zn 8/D		
Fe/Zn 8/E		

(续)

涂层标识	红锈生成时间/h	试验方法
Fe/Zn 13/A	192	按 GB/T 10125 中性盐雾试验方法进行 按 GB/T 6461 进行评价
Fe/Zn 13/B		
Fe/Zn 13/C		
Fe/Zn 13/D		
Fe/Zn 13/E		

注：盐雾试验时间可由供需双方商定。

5.4.3 盐雾试验：

a) 电镀锌盐雾试验时应按直管方式制作试件。

b) 表面电镀锌+涂有机物的钢管管径及弯曲半径见本标准表7，盐雾试验时按本标准图1制作试件。按 GB/T 10125 规定的中性盐雾试验方法进行试验之后，试件应达到本标准表8、表9和表10的要求。

表7 试验用管径及弯曲半径 （单位：mm）

管材直径	弯曲半径 R(±0.75)	管材直径	弯曲半径 R(±0.75)
4.76	11.20	8.00	17.50
6.35	14.20	9.52	23.90

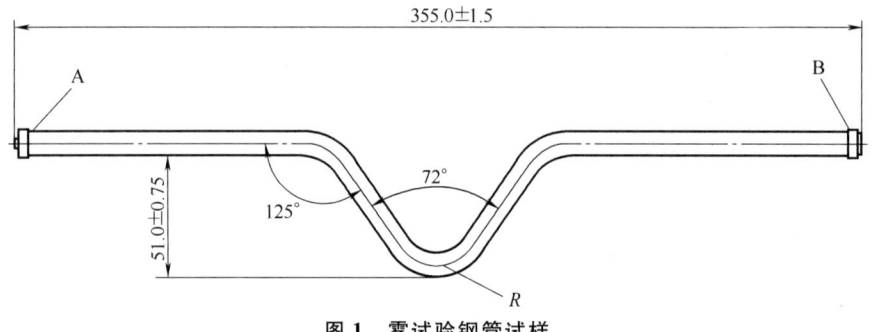

图1 雾试验钢管试样

A、B—堵头　R—弯曲半径

表8 钢管表面锌层+涂层红锈时间

涂层	要求	试验方法
Fe/Zn13/PVF15	试验1000h后直线段基体无红锈，弯曲段500h无红锈	按 GB/T 10125 中性盐雾试验方法进行 按 GB/T 6461 进行评价
Fe/Zn25/PVF15	试验2000h后直线段基体无红锈，弯曲段500h无红锈	
Fe/Zn 25/PVDF20	试验2000h后无红锈	
Fe/Zn 13/PA120	试验1000h后无红锈	
Fe/Zn 25/PA120	试验2000h后无红锈	
Fe/GALFAN 5/PA120	试验1000h后无红锈	
Fe/GALFAN 5/AE3	试验600h后无红锈	

注：盐雾试验最终时间可由供需双方商定。

表9 刻划线盐雾试验方法及要求

涂层	要求	试验方法
Fe/Zn13/PVF15 Fe/Zn25/PVF15 Fe/Zn13/PA120 Fe/Zn25/PA120 Fe/GALFAN 5/PA120	PVF管试验144h后,回向蠕变≤2mm PA管试验500h后,回向蠕变≤1mm,但是在任何一点上都不能>3mm	在直管部分选取约300mm长用于试验。采用磨至30°尖锐角的硬质钢划刀,沿管长划穿涂层和底剂层至基管,刻划线应约为75mm长,与样管轴向平行。样管应与水平线呈60°~75°的角度放置于盐雾试验箱中,且刻划线部分应朝上。如果达不到有效的直线长度或者需在弯曲部分做试验,则刻划在弯曲部分的外弧上 按GB/T 10125中性盐雾试验方法进行

表10 石击盐雾试验方法及要求

涂层	要求	试验方法
Fe/Zn13/PA120 Fe/Zn25/PA120 Fe/GALFAN 5/PA120	试验500h后无金属基体腐蚀	用1kg冷态颗粒,直径为0.75mm的铁或钢丸,在气压0.2MPa压力下,保持喷嘴与样件的距离为3mm~12mm,喷击样件直管及弯形管(弯形处)后,在24h内将样件放入试验箱内进行耐腐蚀试验 按GB/T 10125中性盐雾试验方法进行

c)按本标准图1制作的试样,经GB/T 10125规定的中性盐雾试验之后,应达到本标准表8、表9和表10的要求。

5.5 耐化学品试验

耐化学品试验应达到表11的要求。

表11 耐化学品试验方法和要求

涂层	要求	试验方法
Fe/Zn13/PVF15 Fe/Zn25/PVF15 Fe/Zn13/PA120 Fe/Zn25/PA120 Fe/GALFAN 5/PA120	试验后涂层表面不得出现软化和脱落	将长250mm试样分别浸泡在无铅汽油、柴油、发动机初装油、液压油、10%(质量分数)H_2SO_4中,在(23±2)℃的室温下浸泡1h;浸泡在制动油中,在(23±2)℃的室温下浸泡24h。

5.6 耐老化试验

耐老化试验应达到表12的要求。

表12 耐老化试验方法和要求

涂层	要求	试验方法
Fe/Zn13/PVF15 Fe/Zn25/PVF15	试验后涂层应无开裂或脱落	将长250mm试样在(80±3)℃的温度条件下,存放(120±2)h,在30mm的芯轴上弯曲180°。

5.7 热循环试验

热循环试验应达到表13的要求。

表13 热循环试验方法和要求

涂层	要求	试验方法
Fe/Zn13/PVF15 Fe/Zn25/PVF15	试验后涂层无开裂或脱落	将长250mm试样,按(120±1)℃/1h→(90±1)℃/2h→(23±2)℃/1h→(40±2)℃/3h→(23±2)℃/1h→(38±2)℃/16h,在相对湿度(96±2)%的条件下进行5个循环试验。将管径小于8mm的试样在3倍管径的芯轴上,管径大于8mm的试样在6倍管径的芯轴上弯曲180°

5.8 耐溶剂摩擦试验

耐溶剂摩擦试验应达到表14的要求。

表14 耐溶剂摩擦试验

涂层	要求	试验方法
Fe/GALFAN 5/AE3	试验后在摩擦处不得有涂层脱落现象	将长250mm试样在靠模上弯曲180°,用丁酮作溶剂,将圆弧处在摩擦机上来回进行50次摩擦试验

6 钢管的验收、包装、标志

对加工检验合格的钢管,按GB/T 2102规定的验收、包装和标志的要求,进行验收、包装,并出具质量证明书。

附　　录

附录 A　表面覆盖层标准体系及标准化机构介绍

一、标准体系与标准化机构

1. 标准及标准化定义

标准是指通过标准化活动，按照规定的程序经协商一致制定，为各种活动或其结果提供规则、指南或特性，供共同使用和重复使用的文件。为了在既定范围内获得最佳秩序，促进共同效益，对现实问题或潜在问题确立共同使用和重复使用的条款以及编制、发布和应用文件的活动，称为标准化。

2. 标准的层次和种类

为了直观地反映标准化活动概况，以专业和技术为对象，引入"标准化三维空间"这一概念来说明标准化的活动领域和丰富内容。

标准化三维空间，是指以 X 轴代表标准化的专业领域、Y 轴代表标准化的内容、Z 轴代表标准的级别而绘制的图形。图 A-1 所示为标准化三维空间图。

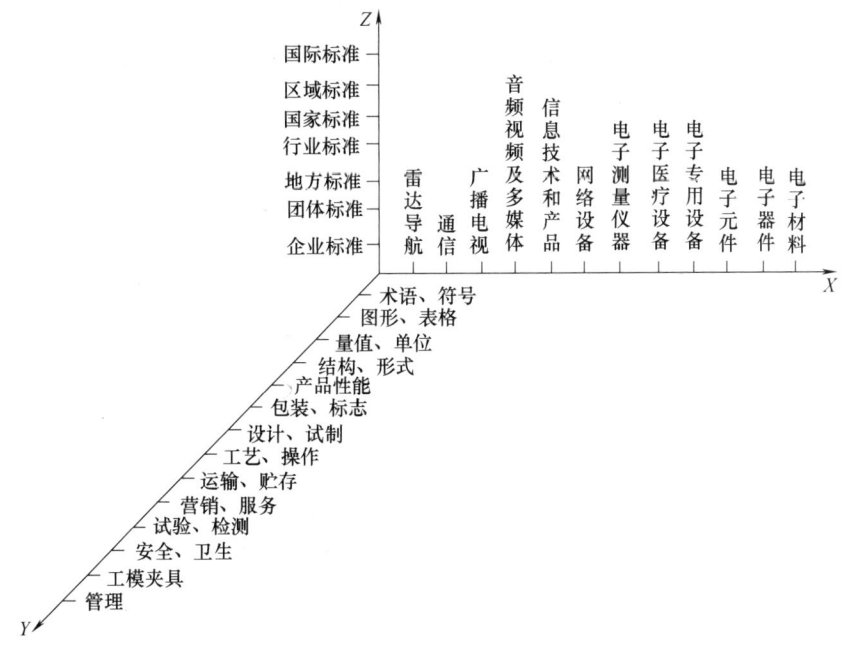

图 A-1　标准化三维空间

按标准化活动的范围划分标准的层次类别,主要有国际标准、区域标准、国家标准、行业标准、地方标准、团体标准和企业标准。

(1) 国际标准　由国际性标准化组织制定并在世界范围内统一和适用的标准,目前是指由国际标准化组织(ISO)、国际电工委员会(IEC)、国际电信联盟(ITU)所制定的标准,以及被国际标准化组织确认并公布的其他国际组织所制定的标准。国际标准是世界各国进行交流与贸易的基本准则和基本要求。

(2) 区域标准　由一个地理区域的国家代表组成的区域标准组织制定并在本区域内统一和适用的标准,如欧洲标准化委员会(CEN)、亚洲标准咨询委员会(ASAC)、泛美技术标准委员会(COPANT)所制定的标准。区域标准是该区域国家集团间进行交流与贸易的基本准则和基本要求。

(3) 国家标准　由国家的官方标准机构或国家政府授权的有关机构批准、发布并在该国范围内统一和适用的标准,如中国国家标准(GB)、日本工业标准(JIS)、德国标准(DIN)、英国标准(BS)、美国标准(ANSI)等。

(4) 行业标准　由一个国家内某个行业的标准机构制定并在本行业内统一和适用的标准,如我国机械行业标准(JB)、电子行业标准(SJ)等。

(5) 地方标准　由一个国家内的某行政区域标准机构制定并在本行政区内统一和适用的标准。

(6) 团体标准　由一个国家内某一团体制定的标准,如中国机械工程学会(CMES)、美国试验与材料协会(ASTM)、德国电气工程师协会(VDE)、挪威电气设备检验与认证委员会(NEMKO)、日本电气学会电气标准调查会(JEC)等制定的标准。

(7) 企业标准　由一个企业(包括企业集团、公司)的标准机构制定并在本企业内统一和适用的标准。

3. 标准的类别

标准可按不同的目的和用途从不同的角度进行分类。目前,标准分类方法主要为按标准化的对象分类和按标准化的内容(功能)分类两种。

(1) 按标准化的对象分类　标准可分为产品标准、过程标准和服务标准三大类。

1) 产品标准　指规定一个产品或一类产品应满足的要求以确保其适用性的标准。产品标准除了包括适用性的要求外,还可直接或通过引用间接地包括诸如术语、抽样、测试、包装和标签等方面的要求,有时还可包括工艺要求。它是产品生产、检验、验收、使用、维修和贸易洽谈的技术依据。

2) 过程标准　指规定过程应满足的要求以保证其实用性的标准。过程标准的标准化对象通常会涉及诸如设计、制造/操作、安装、使用/管理、申请、评定/检验等。

3) 服务标准　指规定服务应满足的要求以确保其适用性的标准。服务标准可以在诸如酒店管理、运输、汽车维护、远程通信、保险、银行、贸易等领域内编制。

(2) 按标准化的内容(功能)分类　标准可分为术语标准、符号标准、分类标准、试验标准、规范标准、规程标准、指南标准、其他标准(原则、要求和规则等)8大类。

二、全国金属与非金属覆盖层标准化技术委员会与表面覆盖层标准体系

1. 表面覆盖层标准化组织

1985年7月，在原国家标准局和原机械工业部的主持下，全国金属与非金属覆盖层标准化技术委员会（SAC/TC 57）正式成立。目前，全国金属与非金属覆盖层标准化技术委员会由国家标准化管理委员会和中国机械工业联合会共同领导，现为第七届委员会，秘书处设在中国机械总院集团武汉材料保护研究所有限公司，并与国际标准化组织下辖的 Technical Committees of Metallic and Other Inorganic Coatings（ISO/TC 107）对口开展工作。

Technical Committees of Metallic and Other Inorganic Coatings（ISO/TC 107）成立于1962年，下设5个分技术委员会，分别为电镀与精饰分技术委员会（ISO/TC 107/SC 3）、热浸镀分技术委员会（ISO/TC 107/SC 4）、腐蚀试验分技术委员会（ISO/TC 107/SC 7）、化学转化膜分技术委员会（ISO/TC 107/SC 8）和物理气相沉积分技术委员会（ISO/TC 107/SC 9）。截至2023年底，ISO/TC 107共有正式成员国（P）22个，非正式成员国（O）25个，我国为正式成员国。ISO/TC 107全体会议一般每年召开一次，讨论与覆盖层领域标准化相关的组织建设、新项目建议等议题。除全体会议之外，每年还不定期召开工作委员会会议等。ISO/TC 107的各种会议由成员国轮流承办。

根据国家标准化管理委员会的建制规定，金属与非金属覆盖层技术标准范围包括电镀及化学转化膜、热喷涂、热浸锌及锌基涂层、气相沉积、涂装、防锈、搪瓷及瓷釉、摩擦学等。全国金属与非金属覆盖层标准化技术委员会（SAC/TC 57）下设7个分技术委员会，分别为电镀与精饰分技术委员会（SAC/TC 57/SC 1）、热喷涂分技术委员会（SAC/TC 57/SC 2）、搪瓷分技术委员会（SAC/TC 57/SC 3）、腐蚀分技术委员会（SAC/TC 57/SC 6）、热浸镀分技术委员会（SAC/TC 57/SC 8）、涂层表征与检测分技术委员会（SAC/TC 57/SC 9）和气相沉积分技术委员会（SAC/TC 57/SC 10）。

2. 表面覆盖层标准体系现状及标准制（修）订情况

构建标准体系是运用系统论指导标准化工作的一种方法，是开展标准化工作的基础和前提，也是制订标准化发展规划、编制标准计划、制定与修订标准的依据。标准体系表在一定范围内包含现有、应有和预计制定标准的蓝图，是一种标准体系模型，通常包括标准体系结构图、标准明细表、标准统计表和编制说明。

表面覆盖层技术具有跨学科、复合性、多技术交叉融合的特点，表现为技术的多样性、功能的广泛性、潜在的创新性、环境的保护性、显著的实用性和突出的增效性，因而受到各行各业的重视，并已渗透到高新技术各个领域。无论是与人们生活息息相关的民用产品，还是工业应用的零部件；无论是信息技术、生物工程，还是航空航天、海洋工程、新材料等领域，都离不开表面覆盖层技术的应用。

根据金属与非金属覆盖层包含的专业种类和覆盖层重要功能，将覆盖层标准细分10个类别，分别为：基础通用标准、电镀与精饰标准、热喷涂标准、热浸镀标准、搪瓷与瓷釉标准、气相沉积标准、涂装标准、防锈标准、腐蚀试验标准和摩擦磨损标准。根据每个类别特点，按标准内容可再细分为各个小类。表面覆盖层标准体系结构层次如图A-2所示。

截至2024年3月31日，全国金属与非金属覆盖层标准化技术委员会归口管理的现行有效国家标准（GB）138项、机械工业行业标准（JB）65项。这些标准涵盖了表面覆盖层的

各个基础技术方面,初步形成了我国表面覆盖层技术标准体系。

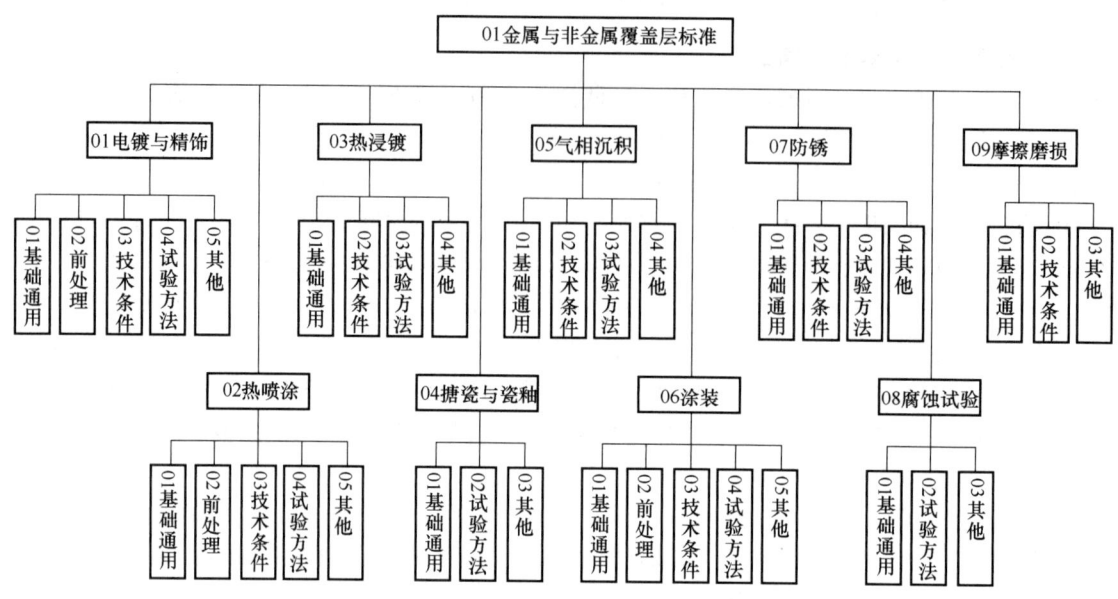

图 A-2 表面覆盖层标准体系结构层次

附录 B 表面覆盖层相关标准目录

表 B-1 全国金属与非金属覆盖层标准化技术委员会(SAC/TC 57)
归口管理的现行有效国家标准

序号	标准编号	标准名称
1	GB/T 3138—2015	金属及其他无机覆盖层 表面处理 术语
2	GB/T 4955—2005	金属覆盖层 覆盖层厚度测量 阳极溶解库仑法
3	GB/T 4956—2003	磁性基体上非磁性覆盖层 覆盖层厚度测量 磁性法
4	GB/T 4957—2003	非磁性基体金属上非导电覆盖层 覆盖层厚度测量 涡流法
5	GB/T 5270—2005	金属基体上的金属覆盖层 电沉积和化学沉积层 附着强度试验方法评述
6	GB/T 5619—1985	防锈材料百叶箱试验方法
7	GB/T 6461—2002	金属基体上金属和其他无机覆盖层 经腐蚀试验后的试样和试件的评级
8	GB/T 6462—2005	金属和氧化物覆盖层 厚度测量 显微镜法
9	GB/T 6463—2005	金属和其他无机覆盖层厚度测量方法评述
10	GB/T 6465—2008	金属和其他无机覆盖层 腐蚀膏腐蚀试验(CORR 试验)
11	GB/T 6466—2008	电沉积铬层 电解腐蚀试验(EC 试验)
12	GB/T 6807—2001	钢铁工件涂装前磷化处理技术条件
13	GB/T 7410—1987	搪瓷名词术语
14	GB/T 8642—2002	热喷涂 抗拉结合强度的测定
15	GB/T 9789—2008	金属和其他无机覆盖层 通常凝露条件下的二氧化硫腐蚀试验

(续)

序号	标准编号	标准名称
16	GB/T 9791—2003	锌、镉、铝-锌合金和锌-铝合金的铬酸盐转化膜　试验方法
17	GB/T 9792—2003	金属材料上的转化膜　单位面积膜质量的测定　重量法
18	GB/T 9793—2012	热喷涂　金属和其他无机覆盖层　锌、铝及其合金
19	GB/T 9797—2022	金属及其他无机覆盖层　镍、镍+铬、铜+镍和铜+镍+铬电镀层
20	GB/T 9799—2011	金属及其他无机覆盖层　钢铁上经过处理的锌电镀层
21	GB/T 9800—1988	电镀锌和电镀镉层的铬酸盐转化膜
22	GB/T 9988—1988	搪瓷耐碱性能测试方法
23	GB/T 11372—1989	防锈术语
24	GB/T 11373—2017	热喷涂　金属零部件表面的预处理
25	GB/T 11374—2012	热喷涂涂层厚度的无损测量方法
26	GB/T 11375—1999	金属和其他无机覆盖层　热喷涂　操作安全
27	GB/T 11376—2020	金属及其他无机覆盖层　金属的磷化膜
28	GB/T 11377—2005	金属和其他无机覆盖层　储存条件下腐蚀试验的一般规则
29	GB/T 11378—2005	金属覆盖层　覆盖层厚度测量　轮廓仪法
30	GB/T 11379—2008	金属覆盖层　工程用铬电镀层
31	GB/T 11418—1989	搪瓷耐热性测试方法
32	GB/T 11419—2008	搪瓷炊具　耐温急变性测定方法
33	GB/T 11420—1989	搪瓷光泽测试方法
34	GB/T 12305.6—1997	金属覆盖层　金和金合金电镀层的试验方法　第六部分:残留盐的测定
35	GB/T 12307.3—1997	金属覆盖层　银和银合金电镀层的试验方法　第三部分:残留盐的测定
36	GB/T 12332—2008	金属覆盖层　工程用镍电镀层
37	GB/T 12333—1990	金属覆盖层　工程用铜电镀层
38	GB/T 12334—2001	金属和其他非有机覆盖层　关于厚度测量的定义和一般规则
39	GB/T 12599—2002	金属覆盖层　锡电镀层　技术规范和试验方法
40	GB/T 12600—2005	金属覆盖层　塑料上镍+铬电镀层
41	GB/T 12608—2003	热喷涂　火焰和电弧喷涂用线材、棒材和芯材　分类和供货技术条件
42	GB/T 12609—2005	电沉积金属覆盖层和相关精饰　计数检验抽样程序
43	GB/T 12611—2008	金属零(部)件镀覆前质量控制技术要求
44	GB/T 12612—2005	多功能钢铁表面处理液通用技术条件
45	GB/T 13322—1991	金属覆盖层　低氢脆镉钛电镀层
46	GB/T 13346—2012	金属及其他无机覆盖层　钢铁上经过处理的镉电镀层
47	GB/T 13744—1992	磁性和非磁性基体上镍电镀层厚度的测量
48	GB/T 13825—2008	金属覆盖层　黑色金属材料热镀锌层　单位面积质量称量法
49	GB/T 13826—2008	湿式(非金属类)摩擦材料
50	GB/T 13911—2008	金属镀覆和化学处理标识方法
51	GB/T 13912—2020	金属覆盖层　钢铁制件热浸镀锌层　技术要求及试验方法

(续)

序号	标准编号	标准名称
52	GB/T 13913—2008	金属覆盖层 化学镀镍-磷合金镀层 规范和试验方法
53	GB/T 14293—1998	人造气氛腐蚀试验 一般要求
54	GB/T 15519—2002	化学转化膜 钢铁黑色氧化膜 规范和试验方法
55	GB/T 15821—1995	金属覆盖层 延展性测量方法
56	GB/T 16744—2002	热喷涂 自熔合金喷涂与重熔
57	GB/T 16745—1997	金属覆盖层产品钎焊性的标准试验方法
58	GB/T 16921—2005	金属覆盖层 覆盖层厚度测量 X射线光谱法
59	GB/T 17461—1998	金属覆盖层 锡-铅合金电镀层
60	GB/T 17462—1998	金属覆盖层 锡-镍合金电镀层
61	GB/T 17720—1999	金属覆盖层 孔隙率试验评述
62	GB/T 17721—1999	金属覆盖层 孔隙率试验 铁试剂试验
63	GB/T 17754—2012	摩擦学术语
64	GB/T 18178—2000	水性涂料涂装体系选择通则
65	GB/T 18179—2000	金属覆盖层 孔隙率试验 潮湿硫(硫华)试验
66	GB/T 18592—2001	金属覆盖层 钢铁制品热浸镀铝 技术条件
67	GB/T 18593—2010	熔融结合环氧粉末涂料的防腐蚀涂装
68	GB/T 18680—2002	液晶显示器用氧化铟锡透明导电玻璃
69	GB/T 18681—2002	热喷涂 低压等离子喷涂 镍-钴-铬-铝-钇-钽合金涂层
70	GB/T 18682—2002	物理气相沉积 TiN 薄膜技术条件
71	GB/T 18683—2002	钢铁件激光表面淬火
72	GB/T 18684—2002	锌铬涂层 技术条件
73	GB/T 18719—2002	热喷涂 术语、分类
74	GB/T 19349—2012	金属和其他无机覆盖层 为减少氢脆危险的钢铁预处理
75	GB/T 19350—2012	金属和其他无机覆盖层 为减少氢脆危险的涂覆后钢铁的处理
76	GB/T 19351—2003	金属覆盖层 金属基体上金属覆盖层孔隙率的测定 硝酸蒸汽试验
77	GB/T 19352.1—2003	热喷涂 热喷涂结构的质量要求 第1部分:选择和使用指南
78	GB/T 19352.2—2003	热喷涂 热喷涂结构的质量要求 第2部分:全面的质量要求
79	GB/T 19352.3—2003	热喷涂 热喷涂结构的质量要求 第3部分:标准的质量要求
80	GB/T 19352.4—2003	热喷涂 热喷涂结构的质量要求 第4部分:基本的质量要求
81	GB/T 19354—2003	铝搪瓷 在电解液作用下铝上瓷层密着性的测定(剥落试验)
82	GB/T 19355.1—2016	锌覆盖层 钢铁结构防腐蚀的指南和建议 第1部分:设计与防腐蚀的基本原则
83	GB/T 19355.2—2016	锌覆盖层 钢铁结构防腐蚀的指南和建议 第2部分:热浸镀锌
84	GB/T 19355.3—2016	锌覆盖层 钢铁结构防腐蚀的指南和建议 第3部分:粉末渗锌
85	GB/T 19356—2003	热喷涂 粉末 成分和供货技术条件
86	GB/T 19822—2005	铝及铝合金硬质阳极氧化膜规范

(续)

序号	标准编号	标准名称
87	GB/T 19823—2020	热喷涂　工程零件热喷涂涂层的应用步骤
88	GB/T 19824—2005	热喷涂　热喷涂操作人员考核要求
89	GB/T 20015—2005	金属和其他无机覆盖层　电镀镍、自催化镀镍、电镀铬及最后精饰　自动控制喷丸硬化前处理
90	GB/T 20016—2005	金属和其他无机覆盖层　不锈钢部件平整和钝化的电抛光法
91	GB/T 20017—2005	金属和其他无机覆盖层　单位面积质量的测定　重量法和化学分析法评述
92	GB/T 20018—2005	金属与非金属覆盖层　覆盖层厚度测量　β射线背散射法
93	GB/T 20019—2005	热喷涂　热喷涂设备的验收检查
94	GB/T 24916—2010	表面处理溶液　金属元素含量的测定　电感耦合等离子体原子发射光谱法
95	GB/T 26105—2010	防锈油防锈性能试验　多电极电化学法
96	GB/T 26106—2010	机械镀锌层　技术规范和试验方法
97	GB/T 26107—2010	金属与其他无机覆盖层　镀覆和未镀覆金属的外螺纹和螺杆的残余氢脆试验　斜楔法
98	GB/T 26108—2010	三价铬电镀　技术条件
99	GB/T 26109—2010	水基防锈液防锈性能试验　多电极电化学法
100	GB/T 26110—2010	锌铝涂层　技术条件
101	GB/T 28699—2012	钢结构防护涂装通用技术条件
102	GB/T 29036—2012	不锈钢表面氧化着色　技术规范和试验方法
103	GB/T 29037—2012	热喷涂　抗高温腐蚀和氧化的保护涂层
104	GB/T 31361—2015	无溶剂环氧液体涂料的防腐蚀涂装
105	GB/T 31554—2015	金属和非金属基体上非磁性金属覆盖层　覆盖层厚度测量　相敏涡流法
106	GB/T 31563—2015	金属覆盖层　厚度测量　扫描电镜法
107	GB/T 31564—2015	热喷涂　热喷涂沉积效率的测定
108	GB/T 31565—2015	热交换器用钢板搪瓷边缘覆盖率的测定
109	GB/T 31566—2015	金属覆盖层　物理气相沉积铝涂层　技术规范与检测方法
110	GB/T 31567—2015	用于空气-烟气、烟气-烟气再生式热交换器的搪瓷换热元件
111	GB/T 31568—2015	热喷涂热障 ZrO_2 涂层晶粒尺寸的测定　谢乐公式法
112	GB/T 34625—2017	金属及其他无机覆盖层　电气、电子和工程用金和金合金电镀层　技术规范和试验方法
113	GB/T 34626.1—2017	金属及其他无机覆盖层　金属表面的清洗和准备　第1部分:钢铁及其合金
114	GB/T 34626.2—2017	金属及其他无机覆盖层　金属表面的清洗和准备　第2部分:有色金属及其合金
115	GB/T 34627—2017	金属及其他无机覆盖层　外观的定义及习惯用法
116	GB/T 34648—2017	金属及其他无机覆盖层　电磁屏蔽用化学镀铜上化学镀镍
117	GB/T 37707—2019	热喷涂　热喷涂零件　技术供应条件
118	GB/T 37421—2019	热喷涂　热喷涂涂层的表征和试验

(续)

序号	标准编号	标准名称
119	GB/T 37773—2019	书写板钢板搪瓷
120	GB/T 38518—2020	柔性薄膜基体上涂层厚度的测量方法
121	GB/T 39495—2020	金属及其他无机覆盖层　铝及铝合金无铬化学转化膜
122	GB/T 39530—2020	热喷涂　纳米氧化锆粉末及涂层制备工艺技术条件
123	GB/T 39807—2021	无铅电镀锡及锡合金工艺规范
124	GB/T 41950—2022	金属覆盖层　钢铁上经过无六价铬处理的锌和锌合金电镀层
125	GB/T 42261—2022	金属及其他无机覆盖层　温度梯度下热障涂层热循环试验方法
126	GB/T 42259—2022	金属及其他无机覆盖层　热障涂层耐热循环与热冲击性能测试方法
127	GB/T 42262—2022	金属及其他无机覆盖层　热喷涂协调　任务和职责
128	GB/T 42352—2023	金属覆盖层　钢铁上物理气相沉积镉涂层　技术规范与试验方法
129	GB/T 42530—2023	热喷涂　热喷涂应用指南
130	GB/T 43099—2023	金属及其他无机覆盖层　锡钴合金电镀层
131	GB/T 43100—2023	热喷涂　热喷涂涂层的后处理和精加工
132	GB/T 43102—2023	金属覆盖层　孔隙率试验用亚硫酸/二氧化硫蒸汽测定金或钯镀层孔隙率
133	GB/T 43101—2023	金属及其他无机覆盖层　关于孔隙率的定义和一般规则
134	GB/T 43104—2023	碳基薄膜　分类及命名
135	GB/T 43605—2023	大气腐蚀图绘制方法
136	GB/T 43602—2023	物理气相沉积多层硬质涂层的成分、结构及性能评价
137	GB/T 43497—2023	电沉积层及相关精饰　化学镀镍磷-陶瓷复合层
138	GB/T 43659—2024	金属及其他无机覆盖层　电沉积镍-陶瓷复合镀层

注：截至 2024 年 3 月。

表 B-2　全国金属与非金属覆盖层标准化技术委员会（SAC/TC57）归口管理的现行有效机械行业标准

序号	标准编号	标准名称
1	JB/T 3206—1999	防锈油脂加速凝露　腐蚀试验方法
2	JB/T 4050.1—1999	气相防锈油　技术条件
3	JB/T 4050.2—1999	气相防锈油　试验方法
4	JB/T 4051.1—1999	气相防锈纸　技术条件
5	JB/T 4051.2—1999	气相防锈纸　试验方法
6	JB/T 4108—2016	热喷涂设备　分类及型号编制方法
7	JB/T 4216—1999	防锈油膜抗热流失性　试验方法
8	JB/T 5067—1999	钢铁制件粉末渗锌
9	JB/T 6067—1992	气相防锈塑料薄膜技术条件
10	JB/T 6073—1992	金属覆盖层　实验室全浸腐蚀试验

(续)

序号	标准编号	标准名称
11	JB/T 6974—1993	线材喷涂碳钢及不锈钢
12	JB/T 6075—1992	氮化钛涂层　金相检验方法
13	JB/T 6977—1993	机械产品防锈前处理　清净技术条件
14	JB/T 6978—2016	涂装前表面准备　酸洗
15	JB/T 6986—1993	铝及铝合金电镀前表面准备方法
16	JB/T 7504—1994	静电喷涂装备　技术条件
17	JB/T 7505—1994	离子镀术语
18	JB/T 7507—1994	刷镀　通用技术规范
19	JB/T 7508—2005	光亮镀镍添加剂　技术条件
20	JB/T 7702—1995	金属基体上金属和非有机覆盖层盐水滴腐蚀试验(SD试验)
21	JB/T 7703—1995	热喷涂陶瓷涂层　技术条件
22	JB/T 7704.1—1995	电镀溶液试验方法　霍尔槽试验
23	JB/T 7704.2—1995	电镀溶液试验方法　覆盖能力试验
24	JB/T 7704.3—1995	电镀溶液试验方法　阴极电流效率试验
25	JB/T 7704.4—1995	电镀溶液试验方法　分散能力试验
26	JB/T 7704.5—1995	电镀溶液试方法　整平性试验
27	JB/T 7704.6—1995	电镀溶液试验方法　极化曲线测定
28	JB/T 7707—1995	离子镀硬膜厚度试方法　球磨法
29	JB/T 8424—1996	金属覆盖层和有机涂层　天然海水腐蚀试验方法
30	JB/T 8554—1997	气相沉积薄膜与基体附着力的划痕试验法
31	JB/T 8926—1999	火焰喷涂钼涂层检验方法
32	JB/T 8927—1999	铝及铝合金等离子体增强电化学表面陶瓷化(PECC)膜/有机涂层
33	JB/T 9188—1999	高压无气喷涂典型工艺
34	JB/T 9189—2015	水基材料防锈试验方法　铸铁粉末法
35	JB/T 9191—1999	等离子喷焊枪技术条件
36	JB/T 9192—1999	等离子喷焊电源
37	JB/T 10240—2001	静电粉末涂装设备
38	JB/T 10241—2001	金属覆盖层　装饰性多色彩组合电镀层
39	JB/T 10242—2013	阴极电泳涂装　通用技术规范
40	JB/T 10339—2002	光亮镀锌添加剂　技术条件
41	JB/T 10394.1—2002	涂装设备通用技术条件　第1部分:钣金件
42	JB/T 10394.2—2002	涂装设备通用技术条件　第2部分:焊接件
43	JB/T 10394.3—2002	涂装设备通用技术条件　第3部分:涂层
44	JB/T 10394.4—2002	涂装设备通用技术条件　第4部分:安装
45	JB/T 10413—2005	喷漆室
46	JB/T 10458—2004	机械设备抗高温氧化涂层　技术条件

(续)

序号	标准编号	标准名称
47	JB/T 10534—2005	多层镍镀层　各层厚度和电化学电位同步测定法
48	JB/T 10536—2013	涂装供漆系统　技术条件
49	JB/T 10579—2006	腐蚀数据统计分析标准方法
50	JB/T 10580—2006	热喷涂　涂层设计命名方法
51	JB/T 10581—2006	化学转化膜铝及铝合金上漂洗和不漂洗铬酸盐转化膜
52	JB/T 10620—2006	金属覆盖层　锡-铜合金电镀层
53	JB/T 10621—2006	带钢连续热镀锌沉没辊及稳定辊热喷涂层　技术条件
54	JB/T 11399—2013	漩流光饰机
55	JB/T 11614—2013	带钢连续退火炉辊热喷涂涂层　技术条件
56	JB/T 11615—2013	锅炉炉管电弧喷涂技术规范
57	JB/T 11616—2013	电镀锌三价铬钝化
58	JB/T 11617—2013	塑料涂装通用技术条件
59	JB/T 12273—2015	阴极电泳涂膜制备实验装置　技术条件
60	JB/T 12274—2015	装饰性酸性光亮镀铜技术条件
61	JB/T 12854—2016	金属表面氧化锆复合膜技术条件
62	JB/T 12855—2016	金属覆盖层　锌镍合金电镀层
63	JB/T 12856—2016	汽车用精密钢管表面处理技术要求
64	JB/T 12857—2016	无六价铬电镀装饰镀层工艺规范
65	JB/T 12858—2016	无氰电镀锌及锌合金工艺规范

注：截至 2024 年 3 月。

表 B-3　ISO/TC107 Technical Committees of Metallic and Other Inorganic Coatings 归口管理的现行有效国际标准

序号	标准编号	国际标准名称
1	ISO 1456:2009	Metallic and other inorganic coatings—Electrodeposited coatings of nickel, nickel plus chromium, copper plus nickel and of copper plus nickel plus chromium
2	ISO 1460:2020	Metallic coatings—Hot dip galvanized coatings on ferrous materials—Gravimetric determination of the mass per unit area
3	ISO 1461:2022	Hot dip galvanized coatings on fabricated iron and steel articles—Specifications and test methods
4	ISO 1463:2021	Metallic and oxide coatings—Measurement of coating thickness—Microscopical method
5	ISO 2063-1:2019	Thermal spraying—Zinc, aluminium and their alloys—Part 1: Design considerations and quality requirements for corrosion protection systems
6	ISO 2063-2:2017	Thermal spraying—Zinc, aluminium and their alloys—Part 2: Execution of corrosion protection systems
7	ISO 2064:1996	Metallic and other inorganic coatings—Definitions and conventions concerning the measurement of thickness

（续）

序号	标准编号	国际标准名称
8	ISO 2080:2022	Metallic and other inorganic coatings—Surface treatment, metallic and other inorganic coatings—Vocabulary
9	ISO 2081:2018	Metallic and other inorganic coatings—Electroplated coatings of zinc with supplementary treatments on iron or steel
10	ISO 2082:2017	Metallic and other inorganic coatings—Electroplated coatings of cadmium with supplementary treatments on iron or steel
11	ISO 2093:1986	Electroplated coatings of tin—Specification and test methods
12	ISO 2177:2003	Metallic coatings—Measurement of coating thickness—Coulometric method by anodic dissolution
13	ISO 2178:2016	Non-magnetic coatings on magnetic substrates—Measurement of coating thickness—Magnetic method
14	ISO 2179:1986	Electroplated coatings of tin-nickel alloy—Specification and test methods
15	ISO 2360:2017	Non-conductive coatings on non-magnetic electrically conductive basis materials—Measurement of coating thickness—Amplitude-sensitive eddy-current method
16	ISO 2361:1982	Electrodeposited nickel coatings on magnetic and non-magnetic substrates—Measurement of coating thickness—Magnetic method
17	ISO 2746:2015	Vitreous and porcelain enamels—High voltage test
18	ISO 2747:1998	Vitreous and porcelain enamels—Enamelled cooking utensils—Determination of resistance to thermal shock
19	ISO 2819:2017	Metallic coatings on metallic substrates—Electrodeposited and chemically deposited coatings—Review of methods available for testing adhesion
20	ISO 3497:2000	Metallic coatings—Measurement of coating thickness—X-ray spectrometric methods
21	ISO 3543:2000	Metallic and non-metallic coatings—Measurement of thickness—Beta backscatter method
22	修改单	ISO 3543:2000/Cor 1:2003
23	ISO 3613:2021	Metallic and other inorganic coatings—Chromate conversion coatings on zinc, cadmium, aluminium-zinc alloys and zinc-aluminium alloys—Test methods
24	ISO 3868:1976	Metallic and other non-organic coatings—Measurement of coating thicknesses—Fizeau multiple-beam interferometry method
25	ISO 3882:2003	Metallic and other inorganic coatings—Review of methods of measurement of thickness
26	ISO 3892:2000	Conversion coatings on metallic materials—Determination of coating mass per unit area—Gravimetric methods
27	ISO 4289:2023	High velocity oxygen fuel (HVOF) cermet coatings for metallurgical roll components—Guidance with requirements
28	ISO 4518:2021	Metallic coatings—Measurement of coating thickness—Profilometric method
29	ISO 4519:1980	Electrodeposited metallic coatings and related finishes—Sampling procedures for inspection by attributes

(续)

序号	标准编号	国际标准名称
30	ISO 4520:1981	Chromate conversion coatings on electroplated zinc and cadmium coatings
31	ISO 4521:2008	Metallic and other inorganic coatings—Electrodeposited silver and silver alloy coatings for engineering purposes—Specification and test methods
32	ISO 4524-2:2000	Metallic coatings—Test methods for electrodeposited gold and gold alloy coatings—Part 2:Mixed flowing gas(MFG) environmental tests
33	ISO 4524-3:2021	Metallic coatings—Test methods for electrodeposited gold and gold alloy coatings—Part 3:Electrographic tests for porosity
34	ISO 4524-6:1988	Metallic coatings—Test methods for electrodeposited gold and gold alloy coatings—Part 6:Determination of the presence of residual salts
35	ISO 4525:2003	Metallic coatings—Electroplated coatings of nickel plus chromium on plastics materials
36	ISO 4526:2004	Metallic coatings—Electroplated coatings of nickel for engineering purposes
37	ISO 4527:2003	Metallic coatings—Autocatalytic(electroless) nickel-phosphorus alloy coatings—Specification and test methods
38	ISO 4528:2022	Vitreous and porcelain enamel finishes—Guide to selection of test methods for vitreous and porcelain enamelled areas of articles
39	ISO 4530:2022	Vitreous and porcelain enamelled manufactured articles—Determination of resistance to heat
40	ISO 4531:2022	Vitreous and porcelain enamels—Release from enamelled articles in contact with food—Methods of test and limits
41	ISO 4532:1991	Vitreous and porcelain enamels—Determination of the resistance of enamelled articles to impact—Pistol test
42	ISO 4534:2010	Vitreous and porcelain enamels—Determination of fluidity behaviour—Fusion flow test
43	ISO 4536:1985	Metallic and non-organic coatings on metallic substrates—Saline droplets corrosion test (SD test)
44	ISO 4538:1978	Metallic coatings—Thioacetamide corrosion test(TAA test)
45	ISO 4539:1980	Electrodeposited chromium coatings—Electrolytic corrosion testing(EC test)
46	ISO 4541:1978	Metallic and other non-organic coatings—Corrodkote corrosion test(CORR test)
47	ISO 4543:1981	Metallic and other non-organic coatings—General rules for corrosion tests applicable for storage conditions
48	ISO 5154:2022	Decorative metallic coatings for radio wave transmissive application products—Designation and characterization method
49	ISO 6158:2018	Metallic and other inorganic coatings—Electrodeposited coatings of chromium for engineering purposes
50	ISO 6370-1:1991	Vitreous and porcelain enamels—Determination of the resistance to abrasion—Part 1: Abrasion testing apparatus
51	ISO 6370-2:2020	Vitreous and porcelain enamels—Determination of the resistance to abrasion—Part 2: Loss in mass after sub-surface abrasion

(续)

序号	标准编号	国际标准名称
52	ISO 6769:2022	Vitreous and porcelain enamels—Determination of surface scratch hardness according to the Mohs scale
53	ISO 7582:2023	Metallic coatings for electromagnetic interference shielding—Designation and characterization method
54	ISO 7587:1986	Electroplated coatings of tin-lead alloys—Specification and test methods
55	ISO 8181:2023	Atomic layer deposition—Vocabulary
56	ISO 8289-1:2020	Vitreous and porcelain enamels—Low-voltage test for detecting and locating defects—Part 1:Swab test for non-profiled surfaces
57	ISO 8289-2:2019	Vitreous and porcelain enamels—Low-voltage test for detecting and locating defects—Part 2:Slurry test for profiled surfaces
58	ISO 8291:1986	Vitreous and porcelain enamels—Method of test of self-cleaning properties
59	ISO 8401:2017	Metallic coatings—Review of methods of measurement of ductility
60	ISO 9220:2022	Metallic coatings—Measurement of coating thickness—Scanning electron microscope method
61	ISO 9587:2007	Metallic and other inorganic coatings—Pretreatment of iron or steel to reduce the risk of hydrogen embrittlement
62	ISO 9588:2007	Metallic and other inorganic coatings—Post-coating treatments of iron or steel to reduce the risk of hydrogen embrittlement
63	ISO 9717:2017	Metallic and other inorganic coatings—Phosphate conversion coating of metals
64	ISO 10111:2019	Metallic and other inorganic coatings—Measurement of mass per unit area—Review of gravimetric and chemical analysis methods
65	ISO 10289:1999	Methods for corrosion testing of metallic and other inorganic coatings on metallic substrates—Rating of test specimens and manufactured articles subjected to corrosion tests
66	ISO 10308:2006	Metallic coatings—Review of porosity tests
67	ISO 10309:1994	Metallic coatings—Porosity tests—Ferroxyl test
68	ISO 10587:2000	Metallic and other inorganic coatings—Test for residual embrittlement in both metallic-coated and uncoated externally-threaded articles and rods—Inclined wedge method
69	ISO 11177:2019	Vitreous and porcelain enamels—Inside and outside enamelled valves and pressure pipe fittings for untreated and potable water supply—Quality requirements and testing
70	ISO 11408:1999	Chemical conversion coatings—Black oxide coating on iron and steel—Specification and test methods
71	ISO 12670:2011	Thermal spraying—Components with thermally sprayed coatings—Technical supply conditions
72	ISO 12671:2021	Thermal spraying—Thermally sprayed coatings—Symbolic representation on drawings
73	ISO 12679:2011	Thermal spraying—Recommendations for thermal spraying
74	ISO 12683:2004	Mechanically deposited coatings of zinc—Specification and test methods

(续)

序号	标准编号	国际标准名称
75	ISO 12686:1999	Metallic and other inorganic coatings—Automated controlled shot-peening of metallic articles prior to nickel, autocatalytic nickel or chromium plating, or as a final finish
76	ISO 12687:1996	Metallic coatings—Porosity tests—Humid sulfur(flowers of sulfur) test
77	ISO 12690:2010	Metallic and other inorganic coatings—Thermal spray coordination—Tasks and responsibilities
78	ISO 13123:2011	Metallic and other inorganic coatings—Test method of cyclic heating for thermal-barrier coatings under temperature gradient
79	ISO 13805:1999	Vitreous and porcelain enamels for aluminium—Determination of the adhesion of enamels on aluminium under the action of electrolytic solution(spall test)
80	ISO 13807:2022	Vitreous and porcelain enamels—Determination of crack formation temperature in the thermal shock testing of enamels for the chemical industry
81	ISO 13826:2013	Metallic and other inorganic coatings—Determination of thermal diffusivity of thermally sprayed ceramic coatings by laser flash method
82	ISO 14188:2012	Metallic and other inorganic coatings—Test methods for measuring thermal cycle resistance and thermal shock resistance for thermal barrier coatings
83	ISO 14231:2000	Thermal spraying—Acceptance inspection of thermal spraying equipment
84	ISO 14232-1:2017	Thermal spraying—Powders—Part 1:Characterization and technical supply conditions
85	ISO/TR 14232-2:2017	Thermal spraying—Powders—Part 2:Comparison of coating performance and spray powder chemistry
86	ISO 14571:2020	Metallic coatings on non-metallic basis materials—Measurement of coating thickness—Micro-resistivity method
87	ISO 14647:2000	Metallic coatings—Determination of porosity in gold coatings on metal substrates—Nitric acid vapour test
88	ISO 14713-1:2017	Zinc coatings—Guidelines and recommendations for the protection against corrosion of iron and steel in structures—Part 1:General principles of design and corrosion resistance
89	ISO 14713-2:2019	Zinc coatings—Guidelines and recommendations for the protection against corrosion of iron and steel in structures—Part 2:Hot dip galvanizing
90	ISO 14713-3:2017	Zinc coatings—Guidelines and recommendations for the protection against corrosion of iron and steel in structures—Part 3:Sherardizing
91	ISO 14916:2017	Thermal spraying—Determination of tensile adhesive strength
92	ISO 14917:2017	Thermal spraying—Terminology, classification
93	ISO 14918:2018	Thermal spraying—Qualification testing of thermal sprayers
94	ISO 14919:2015	Thermal spraying—Wires, rods and cords for flame and arc spraying—Classification—Technical supply conditions
95	ISO 14920:2015	Thermal spraying—Spraying and fusing of self-fluxing alloys
96	ISO 14921:2010	Thermal spraying—Procedures for the application of thermally sprayed coatings for engineering components

(续)

序号	标准编号	国际标准名称
97	ISO 14922:2021	Thermal spraying—Quality requirements for manufacturers of thermal sprayed coatings
98	ISO 14923:2003	Thermal spraying—Characterization and testing of thermally sprayed coatings
99	ISO 14924:2005	Thermal spraying—Post-treatment and finishing of thermally sprayed coatings
100	ISO 15695:2000	Vitreous and porcelain enamels—Determination of scratch resistance of enamel finishes
101	修改单	ISO 15695:2000/Cor 1:2000
102	ISO 15720:2001	Metallic coatings—Porosity tests—Porosity in gold or palladium coatings on metal substrates by gel-bulk electrography
103	ISO 15721:2001	Metallic coatings—Porosity tests—Porosity in gold or palladium coatings by sulfurous acid/sulfur dioxide vapour
104	ISO 15724:2001	Metallic and other inorganic coatings—Electrochemical measurement of diffusible hydrogen in steels—Barnacle electrode method
105	ISO 15726:2009	Metallic and other inorganic coatings—Electrodeposited zinc alloys with nickel, cobalt or iron
106	ISO 15730:2023	Metallic and other inorganic coatings—Electropolishing as a means of smoothing and passivating stainless steel
107	ISO/TR 15922:2011	Metallic and other inorganic coatings—Evaluation of properties of dark-stain phenomenon of chromated coiled or sheet product
108	ISO 16348:2003	Metallic and other in rganic coatings—Definitions and conventions concerning appearance
109	ISO 16866:2020	Metallic and other inorganic coatings—Simultaneous thickness and electrode potential determination of individual layers in multilayer nickel deposits(STEP test)
110	ISO 17334:2008	Metallic and other inorganic coatings—Autocatalytic nickel over autocatalytic copper for electromagnetic shielding
111	ISO 17668:2016	Zinc diffusion coatings on ferrous products—Sherardizing—Specification
112	ISO 17834:2003	Thermal spraying—Coatings for protection against corrosion and oxidation at elevated temperatures
113	ISO 17836:2017	Thermal spraying—Determination of the deposition efficiency for thermal spraying
114	ISO 18332:2007	Metallic and other inorganic coatings—Definitions and conventions concerning porosity
115	ISO 18535:2016	Diamond-like carbon films—Determination of friction and wear characteristics of diamond-like carbon films by ball-on-disc method
116	ISO 18555:2016	Metallic and other inorganic coatings—Determination of thermal conductivity of thermal barrier coatings
117	ISO 19207:2016	Thermal spraying—Classification method of adhesive strength by indentation
118	ISO 19477:2016	Metallic and other inorganic coatings—Measurement of Young's modulus of thermal barrier coatings by beam bending
119	ISO 19487:2016	Metallic and other inorganic coatings—Electrodeposited nickel-ceramics composite coatings

(续)

序号	标准编号	国际标准名称
120	ISO 19496-1:2017	Vitreous and porcelain enamels—Terminology—Part 1:Terms and definitions
121	ISO 19496-2:2017	Vitreous and porcelain enamels—Terminology—Part 2:Visual representations and descriptions
122	ISO 19598:2016	Metallic coatings—Electroplated coatings of zinc and zinc alloys on iron or steel with supplementary Cr(VI)-free treatment
123	ISO 20267:2017	Thermal spraying—Determination of interfacial toughness of ceramic coatings by indentation
124	ISO 20274:2017	Vitreous and porcelain enamels—Preparation of samples and determination of thermal expansion coefficient
125	ISO 20523:2017	Carbon based films—Classification and designations
126	ISO 21164:2018	Metallic and other inorganic coatings—DC magnetron sputtered silver coatings for engineering purposes—Measurement of coating adhesion
127	ISO 21874:2019	PVD multi-layer hard coatings—Composition, structure and properties
128	ISO 21968:2019	Non-magnetic metallic coatings on metallic and non-metallic basis materials—Measurement of coating thickness—Phase-sensitive eddy-current method
129	ISO 22462:2020	Metallic and other inorganic coatings—Test method for the friction coefficient measurement of chemical conversion coatings
130	ISO 22680:2020	Metallic and other inorganic coatings—Measurement of the linear thermal expansion coefficient of thermal barrier coatings
131	ISO 22778:2006	Metallic coatings—Physical vapour-deposited coatings of cadmium on iron and steel—Specification and test methods
132	ISO 22779:2006	Metallic coatings—Physical vapour-deposited coatings of aluminium—Specification and test methods
133	ISO 23131:2021	Ellipsometry—Principles
134	ISO 23216:2021	Carbon based films—Determination of optical properties of amorphous carbon films by spectroscopic ellipsometry
135	ISO 23363:2020	Electrodeposited coatings and related finishes—Electroless Ni-P-ceramic composite coatings
136	ISO 23486:2021	Metallic and other inorganic coatings—Measurement of Young's modulus of thermal barrier coatings at elevated temperature by flexural resonance method
137	ISO 24284:2022	Metallic coatings—Corrosion test method for decorative chrome plating under a de-icing salt environment
138	ISO 24449:2021	Metallic and other inorganic coatings—Determination of thermal conductivity of thermal barrier coatings at elevated temperature
139	ISO 24674:2022	Method and requirements for plasma nitriding and follow-up PVD hard coatings on cold-work mould steels

(续)

序号	标准编号	国际标准名称
140	ISO 24688:2022	Determination of modulation period of nano-multilayer coatings by low-angle X-ray methods
141	ISO 26945:2011	Metallic and other inorganic coatings—Electrodeposited coatings of tin-cobalt alloy
142	ISO/TR 26946:2011	Standard method for porosity measurement of thermally sprayed coatings
143	ISO 27307:2015	Thermal spraying—Evaluation of adhesion/cohesion of thermal sprayed ceramic coatings by transverse scratch testing
144	ISO 27830:2017	Metallic and other inorganic coatings—Requirements for the designation of metallic and inorganic coatings
145	ISO 27831-1:2008	Metallic and other inorganic coatings—Cleaning and preparation of metal surfaces—Part 1:Ferrous metals and alloys
146	ISO 27831-2:2008	Metallic and other inorganic coatings—Cleaning and preparation of metal surfaces—Part 2:Non-ferrous metals and alloys
147	ISO 27874:2008	Metallic and other inorganic coatings—Electrodeposited gold and gold alloy coatings for electrical, electronic and engineering purposes—Specification and test methods
148	ISO 28706-1:2008	Vitreous and porcelain enamels—Determination of resistance to chemical corrosion—Part 1:Determination of resistance to chemical corrosion by acids at room temperature
149	ISO 28706-2:2017	Vitreous and porcelain enamels—Determination of resistance to chemical corrosion—Part 2:Determination of resistance to chemical corrosion by boiling acids, boiling neutral liquids, alkaline liquids and/or their vapours
150	ISO 28706-3:2017	Vitreous and porcelain enamels—Determination of resistance to chemical corrosion—Part 3:Determination of resistance to chemical corrosion by alkaline liquids using a hexagonal vessel or a tetragonal glass bottle
151	ISO 28706-4:2016	Vitreous and porcelain enamels—Determination of resistance to chemical corrosion—Part 4:Determination of resistance to chemical corrosion by alkaline liquids using a cylindrical vessel
152	ISO 28706-5:2010	Vitreous and porcelain enamels—Determination of resistance to chemical corrosion—Part 5:Determination of resistance to chemical corrosion in closed systems
153	ISO 28721-1:2019	Vitreous and porcelain enamels—Glass-lined apparatus for process plants—Part 1:Quality requirements for apparatus, components, appliances and accessories
154	ISO 28721-2:2015	Vitreous and porcelain enamels—Glass-lined apparatus for process plants—Part 2:Designation and specification of resistance to chemical attack and thermal shock
155	ISO 28721-3:2008	Vitreous and porcelain enamels—Glass-lined apparatus for process plants—Part 3:Thermal shock resistance
156	ISO 28721-4:2015	Vitreous and porcelain enamels—Glass-lined apparatus for process plants—Part 4:Quality requirements for glass-lined flanged steel pipes and flanged steel fittings
157	ISO 28721-5:2016	Vitreous and porcelain enamels—Glass-lined apparatus for process plants—Part 5:Presentation and characterization of defects

（续）

序号	标准编号	国际标准名称
158	ISO 28722:2008	Vitreous and porcelain enamels—Characteristics of enamel coatings applied to steel panels intended for architecture
159	ISO 28723:2008	Vitreous and porcelain enamels—Determination of the edge covering on enamelled steel plate to be used in heat exchangers
160	ISO 28762:2010	Vitreous and porcelain enamels—Enamel coatings applied to steel for writing surfaces—Specification
161	ISO 28763:2019	Vitreous and porcelain enamels—Regenerative, enamelled and packed panels for air-gas and gas-gas heat exchangers—Specifications
162	ISO 28764:2015	Vitreous and porcelain enamels—Production of specimens for testing enamels on sheet steel, sheet aluminium and cast iron
163	ISO 28765:2022	Vitreous and porcelain enamels—Design of bolted steel tanks for the storage or treatment of water or municipal or industrial effluents and sludges

注：截至 2023 年 12 月。